2026 한국산업인력공단 국가기술자격

고시넷 고패스

인간공학기사 필기
10년+α 기출문제집

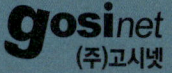

최근 10년간 출제경향 분석

최근 10년간 신규유형 문제의 출제비율은 총 1,680문제 중 166문제로 9.88%(회당 7.9문항)이며, 나머지 총 1,514문제(90.12%)는 중복문제 혹은 유사문제로 출제되었습니다. 즉, 인간공학기사는 체계적인 기출분석을 통해서 합격이 가능한 시험입니다.

- 18년간(2005~2022)의 기출 DB를 기반으로 10년 동안 중복문제의 출제문항 수는 1,680문항 중 1,004문항으로 59.8%에 달합니다.

과목	1과목	2과목	3과목	4과목	합계
중복문제	243(57.8%)	252(60.0%)	268(63.8%)	241(57.4%)	1,004(59.8%)
유사문제	128(30.5%)	124(29.5%)	108(25.7%)	150(35.7%)	510(30.3%)
신규문제	49(11.7%)	44(10.5%)	44(10.5%)	29(6.9%)	166(9.9%)
합계	420(100%)	420(100%)	420(100%)	420(100%)	1,680(100%)

- 18년간(2005~2022)의 기출 DB를 기반으로 최근 5년분 기출문제를 학습할 경우 중복문제를 만날 가능성은 80문항 중 22.3문항(27.85%), 10년분 기출문제를 학습할 경우에는 36.7문항(45.9%)이었습니다.

과목	1과목	2과목	3과목	4과목	합계
5년분 학습	5.08문항	5.85문항	5.97문항	5.38문항	22.28문항
10년분 학습	8.14문항	9.12문항	9.86문항	9.62문항	36.74문항

이로써 10년분 기출문제에 대한 암기학습만 할 경우 합격점수에 해당하는 48점(평균 60점)에는 8문항이 부족하다는 것을 알 수 있습니다. 암기학습뿐 아니라 관련 배경에 대한 최소한의 학습도 필요합니다.

과목별 분석

■ 중복유형
■ 신규유형

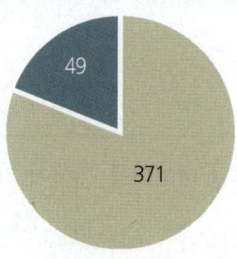

1과목 · 인간공학개론

10년간 기출문제의 분석 결과 중복유형 문제는 총 371문항이며, 이를 유형별로 정리하면 65개의 유형입니다. 즉, 65개의 유형을 학습할 경우 371문항(88.3%)을 해결할 수 있습니다.

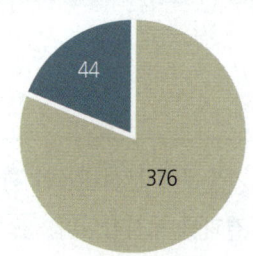

2과목 · 작업생리학

10년간 기출문제의 분석 결과 중복유형 문제는 총 376문항이며, 이를 유형별로 정리하면 83개의 유형입니다. 즉, 83개의 유형을 학습할 경우 376문항(89.5%)을 해결할 수 있습니다.

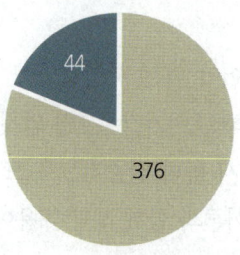

3과목 · 산업심리학 및 관련법규

10년간 기출문제의 분석 결과 중복유형 문제는 총 376문항이며, 이를 유형별로 정리하면 78개의 유형입니다. 즉, 78개의 유형을 학습할 경우 376문항(89.5%)을 해결할 수 있습니다.

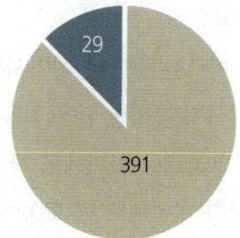

4과목 · 근골격계질환 예방을 위한 작업관리

10년간 기출문제의 분석 결과 중복유형 문제는 총 391문항이며, 이를 유형별로 정리하면 71개의 유형입니다. 즉, 71개의 유형을 학습할 경우 391문항(91.9%)을 해결할 수 있습니다.

어떻게 학습할 것인가?

앞서 10년간의 기출문제 분석내용을 확인하였습니다. 이렇게 분석된 데이터를 통하여 가장 효율적인 학습방법을 연구 검토한 결과를 제시합니다.

분석자료에서 보듯이 기출문제 암기만으로는 합격이 힘듭니다. 10년분 기출문제를 모두 암기하더라도 중복문제는 37문항 정도로, 합격점수인 48점에는 9점 이상이 모자랍니다.

- 기출문제와 함께 20년간 기출문제를 정리한 기본적인 이론을 유형별로 정리한 유형별 핵심이론을 제시합니다. 이론서를 별도로 참고하지 않더라도 기출문제와 관련 해설, 유형별 핵심이론으로 충분히 학습효과를 거둘 수 있을 것입니다.
- 필기 합격 후 치르는 필답형 실기시험은 외워서 주관식으로 적어야 하는 시험입니다. 필기와는 달리 내용을 완벽하게 암기하지 못하면 답을 적을 수가 없습니다. 그런 데 반해 준비기간은 1달 남짓으로 짧아 당회차 합격이 힘듭니다. 그러므로 실기에도 나오는 내용을 필기시험 준비 시 좀더 집중적으로 보게 된다면 필기는 물론 당회차 실기시험 대비에도 큰 도움이 됩니다. 이에 유형별 핵심이론과 함께 해당 내용이 실기시험에 출제되었는지를 연혁과 함께 표시했습니다.

최소한 2번은 정독하시기 바라며, 틀린 문제는 오답노트를 통해서 다시 한 번 확인하시기를 추천드립니다.

여러분의 자격증 취득을 기원합니다.

인간공학기사 상세정보

자격종목

자격명		관련부처	시행기관
인간공학기사	Engineer Ergonomics	고용노동부	한국산업인력공단

검정현황

■ 필기시험

	2013	2014	2015	2016	2017	2018	2019	2020	2021	2022	2023	2024	2025	합계
응시인원	314	307	403	428	534	782	1,109	967	1,573	2,129	5,494	8,182	8,617	30,839
합격인원	213	192	277	284	407	523	741	666	1,288	1,490	4,129	5,686	6,016	21,912
합격률	67.8%	62.5%	68.7%	66.4%	76.2%	66.9%	66.8%	68.9%	81.9%	70%	75.2%	69.5%	69.8%	71.1%

■ 실기시험

	2013	2014	2015	2016	2017	2018	2019	2020	2021	2022	2023	2024	2025	합계
응시인원	272	270	320	396	453	531	791	904	1,113	1,511	3,829	6,166	4,923	16,556
합격인원	58	97	43	74	126	256	243	607	698	1,159	2,837	3,674	1,820	9,872
합격률	21.3%	35.9%	13.4%	18.7%	27.8%	48.2%	30.7%	67.1%	62.7%	76.7%	74.1%	59.6%	37.0%	59.6%

※ 실기시험의 경우 2025년은 1·2회차 결과만 포함(현재 3회차 실기시험 진행 前)

■ 취득방법

구분	필기	실기
시험과목	① 인간공학개론 ② 작업생리학 ③ 산업심리학 및 관련법규 ④ 근골격계질환 예방을 위한 작업관리	인간공학실무
검정방법	객관식 4지 택일형, 과목당 20문항(과목당 30분)	필답형(2시간30분, 100점)
합격기준	과목당 100점 만점에 40점 이상, 전과목 평균 60점 이상	100점 만점에 60점 이상

■ 필기시험 합격자는 당해 필기시험 발표일로부터 2년간 필기시험이 면제된다.

시험 접수부터 자격증 취득까지

필기시험

- 큐넷 회원가입후 응시자격 확인 가능

- 원서접수: http://www.q-net.or.kr
- 각 시험의 필기시험 원서접수 일정 확인

- 준비물: 수험표, 신분증, 볼펜, (공학용 계산기)
- 필기시험 일정 및 응시 장소 확인

- 합격발표: http://www.q-net.or.kr
- 각 시험의 합격발표 일정 확인

이 책의 구성

– 회차별 기출문제 시작부분에서 해당 회차 합격률과 10년 합격률 추이를 보여줍니다.

해당 회차의 합격률과 10년간의 합격률 추이를 보여줍니다. 이를 통해 해당 회차의 문제 난이도와 학습 시 자신의 합격 가능성 등을 예측할 수 있습니다.

빠르게 답을 확인할 수 있도록 각 페이지 하단에 해당 페이지 문제의 정답을 보여줍니다.

– 문제마다 출제연혁(실기 출제연혁 포함), 오답 및 부가해설, 유형별 핵심이론을 제공합니다.

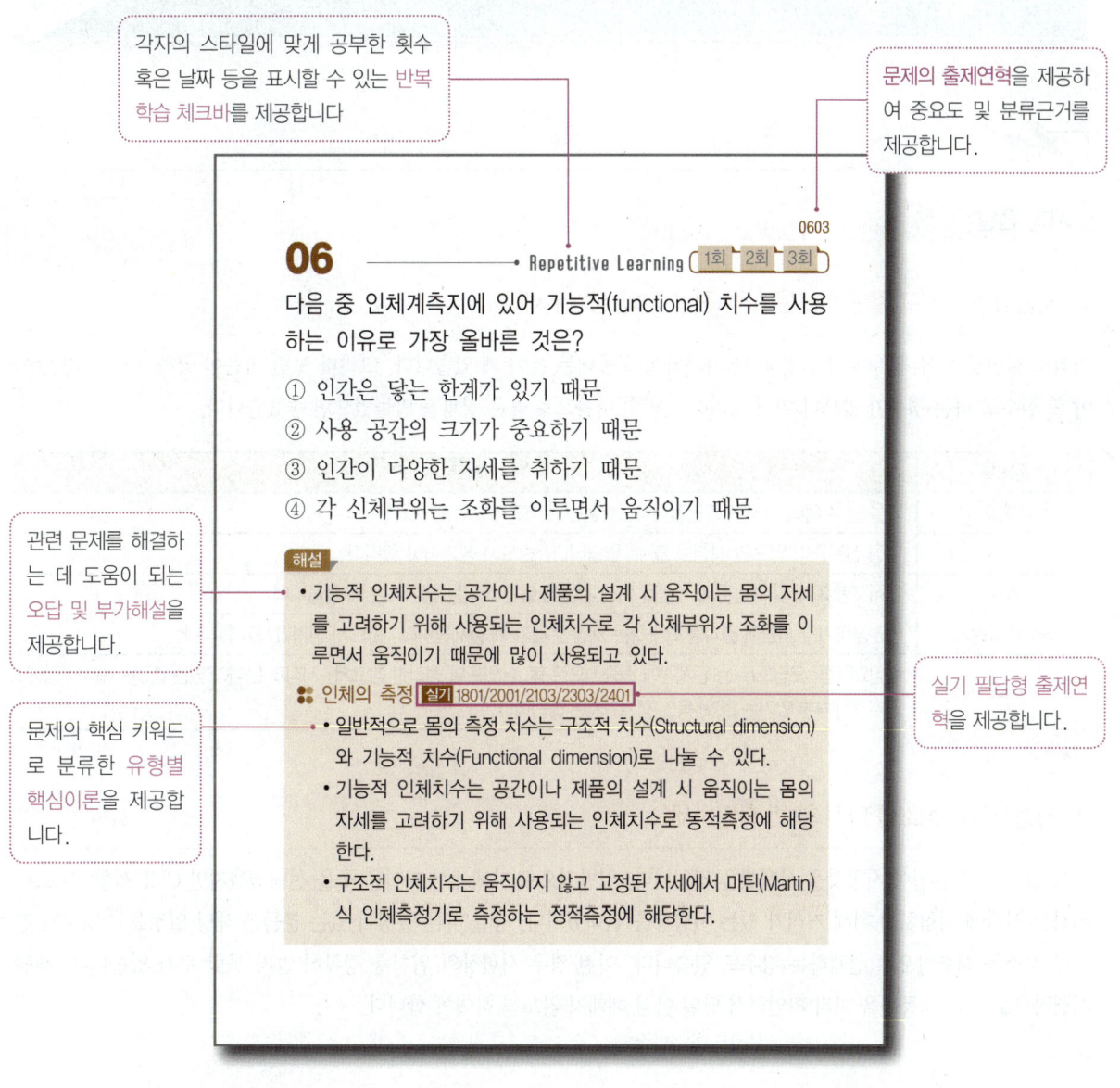

각자의 스타일에 맞게 공부한 횟수 혹은 날짜 등을 표시할 수 있는 반복학습 체크바를 제공합니다

문제의 출제연혁을 제공하여 중요도 및 분류근거를 제공합니다.

관련 문제를 해결하는 데 도움이 되는 오답 및 부가해설을 제공합니다.

문제의 핵심 키워드로 분류한 유형별 핵심이론을 제공합니다.

실기 필답형 출제연혁을 제공합니다.

시험장 스케치

시험 전날

1. 시험장에 가지고 갈 준비물은 하루 전날 미리 챙겨두세요.

의외로 시험장에 꼭 챙겨야 할 물품을 안 가져와서 허둥대는 분이 꽤 있습니다. 그러다 보면 마음이 급해지고, 하지 않아야 할 실수도 하는 경우가 많으니 미리 챙겨서 편안한 마음으로 좋은 결과를 만들었으면 좋겠습니다.

준비물	비고
수험표	없을 경우 여러 가지로 불편합니다. 수험번호라도 메모해 가세요.
신분증	법정 신분증이 없으면 시험을 볼 수 없습니다. 반드시 챙기셔야 합니다.
볼펜	인적사항 기재 및 계산문제 계산을 위해 검은색 볼펜 하나는 챙겨가는 게 좋습니다.
공학용 계산기	인간공학기사 시험에 결과를 요구하는 계산 문제가 꽤 출제됩니다. 반드시 챙겨가셔야 합니다.
기타	핵심요약집, 오답노트 등 단시간에 집중적으로 볼 수 있도록 정리한 참고서, 시침과 분침이 있는 손목시계(시험장에 시계가 대부분 있기는 하죠) 등도 챙겨가시면 좋습니다.

2. 시험시간과 장소를 다시 한 번 확인하세요.

원서 접수 시에 본인이 시험장을 선택했을 것입니다. 일반적으로 자택에서 가까운 곳을 선택했겠지만 CBT 시험이다보니 원하는 시간에 시험치기 위해 거리가 있는 시험장을 선택했거나, 당일 다른 일정이 있는 분들은 해당 일정을 수행하기 편리한 장소를 시험장으로 선택하는 경우도 있습니다. 이런 경우 시험장의 위치를 정확히 알지 못할 수가 있습니다. 해당 시험장으로 가는 교통편을 미리 확인해서 당일 아침 헤매지 않도록 하여야 합니다.

시험 당일

1. 시험장에 가능한 일찍 도착하도록 하세요.

집에서 공부할 때에는 이런 저런 주변 여건 등으로 집중적인 학습이 어려웠더라도 시험장에 도착해서부터는 엄청 집중해서 학습이 가능합니다. 짧은 시간이지만 시험 전 잠시 봤던 내용이 시험에 나오면 정말 기분 좋게 정답을 체크할 수 있습니다. 그러니 시험 당일 조금 귀찮더라도 1~2시간 일찍 시험장에 도착해 대기실 등에서 미리 준비해 온 정리집(오답노트)으로 마무리 공부를 해 보세요. 집에서 3~4시간 동안 해도 긴가민가하던 암기내용이 시험장에서는 1~2시간 만에 머리에 쏙쏙 들어올 것입니다.

2. 매사에 허둥대는 당신, 수험자 유의사항을 천천히 읽으며 마음을 가다듬도록 하세요.

입실시간이 되어 시험장에 입실하면 감독관 2분이 시험장에 들어오면서 시험준비가 시작됩니다. 인원체크, 좌석 배정, 신분확인, 연습장(계산문제 계산용) 배부, 휴대폰 수거, 계산기 초기화 등 시험과 관련하여 사전에 처리할 일들을 진행하십니다. 긴장되는 시간이기도 하고 혹은 쓸데없는 시간이라고 생각할 수도 있습니다. 하지만 감독관 입장에서는 정해진 루틴에 따라 처리해야하는 업무이고 수험생 입장에서는 어쩔 수 없이 기다려야하는 시간입니다. 감독관의 안내에 따라 화장실에 다녀오지 않으신 분들은 다녀오신 뒤에 차분히 그동안 공부한 내용들을 기억속에서 떠올려 보시기 바랍니다. 수험자 정보 확인이 끝나면 수험자 유의사항을 확인할 수 있습니다. 꼼꼼이 읽어보시기 바랍니다. 읽어보시면서 긴장된 마음을 차분하게 정리하시기 바랍니다.

3. 시험시간에 쫓기지 마세요.

인간공학기사 필기시험은 총 4과목 80문항을 2시간 동안 해결하도록 하고 있습니다.
CBT 시험이다보니 여러 종목의 시험을 동일한 시험장에서 시행하는 만큼 시험 시작한지 얼마 되지 않았는데도 수험생들이 시험을 끝내고 일어나서 나가기 시작합니다. '혹시라도 나만 남게 되는 것은 아닌가?', '감독관이 눈치 주는 것 아닌가?' 하는 생각들로 인해 시험이 끝나지도 않았는데 서두르다 답안체크를 잘못하거나 정답을 알고도 못 쓰는 경우가 허다합니다. 일찍 나가는 분들 중 일부는 열심히 공부해서 충분히 좋은 점수를 내는 분들도 있지만 아무리 봐도 몰라서 그냥 포기하는 분들도 꽤 됩니다. 그런 분들보다는 끝까지 남아서 문제를 풀어가는 당신의 합격 가능성이 더 높습니다. 일찍 나가는 데 연연하지 마시고 당신의 페이스대로 진행하십시오. 시간이 남는다면 문제의 마지막 구절(~옳은 것은? 혹은 잘못된 것은? 등)이라도 다시 한 번 체크하면서 점검하시기 바랍니다. 이렇게 해서 실수로 잘못 이해한 문제를 한 두 문제 걸러낼 수 있다면 불합격이라는 세 글자에서 '불'이라는 글자를 떨구어 내는 소중한 시간이 될 수도 있습니다.

4. 처음 체크한 답안이 정답인 경우가 많습니다.

전공자를 제외하고 인간공학기사 시험을 준비하는 수험생들의 대부분은 최소 5년 이상의 기출문제를 2~3번은 정독하거나 학습한 수험생입니다. 그렇지만 모든 문제를 다 기억하기는 힘듭니다. 시험문제를 읽다 보면 "아, 이 문제 본 적 있어." "답은 2번" 그래서 2번으로 체크하는 경우가 있습니다. 그런데 시간을 두고 꼼꼼히 읽다 보면 다른 문제들과 헷갈리기 시작해서 2번이 아닌 것 같은 생각이 듭니다. 정확하게 암기하지 않아 자신감이 떨어지는 경우이죠. 이런 경우 위아래의 답들과 비교해 보다가 답을 바꾸는 경우가 종종 있습니다. 그런데 사실은 처음에 체크했던 답이 정답인 경우가 더 많습니다. 체크한 답을 바꾸실 때는 정말 심사숙고하셔야 할 필요가 있음을 다시 한 번 강조합니다.

5. 찍기라고 해서 아무 번호나 찍어서는 안 됩니다.

우리는 초등학교 시절부터 인간공학기사 시험을 보고 있는 지금에 이르기까지 수많은 시험을 경험해 온 전문가들입니다. 그렇게 시험을 치르면서 찍기에 통달하신 분도 계시겠지만 정답 찍기는 만만한 경험은 절대 아닙니다. 충분히 고득점을 내는 분들이 아니라면 한두 문제가 합격의 당락을 결정하는 중요한 역할을 하는 만큼 찍기에도 전략이 필요합니다.

일단 아는 문제들은 확실하게 풀어서 정확한 답안을 만드는 것이 우선입니다. 충분히 시간을 두고 아는 문제들을 모두 해결하셨다면 이제 찍기 타임에 들어갑니다. 남은 문제들은 크게 두 가지 유형으로 구분될 수 있습니다. 첫 번째 유형은 어느 정도 내용을 파악하고 있어서 전혀 말도 되지 않는 보기들을 골라낼 수 있는 문제들입니다. 그런 문제들의 경우는 일단 오답이 확실한 보기들을 골라낸 후 남은 정답 후보들 중에서 자신만의 일정한 기준으로 답을 선택합니다. 그 기준이 너무 흔들릴 경우 답만 피해갈 수 있으므로 어느 정도의 객관적인 기준에 맞도록 적용이 되어야 합니다.

두 번째 유형은, 정말 아무리 봐도 본 적도 없고 답을 알 수 없는 문제들입니다. 문제를 봐도 보기를 봐도 정말 모르겠다면 과감한 선택이 필요합니다. 10여년 이상 무수한 시험들을 거쳐 온 우리 수험생들은 자기 나름의 방법이 있을 것입니다. 그 방법에 따라 일관되게 답을 선택하시기 바라며, 선택하셨다면 흔들리지 마시고 마킹 후 답안지를 제출하시기 바랍니다.

2022년 3회차부터는 기사 필기시험도 모두 CBT 시험으로 변경되어 PC가 설치된 시험장에서 시험을 치르고, 시험종료 후 답안을 제출하면 본인의 점수 확인이 즉시 가능합니다.

답안을 제출하게 되면 과목별 점수와 평균점수, 그리고 필기시험 합격여부가 나옵니다.

만약 합격점수 이상일 경우 합격(예정)이라고 표시됩니다. 이후 필기시험 합격(예정)자에 한해 응시자격을 증빙할 서류를 제출하여야 최종합격자로 분류되어 실기시험에 응시할 자격이 부여됩니다.

당신의 合格을 미리 축하드립니다.

각 과목 별 중요 키워드

1과목 : 인간공학개론

Top01	인간공학(Ergonomics)의 정의	Top06	sone 값의 정의와 계산방법
Top02	통제표시비 : C/D(C/R)비	Top07	Fitts의 법칙
Top03	신호검출이론(Signal Detection Theory)	Top08	극단치 설계의 정의 실례
Top04	정보량 계산방법	Top09	은폐(Masking)효과
Top05	시스템의 신뢰도	Top10	인간-기계 체계

2과목 : 작업생리학

Top01	공기의 조성	Top06	점멸융합주파수(Flicker fusion frequency)
Top02	조도(照度)의 정의와 계산방법	Top07	바람직한 교대제
Top03	진동이 인체에 미치는 영향	Top08	근육의 수축
Top04	정적 평형상태(Static equilibrium)	Top09	생리적 척도
Top05	실내 면 반사율	Top10	소음 노출 기준

3과목 : 산업심리학 및 관련법규

Top01	재해율 관련 공식	Top06	결함의 종류
Top02	스트레스	Top07	심리적 측면의 휴먼에러 분류(Swain)
Top03	인간의 의식 레벨	Top08	인간실수확률(HEP ; Human Error Probability)
Top04	파레토도	Top09	관리 그리드(Managerial Grid) 이론
Top05	하인리히의 사고연쇄반응(도미노) 이론	Top10	NIOSH 직무 스트레스 요인

4과목 : 근골격계질환 예방을 위한 작업관리

Top01	동작경제의 원칙	Top06	NIOSH 들기지수(LI)
Top02	표준시간	Top07	근골격계 질환의 사전예방을 위한 적합한 관리대책
Top03	워크 샘플링(work sampling)	Top08	RULA(Rapid Upper Limb Assessment)
Top04	작업개선안 도출	Top09	서블릭(Therblig)
Top05	근골격계 질환의 정의	Top10	유해요인 조사

정오표 및 학습질의 안내

정오표 및 학습 질의 안내

고시넷은 오류 없는 책을 만들기 위해 최선을 다합니다. 그러나 편집 과정에서 미처 잡지 못한 실수가 뒤늦게 나오는 경우가 있습니다. 고시넷은 이런 잘못을 바로잡기 위해 정오표를 실시간으로 제공합니다. 감사하는 마음으로 끝까지 책임을 다하겠습니다.

WWW.GOSINET.CO.KR
모바일폰에서 QR코드로 실시간 정오표를 확인할 수 있습니다.

학습 질의 안내

학습과 교재선택 관련 문의를 받습니다. 적절한 교재선택에 관한 조언이나 고시넷 교재 학습 중 의문 사항은 아래 주소로 메일을 주시면 성실히 답변드리겠습니다.

이메일주소 qna@gosinet.co.kr

이 책의 차례

2012년 기출문제
- 2012년 1회차 기출문제 · · · 002
- 2012년 3회차 기출문제 · · · 027

2013년 기출문제
- 2013년 1회차 기출문제 · · · 052
- 2013년 3회차 기출문제 · · · 076

2014년 기출문제
- 2014년 1회차 기출문제 · · · 100
- 2014년 3회차 기출문제 · · · 126

2015년 기출문제
- 2015년 1회차 기출문제 · · · 150
- 2015년 3회차 기출문제 · · · 176

2016년 기출문제
- 2016년 1회차 기출문제 · · · 201
- 2016년 3회차 기출문제 · · · 225

2017년 기출문제
- 2017년 1회차 기출문제 · · · 249
- 2017년 3회차 기출문제 · · · 274

2018년 기출문제

2018년 1회차 기출문제 … 298
2018년 3회차 기출문제 … 322

2019년 기출문제

2019년 1회차 기출문제 … 346
2019년 3회차 기출문제 … 370

2020년 기출문제

2020년 1회차 기출문제 … 396
2020년 3회차 기출문제 … 421

2021년 기출문제

2021년 1회차 기출문제 … 447
2021년 3회차 기출문제 … 472

2022년 기출문제

2022년 1회차 기출문제 … 497

CBT 복원문제

2025년 3회차 CBT 복원문제 … 522

2026

한국산업인력공단 국가기술자격

고시넷 고패스

인간공학기사 필기

10년+α 기출문제집

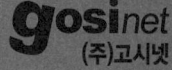

2012년 제1회

2012년 3월 4일 필기

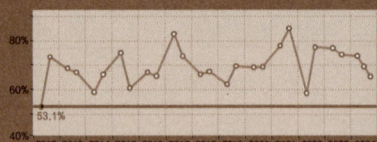

1과목 인간공학개론

01
양립성에 적합하게 조종장치와 표시장치를 설계할 때 얻을 수 있는 결과로 옳지 않은 것은?

① 인간실수 증가
② 반응시간의 감소
③ 학습시간의 단축
④ 사용자 만족도 향상

해설
- 양립성을 적용하면 인간 실수는 줄어들게 된다.
- 양립성을 적용했을 때 얻을 수 있는 결과 실기 1303/1903/2203/2403
  - 인간실수와 반응시간의 감소
  - 학습시간의 단축
  - 사용자 만족도 향상
  - 위급 시 빠른 대처
  - 효율의 증대

02
다음 중 인간의 기억을 증진시키는 방법으로 적절하지 않은 것은?

① 가급적이면 절대식별을 늘이는 방향으로 설계하도록 한다.
② 기억에 의해 판별하도록 하는 가지 수는 5가지 미만으로 한다.
③ 여러 자극차원을 조합하여 설계하도록 한다.
④ 개별적인 정보는 효과적인 청크(Chunk)로 조직되게 한다.

해설
- 인간의 절대식별 능력은 한정되어 있으므로 가급적 상대식별을 늘이는 방향으로 설계되어야 한다.
- 매직넘버(Magic number)
  - 인간이 한 자극 차원 내의 자극을 절대적으로 식별할 수 있는 능력을 말한다.
  - 인간이 절대식별 시 작업 기억 중에 유지할 수 있는 항목의 최대수는 5가지 미만이다.
  - 밀러의 매직넘버는 7±2로 제안되었으나 최근에는 인간의 단기 기억 용량은 3~4개를 가진 것으로 인정되고 있다.

03
다음 중 청각적 암호화 방법에 관한 설명으로 틀린 것은?

① 진동수가 많을수록 좋다.
② 음의 방향은 두 귀 간의 강도차를 확실하게 해야 한다.
③ 지속시간은 2~3수준으로 하고, 확실한 차이를 두어야 한다.
④ 강도는 4~5수준이 좋고, 순음의 경우는 1,000~4,000Hz로 한정할 필요가 있다.

해설
- 진동수는 적을수록 좋다.
- 청각적 암호화 방법
  - 진동수는 적을수록 좋다.
  - 음의 방향은 두 귀 간의 강도차를 확실하게 해야 한다.
  - 지속시간은 2~3수준으로 0.5초 이상 지속시키고, 확실한 차이를 두어야 한다.
  - 강도는 4~5수준이 좋고, 순음의 경우는 1,000~4,000Hz로 한정할 필요가 있다.

01 ① 02 ① 03 ①

04

다음 중 Weber의 법칙에 관련된 사항을 올바르게 설명한 것은?

① 특정 감각기관의 기준 자극과 변화를 감지하기 위해 필요한 자극의 차이는 원래 제시된 자극의 수준에 비례한다.
② 자극 사이의 변화를 감지할 수 있는 두 자극 사이의 가장 큰 차이값을 변화감지역이라 한다.
③ Weber비는 기준 자극을 변화감지역으로 나눈 값이다.
④ 특정감각기관의 변화감지역이 클수록 감지능력은 높아진다.

해설
- ②에서 변화감지역은 자극 사이의 가장 작은 값을 말한다.
- ③에서 weber비는 변화감지역을 자극으로 나눈 값이다.
- ④에서 변화감지역(JND)은 값이 작을수록 그 자극차원의 변화를 쉽게 검출할 수 있다.

웨버(Weber) 법칙 실기 1501/1601/1901/2203/2301
- 인간이 감지할 수 있는 외부의 물리적 자극 변화의 최소범위는 기준이 되는 자극의 크기에 비례하는 현상을 설명한 이론을 말한다.
- Weber비는 기존 자극의 변화를 감지할 수 있는 최소량으로 분별의 질을 나타낸다.
- 웨버(Weber)의 비 = $\frac{\Delta I}{I}$ 로 구한다(이때, ΔI는 변화감지역을, I는 표준자극을 의미한다).
- Weber비가 작을수록 분별력이 좋다.
- 변화감지역(JND)은 사람이 50%를 검출할 수 있는 자극차원의 최소변화로 값이 작을수록 그 자극차원의 변화를 쉽게 검출할 수 있다.
- 웨버(Weber)의 법칙에 의한 자극 감지 능력은 미각<청각<시각<무게 순으로 예민해진다.

05

다음 중 음압수준이 120dB인 1,000Hz 순음의 sone 값은?

① 256 ② 128
③ 64 ④ 32

해설
- 1,000Hz 120dB는 120phon을 의미한다.
- 120phon에 해당하는 sone 값은 $2^{\frac{120-40}{10}}=2^8=256$이 된다.

sone 값
- 인간이 청각으로 느끼는 소리의 크기를 측정하는 척도 중 하나이다.
- 기준 음에 비해서 몇 배의 크기를 갖느냐는 음의 sone값이 결정한다.
- 1 sone은 40dB의 1,000Hz 순음의 크기로 40phon의 값을 의미한다.
- phon의 값이 주어질 때 sone=$2^{\frac{phon-40}{10}}$으로 구한다.

06

다음 중 인체측정의 정적 치수 측정에 관한 설명으로 틀린 것은?

① 형태학적 측정을 의미한다.
② 마틴식 인체측정 장치를 사용한다.
③ 나체 측정을 원칙으로 한다.
④ 상지나 하지의 운동범위를 측정한다.

해설
- ④는 기능적 치수에 대한 설명이다.

구조적 치수(Structural dimension)=정적 치수 측정
실기 1801/2001/2103/2303/2401
- 형태학적 측정, 즉 정적 자세에서 측정한 신체치수이다.
- 나체 측정을 원칙으로 한다.
- 마틴(Martin)식 인체측정 장치를 사용한다.
- 신체 측정치는 나이, 성, 인종에 따라 다르게 나타난다.
- 골격 치수(skeletal dimension)와 외곽 치수(contour dimension)가 있다.

07

다음 중 시력의 척도와 그에 대한 설명으로 틀린 것은?

① Vernier 시력 - 한 선과 다른 선의 측방향 변위(미세한 치우침)를 식별하는 능력
② 최소 가분 시력 - 대비가 다른 두 배경의 접점을 식별하는 능력
③ 최소 인식 시력 - 배경으로부터 한 점을 식별하는 능력
④ 입체 시력 - 깊이가 있는 하나의 물체에 대해 두 눈의 망막에서 수용할 때 상이나 그림의 차이를 분간하는 능력

해설

- ②의 최소가분시력이란 가장 보편적으로 사용되는 시력의 척도로 우리가 일상적으로 이야기하는 시력을 말한다.
- **시력의 종류**

최소가분시력 (Minimum separable acuity)	• 가장 보편적으로 사용되는 시력의 척도 • 란돌트 고리에 있어 5m 거리에서 1.5mm의 틈을 구분할 수 있는 능력을 1.0의 시력이라고 한다.
배열시력 (Vernier acuity)	한 선과 다른 선의 측방향 변위, 즉 미세한 치우침을 분간하는 능력
동적시력(Dynamic visual acuity)	움직이는 물체를 식별하는 능력으로 빠르게 움직이는 물체를 정확하게 추적하는 능력
입체시력 (Stereoscopic acuity)	거리가 있는 한 물체에 대한 약간 다른 상이 두 눈의 망막에 맺힐 때 이것을 구별하는 능력
최소지각시력 (Minimum perceptible acuity)	배경으로부터 한 점을 분간하는 능력

08 ● Repetitive Learning [1회] [2회] [3회]

다음 중 인간공학 연구에 사용되는 변수에 관한 설명으로 옳은 것은?

① 독립변수는 평가 척도로 관심의 대상이 되는 변수이다.
② 종속변수는 조사 연구되어야 할 인자(factor)이다.
③ 조명 수준, 작업 자세, 정보 전달 방법은 독립변수이다.
④ 종속변수의 값은 연구자가 변화시킬 수 있다.

해설

- ①은 종속변수에 대한 설명이다.
- ②는 독립변수에 대한 설명이다.
- ④는 독립변수에 대한 설명이다.
- **인간공학 연구에 사용되는 변수의 유형**
  - 조사 연구되는 인자는 독립변수로 취급된다.
  - 독립변수의 가능한 효과는 종속변수로 취급된다.
  - 독립변수의 값은 연구자가 변화시킬 수 있다.
  - 독립변수는 조명 수준, 작업 자세, 정보 전달 방법 등이 될 수 있다.
  - 종속변수는 평가 척도로 관심의 대상이 되는 변수로, 보통 '기준(criterion)'이라고도 부른다.

09 ● Repetitive Learning [1회] [2회] [3회]

인체측정자료의 응용원칙 중 출입문, 통로 등의 설계시 가장 적합한 원칙은?

① 조절식 범위를 이용한 설계
② 최소치를 이용한 설계
③ 평균치를 이용한 설계
④ 최대치를 이용한 설계

해설

- 출입문의 높이, 탈출구의 크기, 통로의 공간, 줄사다리의 강도 등은 모두 최대치의 원리를 적용해야 하는 경우에 해당한다.
- **극단치 설계 방법** 실기 1601/1603/1801/2003/2201
  - 조작자와 제어버튼 사이의 거리, 조작에 필요한 힘, 비상벨의 위치, 지하철이나 버스의 손잡이 높이는 최소 집단치(5% 하위 백분위 수)를 설계 기준으로 한다.
  - 출입문의 높이, 탈출구, 의자의 높이, 좌석 간의 거리, 통로의 벽, 와이어로프의 사용중량, 위험구역 울타리 등은 최대 집단치(5% 상위 백분위 수)를 설계 기준으로 한다.

10 ● Repetitive Learning [1회] [2회] [3회]

다음 중 최적의 조종-반응비율(C/R비) 설계시 고려해야 할 사항으로 적절하지 않은 것은?

① 목시거리가 길면 길수록 조절의 정확도는 낮아진다.
② 작업자의 조절 동작과 계기의 반응 사이에 지연이 발생한다면 C/R비를 높여야 한다.
③ 조정장치의 조작 방향과 표시장치의 운동 방향을 일치시켜야 한다.
④ 계기의 조절시간이 가장 짧아지는 크기를 선택하되 크기가 너무 작아지는 단점도 고려해야 한다.

해설

- 반응에 지연시간이 발생한다는 것은 둔감하다는 의미이므로 민감하게 조절하기 위해서는 C/R비를 낮춰야 한다.
- **통제표시비 : C/D(C/R)비** 실기 1301/1403/1501/1503/1601/1701/1803/1901/2002/2003/2101/2103/2203/2301/2303/2401
  - ㉠ 개요
    - 통제장치의 변위량과 표시장치의 변위량과의 관계를 나타낸 비율로 C/D비, 조종과 반응의 비라고 하여 C/R비라고도 한다.
    - $C/D = \dfrac{\text{통제기기의 변위량}}{\text{표시계기의 변위량}}$ 으로 구한다.

08 ③ 09 ④ 10 ②

- 회전 조종구의 C/D비

$$= \frac{2 \times \pi(3.14) \times r(반지름) \times \left(\frac{각도}{360}\right)}{표시계기의\ 변위량}$$ 으로 구한다.

ⓒ 특징
- C/R비가 작아진다는 것은 민감한 장치화 되어 조종시간=제어시간이 길어지지만 수행시간이 짧아진다는 의미이다.
- C/R비가 크다는 것은 미세한 조종은 쉽지만 수행시간은 상대적으로 길다.
- 통제기기 시스템에서 발생하는 조작시간의 지연은 직접적으로 통제표시비가 가장 크게 작용하고 있다.

11

다음 중 fitts의 법칙에 관한 설명으로 틀린 것은?

① 반응시간에 대한 법칙이다.
② 거리에 비례하고, 타켓의 폭에 반비례한다.
③ 조작 장치의 설계에 광범위하게 이용한다.
④ 동작시간을 동작에 관련된 정보와 연관시킬 수 있다.

해설
- ①은 Hick-Hyman 법칙에 대한 설명이다.
- fitts의 법칙은 동작시간에 대한 법칙이다.

❖ Fitts의 법칙
- 인간의 제어 및 조정능력을 나타내는 법칙으로 인간의 손이나 발을 이동시켜 조작장치를 조작하는 데 걸리는 시간을 표적까지의 거리와 표적 크기의 함수로 나타낸다.
- 표적이 작고 이동거리가 길수록 이동시간이 증가한다.
- 자동차 가속 페달과 브레이크 페달 간의 간격, 브레이크 폭 등을 결정하는데 사용할 수 있는 가장 적합한 인간공학 이론이다.
- 난이도 지수는 $\log_2\left(\frac{2A}{W}\right)$로 구한다.
- 동작시간=$a+b\log_2\left(\frac{2A}{W}\right)$[ms]로 구한다. 이때 a와 b는 단순반응시간, 선택반응시간, A는 동작거리, W는 목표물의 폭이다.

12

인간공학에 대한 설명으로 적절하지 않은 것은?

① 자신을 모형으로 사물을 설계에 반영한다.
② 사용 편의성, 증대, 오류 감소, 생산성 향상에 목적이 있다.
③ 인간과 사물의 설계가 인간에게 미치는 영향에 중점을 둔다.
④ 인간의 행동, 능력, 한계, 특성에 관한 정보를 발견하고자 하는 것이다.

해설
- 인간공학이란 인간이 사용하는 물건, 설비, 환경의 설계에 인간의 생리적, 심리적인 면에서의 특성이나 한계점을 고려함으로써 인간-기계 시스템의 안전성과 편리성, 효율성을 높이는 학문분야이다.

❖ 인간공학(Ergonomics)
ⓐ 개요
- "Ergon(작업)+nomos(법칙)+ics(학문)"이 조합된 단어로 Human factors, Human engineering이라고도 한다.
- 인간의 특성과 한계 능력을 공학적으로 분석, 평가하여 이를 복잡한 체계의 설계에 응용함으로 효율을 최대로 활용할 수 있도록 하는 학문분야이다.
- 인간이 사용하는 물건, 설비, 환경의 설계에 인간의 생리적, 심리적인 면에서의 특성이나 한계점을 고려함으로써 인간-기계 시스템의 안전성과 편리성, 효율성을 높이는 학문분야이다.

ⓑ 적용분야
- 제품설계
- 재해·질병 예방
- 장비·공구·설비의 배치
- 작업장 내 조사 및 연구

13

다음 중 안경은 눈의 어떤 기관을 보조하기 위하여 사용되는가?

① 동공   ② 수정체
③ 망막   ④ 홍채

해설
- 안경은 망막에 상을 제대로 맺히게 하는 기능으로 수정체의 기능을 보완한다.

❖ 눈의 구조와 기능
- 망막 : 카메라의 필름처럼 상이 맺혀지는 곳이다.
- 황반 : 망막에서 빛에 가장 예민한 부분으로 빛이 도달하여 초점이 가장 선명하게 맺히는 부위이다.
- 수정체 : 눈 안쪽의 양면이 볼록한 렌즈 형태의 투명한 조직이다. 안경을 통해서 수정체의 기능을 보조받는다.
- 홍채 : 동공을 둘러싼 부분으로 눈에 들어오는 빛의 양을 조절한다.
- 동공 : 홍채 중심의 검은 부분으로 빛의 양을 조절한다.
- 각막 : 눈의 앞부분에 자리한 투명한 구조로 망막에 빛의 초점을 만들어 내는 부위이다.

14

정량적 시각 표시장치의 기본 눈금선 수열로 가장 적당한 것은?

① 2, 4, 6···
② 3, 6, 9···
③ 8, 16, 24···
④ 0, 10, 20···

해설
- 일상생활에서 10진수를 사용하고 있으므로 기본 눈금선 수열은 0, 10, 20, ···로 표시되는 것이 좋다.
- **정량적 표시장치(Quantitative display)**
  - 기계식 표시장치에는 원형, 수평형, 수직형 등의 아날로그 표시장치와 디지털 표시장치로 구분된다.
  - 아날로그 표시장치는 눈금이 고정되고 지침이 움직이는 동침(Moving pointer)형과 지침이 고정되고 눈금이 움직이는 동목(Moving scale)형으로 구분된다.
  - 아날로그 표시장치의 눈금단위(Scale unit) 길이는 정상 가시거리(71cm)를 기준으로 정상 조명 환경에서는 1.3mm 이상이 권장된다.
  - 시력이 나쁜 사람이나 조명이 낮은 환경에서 계기를 사용할 때는 눈금단위(Scale unit) 길이를 크게 하는 편이 좋다.
  - 기본 눈금선 수열은 0, 10, 20, ···로 표시되는 것이 좋다.

15

인체의 감각기능 중 후각에 대한 설명으로 옳은 것은?

① 후각에 대한 순응은 느린 편이다.
② 후각은 훈련을 통해 식별능력을 기르지 못한다.
③ 후각은 냄새 존재 여부보다 특정 자극을 식별하는데 효과적이다.
④ 특정 냄새의 절대 식별 능력은 떨어지나 상대적 비교능력은 우수한 편이다.

해설
- ①에서 후각에 대한 순응은 빠른 편이다.
- ②에서 후각은 훈련을 통하면 식별 능력을 향상시킬 수 있다.
- ③에서 후각은 특정 냄새의 절대 식별 능력은 떨어지나 상대적 비교능력은 우수한 편이다.
- **인간의 후각 특성**
  - 훈련을 통하면 식별 능력을 향상시킬 수 있다.
  - 특정한 냄새에 대한 절대적 식별 능력은 떨어진다.
  - 후각은 특정 물질이나 개인에 따라 민감도의 차이가 있다.
  - 후각을 통해 구별할 수 있는 냄새의 수는 최소 1만 가지 이상이다.
  - 특정 냄새의 절대 식별 능력은 떨어지나 상대적 비교능력은 우수한 편이다.

16

시스템의 평가척도 유형으로 볼 수 없는 것은?

① 인간 기준(Human criteria)
② 관리 기준(Management criteria)
③ 시스템 기준(System-descriptive criteria)
④ 작업성능 기준(Task performance criteria)

해설
- 시스템의 평가척도 유형에는 인간 기준, 시스템 기준, 작업성능 기준에 의해 평가가 있다.
- **시스템의 평가척도 유형**
  - 인간 기준(Human criteria) : 인간행동 평가
  - 시스템 기준(System-descriptive criteria) : 목표 달성에 대한 평가
  - 작업성능 기준(Task performance criteria) : 작업성능에 대한 효율 평가

17

다음과 같은 확률로 발생하는 4가지 대안에 대한 중복률(%)은 얼마인가?

결과	확률(p)	$-\log_2 p$
A	0.1	3.32
B	0.3	1.74
C	0.4	1.32
D	0.2	2.32

① 1.8
② 2.0
③ 7.7
④ 8.7

해설
- 4가지 대안에 대한 확률이 같을 때 최대 정보량이 되므로 $2^2=4$이므로 최대정보량은 2bit이다.
- 대안의 발생확률이 다를 때 평균정보량은 $\sum p \times \log_2\left(\dfrac{1}{p}\right)$로 구한다.

- 평균정보량은 $0.1 \times 3.32 + 0.3 \times 1.74 + 0.4 \times 1.32 + 0.2 \times 2.32 = 1.846$ bit가 된다.
- 대안에 대한 중복률은 $1 - \frac{1.846}{2} = 0.077$이 되므로 7.7%가 된다.

대안에 대한 중복률(%)
- 대안의 확률이 서로 다르기 때문에 발생하는 최대 정보량에서 감소되는 정보량의 양을 말한다.
- $1 - \frac{평균정보량}{최대정보량}$으로 구한다. 백분율로 표시하려면 100을 곱한다.
- 대안의 발생확률이 다를 때 평균정보량은 $\sum p \times \log_2 \left(\frac{1}{p}\right)$로 구한다.

18

다음 중 차폐 또는 은폐(masking)와 관련된 원리를 설명한 것으로 틀린 것은?

① 남성의 목소리가 여성의 목소리에 의해 더 잘 차폐된다.
② 차폐효과가 가장 큰 것은 차폐음과 배음의 주파수가 가까울 때이다.
③ 소리가 들린다는 것을 확신할 수 있는 최소한의 음 강도는 차폐음보다 15dB 이상이어야 한다.
④ 차폐되는 소리의 임계주파수대(crital frequency band) 주변에 있는 소리들에 의해 가장 많이 차폐된다.

해설
- 남성의 목소리와 여성의 목소리는 약 100Hz 정도 차이를 가지므로 차폐효과가 거의 발생하지 않는다.

은폐(Masking)효과
- 음의 한 성분이 다른 성분에 대한 귀의 감수성을 감소시키는 상황을 말한다.
- 사무실의 자판 소리 때문에 말소리가 묻히는 경우와 같이 내부 음성 또는 작업과 관련된 음향신호가 은폐 음에 의해 방해받는 현상을 말한다.
- 피은폐된 한 음의 가청역치가 다른 은폐된 음 때문에 높아지는 현상을 말한다.
- 은폐효과가 가장 큰 것은 음폐음과 배음의 주파수가 가까울 때이다.
- 소리가 들린다는 것을 확신할 수 있는 최소한의 음 강도는 은폐음보다 15dB 이상이어야 한다.

19

다음 중 부품배치의 원칙이 아닌 것은?

① 중요성의 원칙
② 사용 빈도의 원칙
③ 사용 순서의 원칙
④ 검출성의 원칙

해설
- 부품은 사용빈도, 중요도, 기능별, 사용 순서의 원칙에 의해 배치하도록 한다.

작업장 배치의 원칙 실기 1303/1701/2001/2002/2101/2303/2402

㉠ 개요
- 사용빈도, 중요도, 기능별, 사용 순서의 원칙에 의해 배치한다.
- 작업의 흐름에 따라 기계를 배치한다.
- 배치의 3단계는 지역배치 → 건물배치 → 기계배치 순으로 이뤄진다.
- 공장내외는 안전한 통로를 두어야 하며, 통로는 선을 그어 작업장과 명확히 구별하도록 한다.
- 비상시에 쉽게 대비할 수 있는 통로를 마련하고 사고 진압을 위한 활동통로가 반드시 마련되어야 한다.

㉡ 원칙
- 중요성의 원칙, 사용빈도의 원칙 – 우선적인 원칙
- 기능별 배치, 사용 순서의 원칙 – 부품의 일반적인 위치 내에서의 구체적인 배치 기준

20

병렬 시스템의 특성에 관한 설명으로 틀린 것은?

① 요소의 중복도가 늘수록 시스템의 수명은 짧아진다.
② 요소의 개수가 증가될수록 시스템 고장의 기회는 감소된다.
③ 요소 중 어느 하나가 정상이면 시스템은 정상으로 작동된다.
④ 시스템의 수명은 요소 중 수명이 가장 긴 것에 의하여 결정된다.

해설
- ①에서 병렬연결일 경우 연결된 부품의 수가 많을수록 신뢰도는 높아진다.

신뢰도와 수명
- 일반적으로 가장 신뢰도가 높은 시스템은 병렬연결 시스템이다.
- 일반적으로 병렬시스템이 직렬시스템에 비해 비용이 증가한다.

정답 | 18 ① 19 ④ 20 ①

- 시스템의 수명은 연결된 부품 중 수명이 가장 짧은 것에 의해 좌우된다.
- 직렬연결일 경우 연결된 부품의 수가 적을수록 신뢰도는 높아진다.
- 직렬연결일 경우 연결된 부품의 수가 많을수록 수명은 짧아진다.
- 직렬연결일 경우 부품 중 어느 하나가 고장이면 시스템은 고장이다.
- 병렬연결일 경우 연결된 부품의 수가 많을수록 신뢰도는 높아진다.

2과목 작업생리학

21 ● Repetitive Learning 1회 2회 3회

5분 동안의 들기 작업 중 피실험자의 배기 가스를 Douglas bag을 이용하여 수집하였더니 79L였다. 이 배기 가스를 가스 분석기를 이용하여 분석한 결과 O_2는 12%, CO_2는 6%로 나타났다. 이 들기 작업의 분당 산소 소비량(O_2-L/min)은 약 얼마인가? (단, 공기 중 산소의 비율은 21vol%이다)

① 5.74 ② 3.74
③ 1.55 ④ 1.94

해설
- 배기량만 주어져 있으므로 흡기량을 구해야 한다.
- 배기량을 분석해보면 산소는 79L×0.12=9.48L이고, 이산화탄소는 79L×0.06=4.74L이고, 질소는 79−9.48−4.74=64.78L이다.
- 질소는 흡기량과 배기량이 모두 동일하므로 질소의 흡기량도 64.78L이다.
- 공기의 조성상 질소는 79%, 산소는 21%이므로 질소가 64.78L라고 한다면 산소는 17.22L이므로 흡기 산소량은 17.22L가 된다.
- 5분간 산소소비량은 17.22−9.48=7.74L이다.
- 분당 산소소비량은 1.548L이다.

공기의 조성 실기 1303/1401/2402
- 작업 중 소비되는 산소 소비량을 계산하기 위한 흡기 시 공기의 조성은 질소 79%, 산소 21%이다.
- 배기되는 공기의 조성에서 질소는 79%로 동일하지만 호흡으로 인해 산소가 소모된 만큼 이산화탄소는 생성된다.
- 1L의 산소소비량은 5kcal의 에너지를 생성한다.

22 ● Repetitive Learning 1회 2회 3회 1803

근육이 피로해질수록 근전도(EMG) 신호의 변화로 맞는 것은?

① 저주파 영역이 증가하고 진폭도 커진다.
② 저주파 영역이 감소하나 진폭은 커진다.
③ 저주파 영역이 증가하나 증폭은 작아진다.
④ 저주파 영역이 감소하고 진폭도 작아진다.

해설
- 근피로도가 높아지면 고주파 성분이 줄어들고 저주파 성분이 우세해지며, 진폭도 커진다.

근전도(EMG)
- 근육이 움직일 때 나오는 미세한 전기신호를 측정하여 근육의 활동 정도를 나타낼 수 있는 것을 말한다.
- 육체적 작업을 할 경우 신체의 특정 부위의 스트레스 또는 피로(스트레인(strain))를 측정하는 방법이다.
- 근육이 피로해질수록 근전도(EMG) 신호에서 저주파 영역이 증가하고 진폭도 커진다.

23 ● Repetitive Learning 1회 2회 3회 2201

남성근로자의 육체작업에 대한 에너지대사량을 측정한 결과 분당 작업 시 산소 소비량이 1.2L/min, 안정 시 산소 소비량이 0.5L/min, 기초대사량이 1.5kcal/min 이었다면 이 작업에 대한 에너지대사율(RMR)은 약 얼마인가? (단, 권장평균에너지소비량은 5kcal/min이다)

① 0.47 ② 0.80
③ 1.25 ④ 2.33

해설
- 산소의 열량은 1L당 5kcal라는 기준을 적용하여 대입하면
$$\frac{(1.2-0.5)\times 5}{1.5}=2.33\cdots$$ 이 된다.

작업 에너지 대사율(RMR : Relative Metabolic Rate)
① 개요
- RMR은 특정 작업을 수행하는 데 있어 작업자의 생리적 부하를 계측하는 지표이다.
- 주로 동적 근력작업이나 정적 근력작업의 강도를 측정하여 연속작업이 가능한 시간을 예측하기 위해 사용한다.
- $RMR = \frac{운동대사량}{기초대사량}$
  $= \frac{운동\ 시\ 산소소모량 - 안정\ 시\ 산소소모량}{기초대사량(산소소비량)}$

정답 21 ③ 22 ① 23 ④

로 구한다.
- RMR이 커지는 데 따라 작업 지속시간이 짧아진다.
ⓒ 작업강도 구분

작업구분	RMR	작업 종류 등
중(重)작업	4~7	일반적인 전신노동, 힘이나 동작속도가 큰 작업
중(中)작업	2~4	손·상지 작업, 힘·동작속도가 작은 작업
경(輕)작업	0~2	손가락이나 팔로 하는 가벼운 작업

해설
- 에너지 대사율(relative metabolic rate) 및 에너지 소비량은 휴식시간 산정 시 반드시 고려되어야 할 척도이다.
- **작업부하 및 휴식시간 결정**
  - 에너지 대사율(relative metabolic rate) 및 에너지 소비량은 휴식시간 산정 시 반드시 고려되어야 할 척도이다.
  - 작업부하는 작업자의 능력에 따라 달라진다.
  - 정신적인 권태감은 주관적인 요소이므로 휴식시간 산정 시 고려할 필요가 있다.
  - 조명 및 소음과 같은 환경적 요소도 작업부하 및 휴식시간 산정 시 고려해야 한다.
  - 작업방법이나 설비를 재설계하는 공학적 대책으로는 작업부하를 감소시킬 수 있다.
  - 장기적인 전신피로는 직무 만족감을 낮추고, 건강상의 위험을 증가시킬 수 있다.

24
그림과 같이 신장이 180cm인 사람이 두 개의 저울을 머리 끝과 다리 끝에 받치고 누워 있다. 머리 쪽의 눈금이 50kg, 다리 쪽의 눈금이 40kg일 때 이 사람의 머리와 무게중심 간의 거리(A)는 얼마인가?

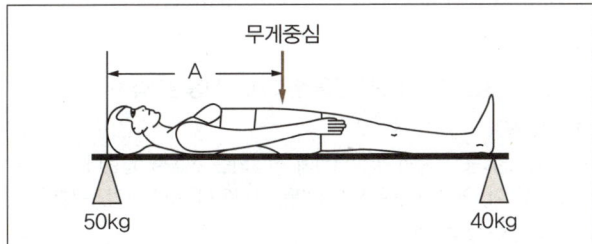

① 70cm
② 75cm
③ 80cm
④ 85cm

해설
- 무게와 거리의 곱인 모멘트가 같은 위치를 무게중심이라고 한다.
- 양쪽의 무게합은 90kg이고, 그중 질량이 무거운(50kg) 쪽에 무게중심이 있고 이는 전체 거리와 반비례한다. 즉, 머리에서부터 $\frac{40}{90} \times 108 = 80cm$에 무게 중심이 자리하고 있다.
- **정적 평형상태(Static equilibrium)** 실기 1901/2103/2201
  - 물체나 신체가 움직이지 않는 상태이다.
  - 작용하는 모든 힘의 총합이 0인 상태이다.
  - 작용하는 모든 모멘트의 총합이 0인 상태이다.
  - 힘이 거리에 비례하여 발생한다.

25
다음 중 작업부하량에 따른 휴식시간 설정과 가장 관련이 있는 것은?

① 에너지소비량
② 부정맥지수
③ 점멸융합주파수
④ 뇌전도

26
다음 중 정신적 작업부하에 관한 생리적 측정치로 사용되지 않는 것은?

① 부정맥지수(cardiac arrhythmia)
② 눈꺼풀의 깜박임 수(blink rate)
③ 뇌전도(EEG)
④ 심박수(heart beats)

해설
- ④는 육체작업의 생리학적 측정방법에 해당한다.
- **생리적 척도**
  - 인간-기계 시스템을 평가하는데 사용하는 인간기준 척도 중 하나이다.
  - 중추신경계 활동에 관여하므로 그 활동 및 징후를 측정할 수 있다.
  - 정신적 작업부하 척도 가운데 직무수행 중에 계속해서 자료를 수집할 수 있고, 부수적인 활동이 필요 없는 장점을 가진 척도이다.
  - 정신작업의 생리적 척도는 EEG(수면뇌파), 동공반응, 부정맥, 점멸융합주파수, J.N.D(Just-Noticeable difference), 눈꺼풀 깜박임 수(blink rate), 뇌유발전위 등을 통해 확인할 수 있다.
  - 육체작업의 생리적 척도는 EMG(근전도), 맥박수, 산소소비량, 작업량 등을 통해 확인할 수 있다.

정답 | 24 ③ 25 ① 26 ④

27
어떤 물체 또는 표면에 도달하는 빛의 밀도는?
① 조도   ② 광도
③ 반사율   ④ 점광원

해설
- ②는 광원에서 일정한 방향으로의 밝기를 말한다.
- ③은 빛을 포함한 여러 종류의 복사파가 물체의 표면에서 어느 정도 반사되는지를 나타내는 비율로 휘도/조도로 구할 수 있다.
- ④는 백열등과 같이 작은 광원이 발광하는 것을 말한다.

조도(照度) 실기 1501/1603/1703/2003/2302
- 조도는 특정 지점에 도달하는 광의 밀도를 말한다.
- 단위는 럭스(Lux)를 사용한다 $\left(\frac{1cd}{1m^2}, \frac{1lm}{1m^2}\right)$.
- 반사체의 반사율과는 상관없이 일정한 값을 갖는다.
- 거리의 제곱에 반비례하고, 광도에 비례하므로 $\frac{광도}{(거리)^2}$으로 구한다.

28
소음에 관한 정의에 있어 "강렬한 소음작업"이라 함은 얼마 이상의 소음이 1일 8시간 이상 발생하는 작업을 의미하는가?
① 85데시벨 이상   ② 90데시벨 이상
③ 95데시벨 이상   ④ 100데시벨 이상

해설
- 강렬한 소음작업은 1일 8시간 이상 90dB 이상의 소음에 노출되는 사업장을 말한다.

소음 노출 기준
㉠ 개요
- 소음작업이란 1일 8시간 작업을 기준으로 85dB 이상의 소음이 발생하는 작업을 말한다.

㉡ 강렬한 소음작업

1일 노출시간(hr)	허용 음압수준(dB)
8 이상	90 이상
4 이상	95 이상
2 이상	100 이상
1 이상	105 이상
1/2 이상	110 이상
1/4 이상	115 이상

㉢ 충격소음작업(1초 이상의 간격)

충격소음강도(dB)	허용 노출 횟수(회)
140 초과	100 이상
130 초과	1,000 이상
120 초과	10,000 이상

29
신체에 전달되는 진동은 전신진동과 국소진동으로 구분되는데 진동원의 성격이 다른 것은?
① 크레인   ② 지게차
③ 대형 운송차량   ④ 휴대용 연삭기

해설
- ①, ②, ③은 모두 전신진동을 일으키는 진동원이다.

국소진동
- 손, 발 등 신체의 특정부위에 전달되는 진동을 말한다.
- 굴착기, 연삭기, 전동톱, 체인톱, 그라인더 등의 작업공구가 일으키는 진동이다.

30
다음 중 운동범위가 가장 크며 세 개의 운동축을 가진 관절은?
① 구상관절   ② 접번관절
③ 차축관절   ④ 평면관절

해설
- ②는 경첩관절의 다른 표현으로 한쪽 방향으로만 운동할 수 있는 관절로 팔굽, 무릎, 손가락 뼈 사이 관절이 대표적이다.
- ③은 1방향 운동이 가능한 관절이나 바퀴가 굴러가듯 회전하는 관절로 요골이나 척골관절에 해당된다.
- ④는 관절머리와 관절와가 평면으로 이뤄진 움직임이 매우 작은 관절로 척추들이 결합하는 추간관절, 손목및 발목관절이 대표적이다.

구상관절(ball and socket joint)
- 운동범위가 가장 크며 세 개의 운동축을 가진 관절이다.
- 어깨관절이나 대퇴, 엉덩관절이 대표적이다.

31 다음 중 연속적 소음으로 인한 청력 손실에 해당하는 것은?

① 방직 공정 작업자의 청력 손실
② 밴드부 지휘자의 청력 손실
③ 사격 교관의 청력 손실
④ 낙하 단조(drop-forge) 장치 조작자의 청력 손실

해설
- ②, ③, ④는 모두 일시적인(단속적인) 충격소음에 해당한다.

:: 소음의 종류
- 연속음 : 소음 발생 간격이 1초 미만을 유지하면서 계속 발생되는 소음
- 충격음 : 소음 발생 간격이 1초 이상의 간격을 유지하면서 최대 음압수준이 120dB(A) 이상의 소음을 말한다.

32 근력 및 지구력에 대한 설명으로 틀린 것은?

① 정적인 근력 측정치로부터 동적 작업에서 발휘할 수 있는 최대 힘을 정확히 추정할 수 있다.
② 근력 측정치는 작업 조건뿐만 아니라 검사자의 지시내용, 측정방법 등에 의해서도 달라진다.
③ 근육이 발휘할 수 있는 힘은 근육의 최대자율수축(MVC)에 대한 백분율로 나타난다.
④ 등척력(isometric strength)은 신체를 움직이지 않으면서 자발적으로 가할 수 있는 힘의 최댓값이다.

해설
- ①에서 정적인 근력 측정치로부터 동적 작업에서 발휘할 수 있는 최대 힘을 정확히 추정하는 것은 가속과 관절 각도의 변화가 힘의 발휘와 측정에 영향을 주기 때문에 대단히 어렵다.
- 정적근력의 측정은 고정된 물체에 대해 최대 힘을 발휘하고, 일정 시간 휴식하는 과정을 반복하여 처음 3초 동안 발휘된 근력의 평균을 계산하여 측정한다.

:: 정적 근력(static strength)
- 등척성 근력(isometric strength)이라고도 한다.
- 근육의 정적상태의 근력 즉, 근육이 등척성 수축을 하는 것에 해당하는 근력이다.
- 근력의 상태 중 물체를 들고 있을 때처럼 신체부위를 움직이지 않으면서 고정된 물체에 힘을 가하는 상태를 말한다.
- 정적근력의 측정은 고정된 물체에 대해 최대 힘을 발휘하고, 일정 시간 휴식하는 과정을 반복하여 처음 3초 동안 발휘된 근력의 평균을 계산하여 측정한다.

33 육체적으로 격렬한 작업 시 충분한 양의 산소가 근육활동에 공급되지 못해 근육에 축적되는 것은?

① 젖산 ② 피루브산
③ 글리코겐 ④ 초성포도산

해설
- ②의 피루브산은 수소이온과 반응하여 근육피로의 일차적 원인으로 축적되는 젖산으로 변화된다.
- ③의 글리코겐은 탄수화물의 저장형태로 혈액을 통해 필요로 하는 조직에 이동되어 ATP 생산을 위해 사용된다.
- ④는 3분 이상 운동 시 사용하는 에너지 대사과정인 유산소 시스템에서 포도당이 ATP를 생성할 때 함께 생성된다.

:: 젖산(Lactic acid)
- 신체 활동 수준이 너무 높아 근육에 공급되는 산소량이 부족하여 생기는 피로물질이고, 젖산의 축적은 근육피로의 1차적 원인이 된다.
- 피루브산이 변화되어 생성된다.
- 무기성(혐기성) 대사과정으로 인한 부산물이다.
- 계속적인 활동 시 혈액으로부터 양분과 산소를 공급받아야 하며 이때 충분한 산소 공급이 되지 않을 경우 젖산은 축적된다.
- 축적된 젖산은 산소와 결합하여 물과 이산화탄소로 분해되어 배출된다.
- 젖산이 누적되면 결국 근육은 반응을 하지 않게 된다.

34 다음 중 반사 눈부심의 처리로 가장 적절하지 않은 것은?

① 창문을 높이 설치한다.
② 간접조명 수준을 좋게 한다.
③ 휘도 수준을 낮게 유지한다.
④ 조절판, 차양 등을 사용한다.

해설
- ①은 직사 휘광을 처리하는 방법이다.

:: 반사 휘광의 처리 방법
- 간접 조명 수준을 높인다.
- 무광택 도료 등을 사용한다.
- 조절판, 창문에 차양 등을 사용한다.
- 휘도 수준을 낮게 유지한다.

35

다음 중 단일자극에 의해 발생하는 1회의 수축과 이완 과정을 무엇이라 하는가?

① 강축(tetanus)
② 연축(twitch)
③ 긴장(tones)
④ 강직(rigor)

해설
- ①은 근육이 2개 이상의 자극을 짧은 간격으로 반복하여 가했을 때 단수축이 융합하여 보다 큰 수축이 일어나는 현상을 말한다.
- ③은 자극에 대해 상대적으로 느리게 반응하는 근섬유를 말한다.
- ④는 자극에 의해 근육의 이완이 늦어지고 근육이 뻣뻣해지는 비가역적 변화를 말한다.

연축(twitch)
- 단일자극에 의해 발생하는 1회의 수축과 이완 과정을 말한다.
- 근섬유의 자극 → 활동전압 → 흥분수축연결 → 근원섬유의 수축 순으로 일어난다.
- 연축이 일어나기 위해 가해지는 자극의 한계치를 자극역치라고 한다.

- 근무 교대시간은 근로자의 수면을 방해하지 않도록 정해야 하며, 아침 교대시간은 아침 7시 이후에 하는 것이 바람직하다.
- 근무시간은 8시간을 주기로 교대하며 야간 근무 시 충분한 휴식을 보장해주어야 한다.
- 교대작업은 피로회복을 위해 역교대 근무 방식보다 전진근무 방식(주간근무 → 저녁근무 → 야간근무 → 주간근무)으로 하는 것이 좋다.

ⓒ 야간근무
- 야간근무의 연속은 2 ~ 3일 정도가 좋다.
- 야근 교대시간은 상오 0시 이전에 하는 것이 좋다.
- 야간근무 시 가면(假眠)시간은 근무시간에 따라 2 ~ 4시간으로 하는 것이 좋다.
- 야근은 가면(假眠)을 하더라도 10시간 이내가 좋다.
- 야근 후 다음 반으로 가는 간격은 최저 48시간을 가지도록 한다.
- 상대적으로 가벼운 작업을 야간 근무조에 배치하고, 업무 내용을 탄력적으로 조정한다.

36

교대작업 운영의 효율적인 방법으로 볼 수 없는 것은?

① 고정적이거나 연속적인 야간근무 작업은 줄인다.
② 교대일정은 정기적이고 작업자가 예측 가능하도록 해 주어야 한다.
③ 교대작업은 주간근무 → 야간근무 → 저녁근무 → 주간근무 식으로 진행해야 피로를 빨리 회복할 수 있다.
④ 2교대 근무는 최소화하며, 1일 2교대 근무가 불가피한 경우에는 연속 근무일이 2 ~ 3일이 넘지 않도록 한다.

해설
- 교대작업은 피로회복을 위해 역교대 근무 방식보다 전진근무 방식(주간근무 → 저녁근무 → 야간근무 → 주간근무)으로 하는 것이 좋다.

바람직한 교대제
㉠ 기본
- 각 반의 근무시간은 8시간으로 한다.
- 2교대면 최저 3조의 정원을, 3교대면 4조 편성으로 한다.
- 근무시간의 간격은 15 ~ 16시간 이상으로 하여야 한다.
- 채용 후 건강관리로서 정기적으로 체중, 위장 증상 등을 기록해야 하며 체중이 3kg 이상 감소 시 정밀검사를 받도록 한다.

37

우리 몸을 구성하고 있는 단위 가운데 작은 단위부터 큰 단위 순으로 되어 있는 것은?

① 세포 - 조직 - 기관 - 계통
② 세포 - 계통 - 조직 - 기관
③ 세포 - 기관 - 조직 - 계통
④ 세포 - 조직 - 계통 - 기관

해설
- 인체는 세포, 조직, 기관 및 계통의 4단계의 구조물로 구성된다.

인체의 구성과 기능
- 인체는 세포, 조직, 기관 및 계통의 4단계의 구조물로 구성된다.
- 인체 구성과 기능의 구조적, 기능적 기본단위는 세포이다.
- 서로 유사한 형태 및 기능을 가진 세포들의 모임을 조직이라고 한다.
- 여러 조직이 모여 밀접하게 관련된 일을 수행하는 것을 기관이라고 한다.
- 기능적으로 공통성이 있는 기관을 묶어서 계통(기관계)이라고 한다.

35 ② 36 ③ 37 ①

38

위치(positioning) 동작에 관한 설명으로 틀린 것은?

① 반응시간은 이동거리와 관계없이 일정하다.
② 위치동작의 정확도는 그 방향에 따라 달라진다.
③ 오른손의 위치동작은 우하-좌상 방향의 정확도가 높다.
④ 주로 팔꿈치의 선회로만 팔 동작을 할 때가 어깨를 많이 움직일 때보다 정확하다.

해설
- ③에서 오른손의 위치동작은 좌하-우상 방향의 정확도가 높다.
- **위치(positioning) 동작**
  - 반응시간은 이동거리와 관계없이 일정하다.
  - 위치동작의 정확도는 그 방향에 따라 달라진다.
  - 오른손의 위치동작은 좌하-우상 방향의 정확도가 높다.
  - 주로 팔꿈치의 선회로만 팔 동작을 할 때가 어깨를 많이 움직일 때보다 정확하다.

39

다음 중 불수의근(involuntary mescle)과 관계가 없는 것은?

① 내장근 ② 평활근
③ 골격근 ④ 민무늬근

해설
- 뼈대근육은 뼈나 힘줄에 붙어서 우리 몸의 움직임을 만드는 근육조직으로 가로무늬근이라 불리며, 수의근이다.
- **뼈대근육(골격근, skeletal muscle)** 실기 2103
  - 뼈나 힘줄에 붙어서 우리 몸의 움직임을 만드는 근육조직이다.
  - 골격근의 기본구조는 근섬유분절이다.
  - 체중의 약 40%를 차지하고 있다.
  - 건(tendon)에 의해 뼈에 붙어 있다.
  - 400개 이상이 신체 양쪽에 쌍으로 있다.
  - 가로무늬근이라 불리며, 수의근이다.

40

다음 중 고온 작업장에서의 작업 시 신체 내부의 체온조절계통의 기능이 상실되어 발생하며, 체온이 과도하게 오를 경우 사망에 이를 수 있는 고열장해는?

① 열소모 ② 열사병
③ 열발진 ④ 참호족

해설
- ①은 계속적인 발한으로 인한 수분과 염분 부족이 발생하며 두통, 현기증, 무기력증 등의 증상이 발생하는 고열장해이다.
- ③은 땀이 원활하게 표피로 배출되지 못하여 발생하는 땀띠를 말한다.
- ④는 발을 오랜 시간에 걸쳐 축축하고, 비위생적이며 차가운 상태에 노출함으로써 일어나는 질병이다.
- **열중독증(Heat illness)**
  - ㉠ 강도
    - 열발진<열경련<열소모<열사병 순으로 강도가 세다.
  - ㉡ 종류
    - 열발진 : 땀띠
    - 열경련 : 고열환경에서 작업 후에 격렬한 근육수축이 일어나고, 탈수증이 발생
    - 열소모 : 계속적인 발한으로 인한 수분과 염분 부족이 발생하며 두통, 현기증, 무기력증 등의 증상 발생
    - 열사병 : 열소모가 지속되어 쇼크 발생

3과목 산업심리학 및 관련법규

41

하인리히(Heinrich)의 재해발생이론에 관한 설명으로 틀린 것은?

① 사고를 발생시키는 요인에는 유전적 요인도 포함된다.
② 일련의 재해요인들이 연쇄적으로 발생한다는 도미노 이론이다.
③ 일련의 재해요인들 중 하나만 제거하여도 재해예방이 가능하다.
④ 불안전한 행동 및 상태는 사고 및 재해의 간접원인으로 작용한다.

해설
- 3단계 불안전한 행동 및 불안전한 상태가 재해의 직접원인으로 작용하므로 사고를 예방하기 위한 관리 활동들이 가장 효과적으로 적용될 수 있다고 보았다.
- **하인리히의 사고연쇄반응(도미노) 이론**
  - 3단계 불안전한 행동 및 불안전한 상태가 재해의 직접원인으로 작용하므로 사고를 예방하기 위한 관리 활동들이 가장 효과적으로 적용될 수 있다고 보았다.

1단계	사회적 환경 및 유전적 요소
2단계	개인적인 결함
3단계	불안전한 행동 및 불안전한 상태
4단계	사고
5단계	재해

ⓒ 특징
- 권한의 근거는 공식적인 법과 규정에 의한다.
- 상사와 부하의 관계는 지배적이고 사회적 간격이 넓다.
- 지휘의 형태는 권위적이다.
- 책임은 부하에 있지 않고 상사에게 있다.

42

다음 중 재해에 의한 상해의 종류에 해당하는 것은?

① 골절 ② 추락
③ 비래 ④ 전복

해설
- ②, ③, ④는 재해의 발생형태별 분류에 해당된다.

상해의 종류별 분류

골절	뼈가 부러지는 상해
찰과상	스치거나 문질러서 피부가 벗겨진 상해
창상	창, 칼 등에 베인 상해
자상	칼날 등 날카로운 물건에 찔린 상해
좌상	타박상(삐임)이라고도 하며, 피하조직 등 근육부를 다쳐 충격을 받은 부위가 부어오르고 통증이 발생되는 상해
부종	국부의 혈액순환의 이상으로 몸이 퉁퉁 부어오르는 상해
중독	음식, 약물, 가스 등에 의해 중독되는 상해
화상	화재 또는 고온물과의 접촉으로 인한 상해
진폐	분진이 침착하여 조직 반응이 일어난 상해

43

다음 중 리더십과 헤드십에 대한 설명으로 옳은 것은?

① 헤드십 하에서는 지도자와 부하간의 사회적 간격이 넓은 반면, 리더십 하에서는 사회적 간격이 좁다.
② 리더십은 임명된 자도자의 권한을 의미하고, 헤드십은 선출된 지도자의 권한을 의미한다.
③ 헤드십 하에서는 책임이 지도자와 부하 모두에게 귀속되는 반면, 리더십 하에서는 지도자에게 귀속된다.
④ 헤드십 하에서 보다 자발적인 참여가 발생할 수 있다.

해설
- 헤드십은 상사와 부하의 관계가 지배적이고 사회적 간격이 넓다.

헤드십(Head-ship)
ⓐ 개요
- 리더와 같이 선출된 지도자가 아니라 조직에 의해 임명된 지도자가 행하는 권한행사를 말한다.

44

A사업장의 상시 근로자가 200명이고, 연간 3건의 재해가 발생했다면 이 사업장의 도수율은 약 얼마인가?(단, 근로자는 1일 9시간씩 연간 300일을 근무하였다)

① 3.25 ② 5.56
③ 6.25 ④ 8.30

해설
- 연근로시간수는 200명×9시간×300일이므로 540,000시간이고, 3건의 재해가 발생했으므로 도수율은 $\frac{3}{540,000} \times 1,000,000 = 5.555\cdots$가 된다.

재해율 관련 공식

재해율	$\frac{재해자수}{산재보험적용근로자수} \times 100$
사망만인율	$\frac{사망자수}{산재보험적용근로자수} \times 10,000$
휴업재해율	$\frac{휴업재해자수}{임금근로자수} \times 100$
도수율 (빈도율)	$\frac{재해건수}{연근로시간수} \times 1,000,000$
강도율	$\frac{총요양근로손실일수}{연근로시간수} \times 1,000$

45

다음 중 제조물 책임법에서의 결함의 유형에 해당하지 않는 것은?

① 제조상의 결함 ② 설계상의 결함
③ 구매상의 결함 ④ 표시상의 결함

해설
- 제조물 책임법에서 명시한 결함의 종류에는 제조상의 결함, 설계상의 결함, 표시상의 결함이 있다.

결함의 종류 실기 1801/2002/2101/2103/2203/2302

- 결함이란 제조물 제조상·설계상 또는 표시상의 결함이 있거나 그 밖에 통상적으로 기대할 수 있는 안전성이 결여되어 있는 것을 말한다.
- 결함의 종류에는 제조상의 결함, 설계상의 결함, 표시상의 결함이 있다.

제조상의 결함	제조업자가 제조물에 대하여 제조상·가공 상의 주의 의무를 이행하였는지에 관계없이 제조물이 원래 의도한 설계와 다르게 제조·가공됨으로써 안전하지 못하게 된 경우
설계상의 결함	제조업자가 합리적인 대체설계(代替設計)를 채용하였더라면 피해나 위험을 줄이거나 피할 수 있었음에도 대체설계를 채용하지 아니하여 해당 제조물이 안전하지 못하게 된 경우
표시상의 결함	제조업자가 합리적인 설명·지시·경고 또는 그 밖의 표시를 하였더라면 해당 제조물에 의하여 발생할 수 있는 피해나 위험을 줄이거나 피할 수 있었음에도 이를 하지 아니한 경우

46

NIOSH에서 설정한 직무 스트레스 모형에서 스트레스의 요인으로 포함되어 있지 않은 것은?

① 작업환경 요인 : 소음, 조명 등
② 조직 요인 : 관리유형, 의사결정참여 등
③ 조직 외 요인 : 가족상황, 재정상태 등
④ 심리행동적 요인 : 직무불만족, 수면장애 등

해설
- ④에서 직무불만족은 조직 요인, 수면장애는 개인적 요인에 해당된다. 심리행동적 요인은 NIOSH 스트레스 요인의 분류에 포함되지 않는다.

NIOSH 직무 스트레스 요인

작업 요인	작업 부하, 작업 속도, 교대 근무 등
조직 요인	역할갈등, 관리유형, 의사결정참여, 고용불확실 등
환경 요인	온도, 진동, 소음, 조명 등

NIOSH 중재 요인(Moderatiing factors)
- 직무 스트레스 요인에서도 개인들이 지각하고 상황에 반응하는 방식에 차이를 가지게 되는 요인을 말한다.

개인적 요인	성격, 경력개발 단계, 건강 등
조직 외 요인	가족상황, 교육상태, 결혼상태 등
완충작용 요인	대처능력, 사회적 지위 등

47 1703/2101

막스 웨버(Max Weber)가 주장한 관료주의에 관한 설명으로 옳지 않은 것은?

① 노동의 분업화를 전제로 조직을 구성한다.
② 부서장들의 권한 일부를 수직적으로 위임하도록 했다.
③ 단순한 계층구조로 상위리더의 의사결정이 독단화되기 쉽다.
④ 산업화 초기의 비규범적 조직운영을 체계화시키는 역할을 했다.

해설
- ③에서 막스 웨버는 산업화 초기의 비규범적 조직운영을 체계화하였으며, 법과 규정에 의한 운영으로 예측 가능한 조직운영을 가정한다.

막스 웨버 (Max Weber)의 관료주의 4가지 기본원칙
- 구조 : 산업화 초기의 비규범적 조직운영을 체계화하였으며, 법과 규정에 의한 운영으로 예측 가능한 조직운영을 가정한다.
- 노동의 분업 : 노동의 분업화를 전제로 조직을 구성한다.
- 통제의 범위 : 하부조직과 인원을 적절한 크기가 되도록 가정한다.
- 권한의 위임 : 부서장들의 권한 일부를 수직적으로 위임하도록 했다.

48 1603

관리 그리드 이론(managerial grid theory)에 관한 설명으로 틀린 것은?

① 블레이크와 모우톤이 구조주도적-배려적 리더십 개념을 연장시켜 정립한 이론이다.
② 인기형은 (9,1)형으로 인간에 대한 관심은 매우 높은데 반해 과업에 관한 관심은 낮은 리더십 유형이다.
③ 중도형은 (5,5)형으로 과업과 인간관계 유지에 모두 적당한 정도의 관심을 갖는 리더십 유형이다.
④ 리더십을 인간중심과 과업중심으로 나누고 이를 9등급씩 그리드로 계량화하여 리더의 행동경향을 표현하였다.

해설
- 인기형은 (1,9)형이다.

관리 그리드(Managerial Grid) 이론
- Blake & Muton에 의해 구조주도적-배려적 리더십 개념을 연장시켜 정립한 이론이다.

정답 46 ④ 47 ③ 48 ②

- 리더의 2가지 관심(인간, 생산에 대한 관심)을 축으로 리더십을 분류하였다.
- 이상(Team)형 리더십이 가장 높은 성과를 보여준다고 주장하였다.
- 표현 시 ( ) 안에 앞에는 업무에 대한 관심을, 뒤에는 인간관계에 대한 관심을 표현하고 온점(.)으로 구분한다.

높음(9)	인기(Country club)형 (1.9) • 인간에 대한 관심 지대함 • 생산에는 무관심		이상(Team)형 (9.9) • 인간에 대한 관심과 생산에 대한 관심이 모두 높음
↑ 인간에 대한 관심 ↓		중도(Middle of road)형 (5.5)	
	무관심(Impoverished)형(1.1) • 인간에 대한 관심과 생산에 대한 관심이 모두 무관심		과업(Task)형(9.1) • 생산에 대한 관심 지대함 • 인간에는 무관심
낮음(1)	⇐ 생산에 대한 관심 ⇒ 높음(9)		

0703/1501

49 ▶ Repetitive Learning 1회 2회 3회

다음은 재해의 발생사례이다. 재해의 원인 분석 및 대책으로 적절하지 않은 것은?

> ○○유리(주) 내의 옥외작업장에서 강화유리를 출하하기 위해 지게차로 강화유리를 운반전용 파렛트에 싣고 작업자 2명이 지게차 포크 양쪽에 타고 강화유리가 넘어지지 않도록 붙잡고 가던 중 포크 진동에 의해 강화유리가 전도되면서 지게차 백레스트와 유리사이에 끼어 1명이 사망, 1명이 부상을 당하였다.

① 불안전한 행동 – 지게차 승차석 외의 탑승
② 예방대책 – 중량물 등의 이동시 안전조치교육
③ 재해유형 – 협착
④ 기인물 – 강화유리

해설
- 기인물이란 직접적으로 재해를 유발하거나 영향을 끼친 에너지원(운동, 위치, 열, 전기 등)을 지닌 기계·장치, 구조물, 물체·물질, 사람 또는 환경 등을 말한다. 제시된 재해의 기인물은 포크 진동이 되어야 한다.
- **재해의 발생형태별 분류**
  - 추락 – 사람이 인력(중력)에 의하여 건축물, 구조물, 가설물, 수목, 사다리 등의 높은 장소에서 떨어지는 것을 말한다.
- 전도·전복 – 사람이 거의 평면 또는 경사면, 층계 등에서 구르거나 넘어짐 또는 미끄러진 경우와 물체가 전도·전복된 경우를 말한다.
- 충돌·접촉 – 재해자 자신의 움직임·동작으로 인하여 기인물에 접촉 또는 부딪히거나, 물체가 고정부에서 이탈하지 않은 상태로 움직임 등에 의하여 접촉·충돌한 경우를 말한다.
- 낙하·비래 – 구조물, 기계 등에 고정되어 있던 물체가 중력, 원심력, 관성력 등에 의하여 고정부에서 이탈하거나 또는 설비 등으로부터 물질이 분출되어 사람을 가해하는 경우를 말한다.
- 협착·감김 – 두 물체 사이의 움직임에 의하여 일어난 것으로 직선 운동하는 물체 사이의 협착, 회전부와 고정체 사이의 끼임, 로울러 등 회전체 사이에 물리거나 또는 회전체·돌기부 등에 감긴 경우를 말한다.
- 붕괴·도괴 – 토사, 적재물, 구조물, 건축물, 가설물 등이 전체적으로 허물어져 내리거나 또는 주요 부분이 꺾어져 무너지는 경우를 말한다.
- 압박·진동 – 재해자가 물체의 취급과정에서 신체특정부위에 과도한 힘이 편중·집중·눌려진 경우나 마찰접촉 또는 진동 등으로 신체에 부담을 주는 경우를 말한다.
- 이상온도 노출·접촉 – 고·저온 환경 또는 물체에 노출·접촉된 경우를 말한다.
- 유해·위험물질 노출·접촉 – 유해·위험물질에 노출·접촉 또는 흡입하였거나 독성동물에 쏘이거나 물린 경우를 말한다.
- 화재 – 가연물에 점화원이 가해져 비의도적으로 불이 일어난 경우를 말하며, 방화는 의도적이기는 하나 관리할 수 없으므로 화재에 포함시킨다.
- 폭발 – 건축물, 용기 내 또는 대기 중에서 물질의 화학적, 물리적 변화가 급격히 진행되어 열, 폭음, 폭발압이 동반하여 발생하는 경우를 말한다.
- 전류접촉(감전) – 전기설비의 충전부 등에 신체의 일부가 직접 접촉하거나 유도전류의 통전으로 근육의 수축, 호흡곤란, 심실세동 등이 발생한 경우 또는 특별고압 등에 접근함에 따라 발생한 섬락 접촉, 합선·혼촉 등으로 인하여 발생한 아아크에 접촉된 경우를 말한다.

2001

50 ▶ Repetitive Learning 1회 2회 3회

휴먼 에러 방지대책을 설비요인, 인적요인, 관리요인 대책으로 구분할 때 인적 요인에 관한 대책으로 볼 수 없는 것은?

① 소집단 활동
② 작업의 모의훈련
③ 인체측정치의 적합화
④ 작업에 관한 교육훈련과 작업 전 회의

해설
- ③은 설비 및 환경요인 대책에 해당한다.
- **휴먼에러 예방대책**
  - ㉠ 인적요인
    - 확실한 업무 인수인계
    - 소집단 활동의 활성화
    - 작업의 모의훈련
    - 작업에 대한 교육 및 훈련
  - ㉡ 설비 및 환경요인
    - 설비 및 환경개선
    - Fail safe design과 Fool proof 설계
    - 인간공학적 설계 및 적합화
    - 작업자의 특성과 작업설비의 적합성 점검·개선
    - 기기 및 밸브 등의 배치, 표시, 표식의 확실한 구분
  - ㉢ 관리요인
    - 안전분위기 조성
    - 작업자의 특성과 작업설비의 적합성 점검·개선

51 ● Repetitive Learning 1회 2회 3회

다음 중 McGregor의 Y 이론에 따른 인간의 동기부여 인자에 해당하는 것은?

① 수직적 리더십 ② 수평적 리더십
③ 금전적 보상 ④ 직무의 단순화

해설
- ①, ③ ④는 모두 X이론에 따른 인간의 동기부여 인자에 해당한다.
- **맥그리거(McGregor)의 X·Y이론**
  - ㉠ 개요
    - 인간과 직무의 관계에 대한 기본적인 가정을 X이론과 Y이론이라는 가설로 나눈 것이다
    - X이론은 인간의 본성이 일을 싫어하고, 무관심하며, 책임을 회피하므로 당근과 채찍을 동원하여 강제할 필요가 있다는 이론이다.
    - Y이론은 인간의 본성이 일을 좋아하고, 책임감이 강하며, 선하므로 그들을 자율적, 민주적으로 대해야 창조적인 성과를 얻을 수 있다는 이론이다.
  - ㉡ X이론과 Y이론의 관리처방 비교

X이론(후진국형, 성악설)	Y이론(선진국형, 성선설)
• 경제적 보상체제의 강화 • 권위주의적 리더십의 확립 • 면밀한 감독과 엄격한 통제 • 상부 책임제도의 강화	• 분권화와 권한의 위임 • 목표에 의한 관리 • 직무확장 • 인간관계 관리방식 • 책임감과 창조력

52 ● Repetitive Learning 1회 2회 3회

어느 작업자가 평균적으로 100개의 부품을 검사하여 불량품 5개를 검출해 내었으나 실제로는 15개의 불량품이 있었다. 이 작업자가 100개가 1로트로 구성된 로트 2개를 검사하면서 2개의 로트 모두에서 휴먼 에러를 범하지 않을 확률은?

① 0.01 ② 0.1
③ 0.81 ④ 0.9

해설
- 과오발생 가능 수는 100개인데 실제 과오 발생 수는 10개(15−5)이다.
- 인간실수확률이 $\frac{10}{100}$ =0.1이므로 신뢰도는 1−0.1=0.9가 된다.
- 100개의 부품을 검사하는데 신뢰도가 0.9인데 이것이 200개로 늘어난 경우이므로 신뢰도 0.9가 직렬로 연결된 구조로 봐야 한다.
- 즉, 0.9×0.9=0.81이 된다.
- **인간실수확률(HEP : Human Error Probability)** 실기 1301/1703/2003
  - 시작과 끝을 가지는 직무에 근무할 때 인간 신뢰도의 기본단위이다.
  - 과오가 발생할 수 있는 가능 수에서 실제 발생한 과오의 수로 계산한다.
  - $\frac{실제발생 과오의 수}{과오발생 가능 수}$로 구한다.

53 ● Repetitive Learning 1회 2회 3회

다음 중 레빈(Lewin)의 인간행동에 대한 설명으로 옳은 것은?

① 인간의 행동은 개인적 특성(P)과 환경(E)의 상호 함수관계이다.
② 인간의 욕구(needs)는 1차적 욕구와 2차적 욕구로 구분된다.
③ 동작시간은 동작의 거리와 종류에 따라 다르게 나타난다.
④ 집단행동은 통제적 집단행동과 비통제적 집단행동으로 구분할 수 있다.

해설
- 레빈의 인간행동에 대한 설명에서 인간의 행동은 개인(P)과 환경(E)의 상호 함수관계에 있다고 할 수 있다.
- **레빈(Lewin,K)의 법칙**
  - 행동 B = $f(P \cdot E)$로 이루어진다. 즉, 인간의 행동은 개인(P)과 환경(E)의 상호 함수관계에 있다고 할 수 있다.

정답 51 ② 52 ③ 53 ①

- B는 인간의 행동(Behavior)을 말한다.
- f는 동기부여를 포함한 함수(Function)이다.
- P는 Person 즉, 개체(소질)로 연령, 지능, 경험 등을 의미한다.
- E는 Environment 즉, 심리적 환경(인간관계, 작업환경 – 조명, 소음, 온도 등)을 의미한다.

해설
- 주의는 선택성, 방향성, 변동성을 갖는다.
- 주의(Attention)의 특성 실기 1901

선택성	여러 자극을 지각할 때 소수의 현란한 자극에 선택적 주의를 기울이는 경향으로 한 번에 많은 종류의 자극을 수용하기 어려움을 말한다.
방향성	한 지점에 주의를 집중하면 다른 곳의 주의가 약해지는 성질을 말한다.
변동성	장시간 주의를 집중하려 해도 주기적으로 부주의의 리듬이 존재한다는 것을 말한다.
일점 집중성	돌발 사태를 만나면 공포와 함께 주의가 일점에 집중되어 판단불능의 상태에 빠지는 것을 말한다.

54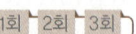

0603/0803/1403/1501

다음 중 과도로 긴장하거나 감정 흥분시의 의식수준단계로 대외의 활동력은 높지만 냉정함이 결여되어 판단이 둔화되는 의식수준 단계는?

① phase Ⅰ
② phase Ⅱ
③ phase Ⅲ
④ phase Ⅳ

해설
- 과도로 긴장된 상태는 Phase Ⅳ에 해당된다.
- 인간의 의식 레벨
  - Phase 0은 무의식상태로 작업수행이 불가능한 상태의 의식수준이다.
  - 에러 발생 가능성이 낮은 것부터 높은 순으로 배열하면 Ⅲ단계 – Ⅱ단계 – Ⅰ단계 – Ⅳ단계가 된다.

단계	의식수준	설명
Phase 0	무의식, 실신 상태	무의식 동작에는 외계의 능력에 대응하는 능력이 어느 정도는 있다.
Phase Ⅰ	이상, 피로 및 단조로움	심신이 피로하거나 단조로운 작업을 반복할 경우 나타나는 의식수준의 저하현상이 발생
Phase Ⅱ	정상, 이완 상태	생리적 상태가 안정을 취하거나 휴식할 때에 해당
Phase Ⅲ	정상, 명쾌	• 중요하거나 위험한 작업을 안전하게 수행하기에 적합 • 신뢰성이 가장 높은 상태의 의식수준
Phase Ⅳ	과긴장	돌발 사태의 발생으로 인하여 주의의 일점 집중 현상이 일어나는 경우 인간의 의식수준

55

주의란 행동의 목적에 의식수준이 집중되는 심리상태를 말한다. 다음 중 주의의 특성이 아닌 것은?

① 선택성
② 경향성
③ 변동성
④ 방향성

56

휴먼 에러의 유형에 따른 분류체계 중 심리적인 측면에 따른 분류에 해당하지 않는 것은?

① 지연오류
② 누락오류
③ 입력오류
④ 순서오류

해설
- ③은 인간의 정보처리 과정에서 분류한 휴먼 에러의 종류이다.
- 심리적 측면의 휴먼에러 분류(Swain) 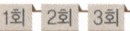 1403/1703/2101/2201/2403
  - ㉠ 부작위오류(Omission error) : 필요한 행위를 실행하지 않은 오류

생략오류 (Omission error)	필요한 작업 또는 절차를 수행하지 않는 데 기인한 에러

  - ㉡ 작위오류(Commission error) : 작업 수행 중 작업을 정확하게 수행하지 못해 발생한 에러(행위적 관점)

선택오류 (Selection error)	다른 레버를 선택하는 등의 원인으로 발생한 에러
물량오류 (Qualitative error)	너무 많거나 혹은 너무 적은 작업을 수행해서 발생한 에러
순서오류 (Sequential error)	필요한 작업 또는 절차의 순서 착오로 인한 에러
시간오류 (Timing error)	필요한 작업 또는 절차의 수행을 지연한 데 기인한 에러

  - ㉢ 불필요한 행동 오류

불필요한 수행오류 (Extraneous error)	불필요한 작업 또는 절차를 수행함으로써 발생한 에러

정답 54 ④ 55 ② 56 ③

57

다음 중 결함수 분석법(FTA)에 관한 설명으로 옳은 것은?

① 재해발생 원인을 Tree 상으로 표현할 수 있다.
② 컴퓨터 처리가 불가능하다.
③ 기초적 결함조건을 가변적이라고 가정한다.
④ 체계 내 결함의 누적효과를 묘사할 수 없는 한계성이 있다.

해설
- FTA는 고장을 발생시키는 사상과 그 원인과의 인과관계를 나뭇가지(TREE) 모양의 그림으로 나타내는 방법이다.

결함수분석법(FTA)
- 시스템의 고장을 발생시키는 사상과 그 원인과의 인과관계를 논리 관계로 설명하는 게이트나 사상기호를 나뭇가지 모양의 그림으로 나타내고 이에 의거 시스템의 고장확률을 구함으로써 문제가 되는 부분을 찾아내는 기법이다.
- 연역적 방법으로 원인을 규명하며, 재해의 정량적 예측이 가능한 분석방법이다.
- 최상위 고장(Top event)으로부터의 하향식 고장해석 방법이다.
- 특정 사상에 대해 짧은 시간에 해석이 가능하다.
- 정성적 평가 후 정량적 평가를 실시하며, 정량적으로 재해 발생 확률을 구한다.
- FTA를 수행함에 있어 기본사상들의 발생이 서로 독립인가 아닌가의 여부를 파악하기 위해서는 공분산을 이용한다.

58

집단역학에 있어 구성원 상호간의 선호도를 기초로 집단 내부에서 발생하는 상호관계를 분석하는 기법을 무엇이라 하는가?

① 갈등 관리   ② 소시오메트리
③ 시너지 효과   ④ 집단의 응집력

해설
- ①은 집단 내 갈등의 바람직한 방향을 설정하고, 그쪽으로 유도하는 것을 말한다.
- ③은 2개 이상의 요소들이 서로 상호작용을 하여 발생하는 효과를 말한다.
- ④는 집단구성원들이 서로에게 매력적으로 끌리어 그 집단목표를 효율적으로 달성하는 힘을 말한다.

소시오매트리(Sociometry)
- 집단 구성원 간의 물리적, 심리적 거리를 측정하는 방법이다.
- 구성원 상호 간의 선호도를 기초로 집단 내부의 동태적 선호관계를 분석하는 방법으로 많이 사용한다.

59

다음 중 반응시간 또는 동작시간에 관한 설명으로 틀린 것은?

① C 반응시간은 여러 가지의 자극이 주어지고, 이들 자극 모두에 대하여 반응하는 총소요시간을 의미한다.
② 단순반응시간은 A 반응시간이라고도 하며, 하나의 특정 자극에 대하여 반응하는 데 소요되는 시간을 의미한다.
③ 선택반응시간은 B 반응시간이라고도 하며, 일반적으로 자극과 반응의 수가 증가할수록 로그에 비례하여 증가한다.
④ 동작시간은 신호에 따라 손을 움직여 동작을 실제로 실행하는 데 걸리는 시간을 의미한다.

해설
- ①에서 C 반응시간은 변별반응시간으로 2개 이상의 자극 중 특정 자극에 대해서만 반응할 때의 반응시간이다.

반응시간(reaction time)
- 어떠한 자극이 제시되고 이에 대한 동작을 시작하기까지의 소요 시간을 말한다.
- 자극과 요구 반응의 수에 따라 단순반응시간, 선택반응시간, 변별반응시간으로 구분된다.
- 단순반응시간은 하나의 자극에 대해 하나의 반응을 요구할 때의 반응시간이다.
- 단순(A)반응시간에 영향을 미치는 변수로는 자극 양식, 자극의 특성, 자극 위치, 연령 등이 있다.
- 선택(B)반응시간은 2개 이상의 자극에 대해 각각의 자극에 대해 다른 반응을 요구할 때의 반응시간이다.
- 선택반응시간은 별도의 반응을 요하는 자극 수에 따라 달라진다.
- 선택반응시간은 자극과 반응(N)이 증가할 때 $\log_2$에 비례하여 증가하므로 구하는 식은 $a + b\log_2 N$으로 구한다.
- 변별(C)반응시간은 2개 이상의 자극 중 특정 자극에 대해서만 반응할 때의 반응시간이다.

60

다음 그림은 스트레스 수준과 성과수준과의 관계를 나타낸 것이다. A, B, C에 해당하는 스트레스의 종류를 올바르게 나열한 것은?

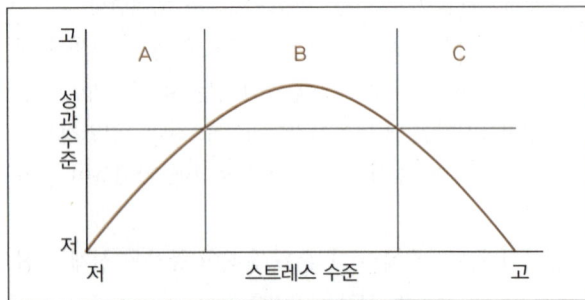

① A : 순기능, B : 역기능, C : 순기능
② A : 직무, B : 역기능, C : 직무
③ A : 역기능, B : 순기능, C : 역기능
④ A : 직무, B : 순기능, C : 개인

해설
- 적정수준의 스트레스는 작업성과에 긍정적으로 작용한다(스트레스 수준과 수행은 역U자형의 관계를 갖는다). A와 C는 스트레스가 적거나 많은 경우로 역기능, B는 적정한 스트레스로 순기능을 한다.

스트레스
- 위협적인 환경특성에 대한 개인의 반응이라고 볼 수 있다.
- 코티졸(cortisol)은 스트레스를 받을 때 몸에서 생성되는 호르몬으로 스트레스 정도를 파악하는데 사용된다.
- 스트레스는 근골격계 질환에 영향을 줄 수 있다.
- 스트레스를 받게 되면 자율 신경계가 활성화 된다.
- 적정수준의 스트레스는 작업성과에 긍정적으로 작용한다(스트레스 수준과 수행은 역U자형의 관계를 갖는다).
- 지나친 스트레스를 지속적으로 받으면 인체는 자기조절능력을 상실할 수 있다.
- 일반적으로 내적 통제자들은 외적 통제자들보다 스트레스를 적게 받는다.
- A형 성격을 가진 사람이 B형 성격을 가진 사람보다 높은 스트레스를 받을 가능성이 있다.

4과목 근골격계질환 예방을 위한 작업관리

61

다음 중 공정도에 관한 설명으로 적절하지 않은 것은?

① 대상의 주체를 도시기호(圖示記號)로 나타낸다.
② 작업을 기본적인 동작요소로 나눈다.
③ 대상을 4 또는 5요소로 나누어 분석한다.
④ 대상을 보다 상세히 전문적 분야에서 분석한다.

해설
- ②에서 작업을 기본적인 동작요소가 아닌 공정요소로 나눈다.

공정도
- 작업을 기본적인 공정요소로 나눈다.
- 부품의 이동을 확인할 수 있다.
- 역류 현상을 점검할 수 있다.
- 작업과 검사 과정을 표시할 수 있다.
- 대상의 주체를 도시기호(圖示記號)로 나타낸다.
- 대상을 4 또는 5요소로 나누어 분석한다.
- 대상을 보다 상세히 전문적 분야에서 분석한다.

62

시계 조립과 같이 정밀한 작업을 위한 작업대의 높이로 가장 적절한 것은?

① 팔꿈치 높이로 한다.
② 팔꿈치 높이보다 5~15cm 낮게 한다.
③ 팔꿈치 높이보다 5~15cm 높게 한다.
④ 작업면과 눈의 거리가 30cm 정도 되도록 한다.

해설
- 정밀작업의 경우 팔꿈치 높이보다 약간(5~15cm) 높게 한다.

서서하는 작업대 높이
- 서서하는 작업대의 높이는 높낮이 조절이 가능하여야 하며, 작업대의 높이는 팔꿈치를 기준으로 한다.
- 정밀작업의 경우 팔꿈치 높이보다 약간(5~15cm) 높게 한다.
- 경작업의 경우 팔꿈치 높이보다 5~10cm 낮게 한다.
- 중작업의 경우 팔꿈치 높이보다 10~30cm 낮게 한다.
- 정밀한 작업이나 장기간 수행하여야 하는 작업은 좌식 작업대가 바람직하다.

정답 60 ③ 61 ② 62 ③

63

MTM(Method Time Measurement)법에서 사용되는 기호와 동작이 맞는 것은?

① P : 누름
② M : 회전
③ R : 손뻗침
④ AP : 잡음

해설
- ①의 P는 위치하기이고, 누름은 AP이다.
- ②의 M은 운반이고, 회전은 T이다.
- ④의 AP는 누르기이고, 잡음은 G이다.

■ MTM법에서 사용법
  ㉠ 사용법
    · 기본동작 기호＋거리＋조건(A,B,C,D,E)＋중량으로 표기한다.
  ㉡ 기본동작 기호
    · M(Move) : 운반
    · T(Turn) : 회전
    · AP(Apply Pressure) : 누름
    · R(Reach) : 손뻗침
    · G(Grasp) : 잡기
    · Rl(Release) : 놓기
    · P(Position) : 위치하기
    · D(Disengage) : 떼어놓기
    · C(Crank) : 크랭크(팔꿈치를 축으로 손이나 아래팔을 회전)
    · ET(Eye Travel) : 눈의 이동

65

다음 중 선 자세에서 중량물 취급을 가장 편하게 할 수 있는 구간은?

① 바닥에서 어깨 높이
② 바닥에서 허리 높이
③ 무릎 높이에서 어깨 높이
④ 주먹 높이에서 팔꿈치 높이

해설
- 가장 짧은 거리를 찾으면 된다.

■ 중량물 들기 작업방법
  · 중량물은 몸에 가깝게 할 것
  · 목과 등이 거의 일직선이 되도록 할 것
  · 가능하면 중량물을 양손으로 잡는다.
  · 중량물 밑을 잡고 앞으로 운반하도록 한다.
  · 손가락만으로 잡지 말고 손전체로 잡아서 작업한다.
  · 허리를 곧게 유지하고, 무릎을 구부려서 들어야 한다.
  · 발을 어깨 너비 정도 벌리고 몸의 균형을 유지해야 한다.

64

제품 1개를 생산하기 위하여 원자재를 기계에 물리는데 2분, 기계의 자동가공시간이 3분 걸린다. 작업자가 동종의 기계를 2대 담당하는 경우의 시간당 생산량은?

① 10
② 12
③ 20
④ 24

해설
- 공통작업시간은 원자재를 기계에 물리는 시간인 2분이다.
- 제품당 기계의 소요시간은 2분＋3분＝5분이다.
- 제품당 작업자의 소요시간은 기계와의 공통시간 외에는 없다.
- 따라서 사이클타임은 5분이 된다. 1시간당 한 대의 기계가 60/5＝12개를 생산하는데 기계는 2대이므로 24개가 된다.

■ 최적의 기계대수  1301/1701
  · 기계대수 n = $\dfrac{\text{제품당 기계시간}}{\text{제품당 작업자시간}}$ 으로 구한다.

66

근골격계 질환 관련 위험작업에 대한 관리적 개선으로 볼 수 없는 것은?

① 작업의 다양성 제공
② 스트레칭 체조의 활성화
③ 작업도구나 설비의 개선
④ 작업일정 및 작업속도 조절

해설
- ③은 위험요인의 제거 혹은 위험성의 직접적인 감소를 위해 작업장 여건을 개선하는 공학적 개선에 해당된다.

■ 작업개선안 도출 실기 1401/1603/1801/1901/2003/2201/2302/2403
  · 가장 우선적이고 근본적인 문제해결책은 문제가 되는 작업을 제거하는 데 있다.
  · 1차적으로는 공학적 개선으로 위험요인의 제거 혹은 위험성의 직접적인 감소를 위해 작업장 여건을 개선한다.
  · 2차적으로는 관리적 개선으로 작업순환, 작업교대, 휴식시간 설계, 인원 보충 등 자원의 효율적인 분배와 관련된다.

공학적 개선안	• 작업자의 신체에 맞는 작업장 개선(작업공구 개선, 작업대 높이 조절, 중량물 운반 시 기계장치 사용, 단순반복 작업에 로봇 사용, 작업장 바닥 개선, 작업장 재배열) • 작업자세 및 작업방법 개선
관리적 개선안	• 작업순환, 작업교대 • 작업습관 변화 • 작업속도 조절 및 휴식시간 설계 • 인원 보충(추가 작업자 선발, 교육 및 훈련, 적성에 맞는 배치) • 위험표지 부착

67

다음 중 동작분석과 관련이 가장 적은 것은?

① 유통공정도
② 작업자 공정도
③ 사이클 그래프 분석
④ 서블릭(Therblig) 분석

해설
- ①은 공정상 부품의 이동경로를 표시하는 문제분석도구로 동작분석과는 거리가 멀다.
- 동작분석(상세한 작업분석)을 통한 작업방법 개선 도구
  - 작업자 공정도 : 생산의 각 단계를 세부적으로 표시
  - 사이클 그래프 분석 : 작업자 동작분석을 위해 신체 곳곳에 램프를 달고 주위를 어둡게 한 후 스틸카메라로 장시간 촬영하여 분석하는 방법
  - 서블릭(Therblig) 분석 : 작업 중 작업자의 동작분석 도구
  - 다중활동분석표 : 복수의 작업자 및 기계들이 이뤄지는 작업부문에서 생산주체 상호간의 관련성을 분석하는 도구
  - SIMO chart : 17가지 서블릭을 이용하여 좀 더 상세하게 작업내용을 분석하고 시간까지 도시한 도구이다.

68

다음 중 작업관리의 문제해결 절차를 올바르게 나열한 것은?

① 연구대상의 선정 → 작업방법의 분석 → 분석자료의 검토 → 개선안의 수립 및 도입 → 확인 및 재발방지
② 연구대상의 선정 → 개선안의 수립 및 도입 → 분석자료의 검토 → 작업방법의 분석 → 확인 및 재발방지
③ 개선안의 수립 및 도입 → 연구대상의 선정 → 작업 방법의 분석 → 분석자료의 검토 → 확인 및 재발방지
④ 분석자료의 검토 → 연구대상의 선정 → 개선안의 수립 및 도입 → 작업 방법의 분석 → 확인 및 재발방지

해설
- 작업관리의 문제해결 절차는 연구대상선정 → 작업방법의 분석과 기록 → 분석 자료의 검토 → 개선안의 수립 → 개선안의 도입 → 확인 및 재발방지 순이다.
- 작업관리의 문제해결 절차
  - 연구대상선정 → 작업방법의 분석과 기록 → 분석 자료의 검토 → 개선안의 수립 → 개선안의 도입 → 확인 및 재발방지
  - 분석할 작업방법은 현재 사용 중인 작업방법이다.
  - 문제해결을 위해 이해해야 하는 문제 자체가 가지는 일반적인 다섯 가지 특성은 두 가지 상태, 제약조건, 대안, 판단기준, 연구시한이다.
  - 작업방법의 분석 시에는 공정도나 시간차트, 흐름도 등을 사용한다.
  - 선정된 개선안은 작업자나 관련 부서의 이해와 협조 과정을 거쳐 시행하도록 한다.
  - 개선 분석 시 5W1H의 What은 작업 순서의 변경, Where, When, Who는 작업 자체의 제거, How는 단순화를 의미한다.

69

3시간 동안 작업 수행과정을 촬영하여 워크 샘플링 방법으로 200회를 샘플링한 결과 30번의 손목꺾임이 확인되었다. 이 작업의 시간당 손목꺾임 시간은?

① 6분
② 9분
③ 18분
④ 30분

해설
- 손목꺾임이 발생할 확률은 30/200=0.15이다.
- 시간당 손목꺾임 시간은 0.15×60분=9분이 된다.
- 워크 샘플링(work sampling)
  ㉠ 개요
    - 표본의 크기가 충분히 크다면 모집단의 분포와 일치한다는 통계적 이론에 근거한다.
    - 간헐적으로 랜덤한 시점에서 연구대상을 순간적으로 관측하여 대상이 처한 상황을 파악하고 이를 토대로 관측시간 동안에 나타난 항목별로 차지하는 비율을 추정하는 방법이다.
    - 조사기간을 길게 하여 평상시의 작업현황을 그대로 반영시킬 수 있어 사이클이 긴 작업에 주로 사용한다.
    - 확률이론인 이항분포를 따른다.
  ㉡ 장점
    - 특별한 시간 측정 장비가 별도로 필요하지 않는 간단한 방법이다.
    - 관측이 순간적으로 이루어져 작업에 방해가 적다.

- 한 사람의 평가자가 동시에 여러 작업을 측정할 수 있다.
- 자료수집이나 분석에 필요한 순수시간이 다른 시간연구방법에 비하여 짧다.
- 작업자가 의식적으로 행동하는 일이 적어 결과의 신뢰수준이 높다.
- 샘플링오차는 관측횟수를 증가시킴으로써 감소될 수 있다.

ⓒ 단점
- 작업 방법이 변화되는 경우에는 전체적인 연구를 새로 해야 한다.
- 시간연구법 등에 비해 정밀도가 떨어진다.
- 짧은 주기 및 반복작업에 부적합하다.

70 ● Repetitive Learning 1회 2회 3회

작업측정에 관한 설명으로 옳지 않은 것은?

① 정미시간은 반복생산에 요구되는 여유시간을 포함한다.
② 인적여유는 생리적 욕구에 의해 작업이 지연되는 시간을 포함한다.
③ 레이팅은 측정작업 시간을 정상작업 시간으로 보정하는 과정이다.
④ TV조립공정과 같이 짧은 주기의 작업은 비디오 촬영에 의한 시간연구법이 좋다.

해설
- 정미시간은 정상적인 작업수행에 필요한 시간으로 여유시간을 포함하지 않는다. 정미시간에 여유시간을 포함하면 표준시간이 된다.

∷ 정상시간(정미시간 : Normal Time) 실기 1703/2401
- 정상적인 작업수행에 필요한 시간으로 여유시간을 포함하지 않는다.
- 훈련이 잘된 다수의 작업자가 표준화된 작업방법으로 작업할 때의 시간이다.
- 훈련이 잘된 다수의 작업자가 표준화된 작업방법으로 작업할 때의 시간이다.
- PTS(Predetermined Time Standard)법에 의하여 산출된 시간이다.
- 스톱워치에 의하여 구한 관측평균시간에 작업수행도평가(Performance Rating)를 반영한 시간이다.

71 ● Repetitive Learning 1회 2회 3회

다음 중 건염(tendinitis)에 대한 정의로 가장 적절한 것은?

① 장시간 진동에 노출되어 촉각 저하를 야기하는 질환
② 인대나 근육이 늘어나거나 찢어진 질환
③ 근육과 뼈를 연결하는 건에 염증이 발생한 질환
④ 근육조직이 파괴되어 작은 덩어리가 발생한 질환

해설
- ①은 수지진동증후군을 말한다.
- ②는 염좌를 말한다.
- ④는 염증성 근육병을 말한다.

∷ 건염(tendinitis)
- 반복, 구부림, 진동 등에 의하여 건의 섬유질이 손상되거나 찢어지는 등의 건에 염증이 생기는 질환이다.
- 힘줄(건)의 염증을 말한다.

72 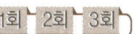 ● Repetitive Learning 1회 2회 3회

일반적인 시간연구방법과 비교한 워크 샘플링 방법의 장점이 아닌 것은?

① 분석자에 의해 소비되는 총 작업시간이 훨씬 적은 편이다.
② 특별한 시간 측정 장비가 별도로 필요하지 않는 간단한 방법이다.
③ 관측항목의 분류가 자유로워 작업현황을 세밀히 관찰할 수 있다.
④ 한 사람의 평가자가 동시에 여러 작업을 측정할 수 있다.

해설
- ③에서 워크 샘플링은 다른 시간연구방법에 비해 정밀도가 떨어진다.

∷ 워크 샘플링(work sampling)
ⓐ 개요
- 표본의 크기가 충분히 크다면 모집단의 분포와 일치한다는 통계적 이론에 근거한다.
- 간헐적으로 랜덤한 시점에서 연구대상을 순간적으로 관측하여 대상이 처한 상황을 파악하고 이를 토대로 관측시간 동안에 나타난 항목별로 차지하는 비율을 추정하는 방법이다.
- 조사기간을 길게 하여 평상시의 작업현황을 그대로 반영시킬 수 있어 사이클이 긴 작업에 주로 사용한다.
- 확률이론인 이항분포를 따른다.

ⓛ 장점
- 특별한 시간 측정 장비가 별도로 필요하지 않는 간단한 방법이다.
- 관측이 순간적으로 이루어져 작업에 방해가 적다.
- 한 사람의 평가자가 동시에 여러 작업을 측정할 수 있다.
- 자료수집이나 분석에 필요한 순수시간이 다른 시간연구방법에 비하여 짧다.
- 작업자가 의식적으로 행동하는 일이 적어 결과의 신뢰수준이 높다.
- 샘플링오차는 관측횟수를 증가시킴으로써 감소될 수 있다.

ⓒ 단점
- 작업 방법이 변화되는 경우에는 전체적인 연구를 새로 해야 한다.
- 시간연구법 등에 비해 정밀도가 떨어진다.
- 짧은 주기 및 반복작업에 부적합하다.

73

다음 중 근골격계 질환 예방·관리 프로그램의 실행을 위한 노·사의 역할에서 예방관리 추진팀의 역할과 가장 밀접한 관계가 있는 것은?

① 기본 정책을 수립하여 근로자에게 알려야 한다.
② 주기적인 근로자 면담 등을 통하여 근골격계 질환 증상 호소자를 조기에 발견하는 일을 한다.
③ 예방·관리 프로그램의 개발·평가에 적극적으로 참여하고 준수한다.
④ 예방·관리 프로그램의 수립 및 수정에 관한 사항을 결정한다.

해설
- ①은 사업주의 역할이다.
- ②는 보건·안전관리자의 역할이다.
- ③은 근로자의 역할이다.

예방·관리추진팀의 역할
- 예방관리 프로그램의 수립 및 수정에 관한 사항 결정
- 예방관리 프로그램의 실행 및 운영에 관한 사항 결정
- 교육 및 훈련에 관한 사항을 결정하고 실행
- 유해요인 평가, 개선계획의 수립 및 시행에 관한 사항을 결정하고 실행
- 근골격계 질환자에 대한 사후조치 및 근로자 건강보호에 관한 사항 등을 결정하고 실행

74

다음 중 동작경제의 원칙에 있어 신체 사용에 관한 원칙에 해당하지 않는 것은?

① 두 손의 동작은 같이 시작하고 같이 끝나도록 한다.
② 휴식시간을 제외하고는 양손이 같이 쉬지 않도록 한다.
③ 공구나 재료는 작업동작이 원활하게 수행되도록 위치를 정해주지 않는다.
④ 가능하다면 쉽고도 자연스러운 리듬이 생기도록 동작을 배치한다.

해설
- ③은 신체 사용의 법칙이 아니라 작업장 배치에 관한 법칙에 해당된다. 그리고 공구나 재료는 작업동작이 원활하게 수행하도록 그 위치를 정해줘야 한다.

동작경제의 원칙 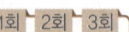 1903/2103/2203

ⓞ 개요
- 작업자가 경제적인 동작을 통해 피로도를 감소시키면서도 능률을 향상시키게 하기 위한 원칙이다.
- 신체사용의 원칙, 작업장 배치의 원칙, 공구 및 설비 디자인의 원칙으로 분류된다.
- 동작을 가급적 조합하여 하나의 동작으로 한다.
- 동작의 수는 줄이고, 동작의 속도는 적당히 한다.

ⓛ 신체사용의 원칙 실기 2301
- 두 손의 동작은 동시에 시작해서 동시에 끝나야 한다.
- 휴식시간을 제외하고는 양손을 같이 쉬게 해서는 안 된다.
- 손의 동작은 유연하고 연속적인 동작이어야 한다.
- 동작이 급작스럽게 크게 바뀌는 직선 동작은 피해야 한다.
- 두 팔의 동작은 동시에 서로 반대방향으로 대칭적으로 움직이도록 한다.
- 탄도동작(Ballistics Movements)은 제한되거나 통제된 동작보다 더 신속하고 정확하다.

ⓒ 작업장 배치의 원칙 실기 1303/1701/2001/2002/2303/2402
- 가능하다면 낙하식 운반 방법을 이용한다.
- 작업이 용이하도록 적절한 조명을 비추어 준다.
- 공구나 재료는 작업동작이 원활하게 수행하도록 그 위치를 정해준다.
- 공구, 재료 및 제어장치는 사용하기 가까운 곳에 배치해야 한다.

ⓔ 공구 및 설비 디자인의 원칙 실기 1703
- 치구나 족답장치를 이용하여 양손이 다른 일을 할 수 있도록 한다.
- 공구의 기능을 결합하여 사용하도록 한다.
- 타자 칠 때와 같이 각 손가락이 서로 다른 작업을 할 때에는 작업량을 각 손가락의 능력에 맞게 배분해야 한다.

75

근골격계 질환 예방대책으로 옳지 않은 것은?

① 단순 반복 작업은 기계를 사용한다.
② 작업순환(Job Rotation)을 실시한다.
③ 작업방법과 작업공간을 인간공학적으로 설계한다.
④ 작업속도와 작업강도를 점진적으로 강화한다.

해설
- 작업속도와 강도를 점진적으로 강화하더라도 근골격계 질환을 피할 수는 없다. 예방대책으로 알맞지 않다.
- 근골격계 질환의 사전예방을 위한 적합한 관리대책
  - 충분한 휴식시간의 제공과 스트레칭 프로그램의 도입
  - 적절한 공구의 사용 및 올바른 작업방법에 대한 작업자 교육
  - 작업자의 신체적 특성과 작업내용을 고려한 작업장 구조의 인간공학적 개선
  - 적합한 노동강도에 대한 평가
  - 공학적 개선과 관리적 개선을 통한 작업환경 개선
  - 예방이 최선의 정책이므로 질환 예방을 위한 최선의 노력
  - 작업순환(Job Rotation)과 작업 확대를 통하여 한 작업자가 할 수 있는 일의 다양성을 확보

76

다음 중 자동차 공장의 컨베이어식 조립라인에서 선 자세로 자동차 하부의 볼트를 조립하는 작업자에 대한 근골격계 질환 유해요인 평가에 가장 적절한 방법은?

① RULA(Rapid Upper Limb Assessment)
② NIOSH Lifting Equation
③ SI(Strain Index) 기법
④ ACGIH Vibraion TLV 기법

해설
- ②는 허리부위나 중량물취급 작업에 대한 유해요인의 주요 평가기법이다.
- ③은 손, 손목, 팔꿈치 등 상지의 말단을 주로 사용하는 작업 관련성 근골격계 질환의 위험을 평가하기 위한 평가도구로 JSI라고도 한다.
- ④는 ACGIH에서 진동공구 작업에서의 인체 유해성 여부를 확인하기 위한 기준을 말한다.
- RULA(Rapid Upper Limb Assessment) 실기 1301/1303/1603/1803/2201/2203
  - 어깨, 팔목, 손목, 목 등 상지에 초점을 맞추어 작업자세로 인한 작업 부하를 빠르고 상세하게 분석할 수 있는 근골격계 질환의 위험평가기법이다.
  - 상완, 전완, 손목을 그룹을 A로 목, 신체, 다리를 그룹 B로 나누어 측정, 평가한다.
  - VDT 작업, 자동차 공장의 컨베이어식 조립라인에서 선 자세에서 자동차 하부의 볼트를 조립하는 작업자의 측정에 적합하다.
  - 평가에 있어서 1 ~ 2점은 개선의 필요가 없음을, 3 ~ 4점은 계속적인 추가 관찰이 필요하고, 5 ~ 6점은 빠른 개선과 함께 작업위험요인의 분석이 요구되고, 7점의 경우는 정밀조사와 함께 즉시 개선이 필요하다고 평가한다.

77

다음 중 작업 개선을 위한 ECRS 원칙에 해당되지 않는 것은?

① 제거(Eliminate)   ② 관리(Control)
③ 재배열(Rearrange)   ④ 단순화(Simplify)

해설
- ②의 C는 Combine으로 더 나은 작업이나 작업요소와의 결합을 말한다.
- 개선의 ECRS 실기 1303/1403/1801/2002/2101/2302
  - E(Eliminate) : 불필요한 작업이나 자재를 제거
  - C(Combine) : 더 나은 작업이나 작업요소와의 결합
  - R(Rearrange) : 작업순서의 변경, 재배열
  - S(Simplify) : 작업이나 작업요소의 단순화

78

다음 중 산업안전보건법상 근골격계 부담작업에 해당하지 않는 것은?

① 하루에 10회 이상 30kg의 물체를 드는 작업
② 하루에 25회 이상 12kg의 물체를 무릎 아래에서 드는 작업
③ 하루에 4시간 동안 쪼그리고 앉거나 무릎을 굽힌 자세에서 이루어지는 작업
④ 하루에 2시간 동안 지지되지 않은 상태에서 2.5kg의 물건을 한 손으로 드는 작업

해설
- 하루에 총 2시간 이상 지지되지 않은 상태에서 4.5kg 이상의 물건을 한 손으로 드는 작업이어야 한다.
- 근골격계 부담작업 실기 1903/2001/2201/2203/2303
  - 하루에 4시간 이상 집중적으로 자료입력 등을 위해 키보드 또는 마우스를 조작하는 작업

정답 | 75 ④ 76 ① 77 ② 78 ④

- 하루에 총 2시간 이상 목, 어깨, 팔꿈치, 손목 또는 손을 사용하여 같은 동작을 반복하는 작업
- 하루에 총 2시간 이상 머리 위에 손이 있거나, 팔꿈치가 어깨 위에 있거나, 팔꿈치를 몸통으로부터 들거나, 팔꿈치를 몸통뒤쪽에 위치하도록 하는 상태에서 이루어지는 작업
- 지지되지 않은 상태이거나 임의로 자세를 바꿀 수 없는 조건에서, 하루에 총 2시간 이상 목이나 허리를 구부리거나 트는 상태에서 이루어지는 작업
- 하루에 총 2시간 이상 쪼그리고 앉거나 무릎을 굽힌 자세에서 이루어지는 작업
- 하루에 총 2시간 이상 지지되지 않은 상태에서 1kg 이상의 물건을 한손의 손가락으로 집어 옮기거나, 2kg 이상에 상응하는 힘을 가하여 한손의 손가락으로 물건을 쥐는 작업
- 하루에 총 2시간 이상 지지되지 않은 상태에서 4.5kg 이상의 물건을 한 손으로 들거나 동일한 힘으로 쥐는 작업
- 하루에 10회 이상 25kg 이상의 물체를 드는 작업
- 하루에 25회 이상 10kg 이상의 물체를 무릎 아래에서 들거나, 어깨 위에서 들거나, 팔을 뻗은 상태에서 드는 작업
- 하루에 총 2시간 이상, 분당 2회 이상 4.5kg 이상의 물체를 드는 작업
- 하루에 총 2시간 이상 시간당 10회 이상 손 또는 무릎을 사용하여 반복적으로 충격을 가하는 작업

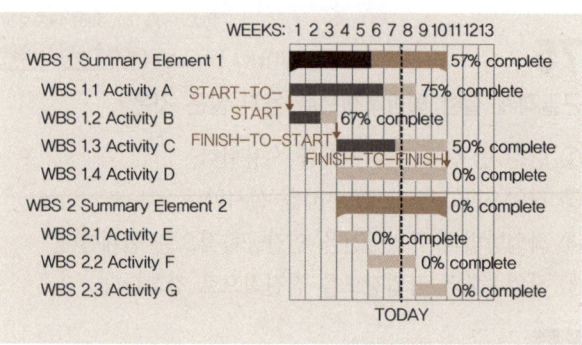

79

작업관리의 문제분석 도구로서 시간 축 위에 수행할 활동에 대한 필요한 시간과 일정을 표시한 것은?

① 특성요인도 ② 파레토차트
③ PERT차트 ④ 간트차트

해설
- ①은 어떤 결과에 영향을 미치는 크고 작은 요인들을 계통적으로 파악하기 위해 재해와 원인의 관계를 도표화하여 재해 발생 원인을 분석하는 작업분석 도구이다.
- ②는 80~20의 원칙에 기초하여 빈도수별로 나열한 항목별 점유와 누적비율에 따라 불량이나 사고의 원인이 되는 중요 항목을 찾아가는 기법이다.
- ③은 일정계획에서 사용되는 간트도표의 단점을 보완하여 활동의 소요시간은 베타분포를 따른다고 가정한 기법이다.

간트차트
- 일정계획(작업계획)으로 주·일·시간 단위별 계획을 수립하는 것을 말한다.
- 여러 가지 활동 계획의 시작시간과 예측 완료시간을 병행하여 시간축에 표시하는 도표이다.
- 시간 축 위에 수행할 활동에 대한 필요한 시간과 일정을 표시한 문제의 분석 도구이다.

80

정미시간이 개당 3분이고, 준비시간이 60분이며 로트 크기가 100개일 때 개당 표준시간은 얼마인가?

① 2.5분 ② 2.6분
③ 3.5분 ④ 3.6분

해설
- 정미시간이 개당 3분인데 로트의 크기가 100개이므로 한 로트를 생산하는데 걸리는 시간은 총 300분이다. 이의 준비시간이 60분이므로 실제 걸리는 시간은 360분이 된다.
- 100개를 생산하는데 360분이므로 개당 표준시간은 3.6분이 된다.

표준시간 실기 1501/1503/1603/1703/2002/2003/2103/2402/2403
  ㉠ 개요
  - 8시간의 정상작업을 기준으로 하여 일정한 작업조건에서 일정한 방법에 따라 보통 정도의 작업자가 정상적인 속도로 작업을 수행하는데 걸리는 시간을 말한다.
  - 표준시간 측정에 사용하는 DM(decimal minute)은 1DM이 0.6초이다.
  - 표준시간은 정미시간+여유시간으로 구한다.
  - 정미시간은 관측시간의 평균치×R(레이팅 계수)로 구한다.
  - 객관적 레이팅에서의 표준시간=관측 평균시간×(1차 평가계수)×(1+2차 조정계수)×(1+여유율)로 구한다.
  - 외경법의 경우 표준시간=정미시간×(1+여유율)로 구한다.
  - 내경법의 경우 표준시간=정미시간/(1-여유율)로 구한다.
  ㉡ 여유율
  - 외경법은 작업여유율=여유시간/정미시간(근무시간-여유시간)을 적용한다.
  - 내경법은 근무여유율=여유시간/근무시간(정미시간+여유시간)을 적용한다.

2012년 제3회

2012년 8월 26 필기

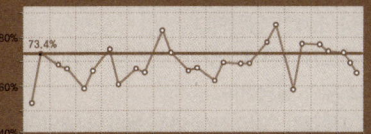

1과목 인간공학개론

01
다음 중 음량 기본속성에 관한 척도인 phon과 sone에 관한 설명으로 틀린 것은?

① 1,000Hz의 20dB은 20phon이다.
② sone은 40dB의 1,000Hz의 순음을 기준으로 하여 다른 음의 상대적인 크기를 설정하는 척도의 단위이다.
③ phon은 1,000Hz의 음의 강도를 기준으로 각 주파수별 동일한 음량을 주는 음압을 평가하는 척도의 단위이다.
④ sone은 여러 음의 주관적인 크기만을 말할 뿐 다른 음과의 상대적인 주관적 크기에 대해서는 말하는 바가 없다.

해설
- 기준 음에 비해서 몇 배의 크기를 갖느냐는 음의 sone값이 결정한다.

∷ sone 값
- 인간이 청각으로 느끼는 소리의 크기를 측정하는 척도 중 하나이다.
- 기준 음에 비해서 몇 배의 크기를 갖느냐는 음의 sone값이 결정한다.
- 1 sone은 40dB의 1,000Hz 순음의 크기로 40phon의 값을 의미한다.
- phon의 값이 주어질 때 sone = $2^{\frac{phon-40}{10}}$ 으로 구한다.

02
인간의 눈에 관한 설명으로 맞는 것은?

① 간상세포는 황반(fovea) 중심에 밀집되어 있다.
② 망막의 간상세포(rod)는 색의 식별에 사용된다.
③ 시각(視角)은 물체와 눈 사이의 거리에 반비례한다.
④ 원시는 수정체가 두꺼워져 먼 물체의 상이 망막 앞에 맺히는 현상을 말한다.

해설
- ①에서 간상세포는 망막의 주변부에 밀집되어 있다.
- ②에서 망막의 간상세포는 야간시력 및 주변시야를 담당한다.
- ④에서 원시는 초점이 망막 뒤쪽에 맺히는 것으로 먼 거리는 잘 보이지만 가까운 거리는 보기 힘든 눈을 말한다.

∷ 시력 실기 1403/1603/1903/2302
- 세부적인 내용을 시각적으로 식별할 수 있는 능력을 말한다.
- 시력은 시각(visual angle)의 역수로 측정한다.
- 시각은 표적두께를 표적까지의 거리로 나누어 계산한다.
- 시각(mm) = (57.3×60×틈간격)/눈으로부터 거리로 구한다.
- 눈이 파악할 수 있는 표적사이의 최소공간을 최소 분간시력(minimum separable acuity)이라고 한다.
- 눈의 조절능력이 불충분한 경우 근시 또는 원시가 된다.
- 근시는 수정체가 두꺼워지면서 물체의 상이 망막의 앞에서 맺혀 먼 물체를 볼 수 없다.
- 눈이 초점을 맞출 수 없는 가장 먼 거리를 원점이라 하는데 정상 시각에서 원점은 거의 무한하다.

03
피부 감각의 종류에 해당되지 않는 것은?

① 압력 감각
② 진동 감각
③ 온도 감각
④ 고통 감각

정답 01 ④ 02 ③ 03 ②

해설
- 피부 감각의 종류에는 촉각, 압각, 온각, 냉각, 통각으로 구분된다.
- **피부 감각의 종류**
  - 촉각(압각) : 촉각은 메르켈 소체, 마이스너 소체, 압각은 파치니 소체가 담당한다.
  - 온도감각(온각, 냉각) : 온각은 루피니 소체, 냉각은 크라우제 소체가 담당한다.
  - 고통감각 : 감수성이 가장 높다. 신경말단에서 자극을 수용하며 감각기 중 가장 많이 분포한다.

0903/1803

04 ●Repetitive Learning 1회 2회 3회

인체측정에 관한 설명으로 틀린 것은?

① 활동 중인 신체의 자세를 측정한 것을 기능적 치수라 한다.
② 일반적으로 구조적 치수는 나이, 성별, 인종에 따라 다르게 나타난다.
③ 인간-기계 시스템의 설계에서는 구조적 치수만을 활용하여야 한다.
④ 표준자세에서 움직이지 않는 상태를 인체측정기로 측정한 측정치를 구조적 치수라 한다.

해설
- ③에서 인간-기계 시스템의 설계에서는 구조적 치수 뿐 아니라 기능적 치수도 적극적으로 활용하여야 한다.
- **인체의 측정**
  - 일반적으로 몸의 측정 치수는 구조적 치수(Structural dimension)와 기능적 치수(Functional dimension)로 나눌 수 있다.
  - 기능적 인체치수는 공간이나 제품의 설계 시 움직이는 몸의 자세를 고려하기 위해 사용되는 인체치수로 동적측정에 해당한다.
  - 구조적 인체치수는 움직이지 않고 고정된 자세에서 마틴(Martin)식 인체측정기로 측정하는 정적측정에 해당한다.
  - 인간-기계 시스템의 설계에서는 구조적 치수 뿐 아니라 기능적 치수도 적극적으로 활용하여야 한다.
  - 제품설계에 필요한 측정 자료는 대부분 정규분포를 따른다.

1601/2001

05 ●Repetitive Learning 1회 2회 3회

회전운동을 하는 조종장치의 레버를 20° 움직였을 때 표시장치의 커서는 2cm 이동하였다. 레버의 길이가 15cm일 때 이 조종장치의 C/R비는 약 얼마인가?

① 2.62   ② 5.24
③ 8.33   ④ 10.48

해설
- 회전 조종구의 C/D비 $= \dfrac{2 \times \pi(3.14) \times r(\text{반지름}) \times \left(\dfrac{\text{각도}}{360}\right)}{\text{표시계기의 변위량}}$ 으로 구한다.
- 레버를 20°, 표시장치는 2cm, 레버의 길이가 15cm이므로 반지름도 15cm이므로 대입하면 C/D비는 $\dfrac{2 \times 3.14 \times 15 \times \left(\dfrac{20}{360}\right)}{2} = 2.6166 \cdots$ 이다.
- **통제표시비 : C/D(C/R)비**  1301/1403/1501/1503/1601/1701/1803/1901/2002/2003/2101/2103/2203/2301/2303/2401
  - ㉠ 개요
    - 통제장치의 변위량과 표시장치의 변위량과의 관계를 나타낸 비율로 C/D비, 조종과 반응의 비라고 하여 C/R비라고도 한다.
    - $C/D = \dfrac{\text{통제기기의 변위량}}{\text{표시계기의 변위량}}$ 으로 구한다.
    - 회전 조종구의 C/D비
      $= \dfrac{2 \times \pi(3.14) \times r(\text{반지름}) \times \left(\dfrac{\text{각도}}{360}\right)}{\text{표시계기의 변위량}}$ 으로 구한다.
  - ㉡ 특징
    - C/R비가 작아진다는 것은 민감한 장치화 되어 조종시간=제어시간이 길어지지만 수행시간이 짧아진다는 의미이다.
    - C/R비가 크다는 것은 미세한 조종은 쉽지만 수행시간은 상대적으로 길다.
    - 통제기기 시스템에서 발생하는 조작시간의 지연은 직접적으로 통제표시비가 가장 크게 작용하고 있다.

06 ●Repetitive Learning 1회 2회 3회

다음 중 인간의 시각 능력의 척도가 아닌 것은?

① 휘도(luminance)
② 시력(visual acuity)
③ 조절능(accommodation)
④ 대비감도(contrast sensitivity)

해설
- ①은 시식별에 영향을 주는 외부인자에 해당한다.
- **인간의 시각 능력의 척도**
  - 시력 : 세부적인 내용을 시각적으로 식별할 수 있는 능력
  - 조절능 : 수정체의 굴곡을 증가시켜 근거리의 물체를 볼 때 근거리 물체의 상이 망막에 정확하게 맺히게 하는 능력을 말한다.
  - 대비감도 : 윤곽이 선명하기 않은 물체 또는 배경에 대비하여 선명하게 물체를 볼 수 있는 능력을 말한다.

07

남녀 공용으로 사용하는 의자의 높이를 조절식으로 설계하고자 한다. 표를 참고하여 좌판높이의 조절범위에 대한 기준값으로 가장 적당한 것은?(단, 5퍼센타일 계수는 1.645이다)

척도	남성오금높이	여성오금높이
평균	41.3	38.0
표준편차	1.9	1.7

① $(38.0-1.7\times1.645) \sim (41.3+1.9\times1.645)$
② $(38.0+1.7\times1.645) \sim (41.3+1.9\times1.645)$
③ $(38.0-1.7\times1.645) \sim (41.3-1.9\times1.645)$
④ $(38.0+1.7\times1.645) \sim (41.3-1.9\times1.645)$

해설
- 남녀 공용으로 사용하는 의자이므로 조절범위의 최솟값은 평균값이 작은 여성의 5%로, 최댓값은 평균값이 큰 남성의 95%로 설계한다.
- 여성의 5%는 $38.0-(1.7\times1.645)$로 구한다.
- 남성의 95%는 $41.3+(1.9\times1.645)$로 구한다.

인체계측에서 백분위수(%tile) 실기 1301/1303/1701/1703/1803/1901/1903 /2001/2203/2301/2303/2401/2403
  ㉠ 개요
    - 크기가 있는 자료를 순서대로 나열하여 백분율로 나타낸 특정 위치의 값을 말한다.
    - %tile=평균값±(표준편차×%tile 계수)로 구한다.
    - 조절 범위에서 수용하는 통상의 범위는 5~95%tile이다.
  ㉡ %tile 구하는 방법
    - 5%tile=평균−1.645×표준편차로 구한다.
    - 95%tile=평균+1.645×표준편차로 구한다.

08

그림은 인간-기계 통합 체계의 인간 또는 기계에 의해서 수행되는 기본 기능의 유형이다. 다음 중 그림의 A부분에 가장 적합한 내용은?

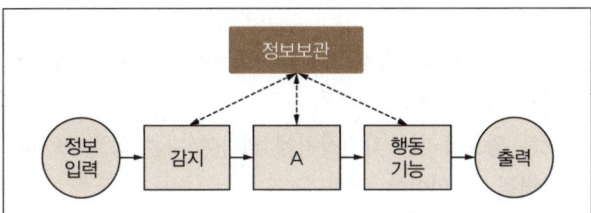

① 확인   ② 정보처리
③ 통신   ④ 정보수용

해설
- 인간-기계 체계의 기본기능에는 감지기능, 정보처리 및 의사결정 기능, 행동기능, 정보보관기능(4대 기능), 출력기능 등이 있다.

인간-기계 체계
  ㉠ 개요
    - 인간-기계 체계의 주목적은 안전의 최대화와 능률의 극대화에 있다.
    - 인간-기계 체계의 기본기능에는 감지기능, 정보처리 및 의사결정기능, 행동기능, 정보보관기능(4대 기능), 출력기능 등이 있다.
  ㉡ 인간-기계 시스템의 5대 기능

감지기능	인체의 눈과 기계의 표시장치와 같은 감지기능
정보처리 및 의사결정기능	회상, 인식, 정리 등을 통한 정보처리 및 의사결정 기능
행동기능	정보처리의 결과로 발생하는 조작행위(음성 등)
정보보관기능	정보의 저장 및 보관기능으로 위 3가지 기능 모두와 상호작용을 한다.
출력기능	시스템에서 의사 결정된 사항을 실행에 옮기는 과정

09

청각적 표시장치에 적용되는 지침으로 적절하지 않은 것은?

① 신호음은 배경소음과 다른 주파수를 사용한다.
② 신호음은 최소한 0.5~1초 동안 지속시킨다.
③ 300m 이상 멀리 보내는 신호음은 1,000Hz 이하의 주파수가 좋다.
④ 주변 소음은 주로 고주파이므로 은폐효과를 막기 위해 200Hz 이하의 신호음을 사용하는 것이 좋다.

해설
- 주변 소음은 주로 저주파이다. 이의 은폐효과를 막기 위해 500~1,000Hz의 신호를 사용하는 것이 좋다.

청각적 표시장치의 설계
- 신호는 최소한 0.5~1초 동안 지속한다.
- 청각 신호의 차원은 세기, 빈도, 지속기간으로 구성된다.
- 소음이 심한 경우 귀 위치에서 신호강도는 110dB과 은폐가청역치의 중간정도가 적당하다.
- 신호의 검출도를 높이기 위해서는 소음의 세기가 낮은 영역의 주파수로 신호의 주파수를 바꾸어야 한다.

- 신호는 배경소음의 주파수와 다른 주파수를 이용한다.
- 300m 이상 멀리 보내는 신호는 1,000Hz 이하의 낮은 주파수를 사용한다.
- 칸막이를 통과하는 신호는 500Hz 이하의 진동수를 사용한다.
- 주의를 끄는 목적으로 신호를 사용할 때에는 변조신호를 사용한다.

해설
- ②에서 두 가지 동일 확률하의 독립사건에 대한 정보량은 1bit이다.

정보이론
- 정량적으로 측정할 수 있으며, 정보의 측정 단위는 bit를 사용한다.
- 두 대안의 실현 확률이 동일할 때 총 정보량이 가장 크다.
- 1 bit란 실현 가능성이 같은 2개의 대안 중 결정에 필요한 정보량이다.
- 정보이론에서 정보란 불확실성의 감소라 정의할 수 있다.

10 • Repetitive Learning 1회 2회 3회

자동차 운전같이 어떤 과정이나 가동 상태를 연속적으로 제어하는 시스템은 제어 계수(control order)에 의하여 연속 제어 조작 형태가 결정되는데 다음 중 이 시스템의 제어 계수에 관한 설명으로 옳은 것은?

① 0계(위치 제어)가 가장 긴 인간의 처리시간을 요한다.
② 1계(율 또는 속도 제어)가 가장 긴 인간의 처리시간을 요한다.
③ 2계(가속도 제어)가 가장 긴 인간의 처리시간을 요한다.
④ 모든 계에 있어 인간의 처리시간은 동일하다.

해설
- ①에서 0계는 가장 짧은 인간의 처리시간을 요한다.
- ②에서 1계는 0계보다는 길지만 2계보다는 짧은 처리시간을 요한다.
- ④에서 모든 계에 있어 인간의 처리시간은 서로 다르다.

시스템의 제어 계수
- 모든 계에 있어서 인간의 처리시간은 서로 다르다.
- 0계(위치제어)가 가장 빠르며, 1계(율 또는 속도제어), 2계(가속도 제어) 순으로 긴 인간의 처리시간을 요한다.

12 • Repetitive Learning 1회 2회 3회

정상 조명하에서 10m 거리에서 볼 수 있는 시계를 설계하고자 한다. 시계의 눈금 단위가 1분일 때 문자판의 직경은 얼마 정도로 해야 하는가?(단, 일반적으로 눈금 단위의 길이는 1.3mm로 한다)

① 17.5cm ② 18.31cm
③ 35cm   ④ 70cm

해설
- 정상조명이므로 71cm 즉, 0.71m에서 1.3mm의 눈금거리를 적용하면 0.71 : 1.3 = 10 : x 에서 x = $\frac{13}{0.71}$ = 18.31mm가 된다.
- 시계를 1분 간격이라고 했으므로 총 60개의 눈금이 있고 이는 시계의 둘레가 18.31×60 = 1098.6mm이므로 직경 $\frac{1098.6}{\pi}$ = 349.87mm가 된다.
- cm로 묻고 있으므로 34.987cm가 된다.

최소눈금거리 실기 1301/1501/1701/1801/2001/2002/2103/2302
- 정상 시거리인 71cm 기준 정상조명에서는 1.3mm, 낮은 조명에서는 1.8mm가 권장된다.

1603

11 • Repetitive Learning 1회 2회 3회

정보이론에 있어 정보량에 관한 설명으로 틀린 것은?

① 단위는 bit이다.
② 2bit는 두 가지 동일 확률하의 독립사건에 대한 정보량이다.
③ N을 대안의 수라 할 때, 정보량은 $\log_2 N$으로 구할 수 있다.
④ 출현 가능성이 동일하지 않은 사건의 확률을 p라 할 때, 정보량은 $\log_2 \frac{1}{P}$로 나타낸다.

0803/0901/2101

13 • Repetitive Learning 1회 2회 3회

암호체계의 사용에 관한 일반적 지침에서 암호의 변별성에 대한 설명으로 옳은 것은?

① 정보를 암호화한 자극은 검출이 가능하여야 한다.
② 자극과 반응 간의 관계가 인간의 기대와 모순되지 않아야 한다.
③ 두 가지 이상의 암호 차원을 조합하여 사용하면 정보전달이 촉진된다.
④ 모든 암호표시는 감지장치에 의하여 다른 암호 표시와 구별될 수 있어야 한다.

해설
- ①은 검출성에 대한 개념이다.
- ②는 양립성의 개념이다.
- ③은 다차원 암호 사용가능성에 대한 개념이다.

❖ 암호화(Coding)
ㄱ. 개요
- 원래의 신호 정보를 새로운 형태로 변화시켜 표시하는 것을 말한다.
- 형상, 크기, 색채 등 작업자가 쉽게 기계 및 기구를 식별하도록 암호화한다.

ㄴ. 암호화 지침

검출성	감지가 쉬워야 한다.
표준화	표준화되어야 한다.
변별성	다른 암호 표시와 구별될 수 있어야 한다.
양립성	인간의 기대와 모순되지 않아야 한다.
부호의 의미	사용자가 그 뜻을 분명히 알 수 있어야 한다.
다차원의 암호 사용가능	두 가지 이상의 암호 차원을 조합해서 사용하면 정보전달이 촉진된다.

14 · Repetitive Learning 1회 2회 3회

인간공학(ergonomics)의 정의와 가장 거리가 먼 것은?

① 인간이 포함된 환경에서 그 주변의 환경조건이 인간에게 맞도록 설계·재설계되는 것이다.
② 인간의 작업과 작업환경을 인간의 정신적, 신체적 능력에 적용시키는 것을 목적으로 하는 과학이다.
③ 건강, 안전, 복지, 작업성과의 개선을 요구하는 작업, 시스템, 제품, 환경을 인간의 신체·정신적 능력과 한계에 부합시키기 위해 인간 과학으로부터 지식을 생성·통합한다.
④ 인간에게 질병, 건강장해, 심각한 불쾌감 및 능률저하 등을 초래하는 작업환경 요인과 스트레스를 예측, 인식(측정), 평가, 관리(대책)하는 과학인 동시에 기술이다.

해설
- ④는 산업보건, 산업위생에 대한 설명이다.

❖ 인간공학(Ergonomics)
ㄱ. 개요
- "Ergon(작업)+nomos(법칙)+ics(학문)"이 조합된 단어로 Human factors, Human engineering이라고도 한다.
- 인간의 특성과 한계 능력을 공학적으로 분석, 평가하여 이를 복잡한 체계의 설계에 응용함으로 효율을 최대로 활용할 수 있도록 하는 학문분야이다.
- 인간이 사용하는 물건, 설비, 환경의 설계에 인간의 생리적, 심리적인 면에서의 특성이나 한계점을 고려함으로써 인간-기계 시스템의 안전성과 편리성, 효율성을 높이는 학문분야이다.

ㄴ. 적용분야
- 제품설계
- 재해·질병 예방
- 장비·공구·설비의 배치
- 작업장 내 조사 및 연구

15 · Repetitive Learning 1회 2회 3회

다음 중 작업공간의 구성요소에 관한 설명으로 틀린 것은?

① 시각적 표시장치는 일반적으로 수평선 아래쪽으로 15°정도인 정상시선 주변 영역에 위치하도록 한다.
② 큰 힘을 필요로 하는 발조작 제어장치의 경우 신체중심의 뒤쪽에 위치하도록 한다.
③ 손조작 제어장치의 최적 위치는 제어의 유형, 조작방법, 정확도 등의 성능기준에 의해 결정된다.
④ 순차적 링크를 가지는 구성요소 간에는 거리를 최소화하여 배치한다.

해설
- ②에서 큰 힘을 필요로 하는 발조작 제어장치의 경우 신체중심의 앞쪽에 위치하도록 한다.

❖ 작업공간의 구성요소
- 시각적 표시장치는 일반적으로 수평선 아래쪽으로 15°정도인 정상시선 주변 영역에 위치하도록 한다.
- 큰 힘을 필요로 하는 발조작 제어장치의 경우 신체중심의 앞쪽에 위치하도록 한다.
- 손조작 제어장치의 최적 위치는 제어의 유형, 조작방법, 정확도 등의 성능기준에 의해 결정된다.
- 순차적 링크를 가지는 구성요소 간에는 거리를 최소화하여 배치한다.

16 · Repetitive Learning 1회 2회 3회

다음 중 통화이해도를 평가하는 척도가 아닌 것은?

① 명료도 지수(articulation index)
② 이해도 점수(intelligibility score)
③ 소음 은폐 지수(noise masking score)
④ 통화 간섭 수준(speech interference level)

해설
- 통화이해도를 평가하는 척도에는 명료도 지수, 이해도 점수, 통화 간섭 수준, 소음기준 곡선 등이 있다.

❖ 통화이해도를 평가하는 척도
- 명료도 지수(articulation index) : 주파수 성분이 음절 명료도에 기여하는 정보를 밝히는 지수값으로 각 옥타브(Octave)대의 음성과 잡음의 데시벨(dB) 값에 가중치를 곱하여 합계를 구하는 것이다.
- 이해도 점수(intelligibility score) : 송화 내용 중에서 알아듣고 이해한 내용의 비율을 말한다.
- 통화 간섭 수준(speech interference level) : 통화 이해도에 영향을 미치는 잡음의 영향 지수를 말한다.
- 소음기준(NC) 곡선 : 특정 장소에서의 통화 평가 방법을 말한다.

17 ● Repetitive Learning 1회 2회 3회

다음과 같이 직렬로 나열된 모터 중 ⑧의 모터에서 고장이 발생하여 수리할 때 숫자를 확인하지 않고 맨 끝의 모터를 수리하였다고 한다. 이때 발생한 인간의 오류모형은?

①-②-③-④-⑧-⑤-⑥-⑦-

① 착오(mistake) ② 건망증(lapse)
③ 실수(slip)   ④ 위반(violation)

해설
- 상황을 제대로 판단하지 못해 발생한 오류이므로 착오에 해당한다.

❖ 인간의 다양한 오류모형 실기 1601/2002

착각(Illusion)	감각적으로 물리현상을 왜곡하는 지각 오류
착오(Mistake)	상황해석을 잘못하거나 목표를 잘못 이해하고 착각하여 행하는 인간의 실수로 위치, 순서, 패턴, 형상, 기억오류 등 외부적 요인에 의해 나타나는 오류
실수(Slip)	의도는 올바른 것이었지만, 행동이 의도한 것과는 다르게 나타나는 오류
건망증(Lapse)	일련의 과정에서 일부를 빠뜨리거나 기억의 실패에 의해 발생하는 오류
위반(Violation)	정해진 규칙을 알고 있음에도 의도적으로 따르지 않거나 무시한 경우에 발생하는 오류

18 ● Repetitive Learning 1회 2회 3회   0803

다음 중 신호검출이론(SDT)에서 반응기준을 구하는 식으로 옳은 것은?

① (소음 분포의 높이)×(신호 분포의 높이)
② (소음 분포의 높이)÷(신호 분포의 높이)
③ (신호 분포의 높이)÷(소음 분포의 높이)
④ (신호 분포의 높이)÷(소음 분포의 높이)^2

해설
- 반응편향 $\beta = \dfrac{\text{신호의 길이}}{\text{소음의 길이}}$ 로 구한다.

❖ 신호검출이론(Signal Detection Theory) 실기 1501/1503/1701/2001/2002/2003/2103/2303/2403

㉠ 개요
- 불확실한 상황에서 선택하게 하는 방법으로 신호의 탐지는 관찰자의 반응편향과 민감도에 달려있다고 주장하는 이론이다.
- 일반적으로 신호 검출 시 이를 간섭하는 소음이 있고, 신호와 소음을 쉽게 식별할 수 없는 상황에 신호검출이론이 적용된다.
- 긍정(Hit), 허위(False alarm), 누락(Miss), 부정(Correct rejection)의 네 가지 결과로 나눌 수 있다.
- 허위(False alarm)는 소음을 신호로, 누락(Miss)은 신호를 소음으로 판단한 결과이다.
- 신호검출이론은 품질관리, 통신이론, 의학처방 및 심리학, 법정에서의 판정 등 다양하게 활용되고 있다.

㉡ 반응편향 β
- 반응편향 $\beta = \dfrac{\text{신호의 길이}}{\text{소음의 길이}}$ 로 구한다.
- 신호에 의한 반응이 선형인 경우 판별력은 좋아진다.
- 신호검출이론에서 두 개의 정규분포 곡선이 교차하는 부분에 있는 기준점 β는 신호의 길이와 소음의 길이가 같으므로 1의 값을 가진다.
- 판정 기준은 β(신호/노이즈)이며, $\beta>1$이며 보수적이고, $\beta<1$이면 자유적이다.

㉢ 민감도
- 민감도가 클수록 신호를 구분하기 쉽다.
- 잡음이 많을수록, 신호가 약하거나 분명하지 않을수록 d값은 작아진다.
- 민감도를 늘리기 위해서는 교육 훈련, 결과의 피드백, 신호의 비신호의 구별성 증가 등의 조치를 한다.

19

제어장치의 버튼을 누르기 위해 손가락이 움직이는 시간은 Fitts' law에 의해 설명될 수 있는데, 다음 중 이에 대한 설명으로 적절하지 않은 것은?

① 난이도 지수는 상용로그함수이다.
② 동작시간은 버튼의 너비와 반비례한다.
③ 손가락이 움직이는 거리가 길수록 동작시간은 길어진다.
④ 난이도 지수가 같다면 버튼의 너비와 이동거리가 달라도 이동시간은 같다.

해설
- 난이도 지수는 밑을 2로 하는 로그함수이다.

Fitts의 법칙
- 인간의 제어 및 조정능력을 나타내는 법칙으로 인간의 손이나 발을 이동시켜 조작장치를 조작하는 데 걸리는 시간을 표적까지의 거리와 표적 크기의 함수로 나타낸다.
- 표적이 작고 이동거리가 길수록 이동시간이 증가한다.
- 자동차 가속 페달과 브레이크 페달 간의 간격, 브레이크 폭 등을 결정하는데 사용할 수 있는 가장 적합한 인간공학 이론이다.
- 난이도 지수는 $\log_2\left(\dfrac{2A}{W}\right)$로 구한다.
- 동작시간 = $a + b\log_2\left(\dfrac{2A}{W}\right)$[ms]로 구한다. 이때 a와 b는 단순반응시간, 선택반응시간, A는 동작거리, W는 목표물의 폭이다.

20

다음 중 인간공학 연구에 사용되는 기준에서 성격이 다른 하나는?

① 생리학적 지표
② 기계 신뢰도
③ 인간성능 척도
④ 주관적 반응

해설
- 기준(criterion, 종속변수) 중 인적 기준(human criterion)에는 인간의 성능 척도, 주관적 반응, 생리학적 지표, 사고빈도 등이 있다.

기준(criterion, 종속변수) 중 인적 기준(human criterion)
- 인간의 성능 척도
- 주관적 반응
- 생리학적 지표
- 사고빈도

2과목 작업생리학

21

혈액 중 유형성분의 특성에 관한 설명으로 틀린 것은?

① 백혈구는 골수, 림프절 등에서 생성되고, 비장에서 파괴된다.
② 백혈구에는 핵이 있지만, 적혈구와 혈소판에는 핵이 없다.
③ 적혈구, 백혈구, 혈소판 중 단위면적당 개수는 혈소판이 가장 많다.
④ 적혈구의 수명은 100~120일이지만 혈소판의 수명은 7일 정도이다.

해설
- ③에서 단위면적당 개수는 적혈구가 가장 많다.

혈액
- 혈액은 혈관을 통해 흐르는 체액으로 운반(영양소, 산소, 이산화탄소, 노폐물, 호르몬 등)작용, 조절(체온, 삼투압, 수소이온농도)작용, 출혈방지(혈소판) 작용을 한다.
- 혈장, 적혈구, 백혈구, 혈소판으로 구성된다.
- 백혈구는 골수, 림프절 등에서 생성되고, 비장에서 파괴된다.
- 백혈구에는 핵이 있지만, 적혈구와 혈소판에는 핵이 없다.
- 적혈구의 수명은 100~120일이지만 혈소판의 수명은 7일 정도이다.
- 적혈구, 백혈구, 혈소판 중 단위면적당 개수는 적혈구가 가장 많다.

22

천칭저울 위에 올려놓은 물체 A와 B는 평형을 이루고 있다. 물체 A는 저울의 중심에서 10cm 떨어져 있고 무게는 10kg이며 물체 B는 중심에서 20cm 떨어져있다고 가정하였을 때 물체 B의 무게는 얼마인가?

① 3kg
② 5kg
③ 7kg
④ 10kg

해설
- 무게와 거리의 곱인 모멘트가 같은 위치를 무게중심이라고 한다.
- $10 \times 10 = 20 \times x$를 만족하는 x를 구하는 문제이다.
- $x = \dfrac{100}{20} = 5$kg이 된다.

- 정적 평형상태(Static equilibrium) 실기 1901/2103/2201
  - 물체나 신체가 움직이지 않는 상태이다.
  - 작용하는 모든 힘의 총합이 0인 상태이다.
  - 작용하는 모든 모멘트의 총합이 0인 상태이다.
  - 힘이 거리에 비례하여 발생한다.

해설
- ②에서 젖산은 무산소성 해당과정에 의해 생성된다.
- 크렙스 사이클(Kreb's cycle)
  - 수소를 운반하는 NAD와 FAD를 이용하여 탄수화물, 지방, 단백질의 수소이온을 제거하여 산화시키는 작용을 한다.
  - 이산화탄소가 생성되고 수소이온과 전자가 분리된다.
  - 구아노신 3인산(GTP)의 전환을 통하여 ATP가 생성된다.

23 0603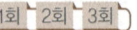

다음 중 산업 현장에서 열 스트레스(heat stress)를 결정하는 주요 요소가 아닌 것은?

① 전도(conduction) ② 대류(convection)
③ 복사(radiation) ④ 증발(evaporation)

해설
- 열균형 방정식은 S=(M−W)±R±C−E이다. 즉, 복사, 대류, 증발은 열균형에 간여하나 전도는 거의 영향을 끼치지 않는다.
- 인체의 열교환
  ㉠ 경로
    - 복사 – 한겨울에 햇볕을 쬐면 기온은 차지만 따스함을 느끼는 것
    - 대류 – 같은 온도에서도 바람이 부느냐 불지 않느냐에 따라 열손실이 달라지는 것
    - 전도 – 달구어진 옥상 바닥을 손바닥을 짚을 때 손바닥으로 열이 전해지는 것(인체에 거의 영향을 끼치지 않는다)
    - 증발 – 피부 표면을 통해 인체의 열이 증발하는 것
  ㉡ 열교환 과정 실기 1503
    - S=(M−W)±R±C−E
      단, S는 열 축적, M은 대사, W는 일, R은 복사, C는 대류, E는 증발을 의미한다.
    - 열교환에 영향을 미치는 요소에는 기온(Temperature), 기습(Humidity), 기류(Air movement) 등이 있다.

25 1601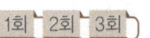

최대산소소비능력(MAP)에 관한 설명으로 틀린 것은?

① 산소섭취량이 지속적으로 증가하는 수준을 말한다.
② 사춘기 이후 여성의 MAP는 남성의 65 ~ 75% 정도이다.
③ 최대산소소비능력은 개인의 운동역량을 평가하는데 활용된다.
④ MAP를 측정하기 위해서 주로 트레드밀(treadmill)이나 자전거 에르고미터(ergometer)를 활용한다.

해설
- ①에서 MAP란 일의 속도가 증가하더라도 산소 섭취량이 더 이상 증가하지 않는 일정하게 되는 수준이다.
- 최대 산소소비능력(MAP, maximum aerobic power)
  - MAP란 일의 속도가 증가하더라도 산소 섭취량이 더 이상 증가하지 않는 일정하게 되는 수준이다.
  - 개인의 MAP가 클수록 순환기 계통의 효능이 크다.
  - 개인의 운동역량을 평가하는데 활용된다.
  - 사춘기 이후 여성의 MAP는 남성의 65 ~ 75% 정도이다.
  - MAP 수준에서는 에너지대사가 주로 혐기적으로 일어난다.
  - 근육과 혈액 중에 축적되는 젖산의 양은 증가한다.
  - MAP를 직접 측정하는 방법은 트레드밀(treadmill)이나 자전거 에르고미터(ergometer)에서 가능하다.

24 2103

다음 중 유산소 대사의 하나인 크렙스 사이클(Kreb's cycle)에서 일어나는 반응이 아닌 것은?

① 산화가 발생한다.
② 젖산이 생성된다.
③ 이산화탄소가 생성된다.
④ 구아노신 3인산(GTP)의 전환을 통하여 ATP가 생성된다.

26

작업의 효율은 작업의 출력 대비 에너지 소비량의 비율을 말하는데 다음 중 에너지 소비량에 영향을 가장 적게 미치는 요인은?

① 작업 장소 ② 작업 방법
③ 작업 도구 ④ 작업 자세

해설
- 작업 장소는 에너지 소비량에 끼치는 영향이 극히 적다.
- **작업에 따른 에너지 소비량에 영향을 미치는 주요인자**
  - 작업 방법
  - 작업 속도
  - 작업 도구
  - 작업 자세

해설
- 적근은 수축이 천천히 이뤄져 지구력을 담당하며, 백근은 수축이 빠르게 이뤄져 순발력 등에 관여하나 쉽게 피로해진다.
- **근육**
  - 기본 근육 세포단위는 근육 다발이다.
  - 하나의 근육은 수많은 근섬유로 이루어져 있다.
  - 근육 전체가 내는 힘은 활성화된 근섬유수에 의해 결정된다.
  - 근조직은 형태와 기능에 따라 골격근, 평활근, 심근으로 분류된다.
  - 골격근은 육안으로 식별이 가능하며, 적근, 백근, 중간근으로 분류된다.
  - 적근은 수축이 천천히 이뤄져 지구력을 담당하며, 백근은 수축이 빠르게 이뤄져 순발력 등에 관여하나 쉽게 피로해진다.
  - 개개의 근육섬유(muscle fiber)는 근섬유막에 의해서 하나의 독립된 세포로 외부와 경계를 짓는다.
  - 하나의 신경세포와 그 신경세포가 지배하는 근육섬유(muscle fiber)군을 총칭하여 운동단위 또는 활동단위(motor unit)라 한다.

27

뇌파와 관련된 내용이 맞게 연결된 것은?

① α파 : 2~5Hz로 얕은 수면상태에서 증가한다.
② β파 : 5~10Hz로 불규칙적인 파동이다.
③ θ파 : 14~30Hz로 고(高)진폭파를 의미한다.
④ δ파 : 4Hz 미만으로 깊은 수면상태에서 나타난다.

해설
- ①은 8~12Hz 주파수, 안정 시에 주로 나타나는 파형이다.
- ②는 12~30Hz 주파수, 눈을 뜨고 집중하는 상태에서 나타나는 파형이다.
- ③은 4~8Hz 주파수, 졸거나 막 깨어났을 때 나타나는 파형이다.
- **뇌파(EEG)의 종류**
  - α파 : 8~12Hz 주파수, 안정 시에 주로 나타나는 파형이다.
  - β파 : 12~30Hz 주파수, 눈을 뜨고 집중하는 상태에서 나타나는 파형이다.
  - θ파 : 4~8Hz 주파수, 졸거나 막 깨어났을 때 나타나는 파형이다.
  - δ파 : 4Hz 미만의 주파수로 깊은 수면상태에서 나타난다.

29

일반적으로 소음계는 주파수에 따른 사람의 느낌을 감안하여 A, B, C 세 가지 특성에서 음압을 측정할 수 있도록 보정되어 있는데, A 특성치란 몇 phon의 등음량 곡선과 비슷하게 주파수에 따른 반응을 보정하여 측정한 음압수준을 말하는가?

① 20 ② 40
③ 70 ④ 100

해설
- A특성은 40phon, B특성은 70phon, C특성은 100phon의 등청감 곡선과 비슷하게 보정하여 측정한 값을 말한다.
- **소음계**
  - 소음계는 주파수에 따른 인체의 반응을 기준으로 구분하는데 A, B, C특성치로 구분하며, 소음규제법에서는 A특성치(db(A))를 강도의 척도로 삼는다.
  - A특성치 : 40phon 보정, 사람의 청감에 맞춘 것, dB(A)로 표시하며 저주파 대역을 보정한 청감보정회로
  - B특성치 : 70phon 보정
  - C특성치 : 100phon 보정, 기계의 주파수 측정에 주로 사용, dB(C)로 표시하며 평탄 특성을 나타냄

28

다음 중 인간의 근육에 관한 설명으로 틀린 것은?

① 근조직은 형태와 기능에 따라 골격근, 평활근, 심근으로 분류된다.
② 골격근은 육안으로 식별이 가능하며, 적근, 백근, 중간근으로 분류된다.
③ 근수축에 직접 사용되는 에너지원은 ATP(adenosine triphosphate)이다.
④ 적근은 체표면 가까이에 존재하며, 주로 급속한 동작을 하기 때문에 쉽게 피로해진다.

정답 27 ④ 28 ④ 29 ②

30

다음 중 진동이 인체에 미치는 영향에 대한 설명으로 적절하지 않은 것은?

① 진동은 시력, 추적 능력 등의 손상을 초래한다.
② 시간이 경과함에 있어 영구 청력손실을 가져온다.
③ 진동으로 인해 내분비계 반응 장애가 나타날 수 있다.
④ 정확한 근육조절을 요구하는 작업의 경우 그 효율이 저하된다.

해설
- 진동과 청력손실은 크게 관련이 없다.
- **진동이 인체에 미치는 영향**
  - 심박수가 증가한다.
  - 장시간 노출 시 근육 긴장을 증가시킨다.
  - 시성능은 10 ~ 25Hz 대역의 경우 가장 심하게 영향을 받으며, 60 ~ 90Hz에서 안구가 공명한다.
  - 추적능력은 5Hz 이하의 낮은 진동수에서 가장 영향을 많이 받는다.
  - 머리와 어깨 부위의 공명주파수는 20 ~ 30Hz이다.
  - 등이나 허리뼈에 가장 위험한 주파수는 8 ~ 12Hz이다.
  - 흉부와 복부의 고통을 일으키는 주파수는 4 ~ 10Hz이다.
  - 중앙 신경계의 처리 과정과 관련되는 과업의 성능은 진동의 영향을 비교적 덜 받는다.
  - 레이노 증후군(Raynaud's phenomenon)은 진동으로 인한 말초혈관운동의 장해로 발생한다.

31

그림과 같은 심전도에서 나타나는 P파는 심장의 어떤 상태를 의미하는 것인가?

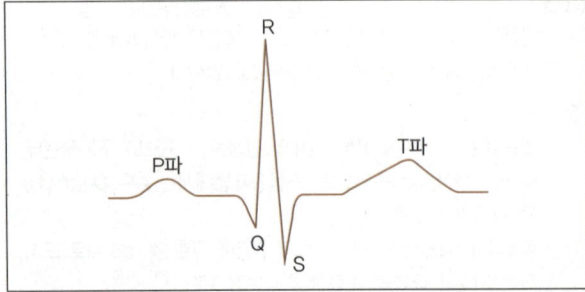

① 심방의 탈분극
② 심실의 재분극
③ 심실의 탈분극
④ 심방의 재분극

해설
- P파는 심방의 탈분극, T파는 심실의 재분극을 의미한다.
- **심전도(ECG)**
  - 심장근의 활동을 측정하는 것을 말한다.

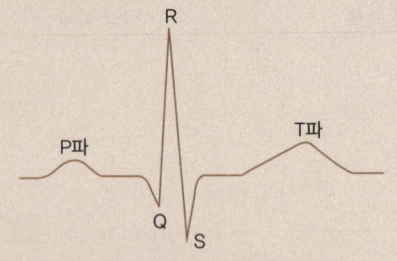

- P파는 심방의 탈분극(심방의 수축)을 의미한다.
- QRS complex는 심실의 탈분극(심실의 수축)을 의미한다.
- T파는 심실의 재분극(심실의 이완)을 의미한다.

32

일반적으로 최대근력이 50% 정도의 힘으로 유지할 수 있는 시간은?

① 1분 정도
② 5분 정도
③ 10분 정도
④ 15분 정도

해설
- 일반적으로 최대근력이 50% 정도의 힘으로 유지할 수 있는 시간은 1분 정도이다.
- **근력**
  - 한 번의 수의적인 노력에 의해 근육이 등척성으로 낼 수 있는 힘의 최댓값이다.
  - 일반적으로 최대근력이 50% 정도의 힘으로 유지할 수 있는 시간은 1분 정도이다.
  - 근육이 발휘할 수 있는 15% 이하의 힘으로 상당히 오랫동안 유지가능하며, 10% 미만의 힘으로 무한하게 유지가 가능하다.
  - 여성의 평균 근력은 남성의 약 65% 정도이다.
  - 훈련(운동)을 통해 약 30 ~ 40%의 근력증가효과를 얻을 수 있다.
  - 근력은 보통 25 ~ 35세에 최고에 도달하고, 40세 이후 서서히 감소한다.

정답 30 ② 31 ① 32 ①

33

교대작업에 관한 설명으로 맞는 것은?

① 교대작업은 야간 → 저녁 → 주간 순으로 하는 것이 좋다.
② 교대일정은 정기적이고, 근로자가 예측 가능하도록 해야 한다.
③ 신체의 적응을 위하여 야간근무는 7일 정도로 지속되어야 한다.
④ 야간 교대시간은 가급적 자정 이후로 하고, 아침 교대시간은 오전 5~6시 이전에 하는 것이 좋다.

해설
- ①에서 근무반 교대방향은 아침반 → 저녁반 → 야간반으로 정방향 순환이 되게 한다.
- ③에서 야간근무의 연속은 3일을 넘기지 않도록 하여야 한다.
- ④에서 야근 교대시간은 상오 0시 이전에 하는 것이 좋으며, 아침 교대시간은 아침 7시 이후에 하는 것이 바람직하다.

바람직한 교대제
  ㉠ 기본
  - 각 반의 근무시간은 8시간으로 한다.
  - 2교대면 최저 3조의 정원을, 3교대면 4조 편성으로 한다.
  - 근무시간의 간격은 15~16시간 이상으로 하여야 한다.
  - 채용 후 건강관리로서 정기적으로 체중, 위장 증상 등을 기록해야 하며 체중이 3kg 이상 감소 시 정밀검사를 받도록 한다.
  - 근무 교대시간은 근로자의 수면을 방해하지 않도록 정해야 하며, 아침 교대시간은 아침 7시 이후에 하는 것이 바람직하다.
  - 근무시간은 8시간을 주기로 교대하며 야간 근무 시 충분한 휴식을 보장해주어야 한다.
  - 교대작업은 피로회복을 위해 역교대 근무 방식보다 전진근무 방식(주간근무 → 저녁근무 → 야간근무 → 주간근무)으로 하는 것이 좋다.
  ㉡ 야간근무
  - 야간근무의 연속은 2~3일 정도가 좋다.
  - 야근 교대시간은 상오 0시 이전에 하는 것이 좋다.
  - 야간근무 시 가면(假眠)시간은 근무시간에 따라 2~4시간으로 하는 것이 좋다.
  - 야근은 가면(假眠)을 하더라도 10시간 이내가 좋다.
  - 야근 후 다음 반으로 가는 간격은 최저 48시간을 가지도록 한다.
  - 상대적으로 가벼운 작업을 야간 근무조에 배치하고, 업무 내용을 탄력적으로 조정한다.

34

육체적 작업을 위하여 휴식시간을 산정할 때 가장 관련이 깊은 척도는?

① 눈 깜빡임 수(blink rate)
② 점멸 융합 주파수(flicker test)
③ 부정맥 지수(cardiac arrhythmia)
④ 에너지 대사율(relative metabolic rate)

해설
- 에너지 대사율(relative metabolic rate)은 휴식시간 산정 시 반드시 고려되어야 할 척도이다.

작업부하 및 휴식시간 결정
- 에너지 대사율(relative metabolic rate) 및 에너지 소비량은 휴식시간 산정 시 반드시 고려되어야 할 척도이다.
- 작업부하는 작업자의 능력에 따라 달라진다.
- 정신적인 권태감은 주관적인 요소이므로 휴식시간 산정 시 고려할 필요가 있다.
- 조명 및 소음과 같은 환경적 요소도 작업부하 및 휴식시간 산정 시 고려해야 한다.
- 작업방법이나 설비를 재설계하는 공학적 대책으로는 작업부하를 감소시킬 수 있다.
- 장기적인 전신피로는 직무 만족감을 낮추고, 건강상의 위험을 증가시킬 수 있다.

35

소음에 의한 청력손실이 가장 크게 발생하는 주파수 대역은?

① 1,000Hz
② 2,000Hz
③ 4,000Hz
④ 10,000Hz

해설
- 소음성 난청(C5-dip)은 주로 4,000Hz에 대한 청력손실부터 시작하여 주변의 주파영역으로 파급된다.

소음성 난청(C5-dip)
- 작업자가 소음 작업환경에 장기간 노출될 경우 나타나는 직업병이다.
- 주로 4,000Hz에 대한 청력손실부터 시작하여 주변의 주파영역으로 파급된다.
- 역치변화가 큰 4,000Hz 주파수에서 소음에 의한 청력손실이 가장 크게 나타나 검사음으로 사용한다.

정답 33 ② 34 ④ 35 ③

36
습구온도가 25℃며, 건구온도가 30℃일 때 Oxford 지수는 얼마인가?

① 25.75
② 26.5
③ 28.5
④ 29.25

해설
- 대입하면 0.85×25+0.15×30=25.75℃이다.
- **Oxford 지수**
  - 습구온도와 건구온도의 가중 평균치로 습건지수라고도 한다.
  - Oxford 지수는 0.85×습구온도+0.15×건구온도로 구한다.

37
조도(Illuminance)의 단위로 옳은 것은?

① nit
② lumen
③ lux
④ candela

해설
- ①은 단위 면적당 광량을 나타내는 단위이다.
- ②는 광선속(luminous flux)의 크기를 나타내는 단위이다.
- ④는 광도(luminous intensity)를 측정하는 단위이다.
- **조도(照度)** 실기 1501/1603/1703/2003/2302
  - 조도는 특정 지점에 도달하는 광의 밀도를 말한다.
  - 단위는 럭스(Lux)를 사용한다 $\left(\frac{1cd}{1m^2}, \frac{1lm}{1m^2}\right)$.
  - 반사체의 반사율과는 상관없이 일정한 값을 갖는다.
  - 거리의 제곱에 반비례하고, 광도에 비례하므로 $\frac{광도}{(거리)^2}$으로 구한다.

38
동일한 관절운동을 일으키는 주동근(agonists)과 반대되는 작용을 하는 근육은?

① 박근(gracilis)
② 장요근(iliopsoas)
③ 길항근(antagonists)
④ 대퇴직근(rectus femoris)

해설
- ①은 두덩뼈에서 정강이뼈까지 이어진 길고 얇은 근육으로, 관절의 안정성을 유지하는 역할을 한다.
- ②는 엉덩허리근으로 큰허리근과 엉덩근이 합류하여 형성된 근육으로, 서기, 걷기, 달리기 등의 동작에 중요한 역할을 한다.
- ④는 넙다리곧은근으로 힘줄을 통해 무릎뼈에 붙어서 엉덩관절에서 넓적다리를 굽히고, 무릎관절에서 종아리를 펴는 역할을 한다.
- **길항근(antagonists)**
  - 특정한 근육을 지칭하는 것이 아니라 어떤 근육의 작용과 반대되는 작용을 하는 근육을 일컫는 용어이다.
  - 움직임을 직접적으로 주도하는 주동근(prime mover)과 반대되는 작용을 하는 근육을 말한다.

39
신경계에 관한 설명으로 틀린 것은?

① 체신경계는 피부, 골격근, 뼈 등에 분포한다.
② 자율신경계는 교감신경계와 부교감신경계로 세분된다.
③ 중추신경계는 척수신경과 말초신경으로 이루어진다.
④ 기능적으로는 체신경계와 자율신경계로 나눌 수 있다.

해설
- 중추신경계는 뇌와 척수로 이뤄진다.
- **신경계(nervous system)**
  - 구조적으로 중추신경계와 말초신경계로 나눌 수 있다.
  - 중추신경계는 뇌와 척수로 이뤄져, 반사(reflex)와 통합(integration)의 기능적 특징을 갖는다.
  - 기능적으로는 체신경계와 자율신경계로 나눌 수 있다.
  - 체신경계는 피부, 골격근, 뼈 등에 분포한다.
  - 자율신경계는 교감신경계와 부교감신경계로 세분된다.

40
다음 중 신체 부위가 몸의 중심선을 향하여 안쪽으로 회전하는 동작을 나타내는 용어는?

① 신전(extension)
② 외전(abduction)
③ 내선(medial rotation)
④ 외선(lateral rotation)

해설
- ①은 펌이라고 하며, 신체부위 간의 각도가 증가하는 관절동작으로 굽힘의 반대되는 동작이다.
- ②는 벌림이라고 하며, 신체 중심선으로부터 밖으로 이동하는 신체의 움직임으로 내전(모음, adduction)의 반대되는 동작이다.
- ④는 신체의 중심선으로부터 바깥쪽으로 회전하는 신체의 움직임으로 내선(medial rotation)의 반대되는 동작이다.

내선(medial rotation)
- 신체의 바깥쪽에서 중심선 쪽으로 회전하는 신체의 움직임을 말한다.
- 외선(lateral rotation)의 반대되는 동작이다.

해설
- ②는 연역적 방법으로 원인을 규명하며, 재해의 정량적 예측이 가능한 분석방법이다.

시스템 안전 해석 기법의 종류와 분류

해석기법	수리적해석		논리적해석	
	정성적	정량적	귀납적	연역적
ETA(사상나무분석)		■	■	
FMEA(고장영향분석)	■		■	
FTA(결함수분석)		■		■
MORT(Management Oversight and Risk Tree)		■		■
PHA(예비위험분석)	■			
FHA(결함위험분석)	■			
THERP(과오율예측)		■		

3과목 산업심리학 및 관련법규

41
피들러(F.E.Fiedler)의 상황적합적 리더십 특성이론에서 리더에게 호의성 여부를 결정하는 리더십 상황이 아닌 것은?

① 리더-구성원 관계
② 과업구조
③ 리더의 직위권한
④ 부하의 수

해설
- 피들러의 상황변수 3가지에는 리더-구성원 관계, 과업구조, 리더의 직위권한이 있다.

피들러(F.E.Fiedler)의 상황적합적 리더십 특성이론
- 상황변수 3가지를 분석하여 리더의 바람직한 리더십을 구분하였다.
- 상황변수 3가지에는 리더-구성원 관계, 과업구조, 리더의 직위권한이 있다.

42
다음 중 귀납적 추론을 통한 시스템 안전 분석 기법이 아닌 것은?

① ETA
② FTA
③ PHA
④ FMEA

43
다음 중 레빈(Lewin)의 인간행동에 대한 설명으로 옳은 것은?

① 인간의 행동은 개인적 특성(P)과 환경(E)의 상호 함수관계이다.
② 인간의 욕구(needs)는 1차적 욕구와 2차적 욕구로 구분된다.
③ 동작시간은 동작의 거리와 종류에 따라 다르게 나타난다.
④ 집단행동은 통제적 집단행동과 비통제적 집단행동으로 구분할 수 있다.

해설
- 레빈의 인간행동에 대한 설명에서 인간의 행동은 개인(P)과 환경(E)의 상호 함수관계에 있다고 할 수 있다.

레빈(Lewin.K)의 법칙
- 행동 $B = f(P \cdot E)$로 이루어진다. 즉, 인간의 행동은 개인(P)과 환경(E)의 상호 함수관계에 있다고 할 수 있다.
- B는 인간의 행동(Behavior)을 말한다.
- f는 동기부여를 포함한 함수(Function)이다.
- P는 Person 즉, 개체(소질)로 연령, 지능, 경험 등을 의미한다.
- E는 Environment 즉, 심리적 환경(인간관계, 작업환경-조명, 소음, 온도 등)을 의미한다.

44

다음 중 맥그리거(McGregor)가 주장한 Y이론의 관리처방에 해당되지 않은 것은?

① 목표에 의한 관리
② 민주적 리더십의 확립
③ 분권화와 권한의 위임
④ 경제적 보상체제의 강화

해설
- ④는 X이론의 관리처방에 해당한다.
- **맥그리거(McGregor)의 X · Y이론**
  ㉠ 개요
  - 인간과 직무의 관계에 대한 기본적인 가정을 X이론과 Y이론이라는 가설로 나눈 것이다.
  - X이론은 인간의 본성이 일을 싫어하고, 무관심하며, 책임을 회피하므로 당근과 채찍을 동원하여 강제할 필요가 있다는 이론이다.
  - Y이론은 인간의 본성이 일을 좋아하고, 책임감이 강하며, 선하므로 그들을 자율적, 민주적으로 대해야 창조적인 성과를 얻을 수 있다는 이론이다.
  ㉡ X이론과 Y이론의 관리처방 비교

X이론(후진국형, 성악설)	Y이론(선진국형, 성선설)
• 경제적 보상체제의 강화 • 권위주의적 리더십의 확립 • 면밀한 감독과 엄격한 통제 • 상부 책임제도의 강화	• 분권화와 권한의 위임 • 목표에 의한 관리 • 직무확장 • 인간관계 관리방식 • 책임감과 창조력

재해율 관련 공식

재해율	$\dfrac{\text{재해자수}}{\text{산재보험적용근로자수}} \times 100$
사망만인율	$\dfrac{\text{사망자수}}{\text{산재보험적용근로자수}} \times 10,000$
휴업재해율	$\dfrac{\text{휴업재해자수}}{\text{임금근로자수}} \times 100$
도수율 (빈도율)	$\dfrac{\text{재해건수}}{\text{연근로시간수}} \times 1,000,000$
강도율	$\dfrac{\text{총요양근로손실일수}}{\text{연근로시간수}} \times 1,000$

45

상시작업자가 1,000명이 근무하는 사업장의 강도율이 0.6이었다. 이 사업장에서 재해발생으로 인한 연간 총 근로손실일수는 며칠인가?(단, 작업자 1인당 연간 2,400시간을 근무하였다)

① 1,220일 ② 1,320일
③ 1,440일 ④ 1,630일

해설
- 강도율은 1,000시간당 근로손실일수를 의미한다. 강도율이 0.6이라는 것은 1,000시간당 근로손실일수가 0.6일임을 말하므로 연간 총 근로시간 1,000명×2,400시간=2,400,000시간 동안의 근로손실일수는 0.6×2,400=1,440일이 된다.

46

스트레스에 관한 설명으로 옳지 않은 것은?

① 스트레스 수준은 작업성과의 정비례의 관계에 있다.
② 위협적인 환경특성에 대한 개인의 반응이라고 볼 수 있다.
③ 적정수준의 스트레스는 작업성과에 긍정적으로 작용한다.
④ 지나친 스트레스를 지속적으로 받으면 인체는 자기조절 능력을 상실할 수 있다.

해설
- 스트레스는 너무 많아도, 너무 적어도 문제이다. 즉, 스트레스 수준과 작업성은 정비례하지 않는다.
- **스트레스**
  - 위협적인 환경특성에 대한 개인의 반응이라고 볼 수 있다.
  - 코티졸(cortisol)은 스트레스를 받을 때 몸에서 생성되는 호르몬으로 스트레스 정도를 파악하는데 사용된다.
  - 스트레스는 근골격계 질환에 영향을 줄 수 있다.
  - 스트레스를 받게 되면 자율 신경계가 활성화 된다.
  - 적정수준의 스트레스는 작업성과에 긍정적으로 작용한다(스트레스 수준과 수행은 역U자형의 관계를 갖는다).
  - 지나친 스트레스를 지속적으로 받으면 인체는 자기조절능력을 상실할 수 있다.
  - 일반적으로 내적 통제자들은 외적 통제자들보다 스트레스를 적게 받는다.
  - A형 성격을 가진 사람이 B형 성격을 가진 사람보다 높은 스트레스를 받을 가능성이 있다.

47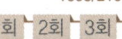

다음 중 상해의 종류에 해당하지 않는 것은?

① 협착
② 골절
③ 부종
④ 중독 · 질식

해설
- ①은 재해의 발생형태별 분류에 해당된다.

상해의 종류별 분류

골절	뼈가 부러지는 상해
찰과상	스치거나 문질러서 피부가 벗겨진 상해
창상	창, 칼 등에 베인 상해
자상	칼날 등 날카로운 물건에 찔린 상해
좌상	타박상(삐임)이라고도 하며, 피하조직 등 근육부를 다쳐 충격을 받은 부위가 부어오르고 통증이 발생되는 상해
부종	국부의 혈액순환의 이상으로 몸이 퉁퉁 부어오르는 상해
중독	음식, 약물, 가스 등에 의해 중독되는 상해
화상	화재 또는 고온물과의 접촉으로 인한 상해
진폐	분진이 침착하여 조직 반응이 일어난 상해

48

재해예방의 4원칙에 해당되지 않는 것은?

① 예방 가능의 원칙
② 보상 분배의 원칙
③ 손실 우연의 원칙
④ 대책 선정의 원칙

해설
- ②는 원인 연계(계기)의 원칙이 되어야 한다.

하인리히의 재해예방의 4원칙

대책 선정의 원칙	사고의 원인을 발견하면 반드시 대책을 세워야 하며, 모든 사고는 대책 선정이 가능하다는 원칙
손실 우연의 원칙	사고로 인한 손실은 상황에 따라 다른 우연석이라는 원칙
예방 가능의 원칙	모든 사고는 예방이 가능하다는 원칙
원인 연계의 원칙	• 사고는 반드시 원인이 있으며 이는 복합적으로 필연적인 인과관계로 작용한다는 원칙 • 원인 계기의 원칙이라고도 한다.

49

다음 중 호손(Hawthorne) 연구결과 작업자의 작업능률에 영향을 미치는 것이라고 주장한 내용과 가장 거리가 먼 것은?

① 동기부여
② 의사소통
③ 인간관계
④ 물리적 작업조건

해설
- 호손의 연구결과에서 작업자의 작업능률은 동기, 의사소통을 통한 작업자 간의 인간관계가 큰 영향을 미친다는 것을 확인하였다.

호손(Hawthorne)의 연구
- 호손공장 실험에서 조명을 밝히면 처음에는 생산량은 증가하나 이후에는 조명과 상관관계가 거의 없음을 증명하였다.
- 호손의 연구결과에서 작업자의 작업능률은 동기, 의사소통을 통한 작업자 간의 인간관계가 큰 영향을 미친다는 것을 확인하였다.
- 산업심리학의 관심이 물리적 작업조건에서 인간관계 등으로 바뀌는 계기를 마련하게 되었다.

50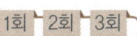

다음 중 실수(slip)와 착오(mistake)에 관한 설명으로 옳은 것은?

① 실수와 착오는 의식적인 행동에서 발생하는 오류이다.
② 실수와 착오는 불안전 행동으로 인한 오류이다.
③ 실수는 의도는 올바른 것이지만 반응의 실행이 올바른 것이 아닌 경우이고, 착오는 부적합한 의도를 가지고 행동으로 옮긴 경우를 말한다.
④ 착오와 위반은 불안전 행동으로 인한 오류이다.

해설
- ①에서 실수는 의도와 다르게 행동이 나타나는 것으로 의식적인 행동으로 볼 수 없다.
- ②와 ④에서 착오는 외부적 요인(불안전한 상태)에서 비롯되어지는 오류이다.

인간의 다양한 오류모형

착각(Illusion)	감각적으로 물리현상을 왜곡하는 지각 오류
착오(Mistake)	상황해석을 잘못하거나 목표를 잘못 이해하고 착각하여 행하는 인간의 실수로 위치, 순서, 패턴, 형상, 기억오류 등 외부적 요인에 의해 나타나는 오류
실수(Slip)	의도는 올바른 것이었지만, 행동이 의도한 것과는 다르게 나타나는 오류
건망증(Lapse)	일련의 과정에서 일부를 빠뜨리거나 기억의 실패에 의해 발생하는 오류
위반(Violation)	정해진 규칙을 알고 있음에도 의도적으로 따르지 않거나 무시한 경우에 발생하는 오류

51

다음 설명에 해당하는 제조물책임법상 결함의 종류는?

> 제조업자가 합리적인 설명·지시·경고 기타의 표시를 하였더라면 당해 제조물에 의하여 발생될 수 있는 피해나 위험을 줄이거나 피할 수 있었음에도 이를 하지 아니한 경우

① 제조상의 결함　② 설계상의 결함
③ 표시상의 결함　④ 검사상의 결함

해설
- 제조업자가 표시를 하지 않은 책임을 묻고 있다.
- **결함의 종류** 실기 1801/2002/2101/2103/2203/2302
  - 결함이란 제조물 제조상·설계상 또는 표시상의 결함이 있거나 그 밖에 통상적으로 기대할 수 있는 안전성이 결여되어 있는 것을 말한다.
  - 결함의 종류에는 제조상의 결함, 설계상의 결함, 표시상의 결함이 있다.

제조상의 결함	제조업자가 제조물에 대하여 제조상·가공 상의 주의 의무를 이행하였는지에 관계없이 제조물이 원래 의도한 설계와 다르게 제조·가공됨으로써 안전하지 못하게 된 경우
설계상의 결함	제조업자가 합리적인 대체설계(代替設計)를 채용하였더라면 피해나 위험을 줄이거나 피할 수 있었음에도 대체설계를 채용하지 아니하여 해당 제조물이 안전하지 못하게 된 경우
표시상의 결함	제조업자가 합리적인 설명·지시·경고 또는 그 밖의 표시를 하였더라면 해당 제조물에 의하여 발생할 수 있는 피해나 위험을 줄이거나 피할 수 있었음에도 이를 하지 아니한 경우

52

휴먼 에러의 배후요인 4가지(4M)에 속하지 않는 것은?

① Man　② Machine
③ Motive　④ Management

해설
- 재해발생 기본원인에 해당하는 4M은 Man, Machine, Media, Management를 말한다.
- **재해발생 기본원인 - 4M**
  - ㉠ 개요
    - 재해의 연쇄관계를 분석하는 기본 검토요인으로 인간과오(Human-Error)와 관련된다.
    - Man, Machine, Media, Management를 말한다.
  - ㉡ 4M의 내용

Man	• 인간적 요인을 말한다. • 심리적(망각, 무의식, 착오 등), 생리적(피로, 질병, 수면부족 등) 원인 등이 있다.
Machine	• 기계적 요인을 말한다. • 기계, 설비의 설계상의 결함, 점검이나 정비의 결함, 위험방호의 불량 등이 있다.
Media	• 인간과 기계를 연결하는 매개체로 작업적 요인을 말한다. • 작업의 정보, 작업방법, 작업환경, 작업순서 등이 있다.
Management	• 관리적 요인을 말한다. • 안전관리조직, 관리규정, 안전교육의 미흡 등이 있다.

53

다음 중 산업 재해 발생 시 처리과정에 있어 가장 먼저 실시하여야 하는 사항은?

① 피해자 응급조치　② 사상자 보고
③ 원인 강구　④ 대책 수립

해설
- 피해자에 대한 구급조치를 최우선으로 한다.
- **재해조사와 재해사례연구** 실기 1701
  - ㉠ 개요
    - 재해조사는 재해조사 → 원인분석 → 대책수립 → 실시계획 → 실시 → 평가의 순을 따른다.
    - 재해사례의 연구는 재해 상황 파악 → 사실 확인 → 직접원인과 문제점 확인 → 근본 문제점 결정 → 대책 수립의 단계를 따른다.
  - ㉡ 재해조사 시 유의사항
    - 피해자에 대한 구급조치를 최우선으로 한다.
    - 가급적 재해 현장이 변형되지 않은 상태에서 실시한다.
    - 사실 이외의 추측되는 말은 참고용으로만 활용한다.
    - 사람, 기계설비 양면의 재해요인을 모두 도출한다.
    - 과거 사고 발생 경향 등을 참고하여 조사한다.
    - 객관적 입장에서 재해방지에 우선을 두고 조사하며, 조사는 2인 이상이 한다.

54

헤드십(headship)과 리더십(leadership)을 상대적으로 비교, 설명한 것으로 헤드십의 특징에 해당되는 것은?

① 민주주의적 지휘형태이다.
② 구성원과의 사회적 간격이 넓다.
③ 권한의 근거는 개인의 능력에 따른다.
④ 집단의 구성원들에 의해 선출된 지도자이다.

해설
- ①, ③, ④는 리더십에 대한 설명이다.
- 헤드십은 상사와 부하의 관계가 지배적이고 사회적 간격이 넓다.

∷ 헤드십(Head-ship)
  ㉠ 개요
  - 리더와 같이 선출된 지도자가 아니라 조직에 의해 임명된 지도자가 행하는 권한행사를 말한다.
  ㉡ 특징
  - 권한의 근거는 공식적인 법과 규정에 의한다.
  - 상사와 부하의 관계는 지배적이고 사회적 간격이 넓다.
  - 지휘의 형태는 권위적이다.
  - 책임은 부하에 있지 않고 상사에게 있다.

55

테일러(F.W. Taylor)에 의해 주장된 조직형태로서 관리자가 일정한 관리기능을 담당하도록 기능별 전문화가 이루어진 조직은?

① 위원회 조직
② 직능식 조직
③ 프로젝트 조직
④ 사업부제 조직

해설
- ①은 특정 목적을 위해 공동의사를 결정하는 회의체로서 현대에 많은 기업체에서 경영의 실천과정으로 도입하고 있는 조직의 형태를 말한다.
- ③은 일정한 프로젝트를 해결하기 위해 일시적으로 구성된 조직형태로 태스크 포스(Task forces)라고도 한다.
- ④는 제품이나 시장 또는 지역을 기초로 부문화하여 만든 조직으로 다국적 기업 등이 많이 채택하는 조직형태이다. 사업부의 책임자는 독립적인 지위를 갖는다.

∷ 직능식 조직
- 테일러(F.W. Taylor)에 의해 주장된 조직형태로서 관리자가 일정한 관리기능을 담당하도록 기능별 전문화가 이루어진 조직을 말한다.
- 관리자의 업무를 전문화하고, 부문별로 전문관리자를 두어 작업자를 지휘하는 형태이다.

56

작업자가 제어반의 압력계를 계속적으로 모니터링 하는 작업에서 압력계를 잘못 읽어 에러를 범할 확률이 100시간에 1회로 일정한 것으로 조사되었다. 작업을 시작한 후 200시간 시점에서의 인간신뢰도는 약 얼마로 추정되는가?

① 0.02
② 0.98
③ 0.135
④ 0.865

해설
- 에러 확률이 100시간에 1회이므로 고장률이 0.01이고, 200시간 동안의 신뢰도는 $e^{-0.01 \times 200} = e^{-2} = 0.1353\cdots$이 된다.

∷ 지수 분포를 따르는 부품의 신뢰도
- 고장률이 λ인 시스템이 t시간 지난 후의 신뢰도 $R(t) = e^{-\lambda t}$이다.
- 고장까지의 평균시간이 $t_0\left(=\dfrac{1}{\lambda_0}\right)$일 때 이 부품을 t시간 동안 사용할 경우의 신뢰도 $R(t) = e^{-\dfrac{t}{t_0}}$이다.

57

시각을 통해 2가지 서로 다른 자극을 제시하고 선택반응시간을 특정한 결과가 1초였다면, 4가지 서로 다른 자극에 대한 선택반응시간은 몇 초인가?(단, 각 자극의 출현확률은 동일하고, 시각 자극에 반응을 하는데 소요되는 시간은 0.2초라 가정하며, Hick-Hymann의 법칙에 따른다)

① 1초
② 1.4초
③ 1.8초
④ 2초

해설
- 자극정보의 개수가 2개일 때 반응시간이 1초였다. $a + b\log_2 2$가 1이라는 의미이다. 이는 $\log_2 2$가 1이므로 $a + b$가 1이라는 말이다.
- 자극에 반응하는 데 걸리는 시간 a가 0.2초라면 단위 정보량당 증가되는 반응시간 b는 0.8초를 의미한다.
- 대입하면 선택반응시간 $RT = 0.2 + 0.8\log_2 N$이 된다.
- 여기서 자극반응이 4가지라고 한다면 N에 4를 대입하면 $RT = 0.2 + 0.8\log_2 4 = 0.2 + 0.8 \times 2 = 1.8$이 된다.

정답 54 ② 55 ② 56 ③ 57 ③

Hick-Hyman의 법칙
- 운전원이 신호를 보고 어떤 장치를 조작해야 할지를 결정하기까지 걸리는 시간을 예측할 수 있다.
- 예상치 못한 자극에 대한 일반적인 반응시간은 대안이 2배 증가할 때마다 약 0.15초(150ms) 정도가 증가한다.
- 선택반응시간은 자극 정보량의 선형함수로 $RT = a + b\log_2 N$로 구한다. 이때 a와 b는 상수, N은 자극과 반응의 수이다.

58
스트레스의 관리 방안 중 조직 수준의 관리 방안과 가장 거리가 먼 것은?

① 조직 구성원에게 이미 할당된 과업을 변경시킨다.
② 권한을 분권화시키고 의사결정에의 참여기회를 확대한다.
③ 융통성 있는 작업계획을 통하여 개인의 재량권과 통제권을 확대시킨다.
④ 보살핌, 금전적 지원의 필요성이 있는 사람에게 도움을 준다.

해설
- ④는 사회적 차원의 대책에 해당된다.

스트레스 대처방안
㉠ 개요
- 스트레스 대처법은 디자인 해결법(조직차원)과 개인적인 해결법이 있다.

㉡ 개인적인 해결법
- 근육이나 정신을 이완시킴으로서 스트레스를 통제 한다.
- 규칙적인 운동을 통하여 근육긴장과 고조된 정신 에너지를 경감시킨다.
- 동료들과 대화를 하거나 노래방에서 가까운 친지들과 함께 자신의 감정을 표출하여 긴장을 방출한다.

㉢ 디자인 해결법(조직차원)
- 역할분석(개인의 역할을 명확히 함)
- 직무재설계(개인의 기술과 능력에 맞게 직무를 할당)
- 참여 관리
- 우호적인 직장 분위기 조성
- 사회적 자원의 제공
- 조직구조나 기능의 변화
- 경력계획과 개발 과정의 수립 및 상담 제공

㉣ 사회적 대책
- 보살핌, 금전적 지원(도구적 지원) 등

59
다음 중 에러 발생 가능성이 가장 낮은 의식수준은?

① 의식수준 0   ② 의식수준 Ⅰ
③ 의식수준 Ⅱ   ④ 의식수준 Ⅲ

해설
- 에러 발생 가능성이 낮은 것부터 높은 순으로 배열하면 Ⅲ단계-Ⅱ단계-Ⅰ단계-Ⅳ단계가 된다.

인간의 의식 레벨
- Phase 0은 무의식상태로 작업수행이 불가능한 상태의 의식수준이다.
- 에러 발생 가능성이 낮은 것부터 높은 순으로 배열하면 Ⅲ단계-Ⅱ단계-Ⅰ단계-Ⅳ단계가 된다.

단계	의식수준	설명
Phase 0	무의식, 실신 상태	무의식 동작에는 외계의 능력에 대응하는 능력이 어느 정도는 있다.
Phase Ⅰ	이상, 피로 및 단조로움	심신이 피로하거나 단조로운 작업을 반복할 경우 나타나는 의식수준의 저하현상이 발생
Phase Ⅱ	정상, 이완 상태	생리적 상태가 안정을 취하거나 휴식할 때에 해당
Phase Ⅲ	정상, 명쾌	• 중요하거나 위험한 작업을 안전하게 수행하기에 적합 • 신뢰성이 가장 높은 상태의 의식수준
Phase Ⅳ	과긴장	돌발 사태의 발생으로 인하여 주의의 일점 집중 현상이 일어나는 경우 인간의 의식수준

60
보행 신호등이 막 바뀌어도 자동차가 움직이기까지는 아직 시간이 있다고 스스로 판단하여 건널목을 건너는 것과 같은 부주의 행위와 가장 관계가 깊은 것은?

① 억측판단   ② 근도반응
③ 생략행위   ④ 초조반응

해설
- ②는 가까운 길에 대한 유혹으로 지름길 반응이라고도 한다.
- ③은 귀찮음을 기피하는 행위로 정해진 규칙을 무시하거나 임시변통하는 행위를 말한다.
- ④는 지각, 판단, 행동의 순서를 판단 없이 행하는 것을 말한다.

- **억측판단**
  - ㉠ 정의
    - 작업공정 중에 규정된 대로 수행하지 않고 "괜찮다"라고 생각하여 자기 주관대로 추측을 하여 행동하는 것을 말한다.
  - ㉡ 억측판단의 배경
    - 정보가 불확실할 때
    - 희망적인 관측이 있을 때
    - 과거의 경험한 선입관이 있을 때
    - 귀찮음과 초조함이 교차하는 조건일 때

4과목 근골격계질환 예방을 위한 작업관리

61

근골격계 질환 예방을 위한 바람직한 관리적 개선 방안으로 볼 수 없는 것은?

① 규칙적이고 적절한 휴식을 통하여 피로의 누적을 예방한다.
② 작업 확대를 통하여 한 작업자가 할 수 있는 일의 다양성을 넓힌다.
③ 전문적인 스트레칭과 체조 등을 교육하고 작업 중 수시로 실시하도록 유도한다.
④ 중량물 운반 등 특정 작업에 적합한 작업자를 선별하여 상대적 위험도를 경감시킨다.

해설
- ④에서 중량물 운반 등의 업무는 동력적인 장치를 이용하는 공학적 개선이 바람직하다.
- **작업개선안 도출**  1401/1603/1801/1901/2003/2201/2302/2403
  - 가장 우선적이고 근본적인 문제해결책은 문제가 되는 작업을 제거하는 데 있다.
  - 1차적으로는 공학적 개선으로 위험요인의 제거 혹은 위험성의 직접적인 감소를 위해 작업장 여건을 개선한다.
  - 2차적으로는 관리적 개선으로 작업순환, 작업교대, 휴식시간 설계, 인원 보충 등 자원의 효율적인 분배와 관련된다.

62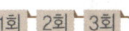

동작경제의 원칙에서 작업장 배치에 관한 원칙에 해당하는 것은?

① 각 손가락이 서로 다른 작업을 할 때 작업량을 각 손가락의 능력에 맞게 분배한다.
② 중력이송원리를 이용한 부품상자나 용기를 이용하여 부품을 사용 장소에 가까이 보낼 수 있도록 한다.
③ 손과 신체의 동작은 작업을 원만하게 처리할 수 있는 범위 내에서 가장 낮은 동작등급을 사용한다.
④ 눈의 초점을 모아야 할 수 있는 작업은 가능한 적게 하고, 이것이 불가피한 경우 두 작업간의 거리를 짧게 한다.

해설
- ①, ③, ④는 모두 신체사용의 원칙에 해당된다.
- **동작경제의 원칙** 실기 1903/2103/2203
  - ㉠ 개요
    - 작업자가 경제적인 동작을 통해 피로도를 감소시키면서도 능률을 향상시키게 하기 위한 원칙이다.
    - 신체사용의 원칙, 작업장 배치의 원칙, 공구 및 설비 디자인의 원칙으로 분류된다.
    - 동작을 가급적 조합하여 하나의 동작으로 한다.
    - 동작의 수는 줄이고, 동작의 속도는 적당히 한다.
  - ㉡ 신체사용의 원칙 실기 2301
    - 두 손의 동작은 동시에 시작해서 동시에 끝나야 한다.
    - 휴식시간을 제외하고는 양손이 같이 쉬어서는 안 된다.
    - 손의 동작은 유연하고 연속적인 동작이어야 한다.
    - 동작이 급작스럽게 크게 바뀌는 직선 동작은 피해야 한다.
    - 두 팔의 동작은 동시에 서로 반대방향으로 대칭적으로 움직이도록 한다.
    - 탄도동작(Ballistics Movements)은 제한되거나 통제된 동작보다 더 신속하고 정확하다.
  - ㉢ 작업장 배치의 원칙 실기 1303/1701/2001/2002/2303/2402
    - 가능하다면 낙하식 운반 방법을 이용한다.
    - 작업이 용이하도록 적절한 조명을 비추어 준다.
    - 공구나 재료는 작업동작이 원활하게 수행하도록 그 위치를 정해준다.
    - 공구, 재료 및 제어장치는 사용하기 가까운 곳에 배치해야 한다.
  - ㉣ 공구 및 설비 디자인의 원칙 실기 1703
    - 치구나 족답장치를 이용하여 양손이 다른 일을 할 수 있도록 한다.
    - 공구의 기능을 결합하여 사용하도록 한다.
    - 타자 칠 때와 같이 각 손가락이 서로 다른 작업을 할 때에는 작업량을 각 손가락의 능력에 맞게 배분해야 한다.

63

다음 중 작업관리의 목적으로 가장 적절한 것은?

① 공정의 재배치를 목적으로 한다.
② 자동화를 통한 위험작업의 제거를 목적으로 한다.
③ 표준시간을 선정하여 동일 임금 지급을 목적으로 한다.
④ 작업을 체계적으로 하여 생산성 향상을 목적으로 한다.

해설
- 작업관리는 정확한 작업측정을 통한 작업개선, 공정개선을 통한 작업 편리성 향상, 표준시간 설정을 통한 작업효율 관리 등을 목적으로 한다.

인간공학에 있어 작업관리
- 생산성 향상을 목적으로 경제적인 작업방법을 연구하는 작업연구와 표준작업시간을 결정하기 위한 작업측정으로 구분할 수 있다.
- 생산성과 함께 작업자의 안전과 건강을 함께 추구한다.
- 생산과정에서 인간이 관여하는 작업을 주 연구대상으로 한다.
- 정확한 작업측정을 통한 작업개선, 공정개선을 통한 작업 편리성 향상, 표준시간 설정을 통한 작업효율 관리 등을 수행한다.

64

관측평균은 1분, Rating 계수는 120%, 여유시간은 0.05분이다. 내경법에 의한 여유율과 표준시간은?

① 여유율 : 4.0%, 표준시간 : 1.05분
② 여유율 : 4.0%, 표준시간 : 1.25분
③ 여유율 : 4.2%, 표준시간 : 1.05분
④ 여유율 : 4.2%, 표준시간 : 1.25분

해설
- 정미시간은 1분×120% = 1×1.2 = 1.2분이다.
- 내경법으로 여유율 = 0.05분/(1.2분+0.05분) = 0.04가 된다.
- 표준시간 = 정미시간+여유시간 = 1.2분+0.05분 = 1.25분이 된다.

표준시간 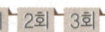 1501/1503/1603/1703/2002/2003/2103/2402/2403

⊙ 개요
- 8시간의 정상작업을 기준으로 하여 일정한 작업조건에서 일정한 방법에 따라 보통 정도의 작업자가 정상적인 속도로 작업을 수행하는데 걸리는 시간을 말한다.
- 표준시간 측정에 사용하는 DM(decimal minute)은 1DM이 0.6초이다.
- 표준시간은 정미시간+여유시간으로 구한다.
- 정미시간은 관측시간의 평균치×R(레이팅 계수)로 구한다.
- 객관적 레이팅에서의 표준시간 = 관측 평균시간×(1차 평가계수)×(1+2차 조정계수)×(1+여유율)로 구한다.

- 외경법의 경우 표준시간 = 정미시간×(1+여유율)로 구한다.
- 내경법의 경우 표준시간 = 정미시간/(1−여유율)로 구한다.

ⓒ 여유율
- 외경법은 작업여유율 = 여유시간/정미시간(근무시간−여유시간)을 적용한다.
- 내경법은 근무여유율 = 여유시간/근무시간(정미시간+여유시간)을 적용한다.

65

다음 중 병원의 간호사 또는 간호조무사, 수의사 등의 근골격계부담 작업의 유해요인 조사 시 작업분석·평가도구로 가장 적절한 것은?

① JSI(Job Strain Index)
② ACGIH Hand/Arm Vibration TLV
③ REBA(Rapid Entire Body Assessment)
④ NIOSH 들기작업지침(Revised NIOSH Lifting Equation)

해설
- ①은 손, 손목, 팔꿈치 등 상지의 말단을 주로 사용하는 작업 관련성 근골격계 질환의 위험을 평가하기 위한 평가도구이다.
- ②는 미정부산업위생전문가협의회에서 정한 작업안전 한계 중 반복적으로 노출되더라도 진동에 의한 백지병 혹은 레이노이드 증상의 1단계를 초과하여 진행되지 않는 기준을 말한다.
- ④는 들기작업에 대한 권장무게한계(RWL)를 쉽게 산출하도록 하는 NIOSH의 가이드라인이다.

REBA(Rapid Entire Body Assessment) 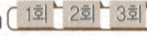 1601
- 근골격계 질환과 관련된 위해인자에 대한 개인작업자의 노출정도를 평가하기 위한 목적으로 개발되었다.
- 간호사 등과 같이 예측하기 힘든 다양한 자세에서 이루어지는 서비스업에서의 전체적인 신체에 대한 부담정도와 위해인자에 대한 노출정도를 분석하는데 적합하다.

66

간트차트(Gantt chart)에 관한 설명으로 옳지 않은 것은?

① 각 과제 간의 상호 연관사항을 파악하기에 용이하다.
② 계획 활동의 예측완료시간은 막대모양으로 표시된다.
③ 기계의 사용에 대한 필요시간과 일정을 표시할 때 이용되기도 한다.
④ 예정사항과 실제 성과를 기록 비교하여 작업을 관리하는 계획도표이다.

해설

- ①에서 간트차트는 일정상에 발생하는 각종 이벤트를 표시하는 것으로 과제에 대한 연관성은 표현하기 어렵다.

간트차트
- 일정계획(작업계획)으로 주·일·시간 단위별 계획을 수립하는 것을 말한다.
- 여러 가지 활동 계획의 시작시간과 예측 완료시간을 병행하여 시간축에 표시하는 도표이다.
- 시간 축 위에 수행할 활동에 대한 필요한 시간과 일정을 표시한 문제의 분석 도구이다.

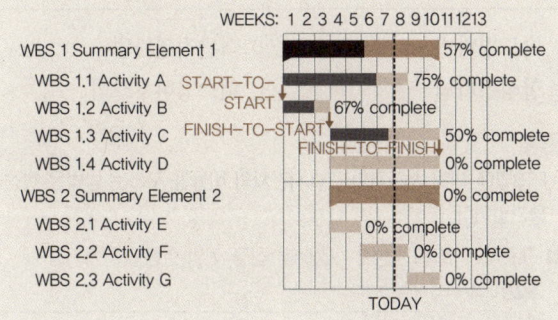

68

NIOSH의 들기작업 지침에서 들기지수 값이 1이 되는 경우 대상 중량물의 무게는 얼마인가?

① 18kg ② 21kg
③ 23kg ④ 25kg

해설

- 들기지수가 1이 된다는 것은 관련 계수들이 가장 최적의 조건이 되면서 중량물의 무게가 23kg일 때이다.

NIOSH 들기지수(LI) 실기 1601/1803/2003/2302/2403
- NIOSH의 중량물 취급지수를 말한다.
- 들기지수가 1을 초과하는 경우 추천 무게를 넘는 것으로 간주한다.
- 40대 여성의 들기 능력의 50퍼센타일을 기준으로 하였다.
- 물체의 무게(kg) / RWL(kg)으로 구한다. 이때 RWL은 추천 중량한계로 들기 편한 정도의 값이다.
- RWL=23kg×HM×VM×DM×AM×FM×CM으로 구한다(HM은 수평계수, VM은 수직계수, DM은 거리계수, AM은 비대칭성계수, FM은 빈도계수, CM은 결합계수를 의미한다).
- RWL 계수는 0~1 사이의 값으로 1에 가까울수록 최적의 조건이 된다.

67

유통선도(flow diagram)의 기능으로 옳지 않은 것은?

① 자재흐름의 혼잡지역 파악
② 시설물의 위치나 배치관계 파악
③ 공정과정의 역류현상 발생유무 점검
④ 운반과정에서 물품의 보관 내용 파악

해설

- 유통선로는 제조과정에서 발생하는 내역은 확인이 가능하나 운반과정에서 발생하는 물품의 보관 내용까지는 파악하기 힘들다.

Flow Diagram
- 정체, 저장, 대기, Material Handling 등의 사항이 생산현장의 어느 위치에서 발생하는지 한눈에 알아볼 수 있도록 표시된 도표이다.
- 작업장 시설의 재배치, 기자재 소통상 혼잡지역 파악, 공정과정 중 역류현상 점검 등에 가장 유용하게 사용할 수 있는 공정도이다.

69

다음 개선의 ECRS에 해당하는 것은?

① eliminate ② collect
③ reduction ④ standardization

해설

- ②의 C는 Combine으로 더 나은 작업이나 작업요소와의 결합을 말한다.
- ③의 R은 Rearrange로 작업순서의 변경, 재배열을 의미한다.
- ④의 S는 Simplify로 작업이나 작업요소의 단순화를 의미한다.

개선의 ECRS 실기 1303/1403/1801/2002/2101/2302
- E(Eliminate) : 불필요한 작업이나 자재를 제거
- C(Combine) : 더 나은 작업이나 작업요소와의 결합
- R(Rearrange) : 작업순서의 변경, 재배열
- S(Simplify) : 작업이나 작업요소의 단순화

정답 | 67 ④ 68 ③ 69 ①

70
다음 중 근골격계 질환 발생의 작업요인으로서 직접적인 위험요인이 아닌 것은?

① 작업자의 숙련 정도
② 부자연스런 작업자세
③ 과도한 힘의 사용
④ 높은 빈도의 반복성

해설
- ①은 작업 특성요인이 아닌 작업자 개인의 특성에 해당한다.
- 근골격계 질환 실기 1803/2101/2302/2303
  ㉠ 개요
    • 반복적인 동작, 부적절한 작업자세, 무리한 힘의 사용, 날카로운 면과의 신체접촉, 진동 및 온도 등의 요인에 의하여 발생하는 건강장해로서 목, 어깨, 허리, 팔·다리의 신경·근육 및 그 주변 신체조직 등에 나타나는 질환을 말한다.
  ㉡ 원인 실기 1603/1901/1903/2101/2201/2301
    • 질환의 원인은 개인적 특성 요인, 작업특성 요인, 사회 심리적 요인 등으로 구분한다.
    • 개인적 특성 요인에는 작업자 개인의 과거병력, 연령, 성별, 키, 몸무게, 작업방법 및 기술수준 등이 있다.
    • 직접적인 작업특성 위험요인에는 작업강도, 작업자세, 작업의 반복도, 부적절한 휴식 등이 있다.
    • 사회심리적 요인에는 직무스트레스, 비효율적 의사소통, 작업에 대한 만족도, 인간관계 등이 있다.

71
7TMU(Time Measurement Unit)를 초 단위로 환산하면 몇 초인가?

① 0.025초
② 0.252초
③ 1.26초
④ 2.52초

해설
- 1TMU는 0.036초$\left(\frac{1}{100,000}시간\right)$이므로 7TMU는 0.252초가 된다.
- TMU(Time Measurement Unit) 실기 1703
  • MTM에서 사용하는 시간의 단위이다.
  • 1TMU는 0.036초$\left(\frac{1}{100,000}시간\right)$을 의미한다.

72
다음 설명은 수행도 평가의 어느 방법을 설명한 것인가?

- 작업을 요소작업으로 구분한 후, 시간 연구를 통해 개별시간을 구한다.
- 요소작업 중 임의로 작업자 조절이 가능한 요소를 정한다.
- 선정된 작업에서 PTS 시스템 중 한 개를 적용하여 대응되는 시간치를 구한다.
- PTS 법에 의한 시간치와 관측시간 간의 비율을 구하여 레이팅 계수를 구한다.

① 속도평가법
② 객관적평가법
③ 합성평가법
④ 웨스팅하우스법

해설
- PTS법에 의해 시간치와 관측시간치의 비율을 구하는 방법은 합성평가법이다.
- 표준시간 산출 평정계수(Rating) 산정 기법(수행도 평가기법)
  실기 1301/1403/1603/1803

평준화법(Leveling)/Westinghouse법	숙련도, 노력, 작업환경, 일치성(Leveling)에 섬세도, 유효도, 작업태도별 항목별 평가를 추가(Westinghouse)하여 평가하는 기법
객관적 평가법 (Objective Rating)	1차로 표준속도와 비교한 평정계수를 구하고, 2차로 작업의 난이도와 특성을 반영하는 기법
속도평가법 (Speed Rating)	기업에서 정한 기준속도와 작업동작의 속도를 비교하여 작업동작의 지속 비율을 표시하는 방법
합성평가법 (Synthetic Rating)	관측된 작업 중에서 요소작업에 대한 대표치를 PTS법으로 분석하고, PTS에 의한 시간치와 관측시간치의 비율로 레이팅 계수를 산정하여 다른 요소작업에 적용시키는 Rating 기법

73
다음 중 수공구의 개선방법과 가장 관계가 먼 것은?

① 손목을 똑바로 펴서 사용한다.
② 수공구 대신 동력공구를 사용한다.
③ 지속적인 정적 근육부하를 방지한다.
④ 가능하면 손잡이의 접촉면을 작게 한다.

해설

- 손잡이는 접촉면적을 가능하면 크게 해야 한다.

∷ 수공구의 일반적인 설계 원칙 실기 1903
- 손목은 곧게 유지되도록 설계한다.
- 반복적인 손가락 동작을 피하도록 설계한다.
- 손잡이는 접촉면적을 가능하면 크게 한다.
- 조직에 가해지는 압력을 피하도록 설계한다.
- 공구의 무게를 줄이고 사용 시 무게 균형이 유지되도록 한다.
- 동력공구의 손잡이는 두 손가락 이상으로 작동하도록 한다.
- 손가락으로 잡는 pinch grip보다 손바닥으로 감싸 안아 잡는 power grip을 이용한다.
- 정확성이 요구되는 작업은 핀치그립(pinch grip)을 사용하도록 한다.
- 손잡이의 홈은 손바닥에 나쁜 영향을 주므로 가능한 손잡이 표면에 홈이 많은 것은 피하도록 한다.
- 진동 패드, 진동 장갑 등으로 손에 전달되는 진동 효과를 줄인다.

74 • Repetitive Learning 1회 2회 3회

다음 중 사업장 근골격계 질환 예방관리 프로그램에 있어 예방 · 관리추진팀의 구성 요령으로 가장 적절한 것은?

① 회사 대표가 반드시 참석하여야 한다.
② 사업장 별로 예방 · 관리추진팀을 구성하여야 하며, 대규모 사업장이라도 부서별로는 구성할 수 없다.
③ 예방 · 관리추진팀에는 예산 및 별도 회계권을 부여하는 것이 일반적이다.
④ 산업안전보건위원회가 구성된 사업장은 예방 · 관리추진팀의 업무를 위원회에 위임할 수 있다.

해설

- ① 회사 대표는 추진팀에 직접 참여하지 않고 권한을 위임할 수 있다.
- ② 대규모 사업장의 경우 부서별로 추진팀을 구성한다.
- ③ 추진팀에 예산 결정권자를 참여하게 한다.

∷ 예방관리 추진팀 구성

㉠ 소규모 사업장
- 근로자대표 또는 명예산업안전감독관을 포함하여 그가 위임하는 자
- 관리자(예산결정권자)
- 정비 · 보수담당자
- 보건 · 안전담당자
- 구매담당자 등

㉡ 대규모 사업장
- 중 · 소규모 사업장 추진팀원이외 다음의 인력을 추가함 기술자(생산, 설계, 보수기술자) 노무담당자 등
- 부서별로 추진팀 구성
- 해당 부서의 예산 결정권자

㉢ 산업안전보건위원회가 구성된 사업장
- 산업안전보건위원회에 위임

75 • Repetitive Learning 1회 2회 3회

WS(Work sampling)법에 있어 샘플링의 종류 중 계층별 샘플링(stratified sampling)의 장점으로 적합하지 않은 것은?

① 일정 계획을 수정하기가 용이하다.
② 완전한 랜덤 샘플링보다 관측일정을 계획하기 쉽다.
③ 주기성과 영향력에 관한 문제를 배제하는데 가장 효과적이다.
④ 적합하게 계층을 분류하면 층별로 하지 않은 경우보다 분산이 적어진다.

해설

- ③은 체계적 워크 샘플링에 대한 설명이다.

∷ 워크 샘플링 방법

퍼포먼스 WS법	• 관측과 동시에 레이팅을 수행 • 사이클이 길어 표준시간 설정이 어려운 경우에 적합
체계적 WS법	• 관측을 등간격 시점마다 행함 • 주기성이 없는 경우에 적합
계층별 WS법	• 층별로 연구 후 가중치를 부여 • 각각의 연구활동이 독립적인 경우에 적합

76 • Repetitive Learning 1회 2회 3회

다음 중 서블릭(Therblig)에 관한 설명으로 틀린 것은?

① 빈손이동(TE)은 효율적 서블릭이다.
② 작업측정을 통한 시간산출의 단위이다.
③ 분석과정에서 시간은 스톱워치로 측정한다.
④ 18개의 동작 중 17가지만 기호로 이용된다.

해설

- ②에서 서블릭(Therblig)은 동작 단위 중 손의 움직임과 관련된 동작을 말한다. 길브레스(Gilbreth) 부부가 제안한 것으로 그들의 성을 거꾸로 해서 만든 것이다.

∷ 서블릭(Therblig) 실기 1303/2001/2003/2201/2203/2301
- 동작 단위 중 손의 움직임과 관련된 동작을 분석하기 위해 만든 개념이다.

- 길브레스(Gilbreth) 부부가 제안한 것으로 그들의 성을 거꾸로 해서 만든 것이다.
- 작업 시 동작분석과정에서 시간은 스톱워치로 측정한다.
- 카메라 분석을 통하여 파악할 수 있다.
- 18개의 동작 중 17가지만 기호로 이용된다.

효율적 서블릭	• 기본동작 : 빈손이동(TE), 쥐기(G), 운반(TL), 내려놓기(RL), 미리놓기(PP) • 동작목적 : 조립(A), 사용(U), 분해(DA)
비효율적 서블릭	• (반)정신적 : 찾기(SH), 고르기(ST), 검사(I), 바로놓기(P), 계획(Pn) • 정체 : 휴식(R), 피할 수 있는 지연(AD), 잡고있기(H), 불가피한 지연(UD)

77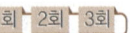

다음 중 근골격계 질환의 정의로 가장 적절한 것은?

① 작업장의 불안전 요소로 인한 사고성 재해를 말한다.
② 과도한 직무스트레스에 의한 뇌심혈관계의 이상증상을 말한다.
③ 부적절한 작업환경과 과도한 작업부하가 원인이 된 작업 관련성 질환이다.
④ 직업병, 안전사고를 모두 포함하는 포괄적 개념의 산업재해를 말한다.

해설

- 근골격계 질환은 반복적인 동작, 부적절한 작업자세, 무리한 힘의 사용, 날카로운 면과의 신체접촉, 진동 및 온도 등의 요인에 의하여 발생하는 건강장해로서 목, 어깨, 허리, 팔·다리의 신경·근육 및 그 주변 신체조직 등에 나타나는 질환을 말한다.

❖ 근골격계 질환 실기 1803/2101/2302/2303
  ㉠ 개요
   - 반복적인 동작, 부적절한 작업자세, 무리한 힘의 사용, 날카로운 면과의 신체접촉, 진동 및 온도 등의 요인에 의하여 발생하는 건강장해로서 목, 어깨, 허리, 팔·다리의 신경·근육 및 그 주변 신체조직 등에 나타나는 질환을 말한다.
  ㉡ 원인 실기 1603/1901/1903/2101/2201/2301
   - 질환의 원인은 개인적 특성 요인, 작업특성 요인, 사회 심리적 요인 등으로 구분한다.
   - 개인적 특성 요인에는 작업자 개인의 과거병력, 연령, 성별, 키, 몸무게, 작업방법 및 기술수준 등이 있다.
   - 직접적인 작업특성 위험요인에는 작업강도, 작업자세, 작업의 반복도, 부적절한 휴식 등이 있다.
   - 사회심리적 요인에는 직무스트레스, 비효율적 의사소통, 작업에 대한 만족도, 인간관계 등이 있다.

78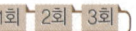

다음 중 근골격계 질환의 관리방안에 있어 공학적 개선방안에 해당되지 않는 것은?

① 작업속도의 조절
② 작업 공구의 개선
③ 작업대 높이의 조절
④ 자재 운반 시 동력기계장치의 사용

해설

- ①은 현재의 자원을 효율적으로 관리하는 관리적 개선방법에 해당된다.

❖ 작업개선안 도출 실기 1401/1603/1801/1901/2003/2201/2302/2403
  - 가장 우선적이고 근본적인 문제해결책은 문제가 되는 작업을 제거하는 데 있다.
  - 1차적으로는 공학적 개선으로 위험요인의 제거 혹은 위험성의 직접적인 감소를 위해 작업장 여건을 개선한다.
  - 2차적으로는 관리적 개선으로 작업순환, 작업교대, 휴식시간 설계, 인원 보충 등 자원의 효율적인 분배와 관련된다.

공학적 개선안	• 작업자의 신체에 맞는 작업장 개선(작업공구 개선, 작업대 높이 조절, 중량물 운반 시 기계장치 사용, 단순반복 작업에 로봇 사용, 작업장 바닥 개선, 작업장 재배열) • 작업자세 및 작업방법 개선
관리적 개선안	• 작업순환, 작업교대 • 작업습관 변화 • 작업속도 조절 및 휴식시간 설계 • 인원 보충(추가 작업자 선발, 교육 및 훈련, 적성에 맞는 배치) • 위험표지 부착

79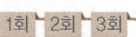

생수회사의 한 공정에서 이루어지는 생수 제조를 위한 요소 작업시간의 합은 0.8분이다. 회사에서는 한달 간 50,000개의 생수를 제조하려 할 때 이공정의 한 달 평균 작업시간이 200시간이라면 이 회사는 최소 몇 개의 공정을 구성해야 하는가?

① 1개 ② 2개
③ 4개 ④ 6개

해설

- 생수 50,000개를 생산하는데 걸리는 시간은 50,000×0.8분이므로 40,000분이 된다.
- 공정의 평균작업시간은 200시간×60분=12,000분이 된다.

- 필요한 공정수는 $\frac{40,000}{12,000}=3.33\cdots$개이므로 4개가 되어야 한다.

최적의 기계대수 실기 1301/1701

- 기계대수 $n = \frac{제품당\ 기계시간}{제품당\ 작업자시간}$으로 구한다.

---

80 ● Repetitive Learning 1회 2회 3회

상완, 전완, 손목을 그룹을 A로 목, 상체, 다리를 그룹 B로 나누어 측정, 평가하는 유해요인의 평가기법은?

① RULA(Rapid Upper Limb Assessment)
② REBA(Rapid Entire Body Assessment)
③ OWAS(Ovako Working Posture Analysis System)
④ NIOSH 들기작업지침(Revised NIOSH Lifting Equation)

해설

- ②는 간호사 등과 같이 예측하기 힘든 다양한 자세에서 이루어지는 서비스업에서의 전체적인 신체에 대한 부담정도와 위해인자에 대한 노출정도를 분석하는데 적합하다.
- ③은 근력을 발휘하기에 부적절한 작업자세를 구별하기 위한 목적으로 개발된 평가도구이다.
- ④는 허리부위나 중량물취급 작업에 대한 유해요인의 주요 평가기법이다.

RULA(Rapid Upper Limb Assessment) 실기 1301/1303/1603/1803/2201/2203

- 어깨, 팔목, 손목, 목 등 상지에 초점을 맞추어 작업자세로 인한 작업 부하를 빠르고 상세하게 분석할 수 있는 근골격계 질환의 위험평가기법이다.
- 상완, 전완, 손목을 그룹을 A로 목, 상체, 다리를 그룹 B로 나누어 측정, 평가한다.
- VDT 작업, 자동차 공장의 컨베이어식 조립라인에서 선 자세에서 자동차 하부의 볼트를 조립하는 작업자의 측정에 적합하다.
- 평가에 있어서 1~2점은 개선의 필요가 없음을, 3~4점은 계속적인 추가 관찰이 필요하고, 5~6점은 빠른 개선과 함께 작업위험요인의 분석이 요구되고, 7점의 경우는 정밀조사와 함께 즉시 개선이 필요하다고 평가한다.

2013년 제1회

2012년 3월 10일 필기

13년 1회차 필기시험 합격률 68.7%

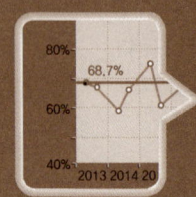
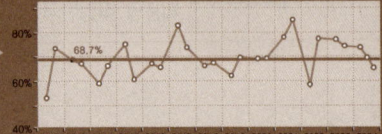

1과목 인간공학개론

01
인간공학에 관한 내용으로 옳지 않은 것은?

① 인간의 특성 및 한계를 고려한다.
② 인간을 기계와 작업에 맞추는 학문이다.
③ 인간 활동의 최적화를 연구하는 학문이다.
④ 편리성, 안정성, 효율성을 제고하는 학문이다.

해설
- 기계와 작업을 인간이 안전하고 효율적으로 수행할 수 있도록 인간의 특성과 한계에 맞추는 것이 인간공학이다.
- **인간공학(Ergonomics)**
  ㉠ 개요
    - "Ergon(작업)+nomos(법칙)+ics(학문)"이 조합된 단어로 Human factors, Human engineering이라고도 한다.
    - 인간의 특성과 한계 능력을 공학적으로 분석, 평가하여 이를 복잡한 체계의 설계에 응용함으로 효율을 최대로 활용할 수 있도록 하는 학문분야이다.
    - 인간이 사용하는 물건, 설비, 환경의 설계에 인간의 생리적, 심리적인 면에서의 특성이나 한계점을 고려함으로써 인간-기계 시스템의 안전성과 편리성, 효율성을 높이는 학문분야이다.
  ㉡ 적용분야
    - 제품설계
    - 장비·공구·설비의 배치
    - 재해·질병 예방
    - 작업장 내 조사 및 연구

02
귀의 청각 과정이 순서대로 올바르게 나열된 것은?

① 신경전도 → 액체전도 → 공기전도
② 공기전도 → 액체전도 → 신경전도
③ 액체전도 → 공기전도 → 신경전도
④ 신경전도 → 공기전도 → 액체전도

해설
- 소리는 공기를 통해서 전도되어 림프액으로 차있는 내이에서 액체를 통해서 전도된 후 신경을 통해서 최종적으로 전달된다.
- **귀**
  - 청각을 받아들여 소리를 듣는 기관이다.
  - 외이, 중이, 내이로 구성된다.
  - 외이는 소리를 고막까지 전달하는 부분으로 귓바퀴와 외이도로 구성된다.
  - 중이는 고막에서 내이 사이의 공간으로 고막의 진동을 달팽이관에 전달하는 역할을 한다. 고막, 이소골, 고실, 이내근, 이관으로 구성된다.
  - 내이는 소리를 직접 느끼는 달팽이관이 있는 부분으로 달팽이관, 전정기관, 반고리관 등으로 구성된다.
  - 소리는 공기를 통해서 전도되어 림프액으로 차있는 내이에서 액체를 통해서 전도된 후 신경을 통해서 최종적으로 전달된다.

03
다음 중 인체측정 자료를 이용한 설계원칙에 있어 조절식 설계에 관한 설명으로 옳은 것은?

① 대상 집단내의 일부 사용자만 수용할 수 있는 설계 원리이다.
② 최대치나 최소치를 사용하는 것이 기술적으로 어려운 경우에 활용한다.
③ 문의 높이, 비상 탈출구의 크기 등의 설계에 적용할 수 있다.
④ 인체측정 자료의 복잡성을 다루지 않아도 된다는 장점이 있다.

정답 01 ② 02 ② 03 ②

해설

- 조절식 설계는 어떤 인체이든 그에 맞게 조절가능하게 설계하는 방식으로 최대치나 최소치를 사용하는 것이 기술적으로 어려울 경우 활용되는 방법이다.

인체측정자료의 응용 및 설계 종류 [실기] 2002/2101/2302/2402

조절식 설계	• 최초에 고려하는 원칙으로 어떤 자료의 인체이든 그에 맞게 조절가능식으로 설계하는 것 • 최대치나 최소치를 사용하는 것이 기술적으로 어려울 경우 활용
극단치 설계	• 모든 인체를 대상으로 수용 가능할 수 있도록 제일 작은, 혹은 제일 큰 사람을 기준으로 설계하는 원칙 • 5백분위수 등이 대표적이다.
평균치 설계	• 다른 기준의 적용이 어려울 경우 최종적으로 적용하는 기준으로 평균적인 자료를 활용해 범용성을 갖는 설계원칙 • 은행창구, 슈퍼마켓 계산대 등에 사용된다.

04 ── Repetitive Learning [1회 2회 3회]

다음 중 조종장치와 표시장치에 대한 통제비와 관련된 설명으로 틀린 것은?

① C/D비 혹은 C/R비라 한다.
② 매슬로우(Maslow)에 의하여 개발된 이론이다.
③ 통제기기와 시각 표시기기 간의 조작 민감성 정도를 나타낸다.
④ 최적 통제비는 제어장치의 종류, 표시크기, 허용오차 등 시스템 매개변수에 영향을 받는다.

해설

- ②의 매슬로우는 인간 욕구 5단계 이론을 주장한 사람이다.

통제표시비 : C/D(C/R)비 [실기] 1301/1403/1501/1503/1601/1701/1803/1901/2002/2003/2101/2103/2203/2301/2303/2401

㉠ 개요
- 통제장치의 변위량과 표시장치의 변위량과의 관계를 나타낸 비율로 C/D비, 조종과 반응의 비라고 하여 C/R비라고도 한다.
- $C/D = \dfrac{통제기기의\ 변위량}{표시계기의\ 변위량}$ 으로 구한다.
- 회전 조종구의 C/D비

$$= \dfrac{2 \times \pi(3.14) \times r(\text{반지름}) \times \left(\dfrac{각도}{360}\right)}{\text{표시계기의 변위량}}$$ 으로 구한다.

㉡ 특징
- C/R비가 작아진다는 것은 민감한 장치화 되어 조종시간=제어시간이 길어지지만 수행시간이 짧아진다는 의미이다.
- C/R비가 크다는 것은 미세한 조종은 쉽지만 수행시간은 상대적으로 길다.
- 통제기기 시스템에서 발생하는 조작시간의 지연은 직접적으로 통제표시비가 가장 크게 작용하고 있다.

05 ── Repetitive Learning [1회 2회 3회]

반사경 없이 모든 방향으로 빛을 발하는 점광원에서 2m 떨어진 곳의 조도가 100Lux 라면 3m 떨어진 곳에서의 조도는 약 얼마인가?

① 44.4Lux ② 66.7Lux
③ 100Lux ④ 150Lux

해설

- 조도는 거리의 제곱에 반비례하고, 광도에 비례한다.
- 먼저 조도가 주어진 2m 떨어진 곳에서 광도를 구한다. 광도는 조도×(거리)²이므로 $100 \times 2^2 = 4cd$가 된다.
- 이제 3m 떨어진 곳의 조도는 $\dfrac{400}{3^2} = 44.444\cdots$ lux가 된다.

조도(照度) [실기] 1501/1603/1703/2003/2302

- 조도는 특정 지점에 도달하는 광의 밀도를 말한다.
- 단위는 럭스(Lux)를 사용한다 $\left(\dfrac{1cd}{1m^2}, \dfrac{1lm}{1m^2}\right)$.
- 반사체의 반사율과는 상관없이 일정한 값을 갖는다.
- 거리의 제곱에 반비례하고, 광도에 비례하므로 $\dfrac{광도}{(거리)^2}$ 으로 구한다.

06 ── Repetitive Learning [1회 2회 3회]

다음 중 실험실이 아닌 현장에서 실시되는 인간공학 연구의 일반적인 특징에 해당하는 것은?

① 실험 변수 제어가 용이하다.
② 많은 횟수의 반복적 실험이 가능하다.
③ 좀 더 정확한 자료를 수집할 수 있다.
④ 연구 결과를 현실 세계의 작업 환경에 일반화시키기가 용이하다.

정답 | 04 ② 05 ① 06 ④

> [해설]
> - ①, ②, ③은 실험실 연구의 특징에 해당한다.
>
> ❖ 현장연구
>   ㉠ 개요
>   - 현장에서 이루어지는 연구로 독립변인을 조작하지 않고 관찰, 면접, 설문조사 등으로 이루어지는 연구방법이다.
>   ㉡ 특징
>   - 연구가 매우 현실적이고 결과의 일반화가 가능하고, 실제상황의 복잡한 행동으로 인한 광범위한 자료의 획득이 가능하다는 장점을 갖는다.
>   - 상황변화에 대한 통제가 어려워 연구결과의 내적타당성이 낮다는 단점을 갖는다.

07 ● Repetitive Learning 1회 2회 3회

다음 중 인간 기억의 여러 가지 형태에 대한 설명으로 틀린 것은?

① 단기기억의 용량은 보통 7청크(chunk)이며 학습에 의해 무한히 커질 수 있다.
② 자극을 받은 후 단기기억에 저장되기 전에 시각적인 정보는 아이코닉 기억(Iconic memory)에 잠시 저장된다.
③ 계속해서 갱신해야 하는 단기기억의 용량은 보통의 단기기억 용량보다 작다.
④ 단기기억에 있는 내용을 반복하여 학습(research)하면 장기기억으로 저장된다.

> [해설]
> - 인간의 단기기억 용량은 보통 7청크이며, 학습을 통해 장기기억으로 전환되기는 하지만 단기기억의 용량이 커지지는 않는다.
>
> ❖ 인간의 기억체계
>   - 인간의 기억은 감각저장, 단기기억, 장기기억으로 구분된다.
>   - 감각저장은 빠르게 사라지고 새로운 자극으로 대체된다.
>   - 단기기억을 장기기억으로 이전시키려면 리허설이 필요하다.
>   - 단기기억의 정보는 시각적, 청각적으로 부호화되고 추후 언어의미적 부호로 변환된다.
>   - 인간의 단기기억 용량은 보통 7청크이며, 학습을 통해 장기기억으로 전환되기는 하지만 단기기억의 용량이 커지지는 않는다.
>   - 단기기억에 있는 내용을 반복하여 학습(research)하면 장기기억으로 저장된다.

08 ● Repetitive Learning 1회 2회 3회

다음 중 사용자 인터페이스에 대한 정의로 가장 적절하지 않은 것은?

① 사용성이란 사용자가 의도한 대로 제품을 사용할 수 있는 정도이다.
② 최고 경영자의 관점에서 제품을 설계하는 것을 사용자 중심 설계라고 한다.
③ 사용성은 학습용이성, 효율성, 기억용이성, 주관적 만족도와 관련이 크다.
④ 사용자가 어떤 장비를 사용하여 작업할 경우 정보의 상호전달이 이루어지는 부분을 사용자 인터페이스라고 한다.

> [해설]
> - ②에서 사용자 중심 설계란 사용자의 편의성을 최우선으로 하는 설계이다.
>
> ❖ 사용자 인터페이스(User interface) 실기 2401
>   - 사용자가 어떤 장비를 사용하여 작업할 경우 정보의 상호전달이 이루어지는 부분을 말한다.
>   - 사용성이란 사용자가 의도한 대로 제품을 사용할 수 있는 정도이다.
>   - 사용성은 학습용이성, 효율성, 기억용이성, 주관적 만족도와 관련이 크다.

09 ● Repetitive Learning 1회 2회 3회

다음 중 표시장치에 관한 설명으로 옳은 것은?

① 정보가 복잡한 경우 시각적 표시장치보다 청각적 표시장치가 더 유리하다.
② 정보의 내용이 짧은 경우 청각적 표시장치보다 시각적 표시장치가 더 유리하다.
③ 정보가 후에 재참조되지 않는 경우 청각적 표시장치보다 시각적 표시장치가 더 유리하다.
④ 정보가 즉각적인 행동을 요구하는 경우에는 시각적 표시장치보다 청각적 표시장치가 더 유리하다.

> [해설]
> - ①에서 정보가 복잡하고 길 경우는 시각적 표시장치가 유리하다.
> - ②에서 정보의 내용이 짧을 경우 청각적 표시장치가 유리하다.
> - ③에서 정보가 후에 재참조되지 않을 경우 청각적 표시장치가 유리하다.

시각적 표시장치와 청각적 표시장치의 비교 실기 1603/1803/1901/2101/2201/2203

시각적 표시장치	청각적 표시장치
• 수신 장소의 소음이 심한 경우 • 정보가 공간적인 위치를 다룬 경우 • 정보의 내용이 복잡하고 긴 경우 • 직무상 수신자가 한 곳에 머무르는 경우 • 메시지를 추후 참고할 필요가 있는 경우 • 정보의 내용이 즉각적인 행동을 요구하지 않는 경우	• 수신 장소가 너무 밝거나 암순응이 요구될 때 • 정보의 내용이 시간적인 사건을 다루는 경우 • 정보의 내용이 간단한 경우 • 직무상 수신자가 자주 움직이는 경우 • 정보의 내용이 후에 재참조되지 않는 경우 • 메시지가 즉각적인 행동을 요구하는 경우

해설
• ④에서 접근 가능 거리는 팔이나 다리가 짧은 사람도 이용할 수 있도록 필요한 인체치수의 5%tile 치수를 이용한다.

작업공간 실기 1301/1503/1601/1603/1801/1803/1901/2001/2003/2101/2103/2201/2301/2401
• 작업공간 포락면(work-space envelope) : 한 장소에 앉아서 수행하는 작업 활동에서 사람이 작업하는데 사용하는 공간을 말한다.
• 정상 작업역 : 위팔을 자연스럽게 수직으로 늘어뜨린 채, 아랫팔만으로 편하게 뻗어 파악할 수 있는 구역이다.
• 최대 작업역 : 아래팔과 위팔을 곧게 펴서 파악할 수 있는 구역이다.
• 파악한계 : 작업자가 앉은 상태에서 특정한 수작업 기능을 편히 할 수 있는 공간의 외곽한계이다.

10

다음 중 음에 관련된 단위가 아닌 것은?

① dB ② sone
③ fL ④ phon

해설
• ③은 풋-램버트로 휘도의 단위이다.

음량수준
• 음의 크기를 나타내는 단위에는 dB(PNdB, PLdB), Phon, sone 등이 있다.
• 음량수준을 측정하는 척도에는 Phone 및 Sone에 의한 음량수준과 인식소음 수준 등을 들 수 있다.
• 음의 세기는 진폭의 크기에 비례한다.
• 음의 높이는 주파수에 비례한다(주파수는 주기와 반비례한다).
• 인식소음수준은 소음의 측정에 이용되는 척도로 PNdB와 PLdB로 구분된다.

11

다음 중 작업공간에 관한 설명으로 가장 적절하지 않은 것은?

① 한 장소에 앉아서 수행하는 작업 활동에서, 사람이 작업하는데 사용하는 공간을 "작업공간 포락면"(work-space envelope)이라 부른다.
② "정상 작업역"은 위팔을 자연스럽게 수직으로 늘어뜨린 채, 아래팔만으로 편하게 뻗어 파악할 수 있는 구역이다.
③ "최대 작업역"은 아래팔과 위팔을 곧게 펴서 파악할 수 있는 구역이다.
④ 접근 가능 거리는 필요한 인체치수의 95%tile 치수를 이용한다.

12

다음 중 인간의 감지능력에 대한 설명으로 틀린 것은?

① JND가 클수록 감각의 변화를 검출하기 쉽다.
② Weber비는 감각의 감지에 대한 민감도를 나타낸다.
③ 특정 감각의 감지능력은 JND(Just Noticeable Difference)로 표현된다.
④ Weber비가 작을수록 분별력이 뛰어난 감각이라 할 수 있다.

해설
• JND(Just Noticeable Difference)가 작을수록 차원의 변화를 쉽게 검출할 수 있다.

웨버(Weber) 법칙 실기 1501/1601/1901/2203/2301
• 인간이 감지할 수 있는 외부의 물리적 자극 변화의 최소범위는 기준이 되는 자극의 크기에 비례하는 현상을 설명한 이론을 말한다.
• Weber비는 기존 자극의 변화를 감지할 수 있는 최소량으로 분별의 질을 나타낸다.
• 웨버(Weber)의 비 = $\frac{\Delta I}{I}$ 로 구한다(이때, ΔI는 변화감지역을, I는 표준자극을 의미한다).
• Weber비가 작을수록 분별력이 좋다.
• 변화감지역(JND)은 사람이 50%를 검출할 수 있는 자극차원의 최소변화로 값이 작을수록 그 자극차원의 변화를 쉽게 검출할 수 있다.
• 웨버(Weber)의 법칙에 의한 자극 감지 능력은 미각<청각<시각<무게 순으로 예민해진다.

정답 10 ③ 11 ④ 12 ①

13

표시장치를 사용할 때 자극 전체를 직접 나타내거나 재생시키는 대신, 정보나 자극을 암호화하는 경우가 흔하다. 이와 같이 정보를 암호화하는 데 있어서 지켜야 할 일반적 지침으로 볼 수 없는 것은?

① 암호의 민감성
② 암호의 양립성
③ 암호의 변별성
④ 암호의 검출성

해설

- 암호화의 지침에는 검출성, 표준화, 변별성, 양립성, 부호의 의미, 다차원 암호 사용가능성 등이 있다.

❖ 암호화(Coding)
  ㉠ 개요
  - 원래의 신호 정보를 새로운 형태로 변화시켜 표시하는 것을 말한다.
  - 형상, 크기, 색채 등 작업자가 쉽게 기계 및 기구를 식별하도록 암호화한다.
  ㉡ 암호화 지침

검출성	감지가 쉬워야 한다.
표준화	표준화되어야 한다.
변별성	다른 암호 표시와 구별될 수 있어야 한다.
양립성	인간의 기대와 모순되지 않아야 한다.
부호의 의미	사용자가 그 뜻을 분명히 알 수 있어야 한다.
다차원의 암호 사용가능	두 가지 이상의 암호 차원을 조합해서 사용하면 정보전달이 촉진된다.

14

다음 중 기능적 인체치수(Functional body dimension) 측정에 대한 설명으로 가장 적합한 것은?

① 앉은 상태에서만 측정하여야 한다.
② 5~95%tile에 대해서만 정의된다.
③ 신체 부위의 동작범위를 측정하여야 한다.
④ 움직이지 않는 표준자세에서 측정하여야 한다.

해설

- ②는 인체 측정치의 적용 시 조절의 원칙에 대한 설명이다.
- ④는 정적 구조적 인체치수에 대한 설명이다.

❖ 기능적 치수(Functional dimension)=동적 치수 측정
- 산업현장에서 필요한 인체치수와 같이 움직이는 몸의 동작을 측정한 인체치수이다.
- 상지나 하지 등 신체 부위의 동작범위를 측정한다.

15

한 사람이 손바닥에 100g의 추를 놓고 이 추와 구별할 수 있는 최소한의 무게 증가를 알아 보았더니 10g으로 판정되었다. Webber의 법칙을 따를 경우 동일한 사람이 1000g 자리의 추와 구분할 수 있는 최소한의 무게 증가는 얼마인가?

① 10g
② 50g
③ 100g
④ 150g

해설

- weber비는 $\frac{10}{100}$ 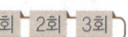 으로 0.1이다. 1,000g짜리 추를 구분하기 위해서는 1,000×0.1=100g 이상이어야 한다.

❖ 웨버(Weber) 법칙
  문제 12번의 유형별 핵심이론 참조

16

인간의 후각 특성에 대한 설명으로 옳지 않은 것은?

① 훈련을 통하면 식별 능력을 향상시킬 수 있다.
② 특정한 냄새에 대한 절대적 식별 능력은 떨어진다.
③ 후각은 특정 물질이나 개인에 따라 민감도의 차이가 있다.
④ 후각은 훈련을 통하여 구별할 수 있는 일상적인 냄새의 수는 최대 7가지 종류이다.

해설

- 후각을 통해 구별할 수 있는 냄새의 수는 최소 1만 가지 이상이다.

❖ 인간의 후각 특성
- 훈련을 통하면 식별 능력을 향상시킬 수 있다.
- 특정한 냄새에 대한 절대적 식별 능력은 떨어진다.
- 후각은 특정 물질이나 개인에 따라 민감도의 차이가 있다.
- 후각을 통해 구별할 수 있는 냄새의 수는 최소 1만 가지 이상이다.
- 특정 냄새의 절대 식별 능력은 떨어지나 상대적 비교능력은 우수한 편이다.

17

인간의 정보처리과정, 기억의 능력과 한계 등에 관한 정보를 고려한 설계와 가장 관계가 깊은 것은?

① 제품 중심의 설계
② 기능 중심의 설계
③ 신체 특성을 고려한 설계
④ 인지 특성을 고려한 설계

해설
- 인간의 기억능력과 한계를 고려한 설계는 인간의 인지특성을 고려한 설계에 해당한다.
- **인지특성을 고려한 설계**
  - 인간의 정보처리과정, 기억의 능력과 한계 등에 관한 정보를 고려한 설계에 해당한다.
  - 사용자와 설계자의 모형 일치, 양립성, 오류 방지를 위한 강제적 기능, 단순, 안전설계원리, 피드백, 행동유도성, 가시성 등을 고려한다.

18

각각의 변수가 다음과 같을 때 정보량을 구하는 식으로 틀린 것은?

n : 대안의 수 p : 대안의 실현확률
P_k : 각 대안의 실패확률 P_i : 각 대안의 실현확률

① $H = \log_2 n$
② $H = \sum_{k=0}^{n} P_k + \log_2 \left(\dfrac{1}{P_k}\right)$
③ $H = \log_2 \left(\dfrac{1}{p}\right)$
④ $H = \sum_{k=1}^{n} P_i \log_2 \left(\dfrac{1}{P_i}\right)$

해설
- ①은 대안이 n개인 경우의 정보량을 구하는 식이다.
- ③은 특정 안이 발생할 확률이 $p(x)$라면 정보량을 구하는 식이다.
- ④는 여러 안이 발생할 경우의 총 정보량을 구하는 식이다.
- **정보량**
  - 대안이 n개인 경우의 정보량은 $\log_2 n$으로 구한다.
  - 특정 안이 발생할 확률이 $p(x)$라면 정보량은 $\log_2 \dfrac{1}{p(x)}$로 구한다.
  - 여러 안이 발생할 경우의 총 정보량은 [개별 확률×개별 정보량의 합]과 같다.

19

다음 중 인간-기계의 체계에서 인간이 표시장치를 감지한 후에 발생하는 것은?

① 제어
② 출력
③ 입력
④ 정보처리

해설
- 인간-기계 체계에서 감지 후에 정보처리 및 의사결정 기능을 수행한다.
- **인간-기계 체계**
  - ㉠ 개요
    - 인간-기계 체계의 주목적은 안전의 최대화와 능률의 극대화에 있다.
    - 인간-기계 체계의 기본기능에는 감지기능, 정보처리 및 의사결정기능, 행동기능, 정보보관기능(4대 기능), 출력기능 등이 있다.
  - ㉡ 인간-기계 시스템의 5대 기능

감지기능	인체의 눈과 기계의 표시장치와 같은 감지기능
정보처리 및 의사결정기능	회상, 인식, 정리 등을 통한 정보처리 및 의사결정 기능
행동기능	정보처리의 결과로 발생하는 조작행위(음성 등)
정보보관기능	정보의 저장 및 보관기능으로 위 3가지 기능 모두와 상호작용을 한다.
출력기능	시스템에서 의사 결정된 사항을 실행에 옮기는 과정

20

시력에 관한 내용으로 옳지 않은 것은?

① 눈의 조절능력이 불충분한 경우 근시 또는 원시가 된다.
② 시력은 세부적인 내용을 시각적으로 식별할 수 있는 능력을 말한다.
③ 눈이 초점을 맞출 수 없는 가장 먼 거리를 원점이라 하는데 정상 시각에서 원점은 거의 무한하다.
④ 여러 유형의 시력은 주로 망막 위에 초점이 맞추어지도록 홍채의 근육에 의한 눈의 조절능력에 달려있다.

해설
- ④는 홍채의 근육이 아니라 모양근의 긴장과 이완을 통한 수정체의 두께가 담당한다.

정답 | 17 ④ 18 ② 19 ④ 20 ④

시력 실기 1403/1903/2302

- 세부적인 내용을 시각적으로 식별할 수 있는 능력을 말한다.
- 시력은 시각(visual angle)의 역수로 측정한다.
- 시각은 표적두께를 표적까지의 거리로 나누어 계산한다.
- 시각(mm) = (57.3×60×틈간격)/눈으로부터 거리로 구한다.
- 눈이 파악할 수 있는 표적사이의 최소공간을 최소 분간시력(minimum separable acuity)이라고 한다.
- 눈의 조절능력이 불충분한 경우 근시 또는 원시가 된다.
- 근시는 수정체가 두꺼워지면서 물체의 상이 망막의 앞에서 맺혀 먼 물체를 볼 수 없다.
- 눈이 초점을 맞출 수 없는 가장 먼 거리를 원점이라 하는데 정상 시각에서 원점은 거의 무한하다.

2과목 작업생리학

21 ──● Repetitive Learning 1회 2회 3회
0903/1801

실내표면에서 추천 반사율이 낮은 것부터 높은 순서대로 나열한 것은?

① 벽<가구<천장<바닥
② 천장<벽<가구<바닥
③ 가구<바닥<벽<천장
④ 바닥<가구<벽<천장

해설
- 옥내 조명에서 최적 반사율의 크기는 바닥<가구<벽<천장 순으로 커진다.
- 실내 면 반사율 실기 1503
  ㉠ 개요
  - 빛을 포함한 여러 종류의 복사파가 물체의 표면에서 어느 정도 반사되는지를 나타낸다.
  - 반사율 = $\frac{광도}{조도}$×100로 구한다.
  - 반사율이 각각 L_a, L_b인 두 물체의 대비는 $\frac{L_a - L_b}{L_a}$×100으로 구한다.
  ㉡ 실내 면의 추천 반사율

천장	80~90%
벽	40~60%
가구 및 사무용 기기	25~45%
바닥	20~40%

22 ──● Repetitive Learning 1회 2회 3회
0803/1001/1201

다음 중 단일자극에 의해 발생하는 1회의 수축과 이완 과정을 무엇이라 하는가?

① 강축(tetanus) ② 연축(twitch)
③ 긴장(tones) ④ 강직(rigor)

해설
- ①은 근육이 2개 이상의 자극을 짧은 간격으로 반복하여 가했을 때 단수축이 융합하여 보다 큰 수축이 일어나는 현상을 말한다.
- ③은 자극에 대해 상대적으로 느리게 반응하는 근섬유를 말한다.
- ④는 자극에 의해 근육의 이완이 늦어지고 근육이 뻣뻣해지는 비가역적 변화를 말한다.
- 연축(twitch)
  - 단일자극에 의해 발생하는 1회의 수축과 이완 과정을 말한다.
  - 근섬유의 자극 → 활동전압 → 흥분수축연결 → 근원섬유의 수축 순으로 일어난다.
  - 연축이 일어나기 위해 가해지는 자극의 한계치를 자극역치라고 한다.

23 ──● Repetitive Learning 1회 2회 3회
1903

작업장의 소음 노출정도를 측정한 결과가 다음과 같다면 이 작업장 근로자의 소음노출지수는 얼마인가?

소음수준[dB(A)]	노출시간[h]	허용시간[h]
80	3	64
90	4	8
100	1	2

① 1.00 ② 1.05
③ 1.10 ④ 1.15

해설
- 80dB에서의 허용시간이 64시간인데 3시간 노출되어 $\frac{3}{64}$, 90dB에서의 허용시간이 8시간인데 4시간 노출되어 $\frac{4}{8}$, 100dB에서의 허용시간이 2시간인데 1시간 노출되어 $\frac{1}{2}$이므로 누적소음노출지수는 $\frac{3}{64} + \frac{4}{8} + \frac{1}{2} = \frac{67}{64} = 1.046875$가 된다.
- 소음허용기준 실기 1703/2302
  - 90dB일 때 8시간을 기준으로 한다.
  - 소음이 5dB 커질 때마다 허용기준 시간은 절반으로 줄어든다.

- OSHA

85dB	90dB	95dB	100dB	105dB	110dB
16시간	8시간	4시간	2시간	1시간	0.5시간

- 국내규정

90dB	95dB	100dB	105dB	110dB	115dB
8시간	4시간	2시간	1시간	0.5시간	0.25시간

- 전체 소음노출지수는 개별 노출시간/허용기준시간의 합으로 구한다.

24
다음 중 신체 반응 측정 장비와 내용을 잘못 짝지은 것은?

① EMG – 정신적 스트레스를 측정, 기록한다.
② EEG – 뇌의 활동에 따른 전위 변화를 기록한다.
③ ECG – 심장근의 수축에 따른 전기적 변화를 피부에 부착한 전극들로 검출, 증폭 기록한다.
④ EOG – 안구를 사이에 두고 수평과 수직 방향으로 붙인 전극간의 전위차를 증폭시켜 여러 방향에서 안구 운동을 기록한다.

해설
- ①의 EMG는 근육이 수축할 때 발생하는 전기적 활성을 기록하는 근전도이다.
- **생체신호를 측정할 때 이용되는 측정방법** 실기 1901/2103/2201/2303
  - 뇌의 활동 측정 – EEG
  - 심장근의 활동 측정 – EKG
  - 피부의 전기 전도 측정 – GSR
  - 국부 골격근의 활동 측정 – EMG
  - 심장근의 수축에 따른 전기적 변화를 피부에 부착한 전극들로 검출, 증폭 기록 – ECG
  - 안구를 사이에 두고 수평과 수직 방향으로 붙인 전극간의 전위차를 증폭시켜 여러 방향에서 안구 운동을 기록 – EOG

25
다음 중 실효온도(effective temperature)에 관한 설명으로 틀린 것은?

① 실효온도가 증가할수록 육체작업의 기능은 저하된다.
② 상대습도가 75%일 때의 특정 온도로 느끼는 열적 온감이다.
③ 온도, 습도 및 공기 이동이 인체에 미치는 효과를 나타내는 경험적 감각지수이다.
④ 실효온도는 저온조건에서는 습도의 영향을 과대평가하고, 고온조건에서는 과소평가한다.

해설
- 실효온도는 상대습도 100%, 풍속 0m/sec일 때에 느껴지는 온도감각을 말한다.
- **실효온도(ET : Effective Temperature)**
  - 공조되고 있는 실내 환경을 평가하는 척도로 감각온도, 유효온도라고도 한다.
  - 상대습도 100%, 풍속 0m/sec일 때에 느껴지는 온도감각을 말한다.
  - 온도, 습도, 기류 등이 인체에 미치는 열효과를 하나의 수치로 통합한 경험적 감각지수이다.
  - 실효온도의 종류에는 Oxford 지수, Botsball 지수, 습구 글로브 온도 등이 있다.

26
다음 중 정신부하의 측정에 사용되는 것은?

① 부정맥　　　　② 산소소비량
③ 혈압　　　　　④ 에너지소비량

해설
- ②, ③, ④는 육체작업의 생리적 측도에 해당된다.
- **생리적 척도**
  - 인간-기계 시스템을 평가하는데 사용하는 인간기준 척도 중 하나이다.
  - 중추신경계 활동에 관여하므로 그 활동 및 징후를 측정할 수 있다.
  - 정신적 작업부하 척도 가운데 직무수행 중에 계속해서 자료를 수집할 수 있고, 부수적인 활동이 필요 없는 장점을 가진 척도이다.
  - 정신작업의 생리적 척도는 EEG(수면뇌파), 동공반응, 부정맥, 점멸융합주파수, J.N.D(Just-Noticeable difference), 눈꺼풀 깜박임 수(blink rate), 뇌유발전위 등을 통해 확인할 수 있다.
  - 육체작업의 생리적 척도는 EMG(근전도), 맥박수, 산소소비량, 작업량 등을 통해 확인할 수 있다.

정답 24 ① 25 ② 26 ①

27

진동이 인체에 미치는 영향으로 옳지 않은 것은?

① 심박수 감소
② 산소소비량 증가
③ 근장력 증가
④ 말초혈관의 수축

해설
- ①에서 진동은 심박수를 증가시킨다.
- ❖ 진동이 인체에 미치는 영향
  - 심박수가 증가한다.
  - 장시간 노출 시 근육 긴장을 증가시킨다.
  - 시성능은 10 ~ 25Hz 대역의 경우 가장 심하게 영향을 받으며, 60 ~ 90Hz에서 안구가 공명한다.
  - 추적능력은 5Hz 이하의 낮은 진동수에서 가장 영향을 많이 받는다.
  - 머리와 어깨 부위의 공명주파수는 20 ~ 30Hz이다.
  - 등이나 허리뼈에 가장 위험한 주파수는 8 ~ 12Hz이다.
  - 흉부와 복부의 고통을 일으키는 주파수는 4 ~ 10Hz이다.
  - 중앙 신경계의 처리 과정과 관련되는 과업의 성능은 진동의 영향을 비교적 덜 받는다.
  - 레이노 증후군(Raynaud's phenomenon)은 진동으로 인한 말초혈관운동의 장해로 발생한다.

28

다음 중 관절의 연결형태가 안장관절(saddle joint)에 해당하는 것은?

①
②
③
④

해설
- ①은 절구관절(구상관절, ball and socket joint)에 해당한다.
- ②는 경첩관절(hinge joint)에 해당한다.
- ④는 타원관절(과상관절, condyloid joint)에 해당한다.
- ❖ 안장관절(saddle joint)
  - 관절머리와 관절와가 말의 안장처럼 생긴 관절로 2방향 운동 (앞, 뒤, 옆, 약간의 회전)이 가능하다.
  - 엄지손가락 아래의 손목허리관절이 대표적이다.

29

정적 평형상태에 대한 설명으로 틀린 것은?

① 힘이 거리에 반비례하여 발생한다.
② 물체나 신체가 움직이지 않는 상태이다.
③ 작용하는 모든 힘의 총합이 0인 상태이다.
④ 작용하는 모든 모멘트의 총합이 0인 상태이다.

해설
- 정적 평형상태는 힘이 거리에 비례하여 발생한다.
- ❖ 정적 평형상태(Static equilibrium) 실기 1901/2201
  - 물체나 신체가 움직이지 않는 상태이다.
  - 작용하는 모든 힘의 총합이 0인 상태이다.
  - 작용하는 모든 모멘트의 총합이 0인 상태이다.
  - 힘이 거리에 비례하여 발생한다.

30

전체 환기가 필요한 경우로 볼 수 없는 것은?

① 유해물질의 독성이 적을 때
② 실내에 오염물 발생이 많지 않을 때
③ 실내 오염 배출원이 분산되어 있을 때
④ 실내에 확산된 오염물의 농도가 전체적으로 일정하지 않을 때

해설
- 실내에 확산된 오염물의 농도가 전체적으로 일정할 때 전체 환기가 적용되며, 일정하지 않을 때는 오염물질 발생원 근처에 국소 배기를 적용하는 것이 효과적이다.
- ❖ 전체 환기의 적용조건
  - 유해물질의 독성이 적을 때
  - 실내에 오염물 발생이 많지 않을 때
  - 실내 오염 배출원이 분산되어 있을 때
  - 오염물질의 농도가 전체적으로 일정할 때
  - 가스상 물질 환기 시

31

생리적 측정을 주관적 평점등급으로 대체하기 위하여 개발된 평가척도는?

① Fitts Scale
② Likert Scale
③ Gerg Scale
④ Borg-RPE Scale

해설
- ①은 인간의 제어 및 조정능력을 나타내는 법칙으로 인간의 손이나 발을 이동시켜 조작장치를 조작하는 데 걸리는 시간을 표적까지의 거리와 표적 크기의 함수로 나타내는 법칙이다.
- ②는 설문 조사 등에 사용되는 심리검사 응답척도이다.
- ③은 도덕성 진단 검사도구의 하나이다.

Borg의 RPE(Ratings of Perceived Exertion)
- 운동자각도로 내가 하는 운동이 얼마나 힘든지에 대한 생리적 측정을 주관적 평점등급으로 대체하기 위하여 개발된 평가척도이다.
- 육체적 작업부하의 주관적 평가방법이다.
- 정신적 부담 작업과 육체적 부담 작업 양쪽 모두에 사용 할 수 있다.
- 척도의 양끝은 최소 심장 박동률과 최대 심장 박동률을 나타낸다.
- 작업자들이 주관적으로 지각한 신체적 노력의 정도를 6 ~ 20 사이의 척도로 평정한다.

32 — Repetitive Learning 1회 2회 3회

작업자의 배기를 10분 동안 수집한 결과 200L이었고, 총 배기량 중 산소는 15%, 이산화탄소는 5%였다. 분당 산소소비량은 얼마인가?(단, 공기 중 산소는 21vol%, 질소는 79vol%가 존재하는 것으로 한다)

① 1.25L
② 12.5L
③ 20.25L
④ 202.5L

해설
- 배기량만 주어져 있으므로 흡기량을 구해야 한다.
- 배기량을 분석해보면 산소는 200L×0.15=30L이고, 이산화탄소는 200L×0.05=10L이다. 나머지는 질소이므로 질소의 양은 200−30−10=160L가 된다.
- 질소는 흡기량과 배기량이 모두 동일하므로 질소의 흡기량도 160L이다.
- 공기의 조성상 질소는 79%, 산소는 21%이므로 질소가 160L라고 한다면 산소는 42.53L이므로 흡기 산소량은 42.53L가 된다.
- 10분간 산소소비량은 42.53L−30L=12.53L이다.
- 분당 산소소비량은 1.253L이다.

공기의 조성 실기 1303/1401/2402
- 작업 중 소비되는 산소 소비량을 계산하기 위한 흡기 시 공기의 조성은 질소 79%, 산소 21%이다.
- 배기되는 공기의 조성에서 질소는 79%로 동일하지만 호흡으로 인해 산소가 소모된 만큼 이산화탄소는 생성된다.
- 1L의 산소소비량은 5kcal의 에너지를 생성한다.

33 — Repetitive Learning 1회 2회 3회

다음 중 팔을 수평으로 편 위치에서 수직위치로 내릴 때처럼 신체 중심선을 향한 신체부위의 동작은?

① flexion
② adduction
③ extension
④ abduction

해설
- ①은 굽힘이라고도 하며, 관절에서 구부려져 각이 작아지는 움직임으로 신전(폄, extension)의 반대되는 동작이다.
- ③은 폄이라고 하며, 신체부위 간의 각도가 증가하는 관절동작으로 굽힘의 반대되는 동작이다.
- ④는 외전(벌림, abduction)으로 신체 중심선으로부터 밖으로 이동하는 신체의 움직임을 말하는데, 내전(모음, Adduction)의 반대되는 동작이다.

내전(모음, Adduction)
- 신체의 외부에서 중심선으로 이동하는 신체의 움직임을 말한다.
- 팔을 수평으로 편 위치에서 수직위치로 내리는 동작 유형에 해당한다.
- 외전(벌림, abduction)의 반대되는 동작이다.

34 — Repetitive Learning 1회 2회 3회

점광원으로부터 어떤 물체나 표면에 도달하는 빛의 밀도를 나타내는 단위로 옳은 것은?

① nit
② Lambert
③ candela
④ lumen/m²

해설
- ①은 단위 면적당 광량을 나타내는 단위이다.
- ②는 어떤 물체에 반사되어 나오는 양을 의미하는 휘도의 단위이다.
- ③은 광원에서 일정한 방향으로의 밝기를 의미하는 광도의 단위이다.
- 점광원으로부터 어떤 물체나 표면에 도달하는 빛의 밀도는 조도를 말하며 조도의 단위는 럭스(Lux)로 $\frac{1cd}{1m^2}$, $\frac{1lm}{1m^2}$의 의미이다.

조도(照度) 실기 1501/1603/1703/2003/2302
- 조도는 특정 지점에 도달하는 광의 밀도를 말한다.
- 단위는 럭스(Lux)를 사용한다 ($\frac{1cd}{1m^2}$, $\frac{1lm}{1m^2}$).
- 반사체의 반사율과는 상관없이 일정한 값을 갖는다.
- 거리의 제곱에 반비례하고, 광도에 비례하므로 $\frac{광도}{(거리)^2}$으로 구한다.

35

사업장에서 발생하는 소음의 노출기준을 정할 때 고려해야 할 결정요인과 가장 거리가 먼 것은?

① 소음의 크기
② 소음의 높낮이
③ 소음의 지속시간
④ 소음 발생체의 물리적 특성

해설
- ④는 소음의 노출기준과는 거리가 먼 내용이다.
- 소음의 노출기준 정할 때 고려요소
  - 소음의 크기
  - 소음의 높낮이
  - 소음의 지속시간

36

근육이 수축할 때 생성 및 소모되는 물질(에너지원)이 아닌 것은?

① 글리코겐(glycogn)
② CP(creatine phosphate)
③ 글리콜리시스(glycolysis)
④ ATP(adenosine triphosphate)

해설
- ③은 포도당을 피루브산으로 전환하는 대사경로를 말하는 해당과정이다.
- 근육이 수축할 때 생성 및 소모되는 물질(에너지원)
  - 글리코겐(glycogn)
  - CP(creatine phosphate)
  - ATP(adenosine triphosphate)

37

다음 중 근력(strength)과 지구력(endurance)에 대한 설명으로 틀린 것은?

① 동적근력(dynamic strength)을 등속력(isokinetic strength)이라한다.
② 정적근력(static strength)을 등척력(isometric strength)이라한다.
③ 지구력(endurance)이란 근육을 사용하여 간헐적인 힘을 유지할 수 있는 활동을 말한다.
④ 근육이 발휘하는 힘은 근육의 최대자율수축(MVC, maximum voluntary contraction)에 대한 백분율로 나타낸다.

해설
- ③에서 지구력이란 근육을 사용하여 특정한 힘을 유지할 수 있는 시간으로 나타낸다.
- 지구력
  - 근육을 사용하여 특정한 힘을 유지할 수 있는 시간으로 나타낸다.
  - 지구력은 근력과 상관관계가 높다.
  - 지구력은 근수축시간이 경과할수록 작아진다.

38

다음 중 에너지소비량에 관한 설명으로 틀린 것은?

① 휴식 시의 에너지소비량은 대략 분당 0.1kcal정도이다.
② 작업의 에너지소비량으로 단위 시간당 산소소비량을 고려한다.
③ 작업방법, 작업 자세, 작업속도 등은 에너지 소비수준에 영향을 미치는 인자이다.
④ 에너지소비량은 단위 시간당 산소소비량에 대하여 일반적으로 5kcal를 곱하여 산출한다.

해설
- 휴식 시 에너지 소비량은 평균 1.5kcal이다.
- 휴식시간 산출 실기 1301/1501/1503/1903/2103/2403
  - 분당 권장되는 평균 에너지 소비량은 남성의 경우 5kcal, 여성의 경우 3.5kcal이다.
  - 여기서 작업평균 에너지 소비량을 넘어서는 작업을 한 경우에는 일정한 시간마다 휴식이 필요하다.
  - 이에 휴식시간 $R = 작업시간 \times \dfrac{E-5}{E-1.5}$ 로 계산한다.
  이때 E는 작업 중 에너지 소비량[kcal/분]이고, 5는 남성의 권장 평균 에너지 소비량, 1.5는 휴식 중 에너지 소비량이다(문제에서 주어지면 해당 값을 사용). 만약 산소 소모량이 주어질 경우 산소 1리터는 평균 5kcal가 소모된다.

정답 35 ④ 36 ③ 37 ③ 38 ①

39

다음 중 근육 구조에 관한 설명으로 틀린 것은?

① 수축이나 이완 시 actin이나 myosin의 길이가 변한다.
② 골격근의 기본구조 단위는 근세포인 근섬유(muscle fiber)이다.
③ myosin은 두꺼운 필라멘트로 근섬유 분절의 가운데 위치하고 있다.
④ 골격근은 그 종류에 따라 외관상 색으로 구별이 가능하며, 적근, 백근, 중간근으로 구별할 수 있다.

해설
- 근육이 수축해도 A대의 폭, 액틴과 미오신 필라멘트의 길이는 변하지 않는다.
- **근육의 수축** 실기 1601/1603/2002/2302/2403
  - 근섬유의 수축단위는 근원섬유이다.
  - 근육이 수축하면 I대와 H대, Z선과 Z선 사이의 거리가 짧아진다.
  - 근육이 수축해도 A대(actin과 myosin이 중첩된 짙은 갈색 부분)의 폭, 액틴과 미오신 필라멘트의 길이는 변하지 않는다.
  - 근육의 수축은 근육의 길이가 단축되는 것이다.
  - 근육이 최대로 수축했을 때는 Z선이 A대에 맞닿는다.
  - 근육이 수축하면 가는 근세사가 굵은 근세사 사이로 미끄러져 들어간다.
  - 골격근의 수축은 운동신경의 지배를 받으며 수의적 조절에 따라 일어난다.
  - 평활근의 수축은 자율신경계, 호르몬, 화학신호의 지배를 받으며, 불수의적 조절에 따라 일어난다.

40

다음 중 육체적 작업에 필요한 산소와 포도당이 근육에 원활히 공급되기 위해 나타나는 순환기 계통의 생리적 반응이 아닌 것은?

① 심박출량 증가   ② 심박수의 증가
③ 혈압감소   ④ 혈류의 재분배

해설
- ③에서 산소와 포도당이 근육에 원활히 공급되기 위해서는 혈압이 증가해야 한다.
- **육체적 작업에 필요한 산소와 포도당이 근육에 원활히 공급되기 위해 나타나는 순환기 계통의 생리적 반응**
  - 심박출량 증가
  - 심박수의 증가
  - 혈압증가
  - 혈류의 재분배

3과목 산업심리학 및 관련법규

41

민주적 리더십에 관한 내용으로 옳은 것은?

① 리더에 의한 모든 정책의 결정
② 리더의 지원에 의한 집단 토론식 결정
③ 리더의 과업 및 과업 수행 구성원 지정
④ 리더의 최소 개입 또는 개인적인 결정의 완전한 자유

해설
- ①과 ③은 권위적 리더십의 특징이다.
- ④는 자유방임형 리더십의 특징이다.
- **민주적 리더십**
  - 인관관계를 중심에 놓는다(부하 중심적).
  - 맥그리거의 Y 이론에 근거를 둔다.
  - 리더의 지원에 의한 집단 토론식 결정을 한다.
  - 조직원의 적극적인 참여와 자율성을 강조한다.
  - 조직원의 창의성을 개발할 수 있다.
  - 생산성과 사기가 높게 나타난다.
  - 구성원 간의 상호관계가 원만하다.

42

10명으로 구성된 집단에서 소시오메트리(sociometry) 연구를 사용하여 조사한 결과 실제 긍정적인 상호작용을 맺고 있는 관계의 수가 16일 때 이 집단의 응집성 지수는 약 얼마인가?

① 0.222   ② 0.356
③ 0.401   ④ 0.504

해설
- 인원수가 10명이고, 관계의 수가 16일 때 대입하면 응집성 지수는
$$\frac{16}{{}_{10}C_2} = \frac{16}{\frac{10 \times (10-1)}{2}} = \frac{16}{45} = 0.355\cdots \text{이다.}$$

응집성 지수
- 구성원들 간의 친밀도를 나타내는 척도이다.
- 지수의 값이 클수록 친밀도가 높아 성과가 높은 집단이라고 볼 수 있다.
- 응집성 지수는 $\dfrac{\text{선호관계의 수}}{\text{가능한 상호선분관계의 총 수}}$로 구하는데 가능한 상호선분관계의 총 수는 인원수를 n이라할 때 $_nC_2$로 구한다.

주의(Attention)의 특성 실기 1901

선택성	여러 자극을 지각할 때 소수의 현란한 자극에 선택적 주의를 기울이는 경향으로 한 번에 많은 종류의 자극을 수용하기 어려움을 말한다.
방향성	한 지점에 주의를 집중하면 다른 곳의 주의가 약해지는 성질을 말한다.
변동성	장시간 주의를 집중하려 해도 주기적으로 부주의의 리듬이 존재한다는 것을 말한다.
일점 집중성	돌발 사태를 만나면 공포와 함께 주의가 일점에 집중되어 판단불능의 상태에 빠지는 것을 말한다.

43
작업에 수반되는 피로를 줄이기 위한 대책으로 적절하지 않은 것은?

① 작업부하의 경감
② 작업속도의 조절
③ 동적동작의 제거
④ 작업 및 휴식시간의 조절

해설
- 피로를 줄이기 위해서는 동적동작을 확대하고, 정적동작을 축소해야 한다.
- 작업에 수반되는 피로를 줄이기 위한 대책
  - 작업부하의 경감
  - 작업속도와 작업량의 조절
  - 동적동작 확대, 정적동작 축소
  - 작업 및 휴식시간의 조절
  - 교대제 시행

44
주의의 특성을 설명한 것으로 가장 거리가 먼 것은?

① 고도의 주의는 장시간 지속할 수 없다.
② 한 지점에 주의를 하면 다른 곳의 주의는 약해진다.
③ 동시에 시각적 자극과 청각적 자극에 주의를 집중할 수 없다.
④ 사람은 한 번에 여러 종류의 자극을 지각하거나 수용하는데 한계가 있다.

해설
- ①은 변동성에 대한 설명이다.
- ②는 방향성에 대한 설명이다.
- ④는 선택성에 대한 설명이다.

45
산업안전보건법령에서 정의한 중대재해의 범위 기준에 해당하지 않는 것은?

① 사망자가 1인 이상 발생한 재해
② 부상자가 동시에 10인 이상 발생한 재해
③ 직업성질병자가 동시에 5인 이상 발생한 재해
④ 3개월 이상 요양이 필요한 부상자가 동시에 2인 이상 발생한 재해

해설
- 부상자 혹은 직업성질병자가 동시에 10명 이상 발생해야 중대재해로 분류된다.
- 중대재해(Major Accident)
  ㉠ 개요
  - 산업재해 중 사망 등 재해 정도가 심한 것으로서 고용노동부령으로 정하는 재해를 말한다.
  ㉡ 종류
  - 사망자가 1명 이상 발생한 재해
  - 3개월 이상의 요양이 필요한 부상자가 동시에 2명 이상 발생한 재해
  - 부상자 또는 직업성질병자가 동시에 10명 이상 발생한 재해

46
레빈(Lewin)이 "인간의 행동(B)은 개인적 특성(P)과 주어진 환경(E)과의 함수 관계에 있다."라고 주장한 것을 토대로 다음 중 개인적 특성(P)에 해당하지 않는 것은?

① 연령
② 경험
③ 기질
④ 인간관계

해설
- ④는 E에 해당한다.
- P는 Person 즉, 개체(소질)로 연령, 지능, 경험 등을 의미한다.

레빈(Lewin,K)의 법칙
- 행동 B = f(P · E)로 이루어진다. 즉, 인간의 행동은 개인(P)과 환경(E)의 상호 함수관계에 있다고 할 수 있다.
- B는 인간의 행동(Behavior)을 말한다.
- f는 동기부여를 포함한 함수(Function)이다.
- P는 Person 즉, 개체(소질)로 연령, 지능, 경험 등을 의미한다.
- E는 Environment 즉, 심리적 환경(인간관계, 작업환경 – 조명, 소음, 온도 등)을 의미한다.

47
미사일을 탐지하는 경보 시스템이 있다. 조작자는 한 시간마다 일련의 스위치를 작동해야 하는 데 휴먼 에러 확률(HEP)은 0.01이다. 2시간에서 5시간까지의 인간 신뢰도는 약 얼마인가?

① 0.9412
② 0.9510
③ 0.9606
④ 0.9703

해설
- 1시간에 한번 스위치를 작동하는데 HEP가 0.01이다. 이때의 신뢰도는 1−0.01=0.99가 된다.
- 2시간에서 5시간까지 즉, 3시간동안의 인간 신뢰도를 묻고 있다. 이는 연속 3시간이므로 신뢰도 0.99인 공정이 3개 직렬로 연결되어 있는 것과 같으므로 0.99×0.99×0.99=0.9703이 된다.

시스템의 신뢰도 실기 1403/1503/1603/1703/1801/2001/2103/2203/2301/2401
㉠ AND(직렬)연결 시

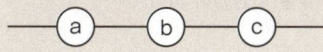

- 부품 a, 부품 b 신뢰도를 각각 R_a, R_b라 할 때 시스템의 신뢰도 $R_s = R_a \times R_b$로 구할 수 있다.

㉡ OR(병렬)연결 시

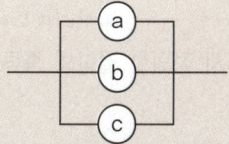

- 부품 a, 부품 b 신뢰도를 각각 R_a, R_b라 할 때 시스템의 신뢰도 $R_s = 1-(1-R_a) \times (1-R_b)$로 구할 수 있다.

48
다음 중 대표적인 연역적 방법이며, 톱-다운(top-down) 방식의 접근방법에 해당하는 시스템 안전 분석기법은?

① FTA
② ETA
③ PHA
④ FMEA

해설
- ②는 정량적이고 귀납적인 분석기법이다.
- ③은 개념형성 단계에서 최초로 시도하는 위험도 분석방법으로 시스템의 위험요소가 어떤 위험 상태에 있는가를 정성적으로 분석하는 방법이다.
- ④는 시스템에 영향을 미치는 모든 요소의 고장을 형태별로 분석하여 그 영향을 검토하는 정성적이고, 귀납적인 분석방법이다.

결함수분석법(FTA)
- 시스템의 고장을 발생시키는 사상과 그 원인과의 인과관계를 논리 관계로 설명하는 게이트나 사상기호를 나뭇가지 모양의 그림으로 나타내고 이에 의거 시스템의 고장확률을 구함으로써 문제가 되는 부분을 찾아내는 기법이다.
- 연역적 방법으로 원인을 규명하며, 재해의 정량적 예측이 가능한 분석방법이다.
- 최상위 고장(Top event)으로부터의 하향식 고장해석 방법이다.
- 특정 사상에 대해 짧은 시간에 해석이 가능하다.
- 정성적 평가 후 정량적 평가를 실시하며, 정량적으로 재해 발생 확률을 구한다.
- FTA를 수행함에 있어 기본사상들의 발생이 서로 독립인가 아닌가의 여부를 파악하기 위해서는 공분산을 이용한다.

49
다음 중 특정 목적을 위해 공동의사를 결정하는 회의체로서 현대에 많은 기업체에서 경영의 실천과정으로 도입하고 있는 조직의 형태를 무엇이라 하는가?

① 직능식 조직
② 직계식 조직
③ 위원회 조직
④ 직계참모 조직

해설
- ①은 테일러(F.W. Taylor)에 의해 주장된 조직형태로서 관리자가 일정한 관리기능을 담당하도록 기능별 전문화가 이루어진 조직을 말한다.
- ②는 명령계통이 일원화되는 반면 전문적 기술의 확보가 어렵고, 소규모 조직에 적용하기 용이한 조직이다.
- ④는 안전에 대한 책임과 권한이 라인 관리감독자에게도 부여되며, 대규모 사업장에 적합한 조직 형태이다.

- **위원회 조직**
  - 특정 목적을 위해 공동의사를 결정하는 회의체로서 현대에 많은 기업체에서 경영의 실천과정으로 도입하고 있는 조직의 형태이다.
  - 의사결정의 집단토의 방식을 도입한 조직형태이다.

50

다음 중 재해율에 관한 설명으로 옳은 것은?

① 강도율은 근로시간, 출근율과는 상관관계가 거의 없다.
② 도수율은 산업재해의 강도를 나타내는 척도로 사용된다.
③ 연천인율은 1,000명당 1년 동안 발생한 근로손실일수를 나타낸 것이다.
④ 연간총근로시간의 정확한 산출이 곤란한 경우에는 1일 8시간, 연간 2,400시간으로 한다.

해설
- ①에서 강도율은 근로 1,000시간당 총요양근로손실일수로 근로시간이나 출근율과 깊은 관련을 갖는다.
- ②에서 산업재해의 강도를 나타내는 척도는 강도율이다.
- ③에서 연천인율은 근로자 1,000명당 1년 동안 발생하는 재해자수의 비율을 의미한다.

재해율 관련 공식

재해율	$\dfrac{\text{재해자수}}{\text{산재보험적용근로자수}} \times 100$
사망만인율	$\dfrac{\text{사망자수}}{\text{산재보험적용근로자수}} \times 10,000$
휴업재해율	$\dfrac{\text{휴업재해자수}}{\text{임금근로자수}} \times 100$
도수율 (빈도율)	$\dfrac{\text{재해건수}}{\text{연근로시간수}} \times 1,000,000$
강도율	$\dfrac{\text{총요양근로손실일수}}{\text{연근로시간수}} \times 1,000$

51

다음 중 NIOSH의 직무 스트레스 관리 모형의 연결이 잘못된 것은?

① 조직 요인 - 교대 근무
② 조직 외 요인 - 가족상황
③ 개인적인 요인 - 성격경향
④ 완충작용 요인 - 대처능력

해설
- ①의 조직 요인에는 역할갈등, 관리유형, 의사결정참여, 고용불확실 등이 있다. 교대 근무는 작업 요인에 해당된다.

NIOSH 직무 스트레스 요인

작업 요인	작업 부하, 작업 속도, 교대 근무 등
조직 요인	역할갈등, 관리유형, 의사결정참여, 고용불확실 등
환경 요인	온도, 진동, 소음, 조명 등

52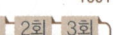

스트레스를 받을 때 몸에서 생성되는 호르몬으로 스트레스 정도를 파악하는데 사용되는 것은?

① 코티졸　　　　② 환경호르몬
③ 인슐린　　　　④ 스테로이드

해설
- 스트레스에 대응해서 몸이 최대의 에너지를 만들 수 있도록 콩팥의 부신피질에서 분비되는 호르몬은 코티졸이다.

스트레스
- 위협적인 환경특성에 대한 개인의 반응이라고 볼 수 있다.
- 코티졸(cortisol)은 스트레스를 받을 때 몸에서 생성되는 호르몬으로 스트레스 정도를 파악하는데 사용된다.
- 스트레스는 근골격계 질환에 영향을 줄 수 있다.
- 스트레스를 받게 되면 자율 신경계가 활성화 된다.
- 적정수준의 스트레스는 작업성과에 긍정적으로 작용한다(스트레스 수준과 수행은 역U자형의 관계를 갖는다).
- 지나친 스트레스를 지속적으로 받으면 인체는 자기조절능력을 상실할 수 있다.
- 일반적으로 내적 통제자들은 외적 통제자들보다 스트레스를 적게 받는다.
- A형 성격을 가진 사람이 B형 성격을 가진 사람보다 높은 스트레스를 받을 가능성이 있다.

53

제조물 책임법에서 정의한 결함의 종류에 해당하지 않는 것은?

① 제조상의 결함　　　② 기능상의 결함
③ 설계상의 결함　　　④ 표시상의 결함

해설
- 제조물 책임법에서 명시한 결함의 종류에는 제조상의 결함, 설계상의 결함, 표시상의 결함이 있다.

:: **결함의 종류** 실기 1801/2002/2101/2103/2203/2302
- 결함이란 제조물 제조·설계상 또는 표시상의 결함이 있거나 그 밖에 통상적으로 기대할 수 있는 안전성이 결여되어 있는 것을 말한다.
- 결함의 종류에는 제조상의 결함, 설계상의 결함, 표시상의 결함이 있다.

제조상의 결함	제조업자가 제조물에 대하여 제조상·가공 상의 주의의무를 이행하였는지에 관계없이 제조물이 원래 의도한 설계와 다르게 제조·가공됨으로써 안전하지 못하게 된 경우
설계상의 결함	제조업자가 합리적인 대체설계(代替設計)를 채용하였더라면 피해나 위험을 줄이거나 피할 수 있었음에도 대체설계를 채용하지 아니하여 해당 제조물이 안전하지 못하게 된 경우
표시상의 결함	제조업자가 합리적인 설명·지시·경고 또는 그 밖의 표시를 하였더라면 해당 제조물에 의하여 발생할 수 있는 피해나 위험을 줄이거나 피할 수 있었음에도 이를 하지 아니한 경우

0901
54 ─────● Repetitive Learning 1회 2회 3회

재해 원인을 불안전한 행동과 불안전한 상태로 구분할 때 다음 설명 중 틀린 것은?

① 불안전한 행동과 불안전한 상태로 직접원인이라 한다.
② 재해조사시 재해의 원인을 불안전한 행동이나 불안전한 상태 중 한 가지로 분류한다.
③ 보호구의 결함은 불안전한 상태, 보호구의 미착용은 불안전한 행동으로 분류한다.
④ 하인리히는 재해예방을 위해 불안전한 행동과 불안전한 상태의 제거가 가장 중요하다고 보았다.

해설
- 재해조사 시 재해 원인을 불안전한 행동이나 불안전한 상태로 구분해서 분류하지는 않는다.

:: **재해조사와 재해사례연구** 실기 1701
  ㉠ 개요
  - 재해조사는 재해조사 → 원인분석 → 대책수립 → 실시계획 → 실시 → 평가의 순을 따른다.
  - 재해사례의 연구는 재해 상황 파악 → 사실 확인 → 직접원인과 문제점 확인 → 근본 문제점 결정 → 대책 수립의 단계를 따른다.

ⓒ 재해조사 시 유의사항
- 피해자에 대한 구급조치를 최우선으로 한다.
- 가급적 재해 현장이 변형되지 않은 상태에서 실시한다.
- 사실 이외의 추측되는 말은 참고용으로만 활용한다.
- 사람, 기계설비 양면의 재해요인을 모두 도출한다.
- 과거 사고 발생 경향 등을 참고하여 조사한다.
- 객관적 입장에서 재해방지에 우선을 두고 조사하며, 조사는 2인 이상이 한다.

55 ─────● Repetitive Learning 1회 2회 3회

다음 중 직무만족과 직무불만족은 서로 다른 독립된 차원이며, 직무만족을 높이기 위해서는 동기 요인을 강화해야 한다고 설명하는 이론은?

① Alderfer 의 ERG이론
② McGregor의 X, Y 이론
③ Herzberg의 2요인 이론
④ Maslow 의 욕구위계 이론

해설
- ①은 인간의 욕구를 생존욕구(Existence needs), 관계욕구(Relation needs), 성장욕구(Growth needs)로 구분하였다.
- ②는 인간과 직무의 관계에 대한 기본적인 가정을 인간의 본성에 연계하여 X이론과 Y이론이라는 가설로 나눈 것이다.
- ④는 욕구위계설에서 인간 욕구들을 낮은 단계부터 높은 단계까지 총 5단계로 구분하였다.

:: **허츠버그(F.Herzberg)의 위생·동기요인**
  ㉠ 개요
  - 인간에게는 욕구에 대한 불만족에 영향을 주는 요인(위생요인)과 만족에 영향을 주는 요인(동기요인)이 별도로 존재한다고 주장하였다.
  - 위생요인을 제거하는 것은 직무불만족을 줄이는 것에 불과하므로 직무만족을 위해서는 동기요인을 강화해야 한다는 논리이다.
  ㉡ 위생요인(Hygiene factor)과 동기요인(Motivator factor)
  - 위생요인 – 감독, 임금, 보수, 작업환경과 조건 등을 말한다(매슬로우의 욕구 5단계 중 1 ~ 2단계, McGreger의 X이론, 후진국적, 동물적 욕구와 관련).
  - 동기요인 – 성취감, 책임감, 타인의 인정, 도전감 등을 말한다(매슬로우의 욕구 5단계 중 4 ~ 5단계, McGreger의 Y이론, 선진국형, 인간의 이상과 관련).

56

하인리히(H.W. Heinrich)의 재해예방의 원리 5단계를 올바르게 나열한 것은?

① 조직 → 평가분석 → 사실의 발견 → 시정책의 선정 → 시정책의 적용
② 조직 → 사실의 발견 → 평가분석 → 시정책의 선정 → 시정책의 적용
③ 평가분석 → 사실의 발견 → 조직 → 시정책의 선정 → 시정책의 적용
④ 평가분석 → 조직 → 사실의 발견 → 시정책의 선정 → 시정책의 적용

해설

- 하인리히의 사고예방 기본원리의 1단계는 안전관리조직과 규정이고, 2단계는 사고를 통해 사실을 발견하는 단계이다.

하인리히의 사고예방의 기본 원리 5단계

단계	단계별 과정	필요 조치
1단계	안전관리조직과 규정	• 책임과 권한의 부여 • 안전관리 규정 작성 • 안전관리 조직 편성
2단계	사실의 발견으로 현상파악	• 자료수집 • 작업분석과 위험확인 • 안전점검 · 검사 및 조사 실시
3단계	분석을 통한 원인규명	• 인적 · 물적 · 환경조건의 분석 • 교육 훈련 및 배치 사항 파악 • 사고기록 및 관계자료 대조확인
4단계	시정방법의 선정	• 기술적인 개선 • 작업배치의 조정 • 교육훈련의 개선
5단계	시정책의 적용	• 기술(Engineering)적 대책 • 교육(Education)적 대책 • 관리(Enforcement)적 대책

57

인간의 경우에 어떠한 자극을 제시하고 이에 대한 동작을 시작하기까지의 소요 시간을 무엇이라 하는가?

① 반응시간 ② 자극시간
③ 단순시간 ④ 선택시간

해설

- 자극 신호가 제시되는 순간부터 동작 반응이 일어나는 순간까지의 시간을 반응시간이라고 한다.

반응시간(reaction time)

- 어떠한 자극이 제시되고 이에 대한 동작을 시작하기까지의 소요 시간을 말한다.
- 자극과 요구 반응의 수에 따라 단순반응시간, 선택반응시간, 변별반응시간으로 구분된다.
- 단순반응시간은 하나의 자극에 대해 하나의 반응을 요구할 때의 반응시간이다.
- 단순(A)반응시간에 영향을 미치는 변수로는 자극 양식, 자극의 특성, 자극 위치, 연령 등이 있다.
- 선택(B)반응시간은 2개 이상의 자극에 대해 각각의 자극에 대해 다른 반응을 요구할 때의 반응시간이다.
- 선택반응시간은 별도의 반응을 요하는 자극 수에 따라 달라진다.
- 선택반응시간은 자극과 반응(N)이 증가할 때 $\log_2$에 비례하여 증가하므로 구하는 식은 $a + b\log_2 N$으로 구한다.
- 변별(C)반응시간은 2개 이상의 자극 중 특정 자극에 대해서만 반응할 때의 반응시간이다.

58

위험성을 모르는 아이들이 세제나 약병의 마개를 열지 못하도록 안전마개를 부착하는 것처럼, 신체적 조건이나 정신적 능력이 낮은 사용자라 하더라도 사고를 낼 확률을 낮게 설계해 주는 것은?

① fail-safe 설계원칙
② fool-proof 설계원칙
③ error proof 설계원칙
④ error recovery 설계원칙

해설

- 풀 프루프(Fool Proof)는 기계 조작에 익숙하지 않은 사람이나 기계의 위험성 등을 이해하지 못한 사람이라도 기계 조작 시 조작 실수를 하지 않도록 하는 기능으로 작업자가 기계 설비를 잘못 취급하더라도 사고가 일어나지 않도록 하는 기능을 말한다.

풀 프루프(Fool Proof)

㉠ 개요
- 풀 프루프(Fool Proof)는 기계 조작에 익숙하지 않은 사람이나 기계의 위험성 등을 이해하지 못한 사람이라도 기계 조작 시 조작 실수를 하지 않도록 하는 기능으로 작업자가 기계 설비를 잘못 취급하더라도 사고가 일어나지 않도록 하는 기능을 말한다.
- 계기나 표시를 보기 쉽게 하거나 이른바 인체공학적 설계도 넓은 의미의 풀 프루프에 해당된다.

- 각종 기구의 인터록 장치, 크레인의 권과방지장치, 카메라의 이중 촬영방지장치, 기계의 회전부분에 울이나 커버 장치, 승강기 중량제한시 운행정지 장치, 선풍기 가드에 손이 들어갈 경우 회전정지장치 등이 이에 해당한다.
  ⓒ 조건
  - 인간이 에러를 일으키기 어려운 구조나 기능을 가지도록 한다.
  - 조작순서가 잘못되어도 올바르게 작동하도록 한다.

59

다음 중 오하이오 주립대학의 리더십 연구에서 주장하는 구조 주도적(initiating structure)리더와 배려적(consideration)리더에 관한 설명으로 틀린 것은?

① 배려적 리더는 관계지향적, 인간중심적으로 인간에 관심을 가지고 있다.
② 구조주도적 리더십은 구성원들의 성과환경을 구조화하는 리더십 행동이다.
③ 구조적 리더십은 성과를 구체적으로 정확하게 평가하는 행동 유형을 말한다.
④ 배려적 리더는 구성원의 과업을 설정, 배정하고 구성원과의 의사소통 네트워크를 명백히 한다.

해설
- ④에서 구성원의 과업을 설정, 배정하는 것은 구조적 리더십에 해당한다.
- 오하이오 주립대학의 리더십 연구
  - 구조주도적(initiating structure)리더와 배려적(consideration)리더로 구분하였다.
  - 구조주도적 리더는 구성원들의 성과환경을 구조화하는 리더십 행동으로 성과를 구체적으로 정확하게 평가하는 행동 유형을 말한다.
  - 배려적 리더는 관계지향적, 인간중심적으로 인간에 관심을 가지고, 구성원에게 후원적이면서도 자유로운 소통을 추구한다.

60

근로자 A는 작업공정 중 불필요한 작업을 수행함으로써 실수(에러)를 범하였다. 다음 중 이러한 휴먼 에러에 해당하는 것은?

① ommission error
② time error
③ extraneous error
④ sequential error

해설
- ①은 필요한 행위를 실행하지 않은 오류이다.
- ②는 필요한 작업 또는 절차의 수행을 지연한데 기인한 에러이다.
- ④는 필요한 작업 또는 절차의 순서 착오로 인한 에러이다.
- 심리적 측면의 휴먼에러 분류(Swain) 실기 1403/1703/2101/2201/2403
  ㉠ 부작위오류(Omission error) : 필요한 행위를 실행하지 않은 오류

생략오류 (Omission error)	필요한 작업 또는 절차를 수행하지 않는데 기인한 에러

  ㉡ 작위오류(Commission error) : 작업 수행 중 작업을 정확하게 수행하지 못해 발생한 에러(행위적 관점)

선택오류 (Selection error)	다른 레버를 선택하는 등의 원인으로 발생한 에러
물량오류 (Qualitative error)	너무 많거나 혹은 너무 적은 작업을 수행해서 발생한 에러
순서오류 (Sequential error)	필요한 작업 또는 절차의 순서 착오로 인한 에러
시간오류 (Timing error)	필요한 작업 또는 절차의 수행을 지연한 데 기인한 에러

  ㉢ 불필요한 행동 오류

불필요한 수행오류 (Extraneous error)	불필요한 작업 또는 절차를 수행함으로써 발생한 에러

4과목 근골격계질환 예방을 위한 작업관리

61

다음 중 RULA에서 사용하는 그룹 A의 평가 대상으로 옳은 것은?

① 목, 손목, 발목
② 목, 몸통, 다리
③ 목, 팔, 다리
④ 위팔, 아래팔, 손목

해설
- RULA는 상완, 전완, 손목을 그룹을 A로 목, 상체, 다리를 그룹 B로 나누어 측정, 평가하는 유해요인의 평가기법이다.
- RULA(Rapid Upper Limb Assessment) 실기 1301/1303/1603/1803/2201/2203
  - 어깨, 팔목, 손목, 목 등 상지에 초점을 맞추어 작업자세로 인한 작업 부하를 빠르고 상세하게 분석할 수 있는 근골격계 질환의 위험평가기법이다.
  - 상완, 전완, 손목을 그룹을 A로 목, 상체, 다리를 그룹 B로 나누어 측정, 평가한다.

정답 | 59 ④ 60 ③ 61 ④

- VDT 작업, 자동차 공장의 컨베이어식 조립라인에서 선 자세에서 자동차 하부의 볼트를 조립하는 작업자의 측정에 적합하다.
- 평가에 있어서 1~2점은 개선의 필요가 없음을, 3~4점은 계속적인 추가 관찰이 필요하고, 5~6점은 빠른 개선과 함께 작업위험요인의 분석이 요구되고, 7점의 경우는 정밀조사와 함께 즉시 개선이 필요하다고 평가한다.

공정분석 시 사용되는 공정도시기호 실기 1401/2001

□	가공물의 수량 검사
D	가공물의 지체를 표시
⇨	가공물의 이동
▽	가공물의 저장(보관)
○	가공물의 가공작업
◇	가공물의 품질 검사

62
1701/2103
4개의 작업으로 구성된 조립공정의 주기시간(Cycle Time)이 40초일 때 공정효율은 얼마인가?

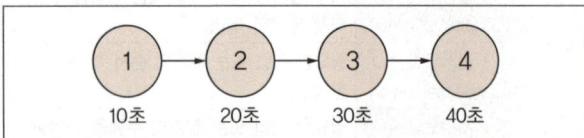

① 40.0% ② 57.5%
③ 62.5% ④ 72.5%

해설
- 주기시간은 40초, 작업수는 4개, 총작업시간은 100초, 총유휴시간은 160-100=60초, 공정효율은 100/160=0.625, 공정손실은 60/160=0.375이다.
- **주기시간과 공정효율** 실기 1403/1503/1801/2001/2003/2101/2302/2402
  - 주기시간은 작업시간이 가장 오래 걸리는 애로공정의 작업시간을 말한다.
  - 애로작업이란 작업시간이 가장 긴 작업을 말한다.
  - 공정효율은 총작업시간/(작업수×주기시간)으로 구한다.
  - 총유휴시간은 (작업수×주기시간)-(총작업시간)이다.
  - 공정손실은 총유휴시간/(작업수×주기시간)으로 구한다.
  - 공정효율과 공정손실의 합은 1이다.

64
1601
워크 샘플링 조사에서 초기 idle rate가 0.06이라면, 95% 신뢰도를 위한 워크 샘플링 횟수는 몇 회인가?(단, 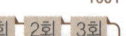는 2.58이다)

① 151 ② 936
③ 3,162 ④ 3,754

해설
- idle rate가 0.06이므로 p는 0.06이고, $1-p$는 0.94가 된다.
- $Z_{0.005}$가 2.58이므로 z는 2.58이 된다. 허용오차 e는 95% 신뢰도이므로 $1-0.95=0.05$가 된다.
- 대입하면 $N=(2.58/0.05)^2 \times 0.06(0.94)=150.1684$이다.
- **워크 샘플링 횟수**
  - 필요한 관측수 $N=(z/e)^2 \times p(1-p)$로 구한다. 이때 z는 표준편차이며, e는 허용오차로 상대오차×관측비율로 구할 수 있다. p는 표본비율로 표본의 발생횟수를 관측횟수로 나눠서 구할 수 있다.

63
1803
다음 중 작업 대상물의 품질 확인이나 수량의 조사, 검사 등에 사용되는 공정도 기호에 해당하는 것은?

① ○ ② □
③ △ ④ ⇨

해설
- ①은 가공, ④는 이동을 의미한다.
- ③은 삼각형의 뾰족한 부분이 아래로 향할 때 저장이 된다.

65
1901
A작업의 관측평균시간이 25DM이고, 제 1평가에 의한 속도평가계수는 120%이며, 제 2평가에 의한 2차 조정계수가 10%일 때 객관적 평가법에 의한 정미시간은 몇 초인가?(단, 1DM=0.6초이다)

① 19.8 ② 23.8
③ 26.1 ④ 28.8

해설
- 객관적 레이팅에서의 표준시간=관측 평균시간×(1차 평가계수)×(1+2차 조정계수)×(1+여유율)로 구하는데 정미시간을 구하는 것이므로 마지막 (1+여유율)을 곱하지 않는다.

- 즉 객관적 레이팅에서의 정미시간=관측 평균시간×(1차 평가계수)×(1+2차 조정계수)로 구할 수 있다.
- 대입하면 25×0.6×1.2×(1+0.1)=19.8초가 된다.

표준시간 실기 1501/1503/1603/1703/2002/2003/2103/2402/2403

③ 개요
- 8시간의 정상작업을 기준으로 하여 일정한 작업조건에서 일정한 방법에 따라 보통 정도의 작업자가 정상적인 속도로 작업을 수행하는데 걸리는 시간을 말한다.
- 표준시간 측정에 사용하는 DM(decimal minute)은 1DM이 0.6초이다.
- 표준시간은 정미시간+여유시간으로 구한다.
- 정미시간은 관측시간의 평균치×R(레이팅 계수)로 구한다.
- 객관적 레이팅에서의 표준시간=관측 평균시간×(1차 평가계수)×(1+2차 조정계수)×(1+여유율)로 구한다.
- 외경법의 경우 표준시간=정미시간×(1+여유율)로 구한다.
- 내경법의 경우 표준시간=정미시간/(1−여유율)로 구한다.

⑥ 여유율
- 외경법은 작업여유율=여유시간/정미시간(근무시간−여유시간)을 적용한다.
- 내경법은 근무여유율=여유시간/근무시간(정미시간+여유시간)을 적용한다.

66 Repetitive Learning 1회 2회 3회

다음 중 유해요인조사결과 근골격계 질환이 발생할 우려가 있는 경우 사업장 근골격계 질환 예방·관리 프로그램의 기본 진행 순서로 가장 올바른 것은?

① 예방관리정책수립 → 교육/훈련실시 → 초기증상자 및 유해요인관리 → 의학적 관리 또는 환경 개선 → 프로그램 평가
② 교육/훈련실시 → 예방관리정책수립 → 프로그램 평가 → 초기증상자 및 유해요인관리 → 의학적 관리 또는 환경개선
③ 초기증상자 및 유해요인관리 → 교육/훈련실시 → 예방관리정책수립 → 프로그램 평가 → 의학적 관리 또는 환경 개선
④ 예방관리정책수립 → 초기증상자 및 유해요인관리 → 의학적 관리 또는 환경 개선 → 교육/훈련실시 → 프로그램 평가

해설
- 사업장 근골격계 질환 예방·관리 프로그램은 예방관리정책수립 → 교육/훈련실시 → 초기증상자 및 유해요인관리 → 의학적 관리 또는 환경 개선 → 프로그램 평가(피드백) 순으로 진행된다.

사업장 근골격계 질환 예방·관리 프로그램 실기 1403/1503/1703/2002

③ 개요
- 근골격계 질환 예방을 위한 유해요인 조사와 개선, 의학적 관리, 교육에 관한 근골격계 질환 예방·관리 프로그램의 표준을 제시함을 목적으로 한다.

⑥ 기본 진행 순서
- 예방관리정책수립 → 교육/훈련실시 → 초기증상자 및 유해요인관리 → 의학적 관리 또는 환경 개선 → 프로그램 평가 (피드백)

67 Repetitive Learning 1회 2회 3회 2003

NIOSH의 들기 작업 지침에서 들기지수(LI)를 산정하는 식에서 반영되는 변수가 아닌 것은?

① 표면계수   ② 수평계수
③ 빈도계수   ④ 비대칭계수

해설
- RWL을 구할 때의 요소에는 수평계수, 수직계수, 거리계수, 비대칭성계수, 빈도계수, 결합계수 등이 필요하다.

NIOSH 들기지수(LI) 실기 1503/1601/1603/1701/1801/1803/1901/2001/2002/2003/2201/2203/2301/2302/2403

- NIOSH의 중량물 취급지수를 말한다.
- 들기지수가 1을 초과하는 경우 추천 무게를 넘는 것으로 간주한다.
- 40대 여성의 들기 능력의 50퍼센타일을 기준으로 하였다.
- 물체의 무게(kg) / RWL(kg)으로 구한다. 이때 RWL은 추천 중량한계로 들기 편한 정도의 값이다.
- RWL=23kg×HM×VM×DM×AM×FM×CM으로 구한다(HM은 수평계수, VM은 수직계수, DM은 거리계수, AM은 비대칭성계수, FM은 빈도계수, CM은 결합계수를 의미한다).
- RWL 계수는 0~1 사이의 값으로 1에 가까울수록 최적의 조건이 된다.

68 Repetitive Learning 1회 2회 3회 1701

작업분석에서의 문제분석 도구 중에서 80~20의 원칙에 기초하여 빈도수별로 나열한 항목별 점유와 누적비율에 따라 불량이나 사고의 원인이 되는 중요 항목을 찾아가는 기법은?

① 특성요인도   ② 파레토 차트
③ PERT 차트   ④ 산포도 기법

정답 66 ① 67 ① 68 ②

해설
- ①은 어떤 결과에 영향을 미치는 크고 작은 요인들을 계통적으로 파악하기 위해 재해와 원인의 관계를 도표화하여 재해 발생 원인을 분석하는 작업분석 도구이다.
- ③은 일정계획에서 사용되는 간트도표의 단점을 보완하여 활동의 소요시간은 베타분포를 따른다고 가정한 기법이다.
- ④는 데이터가 어떻게 얼마나 퍼져 있는지를 표시하는 도표이다.

파레토도
- 작업관리의 문제분석 도구로서, 가로축에 항목, 세로축에 항목별 점유비율과 누적비율로 막대-꺾은선 혼합 그래프를 중점관리항목을 도출할 목적으로 활용하는 도구이다.
- 현장의 개선활동에 있어서 소수 중점 원인을 찾기 위한 도구로서 사용된다.
- 80~20의 원칙에 기초하여 빈도수별로 나열한 항목별 점유와 누적비율에 따라 불량이나 사고의 원인이 되는 중요 항목을 찾아가는 기법이다.
- 80~20의 원칙이란 20%의 항목이 전체의 80%를 차지한다는 개념이다.
- 가장 큰 값부터 순서대로 나열하며, 기타항목은 맨 오른쪽에 배치한다.

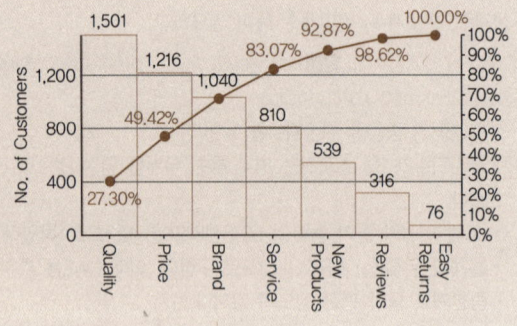

69 ─── Repetitive Learning 1회 2회 3회
다음 중 수공구를 이용한 작업의 개선 원리에 관한 설명으로 틀린 것은?

① 양손잡이를 모두 고려한 수공구를 선택한다.
② 동력공구는 그 무게를 지탱할 수 있도록 매달아서 사용한다.
③ 손바닥 전체에 골고루 부하를 분포시키는 손잡이를 가진 것이 바람직하다.
④ 손가락으로 잡는 power grip보다 손바닥으로 감싸 안아 잡는 pinch grip을 이용한다.

해설
- ④는 손가락으로 잡는 pinch grip보다 손바닥으로 감싸 안아 잡는 power grip을 이용한다로 되어야 한다.

수공구의 일반적인 설계 원칙 실기 1903
- 손목은 곧게 유지되도록 설계한다.
- 반복적인 손가락 동작을 피하도록 설계한다.
- 손잡이는 접촉면적을 가능하면 크게 한다.
- 조직에 가해지는 압력을 피하도록 설계한다.
- 공구의 무게를 줄이고 사용 시 무게 균형이 유지되도록 한다.
- 동력공구의 손잡이는 두 손가락 이상으로 작동하도록 한다.
- 손가락으로 잡는 pinch grip보다 손바닥으로 감싸 안아 잡는 power grip을 이용한다.
- 정확성이 요구되는 작업은 핀치그립(pinch grip)을 사용하도록 한다.
- 손잡이의 홈은 손바닥에 나쁜 영향을 주므로 가능한 손잡이 표면에 홈이 많은 것은 피하도록 한다.
- 진동 패드, 진동 장갑 등으로 손에 전달되는 진동 효과를 줄인다.

70 ─── Repetitive Learning 1회 2회 3회
작업 개선방법을 관리적 개선방법과 공학적 개선방법으로 구분할 때 공학적 개선방법에 속하는 것은?

① 적절한 작업자의 선발
② 작업자의 교육 및 훈련
③ 작업자의 작업속도 조절
④ 작업자의 신체에 맞는 작업장 개선

해설
- ①, ②, ③은 현재의 자원을 효율적으로 관리하는 관리적 개선방법에 해당된다.

작업개선안 도출 실기 1401/1603/1801/1901/2003/2201/2302/2403
- 가장 우선적이고 근본적인 문제해결책은 문제가 되는 작업을 제거하는 데 있다.
- 1차적으로는 공학적 개선으로 위험요인의 제거 혹은 위험성의 직접적인 감소를 위해 작업장 여건을 개선한다.
- 2차적으로는 관리적 개선으로 작업순환, 작업교대, 휴식시간 설계, 인원 보충 등 자원의 효율적인 분배와 관련된다.

공학적 개선안	• 작업자의 신체에 맞는 작업장 개선(작업공구 개선, 작업대 높이 조절, 중량물 운반 시 기계장치 사용, 단순반복 작업에 로봇 사용, 작업장 바닥 개선, 작업장 재배열) • 작업자세 및 작업방법 개선

관리적 개선안	• 작업순환, 작업교대 • 작업습관 변화 • 작업속도 조절 및 휴식시간 설계 • 인원 보충(추가 작업자 선발, 교육 및 훈련, 적성에 맞는 배치) • 위험표지 부착

71

다음 중 동작분석의 목적과 가장 거리가 먼 것은?

① 최적 동작의 구성을 위하여
② 작업 동작의 표준화를 위하여
③ 작업자의 합리적 배치를 위하여
④ 작업 동작의 각 요소에 대한 분석을 위하여

해설
- 동작분석은 작업분석을 통해 작업과정에서 무리·낭비·불합리한 동작을 제거, 최선의 작업방법으로 개선하는 것이 목표이다.
- **동작분석**
  ㉠ 개요
  - 서블릭 분석, 필름/비디오 분석, 작업측정기법을 이용하는 PTS법이 이에 해당된다.
  - 작업과정에서 무리·낭비·불합리한 동작을 제거, 최선의 작업방법으로 개선하는 것이 목표이다.
  - 작업을 분해 가능한 세밀한 단위로 분석하고 각 단위의 변이를 측정하여 표준작업방법을 알아내기 위한 연구이다.
  - 작업은 공정 → 단위작업 → 요소작업 → 동작요소 → 서블릭 순으로 구분된다.
  - SIMO chart는 미세동작연구인 동시에 동작 사이클차트로 이상적 작업동작 습득에 시간은 짧게 걸리나 부정확한 단점을 갖는다.
  ㉡ 미세동작분석
  - 미세동작분석은 작업주기가 짧은 작업, 규칙적인 작업주기 시간, 단기적 작업을 대상으로 자세하게 촬영하여 분석하므로 비용이 많이 드는 분석방법이다.
  - 미세동작연구를 할 때에는 가능하면 작업방법이 숙련된 작업자를 대상으로 한다.
  - 미세동작연구실에서는 작업수행도가 월등히 뛰어난 작업사이클을 대상으로 한다.

72

다음 중 MTM(Methode Time Measurement)법에서 12lb의 물건을 대략적인 위치로 20인치 운반하는 것을 올바르게 표시한 것은?

① M20B12
② M12B20
③ M20B12/2
④ M12B20/2

해설
- 운반의 기호는 M이고 거리 20에 조건 B, 중량 12를 연결하여 표기한다.
- **MTM법에서 사용법**
  ㉠ 사용법
  - 기본동작 기호+거리+조건(A,B,C,D,E)+중량으로 표기한다.
  ㉡ 기본동작 기호
  - M(Move) : 운반   • T(Turn) : 회전
  - AP(Apply Pressure) : 누름 • R(Reach) : 손뻗침
  - G(Grasp) : 잡기
  - Rl(Release) : 놓기
  - P(Position) : 위치하기
  - D(Disengage) : 떼어놓기
  - C(Crank) : 크랭크(팔꿈치를 축으로 손이나 아래팔을 회전)
  - ET(Eye Travel) : 눈의 이동

73

표준시간 설정을 위하여 작업을 요소 작업으로 분할하여야 한다. 다음 중 요소 작업으로 분할 시 유의 사항으로 가장 적절하지 않은 것은?

① 작업의 진행 순서에 따라 분할한다.
② 상수 요소작업과 변수 요소작업으로 구분한다.
③ 측정 범위 내에서 요소 작업을 크게 분할한다.
④ 규칙적인 요소 작업과 불규칙적인 요소 작업으로 구분한다.

해설
- ③에서 측정 범위 내에서 요소 작업을 가능한 작게 분할해야 한다.
- **요소 작업으로 분할 시 유의 사항**
  - 작업의 진행 순서에 따라 분할한다.
  - 측정 범위 내에서 요소 작업을 가능한 작게 분할한다.
  - 상수 요소작업과 변수 요소작업으로 구분한다.
  - 규칙적인 요소 작업과 불규칙적인 요소 작업으로 구분한다.
  - 사람이 하는 작업과 기계가 하는 작업으로 분할한다.

74
산업안전보건법령상 사업주가 근골격계 부담작업 종사자에게 반드시 주지시켜야 하는 내용에 해당되지 않는 것은?

① 근골격계 부담작업의 유해요인
② 근골격계 질환의 요양 및 보상
③ 근골격계 질환의 징후 및 증상
④ 근골격계 질환 발생 시의 대처 요령

해설
- ②는 근로자에게 주지시킬 내용에 포함되지 않는다.
- 사업주가 근로자에게 주지시켜야 할 유해성 실기 1601/2001/2303
  - 근골격계 부담작업의 유해요인
  - 근골격계 질환의 징후와 증상
  - 근골격계 질환 발생 시의 대처요령
  - 올바른 작업자세와 작업도구, 작업시설의 올바른 사용방법
  - 그 밖에 근골격계 질환 예방에 필요한 사항

75
다음 중 유해요인 조사 방법에 관한 설명으로 틀린 것은?

① NIOSH Guideline은 중량물 작업의 분석에 이용된다.
② RULA, OWAS는 자세 평가를 주목적으로 한다.
③ REBA는 상지, RULA는 하지자세를 평가하기 위한 방법이다.
④ JSI(Job Strain Index)는 작업의 재설계 등을 검토할 때 이용한다.

해설
- ③에서 REBA는 간호사 등과 같이 예측하기 힘든 다양한 자세에서 이루어지는 서비스업에서의 전체적인 신체에 대한 부담정도와 위해인자에 대한 노출정도를 분석하는 데 적합하다.
- REBA(Rapid Entire Body Assessment) 실기 1601
  - 근골격계 질환과 관련한 위해인자에 대한 개인작업자의 노출정도를 평가하기 위한 목적으로 개발되었다.
  - 간호사 등과 같이 예측하기 힘든 다양한 자세에서 이루어지는 서비스업에서의 전체적인 신체에 대한 부담정도와 위해인자에 대한 노출정도를 분석하는데 적합하다.

76
동작경제의 원칙이 아닌 것은?

① 공정 개선의 원칙
② 신체의 사용에 관한 원칙
③ 작업장의 배치에 관한 원칙
④ 공구 및 설비의 설계에 관한 원칙

해설
- 동작경제의 원칙은 신체사용의 원칙, 작업장 배치의 원칙, 공구 및 설비 디자인의 원칙으로 분류된다.
- 동작경제의 원칙  1903/2103/2203
  ㉠ 개요
    - 작업자가 경제적인 동작을 통해 피로도를 감소시키면서도 능률을 향상시키게 하기 위한 원칙이다.
    - 신체사용의 원칙, 작업장 배치의 원칙, 공구 및 설비 디자인의 원칙으로 분류된다.
    - 동작을 가급적 조합하여 하나의 동작으로 한다.
    - 동작의 수는 줄이고, 동작의 속도는 적당히 한다.
  ㉡ 신체사용의 원칙 실기 2301
    - 두 손의 동작은 동시에 시작해서 동시에 끝나야 한다.
    - 휴식시간을 제외하고는 양손을 같이 쉬게 해서는 안 된다.
    - 손의 동작은 유연하고 연속적인 동작이어야 한다.
    - 동작이 급작스럽게 크게 바뀌는 직선 동작은 피해야 한다.
    - 두 팔의 동작은 동시에 서로 반대방향으로 대칭적으로 움직이도록 한다.
    - 탄도동작(Ballistics Movements)은 제한되거나 통제된 동작보다 더 신속하고 정확하다.
  ㉢ 작업장 배치의 원칙 실기 1303/1701/2001/2002/2303/2402
    - 가능하다면 낙하식 운반 방법을 이용한다.
    - 작업이 용이하도록 적절한 조명을 비추어 준다.
    - 공구나 재료는 작업동작이 원활하게 수행하도록 그 위치를 정해준다.
    - 공구, 재료 및 제어장치는 사용하기 가까운 곳에 배치해야 한다.
  ㉣ 공구 및 설비 디자인의 원칙 실기 1703
    - 치구나 족답장치를 이용하여 양손이 다른 일을 할 수 있도록 한다.
    - 공구의 기능을 결합하여 사용하도록 한다.
    - 타자 칠 때와 같이 각 손가락이 서로 다른 작업을 할 때에는 작업량을 각 손가락의 능력에 맞게 배분해야 한다.

77
근골격계 질환 중 손과 손목에 관련된 질환으로 분류되지 않는 것은?

① 결절종(Ganglion)
② 수근관증후군(Carpal Tunnel Syndrome)
③ 회전근개증후군(Rotator Cuff Syndrome)
④ 드퀘르뱅건초염(Dequervain's Syndrome)

해설
- ③은 어깨 부위에 발생하는 질환이다.
- **부위별 근골격계 질환** 실기 1403/2302
  - 목 : 근막통증 증후군, 경추부 염좌, 경추부 추간판탈출증
  - 어깨 : 근막통증 증후군, 회전근개 건염, 극상근 건염, 상완이두 건막염, 건봉하 점액낭염, 관절와순 손상
  - 팔꿈치 : 근막통증 증후군, 내·외상과염
  - 손 및 손목 : 수근관 증후군, 드퀘르베 건초염, 방아쇠 수지, 결절종, 가이언 증후군, 경겹증

78
다음 중 작업관리에서 작업 상황을 개선하기 위해 필수적으로 거쳐야 하는 단계로 가장 적절하지 않은 것은?

① 연구대상의 선정
② 과거 작업방법의 분석
③ 분석 자료의 검토
④ 개선안의 수립 및 도입

해설
- 분석할 작업방법은 현재 사용 중인 작업방법이다.
- **작업관리의 문제해결 절차**
  - 연구대상선정 → 작업방법의 분석과 기록 → 분석 자료의 검토 → 개선안의 수립 → 개선안의 도입 → 확인 및 재발방지
  - 분석할 작업방법은 현재 사용 중인 작업방법이다.
  - 문제해결을 위해 이해해야 하는 문제 자체가 가지는 일반적인 다섯 가지 특성은 두 가지 상태, 제약조건, 대안, 판단기준, 연구시한이다.
  - 작업방법의 분석 시에는 공정도나 시간차트, 흐름도 등을 사용한다.
  - 선정된 개선안은 작업자나 관련 부서의 이해와 협조 과정을 거쳐 시행하도록 한다.
  - 개선 분석 시 5W1H의 What은 작업 순서의 변경, Where, When, Who는 작업 자체의 제거, How는 단순화를 의미한다.

79
개선의 ECRS에 대한 내용으로 맞는 것은?

① Economic - 경제성
② Combine - 결합
③ Reduce - 절감
④ Specification - 규격

해설
- ①의 E는 Eliminate로 불필요한 작업이나 자재의 제거를 의미한다.
- ③의 R은 Rearrange로 작업순서의 변경, 재배열을 의미한다.
- ④의 S는 Simplify로 작업이나 작업요소의 단순화를 의미한다.
- **개선의 ECRS** 실기 1303/1403/1801/2002/2101/2302
  - E(Eliminate) : 불필요한 작업이나 자재를 제거
  - C(Combine) : 더 나은 작업이나 작업요소와의 결합
  - R(Rearrange) : 작업순서의 변경, 재배열
  - S(Simplify) : 작업이나 작업요소의 단순화

80
근골격계 질환의 요인에 있어 작업 관련 요인에 해당하는 것은?

① 매장 경력   ② 작업 만족도
③ 휴식시간 부족   ④ 작업의 자율적 조절

해설
- 근골격계 질환은 반복적인 동작, 부적절한 작업자세, 무리한 힘의 사용 등의 요인으로 발생하는 건강장해로 부족한 휴식시간으로 장시간 작업할 경우 질환 발생가능성이 높다.
- **근골격계 질환** 실기 1803/2101/2302/2303
  - ㉠ 개요
    - 반복적인 동작, 부적절한 작업자세, 무리한 힘의 사용, 날카로운 면과의 신체접촉, 진동 및 온도 등의 요인에 의하여 발생하는 건강장해로서 목, 어깨, 허리, 팔·다리의 신경·근육 및 그 주변 신체조직 등에 나타나는 질환을 말한다.
  - ㉡ 원인 실기 1603/1901/1903/2101/2201/2301
    - 질환의 원인은 개인적 특성 요인, 작업특성 요인, 사회 심리적 요인 등으로 구분한다.
    - 개인적 특성 요인에는 작업자 개인의 과거병력, 연령, 성별, 키, 몸무게, 작업방법 및 기술수준 등이 있다.
    - 직접적인 작업특성 위험요인에는 작업강도, 작업자세, 작업의 반복도, 부적절한 휴식 등이 있다.
    - 사회심리적 요인에는 직무스트레스, 비효율적 의사소통, 작업에 대한 만족도, 인간관계 등이 있다.

정답 77 ③ 78 ② 79 ② 80 ③

2013년 제3회

2013년 8월 18일 필기

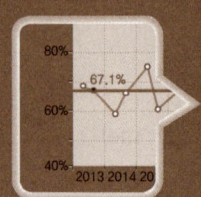
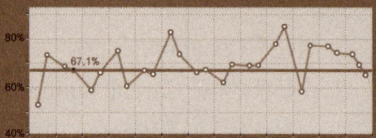

13년 3회차 필기시험
합격률 67.1%

1과목 인간공학개론

01 — Repetitive Learning (1회 2회 3회) 1803

정상조명하에서 100m 거리에서 볼 수 있는 원형 시계탑을 설계하고자 한다. 시계의 눈금단위를 1분 간격으로 표시하고자 할 때 원형문자판의 직경은 약 몇 cm인가?

① 250   ② 300
③ 350   ④ 400

해설
- 정상조명이므로 71cm 즉, 0.71m에서 1.3mm의 눈금거리를 적용하면 0.71 : 1.3 = 100 : x 에서 x = $\frac{130}{0.71}$ = 183.0985mmmm가 된다.
- 시계를 1분 간격이라고 했으므로 총 60개의 눈금이 있고 이는 시계의 둘레가 183.0985×60=10985.92mm이므로 직경은 $\frac{10985.92}{\pi}$ =3498.7mm가 된다.
- cm로 묻고 있으므로 349.87cm가 된다.
- **최소눈금거리** 실기 1301/1501/1701/1801/2001/2002/2103/2302
  - 정상 시거리인 71cm 기준 정상조명에서는 1.3mm, 낮은 조명에서는 1.8mm가 권장된다.

02 — Repetitive Learning (1회 2회 3회) 0603

다음 중 신호검출이론(SDT)과 관련이 없는 것은?

① 민감도는 신호와 소음분포의 평균 간의 거리이다.
② 신호검출이론 응용분야의 하나는 품질검사 능력의 측정이다.
③ 신호검출이론이 적용될 수 있는 자극은 시각적 자극에 국한된다.
④ 신호검출이론은 신호와 잡음을 구별할 수 있는 능력을 측정하기 위한 이론의 하나이다.

해설
- 신호검출이론은 품질관리, 통신이론, 의학처방 및 심리학, 법정에서의 판정 등 다양하게 활용되고 있다.
- **신호검출이론(Signal Detection Theory)** 실기 1501/1503/1701/2001/2002/2003/2103/2303/2403
  ㉠ 개요
  - 불확실한 상황에서 선택하게 하는 방법으로 신호의 탐지는 관찰자의 반응편향과 민감도에 달려있다고 주장하는 이론이다.
  - 일반적으로 신호 검출 시 이를 간섭하는 소음이 있고, 신호와 소음을 쉽게 식별할 수 없는 상황에 신호검출이론이 적용된다.
  - 긍정(Hit), 허위(False alarm), 누락(Miss), 부정(Correct rejection)의 네 가지 결과로 나눌 수 있다.
  - 허위(False alarm)는 소음을 신호로, 누락(Miss)은 신호를 소음으로 판단한 결과이다.
  - 신호검출이론은 품질관리, 통신이론, 의학처방 및 심리학, 법정에서의 판정 등 다양하게 활용되고 있다.
  ㉡ 반응편향 β
  - 반응편향 $\beta = \frac{신호의\ 길이}{소음의\ 길이}$로 구한다.
  - 신호에 의한 반응이 선형인 경우 판별력은 좋아진다.
  - 신호검출이론에서 두 개의 정규분포 곡선이 교차하는 부분에 있는 기준점 β는 신호의 길이와 소음의 길이가 같으므로 1의 값을 가진다.
  - 판정 기준은 β(신호/노이즈)이며, $\beta>1$이며 보수적이고, $\beta<1$이면 자유적이다.
  ㉢ 민감도
  - 민감도가 클수록 신호를 구분하기 쉽다.
  - 잡음이 많을수록, 신호가 약하거나 분명하지 않을수록 d값은 작아진다.
  - 민감도를 늘리기 위해서는 교육 훈련, 결과의 피드백, 신호의 비신호의 구별성 증가 등의 조치를 한다.

03

다음 중 시스템 개발 단계에 있어 기본설계 과정에서 수행되는 인간공학 활동과 가장 거리가 먼 것은?

① 직무분석
② 인간성능요건 명세
③ 표준시간 측정
④ 인간의 기능 할당

해설
- ③에는 작업설계가 들어가야 한다.
- 기본설계 과정에서 수행되는 인간공학 활동
  - 직무분석
  - 인간성능요건 명세
  - 인간의 기능 할당
  - 작업설계

04

다음 중 추적 작업(Tracking Task)의 특징에 관한 설명으로 옳은 것은?

① 자동차의 속도를 증가시키는 추적 작업은 2차 제어에 속한다.
② 1초에 2회를 초과하여 수정해야 하는 경우 추적 작업에 어려움을 느낀다.
③ 일반적으로 추적표시장치(Pursuit Display)가 보상표시장치(Compensatory Display)보다 오류가 많다.
④ 보상표시장치(Compensatory Display)가 과녁(Target)과 제어요소(Controlled Element)가 모두 움직인다.

해설
- ①에서 자동차의 속도를 증가시키는 추적작업은 1차 제어에 속한다.
- ③에서 추적표시장치(Pursuit Display)가 보상표시장치(Compensatory Display)보다 오류가 적다.
- ④는 추적표시장치의 설명이다.
- 추적 작업(Tracking Task)의 특징
  - 추적표시장치(Pursuit Display)는 과녁(Target)과 제어요소(Controlled Element)가 모두 움직인다.
  - 자동차의 속도를 증가시키는 추적 작업은 1차 제어에 해당한다.
  - 1초에 2회를 초과하여 수정해야 하는 경우 추적 작업에 어려움을 느낀다.
  - 일반적으로 추적표시장치(Pursuit Display)가 보상표시장치(Compensatory Display)보다 오류가 적다.

05

다음 설명에 해당하는 것은?

> 제어기구가 표시장치 옆에 설치될 때 표시장치의 지침은 이것과 가장 가까운 쪽의 제어장치와 같은 방향으로 움직일 것으로 예상한다.

① Fitt's law
② Hick's law
③ Weber's law
④ Warrick's principle

해설
- ①은 인간의 손이나 발을 이동시켜 조작장치를 조작하는 데 걸리는 시간을 표적까지의 거리와 표적 크기의 함수로 나타낸 것이다.
- ②는 운전원이 신호를 보고 어떤 장치를 조작해야 할지를 결정하기까지 걸리는 시간을 예측하는 법칙이다.
- ③은 인간이 감지할 수 있는 외부의 물리적 자극 변화의 최소범위는 기준이 되는 자극의 크기에 비례하는 현상을 설명한 이론이다.
- Warrick의 원칙(Warrick's principle) 실기 1703
  - 여러 개의 제어장치 중 지침과 가까운 쪽의 제어장치가 움직이는 방향대로 지침도 움직일 것으로 생각하는 경향을 말한다.
  - 제어장치가 표시장치와 같은 평면에 있을 때 운동양립성을 높이는 원리에 해당한다.

06

다음 중 청각적 표시장치에 관한 설명으로 옳은 것은?

① 청각 신호의 지속시간은 최대 0.3초 이내로 한다.
② 소음이 심한 경우 귀 위치에서 신호강도는 110dB과 은폐 가청역치의 중간정도가 적당하다.
③ 즉각적인 행동이 요구될 때에는 청각적 표시장치보다 시각적 표시장치를 사용하는 것이 좋다.
④ 신호의 검출도를 높이기 위해서는 소음 세기가 높은 영역의 주파수로 신호의 주파수를 바꾼다.

해설
- ①에서 신호는 최소한 0.5~1초 동안 지속한다.
- ③에서 즉각적인 행동이 요구될 때는 청각적 표시장치가 유리하다.
- ④에서 신호의 검출도를 높이기 위해서는 소음의 세기가 낮은 영역의 주파수로 신호의 주파수를 바꾸어야 한다.

정답 03 ③ 04 ② 05 ④ 06 ②

- 청각적 표시장치의 설계
  - 신호는 최소한 0.5~1초 동안 지속한다.
  - 청각 신호의 차원은 세기, 빈도, 지속기간으로 구성된다.
  - 소음이 심한 경우 귀 위치에서 신호강도는 110dB과 은폐가청역치의 중간정도가 적당한다.
  - 신호의 검출도를 높이기 위해서는 소음의 세기가 낮은 영역의 주파수로 신호의 주파수를 바꾸어야 한다.
  - 신호는 배경소음의 주파수와 다른 주파수를 이용한다.
  - 300m 이상 멀리 보내는 신호는 1,000Hz 이하의 낮은 주파수를 사용한다.
  - 칸막이를 통과하는 신호는 500Hz 이하의 진동수를 사용한다.

07

인체 측정치의 적용 절차가 다음과 같을 때 순서를 가장 올바르게 나열한 것은?

```
Ⓐ 인체측정자료의 선택
Ⓑ 설계치수 결정
Ⓒ 설계에 필요한 인체 치수의 결정
Ⓓ 적절한 여유치 고려
Ⓔ 모형에 의한 모의실험
Ⓕ 인체자료 적용원리 결정
Ⓖ 설비를 사용할 집단 정의
```

① Ⓒ → Ⓖ → Ⓕ → Ⓐ → Ⓓ → Ⓑ → Ⓔ
② Ⓒ → Ⓕ → Ⓖ → Ⓐ → Ⓓ → Ⓔ → Ⓑ
③ Ⓐ → Ⓖ → Ⓒ → Ⓕ → Ⓓ → Ⓑ → Ⓔ
④ Ⓐ → Ⓕ → Ⓖ → Ⓓ → Ⓒ → Ⓔ → Ⓑ

해설
- 인체 측정치의 적용 순서는 설계에 필요한 인체 치수(부위)의 결정 → 설비를 사용할 집단 정의(성별, 연령 등) → 인체자료 적용원리 결정 → 인체측정자료의 선택 → 적절한 여유치 고려 → 설계치수 결정 → 모형에 의한 모의실험을 통한 설계치수에 대한 검증 순으로 진행된다.
- 인체 측정치의 적용 절차
  - 설계에 필요한 인체 치수(부위)의 결정 → 설비를 사용할 집단 정의(성별, 연령 등) → 인체자료 적용원리 결정 → 인체측정자료의 선택 → 적절한 여유치 고려 → 설계치수 결정 → 모형에 의한 모의실험을 통한 설계치수에 대한 검증 순으로 진행된다.
  - 인체자료의 적용 원칙에는 조절의 원칙, 파지의 원칙, 여유의 원칙, 적절한 자세의 원칙이 있다.

08

다음 중 인간과 기계의 성능 비교에 관한 설명으로 옳은 것은?

① 장시간에 걸쳐 작업을 수행하는 데에는 기계가 인간보다 우수하다.
② 완전히 새로운 해결책을 찾아내는 데에는 기계가 인간보다 우수하다.
③ 반복적인 작업을 신뢰성 있게 수행하는 데에는 인간이 기계보다 우수하다.
④ 입력에 대하여 빠르고 일관되게 반응하는 데에는 인간이 기계보다 우수하다.

해설
- 장시간에 걸쳐 신뢰성 있는 작업을 수행하는 것은 인간보다 기계에 더 특화된 성능이다.
- 인간이 기계를 능가하는 조건(인공지능 제외)
  - 관찰을 통해서 일반화하여 귀납적 추리를 한다.
  - 완전히 새로운 해결책을 도출할 수 있다.
  - 원칙을 적용하여 다양한 문제를 해결할 수 있다.
  - 상황에 따라 변하는 복잡한 자극 형태를 식별할 수 있다.
  - 다양한 경험을 토대로 하여 의사 결정을 한다.
  - 주위의 예기치 못한 사건들을 감지하고 처리하는 임기응변 능력이 있다.

09

다음과 같이 4가지 자극에 대하여 4가지 반응이 나타날 확률이 주어질 때 전달된 정보량은 얼마인가?

구분		반응(Y)			
		1	2	3	4
자극(X)	1	0.25	0.0	0.0	0.0
	2	0.25	0.0	0.0	0.0
	3	0.0	0.0	0.25	0.0
	4	0.0	0.0	0.0	0.25

① 0.5bit
② 1.0bit
③ 1.5bit
④ 2.0bit

해설
- 전달된 정보량을 묻고 있으므로 반응(Y)의 요소별 정보량을 구해 더하면 된다.

- 반응 1의 확률은 0.25+0.25=0.50이고, 반응 2의 확률은 0, 반응 3의 확률은 0.25, 반응 4의 확률은 0.25이다.
- 반응 1의 정보량은 확률이 0.50이므로 $0.5 \times \log_2\left(\frac{1}{0.5}\right)=0.5$가 된다.
- 반응 2의 정보량은 0이다.
- 반응 3의 정보량은 $0.25 \times \log_2\left(\frac{1}{0.25}\right)=0.5$가 된다.
- 반응 4의 정보량은 $0.25 \times \log_2\left(\frac{1}{0.25}\right)=0.5$가 된다.
- 전체 전달된 정보량은 0.5+0.5+0.5=1.5bit가 된다.

❖ 정보량 [실기 1401/2301/2303]
- 대안이 n개인 경우의 정보량은 $\log_2 n$으로 구한다.
- 특정 안이 발생할 확률이 $p(x)$라면 정보량은 $\log_2 \frac{1}{p(x)}$로 구한다.
- 여러 안이 발생할 경우의 총 정보량은 [개별 확률×개별 정보량의 합]과 같다.

10
인간의 감각기관 중 작업자가 가장 많이 사용하는 감각은?

① 시각
② 청각
③ 촉각
④ 미각

[해설]
- 인간이 가장 많이 사용하는 감각은 시각이고, 감각기관은 눈이고 수용기는 망막에 있다.

❖ 인간의 감각기관
- 시각 : 눈, 망막에서 수용하며 가장 많이 사용하는 감각이다.
- 청각 : 귀, 내이의 달팽이관에서 수용하며 반응시간이 가장 빠른 감각이다.
- 후각 : 코, 비점막에서 수용한다.
- 미각 : 혀, 혀의 미뢰에서 수용한다.
- 촉각 : 피부
- 반응시간은 청각 → 촉각 → 시각 → 후각 → 미각 → 통각 순으로 느려진다.

11
인간-기계 인터페이스를 설계할 때 편리성, 신뢰성 그리고 기능 등을 고려하는 설계 요소 중 가장 우선하여 설계되어야 하는 특성 항목은?

① 기계 특성
② 사용자 특성
③ 작업장 환경 특성
④ 운용 환경 특성

[해설]
- 인간-기계 인터페이스를 설계에서 가장 중점을 두어야 하는 것은 인간 즉, 사용자 특성이다.

❖ 인간-기계 시스템
ⓐ 목적
- 안전의 극대화와 생산능률의 향상
ⓑ 인간공학적 설계의 일반적인 원칙
- 인간의 특성을 고려한다.
- 시스템을 인간의 예상과 양립시킨다.
- 표시장치나 제어장치의 중요성, 사용빈도, 사용 순서, 기능에 따라 배치하도록 한다.

12
다음 중 상완을 자연스럽게 수직으로 늘어뜨린 상태에서 전완을 뻗어 파악할 수 있는 영역을 무엇이라 하는가?

① 파악 한계역
② 정상 작업역
③ 작업 한계역
④ 공간 한계역

[해설]
- 인간이 앉아서 작업대위에 손을 움직여 나타나는 평면작업 중 팔을 굽히고도 편하게 작업을 하면서 좌우의 손을 움직여 생기는 작은 원호형의 영역을 정상 작업역이라고 한다.

❖ 정상 작업영역 [실기 2303]
- 효과적인 작업을 위해서 작업자가 가급적 팔꿈치를 몸에 붙이고 자연스럽게 움직일 수 있는 거리를 말한다.
- 상완을 자연스럽게 늘어뜨린 상태에서 전완을 뻗어 파악할 수 있는 영역을 말한다.
- 인간이 앉아서 작업대위에 손을 움직여 나타나는 평면작업 중 팔을 굽히고도 편하게 작업을 하면서 좌우의 손을 움직여 생기는 작은 원호형의 영역을 말한다.

13
다음 중 손으로 작동시켜야 하는 조작공구로서 가장 적합하지 않은 경우는?

① 조작을 빠르게 하여야 하는 경우
② 힘을 적게 가할 필요가 있는 경우
③ 조작을 정확하게 하여야 하는 경우
④ 조작 중 누르고 있어야 하는 경우

해설
- ④에서 조작 중 누르고 있어야 하는 경우는 굳이 사람이 작동하지 않고 장치가 누르게 하는 것이 효과적이다.
- 손으로 작동시키는 조작공구
  - 힘이 소요되지 않는 경우
  - 빠르게 조작할 필요가 있는 경우
  - 정확하게 조작해야 할 필요가 있는 경우
  - 인간이 직접 상황에 맞게 조작해야 하는 경우

1903

14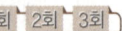

하나의 소리가 다른 소리의 청각 감지를 방해하는 현상을 무엇이라 하는가?

① 기피(avoid) 효과
② 은폐(masking) 효과
③ 제거(exclusion) 효과
④ 차단(interception) 효과

해설
- 은폐효과는 사무실의 자판 소리 때문에 말소리가 묻히는 경우와 같이 내부음성 또는 작업과 관련된 음향신호가 은폐 음에 의해 방해받는 현상을 말한다.
- 은폐(Masking)효과
  - 음의 한 성분이 다른 성분에 대한 귀의 감수성을 감소시키는 상황을 말한다.
  - 사무실의 자판 소리 때문에 말소리가 묻히는 경우와 같이 내부음성 또는 작업과 관련된 음향신호가 은폐 음에 의해 방해받는 현상을 말한다.
  - 피은폐된 한 음의 가청역치가 다른 은폐된 음 때문에 높아지는 현상을 말한다.
  - 은폐효과가 가장 큰 것은 음폐음과 배음의 주파수가 가까울 때이다.
  - 소리가 들린다는 것을 확신할 수 있는 최소한의 음 강도는 은폐음보다 15dB 이상이어야 한다.

15

다음 중 인간공학에 대한 견해와 가장 거리가 먼 것은?

① 상식에 기초하여 사물을 설계한다.
② 사물과 사람을 하나의 시스템으로 고려한다.
③ 사물 설계 시 인간의 능력 및 한계에 개인차가 있음을 인식한다.
④ 인간에게 쓸모가 있는 사물을 만들되, 항상 사용자를 염두에 둔다.

해설
- 인간공학이란 인간이 사용하는 물건, 설비, 환경의 설계에 인간의 생리적, 심리적인 면에서의 특성이나 한계점을 고려함으로써 인간-기계 시스템의 안전성과 편리성, 효율성을 높이는 학문분야이다.
- 인간공학(Ergonomics)
  ㉠ 개요
    - "Ergon(작업)+nomos(법칙)+ics(학문)"이 조합된 단어로 Human factors, Human engineering이라고도 한다.
    - 인간의 특성과 한계 능력을 공학적으로 분석, 평가하여 이를 복잡한 체계의 설계에 응용함으로 효율을 최대로 활용할 수 있도록 하는 학문분야이다.
    - 인간이 사용하는 물건, 설비, 환경의 설계에 인간의 생리적, 심리적인 면에서의 특성이나 한계점을 고려함으로써 인간-기계 시스템의 안전성과 편리성, 효율성을 높이는 학문분야이다.
  ㉡ 적용분야
    - 제품설계
    - 재해·질병 예방
    - 장비·공구·설비의 배치
    - 작업장 내 조사 및 연구

16

인체 측정자료를 이용한 설계원칙 중 극단치 설계에 관한 설명으로 틀린 것은?

① 극단치 설계는 집단내 사용자 대부분을 수용하고자 할 때 사용한다.
② 대상 집단 관련인체 측정 변수의 상위 혹은 하위 백분위 수를 기준으로 한다.
③ 극단치 설계에 있어 대상 집단의 비율은 비용적인 면 등을 고려하여 결정한다.
④ 선반의 높이, 조작에 필요한 힘 등을 정할 때에는 최대집단치를 사용하여 설계한다.

해설
- ④에서 선반의 높이나 조작에 필요한 힘 등은 키가 작거나 힘이 없는 사람도 사용할 수 있도록 최소치 원리를 적용한다.
- 극단치 설계 방법 실기 1601/1603/1801/2003/2201
  - 조작자와 제어버튼 사이의 거리, 조작에 필요한 힘, 비상벨의 위치, 지하철이나 버스의 손잡이 높이는 최소 집단치(5% 하위 백분위 수)를 설계 기준으로 한다.
  - 출입문의 높이, 탈출구, 의자의 높이, 좌석 간의 거리, 통로의 벽, 와이어로프의 사용중량, 위험구역 울타리 등은 최대 집단치(5% 상위 백분위 수)를 설계 기준으로 한다.

17

피아노 건반 중 한 음의 주파수가 256Hz이다. 이 음이 1 옥타브가 올라가면 주파수는 얼마인가?

① 64Hz
② 128Hz
③ 512Hz
④ 1,024Hz

해설
- 기존 주파수가 256Hz인데 1 옥타브가 올라간다는 것은 주파수가 2배가 되는 것을 의미하므로 256×2=512Hz가 된다.

옥타브(Octave)
- 주파수 비가 1:2인 음정을 의미한다.
- 1 옥타브가 올라간다는 것은 주파수가 2배가 된다는 것을 의미한다.

18

시(視)감각 체계에 관한 설명으로 옳지 않은 것은?

① 동공은 조도가 낮을 때는 많은 빛을 통과시키기 위해 확대된다.
② 안구의 수정체는 모양체근으로 긴장을 하면 얇아져 가까운 물체만 볼 수 있다.
③ 망막의 표면에는 빛을 감지하는 광수용기인 원추체와 간상체가 분포되어 있다.
④ 1디옵터는 1m 거리에 있는 물체를 보기 위해 요구되는 수정체의 초점 조절능력을 나타낸 값이다.

해설
- 안구의 수정체는 모양체근으로 긴장을 하면 얇아져 초점거리가 멀어지므로 먼 곳을 볼 수 있다.

수정체
- 눈 안쪽의 양면이 볼록한 렌즈 형태의 투명한 조직을 말한다.
- 빛이 통과될 때 빛을 모아주어 망막에 상이 맺히도록 하며, 초점을 맞추기 위해 수정체의 두께를 조절한다.
- 연결된 모양체근이 이완하면 수정체가 얇아져 먼 곳을 볼 수 있다.
- 연결된 모양체근이 수축하면 수정체가 볼록해져 가까운 곳을 볼 수 있다.
- 망막의 표면에는 빛을 감지하는 광수용기인 원추체(색 구별)와 간상체(흑백의 음영 구별)가 분포되어 있다.

19

다음 중 정보이론에 관한 설명으로 틀린 것은?

① 인간에게 입력되는 것은 감각기관을 통해서 받은 정보이다.
② 간접적인 원자극의 경우 암호화된 자극과 재생된 자극의 2가지 유형이 있다.
③ 자극은 크게 원자극(distal simuli)과 근자극(proximal stimuli) 으로 나눌 수 있다.
④ 암호화(coded)된 자극이란 현미경, 보청기 같은 것에 의하여 감지되는 자극을 말한다.

해설
- 암호화(coded)된 자극이란 기호 등으로 변환된 자극을 말한다.

정보이론에서 자극
- 인간에게 입력되는 것은 감각기관을 통해서 받은 정보이다.
- 자극은 크게 원자극(distal simuli)과 근자극(proximal stimuli) 으로 나눌 수 있다.
- 간접적인 원자극의 경우 암호화된 자극과 재생된 자극의 2가지 유형이 있다.
- 암호화(coded)된 자극이란 기호 등으로 변환된 자극을 말한다.

20

인간의 눈이 완전 암조응(암순응) 되기까지 소요되는 시간은 어느 정도인가?

① 1~3분
② 10~20분
③ 30~40분
④ 60~90분

해설
- 암조응에 걸리는 시간은 30~40분, 명조응에 걸리는 시간은 1~3분 정도이다.

적응(순응)
- 적응(순응)은 밝은 곳에 있다가 어두운 곳에 들어설 경우 차츰 어둠에 적응하여 보이기 시작하는 특성을 말한다.
- 암조응에 걸리는 시간은 30~40분, 명조응에 걸리는 시간은 1~3분 정도이다.
- 적색 안경은 암조응을 촉진한다.

2과목 작업생리학

21 1801

일반적인 성인 남성 작업자의 산소 소비량이 2.5L/min일 때, 에너지소비량은 약 얼마인가?

① 7.5kcal/min
② 10.0kcal/min
③ 12.5kcal/min
④ 15.0kcal/min

해설
- 1L의 산소소비량은 5kcal의 에너지를 생성한다.
- 2.5L의 산소소비량은 2.5×5=12.5kcal가 된다.

공기의 조성 실기 1303/1401/2402
- 작업 중 소비되는 산소 소비량을 계산하기 위한 흡기 시 공기의 조성은 질소 79%, 산소 21%이다.
- 배기되는 공기의 조성에서 질소는 79%로 동일하지만 호흡으로 인해 산소가 소모된 만큼 이산화탄소가 생성된다.
- 1L의 산소소비량은 5kcal의 에너지를 생성한다.

22

Douglas bag을 사용하여 5분간 용접 작업을 수행하는 작업자의 배기 표본을 채집하고 배기량을 측정하였다. 흡기 가스의 O_2, CO_2, N_2의 비율은 21%, 0%, 79%인데 반해 배기가스는 15%, 5%, 80%인 것으로 분석되었으며, 배기량은 100L인 것으로 측정되었다. 이 용접 작업자의 분당 산소소비량 (L/min)은 얼마인가?

① 1.15
② 1.20
③ 1.25
④ 1.30

해설
- 배기량만 주어져 있으므로 흡기량을 구해야 한다.
- 배기량을 분석해보면 산소는 100L×0.15=15L이고, 이산화탄소는 100L×0.05=5L이고, 질소는 100L×0.8=80L이다.
- 질소는 흡기량과 배기량이 모두 동일하므로 질소의 흡기량도 80L이다.
- 공기의 조성상 질소는 79%, 산소는 21%이므로 질소가 80L라고 한다면 산소는 21.27L이므로 흡기 산소량은 21.27L가 된다.
- 5분간 산소소비량은 21.27−15=6.27L이다.
- 분당 산소소비량은 1.254L이다.

공기의 조성 실기 1303/1401/2402
- 작업 중 소비되는 산소 소비량을 계산하기 위한 흡기 시 공기의 조성은 질소 79%, 산소 21%이다.
- 배기되는 공기의 조성에서 질소는 79%로 동일하지만 호흡으로 인해 산소가 소모된 만큼 이산화탄소가 생성된다.
- 1L의 산소소비량은 5kcal의 에너지를 생성한다.

23 0901/1103

다음 중 사무실의 오염물질 관리기준에서 이산화탄소의 관리기준으로 옳은 것은?

① 1,000ppm 이하
② 2,000ppm 이하
③ 3,000ppm 이하
④ 5,000ppm 이하

해설
- 이산화탄소의 관리기준은 8시간 시간가중평균농도를 기준으로 1,000ppm 이하이어야 한다.

사무실 오염물질 관리기준
- 8시간 시간가중평균농도를 기준으로 한다.

오염물질	관리기준
미세먼지(PM10)	$100\mu g/m^3$
초미세먼지(PM2.5)	$50\mu g/m^3$
이산화탄소(CO_2)	1,000ppm
일산화탄소(CO)	10ppm
이산화질소(NO_2)	0.1ppm
포름알데히드(HCHO)	$100\mu g/m^3$
총휘발성유기화합물(TVOC)	$500\mu g/m^3$
라돈(radon)	$148Bq/m^3$
총부유세균	$800CFU/m^3$
곰팡이	$500CFU/m^3$

24

다음 중 휴식을 취하고 있을 때 혈액이 가장 적게 분포하는 신체부위는?

① 근육
② 소화기관
③ 뇌
④ 심장근육

해설
- 안정 시 가장 많은 혈액이 분포되는 기관은 소화기관이고, 가장 적은 혈액이 분포되는 기관은 심장근육이다.

작업 시와 안정 시 혈류량의 구성
- 작업 시 혈류의 재분배가 이뤄져 활동근육은 전체 혈액량의 85% 정도를 분배받는다.
- 안정 시 가장 많은 혈액이 분포되는 기관은 소화기관이고, 가장 적은 혈액이 분포되는 기관은 심장근육이다.

정답 21 ③ 22 ③ 23 ① 24 ④

- 안정 시와 작업 시 혈액의 변화가 극히 없는 기관은 뇌이다.
- 작업 시 혈액의 분배비율이 감소하는 기관은 간, 신장, 소화기계 등이다.
- 작업 시 혈액의 분배비율이 증가하는 기관은 심장, 근육, 피부 등이다.

구분	안정 시	작업 시
뇌	750	750
심장	250	750
근육	1,200	12,500
피부	500	1,900
신장 등	1,100	600
소화기계	1,400	600
기타	600	400

25

다음 중 오른손과 전완(forearm)을 이용하여 드라이버를 반시계방향으로 회전시켜 나사를 풀 때의 동작유형에 해당하는 것은?

① 외전(abduction)
② 내전(adduction)
③ 회외(supination)
④ 회내(pronation)

해설
- ①은 벌림이라고 하며, 신체 중심선으로부터 밖으로 이동하는 신체의 움직임으로 내전(모음, adduction)의 반대되는 동작이다.
- ②는 모음이라고 하며, 신체의 외부에서 중심선으로 이동하는 신체의 움직임으로 외전(벌림, abduction)의 반대되는 동작이다.
- ③은 손바닥을 위로 향하도록 하는 회전동작으로 회내(pronation)의 반대되는 동작이다.

■ 회내(pronation)
- 손바닥면이 바닥을 향하게 하는 회전동작을 말한다.
- 오른손과 전완(forearm)을 이용하여 드라이버를 반시계방향으로 회전시켜 나사를 풀 때의 동작유형에 해당한다.
- 회외(supination)의 반대되는 동작이다.

0703/1803

26

진동방지 대책으로 적합하지 않은 것은?

① 진동의 강도를 일정하게 유지한다.
② 작업자는 방진 장갑을 착용하도록 한다.
③ 공장의 진동 발생원을 기계적으로 격리한다.
④ 진동 발생원을 작동시키기 위하여 원격제어를 사용한다.

해설
- 진동을 방지하는 대책이므로 진동의 강도를 약하게 하거나 진동이 인체에 영향을 미치지 못하게 하는 대책을 제시해야 한다.

■ 진동방지 대책
- 작업자는 방진 장갑을 착용하도록 한다.
- 공장의 진동 발생원을 기계적으로 격리한다.
- 진동 발생원을 작동시키기 위하여 원격제어를 사용한다.

27

다음 중 지구력에 대한 설명으로 옳은 것은?

① 지구력은 근력과 상관관계가 높지 않다.
② 지구력은 근수축시간이 경과할수록 커진다.
③ 지구력이란 근육을 사용하여 특정한 힘을 유지할 수 있는 시간으로 나타낸다.
④ 지구력이란 특정 근육을 사용하여 고정된 물체에 대하여 최대한 발휘할 수 있는 힘의 크기를 말한다.

해설
- ①에서 지구력은 근력과 상관관계가 높다.
- ②에서 지구력은 근수축시간이 경과할수록 작아진다.
- ④의 설명은 근력에 대한 설명이다.

■ 지구력
- 근육을 사용하여 특정한 힘을 유지할 수 있는 시간으로 나타낸다.
- 지구력은 근력과 상관관계가 높다.
- 지구력은 근수축시간이 경과할수록 작아진다.

28

인체의 조직을 형태나 기능에 따라 나눌 때 다음 중 결합조직(connective tissue)에 속하지 않는 것은?

① 뼈
② 수상돌기
③ 연골
④ 조혈조직

해설
- ②는 자극을 수용하는 신경조직에 해당된다.

■ 인체의 주요 조직
- 인체의 4개 주요조직에는 상피조직, 결합조직, 근육조직, 신경조직이 있다.
- 상피조직은 몸의 바깥을 덮고 있거나 내장 기관을 덮고 있는 조직으로 피부, 털, 손톱 등이 있다.
- 결합조직은 다른 조직들을 결합시키거나 지지하는 조직으로 힘줄, 뼈, 인대, 혈액, 연골, 경골 등이 있다.

- 근육조직은 근육과 내장 기관을 이루는 조직으로 골격근, 심장근, 민무늬근 등이 있다.
- 신경조직은 뉴런으로 구성되며, 자극을 받아들이고 이에 반응하는 조직으로 수상돌기, 세포체, 축삭돌기 등으로 구성된다.

29
육체적 활동의 정적 부하에 대한 스트레인(strain)을 측정하는데 가장 적합한 것은?

① 산소소비량
② 뇌전도(EEG)
③ 심박수(HR)
④ 근전도(EMG)

해설
- ①은 신체활동 중에 신체가 소비하는 산소의 량을 말한다.
- ②는 대뇌피질의 활성 정도를 측정한다.
- ③은 심장의 박동수를 측정하여 표현하는 방법이다.

근전도(EMG)
- 근육이 움직일 때 나오는 미세한 전기신호를 측정하여 근육의 활동 정도를 나타낼 수 있는 것을 말한다.
- 육체적 작업을 할 경우 신체의 특정 부위의 스트레스 또는 피로(스트레인(strain))를 측정하는 방법이다.
- 근육이 피로해질수록 근전도(EMG) 신호에서 저주파 영역이 증가하고 진폭도 커진다.

30
다음 중 교감신경이 흥분할 때 심장의 현상으로 옳은 것은?

① 심박수 증가, 심수축력 증가, 수축속도 감소
② 심박수 감소, 심수축력 증가, 수축속도 증가
③ 심박수 감소, 심수축력 감소, 수축속도 증가
④ 심박수 증가, 심수축력 감소, 수축속도 증가

해설
- 교감신경은 자극을 받는 상황에서 활성화되므로 심박수와 심수축력은 증가하고 수축속도는 감소한다.

교감신경과 부교감신경
- 교감신경은 자극을 받는 상황에서 활성화된다.
- 부교감신경은 자극을 받지 않는 상황에서 활성화된다.

	교감신경 활성	부교감신경 활성
동공	확대	축소
심박수 및 심수축력	증가	감소
심장 수축속도	감소	증가

31
다음 중 생체역학에 활용되는 자유물체도(FBD)의 정의로 가장 적절하지 않은 것은?

① 구조물이 외적 하중을 받을 때 그 지점의 내적 하중을 결정하는 기법이다.
② 시스템의 전체 구성요소에 작용하는 힘만을 파악하기 위하여 그리는 것이다.
③ 모든 해석 대상물체에 대하여 작용하는 힘과 물체의 일부를 분리된 선도로 나타낸 그림이다.
④ 해당 대상물체를 이상화시켜 물체에 작용하고 있는 기지의 힘과 미지의 힘 모두를 상세히 기술하는 최상의 방법이다.

해설
- ②에서 시스템의 전체 구성요소에 작용하는 힘과 운동 관계를 파악하기 위하여 그리는 것이다.

자유물체도(FBD)
- 시스템의 전체 구성요소에 작용하는 힘과 운동 관계를 파악하기 위하여 그리는 것이다.
- 모든 해석 대상물체에 대하여 작용하는 힘과 물체의 일부를 분리된 선도로 나타낸 그림이다.
- 구조물이 외적 하중을 받을 때 그 지점의 내적 하중을 결정하는 기법이다.
- 해당 대상물체를 이상화시켜 물체에 작용하고 있는 기지의 힘과 미지의 힘 모두를 상세히 기술하는 최상의 방법이다.

32
산업안전보건법령상 "소음작업"이란 1일 8시간 작업을 기준으로 얼마 이상의 소음이 발생하는 작업을 뜻하는가?

① 80데시벨
② 85데시벨
③ 90데시벨
④ 95데시벨

해설
- 소음작업이란 1일 8시간 작업을 기준으로 85dB 이상의 소음이 발생하는 작업을 말한다.

소음 노출 기준
  ㉠ 개요
- 소음작업이란 1일 8시간 작업을 기준으로 85dB 이상의 소음이 발생하는 작업을 말한다.

29 ④ 30 ① 31 ② 32 ②

ⓒ 강렬한 소음작업

1일 노출시간(hr)	허용 음압수준(dB)
8 이상	90 이상
4 이상	95 이상
2 이상	100 이상
1 이상	105 이상
1/2 이상	110 이상
1/4 이상	115 이상

ⓒ 충격소음작업(1초 이상의 간격)

충격소음강도(dB)	허용 노출 횟수(회)
140 초과	100 이상
130 초과	1,000 이상
120 초과	10,000 이상

해설
- 근섬유의 수축단위는 근원섬유이다.
- **근육의 수축** 실기 1601/1603/2002/2302/2403
  - 근섬유의 수축단위는 근원섬유이다.
  - 근육이 수축하면 I대와 H대, Z선과 Z선 사이의 거리가 짧아진다.
  - 근육이 수축해도 A대(actin과 myosin이 중첩된 짙은 갈색 부분)의 폭, 액틴과 미오신 필라멘트의 길이는 변하지 않는다.
  - 근육의 수축은 근육의 길이가 단축되는 것이다.
  - 근육이 최대로 수축했을 때는 Z선이 A대에 맞닿는다.
  - 근육이 수축하면 가는 근세사가 굵은 근세사 사이로 미끄러져 들어간다.
  - 골격근의 수축은 운동신경의 지배를 받으며 수의적 조절에 따라 일어난다.
  - 평활근의 수축은 자율신경계, 호르몬, 화학신호의 지배를 받으며, 불수의적 조절에 따라 일어난다.

33

다음 중 저온에서의 신체반응에 대한 설명으로 틀린 것은?

① 체표면적이 감소한다.
② 피부의 혈관이 수축된다.
③ 화학적 대사작용이 감소한다.
④ 근육긴장의 증가와 떨림이 발생한다.

해설
- 저온에서는 화학적 대사작용이 증가한다.
- **저온에서의 신체반응**
  - 체표면적이 감소한다.
  - 피부의 혈관이 수축된다.
  - 화학적 대사작용이 증가한다.
  - 근육긴장의 증가와 떨림이 발생한다.
  - 소변의 생성량이 증가한다.

35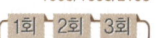

다음 중 조도가 균일하고, 눈부심이 적지만 기구 효율이 나쁘며 설치비용이 많이 소요되는 조명방식은?

① 직접조명   ② 국소조명
③ 반직접조명 ④ 간접조명

해설
- ①은 직접 작업면에 투사하는 조명으로 조명의 효율도 좋고 경제적인 조명방법이다.
- ②는 작업면상의 필요한 장소만 높은 조도를 취하는 조명방법이다.
- **간접조명**
  - 천장이나 벽에 빛을 투사하여 이의 반사된 광속을 조명에 이용하는 방식이다.
  - 조도가 균일하고, 눈부심이 적지만 기구 효율이 나쁘며 설치비용이 많이 소요되는 조명방식이다.

34

장력이 생기는 근육의 실질적인 수축성 단위(contractility unit)는?

① 근섬유(muscle fiber)
② 운동단위(motor unit)
③ 근원세사(myofilament)
④ 근섬유분절(sarcomere)

36

다음 중 중추신경계의 피로, 즉 정신피로의 측정척도로 사용할 때 가장 적합한 것은?

① 혈압(blood pressure)
② 근전도(electromyogram)
③ 산소소비량(oxygen consumption)
④ 점멸융합주파수(flicker fusion frequency)

【해설】
- ①은 생리적 불안(스트레스)의 척도이다.
- ②와 ③은 육체작업의 생리적 척도이다.

∷ 점멸융합주파수(Flicker fusion frequency) 실기 1703/2001/2402
  ㉠ 개요
  - 시각적 혹은 청각적으로 주어지는 계속적인 자극을 연속적으로 느끼게 되는 주파수를 말한다.
  - 중추신경계의 정신적 피로도의 척도를 나타내는 대표적인 측정값이다.
  - 정신적으로 피로하면 주파수의 값이 감소한다.
  ㉡ 시각적 점멸융합주파수(VFF)
  - 빛의 검출성에 영향을 주는 인자 중의 하나로 점멸속도가 약 30Hz 이상이면 불이 계속 켜진 것처럼 보인다.
  - 암조응 시에는 VFF가 감소한다.
  - 휘도만 같다면 색상은 주파수에 영향을 주지 않는다.
  - 표적과 주변의 휘도가 같을 때 최대가 된다.
  - 주파수는 조명 강도의 대수치에 선형적으로 비례한다.
  - 사람들 간에는 큰 차이가 있으나 개인의 경우 일관성이 있다.

37 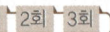 2003

조명에 관한 용어의 설명으로 옳지 않은 것은?

① 조도는 광도에 비례하고, 광원으로부터의 거리의 제곱에 반비례한다.
② 휘도는 단위 면적당 표면에 반사 또는 방출되는 빛의 양을 의미한다.
③ 조도는 점광원에서 어떤 물체나 표면에 도달하는 빛의 양을 의미한다.
④ 광도(Luminous intensity)는 단위 입체각 당 물체나 표면에 도달하는 광속으로 측정하며, 단위는 램버트(Lambert)이다.

【해설】
- ④에서 단위 입체각 당 물체나 표면에 도달하는 광속은 조도를 말하며, 램버트는 휘도의 단위이다.

∷ 광도(Luminous intensity)
- 광도는 광원에서 일정한 방향으로의 밝기를 말하며, 단위는 칸델라(cd)를 사용한다.
- 지름이 2.54cm되는 촛불이 수평 방향으로 비칠 때의 빛의 광도를 나타낸다.
- 1candela는 4π lumen에 해당한다.
- 광속은 광원의 밝기를 말하며, 단위는 루멘(lm)을 사용한다.
- 광도 = 조도 × (거리)^{2}으로 구한다.

38

다음 중 젖산의 축적 및 근육의 피로에 관한 설명으로 틀린 것은?

① 젖산이 누적되면 결국 근육은 반응을 하지 않게 된다.
② 무기성 환원과정은 산소가 충분히 공급될 때 일어난다.
③ 축적된 젖산은 산소와 결합하여 물과 이산화탄소로 분해되어 배출된다.
④ 계속적인 활동 시 혈액으로부터 양분과 산소를 공급받아야 하며 이때 충분한 산소 공급이 되지 않을 경우 젖산은 축적된다.

【해설】
- ②에서 무기성 환원과정은 산소가 없을 때 일어난다.

∷ 젖산(Lactic acid)
- 신체 활동 수준이 너무 높아 근육에 공급되는 산소량이 부족하여 생기는 피로물질이고, 젖산의 축적은 근육피로의 1차적 원인이 된다.
- 피루브산이 변화되어 생성된다.
- 무기성(혐기성) 대사과정으로 인한 부산물이다.
- 계속적인 활동 시 혈액으로부터 양분과 산소를 공급받아야 하며 이때 충분한 산소 공급이 되지 않을 경우 젖산은 축적된다.
- 축적된 젖산은 산소와 결합하여 물과 이산화탄소로 분해되어 배출된다.
- 젖산이 누적되면 결국 근육은 반응을 하지 않게 된다.

39 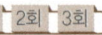 0603/2003

해부학적 자세를 기준으로 신체를 좌우로 나누는 면(Plane)은?

① 횡단면　　② 시상면
③ 관상면　　④ 전두면

【해설】
- ①은 신체를 수평으로 통과하는 면을 말하며, 관상면이나 시상면에 직각인 면을 말한다.
- ③은 신체의 좌우를 가로지르며 정중면을 직각으로 통과하는 수직면을 말한다.
- ④는 관상면을 다르게 칭하는 이름이다.

∷ 시상면(sagittal plane)
- 신체를 좌와 우로 가르는 면을 말한다.
- 횡단면과 수직한다.
- 팔꿈치 관절의 굴곡과 신전 동작이 일어나는 면이다.

40
다음 중 소음에 의한 C5-dip현상이 발생하는 주파수는?

① 500Hz
② 1,000Hz
③ 4,000Hz
④ 10,000Hz

해설
- 소음성 난청(C5-dip)은 주로 4,000Hz에 대한 청력손실부터 시작하여 주변의 주파영역으로 파급된다.
- 소음성 난청(C5-dip) 실기 1901
  - 작업자가 소음 작업환경에 장기간 노출될 경우 나타나는 직업병이다.
  - 주로 4,000Hz에 대한 청력손실부터 시작하여 주변의 주파영역으로 파급된다.
  - 역치변화가 큰 4,000Hz 주파수에서 소음에 의한 청력손실이 가장 크게 나타나 검사음으로 사용한다.

3과목 산업심리학 및 관련법규

41
다음 중 무의식상태로 작업수행이 불가능한 상태의 의식수준으로 옳은 것은?

① phase 0
② phase Ⅰ
③ phase Ⅱ
④ phase Ⅲ

해설
- Phase 0은 무의식상태로 작업수행이 불가능한 상태의 의식수준이다.
- 인간의 의식 레벨
  - Phase 0은 무의식상태로 작업수행이 불가능한 상태의 의식수준이다.
  - 에러 발생 가능성이 낮은 것부터 높은 순으로 배열하면 Ⅲ단계 - Ⅱ단계 - Ⅰ단계 - Ⅳ단계 순이 된다.

단계	의식수준	설명
Phase 0	무의식, 실신 상태	무의식 동작에는 외계의 능력에 대응하는 능력이 어느 정도는 있다.
Phase Ⅰ	이상, 피로 및 단조로움	심신이 피로하거나 단조로운 작업을 반복할 경우 나타나는 의식수준의 저하현상이 발생
Phase Ⅱ	정상, 이완 상태	생리적 상태가 안정을 취하거나 휴식할 때에 해당
Phase Ⅲ	정상, 명쾌	• 중요하거나 위험한 작업을 안전하게 수행하기에 적합 • 신뢰성이 가장 높은 상태의 의식수준
Phase Ⅳ	과긴장	돌발 사태의 발생으로 인하여 주의의 일점 집중 현상이 일어나는 경우 인간의 의식수준

42
집단의 특성에 관한 설명과 가장 거리가 먼 것은?

① 집단은 사회적으로 상호 작용하는 둘 혹은 그 이상의 사람으로 구성된다.
② 집단은 구성원들 사이 일정한 수준의 안정적인 관계가 있어야 한다.
③ 구성원들이 스스로를 집단의 일원으로 인식해야 집단이라고 칭할 수 있다.
④ 집단은 개인의 목표를 달성하고, 각자의 이해와 목표를 추구하기 위해 형성된다.

해설
- 집단은 공동의 목표를 달성하고, 공동의 이해와 목표를 추구하기 위해 형성된다.
- 집단의 특성
  - 집단은 사회적으로 상호 작용하는 둘 혹은 그 이상의 사람으로 구성된다.
  - 집단은 구성원들 사이 일정한 수준의 안정적인 관계가 있어야 한다.
  - 구성원들이 스스로를 집단의 일원으로 인식해야 집단이라고 칭할 수 있다.
  - 집단은 공동의 목표를 달성하고, 공동의 이해와 목표를 추구하기 위해 형성된다.

43
직무 스트레스에 관한 이론 중 ( ) 안에 가장 적절한 용어는?

> Karasek 등의 직무 스트레스에 관한 이론에 의하면 직무 스트레스의 발생은 직무요구도와 ( )의 불일치에 의해 나타난다고 보았다.

① 조직구조도
② 직무분석도
③ 인간관계도
④ 직무재량도

해설

- Karasek 직무 스트레스 모델에서는 직무요구와 함께 직무재량(직무통제)이 주요 구성요소이다.

Karasek 직무 스트레스 모델

㉠ 개념
- 직무재량(job decision latitude, control) : 근로자가 결정할 수 있는 권한을 말한다.
- 직무요구(job demand) : 해당 직무를 수행하기 위해 필요한 정신적 각성과 긴장을 말한다.

㉡ 특징
- 직무요구는 높은데 반해 직무재량이 낮은 구조에 장기간 노출될 때 스트레스가 발생한다.
- 직무요구가 높고 직무재량이 높은 구조의 경우 적극적인 집단
- 직무요구가 낮고 직무재량이 높은 구조의 경우 저긴장 집단
- 직무요구가 낮고 직무재량도 낮은 구조의 경우 수동집단

- 일반적으로 내적 통제자들은 외적 통제자들보다 스트레스를 적게 받는다.
- A형 성격을 가진 사람이 B형 성격을 가진 사람보다 높은 스트레스를 받을 가능성이 있다.

44

스트레스 요인에 관한 설명으로 틀린 것은?

① 성격유형에서 A형 성격은 B형 성격보다 스트레스를 많이 받는다.
② 일반적으로 내적 통제자들은 외적 통제자들보다 스트레스를 많이 받는다.
③ 역할 과부하는 직무기술서가 분명치 않은 관리직이나 전문직에서 더욱 많이 나타난다.
④ 집단의 압력이나 행동적 규범은 조직구성원에게 스트레스와 긴장의 원인으로 작용할 수 있다.

해설

- ②에서 일반적으로 내적 통제자들은 외적 통제자들보다 스트레스를 적게 받는다.

스트레스
- 위협적인 환경특성에 대한 개인의 반응이라고 볼 수 있다.
- 코티졸(cortisol)은 스트레스를 받을 때 몸에서 생성되는 호르몬으로 스트레스 정도를 파악하는데 사용된다.
- 스트레스는 근골격계 질환에 영향을 줄 수 있다.
- 스트레스를 받게 되면 자율 신경계가 활성화 된다.
- 적정수준의 스트레스는 작업성과에 긍정적으로 작용한다(스트레스 수준과 수행은 역U자형의 관계를 갖는다).
- 지나친 스트레스를 지속적으로 받으면 인체는 자기조절능력을 상실할 수 있다.

45

인간오류의 분류에 있어 원인에 의한 분류 방법으로 작업자가 기능을 움직이려 해도 필요한 물건, 정보, 에너지 등의 공급이 없는 것처럼 작업자가 움직이려 하여도 움직일 수 없으므로 발생하는 오류를 무엇이라 하는가?

① primary error
② omission error
③ command error
④ commission error

해설

- ①은 담당 작업자가 조작을 잘못하여 발생하는 오류에 해당한다.
- ②는 필요한 행위를 실행하지 않은 부작위 오류로 심리적 측면에 의한 휴먼에러의 한 종류이다.
- ④는 작업 수행 중 작업을 정확하게 수행하지 못해 발생한 에러로 심리적 측면에 의한 휴먼에러의 한 종류이다.

인간에러(Human error) 원인의 레벨 분류

1차 오류 (Primary Error)	담당 작업자가 조작을 잘못하여 발생하는 오류로 안전교육을 통하여 제거할 수 있다.
2차 오류 (Secondary error)	작업의 조건이나 작업의 형태 중에서 다른 문제가 생겨 그 때문에 필요한 사항을 실행할 수 없는 오류로 작업환경의 개선을 통해 제거할 수 있다.
지시 오류 (Command error)	작업자가 기능을 움직이려 해도 필요한 물건, 정보, 에너지 등의 공급이 없는 것처럼 작업자가 움직이려 해도 움직일 수 없어서 발생하는 오류이다.

46

인간실수의 요인 중 내적요인에 해당하는 것은?

① 체험적 습관
② 단조로운 작업
③ 양립성에 맞지 않는 상황
④ 동일 형상, 유사 형상의 배열

해설
- ②, ③, ④는 모두 실수요인 중 외적요인에 해당한다.

인간실수의 요인

내적요인	외적요인
• 지식부족 • 의욕이나 사기의 결여 • 체험적 습관 • 조급함	• 단조로운 작업 • 복잡한 작업 • 양립성에 맞지 않는 상황 • 동일 형상, 유사 형상의 배열

47
제조물책임법에 의한 손해배상의 청구권은 피해자 또는 그 법정대리인이 손해 및 관련 규정에 의하여 손해배상책임을 지는 자를 안 날부터 얼마간 이를 행사하지 아니하면 시효로 인하여 소멸하는가?

① 1년
② 3년
③ 5년
④ 7년

해설
- 손해배상의 청구권은 피해자 또는 그 법정대리인이 손해와 손해배상책임을 지는 자를 알게 된 날부터 3년간 행사하지 아니하면 시효의 완성으로 소멸한다.

소멸시효
- 손해배상의 청구권은 피해자 또는 그 법정대리인이 손해와 손해배상책임을 지는 자를 알게 된 날부터 3년간 행사하지 아니하면 시효의 완성으로 소멸한다.
- 손해배상의 청구권은 제조업자가 손해를 발생시킨 제조물을 공급한 날부터 10년 이내에 행사하여야 한다. 다만, 신체에 누적되어 사람의 건강을 해치는 물질에 의하여 발생한 손해 또는 일정한 잠복기간(潛伏期間)이 지난 후에 증상이 나타나는 손해에 대하여는 그 손해가 발생한 날부터 기산(起算)한다.

48
휴먼 에러 확률에 대한 추정기법 중 Tree구조와 비슷한 그림을 이용하며, 사건들을 일련의 2지(binary) 의사결정 분지(分枝)들로 모형화 하여 직무의 올바른 수행여부를 확률적으로 부여함으로 에러율을 추정하는 기법은?

① FMEA
② THERP
③ fool proof method
④ Monte Carlo method

해설
- ①은 제품 설계와 개발단계에서 고장 발생을 최소로 하고자 하는 경우에 유효한 분석기법이다.
- ③은 기계 조작에 익숙하지 않은 사람이나 기계의 위험성 등을 이해하지 못한 사람이라도 기계 조작 시 조작 실수를 하지 않도록 하는 기능으로 작업자가 기계 설비를 잘못 취급하더라도 사고가 일어나지 않도록 하는 기능을 말한다.
- ④는 반복된 무작위 추출을 이용하여 함수의 값을 수리적으로 근사하는 알고리즘을 말한다.

THERP(Technique for Human Error Rate Prediction)
- 1963년 Swain 등에 의해 개발된 것으로 인간-시스템에 있어서 휴먼 에러와 그로 인해 발생할 수 있는 오류확률을 예측하는 정량적 인간신뢰도 분석기법이다.
- 인간오류율예측기법이라고도 하는 대표적인 인간실수확률에 대한 추정기법이다.
- Tree구조와 비슷한 그림을 이용하며, 사건들을 일련의 2지(binary) 의사결정 분지(分枝)들로 모형화 하여 직무의 올바른 수행여부를 확률적으로 부여함으로 에러율을 추정하는 기법이다.
- 사고원인 가운데 인간의 과오에 기인된 원인 분석, 확률을 계산함으로써 제품의 결함을 감소시키고, 인간공학적 대책을 수립하는데 사용되는 분석기법이다.
- 인간의 과오를 정량적으로 평가하기 위한 기법으로서 인간의 과오율 추정법 등 5개의 스텝으로 되어 있다.

49
다음 중 산업재해 방지를 위한 대책으로 적절하지 않은 것은?

① 산업재해 감소를 위하여 안전관리체계를 자율화하고 안전관리자의 직무권한을 최소화하여야 한다.
② 재해와 원인 사이에는 인과관계가 있으므로 재해의 원인분석을 통한 방지대책이 필요하다.
③ 재해방지를 위해서는 손실의 유무와 관계없는 아차사고(near accident)를 예방하는 것이 중요하다.
④ 불안전한 행동의 방지를 위해서는 심리적 대책과 공학적 대책이 동시에 필요하다.

해설
- ①에서 산업재해 감소를 위해서는 안전관리체계를 자율화하고 안전관리자의 직무권한을 최소화해서는 안 된다.

산업재해 방지를 위한 대책
- 재해와 원인 사이에는 인과관계가 있으므로 재해의 원인분석을 통한 방지대책이 필요하다.

- 재해방지를 위해서는 손실의 유무와 관계없이 아차사고(near accident)를 예방하는 것이 중요하다.
- 불안전한 행동의 방지를 위해서는 심리적 대책과 공학적 대책이 동시에 필요하다.

50

1001/1003/1503/2101

조직의 리더(leader)에게 부여하는 권한 중 구성원을 징계 또는 처벌할 수 있는 권한은?

① 보상적 권한　② 강압적 권한
③ 합법적 권한　④ 전문성의 권한

해설
- ①은 승진, 봉급 인상 등 역할에 대한 보상을 부여하는 권한이다.
- ③은 군대, 교사, 정부기관 등 합법적 권력이 가지는 권한이다.
- ④는 조직이 지도자에게 부여한 권한은 아니지만 전문적 지식을 가진 리더를 부하들이 스스로 따르는 것으로 지도자 자신의 능력에 의해 생성되는 권한이다.

■ 리더십 권한
  ㉠ 조직이 리더에게 부여한 권한
   - 합법적 권한 : 군대, 교사, 정부기관 등 합법적 권력이 가지는 권한
   - 강압적 권한 : 부하의 처벌, 승진 누락, 봉급의 인상 거부 등 강압적인 힘을 갖는 권한
   - 보상적 권한 : 승진, 봉급 인상 등 역할에 대한 보상을 부여하는 권한
  ㉡ 조직이 리더에게 부여하지 않았지만 조건이 맞을 경우 자발적으로 생성되는 권한
   - 위임된 권한 : 목표 달성을 위하여 부하 직원들이 상사를 존경하여 상사와 함께 일하고자 할 때 상사에게 부여되는 권한 혹은 지도자 자신이 자신에게 부여한 권한
   - 전문성의 권한 : 조직이 지도자에게 부여한 권한은 아니지만 전문적 지식을 가진 리더를 부하들이 스스로 따르는 것으로 지도자 자신의 능력에 의해 생성되는 권한
   - 준거적 권한 : 리더의 개인적 매력이 중요하며, 매력적인 리더와 함께 하고 싶은 부하들에 의해 조직의 발전이 이뤄진다는 것

51

1903

리더십의 이론 중 경로-목표이론(path-goal theory)에서 리더 행동에 따른 4가지 범주의 설명으로 옳은 것은?

① 후원적 리더는 부하들의 욕구, 복지문제 및 안정, 온정에 관심을 기울이고, 친밀한 집단 분위기를 조성한다.

② 성취지향적 리더는 부하들과 정보자료를 많이 활용하여 부하들의 의견을 존중하여 의사결정에 반영한다.
③ 주도적 리더는 도전적 목표를 설정하고, 높은 수준의 수행을 강조하여 부하들이 그러한 목표를 달성할 수 있다는 자신감을 갖게 한다.
④ 참여적 리더는 부하들의 작업을 계획하고 조정하며 그들에게 기대하는 바가 무엇인지 알려주고 구체적인 작업지시를 하며 규칙과 절차를 따르도록 요구한다.

해설
- ②는 참여적 리더의 설명이다.
- ③은 성취지향적 리더의 설명이다.
- ④는 지시적 리더의 설명이다.

■ R. House의 경로-목표이론(path-goal theory)
  ㉠ 리더십 유형
   - 지시적 리더 : 구체적인 작업지시를 하며 규칙과 절차를 따르도록 요구한다.
   - 후원적 리더 : 부하들의 욕구, 복지문제 및 안정, 온정에 관심을 기울이고, 친밀한 집단 분위기를 조성한다.
   - 참여적 리더 : 부하들과 정보자료를 많이 활용하여 부하들의 의견을 존중하여 의사결정에 반영한다.
   - 성취지향적 리더 : 도전적 목표를 설정하고, 높은 수준의 수행을 강조하여 부하들이 그러한 목표를 달성할 수 있다는 자신감을 갖게 한다.
  ㉡ 매개변수
   - 조직 구성원의 기대감

52

다음 중 직무 기술서의 내용이 분명하지 않거나 직무내용이 명확히 전달되지 않음으로 인해 발생될 수 있는 역할 갈등의 원인은?

① 역할간 마찰　② 역할내 마찰
③ 역할 부적합　④ 역할 모호성

해설
- 역할 모호성이란 역할기대나 수행이 명확하지 못한 상태를 말한다.

■ 역할 모호성
- 자신의 직무에 대한 책임 영역과 직무 목표를 명확하게 인식하지 못할 때 발생하는 스트레스 요인을 말한다.
- 역할기대나 수행이 명확하지 못한 상태를 말한다.

53

어느 공장에서 사용 중인 자동검사기기의 신뢰도는 0.9이다. 이 검사기 다음 단계로 2명의 검사원이 병렬로 육안 검사를 실시하고 있으며, 이들의 신뢰도는 각각 0.8, 0.70이다. 이 인간-기계 시스템의 신뢰도는 얼마인가?

① 0.396
② 0.504
③ 0.846
④ 0.916

해설
- 0.9와 병렬로 연결된 0.8-0.7이 직렬로 연결된 구조이다.
- 먼저 0.8과 0.7의 병렬연결 신뢰도를 구하면 $1-(1-0.8)(1-0.7)=0.94$가 된다.
- 0.9와 0.94의 직렬연결 신뢰도는 $0.9 \times 0.94 = 0.846$이 된다.

시스템의 신뢰도 실기 1403/1503/1603/1703/1801/2001/2103/2203/2301/2401

㉠ AND(직렬)연결 시

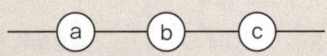

- 부품 a, 부품 b 신뢰도를 각각 R_a, R_b라 할 때 시스템의 신뢰도 $R_s = R_a \times R_b$로 구할 수 있다.

㉡ OR(병렬)연결 시

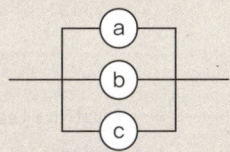

- 부품 a, 부품 b 신뢰도를 각각 R_a, R_b라 할 때 시스템의 신뢰도 $R_s = 1-(1-R_a) \times (1-R_b)$로 구할 수 있다.

54

다음 중 주의력의 특징에 관한 설명으로 틀린 것은?

① 고도의 주의력은 장시간 지속할 수 없다.
② 주의력은 일반적으로 동시에 2개 방향에 집중하지 못한다.
③ 한 곳에 주의력을 집중하면 다른 곳의 주의력은 약해진다.
④ 전체를 파악하고자 할 때에는 주의력을 집중하는 것이 최상이다.

해설
- ①은 변동성에 대한 설명이다.
- ②는 선택성에 대한 설명이다.
- ③은 방향성에 대한 설명이다.

주의(Attention)의 특성 실기 1901

선택성	여러 자극을 지각할 때 소수의 현란한 자극에 선택적 주의를 기울이는 경향으로 한 번에 많은 종류의 자극을 수용하기 어려움을 말한다.
방향성	한 지점에 주의를 집중하면 다른 곳의 주의가 약해지는 성질을 말한다.
변동성	장시간 주의를 집중하려 해도 주기적으로 부주의의 리듬이 존재한다는 것을 말한다.
일점 집중성	돌발 사태를 만나면 공포와 함께 주의가 일점에 집중되어 판단불능의 상태에 빠지는 것을 말한다.

55

재해 발생에 관한 하인리히(H.W. Heinrich)의 도미노 이론에서 제시된 5가지 요인에 해당하지 않는 것은?

① 제어의 부족
② 개인적 결함
③ 불안전한 행동 및 상태
④ 유전 및 사회 환경적 요인

해설
- ①은 버드의 신연쇄성 이론의 1단계에 해당한다.
- **하인리히의 사고연쇄반응(도미노) 이론**
- 3단계 불안전한 행동 및 불안전한 상태가 재해의 직접원인으로 작용하므로 사고를 예방하기 위한 관리 활동들이 가장 효과적으로 적용될 수 있다고 보았다.

1단계	사회적 환경 및 유전적 요소
2단계	개인적인 결함
3단계	불안전한 행동 및 불안전한 상태
4단계	사고
5단계	재해

56

재해 원인을 불안전한 행동과 불안전한 상태로 구분할 때 불안전한 상태에 해당하는 것은?

① 규칙의 무시
② 안전장치 결함
③ 보호구 미착용
④ 불안전한 조작

해설
- ①, ③, ④는 모두 불안전한 행동에 해당된다.
- **불안전한 상태**
  - ㉠ 개요
    - 재해의 발생과 관련된 인간 외적인 조건을 말한다.
  - ㉡ 종류
    - 물 자체의 결함
    - 부적절한 보호구
    - 결함 있는 기계설비의 운전 중 고장
    - 불안전한 방호장치 및 방호장치 미설치
    - 작업 장소의 공간 부족, 부적당한 조명 및 온·습도 등

57 — Repetitive Learning 1회 2회 3회

다음 중 재해율에 관한 설명으로 틀린 것은?

① 연천인율은 근로자 1,000명당 1년 동안 발생하는 재해자 수의 비율을 의미한다.
② 도수율은 연간총근로시간 합계 100만 시간당 재해발생건 수이다.
③ 강도율은 재해의 경중, 즉 강도를 나타내는 척도로서 연 간총근로시간 1,000시간당 재해 발생에 의해서 근로일수 를 말한다.
④ 환산강도율은 근로자가 평생 근무시 부상당하는 횟수를 표현다.

해설
- ④에서 환산강도율은 근로자가 평생 근무 시 발생한 총요양근로손 실일수를 말한다.
- **재해율 관련 공식**

재해율	$\dfrac{재해자수}{산재보험적용근로자수} \times 100$
사망만인율	$\dfrac{사망자수}{산재보험적용근로자수} \times 10,000$
휴업재해율	$\dfrac{휴업재해자수}{임금근로자수} \times 100$
도수율 (빈도율)	$\dfrac{재해건수}{연근로시간수} \times 1,000,000$
강도율	$\dfrac{총요양근로손실일수}{연근로시간수} \times 1,000$

58 — Repetitive Learning 1회 2회 3회 1801

알더퍼(P.Alderfer)의 EGR 이론에서 3단계로 나눈 욕구 유 형에 속하지 않은 것은?

① 성취욕구 ② 성장욕구
③ 존재욕구 ④ 관계욕구

해설
- 알더퍼는 인간의 욕구를 생존(존재)욕구(Existence needs), 관계 욕구(Relation needs), 성장욕구(Growth needs)로 구분하였다.
- **알더퍼의 ERG이론**
  - ㉠ 개요
    - 매슬로우의 이론이 지닌 이론적인 한계를 극복하고자 실제 조직에 대한 현장조사를 통해 요인분석한 이론이다.
    - 인간의 욕구를 생존욕구(Existence needs), 관계욕구(Relation needs), 성장욕구(Growth needs)로 구분한다.
  - ㉡ 알더퍼의 욕구 분류

구분	알더퍼 ERG	매슬로우 욕구 5단계
E	생존욕구	생리적 욕구, 안전욕구
R	관계욕구	사회적 욕구, 존경의 욕구
G	성장욕구	자아실현의 욕구

59 — Repetitive Learning 1회 2회 3회

다음 중 레빈(K. Lewin)의 인간행동 법칙 B=f(P·E)에 관한 설명으로 틀린 것은?

① B는 행동을 나타낸다.
② P는 개체를 나타낸다.
③ E는 자극을 나타낸다.
④ f는 P와 E의 함수관계를 나타낸다.

해설
- E는 Environment 즉, 심리적 환경(인간관계, 작업환경 - 조명, 소 음, 온도 등)을 의미한다.
- **레빈(Lewin.K)의 법칙**
  - 행동 $B = f(P \cdot E)$로 이루어진다. 즉, 인간의 행동은 개인(P) 과 환경(E)의 상호 함수관계에 있다고 할 수 있다.
  - B는 인간의 행동(Behavior)을 말한다.
  - f는 동기부여를 포함한 함수(Function)이다.
  - P는 Person 즉, 개체(소질)로 연령, 지능, 경험 등을 의미한다.
  - E는 Environment 즉, 심리적 환경(인간관계, 작업환경 - 조명, 소음, 온도 등)을 의미한다.

60

Hick's Law에 따르면 인간의 반응시간은 정보량에 비례한다. 단순반응에 소요되는 시간이 200ms이고, 단위 정보량당 증가되는 반응시간이 150ms이라고 한다면, 2bits의 정보량을 요구하는 작업에서의 예상 반응시간은 몇 ms인가?

① 400
② 500
③ 550
④ 700

해설
- 단순반응하는 데 걸리는 시간 a가 200ms이고, 단위정보량당 증가되는 반응시간 b는 150ms라고 하였으므로 2bit의 정보량(4가지 정보를 표현가능하다)을 요구하는 작업에서의 선택반응시간 $RT = 200 + 150\log_2 4 = 200 + 150 \times 2 = 500$ms가 된다.
- **Hick-Hyman의 법칙**
  - 운전원이 신호를 보고 어떤 장치를 조작해야 할지를 결정하기까지 걸리는 시간을 예측할 수 있다.
  - 예상치 못한 자극에 대한 일반적인 반응시간은 대안이 2배 증가할 때마다 약 0.15초(150ms) 정도가 증가한다.
  - 선택반응시간은 자극 정보량의 선형함수로 $RT = a + b\log_2 N$로 구한다. 이때 a와 b는 상수, N은 자극과 반응의 수이다.

4과목 근골격계질환 예방을 위한 작업관리

61

다음에 사용하기 위하여 지우개를 정해진 위치에 놓는 것과 같이 다음을 위하여 대량생산을 정해진 장소에 놓는 동작을 나타내는 서블릭(Therblig)의 기호는?

① G
② PP
③ P
④ RL

해설
- 다음 작업을 위해 대상물을 정해진 위치에 놓는 동작은 미리놓기(PP)가 된다.
- **서블릭(Therblig)** 실기 1303/2001/2003/2201/2203/2301
  - 동작 단위 중 손의 움직임과 관련된 동작을 분석하기 위해 만든 개념이다.
  - 길브레스(Gilbreth) 부부가 제안한 것으로 그들의 성을 거꾸로 해서 만든 것이다.
  - 작업 시 동작분석과정에서 시간은 스톱워치로 측정한다.

- 카메라 분석을 통하여 파악할 수 있다.
- 18개의 동작 중 17가지만 기호로 이용된다.

효율적 서블릭	• 기본동작 : 빈손이동(TE), 쥐기(G), 운반(TL), 내려놓기(RL), 미리놓기(PP) • 동작목적 : 조립(A), 사용(U), 분해(DA)
비효율적 서블릭	• (반)정신적 : 찾기(SH), 고르기(ST), 검사(I), 바로놓기(P), 계획(Pn) • 정체 : 휴식(R), 피할 수 있는 지연(AD), 잡고있기(H), 불가피한 지연(UD)

62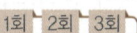

다음 중 근골격계 질환 예방을 위한 수공구(hand tool)의 인간공학적 설계 원칙으로 적합하지 않은 것은?

① 손목을 곧게 유지한다.
② 손바닥에 과도한 압박은 피한다.
③ 반복적인 손가락 운동을 활용한다.
④ 사용자의 손 크기에 적합하게 디자인한다.

해설
- 반복적인 손가락 동작을 피하도록 설계한다.
- **수공구의 일반적인 설계 원칙** 실기 1903
  - 손목은 곧게 유지되도록 설계한다.
  - 반복적인 손가락 동작을 피하도록 설계한다.
  - 손잡이는 접촉면적을 가능하면 크게 한다.
  - 조직에 가해지는 압력을 피하도록 설계한다.
  - 공구의 무게를 줄이고 사용 시 무게 균형이 유지되도록 한다.
  - 동력공구의 손잡이는 두 손가락 이상으로 작동하도록 한다.
  - 손가락으로 잡는 pinch grip보다 손바닥으로 감싸 안아 잡는 power grip을 이용한다.
  - 정확성이 요구되는 작업은 핀치그립(pinch grip)을 사용하도록 한다.
  - 손잡이의 홈은 손바닥에 나쁜 영향을 주므로 가능한 손잡이 표면에 홈이 많은 것은 피하도록 한다.
  - 진동 패드, 진동 장갑 등으로 손에 전달되는 진동 효과를 줄인다.

63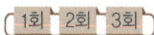

다음 중 근골격계 질환의 원인과 거리가 먼 것은?

① 반복적인 동작
② 과도한 힘의 사용
③ 고온의 작업환경
④ 부적절한 작업자세

해설
- ③은 근골격계 질환과 거리가 멀다.
- **근골격계 질환** 실기 1803/2101/2302/2303
  - ㉠ 개요
    - 반복적인 동작, 부적절한 작업자세, 무리한 힘의 사용, 날카로운 면과의 신체접촉, 진동 및 온도 등의 요인에 의하여 발생하는 건강장해로서 목, 어깨, 허리, 팔·다리의 신경·근육 및 그 주변 신체조직 등에 나타나는 질환을 말한다.
  - ㉡ 원인 실기 1603/1901/1903/2101/2201/2301
    - 질환의 원인은 개인적 특성 요인, 작업특성 요인, 사회 심리적 요인 등으로 구분한다.
    - 개인적 특성 요인에는 작업자 개인의 과거병력, 연령, 성별, 키, 몸무게, 작업방법 및 기술수준 등이 있다.
    - 직접적인 작업특성 위험요인에는 작업강도, 작업자세, 작업의 반복도, 부적절한 휴식 등이 있다.
    - 사회심리적 요인에는 직무스트레스, 비효율적 의사소통, 작업에 대한 만족도, 인간관계 등이 있다.

64 ● Repetitive Learning (1회 2회 3회)
다음의 조건에서 NIOSH Lifting Equation(NLE)에 의한 들기지수(LI)와 작업의 위험도 평가를 올바르게 나타낸 것은?

- 취급물의 하중 : 14kg
- 수직계수 : 0.95
- 대칭계수 : 0.8
- 손잡이계수 : 0.9
- 수평계수 : 0.4
- 거리계수 : 1.0
- 빈도계수 : 0.8

① LI=2.78, 개선이 요구되는 작업
② LI=0.36, 개선이 요구되지 않는 작업
③ LI=0.77, 개선이 요구되는 작업
④ LI=2.01, 요통 위험이 낮은 작업

해설
- 주어진 값을 대입하면 RWL=23×0.4×0.95×1.0×0.8×0.8×0.9 =5.034이다.
- LI=14/5.034=2.781이 된다.
- 들기지수가 1이상이 경우 추천 무게를 넘는 것으로 간주되므로 개선이 요구되는 작업이다.
- **NIOSH 들기지수(LI)** 실기 1503/1601/1603/1701/1801/1803/1901/2001/2002/2003/2201/2203/2301/2302/2403
  - NIOSH의 중량물 취급지수를 말한다.
  - 들기지수가 1을 초과하는 경우 추천 무게를 넘는 것으로 간주한다.
  - 40대 여성의 들기 능력의 50퍼센타일을 기준으로 하였다.
  - 물체의 무게(kg) / RWL(kg)으로 구한다. 이때 RWL은 추천 중량한계로 들기 편한 정도의 값이다.
  - RWL =23kg×HM×VM×DM×AM×FM×CM으로 구한다. (HM은 수평계수, VM은 수직계수, DM은 거리계수, AM은 비대칭성계수, FM은 빈도계수, CM은 결합계수를 의미한다)
  - RWL 계수는 0~1 사이의 값으로 1에 가까울수록 최적의 조건이 된다.

65 ● Repetitive Learning (1회 2회 3회)
다음 중 문제해결을 위해 이해해야 하는 문제 자체가 가지는 일반적인 다섯 가지 특성을 나타낸 것은?

① 선행조건, 제약조건, 대안, 인력, 연구시한
② 선행조건, 제약조건, 대안, 작업환경, 개선방향
③ 두 가지 상태, 제약조건, 대안, 판단기준, 연구시한
④ 두 가지 상태, 제약조건, 대안, 판단기준, 작업환경

해설
- 문제해결을 위해 이해해야 하는 문제 자체가 가지는 일반적인 다섯 가지 특성은 두 가지 상태, 제약조건, 대안, 판단기준, 연구시한이다.
- **작업관리의 문제해결 절차**
  - 연구대상선정 → 작업방법의 분석과 기록 → 분석 자료의 검토 → 개선안의 수립 → 개선안의 도입 → 확인 및 재발방지
  - 분석할 작업방법은 현재 사용 중인 작업방법이다.
  - 문제해결을 위해 이해해야 하는 문제 자체가 가지는 일반적인 다섯 가지 특성은 두 가지 상태, 제약조건, 대안, 판단기준, 연구시한이다.
  - 작업방법의 분석 시에는 공정도나 시간차트, 흐름도 등을 사용한다.
  - 선정된 개선안은 작업자나 관련 부서의 이해와 협조 과정을 거쳐 시행하도록 한다.
  - 개선 분석 시 5W1H의 What은 작업 순서의 변경, Where, When, Who는 작업 자체의 제거, How는 단순화를 의미한다.

66 ● Repetitive Learning (1회 2회 3회)
다음 중 어깨, 팔목, 손목, 목 등 상지에 초점을 맞추어 작업자세로 인한 작업 부하를 빠르고 상세하게 분석할 수 있는 근골격계 질환의 위험평가기법으로 가장 적절한 것은?

① OWAS
② WAC
③ RULA
④ NLE

해설
- ①은 근력을 발휘하기에 부적절한 작업자세를 구별하기 위한 목적으로 개발된 평가도구이다.
- ②는 일반적인 작업에 대한 체크리스트로 손가락, 아래팔, 어깨, 몸통, 다리 등의 부위에 적용한다.
- ④는 허리부위나 중량물취급 작업에 대한 유해요인의 주요 평가기법이다.

RULA(Rapid Upper Limb Assessment) 실기 1301/1303/1603/1803/2201/2203
- 어깨, 팔목, 손목, 목 등 상지에 초점을 맞추어 작업자세로 인한 작업 부하를 빠르고 상세하게 분석할 수 있는 근골격계 질환의 위험평가기법이다.
- 상완, 전완, 손목을 그룹을 A로 목, 상체, 다리를 그룹 B로 나누어 측정, 평가한다.
- VDT 작업, 자동차 공장의 컨베이어식 조립라인에서 선 자세에서 자동차 하부의 볼트를 조립하는 작업자의 측정에 적합하다.
- 평가에 있어서 1~2점은 개선의 필요가 없음을, 3~4점은 계속적인 추가 관찰이 필요하고, 5~6점은 빠른 개선과 함께 작업위험요인의 분석이 요구되고, 7점의 경우는 정밀조사와 함께 즉시 개선이 필요하다고 평가한다.

67 • Repetitive Learning 1회 2회 3회

다음 중 잠복비용(hidden cost)을 발견하고 감소시키기 위한 공정도로 가장 적합한 것은?

① flow diagram
② flow process chart
③ product process chart
④ operation process chart

해설
- ①은 정체, 저장, 대기, Material Handling 등의 사항이 생산현장의 어느 위치에서 발생하는지 한눈에 알아볼 수 있도록 표시된 도표이다.

흐름(유통)공정도(Flow Process Chart)
- 공정 중에 발생하는 모든 작업, 검사, 운반, 저장 등의 과정을 자재나 작업자의 관점에서 흘러가는 순서에 따라 표시하는 도표로 공정분석에 이용된다.
- 소요시간과 운반거리도 함께 표현하고, 생산 공정에서 발생하는 잠복비용을 감소시키며, 사고의 원인을 파악하는 데 사용되는 공정도이다.

68 • Repetitive Learning 1회 2회 3회

유해요인조사도구 중 JSI(Job Strain Index)의 평가 항목에 해당하지 않는 것은?

① 손/손목의 자세
② 1일 작업의 생산량
③ 힘을 발휘하는 강도
④ 힘을 발휘하는 지속시간

해설
- ②에서 1일 작업의 생산량이 아니라 지속시간이 되어야 한다.

JSI(Job Strain Index) 실기 2401
- 손, 손목, 팔꿈치 등 상지의 말단을 주로 사용하는 작업 관련성 근골격계 질환의 위험을 평가하기 위한 평가도구이다.
- 평가에 사용되는 6항목에는 강도, 지속시간, 분당 힘의 발휘, 손/손목의 자세, 작업속도, 1일 작업의 지속시간이다.
- 작업의 재설계 등을 검토할 때에 이용한다.

69 • Repetitive Learning 1회 2회 3회

다음 중 Work Factor(WF)에서 동작의 인위적 조절정도를 나타낸 것으로 틀린 것은?

① 방향 변경 : U   ② 주의 : P
③ 일정한 정지 : D   ④ 조절 : W

해설
- ④의 조절은 S(Steering)이다.

Work Factor에서 고려하는 4가지 시간 변동요인

신체 부위	손가락, 손, 팔, 몸통, 발, 다리, 머리 등
동작 거리	
중량이나 저항	
인위적 조절정도	조절(S), 주의(P), 방향 변경(U), 일정한 정지(D)

70 • Repetitive Learning 1회 2회 3회

다음 중 방법 연구(method engineering)와 관련이 가장 적은 것은?

① 신체 활동 분석
② 작업 및 공정 연구
③ 작업시간의 측정 및 응용
④ 재료, 공구설비 및 작업조건 분석

> 해설
> - ③은 시간연구의 개념으로 방법연구와 관련이 적다.
> - ■ 방법 연구(method engineering)
>   - 동작연구의 다른 표현이다.
>   - 동작연구는 경제적인 작업방법을 검토하여 표준화된 작업방법을 개발하는 분야이다.
>   - 신체 활동 분석, 작업 및 공정 연구, 재료, 공구설비 및 작업조건 분석 등을 수행한다.

71 — Repetitive Learning 1회 2회 3회

다음 중 시간연구 시 비디오 측정의 요령으로 가장 적합한 것은?

① 가능한 한 작업자의 좌, 우 측면에서 측정한다.
② 공정성을 위하여 작업당 1회 촬영하는 것이 원칙이다.
③ 작업자에게 사전 설명 없이 직접 촬영하는 것이 좋다.
④ 가능한 세밀한 측정을 위해 작업자와 1m 이내로 근접촬영한다.

> 해설
> - ②에서 작업당 10~20회 정도 측정한 후 이 시간을 평균하여 작업시간을 정한다.
> - ③에서 작업자에게 사전 설명 후 측정하도록 한다.
> - ④에서 작업자로부터 작업에 방해되지 않도록 일정한 거리를 떨어진 지점에서 측정하도록 한다.
> - ■ 시간연구 시 비디오 측정 요령
>   - 가능한 한 작업자의 좌, 우 측면에서 측정한다.
>   - 작업당 10~20회 정도 측정한 후 이 시간을 평균하여 작업시간을 정한다.
>   - 작업자에게 사전 설명 후 측정하도록 한다.
>   - 작업자로부터 작업에 방해되지 않도록 일정한 거리를 떨어진 지점에서 측정하도록 한다.

72 — Repetitive Learning 1회 2회 3회   1903

어느 작업시간의 관측평균시간이 1.2분, 레이팅 계수가 110%, 여유율이 25%일 때 외경법에 의한 개당 표준시간은 얼마인가?

① 1.32분　② 1.50분
③ 1.53분　④ 1.65분

> 해설
> - 정미시간은 1.2분×110%=1.32분이다.
> - 외경법으로 표준시간=1.32×(1+0.25)=1.65분이 된다.
> - ■ 표준시간 [실기] 1501/1503/1603/1703/2002/2003/2103/2402/2403
>   ㉠ 개요
>   - 8시간의 정상작업을 기준으로 하여 일정한 작업조건에서 일정한 방법에 따라 보통 정도의 작업자가 정상적인 속도로 작업을 수행하는데 걸리는 시간을 말한다.
>   - 표준시간 측정에 사용하는 DM(decimal minute)은 1DM이 0.6초이다.
>   - 표준시간은 정미시간+여유시간으로 구한다.
>   - 정미시간은 관측시간의 평균치×R(레이팅 계수)로 구한다.
>   - 객관적 레이팅에서의 표준시간=관측 평균시간×(1차 평가계수)×(1+2차 조정계수)×(1+여유율)로 구한다.
>   - 외경법의 경우 표준시간=정미시간×(1+여유율)로 구한다.
>   - 내경법의 경우 표준시간=정미시간/(1−여유율)로 구한다.
>   ㉡ 여유율
>   - 외경법은 작업여유율=여유시간/정미시간(근무시간−여유시간)을 적용한다.
>   - 내경법은 근무여유율=여유시간/근무시간(정미시간+여유시간)을 적용한다.

73 — Repetitive Learning 1회 2회 3회   1803

다음 중 근골격계 질환의 예방원리에 관한 설명으로 가장 적절한 것은?

① 예방이 최선의 정책이다.
② 작업자의 정신적 특징 등을 고려하여 작업장을 설계한다.
③ 공학적 개선을 통해 해결하기 어려운 경우에는 그 공정을 중단한다.
④ 사업장 근골격계 예방정책에 노사가 협의하면 작업자의 참여는 중요하지 않다.

> 해설
> - ② 작업자의 정신적 특징이 아니라 신체적 특성과 작업내용을 고려한 작업장을 설계해야 한다.
> - ③ 작업환경 개선방법은 공학적 개선과 관리적 개선 등이 있다. 공학적 개선으로 해결이 힘들면 관리적 개선 등 다른 방안을 찾도록 한다.
> - ④ 노사가 협의하였다고 하더라도 작업자의 참여는 가장 중요한 요소이다.
> - ■ 근골격계 질환의 사전예방을 위한 적합한 관리대책
>   - 충분한 휴식시간의 제공과 스트레칭 프로그램의 도입
>   - 적절한 공구의 사용 및 올바른 작업방법에 대한 작업자 교육

정답　71 ①　72 ④　73 ①

- 작업자의 신체적 특성과 작업내용을 고려한 작업장 구조의 인간공학적 개선
- 적합한 노동강도에 대한 평가
- 공학적 개선과 관리적 개선을 통한 작업환경 개선
- 예방이 최선의 정책이므로 질환 예방을 위한 최선의 노력
- 작업순환(Job Rotation)과 작업 확대를 통하여 한 작업자가 할 수 있는 일의 다양성을 확보

- 공구의 기능을 결합하여 사용하도록 한다.
- 타자 칠 때와 같이 각 손가락이 서로 다른 작업을 할 때에는 작업량을 각 손가락의 능력에 맞게 배분해야 한다.

74

다음 중 동작경제의 원칙에 해당하지 않는 것은?

① 신체의 사용에 관한 원칙
② 작업장의 배치에 관한 원칙
③ 공구 및 설비 디자인에 관한 원칙
④ 인간·기계시스템의 정합성의 원칙

해설

- 동작경제의 원칙은 신체사용의 원칙, 작업장 배치의 원칙, 공구 및 설비 디자인의 원칙으로 분류된다.

■ 동작경제의 원칙 실기 1903/2103/2203
  ㉠ 개요
   • 작업자가 경제적인 동작을 통해 피로도를 감소시키면서도 능률을 향상시키게 하기 위한 원칙이다.
   • 신체사용의 원칙, 작업장 배치의 원칙, 공구 및 설비 디자인의 원칙으로 분류된다.
   • 동작을 가급적 조합하여 하나의 동작으로 한다.
   • 동작의 수는 줄이고, 동작의 속도는 적당히 한다.
  ㉡ 신체사용의 원칙 실기 2301
   • 두 손의 동작은 동시에 시작해서 동시에 끝나야 한다.
   • 휴식시간을 제외하고는 양손을 같이 쉬게 해서는 안 된다.
   • 손의 동작은 유연하고 연속적인 동작이어야 한다.
   • 동작이 급작스럽게 크게 바뀌는 직선 동작은 피해야 한다.
   • 두 팔의 동작은 동시에 서로 반대방향으로 대칭적으로 움직이도록 한다.
   • 탄도동작(Ballistics Movements)은 제한되거나 통제된 동작보다 더 신속하고 정확하다.
  ㉢ 작업장 배치의 원칙 실기 1303/1701/2001/2002/2303/2402
   • 가능하다면 낙하식 운반 방법을 이용한다.
   • 작업이 용이하도록 적절한 조명을 비추어 준다.
   • 공구나 재료는 작업동작이 원활하게 수행하도록 그 위치를 정해준다.
   • 공구, 재료 및 제어장치는 사용하기 가까운 곳에 배치해야 한다.
  ㉣ 공구 및 설비 디자인의 원칙 실기 1703
   • 치구나 족답장치를 이용하여 양손이 다른 일을 할 수 있도록 한다.

75

어느 회사의 컨베이어 라인에서 작업순서가 다음 표의 번호와 같이 구성되어 있을 때, 다음 설명 중 옳은 것은?

작업	1. 조립	2. 납땜	3. 검사	4. 포장
시간(초)	10초	9초	8초	7초

① 공정손실은 15%이다.
② 애로작업은 검사작업이다.
③ 라인의 주기시간은 7초이다.
④ 라인의 시간당 생산량은 6개이다.

해설

- 주기시간은 10초, 작업수는 4개, 총작업시간은 34초, 총유휴시간은 40−34=6초, 공정효율은 34/40=0.85, 공정손실은 6/40=0.15이다.
- ②에서 애로작업은 가장 시간이 긴 조립작업이다.
- ③에서 라인의 주기시간은 가장 긴 시간인 10초이다.
- ④에서 시간당 생산량은 3600초/10=360개이다.

■ 주기시간과 공정효율 실기 1403/1503/1801/2001/2003/2101/2302/2402
  • 주기시간은 작업시간이 가장 오래 걸리는 애로공정의 작업시간을 말한다.
  • 애로작업이란 작업시간이 가장 긴 작업을 말한다.
  • 공정효율은 총작업시간/(작업수×주기시간)으로 구한다.
  • 총유휴시간은 (작업수×주기시간)−(총작업시간)이다.
  • 공정손실은 총유휴시간/(작업수×주기시간)으로 구한다.
  • 공정효율과 공정손실의 합은 1이다.

76

작업분석의 문제분석 도구 중에서 "원인결과도"라고도 불리며 결과를 일으킨 원인을 5~6개의 주요 원인에서 시작하여 세부원인으로 점진적으로 찾아가는 기법은?

① 간트 차트
② 특성요인도
③ PERT 차트
④ 파레토분석 차트

정답 | 74 ④ 75 ① 76 ②

해설

- ①은 여러 가지 활동 계획의 시작시간과 예측 완료시간을 병행하여 시간축에 표시하는 도표이다.
- ③은 일정계획에서 사용되는 간트도표의 단점을 보완하여 활동의 소요시간은 베타분포를 따른다고 가정한 기법이다.
- ④는 80∼20의 원칙에 기초하여 빈도수별로 나열한 항목별 점유와 누적비율에 따라 불량이나 사고의 원인이 되는 중요 항목을 찾아가는 기법이다.

■ 특성요인도(Cause & Effect Diagram)
- 원인결과도라고도 불리며 결과를 일으킨 원인을 5∼6개의 주요 원인에서 시작하여 세부원인으로 점진적으로 찾아가는 개선활동 기법으로 브레인스토밍에 많이 사용된다.
- 어떤 결과에 영향을 미치는 크고 작은 요인들을 계통적으로 파악하기 위해 재해와 원인의 관계를 도표화하여 재해 발생 원인을 분석하는 작업분석 도구이다.

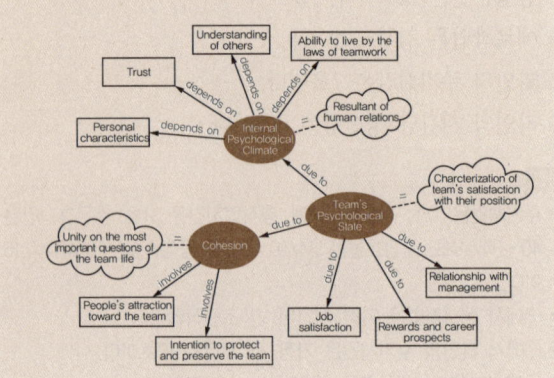

- 간헐적으로 랜덤한 시점에서 연구대상을 순간적으로 관측하여 대상이 처한 상황을 파악하고 이를 토대로 관측시간 동안에 나타난 항목별로 차지하는 비율을 추정하는 방법이다.
- 조사기간을 길게 하여 평상시의 작업현황을 그대로 반영시킬 수 있어 사이클이 긴 작업에 주로 사용한다.
- 확률이론인 이항분포를 따른다.

ⓒ 장점
- 특별한 시간 측정 장비가 별도로 필요하지 않는 간단한 방법이다.
- 관측이 순간적으로 이루어져 작업에 방해가 적다.
- 한 사람의 평가자가 동시에 여러 작업을 측정할 수 있다.
- 자료수집이나 분석에 필요한 순수시간이 다른 시간연구방법에 비하여 짧다.
- 작업자가 의식적으로 행동하는 일이 적어 결과의 신뢰수준이 높다.
- 샘플링오차는 관측횟수를 증가시킴으로써 감소될 수 있다.

ⓒ 단점
- 작업 방법이 변화되는 경우에는 전체적인 연구를 새로 해야 한다.
- 시간연구법 등에 비해 정밀도가 떨어진다.
- 짧은 주기 및 반복작업에 부적합하다.

77 Repetitive Learning 1회 2회 3회

워크 샘플링(work sampling)에 대한 설명으로 맞는 것은?

① 시간연구법보다 더 정확하다.
② 자료수집 및 분석시간이 길다.
③ 관측이 순간적으로 이루어져 작업에 방해가 적다.
④ 컨베이어 작업처럼 짧은 주기의 작업에 알맞다.

해설

- ①에서 워크 샘플링은 시간연구법 등에 비해 정밀도가 떨어진다.
- ②에서 자료수집이나 분석에 필요한 순수시간이 다른 시간연구방법에 비하여 짧다.
- ④에서 짧은 주기의 작업에 부적합하다.

■ 워크 샘플링(work sampling)
  ③ 개요
   - 표본의 크기가 충분히 크다면 모집단의 분포와 일치한다는 통계적 이론에 근거한다.

78 Repetitive Learning 1회 2회 3회

근골격계 질환 중 어깨 부위 질환이 아닌 것은?

① 외상과염(lateral epicondlitis)
② 극상근 건염(supraspinatus tendinitis)
③ 견봉하 점액낭염(subacromial bursitis)
④ 상완이두 건막염(biciptal tenosynovitis)

해설

- ①은 팔꿈치 부위의 인대에 염증이 생김으로써 발생하는 증상이다.

■ 부위별 근골격계 질환 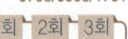 1403/2302
- 목 : 근막통증 증후군, 경추부 염좌, 경추부 추간판탈출증
- 어깨 : 근막통증 증후군, 회전근개 건염, 극상근 건염, 상완이두 건막염, 견봉하 점액낭염, 관절와순 손상
- 팔꿈치 : 근막통증 증후군, 내·외상과염
- 손 및 손목 : 수근관 증후군, 드퀘르벵 건초염, 방아쇠 수지, 결절종, 가이언 증후군, 경겹증

79

사업장 근골격계 질환 예방관리 프로그램에 있어 예방·관리추진팀의 역할이 아닌 것은?

① 교육 및 훈련에 관한 사항을 결정하고 실행한다.
② 예방·관리 프로그램의 수립 및 수정에 관한 사항을 결정한다.
③ 근골격계 질환의 증상·유해요인 보고 및 대응체계를 구축한다.
④ 유해요인 평가 및 개선계획의 수립과 시행에 관한 사항을 결정하고 실행한다.

해설

- ③은 사업주의 역할이다.

예방·관리추진팀의 역할
- 예방관리 프로그램의 수립 및 수정에 관한 사항 결정
- 예방관리 프로그램의 실행 및 운영에 관한 사항 결정
- 교육 및 훈련에 관한 사항을 결정하고 실행
- 유해요인 평가, 개선계획의 수립 및 시행에 관한 사항을 결정하고 실행
- 근골격계 질환자에 대한 사후조치 및 근로자 건강보호에 관한 사항 등을 결정하고 실행

80

SEARCH 원칙에 대한 내용으로 틀린 것은?

① Composition : 구성
② How often : 얼마나 자주
③ After sequence : 순서의 변경
④ Simplify opertion : 작업의 단순화

해설

- C는 Combine operations으로 작업의 결합을 의미한다.

SEARCH 원칙
- S(Simplify operations) : 단순화
- E(Eliminate unnecessary work and material) : 불필요한 작업, 자재 제거
- A(Alter sequence) : 순서의 변경
- R(Requirement) : 요구조건
- C(Combine operations) : 작업의 결합
- H(How often) : 얼마나 자주

정답 | 79 ③ 80 ①

2014년 제1회

2014년 3월 2일 필기

1과목 인간공학개론

01

인간-기계 시스템에서 정보 전달과 조종이 이루어지는 접합면인 인간-기계 인터페이스(man-machine interface)의 종류에 해당하지 않는 것은?

① 지적 인터페이스
② 역학적 인터페이스
③ 감성적 인터페이스
④ 신체적 인터페이스

해설
- 인간-기계 인터페이스(man-machine interface)의 종류에는 물리적, 지적, 감성적 인터페이스가 있다.
- 인간-기계 인터페이스(man-machine interface)의 종류 실기 1903
  - 물리적 인터페이스 : 키보드에서 키의 크기, 입력 시 손의 자세
  - 지적 인터페이스 : 키보드에서 키의 라벨이나 아이콘
  - 감성적 인터페이스 : 키보드에서 키의 눌림과 촉감 등

02

최적의 C/R비 설계 시 고려해야할 사항으로 옳지 않은 것은?

① 조종장치의 조작시간 지연은 직접적으로 C/R비와 관계 없다.
② 계기의 조절시간이 가장 짧게 소요되는 크기를 선택한다.
③ 작업자의 눈과 표시장치의 거리는 주행과 조절에 크게 관계된다.
④ 짧은 주행시간 내에서 공차의 인정범위를 초과하지 않는 계기를 마련한다.

해설
- 통제기기 시스템에서 발생하는 조작시간의 지연은 직접적으로 통제표시비가 가장 크게 작용하고 있다.
- 통제표시비 : C/D(C/R)비 실기 1301/1403/1501/1503/1601/1701/1803/1901/2002/2003/2101/2103/2203/2301/2303/2401
  ㉠ 개요
  - 통제장치의 변위량과 표시장치의 변위량과의 관계를 나타낸 비율로 C/D비, 조종과 반응의 비라고 하여 C/R비라고도 한다.
  - $C/D = \dfrac{통제기기의\ 변위량}{표시계기의\ 변위량}$ 으로 구한다.
  - 회전 조종구의 C/D비
    $= \dfrac{2 \times \pi(3.14) \times r(반지름) \times \left(\dfrac{각도}{360}\right)}{표시계기의\ 변위량}$ 으로 구한다.
  ㉡ 특징
  - C/R비가 작아진다는 것은 민감한 장치화 되어 조종시간=제어시간이 길어지지만 수행시간이 짧아진다는 의미이다.
  - C/R비가 크다는 것은 미세한 조종은 쉽지만 수행시간은 상대적으로 길다.
  - 통제기기 시스템에서 발생하는 조작시간의 지연은 직접적으로 통제표시비가 가장 크게 작용하고 있다.

03

다음 중 인간의 후각 특성에 대한 설명으로 틀린 것은?

① 훈련을 통하면 식별 능력을 향상시킬 수 있다.
② 특정한 냄새에 대한 절대적 식별 능력은 떨어진다.
③ 후각은 특정 물질이나 개인에 따라 민감도의 차이가 있다.
④ 후각은 냄새 존재 여부보다는 특정 자극을 식별하는데 사용되는 것이 효과적이다.

01 ② 02 ① 03 ④

해설
- ④에서 후각은 특정한 냄새에 대한 절대적 식별 능력은 떨어진다.

∷ 인간의 후각 특성
- 훈련을 통하면 식별 능력을 향상시킬 수 있다.
- 특정한 냄새에 대한 절대적 식별 능력은 떨어진다.
- 후각은 특정 물질이나 개인에 따라 민감도의 차이가 있다.
- 후각을 통해 구별할 수 있는 냄새의 수는 최소 1만 가지 이상이다.
- 특정 냄새의 절대 식별 능력은 떨어지나 상대적 비교능력은 우수한 편이다.

1101/1901/2101

04 ── Repetitive Learning 1회 2회 3회

다음 세기(sound intensity)에 관한 설명으로 옳은 것은?

① 음 세기의 단위는 Hz이다.
② 음 세기는 소리의 고저와 관련이 있다.
③ 음 세기는 단위시간에 단위면적을 통과하는 음의 에너지를 말한다.
④ 음압수준(sound pressure level) 측정 시 주로 1,000Hz 순음을 기준 음압으로 사용한다.

해설
- ①에서 음의 세기 단위는 dB이다.
- ②에서 소리의 고저는 주파수(Hz)와 관련된다.
- ④는 phon에 대한 설명이다.

∷ 음 세기(sound intensity)
- 음의 진행방향에 수직하는 단위 면적을 단위시간에 통과하는 음의 에너지를 말한다.
- 기호는 I, 단위는 w/m²이다.

0603

05 ── Repetitive Learning 1회 2회 3회

다음 중 시각적 표시장치보다 청각적 표시장치를 사용해야 유리한 경우는?

① 정보의 내용이 긴 경우
② 정보의 내용이 복잡한 경우
③ 정보의 내용이 후에 재참조되는 경우
④ 정보의 내용이 시간적 사상을 다루는 경우

해설
- ①, ②, ③은 시각적 표시장치가 유리한 경우에 해당한다.

∷ 시각적 표시장치와 청각적 표시장치의 비교 실기 1603/1803/1901/2101/2201/2203

시각적 표시장치	청각적 표시장치
• 수신 장소의 소음이 심한 경우	• 수신 장소가 너무 밝거나 암순응이 요구될 때
• 정보가 공간적인 위치를 다룬 경우	• 정보의 내용이 시간적인 사건을 다루는 경우
• 정보의 내용이 복잡하고 긴 경우	• 정보의 내용이 간단한 경우
• 직무상 수신자가 한 곳에 머무르는 경우	• 직무상 수신자가 자주 움직이는 경우
• 메시지를 추후 참고할 필요가 있는 경우	• 정보의 내용이 후에 재참조되지 않는 경우
• 정보의 내용이 즉각적인 행동을 요구하지 않는 경우	• 메시지가 즉각적인 행동을 요구하는 경우

0603

06 ── Repetitive Learning 1회 2회 3회

다음 중 인체계측지에 있어 기능적(functional) 치수를 사용하는 이유로 가장 올바른 것은?

① 인간은 닿는 한계가 있기 때문
② 사용 공간의 크기가 중요하기 때문
③ 인간이 다양한 자세를 취하기 때문
④ 각 신체부위는 조화를 이루면서 움직이기 때문

해설
- 기능적 인체치수는 공간이나 제품의 설계 시 움직이는 몸의 자세를 고려하기 위해 사용되는 인체치수로 각 신체부위가 조화를 이루면서 움직이기 때문에 많이 사용되고 있다.

∷ 인체의 측정 실기 1801/2001/2103/2303/2401
- 일반적으로 몸의 측정 치수는 구조적 치수(Structural dimension)와 기능적 치수(Functional dimension)로 나눌 수 있다.
- 기능적 인체치수는 공간이나 제품의 설계 시 움직이는 몸의 자세를 고려하기 위해 사용되는 인체치수로 동적측정에 해당한다.
- 구조적 인체치수는 움직이지 않고 고정된 자세에서 마틴(Martin)식 인체측정기로 측정하는 정적측정에 해당한다.

07 ── Repetitive Learning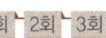

다음 중 인간공학의 개념과 가장 거리가 먼 것은?

① 효율성 제고   ② 안전성 제고
③ 독창성 제고   ④ 편리성 제고

[해설]
- 인간공학이란 인간이 사용하는 물건, 설비, 환경의 설계에 인간의 생리적, 심리적인 면에서의 특성이나 한계점을 고려함으로써 인간-기계 시스템의 안전성과 편리성, 효율성을 높이는 학문분야이다.

❖ 인간공학(Ergonomics)
㉠ 개요
- "Ergon(작업)+nomos(법칙)+ics(학문)"이 조합된 단어로 Human factors, Human engineering이라고도 한다.
- 인간의 특성과 한계 능력을 공학적으로 분석, 평가하여 이를 복잡한 체계의 설계에 응용함으로 효율을 최대로 활용할 수 있도록 하는 학문분야이다.
- 인간이 사용하는 물건, 설비, 환경의 설계에 인간의 생리적, 심리적인 면에서의 특성이나 한계점을 고려함으로써 인간-기계 시스템의 안전성과 편리성, 효율성을 높이는 학문분야이다.

㉡ 적용분야
- 제품설계
- 재해 · 질병 예방
- 장비 · 공구 · 설비의 배치
- 작업장 내 조사 및 연구

08 ● Repetitive Learning 1회 2회 3회

동일한 조건에서 선택가능한 대안의 수가 2에서 8로 증가하였다. 선택반응시간은 몇 배 늘었는가?(단, 대안의 수가 없을 때 반응시간은 0이라고 가정한다)

① 1   ② 2
③ 3   ④ 4

[해설]
- 선택반응시간은 자극과 반응(N)이 증가할 때 $\log_2$에 비례하여 증가하므로 2에서 8로 반응이 증가하면 8이 2^3이므로 반응시간은 3배 증가한다.

❖ 반응시간(reaction time) [실기] 1803/2201
- 어떠한 자극이 제시되고 이에 대한 동작을 시작하기까지의 소요 시간을 말한다.
- 자극과 요구 반응의 수에 따라 단순반응시간, 선택반응시간, 변별반응시간으로 구분된다.
- 단순반응시간은 하나의 자극에 대해 하나의 반응을 요구할 때의 반응시간이다.
- 단순(A)반응시간에 영향을 미치는 변수로는 자극 양식, 자극의 특성, 자극 위치, 연령 등이 있다.
- 선택(B)반응시간은 2개 이상의 자극에 대해 각각의 자극에 대해 다른 반응을 요구할 때의 반응시간이다.
- 선택반응시간은 별도의 반응을 요하는 자극 수에 따라 달라진다.
- 선택반응시간은 자극과 반응(N)이 증가할 때 $\log_2$에 비례하여 증가하므로 구하는 식은 $a+b\log_2 N$으로 구한다.
- 변별(C)반응시간은 2개 이상의 자극 중 특정 자극에 대해서만 반응할 때의 반응시간이다.

09 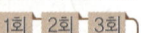 ● Repetitive Learning 1회 2회 3회

각각의 변수가 다음과 같을 때 정보량을 구하는 식으로 틀린 것은?

| n : 대안의 수 | p : 대안의 실현확률 |
| P_k : 각 대안의 실패확률 | P_i : 각 대안의 실현확률 |

① $H=\log_2 n$
② $H=\sum_{k=0}^{n} P_k + \log_2\left(\dfrac{1}{P_k}\right)$
③ $H=\log_2\left(\dfrac{1}{p}\right)$
④ $H=\sum_{k=1}^{n} P_i \log_2\left(\dfrac{1}{P_i}\right)$

[해설]
- ①은 대안이 n개인 경우의 정보량을 구하는 식이다.
- ③은 특정 안이 발생할 확률이 $p(x)$라면 정보량을 구하는 식이다.
- ④는 여러 안이 발생할 경우의 총 정보량을 구하는 식이다.

❖ 정보량 [실기] 1401/2301/2303
- 대안이 n개인 경우의 정보량은 $\log_2 n$으로 구한다.
- 특정 안이 발생할 확률이 $p(x)$라면 정보량은 $\log_2 \dfrac{1}{p(x)}$로 구한다.
- 여러 안이 발생할 경우의 총 정보량은 [개별 확률×개별 정보량의 합]과 같다.

10 ● Repetitive Learning 1회 2회 3회

다음 중 청각적 신호의 식별에 관한 설명으로 틀린 것은?

① JND가 클수록 자극 차원의 변화를 쉽게 검출할 수 있다.
② 1kHz 이하의 순음들에 대한 JND는 작으나, 그 이상의 주파수에서 JND는 급격히 커진다.
③ 청각적 코드로 전달할 정보량이 많을 때에는 다차원 코드 시스템을 사용한다.
④ 주변 소음이 있는 경우 음의 은폐효과가 나타날 수 있다.

> **해설**
> - JND(Just Noticeable Difference)가 작을수록 차원의 변화를 쉽게 검출할 수 있다.
>
> :: 청각
> - 음의 높고 낮은 감각은 음의 주파수에 해당한다.
> - 일반적으로 음이 한 옥타브 높아지면 진동수는 2배 높아진다.
> - 귀는 중음역에 가장 민감하므로 500~3,000Hz의 진동수를 사용한다.
> - JND(Just Noticeable Difference)가 작을수록 차원의 변화를 쉽게 검출할 수 있다.
> - 귀는 음에 대하여 즉각적으로 반응하지 못하며, 순음의 경우는 최소 0.3초 이상 지속되어야 반응이 가능하다.
> - 최소 33Hz 이상의 차이가 있어야 울림이 들리지 않고 두 개의 음으로 구분해서 들을 수 있다.
> - 300m 이상 멀리 보내는 신호는 1,000Hz 이하의 낮은 주파수를 사용한다.
> - 칸막이를 통과하는 신호는 500Hz 이하의 진동수를 사용한다.

11

다음 중 작업공간에 각종 장비 및 장치들의 배치하기 위해 사용하는 원칙이 아닌 것은?

① 비용 절감의 원리
② 중요도의 원리
③ 사용 순서의 원리
④ 사용 빈도의 원천

> **해설**
> - 부품은 사용빈도, 중요도, 기능별, 사용 순서의 원칙에 의해 배치하도록 한다.
>
> :: 작업장 배치의 원칙 실기 1303/1701/2001/2002/2101/2303/2402
> ⊙ 개요
>   - 사용빈도, 중요도, 기능별, 사용 순서의 원칙에 의해 배치한다.
>   - 작업의 흐름에 따라 기계를 배치한다.
>   - 배치의 3단계는 지역배치 → 건물배치 → 기계배치 순으로 이뤄진다.
>   - 공장내외는 안전한 통로를 두어야 하며, 통로는 선을 그어 작업장과 명확히 구별하도록 한다.
>   - 비상시에 쉽게 대비할 수 있는 통로를 마련하고 사고 진압을 위한 활동통로가 반드시 마련되어야 한다.
> ⓒ 원칙
>   - 중요성의 원칙, 사용빈도의 원칙 – 우선적인 원칙
>   - 기능별 배치, 사용 순서의 원칙 – 부품의 일반적인 위치 내에서의 구체적인 배치 기준

12

다음 중 시식별에 영향을 주는 정도가 가장 작은 것은?

① 시력
② 물체 크기
③ 밝기
④ 표적의 형태

> **해설**
> - ④는 시식별에 큰 영향을 주지 않는다.
>
> :: 시식별에 영향을 주는 인자 실기 2103
> - 조도
> - 휘도 및 휘도비
> - 대비
> - 과녁의 이동
> - 노출시간
> - 조명기구
> - 시력(내적인자)
> - 연령(내적인자)

13

시스템의 성능 평가척도의 설명으로 맞는 것은?

① 적절성 – 평가척도가 시스템의 목표를 잘 반영해야 한다.
② 실제성 – 기대되는 차이에 적합한 단위로 측정할 수 있어야 한다.
③ 무오염성 – 비슷한 환경에서 평가를 반복할 경우에 일정한 결과를 나타낸다.
④ 신뢰성 – 측정하려는 변수 이외의 다른 변수들의 영향을 받지 않아야 한다.

> **해설**
> - ②의 실제성은 현실성을 가지며, 실질적으로 이용하기 쉬워야 하는 척도이다.
> - ③의 무오염성은 기준 척도는 측정하고자 하는 변수 이외에 다른 변수의 영향을 받아서는 안 되는 척도를 말한다.
> - ④의 신뢰성은 평가를 반복할 경우 일정한 결과를 얻을 수 있어야 하는 척도이다.
>
> :: 인간공학의 기준 척도
>
> | 타당성 (적절성) | 측정변수가 평가하고자 하는 바를 잘 반영해야 함 |
> |---|---|
> | 무오염성 | 측정변수가 다른 외적변수에 영향을 받지 않아야 함 |
> | 신뢰성 | 비슷한 조건에서 일정 결과를 반복적으로 얻을 수 있어야 함 |
> | 민감도 | 기대되는 정밀도로 측정 가능해야 함 |
> | 실제성 | 현실성을 가지며, 실질적으로 이용하기 쉽다. |

정답 11 ① 12 ④ 13 ①

14

다음 중 일반적인 인간-기계 시스템 내에서의 기본 4가지 기능에 해당되지 않는 것은?

① 정보저장(Information storage)
② 정보감지(Information sensing)
③ 정보처리(Information processing)
④ 정보변환(Information transformation)

해설

- 인간-기계 체계의 기본기능에는 감지기능, 정보처리 및 의사결정 기능, 행동기능, 정보보관기능(4대 기능), 출력기능 등이 있다.

인간-기계 체계

㉠ 개요
- 인간-기계 체계의 주목적은 안전의 최대화와 능률의 극대화에 있다.
- 인간-기계 체계의 기본기능에는 감지기능, 정보처리 및 의사결정기능, 행동기능, 정보보관기능(4대 기능), 출력기능 등이 있다.

㉡ 인간-기계 시스템의 5대 기능

감지기능	인체의 눈과 기계의 표시장치와 같은 감지기능
정보처리 및 의사결정기능	회상, 인식, 정리 등을 통한 정보처리 및 의사결정 기능
행동기능	정보처리의 결과로 발생하는 조작행위(음성 등)
정보보관기능	정보의 저장 및 보관기능으로 위 3가지 기능 모두와 상호작용을 한다.
출력기능	시스템에서 의사 결정된 사항을 실행에 옮기는 과정

15

다음 중 눈의 구조와 관련된 시각기능에 대한 설명으로 올바르지 않은 것은?

① 빛에 대한 감도변화를 '조응'이라 한다.
② 디옵터(diopter)는 '1/초점거리(m)'로 정의된다.
③ 정상인에게 정상 시각에서의 원점은 거의 무한하다.
④ 암순응은 명순응보다 빨리 진행되어 1분 정도에 끝난다.

해설

- 암조응에 걸리는 시간은 30~40분, 명조응에 걸리는 시간은 1~3분 정도이다.

적응(순응)

- 적응(순응)은 밝은 곳에 있다가 어두운 곳에 들어설 경우 차츰 어둠에 적응하여 보이기 시작하는 특성을 말한다.
- 암조응에 걸리는 시간은 30~40분, 명조응에 걸리는 시간은 1~3분 정도이다.
- 적색 안경은 암조응을 촉진한다.

16

다음 중 인간의 작업 기억(working memory)에 관한 설명으로 틀린 것은?

① 정보를 감지하여 작업 기억으로 이전하기 위해서 주의(attention) 자원이 필요하다.
② 청각정보보다 시각정보를 작업 기억 내에 더 오래 기억할 수 있다.
③ 작업 기억의 정보는 감각, 신체, 작업코드의 세 가지로 코드화된다.
④ 작업 기억 내에 정보의 의미 있는 단위(chunk)로 저장이 가능하다.

해설

- 일반적으로 작업기억의 정보는 시각(visual), 음성(phonetic), 의미(semantic) 코드의 3가지로 코드화 된다.

인간의 작업 기억(working memory)

- 단기기억과 같은 개념으로도 사용되나 단기기억이 단순 저장고의 개념이라면 작업기억은 능동적인 정신작업이 수반되는 것을 포함한다고 볼 수 있다.
- 정보를 감지하여 작업 기억으로 이전하기 위해서 주의(attention) 자원이 필요하다.
- 청각정보보다 시각정보를 작업 기억 내에 더 오래 기억할 수 있다.
- 일반적으로 작업기억의 정보는 시각(visual), 음성(phonetic), 의미(semantic) 코드의 3가지로 코드화 된다.
- 작업 기억 내에 정보의 의미 있는 단위(chunk)로 저장이 가능하다.

17 코드화 시스템 사용상의 일반적인 지침과 가장 거리가 먼 것은?

① 정보를 코드화한 자극은 검출이 가능해야 한다.
② 2가지 이상의 코드차원을 조합해서 사용하면 정보전달이 촉진된다.
③ 자극과 반응간의 관계가 인간의 기대와 모순되지 않아야 한다.
④ 모든 코드 표시는 감지장치에 의하여 다른 코드 표시와 구별되어서는 안 된다.

해설
- ④는 변별성의 개념으로 모든 암호는 다른 암호 표시와 구별될 수 있어야 한다.

암호화(Coding)
㉠ 개요
- 원래의 신호 정보를 새로운 형태로 변화시켜 표시하는 것을 말한다.
- 형상, 크기, 색채 등 작업자가 쉽게 기계 및 기구를 식별하도록 암호화한다.

㉡ 암호화 지침

검출성	감지가 쉬워야 한다.
표준화	표준화되어야 한다.
변별성	다른 암호 표시와 구별될 수 있어야 한다.
양립성	인간의 기대와 모순되지 않아야 한다.
부호의 의미	사용자가 그 뜻을 분명히 알 수 있어야 한다.
다차원의 암호 사용가능	두 가지 이상의 암호 차원을 조합해서 사용하면 정보전달이 촉진된다.

18 청각의 특성 중 2개음 사이의 진동수 차이가 얼마 이상이 되면 울림(beat)이 들리지 않고 각각 다른 두 개의 음으로 들리는가?

① 5Hz ② 11Hz
③ 22Hz ④ 33Hz

해설
- 최소 33Hz 이상의 차이가 있어야 울림이 들리지 않고 두 개의 음으로 구분해서 들을 수 있다.

청각
- 음의 높고 낮은 감각은 음의 주파수에 해당한다.
- 일반적으로 음이 한 옥타브 높아지면 진동수는 2배 높아진다.
- 귀는 중음역에 가장 민감하므로 500∼3,000Hz의 진동수를 사용한다.
- JND(Just Noticeable Difference)가 작을수록 차원의 변화를 쉽게 검출할 수 있다.
- 귀는 음에 대하여 즉각적으로 반응하지 못하며, 순음의 경우는 최소 0.3초 이상 지속되어야 반응이 가능하다.
- 최소 33Hz 이상의 차이가 있어야 울림이 들리지 않고 두 개의 음으로 구분해서 들을 수 있다.
- 300m 이상 멀리 보내는 신호는 1,000Hz 이하의 낮은 주파수를 사용한다.
- 칸막이를 통과하는 신호는 500Hz 이하의 진동수를 사용한다.

19 어떤 인체측정 데이터가 정규분포를 따른다고 한다. 제50백분위수(percentile)가 100mm이고, 표준편차가 5mm일 때 정규분포곡선에서 제95백분위수는 얼마인가?

구분	1%tile	5%tile	10%tile
F	−2.326	−1.645	−1.2821

① 88.37mm ② 91.775mm
③ 106.41mm ④ 108.225mm

해설
- 50%tile이 100mm라는 것은 평균이 100mm임을 의미한다.
- 표준편차가 주어지고 95백분위수는 5%tile 계수를 적용하여 구한다.
- 95백분위수는 평균보다 큰 값이므로 %tile = 100 + (5×1.645) = 108.225가 된다.

인체계측에서 백분위수(%tile)
㉠ 개요
- 크기가 있는 자료를 순서대로 나열하여 백분율로 나타낸 특정 위치의 값을 말한다.
- %tile = 평균값 ± (표준편차 × %tile 계수)로 구한다.
- 조절 범위에서 수용하는 통상의 범위는 5∼95%tile이다.

㉡ %tile 구하는 방법
- 5%tile = 평균 − 1.645 × 표준편차로 구한다.
- 95%tile = 평균 + 1.645 × 표준편차로 구한다.

20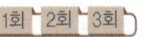

글자체의 인간공학적 설계에 관한 설명으로 적합하지 않은 것은?

① 문자나 숫자의 높이에 대한 획 굵기의 비를 획폭비라 한다.
② 흰 숫자의 경우, 최적 독해성을 주는 획폭비는 1:3정도이다.
③ 흰 모양이 주위의 검은 배경으로 번지어 보이는 현상을 광삼(Irradiation) 현상이라 한다.
④ 숫자의 경우 표준 종횡비로 약 3:5를 권장하고 있다.

해설
- ②에서 흰 숫자의 경우 최적 획폭비는 1:8~1:10 정도이다.
- **글자체의 인간공학적 설계**
  - 문자나 숫자의 높이에 대한 획 굵기의 비를 획폭비라 한다.
  - 흰 모양이 주위의 검은 배경으로 번지어 보이는 현상을 광삼(Irradiation) 현상이라 한다.
  - 영문자의 경우 흰 바탕에 검은 글자는 최적 획폭비가 1:6~1:8정도이고, 검은 바탕에 흰 글자의 경우는 1:8~1:10 정도이다.
  - 숫자의 경우, 표준 종횡비로 약 3:5를 권장하고 있다.
  - 흰 숫자의 경우 최적 획폭비는 1:8~1:10 정도이다.

2과목 작업생리학

21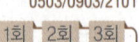

다음 중 일정(constant) 부하를 가진 작업 수행 시 인체의 산소소비량 변화를 나타낸 그래프로 옳은 것은?

①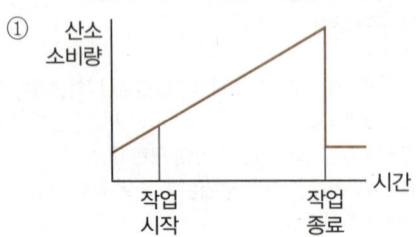

②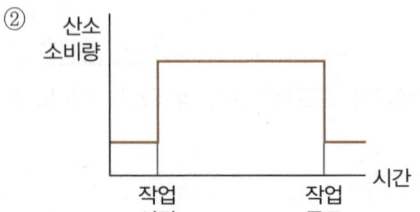

③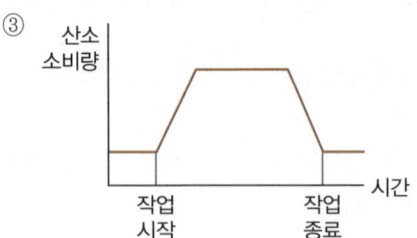

④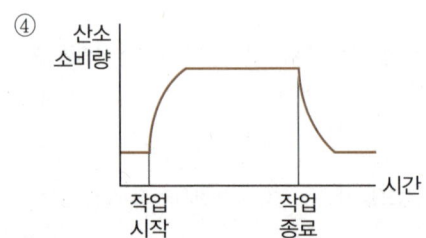

해설
- 강도 높은 작업을 진행하게 되면 일정한 시간까지 산소 소비량이 증가하다가 이후 산소 공급량이 한계에 차게 되면 일정한 산소 소비량을 보인다. 이후 작업이 끝나고 난 뒤에도 산소부채에 의해 일정한 시간까지 산소 소비량이 유지된다.
- **산소부채(산소 빚, oxygen debt)**
  - 인체활동이나 작업종료 후에도 체내에 쌓인 젖산을 제거하기 위해 산소가 더 필요하게 되는 것을 말한다.
  - 강도 높은 작업을 마친 후 휴식 중에도 근육에 추가적으로 소비되는 산소량을 말한다.

22

유산소(aerobic) 대사과정으로 인한 부산물이 아닌 것은?

① 젖산
② CO_2
③ H_2O
④ 에너지

해설
- ①은 산소가 없는 무기성(혐기성) 대사과정으로 인한 부산물이다.
- **젖산(Lactic acid)**
  - 신체 활동 수준이 너무 높아 근육에 공급되는 산소량이 부족하여 생기는 피로물질이고, 젖산의 축적은 근육피로의 1차적 원인이 된다.

- 피루브산이 변화되어 생성된다.
- 무기성(혐기성) 대사과정으로 인한 부산물이다.
- 계속적인 활동 시 혈액으로부터 양분과 산소를 공급받아야 하며 이때 충분한 산소 공급이 되지 않을 경우 젖산은 축적된다.
- 축적된 젖산은 산소와 결합하여 물과 이산화탄소로 분해되어 배출된다.
- 젖산이 누적되면 결국 근육은 반응을 하지 않게 된다.

- 육체적 작업부하의 주관적 평가방법이다.
- 정신적 부담 작업과 육체적 부담 작업 양쪽 모두에 사용 할 수 있다.
- 척도의 양끝은 최소 심장 박동률과 최대 심장 박동률을 나타낸다.
- 작업자들이 주관적으로 지각한 신체적 노력의 정도를 6~20 사이의 척도로 평정한다.

23

다음 중 1촉광(candle power)이 발하는 광량은 약 어느 정도인가?

① 1π루멘   ② 2π루멘
③ 4π루멘   ④ 8π루멘

해설
- 1candela는 4π lumen에 해당한다.
- 광도(Luminous intensity)
  - 광도는 광원에서 일정한 방향으로의 밝기를 말하며, 단위는 칸델라(cd)를 사용한다.
  - 지름이 2.54cm되는 촛불이 수평 방향으로 비칠 때의 빛의 광도를 나타낸다.
  - 1candela는 4π lumen에 해당한다.
  - 광속은 광원의 밝기를 말하며, 단위는 루멘(lm)을 사용한다.
  - 광도 = 조도 × (거리)^{2}으로 구한다.

24

생리적 활동의 척도 중 Borg의 RPE(Ratings of Perceived Exertion) 척도에 대한 설명으로 옳지 않은 것은?

① 육체적 작업부하의 주관적 평가방법이다.
② NASA-TLX와 동일한 평가척도를 사용한다.
③ 척도의 양끝은 최소 심장 박동률과 최대 심장 박동률을 나타낸다.
④ 작업자들이 주관적으로 지각한 신체적 노력의 정도를 6~20 사이의 척도로 평정한다.

해설
- ②에서 NASA-TLX는 0~100까지의 평가척도를 사용한다.
- Borg의 RPE(Ratings of Perceived Exertion)
  - 운동자각도로 내가 하는 운동이 얼마나 힘든지에 대한 생리적 측정을 주관적 평점등급으로 대체하기 위하여 개발된 평가척도이다.

25

다음 중 작업장 실내에서 일반적으로 추천 반사율이 가장 높은 곳은?(단, IES기준이다)

① 천장   ② 바닥
③ 벽   ④ 책상면

해설
- 옥내 조명에서 최적 반사율의 크기는 바닥<가구<벽<천장 순으로 커진다.
- 실내 면 반사율
  ㉠ 개요
  - 빛을 포함한 여러 종류의 복사파가 물체의 표면에서 어느 정도 반사되는지를 나타낸다.
  - 반사율 = $\frac{광도}{조도}$ × 100로 구한다.
  - 반사율이 각각 L_a, L_b인 두 물체의 대비는 $\frac{L_a - L_b}{L_a}$ × 100으로 구한다.
  ㉡ 실내 면의 추천 반사율

천장	80~90%
벽	40~60%
가구 및 사무용 기기	25~45%
바닥	20~40%

26

네 모서리에 저울 역할을 하는 무게 센서가 설치된 힘판(force plate) 위에 한 사람이 서 있다. 네 모서리에서 무게가 각각 20, 20, 30, 30kg이라면 이 사람의 몸무게는 얼마인가?(단, 아무런 물체가 없을 때의 네 모서리 무게는 0으로 설정되어 있다)

① 50kg   ② 70kg
③ 100kg   ④ 120kg

> **해설**
> - 무게와 거리의 곱인 모멘트가 같은 위치를 무게중심이라고 한다.
> - 각 모서리 무게 센서의 합은 20+20+30+30=100kg이고, 이것이 사람의 몸무게에 해당한다.
> - :: 정적 평형상태(Static equilibrium) 실기 1901/2103/2201
>   - 물체나 신체가 움직이지 않는 상태이다.
>   - 작용하는 모든 힘의 총합이 0인 상태이다.
>   - 작용하는 모든 모멘트의 총합이 0인 상태이다.
>   - 힘이 거리에 비례하여 발생한다.

27 ● Repetitive Learning 1회 2회 3회

다음 중 신체의 관상 면을 따라 팔이나 다리 옆으로 들어 올리는 동작 유형을 무엇이라 하는가?

① 외전(abduction)
② 회전(rotation)
③ 굴곡(flexion)
④ 내전(adduction)

> **해설**
> - ②는 뼈의 긴 축을 중심으로 제자리에서 돌아가는 운동이다.
> - ③은 굽힘이라고도 하며, 관절에서 구부러져 각이 작아지는 움직임으로 신전(폄, extension)의 반대되는 동작이다.
> - ④는 모음이라고도 하며, 신체의 외부에서 중심선으로 이동하는 신체의 움직임으로 외전(벌림, abduction)의 반대되는 동작이다.
> - :: 외전(벌림, abduction)
>   - 신체 중심선으로부터 밖으로 이동하는 신체의 움직임을 말한다.
>   - 신체의 관상 면을 따라 팔이나 다리 옆으로 들어 올리는 동작 유형이 있다.

28 ● Repetitive Learning 1회 2회 3회 1703

육체 활동에 따른 에너지소비량이 가장 큰 것은?

①
②
③
④

> **해설**
> - ①의 에너지 소비량은 10Kcal/min, ②의 에너지 소비량은 8kcal/min, ③의 에너지 소비량은 6.8kcal, ④의 에너지 소비량은 4.0kcal이다.
> - :: 자세별, 작업별 에너지 소비량
>   - ㉠ 자세별
>   - 선 자세는 앉거나 누워있는 자세에 비해 시간당 약 7.5kcal를 더 소비한다.
>   - 튼튼한 고정면(지면)에 손을 지지한 채 행하는 자세가 가장 에너지 소비량이 적은 자세이다.
>   - ㉡ 작업별
>
> | 작업구분 | 에너지 소비량(kcal/min) |
> |---|---|
> | 중(重)작업 | 7.5 ~ 10.0 |
> | 중(中)작업 | 5.0 ~ 7.5 |
> | 경(輕)작업 | 2.5 ~ 5.0 |

29 ● Repetitive Learning 1회 2회 3회

다음 중 은폐(masking) 현상에 관한 설명으로 옳은 것은?

① 일정한 강도 및 진동수 이상의 소음에 노출되었을 때 점차 청각 기능을 잃게 되는 현상이다.
② 음의 한 성분이 다른 성분에 대한 귀의 감수성을 감소시키는 상황이다.
③ 동일한 소음을 내는 설비 2대가 동시에 가동될 때 소음 수준이 3dB 정도 증가하는 현상이다.
④ 소음 수준(dB)이 같은 3가지 음이 합쳐졌을 때 음의 강도가 일정하게 증가되는 현상이다.

> **해설**
> - ①은 소음성 난청에 대한 설명이다.
> - 은폐효과는 사무실의 자판 소리 때문에 말소리가 묻히는 경우와 같이 내부음성 또는 작업과 관련된 음향신호가 은폐 음에 의해 방해받는 현상을 말한다.
> - :: 은폐(Masking)효과
>   - 음의 한 성분이 다른 성분에 대한 귀의 감수성을 감소시키는 상황을 말한다.

- 사무실의 자판 소리 때문에 말소리가 묻히는 경우와 같이 내부 음성 또는 작업과 관련된 음향신호가 은폐 음에 의해 방해받는 현상을 말한다.
- 피은폐된 한 음의 가청역치가 다른 은폐된 음 때문에 높아지는 현상을 말한다.
- 은폐효과가 가장 큰 것은 음폐음과 배음의 주파수가 가까울 때이다.
- 소리가 들린다는 것을 확신할 수 있는 최소한의 음 강도는 은폐음보다 15dB 이상이어야 한다.

30

다음 중 상온에서 추운 환경으로 바뀔 때 신체의 조절 작용이 아닌 것은?

① 피부 온도가 내려간다.
② 몸이 떨리고 소름이 돋는다.
③ 직장(直腸)온도가 약간 올라간다.
④ 피부를 순환하는 혈액량은 증가한다.

해설
- 적정온도에서 추운 환경으로 변화하면 피부를 경유하는 혈액 순환량이 감소하고 많은 양의 혈액은 주로 몸의 중심부를 순환한다.
- 적정온도에서 추운 환경으로 변화
  - 직장의 온도가 올라간다.
  - 피부의 온도가 내려간다.
  - 몸이 떨리고 소름이 돋는다.
  - 피부를 경유하는 혈액 순환량이 감소하고 많은 양의 혈액은 주로 몸의 중심부를 순환한다.

31

점멸융합주파수(flicker fusion frequency)에 관한 설명으로 맞는 것은?

① 중추신경계의 정신피로의 척도로 사용된다.
② 작업시간이 경과할수록 점멸융합주파수는 높아진다.
③ 쉬고 있을 때 점멸융합주파수는 대략 10 ~ 20Hz이다.
④ 마음이 긴장되었을 때나 머리가 맑을 때의 점멸융합주파수는 낮아진다.

해설
- ②에서 정신적으로 피로하면 주파수의 값이 감소한다.
- ③에서 휴식시의 점멸융합주파수는 대략 80Hz이다.
- ④에서 마음이 긴장되었을 때나 머리가 맑을 때의 점멸융합주파수는 높아진다.
- 점멸융합주파수(Flicker fusion frequency)
  ㉠ 개요
    - 시각적 혹은 청각적으로 주어지는 계속적인 자극을 연속적으로 느끼게 되는 주파수를 말한다.
    - 중추신경계의 정신적 피로도의 척도를 나타내는 대표적인 측정값이다.
    - 정신적으로 피로하면 주파수의 값이 감소한다.
  ㉡ 시각적 점멸융합주파수(VFF)
    - 빛의 검출성에 영향을 주는 인자 중의 하나로 점멸속도가 약 30Hz 이상이면 불이 계속 켜진 것처럼 보인다.
    - 암조응 시에는 VFF가 감소한다.
    - 휘도만 같다면 색상은 주파수에 영향을 주지 않는다.
    - 표적과 주변의 휘도가 같을 때 최대가 된다.
    - 주파수는 조명 강도의 대수치에 선형적으로 비례한다.
    - 사람들 간에는 큰 차이가 있으나 개인의 경우 일관성이 있다.

32

다음 중 기체 교환에 의해 혈액으로 유입된 산소가 전신으로 운반되는 형태로 올바른 것은?

① 산화 혈색소 형태
② 중탄산 이온 형태
③ 용해 이산화탄소 형태
④ 혈장단백질과 결합된 형태

해설
- 산소의 거의 대부분, 이산화탄소의 약 23%가 산화 혈색소에 해당되는 헤모글로빈에 결합하여 이동된다.
- 기체 교환
  - 호흡계를 통해 산소와 이산화탄소의 이동을 말한다.
  - 산소는 98% 이상 헤모글로빈(산화 혈색소)에 결합하여 이동된다.
  - 이산화탄소는 약 23%가 헤모글로빈과 결합한 형태로 이동되고 70% 정도는 혈장 속에서 탄산수소나트륨의 형태로 이동된다.

정답 30 ④ 31 ① 32 ①

33

유세포 기능이 정상적으로 움직이기 위해서는 내부 환경이 적정한 범위 내에서 조절되어야 한다. 이것을 자율신경계에 의한 신경성 조절과 내분비계에 의한 체액성 조절에 의해서 유지되고 있는데 다음 중 그 특징으로 옳은 것은?

① 신경성 조절은 조절속도가 빠르고 효과가 길다.
② 신경성 조절은 조절속도가 빠르고 효과가 짧다.
③ 내분비계 조절은 조절속도가 빠르고 효과가 짧다.
④ 내분비계 조절은 조절속도가 빠르고 효과가 길다.

해설
- 내분비계 조절은 호르몬을 통해 전달 속도는 느리지만 효과가 지속적이나 신경성 조절은 속도가 빠르나 효과가 일시적이다.
- **항상성**
  - 항상성에 관여하는 기관은 신경계와 내분비계이다.
  - 항상성은 호르몬과 자율신경계에 의해 유지된다.
  - 호르몬은 내분비샘에서 생성되어 혈액이나 조직액으로 분비된다.
  - 호르몬은 전달 속도는 느리지만 효과가 지속적이다.
  - 신경성 조절은 조절속도가 빠르고 효과가 짧다.

34

근육운동 중 근육의 길이가 일정한 상태에서 힘을 발휘하는 운동을 나타내는 것은?

① 등장성 운동   ② 등속성 운동
③ 등척성 운동   ④ 단축성 운동

해설
- ①은 근섬유의 길이가 짧아지면서 관절각이 변하는 수축성 운동을 말한다.
- ②는 미리 정해진 각속도로 가해지는 힘과는 상관없이 움직이는 운동으로 전용 기구를 사용하여야 가능한 운동이다.
- ④는 구심성 수축이라고 불리는 근육의 길이가 짧아지면서 일어나는 수축으로 등장성 수축에 해당하는 운동이다.
- **등척성 운동**
  - 근육의 길이나 각도가 일정한 상태에서 힘을 발휘하는 운동을 말한다.
  - 고정된 물건에 최대한의 힘을 가하는 정적운동을 말한다.

35

하루 8시간 근무시간 중 6시간 동안 철판조립 작업을 수행하고, 2시간 동안 서류 작업 및 휴식을 하는 작업자가 있다. 작업자의 산소소비량은 철판조립 작업 시 2.1L/min 서류 작업 및 휴식 시 0.2L/min인 것으로 측정되었다. 이 작업자가 하루 근무 시간 중 소비하는 에너지 소비량은 얼마인가?(단, 산소소비량 1L의 에너지 등가는 5kcal이다)

① 3,800kcal   ② 3,900kcal
③ 4,400kcal   ④ 4,500kcal

해설
- 6시간 철판조립 시 산소소비량은 2.1×6×60=756L이다.
- 2시간 서류및 휴식 시 산소소비량은 0.2×2×60=24L이다.
- 총 산소 소비량은 756+24=780L이다.
- 에너지 소비량은 780×5=3,900kcal이다.
- **공기의 조성** 실기 1303/1401/2402
  - 작업 중 소비되는 산소 소비량을 계산하기 위한 흡기 시 공기의 조성은 질소 79%, 산소 21%이다.
  - 배기되는 공기의 조성에서 질소는 79%로 동일하지만 호흡으로 인해 산소가 소모된 만큼 이산화탄소가 생성된다.
  - 1L의 산소소비량은 5kcal의 에너지를 생성한다.

36

다음 중 음(音)에 관한 설명으로 옳은 것은?

① sone과 phon의 환산식 $sone=2^{\frac{phon-20}{10}}$ 이다.
② 1,000Hz 순음의 60dB 음의 세기 레벨의 음의 크기를 1sone이라고 한다.
③ sone의 값이 2배로 증가하면 감각의 양은 4배로 증가한다.
④ 어떤 음의 음량 수준을 나타내는 phon값은 이 음과 같은 크기로 들리는 1,000Hz 순음의 음압 수준(dB)을 의미한다.

해설
- ①에서 $sone=2^{\frac{phon-40}{10}}$ 으로 구한다.
- ②에서 1sone은 40dB의 1,000Hz 순음의 크기를 말한다.
- ③에서 sone 값이 2배로 증가하면 감각의 양은 10 phon 증가한다.

33 ② 34 ③ 35 ② 36 ④

- **phon 값**
  - 1,000Hz의 주파수를 기준으로 각 주파수별 동일한 음량을 주는 음압을 평가하는 척도의 단위이다.
  - 음압수준이 120dB일 경우 1,000Hz에서의 phon값은 120이다.
  - 1,000Hz대의 20dB크기의 소리는 20phon이다.
  - 상이한 음의 상대적 크기에 대한 정보는 나타내지 못한다.

37

다음 중 평활근과 관련이 없는 것은?

① 민무늬근
② 내장근
③ 불수의근
④ 골격근

해설
- ④는 가로무늬근이라 불리며, 수의근이다.
- **뼈대근육(골격근, skeletal muscle)** 실기 2103
  - 뼈나 힘줄에 붙어서 우리 몸의 움직임을 만드는 근육조직이다.
  - 골격근의 기본구조는 근섬유분절이다.
  - 체중의 약 40%를 차지하고 있다.
  - 건(tendon)에 의해 뼈에 붙어 있다.
  - 400개 이상이 신체 양쪽에 쌍으로 있다.
  - 가로무늬근이라 불리며, 수의근이다.

38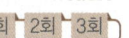

1703/2001

근육 운동에 있어 장력이 활발하게 생기는 동안 근육이 가시적으로 단축되는 것을 무엇이라 하는가?

① 연축(twitch)
② 강축(tetanus)
③ 원심성 수축(eccentric contraction)
④ 구심성 수축(concentric contraction)

해설
- ①은 근육에 단일 자극이 가해질 때 근육이 한 번 수축하는 현상을 말한다.
- ②는 근육이 2개 이상의 자극을 짧은 간격으로 반복하여 가했을 때 단수축이 융합하여 보다 큰 수축이 일어나는 현상을 말한다.
- ③은 근육의 길이가 늘어나는 등장성 수축이다.
- **구심성 수축(concentric contraction)**
  - 근육의 길이가 짧아지면서 근육 내에 장력이 발생하는 수축을 말한다.
  - 등장성 수축에 해당한다.

39

다음 중 조명 또는 진동에 관한 설명으로 틀린 것은?

① 산업안전보건법령상 상시 작업하는 장소와 초정밀작업 시 작업면의 조도는 750럭스 이상으로 한다.
② 전신진동은 진폭에 반비례하여 추적 작업에 대한 효율을 떨어뜨리며, 20 ~ 25Hz 범위에서 심해진다.
③ 진동을 측정하는 방법은 주파수 분석계, 가속도계 등이 있다.
④ 반사 휘광이 처리 방법으로는 간접 조명 수준을 높이고 발광체의 강도를 줄인다.

해설
- ②에서 진동은 진폭에 비례해 추적능력을 손상하며 5Hz 이하의 낮은 진동수에서 가장 심하다. 시력손상은 10 ~ 25Hz에서 가장 심하다.
- **진동이 인체에 미치는 영향**
  - 심박수가 증가한다.
  - 장시간 노출 시 근육 긴장을 증가시킨다.
  - 시성능은 10 ~ 25Hz 대역의 경우 가장 심하게 영향을 받으며, 60 ~ 90Hz에서 안구가 공명한다.
  - 추적능력은 5Hz 이하의 낮은 진동수에서 가장 영향을 많이 받는다.
  - 머리와 어깨 부위의 공명주파수는 20 ~ 30Hz이다.
  - 등이나 허리뼈에 가장 위험한 주파수는 8 ~ 12Hz이다.
  - 흉부와 복부의 고통을 일으키는 주파수는 4 ~ 10Hz이다.
  - 중앙 신경계의 처리 과정과 관련되는 과업의 성능은 진동의 영향을 비교적 덜 받는다.
  - 레이노 증후군(Raynaud's phenomenon)은 진동으로 인한 말초혈관운동의 장해로 발생한다.

40

1003

다음 중 사무실공기관리지침에 따라 사무실의 공기를 관리하고자 할 때 오염물질의 관리기준이 잘못된 것은?

① 석면은 0.01개/cc 이하이어야 한다.
② 일산화탄소(CO)는 10ppm 이하이어야 한다.
③ 이산화탄소(CO_2)의 농도는 100ppm 이하이어야 한다.
④ 포름알데히드(HCHO)의 농도가 0.1ppm 이하이어야 한다.

해설
- 이산화탄소의 관리기준은 8시간 시간가중평균농도를 기준으로 1,000ppm 이하이어야 한다.

사무실 오염물질 관리기준
• 8시간 시간가중평균농도를 기준으로 한다.

오염물질	관리기준
미세먼지(PM10)	100μg/m³
초미세먼지(PM2.5)	50μg/m³
이산화탄소(CO_2)	1,000ppm
일산화탄소(CO)	10ppm
이산화질소(NO_2)	0.1ppm
포름알데히드(HCHO)	100μg/m³
총휘발성유기화합물(TVOC)	500μg/m³
라돈(radon)	148Bq/m³
총부유세균	800CFU/m³
곰팡이	500CFU/m³

3과목 산업심리학 및 관련법규

41
안전관리의 개요에 관한 설명으로 틀린 것은?

① 안전의 3요소는 Engineering, Education, Economy 이다.
② 안전의 기본원리는 사고방지차원에서의 산업재해 예방활동을 통해 무재해를 추구하는 것이다.
③ 사고방지를 위해서 현장에 존재하는 위험을 찾아내고, 이를 제거하거나 위험성(risk)을 최소화한다는 위험통제의 개념이 적용되고 있다.
④ 안전관리란 생산성을 향상시키고 재해로 인한 손실을 최소화하기 위하여 행하는 것으로 재해의 원인 및 경과의 규명과 재해방지에 필요한 과학 기술에 관한 계통적 지식체계의 관리를 의미한다.

해설
• ①에서 안전의 3요소는 교육(Education), 기술(Engineering), 관리(Enforcement)에 해당된다.

하베이(Harvey)의 안전대책 선정의 원칙 3E

교육(Education)적 대책	안전교육 및 훈련 대책
기술(Engineering)적 대책	시설 장비 및 기준의 개선 대책
관리(Enforcement)적 대책	안전 감독의 철저 등의 대책

42
다음 중 인간수행에 스트레스가 미치는 영향을 극소화하는 방법으로 옳은 것은?

① 스트레스 대처법은 디자인 해결법과 개인적인 해결법이 있다.
② 응급상황에 대처하기 위해 분산적인 훈련이 매우 유용하다.
③ 정보 지원에 대한 지각적 해소화가 일어나면 정보를 다양화시킨다.
④ 규칙적인 호흡을 이용한 정상적 이완을 각성상태를 유지할 수 없어 수행을 저해시킨다.

해설
• 스트레스 대처법은 디자인 해결법(조직차원)과 개인적인 해결법이 있다.

스트레스 대처방안
ⓘ 개요
• 스트레스 대처법은 디자인 해결법(조직차원)과 개인적인 해결법이 있다.
ⓒ 개인적인 해결법
• 근육이나 정신을 이완시킴으로서 스트레스를 통제 한다.
• 규칙적인 운동을 통하여 근육긴장과 고조된 정신 에너지를 경감시킨다.
• 동료들과 대화를 하거나 노래방에서 가까운 친지들과 함께 자신의 감정을 표출하여 긴장을 방출한다.
ⓒ 디자인 해결법(조직차원)
• 역할분석(개인의 역할을 명확히 함)
• 직무재설계(개인의 기술과 능력에 맞게 직무를 할당)
• 참여 관리
• 우호적인 직장 분위기 조성
• 사회적 자원의 제공
• 조직구조나 기능의 변화
• 경력계획과 개발 과정의 수립 및 상담 제공
ⓔ 사회적 대책
• 보살핌, 금전적 지원(도구적 지원) 등

43
다음 중 민주형 리더십의 특징에 관한 설명으로 틀린 것은?

① 자발적 행동이 나타났다.
② 구성원 간의 상호관계가 원만하다.
③ 맥그리거의 X 이론에 근거를 둔다.
④ 모든 정책이 집단 토의나 결정에 의해서 이루어진다.

해설
- 민주적 리더십은 맥그리거의 Y이론에 근거를 둔다.

❖ 민주적 리더십
- 인간관계를 중심에 놓는다(부하 중심적).
- 맥그리거의 Y이론에 근거를 둔다.
- 리더의 지원에 의한 집단 토론식 결정을 한다.
- 조직원의 적극적인 참여와 자율성을 강조한다.
- 조직원의 창의성을 개발할 수 있다.
- 생산성과 사기가 높게 나타난다.
- 구성원 간의 상호관계가 원만하다.

44 ── Repetitive Learning 1회 2회 3회

다음 중 직무스트레스에 관한 설명으로 틀린 것은?

① 성격이 A형인 사람들은 B형에 비해 스트레스에 노출될 가능성이 훨씬 높다.
② 스트레스가 아주 없는 상황에서는 순기능 스트레스로 작용한다.
③ 내적 통제자들은 외적 통제자들보다 스트레스를 적게 받는다.
④ 스트레스 수준의 측정방법으로 생리적 변환측정, 설문조사법 등이 있다.

해설
- ②에서 스트레스가 아주 없는 경우도 부정적이며, 적정수준의 스트레스는 작업성과에 긍정적으로 작용한다.

❖ 스트레스
- 위협적인 환경특성에 대한 개인의 반응이라고 볼 수 있다.
- 코티졸(cortisol)은 스트레스를 받을 때 몸에서 생성되는 호르몬으로 스트레스 정도를 파악하는데 사용된다.
- 스트레스는 근골격계 질환에 영향을 줄 수 있다.
- 스트레스를 받게 되면 자율 신경계가 활성화 된다.
- 적정수준의 스트레스는 작업성과에 긍정적으로 작용한다(스트레스 수준과 수행은 역U자형의 관계를 갖는다).
- 지나친 스트레스를 지속적으로 받으면 인체는 자기조절능력을 상실할 수 있다.
- 일반적으로 내적 통제자들은 외적 통제자들보다 스트레스를 적게 받는다.
- A형 성격을 가진 사람이 B형 성격을 가진 사람보다 높은 스트레스를 받을 가능성이 있다.

45 ── Repetitive Learning 1회 2회 3회

다음 중 안전관리조직에 있어 명령계통이 일원화되는 반면 전문적 기술의 확보가 어렵고, 소규모 조직에 적용하기 용이한 조직의 형태는?

① 라인 조직
② 스텝 조직
③ 관음 조직
④ 위원회 조직

해설
- ②는 안전업무를 관장하는 전문부분인 스태프(Staff)가 안전관리 계획안을 작성하고, 실시계획을 추진하며, 이를 위한 정보의 수집과 주지, 활용하는 역할을 수행하는 조직이다.
- ④는 특정 목적을 위해 공동의사를 결정하는 회의체로서 현대에 많은 기업체에서 경영의 실천과정으로 도입하고 있는 조직의 형태를 말한다.

❖ 직계(Line)형 조직
  ㉠ 개요
  - 경영자의 지휘와 명령이 위에서 아래로 하나의 계통이 되어 신속히 전달되며 100명 이하의 소규모 기업에 적합한 유형이다.
  - 안전관리의 계획부터 실시·평가까지 모든 것이 생산 라인을 통하여 이뤄진다.
  ㉡ 특징
  - 안전에 관한 지시나 조치가 신속하고 철저하다.
  - 참모형 조직보다 경제적인 조직이다.
  - 안전보건에 관한 전문 지식이나 기술의 결여라는 단점이 있다.

46 ── Repetitive Learning 1회 2회 3회

1003/1801/2101

선택반응시간(Hick의 법칙)과 동작시간(Fitts의 법칙)의 공식에 대한 설명으로 옳은 것은?

- 선택반응시간 $= a + b\log_2 N$
- 동작시간 $= a + b\log_2\left(\dfrac{2A}{W}\right)$

① N은 자극과 반응의 수, A는 목표물의 너비, W는 움직인 거리를 나타낸다.
② N은 감각기관의 수, A는 목표물의 너비, W는 움직인 거리를 나타낸다.
③ N은 자극과 반응의 수, A는 움직인 거리, W는 목표물의 너비를 나타낸다.
④ N은 감각기관의 수, A는 움직인 거리, W는 목표물의 너비를 나타낸다.

정답 | 44 ② 45 ① 46 ③

해설
- N은 자극과 반응의 수이고, A와 W는 운동거리와 목표물과의 거리를 의미한다.

Hick-Hyman의 법칙
- 운전원이 신호를 보고 어떤 장치를 조작해야 할지를 결정하기까지 걸리는 시간을 예측할 수 있다.
- 예상치 못한 자극에 대한 일반적인 반응시간은 대안이 2배 증가할 때마다 약 0.15초(150ms) 정도가 증가한다.
- 선택반응시간은 자극 정보량의 선형함수로 $RT = a + b\log_2 N$로 구한다. 이때 a와 b는 상수, N은 자극과 반응의 수이다.

Fitts의 법칙
- 인간의 제어 및 조정능력을 나타내는 법칙으로 인간의 손이나 발을 이동시켜 조작장치를 조작하는 데 걸리는 시간을 표적까지의 거리와 표적 크기의 함수로 나타낸다.
- 표적이 작고 이동거리가 길수록 이동시간이 증가한다.
- 자동차 가속 페달과 브레이크 페달 간의 간격, 브레이크 폭 등을 결정하는데 사용할 수 있는 가장 적합한 인간공학 이론이다.
- 난이도 지수는 $\log_2\left(\dfrac{2A}{W}\right)$로 구한다.
- 동작시간 $= a + b\log_2\left(\dfrac{2A}{W}\right)$ [ms]로 구한다. 이때 a와 b는 단순반응시간, 선택반응시간, A는 동작거리, W는 목표물의 폭이다.

---

47 • Repetitive Learning 1회 2회 3회

다음 중 강도율(Severity Rate of injury)에 관한 설명으로 옳은 것은?

① 연간근로시간 1,000,000시간당 발생한 재해발생건수를 말한다.
② 개인이 평생 근무 시 발생할 수 있는 근로손실일수를 말한다.
③ 재해 사건 당 발생한 평균근로손실일수를 말한다.
④ 연간 근로시간 1,000시간당 발생한 근로손실일수를 말한다.

해설
- ①은 도수율에 대한 설명이다.
- ②는 환산강도율에 대한 설명이다.

재해율 관련 공식

재해율	$\dfrac{\text{재해자수}}{\text{산재보험적용근로자수}} \times 100$
사망만인율	$\dfrac{\text{사망자수}}{\text{산재보험적용근로자수}} \times 10,000$
휴업재해율	$\dfrac{\text{휴업재해자수}}{\text{임금근로자수}} \times 100$
도수율 (빈도율)	$\dfrac{\text{재해건수}}{\text{연근로시간수}} \times 1,000,000$
강도율	$\dfrac{\text{총요양근로손실일수}}{\text{연근로시간수}} \times 1,000$

---

48 • Repetitive Learning 1회 2회 3회

집단행동에 있어 이성적 판단보다는 감정에 의해 좌우되며 공격적이라는 특징을 갖는 행동은?

① crowd
② mob
③ panic
④ fashion

해설
- ①은 구성원 사이의 지위나 역할의 분화가 없고, 구성원 각자는 책임감을 가지지 않으며, 비판력도 가지지 않는 특성을 갖는다.
- ③은 생명이나 생활 등 인간본연의 안위에 심대한 위해가 가해질 경우 이를 회피하기 위한 도주현상을 말한다.
- ④는 통제적 집단행동 요소에 해당된다.

비통제의 집단행동

모브 (Mob)	폭동과 같은 것을 말하며, 군중(Crowd)보다 함의성이 없고, 감정에 의해서만 행동하는 특성
패닉 (Panic)	생명이나 생활 등 인간본연의 안위에 심대한 위해가 가해질 경우 이를 회피하기 위한 도주현상
모방 (Imitation)	다른 사람을 표본으로 하여 그와 같거나 비슷하게 행동이나 판단을 하려는 것
심리적 전염 (Mental Epidemic)	군중들이 군중 속 특정인의 행동이나 감정을 따라가는 것
군중(crowd)	구성원 사이의 지위나 역할의 분화가 없고, 구성원 각자는 책임감을 가지지 않으며, 비판력도 가지지 않는다.

---

49 • Repetitive Learning 1회 2회 3회

리더십은 교육 훈련에 의해서 향상되므로, 좋은 리더는 육성될 수 있다는 가정을 하는 리더십 이론은?

① 특성접근법
② 상황접근법
③ 행동접근법
④ 제한적 특질접근법

해설

- ①은 리더는 타고난다는 이론으로 효과적인 리더와 그렇지 않은 리더를 구별하는 데 초점을 맞추고 있다.
- ②는 리더십은 리더와 부하들 간의 상호작용이 중요하며 상황에 따라 리더십의 유효성이 달라진다는 이론으로 리더십이 발휘되는 상황과 통솔되는 사람의 욕구 등에 초점을 맞추고 있다.
- ④는 특정 상황과 조건하에서 지도자의 특성을 파악하는데 초점을 맞추고 있다.

리더십 이론의 접근방법

특성접근법	리더는 타고난다는 이론
행동접근법	리더십은 교육에 의해 향상되고 육성된다는 이론
상황접근법	리더십은 리더와 부하들 간의 상호작용이 중요하며 상황에 따라 리더십의 유효성이 달라진다는 이론

50

다음과 같은 재해발생 시 재해조사분석 및 사후처리에 대한 내용으로 틀린 것은?

> 크레인으로 강재를 운반하던 도중 약해져 있던 와이어 로프가 끊어지며 강재가 떨어진다. 이때 작업구역 밑을 통행하던 작업자의 머리 위로 강재가 떨어졌으며, 안전모를 착용하지 않은 상태에서 발생한 사고라서 작업자는 큰 부상을 입었고, 이로 인하여 부상 치료를 위해 4일간의 요양을 실시하였다.

① 재해 발생형태는 추락이다.
② 재해의 기인물은 크레인이고, 가해물은 강재이다.
③ 산업재해조사표를 작성하여 관할 지방고용노동청장에게 제출하여야 한다.
④ 불안전한 상태는 약해진 와이어 로프이고, 불안전한 행동은 안전모 미착용과 위험구역 접근이다.

해설

- ①에서 추락은 사람이 떨어지는 것을 말한다. 물체가 떨어져 아래의 사람에게 피해를 끼치는 것은 낙하에 해당된다.

재해의 발생형태별 분류

- 추락 – 사람이 인력(중력)에 의하여 건축물, 구조물, 가설물, 수목, 사다리 등의 높은 장소에서 떨어지는 것을 말한다.
- 전도·전복 – 사람이 거의 평면 또는 경사면, 층계 등에서 구르거나 넘어짐 또는 미끄러진 경우와 물체가 전도·전복된 경우를 말한다.
- 충돌·접촉 – 재해자 자신의 움직임·동작으로 인하여 기인물에 접촉 또는 부딪히거나, 물체가 고정부에서 이탈하지 않은 상태로 움직임 등에 의하여 접촉·충돌한 경우를 말한다.
- 낙하·비래 – 구조물, 기계 등에 고정되어 있던 물체가 중력, 원심력, 관성력 등에 의하여 고정부에서 이탈하거나 또는 설비 등으로부터 물질이 분출되어 사람을 가해하는 경우를 말한다.
- 협착·감김 – 두 물체 사이의 움직임에 의하여 일어난 것으로 직선 운동하는 물체 사이의 협착, 회전부와 고정체 사이의 끼임, 로울러 등 회전체 사이에 물리거나 또는 회전체·돌기부 등에 감긴 경우를 말한다.
- 붕괴·도괴 – 토사, 적재물, 구조물, 건축물, 가설물 등이 전체적으로 허물어져 내리거나 또는 주요 부분이 꺾어져 무너지는 경우를 말한다.
- 압박·진동 – 재해자가 물체의 취급과정에서 신체특정부위에 과도한 힘이 편중·집중·눌려진 경우나 마찰접촉 또는 진동 등으로 신체에 부담을 주는 경우를 말한다.
- 이상온도 노출·접촉 – 고·저온 환경 또는 물체에 노출·접촉된 경우를 말한다.
- 유해·위험물질 노출·접촉 – 유해·위험물질에 노출·접촉 또는 흡입하였거나 독성동물에 쏘이거나 물린 경우를 말한다.
- 화재 – 은 가연물에 점화원이 가해져 비의도적으로 불이 일어난 경우를 말하며, 방화는 의도적이기는 하나 관리할 수 없으므로 화재에 포함시킨다.
- 폭발 – 건축물, 용기 내 또는 대기 중에서 물질의 화학적, 물리적 변화가 급격히 진행되어 열, 폭음, 폭발압이 동반하여 발생하는 경우를 말한다.
- 전류접촉(감전) – 전기설비의 충전부 등에 신체의 일부가 직접 접촉하거나 유도전류의 통전으로 근육의 수축, 호흡곤란, 심실세동 등이 발생한 경우 또는 특별고압 등에 접근함에 따라 발생한 섬락 접촉, 합선·혼촉 등으로 인하여 발생한 아크에 접촉된 경우를 말한다.

51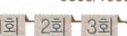

작업자의 휴먼 에러 발생확률은 매 시간마다 0.05로 일정하고 다른 작업과 독립적으로 실수를 한다고 가정할 때, 8시간 동안 에러의 발생 없이 작업을 수행할 신뢰도는 얼마인가?

① 0.60 ② 0.67
③ 0.86 ④ 0.95

해설

- 고장률이 0.05이고, 8시간 동안의 신뢰도는 $e^{-0.05 \times 8} = e^{-0.4} = 0.67032\cdots$ 가 된다.

지수 분포를 따르는 부품의 신뢰도

- 고장률이 λ인 시스템이 t시간 지난 후의 신뢰도 $R(t) = e^{-\lambda t}$ 이다.
- 고장까지의 평균시간이 $t_0 \left(= \dfrac{1}{\lambda_0} \right)$ 일 때 이 부품을 t시간 동안 사용할 경우의 신뢰도 $R(t) = e^{-\frac{t}{t_0}}$ 이다.

52

다음 중 인간의 행동이 어떻게 동기유발이 되는가에 중점을 둔 과정이론(process theory)이 아닌 것은?

① 공정성이론(equity theory)
② 기대이론(expectancy theory)
③ X · Y이론(theory X and theory Y)
④ 목표설정이론(goal-setting theory)

해설

- ①은 개인이 자신이 받는 보상과 노력 사이에 차이를 줄이려는 동기를 느끼고 이를 타인과 비교하여 공평, 불공평함을 느끼는 이론이다.
- ②는 구성원 개인의 동기 부여정도가 업무에서의 행동 양식을 결정한다는 이론이다.
- ④는 개인이 얻으려는 목표가 동기와 행동에 영향을 미친다는 이론이다.
- ①, ②, ④는 동기유발에 대한 과정이론이나 ③은 인간과 직무 관계에 대한 인간본질을 구분한 이론이다.

맥그리거(McGregor)의 X · Y이론

㉠ 개요
- 인간과 직무의 관계에 대한 기본적인 가정을 X이론과 Y이론이라는 가설로 나눈 것이다.
- X이론은 인간의 본성이 일을 싫어하고, 무관심하며, 책임을 회피하므로 당근과 채찍을 동원하여 강제할 필요가 있다는 이론이다.
- Y이론은 인간의 본성이 일을 좋아하고, 책임감이 강하며, 선하므로 그들을 자율적, 민주적으로 대해야 창조적인 성과를 얻을 수 있다는 이론이다.

㉡ X이론과 Y이론의 관리처방 비교

X이론(후진국형, 성악설)	Y이론(선진국형, 성선설)
• 경제적 보상체제의 강화 • 권위주의적 리더십의 확립 • 면밀한 감독과 엄격한 통제 • 상부 책임제도의 강화	• 분권화와 권한의 위임 • 목표에 의한 관리 • 직무확장 • 인간관계 관리방식 • 책임감과 창조력

53

평정오류 중 평가자가 평가대상자의 수행에 대하여 제한된 지식을 가지고 있음에도 불구하고 다양한 수행차원 모두에서 획일적으로 줄거나 또는 나쁜 수행을 나타낸다고 평가하는 것은?

① 후광 오류   ② 확증편파 오류
③ 중앙집중 오류   ④ 과잉확신 오류

해설

- ②는 자신의 가치관이나 신념에 부합하는 정보만 주목하고 그 외의 정보는 무시하는 오류를 말한다.
- ③은 평가 시 대부분의 평가를 중간이나 보통으로 해서 평균치에 접근하는 경향성을 말한다.
- ④는 이미 일어난 사건을 그 일이 일어나기 전에 비해 더 예측 가능한 것으로 생각하는 경향성을 말한다.

할로 효과(halo effect)
- 후광 효과라고도 한다.
- 어떤 사람에 관한 평가자의 개인적 인상이 피평가자 개개인의 특징에 관한 평가에 영향을 미치는 것을 설명하는 이론이다.
- 평가자가 평가대상자의 수행에 대하여 제한된 지식을 가지고 있음에도 불구하고 다양한 수행차원 모두에서 획일적으로 줄거나 또는 나쁜 수행을 나타낸다고 평가하는 것을 말한다.

54

뇌파의 유형에 따라 인간의 의식수준을 단계별로 분류할 때, 의식이 명료하여 가장 적극적인 활동이 이루어지고 실수의 확률이 가장 낮은 단계는?

① Ⅰ단계   ② Ⅱ단계
③ Ⅲ단계   ④ Ⅳ단계

해설

- 에러 발생 가능성이 낮은 것부터 높은 순으로 배열하면 Ⅲ단계 – Ⅱ단계 – Ⅰ단계 – Ⅳ단계 순이 된다.

인간의 의식 레벨
- Phase 0은 무의식상태로 작업수행이 불가능한 상태의 의식수준이다.
- 에러 발생 가능성이 낮은 것부터 높은 순으로 배열하면 Ⅲ단계 – Ⅱ단계 – Ⅰ단계 – Ⅳ단계 순이 된다.

단계	의식수준	설명
Phase 0	무의식, 실신 상태	무의식 동작에는 외계의 능력에 대응하는 능력이 어느 정도는 있다
Phase Ⅰ	이상, 피로 및 단조로움	심신이 피로하거나 단조로운 작업을 반복할 경우 나타나는 의식수준의 저하현상이 발생
Phase Ⅱ	정상, 이완 상태	생리적 상태가 안정을 취하거나 휴식할 때에 해당
Phase Ⅲ	정상, 명쾌	• 중요하거나 위험한 작업을 안전하게 수행하기에 적합 • 신뢰성이 가장 높은 상태의 의식수준
Phase Ⅳ	과긴장	돌발 사태의 발생으로 인하여 주의의 일점 집중 현상이 일어나는 경우 인간의 의식수준

55

다음 설명에 해당하는 시스템 안전 분석기법은?

> 사고의 발단이 되는 초기사상의 시스템으로 입력될 경우 그 영향이 계속해서 어떤 부적합한 사상으로 발전해 가는 과정을 나뭇가지 갈라지는 식으로 추구해 분석하는 방법

① ETA
② FTA
③ FMEA
④ THERP

해설
- ②는 대표적인 연역적 방법이며, 톱-다운(top-down) 방식의 접근방법에 해당하는 시스템 안전 분석기법이다.
- ③은 시스템에 영향을 미치는 모든 요소의 고장을 형태별로 분석하여 그 영향을 검토하는 정성적이고, 귀납적인 분석방법이다.
- ④는 인간-시스템에 있어서 휴먼 에러와 그로 인해 발생할 수 있는 오류확률을 예측하는 정량적 인간신뢰도 분석기법이다.

사건수분석(Event Tree Analysis : ETA)
- 디시전 트리(Decision Tree)를 재해석하고 분석에 이용한 경우의 분석법이다.
- 설비의 설계 단계에서부터 사용 단계까지의 각 단계에서 위험을 분석하는 귀납적, 정량적 분석 방법이다.
- 사고 시나리오에서 연속된 사건들의 발생경로를 파악하고 평가하기 위한 시스템안전 프로그램이다.
- 대응시점에서 성공확률과 실패확률의 합은 항상 1이 되어야 한다.

56

집단 간 갈등의 원인과 가장 거리가 먼 것은?

① 제한된 자원
② 조직구조의 개편
③ 집단 간 목표 차이
④ 견해와 행동 경향 차이

해설
- ②는 집단 간의 갈등을 해결함과 동시에 집단 간의 갈등이 너무 없을 때 갈등을 촉진시킬 수 있는 방안에 해당된다.//
- **집단 간 갈등의 원인**
  - 제한된 자원
  - 집단 간 목표 차이
  - 집단 간의 인식 차이
  - 견해와 행동 경향 차이

57

보행 신호등이 막 바뀌어도 자동차가 움직이기까지는 아직 시간이 있다고 스스로 판단하여 건널목을 건너는 것과 같은 부주의 행위와 가장 관계가 깊은 것은?

① 억측판단
② 근도반응
③ 생략행위
④ 초조반응

해설
- ②는 가까운 길에 대한 유혹으로 지름길 반응이라고도 한다.
- ③은 귀찮음을 기피하는 행위로 정해진 규칙을 무시하거나 임시변통하는 행위를 말한다.
- ④는 지각, 판단, 행동의 순서를 판단 없이 행하는 것을 말한다.
- **억측판단**
  - ㉠ 정의
    - 작업공정 중에 규정된 대로 수행하지 않고 "괜찮다"라고 생각하여 자기 주관대로 추측을 하여 행동하는 것을 말한다.
  - ㉡ 억측판단의 배경
    - 정보가 불확실할 때
    - 희망적인 관측이 있을 때
    - 과거의 경험한 선입관이 있을 때
    - 귀찮음과 초조함이 교차하는 조건일 때

58

작업 후 가스밸브를 잠그는 것을 잊었다. 이로 인해 사고가 발생할 뻔 했으나 안전밸브장치에 의해 가스가 자동으로 차단되었다. 이런 경우 작업자가 범한 휴먼 에러의 종류와 안전밸브 장치에 작용은 안전설계의 원칙이 올바르게 나열된 것은?

① Omission error 와 Inter lock 설계원칙
② Omission error 와 Fail-Safe 설계원칙
③ Commission error 와 Inter lock 설계원칙
④ Commission error 와 Fail-Safe 설계원칙

해설
- 필요한 작업을 수행하지 않아 발생한 오류이므로 부작위오류(omission error)에 해당한다.
- 인간의 오류가 개입한 시스템의 고장이 발생하더라도 안전사고 등이 발생하지 않도록 하는 것은 Fail safe 개념이다.

정답 55 ① 56 ② 57 ① 58 ②

∷ 심리적 측면의 휴먼에러 분류(Swain) 실기 1403/1703/2101/2201/2403
㉠ 부작위오류(Omission error) : 필요한 행위를 실행하지 않은 오류

생략오류 (Omission error)	필요한 작업 또는 절차를 수행하지 않는 데 기인한 에러

㉡ 작위오류(Commission error) : 작업 수행 중 작업을 정확하게 수행하지 못해 발생한 에러(행위적 관점)

선택오류 (Selection error)	다른 레버를 선택하는 등의 원인으로 발생한 에러
물량오류 (Qualitative error)	너무 많거나 혹은 너무 적은 작업을 수행해서 발생한 에러
순서오류 (Sequential error)	필요한 작업 또는 절차의 순서 착오로 인한 에러
시간오류 (Timing error)	필요한 작업 또는 절차의 수행을 지연한 데 기인한 에러

㉢ 불필요한 행동 오류

불필요한 수행오류 (Extraneous error)	불필요한 작업 또는 절차를 수행함으로써 발생한 에러

59 ● Repetitive Learning 1회 2회 3회

제조, 유통, 판매된 제조물의 경향으로 인해 발생한 사고에 의해 소비자나 사용자 또는 제 3자의 생명, 신체, 재산 등에 손해가 발생한 경우에 그 제조물을 제조, 판매한 공급업자가 법률상의 손해배상 책임을 지도록 하는 것은?

① 제조물 기술
② 제조물 결함
③ 제조물 배상
④ 제조물 책임

해설
- 제조물의 결함으로 인하여 발생한 손해에 대한 제조업자 등의 손해배상책임을 규정한 것은 제조물 책임법의 목적이 된다.

∷ 제조물 책임
- 제조업자는 제조물의 결함으로 생명·신체 또는 재산에 손해를 입은 자에게 그 손해를 배상하여야 한다.
- 제조업자가 제조물의 결함을 알면서도 그 결함에 대하여 필요한 조치를 취하지 아니한 결과로 생명 또는 신체에 중대한 손해를 입은 자가 있는 경우에는 그 자에게 발생한 손해의 3배를 넘지 아니하는 범위에서 배상책임을 진다.
- 피해자가 제조물의 제조업자를 알 수 없는 경우에 그 제조물을 영리 목적으로 판매·대여 등의 방법으로 공급한 자는 손해를 배상하여야 한다. 다만, 피해자 또는 법정대리인의 요청을 받고 상당한 기간 내에 그 제조업자 또는 공급한 자를 피해자 또는 는 법정대리인에게 고지(告知)한 때에는 그러하지 아니하다.

60 ● Repetitive Learning 1회 2회 3회
2003

하인리히(H.W. Heinrich)의 사고예방 대책의 5가지 기본원리를 순서대로 올바르게 나열한 것은?

① 사실의 발견 → 안전조직 → 분석평가 → 시정책 선정 → 시정책 적용
② 안전조직 → 사실의 발견 → 분석평가 → 시정책 선정 → 시정책 적용
③ 안전조직 → 분석평가 → 사실의 발견 → 시정책 선정 → 시정책 적용
④ 사실의 발견 → 분석평가 → 안전조직 → 시정책 선정 → 시정책 적용

해설
- 하인리히의 사고예방대책 기본원리 5단계는 1단계 안전관리조직과 규정에서부터 2단계 사실의 발견을 거쳐 3단계 분석과 원인규명을 통해 4단계에 시정방법을 선정하고 5단계에서 이를 적용한다고 봤다.

∷ 하인리히의 사고예방의 기본 원리 5단계 실기 1901/2403

단계	단계별 과정	필요 조치
1단계	안전관리조직과 규정	• 책임과 권한의 부여
2단계	사실의 발견으로 현상파악	• 자료수집 • 작업분석과 위험확인 • 안전점검·검사 및 조사 실시
3단계	분석을 통한 원인규명	• 인적·물적·환경조건의 분석 • 교육 훈련 및 배치 사항 파악 • 사고기록 및 관계자료 대조확인
4단계	시정방법의 선정	• 기술적인 개선 • 작업배치의 조정 • 교육훈련의 개선
5단계	시정책의 적용	• 기술(Engineering)적 대책 • 교육(Education)적 대책 • 관리(Enforcement)적 대책

59 ④ 60 ②

4과목 근골격계질환 예방을 위한 작업관리

61 ── Repetitive Learning 〔1회 2회 3회〕

1시간을 TMU(Time Measurement Unit)로 환산한 것은?

① 0.036TMU   ② 27.8TMU
③ 1,667TMU   ④ 100,000TMU

해설
- 1시간은 100,000TMU를 의미한다.
- **TMU(Time Measurement Unit)** 실기 1703
  - MTM에서 사용하는 시간의 단위이다.
  - 1TMU는 0.036초($\frac{1}{100,000}$시간)을 의미한다.

62 ── Repetitive Learning 〔1회 2회 3회〕

평균관측시간이 1분, 레이팅 계수가 110%, 여유시간이 하루 8시간 근무 중에서 24분일 때 외경법을 적용하면 표준시간은 약 얼마인가?

① 1.235분   ② 1.135분
③ 1.255분   ④ 1.155분

해설
- 정미시간은 1분×110% = 1.1분이다.
- 외경법으로 여유율 = 24분/(480분 − 24분) = 0.0526이 된다.
- 외경법으로 표준시간 = 1.1×(1 + 0.0526) = 1.15786분이 된다.
- **표준시간** 실기 1501/1503/1603/1703/2002/2003/2103/2402/2403
  ㉠ 개요
  - 8시간의 정상작업을 기준으로 하여 일정한 작업조건에서 일정한 방법에 따라 보통 정도의 작업자가 정상적인 속도로 작업을 수행하는데 걸리는 시간을 말한다.
  - 표준시간 측정에 사용하는 DM(decimal minute)은 1DM이 0.6초이다.
  - 표준시간은 정미시간+여유시간으로 구한다.
  - 정미시간은 관측시간의 평균치×R(레이팅 계수)로 구한다.
  - 객관적 레이팅에서의 표준시간 = 관측 평균시간×(1차 평가 계수)×(1+2차 조정계수)×(1+여유율)로 구한다.
  - 외경법의 경우 표준시간 = 정미시간×(1+여유율)로 구한다.
  - 내경법의 경우 표준시간 = 정미시간/(1−여유율)로 구한다.
  ㉡ 여유율
  - 외경법은 작업여유율 = 여유시간/정미시간(근무시간−여유시간)을 적용한다.
  - 내경법은 근무여유율 = 여유시간/근무시간(정미시간+여유시간)을 적용한다.

63 ── Repetitive Learning 〔1회 2회 3회〕

다음 중 NIOSH의 들기 작업 지침에서 들기지수(LI)를 올바르게 나타낸 것은?(단, HM은 수평계수, VM은 수직계수, DM은 거리계수, AM은 비대칭계수, FM은 비틀림계수, CM은 클램프계수를 의미한다)

① $LI = \frac{25 \times HM \times VM \times DM \times AM \times FM \times CM}{중량물\ 무게}$

② $LI = \frac{중량물\ 무게}{25 \times HM \times VM \times DM \times AM \times FM \times CM}$

③ $LI = \frac{중량물\ 무게}{23 \times HM \times VM \times DM \times AM \times FM \times CM}$

④ $LI = \frac{23 \times HM \times VM \times DM \times AM \times FM \times CM}{중량물\ 무게}$

해설
- 들기지수(LI)는 물체의 무게(kg) / RWL(kg)으로 구한다. 이때 RWL=23kg×HM×VM×DM×AM×FM×CM으로 구한다(HM은 수평계수, VM은 수직계수, DM은 거리계수, AM은 비대칭성계수, FM은 빈도계수, CM은 결합계수를 의미한다).
- **NIOSH 들기지수(LI)** 실기 1503/1601/1603/1701/1801/1803/1901/2001/2002/2003/2201/2203/2301/2302/2403
  - NIOSH의 중량물 취급지수를 말한다.
  - 들기지수가 1을 초과하는 경우 추천 무게를 넘는 것으로 간주한다.
  - 40대 여성의 들기 능력의 50퍼센타일을 기준으로 하였다.
  - 물체의 무게(kg) / RWL(kg)으로 구한다. 이때 RWL은 추천 중량한계로 들기 편한 정도의 값이다.
  - RWL=23kg×HM×VM×DM×AM×FM×CM으로 구한다(HM은 수평계수, VM은 수직계수, DM은 거리계수, AM은 비대칭성 계수, FM은 빈도계수, CM은 결합계수를 의미한다).
  - RWL 계수는 0~1 사이의 값으로 1에 가까울수록 최적의 조건이 된다.

64 ── Repetitive Learning 〔1회 2회 3회〕

동작경제의 원칙 중 신체사용에 관한 원칙에서 손목을 축으로 하는 손동작은 몇 등급에 해당되는가?

① 1등급   ② 2등급
③ 3등급   ④ 4등급

정답 61 ④ 62 ④ 63 ③ 64 ②

> [해설]
> - 손목을 축으로 하는 손동작은 2등급이다.
> - 신체사용의 원칙에서 동작 등급
>   - 1등급 : 손가락 관절
>   - 2등급 : 손목
>   - 3등급 : 팔꿈치
>   - 4등급 : 상완(위팔)
>   - 5등급 : 어깨

> [해설]
> - ③은 팔꿈치 부위의 인대에 염증이 생김으로써 발생하는 증상이다.
> - 부위별 근골격계 질환 실기 1403/2302
>   - 목 : 근막통증 증후군, 경추부 염좌, 경추부 추간판탈출증
>   - 어깨 : 근막통증 증후군, 회전근개 건염, 극상근 건염, 상완이두건막염, 견봉하 점액낭염, 관절와순 손상
>   - 팔꿈치 : 근막통증 증후군, 내·외상과염
>   - 손 및 손목 : 수근관 증후군, 드퀘르베 건초염, 방아쇠 수지, 결절종, 가이언 증후군, 경겹증

65 ● Repetitive Learning 1회 2회 3회

다음 중 수행도 평가기법이 아닌 것은?

① 속도 평가법
② 합성 평가법
③ 평준화 평가법
④ 사이클 그래프 평가법

> [해설]
> - ④는 동작분석(상세한 작업분석)을 통한 작업방법 개선 방법 중 하나이다.
> - 표준시간 산출 평정계수(Rating) 산정 기법(수행도 평가기법)
>   실기 1301/1403/1603/1803
>
> | | |
> |---|---|
> | 평준화법(Leveling)/Westinghouse법 | 숙련도, 노력, 작업환경, 일치성(Leveling)에 섬세도, 유효도, 작업태도별 항목별 평가를 추가(Westinghouse)하여 평가하는 기법 |
> | 객관적 평가법 (Objective Rating) | 1차로 표준속도와 비교한 평정계수를 구하고, 2차로 작업의 난이도와 특성을 반영하는 기법 |
> | 속도평가법 (Speed Rating) | 기업에서 정한 기준속도와 작업동작의 속도를 비교하여 작업동작의 지속 비율을 표시하는 방법 |
> | 합성평가법 (Synthetic Rating) | 관측된 작업 중에서 요소작업에 대한 대표치를 PTS법으로 분석하고, PTS에 의한 시간치와 관측시간치의 비율로 레이팅 계수를 산정하여 다른 요소작업에 적용시키는 Rating 기법 |

66 ● Repetitive Learning 1회 2회 3회

다음 중 손과 손목 부위에 발생하는 근골격계 질환이 아닌 것은?

① 경겹증
② 건초염
③ 외상과염
④ 수근관 증후근

67 ● Repetitive Learning 1회 2회 3회

유해요인 조사 방법 중 RULA에 관한 설명으로 틀린 것은?

① 각 작업 자세는 신체 부위별로 A와 B그룹으로 나누어진다.
② 전신 자세를 평가할 목적으로 개발된 유해요인 조사방법이다.
③ 작업에 대한 평가는 1점에서 7점 사이의 총점으로 나타내어, 점수에 따라 4개의 조치단계로 분류된다.
④ RULA를 평가하는 작업부하인자는 동작의 횟수, 정적의 근육작업, 힘, 작업 자세 등이다.

> [해설]
> - RULA는 어깨, 팔목, 손목, 목 등 상지에 초점을 맞추어 작업자세로 인한 작업 부하를 빠르고 상세하게 분석할 수 있는 근골격계 질환의 위험평가기법이다.
> - RULA(Rapid Upper Limb Assessment) 실기 1301/1303/1603/1803/2201/2203
>   - 어깨, 팔목, 손목, 목 등 상지에 초점을 맞추어 작업자세로 인한 작업 부하를 빠르고 상세하게 분석할 수 있는 근골격계 질환의 위험평가기법이다.
>   - 상완, 전완, 손목을 그룹을 A로 목, 상체, 다리를 그룹 B로 나누어 측정, 평가한다.
>   - VDT 작업, 자동차 공장의 컨베이어식 조립라인에서 선 자세에서 자동차 하부의 볼트를 조립하는 작업자의 측정에 적합하다.
>   - 평가에 있어서 1~2점은 개선의 필요가 없음을, 3~4점은 계속적인 추가 관찰이 필요하고, 5~6점은 빠른 개선과 함께 작업위험요인의 분석이 요구되고, 7점의 경우는 정밀조사와 함께 즉시 개선이 필요하다고 평가한다.

68

다음 중 근골격계 질환의 직접적인 유해 요인과 가장 거리가 먼 것은?

① 야간 교대 작업
② 무리한 힘의 사용
③ 높은 빈도의 반복성
④ 부자연스러운 자세

해설
- 근골격계 질환은 반복적인 동작, 부적절한 작업자세, 무리한 힘의 사용, 날카로운 면과의 신체접촉, 진동 및 온도 등의 요인에 의하여 발생하는 건강장해로서 목, 어깨, 허리, 팔·다리의 신경·근육 및 그 주변 신체조직 등에 나타나는 질환을 말한다.

근골격계 질환 실기 1803/2101/2302/2303
　㉠ 개요
- 반복적인 동작, 부적절한 작업자세, 무리한 힘의 사용, 날카로운 면과의 신체접촉, 진동 및 온도 등의 요인에 의하여 발생하는 건강장해로서 목, 어깨, 허리, 팔·다리의 신경·근육 및 그 주변 신체조직 등에 나타나는 질환을 말한다.

　㉡ 원인 실기 1603/1901/1903/2101/2201/2301
- 질환의 원인은 개인적 특성 요인, 작업특성 요인, 사회 심리적 요인 등으로 구분한다.
- 개인적 특성 요인에는 작업자 개인의 과거병력, 연령, 성별, 키, 몸무게, 작업방법 및 기술수준 등이 있다.
- 직접적인 작업특성 위험요인에는 작업강도, 작업자세, 작업의 반복도, 부적절한 휴식 등이 있다.
- 사회심리적 요인에는 직무스트레스, 비효율적 의사소통, 작업에 대한 만족도, 인간관계 등이 있다.

69

산업안전보건법령상 근골격계 부담작업의 유해요인 조사를 해야 하는 상황이 아닌 것은?

① 법에 따른 건강진단 등에서 근골격계 질환자가 발생한 경우
② 근골격계 부담작업에 해당하는 기존의 동일한 설비가 도입된 경우
③ 근골격계 부담작업에 해당하는 업무의 양과 작업공정 등 작업환경이 바뀐 경우
④ 작업자가 근골격계 질환으로 관련 법령에 따라 업무상 질환으로 인정받는 경우

해설
- ②에서 근골격계 부담작업에 해당하는 동일한 설비가 아니라 새로운 작업·설비를 도입한 경우에는 1개월 이내에 유해요인 조사를 해야 한다.

유해요인 조사
　㉠ 개요
- 산업안전보건법령상 사업주는 근로자가 근골격계 부담작업을 하는 경우에 3년마다 유해요인 조사를 하여야 한다.
- 신설되는 사업장의 경우에는 1년 이내에 최초의 유해요인 조사를 하여야 한다.
- 사업주는 유해요인조사에 근로자 대표 또는 해당 작업 근로자를 참여시켜야 한다.

　㉡ 1개월 이내(수시) 조사해야 하는 경우 실기 1401/1701/1901/2401
- 임시건강진단 등에서 근골격계 질환자가 발생하였거나 근로자가 근골격계 질환으로 업무상 질병으로 인정받은 경우(근골격계 부담작업이 아닌 작업에서 근골격계 질환자가 발생하였거나 근골격계 부담작업이 아닌 작업에서 발생한 근골격계 질환에 대해 업무상 질병으로 인정받은 경우를 포함한다)
- 근골격계 부담작업에 해당하는 새로운 작업·설비를 도입한 경우
- 근골격계 부담작업에 해당하는 업무의 양과 작업공정 등 작업환경을 변경한 경우

70

다음 중 수공구의 설계관리로 적절하지 않은 것은?

① 손목 대신 손잡이를 굽히도록 한다.
② 지속적인 정적 근육부하를 피하도록 한다.
③ 측정 손가락의 반복동작을 피하도록 한다.
④ 손끝이 표면의 홈은 되도록 깊게 하고, 그 수는 가능한 많이 제작한다.

해설
- 손잡이의 홈은 손바닥에 나쁜 영향을 주므로 가능한 손잡이 표면에 홈이 많은 것은 피하도록 한다.

수공구의 일반적인 설계 원칙 실기 1903
- 손목은 곧게 유지되도록 설계한다.
- 반복적인 손가락 동작을 피하도록 설계한다.
- 손잡이는 접촉면적을 가능하면 크게 한다.
- 조직에 가해지는 압력을 피하도록 설계한다.
- 공구의 무게를 줄이고 사용 시 무게 균형이 유지되도록 한다.
- 동력공구의 손잡이는 두 손가락 이상으로 작동하도록 한다.
- 손가락으로 잡는 pinch grip보다 손바닥으로 감싸 안아 잡는 power grip을 이용한다.

- 정확성이 요구되는 작업은 핀치그립(pinch grip)을 사용하도록 한다.
- 손잡이의 홈은 손바닥에 나쁜 영향을 주므로 가능한 손잡이 표면에 홈이 많은 것은 피하도록 한다.
- 진동 패드, 진동 장갑 등으로 손에 전달되는 진동 효과를 줄인다.

71

동작분석의 종류 중 미세동작분석에 관한 설명으로 옳지 않은 것은?

① 복잡하고 세밀한 작업 분석이 가능하다.
② 직접 관측자가 옆에 없어도 측정이 가능하다.
③ 작업 내용과 작업 시간을 동시에 측정할 수 있다.
④ 타 분석법에 비하여 적은 시간과 비용으로 연구가 가능하다.

해설
- ④에서 미세동작분석은 작업주기가 짧은 작업, 규칙적인 작업주기 시간, 단기적 작업을 대상으로 자세하게 촬영하여 분석하므로 비용이 많이 드는 분석방법이다.

동작분석
㉠ 개요
- 서블릭 분석, 필름/비디오 분석, 작업측정기법을 이용하는 PTS법이 이에 해당된다.
- 작업과정에서 무리·낭비·불합리한 동작을 제거, 최선의 작업방법으로 개선하는 것이 목표이다.
- 작업을 분해 가능한 세밀한 단위로 분석하고 각 단위의 변이를 측정하여 표준작업방법을 알아내기 위한 연구이다.
- 작업은 공정 → 단위작업 → 요소작업 → 동작요소 → 서블릭 순으로 구분된다.
- SIMO chart는 미세동작연구인 동시에 동작 사이클차트로 이상적 작업동작 습득에 시간은 짧게 걸리나 부정확한 단점을 갖는다.

㉡ 미세동작분석
- 미세동작분석은 작업주기가 짧은 작업, 규칙적인 작업주기 시간, 단기적 작업을 대상으로 자세하게 촬영하여 분석하므로 비용이 많이 드는 분석방법이다.
- 미세동작연구를 할 때에는 가능하면 작업방법이 숙련된 작업자를 대상으로 한다.
- 미세동작연구실에서는 작업수행도가 월등히 뛰어난 작업사이클을 대상으로 한다.

72

각각 한 명의 작업자가 배치되어 있는 세 개의 라인으로 구성된 공정에서 각 공정시간이 2분, 3분, 4분일 때, 공정 효율은 얼마인가?

① 85%   ② 70%
③ 75%   ④ 80%

해설
- 주기시간은 4분, 작업수는 3개, 총작업시간은 9분, 총유휴시간은 12-9=3분, 공정효율은 9/12=0.75, 공정손실은 3/12=0.25이다.

주기시간과 공정효율
- 주기시간은 작업시간이 가장 오래 걸리는 애로공정의 작업시간을 말한다.
- 애로작업이란 작업시간이 가장 긴 작업을 말한다.
- 공정효율은 총작업시간/(작업수×주기시간)으로 구한다.
- 총유휴시간은 (작업수×주기시간)-(총작업시간)이다.
- 공정손실은 총유휴시간/(작업수×주기시간)으로 구한다.
- 공정효율과 공정손실의 합은 1이다.

73

다음 중 디자인 개념의 문제 해결 방식에 있어서 문제의 특성을 파악하기 위한 척도로서 가장 거리가 먼 것은?

① 체크리스트   ② 제약조건
③ 연구기간   ④ 평가 기준

해설
- 문제의 특성을 파악하기 위한 척도는 대안, 제약조건, 연구기간, 평가 기준이다.

디자인 개념의 문제 해결
- 문제 해결 절차는 문제 형성 → 문제 분석 → 대안 탐색 → 대안 평가 → 선정안 제시 순으로 진행한다.
- 문제의 특성을 파악하기 위한 척도는 대안, 제약조건, 연구기간, 평가 기준이다.
- 대안탐색 방법에는 ECRS 원칙, SEARCH 원칙, 5W1H 분석, 브레인스토밍 등이 활용된다.

74

다음 중 앉아서 작업을 해야 하는 경우로 가장 적절한 것은?

① 정밀 작업을 해야 하는 경우
② 작업 시 큰 힘이 요구되는 경우
③ 신체 동작이 아래위로 큰 경우
④ 작업 중 자주 움직여야 하는 경우

> [해설]
> - 정밀한 작업이나 장기간 수행하여야 하는 작업은 좌식 작업대가 바람직하다.
>
> :: 서서하는 작업대 높이
> - 서서하는 작업대의 높이는 높낮이 조절이 가능하여야 하며, 작업대의 높이는 팔꿈치를 기준으로 한다.
> - 정밀작업의 경우 팔꿈치 높이보다 약간(5 ~ 15cm) 높게 한다.
> - 경작업의 경우 팔꿈치 높이보다 5 ~ 10cm 낮게 한다.
> - 중작업의 경우 팔꿈치 높이보다 10 ~ 30cm 낮게 한다.
> - 정밀한 작업이나 장기간 수행하여야 하는 작업은 좌식 작업대가 바람직하다.

75

근골격계 질환의 예방에서 단기적 관리방안으로 볼 수 없는 것은?

① 안전한 작업방법의 교육
② 작업자의 대한 휴식시간의 배려
③ 근골격계 질환 예방·관리 프로그램의 도입
④ 휴게실, 운동시설 등 기타 관리시설의 확충

> [해설]
> - ③은 장기적 관리방안에 해당된다.
> :: 근골격계 질환의 예방에서 단기적 관리방안
> - 안전한 작업방법 교육
> - 교대 근무에 대한 고려
> - 작업자의 대한 휴식시간의 배려
> - 휴게실, 운동시설 등 기타 관리시설의 확충
> - 관리자, 작업자, 보건관리자 등에 인간공학 교육

76

다음 중 동작연구를 통한 작업개선안 도출을 위해 문제가 되는 작업에 대하여 가장 우선적이고, 근본적으로 고려해야 하는 것은?

① 작업의 제거   ② 작업의 결합
③ 작업의 변경   ④ 작업의 단순화

> [해설]
> - 가장 우선적이고 근본적인 문제해결책은 문제가 되는 작업을 제거하는 데 있다.

> :: 작업개선안 도출 [실기] 1401/1603/1801/1901/2003/2201/2302/2403
> - 가장 우선적이고 근본적인 문제해결책은 문제가 되는 작업을 제거하는 데 있다.
> - 1차적으로는 공학적 개선으로 위험요인의 제거 혹은 위험성의 직접적인 감소를 위해 작업장 여건을 개선한다.
> - 2차적으로는 관리적 개선으로 작업순환, 작업교대, 휴식시간 설계, 인원 보충 등 자원의 효율적인 분배와 관련된다.
>
> | 공학적 개선안 | · 작업자의 신체에 맞는 작업장 개선(작업공구 개선, 작업대 높이 조절, 중량물 운반 시 기계장치 사용, 단순반복 작업에 로봇 사용, 작업장 바닥 개선, 작업장 재배열)
· 작업자세 및 작업방법 개선 |
> |---|---|
> | 관리적 개선안 | · 작업순환, 작업교대
· 작업습관 변화
· 작업속도 조절 및 휴식시간 설계
· 인원 보충(추가 작업자 선발, 교육 및 훈련, 적성에 맞는 배치)
· 위험표지 부착 |

77

다음 중 간헐적으로 랜덤한 시점에 연구대상을 순간적으로 관측하여 관측기간 동안 나타난 항목별로 차지하는 비율을 추정하는 방법은?

① Work Factor 법
② Work Sampling 법
③ PTS(Predetermined Time Standards) 법
④ MTM(Methods Time Measurement) 법

> [해설]
> - ①은 신체 동작의 난이도에 따라 다른 개수의 작업요인(work factor)를 부여하는 방법이다.
> - ③은 사람이 행하는 작업을 기본 동작으로 분류하고, 각 기본 동작들은 동작의 성질과 조건에 따라 이미 정해진 기준 시간을 적용하여 전체 작업의 정미시간을 구하는 방법이다.
> - ④는 작업을 여러 개의 기본동작으로 나누고 동작별 성질과 조건에 따라 시간치를 부여하는 방법이다.
> :: 워크 샘플링(work sampling)
>   ㉠ 개요
>   - 표본의 크기가 충분히 크다면 모집단의 분포와 일치한다는 통계적 이론에 근거한다.
>   - 간헐적으로 랜덤한 시점에서 연구대상을 순간적으로 관측하여 대상이 처한 상황을 파악하고 이를 토대로 관측시간 동안에 나타난 항목별로 차지하는 비율을 추정하는 방법

정답 | 75 ③   76 ①   77 ②

- 조사기간을 길게 하여 평상시의 작업현황을 그대로 반영시킬 수 있어 사이클이 긴 작업에 주로 사용한다.
- 확률이론인 이항분포를 따른다.

ⓒ 장점
- 특별한 시간 측정 장비가 별도로 필요하지 않는 간단한 방법이다.
- 관측이 순간적으로 이루어져 작업에 방해가 적다.
- 한 사람의 평가자가 동시에 여러 작업을 측정할 수 있다.
- 자료수집이나 분석에 필요한 순수시간이 다른 시간연구방법에 비하여 짧다.
- 작업자가 의식적으로 행동하는 일이 적어 결과의 신뢰수준이 높다.
- 샘플링오차는 관측횟수를 증가시킴으로써 감소될 수 있다.

ⓒ 단점
- 작업 방법이 변화되는 경우에는 전체적인 연구를 새로 해야 한다.
- 시간연구법 등에 비해 정밀도가 떨어진다.
- 짧은 주기 및 반복작업에 부적합하다.

78 — Repetitive Learning (1회 2회 3회) 1801

공정도에 사용되는 공정도 기호인 "○"으로 표시하기에 가장 적합한 것은?

① 작업 대상물을 다른 장소로 옮길 때
② 작업 대상물이 분해되거나 조립할 때
③ 작업 대상물을 지정된 장소에 보관할 때
④ 작업 대상물이 올바르게 시행되었는지를 확인할 때

해설
- ①은 /⇨, ③은 ▽, ④는 □를 사용한다.

❖ 공정분석 시 사용되는 공정도시기호 실기 1401/2001

□	가공물의 수량 검사
D	가공물의 지체를 표시
/⇨	가공물의 이동
▽	가공물의 저장(보관)
○	가공물의 가공작업
◇	가공물의 품질 검사

79 — Repetitive Learning (1회 2회 3회) 0603/2001

근골격계 질환 예방·관리 교육에서 사업주가 모든 작업자 및 관리감독자를 대상으로 실시하는 기본교육 내용에 해당되지 않는 것은?

① 근골격계 질환 발생 시 대처요령
② 근골격계 부담작업에서의 유해요인
③ 예방·관리 프로그램의 수립 및 운영 방법
④ 작업도구와 장비 등 작업시설이 올바른 사용 방법

해설
- ②는 예방관리 추진팀 참여자를 대상으로 하는 전문 교육의 내용에 해당된다.

❖ 예방·관리 교육 중 기본교육
ⓐ 대상 : 모든 근로자 및 관리감독자
ⓑ 내용
- 근골격계 부담작업에서의 유해요인
- 작업도구와 장비 등 작업시설의 올바른 사용방법
- 근골격계 질환의 증상과 징후 식별 및 보고방법
- 근골격계 질환 발생 시 대처요령
- 기타 근골격계 질환 예방에 필요한 사항

ⓒ 교육시기
- 최초 교육은 도입 후 6개월 이내
- 정기교육은 이후 매 3년마다
- 근골격계 질환 증상과 징후 식별 및 보고방법은 매년1회 이상 실시
- 근로자 채용 시나 처음 배치된 자는 작업배치 전에 교육 실시

ⓓ 교육시간
- 2시간 이상 실시
- 새로운 설비의 도입 및 작업방법 변경 시 (1시간 이상 추가 교육)
- 전문교육을 이수한 팀원이 교육하거나 관계전문가 의뢰 실시

80

다음 중 파레토 차트에 관한 설명으로 틀린 것은?

① 재고관리에서는 ABC 곡선으로 부르기도 한다.
② 20% 정도에 해당하는 중요한 항목을 찾아낸 것이 목적이다.
③ 불량이나 사고의 원인이 되는 중요한 항목을 찾아 관리하기 위함이다.
④ 작성 방법은 빈도수가 낮은 항목부터 큰 항목 순으로 차례대로 나열하고, 항목별 점유비율과 누적비율을 구한다.

해설

- ④에서 파레토도는 가장 큰 값부터 순서대로 나열하며, 기타항목은 맨 오른쪽에 배치한다.

파레토도
- 작업관리의 문제분석 도구로서, 가로축에 항목, 세로축에 항목별 점유비율과 누적비율로 막대-꺾은선 혼합 그래프를 중점관리항목을 도출할 목적으로 활용하는 도구이다.
- 현장의 개선활동에 있어서 소수 중점 원인을 찾기 위한 도구로서 사용된다.
- 80~20의 원칙에 기초하여 빈도수별로 나열한 항목별 점유와 누적비율에 따라 불량이나 사고의 원인이 되는 중요 항목을 찾아가는 기법이다.
- 80~20의 원칙이란 20%의 항목이 전체의 80%를 차지한다는 개념이다.
- 가장 큰 값부터 순서대로 나열하며, 기타항목은 맨 오른쪽에 배치한다.

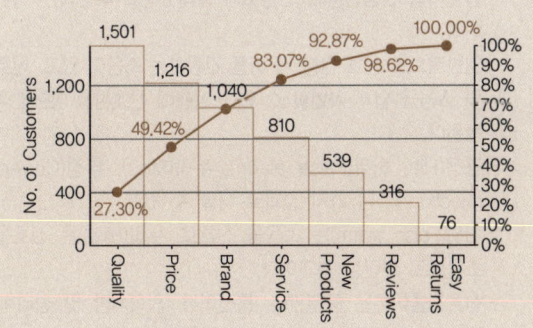

2014년 제3회

2014년 8월 17일 필기

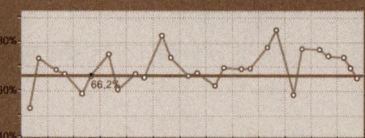

1과목 인간공학개론

01
시스템 평가 척도의 요건에 대한 설명으로 적절하지 않은 것은?

① 신뢰성 : 평가를 반복할 경우 일정한 결과를 얻을 수 있다.
② 실제성 : 현실성을 가지며, 실질적으로 이용하기 쉽다.
③ 타당성 : 측정하고자 하는 평가 척도가 시스템의 목표를 반영한다.
④ 무오염성 : 측정하고자 하는 변수 이외의 외적 변수에 영향을 받는다.

해설
- ④에서 무오염성은 기준 척도는 측정하고자 하는 변수 이외에 다른 변수의 영향을 받아서는 안 되는 척도를 말한다.

인간공학의 기준 척도

타당성(적절성)	측정변수가 평가하고자 하는 바를 잘 반영해야 함
무오염성	측정변수가 다른 외적변수에 영향을 받지 않아야 함
신뢰성	비슷한 조건에서 일정 결과를 반복적으로 얻을 수 있어야 함
민감도	기대되는 정밀도로 측정 가능해야 함
실제성	현실성을 가지며, 실질적으로 이용하기 쉽다.

02
신호검출이론에 의하면 시그널(Signal)에 대한 인간의 판정 결과는 4가지로 구분되는데 이 중 시그널을 노이즈(Noise)로 판단한 결과를 지칭하는 용어는 무엇인가?

① 긍정(Hit)
② 누락(Miss)
③ 허위(False alarm)
④ 부정(Correct rejection)

해설
- ①은 시그널을 시그널로 판단한 결과이다.
- ③은 노이즈를 시그널로 판단한 결과이다.
- ④는 노이즈를 노이즈로 판단한 결과이다.

신호검출이론(Signal Detection Theory) 실기 1501/1503/1701/2001/2002/2003/2103/2303/2403

㉠ 개요
- 불확실한 상황에서 선택하게 하는 방법으로 신호의 탐지는 관찰자의 반응편향과 민감도에 달려있다고 주장하는 이론이다.
- 일반적으로 신호 검출 시 이를 간섭하는 소음이 있고, 신호와 소음을 쉽게 식별할 수 없는 상황에 신호검출이론이 적용된다.
- 긍정(Hit), 허위(False alarm), 누락(Miss), 부정(Correct rejection)의 네 가지 결과로 나눌 수 있다.
- 허위(False alarm)는 소음을 신호로, 누락(Miss)은 신호를 소음으로 판단한 결과이다.
- 신호검출이론은 품질관리, 통신이론, 의학처방 및 심리학, 법정에서의 판정 등 다양하게 활용되고 있다.

㉡ 반응편향 β
- 반응편향 $\beta = \dfrac{\text{신호의 길이}}{\text{소음의 길이}}$ 로 구한다.
- 신호에 의한 반응이 선형인 경우 판별력은 좋아진다.
- 신호검출이론에서 두 개의 정규분포 곡선이 교차하는 부분에 있는 기준점 β는 신호의 길이와 소음의 길이가 같으므로 1의 값을 가진다.

- 판정 기준은 β(신호/노이즈)이며, β>1이며 보수적이고, β<1이면 자유적이다
ⓒ 민감도
- 민감도가 클수록 신호를 구분하기 쉽다.
- 잡음이 많을수록, 신호가 약하거나 분명하지 않을수록 d값은 작아진다.
- 민감도를 늘리기 위해서는 교육 훈련, 결과의 피드백, 신호의 비신호의 구별성 증가 등의 조치를 한다.

03

1903

음량의 측정과 관련된 사항으로 적절하지 않은 것은?

① 물리적 소리강도는 지각되는 음의 강도와 비례한다.
② 소리의 세기에 대한 물리적 측정 단위는 데시벨(dB)이다.
③ 손(sone)과 폰(phon)은 지각된 음의 강약을 측정하는 단위다.
④ 손(sone)의 값 1은 주파수가 1,000Hz이고, 강도가 40dB인 음이 지각되는 소리의 크기이다.

해설

- 물리적 소리강도는 dB로 표현되는데 물리적 강도가 10dB 증가하면 지각된 음의강도는 2배 증가한다. 즉, 물리적 강도와 지각된 강도는 서로 비례하지 않는다.

sone 값
- 인간이 청각으로 느끼는 소리의 크기를 측정하는 척도 중 하나이다.
- 기준 음에 비해서 몇 배의 크기를 갖느냐는 음의 sone값이 결정한다.
- 1 sone은 40dB의 1,000Hz 순음의 크기로 40phon의 값을 의미한다.
- phon의 값이 주어질 때 sone=$2^{\frac{phon-40}{10}}$ 으로 구한다.

04

너비가 2cm인 버튼을 누르기 위해 손가락을 8cm 이동시키려고 한다. Fitts' law에서 로그함수의 상수가 10이고, 이동을 위한 준비시간과 관련된 상수가 5이다. 이동시간(ms)은 얼마인가?

① 10ms
② 15ms
③ 35ms
④ 55ms

해설

- 동작시간=$a+b\log_2\left(\frac{2A}{W}\right)$[ms]로 구한다.
- a가 5, b가 10, A가 8, W가 2이므로 동작시간은 $5+10\log_2\left(\frac{2\times 8}{2}\right)=35$[ms]가 된다.

Fitts의 법칙
- 인간의 제어 및 조정능력을 나타내는 법칙으로 인간의 손이나 발을 이동시켜 조작장치를 조작하는 데 걸리는 시간을 표적까지의 거리와 표적 크기의 함수로 나타낸다.
- 표적이 작고 이동거리가 길수록 이동시간이 증가한다.
- 자동차 가속 페달과 브레이크 페달 간의 간격, 브레이크 폭 등을 결정하는데 사용할 수 있는 가장 적합한 인간공학 이론이다.
- 난이도 지수는 $\log_2\left(\frac{2A}{W}\right)$로 구한다.
- 동작시간=$a+b\log_2\left(\frac{2A}{W}\right)$[ms]로 구한다. 이때 a와 b는 단순반응시간, 선택반응시간, A는 동작거리, W는 목표물의 폭이다.

05

다음 중 조종장치에 흔한 비선형 요소로 조종장치를 움직여도 피제어 요소에 변화가 없는 공간이 발생하는 현상을 무엇이라 하는가?

① 이력현상
② 사공간현상
③ 반발현상
④ 점성저항현상

해설

- ①은 물리학에서 어떤 물질이 거쳐 온 과거가 현재 상태에 영향을 주는 현상을 말한다.
- ③은 약리학이나 생리학에서 사용하는 용어로 치료약을 갑자기 중단했을 때 병이나 증상이 악화되는 일을 말한다.
- ④는 운동하는 물체에 작용하는 저항으로 물체 표면에 작용하는 마찰력의 합을 말한다.

사공간(dead space)
- 제어 시스템에서 제어장치에 의해 피제어 요소가 동작하지 않는 0점(null point) 주위에서의 제어동작 공간을 말한다.
- 조종장치를 움직여도 피제어 요소에 변화가 없는 공간으로 죽은 공간이라고도 한다.

정답 | 03 ① 04 ③ 05 ②

06

다음 중 인간공학이 추구하는 목표로 가장 적절한 것은?

① 인간의 기능 향상
② 설비의 생산성 증가
③ 제품 이미지와 판매량 제고
④ 기능적 효율과 인간 가치(human value) 향상

해설
- 인간공학이란 인간이 사용하는 물건, 설비, 환경의 설계에 인간의 생리적, 심리적인 면에서의 특성이나 한계점을 고려함으로써 인간-기계 시스템의 안전성과 편리성, 효율성을 높이는 학문분야이다.

인간공학(Ergonomics)
㉠ 개요
- "Ergon(작업)+nomos(법칙)+ics(학문)"이 조합된 단어로 Human factors, Human engineering이라고도 한다.
- 인간의 특성과 한계 능력을 공학적으로 분석, 평가하여 이를 복잡한 체계의 설계에 응용함으로 효율을 최대로 활용할 수 있도록 하는 학문분야이다.
- 인간이 사용하는 물건, 설비, 환경의 설계에 인간의 생리적, 심리적인 면에서의 특성이나 한계점을 고려함으로써 인간-기계 시스템의 안전성과 편리성, 효율성을 높이는 학문분야이다.

㉡ 적용분야
- 제품설계
- 재해·질병 예방
- 장비·공구·설비의 배치
- 작업장 내 조사 및 연구

07
1001/1103/2103

직렬시스템과 병렬시스템의 특성에 대한 설명으로 옳은 것은?

① 직렬시스템에서 요소의 개수가 증가하면 시스템의 신뢰도도 증가한다.
② 병렬시스템에서 요소의 개수가 증가하면 시스템의 신뢰도는 감소한다.
③ 시스템의 높은 신뢰도를 안정적으로 유지하기 위해서는 병렬시스템으로 설계하여야 한다.
④ 일반적으로 병렬시스템으로 구성된 시스템은 직렬시스템으로 구성된 시스템보다 비용이 감소한다.

해설
- ①에서 직렬연결일 경우 연결된 부품의 수가 적을수록 신뢰도는 높아진다.
- ②에서 병렬연결일 경우 연결된 부품의 수가 많을수록 신뢰도는 높아진다.
- ④에서 일반적으로 병렬시스템이 직렬시스템에 비해 비용이 증가한다.

신뢰도와 수명
- 일반적으로 가장 신뢰도가 높은 시스템은 병렬연결 시스템이다.
- 일반적으로 병렬시스템이 직렬시스템에 비해 비용이 증가한다.
- 시스템의 수명은 연결된 부품 중 수명이 가장 짧은 것에 의해 좌우된다.
- 직렬연결일 경우 연결된 부품의 수가 적을수록 신뢰도는 높아진다.
- 직렬연결일 경우 연결된 부품의 수가 많을수록 수명은 짧아진다.
- 직렬연결일 경우 부품 중 어느 하나가 고장이면 시스템은 고장이다.
- 병렬연결일 경우 연결된 부품의 수가 많을수록 신뢰도는 높아진다.

08

정량적 동적 표시장치 중 지침이 고정되고 눈금이 움직이는 형태를 무엇이라 하는가?

① 계수형
② 원형 눈금
③ 동침형
④ 동목형

해설
- 지침이 고정되고 눈금이 움직이는 것은 정침 동목형에 대한 설명이다.

정량적(동적) 표시장치  2301

정목 동침형	아날로그	- 눈금이 고정되고 지침이 움직이는 방식이다. 미세한 조정이나 움직임이 가능하다. - 인식적 암시 신호를 나타내는데 적합하다.
정침 동목형		- 지침이 고정되고 눈금이 움직이는 방식이다. 표시장치의 면적을 최소화할 수 있다. - 표현 값의 범위가 클 때 유리하다.
계수형	디지털	- 양을 전자인 숫자 값으로 표시하는 방식이다. 정확성이 높다. - 전력계 등에서 많이 사용된다.

09

다음 중 인체 측정 방법의 선택 기준과 가장 거리가 먼 것은?

① 경제성
② 계측자료의 융통성
③ 계측기기의 정밀성
④ 조사대상자의 선정 용이성

해설
- 계측자료는 융통성보다는 고유한 특성을 가져야 한다.
- **인체 측정 방법의 선택 기준**
  - 경제성
  - 계측자료의 고유 특성
  - 계측기기의 정밀성
  - 조사대상자의 선정 용이성

10

인간공학의 정보이론에 있어 1bit에 관한 설명으로 가장 적절한 것은?

① 초당 최대 정보 기억 용량이다.
② 정보 저장 및 회송(recall)에 필요한 시간이다.
③ 2개의 대안 중 하나가 명시되었을 때 얻어지는 정보량이다.
④ 일시에 보낼 수 있는 정보전달 용량의 크기로서 통신 채널의 Capacity를 의미한다.

해설
- 1 bit란 실현 가능성이 같은 2개의 대안 중 결정에 필요한 정보량이다.
- **정보이론**
  - 정량적으로 측정할 수 있으며, 정보의 측정 단위는 bit를 사용한다.
  - 두 대안의 실현 확률이 동일할 때 총 정보량이 가장 크다.
  - 1 bit란 실현 가능성이 같은 2개의 대안 중 결정에 필요한 정보량이다.
  - 정보이론에서 정보란 불확실성의 감소라 정의할 수 있다.

11

암순응에 대한 설명으로 맞는 것은?

① 암순응 때에 원추세포는 감수성을 갖게 된다.
② 어두운 곳에서는 주로 간상세포에 의해 보게 된다.
③ 어두운 곳에서 밝은 곳으로 들어갈 때 발생한다.
④ 완전 암순응에는 일반적으로 5 ~ 10분 정도 소요된다.

해설
- ①에서 암순응 때에는 원추세포는 감수성을 상실한다.
- ③에서 암순응은 밝은 곳에서 어두운 곳으로 들어갈 때 발생한다.
- ④에서 완전 암조응에 걸리는 시간은 30 ~ 40분 정도이다.
- **적응(순응)**
  - 적응(순응)은 밝은 곳에 있다가 어두운 곳에 들어설 경우 차츰 어둠에 적응하여 보이기 시작하는 특성을 말한다.
  - 암조응에 걸리는 시간은 30 ~ 40분, 명조응에 걸리는 시간은 1 ~ 3분 정도이다.
  - 적색 안경은 암조응을 촉진한다.

12

다음 중 실제 사용자들의 행동을 분석하기 위하여 이용자가 생활하는 자연스러운 생활환경에서 비디오, 오디오에 녹화하여 시험하는 사용성 평가 방법은?

① F.G.I(Focus Croup Interview)
② 사용성 평가실험(usability lab testing)
③ 관찰 에쓰노그라피(observation ethnography)법
④ 종이목업(paper mockup) 평가법

해설
- ①은 특정한 경험을 공유한 사람들이 함께 모여 인터뷰를 진행하는 조사 방법이다.
- ②는 실제로 거주하는 생활공간에서 제품 사용 중 발생할 수 있는 사용 오류 및 사용자 편의성 등을 검사하는 방법이다.
- ③은 실제 제품이 나오기 전에 제품의 디자인을 평가하는 방법이다.
- **관찰 에쓰노그라피(observation ethnography)법**
  - 실제 사용자들의 행동 분석을 위해 사용자가 생활하는 자연스러운 생활환경에서 조사하는 사용성 평가기법이다.
  - 비디오, 오디오에 녹화하여 시험하는 사용성 평가 방법이다.

13

실체적인 체계나 장치의 설계 시 인간을 고려할 때 '보통사람'이라는 말을 흔히 쓰는데, 이와 관련된 '평균치의 모순(average person fallacy)'에 대한 설명으로 가장 적절한 것은?

① 모든 치수가 평균 범위에 드는 평균치 인간은 존재하지 않는다.
② 평균은 모집단 분포의 치우침을 나타낸다.
③ 평균치를 기준으로 한 설계는 제품설계에서 제일 먼저 적용하는 원칙이다.
④ 신체치수는 평균 주위에 많이 분포한다.

해설
- 평균치의 모순은 특정 부위의 평균이 다른 부분의 평균이 될 수는 없다는 역설이다.
- **평균치의 모순(average person fallacy)**
  - 영국의 통계학자 에드워드 심슨이 정리한 역설이다.
  - 인체 각 부분의 평균값이 전체의 평균이 될 수는 없다는 의미로 모든 치수가 평균 범위에 드는 평균치 인간은 존재하지 않는다는 것을 말한다.

14

다음 중 일반적으로 부품의 위치를 정하고자 할 때 활용되는 부품배치의 원칙을 올바르게 나열한 것은?

① 중요성의 원칙과 사용빈도의 원칙
② 중요성의 원칙과 기능별 배치의 원칙
③ 사용 빈도의 원칙과 사용 순서의 원칙
④ 기능별 배치의 원칙과 사용 빈도의 원칙

해설
- 부품은 우선적으로 중요성의 원칙, 사용빈도의 원칙에 맞게 배치하도록 한다.
- **작업장 배치의 원칙** 실기 1303/1701/2001/2002/2101/2303/2402
  ㉠ 개요
   - 사용빈도, 중요도, 기능별, 사용 순서의 원칙에 의해 배치한다.
   - 작업의 흐름에 따라 기계를 배치한다.
   - 배치의 3단계는 지역배치 → 건물배치 → 기계배치 순으로 이뤄진다.
  - 공장내외는 안전한 통로를 두어야 하며, 통로는 선을 그어 작업장과 명확히 구별하도록 한다.
  - 비상시에 쉽게 대비할 수 있는 통로를 마련하고 사고 진압을 위한 활동통로가 반드시 마련되어야 한다.
  ㉡ 원칙
   - 중요성의 원칙, 사용빈도의 원칙 – 우선적인 원칙
   - 기능별 배치, 사용 순서의 원칙 – 부품의 일반적인 위치 내에서의 구체적인 배치 기준

15

청각적 신호를 설계하는데 고려되어야 하는 원리 중 검출성(detectability)에 대한 설명으로 옳은 것은?

① 사용자에게 필요한 정보만을 제공한다.
② 동일한 신호는 항상 동일한 정보를 지정하도록 한다.
③ 사용자가 알고 있는 친숙한 신호의 차원과 코드를 선택한다.
④ 신호는 주어진 상황 하의 감지장치나 사람이 감지할 수 있어야 한다.

해설
- ①은 검약성에 대한 설명이다.
- ②는 불변성에 대한 설명이다.
- ③은 양립성에 대한 설명이다.
- **청각적 표시장치 설계 시 일반원리** 실기 1601
- 청각적 표시장치 설계의 원리에는 양립성, 근사성, 분리성, 검약성, 불변성 등이 있다.

양립성	사용자의 기대를 저버리지 않는 신호와 코드
근사성	복잡한 정보를 나타내고자 할 때 2단계의 신호를 고려하는 것
분리성	두 가지 이상의 채널을 듣고 있다면 각 채널의 주파수가 분리되어 있어야 함
검약성	조작자에 대한 입력신호는 꼭 필요한 정보만을 제공하는 것
불변성	신호가 저장하는 정보는 변화하지 않고 항상 동일한 것
검출성	신호는 주어진 상황 하의 감지장치나 사람이 감지할 수 있어야 할 것

16

다음 중 인간의 정보처리 과정에서 중요한 역할을 하는 양립성(compatibility)에 관한 설명으로 옳은 것은?

① 인간이 사용할 코드와 기호가 얼마나 의미를 가진 것인가를 다루는 것을 공간적 양립성이다.
② 표시장치와 제어장치의 움직임, 사용 시스템의 반응 등과 관련된 것을 개념적 양립성이라 한다.
③ 제어장치와 표시장치의 공간적 배열에 관한 것을 운동 양립성이라 한다.
④ 직무에 알맞은 자극과 응답 양식의 존재에 대한 것을 양식 양립성이라 한다.

해설

- ①은 개념 양립성에 대한 설명이다.
- ②는 운동 양립성에 대한 설명이다.
- ③은 공간 양립성에 대한 설명이다.

양립성(Compatibility) 실기 1703/2003/2402

㉠ 개요
- 인간의 기대하는 바와 자극 또는 반응들이 일치하는 관계를 말하는데 양립성이 적을수록 정보처리에서 재코드화 과정은 많아진다.
- 양립성의 효과가 크면 클수록, 코딩의 시간이나 반응의 시간은 짧아진다.
- 양립성의 종류에는 운동양립성, 공간양립성, 개념양립성, 양식양립성 등이 있다.

㉡ 양립성의 종류와 개념 실기 1403/1501/1603/1801/1903/2001/2101/2201/2301/2303/2401/2403

공간 (Spatial) 양립성	• 표시장치와 이에 대응하는 조종 장치의 위치가 인간의 기대에 모순되지 않는 것 • 왼쪽 표시장치와 관련된 조종 장치는 왼쪽에, 오른쪽 표시장치에 관련된 조종 장치는 오른쪽에 위치하는 것
운동 (Movement) 양립성	조종 장치의 조작방향에 따라서 기계장치나 자동차 등이 움직이는 것
개념 (Conceptual) 양립성	• 인간이 가지는 개념과 일치하게 하는 것 • 적색 수도꼭지는 온수, 청색 수도꼭지는 냉수를 의미하는 것이나 위험신호는 빨간색, 주의신호는 노란색, 안전신호는 파란색으로 표시하는 것
양식 (Modality) 양립성	문화적 관습에 의해 생기는 양립성 혹은 직무에 관련된 자극과 이에 대한 응답 등으로 청각적 자극 제시와 이에 대한 음성응답 과업에서 갖는 양립성

17

인간-기계 체계(Man-Mchine System)의 신뢰도(RS)가 0.85 이상 이어야 한다. 이때 인간의 신뢰도(RH)가 0.9라면 기계의 신뢰도(RE)는 얼마 이상이어야 하는가?(단, 인간-기계 체계는 직렬체계이다)

① RE≥0.831
② RE≥0.877
③ RE≥0.915
④ RE≥0.944

해설

- 인간의 신뢰도는 0.9, 기계의 신뢰도는 Re이므로 인간이 기계를 조종하는 직렬체계의 경우 합성신뢰도는 $0.9 \times Re \geq 0.85$가 되어야 하므로 $Re \geq \frac{0.85}{0.9}(=0.944\cdots)$가 된다.

시스템의 신뢰도 실기 1403/1503/1603/1703/1801/2001/2103/2203/2301/2401

㉠ AND(직렬)연결 시

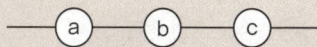

- 부품 a, 부품 b 신뢰도를 각각 R_a, R_b라 할 때 시스템의 신뢰도 $R_s = R_a \times R_b$로 구할 수 있다.

㉡ OR(병렬)연결 시

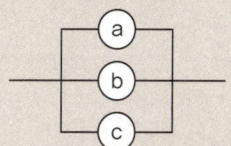

- 부품 a, 부품 b 신뢰도를 각각 R_a, R_b라 할 때 시스템의 신뢰도 $R_s = 1-(1-R_a)\times(1-R_b)$로 구할 수 있다.

18

다음 중 반응시간이 가장 빠른 감각은?

① 청각
② 미각
③ 시각
④ 후각

해설

- 반응시간이 가장 빠른 감각은 청각으로 약 0.17초 정도가 소요된다. 귀에서 담당하고 수용기관은 내의 달팽이관 내에 있다.

인간의 감각기관
- 시각 : 눈, 망막에서 수용하며 가장 많이 사용하는 감각이다.
- 청각 : 귀, 내이의 달팽이관에서 수용하며 반응시간이 가장 빠른 감각이다.
- 후각 : 코, 비점막에서 수용한다.

정답 16 ④ 17 ④ 18 ①

- 미각 : 혀, 혀의 미뢰에서 수용한다.
- 촉각 : 피부
- 반응시간은 청각 → 촉각 → 시각 → 후각 → 미각 → 통각 순으로 느려진다.

19

시식별에 영향을 주는 인자로 적합하지 않은 것은?

① 조도 ② 휘도비
③ 대비 ④ 온·습도

해설
- ④는 시식별과 거리가 멀다.
- 시식별에 영향을 주는 인자
  - 조도
  - 휘도 및 휘도비
  - 대비
  - 과녁의 이동
  - 노출시간
  - 조명기구
  - 시력(내적인자)
  - 연령(내적인자)

20

정보이론의 응용과 거리가 먼 것은?

① 다중과업
② Hick-Hyman 법칙
③ Magic number=7±2
④ 자극의 수에 따른 반응시간 설정

해설
- 정보이론의 응용은 주로 통신시스템의 모델링이나 분석 등에 이용되는데 시배분, Hick-Hyman 법칙, Magic number=7±2, 자극의 수에 따른 반응시간 설정 등이 이와 관련된다.
- 정보이론의 응용
  - 정보이론이란 전달되는 정보의 정량화와 처리, 전달 용량의 한계 및 기준을 설명하는 이론이다.
  - 정보이론의 응용은 주로 통신시스템의 모델링이나 분석 등에 이용되는데 시배분, Hick-Hyman 법칙, Magic number=7±2, 자극의 수에 따른 반응시간 설정 등이 이와 관련된다.

2과목 작업생리학

21

그림과 같은 심전도에서 나타나는 T파는 심장의 어떤 상태를 의미하는 것인가?

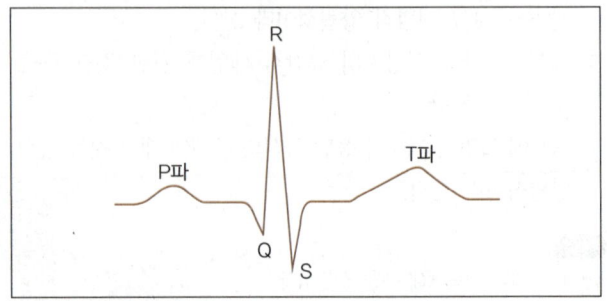

① 심방의 탈분극 ② 심실의 재분극
③ 심실의 탈분극 ④ 심방의 재분극

해설
- P파는 심방의 탈분극, T파는 심실의 재분극을 의미한다.
- 심전도(ECG)
  - 심장근의 활동을 측정하는 것을 말한다.

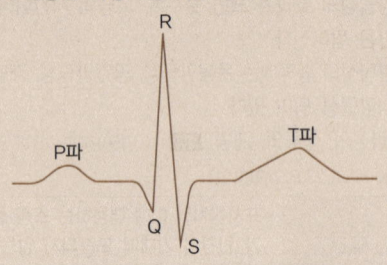

  - P파는 심방의 탈분극(심방의 수축)을 의미한다.
  - QRS complex는 심실의 탈분극(심실의 수축)을 의미한다.
  - T파는 심실의 재분극(심실의 이완)을 의미한다.

22

다음 중 근육의 활동에 대하여 근육에서의 전기적 신호를 이용하는 방법은?

① Electuomyograph(EMG)
② Electuooculogram(EOG)
③ Electuoencephalograph(EEG)
④ Electuocardiograph(ECG)

정답 19 ④ 20 ① 21 ② 22 ①

해설
- ②는 안구 운동을 기록하는 안전도이다.
- ③은 대뇌피질의 활성 정도를 측정하는 뇌전도이다.
- ④는 심장근의 활동을 측정하는 심전도이다.

∷ 근전도(EMG)
- 근육이 움직일 때 나오는 미세한 전기신호를 측정하여 근육의 활동 정도를 나타낼 수 있는 것을 말한다.
- 육체적 작업을 할 경우 신체의 특정 부위의 스트레스 또는 피로(스트레인(strain))를 측정하는 방법이다.
- 근육이 피로해질수록 근전도(EMG) 신호에서 저주파 영역이 증가하고 진폭도 커진다.

23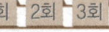

사무실 공기관리 지침 상 공기정화시설을 갖춘 사무실의 시간당 환기횟수 기준은?

① 1회 이상   ② 2회 이상
③ 3회 이상   ④ 4회 이상

해설
- 공기정화시설을 갖춘 사무실에서 환기횟수는 시간당 4회 이상으로 한다.

∷ 사무실의 환기기준
- 공기정화시설을 갖춘 사무실에서 근로자 1인당 필요한 최소 외기량은 분당 0.57세제곱미터 이상이며, 환기횟수는 시간당 4회 이상으로 한다.

24

남성 작업자의 육체작업에 대한 대사량을 측정한 결과, 분당 산소 소모량이 1.5L/min으로 나왔다. 작업자의 4시간에 대한 휴식시간은 약 몇 분 정도인가?(단, Murrell의 공식을 이용한다)

① 75분   ② 100분
③ 125분   ④ 150분

해설
- Murrell의 산정방법을 적용하므로 공식은 $R = 작업시간 \times \frac{E-5}{E-1.5}$ 이다.
- 산소 소모량이 주어졌으므로 변환하면 분당 작업 중 에너지 소비량은 1.5 × 5 = 7.5kcal가 된다.
- 작업시간이 4시간이므로 분으로 환산하면 240분이다.
- 대입하면 $R = 240 \times \frac{7.5-5}{7.5-1.5} = 240 \times \frac{2.5}{6} = 100분$ 이다.

∷ 휴식시간 산출 실기 1301/1501/1503/1903/2103/2403
- 분당 권장되는 평균 에너지 소비량은 남성의 경우 5kcal, 여성의 경우 3.5kcal이다.
- 여기서 작업평균 에너지 소비량을 넘어서는 작업을 한 경우에는 일정한 시간마다 휴식이 필요하다.
- 이에 휴식시간 $R = 작업시간 \times \frac{E-5}{E-1.5}$ 로 계산한다.

이때 E는 작업 중 에너지 소비량[kcal/분]이고, 5는 남성의 권장 평균 에너지 소비량, 1.5는 휴식 중 에너지 소비량이다(문제에서 주어지면 해당 값을 사용). 만약 산소 소모량이 주어질 경우 산소 1리터는 평균 5kcal가 소모된다.

25

시각적 점멸융합주파수(VFF)에 영향을 주는 변수에 대한 내용으로 옳지 않은 것은?

① 암조응 시는 VFF가 증가한다.
② 연습의 효과는 아주 적다.
③ 휘도만 같으면 색은 VFF에 영향을 주지 않는다.
④ VFF는 조명 강도의 대수치에 선형적으로 비례한다.

해설
- 암조응 시에는 VFF가 감소한다.

∷ 점멸융합주파수(Flicker fusion frequency) 실기 1703/2001/2402
  ㉠ 개요
  - 시각적 혹은 청각적으로 주어지는 계속적인 자극을 연속적으로 느끼게 되는 주파수를 말한다.
  - 중추신경계의 정신적 피로의 척도를 나타내는 대표적인 측정값이다.
  - 정신적으로 피로하면 주파수의 값이 감소한다.
  ㉡ 시각적 점멸융합주파수(VFF)
  - 빛의 검출성에 영향을 주는 인자 중의 하나로 점멸속도가 약 30Hz 이상이면 불이 계속 켜진 것처럼 보인다.
  - 암조응 시에는 VFF가 감소한다.
  - 휘도만 같다면 색상은 주파수에 영향을 주지 않는다.
  - 표적과 주변의 휘도가 같을 때 최대가 된다.
  - 주파수는 조명 강도의 대수치에 선형적으로 비례한다.
  - 사람들 간에는 큰 차이가 있으나 개인의 경우 일관성이 있다.

정답 23 ④ 24 ② 25 ①

26
다음 중 근육계에 관한 설명으로 옳은 것은?

① 수의근은 자율신경계의 지배를 받는다.
② 골격근은 줄무늬가 없는 민무늬근이다.
③ 불수의근과 심장근은 중추신경계의 지배를 받는다.
④ 내장근은 피로 없이 지속적으로 운동을 함으로써 소화, 분비 등 신체 내부 환경의 조절에 중요한 역할을 한다.

해설
- ①에서 자율신경계의 지배를 받는 것은 불수의근이다.
- ②에서 골격근은 줄무늬가 있는 가로무늬근이다.
- ③에서 불수의근과 심장근은 자율신경계의 지배를 받는다.
- 수의근(voluntary muscle) 실기 2302
  - 근육의 기능에 따른 분류로 의지를 가지고 움직일 수 있는 근육을 말한다.
  - 중추신경계와 골격근 등이 포함된다.

27
다음 중 작업에 따른 에너지 소비량에 영향을 미치는 주요 인자로 볼 수 없는 것은?

① 작업 방법
② 작업 도구
③ 작업 속도
④ 최대산소섭취능력

해설
- 최대산소섭취능력은 작업보다는 개인에 따라 달라진다.
- 작업에 따른 에너지 소비량에 영향을 미치는 주요인자
  - 작업 방법
  - 작업 도구
  - 작업 속도
  - 작업 자세

28
인체의 척추 구조에서 경추는 몇 개로 구성되어 있는가?

① 5개
② 7개
③ 9개
④ 12개

해설
- 척추는 7개의 경추, 12개의 흉추, 5개의 요추, 천추와 미추로 구성된다.
- 척추
  - 목에서 엉치까지의 뼈기둥으로 몸의 중심을 잡는 기둥역할을 한다.
  - 7개의 경추, 12개의 흉추, 5개의 요추, 천추와 미추로 구성된다.

29
어떤 작업자의 8시간 작업 시 평균 흡기량은 40L/min, 배기량은 30L/min로 측정되었다. 만일 배기량에 대한 산소함량이 15%로 측정되었다고 가정하면 이때의 분당 산소소비량(L/min)은 얼마인가?

① 3.3
② 3.5
③ 3.7
④ 3.9

해설
- 분당 흡기 산소량은 $40 \times 0.21 = 8.4$L이다.
- 분당 배기 산소량은 $30 \times 0.15 = 4.5$L이다.
- 분당 산소소비량은 $8.4 - 4.5 = 3.9$L이다.
- 공기의 조성 실기 1303/1401/2402
  - 작업 중 소비되는 산소 소비량을 계산하기 위한 흡기 시 공기의 조성은 질소 79%, 산소 21%이다.
  - 배기되는 공기의 조성에서 질소는 79%로 동일하지만 호흡으로 인해 산소가 소모된 만큼 이산화탄소는 생성된다.
  - 1L의 산소소비량은 5kcal의 에너지를 생성한다.

30
윤활관절(synovial joint)인 팔굽관절(elbow joint)은 연결 형태를 기준으로 어느 관절에 해당되는가?

① 관절구(condyloid)
② 경첩관절(hinge joint)
③ 안장관절(saddle joint)
④ 구상관절(ball and socket joint)

해설
- ①은 타원관절을 말하며 손목뼈 관절과 같이 2방향 운동이 가능한 관절이다.
- ③은 엄지손가락 아래의 손목허리관절로 2방향 운동이 가능한 관절이다.
- ④는 어깨관절이나 엉덩이 관절과 같이 3방향 운동이 가능한 관절이다.
- 경첩관절(hinge joint)
  - 한쪽 방향으로만 운동할 수 있는 관절이다.
  - 팔굽(주관절), 무릎(슬관절), 손가락 뼈 사이 관절이 대표적이다.

31

다음 중 힘과 모멘트에 대한 설명으로 옳은 것은?

① 힘의 3요소는 크기, 방향, 작용선이다.
② 스칼라(scalar)량은 크기는 없으며 방향만 존재한다.
③ 벡터(vector)량은 방향은 없으며 크기만 존재한다.
④ 모멘트란 회전시킬 수 있는 물체에 가해지는 힘이다.

해설
- ①에서 힘의 3요소는 크기, 방향, 작용점이다.
- ②에서 스칼라는 크기만 있고 방향이 없는 물리량이다.
- ③에서 벡터량은 크기와 방향이 있는 물리량이다.
- 모멘트(moment)
  - 모멘트는 특정한 축에 관하여 회전을 일으키는 힘의 경향이다.
  - 모멘트의 크기는 힘의 크기와 회전축으로부터 힘의 작용선까지의 거리에 의해 결정된다.
  - 모멘트의 단위는 N·m이다.
  - 모멘트의 방향은 힘의 방향에 따라 변한다.

32

다음 중 가시도(visibility)에 영향을 미치는 요소가 아닌 것은?

① 조명기구   ② 대비(contrast)
③ 과녁의 종류   ④ 과녁에 대한 노출시간

해설
- ③은 시식별에 큰 영향을 주지 않는다.
- 시식별에 영향을 주는 인자 실기 2103
  - 조도
  - 휘도 및 휘도비
  - 대비
  - 과녁의 이동
  - 노출시간
  - 조명기구
  - 시력(내적인자)
  - 연령(내적인자)

33

강도 높은 작업을 마친 후 휴식 중에도 근육에 추가적으로 소비되는 산소량을 무엇이라 하는가?

① 산소부채   ② 산소결핍
③ 산소결손   ④ 산소요구량

해설
- 인체활동이나 작업종료 후에도 체내에 쌓인 젖산을 제거하기 위해 산소가 더 필요하게 되는 것을 산소부채라 한다.
- 산소부채(산소 빚, oxygen debt)
  - 인체활동이나 작업종료 후에도 체내에 쌓인 젖산을 제거하기 위해 산소가 더 필요하게 되는 것을 말한다.
  - 강도 높은 작업을 마친 후 휴식 중에도 근육에 추가적으로 소비되는 산소량을 말한다.

34

근력 및 지구력에 대한 설명으로 틀린 것은?

① 정적인 근력 측정치로부터 동적 작업에서 발휘할 수 있는 최대 힘을 정확히 추정할 수 있다.
② 근력 측정치는 작업 조건뿐만 아니라 검사자의 지시내용, 측정방법 등에 의해서도 달라진다.
③ 근육이 발휘할 수 있는 힘은 근육의 최대자율수축(MVC)에 대한 백분율로 나타난다.
④ 등척력(isometric strength)은 신체를 움직이지 않으면서 자발적으로 가할 수 있는 힘의 최댓값이다.

해설
- ①에서 정적인 근력 측정치로부터 동적 작업에서 발휘할 수 있는 최대 힘을 정확히 추정하는 것은 가속과 관절 각도의 변화가 힘의 발휘와 측정에 영향을 주기 때문에 대단히 어렵다.
- 정적근력의 측정은 고정된 물체에 대해 최대 힘을 발휘하고, 일정 시간 휴식하는 과정을 반복하여 처음 3초 동안 발휘된 근력의 평균을 계산하여 측정한다.
- 정적 근력(static strength)
  - 등척성 근력(isometric strength)이라고도 한다.
  - 근육의 정적상태의 근력 즉, 근육이 등척성 수축을 하는 것에 해당하는 근력이다.
  - 근력의 상태 중 물체를 들고 있을 때처럼 신체부위를 움직이지 않으면서 고정된 물체에 힘을 가하는 상태를 말한다.
  - 정직근력의 측정은 고정된 물체에 대해 최대 힘을 발휘하고, 일정 시간 휴식하는 과정을 반복하여 처음 3초 동안 발휘된 근력의 평균을 계산하여 측정한다.

35

어떤 산업현장에서는 작업을 통하여 95dB(A)에서 3시간, 100dB(A)에서 0.5시간, 85dB(A)에서 5시간을 소음수준에 노출되었다면 총 소음투여량은 약 얼마인가?(단, OSHA의 소음관련 기준을 따른다)

① 65.62%   ② 163.5%
③ 81.25%   ④ 131.25%

해설

- OSHA 기준은 85dB 역시 16시간을 적용하므로 $\frac{5}{16}$, 95dB에서의 허용시간이 4시간인데 3시간 노출되어 $\frac{3}{4}$, 100dB에서의 허용시간이 2시간인데 0.5시간이므로 누적소음노출지수는 $\frac{5}{16} + \frac{3}{4} + \frac{0.5}{2} = \frac{21}{16} = 1.3125$가 된다.

❖ 소음허용기준 실기 1703/2302
- 90dB일 때 8시간을 기준으로 한다.
- 소음이 5dB 커질 때마다 허용기준 시간은 절반으로 줄어든다.
- OSHA

85dB	90dB	95dB	100dB	105dB	110dB
16시간	8시간	4시간	2시간	1시간	0.5시간

- 국내규정

90dB	95dB	100dB	105dB	110dB	115dB
8시간	4시간	2시간	1시간	0.5시간	0.25시간

- 전체 소음노출지수는 개별 노출시간/허용기준시간의 합으로 구한다.

---

36 → Repetitive Learning 1회 2회 3회

소음방지대책 중 다음과 같은 기법을 무엇이라 하는가?

> 감쇠대상의 음파와 동위상인 신호를 보내어 음파 간에 간섭현상을 일으키면서 소음이 저감되도록 하는 기법

① 음원 대책
② 능동제어 대책
③ 수음자 대책
④ 전파경로 대책

해설

- 기존의 흡음재, 차음재, 방음장치 등을 이용한 소음대책을 수동제어라고 하고, 신호를 보내 음파의 간섭현상으로 소음을 저감하는 방법을 능동제어라고 한다.

❖ 소음 대책

음원대책	가장 효과적이고 먼저 고려되어야 하는 대책이다. 소음의 발생원을 제거하거나 음원을 밀폐, 소음기 및 흡음장치를 설치하는 등의 방법을 말한다.
전파경로 대책	소음이 전달되는 경로를 파악하여 차음재를 사용하여 실간을 분리하거나 격리하는 방법을 말한다.
수음자 대책	수음자의 소음폭로 시간을 감소시키는 방법으로 휴게실이나 방음실을 설치하거나 차음보호구를 착용하는 등의 방법을 말한다.
능동제어 대책	감쇠대상의 음파와 동위상인 신호를 보내어 음파 간에 간섭현상을 일으키면서 소음이 저감되도록 하는 기법을 말한다.

---

37 → Repetitive Learning 1회 2회 3회

다음 중 광도와 거리에 관한 조도의 공식으로 옳은 것은?

① 조도 = $\frac{광도}{거리}$
② 조도 = $\frac{거리}{광도}$
③ 조도 = $\frac{광도}{거리^2}$
④ 조도 = $\frac{거리}{광도^2}$

해설

- 조도는 거리의 제곱에 반비례하고, 광도에 비례하므로 $\frac{광도}{(거리)^2}$으로 구한다.

❖ 조도(照度) 실기 1501/1603/1703/2003/2302
- 조도는 특정 지점에 도달하는 광의 밀도를 말한다.
- 단위는 럭스(Lux)를 사용한다 ($\frac{1cd}{1m^2}, \frac{1lm}{1m^2}$).
- 반사체의 반사율과는 상관없이 일정한 값을 갖는다.
- 거리의 제곱에 반비례하고, 광도에 비례하므로 $\frac{광도}{(거리)^2}$으로 구한다.

---

38 → Repetitive Learning 1회 2회 3회

정적 자세를 유지할 때의 떨림(tremor)을 감소시킬 수 있는 방법으로 적당한 것은?

① 손을 심장 높이보다 높게 한다.
② 몸과 작업에 관계되는 부위를 잘 받친다.
③ 작업 대상물에 기계적인 마찰을 제거한다.
④ 시각적인 기준(reference)을 정하지 않는다.

해설

- ① 손을 심장 높이보다 낮게 해야 한다.
- ③ 작업 대상물에 기계적인 마찰을 부가해야 한다.
- ④ 시각적인 기준(reference)을 정해야 한다.

❖ 정적 자세를 유지할 때의 떨림(tremor)을 감소시킬 수 있는 방법
- 손을 심장 높이보다 낮게 한다.
- 몸과 작업에 관계되는 부위를 잘 받친다.
- 작업 대상물에 기계적인 마찰을 부가한다.
- 시각적인 기준(reference)을 정하도록 한다.

39

다음 중 근육피로의 1차적 원인으로 옳은 것은?

① 젖산 축적
② 글리코겐 축적
③ 미오신 축적
④ 피루브산 축적

해설
- 육체적으로 격렬한 작업 시 충분한 양의 산소가 근육활동에 공급되지 못해 근육에 축적되는 것은 젖산이다.

젖산(Lactic acid)
- 신체 활동 수준이 너무 높아 근육에 공급되는 산소량이 부족하여 생기는 피로물질이고, 젖산의 축적은 근육피로의 1차적 원인이 된다.
- 피루브산이 변화되어 생성된다.
- 무기성(혐기성) 대사과정으로 인한 부산물이다.
- 계속적인 활동 시 혈액으로부터 양분과 산소를 공급받아야 하며 이때 충분한 산소 공급이 되지 않을 경우 젖산은 축적된다.
- 축적된 젖산은 산소와 결합하여 물과 이산화탄소로 분해되어 배출된다.
- 젖산이 누적되면 결국 근육은 반응을 하지 않게 된다.

40

다음 중 고열발생원에 대한 대책으로 볼 수 없는 것은?

① 고온 순환
② 전체 환기
③ 복사열 차단
④ 방열제 사용

해설
- 고열발생원에 대한 대책이므로 고온 순환이 아니라 저온 순환이 되어야 한다.

고열발생원 대책
- 전체 환기
- 복사열 차단
- 방열제 사용
- 방열막 설치
- 저온 순환

3과목 산업심리학 및 관련법규

41

인간의 불안전행동을 예방하기 위해 Harvey에 의해 제안된 안전대책의 3E에 해당하지 않는 것은?

① Education
② Enforcement
③ Engineering
④ Environment

해설
- 하베이의 안전시정책은 교육(Education)적, 기술(Engineering)적, 관리(Enforcement)적 대책으로 구성된다.

하베이(Harvey)의 안전대책 선정의 원칙 3E

교육(Education)적 대책	안전교육 및 훈련 대책
기술(Engineering)적 대책	시설 장비 및 기준의 개선 대책
관리(Enforcement)적 대책	안전 감독의 철저 등의 대책

42

다음 중 개인의 성격을 건강과 관련시켜 연구하는 성격 유형에 있어 B형 성격 소유자의 특성과 가장 관련이 깊은 것은?

① 수치계산에 민감하다.
② 공격적이며 경쟁적이다.
③ 문제의식을 느끼지 않는다.
④ 시간에 강박관념을 가진다.

해설
- ①, ②, ④는 A형 특성에 해당한다.

성격 유형의 종류

A형	• 경쟁적이고, 강박적인 성격이다. • 스트레스를 잘 받는다.
B형	낙천적이고, 느긋한 성격이다.
C형	• A형과 B형의 중간 성격이다. • 협조적이고, 인내심이 많지만 수동적이다.

43

A사업장의 도수율이 2로 산출되었을 때, 그 결과에 대한 해석으로 옳은 것은?

① 근로자 1,000명당 1년 동안 발생한 재해자수가 2명이다.
② 연근로시간 1,000시간당 발생한 근로손실일수가 2일이다.
③ 근로자 10,000명당 1년간 발생한 사망자수가 2명이다.
④ 연근로자가 1,000,000시간당 발생한 재해건수가 2건이다.

해설
- 도수율은 연간 총 근로시간 합계에 100만 시간당 재해발생 건수에 해당하므로 도수율이 2라는 의미는 근로자가 연간 1,000,000시간당 발생한 재해의 건수가 2건이라는 의미이다.

■ 재해율 관련 공식

재해율	$\dfrac{재해자수}{산재보험적용근로자수} \times 100$
사망만인율	$\dfrac{사망자수}{산재보험적용근로자수} \times 10,000$
휴업재해율	$\dfrac{휴업재해자수}{임금근로자수} \times 100$
도수율 (빈도율)	$\dfrac{재해건수}{연근로시간수} \times 1,000,000$
강도율	$\dfrac{총요양근로손실일수}{연근로시간수} \times 1,000$

44

다음 중 부주의의 원인과 대책이 가장 적합하게 연결된 것은?

① 의식의 우회 : 카운슬링
② 경험 또는 무경험 : 적성배치
③ 의식의 우회 : 작업환경 정비
④ 소질적 문제 : 교육 또는 훈련

해설
- ②는 교육 및 훈련으로 극복할 수 있다.
- ④는 적성에 따른 배치로 극복할 수 있다.
■ 부주의 발생의 내적요인과 대책
  - 의식의 우회 – 카운슬링
  - 소질적 문제 – 적성에 따른 배치
  - 경험 · 미경험 – 교육 및 훈련

45

다음 중 20세기 초 수행된 호손(Hawthorne)의 연구에 관한 설명으로 가장 적절한 것은?

① 조명 조건 등 물리적 작업 환경의 개선으로 생산성 향상이 가능하다는 것을 밝혔다.
② 연구가 수행된 포드(Ford) 자동차 사에 컨베이어 벨트가 도입되어 노동의 분업화가 가속화되었다.
③ 산업심리학의 관심이 물리적 작업조건에서 인간관계 등으로 바뀌게 되었다.
④ 연구결과 조직 내에서의 리더십의 중요성을 인식하는 계기가 되었다.

해설
- 호손의 연구는 산업심리학의 관심이 물리적 작업조건에서 인간관계 등으로 바뀌는 계기를 마련하게 되었다.
■ 호손(Hawthorne)의 연구
  - 호손공장 실험에서 조명을 밝히면 처음에는 생산량은 증가하나 이후에는 조명과 상관관계가 거의 없음을 증명하였다.
  - 호손의 연구결과에서 작업자의 작업능률은 동기, 의사소통을 통한 작업자 간의 인간관계가 큰 영향을 미친다는 것을 확인하였다.
  - 산업심리학의 관심이 물리적 작업조건에서 인간관계 등으로 바뀌는 계기를 마련하게 되었다.

46

재해의 기본 원인을 조사하는 데에는 관련 요인들을 4M 방식으로 분류하는데 다음 중 4M에 해당하지 않는 것은?

① Machine
② Material
③ Management
④ Media

해설
- 재해발생 기본원인에 해당하는 4M은 Man, Machine, Media, Management를 말한다.
■ 재해발생 기본원인 – 4M
  ㉠ 개요
  - 재해의 연쇄관계를 분석하는 기본 검토요인으로 인간과오(Human-Error)와 관련된다.
  - Man, Machine, Media, Management를 말한다.

ⓛ 4M의 내용

Man	• 인간적 요인을 말한다. • 심리적(망각, 무의식, 착오 등), 생리적(피로, 질병, 수면부족 등) 원인 등이 있다.
Machine	• 기계적 요인을 말한다. • 기계, 설비의 설계상의 결함, 점검이나 정비의 결함, 위험방호의 불량 등이 있다.
Media	• 인간과 기계를 연결하는 매개체로 작업적 요인을 말한다. • 작업의 정보, 작업방법, 작업환경, 작업순서 등이 있다.
Management	• 관리적 요인을 말한다. • 안전관리조직, 관리규정, 안전교육의 미흡 등이 있다.

47

다음 중 데이비스(K.Davis)의 동기부여 이론에서 인간의 성과(human performance)를 올바르게 나타낸 것은?

① 지식(knowledge) × 기능(skill)
② 상황(situation) × 태도(attitude)
③ 능력(ability) × 동기유발(motivation)
④ 인간조건(human condition) × 환경조건(environment condition)

해설

• 인간의 성과(Human performance)=능력(Ability)×동기유발(Motivation)이라고 주장하였다.

❖ 데이비스(K. Davis)의 동기부여 이론
  • 인간의 성과(Human performance)=능력(Ability)×동기유발(Motivation)
  • 능력(Ability)=지식(Knowledge)×기능(Skill)
  • 동기유발(Motivation)=상황(Situation)×태도(Attitude)

48

다음 중 산업안전보건법령상 재해발생 시 작성하여야 하는 산업재해조사표에서 재해의 발생 형태에 따른 재해 분류가 아닌 것은?

① 폭발   ② 협착
③ 진폐   ④ 감전

해설

• ③은 상해종류(질병명)에 해당한다.

❖ 재해의 발생형태별 분류

• 추락 – 사람이 인력(중력)에 의하여 건축물, 구조물, 가설물, 수목, 사다리 등의 높은 장소에서 떨어지는 것을 말한다.
• 전도·전복 – 사람이 거의 평면 또는 경사면, 층계 등에서 구르거나 넘어짐 또는 미끄러진 경우와 물체가 전도·전복된 경우를 말한다.
• 충돌·접촉 – 재해자 자신의 움직임·동작으로 인하여 기인물에 접촉 또는 부딪히거나, 물체가 고정부에서 이탈하지 않은 상태로 움직임 등에 의하여 접촉·충돌한 경우를 말한다.
• 낙하·비래 – 구조물, 기계 등에 고정되어 있던 물체가 중력, 원심력, 관성력 등에 의하여 고정부에서 이탈하거나 또는 설비 등으로부터 물질이 분출되어 사람을 가해하는 경우를 말한다.
• 협착·감김 – 두 물체 사이의 움직임에 의하여 일어난 것으로 직선 운동하는 물체 사이의 협착, 회전부와 고정체 사이의 끼임, 로울러 등 회전체 사이에 물리거나 또는 회전체·돌기부 등에 감긴 경우를 말한다.
• 붕괴·도괴 – 토사, 적재물, 구조물, 건축물, 가설물 등이 전체적으로 허물어져 내리거나 또는 주요 부분이 꺾어져 무너지는 경우를 말한다.
• 압박·진동 – 재해자가 물체의 취급과정에서 신체특정부위에 과도한 힘이 편중·집중·눌려진 경우나 마찰접촉 또는 진동 등으로 신체에 부담을 주는 경우를 말한다.
• 이상온도 노출·접촉 – 고·저온 환경 또는 물체에 노출·접촉된 경우를 말한다.
• 유해·위험물질 노출·접촉 – 유해·위험물질에 노출·접촉 또는 흡입하였거나 독성동물에 쏘이거나 물린 경우를 말한다.
• 화재 – 은 가연물에 점화원이 가해져 비의도적으로 불이 일어난 경우를 말하며, 방화는 의도적이기는 하나 관리할 수 없으므로 화재에 포함시킨다.
• 폭발 – 건축물, 용기 내 또는 대기 중에서 물질의 화학적, 물리적 변화가 급격히 진행되어 열, 폭음, 폭발압이 동반하여 발생하는 경우를 말한다.
• 전류접촉(감전) – 전기설비의 충전부 등에 신체의 일부가 직접 접촉하거나 유도전류의 통전으로 근육의 수축, 호흡곤란, 심실세동 등이 발생한 경우 또는 특별고압 등에 접근함에 따라 발생한 섬락 접촉, 합선·혼촉 등으로 인하여 발생한 아아크에 접촉된 경우를 말한다.

49

다음 중 통제적 집단행동이 아닌 것은?

① 모브(mob)
② 관습(custom)
③ 유행(fashion)
④ 제도적 행동(institutional behavior)

해설
- ①은 비통제적 집단행동의 하나로 폭동과 같은 것을 말하며, 군중(Crowd)보다 함의성이 없고, 감정에 의해서만 행동하는 특성을 갖는다.
- 통제적 집단행동 요소
  - 관습(custom)
  - 유행(fashion)
  - 제도적 행동(institutional behavior)

50

검사작업자가 한 로트에 100개인 부품을 조사하여 6개의 부적합품을 발견했으나 로트에는 실제로 10개의 부적합품이 있었다면 이 검사 작업자의 휴먼 에러 확률은 얼마인가?

① 0.04
② 0.06
③ 0.1
④ 0.6

해설
- 과오발생 가능 수는 100개인데 실제 과오 발생 수는 4개(10-6)이다.
- $\frac{4}{100}$ =0.04가 된다.
- 인간실수확률(HEP : Human Error Probability)
  - 시작과 끝을 가지는 직무에 근무할 때 인간 신뢰도의 기본단위이다.
  - 과오가 발생할 수 있는 가능 수에서 실제 발생한 과오의 수로 계산한다.
  - 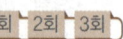로 구한다.

51

인간의 정보처리 과정 측면에서 분류한 휴먼 에러(Human error)에 해당하는 것은?

① 생략 오류(Omission error)
② 순서 오류(Sequential error)
③ 작위 오류(Commission error)
④ 의사결정 오류(Decision Making error)

해설
- ①, ②, ③은 심리적 측면에서의 휴먼 에러이다.
- 인간의 정보처리 과정에서 분류한 휴먼 에러

입력 오류 (Input error)	입력과정에서의 오류
정보처리 오류 (Information process error)	정보처리과정에서의 오류
의사결정 오류 (Decision making error)	의사결정에서의 오류
출력 오류 (Output error)	출력과정에서의 오류
피드백 오류 (Feedback error)	피드백 과정에서의 오류

52

Hick-Hyman의 법칙에 의하면 인간의 반응시간(RT)은 자극 정보의 양에 비례한다고 한다. 자극정보의 개수가 2개에서 8개로 증가한다면 반응시간은 몇 배 증가하겠는가?

① 3배
② 4배
③ 16배
④ 32배

해설
- 자극정보의 개수가 2개에서 8개로 증가했으므로 N의 값에 2와 8을 대입하면 $\log_2 2$=1, $\log_2 8$=3이므로 3배가 된다.
- Hick-Hyman의 법칙
  - 운전원이 신호를 보고 어떤 장치를 조작해야 할지를 결정하기까지 걸리는 시간을 예측할 수 있다.
  - 예상치 못한 자극에 대한 일반적인 반응시간은 대안이 2배 증가할 때마다 약 0.15초(150ms) 정도가 증가한다.
  - 선택반응시간은 자극 정보량의 선형함수로 $RT = a + b\log_2 N$로 구한다. 이때 a와 b는 상수, N은 자극과 반응의 수이다.

53

다음 중 휴먼 에러 방지의 3가지 설계기법으로 볼 수 없는 것은?

① 배타설계(exclusion design)
② 제품설계(products design)
③ 보호설계(prevention design)
④ 안전설계(fail-safe design)

해설
- 휴먼 에러 방지의 3가지 설계기법에는 배타설계, 보호설계, 안전설계가 있다.
- **휴먼 에러 방지의 3가지 설계기법**
  - 배타설계(exclusion design) : 설계 시 휴먼 에러가 발생할 수 있는 요소를 근본적으로 제거하는 설계
  - 보호설계(prevention design) : Fool proof와 같이 사용자의 실수가 있더라도 사고가 일어나지 않도록 하는 설계
  - 안전설계(fail-safe design) : 인간의 실수 혹은 기계 고장이 발생하더라도 사고가 일어나지 않도록 설계

54

다음 중 제조물책임법상 손해배상책임을 지는 자(제조업자)의 면책사유에 해당하지 않는 경우는?

① 제조업자가 당해 제조물을 공급하지 아니한 사실을 입증하는 경우
② 제조업자가 당해 제조물을 공급한 때의 과학 기술로는 결함의 존재를 발견할 수 없었다는 사실을 입증하는 경우
③ 제조물의 결함이 제조업자가 당해 제조물을 공급할 당시의 법령이 정하는 기준을 준수함으로써 발생한 사실을 입증하는 경우
④ 제조물을 공급한 후에 당해 제조물에 결함이 존재 한다는 사실을 알거나 알 수 없었다는 사실을 입증하는 경우

해설
- 제조업자가 결함의 존재여부를 알지 못했다고 하더라도 결함이 존재하여 고객에게 손해를 끼쳤다면 손해배상을 해야 한다.
- **제조물 책임법상 면책 사유**
  - 제조업자가 해당 제조물을 공급하지 아니하였다는 사실
  - 제조업자가 해당 제조물을 공급한 당시의 과학·기술 수준으로는 결함의 존재를 발견할 수 없었다는 사실
  - 제조물의 결함이 제조업자가 해당 제조물을 공급한 당시의 법령에서 정하는 기준을 준수함으로써 발생하였다는 사실
  - 원재료나 부품의 경우에는 그 원재료나 부품을 사용한 제조물 제조업자의 설계 또는 제작에 관한 지시로 인하여 결함이 발생하였다는 사실

55

다음 중 집단 간의 갈등을 해결함과 동시에 갈등을 촉진시킬 수 있는 방법으로 가장 적절한 것은?

① 조직구조의 변경
② 전제적 명령
③ 상위목표의 도입
④ 커뮤니케이션의 증대

해설
- ①은 집단 간의 갈등을 해결함과 동시에 집단 간의 갈등이 너무 없을 때 갈등을 촉진시킬 수 있는 방안에 해당된다.
- **집단 간 갈등의 해결방안**
  - 상위목표의 도입
  - 조직구조의 개편(갈등 촉진 방안이 될 수도 있다)
  - 커뮤니케이션의 증대
  - 역할과 책임을 명확화
  - 구성원들 간의 직무 순환
  - 갈등의 원인을 찾아 공동으로 해결

56

다음 중 과도로 긴장하거나 감정 흥분시의 의식수준단계로 대외의 활동력은 높지만 냉정함이 결여되어 판단이 둔화되는 의식수준 단계는?

① phase Ⅰ
② phase Ⅱ
③ phase Ⅲ
④ phase Ⅳ

해설
- 과도로 긴장된 상태는 Phase Ⅳ에 해당된다.
- **인간의 의식 레벨**
  - Phase 0은 무의식상태로 작업수행이 불가능한 상태의 의식수준이다.
  - 에러 발생 가능성이 낮은 것부터 높은 순으로 배열하면 Ⅲ단계-Ⅱ단계-Ⅰ단계-Ⅳ단계 순이 된다.

정답 53 ② 54 ④ 55 ① 56 ④

단계	의식수준	설명
Phase 0	무의식, 실신 상태	무의식 동작에는 외계의 능력에 대응하는 능력이 어느 정도 있다.
Phase I	이상, 피로 및 단조로움	심신이 피로하거나 단조로운 작업을 반복할 경우 나타나는 의식수준의 저하현상이 발생
Phase II	정상, 이완 상태	생리적 상태가 안정을 취하거나 휴식할 때에 해당
Phase III	정상, 명쾌	• 중요하거나 위험한 작업을 안전하게 수행하기에 적합 • 신뢰성이 가장 높은 상태의 의식수준
Phase IV	과긴장	돌발 사태의 발생으로 인하여 주의의 일점 집중 현상이 일어나는 경우 인간의 의식수준

해설
- NIOSH 직무 스트레스 요인에는 작업 요인, 조직 요인, 환경 요인이 있다.

❖ NIOSH 직무 스트레스 요인

작업 요인	작업 부하, 작업 속도, 교대 근무 등
조직 요인	역할갈등, 관리유형, 의사결정참여, 고용불확실 등
환경 요인	온도, 진동, 소음, 조명 등

57 ● Repetitive Learning 1회 2회 3회
다음 중 리더십 이론에 관리격자이론에서 인간중심 지향적으로 직무에 대한 관심이 가장 낮은 유형은?
① (1,1)형
② (1,9)형
③ (9,1)형
④ (9,9)형

해설
- 인간에 대한 관심은 매우 높은데 반해 과업에 관한 관심은 낮은 리더십 유형은 인기형으로 (1,9)형이다.

❖ 관리 그리드(Managerial Grid) 이론
- Blake & Muton에 의해 구조주도적-배려적 리더십 개념을 연장시켜 정립한 이론이다.
- 리더의 2가지 관심(인간, 생산에 대한 관심)을 축으로 리더십을 분류하였다.
- 이상(Team)형 리더십이 가장 높은 성과를 보여준다고 주장하였다.
- 표현 시 ( ) 안에 앞에는 업무에 대한 관심, 뒤에는 인간관계에 대한 관심을 표현하고 온점(.)으로 구분한다.

58 ● Repetitive Learning 1회 2회 3회
다음 중 NIOSH의 직무 스트레스 모형에서 직무 스트레스 요인과 성격이 다른 한 가지는?
① 작업 요인
② 조직 요인
③ 환경 요인
④ 행동적 반응 요인

59 ● Repetitive Learning 1회 2회 3회
FTA(Fault Tree Analysis)에 관한 설명으로 옳은 것은?
① 연역적이며 톱다운(top-down) 접근방식이다.
② 귀납적이고, 위험 그 자체와 영향을 강조하고 있다.
③ 시스템 구상에 있어 가장 먼저 하는 분석으로 위험요소가 어떤 상태에 있는지를 정성적으로 평가하는데 적합하다.
④ 한 사건에 대하여 실패와 성공으로 분개하고, 동일한 방법으로 분개된 각각의 가지에 대하여 실패 또는 성공의 확률을 구하는 것이다.

해설
- ②는 FMEA에 대한 설명이다.
- ③은 PHA에 대한 설명이다.
- ④는 ETA에 대한 설명이다.

❖ 결함수분석법(FTA)
- 시스템의 고장을 발생시키는 사상과 그 원인과의 인과관계를 논리 관계로 설명하는 게이트나 사상기호를 나뭇가지 모양의 그림으로 나타내고 이에 의거 시스템의 고장확률을 구함으로써 문제가 되는 부분을 찾아내는 기법이다.
- 연역적 방법으로 원인을 규명하며, 재해의 정량적 예측이 가능한 분석방법이다.
- 최상위 고장(Top event)으로부터의 하향식 고장해석 방법이다.
- 특정 사상에 대해 짧은 시간에 해석이 가능하다.
- 정성적 평가 후 정량적 평가를 실시하며, 정량적으로 재해 발생 확률을 구한다.
- FTA를 수행함에 있어 기본사상들의 발생이 서로 독립인가 아닌가의 여부를 파악하기 위해서는 공분산을 이용한다.

60

리더십의 유형에 따라 나타나는 특징에 대한 설명으로 틀린 것은?

① 권위주의적 리더십 - 리더에 의해 모든 정책이 결정된다.
② 권위주의적 리더십 - 각 구성원의 업적을 평가할 때 주관적이기 쉽다.
③ 민주적 리더십 - 모든 정책은 리더에 의해 지원을 받는 집단토론식으로 결정된다.
④ 민주적 리더십 - 리더는 보통 과업과 그 과업을 함께 수행할 구성원을 지정해 준다.

해설
- ④는 권위주의적 리더십의 특징에 해당된다.
- **민주적 리더십**
  - 인관관계를 중심에 놓는다(부하 중심적).
  - 맥그리거의 Y 이론에 근거를 둔다.
  - 리더의 지원에 의한 집단 토론식 결정을 한다.
  - 조직원의 적극적인 참여와 자율성을 강조한다.
  - 조직원의 창의성을 개발할 수 있다.
  - 생산성과 사기가 높게 나타난다.
  - 구성원 간의 상호관계가 원만하다.

4과목 근골격계질환 예방을 위한 작업관리

61

다음 중 허리부위나 중량물취급 작업에 대한 유해요인의 주요 평가기법은?

① REBA
② JSI
③ RULA
④ NLE

해설
- ①은 간호사 등과 같이 예측하기 힘든 다양한 자세에서 이루어지는 서비스업에서의 전체적인 신체에 대한 부담정도와 위해인자에 대한 노출정도를 분석하는데 적합하다.
- ②는 손, 손목, 팔꿈치 등 상지의 말단을 주로 사용하는 작업 관련성 근골격계 질환의 위험을 평가하기 위한 평가도구이다.
- ③은 상완, 전완, 손목을 그룹을 A로 목, 상체, 다리를 그룹 B로 나누어 측정, 평가하는 유해요인의 평가기법이다.

- **NLE(NIOSH Lifting Equation)**
  - 허리부위나 중량물취급 작업에 대한 유해요인의 주요 평가기법이다.
  - NIOSH의 중량물 취급지수를 말한다.
  - 들기 작업에 가장 적합한 평가방법이다.

62

다음 중 보기와 같은 작업표준의 작성 절차를 올바르게 나열한 것은?

Ⓐ 작업분해
Ⓑ 작업의 분류 및 정리
Ⓒ 작업표준안 작성
Ⓓ 작업표준의 채점과 교육실시
Ⓔ 동작순서 설정

① Ⓐ → Ⓑ → Ⓒ → Ⓔ → Ⓓ
② Ⓐ → Ⓔ → Ⓑ → Ⓒ → Ⓓ
③ Ⓑ → Ⓐ → Ⓔ → Ⓒ → Ⓓ
④ Ⓑ → Ⓐ → Ⓒ → Ⓔ → Ⓓ

해설
- 작업표준을 작성하는 절차는 작업의 분류 및 정리 → 작업분해 → 동작순서의 설정 → 작업표준안의 작성 → 작업표준의 채점과 교육실시 순이다.
- **작업표준**
  - 제품 또는 부품의 제조공정을 대상으로 작업조건과 방법, 관리방법이나 사용재료와 설비 등에 관한 기준을 정한 것을 말한다.
  - 작업표준을 작성하는 절차는 작업의 분류 및 정리 → 작업분해 → 동작순서의 설정 → 작업표준안의 작성 → 작업표준의 채점과 교육실시 순이다.

63

다음 중 작업대 및 작업 공간에 관한 설명으로 틀린 것은?

① 가능하면 작업자가 작업 중 자세를 필요에 따라 변경할 수 있도록 작업대와 의자 높이를 조절할 수 있는 방식을 사용한다.
② 가능한 낙하식 운반방법을 사용한다.
③ 작업점의 높이는 팔꿈치 높이를 기준으로 설계한다.
④ 정상 작업역이란 작업자가 위팔과 아래팔을 곧게 펴서 파악할 수 있는 구역으로 조립작업에 적절한 영역이다.

해설
- 정상 작업역이란 상완을 자연스럽게 늘어뜨린 상태에서 전완을 뻗어 파악할 수 있는 영역을 말한다.
- :: 정상 작업영역 실기 2303
  - 효과적인 작업을 위해서 작업자가 가급적 팔꿈치를 몸에 붙이고 자연스럽게 움직일 수 있는 거리를 말한다.
  - 상완을 자연스럽게 늘어뜨린 상태에서 전완을 뻗어 파악할 수 있는 영역을 말한다.
  - 인간이 앉아서 작업대위에 손을 움직여 나타나는 평면작업 중 팔을 굽히고도 편하게 작업을 하면서 좌우의 손을 움직여 생기는 작은 원호형의 영역을 말한다.

64 —— Repetitive Learning (1회 2회 3회)
0903/2003

평균 관측시간이 0.9분, 레이팅 계수가 120%, 여유시간이 하루 8시간 근무시간 중에 28분으로 설정되었다면 표준 시간은 약 몇 분인가?

① 0.926 ② 1.080
③ 1.147 ④ 1.151

해설
- 정미시간은 0.9×120%=0.9×1.2=1.08분이다.
- 내경법으로 여유율=28분/8시간(480분)=0.0583이 된다.
- 내경법으로 표준시간=1.08/(1−0.0583)=1.1469가 된다.
- :: 표준시간 실기 1501/1503/1603/1703/2002/2003/2103/2402/2403
  - ㉠ 개요
    - 8시간의 정상작업을 기준으로 하여 일정한 작업조건에서 일정한 방법에 따라 보통 정도의 작업자가 정상적인 속도로 작업을 수행하는데 걸리는 시간을 말한다.
    - 표준시간 측정에 사용하는 DM(decimal minute)은 1DM이 0.6초이다.
    - 표준시간은 정미시간+여유시간으로 구한다.
    - 정미시간은 관측시간의 평균치×R(레이팅 계수)로 구한다.
    - 객관적 레이팅에서의 표준시간=관측 평균시간×(1차 평가계수)×(1+2차 조정계수)×(1+여유율)로 구한다.
    - 외경법의 경우 표준시간=정미시간×(1+여유율)로 구한다.
    - 내경법의 경우 표준시간=정미시간/(1−여유율)로 구한다.
  - ㉡ 여유율
    - 외경법은 작업여유율=여유시간/정미시간(근무시간−여유시간)을 적용한다.
    - 내경법은 근무여유율=여유시간/근무시간(정미시간+여유시간)을 적용한다.

65 —— Repetitive Learning (1회 2회 3회)
0503

다음 중 작업측정에 대한 설명으로 적절한 것은?

① 반드시 비디오 촬영을 병행하여야 한다.
② 측정 시 작업자가 모르게 비밀 촬영을 하여야 한다.
③ 작업측정은 자격을 가진 전문가만이 수행하여야 한다.
④ 측정 후 자료는 그대로 사용하지 않고, 작업능률에 따라 자료를 조정할 수 있다.

해설
- ①에서 비디오 촬영이 반드시 필요한 것은 아니다.
- ②에서 사전에 동의하에 측정하도록 한다.
- ③에서 실무자들이 직접 측정하는 경우도 많다.
- :: 작업측정
  - 특정 작업을 수행하는데 걸리는 시간을 측정하는 것을 말한다.
  - 표준시간의 설정, 유휴시간의 제거, 작업성과의 측정 등을 목적으로 한다.
  - 측정 후 자료는 그대로 사용하지 않고, 작업능률에 따라 자료를 조정할 수 있다.

66 —— Repetitive Learning (1회 2회 3회)
0803

다음 중 작업분석 시 문제분석 도구로 적합하지 않은 것은?

① 작업공정도
② 다중활동분석표
③ 서블릭분석
④ 간트 차트

해설
- ③은 작업장에서 주기기간이 긴 작업의 동작분석에 주로 이용되는 도구이다.
- :: 문제분석에 사용되는 공정도 실기 1803
  - 유통선도(Flow Diagram) : 공정상 부품의 이동경로 표시
  - 활동분석표(Activity Chart) : 기계와 작업자의 상호관계를 중심으로 작업현황 표시
  - 복수작업자분석표(Gang Process Chart) : 기계와 다수의 작업자 간의 관계를 표시
  - 작업공정도(Operation Process Chart) : 전 작업공정을 순서대로 표시
  - 간트 차트(Gant chart) : 활동 계획을 시간축에 표시

67

작업관리의 문제분석 도구로서, 가로축에 항목, 세로축에 항목별 점유비율과 누적비율로 막대-꺾은선 혼합 그래프를 사용하는 것은?

① 파레토차트
② 간트차트
③ 특성요인도
④ PERT 차트

해설
- ②는 여러 가지 활동 계획의 시작시간과 예측 완료시간을 병행하여 시간축에 표시하는 도표이다.
- ③은 어떤 결과에 영향을 미치는 크고 작은 요인들을 계통적으로 파악하기 위해 재해와 원인의 관계를 도표화하여 재해 발생 원인을 분석하는 작업분석 도구이다.
- ④는 일정계획에서 사용되는 간트도표의 단점을 보완하여 활동의 소요시간은 베타분포를 따른다고 가정한 기법이다.

❖ 파레토도
- 작업관리의 문제분석 도구로서, 가로축에 항목, 세로축에 항목별 점유비율과 누적비율로 막대-꺾은선 혼합 그래프를 중점관리항목을 도출할 목적으로 활용하는 도구이다.
- 현장의 개선활동에 있어서 소수 중점 원인을 찾기 위한 도구로서 사용된다.
- 80~20의 원칙에 기초하여 빈도수별로 나열한 항목별 점유와 누적비율에 따라 불량이나 사고의 원인이 되는 중요 항목을 찾아가는 기법이다.
- 80~20의 원칙이란 20%의 항목이 전체의 80%를 차지한다는 개념이다.
- 가장 큰 값부터 순서대로 나열하며, 기타항목은 맨 오른쪽에 배치한다.

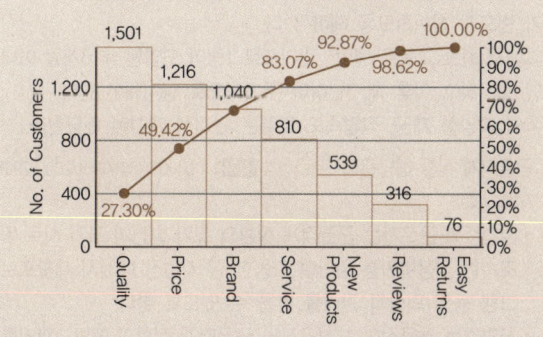

68

다음 중 근골격계 질환의 예방에서 단기적 관리방안이 아닌 것은?

① 교대 근무에 대한 고려
② 안전한 작업방법 교육
③ 근골격계 질환 예방관리 프로그램의 도입
④ 관리자, 작업자, 보건관리자 등에 인간공학 교육

해설
- ③은 장기적 관리방안에 해당된다.

❖ 근골격계 질환의 예방에서 단기적 관리방안
- 안전한 작업방법 교육
- 교대 근무에 대한 고려
- 작업자의 대한 휴식시간의 배려
- 휴게실, 운동시설 등 기타 관리시설의 확충
- 관리자, 작업자, 보건관리자 등에 인간공학 교육

69

1TMU(Time Measurement Unit)를 초단위로 환산한 것은?

① 0.0036초
② 0.036초
③ 0.36초
④ 1.667초

해설
- 1TMU는 0.036초 $\left(\dfrac{1}{100,000}\text{시간}\right)$을 의미한다.

❖ TMU(Time Measurement Unit)
- MTM에서 사용하는 시간의 단위이다.
- 1TMU는 0.036초 $\left(\dfrac{1}{100,000}\text{시간}\right)$을 의미한다.

70

다음 중 근골격계 질환의 일반적인 발생원인과 가장 거리가 먼 것은?

① 부자연스러운 작업자세
② 과도한 힘의 사용
③ 짧은 주기의 반복적인 동작
④ 보호장구의 미착용

> **해설**
> - 근골격계 질환은 반복적인 동작, 부적절한 작업자세, 무리한 힘의 사용, 날카로운 면과의 신체접촉, 진동 및 온도 등의 요인에 의하여 발생하는 건강장해로서 목, 어깨, 허리, 팔·다리의 신경·근육 및 그 주변 신체조직 등에 나타나는 질환을 말한다.
> - 근골격계 질환 [실기] 1803/2101/2302/2303
>   ㉠ 개요
>   - 반복적인 동작, 부적절한 작업자세, 무리한 힘의 사용, 날카로운 면과의 신체접촉, 진동 및 온도 등의 요인에 의하여 발생하는 건강장해로서 목, 어깨, 허리, 팔·다리의 신경·근육 및 그 주변 신체조직 등에 나타나는 질환을 말한다.
>   ㉡ 원인 [실기] 1603/1901/1903/2101/2201/2301
>   - 질환의 원인은 개인적 특성 요인, 작업특성 요인, 사회 심리적 요인 등으로 구분한다.
>   - 개인적 특성 요인에는 작업자 개인의 과거병력, 연령, 성별, 키, 몸무게, 작업방법 및 기술수준 등이 있다.
>   - 직접적인 작업특성 위험요인에는 작업강도, 작업자세, 작업의 반복도, 부적절한 휴식 등이 있다.
>   - 사회심리적 요인에는 직무스트레스, 비효율적 의사소통, 작업에 대한 만족도, 인간관계 등이 있다.

71 — Repetitive Learning (1회 2회 3회)

어느 기계가공작업에 대한 작업내용과 소요시간, 비용 등이 다음과 같을 때 해당 작업에서 작업자가 몇 대의 동일한 기계를 담당하는 것이 가장 경제적인가?

- 작업자 : 가공될 재료를 로딩(0.6분)
  - 가공품을 꺼냄(0.3분)
  - 가공품을 검사(0.5분)
  - 마무리 작업(0.2분)
  - 다른 기계쪽으로 걸어감(0.05분)
- 기계 : 가공시간(3.95분)
- 인건비 : 3,000원(시간)
- 기계비용 : 4,800원(시간)

① 1대　　② 2대
③ 3대　　④ 4대

> **해설**
> - 공통작업시간은 재료를 로딩하고 가공품을 꺼내는 시간이므로 0.6+0.3=0.9분이다.
> - 제품당 기계의 소요시간은 0.9분+3.95분=4.85분이다.
> - 제품당 작업자의 소요시간은 0.9분+0.5분+0.2분+0.05분=1.65분이다.

- 대입하면 $\frac{4.85}{1.65}$=2.94대이다.
- 최적의 기계대수 [실기] 1301/1701
  - 기계대수 n = $\frac{제품당\ 기계시간}{제품당\ 작업자시간}$ 으로 구한다.

72 — Repetitive Learning (1회 2회 3회)

다음 중 근골격계 질환 예방관리 프로그램에 대한 설명으로 옳은 것은?

① 사업주와 근로자는 근골격계 질환의 조기 발견과 조기 치료 및 조속한 직장복귀를 위하여 가능한 한 사업장 내에서 재활프로그램 등의 의학적 관리를 받을 수 있도록 한다.
② 사업주는 효율적이고 성공적인 근골격계 질환의 예방·관리를 위하여 사업장 특성에 맞게 근골격계 질환 예방관리추진팀을 구성하되 예방관리추진팀에는 예산 등에 대한 결정권한이 있는 자가 참여하는 것을 권고할 수 있다.
③ 근골격계 질환 예방·관리 최초교육은 예방·관리 프로그램이 도입된 후 1년 이내에 실시하고 이후 3년마다 주기적으로 실시한다.
④ 유해요인 개선 방법 중 작업의 다양성 제공, 작업속도 조절 등은 공학적 개선에 속한다.

> **해설**
> - ②에서 예방·관리추진팀에는 예산 등에 대한 결정권한이 있는 자가 반드시 참여하도록 해야 한다.
> - ③에서 최초 교육은 예방·관리프로그램이 도입된 후 6개월 이내에 실시하고 이후 매 3년마다 주기적으로 실시해야 한다.
> - ④의 다양성 제공, 작업속도 조절은 관리적 개선에 해당한다.
> - 근골격계 질환 예방관리 프로그램 [실기] 1401/1603/1801/1901/2003/2201/2302/2403
>   - 사업주와 근로자는 근골격계 질환의 조기 발견과 조기 치료 및 조속한 직장복귀를 위하여 가능한 한 사업장 내에서 재활프로그램 등의 의학적 관리를 받을 수 있도록 한다.
>   - 사업주는 효율적이고 성공적인 근골격계 질환의 예방·관리를 위하여 사업장 특성에 맞게 근골격계 질환 예방관리추진팀을 구성하되 예방·관리추진팀에는 예산 등에 대한 결정권한이 있는 자가 반드시 참여하도록 한다.
>   - 근골격계 질환 예방·관리 최초 교육은 예방·관리프로그램이 도입된 후 6개월 이내에 실시하고 이후 매 3년마다 주기적으로 실시한다.

- 유해요인 개선 방법 중 공학적 개선에는 공구·장비, 작업장, 포장, 부품, 제품 등이 있고, 관리적 개선에는 작업의 다양성 제공, 작업일정 및 작업속도 조절, 회복시간 제공, 작업 습관 변화 등이 있다.

73

다음 중 작업개선의 ECRS 기본원칙과 가장 거리가 먼 것은?

① 작업방법을 바꾸거나 변경한다.
② 다른 작업이나 작업요소를 결합하다.
③ 불필요한 작업이나 작업 요소를 제거한다.
④ 작업이나 작업요소를 단순화 및 간소화 한다.

해설
- ①은 R은 Rearrange로 작업순서의 변경, 재배열이 되어야 한다.
- **개선의 ECRS** 실기 1303/1403/1801/2002/2101/2302
  - E(Eliminate) : 불필요한 작업이나 자재를 제거
  - C(Combine) : 더 나은 작업이나 작업요소와의 결합
  - R(Rearrange) : 작업순서의 변경, 재배열
  - S(Simplify) : 작업이나 작업요소의 단순화

74

다음 중 작업측정 방법의 성격이 다른 하나는?

① PTS법
② 표준자료법
③ 실적기록법 및 통계적 표준
④ 워크 샘플링

해설
- ④는 직접측정방법이다.
- **작업측정방법의 분류** 실기 1701/1901/2203/2403
  ㉠ 직접측정방법
   - 시간연구법 : 스톱워치법, VTR 촬영법, 컴퓨터 분석법
   - 워크 샘플링법
  ㉡ 간접측정방법
   - PTS법
   - 표준자료법
   - 실적기록법 및 통계적 표준

75

조립작업 등과 같이 엄지와 검지로 집는 작업자세가 많은 경우 손목의 정중신경압박으로 증상이 유발하는 질환은?

① 근막통 증후군
② 외상과염
③ 수완진동 증후군
④ 수근관 증후군

해설
- ①은 목이나 어깨를 과다 사용하거나 굽히는 자세로 인해 발생하며 통증과 움직임의 둔화를 초래한다.
- ②는 팔꿈치 부위의 인대에 염증이 생김으로써 발생하는 증상이다.
- ③은 진동공구 사용으로 발생하는 증상으로 손가락의 혈관이 수축하고 감각이 마비되는 증상이다.
- **수근관 증후군**(carpal tunnel syndrome)
  - 손목이 꺾인 상태나 과도한 힘을 준 상태에서 반복적 손 운동을 할 때 발생한다.
  - 손 저림, 감각저하 등의 증상이 나타난다.

76

다음 중 RULA(Rapid Upper Limb Assesment)의 평가요소에 포함되지 않는 것은?

① 발목 각도   ② 손목 각도
③ 전완 자세   ④ 몸통 자세

해설
- 상완, 전완, 손목을 그룹을 A로 목, 상체, 다리를 그룹 B로 나누어 측정, 평가한다.
- **RULA**(Rapid Upper Limb Assessment) 실기 1301/1303/1603/1803/2201/2203
  - 어깨, 팔목, 손목, 목 등 상지에 초점을 맞추어 작업자세로 인한 작업 부하를 빠르고 상세하게 분석할 수 있는 근골격계 질환의 위험평가기법이다.
  - 상완, 전완, 손목을 그룹을 A로 목, 상체, 다리를 그룹 B로 나누어 측정, 평가한다.
  - VDT 작업, 자동차 공장의 컨베이어식 조립라인에서 선 자세에서 자동차 하부의 볼트를 조립하는 작업자의 측정에 적합하다.
  - 평가에 있어서 1~2점은 개선의 필요가 없음을, 3~4점은 계속적인 추가 관찰이 필요하고, 5~6점은 빠른 개선과 함께 작업위험요인의 분석이 요구되고, 7점의 경우는 정밀조사와 함께 즉시 개선이 필요하다고 평가한다.

정답 73 ① 74 ④ 75 ④ 76 ①

77 ● Repetitive Learning 1회 2회 3회

작업장 시설의 재배치, 기자재 소통상 혼잡지역 파악, 공정과정 중 역류현상 점검 등에 가장 유용하게 사용할 수 있는 공정도는?

① Gantt Chart
② Flow Diagram
③ Man-Machine Chart
④ Operation Process Chart

해설
- ①은 여러 가지 활동 계획의 시작시간과 예측 완료시간을 병행하여 시간축에 표시하는 도표이다.
- ③은 사람과 기계간의 복합작업을 분석하는 표로 작업자에게 최적의 경제적 기계 담당 대수를 결정하는 데 도움을 준다.
- ④는 자재가 공정으로 들어오는 지점 및 공정에서 행하여지는 작업기호와 검사기호만을 사용하여 공정 전체를 파악하기 위한 공정분석도표이다.

❖ Flow Diagram
- 정체, 저장, 대기, Material Handling 등의 사항이 생산현장의 어느 위치에서 발생하는지 한눈에 알아볼 수 있도록 표시된 도표이다.
- 작업장 시설의 재배치, 기자재 소통상 혼잡지역 파악, 공정과정 중 역류현상 점검 등에 가장 유용하게 사용할 수 있는 공정도이다.

78 ● Repetitive Learning 1회 2회 3회

다음 중 작업관리(Work study)에 관한 설명으로 옳은 것은?

① 가치공학이라고도 한다.
② 방법연구와 작업측정을 주 대상으로 하는 명칭이다
③ 작업관리의 주목적은 작업시간 단축과 노동 강도 증가에 있다.
④ 제조공장을 주요 대상으로 개발되어 사무작업에는 적용이 불가능하다.

해설
- ①에서 가치공학은 특정 기능의 구현을 위한 최소한의 원가를 제공하는 방안을 연구하는 분석기법이다.
- ③에서 작업관리는 생산성과 함께 작업자의 안전과 건강을 함께 추구하는 것을 목적으로 한다.
- ④에서 제조공장 뿐 아니라 사무작업에도 적용하고 있다.

❖ 인간공학에 있어 작업관리
- 생산성 향상을 목적으로 경제적인 작업방법을 연구하는 작업연구와 표준작업시간을 결정하기 위한 작업측정으로 구분할 수 있다.
- 생산성과 함께 작업자의 안전과 건강을 함께 추구한다.
- 생산과정에서 인간이 관여하는 작업을 주 연구대상으로 한다.
- 정확한 작업측정을 통한 작업개선, 공정개선을 통한 작업 편리성 향상, 표준시간 설정을 통한 작업효율 관리 등을 수행한다.

79 ● Repetitive Learning 1회 2회 3회

다음 중 동작경제의 원칙의 3가지 범주에 들어가지 않은 것은?

① 작업개선의 원칙
② 신체의 사용에 관한 원칙
③ 작업장의 배치에 관한 원칙
④ 공구 및 설비의 디자인에 관한 원칙

해설
- 동작경제의 원칙은 신체사용의 원칙, 작업장 배치의 원칙, 공구 및 설비 디자인의 원칙으로 분류된다.

❖ 동작경제의 원칙 실기 1903/2103/2203
㉠ 개요
- 작업자가 경제적인 동작을 통해 피로도를 감소시키면서도 능률을 향상시키게 하기 위한 원칙이다.
- 신체사용의 원칙, 작업장 배치의 원칙, 공구 및 설비 디자인의 원칙으로 분류된다.
- 동작을 가급적 조합하여 하나의 동작으로 한다.
- 동작의 수는 줄이고, 동작의 속도는 적당히 한다.

㉡ 신체사용의 원칙 실기 2301
- 두 손의 동작은 동시에 시작해서 동시에 끝나야 한다.
- 휴식시간을 제외하고는 양손을 같이 쉬게 해서는 안 된다.
- 손의 동작은 유연하고 연속적인 동작이어야 한다.
- 동작이 급작스럽게 크게 바뀌는 직선 동작은 피해야 한다.
- 두 팔의 동작은 동시에 서로 반대방향으로 대칭적으로 움직이도록 한다.
- 탄도동작(Ballistics Movements)은 제한되거나 통제된 동작보다 더 신속하고 정확하다.

㉢ 작업장 배치의 원칙 실기 1303/1701/2001/2002/2303/2402
- 가능하다면 낙하식 운반 방법을 이용한다.
- 작업이 용이하도록 적절한 조명을 비추어 준다.
- 공구나 재료는 작업동작이 원활하게 수행하도록 그 위치를 정해준다.

- 공구, 재료 및 제어장치는 사용하기 가까운 곳에 배치해야 한다.
- ㉣ 공구 및 설비 디자인의 원칙 실기 1703
  - 치구나 족답장치를 이용하여 양손이 다른 일을 할 수 있도록 한다.
  - 공구의 기능을 결합하여 사용하도록 한다.
  - 타자 칠 때와 같이 각 손가락이 서로 다른 작업을 할 때에는 작업량을 각 손가락의 능력에 맞게 배분해야 한다.

80 Repetitive Learning 1회 2회 3회

근골격계 부담작업의 유해요인조사의 내용 중 작업장 상황 조사 항목에 해당되지 않는 것은?

① 근무형태 ② 작업량
③ 작업설비 ④ 작업공정

해설

- ① 대신에 작업속도 및 최근 업무의 변화 등이 와야 한다.
- 근골격계 유해요인 기본조사 실기 1703/2401/2402
  - ㉠ 개요
    - 사업주는 사업장내 근골격계 부담작업에 대하여 전수조사를 원칙으로 한다.
    - 유해도 평가는 유해요인기본조사 총점수가 높거나 근골격계 질환증상 호소율이 다른 부서에 비해 높은 경우에는 유해도가 높다고 할 수 있다.
    - 유해요인 조사는 작업장 상황조사, 작업조건 조사, 증상 설문조사로 구성된다.
  - ㉡ 작업장 상황조사 항목
    - 작업공정
    - 작업설비
    - 작업량
    - 작업속도 및 최근 업무의 변화 등
  - ㉢ 작업조건조사 항목
    - 반복성
    - 부자연스런 또는 취하기 어려운 자세
    - 과도한 힘
    - 접촉스트레스
    - 진동 등
  - ㉣ 근골격계 질환 증상 설문조사
    - 근골격계 질환 증상 및 징후
    - 직업력
    - 근무형태
    - 취미생활
    - 과거 질병력

2015년 제1회

2015년 3월 8일 필기

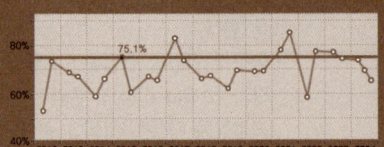

1과목　인간공학개론

01
은행이나 관공서의 접수창구의 높이를 설계하는 기준으로 옳은 것은?

① 조절식 설계
② 최소집단치 설계
③ 최대집단치 설계
④ 평균치 설계

해설
- 은행이나 관공서의 접수창고는 민원인의 인체에 맞게 조절하는 것이 거의 불가능하고 극단치 설계에도 적합하지 않으므로 주로 인체의 평균값을 적용하는 평균치 설계를 적용한다.
- 인체측정자료의 응용 및 설계 종류 실기 2002/2101/2302/2402

조절식 설계	• 최초에 고려하는 원칙으로 어떤 자료의 인체이든 그에 맞게 조절가능식으로 설계하는 것 • 최대나 최소치를 사용하는 것이 기술적으로 어려울 경우 활용
극단치 설계	• 모든 인체를 대상으로 수용 가능할 수 있도록 제일 작은, 혹은 제일 큰 사람을 기준으로 설계하는 원칙 • 5백분위수 등이 대표적이다.
평균치 설계	• 다른 기준의 적용이 어려울 경우 최종적으로 적용하는 기준으로 평균적인 자료를 활용해 범용성을 갖는 설계원칙 • 은행창구, 슈퍼마켓 계산대 등에 사용된다.

02
검은 상자 안에 붉은 공, 검은 공, 그리고 흰 공이 있다. 각 공의 추출 확률은 붉은 공 0.25, 검은 공 0.125, 그리고 흰 공 0.50이다. 추출될 공의 색을 예측하는데 필요한 평균 정보량(bit)은 약 얼마인가?

① 0.875
② 1.375
③ 1.5
④ 1.75

해설
- 3개의 대안(붉은 공, 검은 공, 흰 공)의 확률이 주어졌으므로 대입하여 합을 구하면 된다.
- 붉은 공의 확률이 0.25이므로 $0.25 \times \log_2\left(\dfrac{1}{0.25}\right) = 0.5$가 된다.
- 검은 공의 확률이 0.125이므로 $0.125 \times \log_2\left(\dfrac{1}{0.125}\right) = 0.375$가 된다.
- 흰 공의 확률이 0.50이므로 $0.5 \times \log_2\left(\dfrac{1}{0.5}\right) = 0.5$가 된다.
- 전체 전달된 정보량은 $0.5 + 0.375 + 0.5 = 1.375$가 된다.
- 정보량 실기 1401/2301/2303
  - 대안이 n개인 경우의 정보량은 $\log_2 n$으로 구한다.
  - 특정 안이 발생할 확률이 $p(x)$라면 정보량은 $\log_2 \dfrac{1}{p(x)}$로 구한다.
  - 여러 안이 발생할 경우의 총 정보량은 [개별 확률×개별 정보량의 합]과 같다.

03
체계분석 시에 인간공학으로부터 얻는 보상 및 가치와 거리가 가장 먼 것은?

① 인력 이용률 향상
② 사고 및 오용으로 부터의 손실감소
③ 기계 및 설비 활용의 감소
④ 생산 및 보전의 경제성 증대

01 ④　02 ②　03 ③

> **해설**
> - ③에서 기계 및 설비 활용이 증가한다.
>
> :: 체계분석 시에 인간공학으로부터 얻는 보상 및 가치
>   - 인력 이용률 향상
>   - 사고 및 오용으로 부터의 손실감소
>   - 기계 및 설비 활용의 증가
>   - 생산 및 보전의 경제성 증대

04 • Repetitive Learning 「1회」「2회」「3회」

다음 중 시력의 척도와 그에 대한 설명으로 틀린 것은?

① Vernier 시력 - 한 선과 다른 선의 측방향 변위(미세한 치우침)를 식별하는 능력
② 최소 가분 시력 - 대비가 다른 두 배경의 접점을 식별하는 능력
③ 최소 인식 시력 - 배경으로부터 한 점을 식별하는 능력
④ 입체 시력 - 깊이가 있는 하나의 물체에 대해 두 눈의 망막에서 수용할 때 상이나 그림의 차이를 분간하는 능력

> **해설**
> - ②의 최소가분시력이란 가장 보편적으로 사용되는 시력의 척도로 우리가 일상적으로 이야기하는 시력을 말한다.
>
> :: 시력의 종류
>
> | | |
> |---|---|
> | 최소가분시력
(Minimum separable acuity) | • 가장 보편적으로 사용되는 시력의 척도
• 란돌트 고리에 있어 5m 거리에서 1.5mm의 틈을 구분할 수 있는 능력을 1.0의 시력이라고 한다. |
> | 배열시력
(Vernier acuity) | 한 선과 다른 선의 측방향 변위, 즉 미세한 치우침을 분간하는 능력 |
> | 동적시력(Dynamic visual acuity) | 움직이는 물체를 식별하는 능력으로 빠르게 움직이는 물체를 정확하게 추적하는 능력 |
> | 입체시력
(Stereoscopic acuity) | 거리가 있는 한 물체에 대한 약간 다른 상이 두 눈의 망막에 맺힐 때 이것을 구별하는 능력 |
> | 최소지각시력
(Minimum perceptible acuity) | 배경으로부터 한 점을 분간하는 능력 |

05 • Repetitive Learning 「1회」「2회」「3회」

다음 중 전문가에 의한 사용성 평가방법은?

① 표적집단면접법(Focus Group Interview)
② 사용자테스트(User Test)
③ 휴리스틱 평가(Heuristic Evaluation)
④ 설문조사(Questionnaire Survey)

> **해설**
> - ①은 특정한 경험을 공유한 사람들이 함께 모여 인터뷰를 진행하는 조사 방법이다.
> - ②는 제품 사용 중 발생할 수 있는 사용 오류 및 사용자 편의성 등을 검사하는 방법이다.
> - ④는 미리 준비된 설문지나 면접을 통해 사회현상에 관련된 자료를 수집하는 방법이다.
>
> :: 휴리스틱 평가(Heuristic Evaluation) 실기 1301/1701/2201
>   - 3~5명의 전문가가 직관과 경험을 바탕으로 빠르게 의사결정을 내리고 결과를 예측하는 방법이다.
>   - 실제 사용자를 대상으로 하는 평가를 하기 전에 사용성 관련 문제를 파악하기 위해 실시하는 전문가 평가이다.

06 • Repetitive Learning 「1회」「2회」「3회」

다음 중 인간이 기계를 능가하는 기능에 해당하는 것은?

① 암호화된 정보를 신속하게 대향으로 보관한다.
② 완전히 새로운 해결책을 찾아낸다.
③ 입력신호에 대해 신속하고 일관성 있게 반응한다.
④ 주위가 소란하여도 효율적으로 작동한다.

> **해설**
> - 완전히 새로운 해결책을 도출하는 것은 인간이 기계를 능가하는 조건이다.
>
> :: 인간이 기계를 능가하는 조건(인공지능 제외)
>   - 관찰을 통해서 일반화하여 귀납적 추리를 한다.
>   - 완전히 새로운 해결책을 도출할 수 있다.
>   - 원칙을 적용하여 다양한 문제를 해결할 수 있다.
>   - 상황에 따라 변하는 복잡한 자극 형태를 식별할 수 있다.
>   - 다양한 경험을 토대로 하여 의사 결정을 한다.
>   - 주위의 예기치 못한 사건들을 감지하고 처리하는 임기응변 능력이 있다.

07

정적 인체 측정 자료를 동적 자료로 변환할 때 활용될 수 있는 크로머(Kroemer)의 경험 법칙을 설명한 것으로 옳지 않은 것은?

① 키, 눈, 어깨, 엉덩이 등의 높이는 3% 정도 줄어든다.
② 팔꿈치 높이는 대개 변화가 없지만, 작업 중 5% 까지 증가하는 경우가 있다.
③ 앉은 무릎 높이 또는 오금 높이는 굽 높은 구두를 신지 않는 한 변화가 없다.
④ 전방 및 측방 팔길이는 편안한 자세에서 30% 정도 늘어나고, 어깨와 몸통을 심하게 돌리면 20% 정도 감소한다.

해설
- ④에서 전방 및 측방 팔길이는 편안한 자세에서 30% 정도 줄어들고, 어깨와 몸통을 심하게 돌리면 20% 정도 증가한다.

크로머(Kroemer)의 경험 법칙
- 정적 인체 측정 자료를 동적 자료로 변환할 때 활용될 수 있는 방법이다.
- 키, 눈, 어깨, 엉덩이 등의 높이는 3% 정도 줄어든다.
- 팔꿈치 높이는 대개 변화가 없지만, 작업 중 5% 까지 증가하는 경우가 있다.
- 앉은 무릎 높이 또는 오금 높이는 굽 높은 구두를 신지 않는 한 변화가 없다.
- 전방 및 측방 팔길이는 편안한 자세에서 30% 정도 줄어들고, 어깨와 몸통을 심하게 돌리면 20% 정도 증가한다.

08

회전운동을 하는 조종장치의 레버를 60° 움직였을 때 표시장치의 커서는 10cm 이동하였다. 레버의 길이가 10cm일 때 이 조종장치의 C/R비는 약 얼마인가?

① 1.05
② 1.51
③ 5.42
④ 8.33

해설
- 회전 조종구의 C/D비 $= \dfrac{2 \times \pi(3.14) \times r(\text{반지름}) \times \left(\dfrac{\text{각도}}{360}\right)}{\text{표시계기의 변위량}}$ 으로 구한다.
- 레버를 60°, 표시장치는 10cm, 레버의 길이가 10cm이므로 반지름도 10cm이므로 대입하면 C/D비는 $\dfrac{2 \times 3.14 \times 10 \times \left(\dfrac{60}{360}\right)}{10} = 1.04666\cdots$ 이다.

통제표시비 : C/D(C/R)비

실기 1301/1403/1501/1503/1601/1701/1803/1901/2002/2003/2101/2103/2203/2301/2303/2401

⊙ 개요
- 통제장치의 변위량과 표시장치의 변위량과의 관계를 나타낸 비율로 C/D비, 조종과 반응의 비라고 하여 C/R비라고도 한다.
- C/D $= \dfrac{\text{통제기기의 변위량}}{\text{표시계기의 변위량}}$ 으로 구한다.
- 회전 조종구의 C/D비
$$= \dfrac{2 \times \pi(3.14) \times r(\text{반지름}) \times \left(\dfrac{\text{각도}}{360}\right)}{\text{표시계기의 변위량}}$$
으로 구한다.

ⓒ 특징
- C/R비가 작아진다는 것은 민감한 장치화 되어 조종시간=제어시간이 길어지지만 수행시간이 짧아진다는 의미이다.
- C/R비가 크다는 것은 미세한 조종은 쉽지만 수행시간은 상대적으로 길다.
- 통제기기 시스템에서 발생하는 조작시간의 지연은 직접적으로 통제표시비가 가장 크게 작용하고 있다.

09

실험연구에서 실험자가 연구하고 싶은 대상이 되는 변수를 무엇이라 하는가?

① 종속변수
② 독립변수
③ 통제변수
④ 환경변수

해설
- ②는 실험자가 의도적으로 변화시키는 변수로 종속변수에 영향을 주는 변수이다.
- ③은 종속변수와 독립변수의 인과관계를 보다 정확하게 추정하기 위해 사용되는 변수이다.
- ④는 컴퓨터에서 동작하는 방식에 영향을 미치는 동적인 값들의 모임을 말한다.

독립변수와 종속변수
- 종속변수 : 실험자가 연구하고 싶은 대상이 되는 변수로 독립변수에 영향을 받아 변화하는 변수를 말한다.
- 독립변수 : 실험자가 의도적으로 변화시키는 변수로 종속변수에 영향을 주는 변수이다.

10

신호검출이론에서 판정기준(criterion)이 오른쪽으로 이동할 때 나타나는 현상으로 옳은 것은?

① 허위경보(false alarm)가 줄어든다.
② 신호(signal)의 수가 증가한다.
③ 소음(noise)의 분포가 커진다.
④ 적중 확률(실제 신호를 신호로 판단)이 높아진다.

해설

- 신호검출이론에서 판정기준이 오른쪽으로 이동하면 허위경보(False alarm)는 줄어들고, 누락정보(Miss)는 증가한다.

신호검출이론(Signal Detection Theory) 실기 1501/1503/1701/2001/2002/2003/2103/2303/2403

㉠ 개요
- 불확실한 상황에서 선택하게 하는 방법으로 신호의 탐지는 관찰자의 반응편향과 민감도에 달려있다고 주장하는 이론이다.
- 일반적으로 신호 검출 시 이를 간섭하는 소음이 있고, 신호와 소음을 쉽게 식별할 수 없는 상황에 신호검출이론이 적용된다.
- 긍정(Hit), 허위(False alarm), 누락(Miss), 부정(Correct rejection)의 네 가지 결과로 나눌 수 있다.
- 허위(False alarm)는 소음을 신호로, 누락(Miss)은 신호를 소음으로 판단한 결과이다.
- 신호검출이론은 품질관리, 통신이론, 의학처방 및 심리학, 법정에서의 판정 등 다양하게 활용되고 있다.

㉡ 반응편향 β
- 반응편향 $\beta = \dfrac{\text{신호의 길이}}{\text{소음의 길이}}$ 로 구한다.
- 신호에 의한 반응이 선형인 경우 판별력은 좋아진다.
- 신호검출이론에서 두 개의 정규분포 곡선이 교차하는 부분에 있는 기준점 β는 신호의 길이와 소음의 길이가 같으므로 1의 값을 가진다.
- 판정 기준은 β(신호/노이즈)이며, $\beta>1$이면 보수적이고, $\beta<1$이면 자유적이다.

㉢ 민감도
- 민감도가 클수록 신호를 구분하기 쉽다.
- 잡음이 많을수록, 신호가 약하거나 분명하지 않을수록 d값은 작아진다.
- 민감도를 늘리기 위해서는 교육 훈련, 결과의 피드백, 신호의 비신호의 구별성 증가 등의 조치를 한다.

11

다음 중 눈의 구조에 관한 설명으로 옳은 것은?

① 망막은 카메라의 필름처럼 상이 맺혀지는 곳이다.
② 수정체는 눈에 들어오는 빛의 양을 조절한다.
③ 동공은 홍채의 중심에 있는 부위로 시신경세포가 분포한다.
④ 각막은 카메라의 렌즈와 같은 역할을 한다.

해설

- ②의 수정체는 빛이 통과될 때 빛을 모아주어 망막에 상이 맺히도록 한다.
- ③의 동공은 홍채 중심의 검은 부분으로 빛의 양을 조절한다.
- ④의 각막은 눈의 앞부분에 자리한 투명한 구조로 망막에 빛의 초점을 만들어 내는 부위이다.

눈의 구조와 기능
- 망막 : 카메라의 필름처럼 상이 맺혀지는 곳이다.
- 황반 : 망막에서 빛에 가장 예민한 부분으로 빛이 도달하여 초점이 가장 선명하게 맺히는 부위이다.
- 수정체 : 눈 안쪽의 양면이 볼록한 렌즈 형태의 투명한 조직이다. 안경을 통해서 수정체의 기능을 보조받는다.
- 홍채 : 동공을 둘러싼 부분으로 눈에 들어오는 빛의 양을 조절한다.
- 동공 : 홍채 중심의 검은 부분으로 빛의 양을 조절한다.
- 각막 : 눈의 앞부분에 자리한 투명한 구조로 망막에 빛의 초점을 만들어 내는 부위이다.

12

그림은 인간-기계 통합 체계의 인간 또는 기계에 의해서 수행되는 기본 기능의 유형이다. 다음 중 그림의 A부분에 가장 적합한 내용은?

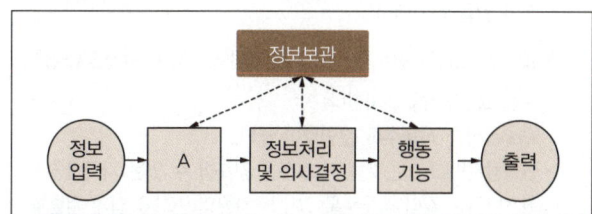

① 통신 ② 확인
③ 감지 ④ 신체제어

정답 10 ① 11 ① 12 ③

해설
- 인간-기계 체계의 기본기능에는 감지기능, 정보처리 및 의사결정기능, 행동기능, 정보보관기능(4대 기능), 출력기능 등이 있다.

■ 인간-기계 체계
  ㉠ 개요
  - 인간-기계 체계의 주목적은 안전의 최대화와 능률의 극대화에 있다.
  - 인간-기계 체계의 기본기능에는 감지기능, 정보처리 및 의사결정기능, 행동기능, 정보보관기능(4대 기능), 출력기능 등이 있다.
  ㉡ 인간-기계 시스템의 5대 기능

감지기능	인체의 눈과 기계의 표시장치와 같은 감지기능
정보처리 및 의사결정기능	회상, 인식, 정리 등을 통한 정보처리 및 의사결정 기능
행동기능	정보처리의 결과로 발생하는 조작행위(음성 등)
정보보관기능	정보의 저장 및 보관기능으로 위 3가지 기능 모두와 상호작용을 한다.
출력기능	시스템에서 의사 결정된 사항을 실행에 옮기는 과정

13 ● Repetitive Learning 1회 2회 3회

다음 중 웨버(Weber)의 법칙을 따를 때 자극 감지 능력이 가장 뛰어난 것은?

① 미각 ② 청각
③ 무게 ④ 후각

해설
- 웨버(Weber)의 법칙에 의한 자극 감지 능력은 미각<청각<시각<무게 순으로 예민해진다.

■ 웨버(Weber) 법칙 실기 1501/1601/1901/2203/2301
- 인간이 감지할 수 있는 외부의 물리적 자극 변화의 최소범위는 기준이 되는 자극의 크기에 비례하는 현상을 설명한 이론을 말한다.
- Weber비는 기존 자극의 변화를 감지할 수 있는 최소량으로 분별의 질을 나타낸다.
- 웨버(Weber)의 비 = $\frac{\Delta I}{I}$ 로 구한다(이때, ΔI는 변화감지역, I는 표준자극을 의미한다)
- Weber비가 작을수록 분별력이 좋다.
- 변화감지역(JND)은 사람이 50%를 검출할 수 있는 자극차원의 최소변화로 값이 작을수록 그 자극차원의 변화를 쉽게 검출할 수 있다.
- 웨버(Weber)의 법칙에 의한 자극 감지 능력은 미각<청각<시각<무게 순으로 예민해진다.

14 ● Repetitive Learning 1회 2회 3회

다음 중 정량적인 동적 표시 장치에 대한 설명으로 옳은 것은?

① 표시장치 설계 시 끝이 둥근 지침이 권장된다.
② 계수형 표시장치는 자동차 속도계에 적합하다.
③ 동침(動針)형 표시장치는 인식적 암시 신호를 나타내는 데 적합하다.
④ 눈금이 고정되고 지침이 움직이는 표시장치를 동목형 표시장치라 한다.

해설
- ①은 표시장치의 끝은 뾰족한 지침이 권장된다.
- ②에서 자동차 속도계는 아날로그 방식의 정목 동침형이 한 눈에 상황파악에 유리한 측면을 갖는다.
- ④는 동침형 표시장치에 대한 설명이다.

■ 정량적(동적) 표시장치 실기 2301

정목 동침형	아날로그	• 눈금이 고정되고 지침이 움직이는 방식이다. 미세한 조정이나 움직임이 가능하다. • 인식적 암시 신호를 나타내는데 적합하다.
정침 동목형		• 지침이 고정되고 눈금이 움직이는 방식이다. 표시장치의 면적을 최소화할 수 있다. • 표현 값의 범위가 클 때 유리하다.
계수형	디지털	• 양을 전자적인 숫자 값으로 표시하는 방식이다. 정확성이 높다. • 전력계 등에서 많이 사용된다.

15 ● Repetitive Learning 1회 2회 3회

다음 중 음압수준(SPL)을 나타내는 공식으로 옳은 것은?(단, P_0는 기준 음압, P_1은 측정하고 하는 음압이다)

① $SPL(dB) = 20 \log_{10}\left(\frac{P_0}{P_1}\right)$

② $SPL(dB) = 20 \log_{10}\left(\frac{P_1}{P_0}\right)$

③ $SPL(dB) = 10 \log_{10}\left(\frac{P_1}{P_0}\right)$

④ $SPL(dB) = 10 \log_{10}\left(\frac{P_0}{P_1}\right)$

해설
- 음압수준(dB)은 방음용 귀마개 등에서 주요하게 취급되는 개념으로 $20\log_{10}\frac{P}{P_0}$으로 구한다.

음압수준 실기 1403/1601
- 음압(Sound pressure)은 물리적으로 측정한 음의 크기를 말한다.
- 음압수준(dB)=$20\log_{10}\frac{P}{P_0}$로 구한다. 이때, P: 측정음압으로서 파스칼(Pa) 단위를 사용하고, P_0: 기준음압으로서 $20\mu Pa$ 사용한다.
- 소음원으로부터 P_1만큼 떨어진 위치에서 음압수준이 dB_1일 경우 P_2만큼 떨어진 위치에서의 음압수준은 $dB_2 = dB_1 - 20\log\left(\frac{P_2}{P_1}\right)$로 구한다.
- 소음원으로부터 거리와 음압수준은 역비례한다.

16 ● Repetitive Learning 1회 2회 3회

앉아서 작업하는 사람의 작업공간 설계 시 고려하여야 할 사항과 거리가 먼 것은?

① 작업공간 포락면은 팔을 뻗는 방향에 영향을 받는다.
② 실행하는 수작업의 성질에 따라 작업공간 포락면의 경계가 달라진다.
③ 작업복장은 작업공간 포락면에 영향을 미친다.
④ 신체 평형에 영향을 미치는 인자가 작업공간 포락면에 영향을 미친다.

해설
- ④에서 신체 평형은 균형감을 의미하는데 앉아서 하는 작업에서는 영향을 미치기 어렵다.

작업공간의 포락면(包絡面)(Work Space Envelope) 실기 1803
- 양팔을 뻗지 않은 상태에서 한 장소에 앉아서 작업하는데 사용하는 공간을 말한다.
- 팔을 뻗는 방향에 영향을 받는다.
- 작업의 성질에 따라 포락면의 경계가 달라질 수 있다.
- 작업복장은 작업공간 포락면에 영향을 미친다.

17 ● Repetitive Learning 1회 2회 3회
0901/2103

정보이론(information theory)에 대한 내용으로 옳은 것은?

① 정보를 정량적으로 측정할 수 있다.
② 정보의 기본 단위는 바이트(byte)이다.
③ 확실한 사건의 출현에는 많은 정보가 담겨있다.
④ 정보란 불확실성의 증가(addition of uncertainty)로 정의한다.

해설
- ②에서 정보의 기본 단위는 단위는 bit이다.
- ③에서 확실한 사건일수록 정보량이 작다.
- ④에서 정보이론에서 정보란 불확실성의 감소라 정의할 수 있다.

정보이론
- 정량적으로 측정할 수 있으며, 정보의 측정 단위는 bit를 사용한다.
- 두 대안의 실현 확률이 동일할 때 총 정보량이 가장 크다.
- 1 bit란 실현 가능성이 같은 2개의 대안 중 결정에 필요한 정보량이다.
- 정보이론에서 정보란 불확실성의 감소라 정의할 수 있다.

18 ● Repetitive Learning 1회 2회 3회
0903/1201/2101

인체의 감각기능 중 후각에 대한 설명으로 옳은 것은?

① 후각에 대한 순응은 느린 편이다.
② 후각은 훈련을 통해 식별능력을 기르지 못한다.
③ 후각은 냄새 존재 여부보다 특정 자극을 식별하는데 효과적이다.
④ 특정 냄새의 절대 식별 능력은 떨어지나 상대적 비교능력은 우수한 편이다.

해설
- ①에서 후각에 대한 순응은 빠른 편이다.
- ②에서 후각은 훈련을 통하면 식별 능력을 향상시킬 수 있다.
- ③에서 후각은 특정 냄새의 절대 식별 능력은 떨어지나 상대적 비교능력은 우수한 편이다.

인간의 후각 특성
- 훈련을 통하면 식별 능력을 향상시킬 수 있다.
- 특정한 냄새에 대한 절대적 식별 능력은 떨어진다.
- 후각은 특정 물질이나 개인에 따라 민감도의 차이가 있다.
- 후각을 통해 구별할 수 있는 냄새의 수는 최소 1만 가지 이상이다.
- 특정 냄새의 절대 식별 능력은 떨어지나 상대적 비교능력은 우수한 편이다.

19 외이와 중이의 경계가 되는 것은?

① 기저막 ② 고막
③ 정원창 ④ 난원창

해설
- 외이는 소리를 고막까지 전달하는 부분으로 귓바퀴와 외이도로 구성된다.
- 중이는 고막에서 내이 사이의 공간으로 고막의 진동을 달팽이관에 전달하는 역할을 한다. 고막, 이소골, 고실, 이내근, 이관으로 구성된다.
- **귀**
  - 청각을 받아들여 소리를 듣는 기관이다.
  - 외이, 중이, 내이로 구성된다.
  - 외이는 소리를 고막까지 전달하는 부분으로 귓바퀴와 외이도로 구성된다.
  - 중이는 고막에서 내이 사이의 공간으로 고막의 진동을 달팽이관에 전달하는 역할을 한다. 고막, 이소골, 고실, 이내근, 이관으로 구성된다.
  - 내이는 소리를 직접 느끼는 달팽이관이 있는 부분으로 달팽이관, 전정기관, 반고리관 등으로 구성된다.
  - 소리는 공기를 통해서 전도되어 림프액으로 차있는 내이에서 액체를 통해서 전도된 후 신경을 통해서 최종적으로 전달된다.

20 다음 중 정보처리과정에서 정보 전달의 신뢰성을 높이기 위한 설계 방법으로 가장 적당한 것은?

① 시배분을 이용한다.
② 자극의 차원을 줄인다.
③ 상대식별보다 절대식별을 이용한다.
④ 청킹(chunking)을 이용한다.

해설
- ①에서 신뢰성을 높이기 위해 시배분을 줄인다.
- ②에서 신뢰성을 높이기 위해 자극의 차원을 늘린다.
- ③에서 신뢰성을 높이기 위해 절대식별보다 상대식별을 이용한다.
- **정보 전달의 신뢰성을 높이기 위한 설계 방법**
  - 시배분을 줄인다.
  - 자극의 차원을 늘린다.
  - 절대식별보다 상대식별을 이용한다.
  - 청킹(chunking)을 이용한다.

2과목 작업생리학

21 트레드밀(treadmill) 위를 5분간 걷게 하여 배기를 더글라스백(douglas bag)을 이용하여 수집하고 가스분석기로 조사한 결과 배기량이 75L, 산소가 16%, 이산화탄소(CO_2)가 4%이었다. 이 피험자의 분당 산소소비량(L/min)과 에너지가(價, kcal/min)는 각각 얼마인가?(단, 흡기 시 공기 중의 산소는 21%, 질소는 79%이다)

① 산소소비량 : 0.7377, 에너지가 : 3.69
② 산소소비량 : 0.7899, 에너지가 : 3.95
③ 산소소비량 : 1.3088, 에너지가 : 6.54
④ 산소소비량 : 1.3988, 에너지가 : 6.99

해설
- 배기량만 주어져 있으므로 흡기량을 구해야 한다.
- 배기량을 분석해보면 산소는 75L×0.16=12L이고, 이산화탄소는 75L×0.04=3L이고, 질소는 75-12-3=60L이다.
- 질소는 흡기량과 배기량이 모두 동일하므로 질소의 흡기량도 60L이다.
- 공기의 조성상 질소는 79%, 산소는 21%이므로 질소가 60L라고 한다면 산소는 15.95L이므로 흡기 산소량은 15.95L가 된다.
- 5분간 산소소비량은 15.95-12=3.95L이다.
- 분당 산소소비량은 0.79L이다.
- 에너지소비량을 구하라고 했으므로 1L의 산소소비량은 5kcal의 에너지에 해당하므로 0.79×5=3.95kcal가 된다.
- **공기의 조성** 실기 1303/1401/2402
  - 작업 중 소비되는 산소 소비량을 계산하기 위한 흡기 시 공기의 조성은 질소 79%, 산소 21%이다.
  - 배기되는 공기의 조성에서 질소는 79%로 동일하지만 호흡으로 인해 산소가 소모된 만큼 이산화탄소가 생성된다.
  - 1L의 산소소비량은 5kcal의 에너지를 생성한다.

22 다음 중 신체 동작의 유형에 있어 허리를 굽혀 몸의 앞쪽으로 숙이는 동작과 가장 관련이 깊은 것은?

① 굴곡(flexion)
② 신전(extension)
③ 회전(rotation)
④ 외전(radial deviation)

해설
- ②는 폄이라고 하며, 신체부위 간의 각도가 증가하는 관절동작으로 굽힘의 반대되는 동작이다.
- ③은 뼈의 긴 축을 중심으로 제자리에서 돌아가는 운동이다.
- ④는 벌림으로 신체 중심선으로부터 밖으로 이동하는 신체의 움직임을 말한다.

굽힘(굴곡, flexion)
- 관절에서 구부러져 각이 작아지는 움직임을 말한다.
- 반대되는 개념은 신전(폄, extension)이라고 한다.

23 Repetitive Learning 1회 2회 3회

다음 중 소음관리 대책의 단계로 가장 적절한 것은?

① 소음원의 제거 → 개인보호구 착용 → 소음수준의 저감 → 소음의 차단
② 개인보호구 착용 → 소음원이 제거 → 소음수준의 저감 → 소음의 차단
③ 소음원의 제거 → 소음의 차단 → 소음수준의 저감 → 개인보호구 착용
④ 소음의 차단 → 소음원의 제거 → 조음수준의 저감 → 개인보호구 착용

해설
- 소음에 대한 가장 효과적이고 먼저 고려되어야 하는 대책은 음원대책이다. 최종적인 대책으로 피해를 최소화하기 위해 개인보호구를 착용하는 방법이 있다.

소음 대책

음원대책	가장 효과적이고 먼저 고려되어야 하는 대책이다. 소음의 발생원을 제거하거나 음원을 밀폐, 소음기 및 흡음장치를 설치하는 등의 방법을 말한다.
전파경로 대책	소음이 전달되는 경로를 파악하여 차음재를 사용하여 실간을 분리하거나 격리하는 방법을 말한다.
수음자 대책	수음자의 소음폭로 시간을 감소시키는 방법으로 휴게실이나 방음실을 설치하거나 차음보호구를 착용하는 등의 방법을 말한다.
능동제어 대책	감쇠대상의 음파와 동위상인 신호를 보내어 음파 간에 간섭현상을 일으키면서 소음이 저감되도록 하는 기법을 말한다.

24 Repetitive Learning 1회 2회 3회

그림과 같이 작업자가 한 손을 사용하여 무게(WL)가 98N인 작업물을 수평선을 기준으로 30도 팔꿈치 각도로 들고 있다. 물체를 쥔 손에서 팔꿈치까지의 거리는 0.35m이고, 손과 아래팔의 무게(WA)는 16N이며, 손과 아래팔의 무게중심은 팔꿈치로부터 0.17m에 위치해 있다. 팔꿈치에 작용하는 모멘트는 얼마인가?

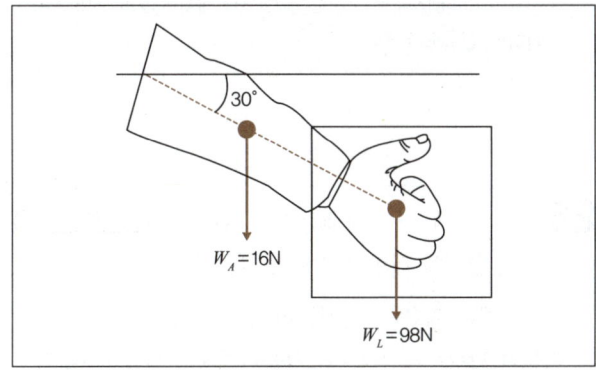

① 32Nm
② 37Nm
③ 42Nm
④ 47Nm

해설
- 모멘트는 힘의 크기와 거리에 의해 결정되는 값으로 W_A과 중심과의 거리(0.17m×cos30°)의 곱과 W_L와 중심과의 거리(0.35×cos30°)의 곱의 합이 팔꿈치에 작용하는 모멘트이다.
- 대입하여 계산하면 모멘트 값은 16×0.1472+98×0.3031=32.059 N·m이 된다.

정적 평형상태(Static equilibrium) 실기 1901/2103/2201
- 물체나 신체가 움직이지 않는 상태이다.
- 작용하는 모든 힘의 총합이 0인 상태이다.
- 작용하는 모든 모멘트의 총합이 0인 상태이다.
- 힘이 거리에 비례하여 발생한다.

25 Repetitive Learning 1회 2회 3회

다음 중 근육의 생리적 스트레인 측정 시 대상 근육에 표면 전극을 부착하여 근수축시 발생하는 전기적 활성도를 기록하는 방법은?

① EEG(electroencephalogram)
② ECG(electrocardiogram)
③ EOG(electrooculogram)
④ EMG(electromyogram)

해설
- ①은 대뇌피질의 활성 정도를 측정하는 뇌전도이다.
- ②는 심장근의 활동을 측정하는 심전도이다.
- ③은 안구 운동을 기록하는 안전도이다.
- 근전도(EMG)
  - 근육이 움직일 때 나오는 미세한 전기신호를 측정하여 근육의 활동 정도를 나타낼 수 있는 것을 말한다.
  - 육체적 작업을 할 경우 신체의 특정 부위의 스트레스 또는 피로(스트레인(strain))를 측정하는 방법이다.
  - 근육이 피로해질수록 근전도(EMG) 신호에서 저주파 영역이 증가하고 진폭도 커진다.

26
다음 중 신경계에 대한 설명으로 틀린 것은?
① 체신경계는 평활근, 심장근에 분포한다.
② 기능적으로는 체신경계와 자율신경계로 나눌 수 있다.
③ 자율신경계는 교감신경계와 부교감신경계로 세분된다.
④ 신경계는 구조적으로 중추신경계와 말초신경계로 나눌 수 있다.

해설
- ①에서 체신경계는 피부, 골격근, 뼈 등에 분포한다.
- 신경계(nervous system)
  - 구조적으로 중추신경계와 말초신경계로 나눌 수 있다.
  - 중추신경계는 뇌와 척수로 이뤄져, 반사(reflex)와 통합(integration)의 기능적 특징을 갖는다.
  - 기능적으로는 체신경계와 자율신경계로 나눌 수 있다.
  - 체신경계는 피부, 골격근, 뼈 등에 분포한다.
  - 자율신경계는 교감신경계와 부교감신경계로 세분된다.

27
다음 중 근력에 대한 설명으로 틀린 것은?
① 훈련(운동)을 통해 근력을 증가시킬 수 있다.
② 동적근력은 등척력이라 하며, 정적근력보다 측정하기 어렵다.
③ 근력은 보통 25~35세에 최고에 도달하고, 40세 이후 서서히 감소한다.
④ 정적근력은 신체부위를 움직이지 않으면서 물체에 힘을 가할 때 발생한다.

해설
- ②에서 등척력이란 근력의 상태 중 물체를 들고 있을 때처럼 신체 부위를 움직이지 않으면서 고정된 물체에 힘을 가하는 정적상태의 근력을 말한다.
- 근력
  - 한 번의 수의적인 노력에 의해 근육이 등척성으로 낼 수 있는 힘의 최댓값이다.
  - 일반적으로 최대근력이 50% 정도의 힘으로 유지할 수 있는 시간은 1분 정도이다.
  - 근육이 발휘할 수 있는 15% 이하의 힘으로 상당히 오랫동안 유지가능하며, 10% 미만의 힘으로 무한하게 유지가 가능하다.
  - 여성의 평균 근력은 남성의 약 65% 정도이다.
  - 훈련(운동)을 통해 약 30~40%의 근력증가효과를 얻을 수 있다.
  - 근력은 보통 25~35세에 최고에 도달하고, 40세 이후 서서히 감소한다.

28
다음 중 진동 공구(power hand tool)의 사용으로 인한 부하를 줄이기 위한 방법으로 적절하지 않은 것은?
① 진동 공구를 정기적으로 보수한다.
② 진동을 흡수할 수 있는 재질의 손잡이를 사용한다.
③ 진동에 접촉되는 신체 부위의 면적을 감소시킨다.
④ 신체에 전달되는 진동의 크기를 줄이도록 큰 힘을 사용한다.

해설
- ④에서 신체에 전달되는 진동의 크기를 줄이도록 작은 힘을 사용한다.
- 진동 공구(power hand tool)의 사용 시 주의사항
  - 진동 공구를 정기적으로 보수한다.
  - 진동을 흡수할 수 있는 재질의 손잡이를 사용한다.
  - 진동에 접촉되는 신체 부위의 면적을 감소시킨다.
  - 신체에 전달되는 진동의 크기를 줄이도록 작은 힘을 사용한다.

29
소리 크기의 지표로서 사용하는 단위 중 8sone은 몇 phon인가?
① 60　② 70
③ 80　④ 90

> **해설**
> - 8은 2^3에 해당하므로 $2^{\frac{phon-40}{10}}$ 에서 2의 지수는 3이 되어야 하므로 phon값은 70이 되어야 한다.
>
> :: sone 값
> - 인간이 청각으로 느끼는 소리의 크기를 측정하는 척도 중 하나이다.
> - 기준 음에 비해서 몇 배의 크기를 갖느냐는 음의 sone값이 결정한다.
> - 1 sone은 40dB의 1,000Hz 순음의 크기로 40phon의 값을 의미한다.
> - phon의 값이 주어질 때 sone = $2^{\frac{phon-40}{10}}$ 으로 구한다.

30 ● Repetitive Learning 1회 2회 3회

일반적으로 1L의 산소(O_2)는 몇 kcal 정도의 에너지를 생성할 수 있는가?

① 1
② 2.5
③ 5
④ 10

> **해설**
> - 1L의 산소소비량은 5kcal의 에너지를 생성한다.
>
> :: 공기의 조성 실기 1303/1401/2402
> - 작업 중 소비되는 산소 소비량을 계산하기 위한 흡기 시 공기의 조성은 질소 79%, 산소 21%이다.
> - 배기되는 공기의 조성에서 질소는 79%로 동일하지만 호흡으로 인해 산소가 소모된 만큼 이산화탄소는 생성된다.
> - 1L의 산소소비량은 5kcal의 에너지를 생성한다.

31 ● Repetitive Learning 1회 2회 3회

다음 중 근육수축 시 근절 내 영역에서 일어나는 현상으로 적합하지 않은 것은?

① A대(band)가 짧아진다.
② I대(band)가 짧아진다.
③ H영역(zone)이 짧아진다.
④ Z선(line)과 Z선(line)사이가 가까워진다.

> **해설**
> - 근육이 수축해도 A대의 폭은 변화가 없다.
>
> :: 근육의 수축 실기 1601/1603/2002/2302/2403
> - 근섬유의 수축단위는 근원섬유이다.
> - 근육이 수축하면 I대와 H대, Z선과 Z선 사이의 거리가 짧아진다.
> - 근육이 수축해도 A대(actin과 myosin이 중첩된 짙은 갈색 부분)의 폭, 액틴과 미오신 필라멘트의 길이는 변하지 않는다.
> - 근육의 수축은 근육의 길이가 단축되는 것이다.
> - 근육이 최대로 수축했을 때는 Z선이 A대에 맞닿는다.
> - 근육이 수축하면 가는 근세사가 굵은 근세사 사이로 미끄러져 들어간다.
> - 골격근의 수축은 운동신경의 지배를 받으며 수의적 조절에 따라 일어난다.
> - 평활근의 수축은 자율신경계, 호르몬, 화학신호의 지배를 받으며, 불수의적 조절에 따라 일어난다.

32 ● Repetitive Learning 1회 2회 3회

다음 중 작업부하 및 휴식시간 결정에 관한 설명으로 옳은 것은?

① 작업부하는 작업자의 능력과 관계없이 절대적으로 산출된다.
② 정신적인 권태감은 주관적인 요소이므로 휴식시간 산정 시 고려할 필요가 없다.
③ 친교를 위한 작업자들 간의 대화시간도 휴식시간 산정 시 반드시 고려되어야 한다.
④ 조명 및 소음과 같은 환경적 요소도 작업부하 및 휴식시간 산정 시 고려해야 한다.

> **해설**
> - ①에서 작업부하는 작업자의 능력에 따라 달라진다.
> - ②에서 정신적인 권태감은 주관적인 요소이므로 휴식시간 산정 시 고려할 필요가 있다.
> - ③에서 친교를 위한 작업자들 간의 대화시간은 작업시간으로 고려할 필요가 없다.
>
> :: 작업부하 및 휴식시간 결정
> - 에너지 대사율(relative metabolic rate) 및 에너지 소비량은 휴식시간 산정 시 반드시 고려되어야 할 척도이다.
> - 작업부하는 작업자의 능력에 따라 달라진다.
> - 정신적인 권태감은 주관적인 요소이므로 휴식시간 산정 시 고려할 필요가 있다.
> - 조명 및 소음과 같은 환경적 요소도 작업부하 및 휴식시간 산정 시 고려해야 한다.
> - 작업방법이나 설비를 재설계하는 공학적 대책으로는 작업부하를 감소시킬 수 있다.
> - 장기적인 전신피로는 직무 만족감을 낮추고, 건강상의 위험을 증가시킬 수 있다.

정답 30 ③ 31 ① 32 ④

33

다음 중 교대작업의 관리방법으로 적절하지 않은 것은?

① 일정하지 않은 연속근무는 피한다.
② 근무 적응을 위하여 야간근무는 4일 이상 연속한다.
③ 근무반 교대방향은 아침반 → 저녁반 → 야간반으로 정방향 순환이 되게 한다.
④ 야간근무 후의 다음 근로시작 시간까지는 48시간 이상의 휴식을 갖는다.

해설
- 야간근무의 연속은 3일을 넘기지 않도록 하여야 한다.
- 바람직한 교대제
  ㉠ 기본
    - 각 반의 근무시간은 8시간으로 한다.
    - 2교대면 최저 3조의 정원을, 3교대면 4조 편성으로 한다.
    - 근무시간의 간격은 15 ~ 16시간 이상으로 하여야 한다.
    - 채용 후 건강관리로서 정기적으로 체중, 위장 증상 등을 기록해야 하며 체중이 3kg 이상 감소 시 정밀검사를 받도록 한다.
    - 근무 교대시간은 근로자의 수면을 방해하지 않도록 정해야 하며, 아침 교대시간은 아침 7시 이후에 하는 것이 바람직하다.
    - 근무시간은 8시간을 주기로 교대하며 야간 근무 시 충분한 휴식을 보장해주어야 한다.
    - 교대작업은 피로회복을 위해 역교대 근무 방식보다 전진근무 방식(주간근무 → 저녁근무 → 야간근무 → 주간근무)으로 하는 것이 좋다.
  ㉡ 야간근무
    - 야간근무의 연속은 2 ~ 3일 정도가 좋다.
    - 야근 교대시간은 상오 0시 이전에 하는 것이 좋다.
    - 야간근무 시 가면(假眠)시간은 근무시간에 따라 2 ~ 4시간으로 하는 것이 좋다.
    - 야근은 가면(假眠)을 하더라도 10시간 이내가 좋다.
    - 야근 후 다음 반으로 가는 간격은 최저 48시간을 가지도록 한다.
    - 상대적으로 가벼운 작업을 야간 근무조에 배치하고, 업무 내용을 탄력적으로 조정한다.

34

다음 중 골격의 역할로 옳지 않은 것은?

① 신체 활동의 수행
② 신체 주요 부분의 보호
③ 신체의 지지 및 형상
④ 운동 명령 정보의 전달

해설
- ④는 신경계의 역할이다.
- 골격계
  ㉠ 개요
    - 전신의 뼈의 수는 관절 등의 결합에 의해 형성된 대소 206개로 구성되어 있으며, 이들이 모여서 골격 계통을 구성하고 있다.
    - 인체의 골격계는 전신의 뼈, 연골, 관절 및 인대로 구성되어 사지 및 몸통을 움직이는 피동적 운동기관으로 작용한다.
    - 뼈는 다시 골질(bone substance), 연골막(cartilage substance), 골막과 골수의 4부분으로 구성되어 있다.
    - 인대는 뼈와 뼈를 연결하는 것으로 일정한 관절의 움직임을 유도하는 역할을 한다.
    - 격심한 작업활동 중에 혈류분포가 가장 높은 신체 부위인 근육을 포함한다.
  ㉡ 골격의 역할
    - 신체에 중요한 부분을 보호하는 역할을 한다.
    - 신체 활동을 수행한다.
    - 신체의 지지 및 형상을 유지하는 역할을 한다.
    - 혈구세포를 만드는 조혈기능과 칼슘과 인 등의 무기질을 저장하여 몸이 필요할 때 공급해 주는 역할을 한다.

35

다음 중 육체적 활동 또는 정신적 활동에 따른 생체의 반응을 설명한 것으로 틀린 것은?

① 부정맥(sinus arrhythmia)이란 심장 활동의 불규칙성의 척도로 일반적으로 정신부하가 증가하면 부정맥점수가 감소한다.
② 점멸융합주파수는 중추신경계의 피로, 즉 정신피로의 척도로 사용될 수 있으며 피곤함에 따라 빈도가 올라간다.
③ 근전도는 근육이 피로하기 시작하면 저주차수 범위의 활성이 증가하고 고주파수 범위의 활성이 감소한다.
④ 산소소비량(oxygen consumption)을 측정하여 에너지 소비량(energy expenditure)을 평가할 수 있는데 육체적 작업 특히 큰 근육의 움직임을 요구하는 동적작업(dynamic work)을 많이 하면 산소소비량이 증가한다.

해설
- ②에서 정신적으로 피로하면 주파수의 값이 감소한다.
- 점멸융합주파수(Flicker fusion frequency) 실기 1703/2001/2402
  ㉠ 개요
  - 시각적 혹은 청각적으로 주어지는 계속적인 자극을 연속적으로 느끼게 되는 주파수를 말한다.
  - 중추신경계의 정신적 피로도의 척도를 나타내는 대표적인 측정값이다.
  - 정신적으로 피로하면 주파수의 값이 감소한다.
  ㉡ 시각적 점멸융합주파수(VFF)
  - 빛의 검출성에 영향을 주는 인자 중의 하나로 점멸속도가 약 30Hz 이상이면 불이 계속 켜진 것처럼 보인다.
  - 암조응 시에는 VFF가 감소한다.
  - 휘도만 같다면 색상은 주파수에 영향을 주지 않는다.
  - 표적과 주변의 휘도가 같을 때 최대가 된다.
  - 주파수는 조명 강도의 대수치에 선형적으로 비례한다.
  - 사람들 간에는 큰 차이가 있으나 개인의 경우 일관성이 있다.

36　　　　Repetitive Learning 1회 2회 3회　2103

다음 중 실내의 면에서 추천 반사율(IES)이 가장 낮은 곳은?

① 벽　　　　② 천장
③ 가구　　　④ 바닥

해설
- 옥내 조명에서 최적 반사율의 크기는 바닥<가구<벽<천장 순으로 커진다.
- 실내 면 반사율 실기 1503
  ㉠ 개요
  - 빛을 포함한 여러 종류의 복사파가 물체의 표면에서 어느 정도 반사되는지를 나타낸다.
  - 반사율 = $\frac{광도}{조도}$ × 100으로 구한다.
  - 반사율이 각각 L_a, L_b인 두 물체의 대비는 $\frac{L_a - L_b}{L_a} \times 100$으로 구한다.
  ㉡ 실내 면의 추천 반사율

천장	80 ~ 90%
벽	40 ~ 60%
가구 및 사무용 기기	25 ~ 45%
바닥	20 ~ 40%

37　　　　Repetitive Learning 1회 2회 3회　0603

체내에서 유기물의 합성 또는 분해에 있어서는 반드시 에너지의 전환이 따르게 되는데 이것을 무엇이라 하는가?

① 산소부채(oxygen debt)
② 근전도(electromyogram)
③ 심전도(electrocardiogram)
④ 에너지 대사(energy metabolism)

해설
- ①은 작업이나 운동이 격렬해져서 근육에 생성되는 젖산의 제거속도가 생성속도에 미치지 못하면, 활동이 끝난 후에도 남아있는 젖산을 제거하기 위하여 산소가 더 필요하게 되는 현상을 말한다.
- ②는 특정 근육에 걸리는 부하를 근육에 발생한 전기적 활성으로 인한 전류값으로 측정하는 측정방법을 말한다.
- ③은 심장 근육의 활동정도를 측정하는 방법을 말한다.
- 에너지 대사(energy metabolism)
  - 신체 내에서 이뤄지는 에너지 변환현상을 말한다.
  - 체내에서 유기물의 합성 또는 분해에 수반되는 에너지의 전환 현상을 말한다.

38　　　　Repetitive Learning 1회 2회 3회

다음 중 지름이 2.54cm되는 촛불이 수평 방향으로 비칠 때의 빛의 광도를 나타내는 단위는?

① 램버트(lambert)　② 럭스(lux)
③ 루멘(lumen)　　　④ 촉광(candle)

해설
- ①은 빛이 단위면적당 어떤 물체의 표면에서 반사 또는 방출되어 나온 양을 의미하는 휘도의 단위이다.
- ②는 어떤 물체 또는 표면에 도달하는 빛의 밀도를 의미하는 조도의 단위이다.
- ③은 광선속(luminous flux)의 크기를 나타내는 단위이다.
- 광도(Luminous intensity)
  - 광도는 광원에서 일정한 방향으로의 밝기를 말하며, 단위는 칸델라(cd)를 사용한다.
  - 지름이 2.54cm되는 촛불이 수평 방향으로 비칠 때의 빛의 광도를 나타낸다.
  - 1candela는 4πlumen에 해당한다.
  - 광속은 광원의 밝기를 말하며, 단위는 루멘(lm)을 사용한다.
  - 광도 = 조도 × (거리)²으로 구한다.

정답 | 36 ④　37 ④　38 ④

39

다음 중 순환계의 기능 및 특성에 관한 설명으로 옳은 것은?

① 혈압은 좌심실에서 멀어질수록 높아진다.
② 동맥, 정맥, 모세혈관 중 혈관의 단면적은 모세혈관이 가장 작다.
③ 모세혈관 내외의 물질(산소, 이산화탄소 등) 이동은 혈압과 혈장 삼투압의 차이에 의해 이루어진다.
④ 체순환(systemic circulation)은 우심실, 폐동맥, 폐포 모세혈관, 우심방 순의 경로로 혈액이 흐르는 것을 말한다.

해설
- ①에서 좌심실은 대동맥과 연결된 심장 기관으로 혈압은 좌심실에서 멀어질수록 낮아진다.
- ②에서 혈관의 단면적은 모세혈관이 가장 크다.
- ④는 폐순환에 대한 설명이다. 체순환은 좌심실, 대동맥, 물질교환, 대정맥, 우심방 순으로 흐르는 것을 말한다.

순환계
- ㉠ 기능
  - 동맥은 혈액을 심장으로부터 직접 받아들이고 맥관계에서 가장 높은 압력을 유지한다.
  - 정맥은 다시금 혈액을 심장으로 돌려보내는 역할을 한다.
  - 모세혈관은 소동맥과 소정맥을 연결하는 혈관으로 물질(산소, 이산화탄소 등) 이동은 혈압과 혈장 삼투압의 차이에 의해 이루어지며, 혈관의 단면적이 가장 크다.
- ㉡ 순환
  - 체순환은 좌심실, 대동맥, 물질교환, 대정맥, 우심방 순으로 흐르는 것을 말한다.
  - 폐순환은 우심실, 폐동맥, 폐, 폐정맥, 좌심방순의 경로로 혈액이 흐르는 것을 말한다.

40

고열 작업장에서 방열복의 착용은 신체와 환경 사이의 열교환 경로 중 어떠한 경로를 차단하기 위한 것인가?

① 전도(conduction)
② 대류(convection)
③ 복사(radiation)
④ 증발(evaporation)

해설
- 방열복은 열복사를 막기 위한 방열장비이다.

인체의 열교환
- ㉠ 경로
  - 복사 – 한겨울에 햇볕을 쬐면 기온은 차지만 따스함을 느끼는 것
  - 대류 – 같은 온도에서도 바람이 부느냐 불지 않느냐에 따라 열손실이 달라지는 것
  - 전도 – 달구어진 옥상 바닥을 손바닥을 짚을 때 손바닥으로 열이 전해지는 것(인체에 거의 영향을 끼치지 않는다)
  - 증발 – 피부 표면을 통해 인체의 열이 증발하는 것
- ㉡ 열교환 과정 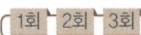 1503
  - S=(M−W)±R±C−E
    단, S는 열 축적, M은 대사, W는 일, R은 복사, C는 대류, E는 증발을 의미한다.
  - 열교환에 영향을 미치는 요소에는 기온(Temperature), 기습(Humidity), 기류(Air movement) 등이 있다.

3과목 산업심리학 및 관련법규

41
1801

휴먼 에러로 이어지는 배경원인이 아닌 것은?

① 인간(Man)
② 매체(Media)
③ 관리(Management)
④ 재료(Material)

해설
- 재해발생 기본원인에 해당하는 4M은 Man, Machine, Media, Management를 말한다.

재해발생 기본원인 – 4M
- ㉠ 개요
  - 재해의 연쇄관계를 분석하는 기본 검토요인으로 인간과오(Human-Error)와 관련된다.
  - Man, Machine, Media, Management를 말한다.
- ㉡ 4M의 내용

Man	• 인간적 요인을 말한다. • 심리적(망각, 무의식, 착오 등), 생리적(피로, 질병, 수면부족 등) 원인 등이 있다.

Machine	• 기계적 요인을 말한다. • 기계, 설비의 설계상의 결함, 점검이나 정비의 결함, 위험방호의 불량 등이 있다.
Media	• 인간과 기계를 연결하는 매개체로 작업적 요인을 말한다. • 작업의 정보, 작업방법, 작업환경, 작업순서 등이 있다.
Management	• 관리적 요인을 말한다. • 안전관리조직, 관리규정, 안전교육의 미흡 등이 있다.

42

Hick's Law에 따르면 인간의 반응시간은 정보량에 비례한다. 단순반응에 소요되는 시간이 150ms이고, 단위 정보량당 증가되는 반응시간이 200ms이라고 한다면, 2bits의 정보량을 요구하는 작업에서의 예상 반응시간은 몇 ms인가?

① 400
② 500
③ 550
④ 700

해설
- 단순반응하는 데 걸리는 시간 a가 150ms이고, 단위정보량당 증가되는 반응시간 b는 200ms라고 하였으므로 2bit의 정보량(4가지 정보를 표현가능하다)을 요구하는 작업에서의 선택반응시간 RT $=150+200\log_2 4=150+200\times 2=550$ms가 된다.

◆ Hick-Hyman의 법칙
- 운전원이 신호를 보고 어떤 장치를 조작해야 할지를 결정하기까지 걸리는 시간을 예측할 수 있다.
- 예상치 못한 자극에 대한 일반적인 반응시간은 대안이 2배 증가할 때마다 약 0.15초(150ms) 정도가 증가한다.
- 선택반응시간은 자극 정보량의 선형함수로 $RT=a+b\log_2 N$로 구한다. 이때 a와 b는 상수, N은 자극과 반응의 수이다.

43

NIOSH의 직무 스트레스 모형에서 직무 스트레스 요인을 크게 작업 요인, 조직 요인, 환경 요인으로 나눌 때 다음 중 환경 요인에 해당하는 것은?

① 조명, 소음, 진동
② 가족상황, 교육상태, 결혼상태
③ 작업 부하, 작업 속도, 교대 근무
④ 역할갈등, 관리유형, 고용 불확실

해설
- ②는 조직 외 요인에 해당되는 중재요인이다.
- ③은 작업 요인에 해당된다.
- ④는 조직 요인에 해당된다.

◆ NIOSH 직무 스트레스 요인

작업 요인	작업 부하, 작업 속도, 교대 근무 등
조직 요인	역할갈등, 관리유형, 의사결정참여, 고용불확실 등
환경 요인	온도, 진동, 소음, 조명 등

44

다음 중 민주적 리더십에 관한 설명과 가장 거리가 먼 것은?

① 생산성과 사기가 높게 나타난다.
② 맥그리거의 Y 이론에 근거를 둔다.
③ 구성원에게 최대의 자유를 허용한다.
④ 모든 정책이 집단 토의나 결정에 의해서 이루어진다.

해설
- ③은 자유방임형 리더십의 특징이다.

◆ 민주적 리더십
- 인관관계를 중심에 놓는다(부하 중심적).
- 맥그리거의 Y 이론에 근거를 둔다.
- 리더의 지원에 의한 집단 토론식 결정을 한다.
- 조직원의 적극적인 참여와 자율성을 강조한다.
- 조직원의 창의성을 개발할 수 있다.
- 생산성과 사기가 높게 나타난다.
- 구성원 간의 상호관계가 원만하다.

45

레빈(Levin)이 제안한 인간의 행동특성에 관한 설명으로 틀린 것은?

① 인간의 행동은 개인적 특성(P ; Person) 및 주어진 환경(E ; Environment)과 함수관계가 있다.
② 태도는 인간행동의 표상으로 어떤 자극이나 상황에 대하여 좋고 나쁨을 평가하는 개인의 선호경향이다.
③ 개인적 특성(P ; Person)은 연령, 심신상태, 성격, 지능 등에 의해 결정된다.
④ 주어진 환경(E ; Environment)의 주요 대상 중 인적환경은 제외된다.

> **해설**
> - E는 Environment 즉, 심리적 환경(인간관계, 작업환경-조명, 소음, 온도 등)을 의미한다.
> - **레빈(Lewin,K)의 법칙**
>   - 행동 B = f(P·E)로 이루어진다. 즉, 인간의 행동은 개인(P)과 환경(E)의 상호 함수관계에 있다고 할 수 있다.
>   - B는 인간의 행동(Behavior)을 말한다.
>   - f는 동기부여를 포함한 함수(Function)이다.
>   - P는 Person 즉, 개체(소질)로 연령, 지능, 경험 등을 의미한다.
>   - E는 Environment 즉, 심리적 환경(인간관계, 작업환경-조명, 소음, 온도 등)을 의미한다.

> **해설**
> - ①은 유발요인에 대한 스트레스 평가방법에 해당된다.
> - **설문조사 스트레스 평가법**
>   - ㉠ 주관적인 스트레스 평가방법(자가진단)
>   - Lazarus의 일상 골칫거리 척도법
>   - 지각된 스트레스 척도법
>   - DASS(우울분노스트레스 척도법)
>   - ㉡ 유발요인에 대한 스트레스 평가방법
>   - 생활사건 척도법(DSI)
>   - 사회재적응평가척도(SRRS)

46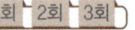

다음 중 막스 웨버(Max Weber)에 의해 제시된 관료주의의 특징과 가장 거리가 먼 것은?

① 수직적으로 하부조직에 적절한 권한 위임을 가정한다.
② 조직 구조에 있어 노동의 통합화를 가정한다.
③ 법과 규정에 의한 운영으로 예측 가능한 조직운영을 가정한다.
④ 하부조직과 인원을 적절한 크기가 되도록 가정한다.

> **해설**
> - ②에서 막스 웨버는 노동의 분업화를 전제로 조직을 구성하도록 하였다.
> - **막스 웨버(Max Weber)의 관료주의 4가지 기본원칙**
>   - 구조 : 산업화 초기의 비규범적 조직운영을 체계화하였으며, 법과 규정에 의한 운영으로 예측 가능한 조직운영을 가정한다.
>   - 노동의 분업 : 노동의 분업화를 전제로 조직을 구성한다.
>   - 통제의 범위 : 하부조직과 인원을 적절한 크기가 되도록 가정한다.
>   - 권한의 위임 : 부서장들의 권한 일부를 수직적으로 위임하도록 했다.

47

설문조사에 의해 스트레스 평가법 중에서 주관적인 스트레스 평가방법이 아닌 것은?

① 생활사건 척도법
② Lazarus의 일상 골칫거리 척도법
③ 지각된 스트레스 척도법
④ DASS(우울분노스트레스 척도법)

48

인간의 불안전행동을 예방하기 위해 Harvey에 의해 제안된 안전대책의 3E에 해당하지 않는 것은?

① Education ② Enforcement
③ Engineering ④ Environment

> **해설**
> - 하베이의 안전시정책은 교육(Education)적, 기술(Engineering)적, 관리(Enforcement)적 대책으로 구성된다.
> - **하베이(Harvey)의 안전대책 선정의 원칙 3E**
>
> | 교육(Education)적 대책 | 안전교육 및 훈련 대책 |
> |---|---|
> | 기술(Engineering)적 대책 | 시설 장비 및 기준의 개선 대책 |
> | 관리(Enforcement)적 대책 | 안전 감독의 철저 등의 대책 |

49

다음 중 부주의에 대한 사고방지 대책으로 적절하지 않은 것은?

① 적성배치 ② 작업의 표준화
③ 주의력 분산훈련 ④ 스트레스 해소대책

> **해설**
> - ③에서 부주의에 대한 사고방지 대책이 되려면 주의력 집중훈련이 필요하다.
> - **사고방지를 위한 정신적 측면의 대책**
>   - 안전의식의 제고
>   - 작업의욕의 고취
>   - 스트레스 해소 방안 마련
>   - 주의력 집중 훈련

50

다음 중 리더십의 권한에서 부하직원들이 상사를 존경하여 스스로 따른다고 할 때의 상사의 권한을 무엇이라 하는가?

① 합법적 권한   ② 강압적 권한
③ 보상적 권한   ④ 위임된 권한

해설
- ①, ②, ③은 모두 조직이 리더에게 부여한 권한에 해당한다.
- 리더십 권한
  ㉠ 조직이 리더에게 부여한 권한
  - 합법적 권한 : 군대, 교사, 정부기관 등 합법적 권력이 가지는 권한
  - 강압적 권한 : 부하의 처벌, 승진 누락, 봉급의 인상 거부 등 강압적인 힘을 갖는 권한
  - 보상적 권한 : 승진, 봉급 인상 등 역할에 대한 보상을 부여하는 권한
  ㉡ 조직이 리더에게 부여하지 않았지만 조건이 맞을 경우 자발적으로 생성되는 권한
  - 위임된 권한 : 목표 달성을 위하여 부하 직원들이 상사를 존경하여 상사와 함께 일하고자 할 때 상사에게 부여되는 권한 혹은 지도자 자신이 자신에게 부여한 권한
  - 전문성의 권한 : 조직이 지도자에게 부여한 권한은 아니지만 전문적 지식을 가진 리더를 부하들이 스스로 따르는 것으로 지도자 자신의 능력에 의해 생성되는 권한
  - 준거적 권한 : 리더의 개인적 매력이 중요하며, 매력적인 리더와 함께 하고 싶은 부하들에 의해 조직의 발전이 이뤄진다는 것

51

인간의 실수를 심리학적으로 분류한 스웨인(Swain)의 분류 중에서 필요한 작업이나 절차를 수행하였으나 잘못 수행한 오류에 해당하는 것은?

① omission error   ② commission error
③ timing error   ④ sequential error

해설
- ①은 필요한 행위를 실행하지 않은 오류이다.
- ③은 필요한 작업 또는 절차의 수행을 지연한데 기인한 에러이다.
- ④는 필요한 작업 또는 절차의 순서 착오로 인한 에러이다.
- 심리적 측면의 휴먼에러 분류(Swain) 실기 1403/1703/2101/2201/2403
  ㉠ 부작위오류(Omission error) : 필요한 행위를 실행하지 않은 오류

생략오류 (Omission error)	필요한 작업 또는 절차를 수행하지 않는 데 기인한 에러

㉡ 작위오류(Commission error) : 작업 수행 중 작업을 정확하게 수행하지 못해 발생한 에러(행위적 관점)

선택오류 (Selection error)	다른 레버를 선택하는 등의 원인으로 발생한 에러
물량오류 (Qualitative error)	너무 많거나 혹은 너무 적은 작업을 수행해서 발생한 에러
순서오류 (Sequential error)	필요한 작업 또는 절차의 순서 착오로 인한 에러
시간오류 (Timing error)	필요한 작업 또는 절차의 수행을 지연한 데 기인한 에러

㉢ 불필요한 행동 오류

불필요한 수행오류 (Extraneous error)	불필요한 작업 또는 절차를 수행함으로써 발생한 에러

52

신뢰도가 0.85인 작업자가 혼자서 검사하는 공정에 동일한 신뢰도를 가진 요원을 중복으로 지원하여 2인 1조로 검사를 한다면 이 공정에서의 신뢰도는 얼마가 되겠는가?(단, 전체 작업기간 동안 요원은 지원된다)

① 0.7225   ② 0.8500
③ 0.9775   ④ 0.9801

해설
- 요원을 추가하여 중복 지원한다는 것은 병렬로 작업한다는 의미이다.
- $1-(1-0.85)(1-0.85)=1-0.0225=0.9775$가 된다.
- 시스템의 신뢰도 실기 1403/1503/1603/1703/1801/2001/2103/2203/2301/2401
  ㉠ AND(직렬)연결 시

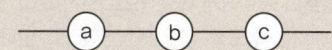

  - 부품 a, 부품 b 신뢰도를 각각 R_a, R_b라 할 때 시스템의 신뢰도 $R_s = R_a \times R_b$로 구할 수 있다.
  ㉡ OR(병렬)연결 시

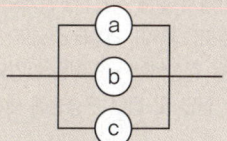

  - 부품 a, 부품 b 신뢰도를 각각 R_a, R_b라 할 때 시스템의 신뢰도 $R_s = 1-(1-R_a)\times(1-R_b)$로 구할 수 있다.

정답 50 ④ 51 ② 52 ③

53

하인리히는 재해연쇄론에서 재해가 발생하는 과정을 5단계 요인으로 나누어 설명하였다. 그 중 사고를 예방하기 위한 관리 활동들이 가장 효과적으로 적용될 수 있는 단계는 무엇이라고 주장하였는가?

① 개인적 결함
② 사고 그 자체
③ 사회적 환경(분위기)
④ 불안전행동 및 불안전상태

해설

- 3단계 불안전한 행동 및 불안전한 상태가 재해의 직접원인으로 작용하므로 사고를 예방하기 위한 관리 활동들이 가장 효과적으로 적용될 수 있다고 보았다.

하인리히의 사고연쇄반응(도미노) 이론

- 3단계 불안전한 행동 및 불안전한 상태가 재해의 직접원인으로 작용하므로 사고를 예방하기 위한 관리 활동들이 가장 효과적으로 적용될 수 있다고 보았다.

1단계	사회적 환경 및 유전적 요소
2단계	개인적인 결함
3단계	불안전한 행동 및 불안전한 상태
4단계	사고
5단계	재해

54

다음 중 집단구성원들이 서로에게 매력적으로 끌리어 그 집단목표를 효율적으로 달성하는 정도를 무엇이라고 하는가?

① 집단 소집성
② 집단 응집성
③ 집단 선호성
④ 집단 협력성

해설

- 집단구성원들이 서로에게 매력적으로 끌리어 그 집단목표를 효율적으로 달성하는 정도를 집단 응집성이라고 한다.

집단 응집성

- 집단구성원들이 서로에게 매력적으로 끌리어 그 집단목표를 효율적으로 달성하는 정도를 말한다.
- 소시오메트리에서 실제 상호선호관계의 수를 가능한 상호선호관계의 총 수로 나누어 지수(index)로 표현한다.
- 집단 응집성을 결정하는 요인에는 가입의 난이도, 외부의 위협, 집단의 크기, 집단 및 집단 구성원에 대한 매력, 집단의 분위기 등이 있다.
- 집단 응집성은 상대적인 것이다.
- 응집성이 높은 집단일수록 결근율과 이직률이 낮다.
- 일반적으로 집단의 구성원이 많을수록 응집력은 낮아진다.

55

매슬로우(Maslow)의 욕구위계설에서 제시한 인간 욕구들을 낮은 단계부터 높은 단계의 순서로 바르게 나열한 것은?

① 생리적 욕구 → 안전 욕구 → 사회적 욕구 → 존경 욕구 → 자아실현의 욕구
② 안전 욕구 → 생리적 욕구 → 사회적 욕구 → 존경 욕구 → 자아실현의 욕구
③ 생리적 욕구 → 사회적 욕구 → 존경 욕구 → 자아실현의 욕구 → 안전 욕구
④ 생리적 욕구 → 사회적 욕구 → 안전 욕구 → 존경 욕구 → 자아실현의 욕구

해설

- 매슬로우의 욕구위계설은 1단계 생리적 욕구에서부터 5단계 자아실현의 욕구까지로 구성된다.

매슬로우(Maslow)의 욕구 5단계 이론

1단계 생리적 욕구	기본적인 인간의 욕구(먹고, 자고, 숨쉬는 것)
2단계 안전에 대한 욕구	각종 위험으로부터 자기보존에 관한 안전욕구
3단계 사회적 욕구	친구와 가족 간의 관계로 대표되는 것으로 애정과 소속에 대한 욕구
4단계 존경의 욕구	자신 있고 강하고 무엇인가 진취적이며 유능한 쓸모 있는 사람으로 인식되기를 바라는 욕구
5단계 자아실현의 욕구	편견 없이 받아들이는 성향, 타인과의 거리를 유지하며 사생활을 즐기거나 창의적 성격으로 봉사, 특별히 좋아하는 사람과 긴밀한 관계를 유지하려는 인간의 욕구

56

다음 중 하인리히(Heinrich) 재해코스트 평가방식에서 "1 : 4"의 원칙에 관한 설명으로 옳은 것은?

① 간접비용의 정확한 산출이 어려운 경우에는 직접비용의 4배를 간접비용으로 추산한다.
② 직접비용의 정확한 산출이 어려운 경우에는 간접비용의 4개를 직접비용으로 추산한다.
③ 인전비용의 정확한 산출이 어려운 경우에는 물적비용의 4배를 인적비용으로 추산한다.
④ 물적비용의 정확한 산출이 어려운 경우에는 인적비용의 4배를 물적비용으로 추산한다.

53 ④ 54 ② 55 ① 56 ①

해설
- 하인리히의 재해손실비용 평가에서 직접비 : 간접비의 비율은 1 : 4로 계산해 산업재해로 인한 총 손실비용은 직접비(산업재해보상비)의 5배로 계산한다.

하인리히의 재해손실비용 평가
- 직접비 : 간접비의 비율은 1 : 4로 계산해 산업재해로 인한 총 손실비용은 직접비(산업재해보상비)의 5배로 계산한다.
- 직접손실비용에는 치료비, 휴업급여, 장해급여, 유족급여, 요양급여, 간병급여, 직업재활급여, 장례비 등이 있다.
- 간접손실비용에는 부상자를 비롯한 직원의 시간손실, 이익의 감소, 생산손실비, 기계, 공구 재료 등의 재산손실 등이 있다.

57
다음 중 과도로 긴장하거나 감정 흥분시의 의식수준단계로 대외의 활동력은 높지만 냉정함이 결여되어 판단이 둔화되는 의식수준 단계는?

① phase Ⅰ ② phase Ⅱ
③ phase Ⅲ ④ phase Ⅳ

해설
- 과도로 긴장된 상태는 Phase Ⅳ에 해당된다.

인간의 의식 레벨
- Phase 0은 무의식상태로 작업수행이 불가능한 상태의 의식수준이다.
- 에러 발생 가능성이 낮은 것부터 높은 순으로 배열하면 Ⅲ단계 - Ⅱ단계 - Ⅰ단계 - Ⅳ단계 순이 된다.

단계	의식수준	설명
Phase 0	무의식, 실신 상태	무의식 동작에는 외계의 능력에 대응하는 능력이 어느 정도는 있다.
Phase Ⅰ	이상, 피로 및 단조로움	심신이 피로하거나 단조로운 작업을 반복할 경우 나타나는 의식수준의 저하현상이 발생
Phase Ⅱ	정상, 이완 상태	생리적 상태가 안정을 취하거나 휴식할 때에 해당
Phase Ⅲ	정상, 명쾌	• 중요하거나 위험한 작업을 안전하게 수행하기에 적합 • 신뢰성이 가장 높은 상태의 의식수준
Phase Ⅳ	과긴장	돌발 사태의 발생으로 인하여 주의의 일점 집중 현상이 일어나는 경우 인간의 의식수준

58
오토바이 판매광고 방송에서 모델이 안전모를 착용하지 않은 채 머플러를 휘날리면서 오토바이를 타는 모습을 보고 따라하다가 머플러가 바퀴에 감겨 사고를 당하였다. 이는 제조물 책임법상 어떠한 결함에 해당하는가?

① 표시상의 결함 ② 책임상의 결함
③ 제조상의 결함 ④ 설계상의 결함

해설
- 제조업자가 광고를 잘 못한 책임을 묻고 있다.

결함의 종류 실기 1801/2002/2101/2103/2203/2302
- 결함이란 제조물 제조상·설계상 또는 표시상의 결함이 있거나 그 밖에 통상적으로 기대할 수 있는 안전성이 결여되어 있는 것을 말한다.
- 결함의 종류에는 제조상의 결함, 설계상의 결함, 표시상의 결함이 있다.

제조상의 결함	제조업자가 제조물에 대하여 제조상·가공 상의 주의 의무를 이행하였는지에 관계없이 제조물이 원래 의도한 설계와 다르게 제조·가공됨으로써 안전하지 못하게 된 경우
설계상의 결함	제조업자가 합리적인 대체설계(代替設計)를 채용하였더라면 피해나 위험을 줄이거나 피할 수 있었음에도 대체설계를 채용하지 아니하여 해당 제조물이 안전하지 못하게 된 경우
표시상의 결함	제조업자가 합리적인 설명·지시·경고 또는 그 밖의 표시를 하였더라면 해당 제조물에 의하여 발생할 수 있는 피해나 위험을 줄이거나 피할 수 있었음에도 이를 하지 아니한 경우

59
다음은 재해의 발생사례이다. 재해의 원인 분석 및 대책으로 적절하지 않은 것은?

○○유리(주) 내의 옥외작업장에서 강화유리를 출하하기 위해 지게차로 강화유리를 운반전용 파렛트에 싣고 작업자 2명이 지게차 포크 양쪽에 타고 강화유리가 넘어지지 않도록 붙잡고 가던 중 포크 진동에 의해 강화유리가 전도되면서 지게차 백레스트와 유리사이에 끼어 1명이 사망, 1명이 부상을 당하였다.

① 불안전한 행동 - 지게차 승차석 외의 탑승
② 예방대책 - 중량물 등의 이동시 안전조치교육
③ 재해유형 - 협착
④ 기인물 - 강화유리

> [해설]
> - 기인물이란 직접적으로 재해를 유발하거나 영향을 끼친 에너지원(운동, 위치, 열, 전기 등)을 지닌 기계·장치, 구조물, 물체·물질, 사람 또는 환경 등을 말한다. 제시된 재해의 기인물은 포크 진동이 되어야 한다.
>
> ■ 재해의 발생형태별 분류
> - 추락 – 사람이 인력(중력)에 의하여 건축물, 구조물, 가설물, 수목, 사다리 등의 높은 장소에서 떨어지는 것을 말한다.
> - 전도·전복 – 사람이 거의 평면 또는 경사면, 층계 등에서 구르거나 넘어짐 또는 미끄러진 경우와 물체가 전도·전복된 경우를 말한다.
> - 충돌·접촉 – 재해자 자신의 움직임·동작으로 인하여 기인물에 접촉 또는 부딪히거나, 물체가 고정부에서 이탈하지 않은 상태로 움직임 등에 의하여 접촉·충돌한 경우를 말한다.
> - 낙하·비래 – 구조물, 기계 등에 고정되어 있던 물체가 중력, 원심력, 관성력 등에 의하여 고정부에서 이탈하거나 또는 설비 등으로부터 물질이 분출되어 사람을 가해하는 경우를 말한다.
> - 협착·감김 – 두 물체 사이의 움직임에 의하여 일어난 것으로 직선 운동하는 물체 사이의 협착, 회전부와 고정체 사이의 끼임, 로울러 등 회전체 사이에 물리거나 또는 회전체·돌기부 등에 감긴 경우를 말한다.
> - 붕괴·도괴 – 토사, 적재물, 구조물, 건축물, 가설물 등이 전체적으로 허물어져 내리거나 또는 주요 부분이 꺾어져 무너지는 경우를 말한다.
> - 압박·진동 – 재해자가 물체의 취급과정에서 신체특정부위에 과도한 힘이 편중·집중·눌려진 경우나 마찰접촉 또는 진동 등으로 신체에 부담을 주는 경우를 말한다.
> - 이상온도 노출·접촉 – 고·저온 환경 또는 물체에 노출·접촉된 경우를 말한다.
> - 유해·위험물질 노출·접촉 – 유해·위험물질에 노출·접촉 또는 흡입하였거나 독성동물에 쏘이거나 물린 경우를 말한다.
> - 화재 – 은 가연물에 점화원이 가해져 비의도적으로 불이 일어난 경우를 말하며, 방화는 의도적이기는 하나 관리할 수 없으므로 화재에 포함시킨다.
> - 폭발 – 건축물, 용기 내 또는 대기 중에서 물질의 화학적, 물리적 변화가 급격히 진행되어 열, 폭음, 폭발압이 동반하여 발생하는 경우를 말한다.
> - 전류접촉(감전) – 전기설비의 충전부 등에 신체의 일부가 직접 접촉하거나 유도전류의 통전으로 근육의 수축, 호흡곤란, 심실세동 등이 발생한 경우 또는 특별고압 등에 접근함에 따라 발생한 섬락 접촉, 합선·혼촉 등으로 인하여 발생한 아아크에 접촉된 경우를 말한다.

60 ● Repetitive Learning 1회 2회 3회

의사결정나무를 작성하여 재해 사고를 분석하는 방법으로 확률적 분석이 가능하며 문제가 되는 초기사항을 기준으로 파생되는 결과를 귀납적으로 분석하는 방법은?

① THERP
② ETA
③ FTA
④ FMEA

> [해설]
> - ①은 인간-시스템에 있어서 휴먼 에러와 그로 인해 발생할 수 있는 오류확률을 예측하는 정량적 인간신뢰도 분석기법이다.
> - ③은 대표적인 연역적 방법이며, 톱-다운(top-down) 방식의 접근방법에 해당하는 시스템 안전 분석기법이다.
> - ④는 시스템에 영향을 미치는 모든 요소의 고장을 형태별로 분석하여 그 영향을 검토하는 정성적이고, 귀납적인 분석방법이다.
>
> ■ 사건수분석(Event Tree Analysis : ETA)
> - 디시전 트리(Decision Tree)를 재해석하고 분석에 이용한 경우의 분석법이다.
> - 설비의 설계 단계에서부터 사용 단계까지의 각 단계에서 위험을 분석하는 귀납적, 정량적 분석 방법이다.
> - 사고 시나리오에서 연속된 사건들의 발생경로를 파악하고 평가하기 위한 시스템안전 프로그램이다.
> - 대응시점에서 성공확률과 실패확률의 합은 항상 1이 되어야 한다.

4과목 근골격계질환 예방을 위한 작업관리

61 ● Repetitive Learning 1회 2회 3회

다음 중 근골격계 질환 예방을 위한 방안으로 거리가 먼 내용은?

① 어깨 높이 위에서의 작업을 피한다.
② 연약한 피부 조직에 가해지는 압박을 피한다.
③ 진동을 줄이기 위한 방진용 장갑 등을 착용한다.
④ 운반상자는 무게 중심이 분산되도록 가능한 깊고 넓게 만든다.

해설

- 운반상자가 깊고 넓으면 최대 작업역을 벗어나서 비효율적이게 된다. 아울러 운반상자의 깊이는 손 길이보다는 얕아야 효율적이다.

❖ 근골격계 질환 예방을 위한 방안
- 손목을 곧게 유지한다.
- 손목이나 손의 반복동작을 피한다.
- 손잡이는 손에 접촉하는 면적을 넓게 한다.
- 진동을 줄이기 위한 방진용 장갑 등을 착용한다.
- 어깨 높이 위에서의 작업을 피한다.
- 춥고 습기 많은 작업환경을 피한다.
- 연약한 피부 조직에 가해지는 압박을 피한다.

62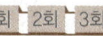

다음 중 워크 샘플링(Work Sampling)에 관한 설명으로 옳은 것은?

① 반복 작업인 경우 적당하다.
② 표준시간 설정에 이용할 경우 레이팅이 필요 없다.
③ 작업자가 의식적으로 행동하는 일이 적어 결과의 신뢰수준이 높다.
④ 작업순서로 기록할 수 있어 개개의 작업에 대한 깊은 연구가 가능하다.

해설
- ①에서 짧은 주기 및 반복작업에 부적합하다.
- ②에서 표준시간 설정에 이용할 경우 레이팅이 필요하다.
- ④에서 워크 샘플링은 랜덤하게 기록된다.

❖ 워크 샘플링(work sampling)
㉠ 개요
- 표본의 크기가 충분히 크다면 모집단의 분포와 일치한다는 통계적 이론에 근거한다.
- 간헐적으로 랜덤한 시점에서 연구대상을 순간적으로 관측하여 대상이 처한 상황을 파악하고 이를 토대로 관측시간 동안에 나타난 항목별로 차지하는 비율을 추정하는 방법이다.
- 조사기간을 길게 하여 평상시의 작업현황을 그대로 반영시킬 수 있어 사이클이 긴 작업에 주로 사용한다.
- 확률이론인 이항분포를 따른다.

㉡ 장점
- 특별한 시간 측정 장비가 별도로 필요하지 않는 간단한 방법이다.
- 관측이 순간적으로 이루어져 작업에 방해가 적다.
- 한 사람의 평가자가 동시에 여러 작업을 측정할 수 있다.
- 자료수집이나 분석에 필요한 순수시간이 다른 시간연구방법에 비하여 짧다.

- 작업자가 의식적으로 행동하는 일이 적어 결과의 신뢰수준이 높다.
- 샘플링오차는 관측횟수를 증가시킴으로써 감소될 수 있다.

㉢ 단점
- 작업 방법이 변화되는 경우에는 전체적인 연구를 새로 해야 한다.
- 시간연구법 등에 비해 정밀도가 떨어진다.
- 짧은 주기 및 반복작업에 부적합하다.

63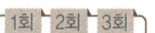

요소작업을 20번 측정한 결과 관측평균시간은 0.20분, 표준편차는 0.08분이었다. 신뢰도 95%, 허용오차 ±5%를 만족시키는 관측횟수는 얼마인가?(단, $t(0.025,19)$는 2.09이다)

① 260회
② 270회
③ 280회
④ 290회

해설
- 측정횟수 20회, 신뢰도는 95%이므로 신뢰도계수 t는 $t(19,0.025)$이고 이는 2.09로 주어졌다.
- 표준편차는 0.08이고, 오차범위 e는 0.20×0.05이므로 대입하면 관측횟수 $N = \left(\frac{2.09 \times 0.08}{0.2 \times 0.05}\right)^2 = 279.5584\cdots$ 가 된다.

❖ 관측횟수 계산 실기 2203
- 관측횟수 $[(t \times S)/(e \times \overline{x})]^2$으로 구한다. 이때 t는 신뢰도 계수, S는 표준편차, e는 오차범위를 의미한다.
- 신뢰도 계수 $t = t\left(측정횟수-1, \frac{1-신뢰도}{2}\right)$로 구한다.
- 오차범위 e는 관측평균시간×상대허용오차로 구한다.

64

다음 중 수공구의 개선원리로 적절하지 않은 것은?

① 힘이 요구되는 작업에 대해서는 파워그립(Power Grip)을 사용한다.
② 손목을 똑바로 펴서 사용할 수 있도록 한다.
③ 적합한 모양의 손잡이를 사용하되, 가능하면 접촉면을 좁게 한다.
④ 양손 중 어느 손으로도 사용이 가능하고, 대부분의 사람들이 사용할 수 있도록 설계한다.

정답 | 62 ③ 63 ③ 64 ③

해설
- ③에서 손잡이는 접촉면적을 가능하면 크게 한다.
- **수공구의 일반적인 설계 원칙** 실기 1903
  - 손목은 곧게 유지되도록 설계한다.
  - 반복적인 손가락 동작을 피하도록 설계한다.
  - 손잡이는 접촉면적을 가능하면 크게 한다.
  - 조직에 가해지는 압력을 피하도록 설계한다.
  - 공구의 무게를 줄이고 사용 시 무게 균형이 유지되도록 한다.
  - 동력공구의 손잡이는 두 손가락 이상으로 작동하도록 한다.
  - 손가락으로 잡는 pinch grip보다 손바닥으로 감싸 안아 잡는 power grip을 이용한다.
  - 정확성이 요구되는 작업은 핀치그립(pinch grip)을 사용하도록 한다.
  - 손잡이의 홈은 손바닥에 나쁜 영향을 주므로 가능한 손잡이 표면에 홈이 많은 것은 피하도록 한다.
  - 진동 패드, 진동 장갑 등으로 손에 전달되는 진동 효과를 줄인다.

65 ── Repetitive Learning 1회 2회 3회
2001

비효율적인 서블릭(Therblig)에 해당하는 것은?

① 계획(Pn) ② 조립(A)
③ 사용(U) ④ 쥐기(G)

해설
- ①의 계획(Pn)은 비효율적 서블릭에 해당된다.
- **서블릭(Therblig)** 실기 1303/2001/2003/2201/2203/2301
  - 동작 단위 중 손의 움직임과 관련된 동작을 분석하기 위해 만든 개념이다.
  - 길브레스(Gilbreth) 부부가 제안한 것으로 그들의 성을 거꾸로 해서 만든 것이다.
  - 작업 시 동작분석과정에서 시간은 스톱워치로 측정한다.
  - 카메라 분석을 통하여 파악할 수 있다.
  - 18개의 동작 중 17가지만 기호로 이용된다.

효율적 서블릭	• 기본동작 : 빈손이동(TE), 쥐기(G), 운반(TL), 내려놓기(RL), 미리놓기(PP) • 동작목적 : 조립(A), 사용(U), 분해(DA)
비효율적 서블릭	• (반)정신적 : 찾기(SH), 고르기(ST), 검사(I), 바로놓기(P), 계획(Pn) • 정체 : 휴식(R), 피할 수 있는 지연(AD), 잡고있기(H), 불가피한 지연(UD)

66 ── Repetitive Learning 1회 2회 3회
0903/1903

산업안전보건법령상 근로자가 근골격계 부담작업을 하는 경우 유해요인조사의 실시주기는?(단, 신설되는 사업장은 제외한다)

① 6개월 ② 1년
③ 2년   ④ 3년

해설
- 산업안전보건법령상 사업주는 근로자가 근골격계 부담작업을 하는 경우에 3년마다 유해요인 조사를 하여야 한다.
- **유해요인 조사**
  ⑦ 개요
  - 산업안전보건법령상 사업주는 근로자가 근골격계 부담작업을 하는 경우에 3년마다 유해요인 조사를 하여야 한다.
  - 신설되는 사업장의 경우에는 1년 이내에 최초의 유해요인 조사를 하여야 한다.
  ⓒ 1개월 이내(수시) 조사해야 하는 경우 실기 1401/1701/1901/2401
  - 임시건강진단 등에서 근골격계 질환자가 발생하였거나 근로자가 근골격계 질환으로 업무상 질병으로 인정받은 경우(근골격계 부담작업이 아닌 작업에서 근골격계 질환자가 발생하였거나 근골격계 부담작업이 아닌 작업에서 발생한 근골격계 질환에 대해 업무상 질병으로 인정받은 경우를 포함한다)
  - 근골격계 부담작업에 해당하는 새로운 작업·설비를 도입한 경우
  - 근골격계 부담작업에 해당하는 업무의 양과 작업공정 등 작업환경을 변경한 경우

67 ── Repetitive Learning 1회 2회 3회

다음 중 근골격계 부담작업에 해당하지 않는 것은?

① 하루에 6시간 동안 집중적으로 자료입력 등을 위해 키보드와 마우스를 조작하는 작업
② 하루에 15회, 10kg의 물체를 무릎 아래에서 드는 작업
③ 하루에 총 4시간 동안 지지되지 않은 상태에서 5kg의 물건을 한 손으로 들거나 동일한 힘으로 쥐는 작업
④ 하루에 총 4시간 동안 팔꿈치가 어깨 위에 있는 상태에서 이루어지는 작업

해설
- ②에서 10kg 이상의 물체를 무릎 아래에서 들거나, 어깨 위에서 들거나, 팔을 뻗은 상태에서 드는 작업은 하루에 25회 이상이어야 한다.

근골격계 부담작업 실기 1903/2001/2201/2203/2303
- 하루에 4시간 이상 집중적으로 자료입력 등을 위해 키보드 또는 마우스를 조작하는 작업
- 하루에 총 2시간 이상 목, 어깨, 팔꿈치, 손목 또는 손을 사용하여 같은 동작을 반복하는 작업
- 하루에 총 2시간 이상 머리 위에 손이 있거나, 팔꿈치가 어깨 위에 있거나, 팔꿈치를 몸통으로부터 들거나, 팔꿈치를 몸통뒤쪽에 위치하도록 하는 상태에서 이루어지는 작업
- 지지되지 않은 상태이거나 임의로 자세를 바꿀 수 없는 조건에서, 하루에 총 2시간 이상 목이나 허리를 구부리거나 트는 상태에서 이루어지는 작업
- 하루에 총 2시간 이상 쪼그리고 앉거나 무릎을 굽힌 자세에서 이루어지는 작업
- 하루에 총 2시간 이상 지지되지 않은 상태에서 1kg 이상의 물건을 한손의 손가락으로 집어 옮기거나, 2kg 이상에 상응하는 힘을 가하여 한손의 손가락으로 물건을 쥐는 작업
- 하루에 총 2시간 이상 지지되지 않은 상태에서 4.5kg 이상의 물건을 한 손으로 들거나 동일한 힘으로 쥐는 작업
- 하루에 10회 이상 25kg 이상의 물체를 드는 작업
- 하루에 25회 이상 10kg 이상의 물체를 무릎 아래에서 들거나, 어깨 위에서 들거나, 팔을 뻗은 상태에서 드는 작업
- 하루에 총 2시간 이상, 분당 2회 이상 4.5kg 이상의 물체를 드는 작업
- 하루에 총 2시간 이상 시간당 10회 이상 손 또는 무릎을 사용하여 반복적으로 충격을 가하는 작업

68 ▶ Repetitive Learning 1회 2회 3회
다음 중 작업연구의 목적과 가장 거리가 먼 것은?

① 무결점 달성
② 표준시간의 설정
③ 생산성 향상
④ 최선의 작업방법 개발

해설
- 작업연구는 표준시간의 설정과 최선의 작업방법을 개발하여 생산성 향상을 목적으로 한다.

작업연구
- ㉠ 개요
  - 표준시간의 설정과 최선의 작업방법을 개발하여 생산성 향상을 목적으로 한다.
  - 작업연구는 보통 동작연구와 시간연구로 구성된다.
  - 시간연구는 표준화된 작업방법에 의하여 작업을 수행할 경우에 소요되는 표준시간을 측정하는 분야이다.
  - 동작연구는 경제적인 작업방법을 검토하여 표준화된 작업방법을 개발하는 분야이다.

- ㉡ 내용
  - 표준 시간을 산정, 결정한다.
  - 최선의 작업방법을 개발하고 표준화한다.
  - 최적 작업방법에 의한 작업자 훈련을 한다.

69 ▶ Repetitive Learning 1회 2회 3회
다음 중 MTM(Methods Time Measurement)법의 용도와 가장 거리가 먼 것은?

① 현상의 발생비율 파악
② 능률적인 설비, 기계류의 선택
③ 표준시간에 대한 불만 처리
④ 작업개선의 의미를 향상시키기 위한 교육

해설
- MTM은 드릴, 프레스의 기계공작 작업을 대상으로 시간자료를 분석하여 작업방법을 개선하기 위해 개발한 방법이다.

MTM(Methods Time Measurement)법
- ㉠ 개요
  - 드릴, 프레스의 기계공작 작업을 대상으로 시간자료를 분석하여 개발한 방법이다.
  - 14개의 작업동작으로 구성된다.
- ㉡ 용도
  - 능률적인 설비, 기계류의 선택
  - 표준시간에 대한 불만 처리
  - 작업방법의 개선
  - 작업개선의 의미를 향상시키기 위한 교육

70 ▶ Repetitive Learning 1회 2회 3회
다음 중 동작경제의 원칙에 해당되지 않는 것은?

① 작업장의 배치에 관한 원칙
② 신체 사용에 관한 원칙
③ 공정 및 작업개선에 관한 원칙
④ 공구 및 설비 디자인에 관한 원칙

해설
- 동작경제의 원칙은 신체사용의 원칙, 작업장 배치의 원칙, 공구 및 설비 디자인의 원칙으로 분류된다.

동작경제의 원칙 실기 1903/2103/2203
- ㉠ 개요
  - 작업자가 경제적인 동작을 통해 피로도를 감소시키면서도 능률을 향상시키게 하기 위한 원칙이다.

- 신체사용의 원칙, 작업장 배치의 원칙, 공구 및 설비 디자인의 원칙으로 분류된다.
- 동작을 가급적 조합하여 하나의 동작으로 한다.
- 동작의 수는 줄이고, 동작의 속도는 적당히 한다.

ⓒ 신체사용의 원칙 [실기]2301
- 두 손의 동작은 동시에 시작해서 동시에 끝나야 한다.
- 휴식시간을 제외하고는 양손을 같이 쉬게 해서는 안 된다.
- 손의 동작은 유연하고 연속적인 동작이어야 한다.
- 동작이 급작스럽게 크게 바뀌는 직선 동작은 피해야 한다.
- 두 팔의 동작은 동시에 서로 반대방향으로 대칭적으로 움직이도록 한다.
- 탄도동작(Ballistics Movements)은 제한되거나 통제된 동작보다 더 신속하고 정확하다.

ⓒ 작업장 배치의 원칙 [실기]1303/1701/2001/2002/2303/2402
- 가능하다면 낙하식 운반 방법을 이용한다.
- 작업이 용이하도록 적절한 조명을 비추어 준다.
- 공구나 재료는 작업동작이 원활하게 수행하도록 그 위치를 정해준다.
- 공구, 재료 및 제어장치는 사용하기 가까운 곳에 배치해야 한다.

ⓔ 공구 및 설비 디자인의 원칙 [실기]1703
- 치구나 족답장치를 이용하여 양손이 다른 일을 할 수 있도록 한다.
- 공구의 기능을 결합하여 사용하도록 한다.
- 타자 칠 때와 같이 각 손가락이 서로 다른 작업을 할 때에는 작업량을 각 손가락의 능력에 맞게 배분해야 한다.

71 → Repetitive Learning 1회 2회 3회

다음 중 근골격계 질환과 가장 관련이 없는 것은?

① VDT 증후군
② 반복긴장성손상(RSI)
③ 누적외상성질환(CTDs)
④ 외상후스트레스증후군(PTSD)

해설
- ①은 영상표시단말기를 취급하는 작업에서 발생하는 증상으로 근골격계 증상에 포함된다.
- ④는 심각한 외상을 겪은 후 나타나는 불안 장애로 근골격계 질환과 거리가 멀다.
- 근골격계 질환 [실기]1803/2101/2302/2303
  ㉠ 개요
  - 반복적인 동작, 부적절한 작업자세, 무리한 힘의 사용, 날카로운 면과의 신체접촉, 진동 및 온도 등의 요인에 의하여 발생하는 건강장해로서 목, 어깨, 허리, 팔·다리의 신경·근육 및 그 주변 신체조직 등에 나타나는 질환을 말한다.

ⓛ 원인 [실기]1603/1901/1903/2101/2201/2301
- 질환의 원인은 개인적 특성 요인, 작업특성 요인, 사회 심리적 요인 등으로 구분한다.
- 개인적 특성 요인에는 작업자 개인의 과거병력, 연령, 성별, 키, 몸무게, 작업방법 및 기술수준 등이 있다.
- 직접적인 작업특성 위험요인에는 작업강도, 작업자세, 작업의 반복도, 부적절한 휴식 등이 있다.
- 사회심리적 요인에는 직무스트레스, 비효율적 의사소통, 작업에 대한 만족도, 인간관계 등이 있다.

72 → Repetitive Learning 1회 2회 3회
2003

작업자-기계 작업 분석 시 작업자와 기계의 동시작업 시간이 1.8분, 기계와 독립적인 작업자의 활동시간이 2.5분, 기계만의 가동시간이 4.0분일 때, 동시성을 달성하기 위한 이론적 기계 대수는 약 얼마인가?

① 0.28   ② 0.74
③ 1.35   ④ 3.61

해설
- 제품당 기계의 소요시간은 1.8분+4.0분=5.8분이다.
- 제품당 작업자의 소요시간은 1.8분+2.5분=4.3분이다.
- 대입하면 $\frac{5.8}{4.3}=1.3488$대이다.
- 최적의 기계대수 [실기]1301/1701
  - 기계대수 $n = \frac{제품당\ 기계시간}{제품당\ 작업자시간}$으로 구한다.

73 → Repetitive Learning 1회 2회 3회
1903

NIOSH의 들기작업지침에 따른 중량물 취급작업에서 권장무게한계를 산정하는데 고려해야 할 변수로 옳지 않은 것은?

① 상체의 비틀림 각도
② 작업자의 평균보폭거리
③ 물체를 이동시킨 수직 이동거리
④ 작업자의 손과 물체 사이의 수직거리

해설
- RWL을 구할 때의 요소에는 수평계수, 수직계수, 거리계수, 비대칭성계수, 빈도계수, 결합계수 등이 필요하다.
- 수평계수와 수직계수, 거리계수 [실기]1401/1903/2401
  ㉠ 수평계수(HM)
  - 하완의 길이가 25cm 이하이면 HM은 1이 된다.

- 하완의 길이가 63를 초과하면 HM은 0이 된다(63cm는 체구가 작은 사람이 물체를 가장 멀리 잡고 있을 수 있는 수평거리이다).
ⓒ 수직계수(VM)
  - 기준은 75cm로 이는 키 165cm인 사람이 가장 편안하게 팔을 늘어뜨렸을 때 손의 높이에 해당한다.
  - 0 ~ 175cm까지를 기준으로 75cm이면 VM은 1이며, 그보다 높거나 낮으면 VM은 1보다 작아지고, 수직거리가 175cm를 초과하면 VM은 0이 된다.
ⓒ 거리계수(DM)
  - 물체를 수직 이동시킨 거리이다.
  - 25cm 이하이면 1이 된다.
  - 175cm 이상이면 0이 된다.

74
다음 중 표준 공정도 기호와 그 내용의 연결이 틀린 것은?

① □ : 지연 ② ○ : 가공(작업)
③ ▽ : 저장 ④ ⇨ : 운반

해설
- ①은 작업 대상물의 품질 확인이나 수량의 조사, 검사 등에 사용되는 공정도 기호이다.

■ 공정분석 시 사용되는 공정도시기호 실기 1401/2001

□	가공물의 수량 검사
D	가공물의 지체를 표시
⇨	가공물의 이동
▽	가공물의 저장(보관)
○	가공물의 가공작업
◇	가공물의 품질 검사

75
실측시간의 평균이 120분이고, 여유율이 9%이며, 레이팅계수가 110%일 때 내경법에 의한 표준시간은 약 얼마인가?

① 170.57분 ② 150.09분
③ 166.78분 ④ 145.05분

해설
- 정미시간은 120×110% = 120×1.1 = 132분이다.
- 내경법으로 표준시간 = 132/(1−0.09) = 132/0.91 = 145.0549가 된다.

■ 표준시간 실기 1501/1503/1603/1703/2002/2003/2103/2402/2403
ⓒ 개요
- 8시간의 정상작업을 기준으로 하여 일정한 작업조건에서 일정한 방법에 따라 보통 정도의 작업자가 정상적인 속도로 작업을 수행하는데 걸리는 시간을 말한다.
- 표준시간 측정에 사용하는 DM(decimal minute)은 1DM이 0.6초이다.
- 표준시간은 정미시간+여유시간으로 구한다.
- 정미시간은 관측시간의 평균치×R(레이팅 계수)로 구한다.
- 객관적 레이팅에서의 표준시간=관측 평균시간×(1차 평가계수)×(1+2차 조정계수)×(1+여유율)로 구한다.
- 외경법의 경우 표준시간=정미시간×(1+여유율)로 구한다.
- 내경법의 경우 표준시간=정미시간/(1−여유율)로 구한다.
ⓒ 여유율
- 외경법은 작업여유율=여유시간/정미시간(근무시간−여유시간)을 적용한다.
- 내경법은 근무여유율=여유시간/근무시간(정미시간+여유시간)을 적용한다.

76
다음 중 근골격계 유해요인 기본조사에 대한 설명으로 틀린 것은?

① 유해요인 기본조사의 내용은 작업장 상황 및 작업조건 조사로 구성된다.
② 작업조건조사 항목으로는 반복성, 과도한 힘, 접촉스트레스, 부자연스러운 자세, 진동 등의 내용을 포함한다.
③ 유해도 평가는 유해요인기본조사 총점수가 높거나 근골격계 질환증상 호소율이 다른 부서에 비해 높은 경우에는 유해도가 높다고 할 수 있다.
④ 사업장내 근골격계 부담작업에 대하여 샘플링 조사를 원칙으로 한다.

해설
- 사업주는 사업장내 근골격계 부담작업에 대하여 전수조사를 원칙으로 한다.

■ 근골격계 유해요인 기본조사 실기 1703/2401/2402
ⓒ 개요
- 사업주는 사업장내 근골격계 부담작업에 대하여 전수조사를 원칙으로 한다.
- 유해도 평가는 유해요인기본조사 총점수가 높거나 근골격계 질환증상 호소율이 다른 부서에 비해 높은 경우에는 유해도가 높다고 할 수 있다.

- 유해요인 조사는 작업장 상황조사, 작업조건 조사, 근골격계 질환 증상설문조사로 구성된다.
  ㉡ 작업장 상황조사 항목
  - 작업공정
  - 작업설비
  - 작업량
  - 작업속도 및 최근 업무의 변화 등
  ㉢ 작업조건조사 항목
  - 반복성
  - 부자연스런 또는 취하기 어려운 자세
  - 과도한 힘
  - 접촉스트레스
  - 진동 등
  ㉣ 근골격계 질환 증상 설문조사
  - 근골격계 질환 증상 및 징후
  - 직업력
  - 근무형태
  - 취미생활
  - 과거 질병력

77 ● Repetitive Learning (1회 2회 3회)

제조업의 단순반복조립작업에 대하여 RULA(Rapid Upper Limb Assessment) 평가기법을 적용하여 작업을 평가한 결과 최종 점수가 5점으로 평가되었다. 다음 중 이 결과에 대한 가장 올바른 해석은?

① 빠른 작업개선과 작업위험요인의 분석이 요구된다.
② 수용가능한 안전한 작업으로 평가된다.
③ 계속적 추적관찰을 요하는 작업으로 평가된다.
④ 즉각적인 개선과 작업위험요인의 정밀조사가 요구된다.

해설
- 평가에 있어서 1~2점은 개선의 필요가 없음을, 3~4점은 계속적인 추가 관찰이 필요하고, 5~6점은 빠른 개선과 함께 작업위험요인의 분석이 요구되고, 7점의 경우는 정밀조사와 함께 즉시 개선이 필요하다고 평가한다.
- **RULA(Rapid Upper Limb Assessment)** 실기 1301/1303/1603/1803/2201/2203
  - 어깨, 팔목, 손목, 목 등 상지에 초점을 맞추어 작업자세로 인한 작업 부하를 빠르고 상세하게 분석할 수 있는 근골격계 질환의 위험평가기법이다.
  - 상완, 전완, 손목을 그룹을 A로 목, 상체, 다리를 그룹 B로 나누어 측정, 평가한다.

- VDT 작업, 자동차 공장의 컨베이어식 조립라인에서 선 자세에서 자동차 하부의 볼트를 조립하는 작업자의 측정에 적합하다.
- 평가에 있어서 1~2점은 개선의 필요가 없음을, 3~4점은 계속적인 추가 관찰이 필요하고, 5~6점은 빠른 개선과 함께 작업위험요인의 분석이 요구되고, 7점의 경우는 정밀조사와 함께 즉시 개선이 필요하다고 평가한다.

78 ● Repetitive Learning (1회 2회 3회)

다음 중 동작분석에 관한 설명으로 틀린 것은?

① 비디오 분석은 즉시성과 재현성을 모두 구비한 방법이다.
② 간트 차트, 다중활동분석, 서블릭 분석 등이 있다.
③ 미세동작분석은 작업주기가 긴 작업이나 불규칙한 작업의 동작분석에 적합하다.
④ SIMO chart는 미세동작연구인 동시에 동작 사이클차트이다.

해설
- ②에서 간트 차트는 시간 축 위에 수행할 활동에 대한 필요한 시간과 일정을 표시한 문제의 분석 도구로 동작분석과는 거리가 멀다.
- **동작분석(상세한 작업분석)을 통한 작업방법 개선 도구**
  - 작업자 공정도 : 생산의 각 단계를 세부적으로 표시
  - 사이클 그래프 분석 : 작업자 동작분석을 위해 신체 곳곳에 램프를 달고 주위를 어둡게 한 후 스틸카메라로 장시간 촬영하여 분석하는 방법
  - 서블릭(Therblig) 분석 : 작업 중 작업자의 동작분석 도구
  - 다중활동분석표 : 복수의 작업자 및 기계들이 이뤄지는 작업부문에서 생산주체 상호간의 관련성을 분석하는 도구
  - SIMO chart : 17가지 서블릭을 이용하여 좀 더 상세하게 작업내용을 분석하고 시간까지 도시한 도구이다.

79 ● Repetitive Learning (1회 2회 3회)

다음 중 작업개선을 위해 검토할 착안 사항과 가장 거리가 먼 항목은?

① "이 작업은 꼭 필요한가? 제거할 수는 없는가?"
② "이 작업을 기계화 또는 자동화 할 경우의 투자효과는 어느 정도인가?"
③ "이 작업을 다른 작업과 결합시키면 더 나은 결과가 생길 것인가?"
④ "이 작업의 순서를 바꾸면 좀 더 효율적이지 않을까?"

> 해설
> - 투자효과를 따지는 것은 개선안을 구체화 하는 단계에서 필요하다. 구체화 단계에서 같은 비용으로 더 나은 방법은 없는가 등을 검토한다.
>
> ❖ 작업개선을 위해 검토할 착안 사항
>   - 이 작업의 목적은 무엇이며, 왜 필요할까?
>   - 이 작업은 꼭 필요한가? 제거할 수는 없는가?
>   - 이 작업을 다른 작업과 결합시키면 더 나은 결과가 생길 것인가?
>   - 이 작업의 순서를 바꾸면 좀 더 효율적이지 않을까?
>   - 이 작업을 좀 더 간소화할 수 없을까?

80 ● Repetitive Learning 1회 2회 3회

다음 중 근골격계 유해요인의 개선 방법에 있어 관리적 개선으로 볼 수 없는 것은?

① 작업 습관 변화
② 작업장 재배열
③ 직장 체조 강화
④ 작업자 적정 배치

> 해설
> - ②는 위험요인의 제거 혹은 위험성의 직접적인 감소를 위해 작업장 여건을 개선하는 공학적 개선에 해당된다.
>
> ❖ 작업개선안 도출 실기 1401/1603/1801/1901/2003/2201/2302/2403
>   - 가장 우선적이고 근본적인 문제해결책은 문제가 되는 작업을 제거하는 데 있다.
>   - 1차적으로는 공학적 개선으로 위험요인의 제거 혹은 위험성의 직접적인 감소를 위해 작업장 여건을 개선한다.
>   - 2차적으로는 관리적 개선으로 작업순환, 작업교대, 휴식시간 설계, 인원 보충 등 자원의 효율적인 분배와 관련된다.
>
> | 공학적 개선안 | • 작업자의 신체에 맞는 작업장 개선(작업공구 개선, 작업대 높이 조절, 중량물 운반 시 기계장치 사용, 단순반복 작업에 로봇 사용, 작업장 바닥 개선, 작업장 재배열)
• 작업자세 및 작업방법 개선 |
> |---|---|
> | 관리적 개선안 | • 작업순환, 작업교대
• 작업습관 변화
• 작업속도 조절 및 휴식시간 설계
• 인원 보충(추가 작업자 선발, 교육 및 훈련, 적성에 맞는 배치)
• 위험표지 부착 |

정답 | 80 ②

2015년 제3회

2015년 8월 16일

1과목 인간공학개론

01

다음 중 인간공학에 관한 설명으로 가장 적절하지 않은 것은?

① 인간을 둘러싸고 있는 환경적 요인을 고려한다.
② 인간의 특성이나 행동에 관한 적절한 정보를 활용한다.
③ 비용절감 위주로 인간의 행동을 관찰하고 시스템을 설계한다.
④ 인간이 조작하기 쉬운 사용자 인터페이스를 고려하여 설계한다.

해설
- 인간공학이란 인간이 사용하는 물건, 설비, 환경의 설계에 인간의 생리적, 심리적인 면에서의 특성이나 한계점을 고려함으로써 인간-기계 시스템의 안전성과 편리성, 효율성을 높이는 학문분야이다.
- **인간공학(Ergonomics)**
  ㉠ 개요
    - "Ergon(작업)+nomos(법칙)+ics(학문)"이 조합된 단어로 Human factors, Human engineering이라고도 한다.
    - 인간의 특성과 한계 능력을 공학적으로 분석, 평가하여 이를 복잡한 체계의 설계에 응용함으로 효율을 최대로 활용할 수 있도록 하는 학문분야이다.
    - 인간이 사용하는 물건, 설비, 환경의 설계에 인간의 생리적, 심리적인 면에서의 특성이나 한계점을 고려함으로써 인간-기계 시스템의 안전성과 편리성, 효율성을 높이는 학문분야이다.
  ㉡ 적용분야
    - 제품설계
    - 재해·질병 예방
    - 장비·공구·설비의 배치
    - 작업장 내 조사 및 연구

02

다음 중 조종-반응 비율(Control-Response ratio)에 대한 설명으로 옳은 것은?

① 조종-반응 비율이 낮을수록 둔감하다.
② 조종-반응 비율이 높을수록 조정시간은 증가한다.
③ 표시장치의 이동거리를 조종 장치의 이동거리로 나눈 비율을 말한다.
④ 회전 꼭지(knob)의 경우 조종-반응 비율은 손잡이 1회전에 상당하는 표시장치 이동거리의 역수이다.

해설
- ①에서 조종반응비율이 낮을수록 민감하다.
- ②에서 조종반응비율이 높을수록 조종시간이 감소한다.
- ③에서 조종반응비율은 조종장치의 이동거리를 표시장치의 이동거리로 나눈 비율이다.
- **통제표시비 : C/D(C/R)비** 실기 1301/1403/1501/1503/1601/1701/1803/1901/2002/2003/2101/2103/2203/2301/2303/2401
  ㉠ 개요
    - 통제장치의 변위량과 표시장치의 변위량과의 관계를 나타낸 비율로 C/D비, 조종과 반응의 비라고 하여 C/R비라고도 한다.
    - $C/D = \dfrac{통제기기의 변위량}{표시계기의 변위량}$ 으로 구한다.
    - 회전 조종구의 C/D비
    $$= \dfrac{2 \times \pi(3.14) \times r(반지름) \times \left(\dfrac{각도}{360}\right)}{표시계기의 변위량}$$ 으로 구한다.
  ㉡ 특징
    - C/R비가 작아진다는 것은 민감한 장치화 되어 조종시간=제어시간이 길어지지만 수행시간이 짧아진다는 의미이다.
    - C/R비가 크다는 것은 미세한 조종은 쉽지만 수행시간은 상대적으로 길다.
    - 통제기기 시스템에서 발생하는 조작시간의 지연은 직접적으로 통제표시비가 가장 크게 작용하고 있다.

01 ③ 02 ④

03

인체측정자료의 응용원칙 중 출입문, 통로 등의 설계 시 가장 적합한 원칙은?

① 조절식 범위를 이용한 설계
② 최소치를 이용한 설계
③ 평균치를 이용한 설계
④ 최대치를 이용한 설계

해설
- 출입문의 높이, 탈출구의 크기, 통로의 공간, 줄사다리의 강도 등은 모두 최대치의 원리를 적용해야 하는 경우에 해당한다.

극단치 설계 방법 실기 1601/1603/1801/2003/2201
- 조작자와 제어버튼 사이의 거리, 조작에 필요한 힘, 비상벨의 위치, 지하철이나 버스의 손잡이 높이는 최소 집단치(5% 하위 백분위 수)를 설계 기준으로 한다.
- 출입문의 높이, 탈출구, 의자의 높이, 좌석 간의 거리, 통로의 벽, 와이어로프의 사용중량, 위험구역 울타리 등은 최대 집단치(5% 상위 백분위 수)를 설계 기준으로 한다.

04

인간-기계 시스템의 분류에서 인간에 의한 제어정도에 따른 분류가 아닌 것은?

① 수동 시스템
② 기계화 시스템
③ 자동화 시스템
④ 감시제어 시스템

해설
- 인간-기계 통합체계에서 인간의 제어정도에 따른 유형에는 자동화 체계, 기계화 체계, 수동 체계로 구분된다.

인간-기계 통합체계의 유형
- 인간-기계 통합체계에서 인간의 제어정도에 따른 유형에는 자동화 체계, 기계화 체계, 수동 체계로 구분된다.

자동화 체계	인간은 작업계획의 수립, 모니터를 통한 작업 상황 감시, 프로그래밍, 설비보전의 역할을 수행하고 체계(System)가 감지, 정보보관, 정보처리 및 의식결정, 행동을 포함한 모든 임무를 수행하는 체계
기계화 체계	반자동 체계로 운전자의 조종에 의해 기계를 통제하는 융통성이 없는 시스템 형태
수동 체계	• 인간의 힘을 동력원으로 활용하여 수공구를 사용하는 시스템 형태 • 다양성이 있고 융통성이 우수한 특징을 갖는다.

05

의미 있고 적절한 가능성이 있는 정보가 여러 근원으로부터 동일한 감각경로나 둘 이상의 감각 경로를 통해 들어오는 것을 무엇이라 하는가?

① 양립성(compatibility)
② 시배분(time-sharing)
③ 정보 보관(information storage)
④ 정보 응축(information condensation)

해설
- ①은 인간의 기대하는 바와 자극 또는 반응들이 일치하는 관계를 말한다.
- ③은 의미 있는 자료를 활용하기 위해 보관하는 것을 말한다.
- ④는 다양하고 많은 정보를 축약하는 것을 말한다.

시배분(time-sharing)
- 사람이 일정한 시간에 두 가지 이상의 작업을 처리할 수 있도록 하는 것을 말한다.
- 의미 있고 적절한 가능성이 있는 정보가 여러 근원으로부터 동일한 감각경로나 둘 이상의 감각 경로를 통해 들어오는 것이다.
- 시배분이 요구되는 경우 인간의 작업능률은 떨어진다.
- 시배분 작업은 처리해야 하는 정보의 가지수와 속도에 의하여 영향을 받는다.
- 청각과 시각이 시배분 되는 경우에는 일반적으로 청각이 우월하다.

06

다음 눈의 구조 중 빛이 도달하여 초점이 가장 선명하게 맺히는 부위는?

① 동공
② 홍채
③ 황반
④ 수정체

해설
- ①과 ②는 빛의 양을 조절하는 역할을 한다.
- ④는 빛이 통과될 때 빛을 모아주어 망막에 상이 맺히도록 한다.

눈의 구조와 기능
- 망막 : 카메라의 필름처럼 상이 맺혀지는 곳이다.
- 황반 : 망막에서 빛에 가장 예민한 부분으로 빛이 도달하여 초점이 가장 선명하게 맺히는 부위이다.
- 수정체 : 눈 안쪽의 양면이 볼록한 렌즈 형태의 투명한 조직이다. 안경을 통해서 수정체의 기능을 보조받는다.
- 홍채 : 동공을 둘러싼 부분으로 눈에 들어오는 빛의 양을 조절한다.

정답 03 ④ 04 ④ 05 ② 06 ③

- 동공 : 홍채 중심의 검은 부분으로 빛의 양을 조절한다.
- 각막 : 눈의 앞부분에 자리한 투명한 구조로 망막에 빛의 초점을 만들어 내는 부위이다.

ⓒ 민감도
- 민감도가 클수록 신호를 구분하기 쉽다.
- 잡음이 많을수록, 신호가 약하거나 분명하지 않을수록 d값은 작아진다.
- 민감도를 늘리기 위해서는 교육 훈련, 결과의 피드백, 신호의 비신호의 구별성 증가 등의 조치를 한다.

07

2001/2101

신호 검출 이론(signal detection theory)에서 판정기준을 나타내는 우도비(likelihood ratio) β와 민감도(sensitivity) d에 대한 설명으로 옳은 것은?

① β가 클수록 보수적이고, d가 클수록 민감함을 나타낸다.
② β가 클수록 보수적이고, d가 클수록 둔감함을 나타낸다.
③ β가 작을수록 보수적이고, d가 클수록 민감함을 나타낸다.
④ β가 작을수록 보수적이고, d가 클수록 둔감함을 나타낸다.

해설
- 판정 기준은 β(신호/노이즈)이며, β>1이며 보수적이고, β<1이면 자유적이며, d가 클수록 민감하다.

❖ 신호검출이론(Signal Detection Theory) 실기 1501/1503/1701/2001/2002 /2003/2103/2303/2403

ⓐ 개요
- 불확실한 상황에서 선택하게 하는 방법으로 신호의 탐지는 관찰자의 반응편향과 민감도에 달려있다고 주장하는 이론이다.
- 일반적으로 신호 검출 시 이를 간섭하는 소음이 있고, 신호와 소음을 쉽게 식별할 수 없는 상황에 신호검출이론이 적용된다.
- 긍정(Hit), 허위(False alarm), 누락(Miss), 부정(Correct rejection)의 네 가지 결과로 나눌 수 있다.
- 허위(False alarm)는 소음을 신호로, 누락(Miss)은 신호를 소음으로 판단한 결과이다.
- 신호검출이론은 품질관리, 통신이론, 의학처방 및 심리학, 법정에서의 판정 등 다양하게 활용되고 있다.

ⓑ 반응편향 β
- 반응편향 $\beta = \dfrac{신호의\ 길이}{소음의\ 길이}$ 로 구한다.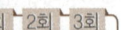
- 신호에 의한 반응이 선형인 경우 판별력은 좋아진다.
- 신호검출이론에서 두 개의 정규분포 곡선이 교차하는 부분에 있는 기준점 β는 신호의 길이와 소음의 길이가 같으므로 1의 값을 가진다.
- 판정 기준은 β(신호/노이즈)이며, β>1이며 보수적이고, β<1이면 자유적이다.

08

0803/2103

1,000Hz, 40dB을 기준으로 음의 상대적인 주관적 크기를 나타내는 단위는?

① sone ② siemens
③ bell   ④ phon

해설
- 1 sone은 40dB의 1,000Hz 순음의 크기로 40phon의 값을 의미한다.

❖ sone 값
- 인간이 청각으로 느끼는 소리의 크기를 측정하는 척도 중 하나이다.
- 기준 음에 비해서 몇 배의 크기를 갖느냐는 음의 sone값이 결정한다.
- 1 sone은 40dB의 1,000Hz 순음의 크기로 40phon의 값을 의미한다.
- phon의 값이 주어질 때 $sone = 2^{\frac{phon-40}{10}}$ 으로 구한다.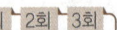

09

다음 중 경계 및 경보신호에 사용되는 청각적 표시장치가 가져야 할 특징으로 옳은 것은?

① 300m 이상의 장거리용 신호에서는 4kHz 이상의 주파수를 사용한다.
② 경계신호는 가급적 통일해서 사용자에게 혼란을 야기하지 말아야 한다.
③ 장애물이나 칸막이를 넘어가야 하는 신호는 1kHz 이상의 주파수를 사용한다.
④ 주의를 끄는 목적으로 신호를 사용할 때에는 변조신호를 사용한다.

> **[해설]**
> - ①에서 300m 이상 멀리 보내는 신호는 1,000Hz 이하의 낮은 주파수를 사용한다.
> - ②에서 경계신호는 주의를 끄는 목적으로 사용해야 하므로 기존 신호와 다른 신호를 사용하는 것이 좋다.
> - ③에서 장애물이나 칸막이를 통과하는 신호는 500Hz 이하의 진동수를 사용한다.
>
> :: 청각적 표시장치의 설계
> - 신호는 최소한 0.5 ~ 1초 동안 지속한다.
> - 청각 신호의 차원은 세기, 빈도, 지속기간으로 구성된다.
> - 소음이 심한 경우 귀 위치에서 신호강도는 110dB과 은폐가청역치의 중간정도가 적당한다.
> - 신호의 검출도를 높이기 위해서는 소음의 세기가 낮은 영역의 주파수로 신호의 주파수를 바꾸어야 한다.
> - 신호는 배경소음의 주파수와 다른 주파수를 이용한다.
> - 300m 이상 멀리 보내는 신호는 1,000Hz 이하의 낮은 주파수를 사용한다.
> - 칸막이를 통과하는 신호는 500Hz 이하의 진동수를 사용한다.
> - 주의를 끄는 목적으로 신호를 사용할 때에는 변조신호를 사용한다.

10 ── Repetitive Learning 1회 2회 3회

10m 떨어진 곳에서 높이 2cm의 물체(Snellen letter)를 겨우 볼 수 있을 때, 이 사람의 시력은 얼마 정도인가?

① 0.15
② 0.3
③ 0.5
④ 0.75

> **[해설]**
> - 시각=(57.3×60×틈간격)/눈으로부터 거리로 구한다.
> - 틈간격이 2cm(20mm)이고, 거리는 10m(10,000mm)이므로 대입하면 시각=(57.3×60×20)/10,000=6.876이므로 시력은 시각의 역수이므로 $\frac{1}{6.876}$=0.1454가 된다.
>
> :: 시력  1403/1903/2302
> - 세부적인 내용을 시각적으로 식별할 수 있는 능력을 말한다.
> - 시력은 시각(visual angle)의 역수로 측정한다.
> - 시각은 표적두께를 표적까지의 거리로 나누어 계산한다.
> - 시각(mm)=(57.3×60×틈간격)/눈으로부터 거리로 구한다.
> - 눈이 파악할 수 있는 표적사이의 최소공간을 최소 분간시력(minimum separable acuity)이라고 한다.
> - 눈의 조절능력이 불충분한 경우 근시 또는 원시가 된다.
> - 근시는 수정체가 두꺼워지면서 물체의 상이 망막의 앞에서 맺혀 먼 물체를 볼 수 없다.
> - 눈이 초점을 맞출 수 없는 가장 먼 거리를 원점이라 하는데 정상 시각에서 원점은 거의 무한하다.

11 ── Repetitive Learning 1회 2회 3회
0703/0901/1301/2003

다음 중 기능적 인체치수(Functional body dimension) 측정에 대한 설명으로 가장 적합한 것은?

① 앉은 상태에서만 측정하여야 한다.
② 5 ~ 95%tile에 대해서만 정의된다.
③ 신체 부위의 동작범위를 측정하여야 한다.
④ 움직이지 않는 표준자세에서 측정하여야 한다.

> **[해설]**
> - ②는 인체 측정치의 적용시 조절의 원칙에 대한 설명이다.
> - ④는 정적 구조적 인체치수에 대한 설명이다.
>
> :: 기능적 치수(Functional dimension)=동적 치수 측정 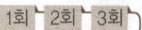 1801/2001/2103/2303/2401
> - 산업현장에서 필요한 인체치수와 같이 움직이는 몸의 동작을 측정한 인체치수이다.
> - 상지나 하지 등 신체 부위의 동작범위를 측정한다.

12 ── Repetitive Learning 1회 2회 3회

주사위를 던질 때 각 눈금이 나올 확률이 다음과 같을 때 전체 정보량(bit)은 약 얼마인가?

눈금	1	2	3	4	5	6
확률	2/10	1/10	3/10	1/10	1/10	2/10

① 2.0
② 2.4
③ 2.6
④ 3.0

> **[해설]**
> - 눈금 1의 정보량은 확률이 0.20이므로 $0.2 \times \log_2\left(\frac{1}{0.2}\right)=0.4644$가 된다.
> - 눈금 2의 정보량은 $0.1 \times \log_2\left(\frac{1}{0.1}\right)=0.3322$가 된다.
> - 눈금 3의 정보량은 $0.3 \times \log_2\left(\frac{1}{0.3}\right)=0.5211$이 된다.
> - 눈금 4의 정보량은 $0.1 \times \log_2\left(\frac{1}{0.1}\right)=0.3322$가 된다.
> - 눈금 5의 정보량은 $0.1 \times \log_2\left(\frac{1}{0.1}\right)=0.3322$가 된다.
> - 눈금 6의 정보량은 $0.2 \times \log_2\left(\frac{1}{0.2}\right)=0.4644$가 된다.
> - 전체 전달된 정보량은 모두 합하면 2.4가 된다.
>
> :: 정보량 1401/2301/2303
> - 대안이 n개인 경우의 정보량은 $\log_2 n$으로 구한다.

- 특정 안이 발생할 확률이 $p(x)$라면 정보량은 $\log_2 \frac{1}{p(x)}$로 구한다.
- 여러 안이 발생할 경우의 총 정보량은 [개별 확률×개별 정보량의 합]과 같다.

13

다음 중 차폐 또는 은폐(masking)와 관련된 원리를 설명한 것으로 틀린 것은?

① 남성의 목소리가 여성의 목소리에 의해 더 잘 차폐된다.
② 차폐효과가 가장 큰 것은 차폐음과 배음의 주파수가 가까울 때이다.
③ 소리가 들린다는 것을 확신할 수 있는 최소한의 음 강도는 차폐음보다 15dB 이상이어야 한다.
④ 차폐되는 소리의 임계주파수대(critcal frequency band) 주변에 있는 소리들에 의해 가장 많이 차폐된다.

해설
- 남성의 목소리와 여성의 목소리는 약 100Hz 정도 차이를 가지므로 차폐효과가 거의 발생하지 않는다.
- 은폐(Masking)효과
  - 음의 한 성분이 다른 성분에 대한 귀의 감수성을 감소시키는 상황을 말한다.
  - 사무실의 자판 소리 때문에 말소리가 묻히는 경우와 같이 내부 음성 또는 작업과 관련된 음향신호가 은폐 음에 의해 방해받는 현상을 말한다.
  - 피은폐된 한 음의 가청역치가 다른 은폐된 음 때문에 높아지는 현상을 말한다.
  - 은폐효과가 가장 큰 것은 음폐음과 배음의 주파수가 가까울 때이다.
  - 소리가 들린다는 것을 확신할 수 있는 최소한의 음 강도는 은폐음보다 15dB 이상이어야 한다.

14

다음 중 인간-기계 비교의 한계점을 지적한 내용과 가장 거리가 먼 것은?

① 상대적 비교는 항상 변할 수 있다.
② 언제나 최고의 성능이 우선적이다.
③ 기능의 할당에서 사회적인 가치도 고려해야 한다.
④ 가용도, 가격, 신뢰도와 같은 가치기준도 고려되어야 한다.

해설
- 성능이 우선적인 가치이기는 하지만 항상 그렇다고 보기는 힘들다.
- 인간이 기계를 능가하는 조건(인공지능 제외)
  - 관찰을 통해서 일반화하여 귀납적 추리를 한다.
  - 완전히 새로운 해결책을 도출할 수 있다.
  - 원칙을 적용하여 다양한 문제를 해결할 수 있다.
  - 상황에 따라 변하는 복잡한 자극 형태를 식별할 수 있다.
  - 다양한 경험을 토대로 하여 의사 결정을 한다.
  - 주위의 예기치 못한 사건들을 감지하고 처리하는 임기응변 능력이 있다.

15

다음 중 인간공학 연구에 사용되는 기준에서 성격이 다른 하나는?

① 생리학적 지표
② 기계 신뢰도
③ 인간성능 척도
④ 주관적 반응

해설
- 기준(criterion, 종속변수) 중 인적 기준(human criterion)에는 인간의 성능 척도, 주관적 반응, 생리학적 지표, 사고빈도 등이 있다.
- 기준(criterion, 종속변수) 중 인적 기준(human criterion)
  - 인간의 성능 척도
  - 주관적 반응
  - 생리학적 지표
  - 사고빈도

16

다음 중 암호의 사용에 있어 일반적인 지침에 대한 설명으로 옳은 것은?

① 모든 암호표시는 다른 암호표시와 비슷하여 변별이 되지 않아야 한다.
② 암호체계는 사람들이 이미 지니고 있는 연상을 이용해서는 안 된다.
③ 암호를 사용할 때 사용자는 그 뜻을 알 수 없어야 한다.
④ 암호를 표준화하여 사람들이 어떤 상황에서 다른 상황으로 옮기더라도 쉽게 이용할 수 있어야 한다.

> **해설**
> - ①에서 모든 암호표시는 변별되어야 한다.
> - ②에서 암호체계는 사람들의 기대와 모순되지 않게 연상되어야 한다.
> - ③에서 암호의 사용자는 그 뜻을 분명히 알 수 있어야 한다.
>
> ❖ 암호화(Coding)
>   ㉠ 개요
>   - 원래의 신호 정보를 새로운 형태로 변화시켜 표시하는 것을 말한다.
>   - 형상, 크기, 색채 등 작업자가 쉽게 기계 및 기구를 식별하도록 암호화한다.
>   ㉡ 암호화 지침
>
> | | |
> |---|---|
> | 검출성 | 감지가 쉬워야 한다. |
> | 표준화 | 표준화되어야 한다. |
> | 변별성 | 다른 암호 표시와 구별될 수 있어야 한다. |
> | 양립성 | 인간의 기대와 모순되지 않아야 한다. |
> | 부호의 의미 | 사용자가 그 뜻을 분명히 알 수 있어야 한다. |
> | 다차원의 암호 사용가능 | 두 가지 이상의 암호 차원을 조합해서 사용하면 정보전달이 촉진된다. |

17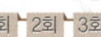

실제 사용자들의 행동 분석을 위해 사용자가 생활하는 자연스러운 생활환경에서 조사하는 사용성 평가기법으로 옳은 것은?

① Heuristic Evaluation
② Usability Lab Testing
③ Focus Group Interview
④ Observation Ethnography

> **해설**
> - ①은 3~5명의 전문가가 직관과 경험을 바탕으로 빠르게 의사결정을 내리고 결과를 예측하는 방법이다.
> - ②는 실제로 거주하는 생활공간에서 제품 사용 중 발생할 수 있는 사용 오류 및 사용자 편의성 등을 검사하는 방법이다.
> - ③은 특정한 경험을 공유한 사람들이 함께 모여 인터뷰를 진행하는 조사 방법이다.
>
> ❖ 관찰 에쓰노그라피(observation ethnography)법
> - 실제 사용자들의 행동 분석을 위해 사용자가 생활하는 자연스러운 생활환경에서 조사하는 사용성 평가기법이다.
> - 비디오, 오디오에 녹화하여 시험하는 사용성 평가 방법이다.

18

다음 중 책상과 의자의 설계에 필요한 인체치수 기준으로 적절하지 않은 것은?

① 의자 높이 : 오금 높이를 기준으로 한다.
② 의자 깊이 : 엉덩에서 무릎 뒤까지의 길이를 기준으로 한다.
③ 책상 높이 : 선 자세의 팔꿈치 높이를 기준으로 한다.
④ 의자 너비 : 엉덩이 너비를 기준으로 한다.

> **해설**
> - ③에서 책상 높이는 선 자세가 아니라 앉은 자세의 팔꿈치 높이를 기준으로 한다.
>
> ❖ 의자 설계 인체치수 기준
> - 의자 높이 : 오금 높이를 기준으로 한다.
> - 의자 깊이 : 엉덩에서 무릎 뒤까지의 길이를 기준으로 한다.
> - 의자 너비 : 엉덩이 너비를 기준으로 한다.

19

다음과 같은 인간의 정보처리모델에서 구성 요소의 위치(A~D)와 해당 용어가 잘못 연결된 것은?

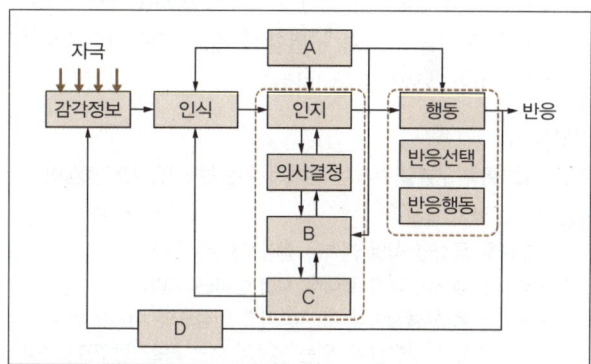

① A-주의
② B-작업기억
③ C-단기기억
④ D-피드백

> **해설**
> - C는 장기기억이 되어야 한다. 단기기억은 B의 작업기억과 같은 의미이다.
>
> ❖ 인간-기계 체계
>   ㉠ 개요
>   - 인간-기계 체계의 주목적은 안전의 최대화와 능률의 극대화에 있다.

정답 | 17 ④ 18 ③ 19 ③

- 인간-기계 체계의 기본기능에는 감지기능, 정보처리 및 의사결정기능, 행동기능, 정보보관기능(4대 기능), 출력기능 등이 있다.
- ⓒ 인간-기계 시스템의 5대 기능

감지기능	인체의 눈과 기계의 표시장치와 같은 감지기능
정보처리 및 의사결정기능	회상, 인식, 정리 등을 통한 정보처리 및 의사결정 기능
행동기능	정보처리의 결과로 발생하는 조작행위(음성 등)
정보보관기능	정보의 저장 및 보관기능으로 위 3가지 기능 모두와 상호작용을 한다.
출력기능	시스템에서 의사 결정된 사항을 실행에 옮기는 과정

20
인간의 후각 특성에 대한 설명으로 옳지 않은 것은?

① 훈련을 통하면 식별 능력을 향상시킬 수 있다.
② 특정한 냄새에 대한 절대적 식별 능력은 떨어진다.
③ 후각은 특정 물질이나 개인에 따라 민감도의 차이가 있다.
④ 후각은 훈련을 통하여 구별할 수 있는 일상적인 냄새의 수는 최대 7가지 종류이다.

해설
- 후각을 통해 구별할 수 있는 냄새의 수는 최소 1만 가지 이상이다.
- 인간의 후각 특성
  - 훈련을 통하면 식별 능력을 향상시킬 수 있다.
  - 특정한 냄새에 대한 절대적 식별 능력은 떨어진다.
  - 후각은 특정 물질이나 개인에 따라 민감도의 차이가 있다.
  - 후각을 통해 구별할 수 있는 냄새의 수는 최소 1만 가지 이상이다.
  - 특정 냄새의 절대 식별 능력은 떨어지나 상대적 비교능력은 우수한 편이다.

2과목 작업생리학

21
작업자 A의 작업 중 평균 흡기량은 50L/min, 배기량은 40L/min이며 배기량 중 산소의 함량이 17%일 때 산소소비량은 얼마인가?(단, 공기 중 산소 함량은 21%이다)

① 2.7L/min
② 3.7L/min
③ 4.7L/min
④ 5.7L/min

해설
- 분당 흡기 산소량은 50×0.21=10.5L이다.
- 분당 배기 산소량은 40×0.17=6.8L이다.
- 분당 산소소비량은 10.5−6.8=3.7L이다.
- 공기의 조성
  - 작업 중 소비되는 산소 소비량을 계산하기 위한 흡기 시 공기의 조성은 질소 79%, 산소 21%이다.
  - 배기되는 공기의 조성에서 질소는 79%로 동일하지만 호흡으로 인해 산소가 소모된 만큼 이산화탄소는 생성된다.
  - 1L의 산소소비량은 5kcal의 에너지를 생성한다.

22
다음 중 에너지소비율(Relative Metabolic Rate)에 관한 설명으로 옳은 것은?

① 작업 시 소비된 에너지에서 안정 시 소비된 에너지를 공제한 값이다.
② 작업 시 소비된 에너지를 기초대사량으로 나눈 값이다.
③ 작업 시와 안정 시 소비에너지의 차를 기초 대사량으로 나눈 값이다.
④ 작업강도가 높을수록 에너지소비율은 낮아진다.

해설
- $RMR = \dfrac{운동대사량}{기초대사량} = \dfrac{운동\ 시\ 산소소모량 - 안정\ 시\ 산소소모량}{기초대사량(산소소비량)}$ 로 구한다.
- 작업 에너지 대사율(RMR : Relative Metabolic Rate)
  ⊙ 개요
  - RMR은 특정 작업을 수행하는 데 있어 작업자의 생리적 부하를 계측하는 지표이다.
  - 주로 동적 근력작업이나 정적 근력작업의 강도를 측정하여 연속작업이 가능한 시간을 예측하기 위해 사용한다.

- RMR = 운동대사량 / 기초대사량

  = (운동 시 산소소모량 − 안정 시 산소소모량) / 기초대사량(산소소비량)

  로 구한다.
- RMR이 커지는 데 따라 작업 지속시간이 짧아진다.

ⓛ 작업강도 구분

작업구분	RMR	작업 종류 등
중(重)작업	4~7	일반적인 전신노동, 힘이나 동작속도가 큰 작업
중(中)작업	2~4	손·상지 작업, 힘·동작속도가 작은 작업
경(輕)작업	0~2	손가락이나 팔로 하는 가벼운 작업

23 ● Repetitive Learning 1회 2회 3회

다음 뼈와 근육을 연결하며 근육에서 발휘된 힘을 뼈에 전달하는 근골격계 조직은?

① 건
② 혈관
③ 인대
④ 신경

해설
- 골격근은 건(tendon)에 의해 뼈에 붙어 있다.
- 뼈대근육(골격근, skeletal muscle) 실기 2103
  - 뼈나 힘줄에 붙어서 우리 몸의 움직임을 만드는 근육조직이다.
  - 골격근의 기본구조는 근섬유분절이다.
  - 체중의 약 40%를 차지하고 있다.
  - 건(tendon)에 의해 뼈에 붙어 있다.
  - 400개 이상이 신체 양쪽에 쌍으로 있다.
  - 가로무늬근이라 불리며, 수의근이다.

24 ● Repetitive Learning 1회 2회 3회

1cd의 점광원으로부터 4m 거리에 떨어진 구면의 조도는 몇 럭스(lux)가 되겠는가?

① 1/16
② 1/9
③ 1/6
④ 1/3

해설
- 조도는 거리의 제곱에 반비례하고, 광도에 비례한다.
- 대입하면 $\frac{1}{4^2}$ = 0.0625lux가 된다.
- 조도(照度) 실기 1501/1603/1703/2003/2302
  - 조도는 특정 지점에 도달하는 광의 밀도를 말한다.
  - 단위는 럭스(Lux)를 사용한다 $\left(\frac{1cd}{1m^2}, \frac{1lm}{1m^2}\right)$.

- 반사체의 반사율과는 상관없이 일정한 값을 갖는다.
- 거리의 제곱에 반비례하고, 광도에 비례하므로 $\frac{광도}{(거리)^2}$으로 구한다.

25 ● Repetitive Learning 1회 2회 3회
0901/1001/1303/1601/1703/2101/2103

산업안전보건법령상 "소음작업"이란 1일 8시간 작업을 기준으로 얼마 이상의 소음이 발생하는 작업을 뜻하는가?

① 80데시벨
② 85데시벨
③ 90데시벨
④ 95데시벨

해설
- 소음작업이란 1일 8시간 작업을 기준으로 85dB 이상의 소음이 발생하는 작업을 말한다.
- 소음 노출 기준
  ㉠ 개요
    - 소음작업이란 1일 8시간 작업을 기준으로 85dB 이상의 소음이 발생하는 작업을 말한다.
  ㉡ 강렬한 소음작업

1일 노출시간(hr)	허용 음압수준(dB)
8 이상	90 이상
4 이상	95 이상
2 이상	100 이상
1 이상	105 이상
1/2 이상	110 이상
1/4 이상	115 이상

  ㉢ 충격소음작업(1초 이상의 간격)

충격소음강도(dB)	허용 노출 횟수(회)
140 초과	100 이상
130 초과	1,000 이상
120 초과	10,000 이상

26 ● Repetitive Learning 1회 2회 3회
0703

다음 중 근력에 있어서 등척력(isometric strength)에 대한 설명으로 가장 적절한 것은?

① 신체부위가 동적인 상태에서 물체에 이동한 힘을 가하는 상태의 근력이다.
② 물체를 들어올려 일정시간 내에 일정거리를 이동시킬 때 힘을 가하는 상태의 근력이다.
③ 물체를 들어 올릴 때처럼 팔이나 다리의 신체부위를 실제로 움직이는 상태의 근력이다.
④ 물체를 들고 있을 때처럼 신체부위를 움직이지 않으면서 고정된 물체에 힘을 가하는 상태의 근력이다.

정답 | 23 ① 24 ① 25 ② 26 ④

해설

- 등척력이란 근력의 상태 중 물체를 들고 있을 때처럼 신체부위를 움직이지 않으면서 고정된 물체에 힘을 가하는 정적상태의 근력을 말한다.

∷ 정적 근력(static strength)
- 등척성 근력(isometric strength)이라고도 한다.
- 근육의 정적상태의 근력 즉, 근육이 등척성 수축을 하는 것에 해당하는 근력이다.
- 근력의 상태 중 물체를 들고 있을 때처럼 신체부위를 움직이지 않으면서 고정된 물체에 힘을 가하는 상태를 말한다.
- 정적근력의 측정은 고정된 물체에 대해 최대 힘을 발휘하고, 일정 시간 휴식하는 과정을 반복하여 처음 3초 동안 발휘된 근력의 평균을 계산하여 측정한다.

---

27  Repetitive Learning 1회 2회 3회

다음 중 육체적 강도가 높은 작업에 있어 혈액의 분포비율이 가장 높은 것은?

① 소화기관 ② 골격
③ 피부 ④ 근육

해설
- 격심한 작업활동 중에 혈류분포가 가장 높은 신체 부위는 근육으로 골격근에 속한다.

∷ 골격계
  ㉠ 개요
- 전신의 뼈의 수는 관절 등의 결합에 의해 형성된 대소 206개로 구성되어 있으며, 이들이 모여서 골격 계통을 구성하고 있다.
- 인체의 골격계는 전신의 뼈, 연골, 관절 및 인대로 구성되어 사지 및 몸통을 움직이는 피동적 운동기관으로 작용한다.
- 뼈는 다시 골질(bone substance), 연골막(cartilage substance), 골막과 골수의 4부분으로 구성되어 있다.
- 인대는 뼈와 뼈를 연결하는 것으로 일정한 관절의 움직임을 유도하는 역할을 한다.
- 격심한 작업활동 중에 혈류분포가 가장 높은 신체 부위인 근육을 포함한다.

  ㉡ 골격의 역할
- 신체에 중요한 부분을 보호하는 역할을 한다.
- 신체 활동을 수행한다.
- 신체의 지지 및 형상을 유지하는 역할을 한다.
- 혈구세포를 만드는 조혈기능과 칼슘과 인 등의 무기질을 저장하여 몸이 필요할 때 공급해 주는 역할을 한다.

---

28 Repetitive Learning 1회 2회 3회

다음 중 낮은 진동수에서의 진동에 가장 영향을 많이 받는 것은?

① 감시 ② 의사 표시
③ 반응 시간 ④ 추적 능력

해설
- 추적능력은 5Hz 이하의 낮은 진동수에서 가장 영향을 많이 받는다.

∷ 진동이 인체에 미치는 영향
- 심박수가 증가한다.
- 장시간 노출 시 근육 긴장을 증가시킨다.
- 시성능은 10 ~ 25Hz 대역의 경우 가장 심하게 영향을 받으며, 60 ~ 90Hz에서 안구가 공명한다.
- 추적능력은 5Hz 이하의 낮은 진동수에서 가장 영향을 많이 받는다.
- 머리와 어깨 부위의 공명주파수는 20 ~ 30Hz이다.
- 등이나 허리뼈에 가장 위험한 주파수는 8 ~ 12Hz이다.
- 흉부와 복부의 고통을 일으키는 주파수는 4 ~ 10Hz이다.
- 중앙 신경계의 처리 과정과 관련되는 과업의 성능은 진동의 영향을 비교적 덜 받는다.
- 레이노 증후군(Raynaud's phenomenon)은 진동으로 인한 말초혈관운동의 장해로 발생한다.

---

29  Repetitive Learning 1회 2회 3회

근육의 수축원리에 관한 설명으로 옳지 않은 것은?

① 근섬유가 수축하면 I대와 H대가 짧아진다.
② 액틴과 미오신 필라멘트의 길이는 변하지 않는다.
③ 최대로 수축했을 때는 Z선이 A대에 맞닿는다.
④ 근육 전체가 내는 힘은 비활성화된 근섬유수에 의해 결정된다.

해설
- 근육 전체가 내는 힘은 활성화된 근섬유수에 의해 결정된다.

∷ 근육의 수축 실기 1601/1603/2002/2302/2403
- 근섬유의 수축단위는 근원섬유이다.
- 근육이 수축하면 I대와 H대, Z선과 Z선 사이의 거리가 짧아진다.
- 근육이 수축해도 A대(actin과 myosin이 중첩된 짙은 갈색 부분)의 폭, 액틴과 미오신 필라멘트의 길이는 변하지 않는다.
- 근육의 수축은 근육의 길이가 단축되는 것이다.
- 근육이 최대로 수축했을 때는 Z선이 A대에 맞닿는다.

- 근육이 수축하면 가는 근세사가 굵은 근세사 사이로 미끄러져 들어간다.
- 골격근의 수축은 운동신경의 지배를 받으며 수의적 조절에 따라 일어난다.
- 평활근의 수축은 자율신경계, 호르몬, 화학신호의 지배를 받으며, 불수의적 조절에 따라 일어난다.

30

산업안전보건법령상 작업환경측정에 사용되는 단위로서 고열환경을 종합적으로 평가할 수 있는 지수는?

① 실효온도(ET)
② 열스트레스지수(HSI)
③ 습구흑구온도지수(WBGT)
④ 옥스퍼드지수(Oxford index)

해설
- ①은 공조되고 있는 실내 환경을 평가하는 척도로 감각온도, 유효온도라고도 하며, Oxford 지수, Botsball 지수, 습구 글로브 온도 등이 이에 해당한다.
- ②는 열평형을 유지하기 위해서 증발해야 하는 발한(發汗)량을 나타낸다.
- ④는 습구온도와 건구온도의 가중 평균치로 습건지수라고도 한다.

습구흑구온도(WBGT ; Wet Bulb Globe Temperature) 지수
- 건구온도, 습구온도 및 흑구온도에 의해 산출되며, 열중증 예방을 위한 지표로 더위지수라고도 한다.
- 산업안전보건법령상 작업환경측정에 사용되는 단위로서 고열환경을 종합적으로 평가할 수 있는 지수이다.
- 일사가 영향을 미치는 옥외와 일사의 영향이 없는 옥내의 계산식이 다르다.
- 옥내에서는 WBGT=0.7NWB+0.3GT이다. 이때 NWB는 자연습구, GT는 흑구온도이다.
- 옥외에서는 WBGT=0.7NWB+0.3GT+0.1DB이며 이때 NWB는 자연습구, GT는 흑구온도, DB는 건구온도이다.

31

다음 중 반사 눈부심의 처리로 가장 적절하지 않은 것은?

① 창문을 높이 설치한다.
② 간접조명 수준을 좋게 한다.
③ 휘도 수준을 낮게 유지한다.
④ 조절판, 차양 등을 사용한다.

해설
- ①은 직사 휘광을 처리하는 방법이다.

반사 휘광의 처리 방법
- 간접 조명 수준을 높인다.
- 무광택 도료 등을 사용한다.
- 조절판, 창문에 차양 등을 사용한다.
- 휘도 수준을 낮게 유지한다.

32

신체동작의 유형 중 팔꿈치를 굽히는 동작과 같이 관절에서 각도가 감소하는 동작을 무엇이라 하는가?

① 상향(supination) ② 외전(abduction)
③ 신전(extension) ④ 굴곡(flrxion)

해설
- ①은 회외라고 하며, 손바닥을 위로 향하도록 하는 회전동작이다.
- ②는 벌림으로 신체 중심선으로부터 밖으로 이동하는 신체의 움직임을 말한다.
- ③은 폄이라고 하며, 신체부위 간의 각도가 증가하는 관절동작으로 굽힘의 반대되는 동작이다.

굽힘(굴곡, flexion)
- 관절에서 구부러져 각이 작아지는 움직임을 말한다.
- 반대되는 개념은 신전(폄, extension)이라고 한다.

33

다음 중 작업자세를 생체역학적으로 분석하는데 사용되는 지표와 가장 관계가 먼 것은?

① 각 신체부위의 길이
② 각 신체부위의 무게
③ 각 신체부위의 근력
④ 각 신체부위의 무게중심점

해설
- 작업자세를 정확하게 잡기 위해서 필요한 각종 자료를 연상하면 된다. 각 신체부위의 근력은 작업 동작을 수행할 때 필요한 것이지 작업자세를 취할 때는 크게 관련이 없다.

작업자세를 생체역학적으로 분석하는데 사용되는 지표
- 각 신체부위의 길이
- 각 신체부위의 무게
- 각 신체부위의 무게중심점

34

휴식 중의 에너지소비량이 1.5kcal/min인 작업자가 분당 평균 8kcal의 에너지를 소비한 작업을 60분 동안 했을 경우 총 작업시간 60분에 포함되어야 하는 휴식 시간은 약 몇 분인가?(단, Murrell의 식을 적용하며, 작업 시 권장 평균 에너지소비량은 5kcal/min으로 가정한다)

① 22분
② 28분
③ 34분
④ 40분

해설
- Murrell의 산정방법을 적용하므로 공식은 $R=작업시간 \times \dfrac{E-5}{E-1.5}$ 이다.
- 대입하면 $R = 60 \times \dfrac{8-5}{8-1.5} = 60 \times \dfrac{3}{6.5} = 27.692\cdots$ 분이다.

휴식시간 산출 실기 1301/1501/1503/1903/2103/2403
- 분당 권장되는 평균 에너지 소비량은 남성의 경우 5kcal, 여성의 경우 3.5kcal이다.
- 여기서 작업평균 에너지 소비량을 넘어서는 작업을 한 경우에는 일정한 시간마다 휴식이 필요하다.
- 이에 휴식시간 $R=작업시간 \times \dfrac{E-5}{E-1.5}$ 로 계산한다.
이때 E는 작업 중 에너지 소비량[kcal/분]이고, 5는 남성의 권장 평균 에너지 소비량, 1.5는 휴식 중 에너지 소비량이다(문제에서 주어지면 해당 값을 사용). 만약 산소 소모량이 주어질 경우 산소 1리터는 평균 5kcal가 소모된다.

35

다음 인체해부학의 용어 중 몸을 전후로 나누는 가상의 면(plane)을 뜻하는 것은?

① 정중면(Medial plane)
② 시상면(Sagittal plane)
③ 관상면(Coronal plane)
④ 횡단면(Transverse plane)

해설
- ①은 신체의 앞과 뒤를 정중앙으로 하여 통과하는 수직면으로 시상면 중 신체를 좌우대칭으로 나눈 시상면을 말한다.
- ②는 신체를 좌와 우로 가르는 면을 말한다.
- ④는 신체를 수평으로 통과하는 면을 말하며, 관상면이나 시상면에 직각인 면을 말한다.

관상면(Coronal plane)
- 신체의 좌우를 가로지르며 정중면을 직각으로 통과하는 수직면을 말한다.
- 몸을 전후로 나누는 가상의 면(plane)을 말한다.

36

다음 중 소음방지 대책으로 가장 적합하지 않은 것은?

① 전파경로를 차단하기 위해 흡음처리를 하고 거리감쇠를 시행한다.
② 음원에 대한 대책으로는 발생원을 제거하고, 방진 및 제진 재료를 사용한다.
③ 장시간 소음노출작업 시 수음자를 격리하고 차음 보호구를 착용하도록 한다.
④ 감쇠대상의 음파에 대한 음파 간 간섭현상을 이용하여 능동적인 제어를 시행한다.

해설
- ①은 전파경로대책에 해당한다.
- ②는 음원대책에 해당한다.
- ④는 능동제어대책에 해당한다.
- ③은 수음자대책에 해당하는데 장시간 소음노출작업을 피해야 하며, 가장 소극적인 소음대책으로 소음방지보다는 소음으로 인한 피해를 최소화하는 대책이라고 볼 수 있다.

소음 대책

음원대책	가장 효과적이고 먼저 고려되어야 하는 대책이다. 소음의 발생원을 제거하거나 음원을 밀폐, 소음기 및 흡음장치를 설치하는 등의 방법을 말한다.
전파경로 대책	소음이 전달되는 경로를 파악하여 차음재를 사용하여 실간을 분리하거나 격리하는 방법을 말한다.
수음자 대책	수음자의 소음폭로 시간을 감소시키는 방법으로 휴게실이나 방음실을 설치하거나 차음보호구를 착용하는 등의 방법을 말한다.
능동제어 대책	감쇠대상의 음파와 동위상인 신호를 보내어 음파 간에 간섭현상을 일으키면서 소음이 저감되도록 하는 기법을 말한다.

37

다음 중 정신적 작업부하에 대한 생리적 측정 척도로 볼 수 없는 것은?

① 뇌전위(EEG)
② 동공지름
③ 눈꺼풀 깜빡임
④ 폐활량

정답 34 ② 35 ③ 36 ③ 37 ④

[해설]
- ④은 폐기능을 측정하는 방법으로 정신적 작업부하와 관련이 없다.

❖ 생리적 척도
- 인간-기계 시스템을 평가하는데 사용하는 인간기준 척도 중 하나이다.
- 중추신경계 활동에 관여하므로 그 활동 및 징후를 측정할 수 있다.
- 정신적 작업부하 척도 가운데 직무수행 중에 계속해서 자료를 수집할 수 있고, 부수적인 활동이 필요 없는 장점을 가진 척도이다.
- 정신작업의 생리적 척도는 EEG(수면뇌파), 동공반응, 부정맥, 점멸융합주파수, J.N.D(Just-Noticeable difference), 눈꺼풀 깜박임 수(blink rate), 뇌유발전위 등을 통해 확인할 수 있다.
- 육체작업의 생리적 척도는 EMG(근전도), 맥박수, 산소소비량, 작업량 등을 통해 확인할 수 있다.

38 ● Repetitive Learning 1회 2회 3회

다음 중 교대작업 설계 시 주의할 사항으로 거리가 먼 것은?

① 교대주기는 3~4개월 단위로 적용한다.
② 가능한 한 고령의 작업자는 교대 작업에서 제외한다.
③ 교대 순서는 주간 → 야간 → 심야의 순서로 교대한다.
④ 작업자가 예측할 수 있는 단순한 교대작업계획을 수립한다.

[해설]
- 순환교대 근무라고 하더라도 교대주기는 최대 2~3주를 권고하고 있다.

❖ 바람직한 교대제
⊙ 기본
- 각 반의 근무시간은 8시간으로 한다.
- 2교대면 최저 3조의 정원을, 3교대면 4조 편성으로 한다.
- 근무시간의 간격은 15~16시간 이상으로 하여야 한다.
- 채용 후 건강관리로서 정기적으로 체중, 위장 증상 등을 기록해야 하며 체중이 3kg 이상 감소 시 정밀검사를 받도록 한다.
- 근무 교대시간은 근로자의 수면을 방해하지 않도록 정해야 하며, 아침 교대시간은 아침 7시 이후에 하는 것이 바람직하다.
- 근무시간은 8시간을 주기로 교대하며 야간 근무 시 충분한 휴식을 보장해주어야 한다.
- 교대작업은 피로회복을 위해 역교대 근무 방식보다 전진근무 방식(주간근무 → 저녁근무 → 야간근무 → 주간근무)으로 하는 것이 좋다.

ⓒ 야간근무
- 야간근무의 연속은 2~3일 정도가 좋다.
- 야근 교대시간은 상오 0시 이전에 하는 것이 좋다.
- 야간근무 시 가면(假眠)시간은 근무시간에 따라 2~4시간으로 하는 것이 좋다.
- 야근은 가면(假眠)을 하더라도 10시간 이내가 좋다.
- 야근 후 다음 반으로 가는 간격은 최저 48시간을 가지도록 한다.
- 상대적으로 가벼운 작업을 야간 근무조에 배치하고, 업무 내용을 탄력적으로 조정한다.

39 ● Repetitive Learning 1회 2회 3회

다음 중 운동을 시작한 직후의 근육 내 혐기성 대사에서 가장 먼저 사용되는 것은?

① ATP
② CP
③ 글리코겐
④ 포도당

[해설]
- ②의 크레아틴산은 오랫동안 근육이 수축하기 위해 필요한 ATP를 만들 때 이용된다.
- ③의 글리코겐은 탄수화물의 저장형태로 혈액을 통해 필요로 하는 조직에 이동되어 ATP 생산을 위해 사용된다.
- ④는 탄수화물이 전환된 단순당으로 글루코스라고 하는데 세포대사를 통해 ATP로 전환되는 영양소이다.

❖ ATP(adenosine triphosphate)
- 아데노신 삼인산이라 하며, 근육수축이나 신경세포에서 흥분의 전도 등 생명활동을 위해 에너지를 공급하는 유기 화합물이다.
- 운동을 시작한 직후의 근육 내 혐기성 대사에서 가장 먼저 사용되는 물질이다.

40 ● Repetitive Learning 1회 2회 3회

다음 중 생리적 스트레인의 척도에 대한 측정 단위의 설명으로 옳은 것은?

① 1N이란 1kg의 질량에 $1m/s^2$의 가속도가 생기게 하는 힘이다.
② 1J이란 1kg을 작용하여 1m를 움직이는데 필요한 에너지이다.
③ 1kcal이란 물 1kg을 0℃에서 100℃까지 올리는데 필요한 열이다.
④ 동력이란 단위시간당의 일로서 단위는 dyne이 사용된다.

> **해설**
> - ②에서 1J은 1N의 힘이 작용하여 1m를 움직이는데 필요한 에너지이다.
> - ③에서 1kcal로 물 1kg을 1℃ 올리는데 필요한 열이다.
> - ④에서 dyne은 힘의 단위이다.
> - ❖ 측정 단위
>   - 1N이란 1kg의 질량에 $1m/s^2$의 가속도가 생기게 하는 힘이다.
>   - 1J은 1N의 힘이 작용하여 1m를 움직이는데 필요한 에너지이다.
>   - 1kcal로 물 1kg을 1℃ 올리는데 필요한 열이다.
>   - 동력이란 단위시간당의 일로서 W(와트)를 단위로 한다.

3과목 산업심리학 및 관련법규

41 — Repetitive Learning 〔1회 2회 3회〕

위험성을 모르는 아이들이 세제나 약병의 마개를 열지 못하도록 안전마개를 부착하는 것처럼, 신체적 조건이나 정신적 능력이 낮은 사용자라 하더라도 사고를 낼 확률을 낮게 설계해 주는 것은?

① fail-safe 설계원칙
② fool-proof 설계원칙
③ error proof 설계원칙
④ error recovery 설계원칙

> **해설**
> - 풀 프루프(Fool Proof)는 기계 조작에 익숙하지 않은 사람이나 기계의 위험성 등을 이해하지 못한 사람이라도 기계 조작 시 조작 실수를 하지 않도록 하는 기능으로 작업자가 기계 설비를 잘못 취급하더라도 사고가 일어나지 않도록 하는 기능을 말한다.
> - ❖ 풀 프루프(Fool Proof) 〔실기〕2002
>   - ⊙ 개요
>   - 풀 프루프(Fool Proof)는 기계 조작에 익숙하지 않은 사람이나 기계의 위험성 등을 이해하지 못한 사람이라도 기계 조작 시 조작 실수를 하지 않도록 하는 기능으로 작업자가 기계 설비를 잘못 취급하더라도 사고가 일어나지 않도록 하는 기능을 말한다.
>   - 계기나 표시를 보기 쉽게 하거나 이른바 인체공학적 설계도 넓은 의미의 풀 프루프에 해당된다.
>   - 각종 기구의 인터록 장치, 크레인의 권과방지장치, 카메라의 이중 촬영방지장치, 기계의 회전부분에 울이나 커버 장치, 승강기 중량제한시 운행정지 장치, 선풍기 가드에 손이 들어갈 경우 회전정지장치 등이 이에 해당한다.

> ⓒ 조건
>   - 인간이 에러를 일으키기 어려운 구조나 기능을 가지도록 한다.
>   - 조작순서가 잘못되어도 올바르게 작동하도록 한다.

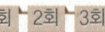

42 — Repetitive Learning 〔1회 2회 3회〕

하인리히(Heinrich)의 재해발생이론에 관한 설명으로 틀린 것은?

① 사고를 발생시키는 요인에는 유전적 요인도 포함된다.
② 일련의 재해요인들이 연쇄적으로 발생한다는 도미노 이론이다.
③ 일련의 재해요인들 중 하나만 제거하여도 재해예방이 가능하다.
④ 불안전한 행동 및 상태는 사고 및 재해의 간접원인으로 작용한다.

> **해설**
> - 3단계 불안전한 행동 및 불안전한 상태가 재해의 직접원인으로 작용하므로 사고를 예방하기 위한 관리 활동들이 가장 효과적으로 적용될 수 있다고 보았다.
> - ❖ 하인리히의 사고연쇄반응(도미노) 이론
>   - 3단계 불안전한 행동 및 불안전한 상태가 재해의 직접원인으로 작용하므로 사고를 예방하기 위한 관리 활동들이 가장 효과적으로 적용될 수 있다고 보았다.
>
> | 1단계 | 사회적 환경 및 유전적 요소 |
> |---|---|
> | 2단계 | 개인적인 결함 |
> | 3단계 | 불안전한 행동 및 불안전한 상태 |
> | 4단계 | 사고 |
> | 5단계 | 재해 |

43 — Repetitive Learning 〔1회 2회 3회〕

인간의 행동과정을 통한 휴먼 에러의 분류에 해당하지 않는 것은?

① 입력 오류
② 정보처리 오류
③ 출력 오류
④ 조작 오류

> **해설**
> - 인간의 정보처리 과정 즉, 행동과정에서 분류한 휴먼 에러에는 입력 오류, 정보처리 오류, 의사결정 오류, 출력 오류, 피드백 오류가 있다.

인간의 정보처리 과정에서 분류한 휴먼 에러

입력 오류 (Input error)	입력과정에서의 오류
정보처리 오류 (Information process error)	정보처리과정에서의 오류
의사결정 오류 (Decision making error)	의사결정에서의 오류
출력 오류 (Output error)	출력과정에서의 오류
피드백 오류 (Feedback error)	피드백 과정에서의 오류

44

인간의 경우에 어떠한 자극을 제시하고 이에 대한 동작을 시작하기까지의 소요 시간을 무엇이라 하는가?

① 반응시간
② 자극시간
③ 단순시간
④ 선택시간

해설
- 자극 신호가 제시되는 순간부터 동작 반응이 일어나는 순간까지의 시간을 반응시간이라고 한다.
- **반응시간(reaction time)** 실기 1803/2201
  - 어떠한 자극이 제시되고 이에 대한 동작을 시작하기까지의 소요 시간을 말한다.
  - 자극과 요구 반응의 수에 따라 단순반응시간, 선택반응시간, 변별반응시간으로 구분된다.
  - 단순반응시간은 하나의 자극에 대해 하나의 반응을 요구할 때의 반응시간이다.
  - 단순(A)반응시간에 영향을 미치는 변수로는 자극 양식, 자극의 특성, 자극 위치, 연령 등이 있다.
  - 선택(B)반응시간은 2개 이상의 자극에 대해 각각의 자극에 대해 다른 반응을 요구할 때의 반응시간이다.
  - 선택반응시간은 별도의 반응을 요하는 자극 수에 따라 달라진다.
  - 선택반응시간은 자극과 반응(N)이 증가할 때 $\log_2$에 비례하여 증가하므로 구하는 식은 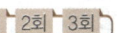으로 구한다.
  - 변별(C)반응시간은 2개 이상의 자극 중 특정 자극에 대해서만 반응할 때의 반응시간이다.

45

소비자의 생명이나 신체, 재산상의 피해를 끼치거나 끼칠 우려가 있는 제품에 대하여 제조업자 또는 유통업자가 자발적 또는 의무적으로 대상 제품의 위험성을 소비자에게 알리고 제품은 회수하여 수리, 교환, 환불 등의 적절한 시정조치를 해주는 제도는?

① 애프터서비스(after service)제도
② 제조물책임법
③ 소비자기본법
④ 리콜(recall) 제도

해설
- ①은 상품 판매 후 제조업자가 해당 상품에 대하여 수리나 점검 등의 사후 봉사를 하는 것을 말한다.
- ②는 제조업자가 제조물의 결함으로 생명·신체 또는 재산에 손해를 입은 자에게 그 손해를 배상해야 하는 것을 법으로 규정한 것이다.
- ③은 소비자의 권익을 증진하기 위하여 소비자의 권리 등을 규정하고 소비생활의 향상과 국민경제의 발전에 이바지함을 목적으로 제정된 법규이다.
- **리콜(recall) 제도**
  - 소비자의 생명이나 신체, 재산상의 피해를 끼치거나 끼칠 우려가 있는 제품에 대하여 제조업자 또는 유통업자가 자발적 또는 의무적으로 대상 제품의 위험성을 소비자에게 알리고 제품은 회수하여 수리, 교환, 환불 등의 적절한 시정조치를 해주는 제도를 말한다.
  - 자발적 리콜과 강제적 리콜이 있다.

46

Y이론에 대한 설명으로 옳은 것은?

① 사람은 무엇보다도 안정을 원한다.
② 인간의 본성은 나태하다.
③ 사람은 작업 수행에 자율성을 발휘한다.
④ 대다수의 사람들은 명령받는 것을 선호한다.

해설
- Y이론은 인간의 본성이 일을 좋아하고, 책임감이 강하며, 선하므로 그들을 자율적, 민주적으로 대해야 창조적인 성과를 얻을 수 있다는 이론이다.

맥그리거(McGregor)의 X·Y이론

⊙ 개요
- 인간과 직무의 관계에 대한 기본적인 가정을 X이론과 Y이론이라는 가설로 나눈 것이다.
- X이론은 인간의 본성이 일을 싫어하고, 무관심하며, 책임을 회피하므로 당근과 채찍을 동원하여 강제할 필요가 있다는 이론이다.
- Y이론은 인간의 본성이 일을 좋아하고, 책임감이 강하며, 선하므로 그들을 자율적, 민주적으로 대해야 창조적인 성과를 얻을 수 있다는 이론이다.

ⓒ X이론과 Y이론의 관리처방 비교

X이론(후진국형, 성악설)	Y이론(선진국형, 성선설)
• 경제적 보상체제의 강화 • 권위주의적 리더십의 확립 • 면밀한 감독과 엄격한 통제 • 상부 책임제도의 강화	• 분권화와 권한의 위임 • 목표에 의한 관리 • 직무확장 • 인간관계 관리방식 • 책임감과 창조력

47
다음 중 레빈(Lewin)의 행동방정식 B=f(P, E)에서 E가 나타내는 것은?

① Environment ② Energy
③ Emotion   ④ Education

해설
- E는 Environment 즉, 심리적 환경(인간관계, 작업환경 – 조명, 소음, 온도 등)을 의미한다.

※ 레빈(Lewin.K)의 법칙
- 행동 $B = f(P \cdot E)$로 이루어진다. 즉, 인간의 행동은 개인(P)과 환경(E)의 상호 함수관계에 있다고 할 수 있다.
- B는 인간의 행동(Behavior)을 말한다.
- f는 동기부여를 포함한 함수(Function)이다.
- P는 Person 즉, 개체(소질)로 연령, 지능, 경험 등을 의미한다.
- E는 Environment 즉, 심리적 환경(인간관계, 작업환경 – 조명, 소음, 온도 등)을 의미한다.

48
일반적으로 카페인이 포함된 음료를 마신 후 효과가 나타나는 시간은?

① 즉시   ② 10분
③ 30분   ④ 60분

해설
- 카페인이 인체에 영향력을 미치는 시간은 30~60분이 최대이므로 효과가 나타나는 시간은 30분이라고 봐야 한다.

※ 카페인
- 졸음을 이기고 집중력을 높여주는 효과가 있는 각성제이다.
- 인체에 영향력을 미치는 시간은 30~60분이 최대이다.

49
작업자가 제어반의 압력계를 계속적으로 모니터링 하는 작업에서 압력계를 잘못 읽어 에러를 범할 확률이 100시간에 1회로 일정한 것으로 조사되었다. 작업을 시작한 후 200시간 시점에서의 인간신뢰도는 약 얼마로 추정되는가?

① 0.02   ② 0.98
③ 0.135   ④ 0.865

해설
- 에러 확률이 100시간에 1회이므로 고장률이 0.01이고, 200시간 동안의 신뢰도는 $e^{-0.01 \times 200} = e^{-2} = 0.1353\cdots$이 된다.

※ 지수 분포를 따르는 부품의 신뢰도
- 고장률이 λ인 시스템이 t시간 지난 후의 신뢰도 $R(t) = e^{-\lambda t}$이다.
- 고장까지의 평균시간이 $t_0 \left(= \frac{1}{\lambda_0} \right)$일 때 이 부품을 t시간 동안 사용할 경우의 신뢰도 $R(t) = e^{-\frac{t}{t_0}}$이다.

50
다음 중 대표적인 연역적 방법이며, 톱-다운(top-down) 방식의 접근방법에 해당하는 시스템 안전 분석기법은?

① FTA   ② ETA
③ PHA   ④ FMEA

해설
- ②는 정량적이고 귀납적인 분석기법이다.
- ③은 개념형성 단계에서 최초로 시도하는 위험도 분석방법으로 시스템의 위험요소가 어떤 위험 상태에 있는가를 정성적으로 분석하는 방법이다.
- ④는 시스템에 영향을 미치는 모든 요소의 고장을 형태별로 분석하여 그 영향을 검토하는 정성적이고, 귀납적인 분석방법이다.

결함수분석법(FTA)

- 시스템의 고장을 발생시키는 사상과 그 원인과의 인과관계를 논리 관계로 설명하는 게이트나 사상기호를 나뭇가지 모양의 그림으로 나타내고 이에 의거 시스템의 고장확률을 구함으로써 문제가 되는 부분을 찾아내는 기법이다.
- 연역적 방법으로 원인을 규명하며, 재해의 정량적 예측이 가능한 분석방법이다.
- 최상위 고장(Top event)으로부터의 하향식 고장해석 방법이다.
- 특정 사상에 대해 짧은 시간에 해석이 가능하다.
- 정성적 평가 후 정량적 평가를 실시하며, 정량적으로 재해 발생 확률을 구한다.
- FTA를 수행함에 있어 기본사상들의 발생이 서로 독립인가 아닌가의 여부를 파악하기 위해서는 공분산을 이용한다.

51

조직차원에서의 스트레스 관리방안과 가장 거리가 먼 것은?

① 경력계획과 개발
② 사회적 자원의 제공
③ 조직구조나 기능의 변화
④ 긴장완화훈련

해설

- ④는 개인적 해결법에 해당된다.

스트레스 대처방안

㉠ 개요
- 스트레스 대처법은 디자인 해결법(조직차원)과 개인적인 해결법이 있다.

㉡ 개인적인 해결법
- 근육이나 정신을 이완시킴으로서 스트레스를 통제 한다.
- 규칙적인 운동을 통하여 근육긴장과 고조된 정신 에너지를 경감시킨다.
- 동료들과 대화를 하거나 노래방에서 가까운 친지들과 함께 자신의 감정을 표출하여 긴장을 방출한다.

㉢ 디자인 해결법(조직차원)
- 역할분석(개인의 역할을 명확히 함)
- 직무재설계(개인의 기술과 능력에 맞게 직무를 할당)
- 참여 관리
- 우호적인 직장 분위기 조성
- 사회적 자원의 제공
- 조직구조나 기능의 변화
- 경력계획과 개발 과정의 수립 및 상담 제공

㉣ 사회적 대책
- 보살핌, 금전적 지원(도구적 지원) 등

52

제조물 책임법에서 정의한 결함의 종류에 해당하지 않는 것은?

① 제조상의 결함
② 기능상의 결함
③ 설계상의 결함
④ 표시상의 결함

해설

- 제조물 책임법에서 명시한 결함의 종류에는 제조상의 결함, 설계상의 결함, 표시상의 결함이 있다.

결함의 종류 실기 1801/2002/2101/2103/2203/2302

- 결함이란 제조물 제조상·설계상 또는 표시상의 결함이 있거나 그 밖에 통상적으로 기대할 수 있는 안전성이 결여되어 있는 것을 말한다.
- 결함의 종류에는 제조상의 결함, 설계상의 결함, 표시상의 결함이 있다.

제조상의 결함	제조업자가 제조물에 대하여 제조상·가공 상의 주의 의무를 이행하였는지에 관계없이 제조물이 원래 의도한 설계와 다르게 제조·가공됨으로써 안전하지 못하게 된 경우
설계상의 결함	제조업자가 합리적인 대체설계(代替設計)를 채용하였더라면 피해나 위험을 줄이거나 피할 수 있었음에도 대체설계를 채용하지 아니하여 해당 제조물이 안전하지 못하게 된 경우
표시상의 결함	제조업자가 합리적인 설명·지시·경고 또는 그 밖의 표시를 하였더라면 해당 제조물에 의하여 발생할 수 있는 피해나 위험을 줄이거나 피할 수 있었음에도 이를 하지 아니한 경우

53

인간의 수면은 일반적으로 하루 밤에 몇 분 간격의 사이클로 이루어지는가?

① 60분
② 90분
③ 120분
④ 150분

해설

- 인간의 수면 사이클은 평균 90분 간격이다.

수면 사이클

- 인간의 수면은 얕은 잠-깊은 잠의 주기를 반복한다.
- 1사이클은 평균 90분 정도이다.

54

재해예방을 위하여 안전기준을 정비하는 것은 안전의 4M 중 어디에 해당되는가?

① Man ② Machine
③ Media ④ Management

해설
- ①은 인간적 요인을 말한다.
- ②는 기계적 요인을 말한다.
- ③은 작업적 요인으로 작업방법, 환경, 순서 등을 말한다.

❖ 재해발생 기본원인 - 4M
ⓐ 개요
- 재해의 연쇄관계를 분석하는 기본 검토요인으로 인간과오(Human-Error)와 관련된다.
- Man, Machine, Media, Management를 말한다.

ⓑ 4M의 내용

Man	• 인간적 요인을 말한다. • 심리적(망각, 무의식, 착오 등), 생리적(피로, 질병, 수면부족 등) 원인 등이 있다.
Machine	• 기계적 요인을 말한다. • 기계, 설비의 설계상의 결함, 점검이나 정비의 결함, 위험방호의 불량 등이 있다.
Media	• 인간과 기계를 연결하는 매개체로 작업적 요인을 말한다. • 작업의 정보, 작업방법, 작업환경, 작업순서 등이 있다.
Management	• 관리적 요인을 말한다. • 안전관리조직, 관리규정, 안전교육의 미흡 등이 있다.

55

조직에서 직능별 전문화의 원리와 명령 일원화의 원리를 조화시킬 목적으로 형성한 조직은?

① 직계참모 조직 ② 위원회 조직
③ 직능식 조직 ④ 직계식 조직

해설
- ②는 특정 목적을 위해 공동의사를 결정하는 회의체로서 현대에 많은 기업체에서 경영의 실천과정으로 도입하고 있는 조직의 형태를 말한다.
- ③은 테일러(F.W. Taylor)에 의해 주장된 조직형태로서 관리자가 일정한 관리기능을 담당하도록 기능별 전문화가 이루어진 조직을 말한다.

- ④는 명령계통이 일원화되는 반면 전문적 기술의 확보가 어렵고, 소규모 조직에 적용하기 용이한 조직이다.

❖ 직계-참모(Line-staff)형 조직
ⓐ 개요
- 가장 이상적인 조직형태로 1,000명 이상의 대규모 사업장에서 주로 사용된다.
- 라인의 관리·감독자에게도 안전에 관한 책임과 권한이 부여된다.
- 안전계획, 평가 및 조사는 스태프에서, 생산기술의 안전대책은 라인에서 실시한다.

ⓑ 장점
- 안전 전문가에 의해 입안된 것을 경영자의 지침으로 명령 실시하므로 정확하고 신속하다.
- 조직원 전원을 자율적으로 안전 활동에 참여시킬 수 있다.
- 라인의 관리, 감독자에게도 안전에 관한 책임과 권한이 부여된다.
- 안전 활동과 생산업무가 유리될 우려가 없기 때문에 균형을 유지할 수 있어 이상적인 조직형태이다.

ⓒ 단점
- 명령계통과 조언·권고적 참여가 혼동되기 쉽다.
- 스태프의 월권행위가 발생하는 경우가 있다.
- 라인이 스태프에 의존하거나 스태프를 활용하지 않는 경우가 있다.

56

다음 중 오하이오 주립대학의 리더십 연구에서 주장하는 구조 주도적(initiating structure)리더와 배려적(consideration) 리더에 관한 설명으로 틀린 것은?

① 배려적 리더는 관계지향적, 인간중심적으로 인간에 관심을 가지고 있다.
② 구조주도적 리더십은 구성원들의 성과환경을 구조화하는 리더십 행동이다.
③ 구조적 리더십은 성과를 구체적으로 정확하게 평가하는 행동 유형을 말한다.
④ 배려적 리더는 구성원의 과업을 설정, 배정하고 구성원과의 의사소통 네트워크를 명백히 한다.

해설
- ④에서 구성원의 과업을 설정, 배정하는 것은 구조적 리더십에 해당한다.

- 오하이오 주립대학의 리더십 연구
  - 구조주도적(initiating structure)리더와 배려적(consideration) 리더로 구분하였다.
  - 구조주도적 리더는 구성원들의 성과환경을 구조화하는 리더십 행동으로 성과를 구체적으로 정확하게 평가하는 행동 유형을 말한다.
  - 배려적 리더는 관계지향적, 인간중심적으로 인간에 관심을 가지고, 구성원에게 후원적이면서도 자유로운 소통을 추구한다.

57

조직의 리더(leader)에게 부여하는 권한 중 구성원을 징계 또는 처벌할 수 있는 권한은?

① 보상적 권한
② 강압적 권한
③ 합법적 권한
④ 전문성의 권한

해설
- ①은 승진, 봉급 인상 등 역할에 대한 보상을 부여하는 권한이다.
- ③은 군대, 교사, 정부기관 등 합법적 권력이 가지는 권한이다.
- ④는 조직이 지도자에게 부여한 권한은 아니지만 전문적 지식을 가진 리더를 부하들이 스스로 따르는 것으로 지도자 자신의 능력에 의해 생성되는 권한이다.

- 리더십 권한
  ㉠ 조직이 리더에게 부여한 권한
    - 합법적 권한 : 군대, 교사, 정부기관 등 합법적 권력이 가지는 권한
    - 강압적 권한 : 부하의 처벌, 승진 누락, 봉급의 인상 거부 등 강압적인 힘을 갖는 권한
    - 보상적 권한 : 승진, 봉급 인상 등 역할에 대한 보상을 부여하는 권한
  ㉡ 조직이 리더에게 부여하지 않았지만 조건이 맞을 경우 자발적으로 생성되는 권한
    - 위임된 권한 : 목표 달성을 위하여 부하 직원들이 상사를 존경하여 상사와 함께 일하고자 할 때 상사에게 부여되는 권한 혹은 지도자 자신이 자신에게 부여한 권한
    - 전문성의 권한 : 조직이 지도자에게 부여한 권한은 아니지만 전문적 지식을 가진 리더를 부하들이 스스로 따르는 것으로 지도자 자신의 능력에 의해 생성되는 권한
    - 준거적 권한 : 리더의 개인적 매력이 중요하며, 매력적인 리더와 함께 하고 싶은 부하들에 의해 조직의 발전이 이뤄진다는 것

58

다음 중 집단 간의 갈등 해결기법으로 가장 적절하지 않은 것은?

① 자원의 지원을 제한한다.
② 집단들의 구성원들 간의 직무를 순환한다.
③ 갈등 집단의 통합이나 조직 구조를 개편한다.
④ 갈등관계에 있는 당사자들이 함께 추구하여야 할 새로운 상위의 목표를 제시한다.

해설
- ①에서 자원의 부족으로 인해 생기는 집단 간 갈등은 지원의 확대로 해결해야 한다.

- 집단 간 갈등원인과 대책

원인	대책
영역 모호성	역할과 책임을 분명하게 한다.
자원부족	계열사나 자회사로의 전직기회를 확대한다.
불균형 상태	직급 간 처우를 다소 완화한다.
작업유동의 상호의존성	부서 간의 협조, 정보교환, 동조, 협력체계를 견고하게 구축한다.

59

다음 그림은 스트레스 수준과 성과수준과의 관계를 나타낸 것이다. A, B, C에 해당하는 스트레스의 종류를 올바르게 나열한 것은?

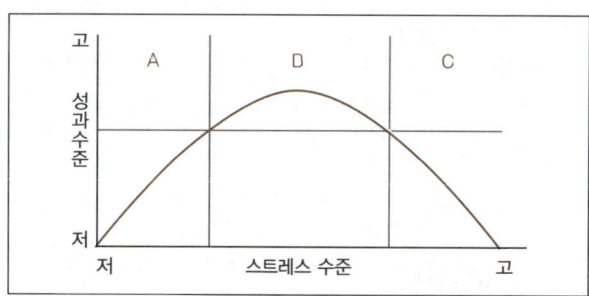

① A : 순기능, B : 역기능, C : 순기능
② A : 직무, B : 역기능, C : 직무
③ A : 역기능, B : 순기능, C : 역기능
④ A : 직무, B : 순기능, C : 개인

해설
- 적정수준의 스트레스는 작업성과에 긍정적으로 작용한다(스트레스 수준과 수행은 역U자형의 관계를 갖는다). A와 C는 스트레스가 적거나 많은 경우로 역기능, B는 적정한 스트레스로 순기능을 한다.

스트레스
- 위협적인 환경특성에 대한 개인의 반응이라고 볼 수 있다.
- 코티졸(cortisol)은 스트레스를 받을 때 몸에서 생성되는 호르몬으로 스트레스 정도를 파악하는데 사용된다.
- 스트레스는 근골격계 질환에 영향을 줄 수 있다.
- 스트레스를 받게 되면 자율 신경계가 활성화 된다.
- 적정수준의 스트레스는 작업성과에 긍정적으로 작용한다(스트레스 수준과 수행은 역U자형의 관계를 갖는다).
- 지나친 스트레스를 지속적으로 받으면 인체는 자기조절능력을 상실할 수 있다.
- 일반적으로 내적 통제자들은 외적 통제자들보다 스트레스를 적게 받는다.
- A형 성격을 가진 사람이 B형 성격을 가진 사람보다 높은 스트레스를 받을 가능성이 있다.

60 • Repetitive Learning 1회 2회 3회
재해원인 중 간접 원인이 아닌 것은?

① 교육적 원인 ② 인적, 물적 원인
③ 기술적 원인 ④ 관리적 원인

해설
- 인적 원인과 물적 원인은 산업재해의 직접적 원인에 해당한다.

산업재해의 간접적(기본적) 원인
㉠ 개요
  - 재해의 직접적인 원인을 유발시키는 원인을 말한다.
  - 기술 원인, 교육적 원인, 신체적 원인, 정신적 원인, 관리적 원인 등이 있다.
㉡ 간접적 원인의 종류

구분	내용
기술적 원인	생산방법의 부적당, 구조물·기계장치 및 설비의 불량, 구조재료의 부적합, 점검·정비·보존의 불량 등
교육적 원인	안전지식의 부족, 안전수칙의 오해, 경험훈련의 미숙, 안전교육의 부족 등
신체적 원인	피로, 시력 및 청각기능 이상, 근육운동의 부적합, 육체적 한계 등
정신적 원인	안전의식의 부족, 주의력 부족, 판단력 부족 혹은 잘못된 판단, 방심 등
관리적 원인	안전관리조직의 결함, 안전수칙의 미제정, 작업준비의 불충분, 작업지시의 부적절, 인원배치의 부적당, 정리정돈의 미실시 등

4과목 근골격계질환 예방을 위한 작업관리

61 • Repetitive Learning 1회 2회 3회
작업분석에 있어서 개선 활동을 위한 원칙 중 ECRS에 해당되지 않는 것은?

① Element ② Combine
③ Rearrange ④ Simplify

해설
- ①의 E는 Eliminate로 불필요한 작업이나 자재를 제거를 의미한다.

개선의 ECRS 실기 1303/1403/1801/2002/2101/2302
- E(Eliminate) : 불필요한 작업이나 자재를 제거
- C(Combine) : 더 나은 작업이나 작업요소와의 결합
- R(Rearrange) : 작업순서의 변경, 재배열
- S(Simplify) : 작업이나 작업요소의 단순화

62 • Repetitive Learning 1회 2회 3회
공정별 소요시간은 다음과 같고, 각 공정에는 1명씩 배정되어 있다. 몇 번째 분할에서 효율이 가장 높은가?

공정	A	B	C	D	E
시간(분)	12	16	14	16	12

① 현재 분할 ② 1회 분할
③ 2회 분할 ④ 3회 분할

해설
- 현재) 주기시간은 16분, 작업수는 5개, 총작업시간은 72분, 총유휴시간은 80−72=8분, 공정효율은 72/80=0.9, 공정손실은 8/80=0.1이다.
- 1회분할) 공정이 가장 긴 B와 D를 분할하면 주기시간은 14분, 작업수는 7개, 총작업시간은 72분, 총유휴시간은 98−72=26분, 공정효율은 72/98=0.7347, 공정손실은 26/98=0.2653이다.
- 즉, 현재의 분할이 가장 효율이 좋은 것으로 판단된다.

주기시간과 공정효율 실기 1403/1503/1801/2001/2003/2101/2302/2402
- 주기시간은 작업시간이 가장 오래 걸리는 애로공정의 작업시간을 말한다.
- 애로작업이란 작업시간이 가장 긴 작업을 말한다.
- 공정효율은 총작업시간/(작업수×주기시간)으로 구한다.
- 총유휴시간은 (작업수×주기시간)−(총작업시간)이다.
- 공정손실은 총유휴시간/(작업수×주기시간)으로 구한다.
- 공정효율과 공정손실의 합은 1이다.

63

A작업 한 사이클의 정미시간(normal time)이 5분, 레이팅 계수는 110%, 여유율 10%일 때 표준시간(standard time)은 약 몇 분인가?(단, 여유율은 정미시간을 기준으로 계산한 것이다)

① 6분
② 8분
③ 10분
④ 12분

해설
- 정미시간이 주어졌으므로 레이팅 계수는 의미가 없다.
- 표준시간은 정미시간+여유시간이므로 여유율이 10%이고 정미시간만 주어졌으므로 외경법으로 계산하면 5분×0.1=0.5분이 된다.
- 표준시간은 5+0.5분=5.5분이 된다.

표준시간 실기 1501/1503/1603/1703/2002/2003/2103/2402/2403

㉠ 개요
- 8시간의 정상작업을 기준으로 하여 일정한 작업조건에서 일정한 방법에 따라 보통 정도의 작업자가 정상적인 속도로 작업을 수행하는데 걸리는 시간을 말한다.
- 표준시간 측정에 사용하는 DM(decimal minute)은 1DM이 0.6초이다.
- 표준시간은 정미시간+여유시간으로 구한다.
- 정미시간은 관측시간의 평균치×R(레이팅 계수)로 구한다.
- 객관적 레이팅에서의 표준시간=관측 평균시간×(1차 평가계수)×(1+2차 조정계수)×(1+여유율)로 구한다.
- 외경법의 경우 표준시간=정미시간×(1+여유율)로 구한다.
- 내경법의 경우 표준시간=정미시간/(1-여유율)로 구한다.

㉡ 여유율
- 외경법은 작업여유율=여유시간/정미시간(근무시간-여유시간)을 적용한다.
- 내경법은 근무여유율=여유시간/근무시간(정미시간+여유시간)을 적용한다.

64

다음 중 시간연구에서 다루는 내용과 관련성이 가장 적은 것은?

① 정미시간
② 표준시간
③ 여유율
④ 오차율

해설
- 시간연구법은 대상작업자 선정 → 요소작업 분할 → 작업수행도 평가 → 여유율 결정 → 표준시간 결정 순으로 진행한다.

시간연구법(스톱워치법)
- 단위작업 혹은 요소작업들을 나눠 스톱워치로 시간을 측정하는 방법을 말한다.
- 연속적인 측정방법으로 스톱워치, 전자식 타이머, 비디오카메라 등이 사용되며 작업을 실제로 관측하여 표준시간을 산정한다.
- 정미시간은 스톱워치에 의하여 구한 관측평균시간에 작업수행도평가(Performance Rating)를 반영한 시간이다.
- 대상작업자 선정 → 요소작업 분할 → 작업수행도 평가 → 여유율 결정 → 표준시간 결정 순으로 진행한다.
- 시간단위 : 1DM=1/100분

65

사업장 근골격계 질환 예방·관리 프로그램에 있어 근로자 교육에 관한 설명으로 옳은 것은?

① 최초교육은 예방·관리 프로그램이 도입된 후 6개월 이내에 실시한다.
② 근로자를 채용한 때에는 작업배치 후 1개월 이내에 교육을 실시한다.
③ 교육시간은 1시간 이상 실시하되, 새로운 설비가 도입되었을 때에는 1시간 이상의 추가교육을 실시한다.
④ 교육은 반드시 관련 분야의 전문가에게 의뢰하여 실시한다.

해설
- ②에서 근로자 채용 시 작업배치 전에 교육을 실시한다.
- ③에서 교육시간은 2시간 이상 실시한다.
- ④에서 교육은 전문교육을 이수한 팀원이 교육하거나 관계전문가 의뢰 실시한다.

예방·관리 교육 중 기본교육

㉠ 대상 : 모든 근로자 및 관리감독자
㉡ 내용
- 근골격계 부담작업에서의 유해요인
- 작업도구와 장비 등 작업시설의 올바른 사용방법
- 근골격계 질환의 증상과 징후 식별 및 보고방법
- 근골격계 질환 발생 시 대처요령
- 기타 근골격계 질환 예방에 필요한 사항

㉢ 교육시기
- 최초 교육은 도입 후 6개월 이내
- 정기교육은 이후 매 3년마다
- 근골격계 질환 증상과 징후 식별 및 보고방법은 매년1회 이상 실시
- 근로자 채용 시나 처음 배치된 자는 작업배치 전에 교육 실시

㉣ 교육시간
- 2시간 이상 실시
- 새로운 설비의 도입 및 작업방법 변경 시 (1시간 이상 추가교육)
- 전문교육을 이수한 팀원이 교육하거나 관계전문가 의뢰 실시

66
다음 중 작업관리용 도표의 사용으로 가장 적절하지 않은 것은?

① 파레토 차트를 이용하여 문제점의 원인을 파악한다.
② Man-machine chart를 이용하여 표준시간을 결정한다.
③ 흐름도를 이용하여 병목(bottleneck) 공정을 파악한다.
④ 다중활동분석표를 이용하여 기계와 인력배치 균형을 분석한다.

해설
- ②는 사람과 기계간의 복합작업을 분석하는 표로 작업자에게 최적의 경제적 기계 담당 대수를 결정하는 데 도움을 준다.
- 문제분석에 사용되는 공정도 [실기] 1803
  - 유통선도(Flow Diagram) : 공정상 부품의 이동경로 표시
  - 활동분석표(Activity Chart) : 기계와 작업자의 상호관계를 중심으로 작업현황 표시
  - 복수작업자분석표(Gang Process Chart) : 기계와 다수의 작업자 간의 관계를 표시
  - 작업공정도(Operation Process Chart) : 전 작업공정을 순서대로 표시
  - 간트 차트(Gant chart) : 활동 계획을 시간축에 표시

67
Work Factor에서 동작시간 결정 시 고려하는 4가지 요인에 해당하지 않는 것은?

① 수행도
② 동작 거리
③ 중량이나 저항
④ 인위적 조절정도

해설
- ①은 신체 부위가 되어야 한다.
- Work Factor에서 고려하는 4가지 시간 변동요인

신체 부위	손가락, 손, 팔, 몸통, 발, 다리, 머리 등
동작 거리	
중량이나 저항	
인위적 조절정도	조절(S), 주의(P), 방향 변경(U), 일정한 정지(D)

68
다음 조건에서 NIOSH Lifting Equation(NLE)에 의한 권장한계 무게(RWL)와 들기지수(LI)는 각각 얼마인가?

- 취급물의 하중 : 10kg
- 수직계수 : 0.95
- 비대칭계수 : 1
- 커플링계수 : 0.9
- 수평계수 : 0.4
- 거리계수 : 0.6
- 빈도계수 : 0.8

① RWL=1.64kg, LI=6.1
② RWL=2.65kg, LI=3.78
③ RWL=3.78kg, LI=2.65
④ RWL=6.4kg, LI=1.64

해설
- 주어진 값을 대입하면 RWL=23×0.4×0.95×0.6×1×0.8×0.9 =3.7757이다.
- LI=10/3.7757=2.6485가 된다.
- NIOSH 들기지수(LI) [실기] 1503/1601/1603/1701/1801/1803/1901/2001/2002/2003/2201/2203/2301/2302/2403
  - NIOSH의 중량물 취급지수를 말한다.
  - 들기지수가 1을 초과하는 경우 추천 무게를 넘는 것으로 간주한다.
  - 40대 여성의 들기 능력의 50퍼센타일을 기준으로 하였다.
  - 물체의 무게(kg) / RWL(kg)으로 구한다. 이때 RWL은 추천 중량한계로 들기 편한 정도의 값이다.
  - RWL=23kg×HM×VM×DM×AM×FM×CM으로 구한다(HM은 수평계수, VM은 수직계수, DM은 거리계수, AM은 비대칭성계수, FM은 빈도계수, CM은 결합계수를 의미한다).
  - RWL 계수는 0 ~ 1 사이의 값으로 1에 가까울수록 최적의 조건이 된다.

69
근골격계 질환 예방대책으로 옳지 않은 것은?

① 단순 반복 작업은 기계를 사용한다.
② 작업순환(Job Rotation)을 실시한다.
③ 작업방법과 작업공간을 인간공학적으로 설계한다.
④ 작업속도와 작업강도를 점진적으로 강화한다.

해설
- 작업속도와 강도를 점진적으로 강화하더라도 근골격계 질환을 피할 수는 없다. 예방대책으로 알맞지 않다.

- **근골격계 질환의 사전예방을 위한 적합한 관리대책**
  - 충분한 휴식시간의 제공과 스트레칭 프로그램의 도입
  - 적절한 공구의 사용 및 올바른 작업방법에 대한 작업자 교육
  - 작업자의 신체적 특성과 작업내용을 고려한 작업장 구조의 인간공학적 개선
  - 적합한 노동강도에 대한 평가
  - 공학적 개선과 관리적 개선을 통한 작업환경 개선
  - 예방이 최선의 정책이므로 질환 예방을 위한 최선의 노력
  - 작업순환(Job Rotation)과 작업 확대를 통하여 한 작업자가 할 수 있는 일의 다양성 확보

ⓔ 공구 및 설비 디자인의 원칙 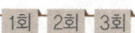1703
  - 치구나 족답장치를 이용하여 양손이 다른 일을 할 수 있도록 한다.
  - 공구의 기능을 결합하여 사용하도록 한다.
  - 타자 칠 때와 같이 각 손가락이 서로 다른 작업을 할 때에는 작업량을 각 손가락의 능력에 맞게 배분해야 한다.

70
다음 중 신체사용에 관한 동작경제의 원칙에 관한 설명으로 틀린 것은?

① 휴식시간을 제외하고는 양손이 동시에 쉬지 않도록 한다.
② 가능한 한 관성을 이용하여 작업을 하도록 한다.
③ 두 손의 동작을 같이 시작하고 같이 끝나도록 한다.
④ 양팔은 동시에 같은 방향으로 움직이도록 한다.

해설
- ④에서 양팔의 운동은 반대 방향으로 움직이도록 한다.
- **동작경제의 원칙** 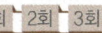1903/2103/2203
  ㉠ 개요
    - 작업자가 경제적인 동작을 통해 피로도를 감소시키면서도 능률을 향상시키게 하기 위한 원칙이다.
    - 신체사용의 원칙, 작업장 배치의 원칙, 공구 및 설비 디자인의 원칙으로 분류된다.
    - 동작을 가급적 조합하여 하나의 동작으로 한다.
    - 동작의 수는 줄이고, 동작의 속도는 적당히 한다.
  ㉡ 신체사용의 원칙 실기 2301
    - 두 손의 동작은 동시에 시작해서 동시에 끝나야 한다.
    - 휴식시간을 제외하고는 양손을 같이 쉬게 해서는 안 된다.
    - 손의 동작은 유연하고 연속적인 동작이어야 한다.
    - 동작이 급작스럽게 크게 바뀌는 직선 동작은 피해야 한다.
    - 두 팔의 동작은 동시에 서로 반대방향으로 대칭적으로 움직이도록 한다.
    - 탄도동작(Ballistics Movements)은 제한되거나 통제된 동작보다 더 신속하고 정확하다.
  ㉢ 작업장 배치의 원칙 실기 1303/1701/2001/2002/2303/2402
    - 가능하다면 낙하식 운반 방법을 이용한다.
    - 작업이 용이하도록 적절한 조명을 비추어 준다.
    - 공구나 재료는 작업동작이 원활하게 수행하도록 그 위치를 정해준다.
    - 공구, 재료 및 제어장치는 사용하기 가까운 곳에 배치해야 한다.

71
다음 중 작업방법에 관한 설명으로 틀린 것은?

① 서 있을 때는 등뼈가 S 곡선을 유지하는 것이 좋다.
② 섬세한 작업 시 power grip보다 pinch grip을 이용한다.
③ 부적절한 자세는 신체 부위들이 중립적인 위치를 취하는 자세이다.
④ 부적절한 자세는 강하고 큰 근육들을 이용하여 작업하는 것을 방해한다.

해설
- ③에서 부적절한 자세는 신체 부위들이 중립적인 위치를 벗어나는 자세이다.
- **작업자세**
  - 서 있을 때는 등뼈가 S 곡선을 유지하는 것이 좋다.
  - 섬세한 작업 시 power grip보다 pinch grip을 이용한다.
  - 부적절한 자세는 신체 부위들이 중립적인 위치를 벗어나는 자세이다.
  - 중립적인 위치의 자세란 몸의 힘을 빼고 바르고 편안하게 있을 때의 자세를 말한다.
  - 부적절한 자세는 강하고 큰 근육들을 이용하여 작업하는 것을 방해한다.
  - 동일 자세를 오래 유지하지 않도록 한다.

72
다음 중 미세동작연구의 장점과 가장 거리가 먼 것은?

① 서블릭(therblig) 기호를 사용함으로서 작업시간 간의 비교와 추정에 유용하다.
② 과거의 작업개선의 경험을 다른 작업에도 그대로 응용하기 용이하다.
③ 어느 정도 숙달되면 눈으로도 서블릭으로 해석이 가능하며, 그에 따른 작업개선능력이 향상된다.
④ SIMO 차트를 이용하여 이상적 작업동작의 습득에는 다소 시간이 걸리지만 상대적으로 정확하다.

해설

- ④에서 SIMO 차트를 이용하여 이상적 작업동작의 습득에는 시간이 짧게 걸리나 상대적으로 부정확하다.
- 동작분석
  ㉠ 개요
    - 서블릭 분석, 필름/비디오 분석, 작업측정기법을 이용하는 PTS법이 이에 해당된다.
    - 작업과정에서 무리·낭비·불합리한 동작을 제거, 최선의 작업방법으로 개선하는 것이 목표이다.
    - 작업을 분해 가능한 세밀한 단위로 분석하고 각 단위의 변이를 측정하여 표준작업방법을 알아내기 위한 연구이다.
    - 작업은 공정 → 단위작업 → 요소작업 → 동작요소 → 서블릭 순으로 구분된다.
    - SIMO chart는 미세동작연구인 동시에 동작 사이클차트로 이상적 작업동작 습득에 시간은 짧게 걸리나 부정확한 단점을 갖는다.
  ㉡ 미세동작분석
    - 미세동작분석은 작업주기가 짧은 작업, 규칙적인 작업주기 시간, 단기적 작업을 대상으로 자세하게 촬영하여 분석하므로 비용이 많이 드는 분석방법이다.
    - 미세동작연구를 할 때에는 가능하면 작업방법이 숙련된 작업자를 대상으로 한다.
    - 미세동작연구실에서는 작업수행도가 월등히 뛰어난 작업사이클을 대상으로 한다.

- 여러 가지 활동 계획의 시작시간과 예측 완료시간을 병행하여 시간축에 표시하는 도표이다.
- 시간 축 위에 수행할 활동에 대한 필요한 시간과 일정을 표시한 문제의 분석 도구이다.

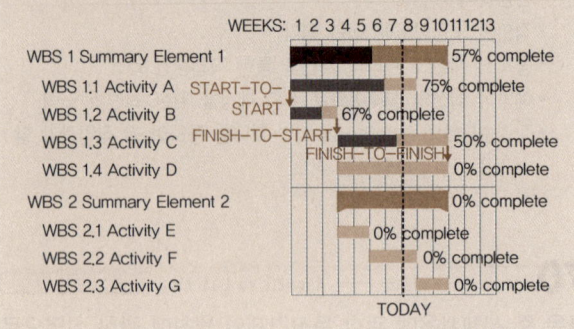

73 1001/1201

다음 중 시간 축 위에 수행할 활동에 대한 필요한 시간과 일정을 표시한 문제의 분석 도구는?

① 파레토 차트   ② 특성요인도
③ 간트 차트   ④ 마인드 맵핑

해설

- ①은 80~20의 원칙에 기초하여 빈도수별로 나열한 항목별 점유와 누적비율에 따라 불량이나 사고의 원인이 되는 중요 항목을 찾아가는 기법이다.
- ②는 어떤 결과에 영향을 미치는 크고 작은 요인들을 계통적으로 파악하기 위해 재해와 원인의 관계를 도표화하여 재해 발생 원인을 분석하는 작업분석 도구이다.
- ④는 문제분석을 위한 기법 중 원과 직선을 이용하여 아이디어 문제, 개념 등을 개괄적으로 빠르게 설정할 수 있도록 도와주는 연역적 추론 기법이다.
- 간트차트
  - 일정계획(작업계획)으로 주·일·시간 단위별 계획을 수립하는 것을 말한다.

74 0903

다음 중 입식작업보다는 좌식작업이 더 적절한 경우는?

① 큰 힘을 요하는 경우
② 작업방경이 큰 경우
③ 정밀 작업을 해야 하는 경우
④ 작업 시 이동이 많은 경우

해설

- 정밀한 작업이나 장기간 수행하여야 하는 작업은 좌식 작업대가 바람직하다.
- 서서하는 작업대 높이
  - 서서하는 작업대의 높이는 높낮이 조절이 가능하여야 하며, 작업대의 높이는 팔꿈치를 기준으로 한다.
  - 정밀작업의 경우 팔꿈치 높이보다 약간(5~15cm) 높게 한다.
  - 경작업의 경우 팔꿈치 높이보다 5~10cm 낮게 한다.
  - 중작업의 경우 팔꿈치 높이보다 10~30cm 낮게 한다.
  - 정밀한 작업이나 장기간 수행하여야 하는 작업은 좌식 작업대가 바람직하다.

75 0903

다음 중 OWAS 자세평가에 의한 조치 수준에서 각 수준에 대한 평가내용이 올바르게 연결된 것은?

① 수준 1 : 즉각적인 자세의 교정이 필요
② 수준 2 : 가까운 시기에 자세의 교정이 필요
③ 수준 3 : 조치가 필요 없는 정상 작업자세
④ 수준 4 : 가능한 빨리 자세의 변경이 필요

[해설]
- 수준 1은 문제가 없는 작업, 수준 2는 근 시일 내에 추가적인 조사와 자세의 교정이 필요한 작업, 수준 3은 가능한 조기에 개선이 필요한 사업, 수준 4는 즉시 개선이 필요한 작업을 의미한다.

OWAS(Ovako Working Posture Analysis System) 실기 1301/1501/1703/2002/2103/2402
- 관찰에 의해서 작업자세를 평가할 수 있다.
- 작업자세로 인한 부하를 평가하는 데 초점이 맞추어져 있다.
- 신체 부위의 자세뿐만 아니라 중량물의 사용도 고려하여 평가한다.
- 작업자세를 단순화하여 세밀한 분석에 어려움이 있다.
- 현장에서 기록 및 해석의 용이함 때문에 많은 작업장에서 작업자세를 평가한다.
- 정밀한 작업 자세를 평가하기 어렵다.
- 작업자세 측정 간격은 작업의 특성에 따라 달라질 수 있다.
- 작업자세를 상지, 하지, 허리로 구분하고 하중을 추가하여 평가한다.
- 작업자세 수준은 4단계로 분류된다.
- 수준 1은 문제가 없는 작업, 수준 2는 근 시일 내에 추가적인 조사와 자세의 교정이 필요한 작업, 수준 3은 가능한 조기에 개선이 필요한 사업, 수준 4는 즉시 개선이 필요한 작업을 의미한다.

---

76 • Repetitive Learning 1회 2회 3회

다음 중 [보기]와 같은 디자인 개념의 문제 해결 절차를 올바른 순서로 나열한 것은?

㉮ 문제의 분석	㉯ 문제의 형성
㉰ 대안의 탐색	㉱ 선정안의 제시
㉲ 대안의 평가	

① ㉮ → ㉯ → ㉰ → ㉲ → ㉱
② ㉯ → ㉮ → ㉰ → ㉲ → ㉱
③ ㉰ → ㉯ → ㉮ → ㉱ → ㉲
④ ㉱ → ㉰ → ㉲ → ㉯ → ㉮

[해설]
- 문제 해결 절차는 문제 형성 → 문제 분석 → 대안 탐색 → 대안 평가 → 선정안 제시 순으로 진행한다.

디자인 개념의 문제 해결 실기 1401
- 문제 해결 절차는 문제 형성 → 문제 분석 → 대안 탐색 → 대안 평가 → 선정안 제시 순으로 진행한다.
- 문제의 특성을 파악하기 위한 척도는 대안, 제약조건, 연구기간, 평가 기준이다.
- 대안탐색 방법에는 ECRS 원칙, SEARCH 원칙, 5W1H 분석, 브레인스토밍 등이 활용된다.

---

77 • Repetitive Learning 1회 2회 3회

손과 손목 부위에 발생하는 작업관련성 근골격계 질환이 아닌 것은?

① 방아쇠 손가락(Trigger finger)
② 외상과염(Lateral epicondylitis)
③ 가이언 증후군(Canal of guyon)
④ 수근관 증후군(Carpal tunnel syndrome)

[해설]
- ②는 팔꿈치 부위의 인대에 염증이 생김으로써 발생하는 증상이다.

부위별 근골격계 질환 실기 1403/2302
- 목 : 근막통증 증후군, 경추부 염좌, 경추부 추간판탈출증
- 어깨 : 근막통증 증후군, 회전근개 건염, 극상근 건염, 상완이두 건막염, 건봉하 점액낭염, 관절와순 손상
- 팔꿈치 : 근막통증 증후군, 내·외상과염
- 손 및 손목 : 수근관 증후군, 드퀘르베 건초염, 방아쇠 수지, 결절종, 가이언 증후군, 경겹증

---

78 • Repetitive Learning 1회 2회 3회

유해요인의 공학적 개선 사례로 볼 수 없는 것은?

① 로봇을 도입하여 수작업을 자동화하였다.
② 중량물 작업 개선을 위하여 호이스트를 도입하였다.
③ 작업량 조정을 위하여 컨베이어의 속도를 재설정하였다.
④ 작업피로감소를 위하여 바닥을 부드러운 재질로 교체하였다.

[해설]
- ③은 현재의 자원을 효율적으로 관리하는 관리적 개선방법에 해당된다.

작업개선안 도출 실기 1401/1603/1801/1901/2003/2201/2302/2403
- 가장 우선적이고 근본적인 문제해결책은 문제가 되는 작업을 제거하는 데 있다.
- 1차적으로는 공학적 개선으로 위험요인의 제거 혹은 위험성의 직접적인 감소를 위해 작업장 여건을 개선한다.
- 2차적으로는 관리적 개선으로 작업순환, 작업교대, 휴식시간 설계, 인원 보충 등 자원의 효율적인 분배와 관련된다.

| 공학적 개선안 | • 작업자의 신체에 맞는 작업장 개선(작업공구 개선, 작업대 높이 조절, 중량물 운반 시 기계장치 사용, 단순반복 작업에 로봇 사용, 작업장 바닥 개선, 작업장 재배열)
• 작업자세 및 작업방법 개선 |

정답 | 76 ② 77 ② 78 ③

관리적 개선안	• 작업순환, 작업교대 • 작업습관 변화 • 작업속도 조절 및 휴식시간 설계 • 인원 보충(추가 작업자 선발, 교육 및 훈련, 적성에 맞는 배치) • 위험표지 부착

79

다음 중 워크 샘플링에 관한 설명으로 옳은 것은?

① 확률이론인 포아송 분포를 따른다.
② 자료수집 및 분석시간이 길게 소요된다.
③ 짧은 주기나 반복작업인 경우 적당하다.
④ 샘플링오차는 관측횟수를 증가시킴으로써 감소될 수 있다.

해설

- ①에서 확률이론인 이항분포를 따른다.
- ②에서 자료수집이나 분석에 필요한 순수시간이 다른 시간연구방법에 비하여 짧다.
- ③에서 짧은 주기 및 반복작업에 부적합하다.

워크 샘플링(work sampling)

㉠ 개요
- 표본의 크기가 충분히 크다면 모집단의 분포와 일치한다는 통계적 이론에 근거한다.
- 간헐적으로 랜덤한 시점에서 연구대상을 순간적으로 관측하여 대상이 처한 상황을 파악하고 이를 토대로 관측시간 동안에 나타난 항목별로 차지하는 비율을 추정하는 방법이다.
- 조사기간을 길게 하여 평상시의 작업현황을 그대로 반영시킬 수 있어 사이클이 긴 작업에 주로 사용한다.
- 확률이론인 이항분포를 따른다.

㉡ 장점
- 특별한 시간 측정 장비가 별도로 필요하지 않는 간단한 방법이다.
- 관측이 순간적으로 이루어져 작업에 방해가 적다.
- 한 사람의 평가자가 동시에 여러 작업을 측정할 수 있다.
- 자료수집이나 분석에 필요한 순수시간이 다른 시간연구방법에 비하여 짧다.
- 작업자가 의식적으로 행동하는 일이 적어 결과의 신뢰수준이 높다.
- 샘플링오차는 관측횟수를 증가시킴으로써 감소될 수 있다.

㉢ 단점
- 작업 방법이 변화되는 경우에는 전체적인 연구를 새로 해야 한다.
- 시간연구법 등에 비해 정밀도가 떨어진다.
- 짧은 주기 및 반복작업에 부적합하다.

80

다음 중 산업안전보건법령상 근골격계 부담작업에 해당하지 않는 것은?

① 하루 1시간 동안 허리높이 작업대에서 전동 드라이버로 자동차 부품을 조립하는 작업
② 자동차 조립라인에서 하루 4시간 동안 머리 위에 위치한 부속품을 볼트로 체결하는 작업
③ 하루 6시간 동안 컴퓨터를 이용하여 자료 입력과 문서 편집을 하는 작업
④ 하루에 15kg의 쌀을 무릎 아래에서 허리 높이의 선반에 30회 올리는 작업

해설

- ①에서 목, 어깨, 팔꿈치, 손목 또는 손을 사용하여 같은 동작을 반복하는 작업은 하루에 총 2시간 이상이어야 근골격계 부담작업에 해당된다.

근골격계 부담작업
- 하루에 4시간 이상 집중적으로 자료입력 등을 위해 키보드 또는 마우스를 조작하는 작업
- 하루에 총 2시간 이상 목, 어깨, 팔꿈치, 손목 또는 손을 사용하여 같은 동작을 반복하는 작업
- 하루에 총 2시간 이상 머리 위에 손이 있거나, 팔꿈치가 어깨 위에 있거나, 팔꿈치를 몸통으로부터 들거나, 팔꿈치를 몸통뒤쪽에 위치하도록 하는 상태에서 이루어지는 작업
- 지지되지 않은 상태이거나 임의로 자세를 바꿀 수 없는 조건에서, 하루에 총 2시간 이상 목이나 허리를 구부리거나 트는 상태에서 이루어지는 작업
- 하루에 총 2시간 이상 쪼그리고 앉거나 무릎을 굽힌 자세에서 이루어지는 작업
- 하루에 총 2시간 이상 지지되지 않은 상태에서 1kg 이상의 물건을 한손의 손가락으로 집어 옮기거나, 2kg 이상에 상응하는 힘을 가하여 한손의 손가락으로 물건을 쥐는 작업
- 하루에 총 2시간 이상 지지되지 않은 상태에서 4.5kg 이상의 물건을 한 손으로 들거나 동일한 힘으로 쥐는 작업
- 하루에 10회 이상 25kg 이상의 물체를 드는 작업
- 하루에 25회 이상 10kg 이상의 물체를 무릎 아래에서 들거나, 어깨 위에서 들거나, 팔을 뻗은 상태에서 드는 작업
- 하루에 총 2시간 이상, 분당 2회 이상 4.5kg 이상의 물체를 드는 작업
- 하루에 총 2시간 이상 시간당 10회 이상 손 또는 무릎을 사용하여 반복적으로 충격을 가하는 작업

2016년 제1회

2016년 3월 6일

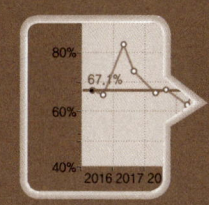
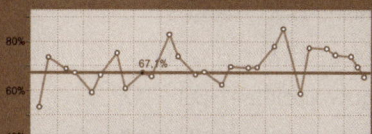

16년 1회차 필기시험 합격률 67.1%

1과목　인간공학개론

01　　Repetitive Learning 1회 2회 3회

사용성에 대한 설명으로 틀린 것은?

① 실험 평가로 사용성을 검증할 수 있다.
② 편리하게 제품을 사용하도록 하는 원칙이다.
③ 사용성은 반드시 전문가가 평가하여야 한다.
④ 학습성, 에러방지, 효율성, 만족도 등의 원칙이 있다.

해설
- ③에서 사용성은 실제 사용자가 직접 평가한다.
- **사용성**
  - 실험 평가로 사용성을 검증할 수 있다.
  - 편리하게 제품을 사용하도록 하는 원칙이다.
  - 사용성은 실제 사용자가 직접 평가한다.
  - 학습성, 에러방지, 효율성, 만족도 등의 원칙이 있다.

02　　Repetitive Learning 1회 2회 3회

정보이론의 응용과 거리가 먼 것은?

① 다중과업
② Hick-Hyman 법칙
③ Magic number＝7±2
④ 자극의 수에 따른 반응시간 설정

해설
- **정보이론의 응용**
  - 정보이론이란 전달되는 정보의 정량화와 처리, 전달 용량의 한계 및 기준을 설명하는 이론이다.
  - 정보이론의 응용은 주로 통신시스템의 모델링이나 분석 등에 이용되는데 시배분, Hick-Hyman 법칙, Magic number＝7±2, 자극의 수에 따른 반응시간 설정 등이 이와 관련된다.

03　　Repetitive Learning 1회 2회 3회

인간의 기억 체계에 대한 설명으로 옳지 않은 것은?

① 단위시간당 영구 보관할 수 있는 정보량은 7bit/sec이다.
② 감각 저장(sensory storage)에서는 정보의 코드화가 이루어지지 않는다.
③ 장기 기억(long-term memory)내의 정보는 의미적으로 코드화된 정보이다.
④ 작업 기억(working memory)은 현재 또는 최근의 정보를 잠시 동안 기억하기 위한 저장소의 역할을 한다.

해설
- 인간이 단위시간당 영구 보관할 수 있는 정보량의 개념은 존재하지 않는다. 다만 인간의 단기기억 용량은 보통 7청크이며, 용량이 커지지는 않는다.
- **인간의 기억체계**
  - 인간의 기억은 감각저항, 단기기억, 장기기억으로 구분된다.
  - 감각저항은 빠르게 사라지고 새로운 자극으로 대체된다.
  - 단기기억을 장기기억으로 이전시키려면 리허설이 필요하다.
  - 단기기억의 정보는 시각적, 청각적으로 부호화되고 추후 언어 의미적 부호로 변환된다.
  - 인간의 단기기억 용량은 보통 7청크이며, 학습을 통해 장기기억으로 전환되기는 하지만 단기기억의 용량이 커지지는 않는다.
  - 단기기억에 있는 내용을 반복하여 학습(research)하면 장기기억으로 저장된다.

정답　01 ③　02 ①　03 ①

04

정보의 전달량에 관한 공식으로 맞는 것은?

① Noise=H(X)-T(X, Y)
② Noise=H(X)+T(X, Y)
③ Equivocation=H(X)+T(X, Y)
④ Equivocation=H(X)-T(X, Y)

해설
- ①에서 Noise는 H(Y)-T(X, Y)가 되어야 한다.

정보의 전달량 실기 1503/1701
- X는 자극의 입력, Y는 반응의 출력을 의미한다.
- 정보의 전달량은 T(X, Y)=H(X)+H(Y)-H(X, Y)가 된다.
- 정보전달체계가 완벽하지 못하기 때문에 전달된 정보량이 달라질 수 있는데 이는 Equivocation와 Noise가 존재하기 때문이다.
- Equivocation=H(X)-T(X, Y)로 전달하고자 하는 입력 일부가 시스템 밖으로 빠져 나간 경우를 말한다.
- Noise=H(Y)-T(X, Y)로 입력에 포함되지 않은 내용이 잡음으로 출력에 포함되는 경우를 말한다.

05

신호검출의 민감도를 늘리는 방법이 아닌 것은?

① 교육 훈련
② 결과의 피드백
③ 신호검출 실패 비용의 증가
④ 신호의 비신호의 구별성 증가

해설
- 민감도를 늘리기 위해서는 교육 훈련, 결과의 피드백, 신호의 비신호의 구별성 증가 등의 조치를 한다.

신호검출이론(Signal Detection Theory) 실기 1501/1503/1701/2001/2002/2003/2103/2303/2403

㉠ 개요
- 불확실한 상황에서 선택하게 하는 방법으로 신호의 탐지는 관찰자의 반응편향과 민감도에 달려있다고 주장하는 이론이다.
- 일반적으로 신호 검출 시 이를 간섭하는 소음이 있고, 신호와 소음을 쉽게 식별할 수 없는 상황에 신호검출이론이 적용된다.
- 긍정(Hit), 허위(False alarm), 누락(Miss), 부정(Correct rejection)의 네 가지 결과로 나눌 수 있다.
- 허위(False alarm)는 소음을 신호로, 누락(Miss)은 신호를 소음으로 판단한 결과이다.

- 신호검출이론은 품질관리, 통신이론, 의학처방 및 심리학, 법정에서의 판정 등 다양하게 활용되고 있다.

㉡ 반응편향 β
- 반응편향 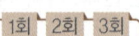 로 구한다.
- 신호에 의한 반응이 선형인 경우 판별력은 좋아진다.
- 신호검출이론에서 두 개의 정규분포 곡선이 교차하는 부분에 있는 기준점 β는 신호의 길이와 소음의 길이가 같으므로 1의 값을 가진다.
- 판정 기준은 β(신호/노이즈)이며, β>1이며 보수적이고, β<1이면 자유적이다.

㉢ 민감도
- 민감도가 클수록 신호를 구분하기 쉽다.
- 잡음이 많을수록, 신호가 약하거나 분명하지 않을수록 d값은 작아진다.
- 민감도를 늘리기 위해서는 교육 훈련, 결과의 피드백, 신호의 비신호의 구별성 증가 등의 조치를 한다.

06

병렬 시스템의 특성에 관한 설명으로 틀린 것은?

① 요소의 중복도가 늘수록 시스템의 수명은 짧아진다.
② 요소의 개수가 증가될수록 시스템 고장의 기회는 감소된다.
③ 요소 중 어느 하나가 정상이면 시스템은 정상으로 작동된다.
④ 시스템의 수명은 요소 중 수명이 가장 긴 것에 의하여 결정된다.

해설
- ①에서 병렬연결일 경우 연결된 부품의 수가 많을수록 신뢰도는 높아진다.

신뢰도와 수명
- 일반적으로 가장 신뢰도가 높은 시스템은 병렬연결 시스템이다.
- 일반적으로 병렬시스템이 직렬시스템에 비해 비용이 증가한다.
- 시스템의 수명은 연결된 부품 중 수명이 가장 짧은 것에 의해 좌우된다.
- 직렬연결일 경우 연결된 부품의 수가 적을수록 신뢰도는 높아진다.
- 직렬연결일 경우 연결된 부품의 수가 많을수록 수명은 짧아진다.
- 직렬연결일 경우 부품 중 어느 하나가 고장이면 시스템은 고장이다.
- 병렬연결일 경우 연결된 부품의 수가 많을수록 신뢰도는 높아진다.

07

인간의 눈이 완전 암조응(암순응) 되기까지 소요되는 시간은 어느 정도인가?

① 1~3분 ② 10~20분
③ 30~40분 ④ 60~90분

해설
- 암조응에 걸리는 시간은 30~40분, 명조응에 걸리는 시간은 1~3분 정도이다.

❖ 적응(순응)
- 적응(순응)은 밝은 곳에 있다가 어두운 곳에 들어설 경우 차츰 어둠에 적응하여 보이기 시작하는 특성을 말한다.
- 암조응에 걸리는 시간은 30~40분, 명조응에 걸리는 시간은 1~3분 정도이다.
- 적색 안경은 암조응을 촉진한다.

08

회전운동을 하는 조종장치의 레버를 20° 움직였을 때 표시장치의 커서는 2cm 이동하였다. 레버의 길이가 15cm일 때 이 조종장치의 C/R비는 약 얼마인가?

① 2.62 ② 5.24
③ 8.33 ④ 10.48

해설
- 회전 조종구의 C/D비 = $\dfrac{2\times\pi(3.14)\times r(반지름)\times\left(\dfrac{각도}{360}\right)}{표시계기의\ 변위량}$ 으로 구한다.
- 레버를 20°, 표시장치는 2cm, 레버의 길이가 15cm이므로 반지름도 15cm이므로 대입하면 C/D비는 $\dfrac{2\times 3.14\times 15\times\left(\dfrac{20}{360}\right)}{2}=2.6166$ …이다.

❖ 통제표시비 : C/D(C/R)비 **실기** 1301/1403/1501/1503/1601/1701/1803/1901/2002/2003/2101/2103/2203/2301/2303/2401

㉠ 개요
- 통제장치의 변위량과 표시장치의 변위량과의 관계를 나타낸 비율로 C/D비, 조종과 반응의 비라고 하여 C/R비라고도 한다.
- C/D = $\dfrac{통제기기의\ 변위량}{표시계기의\ 변위량}$ 으로 구한다.
- 회전 조종구의 C/D비
= $\dfrac{2\times\pi(3.14)\times r(반지름)\times\left(\dfrac{각도}{360}\right)}{표시계기의\ 변위량}$ 으로 구한다.

㉡ 특징
- C/R비가 작아진다는 것은 민감한 장치화 되어 조종시간=제어시간이 길어지지만 수행시간이 짧아진다는 의미이다.
- C/R비가 크다는 것은 미세한 조종은 쉽지만 수행시간은 상대적으로 길다.
- 통제기기 시스템에서 발생하는 조작시간의 지연은 직접적으로 통제표시비가 가장 크게 작용하고 있다.

09

피험자 간 설계(between subject design)에 대한 설명 중 틀린 것은?

① 피험자 간 설계는 독립변인의 다른 수준들이 서로 다른 피험자 집단을 사용하여 평가하는 것을 뜻한다.
② 피험자 간 설계는 피험자 내 설계보다 실험조건들 사이의 통계적 유의미한 차이를 더 쉽고 더 민감하게 찾을 수 있다.
③ 자동차 운전 훈련에서 시뮬레이터를 사용하는 경우와 실제 자동차를 사용하는 경우의 효과를 비교하려고 한다면, 피험자 간 설계가 필요하다.
④ 교통이 혼잡한 지역에서 휴대폰을 사용한 피험자 집단과 교통 소통이 원활한 지역에서 휴대폰을 사용하는 또 다른 피험자 집단으로 구분하여 실험하는 것을 피험자 간 설계라 한다.

해설
- ②에서 피험자 내 설계는 피험자 간 설계보다 실험조건들 사이의 통계적 유의미한 차이를 더 쉽고 더 민감하게 찾을 수 있다.

❖ 피험자 간 설계(between subject design)와 피험자 내 설계(within subject design)

㉠ 피험자 간 설계
- 피험자 간 설계는 독립변인의 다른 수준들이 서로 다른 피험자 집단을 사용하여 평가하는 것을 뜻한다.
- 교통이 혼잡한 지역에서 휴대폰을 사용한 피험자 집단과 교통 소통이 원활한 지역에서 휴대폰을 사용하는 또 다른 피험자 집단으로 구분하여 실험하는 것을 피험자 간 설계라 한다.
- 자동차 운전 훈련에서 시뮬레이터를 사용하는 경우와 실제 자동차를 사용하는 경우의 효과를 비교하려고 한다면, 피험자 간 설계가 필요하다.

㉡ 피험자 내 설계
- 피험자 내 설계는 한 참가자가 독립변인의 모든 수준에 노출되는 설계를 말한다.
- 피험자 내 설계는 피험자 간 설계보다 실험조건들 사이의 통계적 유의미한 차이를 더 쉽고 더 민감하게 찾을 수 있다.

정답 | 07 ③ 08 ① 09 ②

10
1,000Hz, 80dB인 음을 phon과 sone으로 환산한 것은?

① 40phon, 4sone
② 60phon, 3sone
③ 80phon, 2sone
④ 80phon, 16sone

해설
- 1,000Hz 80dB는 80 phon을 의미한다.
- 80 phon에 해당하는 sone 값은 $2^{\frac{80-40}{10}}=2^4=16$이 된다.

sone 값
- 인간이 청각으로 느끼는 소리의 크기를 측정하는 척도 중 하나이다.
- 기준 음에 비해서 몇 배의 크기를 갖느냐는 음의 sone값이 결정한다.
- 1 sone은 40dB의 1,000Hz 순음의 크기로 40phon의 값을 의미한다.
- phon의 값이 주어질 때 sone=$2^{\frac{phon-40}{10}}$으로 구한다.

11
작업 공간 설계에 관한 설명으로 맞는 것은?

① 서서하는 작업에서 작업대의 높이는 최소치 설계를 기본으로 한다.
② 작업 표준 영역은 어깨를 중심으로 팔을 뻗어 닿을 수 있는 영역이다.
③ 서서하는 힘든 작업을 위한 작업대는 세밀한 작업보다 높게 설계한다.
④ 일반적으로 앉아서 하는 작업의 작업대 높이는 팔꿈치 높이가 적당하다.

해설
- ①에서 입식 작업대는 조절식을 기본으로 한다.
- ②에서 작업 표준 영역은 어깨를 중심으로 팔을 뻗지 않고 닿을 수 있는 영역이다.
- ③에서 서서하는 힘든 작업을 위한 작업대는 세밀한 작업보다 낮게 설계한다.

서서하는 작업대 높이
- 서서하는 작업대의 높이는 높낮이 조절이 가능하여야 하며, 작업대의 높이는 팔꿈치를 기준으로 한다.
- 정밀작업의 경우 팔꿈치 높이보다 약간(5~15cm) 높게 한다.
- 경작업의 경우 팔꿈치 높이보다 5~10cm 낮게 한다.
- 중작업의 경우 팔꿈치 높이보다 10~30cm 낮게 한다.
- 정밀한 작업이나 장기간 수행하여야 하는 작업은 좌식 작업대가 바람직하다.

12
통화이해도 측정을 위한 척도로 적합하지 않은 것은?

① 명료도 지수
② 인식 소음 수준
③ 이해도 점수
④ 통화 간섭 수준

해설
- ②는 소음의 측정에 이용되는 척도이다.

통화이해도를 평가하는 척도
- 명료도 지수(articulation index) : 주파수 성분이 음절 명료도에 기여하는 정보를 밝히는 지수값으로 각 옥타브(Octave)대의 음성과 잡음의 데시벨(dB) 값에 가중치를 곱하여 합계를 구하는 것이다.
- 이해도 점수(intelligibility score) : 송화 내용 중에서 알아듣고 이해한 내용의 비율을 말한다.
- 통화 간섭 수준(speech interference level) : 통화 이해도에 영향을 미치는 잡음의 영향 지수를 말한다.
- 소음기준(NC) 곡선 : 특정 장소에서의 통화 평가 방법을 말한다.

13
인체 측정 방법에 대한 설명으로 틀린 것은?

① 둥근 수평자(spreading caliper)는 가슴둘레를 측정할 때 사용한다.
② 수직자(anthropometer)는 키와 앉은 키를 측정할 때 사용한다.
③ 직접적인 인체 측정 방법은 주로 마틴(Matin)식 인체 측정기를 사용하여 치수를 측정한다.
④ 실루에트(silhouette)법은 자동 촬영 장치를 사용하여 피측정자의 정면사진 및 측면사진을 촬영하고, 이 사진을 이용하여 인체 치수를 실치수로 환산한다.

해설
- ①은 입체적인 피부의 두 점을 측정하는데 사용한다.
- 인체 측정 방법
  - 둥근 수평자(spreading caliper)는 입체적인 피부의 두 점을 측정하는데 사용한다.
  - 수직자(anthropometer)는 키와 앉은키를 측정할 때 사용한다.
  - 직접적인 인체 측정 방법은 주로 마틴(Matin)식 인체 측정기를 사용하여 치수를 측정한다.
  - 실루에트(silhouette)법은 자동 촬영 장치를 사용하여 피측정자의 정면사진 및 측면사진을 촬영하고, 이 사진을 이용하여 인체 치수를 실치수로 환산한다.

14 • Repetitive Learning 1회 2회 3회

인간공학에 대한 설명으로 적절하지 않은 것은?

① 자신을 모형으로 사물을 설계에 반영한다.
② 사용 편의성, 증대, 오류 감소, 생산성 향상에 목적이 있다.
③ 인간과 사물의 설계가 인간에게 미치는 영향에 중점을 둔다.
④ 인간의 행동, 능력, 한계, 특성에 관한 정보를 발견하고자 하는 것이다.

해설
- 인간공학이란 인간이 사용하는 물건, 설비, 환경의 설계에 인간의 생리적, 심리적인 면에서의 특성이나 한계점을 고려함으로써 인간-기계 시스템의 안전성과 편리성, 효율성을 높이는 학문분야이다.
- 인간공학(Ergonomics)
  ㉠ 개요
    - "Ergon(작업)+nomos(법칙)+ics(학문)"이 조합된 단어로 Human factors, Human engineering이라고도 한다.
    - 인간의 특성과 한계 능력을 공학적으로 분석, 평가하여 이를 복잡한 체계의 설계에 응용함으로 효율을 최대로 활용할 수 있도록 하는 학문분야이다.
    - 인간이 사용하는 물건, 설비, 환경의 설계에 인간의 생리적, 심리적인 면에서의 특성이나 한계점을 고려함으로써 인간-기계 시스템의 안전성과 편리성, 효율성을 높이는 학문분야이다.
  ㉡ 적용분야
    - 제품설계
    - 재해·질병 예방
    - 장비·공구·설비의 배치
    - 작업장 내 조사 및 연구

15 • Repetitive Learning 1회 2회 3회

다음 피부의 감각기 중 감수성이 제일 높은 것은?

① 온각   ② 통각
③ 압각   ④ 냉각

해설
- 가장 많은 감각기를 보유한 통각이 감수성이 제일 높다.
- 피부 감각의 종류
  - 촉각(압각) : 촉각은 메르켈 소체, 마이스너 소체, 압각은 파치니 소체가 담당한다.
  - 온도감각(온각, 냉각) : 온각은 루피니 소체, 냉각은 크라우제 소체가 담당한다.
  - 고통감각 : 감수성이 가장 높다. 신경말단에서 자극을 수용하며 감각기 중 가장 많이 분포한다.

16 • Repetitive Learning 1회 2회 3회

인간-기계 통합체계의 유형으로 볼 수 없는 것은?

① 수동 시스템   ② 자동화 시스템
③ 정보 시스템   ④ 기계화 시스템

해설
- 인간-기계 통합체계의 유형에는 자동화 체계, 기계화 체계, 수동 체계로 구분된다.
- 인간-기계 통합체계의 유형 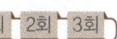 1503/2402
  - 인간-기계 통합체계의 유형에는 자동화 체계, 기계화 체계, 수동 체계로 구분된다.

자동화 체계	인간은 작업계획의 수립, 모니터를 통한 작업 상황 감시, 프로그래밍, 설비보전의 역할을 수행하고 체계(System)가 감지, 정보보관, 정보처리 및 의식결정, 행동을 포함한 모든 임무를 수행하는 체계
기계화 체계	반자동 체계로 운전자의 조종에 의해 기계를 통제하는 융통성이 없는 시스템 형태
수동 체계	• 인간의 힘을 동력원으로 활용하여 수공구를 사용하는 시스템 형태 • 다양성이 있고 융통성이 우수한 특징을 갖는다.

17 • Repetitive Learning 1회 2회 3회

종이의 반사율이 70%이고, 인쇄된 글자의 반사율이 15%일 경우 대비(Contrast)는?

① 15%   ② 21%
③ 70%   ④ 79%

정답 14 ① 15 ② 16 ③ 17 ④

해설

- 종이의 반사율 0.7, 글자의 반사율 0.15이므로 휘도대비는
  $\frac{0.7-0.15}{0.7} \times 100 = \frac{0.55}{0.7} \times 100 = 78.57[\%]$이다.

실내 면 반사율 실기 1503

㉠ 개요
- 빛을 포함한 여러 종류의 복사파가 물체의 표면에서 어느 정도 반사되는지를 나타낸다.
- 반사율 = $\frac{광도}{조도} \times 100$로 구한다.
- 옥내 조명에서 최적 반사율의 크기는 바닥<가구<벽<천장 순으로 커진다.
- 반사율이 각각 L_a, L_b인 두 물체의 대비는 $\frac{L_a - L_b}{L_a} \times 100$으로 구한다.

㉡ 실내 면의 추천 반사율

천장	80 ~ 90%
벽	40 ~ 60%
가구 및 사무용 기기	25 ~ 45%
바닥	20 ~ 40%

19

전력계와 같이 수치를 정확히 읽고자 할 때 가장 적합한 표시장치는?

① 동침형 표시장치
② 계수형 표시장치
③ 동목형 표시장치
④ 수직형 표시장치

해설

- ②는 양을 전자적인 숫자 값으로 표시하는 방식으로 정확도가 높아 전력계 등에서 많이 사용된다.

정량적(동적) 표시장치 실기 2301

정목 동침형	아날로그	• 눈금이 고정되고 지침이 움직이는 방식이다. 미세한 조정이나 움직임이 가능하다. • 인식적 암시 신호를 나타내는데 적합하다.
정침 동목형		• 지침이 고정되고 눈금이 움직이는 방식이다. 표시장치의 면적을 최소화할 수 있다. • 표현 값의 범위가 클 때 유리하다.
계수형	디지털	• 양을 전자적인 숫자 값으로 표시하는 방식이다. 정확성이 높다. • 전력계 등에서 많이 사용된다.

18

주의(Attention)중 디스플레이 상의 다중정보를 병렬 처리하는 것이 가능하게 하는 것은?

① 분산주의(Divided Attention)
② 초점주의(Focused Attention)
③ 선택주의(Selective Attention)
④ 개별주의(Individual Attention)

해설

- ②는 특정 부위에 집중하여 주의가 산만하지 않는 것
- ③은 원하는 부분을 선택하는 것
- 주의는 선택주의, 초점주의, 분할주의, 지속주의로 구분된다.

주의(attention)의 종류
- 선택주의(selective attention) : 원하는 부분을 선택
- 초점주의(focused attention) : 특정 부위에 집중
- 분할주의(divided attention) : 다중정보의 병렬처리
- 지속주의(sustained attention) : 계속적인 유지

20

지하철이나 버스의 손잡이 설치 높이를 결정하는데 적용하는 인체치수 적용원리는?

① 평균치 원리
② 최소치 원리
③ 최대치 원리
④ 조절식 원리

해설

- 지하철이나 버스의 손잡이는 키가 작은 사람도 잡을 수 있도록 하여야 하므로 최소치 원리를 적용한다.

극단치 설계 방법 실기 1601/1603/1801/2003/2201
- 조작자와 제어버튼 사이의 거리, 조작에 필요한 힘, 비상벨의 위치, 지하철이나 버스의 손잡이 높이는 최소 집단치(5% 하위 백분위 수)를 설계 기준으로 한다.
- 출입문의 높이, 탈출구, 의자의 높이, 좌석 간의 거리, 통로의 벽, 와이어로프의 사용중량, 위험구역 울타리 등은 최대 집단치(5% 상위 백분위 수)를 설계 기준으로 한다.

2과목 작업생리학

21
근육원섬유마디(sercomere)에서 근섬유가 수축하면 짧아지는 부분은?

① A 밴드
② 액틴(Actin)
③ 미오신(Myosin)
④ Z선과 Z선 사이의 거리

해설
- 근육이 수축하면 I대와 H대, Z선과 Z선 사이의 거리가 짧아진다.
- **근육의 수축** 실기 1601/1603/2002/2302/2403
  - 근섬유의 수축단위는 근원섬유이다.
  - 근육이 수축하면 I대와 H대, Z선과 Z선 사이의 거리가 짧아진다.
  - 근육이 수축해도 A대(actin과 myosin이 중첩된 짙은 갈색 부분)의 폭, 액틴과 미오신 필라멘트의 길이는 변하지 않는다.
  - 근육의 수축은 근육의 길이가 단축되는 것이다.
  - 근육이 최대로 수축했을 때는 Z선이 A대에 맞닿는다.
  - 근육이 수축하면 가는 근세사가 굵은 근세사 사이로 미끄러져 들어간다.
  - 골격근의 수축은 운동신경의 지배를 받으며 수의적 조절에 따라 일어난다.
  - 평활근의 수축은 자율신경계, 호르몬, 화학신호의 지배를 받으며, 불수의적 조절에 따라 일어난다.

22
어떤 작업자가 팔꿈치 관절에서부터 32cm 거리에 있는 8kg 중량의 물체를 한 손으로 잡고 있다. 팔꿈치 관절의 회전 중심에서 손까지의 중력중심 거리는 16cm이며 이 부분의 중량은 12N이다. 이 때 팔꿈치에 걸리는 반작용의 힘(N)은 약 얼마인가?

① 38.2
② 90.4
③ 98.9
④ 114.3

해설
- 물체가 정적 평형상태를 유지하기 위해서는 힘의 총합은 0이 되어야 한다.
- 아래쪽으로 향하는 힘은 물체 8kg과 팔꿈치 관절이 받는 중량 12N이고 여기에 반하는 반작용의 힘은 서로 같기 때문에 자세가 유지되는 것이다.
- 1kg은 9.8N이므로 8kg은 8×9.8=78.4N이고, 12N과의 합은 90.4N이 아래쪽으로 향하는 힘이고 여기의 반작용의 힘은 마찬가지로 90.4N이 된다.
- **정적 평형상태(Static equilibrium)** 실기 1901/2103/2201
  - 물체나 신체가 움직이지 않는 상태이다.
  - 작용하는 모든 힘의 총합이 0인 상태이다.
  - 작용하는 모든 모멘트의 총합이 0인 상태이다.
  - 힘이 거리에 비례하여 발생한다.

23
습구온도가 43℃, 건구온도가 32℃일 때, Oxford 지수는 얼마인가?

① 38.50℃
② 38.15℃
③ 41.35℃
④ 41.53℃

해설
- 대입하면 0.85×43+0.15×32=41.35℃이다.
- **Oxford 지수**
  - 습구온도와 건구온도의 가중 평균치로 습건지수라고도 한다.
  - Oxford 지수는 0.85×습구온도+0.15×건구온도로 구한다.

24
0901/1001/1303/1503/1703/2101/2103
산업안전보건법령상 "소음작업"이란 1일 8시간 작업을 기준으로 얼마 이상의 소음이 발생하는 작업을 뜻하는가?

① 80데시벨
② 85데시벨
③ 90데시벨
④ 95데시벨

해설
- 소음작업이란 1일 8시간 작업을 기준으로 85dB 이상의 소음이 발생하는 작업을 말한다.
- **소음 노출 기준**
  - ㉠ 개요
    - 소음작업이란 1일 8시간 작업을 기준으로 85dB 이상의 소음이 발생하는 작업을 말한다.
  - ㉡ 강렬한 소음작업

1일 노출시간(hr)	허용 음압수준(dB)
8 이상	90 이상
4 이상	95 이상
2 이상	100 이상
1 이상	105 이상
1/2 이상	110 이상
1/4 이상	115 이상

정답 | 21 ④ 22 ② 23 ③ 24 ②

ⓒ 충격소음작업(1초 이상의 간격)

충격소음강도(dB)	허용 노출 횟수(회)
140 초과	100 이상
130 초과	1,000 이상
120 초과	10,000 이상

25 ● Repetitive Learning 1회 2회 3회

진동과 관련된 단위가 아닌 것은?

① nm
② gal
③ cm/s
④ sone

해설
- ④는 인간이 청각으로 느끼는 소리의 크기를 측정하는 척도이다.
- **진동의 단위**
  - 진동의 단위는 거리, 속도, 가속도 등이 사용된다.
  - gal : 지구 중력가속도 G의 1/1,000에 해당하는 단위로 1cm/sec²이다.
  - G : 중력가속도로 9.8m/sec²이다.
  - nm : 나노 단위로 분자나 원자의 초미세진동 측정에 사용한다.
  - cm/s : 속도 단위

26 ● Repetitive Learning 1회 2회 3회

조도(Illuminance)의 단위로 옳은 것은?

① nit
② lumen
③ lux
④ candela

해설
- ①은 단위 면적당 광량을 나타내는 단위이다.
- ②는 광선속(luminous flux)의 크기를 나타내는 단위이다.
- ④는 광도(luminous intensity)를 측정하는 단위이다.
- **조도(照度)** 실기 1501/1603/1703/2003/2302
  - 조도는 특정 지점에 도달하는 광의 밀도를 말한다.
  - 단위는 럭스(Lux)를 사용한다 ($\frac{1cd}{1m^2}, \frac{1lm}{1m^2}$).
  - 반사체의 반사율과는 상관없이 일정한 값을 갖는다.
  - 거리의 제곱에 반비례하고, 광도에 비례하므로 $\frac{광도}{(거리)^2}$으로 구한다.

27 ● Repetitive Learning 1회 2회 3회

힘든 작업을 수행할 때가 휴식을 취하고 있을 때보다 혈류량이 더 감소하는 기관이 아닌 것은?

① 간
② 신장
③ 뇌
④ 소화기계

해설
- ③은 안정 시와 작업 시 혈액의 변화가 극히 없는 기관이다.
- **작업 시와 안정 시 혈류량의 구성**
  - 작업 시 혈류의 재분배가 이뤄져 활동근육은 전체 혈액량의 85% 정도를 분배받는다.
  - 안정 시 가장 많은 혈액이 분포되는 기관은 소화기관이고, 가장 적은 혈액이 분포되는 기관은 심장근육이다.
  - 안정 시와 작업 시 혈액의 변화가 극히 없는 기관은 뇌이다.
  - 작업 시 혈액의 분배비율이 감소하는 기관은 간, 신장, 소화기계 등이다.
  - 작업 시 혈액의 분배비율이 증가하는 기관은 심장, 근육, 피부 등이다.

구분	안정 시	작업 시
뇌	750	750
심장	250	750
근육	1,200	12,500
피부	500	1,900
신장 등	1,100	600
소화기계	1,400	600
기타	600	400

28 ● Repetitive Learning 1회 2회 3회

뇌파의 종류 중 알파(α)파에 관한 설명으로 맞는 것은?

① 빠르고 진폭이 크다.
② 수면초기에 발생한다.
③ 물질대사가 저하할 때 발생한다.
④ 출현율이 작을수록 각성상태가 증가되는 경향이 있다.

해설
- ②는 θ파에 대한 설명이다.
- 알파파는 8~12Hz 대의 주파수를 갖는 파형으로 안정상태에서 나오는 파형으로 불안하고 스트레스를 느끼는 사람은 이 뇌파가 감소한다. 노화되어 인지기능이 떨어져도 알파파가 감소한다.
- **뇌파(EEG)의 종류**
  - α파 : 8~12Hz 주파수, 안정 시에 주로 나타나는 파형이다.
  - β파 : 12~30Hz 주파수, 눈을 뜨고 집중하는 상태에서 나타나는 파형이다.

25 ④ 26 ③ 27 ③ 28 ④

- θ파 : 4~8Hz 주파수, 졸거나 막 깨어났을 때 나타나는 파형이다.
- δ파 : 4Hz 미만의 주파수로 깊은 수면상태에서 나타난다.

29
근육의 대사에 관한 설명으로 틀린 것은?

① 산소소비량을 측정하면 에너지소비량을 측정할 수 있다.
② 신체활동 수준이 아주 작은 작업의 경우에 젖산이 축적된다.
③ 근육의 대사는 음식물을 기계적인 에너지와 열로 전환하는 과정이다.
④ 탄수화물은 근육의 기본 에너지원으로서 주로 간에서 포도당으로 전환된다.

해설
- 신체 활동 수준이 너무 높아 근육에 공급되는 산소량이 부족하여 생기는 피로물질이 젖산이다.
- **근육의 대사(metabolism)**
  - 산소를 이용하는 유기성과 산소를 이용하지 않는 무기성 대사로 나눌 수 있다.
  - 음식물을 섭취하여 기계적인 일과 열로 전환하는 화학적 과정이다.
  - 탄수화물은 근육의 기본 에너지원으로서 주로 간에서 포도당으로 전환된다.
  - 활동수준이 평상 시에 공급되는 산소 이상을 필요로 하는 경우, 순환계통은 이에 맞추어 호흡수와 맥박수를 증가시키고 피로물질인 젖산이 축적된다.

30
작업생리학 분야에서 신체활동의 부하를 측정하는 생리적 반응치가 아닌 것은?

① 심박수(heart rate)
② 혈류량(blood flow)
③ 폐활량(lung capacity)
④ 산소 소비량(Oxygen consumption)

해설
- ③은 폐기능을 측정하는 방법으로 신체활동의 부하와 관련이 없다.

생리적 척도
- 인간-기계 시스템을 평가하는데 사용하는 인간기준 척도 중 하나이다.
- 중추신경계 활동에 관여하므로 그 활동 및 징후를 측정할 수 있다.
- 정신적 작업부하 척도 가운데 직무수행 중에 계속해서 자료를 수집할 수 있고, 부수적인 활동이 필요 없는 장점을 가진 척도이다.
- 정신작업의 생리적 척도는 EEG(수면뇌파), 동공반응, 부정맥, 점멸융합주파수, J.N.D(Just-Noticeable difference), 눈꺼풀 깜박임 수(blink rate), 뇌유발전위 등을 통해 확인할 수 있다.
- 육체작업의 생리적 척도는 EMG(근전도), 맥박수, 산소소비량, 작업량 등을 통해 확인할 수 있다.

31
심방수축 직전에 발생하는 파장(wave)은?

① P파
② Q파
③ R파
④ S파

해설
- ②, ③, ④는 심실의 수축을 의미한다.
- **심전도(ECG)**
  - 심장근의 활동을 측정하는 것을 말한다.

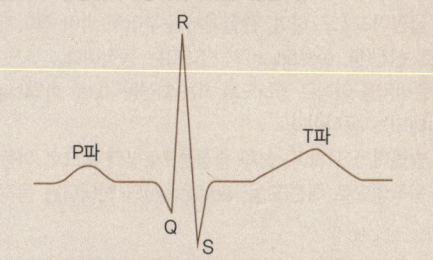

- P파는 심방의 탈분극(심방의 수축)을 의미한다.
- QRS complex는 심실의 탈분극(심실의 수축)을 의미한다.
- T파는 심실의 재분극(심실의 이완)을 의미한다.

32
다음 중 작업장 실내에서 일반적으로 추천 반사율이 가장 높은 곳은?(단, IES기준이다)

① 천장
② 바닥
③ 벽
④ 책상면

해설

- 옥내 조명에서 최적 반사율의 크기는 바닥<가구<벽<천장 순으로 커진다.
- :: 실내 면 반사율 실기 1503
  ㉠ 개요
  - 빛을 포함한 여러 종류의 복사파가 물체의 표면에서 어느 정도 반사되는지를 나타낸다.
  - 반사율 = $\frac{광도}{조도}$ × 100로 구한다.
  - 반사율이 각각 L_a, L_b인 두 물체의 대비는 $\frac{L_a - L_b}{L_a}$ × 100으로 구한다.
  ㉡ 실내 면의 추천 반사율

천장	80 ~ 90%
벽	40 ~ 60%
가구 및 사무용 기기	25 ~ 45%
바닥	20 ~ 40%

33 · Repetitive Learning 1회 2회 3회

신체부위의 동작 중 전완의 회전운동에 쓰이며, 손바닥을 위로 향하도록 하는 회전을 무엇이라 하는가?

① 굴곡(flexion)
② 회내(pronation)
③ 외전(abduction)
④ 회외(supination)

해설

- ①은 굽힘이라고도 하며, 관절에서 구부러져 각이 작아지는 움직임으로 신전(폄, extension)의 반대되는 동작이다.
- ②는 손바닥을 아래로 향하도록 하는 회전동작으로 회외(supination)의 반대되는 동작이다.
- ③은 벌림이라고 하며, 신체 중심선으로부터 밖으로 이동하는 신체의 움직임으로 내전(모음, adduction)의 반대되는 동작이다.
- :: 회외(supination)
  - 전완의 회전운동에 쓰이며, 손바닥을 위로 향하도록 하는 회전을 말한다.
  - 오른손과 전완(forearm)을 이용하여 드라이버를 시계방향으로 회전시켜 나사를 조을 때의 동작유형에 해당한다.
  - 회내(pronation)의 반대되는 동작이다.

0803/0901/1101/1203/1703/1901

34 · Repetitive Learning 1회 2회 3회

소음에 의한 청력손실이 가장 크게 발생하는 주파수 대역은?

① 1,000Hz
② 2,000Hz
③ 4,000Hz
④ 10,000Hz

해설

- 소음성 난청(C5-dip)은 주로 4,000Hz에 대한 청력손실부터 시작하여 주변의 주파영역으로 파급된다.
- :: 소음성 난청(C5-dip) 실기 1901
  - 작업자가 소음 작업환경에 장기간 노출될 경우 나타나는 직업병이다.
  - 주로 4,000Hz에 대한 청력손실부터 시작하여 주변의 주파영역으로 파급된다.
  - 역치변화가 큰 4,000Hz 주파수에서 소음에 의한 청력손실이 가장 크게 나타나 검사음으로 사용한다.

1203

35 · Repetitive Learning 1회 2회 3회

일반적으로 최대근력이 50% 정도의 힘으로 유지할 수 있는 시간은?

① 1분 정도
② 5분 정도
③ 10분 정도
④ 15분 정도

해설

- 일반적으로 최대근력이 50% 정도의 힘으로 유지할 수 있는 시간은 1분 정도이다.
- :: 근력
  - 한 번의 수의적인 노력에 의해 근육이 등척성으로 낼 수 있는 힘의 최댓값이다.
  - 일반적으로 최대근력이 50% 정도의 힘으로 유지할 수 있는 시간은 1분 정도이다.
  - 근육이 발휘할 수 있는 15% 이하의 힘으로 상당히 오랫동안 유지가능하며, 10% 미만의 힘으로 무한하게 유지가 가능하다.
  - 여성의 평균 근력은 남성의 약 65% 정도이다.
  - 훈련(운동)을 통해 약 30 ~ 40%의 근력증가효과를 얻을 수 있다.
  - 근력은 보통 25 ~ 35세에 최고에 도달하고, 40세 이후 서서히 감소한다.

1203/2103

36 · Repetitive Learning 1회 2회 3회

동일한 관절운동을 일으키는 주동근(agonists)과 반대되는 작용을 하는 근육은?

① 박근(gracilis)
② 장요근(iliopsoas)
③ 길항근(antagonists)
④ 대퇴직근(rectus femoris)

해설
- ①은 두덩뼈에서 정강이뼈까지 이어진 길고 얇은 근육으로, 관절의 안정성을 유지하는 역할을 한다.
- ②는 엉덩허리근으로 큰허리근과 엉덩근이 합류하여 형성된 근육으로, 서기, 걷기, 달리기 등의 동작에 중요한 역할을 한다.
- ④는 넙다리곧은근으로 힘줄을 통해 무릎뼈에 붙어서 엉덩관절에서 넓적다리를 굽히고, 무릎관절에서 종아리를 펴는 역할을 한다.

길항근(antagonists)
- 특정한 근육을 지칭하는 것이 아니라 어떤 근육의 작용과 반대되는 작용을 하는 근육을 일컫는 용어이다.
- 움직임을 직접적으로 주도하는 주동근(prime mover)과 반대되는 작용을 하는 근육을 말한다.

- 교대작업은 피로회복을 위해 역교대 근무 방식보다 전진근무 방식(주간근무 → 저녁근무 → 야간근무 → 주간근무)으로 하는 것이 좋다.
ⓒ 야간근무
- 야간근무의 연속은 2 ~ 3일 정도가 좋다.
- 야근 교대시간은 상오 0시 이전에 하는 것이 좋다.
- 야간근무 시 가면(假眠)시간은 근무시간에 따라 2 ~ 4시간으로 하는 것이 좋다.
- 야근은 가면(假眠)을 하더라도 10시간 이내가 좋다.
- 야근 후 다음 반으로 가는 간격은 최저 48시간을 가지도록 한다.
- 상대적으로 가벼운 작업을 야간 근무조에 배치하고, 업무 내용을 탄력적으로 조정한다.

37
교대작업에 관한 설명으로 맞는 것은?

① 교대작업은 야간 → 저녁 → 주간 순으로 하는 것이 좋다.
② 교대일정은 정기적이고, 근로자가 예측 가능하도록 해야 한다.
③ 신체의 적응을 위하여 야간근무는 7일 정도로 지속되어야 한다.
④ 야간 교대시간은 가급적 자정 이후로 하고, 아침 교대시간은 오전 5 ~ 6시 이전에 하는 것이 좋다.

해설
- ①에서 근무반 교대방향은 아침반 → 저녁반 → 야간반으로 정방향 순환이 되게 한다.
- ③에서 야간근무의 연속은 3일을 넘기지 않도록 하여야 한다.
- ④에서 야근 교대시간은 상오 0시 이전에 하는 것이 좋으며, 아침 교대시간은 아침 7시 이후에 하는 것이 바람직하다.

바람직한 교대제
ⓐ 기본
- 각 반의 근무시간은 8시간으로 한다.
- 2교대면 최저 3조의 정원을, 3교대면 4조 편성으로 한다.
- 근무시간의 간격은 15 ~ 16시간 이상으로 하여야 한다.
- 채용 후 건강관리로서 정기적으로 체중, 위장 증상 등을 기록해야 하며 체중이 3kg 이상 감소 시 정밀검사를 받도록 한다.
- 근무 교대시간은 근로자의 수면을 방해하지 않도록 정해야 하며, 아침 교대시간은 아침 7시 이후에 하는 것이 바람직하다.
- 근무시간은 8시간을 주기로 교대하며 야간 근무 시 충분한 휴식을 보장해주어야 한다.

38
에너지 대사율(RMR)에 관한 계산식으로 맞는 것은?

① RMR = 작업대사량/기초대사량
② RMR = 기초대사량/작업대사량
③ RMR = (한 일/에너지 소비) × 100(%)
④ RMR = 안정 시 에너지대사량/기초대사량

해설
- $RMR = \dfrac{운동대사량}{기초대사량} = \dfrac{운동\ 시\ 산소소모량 - 안정\ 시\ 산소소모량}{기초대사량(산소소비량)}$ 로 구한다.

작업 에너지 대사율(RMR : Relative Metabolic Rate)
ⓐ 개요
- RMR은 특정 작업을 수행하는 데 있어 작업자의 생리적 부하를 계측하는 지표이다.
- 주로 동적 근력작업이나 정적 근력작업의 강도를 측정하여 연속작업이 가능한 시간을 예측하기 위해 사용한다.
- $RMR = \dfrac{운동대사량}{기초대사량}$
  $= \dfrac{운동\ 시\ 산소소모량 - 안정\ 시\ 산소소모량}{기초대사량(산소소비량)}$
  로 구한다.
- RMR이 커지는 데 따라 작업 지속시간이 짧아진다.

ⓒ 작업강도 구분

작업구분	RMR	작업 종류 등
중(重)작업	4 ~ 7	일반적인 전신노동, 힘이나 동작속도가 큰 작업
중(中)작업	2 ~ 4	손·상지 작업, 힘·동작속도가 작은 작업
경(輕)작업	0 ~ 2	손가락이나 팔로 하는 가벼운 작업

39 — Repetitive Learning ⟮1회 2회 3회⟯

최대산소소비능력(MAP)에 관한 설명으로 틀린 것은?

① 산소섭취량이 지속적으로 증가하는 수준을 말한다.
② 사춘기 이후 여성의 MAP는 남성의 65 ~ 75% 정도이다.
③ 최대산소소비능력은 개인의 운동역량을 평가하는데 활용된다.
④ MAP를 측정하기 위해서 주로 트레드밀(treadmill)이나 자전거 에르고미터(ergometer)를 활용한다.

해설
- ①에서 MAP란 일의 속도가 증가하더라도 산소 섭취량이 더 이상 증가하지 않는 일정하게 되는 수준이다.

최대 산소소비능력(MAP, maximum aerobic power)
- MAP란 일의 속도가 증가하더라도 산소 섭취량이 더 이상 증가하지 않는 일정하게 되는 수준이다.
- 개인의 MAP가 클수록 순환기 계통의 효능이 크다.
- 개인의 운동역량을 평가하는데 활용된다.
- 사춘기 이후 여성의 MAP는 남성의 65 ~ 75% 정도이다.
- MAP 수준에서는 에너지대사가 주로 혐기적으로 일어난다.
- 근육과 혈액 중에 축적되는 젖산의 양은 증가한다.
- MAP를 직접 측정하는 방법은 트레드밀(treadmill)이나 자전거 에르고미터(ergometer)에서 가능하다.

40 — Repetitive Learning ⟮1회 2회 3회⟯

운동이 가장 자유롭고 다축성으로 이루어진 관절은?

① 견관절
② 추간관절
③ 슬관절
④ 요골수근관절

해설
- ②는 허리뼈 뒤쪽의 관절로 평면관절에 해당하는 축이 없는 관절이다.
- ③은 경첩관절(hinge joint)로 축이 하나인 관절이다.
- ④는 중쇠관절(pivot joint)로 축이 하나인 관절이다.

구상관절(ball and socket joint)
- 운동범위가 가장 크며 세 개의 운동축을 가진 관절이다.
- 어깨관절이나 대퇴, 엉덩관절이 대표적이다.

3과목 산업심리학 및 관련법규

41 — Repetitive Learning ⟮1회 2회 3회⟯

하인리히(H.W. Heinrich)의 재해예방의 원리 5단계를 올바르게 나열한 것은?

① 조직 → 평가분석 → 사실의 발견 → 시정책의 선정 → 시정책의 적용
② 조직 → 사실의 발견 → 평가분석 → 시정책의 선정 → 시정책의 적용
③ 평가분석 → 사실의 발견 → 조직 → 시정책의 선정 → 시정책의 적용
④ 평가분석 → 조직 → 사실의 발견 → 시정책의 선정 → 시정책의 적용

해설
- 하인리히의 사고예방 기본원리의 1단계는 안전관리조직과 규정이고, 2단계는 사고를 통해 사실을 발견하는 단계이다.

하인리히의 사고예방의 기본 원리 5단계

단계	단계별 과정	필요 조치
1단계	안전관리조직과 규정	• 책임과 권한의 부여 • 안전관리 규정 작성 • 안전관리 조직 편성
2단계	사실의 발견으로 현상파악	• 자료수집 • 작업분석과 위험확인 • 안전점검 · 검사 및 조사 실시
3단계	분석을 통한 원인규명	• 인적 · 물적 · 환경조건의 분석 • 교육 훈련 및 배치 사항 파악 • 사고기록 및 관계자료 대조확인
4단계	시정방법의 선정	• 기술적인 개선 • 작업배치의 조정 • 교육훈련의 개선
5단계	시정책의 적용	• 기술(Engineering)적 대책 • 교육(Education)적 대책 • 관리(Enforcement)적 대책

42

집단의 특성에 관한 설명과 가장 거리가 먼 것은?

① 집단은 사회적으로 상호 작용하는 둘 혹은 그 이상의 사람으로 구성된다.
② 집단은 구성원들 사이 일정한 수준의 안정적인 관계가 있어야 한다.
③ 구성원들이 스스로를 집단의 일원으로 인식해야 집단이라고 칭할 수 있다.
④ 집단은 개인의 목표를 달성하고, 각자의 이해와 목표를 추구하기 위해 형성된다.

해설
- 집단은 공동의 목표를 달성하고, 공동의 이해와 목표를 추구하기 위해 형성된다.

집단의 특성
- 집단은 사회적으로 상호 작용하는 둘 혹은 그 이상의 사람으로 구성된다.
- 집단은 구성원들 사이 일정한 수준의 안정적인 관계가 있어야 한다.
- 구성원들이 스스로를 집단의 일원으로 인식해야 집단이라고 칭할 수 있다.
- 집단은 공동의 목표를 달성하고, 공동의 이해와 목표를 추구하기 위해 형성된다.

43

데이비스(K.Davis)의 동기부여 이론에 대한 설명으로 틀린 것은?

① 능력＝지식×노력
② 동기유발＝상황×태도
③ 인간의 성과＝능력×동기유발
④ 경영의 성과＝인간의 성과×물질의 성과

해설
- 능력(Ability)＝지식(Knowledge)×기능(Skill)이라고 주장하였다.

데이비스(K. Davis)의 동기부여 이론
- 인간의 성과(Human performance)＝능력(Ability)×동기유발(Motivation)
- 능력(Ability)＝지식(Knowledge)×기능(Skill)
- 동기유발(Motivation)＝상황(Situation)×태도(Attitude)

44

재해율과 관련된 설명으로 옳은 것은?

① 재해율은 근로자 100명당 1년간에 발생하는 재해자 수를 나타낸다.
② 도수율은 연간 총 근로시간 합계에 10만 시간당 재해발생 건수이다.
③ 강도율은 근로자 1,000명당 1년 동안에 발생하는 재해자 수(사상자 수)를 나타낸다.
④ 연천인율은 연간 총 근로시간에 1,000시간당 재해 발생에 의해 잃어버린 근로손실일수를 말한다.

해설
- ②에서 도수율은 연간 총 근로시간 합계에 100만 시간당 재해발생 건수를 말한다.
- ③에서 강도율은 1,000시간의 근로시간당 1년간의 총요양근로손실일수를 말한다.
- ④에서 연천인율은 연간 총 근로자 1,000명당 재해자 수의 비율을 의미한다.

재해율
- 산재보험적용 근로자 1백 명당 1년간에 발생하는 재해자 수를 말한다.
- 재해자는 근로복지공단의 유족급여가 지급된 사망자 및 근로복지공단에 최초요양신청서를 제출한 재해자 중 요양승인을 받은 자를 말한다.
- 산재보험적용근로자는 산업재해보상보험법이 적용되는 근로자를 말한다.

45

제조물 책임법에서 손해배상 책임에 대한 설명 중 틀린 것은?

① 물질적 손해뿐 아니라 정신적 손해도 손해 배상 대상에 포함된다.
② 피해자가 손해배상 청구를 하기 위해서는 제조자의 고의 또는 과실을 입증해야 한다.
③ 해당 제조물 결함에 의해 발생한 손해가 그 제조물 자체에만 그치는 경우에는 제조물 책임 대상에서 제외한다.
④ 제조자가 결함 제조물로 인하여 생명, 신체 또는 재산상의 손해를 입은 자에게 손해를 배상할 책임을 의미한다.

정답 42 ④ 43 ① 44 ① 45 ②

> **해설**
> - 피해자는 해당 제품으로 인해 상해를 입었으며, 해당 제품은 당해 제조자가 판매한 것이라는 것만 입증하면 된다.
> - **엄격책임상 피해자 입증사항** 실기 1503
>   - 판매자(생산자)가 제품을 판매한 것
>   - 제품에 위해의 원인이 있는 것
>   - 제품이 손해에 대해서 법적 관련성을 갖는 것
>   - 손해가 발생한 것

> **해설**
> - 피로를 줄이기 위해서는 동적동작을 확대하고, 정적동작을 축소해야 한다.
> - **작업에 수반되는 피로를 줄이기 위한 대책**
>   - 작업부하의 경감
>   - 작업속도와 작업량의 조절
>   - 동적동작 확대, 정적동작 축소
>   - 작업 및 휴식시간의 조절
>   - 교대제 시행

46

어느 검사자가 한 로트에 1,000개의 부품을 검사하면서 100개의 불량품을 발견하였다. 하지만 이 로트에는 실제 200개의 불량품이 있었다면, 동일한 로트 2개에서 휴먼에러를 범하지 않을 확률은 얼마인가?

① 0.01
② 0.1
③ 0.5
④ 0.81

> **해설**
> - 과오발생 가능 수는 1,000개인데 실제 과오 발생 수는 100개(200−100)이다.
> - 인간실수확률은 $\frac{100}{1,000}=0.1$이 된다. 문제는 휴먼에러를 범하지 않을 확률 즉, 신뢰도를 물었으므로 신뢰도는 1−0.1=0.9가 된다.
> - 1,000개의 부품을 검사하는데 신뢰도가 0.9인데 이것이 2,000개로 늘어난 경우이므로 신뢰도 0.9가 직렬로 연결된 구조로 봐야 한다.
> - 즉, 0.9×0.9=0.81이 된다.
> - **인간실수확률(HEP : Human Error Probability)** 실기 1301/1703/2003
>   - 시작과 끝을 가지는 직무에 근무할 때 인간 신뢰도의 기본단위이다.
>   - 과오가 발생할 수 있는 가능 수에서 실제 발생한 과오의 수로 계산한다.
>   - $\frac{\text{실제발생 과오의 수}}{\text{과오발생 가능 수}}$로 구한다.

47

작업에 수반되는 피로를 줄이기 위한 대책으로 적절하지 않은 것은?

① 작업부하의 경감
② 작업속도의 조절
③ 동적동작의 제거
④ 작업 및 휴식시간의 조절

48

하인리히의 도미노 이론을 순서대로 나열한 것은?

Ⓐ 유전적 요인과 사회적 환경
Ⓑ 개인의 결함
Ⓒ 불안전한 행동과 불안전한 상태
Ⓓ 사고
Ⓔ 재해

① Ⓐ → Ⓑ → Ⓓ → Ⓒ → Ⓔ
② Ⓐ → Ⓑ → Ⓒ → Ⓓ → Ⓔ
③ Ⓑ → Ⓐ → Ⓒ → Ⓓ → Ⓔ
④ Ⓑ → Ⓐ → Ⓓ → Ⓒ → Ⓔ

> **해설**
> - 하인리히의 도미노 이론은 1단계 사회적 환경과 유전적 요소에서부터 3단계 재해의 기본원인인 불안전한 행동과 불안전한 상태를 통해 4단계에 사고가 발생하고 5단계에서 재해로 발전한다고 봤다.
> - **하인리히의 사고연쇄반응(도미노) 이론**
>   - 3단계 불안전한 행동 및 불안전한 상태가 재해의 직접원인으로 작용하므로 사고를 예방하기 위한 관리 활동들이 가장 효과적으로 적용될 수 있다고 보았다.
>
> | 1단계 | 사회적 환경 및 유전적 요소 |
> |---|---|
> | 2단계 | 개인적인 결함 |
> | 3단계 | 불안전한 행동 및 불안전한 상태 |
> | 4단계 | 사고 |
> | 5단계 | 재해 |

49

관리 그리드 모형(management grid model)에서 제시한 리더십의 유형에 대한 설명으로 옳지 않은 것은?

① (9,1)형은 인간에 대한 관심은 높으나 과업에 대한 관심은 낮은 인기형이다.
② (1,1)형은 과업과 인간관계 유지 모두에 관심을 갖지 않는 무관심형이다.
③ (9,9)형은 과업과 인간관계 유지의 모두에 관심이 높은 이상형으로서 팀형이다.
④ (5,5)형은 과업과 인간관계 유지에 모두 적당한 정도의 관심을 갖는 중도형이다.

해설
- (9,1)형은 과업에 대한 관심은 높으나 인간관계에 대한 관심은 낮은 과업형이다.

관리 그리드(Managerial Grid) 이론
- Blake & Muton에 의해 구조주도적-배려적 리더십 개념을 연장시켜 정립한 이론이다.
- 리더의 2가지 관심(인간, 생산에 대한 관심)을 축으로 리더십을 분류하였다.
- 이상(Team)형 리더십이 가장 높은 성과를 보여준다고 주장하였다.
- 표현 시 ( ) 안에 앞에는 업무에 대한 관심을, 뒤에는 인간관계에 대한 관심을 표현하고 온점(.)으로 구분한다.

높음(9)	인기(Country club)형 (1.9) • 인간에 대한 관심 지대함 • 생산에는 무관심		이상(Team)형 (9.9) • 인간에 대한 관심과 생산에 대한 관심이 모두 높음
↑ 인간에 대한 관심 ↓		중도(Middle of road)형 (5.5)	
	무관심(Impoverished)형(1.1) • 인간에 대한 관심과 생산에 대한 관심이 모두 무관심		과업(Task)형(9.1) • 생산에 대한 관심 지대함 • 인간에는 무관심
낮음(1)	← 생산에 대한 관심 ⇒ 높음(9)		

50

산업안전보건법령상 산업재해조사에 관한 설명으로 옳은 것은?

① 재해 조사의 목적은 인적, 물적 피해 상황을 알아내고 사고의 책임자를 밝히는데 있다.
② 재해 발생 시, 가장 먼저 조치할 사항은 직접 원인, 간접 원인 등의 재해원인을 조사하는 것이다.
③ 3개월 이상의 요양이 필요한 부상자가 동시에 2인 이상 발생했을 때 중대재해로 분류한다.
④ 사업주는 사망자가 발생했을 때에는 재해가 발생한 날로부터 10일 이내에 산업재해조사표를 작성하여 관할 지방노동관서의 장에게 제출해야 한다.

해설
- ①에서 재해조사의 목적은 동종의 재해 및 유사재해의 재발방지 대책을 강구하는데 있다.
- ②에서 재해발생 시 가장 먼저 조치해야 하는 사항은 재해자에 대한 응급조치(긴급 조치)이다.
- ④에서 사업주는 산업재해로 사망자가 발생하거나 3일 이상의 휴업이 필요한 부상을 입거나 질병에 걸린 사람이 발생한 경우에는 산업재해가 발생한 날부터 1개월 이내에 산업재해조사표를 작성하여 관할 지방고용노동관서의 장에게 제출해야 한다.

중대재해(Major Accident)
㉠ 개요
- 산업재해 중 사망 등 재해 정도가 심한 것으로서 고용노동부령으로 정하는 재해를 말한다.

㉡ 종류
- 사망자가 1명 이상 발생한 재해
- 3개월 이상의 요양이 필요한 부상자가 동시에 2명 이상 발생한 재해
- 부상자 또는 직업성질병자가 동시에 10명 이상 발생한 재해

51

인간오류(human error)의 분류에서 필요한 행위를 실행하지 않은 오류는 무엇인가?

① 시간오류(timing error)
② 순서오류(sequence error)
③ 작위오류(commission error)
④ 부작위오류(error of omission)

해설
- ①은 필요한 작업 또는 절차의 수행을 지연한데 기인한 에러이다.
- ②는 필요한 작업 또는 절차의 순서 착오로 인한 에러이다.
- ③은 작업 수행 중 작업을 정확하게 수행하지 못해 발생한 에러이다.

■ 심리적 측면의 휴먼에러 분류(Swain) 실기 1403/1703/2101/2201/2403
  ㉠ 부작위오류(Omission error) : 필요한 행위를 실행하지 않은 오류

생략오류 (Omission error)	필요한 작업 또는 절차를 수행하지 않는 데 기인한 에러

  ㉡ 작위오류(Commission error) : 작업 수행 중 작업을 정확하게 수행하지 못해 발생한 에러(행위적 관점)

선택오류 (Selection error)	다른 레버를 선택하는 등의 원인으로 발생한 에러
물량오류 (Qualitative error)	너무 많거나 혹은 너무 적은 작업을 수행해서 발생한 에러
순서오류 (Sequential error)	필요한 작업 또는 절차의 순서 착오로 인한 에러
시간오류 (Timing error)	필요한 작업 또는 절차의 수행을 지연한 데 기인한 에러

  ㉢ 불필요한 행동 오류

불필요한 수행오류 (Extraneous error)	불필요한 작업 또는 절차를 수행함으로써 발생한 에러

52
레빈(Lewin)의 인간행동 법칙 "B=f(P·E)"의 각 인자와 리더십의 관계를 설명한 것으로 적절하지 않은 것은?

① f는 리더십의 형태이다.
② P는 집단을 구성하는 구성원의 특징이다.
③ B는 리더십 발휘에 따른 집단의 활동을 의미한다.
④ E는 집단의 과제, 구조, 사회적 요인 등 환경적 요인이다.

해설
- f는 동기부여를 포함한 함수(Function)이다.

■ 레빈(Lewin,K)의 법칙
  - 행동 $B = f(P \cdot E)$로 이루어진다. 즉, 인간의 행동은 개인(P)과 환경(E)의 상호 함수관계에 있다고 할 수 있다.
  - B는 인간의 행동(Behavior)을 말한다.
  - f는 동기부여를 포함한 함수(Function)이다.
  - P는 Person 즉, 개체(소질)로 연령, 지능, 경험 등을 의미한다.
  - E는 Environment 즉, 심리적 환경(인간관계, 작업환경-조명, 소음, 온도 등)을 의미한다.

53
10명으로 구성된 집단에서 소시오메트리(sociometry) 연구를 사용하여 조사한 결과 실제 긍정적인 상호작용을 맺고 있는 관계의 수가 16일 때 이 집단의 응집성 지수는 약 얼마인가?

① 0.222
② 0.356
③ 0.401
④ 0.504

해설
- 인원수가 10명이고, 관계의 수가 16일 때 대입하면 응집성 지수는 $\frac{16}{_{10}C_2} = \frac{16}{\frac{10 \times (10-1)}{2}} = \frac{16}{45} = 0.355\cdots$

■ 응집성 지수
  - 구성원들 간의 친밀도를 나타내는 척도이다.
  - 지수의 값이 클수록 친밀도가 높아 성과가 높은 집단이라고 볼 수 있다.
  - 응집성 지수는  로 구하는데 가능한 상호선분관계의 총 수는 인원수를 n이라할 때 $_nC_2$로 구한다.

54
스트레스를 받을 때 몸에서 생성되는 호르몬으로 스트레스 정도를 파악하는데 사용되는 것은?

① 코티졸
② 환경호르몬
③ 인슐린
④ 스테로이드

해설
- 스트레스에 대응해서 몸이 최대의 에너지를 만들 수 있도록 콩팥의 부신피질에서 분비되는 호르몬은 코티졸이다.

■ 스트레스
  - 위협적인 환경특성에 대한 개인의 반응이라고 볼 수 있다.
  - 코티졸(cortisol)은 스트레스를 받을 때 몸에서 생성되는 호르몬으로 스트레스 정도를 파악하는데 사용된다.
  - 스트레스는 근골격계 질환에 영향을 줄 수 있다.
  - 스트레스를 받게 되면 자율 신경계가 활성화 된다.
  - 적정수준의 스트레스는 작업성과에 긍정적으로 작용한다(스트레스 수준과 수행은 역U자형의 관계를 갖는다).
  - 지나친 스트레스를 지속적으로 받으면 인체는 자기조절능력을 상실할 수 있다.

- 일반적으로 내적 통제자들은 외적 통제자들보다 스트레스를 적게 받는다.
- A형 성격을 가진 사람이 B형 성격을 가진 사람보다 높은 스트레스를 받을 가능성이 있다.

55
조직의 지도자들이 부하직원들을 승진시킬 수 있고 봉급을 인상해 주는 등의 능력이 있으므로 통제가 가능한 권한은?

① 합법적 권한 ② 위임적 권한
③ 강압적 권한 ④ 보상적 권한

해설
- ①은 군대, 교사, 정부기관 등 합법적 권력이 가지는 권한이다.
- ②는 부하직원들이 상사를 존경하여 스스로 따른다고 할 때의 상사의 권한을 말한다.
- ③은 구성원을 징계 또는 처벌할 수 있는 권한을 말한다.

▪ 리더십 권한
  ㉠ 조직이 리더에게 부여한 권한
  - 합법적 권한 : 군대, 교사, 정부기관 등 합법적 권력이 가지는 권한
  - 강압적 권한 : 부하의 처벌, 승진 누락, 봉급의 인상 거부 등 강압적인 힘을 갖는 권한
  - 보상적 권한 : 승진, 봉급 인상 등 역할에 대한 보상을 부여하는 권한
  ㉡ 조직이 리더에게 부여하지 않았지만 조건이 맞을 경우 자발적으로 생성되는 권한
  - 위임된 권한 : 목표 달성을 위하여 부하 직원들이 상사를 존경하여 상사와 함께 일하고자 할 때 상사에게 부여되는 권한 혹은 지도자 자신이 자신에게 부여한 권한
  - 전문성의 권한 : 조직이 지도자에게 부여한 권한은 아니지만 전문적 지식을 가진 리더를 부하들이 스스로 따르는 것으로 지도자 자신의 능력에 의해 생성되는 권한
  - 준거적 권한 : 리더의 개인적 매력이 중요하며, 매력적인 리더와 함께 하고 싶은 부하들에 의해 조직의 발전이 이뤄진다는 것

56
휴먼 에러 예방대책 중 인적요인에 대한 대책이 아닌 것은?

① 소집단 활동
② 작업의 모의훈련
③ 안전 분위기 조성
④ 작업에 관한 교육훈련

해설
- ③은 관리요인 대책에 해당한다.

▪ 휴먼에러 예방대책
  ㉠ 인적요인
  - 확실한 업무 인수인계
  - 소집단 활동의 활성화
  - 작업의 모의훈련
  - 작업에 대한 교육 및 훈련
  ㉡ 설비 및 환경요인
  - 설비 및 환경개선
  - Fail safe design과 Fool proof 설계
  - 인간공학적 설계 및 적합화
  - 작업자의 특성과 작업설비의 적합성 점검·개선
  - 기기 및 밸브 등의 배치, 표시, 표식의 확실한 구분
  ㉢ 관리요인
  - 안전분위기 조성
  - 작업자의 특성과 작업설비의 적합성 점검·개선

57
모든 입력이 동시에 발생해야만 출력이 발생되는 논리조작을 아타내는 FT도의 논리기호 명칭은?

① 기본사상
② OR게이트
③ 부정게이트
④ AND게이트

해설
- ①은 FT에서는 더 이상 원인을 전개할 수 없는 재해를 일으키는 개별적이고 기본적인 원인들로 기계적 고장, 작업자의 실수 등을 말한다.
- ②는 입력사상 중 어느 하나라도 발생하면 출력사상이 발생되는 논리게이트이다.
- ③은 FT에서 입력현상의 반대현상이 출력되는 게이트이다.

▪ AND 게이트
- 모든 입력이 동시에 발생해야만 출력이 발생되는 게이트로 논리곱의 관계를 표시한다.
- 로 표시한다.

정답 | 55 ④ 56 ③ 57 ④

58

주의의 특성을 설명한 것으로 가장 거리가 먼 것은?

① 고도의 주의는 장시간 지속할 수 없다.
② 한 지점에 주의를 하면 다른 곳의 주의는 약해진다.
③ 동시에 시각적 자극과 청각적 자극에 주의를 집중할 수 없다.
④ 사람은 한 번에 여러 종류의 자극을 지각하거나 수용하는데 한계가 있다.

해설
- ①은 변동성에 대한 설명이다.
- ②는 방향성에 대한 설명이다.
- ④는 선택성에 대한 설명이다.

■ 주의(Attention)의 특성 실기 1901

선택성	여러 자극을 지각할 때 소수의 현란한 자극에 선택적 주의를 기울이는 경향으로 한 번에 많은 종류의 자극을 수용하기 어려움을 말한다.
방향성	한 지점에 주의를 집중하면 다른 곳의 주의가 약해지는 성질을 말한다.
변동성	장시간 주의를 집중하려 해도 주기적으로 부주의의 리듬이 존재한다는 것을 말한다.
일점 집중성	돌발 사태를 만나면 공포와 함께 주의가 일점에 집중되어 판단불능의 상태에 빠지는 것을 말한다.

59

반응시간(reaction time)에 관한 설명으로 옳은 것은?

① 자극이 요구하는 반응을 행하는 데 걸리는 시간을 의미한다.
② 반응해야 할 신호가 발생한 때부터 반응이 종료될 때까지의 시간을 의미한다.
③ 단순반응시간에 영향을 미치는 변수로는 자극 양식, 자극의 특성, 자극 위치, 연령 등이 있다.
④ 여러 개의 자극을 제시하고, 각각에 대한 서로 다른 반응을 할 과제를 준 후에 자극이 제시되어 반응할 때까지의 시간을 단순반응시간이라 한다.

해설
- ①과 ②에서 반응시간은 어떠한 자극이 제시되고 이에 대한 동작을 시작하기까지의 소요 시간을 말한다.
- ④는 선택반응시간에 대한 설명이다.

■ 반응시간(reaction time) 실기 1803/2201
- 어떠한 자극이 제시되고 이에 대한 동작을 시작하기까지의 소요 시간을 말한다.
- 자극과 요구 반응의 수에 따라 단순반응시간, 선택반응시간, 변별반응시간으로 구분된다.
- 단순반응시간은 하나의 자극에 대해 하나의 반응을 요구할 때의 반응시간이다.
- 단순(A)반응시간에 영향을 미치는 변수로는 자극 양식, 자극의 특성, 자극 위치, 연령 등이 있다.
- 선택(B)반응시간은 2개 이상의 자극에 대해 각각의 자극에 대해 다른 반응을 요구할 때의 반응시간이다.
- 선택반응시간은 별도의 반응을 요하는 자극 수에 따라 달라진다.
- 선택반응시간은 자극과 반응(N)이 증가할 때 $\log_2$에 비례하여 증가하므로 구하는 식은 $a + b\log_2 N$으로 구한다.
- 변별(C)반응시간은 2개 이상의 자극 중 특정 자극에 대해서만 반응할 때의 반응시간이다.

60

NIOSH의 직무 스트레스 평가모델에서 직무 스트레스요인과 급성반응 사이의 중재요인에 해당되지 않는 것은?

① 완충요소
② 조직적 요소
③ 비직업적 요소
④ 개인적 요소

해설
- ②는 직무 스트레스 요인에 해당된다.

■ NIOSH 중재 요인(Moderatiing factors)
- 직무 스트레스 요인에서도 개인들이 지각하고 상황에 반응하는 방식에 차이를 가지게 되는 요인을 말한다.

개인적 요인	성격, 경력개발 단계, 건강 등
조직 외 요인	가족상황, 교육상태, 결혼상태 등
완충작용 요인	대처능력, 사회적 지위 등

4과목 근골격계질환 예방을 위한 작업관리

61

유해요인 조사 방법 중 OWAS(Ovako Working Posture Analysis System)에 관한 설명으로 옳지 않은 것은?

① OWAS의 작업자세 수준은 4단계로 분류된다.
② OWAS는 작업자세로 인한 부하를 평가하는 데 초점이 맞추어져 있다.
③ OWAS는 신체 부위의 자세뿐만 아니라 중량물의 사용도 고려하여 평가한다.
④ OWAS는 작업자세를 허리, 팔, 손목으로 구분하여 각 부위의 자세를 코드로 표현한다.

[해설]
- ④에서 작업자세를 상지, 하지, 허리로 구분하고 하중을 추가하여 평가한다.

:: OWAS(Ovako Working Posture Analysis System) 실기 1301/1501/1703/2002/2103/2402
- 관찰에 의해서 작업자세를 평가할 수 있다.
- 작업자세로 인한 부하를 평가하는 데 초점이 맞추어져 있다.
- 신체 부위의 자세뿐만 아니라 중량물의 사용도 고려하여 평가한다.
- 작업자세를 단순화하여 세밀한 분석에 어려움이 있다.
- 현장에서 기록 및 해석의 용이함 때문에 많은 작업장에서 작업자세를 평가한다.
- 정밀한 작업 자세를 평가하기 어렵다.
- 작업자세 측정 간격은 작업의 특성에 따라 달라질 수 있다.
- 작업자세를 상지, 하지, 허리로 구분하고 하중을 추가하여 평가한다.
- 작업자세 수준은 4단계로 분류된다.
- 수준 1은 문제가 없는 작업, 수준 2는 근 시일 내에 추가적인 조사와 자세의 교정이 필요한 작업, 수준 3은 가능한 조기에 개선이 필요한 사업, 수준 4는 즉시 개선이 필요한 작업을 의미한다.

62

워크 샘플링 조사에서 초기 idle rate가 0.06이라면, 95% 신뢰도를 위한 워크 샘플링 횟수는 몇 회인가?(단, $Z_{0.005}$는 2.58이다)

① 151 ② 936
③ 3,162 ④ 3,754

[해설]
- idle rate가 0.06이므로 p는 0.06이고, $1-p$는 0.94가 된다.
- $Z_{0.005}$가 2.58이므로 z는 2.58이 된다. 허용오차 e는 95% 신뢰도이므로 $1-0.95=0.05$가 된다.
- 대입하면 $N=(2.58/0.05)^2 \times 0.06(0.94)=150.1684$이다.

:: 워크 샘플링 횟수
- 필요한 관측수 $N=(z/e)^2 \times p(1-p)$로 구한다. 이때 z는 표준편차수이며, e는 허용오차로 상대오차×관측비율로 구할 수 있다. p는 표본비율로 표본의 발생횟수를 관측횟수로 나눠서 구할 수 있다.

63

골격계 질환의 유형에 관한 설명으로 틀린 것은?

① 외상과염은 팔꿈치 부위의 인대에 염증이 생김으로써 발생하는 증상이다.
② 수근관증후군은 손의 손목뼈 부분의 압박이나 과도한 힘을 준 상태에서 발생한다.
③ 백색수지증은 손가락에 혈액의 원활한 공급이 이루어지지 않을 경우에 발생하는 증상이다.
④ 결절종은 반복, 구부림, 진동 등에 의하여 건의 섬유질이 손상되거나 찢어지는 등의 건에 염증이 생기는 질환이다.

[해설]
- ④는 건염에 대한 설명이다.

:: 결절종
- 손바닥, 손등 쪽의 손목, 손가락, 발목에 물혹이 발생하는 질환이다.
- 양성종양이자 물혹의 일부이다.

64

중량물 들기 작업방법에 대한 설명 중 틀린 것은?

① 허리를 구부려서 작업을 수행한다.
② 가능하면 중량물을 양손으로 잡는다.
③ 중량물 밑을 잡고 앞으로 운반하도록 한다.
④ 손가락만으로 잡지 말고 손전체로 잡아서 작업한다.

[정답] 61 ④ 62 ① 63 ④ 64 ①

> **해설**
> - 허리를 곧게 유지하고, 무릎을 구부려서 들어야 한다.
>
> ❖ 중량물 들기 작업방법
>   - 중량물은 몸에 가깝게 할 것
>   - 목과 등이 거의 일직선이 되도록 할 것
>   - 가능하면 중량물을 양손으로 잡는다.
>   - 중량물 밑을 잡고 앞으로 운반하도록 한다.
>   - 손가락만으로 잡지 말고 손전체로 잡아서 작업한다.
>   - 허리를 곧게 유지하고, 무릎을 구부려서 들어야 한다.
>   - 발을 어깨 너비 정도 벌리고 몸의 균형을 유지해야 한다.

65

작업대의 개선방법으로 맞는 것은?

① 좌식작업대의 높이는 동작이 큰 작업에는 팔꿈치의 높이보다 약간 높게 설계한다.
② 입식작업대의 높이는 경작업의 경우 팔꿈치의 높이보다 5 ~ 10cm정도 높게 설계한다.
③ 입식작업대의 높이는 중작업의 경우 팔꿈치의 높이보다 10 ~ 20cm정도 낮게 설계한다.
④ 입식작업대의 높이는 정밀작업의 경우 팔꿈치의 높이보다 5 ~ 10cm정도 낮게 설계한다.

> **해설**
> - 중작업의 경우 팔꿈치 높이보다 10 ~ 30cm 낮게 한다.
>
> ❖ 서서하는 작업대 높이
>   - 서서하는 작업대의 높이는 높낮이 조절이 가능하여야 하며, 작업대의 높이는 팔꿈치를 기준으로 한다.
>   - 정밀작업의 경우 팔꿈치 높이보다 약간(5 ~ 15cm) 높게 한다.
>   - 경작업의 경우 팔꿈치 높이보다 5 ~ 10cm 낮게 한다.
>   - 중작업의 경우 팔꿈치 높이보다 10 ~ 30cm 낮게 한다.
>   - 정밀한 작업이나 장기간 수행하여야 하는 작업은 좌식 작업대가 바람직하다.

66

작업구분을 큰 것에서부터 작은 것 순으로 나열한 것은?

① 공정 → 단위작업 → 요소작업 → 동작요소 → 서블릭
② 공정 → 요소작업 → 단위작업 → 사어블릭 → 동작요소
③ 공정 → 단위작업 → 동작요소 → 요소작업 → 서블릭
④ 공정 → 단위작업 → 요소작업 → 서블릭 → 동작요소

> **해설**
> - 작업은 공정 → 단위작업 → 요소작업 → 동작요소 → 서블릭 순으로 구분된다.
>
> ❖ 동작분석
>   ㉠ 개요
>   - 서블릭 분석, 필름/비디오 분석, 작업측정기법을 이용하는 PTS법이 이에 해당된다.
>   - 작업과정에서 무리·낭비·불합리한 동작을 제거, 최선의 작업방법으로 개선하는 것이 목표이다.
>   - 작업을 분해 가능한 세밀한 단위로 분석하고 각 단위의 변이를 측정하여 표준작업방법을 알아내기 위한 연구이다.
>   - 작업은 공정 → 단위작업 → 요소작업 → 동작요소 → 서블릭 순으로 구분된다.
>   - SIMO chart는 미세동작연구인 동시에 동작 사이클차트로 이상적 작업동작 습득에 시간은 짧게 걸리나 부정확한 단점을 갖는다.
>   ㉡ 미세동작분석
>   - 미세동작분석은 작업주기가 짧은 작업, 규칙적인 작업주기 시간, 단기적 작업을 대상으로 자세하게 촬영하여 분석하므로 비용이 많이 드는 분석방법이다.
>   - 미세동작연구를 할 때에는 가능하면 작업방법이 숙련된 작업자를 대상으로 한다.
>   - 미세동작연구실에서는 작업수행도가 월등히 뛰어난 작업사이클을 대상으로 한다.

67

여러 개의 스패너 중 1개를 선택하여 고르는 것을 의미하는 서블릭 기호는?

① H   ② P
③ ST   ④ PP

> **해설**
> - 여러 개 중 하나를 선택하는 것이므로 고르기(ST)가 된다.
>
> ❖ 서블릭(Therblig)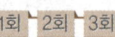
>   - 동작 단위 중 손의 움직임과 관련된 동작을 분석하기 위해 만든 개념이다.
>   - 길브레스(Gilbreth) 부부가 제안한 것으로 그들의 성을 거꾸로 해서 만든 것이다.
>   - 작업 시 동작분석과정에서 시간은 스톱워치로 측정한다.
>   - 카메라 분석을 통하여 파악할 수 있다.
>   - 18개의 동작 중 17가지만 기호로 이용된다.

효율적 서블릭	• 기본동작: 빈손이동(TE), 쥐기(G), 운반(TL), 내려놓기(RL), 미리놓기(PP) • 동작목적: 조립(A), 사용(U), 분해(DA)
비효율적 서블릭	• (반)정신적: 찾기(SH), 고르기(ST), 검사(I), 바로놓기(P), 계획(Pn) • 정체: 휴식(R), 피할 수 있는 지연(AD), 잡고있기(H), 불가피한 지연(UD)

68

준비시간을 단축하는 방법에 대한 설명 중 맞는 것은?

① 외준비 작업은 표준화하기 어렵다.
② 내준비 작업보다는 외준비 작업을 먼저 개선한다.
③ 기계를 멈추어야만 할 수 있는 작업이 외준비 작업이다.
④ 작업이 개선되어도 표준작업조합표는 그대로 유지한다.

해설

- ①에서 외준비 작업은 작업 시작 전 준비작업으로 표준화하기 쉽다.
- ③에서 기계를 멈추어야만 할 수 있는 작업은 내준비 작업이다.
- ④에서 작업이 개선되면 표준작업조합표를 변경한다.
- **준비시간을 단축하는 방법**
  - 외준비 작업은 작업 시작 전 준비작업으로 표준화하기 쉽다.
  - 내준비 작업보다는 외준비 작업을 먼저 개선한다.
  - 기계를 멈추어야만 할 수 있는 작업은 내준비 작업이다.
  - 작업이 개선되면 표준작업조합표를 변경한다.

69

WF(Work Factor)법의 표준 요소가 아닌 것은?

① 쥐기(Grasp, Gr)
② 결정(Decide, Dc)
③ 조립(Assemble, Asy)
④ 정신과정(Mental Process, MP)

해설

- WF의 표준요소는 동작, 쥐기, 미리 놓기, 조립, 사용, 분해, 내려놓기, 정신과정으로 구성된다.
- **WF(Work Factor)법의 표준 요소**
  - 동작(Transport, T)
  - 쥐기(Grasp, Gr)
  - 미리 놓기(Preposition, PP)
  - 조립(Assemble, Asy)
  - 사용(Use, U)
  - 분해(Diassemble, Dsy)
  - 내려놓기(Release, Rl)
  - 정신과정(Mental Process, MP)

70

산업안전보건법령상 사업주가 근골격계 부담작업 종사자에게 반드시 주지시켜야 하는 내용에 해당되지 않는 것은?

① 근골격계 부담작업의 유해요인
② 근골격계 질환의 요양 및 보상
③ 근골격계 질환의 징후 및 증상
④ 근골격계 질환 발생 시의 대처 요령

해설

- ②는 근로자에게 주지시킬 내용에 포함되지 않는다.
- **사업주가 근로자에게 주지시켜야 할 유해성**
  - 근골격계 부담작업의 유해요인
  - 근골격계 질환의 징후와 증상
  - 근골격계 질환 발생 시의 대처요령
  - 올바른 작업자세와 작업도구, 작업시설의 올바른 사용방법
  - 그 밖에 근골격계 질환 예방에 필요한 사항

71

근골격계 질환 예방관리 프로그램의 기본 원칙에 속하지 않는 것은?

① 인식의 원칙
② 시스템 접근의 원칙
③ 일시적인 문제 해결의 원칙
④ 사업장 내 자율적 해결 원칙

해설

- ①, ②, ④ 외에 문서화의 원칙, 전사적 지원 원칙, 지속성 및 사후 평가의 원칙, 노사 공동참여의 원칙 등이 있다.
- **근골격계 질환 예방관리 프로그램의 적용을 위한 기본원칙**
  - 인식의 원칙: 가장 중요한 것은 최고 경영자의 의지
  - 노사 공동참여의 원칙
  - 전사적 지원 원칙
  - 사업장 내 자율적 해결원칙
  - 시스템 접근의 원칙
  - 지속성 및 사후 평가의 원칙
  - 문서화의 원칙

72
근골격계 질환의 주요 사회심리적 요인인 것은?

① 작업습관
② 접촉 스트레스
③ 직무스트레스
④ 부적절한 자세

해설
- ①은 개인적 특성요인에 해당된다.
- ②와 ④는 작업특성 요인에 해당된다.
- 근골격계 질환 [실기] 1803/2101/2302/2303
  ㉠ 개요
    - 반복적인 동작, 부적절한 작업자세, 무리한 힘의 사용, 날카로운 면과의 신체접촉, 진동 및 온도 등의 요인에 의하여 발생하는 건강장해로서 목, 어깨, 허리, 팔·다리의 신경·근육 및 그 주변 신체조직 등에 나타나는 질환을 말한다.
  ㉡ 원인 [실기] 1603/1901/1903/2101/2201/2301
    - 질환의 원인은 개인적 특성 요인, 작업특성 요인, 사회 심리적 요인 등으로 구분한다.
    - 개인적 특성 요인에는 작업자 개인의 과거병력, 연령, 성별, 키, 몸무게, 작업방법 및 기술수준 등이 있다.
    - 직접적인 작업특성 위험요인에는 작업강도, 작업자세, 작업의 반복도, 부적절한 휴식 등이 있다.
    - 사회심리적 요인에는 직무스트레스, 비효율적 의사소통, 작업에 대한 만족도, 인간관계 등이 있다.

73
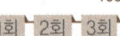
다중활동분석표의 사용 목적으로 적절하지 않은 것은?

① 조작업의 작업 현황 파악
② 수작업을 기본적인 동작요소로 분류
③ 기계 혹은 작업자의 유휴 시간 단축
④ 한 명의 작업자가 담당할 수 있는 기계 대수의 선정

해설
- 다중활동분석표는 기계 혹은 작업자의 유휴시간 단축을 목적으로 한다.
- 다중활동분석표(Multiple Activity Chart)
  ㉠ 개요
    - 한 명 또는 여러 명의 작업자가 한 대 또는 여러 대의 기계를 이용해서 작업하는 경우를 분석, 기록하여 작업을 개선하는 표를 말한다.
  ㉡ 목적
    - 조작업의 작업 현황 파악
    - 기계 혹은 작업자의 유휴시간 단축
    - 조 작업을 재편성 또는 개선하여 조 작업 효율 향상
    - 한 명의 작업자가 담당할 수 있는 기계 대수의 산정

74
다음 중 중립자세가 아닌 것은?

① 어깨가 이완된 상태
② 고개가 직립인 상태
③ 팔꿈치가 45°를 이루고 있는 상태
④ 손목이 일직선(180°)으로 펴진 상태

해설
- 중립적인 위치의 자세란 몸의 힘을 빼고 바르고 편안하게 있을 때의 자세를 말한다. 3은 자연스러운 자세로 볼 수 없다.
- 작업자세
  - 서 있을 때는 등뼈가 S 곡선을 유지하는 것이 좋다.
  - 섬세한 작업 시 power grip보다 pinch grip을 이용한다.
  - 부적절한 자세는 신체 부위들이 중립적인 위치를 벗어나는 자세이다.
  - 중립적인 위치의 자세란 몸의 힘을 빼고 바르고 편안하게 있을 때의 자세를 말한다.
  - 부적절한 자세는 강하고 큰 근육들을 이용하여 작업하는 것을 방해한다.
  - 동일 자세를 오래 유지하지 않도록 한다.

75
문제분석도구에 관한 설명으로 틀린 것은?

① 파레토 차트(Pareto chart)는 문제의 인자를 파악하고 그것들이 차지하는 비율을 누적분포의 형태로 표현한다.
② 간트 차트(Gant chart)는 여러 가지 활동 계획의 시작시간과 예측 완료시간을 병행하여 시간축에 표시하는 도표이다.
③ PERT(Program Revolution and Review Technique)는 어떤 결과의 원인을 역으로 추적해 나가는 방식의 분석 도구이다.
④ 특성요인도는 바람직하지 못한 사건이나 문제의 결과를 물고기의 머리로 표현하고 그 결과를 초래하는 원인을 인간, 기계, 방법, 자재, 환경 등의 종류로 구분하여 표시한다.

해설
- ③은 일정계획에서 사용되는 간트도표의 단점을 보완하여 활동의 소요시간은 베타분포를 따른다고 가정한 일정계획(작업계획)기법이고, 결과에 대한 원인을 분석하는 도구는 특성요인도에 대한 설명이다.

PERT/CPM 기법 실기 1403/2302
- 미국 NASA에서 Time을 위주로 개발한 일정관리기법으로 일정계획에서 사용되는 간트도표의 단점을 보완한 기법이다.
- 시간, 인원, 비용을 최소화하기 위해 사용하는 일정관리기법이다.
- 여유시간(Slack)이 0인 활동을 주활동(Critical Activity)이라 한다.
- 효율적인 진도관리가 가능하며, 문제점 예견과 사전조치가 가능하고, 최저비용으로 공기(工期) 단축이 가능하며 한정된 자원을 효율적으로 사용할 있다는 장점을 가진다.

76
A 제품을 생산한 과거자료가 표와 같을 때 실적자료법에 의한 1개당 표준시간은 얼마인가?

일자	완제품개수(개)	소요시간(시간)
3월 3일	60	6
7월 7일	100	10
9월 9일	40	4

① 0.10 시간/개
② 0.15 시간/개
③ 0.20 시간/개
④ 0.25 시간/개

해설
- 표준시간은 개당 소요된 시간이다.
- 전체 생산개수는 200개이고, 소요시간은 20시간이므로 표준시간은 20/200=0.10시간/개가 된다.
- 실적자료법
  - 특정 기간 내 작업에 대한 실적기록 자료를 이용해 표준시간을 설정하는 방법이다.
  - 표준시간은 제품당 생산에 소요된 시간이다.

해설
- 동작경제의 원칙은 신체사용의 원칙, 작업장 배치의 원칙, 공구 및 설비 디자인의 원칙으로 분류된다.
- 동작경제의 원칙 실기 1903/2103/2203
  ㉠ 개요
    - 작업자가 경제적인 동작을 통해 피로도를 감소시키면서도 능률을 향상시키게 하기 위한 원칙이다.
    - 신체사용의 원칙, 작업장 배치의 원칙, 공구 및 설비 디자인의 원칙으로 분류된다.
    - 동작을 가급적 조합하여 하나의 동작으로 한다.
    - 동작의 수는 줄이고, 동작의 속도는 적당히 한다.
  ㉡ 신체사용의 원칙 실기 2301
    - 두 손의 동작은 동시에 시작해서 동시에 끝나야 한다.
    - 휴식시간을 제외하고는 양손이 같이 쉬게 해서는 안 된다.
    - 손의 동작은 유연하고 연속적인 동작이어야 한다.
    - 동작이 급작스럽게 크게 바뀌는 직선 동작은 피해야 한다.
    - 두 팔의 동작은 동시에 서로 반대방향으로 대칭적으로 움직이도록 한다.
    - 탄도동작(Ballistics Movements)은 제한되거나 통제된 동작보다 더 신속하고 정확하다.
  ㉢ 작업장 배치의 원칙 실기 1303/1701/2001/2002/2303/2402
    - 가능하다면 낙하식 운반 방법을 이용한다.
    - 작업이 용이하도록 적절한 조명을 비추어 준다.
    - 공구나 재료는 작업동작이 원활하게 수행하도록 그 위치를 정해준다.
    - 공구, 재료 및 제어장치는 사용하기 가까운 곳에 배치해야 한다.
  ㉣ 공구 및 설비 디자인의 원칙 실기 1703
    - 치구나 족답장치를 이용하여 양손이 다른 일을 할 수 있도록 한다.
    - 공구의 기능을 결합하여 사용하도록 한다.
    - 타자 칠 때와 같이 각 손가락이 서로 다른 작업을 할 때에는 작업량을 각 손가락의 능력에 맞게 배분해야 한다.

77
동작경제의 원칙이 아닌 것은?

① 공정 개선의 원칙
② 신체의 사용에 관한 원칙
③ 작업장의 배치에 관한 원칙
④ 공구 및 설비의 설계에 관한 원칙

78
유통선도(flow diagram)의 기능으로 옳지 않은 것은?

① 자재흐름의 혼잡지역 파악
② 시설물의 위치나 배치관계 파악
③ 공정과정의 역류현상 발생유무 점검
④ 운반과정에서 물품의 보관 내용 파악

해설
- 유통선로는 제조과정에서 발생하는 내역은 확인이 가능하나 운반과정에서 발생하는 물품의 보관 내용까지는 파악하기 힘들다.
- **Flow Diagram**
  - 정체, 저장, 대기, Material Handling 등의 사항이 생산현장의 어느 위치에서 발생하는지 한눈에 알아볼 수 있도록 표시된 도표이다.
  - 작업장 시설의 재배치, 기자재 소통상 혼잡지역 파악, 공정과정 중 역류현상 점검 등에 가장 유용하게 사용할 수 있는 공정도이다.

79 ▶ Repetitive Learning 1회 2회 3회
대안의 도출방법으로 가장 적당한 것은?
① 공정도　② 특성요인도
③ 파레토차트　④ 브레인스토밍

해설
- ①은 공정 중에 발생하는 모든 작업, 검사, 운반, 저장 등의 과정을 자재나 작업자의 관점에서 흘러가는 순서에 따라 표시하는 도표로 공정분석에 이용된다.
- ②는 바람직하지 못한 사건이나 문제의 결과를 물고기의 머리로 표현하고 그 결과를 초래하는 원인을 인간, 기계, 방법, 자재, 환경 등의 종류로 구분하여 표시한다.
- ③은 문제의 인자를 파악하고 그것들이 차지하는 비율을 누적분포의 형태로 표현한다.
- **브레인스토밍(Brain-storming) 기법**
  - ⓐ 개요
    - 6~12명의 구성원으로 타인의 비판 없이 자유로운 토론을 통하여 다량의 독창적인 아이디어를 이끌어내고, 대안적 해결안을 찾기 위한 집단적 사고기법이다.
  - ⓑ 4원칙
    - 가능한 많은 아이디어와 의견을 제시하도록 한다.
    - 주제를 벗어난 아이디어도 허용한다.
    - 타인의 의견을 수정하여 발언하는 것을 허용한다.
    - 절대 타인의 의견을 비판 및 비평하지 않는다.

80 ▶ Repetitive Learning 1회 2회 3회
3시간 동안 작업 수행과정을 촬영하여 워크 샘플링 방법으로 200회를 샘플링한 결과 30번의 손목꺾임이 확인되었다. 이 작업의 시간당 손목꺾임 시간은?
① 6분　② 9분
③ 18분　④ 30분

해설
- 손목꺾임이 발생할 확률은 30/200=0.15이다.
- 시간당 손목꺾임 시간은 0.15×60분=9분이 된다.
- **워크 샘플링(work sampling)**
  - ⓐ 개요
    - 표본의 크기가 충분히 크다면 모집단의 분포와 일치한다는 통계적 이론에 근거한다.
    - 간헐적으로 랜덤한 시점에서 연구대상을 순간적으로 관측하여 대상이 처한 상황을 파악하고 이를 토대로 관측시간 동안에 나타난 항목별로 차지하는 비율을 추정하는 방법이다.
    - 조사기간을 길게 하여 평상시의 작업현황을 그대로 반영시킬 수 있어 사이클이 긴 작업에 주로 사용한다.
    - 확률이론인 이항분포를 따른다.
  - ⓑ 장점
    - 특별한 시간 측정 장비가 별도로 필요하지 않는 간단한 방법이다.
    - 관측이 순간적으로 이루어져 작업에 방해가 적다.
    - 한 사람의 평가자가 동시에 여러 작업을 측정할 수 있다.
    - 자료수집이나 분석에 필요한 순수시간이 다른 시간연구방법에 비하여 짧다.
    - 작업자가 의식적으로 행동하는 일이 적어 결과의 신뢰수준이 높다.
    - 샘플링오차는 관측횟수를 증가시킴으로써 감소될 수 있다.
  - ⓒ 단점
    - 작업 방법이 변화되는 경우에는 전체적인 연구를 새로 해야 한다.
    - 시간연구법 등에 비해 정밀도가 떨어진다.
    - 짧은 주기 및 반복작업에 부적합하다.

2016년 제3회

2016년 8월 21일

16년 3회차 필기시험
합격률 65.6%

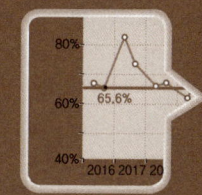
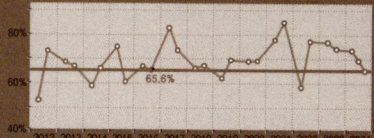

1과목 인간공학개론

01

Fitts의 법칙에 관한 설명으로 맞는 것은?

① 표적과 이동거리는 작업의 난이도와 소요이동시간과 무관하다.
② 표적이 클수록, 이동거리가 짧을수록 작업의 난이도와 소요이동시간이 감소한다.
③ 표적이 클수록, 이동거리가 길수록 작업의 난이도와 소요시간이 증가한다.
④ 표적이 작을수록 이동거리가 짧을수록 작업의 나이도와 소요시간이 증가한다.

해설
- Fitts의 법칙은 표적의 크기(폭), 이동거리, 이동시간 등이 관련된 법칙으로 표적이 작고 이동거리가 길수록 이동시간이 증가하는 것을 나타내는 인간의 제어 및 조정능력을 나타내는 법칙이다.
- **Fitts의 법칙**
  - 인간의 제어 및 조정능력을 나타내는 법칙으로 인간의 손이나 발을 이동시켜 조작장치를 조작하는 데 걸리는 시간을 표적까지의 거리와 표적 크기의 함수로 나타낸다.
  - 표적이 작고 이동거리가 길수록 이동시간이 증가한다.
  - 자동차 가속 페달과 브레이크 페달 간의 간격, 브레이크 폭 등을 결정하는데 사용할 수 있는 가장 적합한 인간공학 이론이다.
  - 난이도 지수는 $\log_2\left(\frac{2A}{W}\right)$로 구한다.
  - 동작시간 = $a + b\log_2\left(\frac{2A}{W}\right)$[ms]로 구한다. 이때 a와 b는 단순반응시간, 선택반응시간, A는 동작거리, W는 목표물의 폭이다.

02

다음 중 인체측정의 정적 치수 측정에 관한 설명으로 틀린 것은?

① 형태학적 측정을 의미한다.
② 마틴식 인체측정 장치를 사용한다.
③ 나체 측정을 원칙으로 한다.
④ 상지나 하지의 운동범위를 측정한다.

해설
- ④는 기능적 치수에 대한 설명이다.
- **구조적 치수(Structural dimension) = 정적 치수 측정** 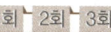1801/2001/2103/2303/2401
  - 형태학적 측정, 즉 정적 자세에서 측정한 신체치수이다.
  - 나체 측정을 원칙으로 한다.
  - 마틴(Martin)식 인체측정 장치를 사용한다.
  - 신체 측정치는 나이, 성, 인종에 따라 다르게 나타난다.
  - 골격 치수(skeletal dimension)와 외곽 치수(contour dimension)가 있다.

03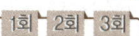

청각적 표시장치에 관한 설명으로 맞는 것은?

① 청각 신호의 지속시간은 최대 0.3초 이내로 한다.
② 청각 신호의 차원은 세기, 빈도, 지속기간으로 구성된다.
③ 즉각적인 행동이 요구될 때에는 청각적 표시장치보다 시각적 표시장치를 사용하는 것이 좋다.
④ 신호의 검출도를 높이기 위해서는 소음의 세기가 높은 영역의 주파수로 신호의 주파수를 바꾼다.

정답 | 01 ② 02 ④ 03 ②

해설
- ①에서 신호는 최소한 0.5~1초 동안 지속한다.
- ③에서 즉각적인 행동이 요구될 때는 청각적 표시장치가 유리하다.
- ④에서 신호의 검출도를 높이기 위해서는 소음의 세기가 낮은 영역의 주파수로 신호의 주파수를 바꾸어야 한다.

■ 청각적 표시장치의 설계
- 신호는 최소한 0.5~1초 동안 지속한다.
- 청각 신호의 차원은 세기, 빈도, 지속기간으로 구성된다.
- 소음이 심한 경우 귀 위치에서 신호강도는 110dB과 은폐가청역치의 중간정도가 적당한다.
- 신호의 검출도를 높이기 위해서는 소음의 세기가 낮은 영역의 주파수로 신호의 주파수를 바꾸어야 한다.

04 ● Repetitive Learning 1회 2회 3회

인간-기계 시스템 설계 시 고려사항으로 적절하지 않은 것은?

① 시스템 설계 시 동작경제의 원칙에 만족되도록 고려하여야 한다.
② 대상 시스템이 배치될 환경조건이 인간의 한계치를 만족하는가의 여부를 조사한다.
③ 단독의 기계에 대하여 수행해야 할 배치는 기계적 성능이 최대치가 되도록 해야 한다.
④ 시스템 설계의 성공적인 완료를 위해 조작의 능률성, 보족의 용이성, 제작의 결제성 측면이 검토되어야 한다.

해설
- ③에서 단독의 기계를 배치하는 경우 기계의 성능보다는 인간의 심리 및 기능에 부합하는지를 우선적으로 고려하여야 한다.

■ 인간-기계 시스템
  ㉠ 목적
  - 안전의 극대화와 생산능률의 향상
  ㉡ 인간공학적 설계의 일반적인 원칙
  - 인간의 특성을 고려한다.
  - 시스템을 인간의 예상과 양립시킨다.
  - 표시장치나 제어장치의 중요성, 사용빈도, 사용 순서, 기능에 따라 배치하도록 한다.

05 ● Repetitive Learning 1회 2회 3회

남녀 공용으로 사용하는 의자의 높이를 조절식으로 설계하고자 한다. 표를 참고하여 좌판높이의 조절범위에 대한 기준값으로 가장 적당한 것은?(단, 5퍼센타일 계수는 1.645이다)

척도	남성오금높이	여성오금높이
평균	41.3	38.0
표준편차	1.9	1.7

① $(38.0-1.7\times1.645) \sim (41.3+1.9\times1.645)$
② $(38.0+1.7\times1.645) \sim (41.3+1.9\times1.645)$
③ $(38.0-1.7\times1.645) \sim (41.3-1.9\times1.645)$
④ $(38.0+1.7\times1.645) \sim (41.3-1.9\times1.645)$

해설
- 남녀 공용으로 사용하는 의자이므로 조절범위의 최솟값은 평균값이 작은 여성의 5%로, 최댓값은 평균값이 큰 남성의 95%로 설계한다.
- 여성의 5%는 $38.0-(1.7\times1.645)$로 구한다.
- 남성의 95%는 $41.3+(1.9\times1.645)$로 구한다.

■ 인체계측에서 백분위수(%tile) 실기 1301/1303/1701/1703/1803/1901/1903/2001/2203/2301/2303/2401/2403
  ㉠ 개요
  - 크기가 있는 자료를 순서대로 나열하여 백분율로 나타낸 특정 위치의 값을 말한다.
  - %tile = 평균값 ± (표준편차 × %tile 계수)로 구한다.
  - 조절 범위에서 수용하는 통상의 범위는 5~95%tile이다.
  ㉡ %tile 구하는 방법
  - 5%tile = 평균 − 1.645 × 표준편차로 구한다.
  - 95%tile = 평균 + 1.645 × 표준편차로 구한다.

06 ● Repetitive Learning 1회 2회 3회

일반적인 시스템의 설계과정을 맞게 나열한 것은?

① 목표 및 성능명세 결정 → 체계의 정의 → 기본설계 → 계면설계 → 촉진물 설계 → 시험 및 평가
② 체계의 정의 → 목표 및 성능명세 결정 → 기본설계 → 계면설계 → 촉진물 설계 → 시험 및 평가
③ 목표 및 성능명세 결정 → 체계의 정의 → 계면설계 → 촉진물 설계 → 기본설계 → 시험 및 평가
④ 체계의 정의 → 목표 및 성능명세 결정 → 계면설계 → 촉진물 설계 → 기본설계 → 시험의 평가

해설
- 시스템의 설계는 목표 및 성능명세를 결정한 후 체계(시스템)을 정의한다. 이후 기본설계과정을 거쳐 인터페이스를 설계하고 촉진물 설계 후 시험 및 평가를 거친다.
- 시스템의 설계 과정 실기 1503/1801/2402
  - 1단계 : 목표 및 성능명세 결정
  - 2단계 : 시스템의 정의
  - 3단계 : 기본설계-기능의 할당, 인간 성능 요건 명세, 직무분석, 작업설계
  - 4단계 : 인터페이스 설계-작업공간, 표시장치, 조종장치 등
  - 5단계 : 촉진물(보조물) 설계
  - 6단계 : 시험 및 평가

07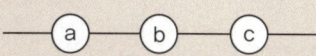

제어 시스템에서 제어장치에 의해 피제어 요소가 동작하지 않는 0점(null point) 주위에서의 제어동작 공간을 지칭하는 용어는?

① 백래쉬(back lash)
② 사공간(dead space)
③ 0점공간(null space)
④ 조정공간(adjustment space)

해설
- ①은 기계 등의 톱니바퀴에 운동방향으로 일부러 만들어 놓은 틈을 말한다.
- ③은 행렬에서 특정 벡터를 열벡터로 만드는 벡터의 집합을 말한다.
- 사공간(dead space)
  - 제어 시스템에서 제어장치에 의해 피제어 요소가 동작하지 않는 0점(null point) 주위에서의 제어동작 공간을 말한다.
  - 조종장치를 움직여도 피제어 요소에 변화가 없는 공간으로 죽은 공간이라고도 한다.

08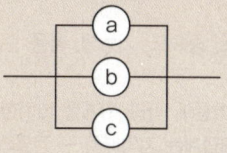

2103

인간의 신뢰도가 70%, 기계의 신뢰도가 90%이면 인간과 기계가 직렬체계로 작업할 때의 신뢰도는 몇 %인가?

① 30%
② 54%
③ 63%
④ 98%

해설
- 인간의 신뢰도는 0.7, 기계의 신뢰도는 0.9이므로 직렬체계의 경우 합성신뢰도는 $0.7 \times 0.9 = 0.63$이 된다.
- 시스템의 신뢰도 실기 1403/1503/1603/1703/1801/2001/2103/2203/2301/2401
  ⊙ AND(직렬)연결 시
  - 부품 a, 부품 b 신뢰도를 각각 R_a, R_b라 할 때 시스템의 신뢰도 $R_s = R_a \times R_b$로 구할 수 있다.
  ⊙ OR(병렬)연결 시
  - 부품 a, 부품 b 신뢰도를 각각 R_a, R_b라 할 때 시스템의 신뢰도 $R_s = 1-(1-R_a) \times (1-R_b)$로 구할 수 있다.

09

인간이 3차원 공간에서 깊이(depth)를 지각하기 위해 사용하는 단서로써 적절하지 않은 것은?

① 상대적 크기(relative size)
② 시각적 탐색(visual search)
③ 직선조망(linear perspective)
④ 빛과 그림자(light and shadowing)

해설
- ②는 무언가를 찾고자 할 때 시야의 한 지점에서 다른 지점으로 짧고 빠른 시각의 변화됨을 말한다.
- 3차원 공간에서 깊이(depth)를 지각하기 위해 사용하는 단서에는 상대적 크기, 중첩, 상대적 명확성, 상대적 높이, 상대적 운동, 직선조망, 빛과 그림자 등이 있다.
- 3차원 공간에서 깊이(depth)를 지각하기 위해 사용하는 단서
  - 상대적 크기(relative size)
  - 직선조망(linear perspective)
  - 빛과 그림자(light and shadowing)
  - 중첩
  - 상대적 높이와 명확성
  - 물체의 질감(조밀도)

정답 | 07 ② 08 ③ 09 ②

10
작업대 공간의 배치 원리와 가장 거리가 먼 것은?

① 기능성의 원리 ② 사용 순서의 원리
③ 중요도의 원리 ④ 오류 방지의 원리

해설
- 부품은 사용빈도, 중요도, 기능별, 사용 순서의 원칙에 의해 배치하도록 한다.
- **작업장 배치의 원칙** 실기 1303/1701/2001/2002/2101/2303/2402
  ㉠ 개요
  - 사용빈도, 중요도, 기능별, 사용 순서의 원칙에 의해 배치한다.
  - 작업의 흐름에 따라 기계를 배치한다.
  - 배치의 3단계는 지역배치 → 건물배치 → 기계배치 순으로 이뤄진다.
  - 공장내외는 안전한 통로를 두어야 하며, 통로는 선을 그어 작업장과 명확히 구별하도록 한다.
  - 비상시에 쉽게 대비할 수 있는 통로를 마련하고 사고 진압을 위한 활동통로가 반드시 마련되어야 한다.
  ㉡ 원칙
  - 중요성의 원칙, 사용빈도의 원칙 – 우선적인 원칙
  - 기능별 배치, 사용 순서의 원칙 – 부품의 일반적인 위치 내에서의 구체적인 배치 기준

11
음의 한 성분이 다른 성분에 대한 귀의 감수성을 감소시키는 상황을 무슨 효과라 하는가?

① 기피(avoid) ② 방해(interrupt)
③ 밀폐(sealing) ④ 은폐(masking)

해설
- 은폐효과는 사무실의 자판 소리 때문에 말소리가 묻히는 경우와 같이 내부음성 또는 작업과 관련된 음향신호가 은폐 음에 의해 방해받는 현상을 말한다.
- **은폐(Masking)효과**
  - 음의 한 성분이 다른 성분에 대한 귀의 감수성을 감소시키는 상황을 말한다.
  - 사무실의 자판 소리 때문에 말소리가 묻히는 경우와 같이 내부 음성 또는 작업과 관련된 음향신호가 은폐 음에 의해 방해받는 현상을 말한다.
  - 피은폐된 한 음의 가청역치가 다른 은폐된 음 때문에 높아지는 현상을 말한다.
  - 은폐효과가 가장 큰 것은 음폐음과 배음의 주파수가 가까울 때이다.
  - 소리가 들린다는 것을 확신할 수 있는 최소한의 음 강도는 은폐음보다 15dB 이상이어야 한다.

12
폰(phon)에 관한 설명으로 틀린 것은?

① 1,000Hz대의 20dB크기의 소리는 20phon이다.
② 상이한 음의 상대적 크기에 대한 정보는 나타내지 못한다.
③ 40dB의 1,000Hz 순음을 기준으로 하여 다른 음의 상대적인 크기를 설정하는 척도의 단위이다.
④ 1,000Hz의 주파수를 기준으로 각 주파수별 동일한 음량을 주는 음압을 평가하는 척도의 단위이다.

해설
- ③은 sone에 대한 설명이다.
- **phon 값**
  - 1,000Hz의 주파수를 기준으로 각 주파수별 동일한 음량을 주는 음압을 평가하는 척도의 단위이다.
  - 음압수준이 120dB일 경우 1,000Hz에서의 phon값은 120이다.
  - 1,000Hz대의 20dB크기의 소리는 20phon이다.
  - 상이한 음의 상대적 크기에 대한 정보는 나타내지 못한다.

13
인간의 기억체계에 관한 설명으로 맞는 것은?

① 단기기억은 자극이 사라진 후에도 오랫동안 감각이 지속되도록 하는 역할을 한다.
② 작업기억 내에 정보를 저장하기 위해서는 정보의 의미적 코드화가 선행되어야 한다.
③ 작업기억은 감각저장소로부터 전이된 정보를 일시적으로 기억하기 위한 저장소의 역할을 한다.
④ 인간의 기억체계는 4개의 하부체계 혹은 과정(단기기억, 감각저장, 작업기억, 장기기억)으로 개념화되어 왔다.

정답 10 ④ 11 ④ 12 ③ 13 ③

해설
- ①에서 단기기억은 정보의 단순저장고의 역할로 자극이 사라지면 바로 사라지나 되뇌기 등의 조작을 통해 단기기억에서 유지되거나 장기기억으로 전환된다.
- ②에서 정보의 의미적 코드화는 작업 기억내에 정보를 저장하기 위해서가 아니라 장기기억 내에 저장하기 위해서이다.
- ④에서 인간의 기억은 감각저항, 단기기억, 장기기억으로 구분된다.

인간의 기억체계
- 인간의 기억은 감각저항, 단기기억, 장기기억으로 구분된다.
- 감각저항은 빠르게 사라지고 새로운 자극으로 대체된다.
- 단기기억을 장기기억으로 이전시키려면 리허설이 필요하다.
- 단기기억의 정보는 시각적, 청각적으로 부호화되고 추후 언어 의미적 부호로 변환된다.
- 인간의 단기기억 용량은 보통 7청크이며, 학습을 통해 장기기억으로 전환되기는 하지만 단기기억의 용량이 커지지는 않는다.
- 단기기억에 있는 내용을 반복하여 학습(research)하면 장기기억으로 저장된다.

14
시감각 체계에 관한 설명으로 옳지 않은 것은?
① 동공은 조도가 낮을 때는 많은 빛을 통과시키기 위해 확대된다.
② 1디옵터는 1m 거리에 있는 물체를 보기 위해 요구되는 조절능이다.
③ 망막의 표면에는 빛을 감지하는 광수용기인 원추체와 간상체가 분포되어 있다.
④ 안구의 수정체는 공막에 정확한 이미지가 맺히도록 형태를 스스로 조절하는 일을 담당한다.

해설
- 안구의 수정체는 연결된 모양체근의 긴장과 수축을 통해서 형태가 조절된다.

수정체 실기 1701/1903/2203
- 눈 안쪽의 양면이 볼록한 렌즈 형태의 투명한 조직을 말한다.
- 빛이 통과될 때 빛을 모아주어 망막에 상이 맺히도록 하며, 초점을 맞추기 위해 수정체의 두께를 조절한다.
- 연결된 모양체근이 이완하면 수정체가 얇아져 먼 곳을 볼 수 있다.
- 연결된 모양체근이 수축하면 수정체가 볼록해져 가까운 곳을 볼 수 있다.
- 망막의 표면에는 빛을 감지하는 광수용기인 원추체(색 구별)와 간상체(흑백의 음영 구별)가 분포되어 있다.

15
누름단추식 전화기를 사용하여 7자리를 암기하여 누를 경우 어떻게 나누어 누르는 것이 가장 효과적인가?
① 194-3421
② 19-43421
③ 194342-1
④ 1-943421

해설
- 전화번호 7자리를 그냥 숫자 개념으로 받아들이면 7개의 청크가 되지만 3자리의 국번호와 4자리의 전화번호로 구분해서 받아들이면 2개의 청크가 된다. 청크는 가능한 적을수록 암기하기 좋다.
- ②, ③, ④에서 구분하는 개념은 우리가 일상적으로 쓰는 전화번호 개념으로 보기 힘들어 암기하는데 어려움이 있다.

청킹(chunking)
- 1개의 의미 있는 덩어리 단위를 청크(chunk)라 하는데 청크 단위로 묶어서 이해하는 것을 말한다.
- 청크의 수가 많으면 암기하는 데 어려움이 생긴다.

16
광삼현상(irradiation)에 관한 설명으로 맞는 것은?
① 조도가 낮은 표시장치에서 더욱 많이 나타난다.
② 암조응이 필요한 경우에는 흰 바탕에 검은 글자가 바람직하다.
③ 검은 모양이 주위의 흰 배경으로 번지어 보이는 현상을 말한다.
④ 검은 바탕에 흰 글자의 획폭은 흰 바탕의 검은 글자보다 가늘게 할 수 있다.

해설
- 바둑판 위의 검은돌이 흰돌에 비해 약간 큰 이유는 광삼현상으로 인한 착시현상으로 흰 집이 더 커 보이는 것늘 방지하기 위해서이다.

광삼현상(irradiation) 실기 1803
- 흰 모양이 주위의 검은 배경으로 번져보이는 현상을 말한다.
- 검은 바탕에 흰 글자의 획폭은 흰 바탕의 검은 글자보다 가늘게 할 수 있다.

17
기분(표준)자극 100에 대한 최소변화감지역(JND)이 5라면 Weber비는 얼마인가?
① 0.02
② 0.05
③ 20
④ 50

정답 14 ④ 15 ① 16 ④ 17 ②

해설
- 대입하면 Weber비는 $\frac{5}{100}=0.05$가 된다.

웨버(Weber) 법칙 실기 1501/1601/1901/2203/2301
- 인간이 감지할 수 있는 외부의 물리적 자극 변화의 최소범위는 기준이 되는 자극의 크기에 비례하는 현상을 설명한 이론을 말한다.
- Weber비는 기존 자극의 변화를 감지할 수 있는 최소량으로 분별의 질을 나타낸다.
- 웨버(Weber)의 비 = $\frac{\Delta I}{I}$ 로 구한다(이때, ΔI는 변화감지역을, I는 표준자극을 의미한다).
- Weber비가 작을수록 분별력이 좋다.
- 변화감지역(JND)은 사람이 50%를 검출할 수 있는 자극차원의 최소변화로 값이 작을수록 그 자극차원의 변화를 쉽게 검출할 수 있다.
- 웨버(Weber)의 법칙에 의한 자극 감지 능력은 미각<청각<시각<무게 순으로 예민해진다.

18 ● Repetitive Learning 1회 2회 3회

인간공학의 정의에 대한 설명으로 틀린 것은?

① 인간을 작업에 맞추는 학문이다.
② 인간활동의 최적화를 연구하는 학문이다.
③ 인간능력, 인간한계, 그리고 인간특성을 설계에 응용하는 학문이다.
④ 기계와 그 조작 및 환경조건을 인간의 특성 및 능력과 한계에 잘 조화되도록 하는 수단을 연구하는 학문이다.

해설
- 기계와 작업을 인간이 안전하고 효율적으로 수행할 수 있도록 인간의 특성과 한계에 맞추는 것이 인간공학이다.

인간공학(Ergonomics)
  ㉠ 개요
  - "Ergon(작업)+nomos(법칙)+ics(학문)"이 조합된 단어로 Human factors, Human engineering이라고도 한다.
  - 인간의 특성과 한계 능력을 공학적으로 분석, 평가하여 이를 복잡한 체계의 설계에 응용함으로 효율을 최대로 활용할 수 있도록 하는 학문야이다.
  - 인간이 사용하는 물건, 설비, 환경의 설계에 인간의 생리적, 심리적인 면에서의 특성이나 한계점을 고려함으로써 인간-기계 시스템의 안전성과 편리성, 효율성을 높이는 학문분야이다.
  ㉡ 적용분야
  - 제품설계
  - 재해·질병 예방
  - 장비·공구·설비의 배치
  - 작업장 내 조사 및 연구

19 ● Repetitive Learning 1회 2회 3회
2001

사용성 평가에 주로 사용되는 평가척도로 적합하지 않은 것은?

① 과제물 내용
② 에러의 빈도
③ 과제의 수행시간
④ 사용자의 주관적 만족도

해설
- ①은 사용성 평가와 거리가 멀다.

시스템의 사용성을 평가하기 위해 사용하는 기준(제이콥 닐슨(J. Nielsen)의 사용성 척도) 실기 1303/1401/1403/1501/2002/2003/2402
- 학습용이성 : 사용자가 응용프로그램을 배우기 쉬운지의 여부
- 유연성과 효율성 : 환경 변화에 적응하는지와 원하는 목적을 달성하는데 필요한 자원의 효율
- 기억용이성 : 사용자가 해당 목표 달성을 위해 정보를 얼마나 기억하는지
- 에러 빈도 및 정도 : 고장 발생확률이 얼마나 낮은지
- 피드백(오류예방) : 사용자 인터페이스에 대한 반응
- 도움말 및 설명 문서
- 심플하고 아름다운 디자인
- 일관성과 표준화
- 사용자 주도권과 자유도
- 실제 사용환경에 적합한 시스템

20 ● Repetitive Learning 1회 2회 3회
1203

정보이론에 있어 정보량에 관한 설명으로 틀린 것은?

① 단위는 bit이다.
② 2bit는 두 가지 동일 확률하의 독립사건에 대한 정보량이다.
③ N을 대안의 수라 할 때, 정보량은 $\log_2 N$으로 구할 수 있다.
④ 출현 가능성이 동일하지 않은 사건의 확률을 p라 할 때, 정보량은 $\log_2 \frac{1}{P}$로 나타낸다.

해설
- ②에서 두 가지 동일 확률하의 독립사건에 대한 정보량은 1bit이다.

정보이론
- 정량적으로 측정할 수 있으며, 정보의 측정 단위는 bit를 사용한다.
- 두 대안의 실현 확률이 동일할 때 총 정보량이 가장 크다.
- 1 bit란 실현 가능성이 같은 2개의 대안 중 결정에 필요한 정보량이다.
- 정보이론에서 정보란 불확실성의 감소라 정의할 수 있다.

2과목 작업생리학

21 ● Repetitive Learning 1회 2회 3회

인체의 척추를 구성하고 있는 뼈 가운데 경추, 흉추, 요추의 합은 몇 개인가?

① 19개
② 21개
③ 24개
④ 26개

해설
- 7개의 경추, 12개의 흉추, 5개의 요추로 총 24개로 구성된다.
- **척추**
  - 목에서 엉치까지의 뼈기둥으로 몸의 중심을 잡는 기둥역할을 한다.
  - 7개의 경추, 12개의 흉추, 5개의 요추, 천추와 미추로 구성된다.

22 ● Repetitive Learning 1회 2회 3회

노화로 인한 시각능력의 감소 시 조명수준을 결정할 때 고려해야 될 사항과 가장 거리가 먼 것은?

① 직무의 대비(對比) 뿐만 아니라 휘광(glare)의 통제도 아주 중요하다.
② 느려진 동공 반응은 과도(過渡, transient) 적응 효과의 크기와 기간을 증가시킨다.
③ 색 감지를 위해서는 색을 잘 표현하는 전대역(full-spectrum) 광원(光源)이 추천된다.
④ 과도 적응 문제와 눈의 불편을 줄이기 위해서는 보다 높은 광도비(光度比)가 필요하다.

해설
- ④에서 과도 적응 문제와 눈의 불편을 줄이기 위해서는 광도비를 낮출 필요가 있다.
- **노화로 인한 시각능력의 감소 시 조명수준을 결정할 때 고려사항**
  - 직무의 대비(對比) 뿐만 아니라 휘광(glare)의 통제도 아주 중요하다.
  - 느려진 동공 반응은 과도(過渡, transient) 적응 효과의 크기와 기간을 증가시킨다.
  - 색 감지를 위해서는 색을 잘 표현하는 전대역(full-spectrum) 광원(光源)이 추천된다.
  - 과도 적응 문제와 눈의 불편을 줄이기 위해서는 보다 낮은 광도비(光度比)가 필요하다.
  - 수정체의 투명도가 떨어지고 유연성이 감소하기 때문 근시력이 나빠진다.

23 ● Repetitive Learning 1회 2회 3회

순환기계 혈액의 기능에 해당하지 않는 것은?

① 운반작용
② 연하작용
③ 조절작용
④ 출혈방지

해설
- ②는 음식물이 입을 통해서 위로 들어가기까지의 이동과정을 말한다.
- **혈액**
  - 혈액은 혈관을 통해 흐르는 체액으로 운반(영양소, 산소, 이산화탄소, 노폐물, 호르몬 등)작용, 조절(체온, 삼투압, 수소이온농도)작용, 출혈방지(혈소판) 작용을 한다.
  - 혈장, 적혈구, 백혈구, 혈소판으로 구성된다.
  - 백혈구는 골수, 림프절 등에서 생성되고, 비장에서 파괴된다.
  - 백혈구에는 핵이 있지만, 적혈구와 혈소판에는 핵이 없다.
  - 적혈구의 수명은 100~120일이지만 혈소판의 수명은 7일 정도이다.
  - 적혈구, 백혈구, 혈소판 중 단위면적당 개수는 적혈구가 가장 많다.

24 ● Repetitive Learning 1회 2회 3회

다음 중 조도가 균일하고, 눈부심이 적지만 기구 효율이 나쁘며 설치비용이 많이 소요되는 조명방식은?

① 직접조명
② 국소조명
③ 반직접조명
④ 간접조명

해설
- ①은 실내 작업면에 투사하는 조명으로 조명의 효율도 좋고 경제적인 조명방법이다.
- ②는 작업면상의 필요한 장소만 높은 조도를 취하는 조명방법이다.
- **간접조명**
  - 천장이나 벽에 빛을 투사하여 이의 반사된 광속을 조명에 이용하는 방식이다.
  - 조도가 균일하고, 눈부심이 적지만 기구 효율이 나쁘며 설치비용이 많이 소요되는 조명방식이다.

정답 | 21 ③ 22 ④ 23 ② 24 ④

25
생체역학적 모형의 효용성으로 가장 적합한 것은?

① 작업 시 사용되는 근육 파악
② 작업에 대한 생리적 부하 평가
③ 작업의 병리학적 영향 요소 파악
④ 작업 조건에 따른 역학적 부하 추정

해설
- 생체역학적 모형은 작업 조건에 따른 역학적 부하 추정하기에 적합하다.
- **생체역학적 모형의 효용성**
  - 생체역학이란 생체계의 역학적 원리를 이해하고 기능적 변화를 예측하는 기술이다.
  - 생체역학적 모형은 작업 조건에 따른 역학적 부하 추정하기에 적합하다.
  - 자동차의 경우 인체모형을 통해 충돌시험에 사용할 경우 충격량을 측정하는데 사용된다.

26
전체 환기가 필요한 경우로 볼 수 없는 것은?

① 유해물질의 독성이 적을 때
② 실내에 오염물 발생이 많지 않을 때
③ 실내 오염 배출원이 분산되어 있을 때
④ 실내에 확산된 오염물의 농도가 전체적으로 일정하지 않을 때

해설
- 실내에 확산된 오염물의 농도가 전체적으로 일정할 때 전체 환기가 적용되며, 일정하지 않을 때는 오염물질 발생원 근처에 국소 배기를 적용하는 것이 효과적이다.
- **전체 환기의 적용조건**
  - 유해물질의 독성이 적을 때
  - 실내에 오염물 발생이 많지 않을 때
  - 실내 오염 배출원이 분산되어 있을 때
  - 오염물질의 농도가 전체적으로 일정할 때
  - 가스상 물질 환기 시

27
일반적으로 소음계는 3가지 특성에서 음압을 특정할 수 있도록 보정되어 있는데 A특성치란 40phon의 등음량 곡선과 비슷하게 보정하여 측정한 음압수준을 말한다. B특성치와 C특성치는 각각 몇 phon의 등음량곡선과 비슷하게 보정하여 특정한 값을 말하는가?

① B특성치 : 50phon, C특성치 : 80phon
② B특성치 : 60phon, C특성치 : 100phon
③ B특성치 : 70phon, C특성치 : 100phon
④ B특성치 : 80phon, C특성치 : 150phon

해설
- A특성은 40phon, B특성은 70phon, C특성은 100phon의 등청감 곡선과 비슷하게 보정하여 측정한 값을 말한다.
- **소음계**
  - 소음계는 주파수에 따른 인체의 반응을 기준으로 구분하는데 A, B, C특성치로 구분하며, 소음규제법에서는 A특성치(db(A))를 강도의 척도로 삼는다.
  - A특성치 : 40phon 보정, 사람의 청감에 맞춘 것, dB(A)로 표시하며 저주파 대역을 보정한 청감보정회로
  - B특성치 : 70phon 보정
  - C특성치 : 100phon 보정, 기계의 주파수 측정에 주로 사용, dB(C)로 표시하며 평탄 특성을 나타냄

28
가동성 관절의 종류와 그 예(例)가 잘못 연결된 것은?

① 중쇠 관절(pivot joint) – 수근중수 관절
② 타원 관절(ellipsoid joint) – 손목뼈 관절
③ 절구 관절(ball-and-socket joint) – 대퇴
④ 경첩 관절(hinge joint) – 손가락 뼈 사이 관절

해설
- ①은 차축관절로 요골이나 척골 관절이 대표적이다. 수근중수관절은 손목허리 관절로 안장관절(saddle joint)에 해당된다.
- **중쇠관절(pivot joint)**
  - 1방향 운동이 가능한 관절이나 바퀴가 굴러가듯 회전하는 관절이다.
  - 요골이나 척골관절에 해당된다.

29

열교환에 영향을 미치는 요소와 가장 거리가 먼 것은?

① 기압
② 기온
③ 습도
④ 공기의 유동

해설
- 열교환에 영향을 미치는 요소에는 기온(Temperature), 기습(Humidity), 기류(Air movement) 등이 있다.
- **인체의 열교환**
  ㉠ 경로
  - 복사 – 한겨울에 햇볕을 쬐면 기온은 차지만 따스함을 느끼는 것
  - 대류 – 같은 온도에서도 바람이 부느냐 불지 않느냐에 따라 열손실이 달라지는 것
  - 전도 – 달구어진 옥상 바닥을 손바닥을 짚을 때 손바닥으로 열이 전해지는 것(인체에 거의 영향을 끼치지 않는다)
  - 증발 – 피부 표면을 통해 인체의 열이 증발하는 것

  ㉡ 열교환 과정 실기 1503
  - $S = (M-W) \pm R \pm C - E$
    단, S는 열 축적, M은 대사, W는 일, R은 복사, C는 대류, E는 증발을 의미한다.
- 열교환에 영향을 미치는 요소에는 기온(Temperature), 기습(Humidity), 기류(Air movement) 등이 있다.

30

장력이 생기는 근육의 실질적인 수축성 단위(contractility unit)는?

① 근섬유(muscle fiber)
② 운동단위(motor unit)
③ 근원세사(myofilament)
④ 근섬유분절(sarcomere)

해설
- 근섬유의 수축단위는 근원섬유이다.
- **근육의 수축** 실기 1601/1603/2002/2302/2403
  - 근섬유의 수축단위는 근원섬유이다.
  - 근육이 수축하면 I대와 H대, Z선과 Z선 사이의 거리가 짧아진다.
  - 근육이 수축해도 A대(actin과 myosin이 중첩된 짙은 갈색 부분)의 폭, 액틴과 미오신 필라멘트의 길이는 변하지 않는다.
  - 근육의 수축은 근육의 길이가 단축되는 것이다.
  - 근육이 최대로 수축했을 때는 Z선이 A대에 맞닿는다.
  - 근육이 수축하면 가는 근세사가 굵은 근세사 사이로 미끄러져 들어간다.
  - 골격근의 수축은 운동신경의 지배를 받으며 수의적 조절에 따라 일어난다.
  - 평활근의 수축은 자율신경계, 호르몬, 화학신호의 지배를 받으며, 불수의적 조절에 따라 일어난다.

31

어떤 작업에 대해서 10분간 산소소비량을 측정한 결과 100리터 배기량에 산소가 15%, 이산화탄소가 6%로 분석되었다. 분당 산소소비량은?

① 0.4L/분
② 0.6L/분
③ 0.8L/분
④ 1.0L/분

해설
- 배기량만 주어져 있으므로 흡기량을 구해야 한다.
- 배기량을 분석해보면 산소는 100L×0.15=15L이고, 이산화탄소는 100L×0.06=6L이다. 나머지는 질소이므로 질소의 양은 100−15−6=79L가 된다.
- 질소는 흡기량과 배기량이 모두 동일하므로 질소의 흡기량도 79L이다.
- 공기의 조성상 질소는 79%, 산소는 21%이므로 질소가 79L라고 한다면 산소는 21L이므로 흡기 산소량은 21L가 된다.
- 10분간 산소소비량은 21L−15L=6L이다.
- 분당 산소소비량은 0.6L이다.
- **공기의 조성** 실기 1303/1401/2402
  - 작업 중 소비되는 산소 소비량을 계산하기 위한 흡기 시 공기의 조성은 질소 79%, 산소 21%이다.
  - 배기되는 공기의 조성에서 질소는 79%로 동일하지만 호흡으로 인해 산소가 쇼모된 만큼 이산화탄소는 생성된다.
  - 1L의 산소소비량은 5kcal의 에너지를 생성한다.

32

어떤 작업자의 평균심박수는 90회/분이며 일박출량(stroke volume)이 70mL로 측정되었다면 이 작업자의 심박출량(cardiac output)은 얼마인가?

① 0.8L/mm
② 1.3L/mm
③ 6.3L/mm
④ 378.0L/mm

정답 29 ① 30 ④ 31 ② 32 ③

> **해설**
> - 심박수가 분당 90회이고, 한번 박출하는 양은 70mL이므로 심박출량은 분당 70×90=6,300mL이다.
> - **심박출량(cardiac output)**
>   - 심장이 단위 시간동안 박출하는 혈액의 양을 말한다.
>   - 일회 박출량과 심박수의 곱으로 구한다.

33
막 전위차 발생 시 나타나는 현상이 아닌 것은?

① 평형상태에서 전위차는 −70mV이다.
② K+이온은 단백질 이온과는 달리 세포막을 투과할 수 있다.
③ 자극 발생 시 세포막은 K+이온은 투과시키고 N+이온을 투과시키지 않는다.
④ 막 내부의 전위차가 음이기 때문에 신경세포내의 K+이온의 농도는 외부 농도의 약 30배가 된다.

> **해설**
> - 자극을 받으면 N+이온의 통로가 열려 확산현상에 의해 N+이온이 막 내부로 유입된다.
> - **막 전위차 발생 시 나타나는 현상**
>   - 평형상태에서 전위차는 −70mV이다.
>   - K+이온은 단백질 이온과는 달리 세포막을 투과할 수 있다.
>   - 자극을 받으면 N+이온의 통로가 열려 확산현상에 의해 N+이온이 막 내부로 유입된다(탈분극).
>   - 막 내부의 전위차가 음이기 때문에 신경세포내의 K+이온의 농도는 외부 농도의 약 30배가 된다.

34
점멸융합주파수(critical flicker fusion)에 대해 설명한 것 중 틀린 것은?

① 중추신경계의 정신피로의 척도로 사용된다.
② 작업시간이 경과할수록 CFF치는 낮아진다.
③ 쉬고 있을 때 CFF치는 대략 15~30Hz이다.
④ 마음이 긴장되었을 때나 머리가 맑을 때의 CFF치는 높아진다.

> **해설**
> - ③에서 휴식시의 점멸융합주파수는 대략 80Hz이다.
> - **점멸융합주파수(Flicker fusion frequency)** 실기 1703/2001/2402
>   ㉠ 개요
>   - 시각적 혹은 청각적으로 주어지는 계속적인 자극을 연속적으로 느끼게 되는 주파수를 말한다.
>   - 중추신경계의 정신적 피로도의 척도를 나타내는 대표적인 측정값이다.
>   - 정신적으로 피로하면 주파수의 값이 감소한다.
>   ㉡ 시각적 점멸융합주파수(VFF)
>   - 빛의 검출성에 영향을 주는 인자 중의 하나로 점멸속도가 약 30Hz 이상이면 불이 계속 켜진 것처럼 보인다.
>   - 암조응 시에는 VFF가 감소한다.
>   - 휘도만 같다면 색상은 주파수에 영향을 주지 않는다.
>   - 표적과 주변의 휘도가 같을 때 최대가 된다.
>   - 주파수는 조명 강도의 대수치에 선형적으로 비례한다.
>   - 사람들 간에는 큰 차이가 있으나 개인의 경우 일관성이 있다.

35
근육유형 중에서 의식적으로 통제가 가능한 근육은?

① 평활근
② 골격근
③ 심장근
④ 모든 근육은 의식적으로 통제가능하다.

> **해설**
> - ①은 내장근과 같이 가로무늬가 없는 근육으로 민무늬근에 속하고 불수의근에 해당한다.
> - ③은 가로무늬근에 속하지만 불수의근에 해당한다.
> - ④에서 심장근이나 내장근과 같이 자율신경계의 영향을 받아 인간의 의식과 무관하게 움직이는 불수의근이 있다.
> - **수의근(voluntary muscle)** 실기 2302
>   - 근육의 기능에 따른 분류로 의지를 가지고 움직일 수 있는 근육을 말한다.
>   - 중추신경계와 골격근 등이 포함된다.

36
심박출량을 증가시키는 요인으로 볼 수 없는 것은?

① 휴식시간
② 근육활동의 증가
③ 덥거나 습한 작업환경
④ 흥분된 상태나 스트레스

> [해설]
> - 휴식은 심박출량을 감소시키는 요인에 해당된다.
> - 작업강도의 증가에 따른 순환계 반응
>   - 혈압의 상승
>   - 심박출량의 증가
>   - 혈액의 수송량 증가
>   - 신체에 흐르는 혈류의 재분배

37

육체적 활동의 정적 부하에 대한 스트레인(strain)을 측정하는데 가장 적합한 것은?

① 산소소비량
② 뇌전도(EEG)
③ 심박수(HR)
④ 근전도(EMG)

> [해설]
> - ①은 신체활동 중에 신체가 소비하는 산소의 량을 말한다.
> - ②는 대뇌피질의 활성 정도를 측정한다.
> - ③은 심장의 박동수를 측정하여 표현하는 방법이다.
> - 근전도(EMG)
>   - 근육이 움직일 때 나오는 미세한 전기신호를 측정하여 근육의 활동 정도를 나타낼 수 있는 것을 말한다.
>   - 육체적 작업을 할 경우 신체의 특정 부위의 스트레스 또는 피로(스트레인(strain))를 측정하는 방법이다.
>   - 근육이 피로해질수록 근전도(EMG) 신호에서 저주파 영역이 증가하고 진폭도 커진다.

38

소음에 관한 정의에 있어 "강렬한 소음작업"이라 함은 얼마 이상의 소음이 1일 8시간 이상 발생하는 작업을 의미하는가?

① 85데시벨 이상
② 90데시벨 이상
③ 95데시벨 이상
④ 100데시벨 이상

> [해설]
> - 강렬한 소음작업은 1일 8시간 이상 90dB 이상의 소음에 노출되는 사업장을 말한다.
> - 소음 노출 기준
>   ㉠ 개요
>   - 소음작업이란 1일 8시간 작업을 기준으로 85dB 이상의 소음이 발생하는 작업을 말한다.

㉡ 강렬한 소음작업

1일 노출시간(hr)	허용 음압수준(dB)
8 이상	90 이상
4 이상	95 이상
2 이상	100 이상
1 이상	105 이상
1/2 이상	110 이상
1/4 이상	115 이상

㉢ 충격소음작업(1초 이상의 간격)

충격소음강도(dB)	허용 노출 횟수(회)
140 초과	100 이상
130 초과	1,000 이상
120 초과	10,000 이상

39

진동이 인체에 미치는 영향으로 옳지 않은 것은?

① 심박수 감소
② 산소소비량 증가
③ 근장력 증가
④ 말초혈관의 수축

> [해설]
> - ①에서 진동은 심박수를 증가시킨다.
> - 진동이 인체에 미치는 영향
>   - 심박수가 증가한다.
>   - 장시간 노출 시 근육 긴장을 증가시킨다.
>   - 시성능은 10~25Hz 대역의 경우 가장 심하게 영향을 받으며, 60~90Hz에서 안구가 공명한다.
>   - 추적능력은 5Hz 이하의 낮은 진동수에서 가장 영향을 많이 받는다.
>   - 머리와 어깨 부위의 공명주파수는 20~30Hz이다.
>   - 등이나 허리뼈에 가장 위험한 주파수는 8~12Hz이다.
>   - 흉부와 복부의 고통을 일으키는 주파수는 4~10Hz이다.
>   - 중앙 신경계의 처리 과정과 관련되는 과업의 성능은 진동의 영향을 비교적 덜 받는다.
>   - 레이노 증후군(Raynaud's phenomenon)은 진동으로 인한 말초혈관운동의 장해로 발생한다.

40

근력(strength) 형태 중 근육이 등척성 수축을 하는 것에 해당하는 근력은?

① 정적 근력(static strength)
② 등장성 근력(isotonic strength)
③ 등속성 근력(isokinetic strength)
④ 등관성 근력(isoinertial strength)

정답 | 37 ④ 38 ② 39 ① 40 ①

해설
- ②는 동적 근력의 하나로 근육이 일정한 힘에 반하여 수축하는 것으로서 근육의 긴장도가 전 동작을 통해 일정하게 유지되는 상태에서의 근력을 말한다.
- ③은 동적 근력의 하나로 근육이 일정한 속도로 수축할 때의 근력을 말한다.
- ④는 동적 근력의 하나로 인간이 일정한 구간을 스스로 정한 속도에 의해 취급할 수 있는 최대 무게를 측정하여 초기 정적 저항을 극복하는 능력을 보여주는 근력을 말한다.

❖ 정적 근력(static strength)
- 등척성 근력(isometric strength)이라고도 한다.
- 근육의 정적상태의 근력 즉, 근육이 등척성 수축을 하는 것에 해당하는 근력이다.
- 근력의 상태 중 물체를 들고 있을 때처럼 신체부위를 움직이지 않으면서 고정된 물체에 힘을 가하는 상태를 말한다.
- 정적근력의 측정은 고정된 물체에 대해 최대 힘을 발휘하고, 일정 시간 휴식하는 과정을 반복하여 처음 3초 동안 발휘된 근력의 평균을 계산하여 측정한다.

3과목 산업심리학 및 관련법규

41
산업재해 예방을 위한 안전대책 중 3E에 해당하지 않는 것은?

① 교육적 대책(Education)
② 공학적 대책(Engineering)
③ 환경적 대책(Environment)
④ 관리적 대책(Enforcement)

해설
- 하베이의 안전시정책은 교육(Education)적, 기술(Engineering)적, 관리(Enforcement)적 대책으로 구성된다.

❖ 하베이(Harvey)의 안전대책 선정의 원칙 3E

교육(Education)적 대책	안전교육 및 훈련 대책
기술(Engineering)적 대책	시설 장비 및 기준의 개선 대책
관리(Enforcement)적 대책	안전 감독의 철저 등의 대책

42
관리 그리드 이론(managerial grid theory)에 관한 설명으로 틀린 것은?

① 블레이크와 모우톤이 구조주도적-배려적 리더십 개념을 연장시켜 정립한 이론이다.
② 인기형은 (9,1)형으로 인간에 대한 관심은 매우 높은데 반해 과업에 관한 관심은 낮은 리더십 유형이다.
③ 중도형은 (5,5)형으로 과업과 인간관계 유지에 모두 적당한 정도의 관심을 갖는 리더십 유형이다.
④ 리더십을 인간중심과 과업중심으로 나누고 이를 9등급씩 그리드로 계량화하여 리더의 행동경향을 표현하였다.

해설
- 인기형은 (1,9)형이다.

❖ 관리 그리드(Managerial Grid) 이론
- Blake & Muton에 의해 구조주도적-배려적 리더십 개념을 연장시켜 정립한 이론이다.
- 리더의 2가지 관심(인간, 생산에 대한 관심)을 축으로 리더십을 분류하였다.
- 이상(Team)형 리더십이 가장 높은 성과를 보여준다고 주장하였다.
- 표현 시 ( ) 안에 앞에는 업무에 대한 관심을, 뒤에는 인간관계에 대한 관심을 표현하고 온점(.)으로 구분한다.

높음(9)	인기(Country club)형 (1,9) • 인간에 대한 관심 지대함 • 생산에는 무관심		이상(Team)형 (9,9) • 인간에 대한 관심과 생산에 대한 관심이 모두 높음
↑ 인간에 대한 관심 ↓		중도(Middle of road)형 (5,5)	
	무관심(Impoverished)형 (1,1) • 인간에 대한 관심과 생산에 대한 관심이 모두 무관심		과업(Task)형 (9,1) • 생산에 대한 관심 지대함 • 인간에는 무관심
낮음(1)	⇐ 생산에 대한 관심 ⇒ 높음(9)		

43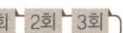

FTA에서 입력사상 중 어느 하나라도 발생하면 출력사상이 발생되는 논리게이트는?

① OR gate   ② AND gate
③ NOT gate ④ NOR gate

해설
- ②는 입력사상 모두에 입력이 있어야 출력이 발생하는 게이트이다.
- ③은 FT도에서 입력현상의 반대현상이 출력되는 게이트이다.
- ④는 OR의 부정게이트로 입력사상 중 어느 하나라도 발생하면 출력사상이 발생되지 않는 논리게이트이다.
- **OR 게이트**
  - 입력의 사상 중 어느 하나라도 입력이 있으면 출력이 발생하는 게이트로 논리합의 관계를 표시한다.
  - 로 표시한다.

44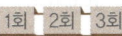

맥그리그(McGregor)의 X · Y 이론 중 Y이론에 대한 관리처방으로 볼 수 없는 것은?

① 분권화와 권한의 위임   ② 비공식적 조직의 활용
③ 경제적 보상체계의 강화 ④ 자체 평가제도의 활성화

해설
- ③은 후진국형 대처방안에 해당되는 X이론에 대한 관리처방이다.
- **맥그리거(McGregor)의 X · Y이론**
  - ㉠ 개요
    - 인간과 직무의 관계에 대한 기본적인 가정을 X이론과 Y이론이라는 가설로 나눈 것이다.
    - X이론은 인간의 본성이 일을 싫어하고, 무관심하며, 책임을 회피하므로 당근과 채찍을 동원하여 강제할 필요가 있다는 이론이다.
    - Y이론은 인간의 본성이 일을 좋아하고, 책임감이 강하며, 선하므로 그들을 자율적, 민주적으로 대해야 창조적인 성과를 얻을 수 있다는 이론이다.
  - ㉡ X이론과 Y이론의 관리처방 비교

X이론(후진국형, 성악설)	Y이론(선진국형, 성선설)
• 경제적 보상체계의 강화	• 분권화와 권한의 위임
• 권위주의적 리더십의 확립	• 목표에 의한 관리
• 면밀한 감독과 엄격한 통제	• 직무확장
• 상부 책임제도의 강화	• 인간관계 관리방식
	• 책임감과 창조력

45

피로의 생리학적(physiological) 측정방법과 거리가 먼 것은?

① 뇌파 측정(EEG)
② 심전도 측정(ECG)
③ 근전도 측정(EMG)
④ 변별역치 측정(촉각계)

해설
- ④는 자극량을 변화시킬 때 그 자극의 변화를 감지할 수 있는 영역(JND)을 측정하는 것으로 피로의 심리학적 측정방법에 해당한다.
- **피로 판정을 위한 기능검사 방법과 검사항목**

생리학적 방법	근전도(EMG), 뇌전도(EEG), 반사역치(PSR), 심전도(ECG), 인지역치(청력검사), 융합점멸주파수(Flicker) 등
생화학적 방법	혈액검사, 혈색소농도, 혈액수분, 응혈시간, 부신피질 등
심리학적 방법	피부저항(GSR), 정신작업, 동작분석, 변별역치, 행동기록, 연속반응시간, 전신자각증상 등

46

휴먼 에러(human error)로 이어지는 배후 요인으로 4M 중 매체(Media)에 적합하지 않은 것은?

① 작업의 자세   ② 작업의 방법
③ 작업의 순서   ④ 작업지휘 및 감독

해설
- ④는 Management에 속한다.
- **재해발생 기본원인 - 4M**
  - ㉠ 개요
    - 재해의 연쇄관계를 분석하는 기본 검토요인으로 인간과오(Human-Error)와 관련된다.
    - Man, Machine, Media, Management를 말한다.
  - ㉡ 4M의 내용

Man	• 인간적 요인을 말한다. • 심리적(망각, 무의식, 착오), 생리적(피로, 질병, 수면부족 등) 원인 등이 있다.
Machine	• 기계적 요인을 말한다. • 기계, 설비의 설계상의 결함, 점검이나 정비의 결함, 위험방호의 불량 등이 있다.

정답 43 ① 44 ③ 45 ④ 46 ④

Media	• 인간과 기계를 연결하는 매개체로 작업적 요인을 말한다. • 작업의 정보, 작업방법, 작업환경, 작업순서 등이 있다.
Management	• 관리적 요인을 말한다. • 안전관리조직, 관리규정, 안전교육의 미흡 등이 있다.

Hick-Hyman의 법칙
- 운전원이 신호를 보고 어떤 장치를 조작해야 할지를 결정하기까지 걸리는 시간을 예측할 수 있다.
- 예상치 못한 자극에 대한 일반적인 반응시간은 대안이 2배 증가할 때마다 약 0.15초(150ms) 정도가 증가한다.
- 선택반응시간은 자극 정보량의 선형함수로 $RT = a + b\log_2 N$로 구한다. 이때 a와 b는 상수, N은 자극과 반응의 수이다.

47
NIOSH의 직무스트레스 관리모형 중 중재요인(Moderatiing factors)에 해당하지 않는 것은?

① 개인적 요인
② 조직 외 요인
③ 완충작용 요인
④ 물리적 환경 요인

해설
- ④는 직무 스트레스 요인에 해당된다.
NIOSH 중재 요인(Moderatiing factors)
- 직무 스트레스 요인에서도 개인들이 지각하고 상황에 반응하는 방식에 차이를 가지게 되는 요인을 말한다.

개인적 요인	성격, 경력개발 단계, 건강 등
조직 외 요인	가족상황, 교육상태, 결혼상태 등
완충작용 요인	대처능력, 사회적 지위 등

48
시각을 통해 2가지 서로 다른 자극을 제시하고 선택반응시간을 특정한 결과가 1초였다면, 4가지 서로 다른 자극에 대한 선택반응시간은 몇 초인가?(단, 각 자극의 출현확률은 동일하고, 시각 자극에 반응을 하는데 소요되는 시간은 0.2초라 가정하면, Hick-Hymann의 법칙에 따른다)

① 1초
② 1.4초
③ 1.8초
④ 2초

해설
- 자극정보의 개수가 2개일 때 반응시간이 1초였다. $a + b\log_2 2$가 1이라는 의미이다. 이는 $\log_2 2$가 1이므로 $a + b$가 1이라는 말이다.
- 자극에 반응하는 데 걸리는 시간 a가 0.2초라면 단위 정보량당 증가되는 반응시간 b는 0.8초를 의미한다.
- 대입하면 선택반응시간 $RT = 0.2 + 0.8\log_2 N$이 된다.
- 여기서 자극반응이 4가지라고 한다면 N에 4를 대입하면 $RT = 0.2 + 0.8\log_2 4 = 0.2 + 0.8 \times 2 = 1.8$이 된다.

49
재해의 발생 원인을 분석하는 방법에 관한 설명으로 틀린 것은?

① 특성요인도 : 재해와 원인의 관계를 도표화하여 재해 발생 원인을 분석한다.
② 파레토도 : flow-chart에 의한 분석방법으로, 원인 분석 중 원점으로 돌아가 재검토하면서 원인을 찾는다.
③ 관리도 : 재해 발생건수 등의 추이를 파악하고 목표관리를 행하는데 필요한 발생건수를 그래프화하여 관리한계를 설정한다.
④ 크로스도 : 2개 이상의 문제관계를 분석하는데 사용하는 것으로, 데이터를 집계하고 표로 표시하여 요인별 결과 내역을 교차시켜 분석한다.

해설
- ②에서 파레토도는 막대그래프와 꺾은선 그래프의 혼합그래프를 사용하는 분석방법이다.
파레토도
- 작업관리의 문제분석 도구로서, 가로축에 항목, 세로축에 항목별 점유비율과 누적비율로 막대-꺾은선 혼합 그래프를 중점관리항목을 도출할 목적으로 활용하는 도구이다.
- 현장의 개선활동에 있어서 소수 중점 원인을 찾기 위한 도구로서 사용된다.
- 80~20의 원칙에 기초하여 빈도수별로 나열한 항목별 점유와 누적비율에 따라 불량이나 사고의 원인이 되는 중요 항목을 찾아가는 기법이다.
- 80~20의 원칙이란 20%의 항목이 전체의 80%를 차지한다는 개념이다.
- 가장 큰 값부터 순서대로 나열하며, 기타항목은 맨 오른쪽에 배치한다.

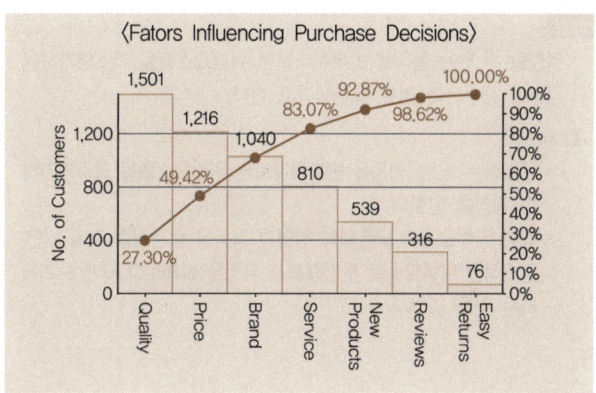

50

재해에 의한 상해의 종류에 해당하는 것은?

① 진폐 ② 추락
③ 비래 ④ 전복

해설
- ②, ③, ④는 재해의 발생형태별 분류에 해당된다.
- 상해의 종류별 분류

골절	뼈가 부러지는 상해
찰과상	스치거나 문질러서 피부가 벗겨진 상해
창상	창, 칼 등에 베인 상해
자상	칼날 등 날카로운 물건에 찔린 상해
좌상	타박상(삐임)이라고도 하며, 피하조직 등 근육부를 다쳐 충격을 받은 부위가 부어오르고 통증이 발생되는 상해
부종	국부의 혈액순환의 이상으로 몸이 통통 부어오르는 상해
중독	음식, 약물, 가스 등에 의해 중독되는 상해
화상	화재 또는 고온물과의 접촉으로 인한 상해
진폐	분진이 침착하여 조직 반응이 일어난 상해

51

휴먼 에러와 기계의 고장과의 차이점을 설명한 것으로 틀린 것은?

① 기계와 설비의 고장조건은 저절로 복구되지 않는다.
② 인간의 실수는 우발적으로 재발하는 유형이다.
③ 인간은 기계와는 달리 학습에 의해 계속적으로 성능을 향상시킨다.
④ 인간 성능과 압박(stress)은 선형관계를 가져 압박이 중간 정도일 때 성능수준이 가장 높다.

해설
- 인간 성능과 압박은 비선형관계를 갖는다. 압박이 너무 없어도 너무 많아도 인간 성능에 좋지 않다.
- 휴먼 에러와 기계의 고장
  - 기계와 설비의 고장조건은 저절로 복구되지 않는다.
  - 인간의 실수는 우발적으로 재발하는 유형이다.
  - 인간은 기계와는 달리 학습에 의해 계속적으로 성능을 향상시킨다.
  - 인간 성능과 압박은 비선형관계를 갖는다.

52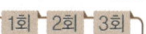

스트레스 상황 하에서 일어나는 현상으로 틀린 것은?

① 동공이 수축된다.
② 스트레스는 정보처리의 효율성에 영향을 미친다.
③ 스트레스로 인한 신체 내부의 생리적 변화가 나타난다.
④ 스트레스 상황에서 심장박동수는 증가하나, 혈압은 내려간다.

해설
- 스트레스 상황에서 심장 박동수와 혈압은 상승한다.
- 스트레스 상황에서 일어나는 현상
  - 동공이 수축된다.
  - 혈당, 호흡이 증가하고 감각기관과 신경이 예민해진다.
  - 스트레스 상황에서 심장 박동수와 혈압은 상승한다.
  - 정보처리 능력과 의사결정의 질이 떨어진다.
  - 스트레스를 지속적으로 받게 되면 자기조절능력을 상실하게 되고 체내항상성이 깨진다.

53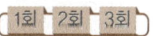

리더십의 유형은 리더가 처해 있는 상황에 의해서 결정된다고 할 수 있다. 각 상황적 요소와 리더십 유형간의 연결이 잘못된 것은 무엇인가?

① 군 조직, 교도소 등은 권위형 리더십이 적절하다.
② 집단 구성원의 교육수준이 높을수록 민주형 리더십이 적절하다.
③ 조직을 둘러싸고 있는 환경상태가 불확실할 때는 권위형 리더십이 촉구된다.
④ 기술의 발달은 개인의 전문화를 야기하므로 민주형의 리더십을 촉구하게 된다.

> **해설**
> - ③의 경우 민주적 리더십이 필요한 경우에 해당한다.
> - **민주적 리더십**
>   - 인관관계를 중심에 놓는다(부하 중심적).
>   - 맥그리거의 Y 이론에 근거를 둔다.
>   - 리더의 지원에 의한 집단 토론식 결정을 한다.
>   - 조직원의 적극적인 참여와 자율성을 강조한다.
>   - 조직원의 창의성을 개발할 수 있다.
>   - 생산성과 사기가 높게 나타난다.
>   - 구성원 간의 상호관계가 원만하다.

54

A사업장의 상시 근로자가 200명이고, 연간 3건의 재해가 발생했다면 이 사업장의 도수율은 약 얼마인가?(단, 근로자는 1일 9시간씩 연간 300일을 근무하였다)

① 3.25   ② 5.56
③ 6.25   ④ 8.30

> **해설**
> - 연근로시간수는 200명×9시간×300일이므로 540,000시간이고, 3건의 재해가 발생했으므로 도수율은 $\frac{3}{540,000} \times 1,000,000 = 5.555\cdots$ 이다.
> - **재해율 관련 공식**
>
> | 재해율 | $\frac{재해자수}{산재보험적용근로자수} \times 100$ |
> |---|---|
> | 사망만인율 | $\frac{사망자수}{산재보험적용근로자수} \times 10,000$ |
> | 휴업재해율 | $\frac{휴업재해자수}{임금근로자수} \times 100$ |
> | 도수율 (빈도율) | $\frac{재해건수}{연근로시간수} \times 1,000,000$ |
> | 강도율 | $\frac{총요양근로손실일수}{연근로시간수} \times 1,000$ |

55

사고의 요인 중 주위 환물물에 익숙해져서 더 이상 그것이 주의환기요인이 되지 않는 것을 무엇이라고 하는가?

① 습관화   ② 자극화
③ 적응화   ④ 반복화

> **해설**
> - 위험할 수 있는 행동을 반복하다보면 위험요소들을 과소평가하는 경향이 생기는데 이를 습관화라고 한다.
> - **습관화**
>   - 위험할 수 있는 행동을 반복하다보면 위험요소들을 과소평가하는 경향을 말한다.
>   - 특정 위험요소에 노출되어 위험한 행동을 습관처럼 하게 되면, 잠재적인 위험요소에 둔감해져서 위험을 실제보다 낮게 느끼게 되는 것을 말한다.

56

집단 응집성에 관한 설명으로 틀린 것은?

① 집단 응집성은 절대적인 것이다.
② 응집성이 높은 집단일수록 결근율과 이직률이 낮다.
③ 일반적으로 집단의 구성원이 많을수록 응집력은 낮아진다.
④ 집단 응집성이란 구성원들이 서로에게 끌리어 그 집단목표를 공유하는 정도이다.

> **해설**
> - ①에서 집단 응집성은 상대적인 것이다.
> - **집단 응집성**
>   - 집단구성원들이 서로에게 매력적으로 끌리어 그 집단목표를 효율적으로 달성하는 정도를 말한다.
>   - 소시오메트리에서 실제 상호선호관계의 수를 가능한 상호선호관계의 총 수로 나누어 지수(index)로 표현한다.
>   - 집단 응집성을 결정하는 요인에는 가입의 난이도, 외부의 위협, 집단의 크기, 집단 및 집단 구성원에 대한 매력, 집단의 분위기 등이 있다.
>   - 집단 응집성은 상대적인 것이다.
>   - 응집성이 높은 집단일수록 결근율과 이직률이 낮다.
>   - 일반적으로 집단의 구성원이 많을수록 응집력은 낮아진다.

57

제조물책임법상 결함의 종류에 해당하지 않는 것은?

① 사용상의 결함   ② 제조상의 결함
③ 설계상의 결함   ④ 표시상의 결함

> **해설**
> - 제조물 책임법에서 명시한 결함의 종류에는 제조상의 결함, 설계상의 결함, 표시상의 결함이 있다.

결함의 종류 실기 1801/2002/2101/2103/2203/2302

- 결함이란 제조물 제조상·설계상 또는 표시상의 결함이 있거나 그 밖에 통상적으로 기대할 수 있는 안전성이 결여되어 있는 것을 말한다.
- 결함의 종류에는 제조상의 결함, 설계상의 결함, 표시상의 결함이 있다.

제조상의 결함	제조업자가 제조물에 대하여 제조상·가공 상의 주의의무를 이행하였지에 관계없이 제조물이 원래 의도한 설계와 다르게 제조·가공됨으로써 안전하지 못하게 된 경우
설계상의 결함	제조업자가 합리적인 대체설계(代替設計)를 채용하였더라면 피해나 위험을 줄이거나 피할 수 있었음에도 대체설계를 채용하지 아니하여 해당 제조물이 안전하지 못하게 된 경우
표시상의 결함	제조업자가 합리적인 설명·지시·경고 또는 그 밖의 표시를 하였더라면 해당 제조물에 의하여 발생할 수 있는 피해나 위험을 줄이거나 피할 수 있었음에도 이를 하지 아니한 경우

58 — Repetitive Learning 1회 2회 3회
1103/2101

작업자 한 사람의 성능 신뢰도가 0.95일 때, 요원을 중복하여 2인 1조로 작업을 할 경우 이 조의 인간 신뢰도는 얼마인가?(단, 작업 중에는 항상 요원지원이 되며, 두 작업자의 신뢰도는 동일하다고 가정한다)

① 0.9025　　② 0.9500
③ 0.9975　　④ 1.0000

해설
- 요원을 추가하여 중복 지원한다는 것은 병렬로 작업한다는 의미이다.
- $1-(1-0.95)(1-0.95)=1-0.0025=0.9975$가 된다.

시스템의 신뢰도 실기 1403/1503/1603/1703/1801/2001/2103/2203/2301/2401

㉠ AND(직렬)연결 시

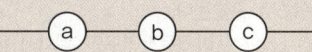

- 부품 a, 부품 b 신뢰도를 각각 R_a, R_b라 할 때 시스템의 신뢰도 $R_s = R_a \times R_b$로 구할 수 있다.

㉡ OR(병렬)연결 시

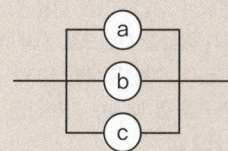

- 부품 a, 부품 b 신뢰도를 각각 R_a, R_b라 할 때 시스템의 신뢰도 $R_s = 1-(1-R_a)\times(1-R_b)$로 구할 수 있다.

59 — Repetitive Learning 1회 2회 3회

호손(Hawthorne)의 연구에 관한 설명으로 맞는 것은?

① 동기부여와 직무만족도 사이의 관계를 밝힌 연구이다.
② 집단 내에서의 인간관계의 중요성을 증명한 연구이다.
③ 조명 조건 등 물리적 작업환경은 생산성에 큰 영향을 끼친다.
④ 미국 Western Electric 사를 대상으로 호손이 진행한 연구이다.

해설
- 호손의 연구결과에서 작업자의 작업능률은 동기, 의사소통을 통한 작업자 간의 인간관계가 큰 영향을 미친다는 것을 확인하였다.

호손(Hawthorne)의 연구
- 호손공장 실험에서 조명을 밝히면 처음에는 생산량은 증가하나 이후에는 조명과 상관관계가 거의 없음을 증명하였다.
- 호손의 연구결과에서 작업자의 작업능률은 동기, 의사소통을 통한 작업자 간의 인간관계가 큰 영향을 미친다는 것을 확인하였다.
- 산업심리학의 관심이 물리적 작업조건에서 인간관계 등으로 바뀌는 계기를 마련하게 되었다.

60 — Repetitive Learning 1회 2회 3회

집단 내에서 역할갈등이 나타나는 원인과 가장 거리가 먼 것은?

① 역할모호성　　② 상호의존성
③ 역할무능력　　④ 역할부적합

해설
- ②는 역할갈등을 적게하는 요소에 해당된다.

역할 관련 스트레스 요인
- 역할 모호성이 클수록 스트레스가 크다.
- 역할 부하가 적거나 많을 경우 스트레스는 발생한다.
- 조직의 중간에 위치라는 중간관리자 등은 역할갈등에 노출되기 쉽다.
- 역할 과부하는 직무요구가 능력을 초과하는 경우의 스트레스 요인이다.

4과목 근골격계질환 예방을 위한 작업관리

- C(Combine) : 더 나은 작업이나 작업요소와의 결합
- R(Rearrange) : 작업순서의 변경, 재배열
- S(Simplify) : 작업이나 작업요소의 단순화

61
관측 시간치의 평균이 0.6분이고 레이팅 계수는 120%, 여유시간은 8시간 근무 중에서 24분일 때 표준시간은 약 얼마인가?

① 0.62분　　② 0.68분
③ 0.76분　　④ 0.84분

해설
- 정미시간은 0.6×120%=0.6×1.2=0.72분이다.
- 내경법으로 여유율=24분/8시간(480분)=0.05가 된다.
- 내경법으로 표준시간=0.72/(1-0.05)=0.72/0.95=0.7579가 된다.

표준시간 실기 1501/1503/1603/1703/2002/2003/2103/2402/2403
㉠ 개요
- 8시간의 정상작업을 기준으로 하여 일정한 작업조건에서 일정한 방법에 따라 보통 정도의 작업자가 정상적인 속도로 작업을 수행하는데 걸리는 시간을 말한다.
- 표준시간 측정에 사용하는 DM(decimal minute)은 1DM이 0.6초이다.
- 표준시간은 정미시간+여유시간으로 구한다.
- 정미시간은 관측시간의 평균치×R(레이팅 계수)로 구한다.
- 객관적 레이팅에서의 표준시간=관측 평균시간×(1차 평가계수)×(1+2차 조정계수)×(1+여유율)로 구한다.
- 외경법의 경우 표준시간=정미시간×(1+여유율)로 구한다.
- 내경법의 경우 표준시간=정미시간/(1-여유율)로 구한다.

㉡ 여유율
- 외경법은 작업여유율=여유시간/정미시간(근무시간-여유시간)을 적용한다.
- 내경법은 근무여유율=여유시간/근무시간(정미시간+여유시간)을 적용한다.

62
작업개선을 위한 개선의 ECRS에 해당하지 않는 것은?

① Eliminate　　② Combine
③ Redesign　　④ Simplify

해설
- R은 Rearrange로 작업순서의 변경, 재배열을 의미한다.

개선의 ECRS 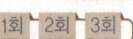 1303/1403/1801/2002/2101/2302
- E(Eliminate) : 불필요한 작업이나 자재를 제거

63
17가지 서블릭을 이용하여 좀 더 상세하게 작업내용을 분석하고 시간까지 도시한 것은?

① 스트로보(strobo)
② 시모차트(SIMO chart)
③ 사이클 그래프(cycle graph)
④ 크로노 사이클 그래프(chrono cycle graph)

해설
- ①은 순간적인 단파장의 빛을 내는 조명기구로 콘서트홀에서 주로 사용된다.
- ③은 작업자 동작분석을 위해 신체 곳곳에 램프를 달고 주위를 어둡게 한 후 스틸카메라로 장시간 촬영하여 분석하는 방법이다.
- ④는 속도 측정이 불가능한 사이클 그래프의 단점을 극복하여 속도와 동작의 궤적까지 분석가능한 도구이다.

동작분석
㉠ 개요
- 서블릭 분석, 필름/비디오 분석, 작업측정기법을 이용하는 PTS법이 이에 해당된다.
- 작업과정에서 무리·낭비·불합리한 동작을 제거, 최선의 작업방법으로 개선하는 것이 목표이다.
- 작업을 분해 가능한 세밀한 단위로 분석하고 각 단위의 변이를 측정하여 표준작업방법을 알아내기 위한 연구이다.
- 작업은 공정 → 단위작업 → 요소작업 → 동작요소 → 서블릭 순으로 구분된다.
- SIMO chart는 미세동작연구인 동시에 동작 사이클차트로 이상적 작업동작 습득에 시간은 짧게 걸리나 부정확한 단점을 갖는다.

㉡ 미세동작분석
- 미세동작분석은 작업주기가 짧은 작업, 규칙적인 작업주기 시간, 단기적 작업을 대상으로 자세하게 촬영하여 분석하므로 비용이 많이 드는 분석방법이다.
- 미세동작연구를 할 때에는 가능하면 작업방법이 숙련된 작업자를 대상으로 한다.
- 미세동작연구실에서는 작업수행도가 월등히 뛰어난 작업사이클을 대상으로 한다.

64

NIOSH의 RWL(recommended weight limit)을 계산하는데 필요한 계수에 대한 상수의 범위를 잘못 나타낸 것은?

① 비대칭계수 : 135° ~ 0°
② 수평계수 : 63cm ~ 25cm
③ 거리계수 : 175cm ~ 25cm
④ 수직계수 : 175cm ~ 50cm

해설
- ④에서 수직계수는 0 ~ 175cm까지를 기준으로 75cm이면 VM은 1이며, 그보다 높거나 낮으면 VM은 1보다 작아지고, 수직거리가 175cm를 초과하면 VM은 0이 된다.

❖ 수평계수와 수직계수, 거리계수 실기 1401/1903/2401
  ㉠ 수평계수(HM)
    - 하완의 길이가 25cm 이하이면 HM은 1이 된다.
    - 하완의 길이가 63를 초과하면 HM은 0이 된다(63cm는 체구가 작은 사람이 물체를 가장 멀리 잡고 있을 수 있는 수평거리이다).
  ㉡ 수직계수(VM)
    - 기준은 75cm로 이는 키 165cm인 사람이 가장 편안하게 팔을 늘어뜨렸을 때 손의 높이에 해당한다.
    - 0 ~ 175cm까지를 기준으로 75cm이면 VM은 1이며, 그보다 높거나 낮으면 VM은 1보다 작아지고, 수직거리가 175cm를 초과하면 VM은 0이 된다.
  ㉢ 거리계수(DM)
    - 물체를 수직 이동시킨 거리이다.
    - 25cm 이하이면 1이 된다.
    - 175cm 이상이면 0이 된다.

65

영상표시단말기(VDT) 취급에 관한 설명으로 틀린 것은?

① 키보드와 키 윗부분의 표면은 무광택으로 할 것
② 빛이 작업 화면에 도달하는 각도는 화면으로부터 45°이내일 것
③ 작업자의 손목을 지지해 줄 수 있도록 작업대 끝면과 키보드의 사이는 5cm 이상을 확보할 것
④ 화면을 바라보는 시간이 많은 작업일수록 밝기와 작업대 주변 밝기의 차를 줄이도록 할 것

해설
- 작업자의 손목을 지지해 줄 수 있도록 작업대 끝면과 키보드의 사이는 15센티미터 이상을 확보하고 손목의 부담을 경감할 수 있도록 적절한 받침대(패드)를 이용하도록 한다.

❖ 영상표시 단말기(VDT) 취급작업자 작업자세 실기 1303/1401/1801/2001/2103/2402/2403
  - 손목은 일직선이 되도록 한다.
  - 화면과의 거리는 최소 40cm 이상이 확보되어야 한다.
  - 작업자의 시선은 수평선상으로부터 아래로 10 ~ 15° 이내로 한다.
  - 위팔(upper arm)은 자연스럽게 늘어뜨리고, 팔꿈치의 내각은 90° 이상이 되어야 한다.
  - 작업자의 손목을 지지해 줄 수 있도록 작업대 끝면과 키보드의 사이는 15센티미터 이상을 확보하고 손목의 부담을 경감할 수 있도록 적절한 받침대(패드)를 이용하도록 한다.
  - 키보드에 손을 얹었을 때 팔꿈치 각도는 90° 내외가 좋다.
  - 의자에 앉은 상태에서 화면을 바라보는 몸통의 각도는 90°를 약간 상회하는 자세가 좋다.
  - 키보드에 손을 얹었을 때 팔의 외전은 15 ~ 20°가 적당하다.

66

사무작업의 공정분석을 위해 사용되는 도표로 가장 적합한 것은?

① 시스템차트   ② 유통공정도
③ 작업공정도   ④ 다중활동분석표

해설
- ②는 공정 중에 발생하는 모든 작업, 검사, 운반, 저장 등의 과정을 자재나 작업자의 관점에서 흘러가는 순서에 따라 표시하는 도표로 공정분석에 이용된다.
- ③은 자재가 공정으로 들어오는 지점 및 공정에서 행하여지는 작업기호와 검사기호만을 사용하여 공정 전체를 파악하기 위한 공정분석도표이다.
- ④는 한 명 또는 여러 명의 작업자가 한 대 또는 여러 대의 기계를 이용해서 작업하는 경우를 분석, 기록하여 작업을 개선하는 표를 말한다.

❖ 시스템 차트
  - 원시데이터가 입력에서 최종목적인 기록(전표) 또는 보고서로 될 때까지의 흐름을 순서도로 표시한 것을 말한다.
  - 사무작업의 공정분석을 위해 사용되는 도표이다.

67

작업에 대한 유해요인의 관리적 개선방법으로 잘못된 것은?

① 작업의 다양성을 제공한다.
② 작업일정 및 작업속도를 조절한다.
③ 작업강도를 조절하여 작업시간을 단축시킨다.
④ 작업공간, 공구 및 장비의 정기적인 청소 및 유지보수를 한다.

해설
- 작업시간을 단축시키는 것은 관리적 개선에 해당하나 이를 위해 작업강도를 조절하는 것은 바람직한 개선방안으로 보기 힘들다.

❖ 작업개선안 도출 [실기] 1401/1603/1801/1901/2003/2201/2302/2403
- 가장 우선적이고 근본적인 문제해결책은 문제가 되는 작업을 제거하는 데 있다.
- 1차적으로는 공학적 개선으로 위험요인의 제거 혹은 위험성의 직접적인 감소를 위해 작업장 여건을 개선한다.
- 2차적으로는 관리적 개선으로 작업순환, 작업교대, 휴식시간 설계, 인원 보충 등 자원의 효율적인 분배와 관련된다.

공학적 개선안	작업자의 신체에 맞는 작업장 개선(작업공구 개선, 작업대 높이 조절, 중량물 운반 시 기계장치 사용, 단순반복 작업에 로봇 사용, 작업장 바닥 개선, 작업장 재배열) · 작업자세 및 작업방법 개선
관리적 개선안	· 작업순환, 작업교대 · 작업습관 변화 · 작업속도 조절 및 휴식시간 설계 · 인원 보충(추가 작업자 선발, 교육 및 훈련, 적성에 맞는 배치) · 위험표지 부착

68

기계 가동시간이 25분, 적재(load 및 unloading) 시간이 5분, 기계와 독립적인 작업자 활동시간이 10분일 때 기계 양쪽 모두의 유휴시간을 최소화하기 위하여 한 명의 작업자가 담당해야 하는 이론적인 기계대수는?

① 1대   ② 2대
③ 3대   ④ 4대

해설
- 제품당 기계의 소요시간은 25분+5분=30분이다.
- 제품당 작업자의 소요시간은 5분+10분=15분이다.
- 대입하면 $\frac{30}{15}$=2대이다.

❖ 최적의 기계대수 [실기] 1301/1701
- 기계대수 $n = \frac{제품당\ 기계시간}{제품당\ 작업자시간}$ 으로 구한다.

69

워크 샘플링법의 장점으로 볼 수 없는 것은?

① 특별한 시간 측정 설비가 필요하지 않다.
② 관측이 순간적으로 이루어져 작업에 방해가 적다.
③ 짧은 주기나 반복적인 작업의 경우에 적합하다.
④ 조사기간을 길게 하여 평상시의 작업현황을 그대로 반영시킬 수 있다.

해설
- 워크 샘플링은 조사기간을 길게 하여 평상시의 작업현황을 그대로 반영시킬 수 있어 사이클이 긴 작업에 주로 사용한다.

❖ 워크 샘플링(work sampling)
㉠ 개요
- 표본의 크기가 충분히 크다면 모집단의 분포와 일치한다는 통계적 이론에 근거한다.
- 간헐적으로 랜덤한 시점에서 연구대상을 순간적으로 관측하여 대상이 처한 상황을 파악하고 이를 토대로 관측시간 동안에 나타난 항목별로 차지하는 비율을 추정하는 방법이다.
- 조사기간을 길게 하여 평상시의 작업현황을 그대로 반영시킬 수 있어 사이클이 긴 작업에 주로 사용한다.
- 확률이론인 이항분포를 따른다.

㉡ 장점
- 특별한 시간 측정 장비가 별도로 필요하지 않는 간단한 방법이다.
- 관측이 순간적으로 이루어져 작업에 방해가 적다.
- 한 사람의 평가자가 동시에 여러 작업을 측정할 수 있다.
- 자료수집이나 분석에 필요한 순수시간이 다른 시간연구방법에 비하여 짧다.
- 작업자가 의식적으로 행동하는 일이 적어 결과의 신뢰수준이 높다.
- 샘플링오차는 관측횟수를 증가시킴으로써 감소될 수 있다.

㉢ 단점
- 작업 방법이 변화되는 경우에는 전체적인 연구를 새로 해야 한다.
- 시간연구법 등에 비해 정밀도가 떨어진다.
- 짧은 주기 및 반복작업에 부적합하다.

70

근골격계 부담작업 유해요인 조사에 관한 설명으로 틀린 것은?

① 사업장내 근골격계 부담작업에 대하여 전수조사를 원칙으로 한다.
② 사업주는 유해요인 조사에 근로자 대표 또는 해당 작업 근로자를 참여시켜야 한다.
③ 신규 입사자가 근골격계 부담작업에 배치되는 경우 즉시 유해요인 조사를 실시해야 한다.
④ 신설되는 사업장의 경우 신설일로부터 1년 이내에 최초의 유해요인 조사를 실시해야 한다.

해설
- ③에서 유해요인 조사는 개개인의 입사시기와는 무관하게 진행된다.
- **유해요인 조사**
  ㉠ 개요
    - 산업안전보건법령상 사업주는 근로자가 근골격계 부담작업을 하는 경우에 3년마다 유해요인 조사를 하여야 한다.
    - 신설되는 사업장의 경우에는 1년 이내에 최초의 유해요인 조사를 하여야 한다.
    - 사업주는 유해요인조사에 근로자 대표 또는 해당 작업 근로자를 참여시켜야 한다.
  ㉡ 1개월 이내(수시) 조사해야 하는 경우 실기 1401/1701/1901/2401
    - 임시건강진단 등에서 근골격계 질환자가 발생하였거나 근로자가 근골격계 질환으로 업무상 질병으로 인정받은 경우(근골격계 부담작업이 아닌 작업에서 근골격계 질환자가 발생하였거나 근골격계 부담작업이 아닌 작업에서 발생한 근골격계 질환에 대해 업무상 질병으로 인정받은 경우를 포함한다)
    - 근골격계 부담작업에 해당하는 새로운 작업·설비를 도입한 경우
    - 근골격계 부담작업에 해당하는 업무의 양과 작업공정 등 작업환경을 변경한 경우

71

수공구의 설계 원리로 적절하지 않은 것은?

① 손목을 곧게 펼 수 있도록 한다.
② 지속적인 정적 근육부하를 피하도록 한다.
③ 특정 손가락의 반복적인 동작을 피하도록 한다.
④ 가능하면 손바닥으로 잡는 power grip보다는 손가락으로 잡는 pinch grip을 이용하도록 한다.

해설
- ④에서 손가락으로 잡는 pinch grip보다 손바닥으로 감싸 안아 잡는 power grip을 이용하는 것이 좋다.
- **수공구의 일반적인 설계 원칙** 실기 1903
  - 손목은 곧게 유지되도록 설계한다.
  - 반복적인 손가락 동작을 피하도록 설계한다.
  - 손잡이는 접촉면적을 가능하면 크게 한다.
  - 조직에 가해지는 압력을 피하도록 설계한다.
  - 공구의 무게를 줄이고 사용 시 무게 균형이 유지되도록 한다.
  - 동력공구의 손잡이는 두 손가락 이상으로 작동하도록 한다.
  - 손가락으로 잡는 pinch grip보다 손바닥으로 감싸 안아 잡는 power grip을 이용한다.
  - 정확성이 요구되는 작업은 핀치그립(pinch grip)을 사용하도록 한다.
  - 손잡이의 홈은 손바닥에 나쁜 영향을 주므로 가능한 손잡이 표면에 홈이 많은 것은 피하도록 한다.
  - 진동 패드, 진동 장갑 등으로 손에 전달되는 진동 효과를 줄인다.

72

동작경제의 원칙에 대한 설명으로 틀린 것은?

① 두 손의 동작은 같이 시작하고 같이 끝나도록 한다.
② 휴식시간을 제외하고는 양손이 동시에 쉬지 않도록 한다.
③ 눈의 초점을 모아야 작업할 수 있는 경우는 가능하면 없앤다.
④ 탄도동작(Ballistics Movements)은 제한되거나 통제된 동작보다 더 느리고 부정확하다.

해설
- 탄도동작(Ballistics Movements)은 제한되거나 통제된 동작보다 더 신속하고 정확하다.
- **동작경제의 원칙** 실기 1903/2103/2203
  ㉠ 개요
    - 작업자가 경제적인 동작을 통해 피로도를 감소시키면서도 능률을 향상시키게 하기 위한 원칙이다.
    - 신체사용의 원칙, 작업장 배치의 원칙, 공구 및 설비 디자인의 원칙으로 분류된다.
    - 동작을 가급적 조합하여 하나의 동작으로 한다.
    - 동작의 수는 줄이고, 동작의 속도는 적당히 한다.
  ㉡ 신체사용의 원칙 실기 2301
    - 두 손의 동작은 동시에 시작해서 동시에 끝나야 한다.
    - 휴식시간을 제외하고는 양손을 같이 쉬게 해서는 안 된다.

- 손의 동작은 유연하고 연속적인 동작이어야 한다.
- 동작이 급작스럽게 크게 바뀌는 직선 동작은 피해야 한다.
- 두 팔의 동작은 동시에 서로 반대방향으로 대칭적으로 움직이도록 한다.
- 탄도동작(Ballistics Movements)은 제한되거나 통제된 동작보다 더 신속하고 정확하다.

ⓒ 작업장 배치의 원칙 [실기] 1303/1701/2001/2002/2303/2402
- 가능하다면 낙하식 운반 방법을 이용한다.
- 작업이 용이하도록 적절한 조명을 비추어 준다.
- 공구나 재료는 작업동작이 원활하게 수행하도록 그 위치를 정해준다.
- 공구, 재료 및 제어장치는 사용하기 가까운 곳에 배치해야 한다.

ⓔ 공구 및 설비 디자인의 원칙 [실기] 1703
- 치구나 족답장치를 이용하여 양손이 다른 일을 할 수 있도록 한다.
- 공구의 기능을 결합하여 사용하도록 한다.
- 타자 칠 때와 같이 각 손가락이 서로 다른 작업을 할 때에는 작업량을 각 손가락의 능력에 맞게 배분해야 한다.

- 하루에 총 2시간 이상 머리 위에 손이 있거나, 팔꿈치가 어깨 위에 있거나, 팔꿈치를 몸통으로부터 들거나, 팔꿈치를 몸통뒤쪽에 위치하도록 하는 상태에서 이루어지는 작업
- 지지되지 않은 상태이거나 임의로 자세를 바꿀 수 없는 조건에서, 하루에 총 2시간 이상 목이나 허리를 구부리거나 트는 상태에서 이루어지는 작업
- 하루에 총 2시간 이상 쪼그리고 앉거나 무릎을 굽힌 자세에서 이루어지는 작업
- 하루에 총 2시간 이상 지지되지 않은 상태에서 1kg 이상의 물건을 한손의 손가락으로 집어 옮기거나, 2kg 이상에 상응하는 힘을 가하여 한손의 손가락으로 물건을 쥐는 작업
- 하루에 총 2시간 이상 지지되지 않은 상태에서 4.5kg 이상의 물건을 한 손으로 들거나 동일한 힘으로 쥐는 작업
- 하루에 10회 이상 25kg 이상의 물체를 드는 작업
- 하루에 25회 이상 10kg 이상의 물체를 무릎 아래에서 들거나, 어깨 위에서 들거나, 팔을 뻗은 상태에서 드는 작업
- 하루에 총 2시간 이상, 분당 2회 이상 4.5kg 이상의 물체를 드는 작업
- 하루에 총 2시간 이상 시간당 10회 이상 손 또는 무릎을 사용하여 반복적으로 충격을 가하는 작업

73 [0903]

산업안전보건법령상 근골격계 부담작업에 해당하는 작업은?

① 하루에 25kg의 물건을 5회 들어 올리는 작업
② 하루에 2시간씩 시간당 15회 손으로 쳐서 기계를 조립하는 작업
③ 하루에 2시간씩 집중적으로 키보드를 이용하여 자료를 입력하는 작업
④ 하루에 4시간씩 기계의 상태를 모니터링 하는 작업

해설
- ①에서 25kg 이상의 물체를 하루에 10회 이상 드는 작업이어야 한다.
- ③에서 집중적으로 자료입력 등을 위해 키보드 또는 마우스를 조작하는 하루에 4시간 이상의 작업이어야 한다.
- ④는 근골격계 부담작업과 관련 없는 작업이다.

❖❖ 근골격계 부담작업 [실기] 1903/2001/2201/2203/2303
- 하루에 4시간 이상 집중적으로 자료입력 등을 위해 키보드 또는 마우스를 조작하는 작업
- 하루에 총 2시간 이상 목, 어깨, 팔꿈치, 손목 또는 손을 사용하여 같은 동작을 반복하는 작업

74 [1001/1103/1601]

근골격계 질환의 유형에 관한 설명으로 틀린 것은?

① 외상과염은 팔꿈치 부위의 인대에 염증이 생김으로써 발생하는 증상이다.
② 수근관증후군은 손의 손목뼈 부분의 압박이나 과도한 힘을 준 상태에서 발생한다.
③ 백색수지증은 손가락에 혈액의 원활한 공급이 이루어지지 않을 경우에 발생하는 증상이다.
④ 결절종은 반복, 구부림, 진동 등에 의하여 건의 섬유질이 손상되거나 찢어지는 등의 건에 염증이 생기는 질환이다.

해설
- ④는 건염에 대한 설명이다.

❖❖ 결절종
- 손바닥, 손등 쪽의 손목, 손가락, 발목에 물혹이 발생하는 질환이다.
- 양성종양이자 물혹의 일부이다.

75
요소작업의 분할원칙에 관한 설명으로 적합하지 않은 것은?

① 불변 요소작업과 가변 요소작업으로 구분한다.
② 외적 요소작업과 내적 요소작업으로 구분한다.
③ 규칙적 요소작업과 불규칙적 요소작업으로 구분한다.
④ 숙련공 요소작업과 비숙련공 요소작업으로 구분한다.

해설
- ④와 같은 요소작업 분할은 없다.
- **요소 작업으로 분할 시 유의 사항**
  - 작업의 진행 순서에 따라 분할한다.
  - 측정 범위 내에서 요소 작업을 가능한 작게 분할한다.
  - 상수 요소작업과 변수 요소작업으로 구분한다.
  - 규칙적인 요소 작업과 불규칙적인 요소 작업으로 구분한다.
  - 외적 요소작업과 내적 요소작업으로 구분한다.

76
근골격계 질환 예방대책으로 옳지 않은 것은?

① 단순 반복 작업은 기계를 사용한다.
② 작업순환(Job Rotation)을 실시한다.
③ 작업방법과 작업공간을 인간공학적으로 설계한다.
④ 작업속도와 작업강도를 점진적으로 강화한다.

해설
- 작업속도와 강도를 점진적으로 강화하더라도 근골격계 질환을 피할 수는 없다. 예방대책으로 알맞지 않다.
- **근골격계 질환의 사전예방을 위한 적합한 관리대책**
  - 충분한 휴식시간의 제공과 스트레칭 프로그램의 도입
  - 적절한 공구의 사용 및 올바른 작업방법에 대한 작업자 교육
  - 작업자의 신체적 특성과 작업내용을 고려한 작업장 구조의 인간공학적 개선
  - 적합한 노동강도에 대한 평가
  - 공학적 개선과 관리적 개선을 통한 작업환경 개선
  - 예방이 최선의 정책이므로 질환 예방을 위한 최선의 노력
  - 작업순환(Job Rotation)과 작업 확대를 통하여 한 작업자가 할 수 있는 일의 다양성을 확보

77
7TMU(Time Measurement Unit)를 초 단위로 환산하면 몇 초인가?

① 0.025초 ② 0.252초
③ 1.26초   ④ 2.52초

해설
- 1TMU는 0.036초($\frac{1}{100,000}$시간)이므로 7TMU는 0.252초가 된다.
- **TMU(Time Measurement Unit)**
  - MTM에서 사용하는 시간의 단위이다.
  - 1TMU는 0.036초($\frac{1}{100,000}$시간)을 의미한다.

78
인간공학에 있어 작업관리의 주요 목적으로 거리가 먼 것은?

① 공정관리를 통한 품질 향상
② 정확한 작업측정을 통한 작업개선
③ 공정개선을 통한 작업 편리성 향상
④ 표준시간 설정을 통한 작업효율 관리

해설
- ①에서 작업관리는 생산성과 함께 작업자의 안전과 건강을 함께 추구하는 것으로 공정관리를 통한 품질 향상과는 거리가 멀다.
- **인간공학에 있어 작업관리**
  - 생산성 향상을 목적으로 경제적인 작업방법을 연구하는 작업연구와 표준작업시간을 결정하기 위한 작업측정으로 구분할 수 있다.
  - 생산성과 함께 작업자의 안전과 건강을 함께 추구한다.
  - 생산과정에서 인간이 관여하는 작업을 주 연구대상으로 한다.
  - 정확한 작업측정을 통한 작업개선, 공정개선을 통한 작업 편리성 향상, 표준시간 설정을 통한 작업효율 관리 등을 수행한다.

79
대규모 사업장에서 근골격계 질환 예방·관리 추진팀을 구성함에 있어서 중·소규모 사업장 추진팀원 외에 추가로 참여되어야 할 인력은?

① 노무담당자   ② 보건담당자
③ 구매담당자   ④ 예산결정권자

> **해설**
> - ②, ③, ④는 소규모 사업장의 추진팀 구성인력에 해당한다.
>
> :: 예방관리 추진팀 구성
> ㉠ 소규모 사업장
>   - 근로자대표 또는 명예산업안전감독관을 포함하여 그가 위임하는 자
>   - 관리자(예산결정권자)
>   - 정비 · 보수담당자
>   - 보건 · 안전담당자
>   - 구매담당자 등
> ㉡ 대규모 사업장
>   - 중 · 소규모 사업장 추진팀원이외 다음의 인력을 추가함 기술자(생산, 설계, 보수기술자) 노무담당자 등
>   - 부서별로 추진팀 구성
>   - 해당 부서의 예산 결정권자
> ㉢ 산업안전보건위원회가 구성된 사업장
>   - 산업안전보건위원회에 위임

80 — Repetitive Learning 〔1회 2회 3회〕 2003

파레토 원칙(Pareto principle : 80-20원칙)에 대한 설명으로 옳은 것은?

① 20%의 항목이 전체의 80%를 차지한다.
② 40%의 항목이 전체의 60%를 차지한다.
③ 60%의 항목이 전체의 40%를 차지한다.
④ 80%의 항목이 전체의 20%를 차지한다.

> **해설**
> - 80~20의 원칙이란 20%의 항목이 전체의 80%를 차지한다는 개념으로 빈도수별로 나열한 항목별 점유와 누적비율에 따라 불량이나 사고의 원인이 되는 중요 항목을 찾아가는 기법이다.
>
> :: 파레토도
> 문제 49번의 유형별 핵심이론 참조

2017년 제1회

2017년 3월 5일

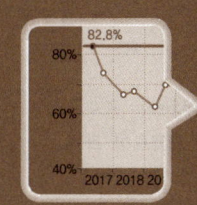
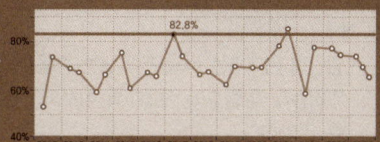

1과목 인간공학개론

01
고령자를 위한 정보 설계 원칙으로 볼 수 없는 것은?

① 불필요한 이중 과업을 줄인다.
② 학습 및 적응 시간을 늘려 준다.
③ 신호의 강도와 크기를 보다 강하게 한다.
④ 가능한 세밀한 묘사와 상세 정보를 제공한다.

해설
- ④에서 고령자는 세밀한 묘사와 상세 정보를 제공해도 제대로 받아들이기 힘들다.
- 고령자를 위한 정보 설계 원칙
  - 불필요한 이중 과업을 줄인다.
  - 학습 및 적응 시간을 늘려 준다.
  - 신호의 강도와 크기를 보다 강하게 한다.
  - 많은 정보를 표현하기 보다는 찾고자 하는 정보를 확실히 강조해 준다.

02
제어-반응 비율(C/R ratio)에 관한 설명으로 틀린 것은?

① C/R비가 증가하면 제어시간도 증가한다.
② C/R비가 작으면(낮으면) 민감한 장치이다.
③ C/R비가 감소함에 따라 이동시간은 감소한다.
④ C/R비는 제어장치의 이동거리를 표시장치의 이동거리로 나눈 값이다.

해설
- 통제표시비가 크다는 것은 미세한 조종은 쉽지만(제어시간은 짧지만) 수행시간은 상대적으로 길다.
- 통제표시비 : C/D(C/R)비 실기 1301/1403/1501/1503/1601/1701/1803/1901/2002/2003/2101/2103/2203/2301/2303/2401
  ㉠ 개요
  - 통제장치의 변위량과 표시장치의 변위량과의 관계를 나타낸 비율로 C/D비, 조종과 반응의 비라고 하여 C/R비라고도 한다.
  - $C/D = \dfrac{\text{통제기기의 변위량}}{\text{표시계기의 변위량}}$ 으로 구한다.
  - 회전 조종구의 C/D비
  $= \dfrac{2 \times \pi(3.14) \times r(\text{반지름}) \times \left(\dfrac{\text{각도}}{360}\right)}{\text{표시계기의 변위량}}$ 으로 구한다.

  ㉡ 특징
  - C/R비가 작아진다는 것은 민감한 장치화 되어 조종시간=제어시간이 길어지지만 수행시간이 짧아진다는 의미이다.
  - C/R비가 크다는 것은 미세한 조종은 쉽지만 수행시간은 상대적으로 길다.
  - 통제기기 시스템에서 발생하는 조작시간의 지연은 직접적으로 통제표시비가 가장 크게 작용하고 있다.

03
양립성의 종류가 아닌 것은?

① 주의 양립성
② 공간 양립성
③ 운동 양립성
④ 개념 양립성

정답 01 ④ 02 ① 03 ①

> **해설**
- 양립성의 종류에는 운동양립성, 공간양립성, 개념양립성, 양식양립성 등이 있다.

❖ 양립성(Compatibility) 실기 1703/2003/2402

㉠ 개요
- 인간의 기대하는 바와 자극 또는 반응들이 일치하는 관계를 말하는데 양립성이 적을수록 정보처리에서 재코드화 과정은 많아진다.
- 양립성의 효과가 크면 클수록, 코딩의 시간이나 반응의 시간은 짧아진다.
- 양립성의 종류에는 운동양립성, 공간양립성, 개념양립성, 양식양립성 등이 있다.

㉡ 양립성의 종류와 개념 실기 1403/1501/1603/1801/1903/2001/2101/2201/2301/2303/2401/2403

공간(Spatial) 양립성	• 표시장치와 이에 대응하는 조종 장치의 위치가 인간의 기대에 모순되지 않는 것 • 왼쪽 표시장치와 관련된 조종 장치는 왼쪽에, 오른쪽 표시장치에 관련된 조종 장치는 오른쪽에 위치하는 것
운동(Movement) 양립성	조종 장치의 조작방향에 따라서 기계장치나 자동차 등이 움직이는 것
개념(Conceptual) 양립성	• 인간이 가지는 개념과 일치하게 하는 것 • 적색 수도꼭지는 온수, 청색 수도꼭지는 냉수를 의미하는 것이나 위험신호는 빨간색, 주의신호는 노란색, 안전신호는 파란색으로 표시하는 것
양식(Modality) 양립성	문화적 관습에 의해 생기는 양립성 혹은 직무에 관련된 자극과 이에 대한 응답 등으로 청각적 자극 제시와 이에 대한 음성응답 과업에서 갖는 양립성

0703/2103

04 ● Repetitive Learning 1회 2회 3회

시각 표시장치보다 청각 표시장치를 사용하는 것이 유리한 경우는?

① 소음이 많은 경우
② 전하려는 정보가 복잡할 경우
③ 즉각적인 행동이 요구되는 경우
④ 전하려는 정보를 다시 확인해야 하는 경우

> **해설**
- ①, ②, ④는 시각적 표시장치가 유리한 경우에 해당한다.

❖ 시각적 표시장치와 청각적 표시장치의 비교 실기 1603/1803/1901/2101/2201/2203

시각적 표시장치	청각적 표시장치
• 수신 장소의 소음이 심한 경우 • 정보가 공간적인 위치를 다룬 경우 • 정보의 내용이 복잡하고 긴 경우 • 직무상 수신자가 한 곳에 머무르는 경우 • 메시지를 추후 참고할 필요가 있는 경우 • 정보의 내용이 즉각적인 행동을 요구하지 않는 경우	• 수신 장소가 너무 밝거나 암순응이 요구될 때 • 정보의 내용이 시간적인 사건을 다루는 경우 • 정보의 내용이 간단한 경우 • 직무상 수신자가 자주 움직이는 경우 • 정보의 내용이 후에 재참조되지 않는 경우 • 메시지가 즉각적인 행동을 요구하는 경우

05 ● Repetitive Learning 1회 2회 3회

동전던지기에서 앞면이 나올 확률은 0.4이고, 뒷면이 나올 확률은 0.6이다. 이때 앞면이 나올 정보량은 1.32bit이고, 뒷면이 나올 정보량은 0.67bit이다. 총평균 정보량은 약 얼마인가?

① 0.65bit
② 0.88bit
③ 0.93bit
④ 1.99bit

> **해설**
- 2개의 대안(앞, 뒤)의 확률이 주어졌으므로 대입하여 합을 구하면 된다.
- 앞의 확률이 0.4이고, 정보량이 1.32이므로 0.4×1.32=0.528이 된다.
- 뒤의 확률이 0.6이고, 정보량이 0.67이므로 0.6×0.67=0.402가 된다.
- 전체 전달된 정보량은 0.528+0.402=0.930이 된다.
- 여기서 뒷면이 나올 정보량이 잘못 주어졌다. $\log_2\left(\frac{1}{0.6}\right)=0.737$이 되어야 하는데 0.67로 주어졌다. 만약 0.74로 주어졌다면 답은 0.970이 되어야 한다.

❖ 정보량 실기 1401/2301/2303
- 대안이 n개인 경우의 정보량은 $\log_2 n$으로 구한다.
- 특정 안이 발생할 확률이 $p(x)$라면 정보량은 $\log_2 \frac{1}{p(x)}$로 구한다.
- 여러 안이 발생할 경우의 총 정보량은 [개별 확률×개별 정보량의 합]과 같다.

06

부품배치의 원칙이 아닌 것은?

① 중요성의 원칙
② 사용 빈도의 원칙
③ 사용 순서의 원칙
④ 크기별 배치의 원칙

해설
- 부품은 사용빈도, 중요도, 기능별, 사용 순서의 원칙에 의해 배치하도록 한다.
- **작업장 배치의 원칙** 실기 1303/1701/2001/2002/2101/2303/2402
  ⊙ 개요
    - 사용빈도, 중요도, 기능별, 사용 순서의 원칙에 의해 배치한다.
    - 작업의 흐름에 따라 기계를 배치한다.
    - 배치의 3단계는 지역배치 → 건물배치 → 기계배치 순으로 이뤄진다.
    - 공장내외는 안전한 통로를 두어야 하며, 통로는 선을 그어 작업장과 명확히 구별하도록 한다.
    - 비상시에 쉽게 대비할 수 있는 통로를 마련하고 사고 진압을 위한 활동통로가 반드시 마련되어야 한다.
  ⊙ 원칙
    - 중요성의 원칙, 사용빈도의 원칙 – 우선적인 원칙
    - 기능별 배치, 사용 순서의 원칙 – 부품의 일반적인 위치 내에서의 구체적인 배치 기준

07

인간-기계 시스템 중 폐회로(closed loop) 시스템에 속하는 것은?

① 소총
② 모니터
③ 전자레인지
④ 자동차

해설
- ①, ②, ③은 모두 개회로 시스템이다.
- **폐회로(closed loop) 시스템**
  - 작동 후에도 통제가 되는 시스템을 말한다.
  - 피드백을 통해서 조작량을 변화시키는 회로를 말한다.
  - 자동차, 팩시밀리, 자동제어시스템 등이 대표적인 예이다.

08

다음 중 반응시간이 가장 빠른 감각은?

① 청각
② 미각
③ 시각
④ 후각

해설
- 반응시간이 가장 빠른 감각은 청각으로 약 0.17초 정도가 소요된다. 귀에서 담당하고 수용기관은 내의 달팽이관 내에 있다.
- **인간의 감각기관**
  - 시각 : 눈, 망막에서 수용하며 가장 많이 사용하는 감각이다.
  - 청각 : 귀, 내이의 달팽이관에서 수용하며 반응시간이 가장 빠른 감각이다.
  - 후각 : 코, 비점막에서 수용한다.
  - 미각 : 혀, 혀의 미뢰에서 수용한다.
  - 촉각 : 피부
  - 반응시간은 청각 → 촉각 → 시각 → 후각 → 미각 → 통각 순으로 느려진다.

09

음원의 위치 추정을 위한 암시 신호(cue)에 해당되는 것은?

① 위상차
② 음색차
③ 주기차
④ 주파수차

해설
- 소리가 발생했을 때 음원의 방향은 양쪽 귀에 도달하는 소리에 대한 강도와 위상의 차이, 주파수와 도달시간 차이를 통해 구별할 수 있다.
- **음원의 방향과 위치 추정**
  - 소리가 발생했을 때 음원의 방향은 양쪽 귀에 도달하는 소리에 대한 강도와 위상의 차이를 통해 구별할 수 있다.
  - 음원의 위치추정은 양쪽 귀에 전달되는 음향신호의 주파수와 도달시간의 차이에 의해 위치 추정이 가능하다.

10

비행기에서 20m 떨어진 거리에서 측정한 엔진의 소음수준이 130dB(A)이었다면, 100m 떨어진 위치에서의 소음수준은 약 얼마인가?

① 113.5 dB(A)
② 116.0 dB(A)
③ 121.8 dB(A)
④ 130.0 dB(A)

정답 06 ④ 07 ④ 08 ① 09 ① 10 ②

해설

- $dB_2 = 20\log\left(\dfrac{P_2}{P_1}\right) dB_1$ 에서 $dB_1 = 130$, $P_1 = 20$, $P_2 = 100$를 대입하면 $dB_2 = 130 - 20\log\left(\dfrac{100}{20}\right)$이다. $\log 2 = 0.6990$이므로 $130 - 13.9794 = 116.020$이다.

❖ 음압수준 실기 1403/1601
- 음압(Sound pressure)은 물리적으로 측정한 음의 크기를 말한다.
- 음압수준(dB) = $20\log_{10}\dfrac{P}{P_0}$로 구한다. 이때, P : 측정음압으로서 파스칼(Pa) 단위를 사용하고, P_0 : 기준음압으로서 $20\mu Pa$ 사용한다.
- 소음원으로부터 P_1만큼 떨어진 위치에서 음압수준이 dB_1일 경우 P_2만큼 떨어진 위치에서의 음압수준은 $dB_2 = dB_1 - 20\log\left(\dfrac{P_2}{P_1}\right)$로 구한다.
- 소음원으로부터 거리와 음압수준은 역비례한다.

---

11 ────● Repetitive Learning 〔1회〕〔2회〕〔3회〕 2101

시스템의 사용성 검증 시 고려되어야할 변인이 아닌 것은?

① 경제성 ② 낮은 에러율
③ 효율성 ④ 기억용이성

해설
- ①은 사용성 평가와 거리가 멀다.
❖ 시스템의 사용성을 평가하기 위해 사용하는 기준(제이콥 닐슨(J. Nielsen)의 사용성 척도) 실기 1303/1401/1403/1501/2002/2003/2402
- 학습용이성 : 사용자가 응용프로그램을 배우기 쉬운지의 여부
- 유연성과 효율성 : 환경 변화에 적응하는지와 원하는 목적을 달성하는데 필요한 자원의 효율
- 기억용이성 : 사용자가 해당 목표 달성을 위해 정보를 얼마나 기억하는지
- 에러 빈도 및 정도 : 고장 발생확률이 얼마나 낮은지
- 피드백(오류예방) : 사용자 인터페이스에 대한 반응
- 도움말 및 설명 문서
- 심플하고 아름다운 디자인
- 일관성과 표준화
- 사용자 주도권과 자유도
- 실제 사용환경에 적합한 시스템

---

12 ────● Repetitive Learning 〔1회〕〔2회〕〔3회〕 1101/1901

Fitts의 법칙에 관한 설명으로 맞는 것은?

① 표적이 작을수록, 이동거리가 짧을수록 작업의 난이도와 소요 이동시간이 증가한다.
② 표적이 작을수록, 이동거리가 길수록 작업의 난이도와 소요 이동시간이 증가한다.
③ 표적이 클수록, 이동거리가 길수록 작업의 난이도와 소요 이동시간이 증가한다.
④ 표적이 클수록, 이동거리가 짧을수록 작업의 난이도와 소요 이동시간이 증가한다.

해설
- Fitts의 법칙은 표적의 크기(폭), 이동거리, 이동시간 등이 관련된 법칙으로 표적이 작고 이동거리가 길수록 이동시간이 증가하는 것을 나타내는 인간의 제어 및 조정능력을 나타내는 법칙이다.

❖ Fitts의 법칙
- 인간의 제어 및 조정능력을 나타내는 법칙으로 인간의 손이나 발을 이동시켜 조작장치를 조작하는 데 걸리는 시간을 표적까지의 거리와 표적 크기의 함수로 나타낸다.
- 표적이 작고 이동거리가 길수록 이동시간이 증가한다.
- 자동차 가속 페달과 브레이크 페달 간의 간격, 브레이크 폭 등을 결정하는데 사용할 수 있는 가장 적합한 인간공학 이론이다.
- 난이도 지수는 $\log_2\left(\dfrac{2A}{W}\right)$로 구한다.
- 동작시간 $= a + b\log_2\left(\dfrac{2A}{W}\right)$[ms]로 구한다. 이때 a와 b는 단순반응시간, 선택반응시간, A는 동작거리, W는 목표물의 폭이다.

---

13 ────● Repetitive Learning 〔1회〕〔2회〕〔3회〕

코드화(coding) 시스템 사용상의 일반적 지침으로 적합하지 않은 것은?

① 양립성이 준수되어야 한다.
② 차원의 수를 최소화해야 한다.
③ 자극은 검출이 가능하여야 한다.
④ 다른 코드표시와 구별되어야 한다.

해설
- ②에서 정보전달을 촉진시키기 위해 2가지 이상의 암호 차원을 조합해서 사용하는 것이 가능하다.

암호화(Coding)

③ 개요
- 원래의 신호 정보를 새로운 형태로 변화시켜 표시하는 것을 말한다.
- 형상, 크기, 색채 등 작업자가 쉽게 기계 및 기구를 식별하도록 암호화한다.

ⓒ 암호화 지침

검출성	감지가 쉬워야 한다.
표준화	표준화되어야 한다.
변별성	다른 암호 표시와 구별될 수 있어야 한다.
양립성	인간의 기대와 모순되지 않아야 한다.
부호의 의미	사용자가 그 뜻을 분명히 알 수 있어야 한다.
다차원의 암호 사용가능	두 가지 이상의 암호 차원을 조합해서 사용하면 정보전달이 촉진된다.

14

움직이는 몸의 동작을 측정한 인체치수를 무엇이라고 하는가?

① 조절 치수 ② 파악한계 치수
③ 구조적 인체치수 ④ 기능적 인체치수

해설
- ①은 인체 측정치의 적용원리에서 조절의 원칙에서 의미하는 치수로 5~95%를 포함하는 설계원칙을 말한다.
- ②는 인체 측정치의 적용원리에서 파지의 원칙에서 의미하는 치수로 5% 기준 설계원칙을 말한다.
- ③은 형태학적 측정, 즉 정적 자세에서 측정한 신체치수를 말한다.

기능적 치수(Functional dimension) = 동적 치수 측정 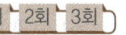 1801/2001/2103/2303/2401
- 산업현장에서 필요한 인체치수와 같이 움직이는 몸의 동작을 측정한 인체치수이다.
- 상지나 하지 등 신체 부위의 동작범위를 측정한다.

15

인간-기계 시스템에서의 기본적인 기능으로 볼 수 없는 것은?

① 정보의 수용 ② 정보의 생성
③ 정보의 저장 ④ 정보처리 및 결정

해설
- 인간-기계 체계의 기본기능에는 감지기능, 정보처리 및 의사결정기능, 행동기능, 정보보관기능(4대 기능), 출력기능 등이 있다.

인간-기계 체계

③ 개요
- 인간-기계 체계의 주목적은 안전의 최대화와 능률의 극대화에 있다.
- 인간-기계 체계의 기본기능에는 감지기능, 정보처리 및 의사결정기능, 행동기능, 정보보관기능(4대 기능), 출력기능 등이 있다.

ⓒ 인간-기계 시스템의 5대 기능

감지기능	인체의 눈과 기계의 표시장치와 같은 감지기능
정보처리 및 의사결정기능	회상, 인식, 정리 등을 통한 정보처리 및 의사결정 기능
행동기능	정보처리의 결과로 발생하는 조작행위(음성 등)
정보보관기능	정보의 저장 및 보관기능으로 위 3가지 기능 모두와 상호작용을 한다.
출력기능	시스템에서 의사 결정된 사항을 실행에 옮기는 과정

16

인간의 눈에 관한 설명으로 맞는 것은?

① 간상세포는 황반(fovea) 중심에 밀집되어 있다.
② 망막의 간상세포(rod)는 색의 식별에 사용된다.
③ 시각(視角)은 물체와 눈 사이의 거리에 반비례한다.
④ 원시는 수정체가 두꺼워져 먼 물체의 상이 망막 앞에 맺히는 현상을 말한다.

해설
- ①에서 간상세포는 망막의 주변부에 밀집되어 있다.
- ②에서 망막의 간상세포는 야간시력 및 주변시야를 담당한다.
- ④에서 원시는 초점이 망막 뒤쪽에 맺히는 것으로 먼 거리는 잘 보이지만 가까운 거리는 보기 힘든 눈을 말한다.

시력 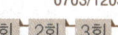 1403/1603/1903/2302
- 세부적인 내용을 시각적으로 식별할 수 있는 능력을 말한다.
- 시력은 시각(visual angle)의 역수로 측정한다.
- 시각은 표적두께를 표적까지의 거리로 나누어 계산한다.
- 시각(mm) = (57.3×60×틈간격)/눈으로부터 거리로 구한다.
- 눈이 파악할 수 있는 표적사이의 최소공간을 최소 분간시력(minimum separable acuity)이라고 한다.

- 눈의 조절능력이 불충분한 경우 근시 또는 원시가 된다.
- 근시는 수정체가 두꺼워지면서 물체의 상이 망막의 앞에서 맺혀 먼 물체를 볼 수 없다.
- 눈이 초점을 맞출 수 없는 가장 먼 거리를 원점이라 하는데 정상 시각에서 원점은 거의 무한하다.

17

시(視)감각 체계에 관한 설명으로 옳지 않은 것은?

① 동공은 조도가 낮을 때는 많은 빛을 통과시키기 위해 확대된다.
② 안구의 수정체는 모양체근으로 긴장을 하면 얇아져 가까운 물체만 볼 수 있다.
③ 망막의 표면에는 빛을 감지하는 광수용기인 원추체와 간상체가 분포되어 있다.
④ 1디옵터는 1m 거리에 있는 물체를 보기 위해 요구되는 수정체의 초점 조절능력을 나타낸 값이다.

해설
- 안구의 수정체는 모양체근으로 긴장을 하면 얇아져 초점거리가 멀어지므로 먼 곳을 볼 수 있다.
- **수정체**
  - 눈 안쪽의 양면이 볼록한 렌즈 형태의 투명한 조직을 말한다.
  - 빛이 통과될 때 빛을 모아주어 망막에 상이 맺히도록 하며, 초점을 맞추기 위해 수정체의 두께를 조절한다.
  - 연결된 모양체근이 이완하면 수정체가 얇아져 먼 곳을 볼 수 있다.
  - 연결된 모양체근이 수축하면 수정체가 볼록해져 가까운 곳을 볼 수 있다.
  - 망막의 표면에는 빛을 감지하는 광수용기인 원추체(색 구별)와 간상체(흑백의 음영 구별)가 분포되어 있다.

18

인간의 정보처리과정, 기억의 능력과 한계 등에 관한 정보를 고려한 설계와 가장 관계가 깊은 것은?

① 제품 중심의 설계
② 기능 중심의 설계
③ 신체 특성을 고려한 설계
④ 인지 특성을 고려한 설계

해설
- 인간의 기억능력과 한계를 고려한 설계는 인간의 인지특성을 고려한 설계에 해당한다.
- **인지특성을 고려한 설계**
  - 인간의 정보처리과정, 기억의 능력과 한계 등에 관한 정보를 고려한 설계에 해당한다.
  - 사용자와 설계자의 모형 일치, 양립성, 오류 방지를 위한 강제적 기능, 단순, 안전설계원리, 피드백, 행동유도성, 가시성 등을 고려한다.

19

인체 측정 자료를 설계에 응용할 때 고려할 사항이 아닌 것은?

① 고정치 설계
② 조절식 설계
③ 평균치 설계
④ 극단치 설계

해설
- 인체측정자료를 설계에 응용하는 방법에는 조절식, 극단치, 평균치 설계 방법이 있다.
- **인체측정자료의 응용 및 설계 종류**

조절식 설계	• 최초에 고려하는 원칙으로 어떤 자료의 인체이든 그에 맞게 조절가능식으로 설계하는 것 • 최대치나 최소치를 사용하는 것이 기술적으로 어려울 경우 활용
극단치 설계	• 모든 인체를 대상으로 수용 가능할 수 있도록 제일 작은, 혹은 제일 큰 사람을 기준으로 설계하는 원칙 • 5백분위수 등이 대표적이다.
평균치 설계	• 다른 기준의 적용이 어려울 경우 최종적으로 적용하는 기준으로 평균적인 자료를 활용해 범용성을 갖는 설계원칙 • 은행창구, 슈퍼마켓 계산대 등에 사용된다.

20

인간공학에 관한 내용으로 옳지 않은 것은?

① 인간의 특성 및 한계를 고려한다.
② 인간을 기계와 작업에 맞추는 학문이다.
③ 인간 활동의 최적화를 연구하는 학문이다.
④ 편리성, 안정성, 효율성을 제고하는 학문이다.

17 ② 18 ④ 19 ① 20 ②

해설

- 기계와 작업을 인간이 안전하고 효율적으로 수행할 수 있도록 인간의 특성과 한계에 맞추는 것이 인간공학이다.

인간공학(Ergonomics)
  ㉠ 개요
  - "Ergon(작업)+nomos(법칙)+ics(학문)"이 조합된 단어로 Human factors, Human engineering이라고도 한다.
  - 인간의 특성과 한계 능력을 공학적으로 분석, 평가하여 이를 복잡한 체계의 설계에 응용함으로 효율을 최대로 활용할 수 있도록 하는 학문분야이다.
  - 인간이 사용하는 물건, 설비, 환경의 설계에 인간의 생리적, 심리적인 면에서의 특성이나 한계점을 고려함으로써 인간-기계 시스템의 안전성과 편리성, 효율성을 높이는 학문분야이다.
  ㉡ 적용분야
  - 제품설계
  - 재해·질병 예방
  - 장비·공구·설비의 배치
  - 작업장 내 조사 및 연구

2과목 작업생리학

21

작업강도의 증가에 따른 순환계 반응의 변화로 옳지 않은 것은?

① 혈압의 상승
② 적혈구의 감소
③ 심박출량의 증가
④ 혈액의 수송량 증가

해설

- ②는 암이나 혈액질환으로 발생하는 것으로 작업강도 증가와는 관련이 없다.

작업강도의 증가에 따른 순환계 반응
- 혈압의 상승
- 심박출량의 증가
- 혈액의 수송량 증가
- 신체에 흐르는 혈류의 재분배

22

관절에 대한 설명으로 틀린 것은?

① 연골관절은 견관절과 같이 운동하는 것이 가장 자유롭다.
② 섬유질관절은 두개골의 봉합선과 같으며 움직임이 없다.
③ 경첩관절은 손가락과 같이 한쪽 방향으로만 굴곡 운동을 한다.
④ 활액관절은 대부분의 관절이 이에 해당하며, 자유로이 움직일 수 있다.

해설

- ①의 연골관절(cartilaginous joint)은 섬유관절(fibrous joint)에 비해서는 자유롭지만 견관절 등의 윤활관절(synovial joint)과 같이 자유로운 운동은 불가능하다.

구조에 따른 관절의 분류
- 섬유관절(fibrous joint), 연골관절(cartilaginous joint), 윤활관절(synovial joint)로 분류할 수 있다.
- 섬유관절은 움직임이 거의 없이 단단하게 결합된 관절이다. 머리뼈, 치아, 정강이뼈, 종아리뼈 등의 연결부분이 여기에 해당한다.
- 연골관절은 섬유관절에 비해서는 유연한 구조이다. 갈비뼈나 척추의 디스크 등이 여기에 해당한다.
- 윤활관절은 뼈끝이 직접적으로 결합되지 않고 윤활액이 포함된 관절주머니 같은 결합조직으로 둘러쌓여 자유로운 움직임이 가능한 구조이다. 손목, 발목, 어깨, 무릎, 엉덩관절 등이 여기에 해당한다.

23

유산소(aerobic) 대사과정으로 인한 부산물이 아닌 것은?

① 젖산
② CO_2
③ H_2O
④ 에너지

해설

- ①은 산소가 없는 무기성(혐기성) 대사과정으로 인한 부산물이다.

젖산(Lactic acid)
- 신체 활동 수준이 너무 높아 근육에 공급되는 산소량이 부족하여 생기는 피로물질이고, 젖산의 축적은 근육피로의 1차적 원인이 된다.
- 피루브산이 변화되어 생성된다.
- 무기성(혐기성) 대사과정으로 인한 부산물이다.
- 계속적인 활동 시 혈액으로부터 양분과 산소를 공급받아야 하며 이때 충분한 산소 공급이 되지 않을 경우 젖산은 축적된다.
- 축적된 젖산은 산소와 결합하여 물과 이산화탄소로 분해되어 배출된다.
- 젖산이 누적되면 결국 근육은 반응을 하지 않게 된다.

24

광도비(luminance ratio)란 주된 장소와 주변 광도의 비이다. 사무실 및 산업 상황에서의 일반적인 추천 광도비는 얼마인가?

① 1 : 1
② 2 : 1
③ 3 : 1
④ 4 : 1

해설
- 사무실 및 산업 상황에서의 일반적인 추천 광도비는 3 : 1이다.
- 광도비(luminance ratio)
  - 주된 장소와 주변 광도의 비를 말한다.
  - 사무실 및 산업 상황에서의 일반적인 추천 광도비는 3 : 1이다.

25

반사 휘광의 처리 방법으로 적절하지 않은 것은?

① 간접 조명 수준을 높인다.
② 무광택 도료 등을 사용한다.
③ 창문에 차양 등을 사용한다.
④ 휘광원 주위를 밝게 하여 광도비를 줄인다.

해설
- ④에서 휘광원 주위를 어둡게 하여야 한다.
- 반사 휘광의 처리 방법
  - 간접 조명 수준을 높인다.
  - 무광택 도료 등을 사용한다.
  - 조절판, 창문에 차양 등을 사용한다.
  - 휘도 수준을 낮게 유지한다.

26

심장의 1회 박출량이 70mL이고, 1분간의 심박수가 70이면 분당 심박출량은?

① 70mL/min
② 140mL/min
③ 4,200mL/min
④ 4,900mL/min

해설
- 심박수가 분당 70회이고, 한번 박출하는 양은 70mL이므로 심박출량은 분당 70×70=4,900mL이다.
- 심박출량(cardiac output)
  - 심장이 단위 시간동안 박출하는 혈액의 양을 말한다.
  - 일회 박출량과 심박수의 곱으로 구한다.

27

총작업시간이 5시간, 작업 중 평균 에너지소비량이 7kcal/min이었다. 휴식 중 에너지소비량이 1.5kcal/min일 때 총작업시간에 포함되어야 할 필요한 휴식시간은 얼마인가?(단, Murrell의 산정방법을 적용한다)

① 약 84분
② 약 96분
③ 약 109분
④ 약 192분

해설
- Murrell의 산정방법을 적용하므로 공식은 $R=작업시간 \times \frac{E-5}{E-1.5}$ 이다.
- 작업시간이 5시간이므로 분으로 환산하면 300분이다.
- 대입하면 $R=300 \times \frac{7-5}{7-1.5} =300 \times \frac{2}{5.5} =109.0909 \cdots$ 분이다.
- 휴식시간 산출 실기 1301/1501/1503/1903/2103/2403
  - 분당 권장되는 평균 에너지 소비량은 남성의 경우 5kcal, 여성의 경우 3.5kcal이다.
  - 여기서 작업평균 에너지 소비량을 넘어서는 작업을 한 경우에는 일정한 시간마다 휴식이 필요하다.
  - 이에 휴식시간 $R=작업시간 \times \frac{E-5}{E-1.5}$ 로 계산한다.

  이때 E는 작업 중 에너지 소비량[kcal/분]이고, 5는 남성의 권장 평균 에너지 소비량, 1.5는 휴식 중 에너지 소비량이다(문제에서 주어지면 해당 값을 사용). 만약 산소 소모량이 주어질 경우 산소 1리터는 평균 5kcal가 소모된다.

28

신경계 중 반사(reflex)와 통합(integration)의 기능적 특징을 갖는 것은?

① 중추신경계
② 운동신경계
③ 교감신경계
④ 감각신경계

해설
- 반사(reflex)란 자극이 수용기관을 통해 중추신경에 도달하고 이를 분석하여 적절한 반응을 신체 각 부분에 돌려보내는 현상을 말한다.
- 통합(integration)이란 반사에 의한 학습과 기억의 연합을 통해 특정 자극을 인식하는 총괄적 기능을 말한다.

❖ 신경계(nervous system)
- 구조적으로 중추신경계와 말초신경계로 나눌 수 있다.
- 중추신경계는 뇌와 척수로 이뤄져, 반사(reflex)와 통합(integration)의 기능적 특징을 갖는다.
- 기능적으로는 체신경계와 자율신경계로 나눌 수 있다.
- 체신경계는 피부, 골격근, 뼈 등에 분포한다.
- 자율신경계는 교감신경계와 부교감신경계로 세분된다.

29 ● Repetitive Learning 1회 2회 3회
RMR(relative metabolic rate)의 값이 1.8로 계산되었다면 작업강도의 수준은?

① 아주 가볍다(very light)
② 가볍다(light)
③ 보통이다(moderate)
④ 아주 무겁다(very heavy)

해설
- RMR이 1.8이라는 것은 경작업으로 아주 가벼운 작업강도를 의미한다.

❖ 작업 에너지 대사율(RMR : Relative Metabolic Rate)
  ㉠ 개요
  - RMR은 특정 작업을 수행하는 데 있어 작업자의 생리적 부하를 계측하는 지표이다.
  - 주로 동적 근력작업이나 정적 근력작업의 강도를 측정하여 연속작업이 가능한 시간을 예측하기 위해 사용한다.
  - $RMR = \dfrac{운동대사량}{기초대사량}$
    $= \dfrac{운동 시 산소소모량 - 안정 시 산소소모량}{기초대사량(산소소비량)}$
    로 구한다.
  - RMR이 커지는 데 따라 작업 지속시간이 짧아진다.

  ㉡ 작업강도 구분

작업구분	RMR	작업 종류 등
중(重)작업	4~7	일반적인 전신노동, 힘이나 동작속도가 큰 작업
중(中)작업	2~4	손·상지 작업, 힘·동작속도가 작은 작업
경(輕)작업	0~2	손가락이나 팔로 하는 가벼운 작업

30 ● Repetitive Learning 1회 2회 3회
힘에 대한 설명으로 틀린 것은?

① 힘은 벡터량이다.
② 힘의 단위는 N이다.
③ 힘은 질량에 비례한다.
④ 힘은 속도에 비례한다.

해설
- F=ma로 힘은 가속도에 비례한다.

❖ 힘
- 힘은 벡터량으로 단위는 N이다.
- F=ma로 질량과 가속도에 비례한다.
- 힘은 근골격계를 움직이거나 안정시키는데 작용한다.
- 능동적 힘은 근수축에 의하여 생성된다.
- 수동적 힘은 관절 주변의 결합조직에 의하여 생성된다.
- 능동적 힘과 수동적 힘의 합은 근절의 안정길이를 넘어 신장될 때 발생한다.

31 ● Repetitive Learning 1회 2회 3회
작업환경측정결과 청력보존프로그램을 수립하여 시행하여야 하는 기준이 되는 소음수준은?

① 80dB 초과
② 85dB 이상
③ 90dB 초과
④ 95dB 이상

해설
- 기존에는 강렬한 소음작업을 기준으로 청력보존프로그램을 수립하여 시행하여야 하지만 24년 6월 개정된 기준에서는 소음작업에 종사하는 경우까지 확대되어 85dB 이상인 경우 청력보존프로그램을 수립하여 시행하여야 한다.

❖ 청력보존 프로그램 시행 1601/1901
  ㉠ 수립 및 시행 : 사업주
  ㉡ 대상
  - 근로자가 소음작업(85dB), 강렬한 소음작업(90dB) 또는 충격소음작업에 종사하는 사업장
  - 소음으로 인하여 근로자에게 건강장해가 발생한 사업장
  ㉢ 중요 요소
  - 소음노출 평가
  - 소음노출에 대한 공학적 대책
  - 청력보호구의 지급과 착용
  - 소음의 유해성 및 예방 관련 교육
  - 정기적 청력검사
  - 청력보존 프로그램 수립 및 시행 관련 기록·관리체계

32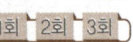

국소진동을 일으키는 진동원은 무엇인가?

① 크레인 ② 버스
③ 지게차 ④ 자동식 톱

해설
- ①, ②, ③은 모두 전신진동을 일으키는 진동원이다.
- **국소진동**
  - 손, 발 등 신체의 특정부위에 전달되는 진동을 말한다.
  - 굴착기, 연삭기, 전동톱, 체인톱, 그라인더 등의 작업공구가 일으키는 진동이다.

33

소음에 대한 대책으로 가장 효과적이고, 적극적인 방법은?

① 칸막이 설치 ② 소음원의 제거
③ 보호구 착용 ④ 소음원의 격리

해설
- ①과 ④는 전파경로 대책이고, ③은 수음자 대책에 해당한다.
- 소음에 대한 가장 효과적이고 먼저 고려되어야 하는 대책은 음원대책이다.
- **소음 대책**

음원대책	가장 효과적이고 먼저 고려되어야 하는 대책이다. 소음의 발생원을 제거하거나 음원을 밀폐, 소음기 및 흡음장치를 설치하는 등의 방법을 말한다.
전파경로 대책	소음이 전달되는 경로를 파악하여 차음재를 사용하여 실간을 분리하거나 격리하는 방법을 말한다.
수음자 대책	수음자의 소음폭로 시간을 감소시키는 방법으로 휴게실이나 방음실을 설치하거나 차음보호구를 착용하는 등의 방법을 말한다.
능동제어 대책	감쇄대상의 음파와 동위상인 신호를 보내어 음파 간에 간섭현상을 일으키면서 소음이 저감되도록 하는 기법을 말한다.

34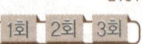

중량물을 운반하는 작업에서 발생하는 생리적 반응으로 옳은 것은?

① 혈압이 감소한다.
② 심박수가 감소한다.
③ 혈류량이 재분배된다.
④ 산소소비량이 감소한다.

해설
- ①에서 육체적 작업으로 인해 혈압은 상승한다.
- ②에서 육체적 작업으로 인해 심박수가 증가한다.
- ④에서 육체적 작업으로 인해 산소소비량이 증가한다.
- **작업강도의 증가에 따른 순환계 반응**
  - 혈압의 상승
  - 심박출량의 증가
  - 혈액의 수송량 증가
  - 신체에 흐르는 혈류의 재분배

35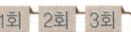

근육에 관한 설명으로 틀린 것은?

① 근섬유의 수축단위는 근원섬유이다.
② 근섬유가 수축하면 A대가 짧아진다.
③ 하나의 근육은 수많은 근섬유로 이루어져 있다.
④ 근육의 수축은 근육의 길이가 단축되는 것이다.

해설
- 근육이 수축하면 I대와 H대, Z선과 Z선 사이의 거리가 짧아진다.
- **근육의 수축** 실기 1601/1603/2002/2302/2403
  - 근섬유의 수축단위는 근원섬유이다.
  - 근육이 수축하면 I대와 H대, Z선과 Z선 사이의 거리가 짧아진다.
  - 근육이 수축해도 A대(actin과 myosin이 중첩된 짙은 갈색 부분)의 폭, 액틴과 미오신 필라멘트의 길이는 변하지 않는다.
  - 근육의 수축은 근육의 길이가 단축되는 것이다.
  - 근육이 최대로 수축했을 때는 Z선이 A대에 맞닿는다.
  - 근육이 수축하면 가는 근세사가 굵은 근세사 사이로 미끄러져 들어간다.
  - 골격근의 수축은 운동신경의 지배를 받으며 수의적 조절에 따라 일어난다.
  - 평활근의 수축은 자율신경계, 호르몬, 화학신호의 지배를 받으며 불수의적 조절에 따라 일어난다.

36

점멸융합주파수(flicker fusion frequency)에 관한 설명으로 맞는 것은?

① 중추신경계의 정신피로의 척도로 사용된다.
② 작업시간이 경과할수록 점멸융합주파수는 높아진다.
③ 쉬고 있을 때 점멸융합주파수는 대략 10~20Hz이다.
④ 마음이 긴장되었을 때나 머리가 맑을 때의 점멸융합주파수는 낮아진다.

해설
- ②에서 정신적으로 피로하면 주파수의 값이 감소한다.
- ③에서 휴식시의 점멸융합주파수는 대략 80Hz이다.
- ④에서 마음이 긴장되었을 때나 머리가 맑을 때의 점멸융합주파수는 높아진다.

■ 점멸융합주파수(Flicker fusion frequency) 실기 1703/2001/2402
  ㉠ 개요
  - 시각적 혹은 청각적으로 주어지는 계속적인 자극을 연속적으로 느끼게 되는 주파수를 말한다.
  - 중추신경계의 정신적 피로도의 척도를 나타내는 대표적인 측정값이다.
  - 정신적으로 피로하면 주파수의 값이 감소한다.
  ㉡ 시각적 점멸융합주파수(VFF)
  - 빛의 검출성에 영향을 주는 인자 중의 하나로 점멸속도가 약 30Hz 이상이면 불이 계속 켜진 것처럼 보인다.
  - 암조응 시에는 VFF가 감소한다.
  - 휘도만 같다면 색상은 주파수에 영향을 주지 않는다.
  - 표적과 주변의 휘도가 같을 때 최대가 된다.
  - 주파수는 조명 강도의 대수치에 선형적으로 비례한다.
  - 사람들 간에는 큰 차이가 있으나 개인의 경우 일관성이 있다.

1003/2103

37

산소 소비량에 관한 설명으로 옳지 않은 것은?

① 산소 소비량과 심박수 사이에는 밀접한 관련이 있다.
② 산소 소비량은 에너지 소비와 직접적인 관련이 있다.
③ 산소 소비량은 단위 시간당 흡기량만 측정한 것이다.
④ 심박수와 산소 소비량 사이의 관계는 개인에 따라 차이가 있다.

해설
- 산소 소비량은 흡기량−배기량으로 구하므로 흡기량과 배기량을 동시에 구해야 한다.

■ 산소 소비량
- 산소 소비량은 에너지 소비량과 선형적인 관계를 가진다.
- 산소 소비량이 증가한다는 것은 육체적 부하가 증가한다는 것이다.
- 산소 소비량은 흡기량−배기량으로 구하므로 흡기량과 배기량을 동시에 구해야 한다.
- 산소 소비량은 육체활동에 요구되는 에너지 대사량을 활동 시 소비된 산소량으로 간접적으로 측정하는 것이다.
- 산소소비량과 심박수 사이에는 밀접한 관련이 있으며, 심박수와 산소 소비량 사이의 관계는 개인에 따라 차이가 있다.
- 에너지가의 계산에는 5kcal의 에너지 생성에 1리터의 산소가 소모되는 관계를 이용한다.

38

열교환의 네 가지 방법이 아닌 것은?

① 복사(radiation)
② 대류(convection)
③ 증발(evaporation)
④ 대사(metabolism)

해설
- 인체의 열교환 방법에는 복사, 대류, 전도, 증발이 있다.

■ 인체의 열교환
  ㉠ 경로
  - 복사 − 한겨울에 햇볕을 쬐면 기온은 차지만 따스함을 느끼는 것
  - 대류 − 같은 온도에서도 바람이 부느냐 불지 않느냐에 따라 열손실이 달라지는 것
  - 전도 − 달구어진 옥상 바닥을 손바닥을 짚을 때 손바닥으로 열이 전해지는 것(인체에 거의 영향을 끼치지 않는다)
  - 증발 − 피부 표면을 통해 인체의 열이 증발하는 것
  ㉡ 열교환 과정 실기 1503
  - S=(M−W)±R±C−E
    단, S는 열 축적, M은 대사, W는 일, R은 복사, C는 대류, E는 증발을 의미한다.
  - 열교환에 영향을 미치는 요소에는 기온(Temperature), 기습(Humidity), 기류(Air movement) 등이 있다.

2001

39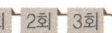

영상표시 단말기(VDT)를 취급하는 작업장 주변환경의 조도(lux)는 얼마인가?(단, 화면의 바탕 색상은 검정색 계통이며 고용노동부 고시를 따른다)

① 100 ~ 300
② 300 ~ 500
③ 500 ~ 700
④ 700 ~ 900

해설
- 영상표시단말기를 취급하는 작업장 주변환경의 조도를 화면의 바탕 색상이 검정색 계통일 때 300럭스(Lux) 이상 500럭스 이하, 화면의 바탕색상이 흰색 계통일 때 500럭스 이상 700럭스 이하를 유지하도록 하여야 한다.

■ 영상표시단말기 취급장 작업환경 실기 1701
- 사업주는 영상표시단말기를 취급하는 작업장 주변환경의 조도를 화면의 바탕 색상이 검정색 계통일 때 300럭스(Lux) 이상 500럭스 이하, 화면의 바탕색상이 흰색 계통일 때 500럭스 이상 700럭스 이하를 유지하도록 하여야 한다.

- 사업주는 작업면에 도달하는 빛의 각도를 화면으로부터 45도 이내가 되도록 조명 및 채광을 제한하여 화면과 작업대 표면반사에 의한 눈부심이 발생하지 않도록 하여야 한다.
- 저휘도형 조명기구를 사용한다.
- 화면상의 문자와 배경과의 휘도비(Contrast)를 낮춘다.
- VDT 작업화면과 인접주변 간에는 1 : 3, 화면과 화면에서 먼 주위 간에는 1 : 10으로 한다.

40

근육운동 중 근육의 길이가 일정한 상태에서 힘을 발휘하는 운동을 나타내는 것은?

① 등장성 운동
② 등속성 운동
③ 등척성 운동
④ 단축성 운동

해설
- ①은 근섬유의 길이가 짧아지면서 관절각이 변하는 수축성 운동을 말한다.
- ②는 미리 정해진 각속도로 가해지는 힘과는 상관없이 움직이는 운동으로 전용 기구를 사용하여야 가능한 운동이다.
- ④는 구심성 수축이라고 불리우는 근육의 길이가 짧아지면서 일어나는 수축으로 등장성 수축에 해당하는 운동이다.
- **등척성 운동**
  - 근육의 길이나 각도가 일정한 상태에서 힘을 발휘하는 운동을 말한다.
  - 고정된 물건에 최대한의 힘을 가하는 정적운동을 말한다.

3과목　산업심리학 및 관련법규

41

인간의 의식수준을 단계별로 분류할 때, 에러 발생 가능성이 낮은 것으로부터 높아지는 순서대로 연결된 것은?

① Ⅰ단계 - Ⅱ단계 - Ⅲ단계 - Ⅳ단계
② Ⅰ단계 - Ⅳ단계 - Ⅲ단계 - Ⅱ단계
③ Ⅱ단계 - Ⅰ단계 - Ⅳ단계 - Ⅲ단계
④ Ⅲ단계 - Ⅱ단계 - Ⅰ단계 - Ⅳ단계

해설
- 에러 발생 가능성이 낮은 것부터 높은 순으로 배열하면 Ⅲ단계 - Ⅱ단계 - Ⅰ단계 - Ⅳ단계 순이 된다.
- **인간의 의식 레벨**
  - Phase 0은 무의식상태로 작업수행이 불가능한 상태의 의식수준이다.
  - 에러 발생 가능성이 낮은 것부터 높은 순으로 배열하면 Ⅲ단계 - Ⅱ단계 - Ⅰ단계 - Ⅳ단계 순이 된다.

단계	의식수준	설명
Phase 0	무의식, 실신 상태	무의식 동작에는 외계의 능력에 대응하는 능력이 어느 정도는 있다.
Phase Ⅰ	이상, 피로 및 단조로움	심신이 피로하거나 단조로운 작업을 반복할 경우 나타나는 의식수준의 저하현상이 발생
Phase Ⅱ	정상, 이완 상태	생리적 상태가 안정을 취하거나 휴식할 때에 해당
Phase Ⅲ	정상, 명쾌	• 중요하거나 위험한 작업을 안전하게 수행하기에 적합 • 신뢰성이 가장 높은 상태의 의식수준
Phase Ⅳ	과긴장	돌발 사태의 발생으로 인하여 주의의 일점 집중 현상이 일어나는 경우 인간의 의식수준

42

제조물 책임법에서 손해배상 책임에 대한 설명 중 틀린 것은?

① 물질적 손해뿐 아니라 정신적 손해도 손해 배상 대상에 포함된다.
② 피해자가 손해배상 청구를 하기 위해서는 제조자의 고의 또는 과실을 입증해야 한다.
③ 해당 제조물 결함에 의해 발생한 손해가 그 제조물 자체에만 그치는 경우에는 제조물 책임 대상에서 제외한다.
④ 제조자가 결함 제조물로 인하여 생명, 신체 또는 재산상의 손해를 입은 자에게 손해를 배상할 책임을 의미한다.

해설
- 피해자는 해당 제품으로 인해 상해를 입었으며, 해당 제품은 당해 제조자가 판매한 것이라는 것만 입증하면 된다.
- **엄격책임상 피해자 입증사항**
  - 판매자(생산자)가 제품을 판매한 것
  - 제품에 위해의 원인이 있는 것
  - 제품이 손해에 대해서 법적 관련성을 갖는 것
  - 손해가 발생한 것

43

리더십 이론 중 특성이론에 기초하여 성공적인 리더의 특성에 대한 기술로 틀린 것은?

① 강한 출세욕구를 지닌다.
② 미래보다는 현실지향적이다.
③ 부모로부터 정서적 독립을 원한다.
④ 상사에 대한 강한 동일 의식과 부하직원에 대한 관심이 많다.

해설
- 상사에 대한 동일의식은 성공적인 리더의 특성으로 보기 힘들다.
- **특성이론에 기초하여 성공적인 리더의 특성**
  - 지능수준이 높다.
  - 주도적이고, 자신감이 있다.
  - 강한 출세욕구를 지닌다.
  - 활력이 강하고 과업과 관련된 지식이 많다.
  - 미래보다는 현실지향적이다.
  - 부모로부터 정서적 독립을 원한다.

44

스트레스에 대한 설명으로 틀린 것은?

① 직무속도는 신체적, 정신적 스트레스에 영향을 미치지 않는다.
② 역할 과소는 권태, 단조로움, 신체적 피로, 정신적 피로 등을 유발할 수 있다.
③ 일반적으로 내적 통제자들은 외적 통제자들보다 스트레스를 적게 받는다.
④ A형 성격을 가진 사람이 B형 성격을 가진 사람보다 높은 스트레스를 받을 가능성이 있다.

해설
- ①에서 직무속도는 신체적, 정신적 스트레스에 영향을 미친다.
- **스트레스**
  - 위협적인 환경특성에 대한 개인의 반응이라고 볼 수 있다.
  - 코티졸(cortisol)은 스트레스를 받을 때 몸에서 생성되는 호르몬으로 스트레스 정도를 파악하는데 사용된다.
  - 스트레스는 근골격계 질환에 영향을 줄 수 있다.
  - 스트레스를 받게 되면 자율 신경계가 활성화 된다.
  - 적정수준의 스트레스는 작업성과에 긍정적으로 작용한다(스트레스 수준과 수행은 역U자형의 관계를 갖는다).
- 지나친 스트레스를 지속적으로 받으면 인체는 자기조절능력을 상실할 수 있다.
- 일반적으로 내적 통제자들은 외적 통제자들보다 스트레스를 적게 받는다.
- A형 성격을 가진 사람이 B형 성격을 가진 사람보다 높은 스트레스를 받을 가능성이 있다.

45

휴먼 에러의 배후요인 4가지(4M)에 속하지 않는 것은?

① Man
② Machine
③ Motive
④ Management

해설
- 재해발생 기본원인에 해당하는 4M은 Man, Machine, Media, Management를 말한다.
- **재해발생 기본원인 - 4M**
  - ㉠ 개요
    - 재해의 연쇄관계를 분석하는 기본 검토요인으로 인간과오(Human-Error)와 관련된다.
    - Man, Machine, Media, Management를 말한다.
  - ㉡ 4M의 내용

Man	• 인간적 요인을 말한다. • 심리적(망각, 무의식, 착오 등), 생리적(피로, 질병, 수면부족 등) 원인 등이 있다.
Machine	• 기계적 요인을 말한다. • 기계, 설비의 설계상의 결함, 점검이나 정비의 결함, 위험방호가 불량 등이 있다.
Media	• 인간과 기계를 연결하는 매개체로 작업적 요인을 말한다. • 작업의 정보, 작업방법, 작업환경, 작업순서 등이 있다.
Management	• 관리적 요인을 말한다. • 안전관리조직, 관리규정, 안전교육의 미흡 등이 있다.

46

다음 표는 동기부여와 관련된 이론의 상호 관련성을 서로 비교해 놓은 것이다. A ~ E에 해당하는 용어가 맞는 것은?

위생요인과 동기요인 (Herzberg)	ERG 이론 (Alderfer)	X이론과 Y이론 (McGregor)
위생요인	A	D
	B	
동기요인	C	E

① A : 존재욕구, B : 관계욕구, D : X이론
② A : 관계욕구, C : 성장욕구, D : Y이론
③ A : 존재욕구, C : 관계욕구, E : Y이론
④ B : 성장욕구, C : 존재욕구, E : X이론

해설
- 알더퍼는 인간의 욕구를 생존(존재)욕구(Existence needs), 관계욕구(Relation needs), 성장욕구(Growth needs)로 구분하였다. 이 중 생존욕구는 허츠버그의 위생요인이며, 맥그리거의 X이론에 해당한다.
- 알더퍼의 ERG이론
  ㉠ 개요
    - 매슬로우의 이론이 지닌 이론적인 한계를 극복하고자 실제 조직에 대한 현장조사를 통해 요인분석한 이론이다.
    - 인간의 욕구를 생존욕구(Existence needs), 관계욕구(Relation needs), 성장욕구(Growth needs)로 구분한다.
  ㉡ 알더퍼의 욕구 분류

구분	알더퍼 ERG	매슬로우 욕구 5단계
E	생존욕구	생리적 욕구, 안전욕구
R	관계욕구	사회적 욕구, 존경의 욕구
G	성장욕구	자아실현의 욕구

47

안전에 대한 책임과 권한이 라인 관리감독자에게도 부여되며, 대규모 사업장에 적합한 조직 형태는?

① 라인형(Line) 조직
② 스탭형(Staff) 조직
③ 라인-스탭형(Line-Staff) 조직
④ 프로젝트(Project Team Work) 조직

해설
- ①은 명령계통이 일원화되는 반면 전문적 기술의 확보가 어렵고, 소규모 조직에 적용하기 용이한 조직이다.
- ③은 안전업무를 관장하는 전문부분인 스태프(Staff)가 안전관리계획안을 작성하고, 실시계획을 추진하며, 이를 위한 정보의 수집과 주지, 활용하는 역할을 수행하는 조직이다.
- ④는 일정한 프로젝트를 해결하기 위해 일시적으로 구성된 조직형태로 태스크 포스(Task forces)라고도 한다.
- 직계-참모(Line-staff)형 조직
  ㉠ 개요
    - 가장 이상적인 조직형태로 1,000명 이상의 대규모 사업장에서 주로 사용된다.
    - 라인의 관리·감독자에게도 안전에 관한 책임과 권한이 부여된다.
    - 안전계획, 평가 및 조사는 스태프에서, 생산기술의 안전대책은 라인에서 실시한다.
  ㉡ 장점
    - 안전 전문가에 의해 입안된 것을 경영자의 지침으로 명령 실시하므로 정확하고 신속하다.
    - 조직원 전원을 자율적으로 안전 활동에 참여시킬 수 있다.
    - 라인의 관리, 감독자에게도 안전에 관한 책임과 권한이 부여된다.
    - 안전 활동과 생산업무가 유리될 우려가 없기 때문에 균형을 유지할 수 있어 이상적인 조직형태이다.
  ㉢ 단점
    - 명령계통과 조언·권고적 참여가 혼동되기 쉽다.
    - 스태프의 월권행위가 발생하는 경우가 있다.
    - 라인이 스태프에 의존하거나 스태프를 활용하지 않는 경우가 있다.

48

군중보다 한층 함의성이 없고, 감정에 의해 행동하는 집단행동은?

① 모브(mob)
② 유행(fashion)
③ 패닉(panic)
④ 풍습(folkway)

해설
- ②와 ④는 통제적 집단행동 요소에 해당된다.
- ③은 생명이나 생활 등 인간본의의 안위에 심대한 위해가 가해질 경우 이를 회피하기 위한 도주현상을 말한다.

비통제의 집단행동

모브 (Mob)	폭동과 같은 것을 말하며, 군중(Crowd)보다 함의성이 없고, 감정에 의해서만 행동하는 특성
패닉 (Panic)	생명이나 생활 등 인간본연의 안위에 심대한 위해가 가해질 경우 이를 회피하기 위한 도주 현상
모방 (Imitation)	다른 사람을 표본으로 하여 그와 같거나 비슷하게 행동이나 판단을 하려는 것
심리적 전염 (Mental Epidemic)	군중들이 군중 속 특정인의 행동이나 감정을 따라가는 것
군중(crowd)	구성원 사이의 지위나 역할의 분화가 없고, 구성원 각자는 책임감을 가지지 않으며, 비판력도 가지지 않는다.

49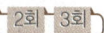

다음과 같은 재해발생 시 재해조사분석 및 사후처리에 대한 내용으로 틀린 것은?

> 크레인으로 강재를 운반하던 도중 약해져 있던 와이어 로프가 끊어지며 강재가 떨어진다. 이때 작업구역 밑을 통행하던 작업자의 머리 위로 강재가 떨어졌으며, 안전모를 착용하지 않은 상태에서 발생한 사고라서 작업자는 큰 부상을 입었고, 이로 인하여 부상 치료를 위해 4일간의 요양을 실시하였다.

① 재해 발생형태는 추락이다.
② 재해의 기인물은 크레인이고, 가해물은 강재이다.
③ 산업재해조사표를 작성하여 관할 지방고용노동청장에게 제출하여야 한다.
④ 불안전한 상태는 약해진 와이어 로프이고, 불안전한 행동은 안전모 미착용과 위험구역 접근이다.

해설
• ①에서 추락은 사람이 떨어지는 것을 말한다. 물체가 떨어져 아래의 사람에게 피해를 끼치는 것은 낙하에 해당된다.

재해의 발생형태별 분류
• 추락 – 사람이 인력(중력)에 의하여 건축물, 구조물, 가설물, 수목, 사다리 등의 높은 장소에서 떨어지는 것을 말한다.
• 전도·전복 – 사람이 거의 평면 또는 경사면, 층계 등에서 구르거나 넘어짐 또는 미끄러진 경우와 물체가 전도·전복된 경우를 말한다.
• 충돌·접촉 – 재해자 자신의 움직임·동작으로 인하여 기인물에 접촉 또는 부딪히거나, 물체가 고정부에서 이탈하지 않은 상태로 움직임 등에 의하여 접촉·충돌한 경우를 말한다.
• 낙하·비래 – 구조물, 기계 등에 고정되어 있던 물체가 중력, 원심력, 관성력 등에 의하여 고정부에서 이탈하거나 또는 설비 등으로부터 물질이 분출되어 사람을 가해하는 경우를 말한다.
• 협착·감김 – 두 물체 사이의 움직임에 의하여 일어난 것으로 직선 운동하는 물체 사이의 협착, 회전부와 고정체 사이의 끼임, 로울러 등 회전체 사이에 물리거나 또는 회전체·돌기부 등에 감긴 경우를 말한다.
• 붕괴·도괴 – 토사, 적재물, 구조물, 건축물, 가설물 등이 전체적으로 허물어져 내리거나 또는 주요 부분이 꺾어져 무너지는 경우를 말한다.
• 압박·진동 – 재해자가 물체의 취급과정에서 신체특정부위에 과도한 힘이 편중·집중·눌려진 경우나 마찰접촉 또는 진동 등으로 신체에 부담을 주는 경우를 말한다.
• 이상온도 노출·접촉 – 고·저온 환경 또는 물체에 노출·접촉된 경우를 말한다.
• 유해·위험물질 노출·접촉 – 유해·위험물질에 노출·접촉 또는 흡입하였거나 독성동물에 쏘이거나 물린 경우를 말한다.
• 화재 – 은 가연물에 점화원이 가해져 비의도적으로 불이 일어난 경우를 말하며, 방화는 의도적이기는 하나 관리할 수 없으므로 화재에 포함시킨다.
• 폭발 – 건축물, 용기 내 또는 대기 중에서 물질의 화학적, 물리적 변화가 급격히 진행되어 열, 폭음, 폭발압이 동반하여 발생하는 경우를 말한다.
• 전류접촉(감전) – 전기설비의 충전부 등에 신체의 일부가 직접 접촉하거나 유도전류의 통전으로 근육의 수축, 호흡곤란, 심실세동 등이 발생한 경우 또는 특별고압 등에 접근함에 따라 발생한 섬락 접촉, 합선·혼촉 등으로 인하여 발생한 아크에 접촉된 경우를 말한다.

50

반응시간 또는 동작시간에 관한 설명으로 틀린 것은?

① 단순반응시간은 하나의 특정자극에 대하여 반응하는 데 소요되는 시간을 의미한다.
② 선택반응시간은 일반적으로 자극과 반응의 수가 증가할수록 로그함수로 증가한다.
③ 동작시간은 신호에 따라 손을 움직여 동작을 실제로 실행하는 데 걸리는 시간을 의미한다.
④ 선택반응시간은 여러 가지의 자극이 주어지고, 모든 자극에 대하여 모두 반응하는 데까지의 총소요시간을 의미한다.

해설
- ④에서 선택반응시간은 2개 이상의 자극에 대해 각각의 자극에 대해 다른 반응을 요구할 때의 반응시간으로 모든 자극에 대해 모두 반응하는 것은 아니다.

❖ 반응시간(reaction time) 실기 1803/2201
- 어떠한 자극이 제시되고 이에 대한 동작을 시작하기까지의 소요 시간을 말한다.
- 자극과 요구 반응의 수에 따라 단순반응시간, 선택반응시간, 변별반응시간으로 구분된다.
- 단순반응시간은 하나의 자극에 대해 하나의 반응을 요구할 때의 반응시간이다.
- 단순(A)반응시간에 영향을 미치는 변수로는 자극 양식, 자극의 특성, 자극 위치, 연령 등이 있다.
- 선택(B)반응시간은 2개 이상의 자극에 대해 각각의 자극에 대해 다른 반응을 요구할 때의 반응시간이다.
- 선택반응시간은 별도의 반응을 요하는 자극 수에 따라 달라진다.
- 선택반응시간은 자극과 반응(N)이 증가할 때 $\log_2$에 비례하여 증가하므로 구하는 식은 $a + b\log_2 N$으로 구한다.
- 변별(C)반응시간은 2개 이상의 자극 중 특정 자극에 대해서만 반응할 때의 반응시간이다.

51  1101

하인리히(Heinrich)가 제시한 재해발생 과정의 도미노 이론 5단계에 해당하지 않는 것은?

① 사고
② 기본원인
③ 개인적 결함
④ 불안전한 행동 및 불안전한 상태

해설
- 하인리히는 ①을 4단계, ③을 2단계, ④를 3단계라고 보았으며 1단계는 사회적 환경 및 유전적 요소, 5단계는 재해로 보았다.

❖ 하인리히의 사고연쇄반응(도미노) 이론
- 3단계 불안전한 행동 및 불안전한 상태가 재해의 직접원인으로 작용하므로 사고를 예방하기 위한 관리 활동들이 가장 효과적으로 적용될 수 있다고 보았다.

1단계	사회적 환경 및 유전적 요소
2단계	개인적인 결함
3단계	불안전한 행동 및 불안전한 상태
4단계	사고
5단계	재해

52 1903/2103

어느 사업장의 도수율은 40이고 강도율은 4일 때 이 사업장의 재해 1건당 근로손실일수는?

① 1
② 10
③ 50
④ 100

해설
- 도수율이 40이라는 의미는 1,000,000시간당 40건의 재해가 발생한다는 의미이고, 강도율이 4라는 것은 1,000시간당 근로손실일수가 4일이라는 의미이다. 강도율 4를 1,000,000시간으로 환산하면 4,000이 되므로 40건에 4,000일이므로 1건당 100일이 된다.

❖ 재해율 관련 공식

재해율	$\dfrac{\text{재해자수}}{\text{산재보험적용근로자수}} \times 100$
사망만인율	$\dfrac{\text{사망자수}}{\text{산재보험적용근로자수}} \times 10{,}000$
휴업재해율	$\dfrac{\text{휴업재해자수}}{\text{임금근로자수}} \times 100$
도수율 (빈도율)	$\dfrac{\text{재해건수}}{\text{연근로시간수}} \times 1{,}000{,}000$
강도율	$\dfrac{\text{총요양근로손실일수}}{\text{연근로시간수}} \times 1{,}000$

53 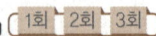 0903

스트레스에 관한 일반적 설명 중 거리가 가장 먼 것은?

① 스트레스는 근골격계 질환에 영향을 줄 수 있다.
② 스트레스를 받게 되면 자율 신경계가 활성화 된다.
③ 스트레스가 낮아질수록 업무의 성과는 높아진다.
④ A형 성격의 소유자는 스트레스에 더 노출되기 쉽다.

해설
- 스트레스는 너무 많아도, 너무 적어도 문제이다. 즉, 스트레스 수준과 작업성은 역U자형 관계를 갖는다.

❖ 스트레스
- 위협적인 환경특성에 대한 개인의 반응이라고 볼 수 있다.
- 코티졸(cortisol)은 스트레스를 받을 때 몸에서 생성되는 호르몬으로 스트레스 정도를 파악하는데 사용된다.
- 스트레스는 근골격계 질환에 영향을 줄 수 있다.
- 스트레스를 받게 되면 자율 신경계가 활성화 된다.
- 적정수준의 스트레스는 작업성과에 긍정적으로 작용한다(스트레스 수준과 수행은 역U자형의 관계를 갖는다).
- 지나친 스트레스를 지속적으로 받으면 인체는 자기조절능력을 상실할 수 있다.

- 일반적으로 내적 통제자들은 외적 통제자들보다 스트레스를 적게 받는다.
- A형 성격을 가진 사람이 B형 성격을 가진 사람보다 높은 스트레스를 받을 가능성이 있다.

54

시스템 안전 분석기법 중 정량적 분석 방법이 아닌 것은?

① 결함나무 분석(FTA)
② 사상나무 분석(ETA)
③ 고장모드 및 영향분석(FMEA)
④ 휴먼에러율 예측기법(THERP)

해설

- ③은 시스템 안전분석에 이용되는 전형적인 정성적, 귀납적 분석 방법으로 시스템을 구성요소로 나누어 고장의 가능성을 정하고 그 영향을 결정하여 분석하는 방법이다.

시스템 안전 해석 기법의 종류와 분류

해석기법	수리적해석		논리적해석	
	정성적	정량적	귀납적	연역적
ETA(사상나무분석)		■	■	
FMEA(고장영향분석)	■		■	
FTA(결함수분석)		■		■
MORT(Management Oversight and Risk Tree)		■		■
PHA(예비위험분석)	■			
FHA(결함위험분석)	■			
THERP(과오율예측)		■		

55

조직이 리더에게 부여하는 권한의 유형으로 볼 수 없는 것은?

① 보상적 권한
② 강압적 권한
③ 합법적 권한
④ 작위적 권한

해설

- 조직이 리더에게 부여한 권한에는 합법적 권한, 강압적 권한, 보상적 권한이 있다.

리더십 권한

㉠ 조직이 리더에게 부여한 권한
- 합법적 권한 : 군대, 교사, 정부기관 등 합법적 권력이 가지는 권한
- 강압적 권한 : 부하의 처벌, 승진 누락, 봉급의 인상 거부 등 강압적인 힘을 갖는 권한
- 보상적 권한 : 승진, 봉급 인상 등 역할에 대한 보상을 부여하는 권한

㉡ 조직이 리더에게 부여하지 않았지만 조건이 맞을 경우 자발적으로 생성되는 권한
- 위임된 권한 : 목표 달성을 위하여 부하 직원들이 상사를 존경하여 상사와 함께 일하고자 할 때 상사에게 부여되는 권한 혹은 지도자 자신이 자신에게 부여한 권한
- 전문성의 권한 : 조직이 지도자에게 부여한 권한은 아니지만 전문적 지식을 가진 리더를 부하들이 스스로 따르는 것으로 지도자 자신의 능력에 의해 생성되는 권한
- 준거적 권한 : 리더의 개인적 매력이 중요하며, 매력적인 리더와 함께 하고 싶은 부하들에 의해 조직의 발전이 이뤄진다는 것

56

호손(Hawthorne)의 연구 결과에 기초한다면 작업자의 작업능률에 영향을 미치는 주요한 요인은?

① 작업조건
② 생산방식
③ 인간관계
④ 작업자 특성

해설

- 호손의 연구결과에서 작업자의 작업능률은 동기, 의사소통을 통한 작업자 간의 인간관계가 큰 영향을 미친다는 것을 확인하였다.

호손(Hawthorne)의 연구
- 호손공장 실험에서 조명을 밝히면 처음에는 생산량이 증가하나 이후에는 조명과 상관관계가 거의 없음을 증명하였다.
- 호손의 연구결과에서 작업자의 작업능률은 동기, 의사소통을 통한 작업자 간의 인간관계가 큰 영향을 미친다는 것을 확인하였다.
- 산업심리학의 관심이 물리적 직업조건에서 인간관계 등으로 바뀌는 계기를 마련하게 되었다.

57

Rasmussen의 인간행동 분류에 기초한 인간 오류에 해당하지 않는 것은?

① 규칙에 기초한 행동(rule-based behavior)오류
② 실행에 기초한 행동(commission-based behavior)오류
③ 기능에 기초한 행동(skill-based behavior)오류
④ 지식에 기초한 행동(knowledge-based behavior)오류

해설
- Rasmussen의 휴먼에러와 관련된 인간행동 분류에는 기능/기술 기반 행동, 지식 기반 행동, 규칙 기반 행동이 있다.

Rasmussen의 휴먼에러와 관련된 인간행동 분류

기능/기술 기반 행동 (Skill-based behavior)	실수(Slip)와 망각(Lapse)으로 구분되는 오류
지식 기반 행동 (Knowledge-based behavior)	인지 및 인식의 오류를 예방하기 위해 목표와 관련하여 작동을 계획해야 하는 데 특수하고 친숙하지 않은 상황에서 발생하며, 부적절한 분석이나 의사결정을 잘못하여 발생하는 오류
규칙 기반 행동 (Rule-based behavior)	잘못된 규칙을 기억하거나 정확한 규칙이라도 상황에 맞지 않게 적용한 경우 발생하는 오류

58
보행 신호등이 막 바뀌어도 자동차가 움직이기까지는 아직 시간이 있다고 스스로 판단하여 건널목을 건너는 것과 같은 부주의 행위와 가장 관계가 깊은 것은?

① 억측판단
② 근도반응
③ 생략행위
④ 초조반응

해설
- ②는 가까운 길에 대한 유혹으로 지름길 반응이라고도 한다.
- ③은 귀찮음을 기피하는 행위로 정해진 규칙을 무시하거나 임시변통하는 행위를 말한다.
- ④는 지각, 판단, 행동의 순서를 판단 없이 행하는 것을 말한다.

억측판단
㉠ 정의
- 작업공정 중에 규정된 대로 수행하지 않고 "괜찮다"라고 생각하여 자기 주관대로 추측을 하여 행동하는 것을 말한다.

㉡ 억측판단의 배경
- 정보가 불확실할 때
- 희망적인 관측이 있을 때
- 과거의 경험한 선입관이 있을 때
- 귀찮음과 초조함이 교차하는 조건일 때

59
2차 재해 방지와 현장 보존은 사고발생의 처리과정 중 어디에 해당하는가?

① 긴급 조치
② 대책 수립
③ 원인 강구
④ 재해 조사

해설
- 2차 재해방지와 현장 보존을 구급조치와 함께 긴급 조치에 해당한다.

재해조사와 재해사례연구
㉠ 개요
- 재해조사는 재해조사 → 원인분석 → 대책수립 → 실시계획 → 실시 → 평가의 순을 따른다.
- 재해사례의 연구는 재해 상황 파악 → 사실 확인 → 직접원인과 문제점 확인 → 근본 문제점 결정 → 대책 수립의 단계를 따른다.

㉡ 재해조사 시 유의사항
- 피해자에 대한 구급조치를 최우선으로 한다.
- 가급적 재해 현장이 변형되지 않은 상태에서 실시한다.
- 사실 이외의 추측되는 말은 참고용으로만 활용한다.
- 사람, 기계설비 양면의 재해요인을 모두 도출한다.
- 과거 사고 발생 경향 등을 참고하여 조사한다.
- 객관적 입장에서 재해방지에 우선을 두고 조사하며, 조사는 2인 이상이 한다.

60
조작자 한 사람의 성능 신뢰도가 0.8일 때 요원을 중복하여 2인 1조가 작업을 진행하는 공정이 있다. 전체 작업기간의 60% 정도만 요원을 지원한다면, 이 조의 인간 신뢰도는 얼마인가?

① 0.816
② 0.896
③ 0.962
④ 0.985

해설
- 혼자서 40%, 중복 즉, 병렬로 60%를 수행하는 공정이다.
- $0.8 \times 40\% + [1-(1-0.8)(1-0.8)] \times 60\% = 0.8 \times 0.4 + 0.96 \times 0.6 = 0.32 + 0.576 = 0.896$이 된다.

시스템의 신뢰도
㉠ AND(직렬)연결 시

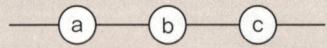

- 부품 a, 부품 b 신뢰도를 각각 R_a, R_b라 할 때 시스템의 신뢰도 $R_s = R_a \times R_b$로 구할 수 있다.

㉡ OR(병렬)연결 시

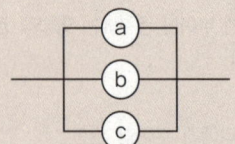

- 부품 a, 부품 b 신뢰도를 각각 R_a, R_b라 할 때 시스템의 신뢰도 $R_s = 1-(1-R_a) \times (1-R_b)$로 구할 수 있다.

4과목 근골격계질환 예방을 위한 작업관리

61
유해요인조사의 법적요구 사항이 아닌 것은?

① 사업주는 유해요인조사를 실시하는 경우, 해당 작업근로자를 배제하여야 한다.
② 사업주는 근골격계 부담작업에 근로자를 종사하도록 하는 경우 3년마다 유해요인조사를 실시해야 한다.
③ 사업주는 근골격계 부담작업에 해당하는 새로운 작업이나 설비를 도입한 경우 유해요인 조사를 실시해야 한다.
④ 사업주는 법에 의한 임시건강진단 등에서 근골격계 부담작업 외의 작업에서 근골격계 질환자가 발생하였더라도 유해요인조사를 실시해야 한다.

해설
- ①에서 사업주는 유해요인조사에 근로자 대표 또는 해당 작업 근로자를 참여시켜야 한다.
- **유해요인 조사**
  ㉠ 개요
    - 산업안전보건법령상 사업주는 근로자가 근골격계 부담작업을 하는 경우에 3년마다 유해요인 조사를 하여야 한다.
    - 신설되는 사업장의 경우에는 1년 이내에 최초의 유해요인 조사를 하여야 한다.
    - 사업주는 유해요인조사에 근로자 대표 또는 해당 작업 근로자를 참여시켜야 한다.
  ㉡ 1개월 이내(수시) 조사해야 하는 경우 [실기] 1401/1701/1901/2401
    - 임시건강진단 등에서 근골격계 질환자가 발생하였거나 근로자가 근골격계 질환으로 업무상 질병으로 인정받은 경우(근골격계 부담작업이 아닌 작업에서 근골격계 질환자가 발생하였거나 근골격계 부담작업이 아닌 작업에서 발생한 근골격계 질환에 대해 업무상 질병으로 인정받은 경우를 포함한다)
    - 근골격계 부담작업에 해당하는 새로운 작업·설비를 도입한 경우
    - 근골격계 부담작업에 해당하는 업무의 양과 작업공정 등 작업환경을 변경한 경우

62
유해요인 조사 방법 중 RULA에 관한 설명으로 틀린 것은?

① 각 작업 자세는 신체 부위별로 A와 B그룹으로 나누어진다.
② 주로 하지 자세를 평가할 목적으로 개발된 유해요인 조사방법이다.
③ RULA가 평가하는 작업부하인자는 동작의 횟수, 정적인 근육작업, 힘, 작업 자세 등이다.
④ 작업에 대한 평가는 1점에서 7점 사이의 총점으로 나타나며, 점수에 따라 4개의 조치단계로 분류된다.

해설
- ②에서 RULA는 상완, 전완, 손목을 그룹을 A로 목, 상체, 다리를 그룹 B로 나누어 측정, 평가하는 유해요인의 평가기법이다.
- **RULA(Rapid Upper Limb Assessment)** [실기] 1301/1303/1603/1803/2201/2203
  - 어깨, 팔목, 손목, 목 등 상지에 초점을 맞추어 작업자세로 인한 작업 부하를 빠르고 상세하게 분석할 수 있는 근골격계 질환의 위험평가기법이다.
  - 상완, 전완, 손목을 그룹을 A로 목, 상체, 다리를 그룹 B로 나누어 측정, 평가한다.
  - VDT 작업, 자동차 공장의 컨베이어식 조립라인에서 선 자세에서 자동차 하부의 볼트를 조립하는 작업자의 측정에 적합하다.
  - 평가에 있어서 1~2점은 개선의 필요가 없음을, 3~4점은 계속적인 추가 관찰이 필요하고, 5~6점은 빠른 개선과 함께 작업위험요인의 분석이 요구되고, 7점의 경우는 정밀조사와 함께 즉시 개선이 필요하다고 평가한다.

63
어느 요소 작업을 25번 측정한 결과, 평균이 0.5, 샘플 표준편차가 0.09라고 한다. 신뢰도 95%, 허용오차 ±5%를 만족시키는 관측횟수는 얼마인가?(단, $t=2.06$이다)

① 15 ② 55
③ 105 ④ 185

해설
- 측정횟수 25회, 신뢰도는 95%이므로 신뢰도계수 t는 $t(24, 0.025)$이고 이는 2.06으로 주어졌다.
- 표준편차는 0.09이고, 오차범위 e는 0.5×0.05이므로 대입하면 관측횟수 $N = \left(\dfrac{2.06 \times 0.09}{0.5 \times 0.05}\right)^2 = 54.9971$이 된다.

정답 61 ① 62 ② 63 ②

- 관측횟수 계산 실기 2203
  - 관측횟수 $N=(t\times S/e)^2$으로 구한다. 이때 t는 신뢰도 계수, S는 표준편차, e는 오차범위를 의미한다.
  - 신뢰도 계수 $t=t\left(측정횟수-1, \dfrac{1-신뢰도}{2}\right)$로 구한다.
  - 오차범위 e는 관측평균시간×상대허용오차로 구한다.

64 Repetitive Learning 1회 2회 3회

서블릭(Therblig)에 관한 설명으로 틀린 것은?

① 조립(A)은 효율적 서블릭이다.
② 검사(I)는 비효율적 서블릭이다.
③ 빈손이동(TE)은 효율적 서블릭이다.
④ 미리놓기(PP)는 비효율적 서블릭이다.

해설
- ④에서 미리놓기(PP)는 효율적 서블릭이다.
- 서블릭(Therblig) 실기 1303/2001/2003/2201/2203/2301
  - 동작 단위 중 손의 움직임과 관련된 동작을 분석하기 위해 만든 개념이다.
  - 길브레스(Gilbreth) 부부가 제안한 것으로 그들의 성을 거꾸로 해서 만든 것이다.
  - 작업 시 동작분석과정에서 시간은 스톱워치로 측정한다.
  - 카메라 분석을 통하여 파악할 수 있다.
  - 18개의 동작 중 17가지만 기호로 이용된다.

효율적 서블릭	• 기본동작 : 빈손이동(TE), 쥐기(G), 운반(TL), 내려놓기(RL), 미리놓기(PP) • 동작목적 : 조립(A), 사용(U), 분해(DA)
비효율적 서블릭	• (반)정신적 : 찾기(SH), 고르기(ST), 검사(I), 바로놓기(P), 계획(Pn) • 정체 : 휴식(R), 피할 수 있는 지연(AD), 잡고있기(H), 불가피한 지연(UD)

65  Repetitive Learning 1회 2회 3회

작업 개선방법을 관리적 개선방법과 공학적 개선방법으로 구분할 때 공학적 개선방법에 속하는 것은?

① 적절한 작업자의 선발
② 작업자의 교육 및 훈련
③ 작업자의 작업속도 조절
④ 작업자의 신체에 맞는 작업장 개선

해설
- ①, ②, ③은 현재의 자원을 효율적으로 관리하는 관리적 개선방법에 해당된다.
- 작업개선안 도출 실기 1401/1603/1801/1901/2003/2201/2302/2403
  - 가장 우선적이고 근본적인 문제해결책은 문제가 되는 작업을 제거하는 데 있다.
  - 1차적으로는 공학적 개선으로 위험요인의 제거 혹은 위험성의 직접적인 감소를 위해 작업장 여건을 개선한다.
  - 2차적으로는 관리적 개선으로 작업순환, 작업교대, 휴식시간 설계, 인원 보충 등 자원의 효율적인 분배와 관련된다.

공학적 개선안	• 작업자의 신체에 맞는 작업장 개선(작업공구 개선, 작업대 높이 조절, 중량물 운반 시 기계장치 사용, 단순반복 작업에 로봇 사용, 작업장 바닥 개선, 작업장 재배열) • 작업자세 및 작업방법 개선
관리적 개선안	• 작업순환, 작업교대 • 작업습관 변화 • 작업속도 조절 및 휴식시간 설계 • 인원 보충(추가 작업자 선발, 교육 및 훈련, 적성에 맞는 배치) • 위험표지 부착

66 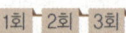 Repetitive Learning 1회 2회 3회

작업대의 개선방법으로 맞는 것은?

① 좌식작업대의 높이는 동작이 큰 작업에는 팔꿈치의 높이보다 약간 높게 설계한다.
② 입식작업대의 높이는 경작업의 경우 팔꿈치의 높이보다 5~10cm정도 높게 설계한다.
③ 입식작업대의 높이는 중작업의 경우 팔꿈치의 높이보다 10~20cm정도 낮게 설계한다.
④ 입식작업대의 높이는 정밀작업의 경우 팔꿈치의 높이보다 5~10cm정도 낮게 설계한다.

해설
- 중작업의 경우 팔꿈치 높이보다 10~30cm 낮게 한다.
- 서서하는 작업대 높이
  - 서서하는 작업대의 높이는 높낮이 조절이 가능하여야 하며, 작업대의 높이는 팔꿈치를 기준으로 한다.
  - 정밀작업의 경우 팔꿈치 높이보다 약간(5~15cm) 높게 한다.
  - 경작업의 경우 팔꿈치 높이보다 5~10cm 낮게 한다.
  - 중작업의 경우 팔꿈치 높이보다 10~30cm 낮게 한다.
  - 정밀한 작업이나 장기간 수행하여야 하는 작업은 좌식 작업대가 바람직하다.

67

근골격계 질환의 예방원리에 관한 설명으로 옳은 것은?

① 예방보다는 신속한 사후조치가 더 효과적이다.
② 작업자의 신체적 특성 등을 고려하여 작업장을 설계한다.
③ 공학적 개선을 통해 해결하기 어려운 경우에는 그 공정을 중단해야 한다.
④ 사업장 근골격계 예방정책에 노사가 협의하면 작업자의 참여는 중요치 않다.

해설
- ① 예방이 최선의 정책이다.
- ③ 작업환경 개선방법은 공학적 개선과 관리적 개선 등이 있다. 공학적 개선으로 해결이 힘들면 관리적 개선 등 다른 방안을 찾도록 한다.
- ④ 노사가 협의하였다고 하더라도 작업자의 참여는 가장 중요한 요소이다.
- 근골격계 질환의 사전예방을 위한 적합한 관리대책
  - 충분한 휴식시간의 제공과 스트레칭 프로그램의 도입
  - 적절한 공구의 사용 및 올바른 작업방법에 대한 작업자 교육
  - 작업자의 신체적 특성과 작업내용을 고려한 작업장 구조의 인간공학적 개선
  - 적합한 노동강도에 대한 평가
  - 공학적 개선과 관리적 개선을 통한 작업환경 개선
  - 예방이 최선의 정책이므로 질환 예방을 위한 최선의 노력
  - 작업순환(Job Rotation)과 작업 확대를 통하여 한 작업자가 할 수 있는 일의 다양성을 확보

- ③은 일정계획에서 사용되는 간트도표의 단점을 보완하여 활동의 소요시간은 베타분포를 따른다고 가정한 기법이다.
- ④는 데이터가 어떻게 얼마나 퍼져 있는지를 표시하는 도표이다.

파레토도
- 작업관리의 문제분석 도구로서, 가로축에 항목, 세로축에 항목별 점유비율과 누적비율로 막대-꺾은선 혼합 그래프를 중점관리항목을 도출할 목적으로 활용하는 도구이다.
- 현장의 개선활동에 있어서 소수 중점 원인을 찾기 위한 도구로서 사용된다.
- 80~20의 원칙에 기초하여 빈도수별로 나열한 항목별 점유와 누적비율에 따라 불량이나 사고의 원인이 되는 중요 항목을 찾아가는 기법이다.
- 80~20의 원칙이란 20%의 항목이 전체의 80%를 차지한다는 개념이다.
- 가장 큰 값부터 순서대로 나열하며, 기타항목은 맨 오른쪽에 배치한다.

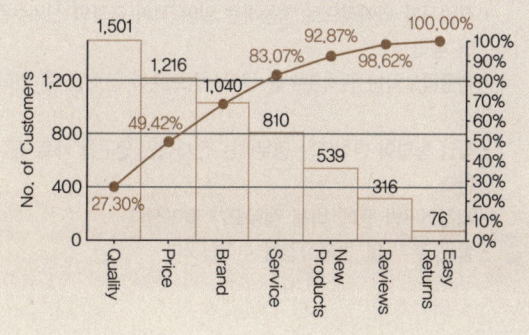

68

작업분석에서의 문제분석 도구 중에서 80~20의 원칙에 기초하여 빈도수별로 나열한 항목별 점유와 누적비율에 따라 불량이나 사고의 원인이 되는 중요 항목을 찾아가는 기법은?

① 특성요인도   ② 파레토 차트
③ PERT 차트   ④ 산포도 기법

해설
- ①은 어떤 결과에 영향을 미치는 크고 작은 요인들을 계통적으로 파악하기 위해 재해와 원인의 관계를 도표화하여 재해 발생 원인을 분석하는 작업분석 도구이다.

69

워크 샘플링(work sampling)에 대한 설명으로 맞는 것은?

① 시간연구법보다 더 정확하다.
② 자료수집 및 분석시간이 길다.
③ 관측이 순간적으로 이루어져 작업에 방해가 적다.
④ 컨베이어 작업처럼 짧은 주기의 작업에 알맞다.

해설
- ①에서 워크 샘플링은 시간연구법 등에 비해 정밀도가 떨어진다.
- ②에서 자료수집이나 분석에 필요한 순수시간이 다른 시간연구방법에 비하여 짧다.
- ④에서 짧은 주기의 작업에 부적합하다.

■ 워크 샘플링(work sampling)
ⓐ 개요
- 표본의 크기가 충분히 크다면 모집단의 분포와 일치한다는 통계적 이론에 근거한다.
- 간헐적으로 랜덤한 시점에서 연구대상을 순간적으로 관측하여 대상이 처한 상황을 파악하고 이를 토대로 관측시간 동안에 나타난 항목별로 차지하는 비율을 추정하는 방법이다.
- 조사기간을 길게 하여 평상시의 작업현황을 그대로 반영시킬 수 있어 사이클이 긴 작업에 주로 사용한다.
- 확률이론인 이항분포를 따른다.

ⓑ 장점
- 특별한 시간 측정 장비가 별도로 필요하지 않는 간단한 방법이다.
- 관측이 순간적으로 이루어져 작업에 방해가 적다.
- 한 사람의 평가자가 동시에 여러 작업을 측정할 수 있다.
- 자료수집이나 분석에 필요한 순수시간이 다른 시간연구방법에 비하여 짧다.
- 작업자가 의식적으로 행동하는 일이 적어 결과의 신뢰수준이 높다.
- 샘플링오차는 관측횟수를 증가시킴으로써 감소될 수 있다.

ⓒ 단점
- 작업 방법이 변화되는 경우에는 전체적인 연구를 새로 해야 한다.
- 시간연구법 등에 비해 정밀도가 떨어진다.
- 짧은 주기 및 반복작업에 부적합하다.

70 ──── Repetitive Learning 1회 2회 3회

손과 손목 부위에 발생하는 근골격계 질환이 아닌 것은?

① 결절종
② 수근관 증후군
③ 외상과염
④ 드퀘르베 건초염

해설
- ③은 팔꿈치 부위의 인대에 염증이 생김으로써 발생하는 증상이다.

■ 부위별 근골격계 질환 실기 1403/2302
- 목 : 근막통증 증후군, 경추부 염좌, 경추부 추간판탈출증
- 어깨 : 근막통증 증후군, 회전근개 건염, 극상근 건염, 상완이두 건막염, 건봉하 점액낭염, 관절와순 손상
- 팔꿈치 : 근막통증 증후군, 내·외상과염
- 손 및 손목 : 수근관 증후군, 드퀘르베 건초염, 방아쇠 수지, 결절종, 가이언 증후군, 경겹증

71 ──── Repetitive Learning 1회 2회 3회

정미시간이 개당 3분이고, 준비시간이 60분이며 로트 크기가 100개일 때 개당 표준시간은 얼마인가?

① 2.5분
② 2.6분
③ 3.5분
④ 3.6분

해설
- 정미시간이 개당 3분인데 로트의 크기가 100개이므로 한 로트를 생산하는데 걸리는 시간은 총 300분이다. 이의 준비시간이 60분이므로 실제 걸리는 시간은 360분이 된다.
- 100개를 생산하는데 360분이므로 개당의 표준시간은 3.6분이 된다.

■ 표준시간 실기 1501/1503/1603/1703/2002/2003/2103/2402/2403
ⓐ 개요
- 8시간의 정상작업을 기준으로 하여 일정한 작업조건에서 일정한 방법에 따라 보통 정도의 작업자가 정상적인 속도로 작업을 수행하는데 걸리는 시간을 말한다.
- 표준시간 측정에 사용하는 DM(decimal minute)은 1DM이 0.6초이다.
- 표준시간은 정미시간+여유시간으로 구한다.
- 정미시간은 관측시간의 평균치×R(레이팅 계수)로 구한다.
- 객관적 레이팅에서의 표준시간=관측 평균시간×(1차 평가계수)×(1+2차 조정계수)×(1+여유율)로 구한다.
- 외경법의 경우 표준시간=정미시간×(1+여유율)로 구한다.
- 내경법의 경우 표준시간=정미시간/(1−여유율)로 구한다.

ⓑ 여유율
- 외경법은 작업여유율=여유시간/정미시간(근무시간−여유시간)을 적용한다.
- 내경법은 근무여유율=여유시간/근무시간(정미시간+여유시간)을 적용한다.

72 ──── Repetitive Learning 1회 2회 3회

근골격계 질환의 주요 발생요인이 아닌 것은?

① 넘어짐
② 잘못된 작업자세
③ 반복동작
④ 과도한 힘의 사용

해설
- 근골격계 질환은 반복적인 동작, 부적절한 작업자세, 무리한 힘의 사용, 날카로운 면과의 신체접촉, 진동 및 온도 등의 요인에 의하여 발생하는 건강장해로서 목, 어깨, 허리, 팔·다리의 신경·근육 및 그 주변 신체조직 등에 나타나는 질환을 말한다.

∷ 근골격계 질환 실기 1803/2101/2302/2303
㉠ 개요
- 반복적인 동작, 부적절한 작업자세, 무리한 힘의 사용, 날카로운 면과의 신체접촉, 진동 및 온도 등의 요인에 의하여 발생하는 건강장해로서 목, 어깨, 허리, 팔·다리의 신경·근육 및 그 주변 신체조직 등에 나타나는 질환을 말한다.

㉡ 원인 실기 1603/1901/1903/2101/2201/2301
- 질환의 원인은 개인적 특성 요인, 작업특성 요인, 사회 심리적 요인 등으로 구분한다.
- 개인적 특성 요인에는 작업자 개인의 과거병력, 연령, 성별, 키, 몸무게, 작업방법 및 기술수준 등이 있다.
- 직접적인 작업특성 위험요인에는 작업강도, 작업자세, 작업의 반복도, 부적절한 휴식 등이 있다.
- 사회심리적 요인에는 직무스트레스, 비효율적 의사소통, 작업에 대한 만족도, 인간관계 등이 있다.

73 ● Repetitive Learning 1회 2회 3회
디자인 프로세스 단계 중 대안의 도출을 위한 방법이 아닌 것은?

① SEARCH 원칙
② 개선의 ECRS
③ Network Diagram
④ 5W1H 분석

해설
- ③은 컴퓨터 또는 통신 네트워크를 시각적으로 표시한 도표로 대안 도출과는 관련이 없다.

∷ 디자인 개념의 문제 해결 실기 1401
- 문제 해결 절차는 문제 형성 → 문제 분석 → 대안 탐색 → 대안 평가 → 선정안 제시 순으로 진행한다.
- 문제의 특성을 파악하기 위한 척도는 대안, 제약조건, 연구기간, 평가 기준이다.
- 대안탐색 방법에는 ECRS 원칙, SEARCH 원칙, 5W1H 분석, 브레인스토밍 등이 활용된다.

74 ● Repetitive Learning 1회 2회 3회
동작경제의 원칙이 아닌 것은?

① 공정 개선의 원칙
② 신체의 사용에 관한 원칙
③ 작업장의 배치에 관한 원칙
④ 공구 및 설비의 설계에 관한 원칙

해설
- 동작경제의 원칙은 신체사용의 원칙, 작업장 배치의 원칙, 공구 및 설비 디자인의 원칙으로 분류된다.

∷ 동작경제의 원칙 실기 1903/2103/2203
㉠ 개요
- 작업자가 경제적인 동작을 통해 피로도를 감소시키면서도 능률을 향상시키게 하기 위한 원칙이다.
- 신체사용의 원칙, 작업장 배치의 원칙, 공구 및 설비 디자인의 원칙으로 분류된다.
- 동작을 가급적 조합하여 하나의 동작으로 한다.
- 동작의 수는 줄이고, 동작의 속도는 적당히 한다.

㉡ 신체사용의 원칙 실기 2301
- 두 손의 동작은 동시에 시작해서 동시에 끝나야 한다.
- 휴식시간을 제외하고는 양손을 같이 쉬게 해서는 안 된다.
- 손의 동작은 유연하고 연속적인 동작이어야 한다.
- 동작이 급작스럽게 크게 바뀌는 직선 동작은 피해야 한다.
- 두 팔의 동작은 동시에 서로 반대방향으로 대칭적으로 움직이도록 한다.
- 탄도동작(Ballistics Movements)은 제한되거나 통제된 동작보다 더 신속하고 정확하다.

㉢ 작업장 배치의 원칙 실기 1303/1701/2001/2002/2303/2402
- 가능하다면 낙하식 운반 방법을 이용한다.
- 작업이 용이하도록 적절한 조명을 비추어 준다.
- 공구나 재료는 작업동작이 원활하게 수행하도록 그 위치를 정해준다.
- 공구, 재료 및 제어장치는 사용하기 가까운 곳에 배치해야 한다.

㉣ 공구 및 설비 디자인의 원칙 실기 1703
- 치구나 족답장치를 이용하여 양손이 다른 일을 할 수 있도록 한다.
- 공구의 기능을 결합하여 사용하도록 한다.
- 타자 칠 때와 같이 각 손가락이 서로 다른 작업을 할 때에는 작업량을 각 손가락의 능력에 맞게 배분해야 한다.

75 ● Repetitive Learning 1회 2회 3회
MTM(Method Time Measurement)법에서 사용되는 기호와 동작이 맞는 것은?

① P : 누름
② M : 회전
③ R : 손뻗침
④ AP : 잡음

해설
- ①의 P는 위치하기이고, 누름은 AP이다.
- ②의 M은 운반이고, 회전은 T이다.
- ④의 AP는 누르기이고, 잡음은 G이다.

MTM법에서 사용법

㉠ 사용법
- 기본동작 기호+거리+조건(A,B,C,D,E)+중량으로 표기한다.

㉡ 기본동작 기호
- M(Move) : 운반
- T(Turn) : 회전
- AP(Apply Pressure) : 누름
- R(Reach) : 손뻗침
- G(Grasp) : 잡기
- RI(Release) : 놓기
- P(Position) : 위치하기
- D(Disengage) : 떼어놓기
- C(Crank) : 크랭크(팔꿈치를 축으로 손이나 아래팔을 회전)
- ET(Eye Travel) : 눈의 이동

76 ● Repetitive Learning 1회 2회 3회
1301/2103

4개의 작업으로 구성된 조립공정의 주기시간(Cycle Time)이 40초일 때 공정효율은 얼마인가?

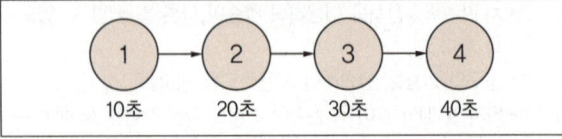

① 40.0%
② 57.5%
③ 62.5%
④ 72.5%

해설
- 주기시간은 40초, 작업수는 4개, 총작업시간은 100초, 총유휴시간은 160−100=60초, 공정효율은 100/160=0.625, 공정손실은 60/160=0.375이다.

∷ 주기시간과 공정효율 실기 1403/1503/1801/2001/2003/2101/2302/2402
- 주기시간은 작업시간이 가장 오래 걸리는 애로공정의 작업시간을 말한다.
- 애로작업이란 작업시간이 가장 긴 작업을 말한다.
- 공정효율은 총작업시간/(작업수×주기시간)으로 구한다.
- 총유휴시간은 (작업수×주기시간)−(총작업시간)이다.
- 공정손실은 총유휴시간/(작업수×주기시간)으로 구한다.
- 공정효율과 공정손실의 합은 1이다.

77 ● Repetitive Learning 1회 2회 3회

중량물 취급 시 작업 자세에 관한 내용으로 틀린 것은?

① 무릎을 곧게 펼 것
② 중량물은 몸에 가깝게 할 것
③ 발을 어깨넓이 정도로 벌릴 것
④ 목과 등이 거의 일직선이 되도록 할 것

해설
- 허리를 곧게 유지하고, 무릎을 구부려서 들어야 한다.

∷ 중량물 들기 작업방법
- 중량물은 몸에 가깝게 할 것
- 목과 등이 거의 일직선이 되도록 할 것
- 가능하면 중량물을 양손으로 잡는다.
- 중량물 밑을 잡고 앞으로 운반하도록 한다.
- 손가락만으로 잡지 말고 손전체로 잡아서 작업한다.
- 허리를 곧게 유지하고, 무릎을 구부려서 들어야 한다.
- 발을 어깨 너비 정도 벌리고 몸의 균형을 유지해야 한다.

78 ● Repetitive Learning 1회 2회 3회

사업장 근골격계 질환 예방관리 프로그램에 관한 설명으로 적절하지 않은 것은?

① 의학적 관리를 포함한다.
② 팀으로 구성되어 진행된다.
③ 작업자가 직접 참여하는 프로그램이다.
④ 질환자가 3인 이상 발생될 경우 근골격계 질환 예방관리 프로그램을 수립하여야 한다.

해설
- 프로그램 수립 시행이 필요한 곳은 업무상 질병으로 인정받은 근로자가 연간 10명 이상 발생한 사업장 또는 5명 이상 발생한 사업장으로서 발생 비율이 그 사업장 근로자 수의 10퍼센트 이상인 경우이다.

∷ 근골격계 질환 예방관리 프로그램의 개요 실기 1501/1601/2003/2101/2301/2302
- 유해요인 조사, 작업환경 개선, 의학적 관리, 교육·훈련, 평가에 관한 사항 등이 포함된 근골격계 질환을 예방관리하기 위한 종합적인 계획을 말한다.
- 프로그램 수립 시행이 필요한 곳은 업무상 질병으로 인정받은 근로자가 연간 10명 이상 발생한 사업장 또는 5명 이상 발생한 사업장으로서 발생 비율이 그 사업장 근로자 수의 10퍼센트 이상인 경우이다.

- 사업주는 근골격계 질환 예방관리 프로그램을 작성·시행할 경우에 노사협의를 거쳐야 한다.
- 사업주는 근골격계 질환 예방관리 프로그램을 작성·시행할 경우에 인간공학·산업의학·산업위생·산업간호 등 분야별 전문가로부터 필요한 지도·조언을 받을 수 있다.

해설
- ①은 자재가 공정으로 들어오는 지점 및 공정에서 행하여지는 작업기호와 검사기호만을 사용하여 공정 전체를 파악하기 위한 공정분석도표이다.
- ②는 작업자가 장소를 이동하는 경로를 분석하는 공정도이다.
- **흐름(유통)공정도(Flow Process Chart)**
  - 공정 중에 발생하는 모든 작업, 검사, 운반, 저장 등의 과정을 자재나 작업자의 관점에서 흘러가는 순서에 따라 표시하는 도표로 공정분석에 이용된다.
  - 소요시간과 운반거리도 함께 표현하고, 생산 공정에서 발생하는 잠복비용을 감소시키며, 사고의 원인을 파악하는 데 사용되는 공정도이다.

79

작업분석을 통한 작업개선안 도출을 위해 문제가 되는 작업에 대하여 가장 우선적이고, 근본적으로 고려해야 하는 것은?

① 작업의 제거
② 작업의 결합
③ 작업의 변경
④ 작업의 단순화

해설
- 작업개선안 도출을 위해 문제가 되는 작업에 대하여 가장 우선적이고, 근본적으로 작업을 제거하는 것을 고려하여야 한다.
- **작업분석**
  - 주된 목적은 생산성 향상을 위한 작업개선안의 도출에 있다.
  - 인간 주체의 작업계열을 포괄적으로 파악할 수 있다.
  - 작업개선의 중점(重點) 발견에 이용한다.
  - 작업표준의 기초 자료가 된다.
  - 작업개선안 도출을 위해 문제가 되는 작업에 대하여 가장 우선적이고, 근본적으로 작업을 제거하는 것을 고려하여야 한다.

80

공정도 중 소요시간과 운반거리도 함께 표현하고, 생산 공정에서 발생하는 잠복비용을 감소시키며, 사고의 원인을 파악하는 데 사용되는 기법은?

① 작업공정도(Operation Process Chart)
② 작업자공정도(Operator Process Chart)
③ 흐름(유통)공정도(Flow Process Chart)
④ 작업자흐름공정도(Man Flow Process Chart)

2017년 제3회

2017년 8월 26일

17년 3회차 필기시험 합격률 73.7%

1과목 인간공학개론

01
다음의 한 성분이 다른 성분의 청각감지를 방해하는 현상은?

① 은폐효과　② 밀폐효과
③ 소멸효과　④ 도플러효과

해설
- ④는 발음원이 이동할 때 그 진행방향 쪽에서는 원래 발음원의 음보다 고음으로, 진행방향 반대쪽에서는 저음으로 되는 현상을 말한다.
- 은폐효과는 사무실의 자판 소리 때문에 말소리가 묻히는 경우와 같이 내부음성 또는 작업과 관련된 음향신호가 은폐 음에 의해 방해받는 현상을 말한다.

은폐(Masking)효과
- 음의 한 성분이 다른 성분에 대한 귀의 감수성을 감소시키는 상황을 말한다.
- 사무실의 자판 소리 때문에 말소리가 묻히는 경우와 같이 내부음성 또는 작업과 관련된 음향신호가 은폐 음에 의해 방해받는 현상을 말한다.
- 피은폐된 한 음의 가청역치가 다른 은폐된 음 때문에 높아지는 현상을 말한다.
- 은폐효과가 가장 큰 것은 음폐음과 배음의 주파수가 가까울 때이다.
- 소리가 들린다는 것을 확신할 수 있는 최소한의 음 강도는 은폐음보다 15dB 이상이어야 한다.

02
인간의 시식별 능력에 영향을 주는 외적 인자와 가장 거리가 먼 것은?

① 휘도　② 과녁의 이동
③ 노출시간　④ 최소분간 시력

해설
- ④는 란돌트(Landolt) 고리에 있어 1.5mm의 틈을 5m의 거리에서 겨우 구분할 수 있는 지의 여부를 판단하는 인간 시력의 척도로 시식별 능력의 내적인자로 봐야한다.

시식별에 영향을 주는 인자 실기 2103
- 조도
- 휘도 및 휘도비
- 대비
- 과녁의 이동
- 노출시간
- 조명기구
- 시력(내적인자)
- 연령(내적인자)

03
코드화 시스템 사용상의 일반적인 지침과 가장 거리가 먼 것은?

① 정보를 코드화한 자극은 검출이 가능해야 한다.
② 2가지 이상의 코드차원을 조합해서 사용하면 정보전달이 촉진된다.
③ 자극과 반응간의 관계가 인간의 기대와 모순되지 않아야 한다.
④ 모든 코드 표시는 감지장치에 의하여 다른 코드 표시와 구별되어서는 안된다.

해설
- ④는 변별성의 개념으로 모든 암호는 다른 암호 표시와 구별될 수 있어야 한다.

정답　01 ①　02 ④　03 ④

암호화(Coding)

㉠ 개요
- 원래의 신호 정보를 새로운 형태로 변화시켜 표시하는 것을 말한다.
- 형상, 크기, 색채 등 작업자가 쉽게 기계 및 기구를 식별하도록 암호화한다.

㉡ 암호화 지침

검출성	감지가 쉬워야 한다.
표준화	표준화되어야 한다.
변별성	다른 암호 표시와 구별될 수 있어야 한다.
양립성	인간의 기대와 모순되지 않아야 한다.
부호의 의미	사용자가 그 뜻을 분명히 알 수 있어야 한다.
다차원의 암호 사용가능	두 가지 이상의 암호 차원을 조합해서 사용하면 정보전달이 촉진된다.

04

시배분(time-sharing)에 대한 설명으로 적절하지 않은 것은?

① 시배분이 요구되는 경우 인간의 작업능률은 떨어진다.
② 청각과 시각이 시배분 되는 경우에는 일반적으로 시각이 우월하다.
③ 시배분 작업은 처리해야 하는 정보의 가지수와 속도에 의하여 영향을 받는다.
④ 음악을 들으며 책을 읽는 것처럼 동시에 2가지 이상을 수행해야 하는 상황을 의미한다.

해설
- 청각과 시각이 시배분 되는 경우에는 일반적으로 청각이 우월하다.

시배분(time-sharing)
- 사람이 일정한 시간에 두 가지 이상의 작업을 처리할 수 있도록 하는 것을 말한다.
- 의미 있고 적절한 가능성이 있는 정보가 여러 근원으로부터 동일한 감각경로나 둘 이상의 감각 경로를 통해 들어오는 것이다.
- 시배분이 요구되는 경우 인간의 작업능률은 떨어진다.
- 시배분 작업은 처리해야 하는 정보의 가지수와 속도에 의하여 영향을 받는다.
- 청각과 시각이 시배분 되는 경우에는 일반적으로 청각이 우월하다.

05

제품, 공구, 장비 등의 설계 시에 적용하는 인체측정 자료의 응용원칙에 해당하지 않는 것은?

① 조절식 설계
② 기계식 설계
③ 극단값을 기준으로 한 설계
④ 평균값을 기준으로 한 설계

해설
- 인체측정자료를 설계에 응용하는 방법에는 조절식, 극단치, 평균치 설계 방법이 있다.

인체측정자료의 응용 및 설계 종류

조절식 설계	• 최초에 고려하는 원칙으로 어떤 자료의 인체이든 그에 맞게 조절가능식으로 설계하는 것 • 최대치나 최소치를 사용하는 것이 기술적으로 어려울 경우 활용
극단치 설계	• 모든 인체를 대상으로 수용 가능할 수 있도록 제일 작은, 혹은 제일 큰 사람을 기준으로 설계하는 원칙 • 5백분위수 등이 대표적이다.
평균치 설계	• 다른 기준의 적용이 어려울 경우 최종적으로 적용하는 기준으로 평균적인 자료를 활용해 범용성을 갖는 설계원칙 • 은행창구, 슈퍼마켓 계산대 등에 사용된다.

06

실현 가능성이 같은 N개의 대안이 있을 때 총 정보량(H)을 구하는 식으로 옳은 것은?

① $H = \log N^2$
② $H = \log_2 N$
③ $H = 2\log_2 N^2$
④ $H = \log 2N$

해설
- 대안이 n개인 경우의 정보량은 $\log_2 n$으로 구한다.

정보량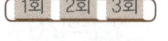
- 대안이 n개인 경우의 정보량은 $\log_2 n$으로 구한다.
- 특정 안이 발생할 확률이 $p(x)$라면 정보량은 $\log_2 \frac{1}{p(x)}$로 구한다.
- 여러 안이 발생할 경우의 총 정보량은 [개별 확률 × 개별 정보량의 합]과 같다.

07
효율적인 공간의 배치를 위하여 적용되는 원리와 가장 거리가 먼 것은?

① 중요도의 원리
② 사용빈도의 원리
③ 사용순서의 원리
④ 작업방법의 원리

해설
- 부품은 사용빈도, 중요도, 기능별, 사용 순서의 원칙에 의해 배치하도록 한다.
- **작업장 배치의 원칙** 실기 1303/1701/2001/2002/2101/2303/2402
  ㉠ 개요
    - 사용빈도, 중요도, 기능별, 사용 순서의 원칙에 의해 배치한다.
    - 작업의 흐름에 따라 기계를 배치한다.
    - 배치의 3단계는 지역배치 → 건물배치 → 기계배치 순으로 이뤄진다.
    - 공장내외는 안전한 통로를 두어야 하며, 통로는 선을 그어 작업장과 명확히 구별하도록 한다.
    - 비상시에 쉽게 대비할 수 있는 통로를 마련하고 사고 진압을 위한 활동통로가 반드시 마련되어야 한다.
  ㉡ 원칙
    - 중요성의 원칙, 사용빈도의 원칙 – 우선적인 원칙
    - 기능별 배치, 사용 순서의 원칙 – 부품의 일반적인 위치 내에서의 구체적인 배치 기준

08
인간-기계 시스템의 설계원칙으로 가장 거리가 먼 것은?

① 인간의 신체적 특성에 적합하여야 한다.
② 시스템은 인간의 예상과 양립하여야 한다.
③ 기계의 효율과 같은 경제적 원칙을 우선시한다.
④ 계기반이나 제어장치의 중요성, 사용빈도, 사용순서, 기능에 따라 배치가 이루어져야 한다.

해설
- ③에서 인간-기계 시스템의 목적은 안전의 극대화와 생산능률의 향상에 있으므로 이것을 최우선으로 하여야 한다.
- **인간-기계 시스템**
  ㉠ 목적
    - 안전의 극대화와 생산능률의 향상
  ㉡ 인간공학적 설계의 일반적인 원칙
    - 인간의 특성을 고려한다.
    - 시스템을 인간의 예상과 양립시킨다.
    - 표시장치나 제어장치의 중요성, 사용빈도, 사용 순서, 기능에 따라 배치하도록 한다.

09
인체치수 데이터가 개인에 따라 차이가 발생하는 요인과 가장 거리가 먼 것은?

① 나이
② 성별
③ 인종
④ 작업환경

해설
- 신체 측정치는 나이, 성, 인종에 따라 다르게 나타난다.
- **구조적 치수(Structural dimension) = 정적 치수 측정** 실기 1801/2001/2103/2303/2401
  - 형태학적 측정, 즉 정적 자세에서 측정한 신체치수이다.
  - 나체 측정을 원칙으로 한다.
  - 마틴(Martin)식 인체측정 장치를 사용한다.
  - 신체 측정치는 나이, 성, 인종에 따라 다르게 나타난다.
  - 골격 치수(skeletal dimension)와 외곽 치수(contour dimension)가 있다.

10
인간의 오류모형에 있어 상황이나 목표해석은 제대로 하였으나 의도와는 다른 행동을 하는 경우에 발생하는 오류는?

① 실수(slip)
② 착오(mistake)
③ 위반(violation)
④ 건망증(forgetfulness)

해설
- 의도와 다르게 행동하는 것은 실수이다.
- **인간의 다양한 오류모형** 실기 1601/2002

착각(Illusion)	감각적으로 물리현상을 왜곡하는 지각 오류
착오(Mistake)	상황해석을 잘못하거나 목표를 잘못 이해하고 착각하여 행하는 인간의 실수로 위치, 순서, 패턴, 형상, 기억오류 등 외부적 요인에 의해 나타나는 오류
실수(Slip)	의도는 올바른 것이었지만, 행동이 의도한 것과는 다르게 나타나는 오류
건망증(Lapse)	일련의 과정에서 일부를 빠뜨리거나 기억의 실패에 의해 발생하는 오류
위반(Violation)	정해진 규칙을 알고 있음에도 의도적으로 따르지 않거나 무시한 경우에 발생하는 오류

11
인간의 후각 특성에 대한 설명으로 틀린 것은?

① 후각은 청각에 비해 반응속도가 더 빠르다.
② 훈련을 통하면 식별 능력을 향상시킬 수 있다.
③ 특정한 냄새에 대한 절대적 식별 능력은 떨어진다.
④ 후각은 특정 물질이나 개인에 따라 민감도에 차이가 있다.

해설
- ①에서 반응속도는 통각 → 미각 → 후각 → 시각 → 촉각 → 청각 순으로 빨라진다.
- 인간의 후각 특성
  - 훈련을 통하면 식별 능력을 향상시킬 수 있다.
  - 특정한 냄새에 대한 절대적 식별 능력은 떨어진다.
  - 후각은 특정 물질이나 개인에 따라 민감도의 차이가 있다.
  - 후각을 통해 구별할 수 있는 냄새의 수는 최소 1만 가지 이상이다.
  - 특정 냄새의 절대 식별 능력은 떨어지나 상대적 비교능력은 우수한 편이다.

12
통계적 분석에서 사용되는 제1종 오류(α)를 설명한 것으로 옳지 않은 것은?

① $1-\alpha$를 검출력(power)이라고 한다.
② 제1종 오류를 통계적 기각역이라고 한다.
③ 발견한 결과가 우연에 의한 것일 확률을 의미한다.
④ 동일한 데이터의 분석에서 제1종 오류를 작게 설정할수록 제2종 오류가 증가할 수 있다.

해설
- ①에서 검출력은 $1-\beta$이다.
- 제1종 오류(α)
  - 통계적 기각역이라고도 한다.
  - 귀무가설이 참일 때, 귀무가설을 기각하는 오류이다.
  - 발견한 결과가 우연에 의한 것일 확률을 의미한다.
  - 동일한 데이터의 분석에서 제1종 오류를 작게 설정할수록 제2종 오류가 증가할 수 있다.

13
어떤 물체 또는 표면에 도달하는 빛의 밀도는?

① 조도
② 광도
③ 반사율
④ 점광원

해설
- ②는 광원에서 일정한 방향으로의 밝기를 말한다.
- ③은 빛을 포함한 여러 종류의 복사파가 물체의 표면에서 어느 정도 반사되는지를 나타내는 비율로 휘도/조도로 구할 수 있다.
- ④는 백열등과 같이 작은 광원이 발광하는 것을 말한다.
- 조도(照度)
  - 조도는 특정 지점에 도달하는 광의 밀도를 말한다.
  - 단위는 럭스(Lux)를 사용한다 $\left(\frac{1cd}{1m^2}, \frac{1lm}{1m^2}\right)$.
  - 반사체의 반사율과는 상관없이 일정한 값을 갖는다.
  - 거리의 제곱에 반비례하고, 광도에 비례하므로 $\frac{광도}{(거리)^2}$으로 구한다.

14
인간공학의 연구 목적과 가장 거리가 먼 것은?

① 인간오류의 특성을 연구하여 사고를 예방
② 인간의 특성에 적합한 기계나 도구의 설계
③ 병리학을 연구하여 인간의 질병퇴치에 기여
④ 인간의 특성에 맞는 작업환경 및 작업방법의 설계

해설
- 인간공학이란 인간이 사용하는 물건, 설비, 환경의 설계에 인간의 생리적, 심리적인 면에서의 특성이나 한계점을 고려함으로써 인간-기계 시스템의 안전성과 편리성, 효율성을 높이는 학문분야이다.
- 인간공학(Ergonomics)
  ㉠ 개요
    - "Ergon(작업)+nomos(법칙)+ics(학문)"이 조합된 단어로 Human factors, Human engineering이라고도 한다.
    - 인간의 특성과 한계 능력을 공학적으로 분석, 평가하여 이를 복잡한 체계의 설계에 응용함으로 효율을 최대로 활용할 수 있도록 하는 학문분야이다.
    - 인간이 사용하는 물건, 설비, 환경의 설계에 인간의 생리적, 심리적인 면에서의 특성이나 한계점을 고려함으로써 인간-기계 시스템의 안전성과 편리성, 효율성을 높이는 학문분야이다.
  ㉡ 적용분야
    - 제품설계
    - 재해·질병 예방
    - 장비·공구·설비의 배치
    - 작업장 내 조사 및 연구

정답 | 11 ① 12 ① 13 ① 14 ③

15

정상조명 하에서 5m 거리에서 볼 수 있는 원형 바늘 시계를 설계하고자 한다. 시계의 눈금단위를 1분 간격으로 표시하고자 할 때, 권장되는 눈금간의 간격은 최소 몇 mm 정도인가?

① 9.15
② 18.31
③ 45.75
④ 91.55

해설
- 정상조명이므로 71cm 즉, 0.71m에서 1.3mm의 눈금거리를 적용하면 0.71 : 1.3 = 5 : x 에서 x = $\frac{6.5}{0.71}$ = 9.15mm가 된다.
- **최소눈금거리** 실기 1301/1501/1701/1801/2001/2002/2103/2302
- 정상 시거리인 71cm 기준 정상조명에서는 1.3mm, 낮은 조명에서는 1.8mm가 권장된다.

16

표시장치와 제어장치를 포함하는 작업장을 설계할 때 고려해야 할 사항과 가장 거리가 먼 것은?

① 작업시간
② 제어장치와 표시장치와의 관계
③ 주 시각 임무와 상호작용하는 주제어장치
④ 자주 사용되는 부품을 편리한 위치에 배치

해설
- ①은 작업장 설계와는 거리가 멀다.
- **작업공간 설계 요건**

여유공간(clearance) 요건	작업장 설계의 주요한 변수로 장비들 사이와 주변 공간, 통로의 높이와 너비, 신체를 움직일 수 있는 공간과 관련된 것
접근제한요건	특정한 구역 등에 접근하지 못하도록 하거나 접근에 있어 일정한 거리를 확보하기 위한 것
유지보수공 (maintenance people)을 위한 특별 요건	유지보수공들을 위한 특별한 요구사항을 분석하고 그에 따라 작업장을 설계

17

sone과 phon에 대한 설명으로 틀린 것은?

① 20phon은 0.5sone 이다.
② 10phon은 증가시마다 sone의 2배가 된다.
③ phon은 1,000Hz 순음과의 상대적인 음량비교이다.
④ phon은 음량과 주파수를 동시에 고려하여 도출된 수치이다.

해설
- 20phon은 $\frac{20^{120-40}}{10}$ 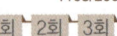 = 2^{-2} = 0.25sone이다.
- **sone 값**
- 인간이 청각으로 느끼는 소리의 크기를 측정하는 척도 중 하나이다.
- 기준 음에 비해서 몇 배의 크기를 갖느냐는 음의 sone값이 결정한다.
- 1 sone은 40dB의 1,000Hz 순음의 크기로 40phon의 값을 의미한다.
- phon의 값이 주어질 때 sone = $2^{\frac{phon-40}{10}}$ 으로 구한다.

18

신호검출이론(SDT)에서 신호의 유무를 판별함에 있어 4가지 반응 대안에 해당하지 않는 것은?

① 긍정(Hit)
② 누락(Miss)
③ 채택(Acceptation)
④ 허위(False alarm)

해설
- 신호의 유무를 판정함에 있어 반응대안은 4가지 긍정(Hit), 허위(False alarm), 누락(Miss), 부정(Correct rejection)으로 구분된다.
- **신호검출이론(Signal Detection Theory)** 실기 1501/1503/1701/2001/2002/2003/2103/2303/2403
  ① 개요
  - 불확실한 상황에서 선택하게 하는 방법으로 신호의 탐지는 관찰자의 반응편향과 민감도에 달려있다고 주장하는 이론이다.
  - 일반적으로 신호 검출 시 이를 간섭하는 소음이 있고, 신호와 소음을 쉽게 식별할 수 없는 상황에 신호검출이론이 적용된다.

- 긍정(Hit), 허위(False alarm), 누락(Miss), 부정(Correct rejection)의 네 가지 결과로 나눌 수 있다.
- 허위(False alarm)는 소음을 신호로, 누락(Miss)은 신호를 소음으로 판단한 결과이다.
- 신호검출이론은 품질관리, 통신이론, 의학처방 및 심리학, 법정에서의 판정 등 다양하게 활용되고 있다.

ⓒ 반응편향 β
- 반응편향 $\beta = \dfrac{\text{신호의 길이}}{\text{소음의 길이}}$ 로 구한다.
- 신호에 의한 반응이 선형인 경우 판별력은 좋아진다.
- 신호검출이론에서 두 개의 정규분포 곡선이 교차하는 부분에 있는 기준점 β는 신호의 길이와 소음의 길이가 같으므로 1의 값을 가진다.
- 판정 기준은 β(신호/노이즈)이며, $\beta>1$이며 보수적이고, $\beta<1$이면 자유적이다.

ⓒ 민감도
- 민감도가 클수록 신호를 구분하기 쉽다.
- 잡음이 많을수록, 신호가 약하거나 분명하지 않을수록 d값은 작아진다.
- 민감도를 늘리기 위해서는 교육 훈련, 결과의 피드백, 신호의 비신호의 구별성 증가 등의 조치를 한다.

ⓒ 특징
- C/R비가 작아진다는 것은 민감한 장치화 되어 조종시간=제어시간이 길어지지만 수행시간이 짧아진다는 의미이다.
- C/R비가 크다는 것은 미세한 조종은 쉽지만 수행시간은 상대적으로 길다.
- 통제기기 시스템에서 발생하는 조작시간의 지연은 직접적으로 통제표시비가 가장 크게 작용하고 있다.

19
선형 제어장치를 20cm 이동시켰을 때 선형표시장치에서 지침이 5cm 이동되었다면, 제어반응(C/R)비는 얼마인가?

① 0.2 ② 0.25
③ 4.0 ④ 5.0

해설
- 선형 장치의 C/D 비는 $\dfrac{\text{통제기기의 변위량}}{\text{표시계기의 변위량}}$ 으로 구한다.
- 제어장치를 20cm 이동시켰을 때 표시장치의 지침이 5cm 이동 되었으므로 C/D비는 20/5=4가 된다.

❖ 통제표시비 : C/D(C/R)비 실기 1301/1403/1501/1503/1601/1701/1803/1901/2002/2003/2101/2103/2203/2301/2303/2401

㉠ 개요
- 통제장치의 변위량과 표시장치의 변위량과의 관계를 나타낸 비율로 C/D비, 조종과 반응의 비라고 하여 C/R비라고도 한다.
- C/D = $\dfrac{\text{통제기기의 변위량}}{\text{표시계기의 변위량}}$ 으로 구한다.
- 회전 조종구의 C/D비
$$= \dfrac{2 \times \pi(3.14) \times r(\text{반지름}) \times \left(\dfrac{\text{각도}}{360}\right)}{\text{표시계기의 변위량}}$$ 으로 구한다.

20
Norman이 제시한 사용자 인터페이스 설계원칙에 해당하지 않는 것은?

① 가시성(Visibility)의 원칙
② 피드백(feedback)의 원칙
③ 양립성(compatibility)의 원칙
④ 유지보수 경제성(maintenance economy)의 원칙

해설
- ④에는 행동유도성의 원칙이 되어야 한다.

❖ Norman의 사용자 인터페이스
㉠ 개요
- 이용자와 시스템 간에 이루어지는 커뮤니케이션을 말한다.
- 상호작용 모델로 실행–평가모델(Execution–evaluation cycle)을 제시하였다.

ⓒ 설계원칙 실기 1401/1501/2301
- 가시성의 원칙 : 눈에 잘 띄어야 한다.
- 대응(양립성)의 원칙 : 조절장치와 기능을 담당하는 부분이 잘 연결되어야 한다.
- 행동유도성의 원칙 : 아이콘이나 버튼 등은 어떻게 이용해야 하는지의 암시를 제공해야 한다.
- 피드백의 원칙 : 적절한 피드백을 제공해야 한다.

2과목 작업생리학

21
다음 그림과 같이 작업할 때 팔꿈치의 반작용력과 모멘트 값은 얼마인가?(단, CG_1은 물체의 무게중심, CG_2는 하박의 무게중심, W_1은 물체의 하중, W_2는 하박의 하중이다)

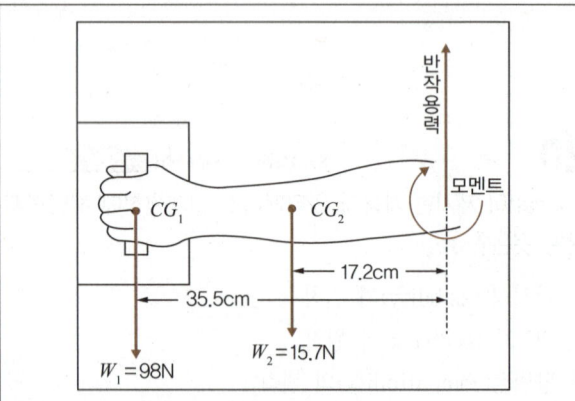

① 반작용력 : 79.3N, 모멘트 : 22.42N·m
② 반작용력 : 79.3N, 모멘트 : 37.5N·m
③ 반작용력 : 113.7N, 모멘트 : 22.42N·m
④ 반작용력 : 113.7N, 모멘트 : 37.5N·m

해설
- 물체가 정적 평형상태를 유지하기 위해서는 힘의 총합은 0이 되어야 한다.
- 아래쪽으로 향하는 힘은 CG_1과 CG_2의 합이므로 98+15.7=113.7N이므로 반작용의 힘 역시 113.7N이 되어야 자세가 유지된다.
- 모멘트는 힘의 크기와 거리에 의해 결정되는 값으로 W_1과 중심과의 거리(35.5cm=0.355m)의 곱과 W_2와 중심과의 거리(17.2cm=0.172)의 곱의 합이 모멘트가 된다.
- 대입하여 계산하면 모멘트 값은 98×0.355+15.7×0.172=37.4904 N·m이 된다.

∷ 정적 평형상태(Static equilibrium) 실기 1901/2103/2201
- 물체나 신체가 움직이지 않는 상태이다.
- 작용하는 모든 힘의 총합이 0인 상태이다.
- 작용하는 모든 모멘트의 총합이 0인 상태이다.
- 힘이 거리에 비례하여 발생한다.

22
광원으로부터의 직사 휘광 처리가 틀린 것은?

① 가리개, 갓, 차양을 사용한다.
② 광원을 시선에서 멀리 위치시킨다.
③ 광원의 휘도를 높이고 수를 줄인다.
④ 휘광원 주위를 밝게 하여 광도비를 줄인다.

해설
- 휘도 수준을 낮게 유지해야 한다.

∷ 작업장에서 광원으로부터의 직사휘광 처리 방법 실기 1901
- 창문을 높이 단다.
- 광원의 휘도를 줄이고, 광원의 수를 늘린다.
- 가리개나 차양(Visor), 갓(Hood) 등을 사용한다.
- 옥외 창 위에 드리우개(Overhang)를 설치한다.
- 광원을 시선에서 멀리 위치한다.
- 휘광원 주위를 밝게 하여 휘도비(광속발산비)를 줄인다.

23
교대작업의 주의사항에 관한 설명으로 옳지 않은 것은?

① 12시간 교대제가 적정하다.
② 야간근무는 2~3일 이상 연속하지 않는다.
③ 야간근무의 교대는 심야에 하지 않도록 한다.
④ 야간근무 종료 후에는 48시간 이상의 휴식을 갖도록 한다.

해설
- 근무시간은 8시간을 주기로 교대하며 야간 근무 시 충분한 휴식을 보장해주어야 한다.

∷ 바람직한 교대제
㉠ 기본
- 각 반의 근무시간은 8시간으로 한다.
- 2교대면 최저 3조의 정원을, 3교대면 4조 편성으로 한다.
- 근무시간의 간격은 15~16시간 이상으로 하여야 한다.
- 채용 후 건강관리로서 정기적으로 체중, 위장 증상 등을 기록해야 하며 체중이 3kg 이상 감소 시 정밀검사를 받도록 한다.
- 근무 교대시간은 근로자의 수면을 방해하지 않도록 정해야 하며, 아침 교대시간은 아침 7시 이후에 하는 것이 바람직하다.
- 근무시간은 8시간을 주기로 교대하며 야간 근무 시 충분한 휴식을 보장해주어야 한다.
- 교대작업은 피로회복을 위해 역교대 근무 방식보다 전진근무 방식(주간근무 → 저녁근무 → 야간근무 → 주간근무)으로 하는 것이 좋다.

ⓒ 야간근무
　　• 야간근무의 연속은 2~3일 정도가 좋다.
　　• 야근 교대시간은 상오 0시 이전에 하는 것이 좋다.
　　• 야간근무 시 가면(假眠)시간은 근무시간에 따라 2~4시간으로 하는 것이 좋다.
　　• 야근은 가면(假眠)을 하더라도 10시간 이내가 좋다.
　　• 야근 후 다음 반으로 가는 간격은 최저 48시간을 가지도록 한다.
　　• 상대적으로 가벼운 작업을 야간 근무조에 배치하고, 업무 내용을 탄력적으로 조정한다.

24

산업안전보건법령상 "소음작업"이란 1일 8시간 작업을 기준으로 얼마 이상의 소음이 발생하는 작업을 뜻하는가?

① 80데시벨　　② 85데시벨
③ 90데시벨　　④ 95데시벨

해설
• 소음작업이란 1일 8시간 작업을 기준으로 85dB 이상의 소음이 발생하는 작업을 말한다.
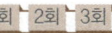 소음 노출 기준
　㉠ 개요
　　• 소음작업이란 1일 8시간 작업을 기준으로 85dB 이상의 소음이 발생하는 작업을 말한다.
　㉡ 강렬한 소음작업

1일 노출시간(hr)	허용 음압수준(dB)
8 이상	90 이상
4 이상	95 이상
2 이상	100 이상
1 이상	105 이상
1/2 이상	110 이상
1/4 이상	115 이상

　㉢ 충격소음작업(1초 이상의 간격)

충격소음강도(dB)	허용 노출 횟수(회)
140 초과	100 이상
130 초과	1,000 이상
120 초과	10,000 이상

25

골격근(skeletel muscle)에 대한 설명으로 틀린 것은?

① 골격근은 체중의 약 40%를 차지하고 있다.
② 골격근은 건(tendon)에 의해 뼈에 붙어 있다.
③ 골격근의 기본구조는 근원섬유(myofibril)이다.
④ 골격근은 400개 이상이 신체 양쪽에 쌍으로 있다.

해설
• 골격근의 기본구조는 근섬유분절이다.
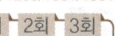 뼈대근육(골격근, skeletal muscle) 실기 2103
　• 뼈나 힘줄에 붙어서 우리 몸의 움직임을 만드는 근육조직이다.
　• 골격근의 기본구조는 근섬유분절이다.
　• 체중의 약 40%를 차지하고 있다.
　• 건(tendon)에 의해 뼈에 붙어 있다.
　• 400개 이상이 신체 양쪽에 쌍으로 있다.
　• 가로무늬근이라 불리며, 수의근이다.

26

소음에 의한 청력손실이 가장 크게 발생하는 주파수 대역은?

① 1,000Hz　　② 2,000Hz
③ 4,000Hz　　④ 10,000Hz

해설
• 소음성 난청(C5-dip)은 주로 4,000Hz에 대한 청력손실부터 시작하여 주변의 주파영역으로 파급된다.
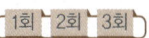 소음성 난청(C5-dip) 실기 1901
　• 작업자가 소음 작업환경에 장기간 노출될 경우 나타나는 직업병이다.
　• 주로 4,000Hz에 대한 청력손실부터 시작하여 주변의 주파영역으로 파급된다.
　• 역치변화가 큰 4,000Hz 주파수에서 소음에 의한 청력손실이 가장 크게 나타나 검사음으로 사용한다.

27

생리적 활동의 척도 중 Borg의 RPE(Ratings of Perceived Exertion) 척도에 대한 설명으로 옳지 않은 것은?

① 육체적 작업부하의 주관적 평가방법이다.
② NASA-TLX와 동일한 평가척도를 사용한다.
③ 척도의 양끝은 최소 심장 박동률과 최대 심장 박동률을 나타낸다.
④ 작업자들이 주관적으로 지각한 신체적 노력의 정도를 6~20 사이의 척도로 평정한다.

해설
- ②에서 NASA-TLX는 0~100까지의 평가척도를 사용한다.
- Borg의 RPE(Ratings of Perceived Exertion)
  - 운동자각도로 내가 하는 운동이 얼마나 힘든지에 대한 생리적 측정을 주관적 평점등급으로 대체하기 위하여 개발된 평가척도이다.
  - 육체적 작업부하의 주관적 평가방법이다.
  - 정신적 부담 작업과 육체적 부담 작업 양쪽 모두에 사용 할 수 있다.
  - 척도의 양끝은 최소 심장 박동률과 최대 심장 박동률을 나타낸다.
  - 작업자들이 주관적으로 지각한 신체적 노력의 정도를 6~20 사이의 척도로 평정한다.

해설
- ②는 고온 환경에서의 영향을 설명하고 있다.
- 저온에서의 신체반응
  - 체표면적이 감소한다.
  - 피부의 혈관이 수축된다.
  - 화학적 대사작용이 증가한다.
  - 근육긴장의 증가와 떨림이 발생한다.
  - 소변의 생성량이 증가한다.

28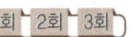

근육 운동에 있어 장력이 활발하게 생기는 동안 근육이 가시적으로 단축되는 것을 무엇이라 하는가?

① 연축(twitch)
② 강축(tetanus)
③ 원심성 수축(eccentric contraction)
④ 구심성 수축(concentric contraction)

해설
- ①은 근육에 단일 자극이 가해질 때 근육이 한 번 수축하는 현상을 말한다.
- ②는 근육이 2개 이상의 자극을 짧은 간격으로 반복하여 가했을 때 단수축이 융합하여 보다 큰 수축이 일어나는 현상을 말한다.
- ③은 근육의 길이가 늘어나는 등장성 수축이다.
- 구심성 수축(concentric contraction)
  - 근육의 길이가 짧아지면서 근육 내에 장력이 발생하는 수축을 말한다.
  - 등장성 수축에 해당한다.

30 2001

인체활동이나 작업종료 후에도 체내에 쌓인 젖산을 제거하기 위해 산소가 더 필요하게 되는 것을 무엇이라 하는가?

① 산소 빚(oxygen debt)
② 산소 값(oxygen value)
③ 산소 피로(oxygen fatigue)
④ 산소 대사(oxygen metabolism)

해설
- 인체활동이나 작업종료 후에도 체내에 쌓인 젖산을 제거하기 위해 산소가 더 필요하게 되는 것을 산소부채라 한다.
- 산소부채(산소 빚, oxygen debt)
  - 인체활동이나 작업종료 후에도 체내에 쌓인 젖산을 제거하기 위해 산소가 더 필요하게 되는 것을 말한다.
  - 강도 높은 작업을 마친 후 휴식 중에도 근육에 추가적으로 소비되는 산소량을 말한다.

29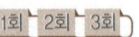

저온 스트레스의 생리적 영향에 대한 설명 중 틀린 것은?

① 저온 환경에 노출되면 혈관수축이 발생한다.
② 저온 환경에 노출되면 발한(發汗)이 시작된다.
③ 저온 스트레스를 받으면 피부가 파랗게 보인다.
④ 저온 환경에 노출되면 떨기반사(shivering reflex)가 나타난다.

31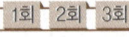

윤활관절(synovial joint)인 팔굽관절(elbow joint)은 연결 형태를 기준으로 어느 관절에 해당되는가?

① 관절구(condyloid)
② 경첩관절(hinge joint)
③ 안장관절(saddle joint)
④ 구상관절(ball and socket joint)

해설
- ①은 타원관절을 말하며 손목뼈 관절과 같이 2방향 운동이 가능한 관절이다.
- ③은 엄지손가락 아래의 손목허리관절로 2방향 운동이 가능한 관절이다.

28 ④ 29 ② 30 ① 31 ②

- ④는 어깨관절이나 엉덩이 관절과 같이 3방향 운동이 가능한 관절이다.
- **경첩관절(hinge joint)**
  - 한쪽 방향으로만 운동할 수 있는 관절이다.
  - 팔굽(주관절), 무릎(슬관절), 손가락 뼈 사이 관절이 대표적이다.

32
근력에 관련된 설명 중 틀린 것은?

① 여성의 평균 근력은 남성의 약 65% 정도이다.
② 50세가 지나면 서서히 근력이 감소하기 시작한다.
③ 성별에 관계없이 25 ~ 35세에서 근력이 최고에 도달한다.
④ 운동을 통해서 약 30 ~ 40%의 근력증가효과를 얻을 수 있다.

해설
- 대개 근력은 40세 이후 서서히 감소한다.
- **근력**
  - 한 번의 수의적인 노력에 의해 근육이 등척성으로 낼 수 있는 힘의 최댓값이다.
  - 일반적으로 최대근력이 50% 정도의 힘으로 유지할 수 있는 시간은 1분 정도이다.
  - 근육이 발휘할 수 있는 15% 이하의 힘으로 상당히 오랫동안 유지가능하며, 10% 미만의 힘으로 무한하게 유지가 가능하다.
  - 여성의 평균 근력은 남성의 약 65% 정도이다.
  - 훈련(운동)을 통해 약 30 ~ 40%의 근력증가효과를 얻을 수 있다.
  - 근력은 보통 25 ~ 35세에 최고에 도달하고, 40세 이후 서서히 감소한다.

33
에너지 소비량에 영향을 미치는 인자 중 중량물 취급 시 쪼그려 앉아(squat) 들기와 등을 굽혀(stoop) 들기와 가장 관련이 깊은 것은?

① 작업 자세   ② 작업 방법
③ 작업 속도   ④ 도구 설계

해설
- 쪼그려 앉아 들기, 등 굽혀 들기는 모두 작업자세와 관련된다.
- **작업에 따른 에너지 소비량에 영향을 미치는 주요인자**
  - 작업 방법   • 작업 도구
  - 작업 속도   • 작업 자세

34
생체반응 측정에 관한 설명으로 틀린 것은?

① 혈압은 대동맥에서의 압력을 의미한다.
② 심전도는 P, Q, R, S, T 파로 구성된다.
③ 1리터의 산소 소비는 4kcal의 에너지 소비와 같다.
④ 중간 정도의 작업에서 나타나는 심장박동률은 산소소비량과 선형적인 관계가 있다.

해설
- ③에서 산소 1리터는 평균 5kcal의 에너지 소비를 의미한다.
- **휴식시간 산출**
  - 분당 권장되는 평균 에너지 소비량은 남성의 경우 5kcal, 여성의 경우 3.5kcal이다.
  - 여기서 작업평균 에너지 소비량을 넘어서는 작업을 한 경우에는 일정한 시간마다 휴식이 필요하다.
  - 이에 휴식시간 $R = 작업시간 \times \dfrac{E-5}{E-1.5}$ 로 계산한다.
  이때 E는 작업 중 에너지 소비량[kcal/분]이고, 5는 남성의 권장 평균 에너지 소비량, 1.5는 휴식 중 에너지 소비량이다(문제에서 주어지면 해당 값을 사용). 만약 산소 소모량이 주어질 경우 산소 1리터는 평균 5kcal가 소모된다.

35
신체에 전달되는 진동은 전신진동과 국소진동으로 구분되는데 진동원의 성격이 다른 것은?

① 크레인   ② 지게차
③ 대형 운송차량   ④ 휴대용 연삭기

해설
- ①, ②, ③은 모두 전신진동을 일으키는 진동원이다.
- **국소진동**
  - 손, 발 등 신체의 특정부위에 전달되는 진동을 말한다.
  - 굴착기, 연삭기, 전동톱, 체인톱, 그라인더 등의 작업공구가 일으키는 진동이다.

정답 32 ② 33 ① 34 ③ 35 ④

36
위치(positioning) 동작에 관한 설명으로 틀린 것은?

① 반응시간은 이동거리와 관계없이 일정하다.
② 위치동작의 정확도는 그 방향에 따라 달라진다.
③ 오른손의 위치동작은 우하-좌상 방향의 정확도가 높다.
④ 주로 팔꿈치의 선회로만 팔 동작을 할 때가 어깨를 많이 움직일 때보다 정확하다.

해설
- ③에서 오른손의 위치동작은 좌하-우상 방향의 정확도가 높다.
- 위치(positioning) 동작
  - 반응시간은 이동거리와 관계없이 일정하다.
  - 위치동작의 정확도는 그 방향에 따라 달라진다.
  - 오른손의 위치동작은 좌하-우상 방향의 정확도가 높다.
  - 주로 팔꿈치의 선회로만 팔 동작을 할 때가 어깨를 많이 움직일 때보다 정확하다.

38
뇌파와 관련된 내용이 맞게 연결된 것은?

① α파 : 2~5Hz로 얕은 수면상태에서 증가한다.
② β파 : 5~10Hz로 불규칙적인 파동이다.
③ θ파 : 14~30Hz로 고(高)진폭파를 의미한다.
④ δ파 : 4Hz 미만으로 깊은 수면상태에서 나타난다.

해설
- ①은 8~12Hz 주파수, 안정 시에 주로 나타나는 파형이다.
- ②는 12~30Hz 주파수, 눈을 뜨고 집중하는 상태에서 나타나는 파형이다.
- ③은 4~8Hz 주파수, 졸거나 막 깨어났을 때 나타나는 파형이다.
- 뇌파(EEG)의 종류
  - α파 : 8~12Hz 주파수, 안정 시에 주로 나타나는 파형이다.
  - β파 : 12~30Hz 주파수, 눈을 뜨고 집중하는 상태에서 나타나는 파형이다.
  - θ파 : 4~8Hz 주파수, 졸거나 막 깨어났을 때 나타나는 파형이다.
  - δ파 : 4Hz 미만의 주파수로 깊은 수면상태에서 나타난다.

37
200cd인 점광원으로부터의 거리가 2m 떨어진 곳에서의 조도는 몇 럭스인가?

① 50   ② 100
③ 200   ④ 400

해설
- 조도는 거리의 제곱에 반비례하고, 광도에 비례한다.
- 대입하면 $\frac{200}{2^2}$ =50lux가 된다.
- 조도(照度) 실기 1501/1603/1703/2003/2302
  - 조도는 특정 지점에 도달하는 광의 밀도를 말한다.
  - 단위는 럭스(Lux)를 사용한다 $\left(\frac{1cd}{1m^2}, \frac{1lm}{1m^2}\right)$.
  - 반사체의 반사율과는 상관없이 일정한 값을 갖는다.
  - 거리의 제곱에 반비례하고, 광도에 비례하므로 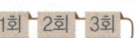 $\frac{광도}{(거리)^2}$으로 구한다.

39
호흡계의 기본적인 기능과 가장 거리가 먼 것은?

① 가스교환 기능
② 산-염기조절 기능
③ 영양물질 운반 기능
④ 흡입된 이물질 제거 기능

해설
- ②의 기능 일부를 호흡계에서 담당하기는 하지만 궁극적으로는 신장에서 해당 기능을 수행한다.
- 호흡계
  ㉠ 개요
  - 호흡을 담당하는 기관계를 말한다.
  - 코, 기관, 기관지, 폐, 방광 등으로 구성된다.
  ㉡ 기능
  - 가스교환 기능
  - 영양물질 운반 기능
  - 흡입된 이물질의 제거 기능

40

육체 활동에 따른 에너지소비량이 가장 큰 것은?

①
②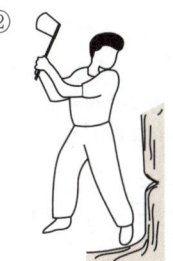
③
④

해설
- ①의 에너지 소비량은 10Kcal/min, ②의 에너지 소비량은 8kcal/min, ③의 에너지 소비량은 6.8kcal, ④의 에너지 소비량은 4.0kcal이다.
- 자세별, 작업별 에너지 소비량
  ㉠ 자세별
    - 선 자세는 앉거나 누워있는 자세에 비해 시간당 약 7.5kcal를 더 소비한다.
    - 튼튼한 고정면(지면)에 손을 지지한 채 행하는 자세가 가장 에너지 소비량이 적은 자세이다.
  ㉡ 작업별

작업구분	에너지 소비량(kcal/min)
중(重)작업	7.5 ~ 10.0
중(中)작업	5.0 ~ 7.5
경(輕)작업	2.5 ~ 5.0

3과목 산업심리학 및 관련법규

41

사고의 특성에 해당되지 않는 사항은?

① 사고의 시간성
② 사고의 재현성
③ 우연성 중의 법칙성
④ 필연성 중의 우연성

해설
- 사고는 발생 후 재현이 불가능하며 이를 사고의 재현 불가능성이라고 한다.
- 사고의 특성
  - 사고의 시간성
  - 우연성 중의 법칙성
  - 필연성 중의 우연성
  - 사고의 재현 불가능성

42

스트레스 요인에 관한 설명으로 틀린 것은?

① 성격유형에서 A형 성격은 B형 성격보다 스트레스를 많이 받는다.
② 일반적으로 내적 통제자들은 외적 통제자들보다 스트레스를 많이 받는다.
③ 역할 과부하는 직무기술서가 분명치 않은 관리직이나 전문직에서 더욱 많이 나타난다.
④ 집단의 압력이나 행동적 규범은 조직구성원에게 스트레스와 긴장의 원인으로 작용할 수 있다.

해설
- ②에서 일반적으로 내적 통제자들은 외적 통제자들보다 스트레스를 적게 받는다.
- 스트레스
  - 위협적인 환경특성에 대한 개인의 반응이라고 볼 수 있다.
  - 코티졸(cortisol)은 스트레스를 받을 때 몸에서 생성되는 호르몬으로 스트레스 정도를 파악하는데 사용된다.
  - 스트레스는 근골격계 질환에 영향을 줄 수 있다.
  - 스트레스를 받게 되면 자율 신경계가 활성화 된다.
  - 적정수준의 스트레스는 작업성과에 긍정적으로 작용한다(스트레스 수준과 수행은 역U자형의 관계를 갖는다).

- 지나친 스트레스를 지속적으로 받으면 인체는 자기조절능력을 상실할 수 있다.
- 일반적으로 내적 통제자들은 외적 통제자들보다 스트레스를 적게 받는다.
- A형 성격을 가진 사람이 B형 성격을 가진 사람보다 높은 스트레스를 받을 가능성이 있다.

43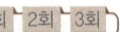

1201/2101

막스 웨버(Max Weber)가 주장한 관료주의에 관한 설명으로 옳지 않은 것은?

① 노동의 분업화를 전제로 조직을 구성한다.
② 부서장들의 권한 일부를 수직적으로 위임하도록 했다.
③ 단순한 계층구조로 상위리더의 의사결정이 독단화되기 쉽다.
④ 산업화 초기의 비규범적 조직운영을 체계화시키는 역할을 했다.

해설
- ③에서 막스 웨버는 산업화 초기의 비규범적 조직운영을 체계화하였으며, 법과 규정에 의한 운영으로 예측 가능한 조직운영을 가정한다.
- 막스 웨버 (Max Weber)의 관료주의 4가지 기본원칙
  - 구조 : 산업화 초기의 비규범적 조직운영을 체계화하였으며, 법과 규정에 의한 운영으로 예측 가능한 조직운영을 가정한다.
  - 노동의 분업 : 노동의 분업화를 전제로 조직을 구성한다.
  - 통제의 범위 : 하부조직과 인원을 적절한 크기가 되도록 가정한다.
  - 권한의 위임 : 부서장들의 권한 일부를 수직적으로 위임하도록 했다.

44

인간실수와 관련된 설명으로 틀린 것은?

① 생활변화 단위 이론은 사고를 촉진시킬 수 있는 상황인자를 측정하기 위하여 개발되었다.
② 반복사고자 이론이란 인간은 개인별로 불변의 특성이 있으므로 사고는 일으키는 사람이 계속 일으킨다는 이론이다.
③ 인간성능은 각성수준(arousal level)이 낮을수록 향상되므로 실수를 줄이기 위해서는 각성수준을 가능한 낮추도록 한다.
④ 피터슨의 동기부여-보상-만족모델에 따르면, 작업자의 동기부여에는 작업자의 능력과 작업분위기, 그리고 작업수행에 따른 보상에 대한 만족이 큰 영향을 미친다.

해설
- 인간성능은 각성수준(arousal level)이 높을수록 향상되지만 최고 수준이 되면 과긴장으로 실수가능성이 더 커진다. 적당한 수준의 각성수준을 유지할 필요가 있다.
- 인간의 의식 레벨
  - Phase 0은 무의식상태로 작업수행이 불가능한 상태의 의식수준이다.
  - 에러 발생 가능성이 낮은 것부터 높은 순으로 배열하면 III단계 - II단계 - I단계 - IV단계 순이 된다.

단계	의식수준	설명
Phase 0	무의식, 실신 상태	무의식 동작에는 외계의 능력에 대응하는 능력이 어느 정도는 있다.
Phase I	이상, 피로 및 단조로움	심신이 피로하거나 단조로운 작업을 반복할 경우 나타나는 의식수준의 저하현상이 발생
Phase II	정상, 이완 상태	생리적 상태가 안정을 취하거나 휴식할 때에 해당
Phase III	정상, 명쾌	• 중요하거나 위험한 작업을 안전하게 수행하기에 적합 • 신뢰성이 가장 높은 상태의 의식수준
Phase IV	과긴장	돌발 사태의 발생으로 인하여 주의의 일점 집중 현상이 일어나는 경우 인간의 의식수준

45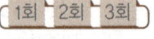

0803/1603

FTA에서 입력사상 중 어느 하나라도 발생하면 출력사상이 발생되는 논리게이트는?

① OR gate ② AND gate
③ NOT gate ④ NOR gate

해설
- ②는 입력사상 모두에 입력이 있어야 출력이 발생하는 게이트이다.
- ③은 FT도에서 입력현상의 반대현상이 출력되는 게이트이다.
- ④는 OR의 부정게이트로 입력사상 중 어느 하나라도 발생하면 출력사상이 발생되지 않는 논리게이트이다.
- OR 게이트
  - 입력의 사상 중 어느 하나라도 입력이 있으면 출력이 발생하는 게이트로 논리합의 관계를 표시한다.
  - ⌂ 로 표시한다.

46

리더십 이론 중 관리 그리드 이론에서 인간관계의 유지에는 낮은 관심을 보이지만 과업에 대해서는 높은 관심을 보이는 유형은?

① 인기형 ② 과업형
③ 타협형 ④ 무관심형

해설
- 과업에 대한 관심은 높으나 인간관계에 대한 관심은 낮은 유형은 과업(9,1)형이다.
- 관리 그리드(Managerial Grid) 이론
  - Blake & Muton에 의해 구조주도적-배려적 리더십 개념을 연장시켜 정립한 이론이다.
  - 리더의 2가지 관심(인간, 생산에 대한 관심)을 축으로 리더십을 분류하였다.
  - 이상(Team)형 리더십이 가장 높은 성과를 보여준다고 주장하였다.
  - 표현 시 ( ) 안에 앞에는 업무에 대한 관심을, 뒤에는 인간관계에 대한 관심을 표현하고 온점(.)으로 구분한다.

인간에 대한 관심			
높음(9)	인기(Country club)형 (1,9) • 인간에 대한 관심 지대함 • 생산에는 무관심		이상(Team)형 (9,9) • 인간에 대한 관심과 생산에 대한 관심이 모두 높음
↑		중도(Middle of road)형 (5,5)	
↓	무관심(Impoverished)형 (1,1) • 인간에 대한 관심과 생산에 대한 관심이 모두 무관심		과업(Task)형(9,1) • 생산에 대한 관심 지대함 • 인간에는 무관심
낮음(1)	← 생산에 대한 관심 → 높음(9)		

47

매슬로우(Maslow)가 제시한 욕구 단계에 포함되지 않는 것은?

① 안전 욕구 ② 존경의 욕구
③ 자아실현의 욕구 ④ 감성적 욕구

해설
- 매슬로우의 욕구위계설은 생리적 욕구, 안전 욕구, 사회적 욕구, 존경의 욕구, 자아실현의 욕구까지로 구성된다.
- 매슬로우(Maslow)의 욕구 5단계 이론

1단계 생리적 욕구	기본적인 인간의 욕구(먹고, 자고, 숨쉬는 것)
2단계 안전에 대한 욕구	각종 위험으로부터 자기보존에 관한 안전욕구
3단계 사회적 욕구	친구와 가족 간의 관계로 대표되는 것으로 애정과 소속에 대한 욕구
4단계 존경의 욕구	자신 있고 강하고 무엇인가 진취적이며 유능한 쓸모 있는 사람으로 인식되기를 바라는 욕구
5단계 자아실현의 욕구	편견 없이 받아들이는 성향, 타인과의 거리를 유지하며 사생활을 즐기거나 창의적 성격으로 봉사, 특별히 좋아하는 사람과 긴밀한 관계를 유지하려는 인간의 욕구

48

갈등 해결방안 중 자신의 이익이나 상대방의 이익에 모두 무관심한 것은?

① 경쟁 ② 순응
③ 타협 ④ 회피

해설
- 자신의 이익과 상대방 이익 모두에 최소로 하는 것은 회피(무시)형에 해당된다.
- 토마스(Thomas kilmann)의 갈등관리전략
  - 조직의 목표달성과 조직구성원의 필요를 충족시키는 갈등관리 방식을 타인의 이익(협력)과 자신의 이익(독단)을 기준으로 5가지로 분류하였다.
  - 경쟁형, 협동형, 타협형(문제해결), 회피형, 동조형으로 구분한다.

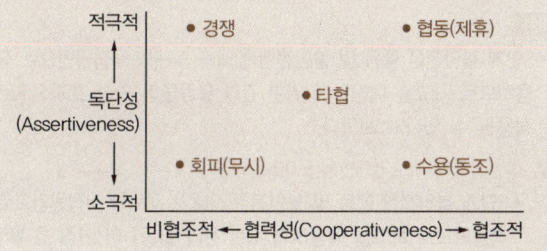

49

지능과 작업간의 관계를 설명한 것으로 가장 적절한 것은?

① 작업수행자의 지능이 높을수록 바람직하다.
② 작업수행자의 지능과 사고율 사이에는 관계가 없다.
③ 각 작업에는 그에 적정한 지능수준이 존재한다.
④ 작업특성과 작업자의 지능 간에는 특별한 관계가 없다.

해설
- ①에서 작업수행자의 지능이 작업에 도움이 되는지 여부는 작업의 종류에 따라 다르다.
- ②에서 작업수행자의 지능은 사고율에 일정한 영향을 끼친다.
- ④에서 작업특성과 작업자의 지능 간에는 밀접한 관계를 갖는다.
- **지능과 작업간의 관계**
  - 작업수행자의 지능이 작업에 도움이 되는지 여부는 작업의 종류에 따라 다르다.
  - 작업수행자의 지능은 사고율에 일정한 영향을 끼친다.
  - 각 작업에는 그에 적정한 지능수준이 존재한다.
  - 작업특성과 작업자의 지능 간에는 밀접한 관계를 갖는다.

50

하인리히(Heinrich)의 재해발생이론에 관한 설명으로 틀린 것은?

① 사고를 발생시키는 요인에는 유전적 요인도 포함된다.
② 일련의 재해요인들이 연쇄적으로 발생한다는 도미노 이론이다.
③ 일련의 재해요인들 중 하나만 제거하여도 재해예방이 가능하다.
④ 불안전한 행동 및 상태는 사고 및 재해의 간접원인으로 작용한다.

해설
- 3단계 불안전한 행동 및 불안전한 상태가 재해의 직접원인으로 작용하므로 사고를 예방하기 위한 관리 활동들이 가장 효과적으로 적용될 수 있다고 보았다.
- **하인리히의 사고연쇄반응(도미노) 이론**
  - 3단계 불안전한 행동 및 불안전한 상태가 재해의 직접원인으로 작용하므로 사고를 예방하기 위한 관리 활동들이 가장 효과적으로 적용될 수 있다고 보았다.

1단계	사회적 환경 및 유전적 요소
2단계	개인적인 결함
3단계	불안전한 행동 및 불안전한 상태
4단계	사고
5단계	재해

51

집단 내에서 권한의 행사가 외부에 의하여 선출, 임명된 지도자에 의해 이루어지는 것은?

① 멤버십
② 헤드십
③ 리더십
④ 매니저십

해설
- 리더와 같이 선출된 지도자가 아니라 조직에 의해 임명된 지도자가 행하는 권한행사를 헤드십이라 한다.
- **헤드십(Head-ship)**
  - ㉠ 개요
    - 리더와 같이 선출된 지도자가 아니라 조직에 의해 임명된 지도자가 행하는 권한행사를 말한다.
  - ㉡ 특징
    - 권한의 근거는 공식적인 법과 규정에 의한다.
    - 상사와 부하의 관계는 지배적이고 사회적 간격이 넓다.
    - 지휘의 형태는 권위적이다.
    - 책임은 부하에 있지 않고 상사에게 있다.

52

상시작업자가 1,000명이 근무하는 사업장의 강도율이 0.60이었다. 이 사업장에서 재해발생으로 인한 연간 총 근로손실일수는 며칠인가?(단, 작업자 1인당 연간 2,400시간을 근무하였다)

① 1,220일
② 1,320일
③ 1,440일
④ 1,630일

해설
- 강도율은 1,000시간당 근로손실일수를 의미한다. 강도율이 0.6이라는 것은 1,000시간당 근로손실일수가 0.6일임을 말하므로 연간 총 근로시간 1,000명×2,400시간=2,400,000시간 동안의 근로손실일수는 0.6×2,400=1,440일이 된다.

재해율 관련 공식

재해율	$\dfrac{\text{재해자수}}{\text{산재보험적용근로자수}} \times 100$	
사망만인율	$\dfrac{\text{사망자수}}{\text{산재보험적용근로자수}} \times 10,000$	
휴업재해율	$\dfrac{\text{휴업재해자수}}{\text{임금근로자수}} \times 100$	
도수율 (빈도율)	$\dfrac{\text{재해건수}}{\text{연근로시간수}} \times 1,000,000$	
강도율	$\dfrac{\text{총요양근로손실일수}}{\text{연근로시간수}} \times 1,000$	

- ②와 ③, ④는 근무연수에 따라 숙련되고 직급이 올라갈수록 감소하지만 ①은 근무연수에 따라 소폭 증가하는 경향이 있다.

❖ 직무수행 준거
- 특정 사람에 대한 평가나 의사결정을 내릴 때 사용되는 기준을 말한다.
- 근속기간 혹은 이직은 자주 사용하는 준거이다. 근속기간이 길고 이직이 적은 노동자를 선호하지만 커리어 개발을 위한 자발적 이직자는 고평가될 수도 있다.
- 결근은 근로자의 안정성과 관련되는 척도가 된다.
- 사고는 예측이 어렵고 일관적이지 않으며 근무연수와는 큰 관련이 없다.

53
대뇌피질의 활성 정도를 측정하는 방법은?

① EMG ② EOG
③ ECG ④ EEG

해설
- ①은 근육이 수축할 때 발생하는 전기적 활성을 기록하는 방법이다.
- ②는 안구 운동을 기록하는 것이다.
- ③은 심장근의 활동을 측정하는 것이다.

❖ 생체신호를 측정할 때 이용되는 측정방법 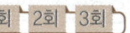 1901/2103/2201/2303
- 뇌의 활동 측정 - EEG
- 심장근의 활동 측정 - EKG
- 피부의 전기 전도 측정 - GSR
- 국부 골격근의 활동 측정 - EMG
- 심장근의 수축에 따른 전기적 변화를 피부에 부착한 전극들로 검출, 증폭 기록 - ECG
- 안구를 사이에 두고 수평과 수직 방향으로 붙인 전극간의 전위차를 증폭시켜 여러 방향에서 안구 운동을 기록 - EOG

55
NIOSH의 직무 스트레스 관리 모형에 관한 설명으로 틀린 것은?

① 직무 스트레스 요인에는 크게 작업 요인, 조직 요인 및 환경 요인으로 구분된다.
② 똑같은 작업스트레스에 노출된 개인들은 스트레스에 대한 지각과 반응에서 차이를 보이지 않는다.
③ 조직 요인에 의한 직무 스트레스에는 역할모호성, 역할 갈등, 의사 결정에의 참여도, 승진 및 직무의 불안정성 등이 있다.
④ 작업 요인에 의한 직무 스트레스에는 작업부하, 작업속도 및 직업과정에 대한 직업자의 통제정도, 교대 근무 등이 포함된다.

해설
- ②에서 직무 스트레스 요인에서도 개인들이 지각하고 상황에 반응하는 방식에 차이를 가지게 되는데 이를 중재 요인이라 한다.

❖ NIOSH 중재 요인(Moderatiing factors)
- 직무 스트레스 요인에서도 개인들이 지각하고 상황에 반응하는 방식에 차이를 가지게 되는 요인을 말한다.

개인적 요인	성격, 경력개발 단계, 건강 등
조직 외 요인	가족상황, 교육상태, 결혼상태 등
완충작용 요인	대처능력, 사회적 지위 등

54
직무수행 준거 중 한 개인의 근무연수에 따른 변화가 비교적 적은 것은?

① 사고 ② 결근
③ 이직 ④ 생산성

정답 53 ④ 54 ① 55 ②

56

어떤 사업장의 생산라인에서 완제품을 검사하는데, 어느 날 5,000개의 제품을 검사하여 200개를 부적합품으로 처리하였으나 이 로트에 실제로 1,000개의 부적합품이 있었을 때, 로트당 휴먼 에러를 범하지 않을 확률은 약 얼마인가?

① 0.16
② 0.20
③ 0.80
④ 0.84

해설
- 과오발생 가능 수는 5,000개인데 실제 과오 발생 수는 800개 (1,000−200)이다.
- $\frac{800}{5,000}=0.16$이다. 에러를 범하지 않을 확률을 구하므로 신뢰도는 1−0.16=0.84가 된다.

❖ 인간실수확률(HEP : Human Error Probability) 실기 1301/1703/2003
- 시작과 끝을 가지는 직무에 근무할 때 인간 신뢰도의 기본단위이다.
- 과오가 발생할 수 있는 가능 수에서 실제 발생한 과오의 수로 계산한다.
- $\frac{\text{실제발생 과오의 수}}{\text{과오발생 가능 수}}$로 구한다.

57

휴먼 에러(Human Error) 예방 대책이 아닌 것은?

① 무결점에 대한 대책
② 관리요인에 대한 대책
③ 인적요인에 대한 대책
④ 설비 및 작업환경적 요인에 대한 대책

해설
- ①의 무결점은 에러가 없는 것을 말한다.

❖ 휴먼에러 예방대책
  ㉠ 인적요인
  - 확실한 업무 인수인계
  - 소집단 활동의 활성화
  - 작업의 모의훈련
  - 작업에 대한 교육 및 훈련
  ㉡ 설비 및 환경요인
  - 설비 및 환경개선
  - Fail safe design과 Fool proof 설계
- 인간공학적 설계 및 적합화
- 작업자의 특성과 작업설비의 적합성 점검·개선
- 기기 및 밸브 등의 배치, 표시, 표식의 확실한 구분
  ㉢ 관리요인
  - 안전분위기 조성
  - 작업자의 특성과 작업설비의 적합성 점검·개선

58

새로운 작업을 수행할 때 근로자의 실수를 예방하고 정확한 동작을 위해 다양한 조건에서 연습한 결과로 나타나는 것은?

① 상기 스키마(Recall Schema)
② 동작 스키마(Motion Schema)
③ 도구 스키마(Instrument Schema)
④ 정보 스키마(Information Schema)

해설
- ①은 인지주의에서 사용되는 개념으로 과거의 경험을 통해서 작업자의 실수를 예방할 수 있는데 기반하여 다양한 조건에서 정확한 동작을 연습하는 것을 말한다.

❖ 상기 스키마(Recall Schema)
- 인지주의 프레임워크의 한 종류이다.
- 새로운 작업을 수행할 때 근로자의 실수를 예방하고 정확한 동작을 위해 다양한 조건에서 연습한 결과로 나타난다.
- 과거 경험을 통해 작업자의 실수를 방지할 수 있다는 것에 기반한다.

59

호손(Hawthorne)의 연구 결과에 기초한다면 작업자의 작업 능률에 영향을 미치는 주요한 요인은?

① 작업조건
② 생산방식
③ 인간관계
④ 작업자 특성

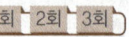

해설
- 호손의 연구결과에서 작업자의 작업능률은 동기, 의사소통을 통한 작업자 간의 인간관계가 큰 영향을 미친다는 것을 확인하였다.

❖ 호손(Hawthorne)의 연구
- 호손공장 실험에서 조명을 밝히면 처음에는 생산량은 증가하나 이후에는 조명과 상관관계가 거의 없음을 증명하였다.
- 호손의 연구결과에서 작업자의 작업능률은 동기, 의사소통을 통한 작업자 간의 인간관계가 큰 영향을 미친다는 것을 확인하였다.
- 산업심리학의 관심이 물리적 작업조건에서 인간관계 등으로 바뀌는 계기를 마련하게 되었다.

해설
- ①은 손, 손목, 팔꿈치 등 상지의 말단을 주로 사용하는 작업 관련성 근골격계 질환의 위험을 평가하기 위한 평가도구이다.
- ②는 직업성 근골격계 질환을 유발하는 위험인자에 대한 특정 작업자의 노출 정도를 평가하기 위해 개발된 평가도구이다.
- ③은 허리부위나 중량물취급 작업에 대한 유해요인의 주요 평가기법이다.

❖ REBA(Rapid Entire Body Assessment) 실기 1601
- 근골격계 질환과 관련한 위해인자에 대한 개인작업자의 노출정도를 평가하기 위한 목적으로 개발되었다.
- 간호사 등과 같이 예측하기 힘든 다양한 자세에서 이루어지는 서비스업에서의 전체적인 신체에 대한 부담정도와 위해인자에 대한 노출정도를 분석하는데 적합하다.

60
물품의 중량과 무게중심에 대하여 작업장 주변에 안내표지를 해야 하는 중량물의 기준은?

① 5kg 이상 ② 10kg 이상
③ 15kg 이상 ④ 20kg 이상

해설
- 무게가 5~10kg인 경우 바탕색을 노랑, 10~20kg인 경우 주황, 20kg 이상인 경우 빨강으로 한다.

❖ 중량물 안내표지
- 직사각형 안내표지판을 작업이 이뤄지는 작업공간 내 근로자가 잘 볼 수 있는 곳에 부착한다.
- 무게가 5~10kg인 경우 바탕색을 노랑, 10~20kg인 경우 주황, 20kg 이상인 경우 빨강으로 한다.
- 무게 중심의 경우도 왼쪽, 중앙, 오른쪽으로 치우친 것을 나누어 표시한다.

4과목 근골격계질환 예방을 위한 작업관리

61
다양한 작업 자세의 신체전반에 대한 부담정도를 분석하는데 적합한 기법은?

① JSI ② QEC
③ NLE ④ REBA

62
표준자료법에 대한 설명 중 틀린 것은?

① 표준 자료 작성은 초기 비용이 적기 때문에 생산량이 적은 경우에 유리하다.
② 일단 한번 작성되면 유사한 작업에 대한 신속한 표준시간 설정이 가능하다.
③ 작업조건이 불안정하거나 표준화가 곤란한 경우에는 표준자료 설정이 곤란하다.
④ 정미시간을 종속변수, 작업에 영향을 주는 요인을 독립변수를 취급하여 두 변수 사이의 함수관계를 바탕으로 표준시간을 구한다.

해설
- ①에서 표준자료법은 직접적인 표준자료 구축비용이 크다.

❖ 표준자료법
- 작업시간을 새로이 측정하기 보다는 과거에 측정한 기록들을 기준으로 동작에 영향을 미치는 요인들을 검토하여 만든 함수식, 표, 그래프 등으로 동작시간을 예측하는 방법이다.
- 과거의 시간연구로부터 얻어진 다양한 요소작업 소요시간 데이터베이스(표준자료)를 기초로 다중회귀분석법을 이용하여 정미시간을 구하고 여유시간을 반영하여 표준시간을 설정하는 방법이다.
- 레이팅이 필요 없다.
- 현장에서 직접 측정하지 않더라도 표준시간을 산정할 수 있다.
- 표준자료의 사용법이 정확하다면 누구라도 일관성 있게 표준시간을 산정할 수 있다.
- 직접적인 표준자료 구축비용이 크다.
- 유사한 대량의 반복작업에 유용하다.

정답 | 60 ① 61 ④ 62 ①

63

작업자가 동종의 기계를 복수로 담당하는 경우, 작업자 한 사람이 담당해야 할 이론적인 기계대수(n)를 구하는 식으로 맞는 것은?(단, a는 작업자와 기계의 동시 작업시간의 총합, b는 작업자만의 총 작업시간, t는 기계만의 총 가동시간이다)

① $n = \dfrac{(a+t)}{(a+b)}$

② $n = \dfrac{(a+b)}{(a+t)}$

③ $n = \dfrac{(a+b)}{(b+t)}$

④ $n = \dfrac{(b+t)}{(a+b)}$

해설
- 기계와 인간에 공통적으로 적용되는 것은 분모, 분자에 모두 포함되어야 한다.
- 기계에만 해당되는 시간은 분자에, 인간에게만 해당되는 시간은 분모에 포함시키면 된다.
- **최적의 기계대수** 실기 1301/1701
  - 기계대수 $n = \dfrac{\text{제품당 기계시간}}{\text{제품당 작업자시간}}$ 으로 구한다.

64

워크 샘플링 조사에서 주요작업의 idle rate 추정비율(p)이 0.06이라면, 99% 신뢰도를 위한 워크 샘플링 횟수는 몇 회인가?(단, $\mu_{0.005}$는 2.58, 허용오차는 0.01이다)

① 3,744 ② 3,745
③ 3,755 ④ 3,764

해설
- idle rate가 0.06이므로 p는 0.06이고, $1-p$는 0.94가 된다.
- $\mu_{0.005}$가 2.58이므로 z는 2.58이 된다. 허용오차 e는 99% 신뢰도이므로 $1-0.99=0.01$이 된다.
- 대입하면 $N=(2.58/0.01)^2 \times 0.06(0.94)=3,754.2096$이다.
- **워크 샘플링 횟수**
  - 필요한 관측수 $N=(z/e)^2 \times p(1-p)$로 구한다. 이때 z는 표준편차수이며, e는 허용오차로 상대오차×관측비율로 구할 수 있다. p는 표본비율로 표본의 발생횟수를 관측횟수로 나눠서 구할 수 있다.

65

공정도(Process chart)에 사용되는 기호와 명칭이 잘못 연결된 것은?

① ⇨ : 운반 ② □ : 검사
③ ○ : 가공 ④ D : 저장

해설
- ④는 가공물의 지체를 의미한다.
- **공정분석 시 사용되는 공정도시기호** 실기 1401/2001

□	가공물의 수량 검사
D	가공물의 지체를 표시
⇨	가공물의 이동
▽	가공물의 저장(보관)
○	가공물의 가공작업
◇	가공물의 품질 검사

66

개선의 ECRS에 대한 내용으로 맞는 것은?

① Economic – 경제성 ② Combine – 결합
③ Reduce – 절감 ④ Specification – 규격

해설
- ①의 E는 Eliminate로 불필요한 작업이나 자재를 제거를 의미한다.
- ③의 R은 Rearrange로 작업순서의 변경, 재배열을 의미한다.
- ④의 S는 Simplify로 작업이나 작업요소의 단순화를 의미한다.
- **개선의 ECRS** 실기 1303/1403/1801/2002/2101/2302
  - E(Eliminate) : 불필요한 작업이나 자재를 제거
  - C(Combine) : 더 나은 작업이나 작업요소와의 결합
  - R(Rearrange) : 작업순서의 변경, 재배열
  - S(Simplify) : 작업이나 작업요소의 단순화

67

NIOSH의 들기지수에 관한 설명으로 틀린 것은?

① 들기지수는 요추의 디스크 압력에 대한 기준치이다.
② 들기 횟수는 분당 들기 횟수를 기준으로 설정되어 있다.
③ 들기지수가 1 이상인 경우 추천 무게를 넘는 것으로 간주한다.
④ 들기 자세는 수평거리, 수직거리, 이동거리의 3개 요인으로 계산한다.

정답 63 ① 64 ③ 65 ④ 66 ② 67 ④

> **해설**
> - RWL을 구할 때의 요소에는 수평계수, 수직계수, 거리계수, 비대칭성계수, 빈도계수, 결합계수 등이 필요하다.
>
> ❖ NIOSH 들기지수(LI) 실기 1503/1601/1603/1701/1801/1803/1901/2001/2002/2003/2201/2203/2301/2302/2403
> - NIOSH의 중량물 취급지수를 말한다.
> - 들기지수가 1을 초과하는 경우 추천 무게를 넘는 것으로 간주한다.
> - 40대 여성의 들기 능력의 50퍼센타일을 기준으로 하였다.
> - 물체의 무게(kg) / RWL(kg)으로 구한다. 이때 RWL은 추천 중량한계로 들기 편한 정도의 값이다.
> - RWL=23kg×HM×VM×DM×AM×FM×CM으로 구한다(HM은 수평계수, VM은 수직계수, DM은 거리계수, AM은 비대칭성계수, FM은 빈도계수, CM은 결합계수를 의미한다).
> - RWL 계수는 0 ~ 1 사이의 값으로 1에 가까울수록 최적의 조건이 된다.

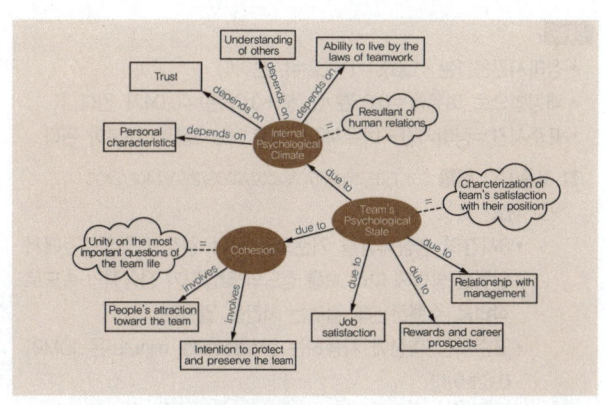

68 ● Repetitive Learning 1회 2회 3회

어떤 결과에 영향을 미치는 크고 작은 요인들을 계통적으로 파악하기 위한 작업분석 도구로 적합한 것은?

① PERT/CPM
② 간트 차트
③ 파레토 차트
④ 특성요인도

> **해설**
> - ①은 시간, 인원, 비용을 최소화하기 위해 사용하는 일정관리기법이다.
> - ②는 여러 가지 활동 계획의 시작시간과 예측 완료시간을 병행하여 시간축에 표시하는 도표이다.
> - ③은 80 ~ 20의 원칙에 기초하여 빈도수별로 나열한 항목별 점유와 누적비율에 따라 불량이나 사고의 원인이 되는 중요 항목을 찾아가는 기법이다.
>
> ❖ 특성요인도(Cause & Effect Diagram)
> - 원인결과도라고도 불리며 결과를 일으킨 원인을 5 ~ 6개의 주요 원인에서 시작하여 세부원인으로 점진적으로 찾아가는 개선활동 기법으로 브레인스토밍에 많이 사용된다.
> - 어떤 결과에 영향을 미치는 크고 작은 요인들을 계통적으로 파악하기 위해 재해와 원인의 관계를 도표화하여 재해 발생 원인을 분석하는 작업분석 도구이다.

69 ● Repetitive Learning 1회 2회 3회

팔꿈치 부위에 발생하는 근골격계 질환 유형은?

① 결정종(ganglion)
② 방아쇠 손가락(trigger finger)
③ 외상과염(lateral epicondylitis)
④ 수근관 증후군(carpal tunnel syndrome)

> **해설**
> - ①, ②, ④는 손과 손목 부위에 발생하는 근골격계 질환이다.
>
> ❖ 외상과염(lateral epicondylitis) 실기 1903/2303
> - 과다한 손목 및 손가락 동작으로 인해 발생한다.
> - 팔꿈치 외측의 통증을 유발한다.
> - 테니스 엘보라고 한다.

70 ● Repetitive Learning 1회 2회 3회

관측평균은 1분, Rating 계수는 120%, 여유시간은 0.05분이다. 내경법에 의한 여유율과 표준시간은?

① 여유율 : 4.0%, 표준시간 : 1.05분
② 여유율 : 4.0%, 표준시간 : 1.25분
③ 여유율 : 4.2%, 표준시간 : 1.05분
④ 여유율 : 4.2%, 표준시간 : 1.25분

해설
- 정미시간은 1분×120%=1×1.2=1.2분이다.
- 내경법으로 여유율=0.05분/(1.2분+0.05분)=0.04가 된다.
- 표준시간=정미시간+여유시간=1.2분+0.05분=1.25분이 된다.

표준시간 실기 1501/1503/1603/1703/2002/2003/2103/2402/2403
㉠ 개요
- 8시간의 정상작업을 기준으로 하여 일정한 작업조건에서 일정한 방법에 따라 보통 정도의 작업자가 정상적인 속도로 작업을 수행하는데 걸리는 시간을 말한다.
- 표준시간 측정에 사용하는 DM(decimal minute)은 1DM이 0.6초이다.
- 표준시간은 정미시간+여유시간으로 구한다.
- 정미시간은 관측시간의 평균치×R(레이팅 계수)로 구한다.
- 객관적 레이팅에서의 표준시간=관측 평균시간×(1차 평가계수)×(1+2차 조정계수)×(1+여유율)로 구한다.
- 외경법의 경우 표준시간=정미시간×(1+여유율)로 구한다.
- 내경법의 경우 표준시간=정미시간/(1-여유율)로 구한다.

㉡ 여유율
- 외경법은 작업여유율=여유시간/정미시간(근무시간-여유시간)을 적용한다.
- 내경법은 근무여유율=여유시간/근무시간(정미시간+여유시간)을 적용한다.

71
0901/2201
시설배치방법 중 공정별 배치방법의 장점에 해당하는 것은?

① 운반 길이가 짧아진다.
② 작업진도의 파악이 용이하다.
③ 전문적인 작업지도가 용이하다.
④ 재공품이 적고, 생산길이가 짧아진다.

해설
- ①, ②, ③은 제품별 배치의 특징에 해당한다.

공정별 배치
- 작업 할당에 융통성이 있다.
- 전문적인 작업지도가 용이하다.
- 작업자가 다루는 품목의 종류가 다양하다.
- 설비의 보전이 용이하고 가동률이 높기 때문에 자본투자가 적다.

72
근골격계 부담작업 유해요인 조사와 관련하여 틀린 것은?

① 사업주는 유해요인조사에 근로자 대표 또는 해당 작업 근로자를 참여시켜야 한다.
② 유해요인조사의 내용은 작업장 상황, 작업조건, 근골격계 질환 증상 및 징후를 포함한다.
③ 신설되는 사업장의 경우에는 신설일로부터 2년 이내에 최초 유해요인 조사를 실시하여야 한다.
④ 유해요인조사는 매 3년마다 실시되는 정기적 조사와 특정한 사유가 발생 시 실시하는 수시조사가 있다.

해설
- ③에서 신설되는 사업장의 경우에는 신설일로부터 1년 이내 최초의 유해요인 조사를 하여야 한다.

유해요인 조사
㉠ 개요
- 산업안전보건법령상 사업주는 근로자가 근골격계 부담작업을 하는 경우에 3년마다 유해요인 조사를 하여야 한다.
- 신설되는 사업장의 경우에는 1년 이내에 최초의 유해요인 조사를 하여야 한다.
- 사업주는 유해요인조사에 근로자 대표 또는 해당 작업 근로자를 참여시켜야 한다.

㉡ 1개월 이내(수시) 조사해야 하는 경우 실기 1401/1701/1901/2401
- 임시건강진단 등에서 근골격계 질환자가 발생하였거나 근로자가 근골격계 질환으로 업무상 질병으로 인정받은 경우(근골격계 부담작업이 아닌 작업에서 근골격계 질환자가 발생하였거나 근골격계 부담작업이 아닌 작업에서 발생한 근골격계 질환에 대해 업무상 질병으로 인정받은 경우를 포함한다)
- 근골격계 부담작업에 해당하는 새로운 작업·설비를 도입한 경우
- 근골격계 부담작업에 해당하는 업무의 양과 작업공정 등 작업환경을 변경한 경우

73
레이팅 방법 중 Westing house 시스템은 4가지 측면에서 작업자의 수행도를 평가하여 합산하는데 이러한 4가지에 해당하지 않는 것은?

① 노력 ② 숙련도
③ 성별 ④ 작업환경

해설
- Westinghouse법에서 기본 4가지 측면은 숙련도, 노력, 작업환경, 일치성(Leveling)이다.

❖ 표준시간 산출 평정계수(Rating) 산정 기법(수행도 평가기법)
실기 1301/1403/1603/1803

평준화법(Leveling)/ Westinghouse법	숙련도, 노력, 작업환경, 일치성(Leveling)에 섬세도, 유효도, 작업태도별 항목별 평가를 추가(Westinghouse)하여 평가하는 기법
객관적 평가법 (Objective Rating)	1차로 표준속도와 비교한 평정계수를 구하고, 2차로 작업의 난이도와 특성을 반영하는 기법
속도평가법 (Speed Rating)	기업에서 정한 기준속도와 작업동작의 속도를 비교하여 작업동작의 지속 비율을 표시하는 방법
합성평가법 (Synthetic Rating)	관측된 작업 중에서 요소작업에 대한 대표치를 PTS법으로 분석하고, PTS에 의한 시간치와 관측시간치의 비율로 레이팅 계수를 산정하여 다른 요소작업에 적용시키는 Rating 기법

74 ─── Repetitive Learning 1회 2회 3회

근골격계 질환의 원인으로 가장 거리가 먼 것은?

① 작업 특성 요인
② 개인적 특성 요인
③ 사회 심리적인 요인
④ 법률적인 기준에 따른 요인

해설
- 근골격계 질환의 원인은 개인적 특성 요인, 작업특성 요인, 사회 심리적 요인 등으로 구분한다.

❖ 근골격계 질환 실기 1803/2101/2302/2303
  ㉠ 개요
   - 반복적인 동작, 부적절한 작업자세, 무리한 힘의 사용, 날카로운 면과의 신체접촉, 진동 및 온도 등의 요인에 의하여 발생하는 건강장해로서 목, 어깨, 허리, 팔·다리의 신경·근육 및 그 주변 신체조직 등에 나타나는 질환을 말한다.
  ㉡ 원인 실기 1603/1901/1903/2101/2201/2301
   - 질환의 원인은 개인적 특성 요인, 작업특성 요인, 사회 심리적 요인 등으로 구분한다.
   - 개인적 특성 요인에는 작업자 개인의 과거병력, 연령, 성별, 키, 몸무게, 작업방법 및 기술수준 등이 있다.
   - 직접적인 작업특성 위험요인에는 작업강도, 작업자세, 작업의 반복도, 부적절한 휴식 등이 있다.
   - 사회심리적 요인에는 직무스트레스, 비효율적 의사소통, 작업에 대한 만족도, 인간관계 등이 있다.

75 ─── Repetitive Learning 1회 2회 3회

근골격계 질환의 예방 대책으로 적절한 내용이 아닌 것은?

① 질환자에 대한 재활프로그램 및 산업재해 보험의 가입
② 충분한 휴식시간의 제공과 스트레칭 프로그램의 도입
③ 적절한 공구의 사용 및 올바른 작업방법에 대한 작업자 교육
④ 작업자의 신체적 특성과 작업내용을 고려한 작업장 구조의 인간공학적 개선

해설
- ①은 질환의 예방 대책이 아니라 질환으로 인한 경제적 어려움을 극복하기 위한 대책이 된다.

❖ 근골격계 질환의 사전예방을 위한 적합한 관리대책
 - 충분한 휴식시간의 제공과 스트레칭 프로그램의 도입
 - 적절한 공구의 사용 및 올바른 작업방법에 대한 작업자 교육
 - 작업자의 신체적 특성과 작업내용을 고려한 작업장 구조의 인간공학적 개선
 - 적합한 노동강도에 대한 평가
 - 공학적 개선과 관리적 개선을 통한 작업환경 개선
 - 예방이 최선의 정책이므로 질환 예방을 위한 최선의 노력
 - 작업순환(Job Rotation)과 작업 확대를 통하여 한 작업자가 할 수 있는 일의 다양성을 확보

76 ─── Repetitive Learning 1회 2회 3회

사업장 근골격계 질환 예방관리 프로그램에 있어 예방·관리추진팀의 역할이 아닌 것은?

① 교육 및 훈련에 관한 사항을 결정하고 실행한다.
② 예방·관리 프로그램의 수립 및 수정에 관한 사항을 결정한다.
③ 근골격계 질환의 증상·유해요인 보고 및 대응체계를 구축한다.
④ 유해요인 평가 및 개선계획의 수립과 시행에 관한 사항을 결정하고 실행한다.

해설
- ③은 사업주의 역할이다.

❖ 예방·관리추진팀의 역할
 - 예방관리 프로그램의 수립 및 수정에 관한 사항 결정

- 예방관리 프로그램의 실행 및 운영에 관한 사항 결정
- 교육 및 훈련에 관한 사항을 결정하고 실행
- 유해요인 평가, 개선계획의 수립 및 시행에 관한 사항을 결정하고 실행
- 근골격계 질환자에 대한 사후조치 및 근로자 건강보호에 관한 사항 등을 결정하고 실행

77

작업관리에서 사용되는 기본 문제해결 절차로 가장 적합한 것은?

① 연구대상선정 → 분석과 기록 → 분석 자료의 검토 → 개선안의 수립 → 개선안의 도입
② 연구대상선정 → 분석 자료의 검토 → 분석과 기록 → 개선안의 수립 → 개선안의 도입
③ 분석 자료의 검토 → 분석과 기록 → 개선안의 수립 → 연구대상선정 → 개선안의 도입
④ 분석 자료의 검토 → 개선안의 수립 → 분석과 기록 → 연구대상선정 → 개선안의 도입

해설
- 작업관리의 문제해결 절차는 연구대상선정 → 작업방법의 분석과 기록 → 분석 자료의 검토 → 개선안의 수립 → 개선안의 도입 → 확인 및 재발방지 순이다.
- **작업관리의 문제해결 절차**
  - 연구대상선정 → 작업방법의 분석과 기록 → 분석 자료의 검토 → 개선안의 수립 → 개선안의 도입 → 확인 및 재발방지
  - 분석할 작업방법은 현재 사용 중인 작업방법이다.
  - 문제해결을 위해 이해해야 하는 문제 자체가 가지는 일반적인 다섯 가지 특성은 두 가지 상태, 제약조건, 대안, 판단기준, 연구시한이다.
  - 작업방법의 분석 시에는 공정도나 시간차트, 흐름도 등을 사용한다.
  - 선정된 개선안은 작업자나 관련 부서의 이해와 협조 과정을 거쳐 시행하도록 한다.
  - 개선 분석 시 5W1H의 What은 작업 순서의 변경, Where, When, Who는 작업 자체의 제거, How는 단순화를 의미한다.

78

동작분석을 할 때 스패너에 손을 뻗치는 동작의 적합한 서블릭(Therblig) 문자기호는?

① H ② P
③ TE ④ SH

해설
- 스패너를 잡기 위해 빈손이 이동해야 하므로 빈손이동(TE)가 된다.
- **서블릭(Therblig)** 실기 1303/2001/2003/2201/2203/2301
  - 동작 단위 중 손의 움직임과 관련된 동작을 분석하기 위해 만든 개념이다.
  - 길브레스(Gilbreth) 부부가 제안한 것으로 그들의 성을 거꾸로 해서 만든 것이다.
  - 작업 시 동작분석과정에서 시간은 스톱워치로 측정한다.
  - 카메라 분석을 통하여 파악할 수 있다.
  - 18개의 동작 중 17가지만 기호로 이용된다.

효율적 서블릭	• 기본동작 : 빈손이동(TE), 쥐기(G), 운반(TL), 내려놓기(RL), 미리놓기(PP) • 동작목적 : 조립(A), 사용(U), 분해(DA)
비효율적 서블릭	• (반)정신적 : 찾기(SH), 고르기(ST), 검사(I), 바로놓기(P), 계획(Pn) • 정체 : 휴식(R), 피할 수 있는 지연(AD), 잡고있기(H), 불가피한 지연(UD)

79

작업개선의 일반적 원리에 대한 내용으로 옳지 않은 것은?

① 충분한 여유 공간
② 단순 동작의 반복화
③ 자연스러운 작업 자세
④ 과도한 힘의 사용 감소

해설
- 작업개선을 위해서는 단순 동작을 최소화해야 한다.
- **작업개선의 일반적 원리**
  - 충분한 여유 공간
  - 단순 동작의 최소화
  - 자연스러운 작업 자세
  - 과도한 힘의 사용 감소
  - 신체부위의 압박 최소화
  - 표시장치와 조종장치를 사용자 중심으로 조정

80

동작경제의 원칙에서 작업장 배치에 관한 원칙에 해당하는 것은?

① 각 손가락이 서로 다른 작업을 할 때 작업량을 각 손가락의 능력에 맞게 분배한다.
② 중력이송원리를 이용한 부품상자나 용기를 이용하여 부품을 사용 장소에 가까이 보낼 수 있도록 한다.
③ 손과 신체의 동작은 작업을 원만하게 처리할 수 있는 범위 내에서 가장 낮은 동작등급을 사용한다.
④ 눈의 초점을 모아야 할 수 있는 작업은 가능한 적게 하고, 이것이 불가피한 경우 두 작업간의 거리를 짧게 한다.

해설

- ①, ③, ④는 모두 신체사용의 원칙에 해당된다.
- **동작경제의 원칙** 실기 1903/2103/2203
  ㉠ 개요
    - 작업자가 경제적인 동작을 통해 피로도를 감소시키면서도 능률을 향상시키게 하기 위한 원칙이다.
    - 신체사용의 원칙, 작업장 배치의 원칙, 공구 및 설비 디자인의 원칙으로 분류된다.
    - 동작을 가급적 조합하여 하나의 동작으로 한다.
    - 동작의 수는 줄이고, 동작의 속도는 적당히 한다.
  ㉡ 신체사용의 원칙 실기 2301
    - 두 손의 동작은 동시에 시작해서 동시에 끝나야 한다.
    - 휴식시간을 제외하고는 양손을 같이 쉬게 해서는 안 된다.
    - 손의 동작은 유연하고 연속적인 동작이어야 한다.
    - 동작이 급작스럽게 크게 바뀌는 직선 동작은 피해야 한다.
    - 두 팔의 동작은 동시에 서로 반대방향으로 대칭적으로 움직이도록 한다.
    - 탄도동작(Ballistics Movements)은 제한되거나 통제된 동작보다 더 신속하고 정확하다.
  ㉢ 작업장 배치의 원칙 실기 1303/1701/2001/2002/2303/2402
    - 가능하다면 낙하식 운반 방법을 이용한다.
    - 작업이 용이하도록 적절한 조명을 비추어 준다.
    - 공구나 재료는 작업동작이 원활하게 수행하도록 그 위치를 정해준다.
    - 공구, 재료 및 제어장치는 사용하기 가까운 곳에 배치해야 한다.
  ㉣ 공구 및 설비 디자인의 원칙 실기 1703
    - 치구나 족답장치를 이용하여 양손이 다른 일을 할 수 있도록 한다.
    - 공구의 기능을 결합하여 사용하도록 한다.
    - 타자 칠 때와 같이 각 손가락이 서로 다른 작업을 할 때에는 작업량을 각 손가락의 능력에 맞게 배분해야 한다.

2018년 제1회
2018년 3월 4일

1과목 인간공학개론

01
청각의 특성 중 2개음 사이의 진동수 차이가 얼마 이상이 되면 울림(beat)이 들리지 않고 각각 다른 두 개의 음으로 들리는가?

① 5Hz ② 11Hz
③ 22Hz ④ 33Hz

해설
- 최소 33Hz 이상의 차이가 있어야 울림이 들리지 않고 두 개의 음으로 구분해서 들을 수 있다.
- **청각**
  - 음의 높고 낮은 감각은 음의 주파수에 해당한다.
  - 일반적으로 음이 한 옥타브 높아지면 진동수는 2배 높아진다.
  - 귀는 중음역에 가장 민감하므로 500 ~ 3,000Hz의 진동수를 사용한다.
  - JND(Just Noticeable Difference)가 작을수록 차원의 변화를 쉽게 검출할 수 있다.
  - 귀는 음에 대하여 즉각적으로 반응하지 못하며, 순음의 경우는 최소 0.3초 이상 지속되어야 반응이 가능하다.
  - 최소 33Hz 이상의 차이가 있어야 울림이 들리지 않고 두 개의 음으로 구분해서 들을 수 있다.
  - 300m 이상 멀리 보내는 신호는 1,000Hz 이하의 낮은 주파수를 사용한다.
  - 칸막이를 통과하는 신호는 500Hz 이하의 진동수를 사용한다.

02
작업대 공간의 배치 원리와 가장 거리가 먼 것은?

① 기능성의 원리
② 사용 순서의 원리
③ 중요도의 원리
④ 오류 방지의 원리

해설
- 부품은 사용빈도, 중요도, 기능별, 사용 순서의 원칙에 의해 배치하도록 한다.
- **작업장 배치의 원칙**
  ㉠ 개요
  - 사용빈도, 중요도, 기능별, 사용 순서의 원칙에 의해 배치한다.
  - 작업의 흐름에 따라 기계를 배치한다.
  - 배치의 3단계는 지역배치 → 건물배치 → 기계배치 순으로 이뤄진다.
  - 공장내외는 안전한 통로를 두어야 하며, 통로는 선을 그어 작업장과 명확히 구별하도록 한다.
  - 비상시에 쉽게 대비할 수 있는 통로를 마련하고 사고 진압을 위한 활동통로가 반드시 마련되어야 한다.
  ㉡ 원칙
  - 중요성의 원칙, 사용빈도의 원칙 – 우선적인 원칙
  - 기능별 배치, 사용 순서의 원칙 – 부품의 일반적인 위치 내에서의 구체적인 배치 기준

01 ④ 02 ④

03

사용자의 기억 단계에 대한 설명으로 옳은 것은?

① 잔상은 단기기억(Short-team memory)의 일종이다.
② 인간의 단기기억(Short-team memory) 용량은 유한하다.
③ 장기기억을 작업기억(Working memory) 이라고도 한다.
④ 정보를 수초동안 기억하는 것을 장기기억(Long-team memory) 이라 한다.

해설
- 인간의 단기기억 용량은 보통 7청크이며, 학습을 통해 장기기억으로 전환되기는 하지만 단기기억의 용량이 커지지는 않는다.
- **인간의 기억체계**
  - 인간의 기억은 감각저항, 단기기억, 장기기억으로 구분된다.
  - 감각저항은 빠르게 사라지고 새로운 자극으로 대체된다.
  - 단기기억을 장기기억으로 이전시키려면 리허설이 필요하다.
  - 단기기억의 정보는 시각적, 청각적으로 부호화되고 추후 언어 의미적 부호로 변환된다.
  - 인간의 단기기억 용량은 보통 7청크이며, 학습을 통해 장기기억으로 전환되기는 하지만 단기기억의 용량이 커지지는 않는다.
  - 단기기억에 있는 내용을 반복하여 학습(research)하면 장기기억으로 저장된다.

04

시스템의 성능 평가척도의 설명으로 맞는 것은?

① 적절성 - 평가척도가 시스템의 목표를 잘 반영해야 한다.
② 실제성 - 기대되는 차이에 적합한 단위로 측정할 수 있어야 한다.
③ 무오염성 - 비슷한 환경에서 평가를 반복할 경우에 일정한 결과를 나타낸다.
④ 신뢰성 - 측정하려는 변수 이외의 다른 변수들의 영향을 받지 않아야 한다.

해설
- ②의 실제성은 현실성을 가지며, 실질적으로 이용하기 쉬워야 하는 척도이다.
- ③의 무오염성은 기준 척도는 측정하고자 하는 변수 이외에 다른 변수의 영향을 받아서는 안 되는 척도를 말한다.
- ④의 신뢰성은 평가를 반복할 경우 일정한 결과를 얻을 수 있어야 하는 척도이다.

인간공학의 기준 척도

타당성 (적절성)	측정변수가 평가하고자 하는 바를 잘 반영해야 함
무오염성	측정변수가 다른 외적변수에 영향을 받지 않아야 함
신뢰성	비슷한 조건에서 일정 결과를 반복적으로 얻을 수 있어야 함
민감도	기대되는 정밀도로 측정 가능해야 함
실제성	현실성을 가지며, 실질적으로 이용하기 쉽다.

05

최소치를 이용한 인체 측정치 원리를 적용해야 할 것은?

① 문의 높이
② 안전대의 하중강도
③ 비상탈출구의 크기
④ 기구조작에 필요한 힘

해설
- ①, ②, ③은 모두 최대치의 원리를 적용하는 경우에 해당한다.
- **극단치 설계 방법**
  - 조작자와 제어버튼 사이의 거리, 조작에 필요한 힘, 비상벨의 위치, 지하철이나 버스의 손잡이 높이는 최소 집단치(5% 하위 백분위 수)를 설계 기준으로 한다.
  - 출입문의 높이, 탈출구, 의자의 높이, 좌석 간의 거리, 통로의 벽, 와이어로프의 사용중량, 위험구역 울타리 등은 최대 집단치(5% 상위 백분위 수)를 설계 기준으로 한다.

06

다음 그림은 Sanders와 McCormick이 제시한 인간-기계 통합 체계의 인간 또는 기계에 의해서 수행되는 기본 기능의 유형이다. 그림의 A부분에 가장 적합한 것은?

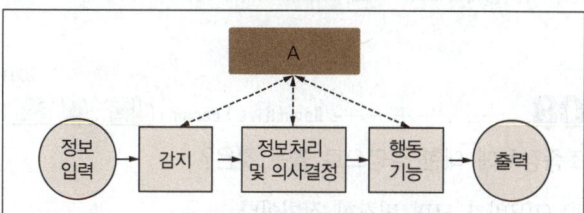

① 통신
② 정보수용
③ 정보보관
④ 신체제어

해설
- 인간-기계 체계의 기본기능에는 감지기능, 정보처리 및 의사결정 기능, 행동기능, 정보보관기능(4대 기능), 출력기능 등이 있다.

정답 03 ② 04 ① 05 ④ 06 ③

인간-기계 체계

㉠ 개요
- 인간-기계 체계의 주목적은 안전의 최대화와 능률의 극대화에 있다.
- 인간-기계 체계의 기본기능에는 감지기능, 정보처리 및 의사결정기능, 행동기능, 정보보관기능(4대 기능), 출력기능 등이 있다.

㉡ 인간-기계 시스템의 5대 기능

감지기능	인체의 눈과 기계의 표시장치와 같은 감지 기능
정보처리 및 의사결정기능	회상, 인식, 정리 등을 통한 정보처리 및 의사결정 기능
행동기능	정보처리의 결과로 발생하는 조작행위(음성 등)
정보보관기능	정보의 저장 및 보관기능으로 위 3가지 기능 모두와 상호작용을 한다.
출력기능	시스템에서 의사 결정된 사항을 실행에 옮기는 과정

---

07 • Repetitive Learning [1회] [2회] [3회]

동적 표시장치에 해당하는 것은?

① 도표　　② 지도
③ 속도계　　④ 도로표지판

해설
- ①, ②, ④는 모두 정해진 형태대로 시간의 변화에 상관없이 표시하는 정적 표시장치에 해당한다.

표시장치의 유형
- 동적 표시장치 : 시간의 변화에 따라 변화하는 값을 표시하는 장치로 속도계, 온도계, 전력계 등이 있다.
- 정적 표시장치 : 시간의 변화에 상관없이 일정한 형태를 표시하는 장치로 도표, 지도, 도로표지판, 인쇄물 등이 있다.

---

08 • Repetitive Learning [1회] [2회] [3회]

조종장치에 대한 설명으로 옳은 것은?

① C/R비가 크면 민감한 장치이다.
② C/R비가 작은 경우에는 조종장치의 조정시간이 적게 필요하다.
③ C/R비가 감소함에 따라 이동시간은 감소하고, 조종시간은 증가한다.
④ C/R비는 반응장치의 움직인 거리를 조종장치의 움직인 거리로 나눈 값이다.

해설
- ① C/R비가 작아야 민감한 장치이다.
- ② C/R비가 작다는 것은 민감한 장치로 조종시간=제어시간이 길지만 수행시간이 짧다.
- ④ C/R비는 조종장치의 움직인 거리를 반응장치의 움직인 거리로 나눈 값이다.

통제표시비 : C/D(C/R)비 실기 1301/1403/1501/1503/1601/1701/1803/1901/2002/2003/2101/2103/2203/2301/2303/2401

㉠ 개요
- 통제장치의 변위량과 표시장치의 변위량과의 관계를 나타낸 비율로 C/D비, 조종과 반응의 비라고 하여 C/R비라고도 한다.
- $C/D = \dfrac{\text{통제기기의 변위량}}{\text{표시계기의 변위량}}$ 으로 구한다.
- 회전 조종구의 C/D비

$$= \dfrac{2 \times \pi(3.14) \times r(\text{반지름}) \times \left(\dfrac{\text{각도}}{360}\right)}{\text{표시계기의 변위량}}$$ 으로 구한다.

㉡ 특징
- C/R비가 작아진다는 것은 민감한 장치화 되어 조종시간=제어시간이 길어지지만 수행시간이 짧아진다는 의미이다.
- C/R비가 크다는 것은 미세한 조종은 쉽지만 수행시간은 상대적으로 길다.
- 통제기기 시스템에서 발생하는 조작시간의 지연은 직접적으로 통제표시비가 가장 크게 작용하고 있다.

---

09 • Repetitive Learning [1회] [2회] [3회]

빛이 어떤 물체에 반사되어 나온 양을 지칭하는 용어는?

① 휘도(Brightness)
② 조도(Illumination)
③ 반사율(Reflectance)
④ 광량(Luminous intensity)

해설
- ①은 특정 지점에 도달하는 광의 밀도로 단위는 럭스(Lux)를 사용한다.
- ③은 빛을 포함한 여러 종류의 복사파가 물체의 표면에서 어느 정도 반사되는지를 나타내는 비율로 휘도/조도로 구할 수 있다.
- ④는 광원에서 일정한 방향으로의 밝기를 말하며, 단위는 칸델라(cd)를 사용한다.

휘도(Brightness)
- 휘도는 광원에서 1m 떨어진 곳 범위 내에서의 반사된 빛을 포함한 빛의 밝기 혹은 단위면적당 표면을 떠나는 빛의 양을 의미한다.

- 휘도의 단위는 cd/m² 혹은 실용단위인 니트(nit)를 사용한다. 그 외에도 스틸브(sb, stilb, 10000nit), 람베르트(L, Lambert, 3,183 nit), 푸트람베르트(fL, foot-Lambert, 3.426nit), 아포스틸브(asb, apostilb, 0.3183nit) 등이 사용되기도 한다.
- 휘도 = $\frac{반사율 \times 조도}{면적}$ [cd/m²]로 구한다.

10

출입문, 탈출구, 통로의 공간, 줄사다리의 강도 등은 어떤 설계기준을 적용하는 것이 바람직한가?

① 조절식 원칙
② 최소치수의 원칙
③ 평균치수의 원칙
④ 최대치수의 원칙

해설
- 출입문의 높이, 탈출구의 크기, 통로의 공간, 줄사다리의 강도 등은 모두 최대치의 원리를 적용해야 하는 경우에 해당한다.
- **극단치 설계 방법** 실기 1601/1603/1801/2003/2201
  - 조작자와 제어버튼 사이의 거리, 조작에 필요한 힘, 비상벨의 위치, 지하철이나 버스의 손잡이 높이는 최소 집단치(5% 하위 백분위 수)를 설계 기준으로 한다.
  - 출입문의 높이, 탈출구, 의자의 높이, 좌석 간의 거리, 통로의 벽, 와이어로프의 사용중량, 위험구역 울타리 등은 최대 집단치(5% 상위 백분위 수)를 설계 기준으로 한다.

11

음압수준이 100dB인 1,000Hz 순음이 sone값은 얼마인가?

① 32
② 64
③ 128
④ 256

해설
- 1,000Hz 100dB은 100 phon을 의미하므로 sone 값은 $2^{\frac{100-40}{10}} = 2^6 = 64$가 된다.
- **sone 값**
  - 인간이 청각으로 느끼는 소리의 크기를 측정하는 척도 중 하나이다.
  - 기준 음에 비해서 몇 배의 크기를 갖느냐는 음의 sone값이 결정한다.
  - 1 sone은 40dB의 1,000Hz 순음의 크기로 40phon의 값을 의미한다.
  - phon의 값이 주어질 때 $sone = 2^{\frac{phon-40}{10}}$ 으로 구한다.

12

인간공학과 관련된 용어로 사용되는 것이 아닌 것은?

① Ergonomics
② Just In Time
③ Human Factors
④ User Interface Design

해설
- ②는 적시생산시스템으로 1970년대 일본에서 적용하는 생산시스템으로 낭비요소를 최소화시켜 효율적인 생산을 하게 하는 시스템으로 인간공학과는 거리가 멀다.
- **인간공학(Ergonomics)**
  ㉠ 개요
  - "Ergon(작업)+nomos(법칙)+ics(학문)"이 조합된 단어로 Human factors, Human engineering이라고도 한다.
  - 인간의 특성과 한계 능력을 공학적으로 분석, 평가하여 이를 복잡한 체계의 설계에 응용함으로 효율을 최대로 활용할 수 있도록 하는 학문분야이다.
  - 인간이 사용하는 물건, 설비, 환경의 설계에 인간의 생리적, 심리적인 면에서의 특성이나 한계점을 고려함으로써 인간-기계 시스템의 안전성과 편리성, 효율성을 높이는 학문분야이다.
  ㉡ 적용분야
  - 제품설계
  - 재해·질병 예방
  - 장비·공구·설비의 배치
  - 작업장 내 조사 및 연구

13

양립성에 관한 설명으로 틀린 것은?

① 직무에 알맞은 자극과 응답방식에 대한 것을 직무 양립성이라고 한다.
② 표시장치와 제어장치의 움직임에 관련된 것을 운동 양립성이라고 한다.
③ 코드와 기호를 인간들의 사고에 일치시키는 것을 개념적 양립성이라고 한다.
④ 제어장치와 표시장치의 물리적 배열이 사용자 기대와 일치하도록 하는 것을 공간적 양립성이라고 한다.

해설
- ①은 양식 양립성에 대한 설명이다.
- **양립성(Compatibility)** 실기 1703/2003/2402
  ㉠ 개요
  - 인간의 기대하는 바와 자극 또는 반응들이 일치하는 관계를

말하는데 양립성이 적을수록 정보처리에서 재코드화 과정은 많아진다.
- 양립성의 효과가 크면 클수록, 코딩의 시간이나 반응의 시간은 짧아진다.
- 양립성의 종류에는 운동양립성, 공간양립성, 개념양립성, 양식양립성 등이 있다.

ⓒ 양립성의 종류와 개념 실기 1403/1501/1603/1801/1903/2001/2101/2201/2301/2303/2401/2403

공간(Spatial) 양립성	• 표시장치와 이에 대응하는 조종 장치의 위치가 인간의 기대에 모순되지 않는 것 • 왼쪽 표시장치와 관련된 조종 장치는 왼쪽, 오른쪽 표시장치에 관련된 조종 장치는 오른쪽에 위치하는 것
운동(Movement) 양립성	조종 장치의 조작방향에 따라서 기계장치나 자동차 등이 움직이는 것
개념(Conceptual) 양립성	• 인간이 가지는 개념과 일치하게 하는 것 • 적색 수도꼭지는 온수, 청색 수도꼭지는 냉수를 의미하는 것이나 위험신호는 빨간색, 주의신호는 노란색, 안전신호는 파란색으로 표시하는 것
양식(Modality) 양립성	문화적 관습에 의해 생기는 양립성 혹은 직무에 관련된 자극과 이에 대한 응답 등으로 청각적 자극 제시와 이에 대한 음성응답 과업에서 갖는 양립성

14 0803/1103/1403/1701/2103

다음 중 반응시간이 가장 빠른 감각은?

① 청각　　② 미각
③ 시각　　④ 후각

해설
- 반응시간이 가장 빠른 감각은 청각으로 약 0.17초 정도가 소요된다. 귀에서 담당하고 수용기관은 내의 달팽이관 내에 있다.
- 인간의 감각기관
  - 시각 : 눈, 망막에서 수용하며 가장 많이 사용하는 감각이다.
  - 청각 : 귀, 내이의 달팽이관에서 수용하며 반응시간이 가장 빠른 감각이다.
  - 후각 : 코, 비점막에서 수용한다.
  - 미각 : 혀, 혀의 미뢰에서 수용한다.
  - 촉각 : 피부
  - 반응시간은 청각 → 촉각 → 시각 → 후각 → 미각 → 통각 순으로 느려진다.

15 1201/2003

시스템의 평가척도 유형으로 볼 수 없는 것은?

① 인간 기준(Human criteria)
② 관리 기준(Management criteria)
③ 시스템 기준(System-descriptive criteria)
④ 작업성능 기준(Task performance criteria)

해설
- 시스템의 평가척도 유형에는 인간 기준, 시스템 기준, 작업성능 기준에 의해 평가가 있다.
- 시스템의 평가척도 유형
  - 인간 기준(Human criteria) : 인간행동 평가
  - 시스템 기준(System-descriptive criteria) : 목표 달성에 대한 평가
  - 작업성능 기준(Task performance criteria) : 작업성능에 대한 효율 평가

16 1003

시각장치를 사용하는 경우보다 청각장치가 더 유리한 경우는?

① 전언이 복잡할 때
② 전언이 후에 재참조 될 때
③ 전언이 즉각적인 행동을 요구할 때
④ 직무상 수신자가 한 곳에 머무를 때

해설
- ①, ②, ④는 시각적 표시장치가 유리한 경우에 해당한다.
- 시각적 표시장치와 청각적 표시장치의 비교 실기 1603/1803/1901/2101/2201/2203

시각적 표시장치	청각적 표시장치
• 수신 장소의 소음이 심한 경우 • 정보가 공간적인 위치를 다루는 경우 • 정보의 내용이 복잡하고 긴 경우 • 직무상 수신자가 한 곳에 머무르는 경우 • 메시지를 추후 참고할 필요가 있는 경우 • 정보의 내용이 즉각적인 행동을 요구하지 않는 경우	• 수신 장소가 너무 밝거나 암순응이 요구될 때 • 정보의 내용이 시간적인 사건을 다루는 경우 • 정보의 내용이 간단한 경우 • 직무상 수신자가 자주 움직이는 경우 • 정보의 내용이 후에 재참조되지 않는 경우 • 메시지가 즉각적인 행동을 요구하는 경우

17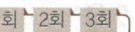

표시장치를 사용할 때 자극 전체를 직접 나타내거나 재생시키는 대신, 정보나 자극을 암호화하는 경우가 흔하다. 이와 같이 정보를 암호화하는 데 있어서 지켜야 할 일반적 지침으로 볼 수 없는 것은?

① 암호의 민감성
② 암호의 양립성
③ 암호의 변별성
④ 암호의 검출성

해설

- 암호화의 지침에는 검출성, 표준화, 변별성, 양립성, 부호의 의미, 다차원 암호 사용가능성 등이 있다.

❖ 암호화(Coding)
  ㉠ 개요
   - 원래의 신호 정보를 새로운 형태로 변화시켜 표시하는 것을 말한다.
   - 형상, 크기, 색채 등 작업자가 쉽게 기계 및 기구를 식별하도록 암호화한다.
  ㉡ 암호화 지침

검출성	감지가 쉬워야 한다.
표준화	표준화되어야 한다.
변별성	다른 암호 표시와 구별될 수 있어야 한다.
양립성	인간의 기대와 모순되지 않아야 한다.
부호의 의미	사용자가 그 뜻을 분명히 알 수 있어야 한다.
다차원의 암호 사용가능	두 가지 이상의 암호 차원을 조합해서 사용하면 정보전달이 촉진된다.

18

암순응에 대한 설명으로 맞는 것은?

① 암순응 때에 원추세포는 감수성을 갖게 된다.
② 어두운 곳에서는 주로 간상세포에 의해 보게 된다.
③ 어두운 곳에서 밝은 곳으로 들어갈 때 발생한다.
④ 완전 암순응에는 일반적으로 5 ~ 10분 정도 소요된다.

해설

- ①에서 암순응 때에는 원추세포는 감수성을 상실한다.
- ③에서 암순응은 밝은 곳에서 어두운 곳으로 들어갈 때 발생한다.
- ④에서 완전 암조응에 걸리는 시간은 30 ~ 40분 정도이다.

❖ 적응(순응)
- 적응(순응)은 밝은 곳에 있다가 어두운 곳에 들어설 경우 차츰 어둠에 적응하여 보이기 시작하는 특성을 말한다.
- 암조응에 걸리는 시간은 30 ~ 40분, 명조응에 걸리는 시간은 1 ~ 3분 정도이다.
- 적색 안경은 암조응을 촉진한다.

19

신호검출이론에 의하면 시그널(Signal)에 대한 인간의 판정 결과는 4가지로 구분되는데 이 중 시그널을 노이즈(Noise)로 판단한 결과를 지칭하는 용어는 무엇인가?

① 긍정(Hit)
② 누락(Miss)
③ 허위(False alarm)
④ 부정(Correct rejection)

해설

- ①은 시그널을 시그널로 판단한 결과이다.
- ③은 노이즈를 시그널로 판단한 결과이다.
- ④는 노이즈를 노이즈로 판단한 결과이다.

❖ 신호검출이론(Signal Detection Theory) 실기 1501/1503/1701/2001/2002/2003/2103/2303/2403
  ㉠ 개요
   - 불확실한 상황에서 선택하게 하는 방법으로 신호의 탐지는 관찰자의 반응편향과 민감도에 달려있다고 주장하는 이론이다.
   - 일반적으로 신호 검출 시 이를 간섭하는 소음이 있고, 신호와 소음을 쉽게 식별할 수 없는 상황에 신호검출이론이 적용된다.
   - 긍정(Hit), 허위(False alarm), 누락(Miss), 부정(Correct rejection)의 네 가지 결과로 나눌 수 있다.
   - 허위(False alarm)는 소음을 신호로, 누락(Miss)은 신호를 소음으로 판단한 결과이다.
   - 신호검출이론은 품질관리, 통신이론, 의학처방 및 심리학, 법정에서의 판정 등 다양하게 활용되고 있다.
  ㉡ 반응편향 β
   - 반응편향 $\beta = \dfrac{\text{신호의 길이}}{\text{소음의 길이}}$로 구한다.
   - 신호에 의한 반응이 선형인 경우 판별력은 좋아진다.
   - 신호검출이론에서 두 개의 정규분포 곡선이 교치하는 부분에 있는 기준점 β는 신호의 길이와 소음의 길이가 같으므로 1의 값을 가진다.
   - 판정 기준은 β(신호/노이즈)이며, $\beta > 1$이며 보수적이고, $\beta < 1$이면 자유적이다.
  ㉢ 민감도
   - 민감도가 클수록 신호를 구분하기 쉽다.
   - 잡음이 많을수록, 신호가 약하거나 분명하지 않을수록 d값은 작아진다.
   - 민감도를 늘리기 위해서는 교육 훈련, 결과의 피드백, 신호의 비신호의 구별성 증가 등의 조치를 한다.

20

발생 확률이 0.1과 0.9로 다른 2개의 이벤트의 정보량은 발생 확률이 0.5로 같은 2개의 이벤트의 정보량에 비해 어느 정도 감소되는가?

① 42% ② 45%
③ 50% ④ 53%

해설

- 먼저 확률이 다른 2개의 대안 정보량을 구하면 확률 0.1의 정보량은 $0.1 \times \log_2\left(\frac{1}{0.1}\right) = 0.3322$이고, 확률 0.9의 정보량은 $0.9 \times \log_2\left(\frac{1}{0.9}\right) = 0.1368$이므로 정보량은 $0.3322 + 0.1368 = 0.469$가 된다.
- 뒤의 확률이 같은 2개의 정보량은 각각이 확률이 0.50이므로 $2 \times 0.5 \times \log_2\left(\frac{1}{0.5}\right) = 1$이 된다.
- 감소된 정보량은 $1 - 0.469 = 0.531$이다.

❖ 정보량 실기 1401/2301/2303
- 대안이 n개인 경우의 정보량은 $\log_2 n$으로 구한다.
- 특정 안이 발생할 확률이 $p(x)$라면 정보량은 $\log_2 \frac{1}{p(x)}$로 구한다.
- 여러 안이 발생할 경우의 총 정보량은 [개별 확률×개별 정보량의 합]과 같다.

2과목 작업생리학

21

주파수가 가청영역 이하인 소음을 무엇이라고 하는가?

① 충격 소음 ② 초음파 소음
③ 간헐 소음 ④ 초저주파 소음

해설

- ①은 소음 발생 간격이 1초 이상의 간격을 유지하면서 최대 음압 수준이 120dB(A) 이상의 소음을 말한다.
- ②는 20,000Hz 이상의 가청영역 이상의 소음을 말한다.
- ③은 특정 시간간격을 두고 간헐적으로 발생하는 소음으로 발생시 마다 일정한 시간 이상 지속되는 소음을 말한다.

❖ 음파의 구분
- 20Hz 이하 : 초저주파
- 20 ~ 20,000Hz : 가청음파(소리)
- 20,000Hz 이상 : 초음파

22

한랭대책으로서 개인위생에 해당되지 않는 사항은?

① 과음을 피할 것
② 식염을 많이 섭취할 것
③ 따뜻한 물과 음식을 섭취할 것
④ 얼음 위에서 오랫동안 작업하지 말 것

해설

- ②는 한랭대책이 아니라 고열대책에 해당한다.

❖ 한랭대책으로서 개인위생
- 과음을 피할 것
- 따뜻한 물과 음식을 섭취할 것
- 얼음 위에서 오랫동안 작업하지 말 것
- 따뜻한 옷과 방한장구를 착용할 것

23

최대산소소비능력(maximum, aerobic power, MAP)에 대한 설명으로 틀린 것은?

① 근육과 혈액 중에 축적되는 젖산의 양이 감소
② 이 수준에서는 주로 혐기성 에너지 대사가 발생
③ 20세 전후로 최고가 되었다가 나이가 들수록 점차로 줄어듦
④ 산소섭취량이 일정수준에 도달하면 더 이상 증가하지 않는 수준

해설

- ①에서 근육과 혈액 중에 축적되는 젖산의 양은 증가한다.

❖ 최대 산소소비능력(MAP, maximum aerobic power)
- MAP란 일의 속도가 증가하더라도 산소 섭취량이 더 이상 증가하지 않는 일정하게 되는 수준이다.
- 개인의 MAP가 클수록 순환기 계통의 효능이 크다.
- 개인의 운동역량을 평가하는데 활용된다.
- 사춘기 이후 여성의 MAP는 남성의 65 ~ 75% 정도이다.
- MAP 수준에서는 에너지대사가 주로 혐기적으로 일어난다.
- 근육과 혈액 중에 축적되는 젖산의 양은 증가한다.
- MAP를 직접 측정하는 방법은 트레드밀(treadmill)이나 자전거 에르고미터(ergometer)에서 가능하다.

24

정적 작업과 국소 근육피로에 대한 설명으로 적절하지 않은 것은?

① 근육이 발휘할 수 있는 힘의 최대치를 MVC라 한다.
② 국소 근육피로를 측정하기 위하여 산소소비량이 측정된다.
③ 국소 근육피로는 정적인 근육수축을 요구하는 직무들에서 자주 관찰된다.
④ MVC의 10퍼센트 미만인 경우에만 정적 수축이 거의 무한하게 유지될 수 있다.

해설
- ②에서 산소소비량은 동적 작업의 전신 피로와 관련된다.
- **국소 근육피로**
  - 특정 근육에 피로물질이 쌓이는 것을 말한다.
  - 국소 근육피로는 정적인 근육수축을 요구하는 직무들에서 자주 관찰된다.

25

장기간 침상 생활을 하던 환자의 뼈가 정상인의 뼈보다 쉽게 골절이 일어나는 이유는 뼈의 어떤 기능에 의해 설명되는가?

① 재형성 기능
② 조혈기능
③ 지렛대 기능
④ 지지 기능

해설
- ②는 뼈 속에 혈구를 만드는 골수가 있어서 가능하다.
- ③은 뼈에 붙어있는 근육이 관절의 운동에 대해 지렛대의 역할을 한다.
- ④는 코와 같은 연부조직을 형태적으로 지지하고, 추골과 하지골은 체중을 지지한다.
- **뼈의 기능**
  - 저장기능 : 칼슘, 인 등의 무기질이나 염화물을 저장한다.
  - 조혈기능 : 뼈 속에 혈구를 만드는 골수가 있어서 가능하다.
  - 보호기능 : 뇌, 내장, 척수, 안구 등의 내부장기를 보호한다.
  - 지지기능 : 연부조직을 형태적으로 지지하고 체중을 지지한다.
  - 지렛대 작용 : 뼈에 붙어있는 근육이 관절의 운동에 대해 지렛대의 역할을 한다.
  - 재형성기능 : 조골세포와 파골세포에 의해 오래된 뼈를 파괴하고 새로운 뼈를 만든다.

26

연축(twitch)이 일어나는 일련의 과정이 맞는 것은?

① 근섬유의 자극 → 활동전압 → 흥분수축연결 → 근원섬유의 수축
② 활동전압 → 근섬유의 자극 → 흥분수축연결 → 근원섬유의 수축
③ 흥분수축연결 → 활동전압 → 근섬유의 자극 → 근원섬유의 수축
④ 근원섬유의 수축 → 근섬유의 자극 → 활동전압 → 흥분수축연결

해설
- 연축은 근섬유의 자극으로 발생하는 활동전압에 의해 진행된다.
- **연축(twitch)**
  - 단일자극에 의해 발생하는 1회의 수축과 이완 과정을 말한다.
  - 근섬유의 자극 → 활동전압 → 흥분수축연결 → 근원섬유의 수축 순으로 일어난다.
  - 연축이 일어나기 위해 가해지는 자극의 한계치를 자극역치라고 한다.

27

척추를 구성하고 있는 뼈 가운데 요추의 수는 몇 개인가?

① 5개
② 6개
③ 7개
④ 8개

해설
- 척추는 7개의 경추, 12개의 흉추, 5개의 요추, 천추와 미추로 구성된다.
- **척추**
  - 목에서 엉치까지의 뼈기둥으로 몸의 중심을 잡는 기둥역할을 한다.
  - 7개의 경추, 12개의 흉추, 5개의 요추, 천추와 미추로 구성된다.

28

근력에 관한 설명으로 틀린 것은?

① 근력이란 수의적인 노력으로 근육이 등장성으로 낼 수 있는 힘의 최대치이다.
② 정적 근력의 측정은 피검자가 고정된 물체에 대하여 최대 힘을 내도록 하여 측정한다.
③ 동적 근력은 가속과 관절 각도변화가 힘의 발휘에 영향을 미치므로 측정에 어려움이 있다.
④ 근력의 측정은 자세, 관절각도, 동기 등의 인자가 영향을 미치므로 반복 측정이 필요하다.

해설
- ①에서 근력이란 한 번의 수의적인 노력에 의해 근육이 등척성으로 낼 수 있는 힘의 최댓값이다.

근력
- 한 번의 수의적인 노력에 의해 근육이 등척성으로 낼 수 있는 힘의 최댓값이다.
- 일반적으로 최대근력이 50% 정도의 힘으로 유지할 수 있는 시간은 1분 정도이다.
- 근육이 발휘할 수 있는 15% 이하의 힘으로 상당히 오랫동안 유지가능하며, 10% 미만의 힘으로 무한하게 유지가 가능하다.
- 여성의 평균 근력은 남성의 약 65% 정도이다.
- 훈련(운동)을 통해 약 30 ~ 40%의 근력증가효과를 얻을 수 있다.
- 근력은 보통 25 ~ 35세에 최고에 도달하고, 40세 이후 서서히 감소한다.

29

힘에 대한 설명으로 옳지 않은 것은?

① 능동적 힘은 근수축에 의하여 생성된다.
② 힘은 근골격계를 움직이거나 안정시키는데 작용한다.
③ 수동적 힘은 관절 주변의 결합조직에 의하여 생성된다.
④ 능동적 힘과 수동적 힘의 합은 근절의 안정길이의 50%에서 발생한다.

해설
- ④에서 능동적 힘과 수동적 힘의 합은 근절의 안정길이를 넘어 신장될 때 발생한다.

힘
- 힘은 벡터량으로 단위는 N이다.
- F=ma로 질량과 가속도에 비례한다.
- 힘은 근골격계를 움직이거나 안정시키는데 작용한다.
- 능동적 힘은 근수축에 의하여 생성된다.
- 수동적 힘은 관절 주변의 결합조직에 의하여 생성된다.
- 능동적 힘과 수동적 힘의 합은 근절의 안정길이를 넘어 신장될 때 발생한다.

30

전신진동의 영향에 대한 설명으로 틀린 것은?

① 1 ~ 25Hz에서 시성능이 가장 저하된다.
② 5Hz 이하의 낮은 진동수에서 운동성능이 가장 저하된다.
③ 머리와 어깨 부위의 공명주파수는 20 ~ 30Hz이다.
④ 등이나 허리뼈에 가장 위험한 주파수는 60 ~ 90Hz이다.

해설
- 등이나 허리뼈에 가장 위험한 주파수는 8 ~ 12Hz이다.

진동이 인체에 미치는 영향
- 심박수가 증가한다.
- 장시간 노출 시 근육 긴장을 증가시킨다.
- 시성능은 10 ~ 25Hz 대역의 경우 가장 심하게 영향을 받으며, 60 ~ 90Hz에서 안구가 공명한다.
- 추적능력은 5Hz 이하의 낮은 진동수에서 가장 영향을 많이 받는다.
- 머리와 어깨 부위의 공명주파수는 20 ~ 30Hz이다.
- 등이나 허리뼈에 가장 위험한 주파수는 8 ~ 12Hz이다.
- 흉부와 복부의 고통을 일으키는 주파수는 4 ~ 10Hz이다.
- 중앙 신경계의 처리 과정과 관련되는 과업의 성능은 진동의 영향을 비교적 덜 받는다.
- 레이노 증후군(Raynaud's phenomenon)은 진동으로 인한 말초혈관운동의 장해로 발생한다.

31

자율신경계의 교감, 부교감 신경에 대한 설명 중 틀린 것은?

① 교감 신경은 동공을 축소시키고, 부교감 신경은 동공을 확대시킨다.
② 교감 신경은 동공을 확대시키고, 부교감 신경은 동공을 축소시킨다.
③ 교감 신경은 심장 박동을 촉진시키고, 부교감 신경을 심장 박동을 억제시킨다.
④ 교감 신경은 소화 운동을 억제시키고, 부교감 신경은 소화 운동을 촉진시킨다.

해설
- 교감신경은 자극을 받는 상황에서 활성화되므로 동공이 확대된다.
- **교감신경과 부교감신경**
  - 교감신경은 자극을 받는 상황에서 활성화된다.
  - 부교감신경은 자극을 받지 않는 상황에서 활성화된다.

	교감신경 활성	부교감신경 활성
동공	확대	축소
심박수 및 심수축력	증가	감소
심장 수축속도	감소	증가

32

남성 작업자의 육체작업에 대한 대사량을 측정한 결과, 분당 산소 소모량이 1.5L/min으로 나왔다. 작업자의 4시간에 대한 휴식시간은 약 몇 분 정도인가? (단, Murrell의 공식을 이용한다)

① 75분　　② 100분
③ 125분　　④ 150분

해설
- Murrell의 산정방법을 적용하므로 공식은 $R = 작업시간 \times \dfrac{E-5}{E-1.5}$ 이다.
- 산소 소모량이 주어졌으므로 변환하면 분당 작업 중 에너지 소비량은 $1.5 \times 5 = 7.5$kcal가 된다.
- 작업시간이 4시간이므로 분으로 환산하면 240분이다.
- 대입하면 $R = 240 \times \dfrac{7.5-5}{7.5-1.5} = 240 \times \dfrac{2.5}{6} = 100$분이다.
- **휴식시간 산출**  1301/1501/1503/1903/2103/2403
  - 분당 권장되는 평균 에너지 소비량은 남성의 경우 5kcal, 여성의 경우 3.5kcal이다.
  - 여기서 작업평균 에너지 소비량을 넘어서는 작업을 한 경우에는 일정한 시간마다 휴식이 필요하다.
  - 이에 휴식시간 $R = 작업시간 \times \dfrac{E-5}{E-1.5}$ 로 계산한다.

  이때 E는 작업 중 에너지 소비량[kcal/분]이고, 5는 남성의 권장 평균 에너지 소비량, 1.5는 휴식 중 에너지 소비량이다(문제에서 주어지면 해당 값을 사용). 만약 산소 소모량이 주어질 경우 산소 1리터는 평균 5kcal가 소모된다.

33

근육이 수축할 때 생성 및 소모되는 물질(에너지원)이 아닌 것은?

① 글리코겐(glycogn)
② CP(creatine phosphate)
③ 글리콜리시스(glycolysis)
④ ATP(adenosine triphosphate)

해설
- ③은 포도당을 피루브산으로 전환하는 대사경로를 말하는 해당과정이다.
- **근육이 수축할 때 생성 및 소모되는 물질(에너지원)**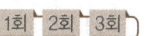
  - 글리코겐(glycogn)
  - CP(creatine phosphate)
  - ATP(adenosine triphosphate)

34

인간이 휴식을 취하고 있을 때 혈액이 가장 많이 분포하는 신체부위는?

① 뇌　　② 심장근육
③ 근육　　④ 소화기관

해설
- 안정 시 가장 많은 혈액이 분포되는 기관은 소화기관이고, 가장 적은 혈액이 분포되는 기관은 심장근육이다.
- **작업 시와 안정 시 혈류량의 구성**
  - 작업 시 혈류의 재분배가 이뤄져 활동근육은 전체 혈액량의 85% 정도를 분배받는다.
  - 안정 시 가장 많은 혈액이 분포되는 기관은 소화기관이고, 가장 적은 혈액이 분포되는 기관은 심장근육이다.
  - 안정 시와 작업 시 혈액의 변화가 극히 없는 기관은 뇌이다.
  - 작업 시 혈액의 분배비율이 감소하는 기관은 간, 신장, 소화기계 등이다.
  - 작업 시 혈액의 분배비율이 증가하는 기관은 심장, 근육, 피부 등이다.

구분	안정 시	작업 시
뇌	750	750
심장	250	750
근육	1,200	12,500
피부	500	1,900
신장 등	1,100	600
소화기계	1,400	600
기타	600	400

35

일반적으로 소음계는 주파수에 따른 사람의 느낌을 감안하여 A, B, C 세 가지 특성에서 음압을 측정할 수 있도록 보정되어 있는데, A 특성치란 몇 phon의 등음량 곡선과 비슷하게 주파수에 따른 반응을 보정하여 측정한 음압수준을 말하는가?

① 20
② 40
③ 70
④ 100

해설
- A특성은 40phon, B특성은 70phon, C특성은 100phon의 등청감 곡선과 비슷하게 보정하여 측정한 값을 말한다.
- **소음계**
  - 소음계는 주파수에 따른 인체의 반응을 기준으로 구분하는데 A, B, C특성치로 구분하며, 소음규제법에서는 A특성치(db(A))를 강도의 척도로 삼는다.
  - A특성치 : 40phon 보정, 사람의 청감에 맞춘 것, dB(A)로 표시하며 저주파 대역을 보정한 청감보정회로
  - B특성치 : 70phon 보정
  - C특성치 : 100phon 보정, 기계의 주파수 측정에 주로 사용, dB(C)로 표시하며 평탄 특성을 나타냄

36

사무실 공기관리 지침 상 공기정화시설을 갖춘 사무실의 시간당 환기횟수 기준은?

① 1회 이상
② 2회 이상
③ 3회 이상
④ 4회 이상

해설
- 공기정화시설을 갖춘 사무실에서 환기횟수는 시간당 4회 이상으로 한다.
- **사무실의 환기기준**
  - 공기정화시설을 갖춘 사무실에서 근로자 1인당 필요한 최소 외기량은 분당 0.57세제곱미터 이상이며, 환기횟수는 시간당 4회 이상으로 한다.

37

실내표면에서 추천 반사율이 낮은 것부터 높은 순서대로 나열한 것은?

① 벽<가구<천장<바닥
② 천장<벽<가구<바닥
③ 가구<바닥<벽<천장
④ 바닥<가구<벽<천장

해설
- 옥내 조명에서 최적 반사율의 크기는 바닥<가구<벽<천장 순으로 커진다.
- **실내 면 반사율**
  - ㉠ 개요
    - 빛을 포함한 여러 종류의 복사파가 물체의 표면에서 어느 정도 반사되는지를 나타낸다.
    - 반사율 = $\frac{광도}{조도} \times 100$로 구한다.
    - 반사율이 각각 L_a, L_b인 두 물체의 대비는 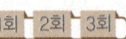$\times 100$으로 구한다.
  - ㉡ 실내 면의 추천 반사율

천장	80~90%
벽	40~60%
가구 및 사무용 기기	25~45%
바닥	20~40%

38

일반적인 성인 남성 작업자의 산소 소비량이 2.5L/min일 때, 에너지소비량은 약 얼마인가?

① 7.5kcal/min
② 10.0kcal/min
③ 12.5kcal/min
④ 15.0kcal/min

해설
- 1L의 산소소비량은 5kcal의 에너지를 생성한다.
- 2.5L의 산소소비량은 2.5×5=12.5kcal가 된다.
- **공기의 조성**
  - 작업 중 소비되는 산소 소비량을 계산하기 위한 흡기 시 공기의 조성은 질소 79%, 산소 21%이다.
  - 배기되는 공기의 조성에서 질소는 79%로 동일하지만 호흡으로 인해 산소가 소모된 만큼 이산화탄소는 생성된다.
  - 1L의 산소소비량은 5kcal의 에너지를 생성한다.

39

빛의 측정치를 나타내는 단위의 관계가 틀린 것은?

① 1fc=10lux
② 반사율=휘도/조도
③ 1candela=10lumen
④ 조도=광도/단위면적(m²)

해설

- ③에서 1candela는 4πlumen으로 약 12.57lumen에 해당된다.

광도(Luminous intensity)
- 광도는 광원에서 일정한 방향으로의 밝기를 말하며, 단위는 칸델라(cd)를 사용한다.
- 지름이 2.54cm되는 촛불이 수평 방향으로 비칠 때의 빛의 광도를 나타낸다.
- 1candela는 4πlumen에 해당한다.
- 광속은 광원의 밝기를 말하며, 단위는 루멘(lm)을 사용한다.
- 광도 = 조도 × (거리)^{2}으로 구한다.

40 ● Repetitive Learning 1회 2회 3회

신체의 작업부하에 대하여 작업자들이 주관적으로 지각한 신체적 노력의 정도를 6 ~ 20의 값으로 평가한 척도는 무엇인가?

① 부정맥지수
② 점멸융합주파수(VFF)
③ 운동자각도(Borg's RPE)
④ 최대산소소비능력(maximum aerovic power)

해설

- 작업자들이 주관적으로 지각한 신체적 노력의 정도를 6 ~ 20 사이의 척도로 평정한 것은 Borg의 RPE(Ratings of Perceived Exertion)이다.

Borg의 RPE(Ratings of Perceived Exertion)
- 운동자각도로 내가 하는 운동이 얼마나 힘든지에 대한 생리적 측정을 주관적 평점등급으로 대체하기 위하여 개발된 평가척도이다.
- 육체적 작업부하의 주관적 평가방법이다.
- 정신적 부담 작업과 육체적 부담 작업 양쪽 모두에 사용 할 수 있다.
- 척도의 양끝은 최소 심장 박동률과 최대 심장 박동률을 나타낸다.
- 작업자들이 주관적으로 지각한 신체적 노력의 정도를 6 ~ 20 사이의 척도로 평정한다.

3과목 산업심리학 및 관련법규

41 ● Repetitive Learning 1회 2회 3회

제조물책임법상 제조업자가 제조물에 대하여 제조·가공 상의 주의의무를 이행하였는지에 관계없이 제조물이 원래 의도한 설계와 다르게 제조·가공됨으로써 안전하지 못하게 된 경우에 해당되는 결함은?

① 제조상의 결함
② 설계상의 결함
③ 표시상의 결함
④ 기타 유형의 결함

해설

- 설계와 다르게 제조한 책임을 묻고 있다.

결함의 종류 1801/2002/2101/2103/2203/2302
- 결함이란 제조물 제조상·설계상 또는 표시상의 결함이 있거나 그 밖에 통상적으로 기대할 수 있는 안전성이 결여되어 있는 것을 말한다.
- 결함의 종류에는 제조상의 결함, 설계상의 결함, 표시상의 결함이 있다.

제조상의 결함	제조업자가 제조물에 대하여 제조상·가공 상의 주의의무를 이행하였는지에 관계없이 제조물이 원래 의도한 설계와 다르게 제조·가공됨으로써 안전하지 못하게 된 경우
설계상의 결함	제조업자가 합리적인 대체설계(代替設計)를 채용하였더라면 피해나 위험을 줄이거나 피할 수 있었음에도 대체설계를 채용하지 아니하여 해당 제조물이 안전하지 못하게 된 경우
표시상의 결함	제조업자가 합리적인 설명·지시·경고 또는 그 밖의 표시를 하였더라면 해당 제조물에 의하여 발생할 수 있는 피해나 위험을 줄이거나 피할 수 있었음에도 이를 하지 아니한 경우

42 ● Repetitive Learning 1회 2회 3회

사고의 유형, 기인물 등 분류항목을 큰 순서대로 분류하여 사고방지를 위해 사용하는 통계적 원인분석 도구는?

① 관리도(Control Chart)
② 크로스도(Cross Diagram)
③ 파레토도(Pareto Diagram)
④ 특성요인도(Cause and Effect Diagram)

해설

- ④는 어떤 결과에 영향을 미치는 크고 작은 요인들을 계통적으로 파악하기 위해 재해와 원인의 관계를 도표화하여 재해 발생 원인을 분석하는 작업분석 도구이다.

∷ 파레토도
- 작업관리의 문제분석 도구로서, 가로축에 항목, 세로축에 항목별 점유비율과 누적비율로 막대-꺾은선 혼합 그래프를 중점관리항목을 도출할 목적으로 활용하는 도구이다.
- 현장의 개선활동에 있어서 소수 중점 원인을 찾기 위한 도구로서 사용된다.
- 80~20의 원칙에 기초하여 빈도수별로 나열한 항목별 점유와 누적비율에 따라 불량이나 사고의 원인이 되는 중요 항목을 찾아가는 기법이다.
- 80~20의 원칙이란 20%의 항목이 전체의 80%를 차지한다는 개념이다.
- 가장 큰 값부터 순서대로 나열하며, 기타항목은 맨 오른쪽에 배치한다.

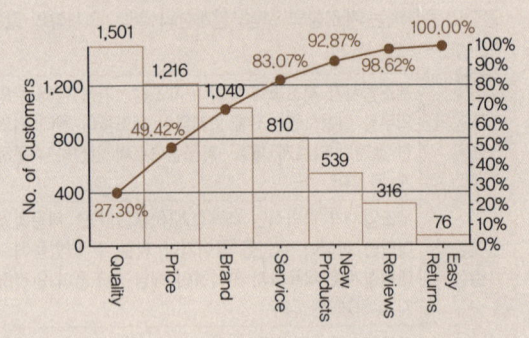

43

리더십 이론 중 관리격자이론에서 인간관계에 대한 관심이 낮은 유형은?

① 타협형   ② 인기형
③ 이상형   ④ 무관심형

해설

- 인간관계에 대한 관심이 낮은 유형은 무관심형과 과업형이다.

∷ 관리 그리드(Managerial Grid) 이론
- Blake & Muton에 의해 구조주도적-배려적 리더십 개념을 연장시켜 정립한 이론이다.
- 리더의 2가지 관심(인간, 생산에 대한 관심)을 축으로 리더십을 분류하였다.
- 이상(Team)형 리더십이 가장 높은 성과를 보여준다고 주장하였다.

- 표현 시 ( ) 안에 앞에는 업무에 대한 관심을, 뒤에는 인간관계에 대한 관심을 표현하고 온점(.)으로 구분한다.

높음(9)	인기(Country club)형 (1.9) • 인간에 대한 관심 지대함 • 생산에는 무관심		이상(Team)형 (9.9) • 인간에 대한 관심과 생산에 대한 관심이 모두 높음
↑ 인간에 대한 관심 ↓		중도(Middle of road)형 (5.5)	
	무관심(Impoverished)형(1.1) • 인간에 대한 관심과 생산에 대한 관심이 모두 무관심		과업(Task)형(9.1) • 생산에 대한 관심 지대함 • 인간에는 무관심
낮음(1)	⇐ 생산에 대한 관심 ⇒ 높음(9)		

44

알더퍼(P.Alderfer)의 EGR 이론에서 3단계로 나눈 욕구 유형에 속하지 않은 것은?

① 성취욕구   ② 성장욕구
③ 존재욕구   ④ 관계욕구

해설

- 알더퍼는 인간의 욕구를 생존(존재)욕구(Existence needs), 관계욕구(Relation needs), 성장욕구(Growth needs)로 구분하였다.

∷ 알더퍼의 ERG이론
  ㉠ 개요
  - 매슬로우의 이론이 지닌 이론적인 한계를 극복하고자 실제 조직에 대한 현장조사를 통해 요인분석한 이론이다.
  - 인간의 욕구를 생존욕구(Existence needs), 관계욕구(Relation needs), 성장욕구(Growth needs)로 구분한다.
  ㉡ 알더퍼의 욕구 분류

구분	알더퍼 ERG	매슬로우 욕구 5단계
E	생존욕구	생리적 욕구, 안전욕구
R	관계욕구	사회적 욕구, 존경의 욕구
G	성장욕구	자아실현의 욕구

45
레빈(Lewin)의 인간행동에 관한 공식은?

① $B=f(P\cdot E)$
② $B=f(P\cdot B)$
③ $B=E(P\cdot f)$
④ $B=f(B\cdot E)$

해설
- 레빈의 인간행동에서 행동 $B=f(P\cdot E)$로 이루어진다. 즉, 인간의 행동은 개인(P)과 환경(E)의 상호 함수관계에 있다고 할 수 있다.
- 레빈(Lewin,K)의 법칙
  - 행동 $B=f(P\cdot E)$로 이루어진다. 즉, 인간의 행동은 개인(P)과 환경(E)의 상호 함수관계에 있다고 할 수 있다.
  - B는 인간의 행동(Behavior)을 말한다.
  - f는 동기부여를 포함한 함수(Function)이다.
  - P는 Person 즉, 개체(소질)로 연령, 지능, 경험 등을 의미한다.
  - E는 Environment 즉, 심리적 환경(인간관계, 작업환경-조명, 소음, 온도 등)을 의미한다.

46
Max Weber가 제시한 관료주의 조직을 움직이는 4가지 기본원칙으로 틀린 것은?

① 구조
② 노동의 분업
③ 권한의 통제
④ 통제의 범위

해설
- ③에서 막스 웨버는 부서장들의 권한 일부를 수직적으로 위임하도록 했다.
- 막스 웨버 (Max Weber)의 관료주의 4가지 기본원칙
  - 구조 : 산업화 초기의 비규범적 조직운영을 체계화하였으며, 법과 규정에 의한 운영으로 예측 가능한 조직운영을 가정한다.
  - 노동의 분업 : 노동의 분업화를 전제로 조직을 구성한다.
  - 통제의 범위 : 하부조직과 인원을 적절한 크기가 되도록 가정한다.
  - 권한의 위임 : 부서장들의 권한 일부를 수직적으로 위임하도록 했다.

47
집단역학에 있어 구성원 상호간의 선호도를 기초로 집단 내부에서 발생하는 상호관계를 분석하는 기법을 무엇이라 하는가?

① 갈등 관리
② 소시오메트리
③ 시너지 효과
④ 집단의 응집력

해설
- ①은 집단 내 갈등의 바람직한 방향을 설정하고, 그쪽으로 유도하는 것을 말한다.
- ③은 2개 이상의 요소들이 서로 상호작용을 하여 발생하는 효과를 말한다.
- ④는 집단구성원들이 서로에게 매력적으로 끌리어 그 집단목표를 효율적으로 달성하는 힘을 말한다.
- 소시오메트리(Sociometry)
  - 집단 구성원 간의 물리적, 심리적 거리를 측정하는 방법이다.
  - 구성원 상호 간의 선호도를 기초로 집단 내부의 동태적 선호관계를 분석하는 방법으로 많이 사용한다.

48
인간의 불안전행동을 예방하기 위해 Harvey에 의해 제안된 안전대책의 3E에 해당하지 않는 것은?

① Education
② Enforcement
③ Engineering
④ Environment

해설
- 하베이의 안전시정책은 교육(Education)적, 기술(Engineering)적, 관리(Enforcement)적 대책으로 구성된다.
- 하베이(Harvey)의 안전대책 선정의 원칙 3E

교육(Education)적 대책	안전교육 및 훈련 대책
기술(Engineering)적 대책	시설 장비 및 기준의 개선 대책
관리(Enforcement)적 대책	안전 감독의 철저 등의 대책

49
재해 발생에 관한 하인리히(H.W. Heinrich)의 도미노 이론에서 제시된 5가지 요인에 해당하지 않는 것은?

① 제어의 부족
② 개인적 결함
③ 불안전한 행동 및 상태
④ 유전 및 사회 환경적 요인

해설
- ①은 버더의 신연쇄성 이론의 1단계에 해당한다.
- 하인리히의 사고연쇄반응(도미노) 이론
  - 3단계 불안전한 행동 및 불안전한 상태가 재해의 직접원인으로 작용하므로 사고를 예방하기 위한 관리 활동들이 가장 효과적으로 적용될 수 있다고 보았다.

1단계	사회적 환경 및 유전적 요소
2단계	개인적인 결함
3단계	불안전한 행동 및 불안전한 상태
4단계	사고
5단계	재해

50

휴먼 에러로 이어지는 배경원인이 아닌 것은?

① 인간(Man)
② 매체(Media)
③ 관리(Management)
④ 재료(Material)

해설

- 재해발생 기본원인에 해당하는 4M은 Man, Machine, Media, Management를 말한다.

∷ 재해발생 기본원인 - 4M

㉠ 개요
- 재해의 연쇄관계를 분석하는 기본 검토요인으로 인간과오(Human-Error)와 관련된다.
- Man, Machine, Media, Management를 말한다.

㉡ 4M의 내용

Man	• 인간적 요인을 말한다. • 심리적(망각, 무의식, 착오 등), 생리적(피로, 질병, 수면부족 등) 원인 등이 있다.
Machine	• 기계적 요인을 말한다. • 기계, 설비의 설계상의 결함, 점검이나 정비의 결함, 위험방호의 불량 등이 있다.
Media	• 인간과 기계를 연결하는 매개체로 작업적 요인을 말한다. • 작업의 정보, 작업방법, 작업환경, 작업순서 등이 있다.
Management	• 관리적 요인을 말한다. • 안전관리조직, 관리규정, 안전교육의 미흡 등이 있다.

51

선택반응시간(Hick의 법칙)과 동작시간(Fitts의 법칙)의 공식에 대한 설명으로 옳은 것은?

- 선택반응시간 $= a + b\log_2 N$
- 동작시간 $= a + b\log_2\left(\dfrac{2A}{W}\right)$

① N은 자극과 반응의 수, A는 목표물의 너비, W는 움직인 거리를 나타낸다.
② N은 감각기관의 수, A는 목표물의 너비, W는 움직인 거리를 나타낸다.
③ N은 자극과 반응의 수, A는 움직인 거리, W는 목표물의 너비를 나타낸다.
④ N은 감각기관의 수, A는 움직인 거리, W는 목표물의 너비를 나타낸다.

해설

- N은 자극과 반응의 수이고, A와 W는 운동거리와 목표물과의 거리를 의미한다.

∷ Hick-Hyman의 법칙
- 운전원이 신호를 보고 어떤 장치를 조작해야 할지를 결정하기까지 걸리는 시간을 예측할 수 있다.
- 예상치 못한 자극에 대한 일반적인 반응시간은 대안이 2배 증가할 때마다 약 0.15초(150ms) 정도가 증가한다.
- 선택반응시간은 자극 정보량의 선형함수로 $RT = a + b\log_2 N$로 구한다. 이때 a와 b는 상수, N은 자극과 반응의 수이다.

∷ Fitts의 법칙
- 인간의 제어 및 조정능력을 나타내는 법칙으로 인간의 손이나 발을 이동시켜 조작장치를 조작하는 데 걸리는 시간을 표적까지의 거리와 표적 크기의 함수로 나타낸다.
- 표적이 작고 이동거리가 길수록 이동시간이 증가한다.
- 자동차 가속 페달과 브레이크 페달 간의 간격, 브레이크 폭 등을 결정하는데 사용할 수 있는 가장 적합한 인간공학 이론이다.
- 난이도 지수는 $\log_2\left(\dfrac{2A}{W}\right)$로 구한다.
- 동작시간 $= a + b\log_2\left(\dfrac{2A}{W}\right)$[ms]로 구한다. 이때 a와 b는 단순반응시간, 선택반응시간, A는 동작거리, W는 목표물의 폭이다.

52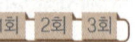

연평균 작업자수가 2,000명인 회사에서 1년에 중상해 1명과 경상해 1명이 발생하였다. 연천인율은 얼마인가?

① 0.5
② 1
③ 2
④ 4

해설

- 연천인율은 근로자 1천명당 1년간 발생한 재해자의 수이므로 2,000명이 근무하는 공장에서 2명의 재해자가 발생했으므로 $\dfrac{2}{2,000} \times 1,000 = 1$이 된다.

∷ 연천인율
- 근로자 1,000명당 1년 동안 발생하는 재해자 수의 비율을 의미한다.

53

작업수행에 의해 발생하는 피로를 방지, 경감시키고 효율적으로 회복시키는 방법으로 틀린 것은?

① 동일한 작업을 될 수 있는 한 적은 에너지로 수행할 수 있도록 한다.
② 정적 근작업을 하도록 하여 작업자의 에너지소비를 될 수 있는 한 줄인다.
③ 작업속도나 작업의 정확도가 작업자에게 너무 과중하게 되지 않도록 한다.
④ 작업방법을 개선하여 무리한 자세로 작업이 진행되지 않도록 하고 특히 정적 근작업을 배제한다.

해설
- 피로를 줄이기 위해서는 동적동작을 확대하고, 정적동작을 축소해야 한다.
- 작업에 수반되는 피로를 줄이기 위한 대책
  - 작업부하의 경감
  - 작업속도와 작업량의 조절
  - 동적동작 확대, 정적동작 축소
  - 작업 및 휴식시간의 조절
  - 교대제 시행

54

리더십의 유형에 따라 나타나는 특징에 대한 설명으로 틀린 것은?

① 권위주의적 리더십 - 리더에 의해 모든 정책이 결정된다.
② 권위주의적 리더십 - 각 구성원의 업적을 평가할 때 주관적이기 쉽다.
③ 민주적 리더십 - 모든 정책은 리더에 의해 지원을 받는 집단토론식으로 결정된다.
④ 민주적 리더십 - 리더는 보통 과업과 그 과업을 함께 수행할 구성원을 지정해 준다.

해설
- ④는 권위주의적 리더십의 특징에 해당된다.
- 민주적 리더십
  - 인관관계를 중심에 놓는다(부하 중심적).
  - 맥그리거의 Y 이론에 근거를 둔다.
  - 리더의 지원에 의한 집단 토론식 결정을 한다.
  - 조직원의 적극적인 참여와 자율성을 강조한다.
  - 조직원의 창의성을 개발할 수 있다.
  - 생산성과 사기가 높게 나타난다.
  - 구성원 간의 상호관계가 원만하다.

55

인간오류확률 추정 기법 중 초기 사건을 이원적(binary) 의사결정(성공 또는 실패) 가지들로 모형화하고, 이 이후의 사건들의 확률은 모두 선행 사건에 대한 조건부 확률을 부여하여 이원적 의사결정 가지들로 분지해 나가는 방법은?

① 결함 나무 분석(Fault Tree Analysis)
② 조작자 행동 나무(Operator Action Tree)
③ 인간오류 시뮬레이터(Human Error Simulator)
④ 인간실수율 예측기법(Technique for Human Error Rate Prediction)

해설
- ①은 간단한 FT도의 작성을 통해 연역적 방법으로 원인을 규명하며, 재해의 정량적 예측이 가능한 분석방법이다.
- ②는 위급직무의 순서에 초점을 맞추어 조작자 행동나무를 구성하고, 이를 사용하여 사건의 위급경로에서의 조작자의 역할을 분석하는 기법이다.
- ③은 시뮬레이션 도구와 전통적인 HRA 방법을 이용해 인간의 행동을 모델링하고 오류 확률을 예측하는 인간 신뢰도 분석방법이다.

THERP(Technique for Human Error Rate Prediction)
- 1963년 Swain 등에 의해 개발된 것으로 인간-시스템에 있어서 휴먼 에러와 그로 인해 발생할 수 있는 오류확률을 예측하는 정량적 인간신뢰도 분석기법이다.
- 인간오류율예측기법이라고도 하는 대표적인 인간실수확률에 대한 추정기법이다.
- Tree구조와 비슷한 그림을 이용하며, 사건들을 일련의 2지(binary) 의사결정 분지(分枝)들로 모형화 하여 직무의 올바른 수행여부를 확률적으로 부여함으로 에러율을 추정하는 기법이다.
- 사고원인 가운데 인간의 과오에 기인된 원인 분석, 확률을 계산함으로써 제품의 결함을 감소시키고, 인간공학적 대책을 수립하는데 사용되는 분석기법이다.
- 인간의 과오를 정량적으로 평가하기 위한 기법으로서 인간의 과오율 추정법 등 5개의 스텝으로 되어 있다.

56
인간 오류에 관한 일반 설계기법 중 오류를 범할 수 없도록 사물을 설계하는 기법은?

① Fail-Safe 설계
② Interlock 설계
③ Exclusion 설계
④ Prevention 설계

해설
- ①은 인간의 실수 혹은 기계 고장이 발생하더라도 사고가 일어나지 않도록 설계방법이다.
- ②는 Fool proof의 한 방법으로 작동하기 위한 조건이 만족되지 않을 경우 자동적으로 그 기계를 작동할 수 없도록 하는 것을 말한다.
- ④는 Fool proof와 같이 사용자의 실수가 있더라도 사고가 일어나지 않도록 하는 설계방법이다.

휴먼 에러 방지의 3가지 설계기법
- 배타설계(exclusion design) : 설계시 휴먼 에러가 발생할 수 있는 요소를 근본적으로 제거하는 설계
- 보호설계(prevention design) : Fool proof와 같이 사용자의 실수가 있더라도 사고가 일어나지 않도록 하는 설계
- 안전설계(fail-safe design) : 인간의 실수 혹은 기계 고장이 발생하더라도 사고가 일어나지 않도록 설계

57
인간 신뢰도에 대한 설명으로 옳은 것은?

① 반복되는 이산적 직무에서 인간실수확률은 단위시간당 실패수로 표현된다.
② 인간 신뢰도는 인간의 성능이 특정한 기간 동안 실수를 범하지 않을 확률로 정의된다.
③ THERP는 완전 독립에서 완전 정(正)종속까지의 비연속을 종속정도에 따라 3수준으로 분류하여 직무의 종속성을 고려한다.
④ 연속적 직무에서 인간의 실수율이 불변(stationary)이고, 실수과정이 과거와 무관(independent)하다면 실수과정은 베르누이과정으로 묘사된다.

해설
- 인간 신뢰도는 과오가 발생할 수 있는 가능 수에서 실제 발생한 과오의 수로 계산한다. 즉, 일정 기간 동안 실수를 범하지 않을 확률이 인간 신뢰도이다.

인간실수확률(HEP : Human Error Probability)
- 시작과 끝을 가지는 직무에 근무할 때 인간 신뢰도의 기본단위이다.
- 과오가 발생할 수 있는 가능 수에서 실제 발생한 과오의 수로 계산한다.
- $\dfrac{\text{실제발생 과오의 수}}{\text{과오발생 가능 수}}$ 로 구한다.

58
인간이 장시간 주의를 집중하지 못하는 것은 주의의 어떤 특성 때문인가?

① 선택성
② 방향성
③ 변동성
④ 배칭성

해설
- ①은 일반적으로 동시에 2개 방향에 집중하지 못한다.
- ②는 한 곳에 주의력을 집중하면 다른 곳의 주의력은 약해진다.
- ④에서 주의는 선택성, 방향성, 변동성을 갖는다.

주의(Attention)의 특성

선택성	여러 자극을 지각할 때 소수의 현란한 자극에 선택적 주의를 기울이는 경향으로 한 번에 많은 종류의 자극을 수용하기 어려움을 말한다.
방향성	한 지점에 주의를 집중하면 다른 곳의 주의가 약해지는 성질을 말한다.
변동성	장시간 주의를 집중하려 해도 주기적으로 부주의의 리듬이 존재한다는 것을 말한다.
일점 집중성	돌발 사태를 만나면 공포와 함께 주의가 일점에 집중되어 판단불능의 상태에 빠지는 것을 말한다.

59
미국 국립산업안전보건연구원(NIOSH)에서 제안한 직무 스트레스 요인에 해당하지 않는 것은?

① 성능 요인
② 환경 요인
③ 작업 요인
④ 조직 요인

해설
- NIOSH 직무 스트레스 요인에는 작업 요인, 조직 요인, 환경 요인이 있다.

NIOSH 직무 스트레스 요인

작업 요인	작업 부하, 작업 속도, 교대 근무 등
조직 요인	역할갈등, 관리유형, 의사결정참여, 고용불확실 등
환경 요인	온도, 진동, 소음, 조명 등

60
스트레스에 관한 설명으로 옳지 않은 것은?

① 스트레스 수준은 작업성과의 정비례의 관계에 있다.
② 위협적인 환경특성에 대한 개인의 반응이라고 볼 수 있다.
③ 적정수준의 스트레스는 작업성과에 긍정적으로 작용한다.
④ 지나친 스트레스를 지속적으로 받으면 인체는 자기조절 능력을 상실할 수 있다.

해설
- 스트레스는 너무 많아도, 너무 적어도 문제이다. 즉, 스트레스 수준과 작업성은 정비례하지 않는다.

스트레스
- 위협적인 환경특성에 대한 개인의 반응이라고 볼 수 있다.
- 코티졸(cortisol)은 스트레스를 받을 때 몸에서 생성되는 호르몬으로 스트레스 정도를 파악하는데 사용된다.
- 스트레스는 근골격계 질환에 영향을 줄 수 있다.
- 스트레스를 받게 되면 자율 신경계가 활성화 된다.
- 적정수준의 스트레스는 작업성과에 긍정적으로 작용한다(스트레스 수준과 수행은 역U자형의 관계를 갖는다).
- 지나친 스트레스를 지속적으로 받으면 인체는 자기조절능력을 상실할 수 있다.
- 일반적으로 내적 통제자들은 외적 통제자들보다 스트레스를 적게 받는다.
- A형 성격을 가진 사람이 B형 성격을 가진 사람보다 높은 스트레스를 받을 가능성이 있다.

4과목 근골격계질환 예방을 위한 작업관리

61
다음 중 파레토 차트에 관한 설명으로 틀린 것은?

① 재고관리에서는 ABC 곡선으로 부르기도 한다.
② 20% 정도에 해당하는 중요한 항목을 찾아낸 것이 목적이다.
③ 불량이나 사고의 원인이 되는 중요한 항목을 찾아 관리하기 위함이다.
④ 작성 방법은 빈도수가 낮은 항목부터 큰 항목 순으로 차례대로 나열하고, 항목별 점유비율과 누적비율을 구한다.

해설
- ④에서 파레토도는 가장 큰 값부터 순서대로 나열하며, 기타항목은 맨 오른쪽에 배치한다.

파레토도
문제 42번의 유형별 핵심이론 참조

62
유해요인조사도구 중 JSI(Job Strain Index)의 평가 항목에 해당하지 않는 것은?

① 손/손목의 자세
② 1일 작업의 생산량
③ 힘을 발휘하는 강도
④ 힘을 발휘하는 지속시간

해설
- ②에서 1일 작업의 생산량이 아니라 지속시간이 되어야 한다.

JSI(Job Strain Index) 실기 2401
- 손, 손목, 팔꿈치 등 상지의 말단을 주로 사용하는 작업 관련성 근골격계 질환의 위험을 평가하기 위한 평가도구이다.
- 평가에 사용되는 6항목에는 강도, 지속시간, 분당 힘의 발휘, 손/손목의 자세, 작업속도, 1일 작업의 지속시간이다.
- 작업의 재설계 등을 검토할 때에 이용한다.

63
근골격계 질환 예방을 위한 바람직한 관리적 개선 방안으로 볼 수 없는 것은?

① 규칙적이고 적절한 휴식을 통하여 피로의 누적을 예방한다.
② 작업 확대를 통하여 한 작업자가 할 수 있는 일의 다양성을 넓힌다.
③ 전문적인 스트레칭과 체조 등을 교육하고 작업 중 수시로 실시하도록 유도한다.
④ 중량물 운반 등 특정 작업에 적합한 작업자를 선별하여 상대적 위험도를 경감시킨다.

해설
- ④에서 중량물 운반 등의 업무는 동력적인 장치를 이용하는 공학적 개선이 바람직하다.

작업개선안 도출 실기 1401/1603/1801/1901/2003/2201/2302/2403

- 가장 우선적이고 근본적인 문제해결책은 문제가 되는 작업을 제거하는 데 있다.
- 1차적으로는 공학적 개선으로 위험요인의 제거 혹은 위험성의 직접적인 감소를 위해 작업장 여건을 개선한다.
- 2차적으로는 관리적 개선으로 작업순환, 작업교대, 휴식시간 설계, 인원 보충 등 자원의 효율적인 분배와 관련된다.

공학적 개선안	• 작업자의 신체에 맞는 작업장 개선(작업공구 개선, 작업대 높이 조절, 중량물 운반 시 기계장치 사용, 단순반복 작업에 로봇 사용, 작업장 바닥 개선, 작업장 재배열) • 작업자세 및 작업방법 개선
관리적 개선안	• 작업순환, 작업교대 • 작업습관 변화 • 작업속도 조절 및 휴식시간 설계 • 인원 보충(추가 작업자 선발, 교육 및 훈련, 적성에 맞는 배치) • 위험표지 부착

64 2003

적절한 입식작업대 높이에 대한 설명으로 옳은 것은?

① 일반적으로 어깨 높이를 기준으로 한다.
② 작업자의 체격에 따라 작업대의 높이가 조정 가능하도록 하는 것이 좋다.
③ 미세부품 조립과 같은 섬세한 작업일수록 작업대의 높이는 낮아야 한다.
④ 일반적인 조립라인이나 기계 작업 시에는 팔꿈치 높이보다 5~10cm 높아야 한다.

해설
- ①에서 입식 작업대의 기준은 팔꿈치이다.
- ③에서 미세부품 조립과 같은 정밀한 작업일수록 작업대의 높이는 높아야 한다.
- ④에서 일반적인 조립라인이나 기계 작업 시에는 팔꿈치 높이보다 5~10cm 낮게 해야 한다.

서서하는 작업대 높이
- 서서하는 작업대의 높이는 높낮이 조절이 가능하여야 하며, 작업대의 높이는 팔꿈치를 기준으로 한다.
- 정밀작업의 경우 팔꿈치 높이보다 약간(5~15cm) 높게 한다.
- 경작업의 경우 팔꿈치 높이보다 5~10cm 낮게 한다.
- 중작업의 경우 팔꿈치 높이보다 10~30cm 낮게 한다.
- 정밀한 작업이나 장기간 수행하여야 하는 작업은 좌식 작업대가 바람직하다.

65

손동작(manual operation)을 목적에 따라 효율적과 비효율적인 기본 동작으로 구분한 것은?

① task
② motion
③ process
④ therblig

해설
- ①은 컴퓨터에서 작업단위의 실행 단위로 사용되는 개념이다.
- ②는 행동분석에서 대상이 되는 행동을 말한다.
- ③은 일의 과정이나 공정을 말한다.

서블릭(Therblig) 실기 1303/2001/2003/2201/2203/2301
- 동작 단위 중 손의 움직임과 관련된 동작을 분석하기 위해 만든 개념이다.
- 길브레스(Gilbreth) 부부가 제안한 것으로 그들의 성을 거꾸로 해서 만든 것이다.
- 작업 시 동작분석과정에서 시간은 스톱워치로 측정한다.
- 카메라 분석을 통하여 파악할 수 있다.
- 18개의 동작 중 17가지만 기호로 이용된다.

효율적 서블릭	• 기본동작 : 빈손이동(TE), 쥐기(G), 운반(TL), 내려놓기(RL), 미리놓기(PP) • 동작목적 : 조립(A), 사용(U), 분해(DA)
비효율적 서블릭	• (반)정신적 : 찾기(SH), 고르기(ST), 검사(I), 바로놓기(P), 계획(Pn) • 정체 : 휴식(R), 피할 수 있는 지연(AD), 잡고있기(H), 불가피한 지연(UD)

66 1303

SEARCH 원칙에 대한 내용으로 틀린 것은?

① Composition : 구성
② How often : 얼마나 자주
③ After sequence : 순서의 변경
④ Simplify opertion : 작업의 단순화

해설
- C는 Combine operations으로 작업의 결합을 의미한다.

SEARCH 원칙 실기 2201
- S(Simplify operations) : 단순화
- E(Eliminate unnecessary work and material) : 불필요한 작업, 자재 제거
- A(Alter sequence) : 순서의 변경
- R(Requirement) : 요구조건
- C(Combine operations) : 작업의 결합
- H(How often) : 얼마나 자주

67 다음 중 동작경제의 원칙의 3가지 범주에 들어가지 않은 것은?

① 작업개선의 원칙
② 신체의 사용에 관한 원칙
③ 작업장의 배치에 관한 원칙
④ 공구 및 설비의 디자인에 관한 원칙

해설
- 동작경제의 원칙은 신체사용의 원칙, 작업장 배치의 원칙, 공구 및 설비 디자인의 원칙으로 분류된다.
- **동작경제의 원칙** 실기 1903/2103/2203
  ㉠ 개요
  - 작업자가 경제적인 동작을 통해 피로도를 감소시키면서도 능률을 향상시키게 하기 위한 원칙이다.
  - 신체사용의 원칙, 작업장 배치의 원칙, 공구 및 설비 디자인의 원칙으로 분류된다.
  - 동작을 가급적 조합하여 하나의 동작으로 한다.
  - 동작의 수는 줄이고, 동작의 속도는 적당히 한다.
  ㉡ 신체사용의 원칙 실기 2301
  - 두 손의 동작은 동시에 시작해서 동시에 끝나야 한다.
  - 휴식시간을 제외하고는 양손이 같이 쉬게 해서는 안 된다.
  - 손의 동작은 유연하고 연속적인 동작이어야 한다.
  - 동작이 급작스럽게 크게 바뀌는 직선 동작은 피해야 한다.
  - 두 팔의 동작은 동시에 서로 반대방향으로 대칭적으로 움직이도록 한다.
  - 탄도동작(Ballistics Movements)은 제한되거나 통제된 동작보다 더 신속하고 정확하다.
  ㉢ 작업장 배치의 원칙 실기 1303/1701/2001/2002/2303/2402
  - 가능하다면 낙하식 운반 방법을 이용한다.
  - 작업이 용이하도록 적절한 조명을 비추어 준다.
  - 공구나 재료는 작업동작이 원활하게 수행하도록 그 위치를 정해준다.
  - 공구, 재료 및 제어장치는 사용하기 가까운 곳에 배치해야 한다.
  ㉣ 공구 및 설비 디자인의 원칙 실기 1703
  - 치구나 족답장치를 이용하여 양손이 다른 일을 할 수 있도록 한다.
  - 공구의 기능을 결합하여 사용하도록 한다.
  - 타자 칠 때와 같이 각 손가락이 서로 다른 작업을 할 때에는 작업량을 각 손가락의 능력에 맞게 배분해야 한다.

68 작업관리에 관한 설명으로 틀린 것은?

① Gilbreth 부부는 적은 노력으로 최대의 성과를 짧은 시간에 이룰 수 있는 작업방법을 연구한 동작연구(Motion Study)의 창시자로 알려져 있다.
② Taylor(Frederick W. Taylor)는 벽돌 쌓기 작업을 대상으로 작업방법과 작업도구를 개선하였으며 이를 발전시켜 과학적 관리법을 주장하였다.
③ 작업관리는 생산성 향상을 목적으로 경제적인 작업방법을 연구하는 작업연구와 표준작업시간을 결정하기 위한 작업측정으로 구분할 수 있다.
④ Hawthorn의 실험결과는 작업장의 물리적 조건보다는 인간관계와 같은 사회적 조건이 생산성에 더 큰 영향을 준다는 사실에 관심을 갖도록 한 시발점이 되었다.

해설
- ②는 Gilbreth 부부가 주장한 내용이다.
- **길브레스(Gilbreth) 부부와 서블릭(Therblig) 분석** 실기 1903/2401
  ㉠ 길브레스(Gilbreth) 부부
  - 인간의 작업행동을 분석하는데서 출발하였다.
  - 작업자의 동작을 분석하기 위해 카메라를 이용한 필름분석을 하였다.
  - 인간의 18가지 동작원소를 서블릭 기호로 표기했다.
  - 벽돌 쌓기 작업을 대상으로 작업방법과 작업도구를 개선하였으며 이를 발전시켜 과학적 관리법을 주장하였다.
  ㉡ 서블릭 분석
  - 기호를 사용하여 작업자의 작업을 18개 정도의 기본동작으로 나누어 분석표를 작성하고, 이들을 다시 총괄표에 정리하여 작업개선의 착안점을 찾아내는 데 이용되는 분석방법이다.
  - 주기기간이 긴 작업의 동작분석에 주로 이용된다.

69 워크 샘플링 조사에서 초기 idle rate가 0.05라면, 99% 신뢰도를 위한 워크 샘플링 횟수는 약 몇 회인가?(단, $z_{0.005}$는 2.580이다)

① 1,232   ② 2,557
③ 3,060   ④ 3,162

해설
- idle rate가 0.05이므로 p는 0.05이고, $1-p$는 0.95가 된다.
- $Z_{0.005}$가 2.58이므로 z는 2.58이 된다. 허용오차 e는 99% 신뢰도이므로 $1-0.99=0.01$이 된다.
- 대입하면 $N=(2.58/0.01)^2 \times 0.05(0.95)=3,161.79$이다.

워크 샘플링 횟수
- 필요한 관측수 $N=(z/e)^2 \times p(1-p)$로 구한다. 이때 z는 표준편차수이며, e는 허용오차로 상대오차×관측비율로 구할 수 있다. p는 표본비율로 표본의 발생횟수를 관측횟수로 나눠서 구할 수 있다.

70
A공장의 한 컨베이어 라인에는 5개의 작업공정으로 이루어져 있다. 각 작업공정의 작업시간이 다음과 같을 때 이 공정의 균형효율은 약 얼마인가?(단, 작업은 작업자 1명이 맡고 있다)

㉠	→	㉡	→	㉢	→	㉣	→	㉤
5분		7분		6분		6분		3분

① 21.86% ② 22.86%
③ 78.14% ④ 77.14%

해설
- 주기시간은 7분, 작업수는 5개, 총작업시간은 27분, 총유휴시간은 $35-27=8$분, 공정효율은 $27/35=0.7714$, 공정손실은 $8/35=0.2286$이다.

주기시간과 공정효율 실기 1403/1503/1801/2001/2003/2101/2302/2402
- 주기시간은 작업시간이 가장 오래 걸리는 애로공정의 작업시간을 말한다.
- 애로작업이란 작업시간이 가장 긴 작업을 말한다.
- 공정효율은 총작업시간/(작업수×주기시간)으로 구한다.
- 총유휴시간은 (작업수×주기시간)-(총작업시간)이다.
- 공정손실은 총유휴시간/(작업수×주기시간)으로 구한다.
- 공정효율과 공정손실의 합은 1이다.

71
관측 평균시간이 5분, 레이팅 계수가 120%, 여유시간이 0.4분인 작업에서 제품의 개당 표준시간과 여유율(%)을 내경법에 의하여 구하면 각각 얼마인가?

① 4.5분, 2.20% ② 6.4분, 6.25%
③ 8.5분, 7.25% ④ 9.7분, 10.25%

해설
- 정미시간은 $5 \times 120\% = 5 \times 1.2 = 6$분이다.
- 표준시간=정미시간+여유시간=6분+0.4분=6.4분이 된다.
- 여유율=0.4/6.4=0.0625가 된다.

표준시간 실기 1501/1503/1603/1703/2002/2003/2103/2402/2403

㉠ 개요
- 8시간의 정상작업을 기준으로 하여 일정한 작업조건에서 일정한 방법에 따라 보통 정도의 작업자가 정상적인 속도로 작업을 수행하는데 걸리는 시간을 말한다.
- 표준시간 측정에 사용하는 DM(decimal minute)은 1DM이 0.6초이다.
- 표준시간은 정미시간+여유시간으로 구한다.
- 정미시간은 관측시간의 평균치×R(레이팅 계수)로 구한다.
- 객관적 레이팅에서의 표준시간=관측 평균시간×(1차 평가계수)×(1+2차 조정계수)×(1+여유율)로 구한다.
- 외경법의 경우 표준시간=정미시간×(1+여유율)로 구한다.
- 내경법의 경우 표준시간=정미시간/(1-여유율)로 구한다.

㉡ 여유율
- 외경법은 작업여유율=여유시간/정미시간(근무시간-여유시간)을 적용한다.
- 내경법은 근무여유율=여유시간/근무시간(정미시간+여유시간)을 적용한다.

72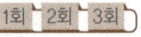
공정도에 사용되는 공정도 기호인 "○"으로 표시하기에 가장 적합한 것은?

① 작업 대상물을 다른 장소로 옮길 때
② 작업 대상물이 분해되거나 조립할 때
③ 작업 대상물을 지정된 장소에 보관할 때
④ 작업 대상물이 올바르게 시행되었는지를 확인할 때

해설
- ①은 /⇨, ③은 ▽, ④는 □를 사용한다.

공정분석 시 사용되는 공정도시기호 실기 1401/2001

□	가공물의 수량 검사
D	가공물의 지체를 표시
/⇨	가공물의 이동
▽	가공물의 저장(보관)
○	가공물의 가공작업
◇	가공물의 품질 검사

73

사람이 행하는 작업을 기본 동작으로 분류하고, 각 기본 동작들은 동작의 성질과 조건에 따라 이미 정해진 기준 시간을 적용하여 전체 작업의 정미시간을 구하는 방법은?

① PTS 법
② Rating 법
③ Therblig 법
④ Work Sampling 법

해설
- ②는 작업자의 페이스를 정상작업 페이스와 비교하여 관측평균시간치를 보정해 주는 방법을 말한다.
- ③은 기호를 사용하여 작업자의 작업을 18개 정도의 기본동작으로 나누어 분석표를 작성하고, 이들을 다시 총괄표에 정리하여 작업 개선의 착안점을 찾아내는 데 이용되는 동작분석방법이다.
- ④는 표본의 크기가 충분히 크다면 모집단의 분포와 일치한다는 통계적 이론에 근거하여 인간 활동이나 기계의 가동상황 등을 무작위로 관측하여 측정하는 표준시간 측정방법이다.

■ PTS(Predeterrminrd Time Standard) 기법
  ㉠ 개요
   - 사람이 행하는 작업을 기본 동작으로 분류하고, 각 기본 동작들은 동작의 성질과 조건에 따라 이미 정해진 기준 시간을 적용하여 전체 작업의 정미시간을 구하는 방법이다.
   - 다양한 방법이 있으나 Work Factor와 MTM 기법이 많이 이용된다.
  ㉡ 특징
   - 작업자수행도평가(Performance rating)가 필요 없다.
   - 작업동작은 한정된 종류의 기본요소동작으로 구성된다는 가정을 전제로 한다.
   - 작업방법과 작업시간을 분리하여 동시에 연구할 수 있다.
   - 작업방법만 알고 있으면 관측을 행하지 않고도 표준시간을 알 수 있다.
   - 작업자의 능력이나 노력에 관계없이 객관적이고 공평한 작업 표준시간 설정으로 높은 생산성을 기대할 수 있다.
   - 작업측정 시 스톱위치 등과 같은 기구가 필요 없다.
   - 전문적인 교육을 받는 전문가가 아니면 활용이 어렵다.
   - 표준자료 작성에 시간과 비용이 많이 소모되며, 교육과 훈련비용이 크다.

74

근골격계 질환 예방관리 프로그램의 기본 원칙에 속하지 않는 것은?

① 인식의 원칙
② 시스템 접근의 원칙
③ 일시적인 문제 해결의 원칙
④ 사업장 내 자율적 해결 원칙

해설
- ①, ②, ④ 외에 문서화의 원칙, 전사적 지원 원칙, 지속성 및 사후 평가의 원칙, 노사 공동참여의 원칙 등이 있다.

■ 근골격계 질환 예방관리 프로그램의 적용을 위한 기본원칙
  - 인식의 원칙 : 가장 중요한 것은 최고 경영자의 의지
  - 노사 공동참여의 원칙
  - 전사적 지원 원칙
  - 사업장 내 자율적 해결원칙
  - 시스템 접근의 원칙
  - 지속성 및 사후 평가의 원칙
  - 문서화의 원칙

75

상완, 전완, 손목을 그룹을 A로 목, 상체, 다리를 그룹 B로 나누어 측정, 평가하는 유해요인의 평가기법은?

① RULA(Rapid Upper Limb Assessment)
② REBA(Rapid Entire Body Assessment)
③ OWAS(Ovako Working Posture Analysis System)
④ NIOSH 들기작업지침(Revised NIOSH Lifting Equation)

해설
- ②는 간호사 등과 같이 예측하기 힘든 다양한 자세에서 이루어지는 서비스업에서의 전체적인 신체에 대한 부담정도와 위해인자에 대한 노출정도를 분석하는데 적합하다.
- ③은 근력을 발휘하기에 부적절한 작업자세를 구별하기 위한 목적으로 개발된 평가도구이다.
- ④는 허리부위나 중량물취급 작업에 대한 유해요인의 주요 평가기법이다

■ RULA(Rapid Upper Limb Assessment)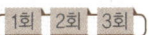
  - 어깨, 팔목, 손목, 목 등 상지에 초점을 맞추어 작업자세로 인한 작업 부하를 빠르고 상세하게 분석할 수 있는 근골격계 질환의 위험평가기법이다.
  - 상완, 전완, 손목을 그룹을 A로 목, 상체, 다리를 그룹 B로 나누어 측정, 평가한다.
  - VDT 작업, 자동차 공장의 컨베이어식 조립라인에서 선 자세에서 자동차 하부의 볼트를 조립하는 작업자의 측정에 적합하다.
  - 평가에 있어서 1~2점은 개선의 필요가 없음을, 3~4점은 계속적인 추가 관찰이 필요하고, 5~6점은 빠른 개선과 함께 작업위험요인의 분석이 요구되고, 7점의 경우는 정밀조사와 함께 즉시 개선이 필요하다고 평가한다.

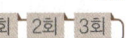

76

NIOSH Lifting Equation 평가에서 권장무게한계가 20kg이고, 현재 작업물의 무게가 23kg일 때, 들기지수(Lifting Index)의 값과 이에 대한 평가가 옳은 것은?

① 0.87, 요통의 발생위험이 높다.
② 0.87, 작업을 재설계할 필요가 있다.
③ 1.15, 요통의 발생위험이 높다.
④ 1.15, 작업을 재설계할 필요가 없다.

해설
- 권장무게한계 RWL이 20kg이고, 작업물의 무게가 23kg이면 들기지수 $LI = \dfrac{23}{20} = 1.15$이고 1을 초과하였으므로 요통 발생 위험이 높다고 판단할 수 있다.
- **NIOSH 들기지수(LI)** 실기 1503/1601/1603/1701/1801/1803/1901/2001/2002/2003/2201/2203/2301/2302/2403
  - NIOSH의 중량물 취급지수를 말한다.
  - 들기지수가 1을 초과하는 경우 추천 무게를 넘는 것으로 간주한다.
  - 40대 여성의 들기 능력의 50퍼센타일을 기준으로 하였다.
  - 물체의 무게(kg) / RWL(kg)으로 구한다. 이때 RWL은 추천 중량한계로 들기 편한 정도의 값이다.
  - RWL = 23kg×HM×VM×DM×AM×FM×CM으로 구한다(HM은 수평계수, VM은 수직계수, DM은 거리계수, AM은 비대칭성계수, FM은 빈도계수, CM은 결합계수를 의미한다).
  - RWL 계수는 0~1 사이의 값으로 1에 가까울수록 최적의 조건이 된다.

77

근골격계 질환 중 어깨 부위 질환이 아닌 것은?

① 외상과염(lateral epicondlitis)
② 극상근 건염(supraspinatus tendinitis)
③ 건봉하 점액낭염(subacromial bursitis)
④ 상완이두 건막염(biciptal tenosynovitis)

해설
- ①은 팔꿈치 부위의 인대에 염증이 생김으로써 발생하는 증상이다.
- **부위별 근골격계 질환** 실기 1403/2302
  - 목 : 근막통증 증후군, 경추부 염좌, 경추부 추간판탈출증
  - 어깨 : 근막통증 증후군, 회전근개 건염, 극상근 건염, 상완이두 건막염, 건봉하 점액낭염, 관절와순 손상
  - 팔꿈치 : 근막통증 증후군, 내·외상과염
  - 손 및 손목 : 수근관 증후군, 드퀘르베 건초염, 방아쇠 수지, 결절종, 가이언 증후군, 경겹증

78

근골격계 질환의 예방에서 단기적 관리방안으로 볼 수 없는 것은?

① 안전한 작업방법의 교육
② 작업자의 대한 휴식시간의 배려
③ 근골격계 질환 예방·관리 프로그램의 도입
④ 휴게실, 운동시설 등 기타 관리시설의 확충

해설
- ③은 장기적 관리방안에 해당된다.
- **근골격계 질환의 예방에서 단기적 관리방안**
  - 안전한 작업방법 교육
  - 교대 근무에 대한 고려
  - 작업자의 대한 휴식시간의 배려
  - 휴게실, 운동시설 등 기타 관리시설의 확충
  - 관리자, 작업자, 보건관리자 등에 인간공학 교육

79

다음 설명은 수행도 평가의 어느 방법을 설명한 것인가?

- 작업을 요소작업으로 구분한 후, 시간 연구를 통해 개별시간을 구한다.
- 요소작업 중 임의로 작업자 조절이 가능한 요소를 정한다.
- 선정된 작업에서 PTS 시스템 중 한 개를 적용하여 대응되는 시간치를 구한다.
- PTS 법에 의한 시간치와 관측시간 간의 비율을 구하여 레이팅 계수를 구한다.

① 속도평가법
② 객관적평가법
③ 합성평가법
④ 웨스팅하우스법

해설
- PTS법에 의해 시간치와 관측시간치의 비율을 구하는 방법은 합성평가법이다.

표준시간 산출 평정계수(Rating) 산정 기법(수행도 평가기법)
실기 1301/1403/1603/1803

평준화법(Leveling)/ Westinghouse법	숙련도, 노력, 작업환경, 일치성(Leveling)에 섬세도, 유효도, 작업태도별 항목별 평가를 추가(Westinghouse)하여 평가하는 기법
객관적 평가법 (Objective Rating)	1차로 표준속도와 비교한 평정계수를 구하고, 2차로 작업의 난이도와 특성을 반영하는 기법
속도평가법 (Speed Rating)	기업에서 정한 기준속도와 작업동작의 속도를 비교하여 작업동작의 지속 비율을 표시하는 방법
합성평가법 (Synthetic Rating)	관측된 작업 중에서 요소작업에 대한 대표치를 PTS법으로 분석하고, PTS에 의한 시간치와 관측시간치의 비율로 레이팅 계수를 산정하여 다른 요소작업에 적용시키는 Rating 기법

- 지지되지 않은 상태이거나 임의로 자세를 바꿀 수 없는 조건에서, 하루에 총 2시간 이상 목이나 허리를 구부리거나 트는 상태에서 이루어지는 작업
- 하루에 총 2시간 이상 쪼그리고 앉거나 무릎을 굽힌 자세에서 이루어지는 작업
- 하루에 총 2시간 이상 지지되지 않은 상태에서 1kg 이상의 물건을 한손의 손가락으로 집어 옮기거나, 2kg 이상에 상응하는 힘을 가하여 한손의 손가락으로 물건을 쥐는 작업
- 하루에 총 2시간 이상 지지되지 않은 상태에서 4.5kg 이상의 물건을 한 손으로 들거나 동일한 힘으로 쥐는 작업
- 하루에 10회 이상 25kg 이상의 물체를 드는 작업
- 하루에 25회 이상 10kg 이상의 물체를 무릎 아래에서 들거나, 어깨 위에서 들거나, 팔을 뻗은 상태에서 드는 작업
- 하루에 총 2시간 이상, 분당 2회 이상 4.5kg 이상의 물체를 드는 작업
- 하루에 총 2시간 이상 시간당 10회 이상 손 또는 무릎을 사용하여 반복적으로 충격을 가하는 작업

80

근골격계 질환을 유발시킬 수 있는 주요 부담작업에 대한 설명으로 맞는 것은?

① 충격 작업의 경우 분당 2회를 기준으로 한다.
② 단순 반복 작업은 대개 4시간을 기준으로 한다.
③ 들기 작업의 경우 10kg, 25kg이 기준무게로 사용된다.
④ 쥐기(grip)작업의 경우 쥐는 힘과 1kg과 4.5kg을 기준으로 사용한다.

해설
- ①에서 충격 작업은 하루에 총 2시간 이상 시간당 10회 이상 손 또는 무릎을 사용하여 반복적으로 충격을 가하는 작업을 기준으로 한다.
- ②에서 단순 방복 작업은 하루에 총 2시간 이상 목, 어깨, 팔꿈치, 손목 또는 손을 사용하여 같은 동작을 반복하는 작업을 기준으로 한다.
- ④에서 쥐기 작업은 2kg, 4.5kg을 기준으로 한다.

근골격계 부담작업 실기 1903/2001/2303
- 하루에 4시간 이상 집중적으로 자료입력 등을 위해 키보드 또는 마우스를 조작하는 작업
- 하루에 총 2시간 이상 목, 어깨, 팔꿈치, 손목 또는 손을 사용하여 같은 동작을 반복하는 작업
- 하루에 총 2시간 이상 머리 위에 손이 있거나, 팔꿈치가 어깨 위에 있거나, 팔꿈치를 몸통으로부터 들거나, 팔꿈치를 몸통뒤쪽에 위치하도록 하는 상태에서 이루어지는 작업

2018년 제3회

2018년 8월 19일

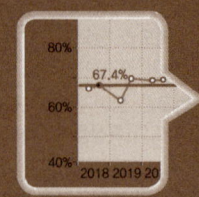
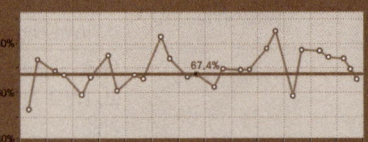

1과목 인간공학개론

01
시스템 평가 척도의 요건에 대한 설명으로 적절하지 않은 것은?

① 신뢰성 : 평가를 반복할 경우 일정한 결과를 얻을 수 있다.
② 실제성 : 현실성을 가지며, 실질적으로 이용하기 쉽다.
③ 타당성 : 측정하고자 하는 평가 척도가 시스템의 목표를 반영한다.
④ 무오염성 : 측정하고자 하는 변수 이외의 외적 변수에 영향을 받는다.

해설
- ④에서 무오염성은 기준 척도는 측정하고자 하는 변수 이외에 다른 변수의 영향을 받아서는 안 되는 척도를 말한다.
- 인간공학의 기준 척도

타당성 (적절성)	측정변수가 평가하고자 하는 바를 잘 반영해야 함
무오염성	측정변수가 다른 외적변수에 영향을 받지 않아야 함
신뢰성	비슷한 조건에서 일정 결과를 반복적으로 얻을 수 있어야 함
민감도	기대되는 정밀도로 측정 가능해야 함
실제성	현실성을 가지며, 실질적으로 이용하기 쉽다.

02
광도(luminous intensity)를 측정하는 단위는?

① lux
② candela
③ lumen
④ lambert

해설
- ①은 조도의 단위이다.
- ③은 광선속(luminous flux)의 크기를 나타내는 단위이다.
- ④는 휘도의 단위이다.
- 광도(Luminous intensity)
  - 광도는 광원에서 일정한 방향으로의 밝기를 말하며, 단위는 칸델라(cd)를 사용한다.
  - 지름이 2.54cm되는 촛불이 수평 방향으로 비칠 때의 빛의 광도를 나타낸다.
  - 1candela는 4πlumen에 해당한다.
  - 광속은 광원의 밝기를 말하며, 단위는 루멘(lm)을 사용한다.
  - 광도=조도×(거리)^{2}으로 구한다.

03
정신 작업 부하를 측정하는 척도로 적합하지 않은 것은?

① 심박수
② Cooper-Harper 축척(scale)
③ 주임무(primary task) 수행에 소요된 시간
④ 부임무(secondary task) 수행에 소요된 시간

해설
- ①은 육체작업의 생리학적 측정방법에 해당한다.
- 생리적 척도
  - 인간-기계 시스템을 평가하는데 사용하는 인간기준 척도 중 하나이다.
  - 중추신경계 활동에 관여하므로 그 활동 및 징후를 측정할 수 있다.
  - 정신적 작업부하 척도 가운데 직무수행 중에 계속해서 자료를 수집할 수 있고, 부수적인 활동이 필요 없는 장점을 가진 척도이다.
  - 정신작업의 생리적 척도는 EEG(수면뇌파), 동공반응, 부정맥, 점멸융합주파수, J.N.D(Just-Noticeable difference), 눈꺼풀 깜박임 수(blink rate), 뇌유발전위 등을 통해 확인할 수 있다.

- 육체작업의 생리적 척도는 EMG(근전도), 맥박수, 산소소비량, 작업량 등을 통해 확인할 수 있다.

04

기계가 인간보다 더 우수한 기능이 아닌 것은?(단, 인공지능은 제외한다)

① 자극에 대하여 연역적으로 추리한다.
② 이상하거나 예기치 못한 사건들을 감지한다.
③ 장시간에 걸쳐 신뢰성 있는 작업을 수행한다.
④ 암호화된 정보를 신속하고, 정확하게 회수한다.

해설
- 주위의 예기치 못한 사건들을 감지하고 처리하는 임기응변 능력은 인간이 기계를 능가하는 조건에 해당한다.
- 인간이 기계를 능가하는 조건(인공지능 제외)
  - 관찰을 통해서 일반화하여 귀납적 추리를 한다.
  - 완전히 새로운 해결책을 도출할 수 있다.
  - 원칙을 적용하여 다양한 문제를 해결할 수 있다.
  - 상황에 따라 변하는 복잡한 자극 형태를 식별할 수 있다.
  - 다양한 경험을 토대로 하여 의사 결정을 한다.
  - 주위의 예기치 못한 사건들을 감지하고 처리하는 임기응변 능력이 있다.

05

버스의 의자 앞뒤 사이의 간격을 설계할 때 적용하는 인체치수 적용원리로 가장 적절한 것은?

① 평균치 원리
② 최대치 원리
③ 최소치 원리
④ 조절식 원리

해설
- 버스의 앞뒤 간격은 가능한 최대로 넓게 해야 큰 사람도 편안히 앉을 수 있으므로 최대치의 원리를 적용한다.
- 극단치 설계 방법 실기 1601/1603/1801/2003/2201
  - 조작자와 제어버튼 사이의 거리, 조작에 필요한 힘, 비상벨의 위치, 지하철이나 버스의 손잡이 높이는 최소 집단치(5% 하위 백분위 수)를 설계 기준으로 한다.
  - 출입문의 높이, 탈출구, 의자의 높이, 좌석 간의 거리, 통로의 벽, 와이어로프의 사용중량, 위험구역 울타리 등은 최대 집단치(5% 상위 백분위 수)를 설계 기준으로 한다.

06

제어장치와 표시장치의 일반적인 설계원칙이 아닌 것은?

① 눈금이 움직이는 동침형 표시장치를 우선 적용한다.
② 눈금을 조절 노브와 같은 방향으로 회전시킨다.
③ 눈금 수치는 왼쪽에서 오른쪽으로 돌릴 때 증가하도록 한다.
④ 증가량을 설정할 때 제어장치를 시계방향으로 돌리도록 한다.

해설
- ①에서 표현하는 데이터의 특성에 맞춰서 표시방식을 다르게 적용하는 것이 합리적이다.
- 정량적(동적) 표시장치 실기 2301

정목 동침형	아날로그	• 눈금이 고정되고 지침이 움직이는 방식이다. 미세한 조정이나 움직임이 가능하다. • 인식적 암시 신호를 나타내는데 적합하다.
정침 동목형		• 지침이 고정되고 눈금이 움직이는 방식이다. 표시장치의 면적을 최소화할 수 있다. • 표현 값의 범위가 클 때 유리하다.
계수형	디지털	• 양을 전자적인 숫자 값으로 표시하는 방식이다. 정확성이 높다. • 전력계 등에서 많이 사용된다.

07

촉각적 표시장치에 대한 설명으로 맞는 것은?

① 시각 및 청각 표시장치를 대체하는 장치로 사용할 수 없다.
② 3점 문턱값(Three-Point Threshold)을 척도로 사용한다.
③ 세밀한 식별이 필요한 경우 손가락보다 손바닥 사용을 유도해야 한다.
④ 촉감은 피부온도가 낮아지면 나빠지므로, 저온환경에서 촉감 표시장치를 사용할 때는 아주 주의하여야 한다.

해설
- ①에서 시각 및 청각 표시장치를 대체하는 장치로 사용할 수 있다.
- ②에서 촉각적 표시장치는 2점 문턱값을 척도로 사용한다.
- ③에서 손바닥 보다 손가락이 더 문턱값이 작으므로 더 세밀한 식별이 가능하다.

정답 04 ② 05 ② 06 ① 07 ④

촉각적 표시장치
- 시각 및 청각 표시장치를 대체하는 장치로 사용할 수 있다.
- 피부에서 특정 2개의 점이 2개의 점으로 느껴질 수 있도록 하는 최소 간격에 해당하는 2점 문턱값(2점 역치)을 척도로 사용한다.
- 문턱값은 손바닥 → 손가락 → 손가락 끝 순으로 감소하고, 문턱값이 작을수록 더 세밀한 식별이 가능하다.
- 촉감은 피부온도가 낮아지면 나빠지므로, 저온환경에서 촉감 표시장치를 사용할 때는 아주 주의하여야 한다.

08 — Repetitive Learning (1회 2회 3회)
소리의 차폐효과(masking)에 관한 설명으로 맞는 것은?

① 주파수별로 같은 소리의 크기를 표시한 개념
② 하나의 소리가 다른 소리의 판별에 방해를 주는 현상
③ 내이(inner ear)의 달팽이관(Cochlea) 안에 있는 섬모(fiber)가 소리의 주파수에 따라 민감하게 반응하는 현상
④ 하나의 소리의 크기가 다른 소리에 비해 몇 배나 크게(또는 작게) 느껴지는 지를 기준으로 소리의 크기를 표시하는 개념

해설
- 은폐효과는 사무실의 자판 소리 때문에 말소리가 묻히는 경우와 같이 내부음성 또는 작업과 관련된 음향신호가 은폐 음에 의해 방해받는 현상을 말한다.

은폐(Masking)효과
- 음의 한 성분이 다른 성분에 대한 귀의 감수성을 감소시키는 상황을 말한다.
- 사무실의 자판 소리 때문에 말소리가 묻히는 경우와 같이 내부음성 또는 작업과 관련된 음향신호가 은폐 음에 의해 방해받는 현상을 말한다.
- 피은폐된 한 음의 가청역치가 다른 은폐된 음 때문에 높아지는 현상을 말한다.
- 은폐효과가 가장 큰 것은 음폐음과 배음의 주파수가 가까울 때이다.
- 소리가 들린다는 것을 확신할 수 있는 최소한의 음 강도는 은폐음보다 15dB 이상이어야 한다.

09 — Repetitive Learning (1회 2회 3회)
정상조명하에서 100m 거리에서 볼 수 있는 원형 시계탑을 설계하고자 한다. 시계의 눈금단위를 1분 간격으로 표시하고자 할 때 원형문자판의 직경은 약 몇 cm인가?

① 250 ② 300
③ 350 ④ 400

해설
- 정상조명이므로 71cm 즉, 0.71m에서 1.3mm의 눈금거리를 적용하면 0.71 : 1.3 = 100 : x 에서 $x = \dfrac{130}{0.71} = 183.0985$mmmm가 된다.
- 시계를 1분 간격이라고 했으므로 총 60개의 눈금이 있고 이는 시계의 둘레가 183.0985×60=10985.92mm이므로 직경은 $\dfrac{10985.92}{\pi}$ =3498.7mm가 된다.
- cm로 묻고 있으므로 349.87cm가 된다.

최소눈금거리 실기 1301/1501/1701/1801/2001/2002/2103/2302
- 정상 시거리인 71cm 기준 정상조명에서는 1.3mm, 낮은 조명에서는 1.8mm가 권장된다.

10 — Repetitive Learning (1회 2회 3회)
시각의 기능에 대한 설명으로 틀린 것은?

① 밤에는 빨강색보다는 초록색이나 파란색이 잘 보인다.
② 눈이 초점을 맞출 수 있는 가장 가까운 거리를 근점이라 한다.
③ 근시인 사람은 수정체가 얇아져 가까운 물체를 제대로 볼 수 없다.
④ 간상체나 원추체가 빛을 흡수하면 화학반응이 일어나 뇌로 전달된다.

해설
- ③에서 수정체가 두꺼워지면서 물체의 상이 망막의 앞에서 맺혀 먼 물체를 볼 수 없는 사람을 말한다.

시력 실기 1403/1903/2302
- 세부적인 내용을 시각적으로 식별할 수 있는 능력을 말한다.
- 시력은 시각(visual angle)의 역수로 측정한다.
- 시각은 표적두께를 표적까지의 거리로 나누어 계산한다.
- 시각(mm)=(57.3×60×틈간격)/눈으로부터 거리로 구한다.
- 눈이 파악할 수 있는 표적사이의 최소공간을 최소 분간시력(minimum separable acuity)이라고 한다.

- 눈의 조절능력이 불충분한 경우 근시 또는 원시가 된다.
- 근시는 수정체가 두꺼워지면서 물체의 상이 망막의 앞에서 맺혀 먼 물체를 볼 수 없다.
- 눈이 초점을 맞출 수 없는 가장 먼 거리를 원점이라 하는데 정상 시각에서 원점은 거의 무한하다.

11

작업환경 측정법이나 소음 규제법에서 사용되는 음의 강도의 척도는?

① dB(A) ② dB(B)
③ Sone   ④ Phpn

해설
- 소음계는 주파수에 따른 인체의 반응을 기준으로 구분하는데 A, B, C특성치로 구분하며, 소음규제법에서는 A특성치(db(A))를 강도의 척도로 삼는다.

소음계
- 소음계는 주파수에 따른 인체의 반응을 기준으로 구분하는데 A, B, C특성치로 구분하며, 소음규제법에서는 A특성치(db(A))를 강도의 척도로 삼는다.
- A특성치 : 40phon 보정, 사람의 청감에 맞춘 것, dB(A)로 표시하며 저주파 대역을 보정한 청감보정회로
- B특성치 : 70phon 보정
- C특성치 : 100phon 보정, 기계의 주파수 측정에 주로 사용, dB(C)로 표시하며 평탄 특성을 나타냄

12

구성요소 배치의 원칙에 관한 기술 중 틀린 것은?

① 사용빈도를 고려하여 배치한다.
② 작업공간의 활용을 고려하여 배치한다.
③ 기능적으로 관련된 구성요소들을 한데 모아서 배치한다.
④ 시스템의 목적을 달성하는 데 중요한 정도를 고려하여 배치한다.

해설
- 부품은 사용빈도, 중요도, 기능별, 사용 순서의 원칙에 의해 배치하도록 한다.

작업장 배치의 원칙 실기 1303/1701/2001/2002/2101/2303/2402
  ㉠ 개요
  - 사용빈도, 중요도, 기능별, 사용 순서의 원칙에 의해 배치한다.
  - 작업의 흐름에 따라 기계를 배치한다.
  - 배치의 3단계는 지역배치 → 건물배치 → 기계배치 순으로 이뤄진다.
  - 공장내외는 안전한 통로를 두어야 하며, 통로는 선을 그어 작업장과 명확히 구별하도록 한다.
  - 비상시에 쉽게 대비할 수 있는 통로를 마련하고 사고 진압을 위한 활동통로가 반드시 마련되어야 한다.
  ㉡ 원칙
  - 중요성의 원칙, 사용빈도의 원칙 - 우선적인 원칙
  - 기능별 배치, 사용 순서의 원칙 - 부품의 일반적인 위치 내에서의 구체적인 배치 기준

13

정보이론의 응용과 가장 거리가 먼 것은?

① 정보이론에 따르면 자극의 수와 반응시간은 무관하다.
② 사람이 일정한 시간에 두 가지 이상의 작업을 처리할 수 있도록 하는 것을 시배분이라 한다.
③ 단일 차원의 자극에서 확인할 수 있는 범위는 Magic number 7±2로 제시되었다.
④ 선택반응시간은 자극 정보량의 선형함수임을 나타내는 것이 Hick-Hyman 법칙이다.

해설
- 반응시간은 $a + b\log_2 n$으로 무관하지 않다.

정보이론의 응용
- 정보이론이란 전달되는 정보의 정량화와 처리, 전달 용량의 한계 및 기준을 설명하는 이론이다.
- 정보이론의 응용은 주로 통신시스템의 모델링이나 분석 등에 이용되는데 시배분, Hick-Hyman 법칙, Magic number = 7±2, 자극의 수에 따른 반응시간 설정 등이 이와 관련된다.

14

회전운동을 하는 조종 장치의 레버를 25° 움직였을 때 표시장치의 커서는 1.5cm 이동하였다. 레버의 길이가 15cm일 때 이 조종장치의 C/R비는 약 얼마인가?

① 2.09 ② 3.49
③ 4.36 ④ 5.23

정답 11 ① 12 ② 13 ① 14 ③

해설

- 회전 조종구의 C/D비 $= \dfrac{2\times \pi(3.14) \times r(\text{반지름}) \times \left(\dfrac{\text{각도}}{360}\right)}{\text{표시계기의 변위량}}$ 으로 구한다.
- 레버를 25°, 표시장치는 1.5cm, 레버의 길이가 15cm이므로 반지름도 15cm이므로 대입하면 C/D비는 $\dfrac{2\times 3.14 \times 15 \times \left(\dfrac{25}{360}\right)}{1.5} = 4.3611$ …이다.

❖ 통제표시비 : C/D(C/R)비 [실기] 1301/1403/1501/1503/1601/1701/1803/1901/2002/2003/2101/2103/2203/2301/2303/2401

㉠ 개요
- 통제장치의 변위량과 표시장치의 변위량과의 관계를 나타낸 비율로 C/D비, 조종과 반응의 비라고 하여 C/R비라고도 한다.
- C/D $= \dfrac{\text{통제기기의 변위량}}{\text{표시계기의 변위량}}$ 으로 구한다.
- 회전 조종구의 C/D비
  $= \dfrac{2\times \pi(3.14) \times r(\text{반지름}) \times \left(\dfrac{\text{각도}}{360}\right)}{\text{표시계기의 변위량}}$ 으로 구한다.

㉡ 특징
- C/R비가 작아진다는 것은 민감한 장치화 되어 조종시간=제어시간이 길어지지만 수행시간이 짧아진다는 의미이다.
- C/R비가 크다는 것은 미세한 조종은 쉽지만 수행시간은 상대적으로 길다.
- 통제기기 시스템에서 발생하는 조작시간의 지연은 직접적으로 통제표시비가 가장 크게 작용하고 있다.

---

15 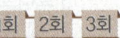 Repetitive Learning 1회 2회 3회

인체측정에 관한 설명으로 틀린 것은?

① 활동 중인 신체의 자세를 측정한 것을 기능적 치수라 한다.
② 일반적으로 구조적 치수는 나이, 성별, 인종에 따라 다르게 나타난다.
③ 인간-기계 시스템의 설계에서는 구조적 치수만을 활용하여야 한다.
④ 표준자세에서 움직이지 않는 상태를 인체측정기로 측정한 측정치를 구조적 치수라 한다.

해설

- ③에서 인간-기계 시스템의 설계에서는 구조적 치수 뿐 아니라 기능적 치수도 적극적으로 활용하여야 한다.

❖ 인체의 측정
- 일반적으로 몸의 측정 치수는 구조적 치수(Structural dimension)와 기능적 치수(Functional dimension)로 나눌 수 있다.
- 기능적 인체치수는 공간이나 제품의 설계 시 움직이는 몸의 자세를 고려하기 위해 사용되는 인체치수로 동적측정에 해당한다.
- 구조적 인체치수는 움직이지 않고 고정된 자세에서 마틴(Martin)식 인체측정기로 측정하는 정적측정에 해당한다.
- 인간-기계 시스템의 설계에서는 구조적 치수 뿐 아니라 기능적 치수도 적극적으로 활용하여야 한다.
- 제품설계에 필요한 측정 자료는 대부분 정규분포를 따른다.

---

16 Repetitive Learning 1회 2회 3회

Wickens의 인간의 정보처리체계(human information processing) 모형에 의하면 외부자극으로 인한 정보가 처리될 때, 인간의 주의집중(attention resources)이 관여하지 않는 것은?

① 인식(perception)
② 감각저장(sensory storage)
③ 작업기억(working memory)
④ 장기기억(long-term memory)

해설

- 인간의 주의집중(attention resources)은 ①, ③, ④ 외에 의사결정 및 반응선택(Decision and Response Selection), 반응실행(Response Execution) 등에 간여한다.

❖ Wickens의 인간의 정보처리체계(human information processing)

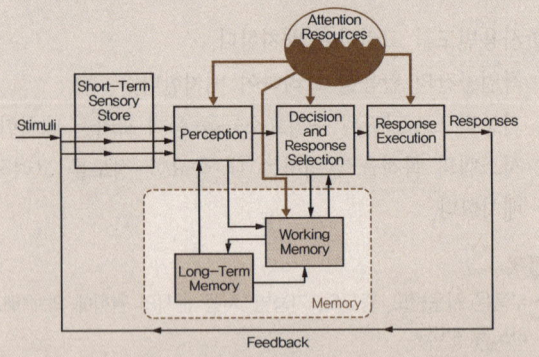

- 인간의 주의집중(attention resources)은 인식(perception), 작업기억(working memory), 장기기억(long-term memory), 의사결정 및 반응선택(Decision and Response Selection), 반응실행(Response Execution) 등에 간여한다.

17

인간공학의 정보이론에 있어 1bit에 관한 설명으로 가장 적절한 것은?

① 초당 최대 정보 기억 용량이다.
② 정보 저장 및 회송(recall)에 필요한 시간이다.
③ 2개의 대안 중 하나가 명시되었을 때 얻어지는 정보량이다.
④ 일시에 보낼 수 있는 정보전달 용량의 크기로서 통신 채널의 Capacity를 의미한다.

해설
- 1 bit란 실현 가능성이 같은 2개의 대안 중 결정에 필요한 정보량이다.
- **정보이론**
  - 정량적으로 측정할 수 있으며, 정보의 측정 단위는 bit를 사용한다.
  - 두 대안의 실현 확률이 동일할 때 총 정보량이 가장 크다.
  - 1 bit란 실현 가능성이 같은 2개의 대안 중 결정에 필요한 정보량이다.
  - 정보이론에서 정보란 불확실성의 감소라 정의할 수 있다.

18

인간-기계 시스템의 설계원칙으로 적절하지 않은 것은?

① 인체의 특성에 적합하여야 한다.
② 인간의 기계적 성능에 적합하여야 한다.
③ 시스템의 동작은 인간의 예상과 일치되어야 한다.
④ 단독의 기계를 배치하는 경우 기계의 성능을 우선적으로 고려하여야 한다.

해설
- 단독의 기계를 배치하는 경우 기계의 성능보다는 인간의 심리 및 기능에 부합하는지를 우선적으로 고려하여야 한다.
- **인간-기계 시스템**
  - ⑦ 목적
    - 안전의 극대화와 생산능률의 향상
  - ⓒ 인간공학적 설계의 일반적인 원칙
    - 인간의 특성을 고려한다.
    - 시스템을 인간의 예상과 양립시킨다.
    - 표시장치나 제어장치의 중요성, 사용빈도, 사용 순서, 기능에 따라 배치하도록 한다.

19

신호 및 경보등의 경우 빛의 검출성에 따라서 신호, 경보 효과가 달라지는데, 빛의 검출성에 영향을 주는 인자에 해당되지 않는 것은?

① 색광　　　　　　② 배경광
③ 점멸속도　　　　④ 신호등 유리의 재질

해설
- 신호나 경보등의 검출성에 영향을 미치는 요인에는 색광, 배경광, 점멸속도, 노출시간, 신호들 간의 신호차 등이 있다.
- **신호나 경보등의 검출성에 영향을 미치는 요인**
  - 색광
  - 배경광 : 배경광은 신호등의 색광과 구별되어야 한다.
  - 점멸속도 : 점멸융합주파수보다 훨씬 적어야 한다. 초당 3~10회 정도가 적당하다.
  - 노출시간 : 최소 지속시간은 0.05초 이상 되어야 한다.
  - 신호들 간의 신호차 : 신호 간 간격이 0.5초 이상 되어야 한다.

20

인간공학의 목적과 가장 거리가 먼 것은?

① 생산성 향상　　　② 안전성 향상
③ 사용성 향상　　　④ 인간기능 향상

해설
- 인간공학이란 인간이 사용하는 물건, 설비, 환경의 설계에 인간의 생리적, 심리적인 면에서의 특성이나 한계점을 고려함으로써 인간-기계 시스템의 안전성과 편리성, 효율성을 높이는 학문분야이다.
- **인간공학(Ergonomics)**
  - ⑦ 개요
    - "Ergon(작업)+nomos(법칙)+ics(학문)"이 조합된 단어로 Human factors, Human engineering이라고도 한다.
    - 인간의 특성과 한계 능력을 공학적으로 분석, 평가하여 이를 복잡한 체계의 설계에 응용함으로 효율을 최대로 활용할 수 있도록 하는 학문분야이다.
    - 인간이 사용하는 물건, 설비, 환경의 설계에 인간의 생리적, 심리적인 면에서의 특성이나 한계점을 고려함으로써 인간-기계 시스템의 안전성과 편리성, 효율성을 높이는 학문분야이다.
  - ⓒ 적용분야
    - 제품설계
    - 재해·질병 예방
    - 장비·공구·설비의 배치
    - 작업장 내 조사 및 연구

정답 | 17 ③　18 ④　19 ④　20 ④

2과목 작업생리학

21

신체부위를 움직이지 않으면서 고정된 물체에 힘을 가하는 상태의 근력을 의미하는 것은?

① 등장성 근력(isotonic strength)
② 등척성 근력(isometric strength)
③ 등속성 근력(isokinetic strength)
④ 등관성 근력(isoinerial strength)

해설
- ①은 동적 근력의 하나로 근육이 일정한 힘에 반하여 수축하는 것으로서 근육의 긴장도가 전 동작을 통해 일정하게 유지되는 상태에서의 근력을 말한다.
- ③은 동적 근력의 하나로 근육이 일정한 속도로 수축할 때의 근력을 말한다.
- ④는 동적 근력의 하나로 인간이 일정한 구간을 스스로 정한 속도에 의해 취급할 수 있는 최대 무게를 측정하여 초기 정적 저항을 극복하는 능력을 보여주는 근력을 말한다.

■ 정적 근력(static strength)
- 등척성 근력(isometric strength)이라고도 한다.
- 근육의 정적상태의 근력 즉, 근육이 등척성 수축을 하는 것에 해당하는 근력이다.
- 근력의 상태 중 물체를 들고 있을 때처럼 신체부위를 움직이지 않으면서 고정된 물체에 힘을 가하는 상태를 말한다.
- 정적근력의 측정은 고정된 물체에 대해 최대 힘을 발휘하고, 일정 시간 휴식하는 과정을 반복하여 처음 3초 동안 발휘된 근력의 평균을 계산하여 측정한다.

22

어떤 들기 작업을 한 후 작업자의 배기를 3분간 수집한 후 60리터(liter)의 가스를 가스 분석기로 성분을 조사하였더니, 산소는 16%, 이산화탄소는 4%이었다. 분당 산소 소비량과 에너지가(價)를 구한 것으로 맞는 것은?(단, 공기 중 산소는 21%, 질소는 79%를 차지하고 있다)

① 1.053L/min, 5.265kcal/min
② 1.053L/min, 10.525kcal/min
③ 2.105L/min, 5.265kcal/min
④ 2.105L/min, 10.525kcal/min

해설
- 배기량만 주어져 있으므로 흡기량을 구해야 한다.
- 배기량을 분석해보면 산소는 60L×0.16=9.6L이고, 이산화탄소는 60L×0.04=2.4L이고, 질소는 60−9.6−2.4=48L이다.
- 질소는 흡기량과 배기량이 모두 동일하므로 질소의 흡기량도 48L이다.
- 공기의 조성상 질소는 79%, 산소는 21%이므로 질소가 48L라고 한다면 산소는 12.76L이므로 흡기 산소량은 12.76L가 된다.
- 3분간 산소소비량은 12.76−9.6=3.16L이다.
- 분당 산소소비량은 1.053L이다.
- 에너지소비량을 구하라고 했으므로 1L의 산소소비량은 5kcal의 에너지에 해당하므로 1.053×5=5.265kcal가 된다.

■ 공기의 조성 실기 1303/1401/2402
- 작업 중 소비되는 산소 소비량을 계산하기 위한 흡기 시 공기의 조성은 질소 79%, 산소 21%이다.
- 배기되는 공기의 조성에서 질소는 79%로 동일하지만 호흡으로 인해 산소가 소모된 만큼 이산화탄소는 생성된다.
- 1L의 산소소비량은 5kcal의 에너지를 생성한다.

23

휴식을 취할 때나 힘든 작업을 수행할 때 혈류량의 변화가 없는 기관은?

① 뼈   ② 근육
③ 소화기계   ④ 심장

해설
- ②는 작업 수행 시 혈류량이 폭발적으로 증가하는 기관이다.
- ③은 안정 시 혈액분포비율이 가장 높으나 작업 시 혈류량이 40% 수준으로 감소하는 기관이다.

■ 작업 시와 안정 시 혈류량의 구성
- 작업 시 혈류의 재분배가 이뤄져 활동근육은 전체 혈액량의 85% 정도를 분배받는다.
- 안정 시 가장 많은 혈액이 분포되는 기관은 소화기관이고, 가장 적은 혈액이 분포되는 기관은 심장근육이다.
- 안정 시와 작업 시 혈액의 변화가 극히 없는 기관은 뇌이다.
- 작업 시 혈액의 분배비율이 감소하는 기관은 간, 신장, 소화기계 등이다.
- 작업 시 혈액의 분배비율이 증가하는 기관은 심장, 근육, 피부 등이다.

구분	안정 시	작업 시
뇌	750	750
심장	250	750
근육	1,200	12,500

피부	500	1,900
신장 등	1,100	600
소화기계	1,400	600
기타	600	400

24

근육이 피로해질수록 근전도(EMG) 신호의 변화로 맞는 것은?

① 저주파 영역이 증가하고 진폭도 커진다.
② 저주파 영역이 감소하나 진폭은 커진다.
③ 저주파 영역이 증가하나 증폭은 작아진다.
④ 저주파 영역이 감소하고 진폭도 작아진다.

해설
- 근피로도가 높아지면 고주파 성분이 줄어들고 저주파 성분이 우세해지며, 진폭도 커진다.
- **근전도(EMG)**
  - 근육이 움직일 때 나오는 미세한 전기신호를 측정하여 근육의 활동 정도를 나타낼 수 있는 것을 말한다.
  - 육체적 작업을 할 경우 신체의 특정 부위의 스트레스 또는 피로(스트레인(strain))를 측정하는 방법이다.
  - 근육이 피로해질수록 근전도(EMG) 신호에서 저주파 영역이 증가하고 진폭도 커진다.

25

척추를 구성하고 있는 뼈 가운데 요추의 수는 몇 개인가?

① 5개 ② 6개
③ 7개 ④ 8개

해설
- 척추는 7개의 경추, 12개의 흉추, 5개의 요추, 천추와 미추로 구성된다.
- **척추**
  - 목에서 엉치까지의 뼈기둥으로 몸의 중심을 잡는 기둥역할을 한다.
  - 7개의 경추, 12개의 흉추, 5개의 요추, 천추와 미추로 구성된다.

26

진동방지 대책으로 적합하지 않은 것은?

① 진동의 강도를 일정하게 유지한다.
② 작업자는 방진 장갑을 착용하도록 한다.
③ 공장의 진동 발생원을 기계적으로 격리한다.
④ 진동 발생원을 작동시키기 위하여 원격제어를 사용한다.

해설
- 진동을 방지하는 대책이므로 진동의 강도를 약하게 하거나 진동이 인체에 영향을 미치지 못하게 하는 대책을 제시해야 한다.
- **진동방지 대책**
  - 작업자는 방진 장갑을 착용하도록 한다.
  - 공장의 진동 발생원을 기계적으로 격리한다.
  - 진동 발생원을 작동시키기 위하여 원격제어를 사용한다.

27

정신적 부하 측정치로 가장 거리가 먼 것은?

① 뇌전도
② 부정맥지수
③ 근전도
④ 점멸융합수파수

해설
- ③은 육체작업의 생리적 측도에 해당된다.
- **생리적 척도**
  - 인간-기계 시스템을 평가하는데 사용하는 인간기준 척도 중 하나이다.
  - 중추신경계 활동에 관여하므로 그 활동 및 징후를 측정할 수 있다.
  - 정신적 작업부하 척도 가운데 직무수행 중에 계속해서 자료를 수집할 수 있고, 부수적인 활동이 필요 없는 장점을 가진 척도이다.
  - 정신작업의 생리적 척도는 EEG(수면뇌파), 동공반응, 부정맥, 점멸융합주파수, J.N.D(Just-Noticeable difference), 눈꺼풀 깜박임 수(blink rate), 뇌유발전위 등을 통해 확인할 수 있다.
  - 육체작업의 생리적 척도는 EMG(근전도), 맥박수, 산소소비량, 작업량 등을 통해 확인할 수 있다.

정답 | 24 ① 25 ① 26 ① 27 ③

28
환경요소와 관련한 복합지수 중 열과 관련된 것이 아닌 것은?

① 긴장지수(strain index)
② 습건지수(oxford index)
③ 열압박지수(heat stress index)
④ 유효온도(effective temperature)

해설
- ①은 손가락이나 손목의 근골격계 질환여부를 평가하는 도구로 열과 관련이 없다.
- 열과 관련된 복합지수
  - 습건지수(oxford index)
  - 열압박지수(heat stress index)
  - 유효온도(effective temperature)
  - 습구흑구온도지수(WBGT)

29
육체적인 작업을 수행할 때 생리적 변화에 대한 설명으로 틀린 것은?

① 작업부하가 지속적으로 커지면 산소 흡입량이 증가할 수 있다.
② 정적인 작업의 부하가 커지면 심박출량과 심박수가 감소한다.
③ 교대작업을 하는 작업자는 수면 부족, 식용부진 등을 일으킬 수 있다.
④ 서서 하는 작업이 앉아서 하는 작업보다 심혈관계의 순환이 활발해질 수 있다.

해설
- 심박출량은 작업 초기부터 증가한 후 최대 작업능력의 일정 수준에서 안정되나, 심박수는 작업 초기부터 증가한 후 최대 작업능력의 일정 수준에서도 계속 증가한다.
- 육체적 작업에서 생기는 생리적 반응
  - 산소소비량이 증가한다.
  - 수축기와 이완기 혈압이 같이 상승한다.
  - 신체 전체에 흐르는 혈류량의 재분배가 이루어진다.
  - 호흡기 반응에 의해 호흡속도와 흡기량이 증가한다.
  - 심박출량은 작업 초기부터 증가한 후 최대 작업능력의 일정 수준에서 안정되나, 심박수는 작업 초기부터 증가한 후 최대 작업능력의 일정 수준에서도 계속 증가한다.

30
기초대사량(BMR)에 관한 설명으로 틀린 것은?

① 기초대사량은 개인차가 심하여 나이에 따라 달라진다.
② 일상생활을 하는 데 필요한 단위 시간당 에너지양이다.
③ 일반적으로 체격이 크고 젊은 남성의 기초대사량이 크다.
④ 공복상태로 쾌적한 온도에서 신체적 휴식을 취하는 엄격한 조건에서 측정한다.

해설
- 몸이 휴식상태에 있을 때의 대사 즉, 생명을 유지하기 위하여 필요로 하는 단위 시간당 에너지양을 기초 대사율이라고 한다.
- 기초 대사율(BMR) 실기 1803
  - 몸이 누워서 휴식상태에 있을 때의 대사 즉, 생명을 유지하기 위하여 필요로 하는 단위 시간당 에너지양을 기초 대사율이라고 한다.
  - 기초 대사율은 연령, 성별, 체격 등에 따라 다르다.
  - 성인의 기초대사율은 대략 1.0 ~ 1.2kcal/min 정도이다.
  - 일반적으로 신체가 크고 젊은 남성의 기초대사율이 크다.

31
신체의 지지와 보호 및 조혈 기능을 담당하는 것은?

① 근육계   ② 순환계
③ 신경계   ④ 골격계

해설
- ①은 몸을 움직이거나 자세를 유지하고, 전신에 혈액을 순환시키는 역할을 한다.
- ②는 혈액이 흐르는 것을 담당하는 기관이다.
- ③은 신경을 사용하여 몸의 기관을 통제하고 조정하는 역할을 한다.
- 골격계
  - ㉠ 개요
    - 전신의 뼈의 수는 관절 등의 결합에 의해 형성된 대소 206개로 구성되어 있으며, 이들이 모여서 골격 계통을 구성하고 있다.
    - 인체의 골격계는 전신의 뼈, 연골, 관절 및 인대로 구성되어 사지 및 몸통을 움직이는 피동적 운동기관으로 작용한다.
    - 뼈는 다시 골질(bone substance), 연골막(cartilage substance), 골막과 골수의 4부분으로 구성되어 있다.
    - 인대는 뼈와 뼈를 연결하는 것으로 일정한 관절의 움직임을 유도하는 역할을 한다.
    - 격심한 작업활동 중에 혈류분포가 가장 높은 신체 부위인 근육을 포함한다.

ⓛ 골격의 역할
- 신체에 중요한 부분을 보호하는 역할을 한다.
- 신체 활동을 수행한다.
- 신체의 지지 및 형상을 유지하는 역할을 한다.
- 혈구세포를 만드는 조혈기능과 칼슘과 인 등의 무기질을 저장하여 몸이 필요할 때 공급해 주는 역할을 한다.

32

진동에 의한 인체의 영향으로 옳지 않은 것은?

① 심박수가 감소한다.
② 약간의 과도(過度) 호흡이 일어난다.
③ 장시간 노출 시 근육 긴장을 증가시킨다.
④ 혈액이나 내분비의 화학적 성질이 변하지 않는다.

해설
- ①에서 진동은 심박수를 증가시킨다.
- 진동이 인체에 미치는 영향
  - 심박수가 증가한다.
  - 장시간 노출 시 근육 긴장을 증가시킨다.
  - 시성능은 10 ~ 25Hz 대역의 경우 가장 심하게 영향을 받으며, 60 ~ 90Hz에서 안구가 공명한다.
  - 추적능력은 5Hz 이하의 낮은 진동수에서 가장 영향을 많이 받는다.
  - 머리와 어깨 부위의 공명주파수는 20 ~ 30Hz이다.
  - 등이나 허리뼈에 가장 위험한 주파수는 8 ~ 12Hz이다.
  - 흉부와 복부의 고통을 일으키는 주파수는 4 ~ 10Hz이다.
  - 중앙 신경계의 처리 과정과 관련되는 과업의 성능은 진동의 영향을 비교적 덜 받는다.
  - 레이노 증후군(Raynaud's phenomenon)은 진동으로 인한 말초혈관운동의 장해로 발생한다.

33

실내표면의 추천 반사율이 높은 곳에서 낮은 순으로 맞게 나열된 것은?

① 창문 발(blind)-사무실 천장-사무용 기기-사무실 바닥
② 사무실 바닥-사무실 천장-창문 발(blind)-사무실 바닥
③ 사무실 천장-창문 발(blind)-사무용 기기-사무실 바닥
④ 사무용 기기-사무실 바닥-사무실 천장-창문 발(blind)

해설
- 옥내 조명에서 최적 반사율의 크기는 바닥<가구<벽<천장 순으로 커진다.
- 실내 면 반사율
  ⓐ 개요
  - 빛을 포함한 여러 종류의 복사파가 물체의 표면에서 어느 정도 반사되는지를 나타낸다.
  - 반사율 = $\frac{광도}{조도} \times 100$로 구한다.
  - 반사율이 각각 L_a, L_b인 두 물체의 대비는 $\frac{L_a - L_b}{L_a} \times 100$으로 구한다.
  ⓑ 실내 면의 추천 반사율

천장	80 ~ 90%
벽	40 ~ 60%
가구 및 사무용 기기	25 ~ 45%
바닥	20 ~ 40%

34

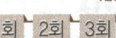

육체적 작업을 위하여 휴식시간을 산정할 때 가장 관련이 깊은 척도는?

① 눈 깜빡임 수(blink rate)
② 점멸 융합 주파수(flicker test)
③ 부정맥 지수(cardiac arrhythmia)
④ 에너지 대사율(relative metabolic rate)

해설
- 에너지 대사율(relative metabolic rate)은 휴식시간 산정 시 반드시 고려되어야 할 척도이다.
- 작업부하 및 휴식시간 결정
  - 에너지 대사율(relative metabolic rate) 및 에너지 소비량은 휴식시간 산정 시 반드시 고려되어야 할 척도이다.
  - 작업부하는 작업자의 능력에 따라 달라진다.
  - 정신적인 권태감은 주관적인 요소이므로 휴식시간 산정 시 고려할 필요가 있다.
  - 조명 및 소음과 같은 환경적 요소도 작업부하 및 휴식시간 산정 시 고려해야 한다.
  - 작업방법이나 설비를 재설계하는 공학적 대책으로는 작업부하를 감소시킬 수 있다.
  - 장기적인 전신피로는 직무 만족감을 낮추고, 건강상의 위험을 증가시킬 수 있다.

35

음식물을 섭취하여 기계적인 일과 열로 전환하는 화학적인 과정을 무엇이라 하는가?

① 신진대사
② 에너지가
③ 산소 부채
④ 에너지 소비량

해설
- ③은 작업이나 운동이 격렬해져서 근육에 생성되는 젖산의 제거속도가 생성속도에 미치지 못하면, 활동이 끝난 후에도 남아있는 젖산을 제거하기 위하여 산소가 더 필요하게 되는 현상을 말한다.
- **신진대사**
  - 물질대사와 같은 말이다.
  - 인간이 음식물을 몸 안에서 분해하고 합성해 에너지를 생성하고 필요없는 물질은 몸 밖으로 내보내는 일련의 작용을 말한다.
  - 음식물을 섭취하여 기계적인 일과 열로 전환하는 화학적인 과정을 말한다.

36

작업장에서 8시간 동안 85dB(A)로 2시간, 90dB(A)로 3시간, 95dB(A)로 3시간 소음에 노출되었을 경우 소음노출지수는?(단, 국내의 관련 규정을 따른다)

① 0.975
② 1.125
③ 1.25
④ 1.5

해설
- 국내 규정(화학물질 및 물리적 인자의 노출기준)에서는 85dB에서의 허용시간은 규정이 없으며, 90dB에서부터 적용되며 90dB에서의 허용시간이 8시간인데 3시간 노출되어 $\frac{3}{8}$, 95dB에서의 허용시간이 4시간인데 3시간 노출되어 $\frac{3}{4}$ 이므로 누적소음노출지수는 $\frac{3}{8} + \frac{3}{4} = \frac{18}{16} = 1.125$가 된다.
- **소음허용기준** 1703/2302
  - 90dB일 때 8시간을 기준으로 한다.
  - 소음이 5dB 커질 때마다 허용기준 시간은 절반으로 줄어든다.
  - OSHA

85dB	90dB	95dB	100dB	105dB	110dB
16시간	8시간	4시간	2시간	1시간	0.5시간

  - 국내규정

90dB	95dB	100dB	105dB	110dB	115dB
8시간	4시간	2시간	1시간	0.5시간	0.25시간

- 전체 소음노출지수는 개별 노출시간/허용기준시간의 합으로 구한다.

37

근육의 수축에 대한 설명으로 틀린 것은?

① 근육이 최대로 수축할 때 Z선이 A대에 맞닿는다.
② 근섬유(muscle fiber)가 수축하면 I대 및 H대가 짧아진다.
③ 근육이 수축할 때 근세사(myofilament)의 원래 길이는 변하지 않는다.
④ 근육이 수축하면 굵은 근세사(myofilament)가 가는 근세사 사이로 미끄러져 들어간다.

해설
- 근육이 수축하면 가는 근세사가 굵은 근세사 사이로 미끄러져 들어간다.
- **근육의 수축** 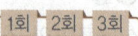 1601/1603/2002/2302/2403
  - 근섬유의 수축단위는 근원섬유이다.
  - 근육이 수축하면 I대와 H대, Z선과 Z선 사이의 거리가 짧아진다.
  - 근육이 수축해도 A대(actin과 myosin이 중첩된 짙은 갈색 부분)의 폭, 액틴과 미오신 필라멘트의 길이는 변하지 않는다.
  - 근육의 수축은 근육의 길이가 단축되는 것이다.
  - 근육이 최대로 수축했을 때는 Z선이 A대에 맞닿는다.
  - 근육이 수축하면 가는 근세사가 굵은 근세사 사이로 미끄러져 들어간다.
  - 골격근의 수축은 운동신경의 지배를 받으며 수의적 조절에 따라 일어난다.
  - 평활근의 수축은 자율신경계, 호르몬, 화학신호의 지배를 받으며, 불수의적 조절에 따라 일어난다.

38

교대작업에 대한 설명으로 틀린 것은?

① 일반적으로 야간 근무자의 사고 발생률이 높다.
② 교대작업은 생산설비의 가동률을 높이고자 하는 제도 중의 하나이다.
③ 교대작업 주기를 자주 바꿔주는 것이 근무자의 건강에 도움이 된다.
④ 상대적으로 가벼운 작업을 야간 근무조에 배치하고 업무내용을 탄력적으로 조정한다.

해설
- 교대작업 주기를 자주 바꾸는 것은 생체주기의 변화와 일주기 리듬의 교란으로 근로자의 건강문제가 발생할 수 있으므로 피해야 한다.

바람직한 교대제
㉠ 기본
- 각 반의 근무시간은 8시간으로 한다.
- 2교대면 최저 3조의 정원을, 3교대면 4조 편성으로 한다.
- 근무시간의 간격은 15~16시간 이상으로 하여야 한다.
- 채용 후 건강관리로서 정기적으로 체중, 위장 증상 등을 기록해야 하며 체중이 3kg 이상 감소 시 정밀검사를 받도록 한다.
- 근무 교대시간은 근로자의 수면을 방해하지 않도록 정해야 하며, 아침 교대시간은 아침 7시 이후에 하는 것이 바람직하다.
- 근무시간은 8시간을 주기로 교대하며 야간 근무 시 충분한 휴식을 보장해주어야 한다.
- 교대작업은 피로회복을 위해 역교대 근무 방식보다 전진근무 방식(주간근무 → 저녁근무 → 야간근무 → 주간근무)으로 하는 것이 좋다.

㉡ 야간근무
- 야간근무의 연속은 2~3일 정도가 좋다.
- 야근 교대시간은 상오 0시 이전에 하는 것이 좋다.
- 야간근무 시 가면(假眠)시간은 근무시간에 따라 2~4시간으로 하는 것이 좋다.
- 야근은 가면(假眠)을 하더라도 10시간 이내가 좋다.
- 야근 후 다음 반으로 가는 간격은 최저 48시간을 가지도록 한다.
- 상대적으로 가벼운 작업을 야간 근무조에 배치하고, 업무 내용을 탄력적으로 조정한다.

39
생체역학 용어에 대한 설명으로 틀린 것은?

① 힘의 3요소는 크기, 방향, 작용점이다.
② 벡터(vector)는 크기와 방향을 갖는 양이다.
③ 스칼라(scalar)는 벡터량과 유사하나 방향이 다르다.
④ 모멘트(moment)란 변형시킬 수 있거나 회전시킬 수 있는 관절에 가해지는 힘이다.

해설
- ③의 스칼라(scalar)는 크기만을 갖는 물리량이다.

생체역학 용어
- 힘의 3요소는 크기, 방향, 작용점이다.
- 벡터(vector)는 크기와 방향을 갖는 양이다.
- 스칼라(scalar)는 크기만을 갖는 물리량이다.
- 모멘트(moment)란 변형시킬 수 있거나 회전시킬 수 있는 관절에 가해지는 힘이다.

40
눈으로 볼 수 있는 빛의 가시광선 파장에 속하는 것은?

① 250nm   ② 600nm
③ 1,000nm   ④ 1,200nm

해설
- ①은 자외선 영역이다.
- ③과 ④는 적외선 영역이다.

가시광선
- 인간의 눈으로 볼 수 있는 광선을 말한다.
- 380~780nm의 파장대를 갖는다.

3과목 산업심리학 및 관련법규

41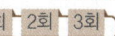
재해예방의 4원칙에 해당되지 않는 것은?

① 예방 가능의 원칙   ② 보상 분배의 원칙
③ 손실 우연의 원칙   ④ 대책 선정의 원칙

해설
- ②는 원인 연계(계기)의 원칙이 되어야 한다.

하인리히의 재해예방의 4원칙

대책 선정의 원칙	사고의 원인을 발견하면 반드시 대책을 세워야 하며, 모든 사고는 대책 선정이 가능하다는 원칙
손실 우연의 원칙	사고로 인한 손실은 상황에 따라 다른 우연적이라는 원칙
예방 가능의 원칙	모든 사고는 예방이 가능하다는 원칙
원인 연계의 원칙	• 사고는 반드시 원인이 있으며 이는 복합적으로 필연적인 인과관계로 작용한다는 원칙 • 원인 계기의 원칙이라고도 한다.

42

원자력발전소 주제어실의 직무는 4명의 운전원으로 구성된 근무조에 의해 수행되고, 이들의 직무 간에는 서로 영향을 끼치게 된다. 근무조원 중 1차 계통의 운전원 A와 2차 계통의 운전원 B간의 직무는 중간 정도의 의존성(15%)이 있다. 그리고 운전원 A의 기초 인간실수확률 HEP Prob{A}=0.001일 때, 운전원 B의 직무실패를 조건으로 한 운전원 A의 직무실패확률은 약 얼마인가?(단, THERP 분석법을 사용한다)

① 0.151   ② 0.161
③ 0.171   ④ 0.181

해설
- B에 대한 A의 의존성이 15%임에 유의한다.
- 만약 B가 실패할 경우 A의 성공과 실패는 아무런 의미 없이 실패가 되므로 의존성 15%(0.15)는 그대로 실패확률이 된다.
- 하지만 B가 실패하지 않을 경우(1−15%=85%)는 A의 실패확률이 적용되어 0.85×0.001로 0.00085가 실패확률이 된다.
- 위의 두 실패확률을 더하면 0.15+0.00085=0.15085가 된다.

인간실수확률(HEP : Human Error Probability) 실기 1301/1703/2003
- 시작과 끝을 가지는 직무에 근무할 때 인간 신뢰도의 기본단위이다.
- 과오가 발생할 수 있는 가능 수에서 실제 발생한 과오의 수로 계산한다.
- $\frac{실제발생 과오의 수}{과오발생 가능 수}$ 로 구한다.

43

작업자의 인지과정을 고려한 휴먼 에러의 정성적 분석방법이 아닌 것은?

① 연쇄적 오류모형
② GEMS(Generic Error Modeling System)
③ PHECA(Potential Human Error Cause Analysis)
④ CREAM(Cognitive Reliability Error Analysis Method)

해설
- ③은 1988년 Whalley에 의해 개발된 휴먼에러 확인 기법으로 휴먼 에러 발생을 정량적으로 평가하는 방법이다.

작업자의 인지과정을 고려한 휴먼 에러의 정성적 분석방법
- Rasmussen, SRK 모델(연쇄적 오류모형)
- Norman, 7단계 모델
- Reason, GEMS(Generic Error Modeling System)
- Hollnagel, CREAM(Cognitive Reliability Error Analysis Method)

44

손과 발 등의 동작시간과 이동시간이 표적의 크기와 표적까지의 거리에 따라 결정된다는 법칙은?

① Fitts의 법칙
② Alderfer의 법칙
③ Rasmussen의 법칙
④ Hicks−Hymann의 법칙

해설
- ②는 인간의 욕구를 구분한 ERG이론을 주장하였다.
- ③은 휴먼에러와 관련한 인간 행동을 분류하였다.
- ④는 신호를 보고 어떤 장치를 조작해야 할지를 결정하기까지 걸리는 시간을 예측할 수 있다.

Fitts의 법칙
- 인간의 제어 및 조정능력을 나타내는 법칙으로 인간의 손이나 발을 이동시켜 조작장치를 조작하는 데 걸리는 시간을 표적까지의 거리와 표적 크기의 함수로 나타낸다.
- 표적이 작고 이동거리가 길수록 이동시간이 증가한다.
- 자동차 가속 페달과 브레이크 페달 간의 간격, 브레이크 폭 등을 결정하는데 사용할 수 있는 가장 적합한 인간공학 이론이다.
- 난이도 지수는 $\log_2\left(\frac{2A}{W}\right)$로 구한다.
- 동작시간 = $a + b\log_2\left(\frac{2A}{W}\right)$[ms]로 구한다. 이때 a와 b는 단순반응시간, 선택반응시간, A는 동작거리, W는 목표물의 폭이다.

45

안전 수단을 생략하는 원인으로 적합하지 않은 것은?

① 감정   ② 의식과잉
③ 피로   ④ 주변의 영향

해설
- 감정은 안전 수단 생략과는 거리가 멀다.

안전 수단을 생략하는 원인
- 의식과잉
- 피로
- 주변의 영향
- 스트레스
- 무의욕

46

많은 동작들이 바뀌는 신호등이나 청각적 경계적 신호와 같은 외부자극을 계기로 하여 시작된다. 자극이 있은 후 동작을 개시 할 때까지 걸리는 시간은 무엇이라 하는가?

① 동작시간 ② 반응시간
③ 감지시간 ④ 정보처리시간

해설
- ①은 동작시작부터 동작이 끝날 때까지 걸리는 시간을 말한다.
- ③은 외부의 자극을 감지하여 인지할 때까지 걸리는 시간을 말한다.
- ④는 외부의 입력을 받아서 내부에서 처리하여 결과를 표시하는 데까지 걸리는 시간을 말한다.
- 자극반응시간(Reaction time)
  - 어떤 외부로부터의 자극이 지각 기관을 통해 입력되고, 판단을 한 후 뇌의 명령이 신체부위에 전달될 때까지의 시간을 말한다.
  - 통각 → 미각 → 후각 → 시각 → 촉각 → 청각 순으로 빨라진다.
  - 가장 빠른 자극반응 감각은 청각으로 0.17초 정도 된다.
  - 가장 느린 자극반응 감각은 통각으로 0.70초 정도 된다.

47

피로의 생리학적(physiological) 측정방법과 거리가 먼 것은?

① 뇌파 측정(EEG)
② 심전도 측정(ECG)
③ 근전도 측정(EMG)
④ 변별역치 측정(촉각계)

해설
- ④는 자극량을 변화시킬 때 그 자극의 변화를 감지할 수 있는 영역(JND)을 측정하는 것으로 피로의 심리학적 측정방법에 해당한다.
- 피로 판정을 위한 기능검사 방법과 검사항목

생리학적 방법	근전도(EMG), 뇌전도(EEG), 반사역치(PSR), 심전도(ECG), 인지역치(청력검사), 융합점멸주파수(Flicker) 등
생화학적 방법	혈액검사, 혈색소농도, 혈액수분, 응혈시간, 부신피질 등
심리학적 방법	피부저항(GSR), 정신작업, 동작분석, 변별역치, 행동기록, 연속반응시간, 전신자각증상 등

48

통제적 집단행동 요소가 아닌 것은?

① 관습 ② 유행
③ 군중 ④ 제도적 행동

해설
- ③은 비통제적 집단행동의 하나로 구성원 사이의 지위나 역할의 분화가 없고, 구성원 각자는 책임감을 가지지 않으며, 비판력도 가지지 않는 것을 말한다.
- 통제적 집단행동 요소
  - 관습(custom)
  - 유행(fashion)
  - 제도적 행동(institutional behavior)

49

A사업장의 도수율이 2로 산출되었을 때, 그 결과에 대한 해석으로 옳은 것은?

① 근로자 1,000명당 1년 동안 발생한 재해자수가 2명이다.
② 연근로시간 1,000시간당 발생한 근로손실일수가 2일이다.
③ 근로자 10,000명당 1년간 발생한 사망자수가 2명이다.
④ 연근로시간 1,000,000시간당 발생한 재해건수가 2건이다.

해설
- 도수율은 연간 총 근로시간 합계에 100만 시간당 재해발생 건수에 해당하므로 도수율이 2라는 의미는 근로자가 연간 1,000,000시간당 발생한 재해의 건수가 2건이라는 의미이다.
- 재해율 관련 공식

재해율	$\dfrac{재해자수}{산재보험적용근로자수} \times 100$
사망만인율	$\dfrac{사망자수}{산재보험적용근로자수} \times 10,000$
휴업재해율	$\dfrac{휴업재해자수}{임금근로자수} \times 100$
도수율 (빈도율)	$\dfrac{재해건수}{연근로시간수} \times 1,000,000$
강도율	$\dfrac{총요양근로손실일수}{연근로시간수} \times 1,000$

정답 46 ② 47 ④ 48 ③ 49 ④

50

제조물책임법에서 동일한 손해에 대하여 배상할 책임이 있는 사람이 최소한 몇 명 이상이어야 연대하여 그 손해를 배상할 책임이 있는가?

① 2인 이상
② 4인 이상
③ 6인 이상
④ 8인 이상

해설
- 동일한 손해에 대하여 배상할 책임이 있는 자가 2인 이상인 경우에는 연대하여 그 손해를 배상할 책임이 있다.
- **연대책임**
  - 동일한 손해에 대하여 배상할 책임이 있는 자가 2인 이상인 경우에는 연대하여 그 손해를 배상할 책임이 있다.

51

동기를 부여하는 방법이 아닌 것은?

① 상과 벌을 준다.
② 경쟁을 자제하게 한다.
③ 근본이념을 인식시킨다.
④ 동기부여의 최적수준을 유지한다.

해설
- 동기를 부여하기 위해서는 경쟁을 촉진해야 한다.
- **동기를 부여하는 방법**
  - 상과 벌을 준다.
  - 경쟁을 촉진한다.
  - 근본이념을 인식시킨다.
  - 동기부여의 최적수준을 유지한다.

52

정서노동(emotional labor)의 정의를 가장 적절하게 설명한 것은?

① 스트레스가 심한 사람을 상대하는 노동
② 정서적으로 우울 성향이 높은 사람을 상대하는 노동
③ 조직에 부정적 정서를 갖고 있는 종업원들의 노동
④ 자신이 느끼는 원래 정서와는 다른 정서를 고객에게 의무적으로 표현해야 하는 노동

해설
- 정서노동이란 마트, 백화점, 승무원, 콜센터, 고객센터, 동사무소, 요양보호사 등 자신의 감정과 별개로 항상 특정 감정을 표현하는 노동형태를 말한다.
- **정서노동(emotional labor)**
  - 감정노동이라고도 한다.
  - 고객 응대 등 업무수행과정에서 자신의 감정을 절제하고 자신이 실제 느끼는 감정과는 다른 특정 감정을 표현하도록 업무상, 조직상 요구되는 노동형태를 말한다.
  - 마트, 백화점, 승무원, 콜센터, 고객센터, 동사무소, 요양보호사 등이 이에 해당된다.

53

다음은 인적 오류가 발생한 사례이다. Swain과 Guttman이 사용한 개별적 독립행동에 의한 오류 중 어느 것에 해당하는가?

> 컨베이어 벨트 수리공이 작업을 시작하면서 동료에게 컨베이어 벨트의 작동버튼을 살짝 눌러서 벨트를 조금만 움직이라고 이른 뒤 수리작업을 시작하였다. 그러나 작동버튼 옆에서 서 성이던 동료가 순간적으로 중심을 잃으면서 작동버튼을 힘껏 눌러 컨베이어 벨트가 전속력으로 움직이며 수리공의 신체 일부가 끼이는 사고가 발생하였다.

① 시간 오류(timing error)
② 순서 오류(sequence error)
③ 부작위 오류(omission error)
④ 작위 오류(commission error)

해설
- ①은 필요한 작업 또는 절차의 수행을 지연한데 기인한 에러이다.
- ②는 필요한 작업 또는 절차의 순서 착오로 인한 에러이다.
- ③은 필요한 행위를 실행하지 않은 오류이다.
- **심리적 측면의 휴먼에러 분류(Swain)**
  - ㉠ 부작위오류(Omission error) : 필요한 행위를 실행하지 않은 오류

생략오류 (Omission error)	필요한 작업 또는 절차를 수행하지 않는 데 기인한 에러

  - ㉡ 작위오류(Commission error) : 작업 수행 중 작업을 정확하게 수행하지 못해 발생한 에러(행위적 관점)

정답 50 ① 51 ② 52 ④ 53 ④

선택오류 (Selection error)	다른 레버를 선택하는 등의 원인으로 발생한 에러
물량오류 (Qualitative error)	너무 많거나 혹은 너무 적은 작업을 수행해서 발생한 에러
순서오류 (Sequential error)	필요한 작업 또는 절차의 순서 착오로 인한 에러
시간오류 (Timing error)	필요한 작업 또는 절차의 수행을 지연한데 기인한 에러

ⓒ 불필요한 행동 오류

불필요한 수행오류 (Extraneous error)	불필요한 작업 또는 절차를 수행함으로써 발생한 에러

54

재해 발생원인 중 불안전한 상태에 해당하는 것은?

① 보호구의 결함
② 불안전한 조장
③ 안전장치 기능의 제거
④ 불안전한 자세 및 위치

해설
- ②, ③, ④는 모두 불안전한 행동에 해당된다.
- ❖ 불안전한 상태
  - ㉠ 개요
    - 재해의 발생과 관련된 인간 외적인 조건을 말한다.
  - ㉡ 종류
    - 물 자체의 결함
    - 부적절한 보호구
    - 결함 있는 기계설비의 운전 중 고장
    - 불안전한 방호장치 및 방호장치 미설치
    - 작업 장소의 공간 부족, 부적당한 조명 및 온·습도 등

55

호손(Hawthorne) 연구의 내용으로 맞는 것은?

① 종업원의 이적률을 결정하는 중요한 요인은 임금수준이다.
② 호손 연구의 결과는 맥그리거(McGreger)의 XY 이론 중 X 이론을 지지한다.
③ 작업자의 작업능률은 물리적인 작업조건보다는 인간관계의 영향을 더 많이 받는다.
④ 종업원의 높은 임금 수준이나 좋은 작업조건 등은 개인의 직무에 대한 불만족을 방지하고 직무 동기 수준을 높인다.

해설
- 호손의 연구결과에서 작업자의 작업능률은 동기, 의사소통을 통한 작업자 간의 인간관계가 큰 영향을 미친다는 것을 확인하였다.
- ❖ 호손(Hawthorne)의 연구
  - 호손공장 실험에서 조명을 밝히면 처음에는 생산량은 증가하나 이후에는 조명과 상관관계가 거의 없음을 증명하였다.
  - 호손의 연구결과에서 작업자의 작업능률은 동기, 의사소통을 통한 작업자 간의 인간관계가 큰 영향을 미친다는 것을 확인하였다.
  - 산업심리학의 관심이 물리적 작업조건에서 인간관계 등으로 바뀌는 계기를 마련하게 되었다.

56

전술적(tacticaal) 에러, 전략적(poerational) 에러, 그리고 관리구조(organizational) 결함 등의 용어를 사용하여 사고연쇄반응에 대한 이론을 제안한 사람은?

① 버드(Bird)
② 아담스(Adams)
③ 웨버(Weaver)
④ 하인리히(Heinrich)

해설
- ①은 재해발생의 근원적 원인은 관리의 부족에 있다고 정의하는 신도미노 이론을 주장하였다.
- ③은 사고의 연쇄반응 이론에 전술적 잘못의 발견과 지적이라는 새로운 개념을 적용한 사고연쇄반응이론을 주장하였다.
- ④는 재해의 발생은 물적 불안전상태(설비적 결함)와 인적 불안전행동(관리적 결함), 그리고 잠재된 위험의 상태에서 비롯되어진다고 판단한 사고연쇄반응(도미노)이론을 주장하였다.
- ❖ 아담스(Edward Adams)의 재해발생 이론
  - 재해의 직접원인은 불행불상에서 발생하거나 방치한 전술적 에러에서 비롯된다는 이론이다.
  - 사고발생 매커니즘으로 불안전한 행동과 불안전한 상태가 복합되어 발생한다고 정의하였다.
  - 관리구조 → 작전적 에러 → 전술적 에러 → 사고 → 상해·손해 순으로 발생한다.
  - 작전적 에러란 CEO의 의지부족 및 관리자 의사결정의 오류, 감독자의 관리적 오류에서 비롯된다.
  - 전술적 에러란 관리 감독자의 실수나 태만, 불행불상의 방치를 의미하며, 불안전행동 및 불안전상태를 의미한다.

57

스트레스 수준과 수행(성능) 사이의 일반적 관계는?

① W형
② 뒤집힌 U형
③ U자형
④ 증가하는 직선형

해설
- 적정수준의 스트레스는 작업성과에 긍정적으로 작용한다(스트레스 수준과 수행은 역U자형의 관계를 갖는다).
- **스트레스**
  - 위협적인 환경특성에 대한 개인의 반응이라고 볼 수 있다.
  - 코티졸(cortisol)은 스트레스를 받을 때 몸에서 생성되는 호르몬으로 스트레스 정도를 파악하는데 사용된다.
  - 스트레스는 근골격계 질환에 영향을 줄 수 있다.
  - 스트레스를 받게 되면 자율 신경계가 활성화 된다.
  - 적정수준의 스트레스는 작업성과에 긍정적으로 작용한다(스트레스 수준과 수행은 역U자형의 관계를 갖는다).
  - 지나친 스트레스를 지속적으로 받으면 인체는 자기조절능력을 상실할 수 있다.
  - 일반적으로 내적 통제자들은 외적 통제자들보다 스트레스를 적게 받는다.
  - A형 성격을 가진 사람이 B형 성격을 가진 사람보다 높은 스트레스를 받을 가능성이 있다.

58

리더쉽 이론 중 관리 그리드 이론에서 인간에 대한 관심이 높은 유형으로만 나열된 것은?

① 인기형, 타협형
② 인기형, 이상형
③ 이상형, 타협형
④ 이상형, 과업형

해설
- 인간관계에 대한 관심이 높은 유형은 인기형(1,9)과 이상형(9,9)형이다.
- **관리 그리드(Managerial Grid) 이론**
  - Blake & Muton에 의해 구조주도적–배려적 리더십 개념을 연장시켜 정립한 이론이다.
  - 리더의 2가지 관심(인간, 생산에 대한 관심)을 축으로 리더십을 분류하였다.
  - 이상(Team)형 리더십이 가장 높은 성과를 보여준다고 주장하였다.
  - 표현 시 ( ) 안에 앞에는 업무에 대한 관심을, 뒤에는 인간관계에 대한 관심을 표현하고 온점(.)으로 구분한다.

	← 생산에 대한 관심 → 높음(9)	
높음(9)	인기(Country club)형 (1,9) • 인간에 대한 관심 지대함 • 생산에는 무관심	이상(Team)형 (9,9) • 인간에 대한 관심과 생산에 대한 관심이 모두 높음
↑ 인간에 대한 관심 ↓		중도(Middle of road)형 (5,5)	
낮음(1)	무관심(Impoverished)형(1,1) • 인간에 대한 관심과 생산에 대한 관심이 모두 무관심	과업(Task)형(9,1) • 생산에 대한 관심 지대함 • 인간에는 무관심

59

미사일을 탐지하는 경보 시스템이 있다. 조작자는 한 시간마다 일련의 스위치를 작동해야 하는 데 휴먼 에러 확률(HEP)은 0.01이다. 2시간에서 5시간까지의 인간 신뢰도는 약 얼마인가?

① 0.9412
② 0.9510
③ 0.9606
④ 0.9703

해설
- 1시간에 한번 스위치를 작동하는데 HEP가 0.01이다. 이때의 신뢰도는 1−0.01=0.99가 된다.
- 2시간에서 5시간까지 즉, 3시간동안의 인간 신뢰도를 묻고 있다. 이는 연속 3시간이므로 신뢰도 0.99인 공정이 3개 직렬로 연결되어 있는 것과 같으므로 0.99×0.99×0.99=0.97030이 된다.
- **시스템의 신뢰도** 실기 1403/1503/1603/1703/1801/2001/2103/2203/2301/2401
  ㉠ AND(직렬)연결 시

  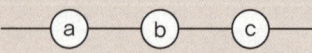

  - 부품 a, 부품 b 신뢰도를 각각 R_a, R_b라 할 때 시스템의 신뢰도 $R_s = R_a \times R_b$로 구할 수 있다.

  ㉡ OR(병렬)연결 시

  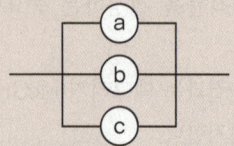

  - 부품 a, 부품 b 신뢰도를 각각 R_a, R_b라 할 때 시스템의 신뢰도 $R_s = 1-(1-R_a) \times (1-R_b)$로 구할 수 있다.

60
게스탈트 지각원리에 해당하지 않은 것은?

① 근접성의 원리 ② 유사성의 원리
③ 부분우세의 원리 ④ 대칭성 원리

해설
- 게슈탈트(Gestalt)의 4법칙에는 접근성, 폐쇄성, 연속성, 유사성이 있다.
- 게슈탈트(Gestalt)의 4법칙
  - 군화의 법칙이라고도 한다.
  - 인간이 형태를 지각하는 방법에 관한 법칙으로 시지각뿐만 아니라 인간의 기억, 학습방법 등에도 적용된다.
  - 4법칙에는 접근성, 폐쇄성, 연속성, 유사성이 있다.

4과목 근골격계질환 예방을 위한 작업관리

61
어느 회사의 컨베이어 라인에서 작업순서가 다음 표의 번호와 같이 구성되어 있을 때, 다음 설명 중 옳은 것은?

작업	1. 조립	2. 납땜	3. 검사	4. 포장
시간(초)	10초	9초	8초	7초

① 공정손실은 15%이다.
② 애로작업은 검사작업이다.
③ 라인의 주기시간은 7초이다.
④ 라인의 시간당 생산량은 6개이다.

해설
- 주기시간은 10초, 작업수는 4개, 총작업시간은 34초, 총유휴시간은 40−34=6초, 공정효율은 34/40=0.85, 공정손실은 6/40=0.15이다.
- ②에서 애로작업은 가장 시간이 긴 조립작업이다.
- ③에서 라인의 주기시간은 가장 긴 시간인 10초이다.
- ④에서 시간당 생산량은 3600초/10=360개이다.
- 주기시간과 공정효율 실기 1403/1503/1801/2001/2003/2101/2302/2402
  - 주기시간은 작업시간이 가장 오래 걸리는 애로공정의 작업시간을 말한다.
  - 애로작업이란 작업시간이 가장 긴 작업을 말한다.
  - 공정효율은 총작업시간/(작업수×주기시간)으로 구한다.
- 총유휴시간은 (작업수×주기시간)−(총작업시간)이다.
- 공정손실은 총유휴시간/(작업수×주기시간)으로 구한다.
- 공정효율과 공정손실의 합은 1이다.

62
1시간을 TMU(Time Measurement Unit)로 환산한 것은?

① 0.036TMU ② 27.8TMU
③ 1,667TMU ④ 100,000TMU

해설
- 1시간은 100,000TMU를 의미한다.
- TMU(Time Measurement Unit) 실기 1703
  - MTM에서 사용하는 시간의 단위이다.
  - 1TMU는 0.036초($\frac{1}{100,000}$시간)을 의미한다.

63
들기 작업의 안전작업 범위 중 주의작업범위에 해당하는 것은?

① 팔을 몸체에 붙이고 손목만 위, 아래로 움직일 수 있는 범위
② 팔은 완전히 뻗쳐서 손을 어깨까지 올리고 허벅지까지 내리는 범위
③ 물체를 놓치기 쉽거나 허리가 안전하게 그 무게를 지탱할 수 있는 범위
④ 팔꿈치를 몸의 측면에 붙이고 손이 어깨높이에서 허벅지 부위까지 닿을 수 있는 범위

해설
- ①은 최적 안전작업범위에 대한 설명이다.
- ④는 안전작업범위에 대한 설명이다.
- 요통예방을 위한 안전작업방법
  ㉠ 최적 안전작업범위
  - 팔을 몸체에 붙이고 손목만 위, 아래로 움직일 수 있는 범위이다.
  - 몸의 무게중심에서 가장 가까운 부분으로 허리에 주는 부담도 가장 적다.

ⓒ 안전작업범위
- 팔꿈치를 몸의 측면에 붙이고 손이 어깨높이에서 허벅지 부위까지 닿을 수 있는 범위이다.
- 허리에 가해지는 압박은 약간 있으나 비교적 안전하다.

ⓒ 주의작업범위
- 팔은 완전히 뻗쳐서 손을 어깨까지 올리고 허벅지까지 내리는 범위이다.
- 허리에 가해지는 압력이 비교적 크므로 주의하여야 한다.

ⓔ 위험작업범위
- 물체를 놓치기 쉽거나 허리가 안전하게 그 무게를 지탱할 수 없는 범위이다.
- 허리의 지탱한계를 벗어났으므로 매우 위험하다.

64 ● Repetitive Learning 1회 2회 3회

다음 중 근골격계 질환의 예방원리에 관한 설명으로 가장 적절한 것은?

① 예방이 최선의 정책이다.
② 작업자의 정신적 특징 등을 고려하여 작업장을 설계한다.
③ 공학적 개선을 통해 해결하기 어려운 경우에는 그 공정을 중단한다.
④ 사업장 근골격계 예방정책에 노사가 협의하면 작업자의 참여는 중요하지 않다.

해설
- ② 작업자의 정신적 특징이 아니라 신체적 특성과 작업내용을 고려한 작업장을 설계해야 한다.
- ③ 작업환경 개선방법은 공학적 개선과 관리적 개선 등이 있다. 공학적 개선으로 해결이 힘들면 관리적 개선 등 다른 방안을 찾도록 한다.
- ④ 노사가 협의하였다고 하더라도 작업자의 참여는 가장 중요한 요소이다.

근골격계 질환의 사전예방을 위한 적합한 관리대책
- 충분한 휴식시간의 제공과 스트레칭 프로그램의 도입
- 적절한 공구의 사용 및 올바른 작업방법에 대한 작업자 교육
- 작업자의 신체적 특성과 작업내용을 고려한 작업장 구조의 인간공학적 개선
- 적합한 노동강도에 대한 평가
- 공학적 개선과 관리적 개선을 통한 작업환경 개선
- 예방이 최선의 정책이므로 질환 예방을 위한 최선의 노력
- 작업순환(Job Rotation)과 작업 확대를 통하여 한 작업자가 할 수 있는 일의 다양성 확보

65 ● Repetitive Learning 1회 2회 3회

작업관리의 궁극적인 목적인 생산성 향상을 위한 대상 항목이 아닌 것은?

① 노동   ② 기계
③ 재료   ④ 세금

해설
- 작업관리는 정확한 작업측정을 통한 작업개선, 공정개선을 통한 작업 편리성 향상, 표준시간 설정을 통한 작업효율 관리 등을 목적으로 한다.
- 세금은 생산성 향상과 관련이 없다.

인간공학에 있어 작업관리
- 생산성 향상을 목적으로 경제적인 작업방법을 연구하는 작업연구와 표준작업시간을 결정하기 위한 작업측정으로 구분할 수 있다.
- 생산성과 함께 작업자의 안전과 건강을 함께 추구한다.
- 생산과정에서 인간이 관여하는 작업을 주 연구대상으로 한다.
- 정확한 작업측정을 통한 작업개선, 공정개선을 통한 작업 편리성 향상, 표준시간 설정을 통한 작업효율 관리 등을 수행한다.

66 ● Repetitive Learning 1회 2회 3회

NIOSH의 들기작업 지침에서 들기지수 값이 1이 되는 경우 대상 중량물의 무게는 얼마인가?

① 18kg   ② 21kg
③ 23kg   ④ 25kg

해설
- 들기지수가 1이 된다는 것은 관련 계수들이 가장 최적의 조건이 되면서 중량물의 무게가 23kg일 때이다.

NIOSH 들기지수(LI) 실기 1601/1803/2003/2302/2403
- NIOSH의 중량물 취급지수를 말한다.
- 들기지수가 1을 초과하는 경우 추천 무게를 넘는 것으로 간주한다.
- 40대 여성의 들기 능력의 50퍼센타일을 기준으로 하였다.
- 물체의 무게(kg) / RWL(kg)으로 구한다. 이때 RWL은 추천 중량한계로 들기 편한 정도의 값이다.
- RWL=23kg×HM×VM×DM×AM×FM×CM으로 구한다(HM은 수평계수, VM은 수직계수, DM은 거리계수, AM은 비대칭성계수, FM은 빈도계수, CM은 결합계수를 의미한다).
- RWL 계수는 0~1 사이의 값으로 1에 가까울수록 최적의 조건이 된다.

67

작업연구의 내용과 가장 관계가 먼 것은?

① 재고량 관리
② 표준시간의 산정
③ 최선의 작업방법 개발과 표준화
④ 최적 작업방법에 의한 작업자 훈련

해설
- 작업연구는 표준시간의 설정과 최선의 작업방법을 개발하여 생산성 향상을 목적으로 한다.

작업연구
㉠ 개요
- 표준시간의 설정과 최선의 작업방법을 개발하여 생산성 향상을 목적으로 한다.
- 작업연구는 보통 동작연구와 시간연구로 구성된다.
- 시간연구는 표준화된 작업방법에 의하여 작업을 수행할 경우에 소요되는 표준시간을 측정하는 분야이다.
- 동작연구는 경제적인 작업방법을 검토하여 표준화된 작업방법을 개발하는 분야이다.

㉡ 내용
- 표준 시간을 산정, 결정한다.
- 최선의 작업방법을 개발하고 표준화한다.
- 최적 작업방법에 의한 작업자 훈련을 한다.

68

배치설비를 분석하는 데 있어 가장 필요한 것은?

① 서블릭   ② 유통선도
③ 관리도   ④ 간트차트

해설
- ①은 기호를 사용하여 작업자의 작업을 18개 정도의 기본동작으로 나누어 분석표를 작성하고, 이들을 다시 총괄표에 정리하여 작업개선의 착안점을 찾아내는 데 이용되는 분석방법이다.
- ③은 품질의 산포를 관리하기 위해 사용하는 그래프를 말한다.
- ④는 활동 계획을 시간축에 표시하는 일정관리 차트이다.

문제분석에 사용되는 공정도 실기 1803
- 유통선도(Flow Diagram) : 공정상 부품의 이동경로 표시
- 활동분석표(Activity Chart) : 기계와 작업자의 상호관계를 중심으로 작업현황 표시
- 복수작업자분석표(Gang Process Chart) : 기계와 다수의 작업자 간의 관계를 표시

- 작업공정도(Operation Process Chart) : 전 작업공정을 순서대로 표시
- 간트 차트(Gant chart) : 활동 계획을 시간축에 표시

69

다음 중 작업 대상물의 품질 확인이나 수량의 조사, 검사 등에 사용되는 공정도 기호에 해당하는 것은?

① ○   ② □
③ △   ④ ⇨

해설
- ①은 가공, ④는 이동을 의미한다.
- ③은 삼각형의 뾰족한 부분이 아래로 향할 때 저장이 된다.

공정분석 시 사용되는 공정도시기호 실기 1401/2001

□	가공물의 수량 검사
D	가공물의 지체를 표시
/⇨	가공물의 이동
▽	가공물의 저장(보관)
○	가공물의 가공작업
◇	가공물의 품질 검사

70

작업개선에 따른 대안을 도출하기 위한 사항과 가장 거리가 먼 것은?

① 다른 사람에게 열심히 탐문한다.
② 유사한 문제로부터 아이디어를 얻도록 한다.
③ 현재의 작업방법을 완전히 잊어버리도록 한다.
④ 대안 탐색 시에는 양보다 질에 우선순위를 둔다.

해설
- ④에서 대안을 찾고자 할 때는 질보다는 양을 우선순위에 두고 다양한 방법을 검토해보는 것이 좋다.

작업개선을 위한 대안 도출방법
- 다른 사람에게 열심히 탐문한다.
- 유사한 문제로부터 아이디어를 얻는다.
- 현재의 작업방법을 완전히 잊어버린다.
- 동작경제의 원칙 등 다양한 개선원칙을 활용한다.
- 질보다는 양을 우선순위에 두고 다양한 방법을 검토한다.

정답 67 ① 68 ② 69 ② 70 ④

71
근골격계 질환 중 손과 손목에 관련된 질환으로 분류되지 않는 것은?

① 결절종(Ganglion)
② 수근관증후군(Carpal Tunnel Syndrome)
③ 회전근개증후군(Rotator Cuff Syndrome)
④ 드퀘르뱅건초염(Dequervain's Syndrome)

해설
- ③은 어깨 부위에 발생하는 질환이다.
- 부위별 근골격계 질환 실기 1403/2302
  - 목 : 근막통증 증후군, 경추부 염좌, 경추부 추간판탈출증
  - 어깨 : 근막통증 증후군, 회전근개 건염, 극상근 건염, 상완이두 건막염, 건봉하 점액낭염, 관절와순 손상
  - 팔꿈치 : 근막통증 증후군, 내·외상과염
  - 손 및 손목 : 수근관 증후군, 드퀘르베 건초염, 방아쇠 수지, 결절종, 가이언 증후군, 경겹증

72
근골격계 질환 발생의 주요한 작업 위험 요인으로 분류하기에 적절하지 않은 것은?

① 부적절한 휴식
② 과도한 반복 작업
③ 작업 중 과도한 힘의 사용
④ 작업 중 적절한 스트레칭의 부족

해설
- ④는 작업 중 필요한 대처방안의 한 종류이나 작업 위험 요인으로 분류하기에 적절하지 않다.
- 근골격계 질환 실기 1803/2101/2302/2303
  ㉠ 개요
  - 반복적인 동작, 부적절한 작업자세, 무리한 힘의 사용, 날카로운 면과의 신체접촉, 진동 및 온도 등의 요인에 의하여 발생하는 건강장해로서 목, 어깨, 허리, 팔·다리의 신경·근육 및 그 주변 신체조직 등에 나타나는 질환을 말한다.
  ㉡ 원인 실기 1603/1901/1903/2101/2201/2301
  - 질환의 원인은 개인적 특성 요인, 작업특성 요인, 사회 심리적 요인 등으로 구분한다.
  - 개인적 특성 요인에는 작업자 개인의 과거병력, 연령, 성별, 키, 몸무게, 작업방법 및 기술수준 등이 있다.
  - 직접적인 작업특성 위험요인에는 작업강도, 작업자세, 작업의 반복도, 부적절한 휴식 등이 있다.
  - 사회심리적 요인에는 직무스트레스, 비효율적 의사소통, 작업에 대한 만족도, 인간관계 등이 있다.

73
근골격계 질환 예방·관리 프로그램의 실행을 위한 보건관리자의 역할과 가장 밀접한 관계가 있는 것은?

① 기본 정책을 수립하여 근로자에게 알려야 한다.
② 예방·관리 프로그램의 수립 및 수정에 관한 사항을 결정한다.
③ 예방·관리 프로그램의 개발·평가에 적극적으로 참여하고 준수한다.
④ 주기적인 근로자 면담 등을 통하여 근골격계 질환 증상 호소자를 조기에 발견하는 일을 한다.

해설
- ①은 사업주의 역할이다.
- ②는 예방관리추진팀의 역할이다.
- ③은 근로자의 역할이다.
- 근골격계 질환 예방관리추진팀에서 보건/안전관리자의 역할 실기 1803
  - 근골격계 질환 유발 공정 및 작업유해요인 파악 (작업장 순회)
  - 근골격계 질환 증상 호소자 조기 발견 (근로자 면담)
  - 지속적인 관찰, 전문의 진단의뢰 등 필요한 조치(7일 이상 증상이 지속되는 자가 있을 경우)
  - 근골격계 질환자를 주기적 면담하여 가능한 조기에 작업장 복귀할 수 있도록 도움
  - 예방관리 추진팀에게 예방·관리프로그램을 운영할 수 있도록 사내자원 제공
  - 예방관리 프로그램의 운영을 위한 정책 결정에 참여

74
유해요인의 공학적 개선 사례로 볼 수 없는 것은?

① 로봇을 도입하여 수작업을 자동화하였다.
② 중량물 작업 개선을 위하여 호이스트를 도입하였다.
③ 작업량 조정을 위하여 컨베이어의 속도를 재설정하였다.
④ 작업피로감소를 위하여 바닥을 부드러운 재질로 교체하였다.

해설

- ③은 현재의 자원을 효율적으로 관리하는 관리적 개선방법에 해당된다.

※ 작업개선안 도출 실기 1401/1603/1801/1901/2003/2201/2302/2403
- 가장 우선적이고 근본적인 문제해결책은 문제가 되는 작업을 제거하는 데 있다.
- 1차적으로는 공학적 개선으로 위험요인의 제거 혹은 위험성의 직접적인 감소를 위해 작업장 여건을 개선한다.
- 2차적으로는 관리적 개선으로 작업순환, 작업교대, 휴식시간 설계, 인원 보충 등 자원의 효율적인 분배와 관련된다.

공학적 개선안	• 작업자의 신체에 맞는 작업장 개선(작업공구 개선, 작업대 높이 조절, 중량물 운반 시 기계장치 사용, 단순반복 작업에 로봇 사용, 작업장 바닥 개선, 작업장 재배열) • 작업자세 및 작업방법 개선
관리적 개선안	• 작업순환, 작업교대 • 작업습관 변화 • 작업속도 조절 및 휴식시간 설계 • 인원 보충(추가 작업자 선발, 교육 및 훈련, 적성에 맞는 배치) • 위험표지 부착

- 동작을 가급적 조합하여 하나의 동작으로 한다.
- 동작의 수는 줄이고, 동작의 속도를 적당히 한다.

ⓒ 신체사용의 원칙 실기 2301
- 두 손의 동작은 동시에 시작해서 동시에 끝나야 한다.
- 휴식시간을 제외하고는 양손을 같이 쉬게 해서는 안 된다.
- 손의 동작은 유연하고 연속적인 동작이어야 한다.
- 동작이 급작스럽게 크게 바뀌는 직선 동작은 피해야 한다.
- 두 팔의 동작은 동시에 서로 반대방향으로 대칭적으로 움직이도록 한다.
- 탄도동작(Ballistics Movements)은 제한되거나 통제된 동작보다 더 신속하고 정확하다.

ⓒ 작업장 배치의 원칙 실기 1303/1701/2001/2002/2303/2402
- 가능하다면 낙하식 운반 방법을 이용한다.
- 작업이 용이하도록 적절한 조명을 비추어 준다.
- 공구나 재료는 작업동작이 원활하게 수행하도록 그 위치를 정해준다.
- 공구, 재료 및 제어장치는 사용하기 가까운 곳에 배치해야 한다.

ⓔ 공구 및 설비 디자인의 원칙 실기 1703
- 지그나 족답장치를 이용하여 양손이 다른 일을 할 수 있도록 한다.
- 공구의 기능을 결합하여 사용하도록 한다.
- 타자 칠 때와 같이 각 손가락이 서로 다른 작업을 할 때에는 작업량을 각 손가락의 능력에 맞게 배분해야 한다.

75

신체 사용에 관한 동작경제 원칙으로 틀린 것은?

① 두 손은 순차적으로 동작하도록 한다.
② 두 팔의 동작은 서로 반대방향에서 대칭적으로 움직이도록 한다.
③ 손과 신체의 동작은 작업을 원만하게 처리할 수 있는 범위 내에서 가장 낮은 동작등급을 사용한다.
④ 가능한 관성을 이용하여 작업을 하되, 작업자가 관성을 억제해야 하는 경우에는 발생하는 관성을 최소한으로 줄인다.

해설
- 두 손의 동작은 동시에 시작해서 동시에 끝나야 한다.

※ 동작경제의 원칙 실기 1903/2103/2203
ⓒ 개요
- 작업자가 경제적인 동작을 통해 피로도를 감소시키면서도 능률을 향상시키게 하기 위한 원칙이다.
- 신체사용의 원칙, 작업장 배치의 원칙, 공구 및 설비 디자인의 원칙으로 분류된다.

76

정미시간이 0.177분인 작업을 여유율 10%에서 외경법으로 계산하면 표준시간이 0.195분이 된다. 이를 8시간 기준으로 계산하면 여유시간은 총 44분이 된다. 같은 작업을 내경법으로 계산할 경우 8시간 기준으로 총 여유시간은 약 몇 분이 되겠는가?(단, 여유율은 외경법과 동일하다)

① 12분 ② 24분
③ 48분 ④ 60분

해설
- 내경법으로 여유시간은 근무여유율×근무시간이므로 0.1×8시간 = 0.1×480분이므로 48분이 된다.

※ 표준시간 실기 1501/1503/1603/1703/2002/2003/2103/2402/2403
ⓒ 개요
- 8시간의 정상작업을 기준으로 하여 일정한 작업조건에서 일정한 방법에 따라 보통 정도의 작업자가 정상적인 속도로 작업을 수행하는데 걸리는 시간을 말한다.

- 표준시간 측정에 사용하는 DM(decimal minute)은 1DM이 0.6초이다.
- 표준시간은 정미시간+여유시간으로 구한다.
- 정미시간은 관측시간의 평균치×R(레이팅 계수)로 구한다.
- 객관적 레이팅에서의 표준시간=관측 평균시간×(1차 평가계수)×(1+2차 조정계수)×(1+여유율)로 구한다.
- 외경법의 경우 표준시간=정미시간×(1+여유율)로 구한다.
- 내경법의 경우 표준시간=정미시간/(1−여유율)로 구한다.

ⓒ 여유율
- 외경법은 작업여유율=여유시간/정미시간(근무시간−여유시간)을 적용한다.
- 내경법은 근무여유율=여유시간/근무시간(정미시간+여유시간)을 적용한다.

77 ● Repetitive Learning 1회 2회 3회

작업측정에 관한 설명으로 옳지 않은 것은?

① 정미시간은 반복생산에 요구되는 여유시간을 포함한다.
② 인적여유는 생리적 욕구에 의해 작업이 지연되는 시간을 포함한다.
③ 레이팅은 측정작업 시간을 정상작업 시간으로 보정하는 과정이다.
④ TV조립공정과 같이 짧은 주기의 작업은 비디오 촬영에 의한 시간연구법이 좋다.

[해설]
- 정미시간은 정상적인 작업수행에 필요한 시간으로 여유시간을 포함하지 않는다. 정미시간에 여유시간을 포함하면 표준시간이 된다.

■■ 정상시간(정미시간 : Normal Time) 실기 1703/2401
- 정상적인 작업수행에 필요한 시간으로 여유시간을 포함하지 않는다.
- 훈련이 잘된 다수의 작업자가 표준화된 작업방법으로 작업할 때의 시간이다.
- PTS(Predetermined Time Standard)법에 의하여 산출된 시간이다.
- 스톱워치에 의하여 구한 관측평균시간에 작업수행도평가(Performance Rating)를 반영한 시간이다.

78 ● Repetitive Learning 1회 2회 3회

워크 샘플링 방법 중 관측을 등간격 시점마다 행하는 것은?

① 랜덤 샘플링
② 층별 비례 샘플링
③ 체계적 워크 샘플링
④ 퍼포먼스 워크 샘플링

[해설]
- 워크 샘플링 방법에는 퍼포먼스, 체계적, 계층별 워크 샘플링이 있다.
- 관측을 등간격 시점마다 행하는 것은 체계적 워크 샘플링으로 주기성이 없거나 관측간격이 주기보다 짧은 경우에 주로 사용된다.

■■ 워크 샘플링 방법

퍼포먼스 WS법	• 관측과 동시에 레이팅을 수행 • 사이클이 길어 표준시간 설정이 어려운 경우에 적합
체계적 WS법	• 관측을 등간격 시점마다 행함 • 주기성이 없는 경우에 적합
계층별 WS법	• 층별로 연구 후 가중치를 부여 • 각각의 연구활동이 독립적인 경우에 적합

79 ● Repetitive Learning 1회 2회 3회

OWAS에 대한 설명이 아닌 것은?

① 핀란드에서 개발되었다.
② 중량물의 취급은 포함하지 않는다.
③ 팔, 팔목의 정밀한 작업자세 분석은 포함하지 않는다.
④ 작업자세를 평가 또는 분석하는 check list이다.

[해설]
- ②에서 OWAS는 중량물의 취급(10kg, 20kg)을 포함한다.

■■ OWAS(Ovako Working posture Analysis System)
- 핀란드에서 개발된 작업자세를 평가 또는 분석하는 check list이다.
- 중량물의 취급(10kg, 20kg)을 포함한다.
- 작업자세의 수준을 4단계로 평가한다.
- RULA나 REBA에 비해 다리의 정밀한 작업자세를 평가하는데 유리하다.

80 ● Repetitive Learning [1회 2회 3회]

문제분석을 위한 기법 중 원과 직선을 이용하여 아이디어 문제, 개념 등을 개괄적으로 빠르게 설정할 수 있도록 도와주는 연역적 추론 기법에 해당하는 것은?

① 공정도(proces chart)
② 마인드 맵핑(mind mapping)
③ 파레토 차트(Pareto chart)
④ 특성요인도(cause and effect diagram)

해설
- ①은 공정 중에 발생하는 모든 작업, 검사, 운반, 저장 등의 과정을 자재나 작업자의 관점에서 흘러가는 순서에 따라 표시하는 도표로 공정분석에 이용된다.
- ③은 80~20의 원칙에 기초하여 빈도수별로 나열한 항목별 점유와 누적비율에 따라 불량이나 사고의 원인이 되는 중요 항목을 찾아가는 기법이다.
- ④는 어떤 결과에 영향을 미치는 크고 작은 요인들을 계통적으로 파악하기 위해 재해와 원인의 관계를 도표화하여 재해 발생 원인을 분석하는 작업분석 도구이다.

마인드 맵핑(mind mapping)
- 원과 직선을 이용하여 아이디어 문제, 개념 등을 개괄적으로 빠르게 설정할 수 있도록 도와주는 연역적 추론 기법이다.
- 방사형 그림으로 나열한 계층구조로 각 조각들 간의 관계를 표시하고 정리하는 과정을 말한다.

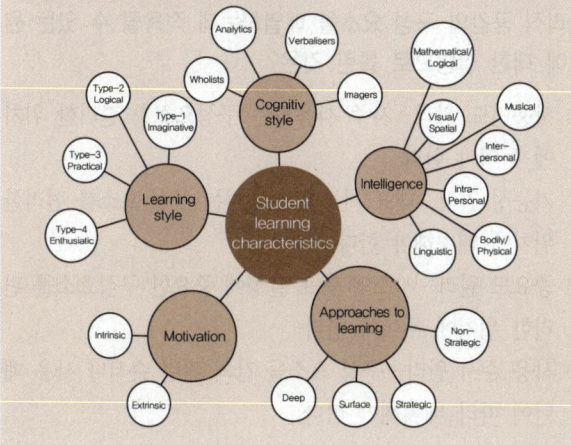

정답 | 80 ②

2019년 제1회

2019년 3월 3일

1과목 인간공학개론

01

인간의 피부가 느끼는 3종류의 감각에 속하지 않는 것은?

① 압각
② 통각
③ 온각
④ 미각

해설
- 피부 감각의 종류에는 촉각, 압각, 온각, 냉각, 통각으로 구분된다.
- **피부 감각의 종류**
  - 촉각(압각) : 촉각은 메르켈 소체, 마이스너 소체, 압각은 파치니 소체가 담당한다.
  - 온도감각(온각, 냉각) : 온각은 루피니 소체, 냉각은 크라우제 소체가 담당한다.
  - 고통감각 : 감수성이 가장 높다. 신경말단에서 자극을 수용하며 감각기 중 가장 많이 분포한다.

02

각각의 변수가 다음과 같을 때 정보량을 구하는 식으로 틀린 것은?

n : 대안의 수
p : 대안의 실현확률
P_k : 각 대안의 실패확률
P_i : 각 대안의 실현확률

① $H = \log_2 n$

② $H = \sum_{k=0}^{n} P_k + \log_2\left(\dfrac{1}{P_k}\right)$

③ $H = \log_2\left(\dfrac{1}{p}\right)$

④ $H = \sum_{k=1}^{n} P_i \log_2\left(\dfrac{1}{P_i}\right)$

해설
- ①은 대안이 n개인 경우의 정보량을 구하는 식이다.
- ③은 특정 안이 발생할 확률이 $p(x)$라면 정보량을 구하는 식이다.
- ④는 여러 안이 발생할 경우의 총 정보량을 구하는 식이다.
- **정보량**
  - 대안이 n개인 경우의 정보량은 $\log_2 n$으로 구한다.
  - 특정 안이 발생할 확률이 $p(x)$라면 정보량은 $\log_2 \dfrac{1}{p(x)}$로 구한다.
  - 여러 안이 발생할 경우의 총 정보량은 [개별 확률×개별 정보량의 합]과 같다.

03

물리적 공간의 구성 요소를 배열하는데 적용될 수 있는 원리에 대한 설명으로 틀린 것은?

① 사용빈도 원리 – 자주 사용되는 구성요소를 편리한 위치에 두어야 한다.
② 기능성 원리 – 대표 기능을 수행하는 구성 요소를 편리한 위치에 배치해야 한다.
③ 중요도 원리 – 시스템 목표 달성에 중요한 구성요소를 편리한 위치에 두어야 한다.
④ 사용 순서 원리 – 구성 요소들 간의 관련 순서나 사용 패턴에 따라 배치해야 한다.

해설
- ②의 기능성 원리는 기능적으로 관련된 구성요소들을 한데 모아서 배치한다는 것이다.
- **작업장 배치의 원칙**
  ⑦ 개요
  - 사용빈도, 중요도, 기능별, 사용 순서의 원칙에 의해 배치한다.
  - 작업의 흐름에 따라 기계를 배치한다.

01 ④ 02 ② 03 ②

- 배치의 3단계는 지역배치 → 건물배치 → 기계배치 순으로 이뤄진다.
- 공장내외는 안전한 통로를 두어야 하며, 통로는 선을 그어 작업장과 명확히 구별하도록 한다.
- 비상시에 쉽게 대비할 수 있는 통로를 마련하고 사고 진압을 위한 활동통로가 반드시 마련되어야 한다.

ⓒ 원칙
- 중요성의 원칙, 사용빈도의 원칙 – 우선적인 원칙
- 기능별 배치, 사용 순서의 원칙 – 부품의 일반적인 위치 내에서의 구체적인 배치 기준

04

어떤 시스템의 사용성을 평가하기 위해 사용하는 기준으로 적절하지 않은 것은?

① 효율성 ② 학습용이성
③ 가격 대비 성능 ④ 기억용이성

해설
- ③은 사용성 평가와 거리가 멀다.
- 시스템의 사용성을 평가하기 위해 사용하는 기준(제이콥 닐슨(J. Nielsen)의 사용성 척도) 실기 1303/1401/1403/1501/2002/2003/2402
  - 학습용이성 : 사용자가 응용프로그램을 배우기 쉬운지의 여부
  - 유연성과 효율성 : 환경 변화에 적응하는지와 원하는 목적을 달성하는데 필요한 자원의 효율
  - 기억용이성 : 사용자가 해당 목표 달성을 위해 정보를 얼마나 기억하는지
  - 에러 빈도 및 정도 : 고장 발생확률이 얼마나 낮은지
  - 피드백(오류예방) : 사용자 인터페이스에 대한 반응
  - 도움말 및 설명 문서
  - 심플하고 아름다운 디자인
  - 일관성과 표준화
  - 사용자 주도권과 자유도
  - 실제 사용환경에 적합한 시스템

05

Fitts의 법칙에 관한 설명으로 맞는 것은?

① 표적이 작을수록, 이동거리가 짧을수록 작업의 난이도와 소요 이동시간이 증가한다.
② 표적이 작을수록, 이동거리가 길수록 작업의 난이도와 소요 이동시간이 증가한다.
③ 표적이 클수록, 이동거리가 길수록 작업의 난이도와 소요 이동시간이 증가한다.
④ 표적이 클수록, 이동거리가 짧을수록 작업의 난이도와 소요 이동시간이 증가한다.

해설
- Fitts의 법칙은 표적의 크기(폭), 이동거리, 이동시간 등이 관련된 법칙으로 표적이 작고 이동거리가 길수록 이동시간이 증가하는 것을 나타내는 인간의 제어 및 조정능력을 나타내는 법칙이다.
- Fitts의 법칙
  - 인간의 제어 및 조정능력을 나타내는 법칙으로 인간의 손이나 발을 이동시켜 조작장치를 조작하는 데 걸리는 시간을 표적까지의 거리와 표적 크기의 함수로 나타낸다.
  - 표적이 작고 이동거리가 길수록 이동시간이 증가한다.
  - 자동차 가속 페달과 브레이크 페달 간의 간격, 브레이크 폭 등을 결정하는데 사용할 수 있는 가장 적합한 인간공학 이론이다.
  - 난이도 지수는 $\log_2\left(\dfrac{2A}{W}\right)$로 구한다.
  - 동작시간 $= a + b\log_2\left(\dfrac{2A}{W}\right)$ [ms]로 구한다. 이때 a와 b는 단순반응시간, 선택반응시간, A는 동작거리, W는 목표물의 폭이다.

06

귀의 청각 과정이 순서대로 올바르게 나열된 것은?

① 신경전도 → 액체전도 → 공기전도
② 공기전도 → 액체전도 → 신경전도
③ 액체전도 → 공기전도 → 신경전도
④ 신경전도 → 공기전도 → 액체전도

해설
- 소리는 공기를 통해서 전도되어 림프액으로 차있는 내이에서 액체를 통해서 전도된 후 신경을 통해서 최종적으로 전달된다.
- 귀
  - 청각을 받아들여 소리를 듣는 기관이다.
  - 외이, 중이, 내이로 구성된다.
  - 외이는 소리를 고막까지 전달하는 부분으로 귓바퀴와 외이도로 구성된다.
  - 중이는 고막에서 내이 사이의 공간으로 고막의 진동을 달팽이관에 전달하는 역할을 한다. 고막, 이소골, 고실, 이내근, 이관으로 구성된다.
  - 내이는 소리를 직접 느끼는 달팽이관이 있는 부분으로 달팽이관, 전정기관, 반고리관 등으로 구성된다.
  - 소리는 공기를 통해서 전도되어 림프액으로 차있는 내이에서 액체를 통해서 전도된 후 신경을 통해서 최종적으로 전달된다.

정답 | 04 ③ 05 ② 06 ②

07
신호검출이론을 적용하기에 가장 적합하지 않은 것은?
① 의료진단
② 정보량 측정
③ 음파탐지
④ 품질 검사과업

해설
- 신호검출이론은 품질관리, 통신이론, 의학처방 및 심리학, 법정에서의 판정 등 다양하게 활용되고 있다.
- 신호검출이론(Signal Detection Theory) 실기 1501/1503/1701/2001/2002/2003/2103/2303/2403
  ⊙ 개요
   - 불확실한 상황에서 선택하게 하는 방법으로 신호의 탐지는 관찰자의 반응편향과 민감도에 달려있다고 주장하는 이론이다.
   - 일반적으로 신호 검출 시 이를 간섭하는 소음이 있고, 신호와 소음을 쉽게 식별할 수 없는 상황에 신호검출이론이 적용된다.
   - 긍정(Hit), 허위(False alarm), 누락(Miss), 부정(Correct rejection)의 네 가지 결과로 나눌 수 있다.
   - 허위(False alarm)는 소음을 신호로, 누락(Miss)은 신호를 소음으로 판단한 결과이다.
   - 신호검출이론은 품질관리, 통신이론, 의학처방 및 심리학, 법정에서의 판정 등 다양하게 활용되고 있다.
  ⊙ 반응편향 β
   - 반응편향 $\beta = \dfrac{\text{신호의 길이}}{\text{소음의 길이}}$ 로 구한다.
   - 신호에 의한 반응이 선형인 경우 판별력은 좋아진다.
   - 신호검출이론에서 두 개의 정규분포 곡선이 교차하는 부분에 있는 기준점 β는 신호의 길이와 소음의 길이가 같으므로 1의 값을 가진다.
   - 판정 기준은 β(신호/노이즈)이며, $\beta>1$이면 보수적이고, $\beta<1$이면 자유적이다.
  ⊙ 민감도
   - 민감도가 클수록 신호를 구분하기 쉽다.
   - 잡음이 많을수록, 신호가 약하거나 분명하지 않을수록 d값은 작아진다.
   - 민감도를 늘리기 위해서는 교육 훈련, 결과의 피드백, 신호의 비신호의 구별성 증가 등의 조치를 한다.

08
회전운동을 하는 조종장치의 레버를 30° 움직였을 때 표시장치의 커서는 4cm 이동하였다. 레버의 길이가 20cm일 때 이 조종장치의 C/R 비는 약 얼마인가?
① 2.62
② 5.24
③ 8.33
④ 10.48

해설
- 회전 조종구의 C/D비 $= \dfrac{2\times\pi(3.14)\times r(\text{반지름})\times\left(\dfrac{\text{각도}}{360}\right)}{\text{표시계기의 변위량}}$ 으로 구한다.
- 레버를 30°, 표시장치는 4cm, 레버의 길이가 15cm이므로 반지름도 15cm이므로 대입하면 C/D비는 $\dfrac{2\times3.14\times20\times\left(\dfrac{30}{360}\right)}{4} = 2.6166\cdots$ 이다.
- 통제표시비 : C/D(C/R)비 실기 1301/1403/1501/1503/1601/1701/1803/1901/2002/2003/2101/2103/2203/2301/2303/2401
  ⊙ 개요
   - 통제장치의 변위량과 표시장치의 변위량과의 관계를 나타낸 비율로 C/D비, 조종과 반응의 비라고 하여 C/R비라고도 한다.
   - $C/D = \dfrac{\text{통제기기의 변위량}}{\text{표시계기의 변위량}}$ 으로 구한다.
   - 회전 조종구의 C/D비
     $= \dfrac{2\times\pi(3.14)\times r(\text{반지름})\times\left(\dfrac{\text{각도}}{360}\right)}{\text{표시계기의 변위량}}$ 으로 구한다.
  ⊙ 특징
   - C/R비가 작아진다는 것은 민감한 장치화 되어 조종시간=제어시간이 길어지지만 수행시간이 짧아진다는 의미이다.
   - C/R비가 크다는 것은 미세한 조종은 쉽지만 수행시간은 상대적으로 길다.
   - 통제기기 시스템에서 발생하는 조작시간의 지연은 직접적으로 통제표시비가 가장 크게 작용하고 있다.

09
밀러(Miller)의 신비의 수(Magic Number) 7±2와 관련이 있는 인간의 정보처리 계통은?
① 장기기억
② 단기기억
③ 감각기관
④ 제어기관

해설
- 밀러의 매직넘버는 인간이 절대식별 시 작업 기억 중에 유지할 수 있는 항목의 최대수는 5가지 미만을 의미하는 단기기억에 관한 이론이다.
- 매직넘버(Magic number)
  - 인간이 한 자극 차원 내의 자극을 절대적으로 식별할 수 있는 능력을 말한다.
  - 인간이 절대식별 시 작업 기억 중에 유지할 수 있는 항목의 최대수는 5가지 미만이다.
  - 밀러의 매직넘버는 7±2로 제안되었으나 최근에는 인간의 단기기억 용량은 3~4개를 가진 것으로 인정되고 있다.

10

인간공학 연구에 사용되는 기준(criterion, 종속변수) 중 인적기준(human criterion)에 해당하지 않은 것은?

① 보전도
② 사고 빈도
③ 주관적 반응
④ 인간 성능

해설
- 기준(criterion, 종속변수) 중 인적 기준(human criterion)에는 인간의 성능 척도, 주관적 반응, 생리학적 지표, 사고빈도 등이 있다.
- 기준(criterion, 종속변수) 중 인적 기준(human criterion)
  - 인간의 성능 척도
  - 주관적 반응
  - 생리학적 지표
  - 사고빈도

11

시력에 관한 설명으로 틀린 것은?

① 근시는 수정체가 두꺼워져 먼 물체를 볼 수 없다.
② 시력은 시각(visual angle)의 역수로 측정한다.
③ 시각(visual angle)은 표적까지의 거리를 표적두께로 나누어 계산한다.
④ 눈이 파악할 수 있는 표적사이의 최소공간을 최소 분간시력(minimum separable acuity)이라고 한다.

해설
- ③에서 시력은 시각(visual angle)의 역수로 측정하며, 시각은 표적두께를 표적까지의 거리로 나누어 계산한다.
- 시력 실기 1403/1903/2302
  - 세부적인 내용을 시각적으로 식별할 수 있는 능력을 말한다.
  - 시력은 시각(visual angle)의 역수로 측정한다.
  - 시각은 표적두께를 표적까지의 거리로 나누어 계산한다.
  - 시각(mm) = (57.3×60×틈간격)/눈으로부터 거리로 구한다.
  - 눈이 파악할 수 있는 표적사이의 최소공간을 최소 분간시력(minimum separable acuity)이라고 한다.
  - 눈의 조절능력이 불충분한 경우 근시 또는 원시가 된다.
  - 근시는 수정체가 두꺼워지면서 물체의 상이 망막의 앞에서 맺혀 먼 물체를 볼 수 없다.
  - 눈이 초점을 맞출 수 없는 가장 먼 거리를 원점이라 하는데 정상 시각에서 원점은 거의 무한하다.

12

인간의 나이가 많아짐에 따라 시각 능력이 쇠퇴하여 근시력이 나빠지는 이유로 가장 적절한 것은?

① 시신경의 둔화로 동공의 반응이 느려지기 때문
② 세포의 팽창으로 망막에 이상이 발생하기 때문
③ 수정체의 투명도가 떨어지고 유연성이 감소하기 때문
④ 안구 내의 공막이 얇아져 영양 공급이 잘 되지 않기 때문

해설
- 노화로 인해 근시력이 나빠지는 이유는 수정체의 투명도가 떨어지고 유연성이 감소하기 때문이다.
- 노화로 인한 시각능력의 감소 시 조명수준을 결정할 때 고려사항
  - 직무의 대비(對比) 뿐만 아니라 휘광(glare)의 통제도 아주 중요하다.
  - 느려진 동공 반응은 과도(過渡, transient) 적응 효과의 크기와 기간을 증가시킨다.
  - 색 감지를 위해서는 색을 잘 표현하는 전대역(full-spectrum) 광원(光源)이 추천된다.
  - 과도 적응 문제와 눈의 불편을 줄이기 위해서는 보다 낮은 광도비(光度比)가 필요하다.
  - 수정체의 투명도가 떨어지고 유연성이 감소하기 때문 근시력이 나빠진다.

13

음 세기(sound intensity)에 관한 설명으로 옳은 것은?

① 음 세기의 단위는 Hz이다.
② 음 세기는 소리의 고저와 관련이 있다.
③ 음 세기는 단위시간에 단위면적을 통과하는 음의 에너지를 말한다.
④ 음압수준(sound pressure level) 측정 시 주로 1,000Hz 순음을 기준 음압으로 사용한다.

해설
- ①에서 음의 세기 단위는 dB이다.
- ②에서 소리의 고저는 주파수(Hz)와 관련된다.
- ④는 phon에 대한 설명이다.
- 음 세기(sound intensity)
  - 음의 진행방향에 수직하는 단위 면적을 단위시간에 통과하는 음의 에너지를 말한다.
  - 기호는 I, 단위는 w/m^{2}이다.

정답 10 ① 11 ③ 12 ③ 13 ③

14

청각적 코드화 방법에 관한 설명으로 틀린 것은?

① 진동수는 많을수록 좋으며, 간격은 좁을수록 좋다.
② 음의 방향은 두 귀 간의 강도차를 확실하게 해야 한다.
③ 강도(순음)의 경우는 1,000 ~ 4,000Hz로 한정할 필요가 있다.
④ 지속시간은 0.5초 이상 지속시키고, 확실한 차이를 두어야 한다.

해설
- 진동수는 적을수록 좋다.
- 청각적 암호화 방법
  - 진동수는 적을수록 좋다.
  - 음의 방향은 두 귀 간의 강도차를 확실하게 해야 한다.
  - 지속시간은 2 ~ 3수준으로 0.5초 이상 지속시키고, 확실한 차이를 두어야 한다.
  - 강도는 4 ~ 5수준이 좋고, 순음의 경우는 1,000 ~ 4,000Hz로 한정할 필요가 있다.

15

인체측정 자료의 유형에 대한 설명으로 틀린 것은?

① 기능적 치수는 정적 자세에서의 신체치수를 측정한 것이다.
② 정적 치수에 의해 나타나는 값과 동적 치수에 의해 나타나는 값은 다르다.
③ 정적 치수에는 골격 치수(skeletal dimension)와 외곽 치수(contour dimension)가 있다.
④ 우리나라에서는 국가기술표준원 주관하에 'SIZE KOREA'라는 이름으로 인체 치수조사 사업을 실시하여 인체 측정에 관한 결과를 제공하고 있다.

해설
- ①에서 기능적 인체치수는 공간이나 제품의 설계 시 움직이는 몸의 자세를 고려하기 위해 사용되는 인체치수로 동적측정에 해당한다.
- 인체의 측정
  - 일반적으로 몸의 측정 치수는 구조적 치수(Structural dimension)와 기능적 치수(Functional dimension)로 나눌 수 있다.
  - 기능적 인체치수는 공간이나 제품의 설계 시 움직이는 몸의 자세를 고려하기 위해 사용되는 인체치수로 동적측정에 해당한다.
  - 구조적 인체치수는 움직이지 않고 고정된 자세에서 마틴(Martin)식 인체측정기로 측정하는 정적측정에 해당한다.
  - 인간-기계 시스템의 설계에서는 구조적 치수 뿐 아니라 기능적 치수도 적극적으로 활용하여야 한다.
  - 제품설계에 필요한 측정 자료는 대부분 정규분포를 따른다.

16

정량적 시각 표시장치의 기본 눈금선 수열로 가장 적당한 것은?

① 2, 4, 6 ···
② 3, 6, 9 ···
③ 8, 16, 24 ···
④ 0, 10, 20 ···

해설
- 일상생활에서 10진수를 사용하고 있으므로 기본 눈금선 수열은 0, 10, 20, ···로 표시되는 것이 좋다.
- 정량적 표시장치(Quantitative display)
  - 기계식 표시장치에는 원형, 수평형, 수직형 등의 아날로그 표시장치와 디지털 표시장치로 구분된다.
  - 아날로그 표시장치는 눈금이 고정되고 지침이 움직이는 동침(Moving pointer)형과 지침이 고정되고 눈금이 움직이는 동목(Moving scale)형으로 구분된다.
  - 아날로그 표시장치의 눈금단위(Scale unit) 길이는 정상 가시거리(71cm)를 기준으로 정상 조명 환경에서는 1.3mm 이상이 권장된다.
  - 시력이 나쁜 사람이나 조명이 낮은 환경에서 계기를 사용할 때는 눈금단위(Scale unit) 길이를 크게 하는 편이 좋다.
  - 기본 눈금선 수열은 0, 10, 20, ···로 표시되는 것이 좋다.

17

인간공학을 지칭하는 용어로 적절하지 않은 것은?

① Biology
② Ergonmics
③ Human factors
④ Human factors engineering

해설
- 인간공학이란 "Ergon(작업)+nomos(법칙)+ics(학문)"이 조합된 단어로 Human factors, Human engineering이라고도 한다.
- 인간공학(Ergonomics)
  ㉠ 개요
    - "Ergon(작업)+nomos(법칙)+ics(학문)"이 조합된 단어로 Human factors, Human engineering이라고도 한다.

- 인간의 특성과 한계 능력을 공학적으로 분석, 평가하여 이를 복잡한 체계의 설계에 응용함으로 효율을 최대로 활용할 수 있도록 하는 학문분야이다.
- 인간이 사용하는 물건, 설비, 환경의 설계에 인간의 생리적, 심리적인 면에서의 특성이나 한계점을 고려함으로써 인간-기계 시스템의 안전성과 편리성, 효율성을 높이는 학문분야이다.

ⓒ 적용분야
- 제품설계
- 재해·질병 예방
- 장비·공구·설비의 배치
- 작업장 내 조사 및 연구

18

웹 네비게이션 설계 시 검토해야 할 인터페이스 요소로서 가장 적절하지 않은 것은?

① 일관성이 있어야 한다.
② 쉽게 학습할 수 있어야 한다.
③ 전체적인 문맥을 이해하기 쉬워야 한다.
④ 시각적 이미지가 최대한 많이 제공되어야 한다.

해설
- 너무 많은 시각적 이미지는 혼란을 야기하기 쉽다.

■ 웹 네비게이션
- 사용자가 웹 사이트 내에서 자연스럽게 이동할 수 있도록 안내하는 시스템이다.
- 사이트 구조를 한 눈에 파악할 수 있도록 하여야 한다.
- 일관성이 있어야 한다.
- 쉽게 학습할 수 있어야 한다.
- 전체적인 문맥을 이해하기 쉬워야 한다.

19

인간이 기계를 조종하여 임무를 수행해야 하는 직렬구조의 인간-기계 체계가 있다. 인간의 신뢰도가 0.9, 기계의 신뢰도 0.9이라면 이 인간-기계 통합 체계의 신뢰도는 얼마인가?

① 0.64
② 0.72
③ 0.81
④ 0.98

해설
- 인간의 신뢰도는 0.9, 기계의 신뢰도는 0.9이므로 인간이 기계를 조종하는 직렬체계의 경우 합성신뢰도는 0.9×0.9=0.81이 된다.

■ 시스템의 신뢰도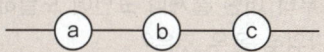

㉠ AND(직렬)연결 시

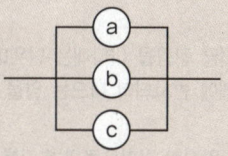

- 부품 a, 부품 b 신뢰도를 각각 R_a, R_b라 할 때 시스템의 신뢰도 $R_s = R_a \times R_b$로 구할 수 있다.

ⓒ OR(병렬)연결 시

- 부품 a, 부품 b 신뢰도를 각각 R_a, R_b라 할 때 시스템의 신뢰도 $R_s = 1-(1-R_a) \times (1-R_b)$로 구할 수 있다.

20

인체측정치의 응용원칙과 관계가 먼 것은?

① 극단치를 이용한 설계
② 평균치를 이용한 설계
③ 조절식 범위를 이용한 설계
④ 기능적 치수를 이용한 설계

해설
- 인체측정자료를 설계에 응용하는 방법에는 조절식, 극단치, 평균치 설계 방법이 있다.

■ 인체측정자료의 응용 및 설계 종류 실기 2002/2101/2302/2402

조절식 설계	· 최초에 고려하는 원칙으로 어떤 자료의 인체이든 그에 맞게 조절가능식으로 설계하는 것 · 최대치나 최소치를 사용하는 것이 기술적으로 어려울 경우 활용
극단치 설계	· 모든 인체를 대상으로 수용 가능할 수 있도록 제일 작은, 혹은 제일 큰 사람을 기준으로 설계하는 원칙 · 5백분위수 등이 대표적이다.
평균치 설계	· 다른 기준의 적용이 어려울 경우 최종적으로 적용하는 기준으로 평균적인 자료를 활용해 범용성을 갖는 설계원칙 · 은행창구, 슈퍼마켓 계산대 등에 사용된다.

정답 | 18 ④ 19 ③ 20 ④

2과목 작업생리학

21
점광원으로부터 어떤 물체나 표면에 도달하는 빛의 밀도를 나타내는 단위로 옳은 것은?

① nit ② Lambert
③ candela ④ lumen/m²

해설
- ①은 단위 면적당 광량을 나타내는 단위이다.
- ②는 어떤 물체에 반사되어 나오는 양을 의미하는 휘도의 단위이다.
- ③은 광원에서 일정한 방향으로의 밝기를 의미하는 광도의 단위이다.
- 점광원으로부터 어떤 물체나 표면에 도달하는 빛의 밀도는 조도를 말하며 조도의 단위는 럭스(Lux)로 $\frac{1cd}{1m^2}$, $\frac{1lm}{1m^2}$의 의미이다.

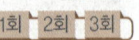 조도(照度) 실기 1501/1603/1703/2003/2302
- 조도는 특정 지점에 도달하는 광의 밀도를 말한다.
- 단위는 럭스(Lux)를 사용한다 ($\frac{1cd}{1m^2}$, $\frac{1lm}{1m^2}$).
- 반사체의 반사율과는 상관없이 일정한 값을 갖는다.
- 거리의 제곱에 반비례하고, 광도에 비례하므로 $\frac{광도}{(거리)^2}$으로 구한다.

22
최대산소소비능력(MAP)에 관한 설명으로 옳지 않은 것은?

① 산소섭취량이 일정하게 되는 수준을 말한다.
② 최대산소소비능력은 개인의 운동역량을 평가하는데 활용된다.
③ 젊은 여성의 평균 MAP는 젊은 남성의 평균 MAP의 20~30% 정도이다.
④ MAP를 측정하기 위해서 주로 트레드밀(treadmill)이나 자전거 에르고미터(ergometer)를 활용한다.

해설
- ③에서 사춘기 이후 여성의 MAP는 남성의 65~75% 정도이다.

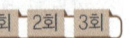 최대 산소소비능력(MAP, maximum aerobic power)
- MAP란 일의 속도가 증가하더라도 산소 섭취량이 더 이상 증가하지 않는 일정하게 되는 수준이다.
- 개인의 MAP가 클수록 순환기 계통의 효능이 크다.
- 개인의 운동역량을 평가하는데 활용된다.
- 사춘기 이후 여성의 MAP는 남성의 65~75% 정도이다.
- MAP 수준에서는 에너지대사가 주로 혐기적으로 일어난다.
- 근육과 혈액 중에 축적되는 젖산의 양은 증가한다.
- MAP를 직접 측정하는 방법은 트레드밀(treadmill)이나 자전거 에르고미터(ergometer)에서 가능하다.

23
정적 자세를 유지할 때의 떨림(tremor)을 감소시킬 수 있는 방법으로 적당한 것은?

① 손을 심장 높이보다 높게 한다.
② 몸과 작업에 관계되는 부위를 잘 받친다.
③ 작업 대상물에 기계적인 마찰을 제거한다.
④ 시각적인 기준(reference)을 정하지 않는다.

해설
- ①에서 손을 심장 높이보다 낮게 해야 한다.
- ③ 작업 대상물에 기계적인 마찰을 부가해야 한다.
- ④ 시각적인 기준(reference)을 정해야 한다.
- 정적 자세를 유지할 때의 떨림(tremor)을 감소시킬 수 있는 방법
  - 손을 심장 높이보다 낮게 한다.
  - 몸과 작업에 관계되는 부위를 잘 받친다.
  - 작업 대상물에 기계적인 마찰을 부가한다.
  - 시각적인 기준(reference)을 정하도록 한다.

24
신경계에 관한 설명으로 틀린 것은?

① 체신경계는 피부, 골격근, 뼈 등에 분포한다.
② 자율신경계는 교감신경계와 부교감신경계로 세분된다.
③ 중추신경계는 척수신경과 말초신경으로 이루어진다.
④ 기능적으로는 체신경계와 자율신경계로 나눌 수 있다.

해설
- 중추신경계는 뇌와 척수로 이뤄진다.
- 신경계(nervous system)
  - 구조적으로 중추신경계와 말초신경계로 나눌 수 있다.
  - 중추신경계는 뇌와 척수로 이뤄져, 반사(reflex)와 통합(integration)의 기능적 특징을 갖는다.
  - 기능적으로는 체신경계와 자율신경계로 나눌 수 있다.
  - 체신경계는 피부, 골격근, 뼈 등에 분포한다.
  - 자율신경계는 교감신경계와 부교감신경계로 세분된다.

25

어떤 작업자의 5분 작업에 대한 전체 심박수는 400회, 일박출량은 65mL/회로 측정되었다면 이 작업자의 분당 심박출량(L/min)은?

① 4.5L/min
② 4.8L/min
③ 5.0L/min
④ 5.2L/min

해설
- 5분간 400회의 심박수이므로 심박수가 분당 80회이고, 한번 박출하는 양은 65mL이므로 심박출량은 분당 80×65=5,200mL이다.
- **심박출량(cardiac output)**
  - 심장이 단위 시간동안 박출하는 혈액의 양을 말한다.
  - 일회 박출량과 심박수의 곱으로 구한다.

26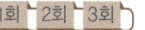

육체적인 작업을 할 경우 순환기계의 반응이 아닌 것은?

① 혈압의 상승
② 혈류의 재분배
③ 심박출량의 증가
④ 산소 소모량의 증가

해설
- 순환기계는 심장, 혈관, 혈액과 관련된 장기이다. 산소 소모량은 호흡기계와 관련된다.
- **육체적 작업에서 생기는 생리적 반응**
  - 산소소비량이 증가한다.
  - 수축기와 이완기 혈압이 같이 상승한다.
  - 신체 전체에 흐르는 혈류량의 재분배가 이루어진다.
  - 호흡기 반응에 의해 호흡속도와 흡기량이 증가한다.
  - 심박출량은 작업 초기부터 증가한 후 최대 작업능력의 일정 수준에서 안정되나, 심박수는 작업 초기부터 증가한 후 최대 작업능력의 일정 수준에서도 계속 증가한다.

27

인체의 해부학적 자세에서 팔꿈치 관절의 굴곡과 신전 동작이 일어나는 면은?

① 시상면(sagittal plane)
② 정중면(median plane)
③ 관상면(coronal plane)
④ 횡단면(transverse plane)

해설
- ②는 신체의 앞과 뒤를 정중앙으로 하여 통과하는 수직면으로 시상면 중 신체를 좌우대칭으로 나눈 시상면을 말한다.
- ③은 신체의 좌우를 가로지르며 정중면을 직각으로 통과하는 수직면을 말한다.
- ④는 신체를 수평으로 통과하는 면을 말하며, 관상면이나 시상면에 직각인 면을 말한다.
- **시상면(sagittal plane)**
  - 신체를 좌와 우로 가르는 면을 말한다.
  - 횡단면과 수직한다.
  - 팔꿈치 관절의 굴곡과 신전 동작이 일어나는 면이다.

28

소음방지대책 중 다음과 같은 기법을 무엇이라 하는가?

> 감쇠대상의 음파와 동위상인 신호를 보내어 음파 간에 간섭현상을 일으키면서 소음이 저감되도록 하는 기법

① 음원 대책
② 능동제어 대책
③ 수음자 대책
④ 전파경로 대책

해설
- 기존의 흡음재, 차음재, 방음장치 등을 이용한 소음대책을 수동제어라고 하고, 신호를 보내 음파의 간섭현상으로 소음을 저감하는 방법을 능동제어라고 한다.
- **소음 대책**

음원대책	가장 효과적이고 먼저 고려되어야 하는 대책이다. 소음의 발생원을 제거하거나 음원을 밀폐, 소음기 및 흡음장치를 설치하는 등의 방법을 말한다.
전파경로 대책	소음이 전달되는 경로를 파악하여 차음재를 사용하여 실간을 분리하거나 격리하는 방법을 말한다.
수음자 대책	수음자의 소음폭로 시간을 감소시키는 방법으로 휴게실이나 방음실을 설치하거나 차음보호구를 착용하는 등의 방법을 말한다.
능동제어 대책	감쇠대상의 음파와 동위상인 신호를 보내어 음파 간에 간섭현상을 일으키면서 소음이 저감되도록 하는 기법을 말한다.

29

기초대사량의 측정과 가장 관계가 깊은 자세는 무엇인가?

① 누워서 휴식을 취하고 있는 상태
② 앉아서 휴식을 취하고 있는 상태
③ 선자세로 휴식을 취하고 있는 상태
④ 벽에 기대어 휴식을 취하고 있는 상태

해설
- 기초대사량 측정은 몸이 누워서 휴식상태에 있을 때의 소비되는 시간당 에너지량을 측정한다.
- 기초 대사율(BMR) 실기 1803
  - 몸이 휴식상태에 있을 때의 대사 즉, 생명을 유지하기 위하여 필요로 하는 단위 시간당 에너지양을 기초 대사율이라고 한다.
  - 기초 대사율은 연령, 성별, 체격 등에 따라 다르다.
  - 성인의 기초대사율은 대략 1.0 ~ 1.2kcal/min 정도이다.
  - 일반적으로 신체가 크고 젊은 남성의 기초대사율이 크다.

30

소음에 의한 청력손실이 가장 크게 발생하는 주파수 대역은?

① 1,000Hz
② 2,000Hz
③ 4,000Hz
④ 10,000Hz

해설
- 소음성 난청(C5-dip)은 주로 4,000Hz에 대한 청력손실부터 시작하여 주변의 주파영역으로 파급된다.
- 소음성 난청(C5-dip) 실기 1901
  - 작업자가 소음 작업환경에 장기간 노출될 경우 나타나는 직업병이다.
  - 주로 4,000Hz에 대한 청력손실부터 시작하여 주변의 주파영역으로 파급된다.
  - 역치변화가 큰 4,000Hz 주파수에서 소음에 의한 청력손실이 가장 크게 나타나 검사음으로 사용한다.

31

어떤 작업의 총 작업시간이 35분이고 작업 중 평균에너지 소비량이 분당 7kcal라면 이 때 필요한 휴식시간은 약 몇 분인가?(단, Murrell의 공식을 이용하며, 기초대사량은 분당 1.5kcal, 남성의 권장 평균 에너지소비량은 분당 5kcal이다)

① 8분
② 13분
③ 18분
④ 23분

해설
- 남성의 평균 에너지소비량을 분당 5kcal이므로 공식은 $R = 작업시간 \times \dfrac{E-5}{E-1.5}$ 이다.
- 대입하면 $R = 35 \times \dfrac{7-5}{7-1.5} = 35 \times \dfrac{2}{5.5} = 12.7272\cdots$ 분이다.
- 휴식시간 산출 실기 1301/1501/1503/1903/2103/2403
  - 분당 권장되는 평균 에너지 소비량은 남성의 경우 5kcal, 여성의 경우 3.5kcal이다.
  - 여기서 작업평균 에너지 소비량을 넘어서는 작업을 한 경우에는 일정한 시간마다 휴식이 필요하다.
  - 이에 휴식시간 $R = 작업시간 \times \dfrac{E-5}{E-1.5}$ 로 계산한다.
  이때 E는 작업 중 에너지 소비량[kcal/분]이고, 5는 남성의 권장 평균 에너지 소비량, 1.5는 휴식 중 에너지 소비량이다(문제에서 주어지면 해당 값을 사용). 만약 산소 소모량이 주어질 경우 산소 1리터는 평균 5kcal가 소모된다.

32

정적 평형상태에 대한 설명으로 틀린 것은?

① 힘이 거리에 반비례하여 발생한다.
② 물체나 신체가 움직이지 않는 상태이다.
③ 작용하는 모든 힘의 총합이 0인 상태이다.
④ 작용하는 모든 모멘트의 총합이 0인 상태이다.

해설
- 정적 평형상태는 힘이 거리에 비례하여 발생한다.
- 정적 평형상태(Static equilibrium) 실기 1901/2201
  - 물체나 신체가 움직이지 않는 상태이다.
  - 작용하는 모든 힘의 총합이 0인 상태이다.
  - 작용하는 모든 모멘트의 총합이 0인 상태이다.
  - 힘이 거리에 비례하여 발생한다.

33

시각적 점멸융합주파수(VFF)에 영향을 주는 변수에 대한 내용으로 옳지 않은 것은?

① 암조응 시는 VFF가 증가한다.
② 연습의 효과는 아주 적다.
③ 휘도만 같으면 색은 VFF에 영향을 주지 않는다.
④ VFF는 조명 강도의 대수치에 선형적으로 비례한다.

해설
- 암조응 시에는 VFF가 감소한다.

점멸융합주파수(Flicker fusion frequency) 실기 1703/2001/2402
㉠ 개요
- 시각적 혹은 청각적으로 주어지는 계속적인 자극을 연속적으로 느끼게 되는 주파수를 말한다.
- 중추신경계의 정신적 피로도의 척도를 나타내는 대표적인 측정값이다.
- 정신적으로 피로하면 주파수의 값이 감소한다.

㉡ 시각적 점멸융합주파수(VFF)
- 빛의 검출성에 영향을 주는 인자 중의 하나로 점멸속도가 약 30Hz 이상이면 불이 계속 켜진 것처럼 보인다.
- 암조응 시에는 VFF가 감소한다.
- 휘도만 같다면 색상은 주파수에 영향을 주지 않는다.
- 표적과 주변의 휘도가 같을 때 최대가 된다.
- 주파수는 조명 강도의 대수치에 선형적으로 비례한다.
- 사람들 간에는 큰 차이가 있으나 개인의 경우 일관성이 있다.

35
근육 대사작용에서 혐기성 과정으로 글루코오스가 분해되어 생성되는 물질은?

① 물 ② 피루브산
③ 젖산 ④ 이산화탄소

해설
- 육체적으로 격렬한 작업 시 충분한 양의 산소가 근육활동에 공급되지 못해 글루코오스가 분해되어 근육에 축적되는 것은 젖산이다.

젖산(Lactic acid)
- 신체 활동 수준이 너무 높아 근육에 공급되는 산소량이 부족하여 생기는 피로물질이고, 젖산의 축적은 근육피로의 1차적 원인이 된다.
- 피루브산이 변화되어 생성된다.
- 무기성(혐기성) 대사과정으로 인한 부산물이다.
- 계속적인 활동 시 혈액으로부터 양분과 산소를 공급받아야 하며 이때 충분한 산소 공급이 되지 않을 경우 젖산은 축적된다.
- 축적된 젖산은 산소와 결합하여 물과 이산화탄소로 분해되어 배출된다.
- 젖산이 누적되면 결국 근육은 반응을 하지 않게 된다.

34
근세포막에 전달된 흥분을 근세포 내부로 전달하는 통로역할을 하는 것은?

① 근초(sarcolemma)
② 근섬유속(fasciculuse)
③ 가로세관(transverse tubules)
④ 근형질세망(sarcoplasmic reticulum)

해설
- ①은 근세포를 둘러싸고 있는 세포막을 말한다.
- ②는 근외막 안층에 근섬유 개개의 다발을 둘러싸고 있는 결합조직인 근섬유다발을 말한다.
- ④는 근육의 근형질 내에 각 근섬유를 둘러싸고 이에 평행하게 걸쳐져 있는 막 채널 연결망으로 칼슘의 저장장소로 근육수축에 관여한다.

가로세관(transverse tubules)
- T세관이라고도 한다.
- 관 모양의 내부구조물로 세포가 자극을 받았을 때 세포 내부로 전기적 전류를 전달하는 역할을 한다.
- 근세포막에 전달된 흥분을 근세포 내부로 전달하는 통로역할을 한다.

36
근(筋)섬유에 관한 설명으로 틀린 것은?

① 적근섬유(slow twitch fiber)는 주로 작은 근육 그룹에서 볼 수 있다.
② 백근섬유(fast twitch fiber)는 무산소 운동에 좋아 단거리 달리기 등에 사용된다.
③ 근섬유는 백근섬유(fast twitch fiber)와 적근섬유(slow twitch fiber)로 나눌 수 있다.
④ 운동이 격렬하여 근육에 산소공급이 원활하지 않은 경우에는 엽산이 생성되어 피곤함을 느낀다.

해설
- 운동이 격렬하여 근육에 산소공급이 원활하지 않은 경우에는 젖산이 생성되어 피곤함을 느낀다.

근(筋)섬유
- 근섬유는 백근섬유(fast twitch fiber)와 적근섬유(slow twitch fiber)로 나눌 수 있다.
- 백근섬유(fast twitch fiber)는 무산소 운동에 좋아 단거리 달리기 등에 사용된다.
- 적근섬유(slow twitch fiber)는 주로 작은 근육 그룹에서 볼 수 있다.

37
교대 근무와 생체리듬과의 관계에서 야간근무를 하는 동안 근무시간이 길어질 때 졸음이 증가하고 작업능력이 저하되는 현상을 무엇이라 하는가?

① 항상성 유지기능
② 작업적응 유지기능
③ 생리적응 유지기능
④ 야간적응 유지기능

해설
- 야간근무 시 근무시간이 길어질 때 인체는 최적화 상태(항상성)를 유지하기 위해 졸음이 증가하고 주의력이 떨어지게 된다.

항상성
- 몸의 상태를 최적화 상태로 오랫동안 유지하려는 특성을 말한다.
- 근무시간이 길어질 때 졸음이 증가하고 작업능력이 저하되는 현상과 관련된다.

38
수술실과 같이 대비가 아주 낮고, 크기가 작은 아주 특수한 시각적 작업의 실행에 가장 적절한 조도는?

① 500 ~ 1,000럭스
② 1,000 ~ 2,000럭스
③ 3,000 ~ 5,000럭스
④ 10,000 ~ 20,000럭스

해설
- 수술실의 조도는 수술대상 30cm 범위에 무영등으로 20,000lux 이상으로 한다.

근로자가 상시 작업하는 장소의 작업면 조도(照度) 실기 2003/2302

작업 구분	조도기준
초정밀작업	750Lux 이상
정밀작업	300Lux 이상
보통작업	150Lux 이상
그 밖의 작업	75Lux 이상

- 수술실 : 20,000lux

39
근력 및 지구력에 대한 설명으로 틀린 것은?

① 정적인 근력 측정치로부터 동적 작업에서 발휘할 수 있는 최대 힘을 정확히 추정할 수 있다.
② 근력 측정치는 작업 조건뿐만 아니라 검사자의 지시내용, 측정방법 등에 의해서도 달라진다.
③ 근육이 발휘할 수 있는 힘은 근육의 최대자율수축(MVC)에 대한 백분율로 나타난다.
④ 등척력(isometric strength)은 신체를 움직이지 않으면서 자발적으로 가할 수 있는 힘의 최댓값이다.

해설
- ①에서 정적인 근력 측정치로부터 동적 작업에서 발휘할 수 있는 최대 힘을 정확히 추정하는 것은 가속과 관절 각도의 변화가 힘의 발휘와 측정에 영향을 주기 때문에 대단히 어렵다.
- 정적근력의 측정은 고정된 물체에 대해 최대 힘을 발휘하고, 일정 시간 휴식하는 과정을 반복하여 처음 3초 동안 발휘된 근력의 평균을 계산하여 측정한다.

정적 근력(static strength)
- 등척성 근력(isometric strength)이라고도 한다.
- 근육의 정적상태의 근력 즉, 근육이 등척성 수축을 하는 것에 해당하는 근력이다.
- 근력의 상태 중 물체를 들고 있을 때처럼 신체부위를 움직이지 않으면서 고정된 물체에 힘을 가하는 상태를 말한다.
- 정적근력의 측정은 고정된 물체에 대해 최대 힘을 발휘하고, 일정 시간 휴식하는 과정을 반복하여 처음 3초 동안 발휘된 근력의 평균을 계산하여 측정한다.

40
고온 스트레스의 개인차에 대한 설명 중 틀린 것은?

① 나이가 들수록 고온 스트레스에 적응하기 힘들다.
② 남자가 여자보다 고온에 적응하는 것이 어렵다.
③ 체지방이 많은 사람일수록 고온에 견디기 어렵다.
④ 체력이 좋은 사람일수록 고온 환경에서 작업할 때 잘 견딘다.

해설
- 여자가 남자보다 체지방이 많아 고온에 적응하는 것이 어렵다.

고온 스트레스의 개인차
- 나이가 들수록 고온 스트레스에 적응하기 힘들다.
- 여자가 남자보다 체지방이 많아 고온에 적응하는 것이 어렵다.
- 체지방이 많은 사람일수록 고온에 견디기 어렵다.
- 체력이 좋은 사람일수록 고온 환경에서 작업할 때 잘 견딘다.

정답 37 ① 38 ④ 39 ① 40 ②

3과목 산업심리학 및 관련법규

41

검사작업자가 한 로트에 100개인 부품을 조사하여 6개의 부적합품을 발견했으나 로트에는 실제로 10개의 부적합품이 있었다면 이 검사 작업자의 휴먼 에러 확률은 얼마인가?

① 0.04　　② 0.06
③ 0.1　　　④ 0.6

해설
- 과오발생 가능 수는 100개인데 실제 과오 발생 수는 4개(10−6)이다.
- $\frac{4}{100} = 0.04$가 된다.

인간실수확률(HEP : Human Error Probability) 실기 1301/1703/2003
- 시작과 끝을 가지는 직무에 근무할 때 인간 신뢰도의 기본단위이다.
- 과오가 발생할 수 있는 가능 수에서 실제 발생한 과오의 수로 계산한다.
- $\frac{\text{실제발생 과오의 수}}{\text{과오발생 가능 수}}$로 구한다.

42

안전관리의 개요에 관한 설명으로 틀린 것은?

① 안전의 3요소는 Engineering, Education, Economy 이다.
② 안전의 기본원리는 사고방지차원에서의 산업재해 예방활동을 통해 무재해를 추구하는 것이다.
③ 사고방지를 위해서 현장에 존재하는 위험을 찾아내고, 이를 제거하거나 위험성(risk)을 최소화한다는 위험통제의 개념이 적용되고 있다.
④ 안전관리란 생산성을 향상시키고 재해로 인한 손실을 최소화하기 위하여 행하는 것으로 재해의 원인 및 경과의 규명과 재해방지에 필요한 과학 기술에 관한 계통적 지식체계의 관리를 의미한다.

해설
- ①에서 안전의 3요소는 교육(Education), 기술(Engineering), 관리(Enforcement)에 해당된다.

하베이(Harvey)의 안전대책 선정의 원칙 3E

교육(Education)적 대책	안전교육 및 훈련 대책
기술(Engineering)적 대책	시설 장비 및 기준의 개선 대책
관리(Enforcement)적 대책	안전 감독의 철저 등의 대책

43

주의의 범위가 높고 신뢰성이 매우 높은 상태의 의식수준으로 맞는 것은?

① Phase 0　　② Phase Ⅰ
③ Phase Ⅱ　　④ Phase Ⅲ

해설
- ①은 무의식, 실신상태를 의미한다.
- ②는 이상, 피로 및 단조로움 상태를 의미한다.
- ③은 정상상태이나 긴장이 이완된 상태를 의미한다.

인간의 의식 레벨
- Phase 0은 무의식상태로 작업수행이 불가능한 상태의 의식수준이다.
- 에러 발생 가능성이 낮은 것부터 높은 순으로 배열하면 Ⅲ단계 − Ⅱ단계 − Ⅰ단계 − Ⅳ단계가 된다.

단계	의식수준	설명
Phase 0	무의식, 실신 상태	무의식 동작에는 외계의 능력에 대응하는 능력이 어느 정도는 있다.
Phase Ⅰ	이상, 피로 및 단조로움	심신이 피로하거나 단조로운 작업을 반복할 경우 나타나는 의식수준의 저하현상이 발생
Phase Ⅱ	정상, 이완 상태	생리적 상태가 안정을 취하거나 휴식할 때에 해당
Phase Ⅲ	정상, 명쾌	• 중요하거나 위험한 작업을 안전하게 수행하기에 적합 • 신뢰성이 가장 높은 상태의 의식수준
Phase Ⅳ	과긴장	돌발 사태의 발생으로 인하여 주의의 일점 집중 현상이 일어나는 경우 인간의 의식수준

44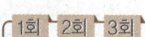

근로자 400명이 작업하는 사업장에서 1일 8시간씩 연간 300일 근무하는 동안 10건의 재해가 발생하였다. 도수율(빈도율)은 얼마인가?(단, 결근율은 10%이다)

① 2.50　　② 10.42
③ 11.57　　④ 12.54

정답 41 ① 42 ① 43 ④ 44 ③

해설

- 연근로시간수는 400명×8시간×300일이므로 960,000시간인데 결근율이 10%이므로 출근하여 일한 근로시간수는 960,000×0.9 =864,000시간이다. 여기에 10건의 재해가 발생했으므로 도수율은 $\frac{10}{864,000} \times 1,000,000 = 11.5740\cdots$이 된다.

❖ 재해율 관련 공식

재해율	$\frac{\text{재해자수}}{\text{산재보험적용근로자수}} \times 100$
사망만인율	$\frac{\text{사망자수}}{\text{산재보험적용근로자수}} \times 10,000$
휴업재해율	$\frac{\text{휴업재해자수}}{\text{임금근로자수}} \times 100$
도수율 (빈도율)	$\frac{\text{재해건수}}{\text{연근로시간수}} \times 1,000,000$
강도율	$\frac{\text{총요양근로손실일수}}{\text{연근로시간수}} \times 1,000$

---

45 ● Repetitive Learning 1회 2회 3회

재해 발생 원인의 4M에 해당하지 않는 것은?

① Man　　② Movement
③ Machine　④ Management

해설

- 재해발생 기본원인에 해당하는 4M은 Man, Machine, Media, Management를 말한다.

❖ 재해발생 기본원인 – 4M
　㉠ 개요
　　• 재해의 연쇄관계를 분석하는 기본 검토요인으로 인간과오(Human-Error)와 관련된다.
　　• Man, Machine, Media, Management를 말한다.
　㉡ 4M의 내용

Man	• 인간적 요인을 말한다. • 심리적(망각, 무의식, 착오 등), 생리적(피로, 질병, 수면부족 등) 원인 등이 있다.
Machine	• 기계적 요인을 말한다. • 기계, 설비의 설계상의 결함, 점검이나 정비의 결함, 위험방호의 불량 등이 있다.
Media	• 인간과 기계를 연결하는 매개체로 작업적 요인을 말한다. • 작업의 정보, 작업방법, 작업환경, 작업순서 등이 있다.
Management	• 관리적 요인을 말한다. • 안전관리조직, 관리규정, 안전교육의 미흡 등이 있다.

---

46 ● Repetitive Learning 1회 2회 3회

인간과오를 방지하기 위하여 기계설비를 설계하는 원칙에 해당되지 않는 것은?

① 안전설계(fail-safe design)
② 배타설계(exclusion design)
③ 조절설계(adjustable design)
④ 보호설계(prevention design)

해설

- 휴먼 에러 방지의 3가지 설계기법에는 배타설계, 보호설계, 안전설계가 있다.

❖ 휴먼 에러 방지의 3가지 설계기법
　• 배타설계(exclusion design) : 설계시 휴먼 에러가 발생할 수 있는 요소를 근본적으로 제거하는 설계
　• 보호설계(prevention design) : Fool proof와 같이 사용자의 실수가 있더라도 사고가 일어나지 않도록 하는 설계
　• 안전설계(fail-safe design) : 인간의 실수 혹은 기계 고장이 발생하더라도 사고가 일어나지 않도록 설계

---

47 ● Repetitive Learning 1회 2회 3회

부주의를 일으키는 의식수준에 대한 설명으로 틀린 것은?

① 의식의 저하 : 귀찮은 생각에 해야 할 과정을 빠뜨리고 행동하는 상태
② 의식의 과잉 : 순간적으로 의식이 긴장되고 한 방향으로만 집중되는 상태
③ 의식의 단절 : 외부의 정보를 받아들일 수도 없고 의사결정도 할 수 없는 상태
④ 의식의 우회 : 습관적으로 작업을 하지만 머릿속엔 고민이나 공상으로 가득 차 있는 상태

해설

- ①은 혼미한 정신상태에서 심신의 피로나 단조로운 반복작업 시 일어나는 현상을 말한다.

❖ 부주의
　㉠ 개요
　　• 부주의라는 말은 불안전한 행위뿐만 아니라 불안전한 상태에도 통용된다.
　　• 부주의는 무의식적 행위나 의식의 주변에서 행해지는 행위로 결과를 표현한다.
　　• 소질적인 문제에 의해서도 부주의는 발생하며 이때는 적성에 따른 배치를 통해 해결할 수 있다.

ⓒ 부주의의 발생현상
- 의식수준의 저하 : 혼미한 정신상태에서 심신의 피로나 단조로운 반복작업 시 일어나는 현상을 말한다.
- 의식의 과잉 : 긴급 이상상태 또는 돌발 사태가 되면 순간적으로 긴장하게 되어 판단능력의 둔화 또는 정지상태가 되는 것으로 주의의 일점집중현상과 관련이 깊다.
- 의식의 우회 : 걱정거리, 고민거리, 욕구불만 등에 의해 작업이 아닌 다른 곳에 정신을 빼앗기는 부주의 현상을 말한다.
- 의식의 단절 : 질병의 경우에 주로 나타난다.

48

조직을 유지하고 성장시키기 위한 평가를 실행함에 있어서 평가자가 저지르기 쉬운 과오 중 어떤 사람에 관한 평가자의 개인적 인상이 피평가자 개개인의 특징에 관한 평가에 영향을 미치는 것을 설명하는 이론은?

① 할로 효과(halo effect)
② 대비오차(contrast error)
③ 근접오차(proximity error)
④ 관대화 경향(centralization tendency)

해설
- ②는 자신의 기준에서 자신과 부하를 비교하는 오류를 말한다.
- ③은 시간적 혹은 공간적으로 근접해 있는 특성들에 대해 비슷한 평정치를 부여하는 오차를 말한다.
- ④는 평가 시 대부분의 평가를 중간이나 보통으로 해서 평균치에 접근하는 경향성을 말한다.

할로 효과(halo effect)
- 후광 효과라고도 한다.
- 어떤 사람에 관한 평가자의 개인적 인상이 피평가자 개개인의 특징에 관한 평가에 영향을 미치는 것을 설명하는 이론이다.
- 평가지기 평가대상자의 수행에 대하여 제한된 지식을 가지고 있음에도 불구하고 다양한 수행차원 모두에서 획일적으로 좋거나 또는 나쁜 수행을 나타낸다고 평가하는 것을 말한다.

49

집단 간 갈등원인과 이에 대한 대책으로 틀린 것은?

① 영역 모호성 – 역할과 책임을 분명하게 한다.
② 자원부족 – 계열사나 자회사로의 전직기회를 확대한다.
③ 불균형 상태 – 승진에 대한 동기를 부여하기 위하여 직급 간 처우에 차이를 크게 둔다.
④ 작업유동의 상호의존성 – 부서 간의 협조, 정보교환, 동조, 협력체계를 견고하게 구축한다.

해설
- ③에서 불균형 상태는 직급 간의 처우에 차이가 커서 발생하는 것이므로 직급 간 처우를 다소 완화할 필요가 있다.

집단 간 갈등원인과 대책

원인	대책
영역 모호성	역할과 책임을 분명하게 한다.
자원부족	계열사나 자회사로의 전직기회를 확대한다.
불균형 상태	직급 간 처우를 다소 완화한다.
작업유동의 상호의존성	부서 간의 협조, 정보교환, 동조, 협력체계를 견고하게 구축한다.

50

제조업자가 합리적인 대체설계를 채용하였더라면 피해나 위험을 줄이거나 피할 수 있었음에도 대체설계를 채용하지 아니하여 해당 제조물이 안전하지 못하게 된 경우를 지칭하는 결함의 유형은?

① 제조상의 결함
② 지시상의 결함
③ 경고상의 결함
④ 설계상의 결함

해설
- 설계를 잘 못한 책임을 묻고 있다.

결함의 종류  1801/2002/2101/2103/2203/2302
- 결함이란 제조물 제조상·설계상 또는 표시상의 결함이 있거나 그 밖에 통상적으로 기대할 수 있는 안전성이 결여되어 있는 것을 말한다.
- 결함의 종류에는 제조상의 결함, 설계상의 결함, 표시상의 결함이 있다.

제조상의 결함	제조업자가 제조물에 대하여 제조상·가공 상의 주의 의무를 이행하였는지에 관계없이 제조물이 원래 의도한 설계와 다르게 제조·가공됨으로써 안전하지 못하게 된 경우
설계상의 결함	제조업자가 합리적인 대체설계(代替設計)를 채용하였더라면 피해나 위험을 줄이거나 피할 수 있었음에도 대체설계를 채용하지 아니하여 해당 제조물이 안전하지 못하게 된 경우
표시상의 결함	제조업자가 합리적인 설명·지시·경고 또는 그 밖의 표시를 하였다라면 해당 제조물에 의하여 발생할 수 있는 피해나 위험을 줄이거나 피할 수 있었음에도 이를 하지 아니한 경우

51

테일러(F.W. Taylor)에 의해 주장된 조직형태로서 관리자가 일정한 관리기능을 담당하도록 기능별 전문화가 이루어진 조직은?

① 위원회 조직
② 직능식 조직
③ 프로젝트 조직
④ 사업부제 조직

해설
- ①은 특정 목적을 위해 공동의사를 결정하는 회의체로서 현대에 많은 기업체에서 경영의 실천과정으로 도입하고 있는 조직의 형태를 말한다.
- ③은 일정한 프로젝트를 해결하기 위해 일시적으로 구성된 조직형태로 태스크 포스(Task forces)라고도 한다.
- ④는 제품이나 시장 또는 지역을 기초로 부문화하여 만든 조직으로 다국적 기업 등이 많이 채택하는 조직형태이다. 사업부의 책임자는 독립적인 지위를 갖는다.

직능식 조직
- 테일러(F.W. Taylor)에 의해 주장된 조직형태로서 관리자가 일정한 관리기능을 담당하도록 기능별 전문화가 이루어진 조직을 말한다.
- 관리자의 업무를 전문화하고, 부문별로 전문관리자를 두어 작업자를 지휘하는 형태이다.

52

어떤 사람의 행동이 "빨리빨리, 경쟁적으로, 여러 가지를 한꺼번에"한다고 하면 어떤 성격특성을 설명하는가?

① typt-A 성격
② typt-B 성격
③ typt-C 성격
④ typt-D 성격

해설
- 경쟁적이고, 강박적인 성격은 A형이다.

성격 유형의 종류

A형	• 경쟁적이고, 강박적인 성격이다. • 스트레스를 잘 받는다.
B형	낙천적이고, 느긋한 성격이다.
C형	• A형과 B형의 중간 성격이다. • 협조적이고, 인내심이 많지만 수동적이다.

53

NIOSH 직무 스트레스 모형에서 직무 스트레스 요인과 성격이 다른 한 가지는?

① 작업 요인
② 조직 요인
③ 환경 요인
④ 상황 요인

해설
- NIOSH 직무 스트레스 요인에는 작업 요인, 조직 요인, 환경 요인이 있다.

NIOSH 직무 스트레스 요인

작업 요인	작업 부하, 작업 속도, 교대 근무 등
조직 요인	역할갈등, 관리유형, 의사결정참여, 고용불확실 등
환경 요인	온도, 진동, 소음, 조명 등

54

심리적 측면에서 분류한 휴먼 에러의 분류에 속하는 것은?

① 입력오류
② 정보처리오류
③ 의사결정오류
④ 생략오류

해설
- ①, ②, ③은 인간의 정보처리 과정에서 분류한 휴먼 에러의 종류이다.

심리적 측면의 휴먼에러 분류(Swain)  1303/1403/1703/1901/2101/2201/2303/2401/2403

㉠ 부작위오류(Omission error) : 필요한 행위를 실행하지 않은 오류

생략오류 (Omission error)	필요한 작업 또는 절차를 수행하지 않는 데 기인한 에러

㉡ 작위오류(Commission error) : 작업 수행 중 작업을 정확하게 수행하지 못해 발생한 에러(행위적 관점)

선택오류 (Selection error)	다른 레버를 선택하는 등의 원인으로 발생한 에러
물량오류 (Qualitative error)	너무 많거나 혹은 너무 적은 작업을 수행해서 발생한 에러
순서오류 (Sequential error)	필요한 작업 또는 절차의 순서 착오로 인한 에러
시간오류 (Timing error)	필요한 작업 또는 절차의 수행을 지연한 데 기인한 에러

㉢ 불필요한 행동 오류

불필요한 수행오류 (Extraneous error)	불필요한 작업 또는 절차를 수행함으로써 발생한 에러

55
스트레스가 정보처리 수행에 미치는 영향에 대한 설명으로 거리가 가장 먼 것은?

① 스트레스 하에서 의사결정의 질은 저하된다.
② 스트레스는 효율적인 학습을 어렵게 할 수 있다.
③ 스트레스는 빠른 수행보다는 정확한 수행으로 편파시키는 경향이 있다.
④ 스트레스에 의해 인지적 터널링이 발생하여 다양한 가설을 고려하지 못한다.

해설
- ③에서 스트레스는 정확한 수행보다는 빠른 수행으로 편파시키는 경향이 있다.

스트레스와 정보처리 수행
- 스트레스 하에서 의사결정의 질은 저하된다.
- 스트레스는 효율적인 학습을 어렵게 할 수 있다.
- 스트레스는 정확한 수행보다는 빠른 수행으로 편파시키는 경향이 있다.
- 스트레스에 의해 인지적 터널링이 발생하여 다양한 가설을 고려하지 못한다.

56
여러 개의 자극을 제시하고 각각의 자극에 대하여 반응을 하는 과제를 준 후, 자극이 제시되어 반응할 때까지의 시간을 무엇이라 하는가?

① 기초반응시간
② 단순반응시간
③ 집중반응시간
④ 선택반응시간

해설
- 자극과 요구 반응의 수에 따라 단순반응시간, 선택반응시간, 변별반응시간으로 구분된다.
- ②는 하나의 자극에 대해 하나의 반응을 요구할 때의 반응시간이다.

반응시간(reaction time) 실기 1803/2201
- 어떠한 자극이 제시되고 이에 대한 동작을 시작하기까지의 소요 시간을 말한다.
- 자극과 요구 반응의 수에 따라 단순반응시간, 선택반응시간, 변별반응시간으로 구분된다.
- 단순반응시간은 하나의 자극에 대해 하나의 반응을 요구할 때의 반응시간이다.
- 단순(A)반응시간에 영향을 미치는 변수로는 자극 양식, 자극의 특성, 자극 위치, 연령 등이 있다.
- 선택(B)반응시간은 2개 이상의 자극에 대해 각각의 자극에 대해 다른 반응을 요구할 때의 반응시간이다.
- 선택반응시간은 별도의 반응을 요하는 자극 수에 따라 달라진다.
- 선택반응시간은 자극과 반응(N)이 증가할 때 $\log_2$에 비례하여 증가하므로 구하는 식은 $a+b\log_2 N$으로 구한다.
- 변별(C)반응시간은 2개 이상의 자극 중 특정 자극에 대해서만 반응할 때의 반응시간이다.

57
재해예방 원칙에 대한 설명 중 틀린 것은?

① 예방 가능의 원칙 – 천재지변을 제외한 모든 인재는 예방이 가능하다.
② 손실 우연의 원칙 – 재해손실은 우연한 사고원인에 따라 발생한다.
③ 원인 연계의 원칙 – 사고에는 반드시 원인이 있고 원인은 대부분 복합적 연계 원인이 있다.
④ 대책 선정의 원칙 – 사고의 원인이나 불안전요소가 발견되면 반드시 대책을 선정하여 실시하여야 한다.

해설
- ②는 사고로 인한 손실은 상황에 따라 다른 우연적이라는 원칙이다.

하인리히의 재해예방의 4원칙

대책 선정의 원칙	사고의 원인을 발견하면 반드시 대책을 세워야 하며, 모든 사고는 대책 선정이 가능하다는 원칙
손실 우연의 원칙	사고로 인한 손실은 상황에 따라 다른 우연적이라는 원칙
예방 가능의 원칙	모든 사고는 예방이 가능하다는 원칙
원인 연계의 원칙	• 사고는 반드시 원인이 있으며 이는 복합적으로 필연적인 인과관계로 작용한다는 원칙 • 원인 계기의 원칙이라고도 한다.

정답 | 55 ③ 56 ④ 57 ②

58

휴먼 에러 확률에 대한 추정기법 중 Tree구조와 비슷한 그림을 이용하며, 사건들을 일련의 2지(binary) 의사결정 분지(分枝)들로 모형화 하여 직무의 올바른 수행여부를 확률적으로 부여함으로 에러율을 추정하는 기법은?

① FMEA
② THERP
③ fool proof method
④ Monte Carlo method

해설

- ①은 제품 설계와 개발단계에서 고장 발생을 최소로 하고자 하는 경우에 유효한 분석기법이다.
- ③은 기계 조작에 익숙하지 않은 사람이나 기계의 위험성 등을 이해하지 못한 사람이라도 기계 조작 시 조작 실수를 하지 않도록 하는 기능으로 작업자가 기계 설비를 잘못 취급하더라도 사고가 일어나지 않도록 하는 기능을 말한다.
- ④는 반복된 무작위 추출을 이용하여 함수의 값을 수리적으로 근사하는 알고리즘을 말한다.

THERP(Technique for Human Error Rate Prediction) 실기 1503 /2001/2301/2303

- 1963년 Swain 등에 의해 개발된 것으로 인간-시스템에 있어서 휴먼 에러와 그로 인해 발생할 수 있는 오류확률을 예측하는 정량적 인간신뢰도 분석기법이다.
- 인간오류율예측기법이라고도 하는 대표적인 인간실수확률에 대한 추정기법이다.
- Tree구조와 비슷한 그림을 이용하며, 사건들을 일련의 2지(binary) 의사결정 분지(分枝)들로 모형화 하여 직무의 올바른 수행여부를 확률적으로 부여함으로 에러율을 추정하는 기법이다.
- 사고원인 가운데 인간의 과오에 기인된 원인 분석, 확률을 계산함으로써 제품의 결함을 감소시키고, 인간공학적 대책을 수립하는데 사용되는 분석기법이다.
- 인간의 과오를 정량적으로 평가하기 위한 기법으로서 인간의 과오율 추정법 등 5개의 스텝으로 되어 있다.

59

동기이론 중 직무 환경요인을 중시하는 것은?

① 기대이론
② 자기조절이론
③ 목표설정이론
④ 작업설계이론

해설

- ①은 구성원 개인의 동기 부여정도가 업무에서의 행동 양식을 결정한다는 이론이다.
- ②는 유혹이나 충동으로부터 자신의 감정, 사고, 행동을 조절하는 능력을 말한다.
- ③은 개인이 얻으려는 목표가 동기와 행동에 영향을 미친다는 이론이다.

작업설계이론

- 사람들의 동기를 유발하는 것이 직무나 작업자의 속성이라고 주장하는 이론이다.
- 작업환경을 적절하게 잘 설계하면 동기는 향상 가능한 속성이라고 판단한다.

60

리더가 구성원에 영향력을 행사하기 위한 9가지 영향 방략과 가장 거리가 먼 것은?

① 자문
② 무시
③ 제휴
④ 합리적 설득

해설

- 리더가 구성원에 영향력을 행사하기 위한 9가지 영향 방략에는 ①, ③, ④ 외에 감흥, 비위, 강요, 집단형성, 고집, 합법적 권위가 있다.

리더가 구성원에 영향력을 행사하기 위한 9가지 영향 방략

감흥	자문	비위
제휴	강요	집단형성
고집	합리적 설득	합법적 권위

4과목 | 근골격계질환 예방을 위한 작업관리

61

근골격계 질환 예방관리 프로그램상 예방·관리 추진팀의 구성원이 아닌 것은?

① 관리자
② 근로자 대표
③ 사용자 대표
④ 보건담당자

정답 58 ② 59 ④ 60 ② 61 ③

해설
- ③ 사용자 대표는 추진팀에 직접 참여하지 않고 권한을 위임할 수 있다.
- **예방관리 추진팀 구성**
  ㉠ 소규모 사업장
  - 근로자대표 또는 명예산업안전감독관을 포함하여 그가 위임하는 자
  - 관리자(예산결정권자)
  - 정비·보수담당자
  - 보건·안전담당자
  - 구매담당자 등

  ㉡ 대규모 사업장
  - 중·소규모 사업장 추진팀원이외 다음의 인력을 추가함 기술자(생산, 설계, 보수기술자) 노무담당자 등
  - 부서별로 추진팀 구성
  - 해당 부서의 예산 결정권자

  ㉢ 산업안전보건위원회가 구성된 사업장
  - 산업안전보건위원회에 위임

1403

62 Repetitive Learning 1회 2회 3회

작업관리의 문제분석 도구로서, 가로축에 항목, 세로축에 항목별 점유비율과 누적비율로 막대-꺾은선 혼합 그래프를 사용하는 것은?

① 파레토차트 ② 간트차트
③ 특성요인도 ④ PERT 차트

해설
- ②는 여러 가지 활동 계획의 시작시간과 예측 완료시간을 병행하여 시간축에 표시하는 도표이다.
- ③은 어떤 결과에 영향을 미치는 크고 작은 요인들을 계통적으로 파악하기 위해 재해와 원인의 관계를 도표화하여 재해 발생 원인을 분석하는 작업분석 도구이다.
- ④는 일정계획에서 사용되는 간트도표의 단점을 보완하여 활동의 소요시간은 베타분포를 따른다고 가정한 기법이다.
- **파레토도**
  - 작업관리의 문제분석 도구로서, 가로축에 항목, 세로축에 항목별 점유비율과 누적비율로 막대-꺾은선 혼합 그래프를 중점관리항목을 도출할 목적으로 활용하는 도구이다.
  - 현장의 개선활동에 있어서 소수 중점 원인을 찾기 위한 도구로서 사용된다.
  - 80~20의 원칙에 기초하여 빈도수별로 나열한 항목별 점유와 누적비율에 따라 불량이나 사고의 원인이 되는 중요 항목을 찾아가는 기법이다.
  - 80~20의 원칙이란 20%의 항목이 전체의 80%를 차지한다는 개념이다.

- 가장 큰 값부터 순서대로 나열하며, 기타항목은 맨 오른쪽에 배치한다.

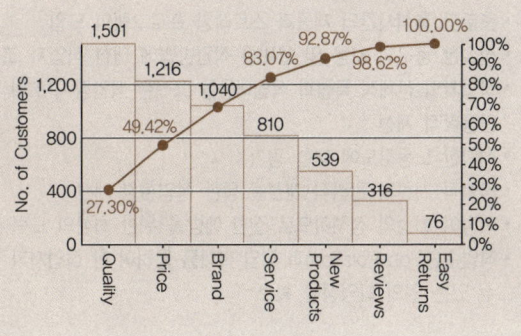

⟨Fators Influencing Purchase Decisions⟩

63 Repetitive Learning 1회 2회 3회

작업분석에 사용되는 공정도나 차트가 아닌 것은?

① 유통선도(Flow Diagram)
② 활동분석표(Activity Chart)
③ 간접노동분석표(Indirect Labor Chart)
④ 복수작업자분석표(Gang Process Chart)

해설
- ③은 작업분석에 사용되는 공정도나 차트와는 관련 없는 내용이다.
- **문제분석에 사용되는 공정도** 실기 1803
  - 유통선도(Flow Diagram) : 공정상 부품의 이동경로 표시
  - 활동분석표(Activity Chart) : 기계와 작업자의 상호관계를 중심으로 작업현황 표시
  - 복수작업자분석표(Gang Process Chart) : 기계와 다수의 작업자 간의 관계를 표시
  - 작업공정도(Operation Process Chart) : 전 작업공정을 순서대로 표시
  - 간트 차트(Gant chart) : 활동 계획을 시간축에 표시

1003/1201/1503/1603/1903/2201

64 Repetitive Learning 1회 2회 3회

근골격계 질환 예방대책으로 옳지 않은 것은?

① 단순 반복 작업은 기계를 사용한다.
② 작업순환(Job Rotation)을 실시한다.
③ 작업방법과 작업공간을 인간공학적으로 설계한다.
④ 작업속도와 작업강도를 점진적으로 강화한다.

정답 62 ① 63 ③ 64 ④

해설
- 작업속도와 강도를 점진적으로 강화하더라도 근골격계 질환을 피할 수는 없다. 예방대책으로 알맞지 않다.
- **근골격계 질환의 사전예방을 위한 적합한 관리대책**
  - 충분한 휴식시간의 제공과 스트레칭 프로그램의 도입
  - 적절한 공구의 사용 및 올바른 작업방법에 대한 작업자 교육
  - 작업자의 신체적 특성과 작업내용을 고려한 작업장 구조의 인간공학적 개선
  - 적합한 노동강도에 대한 평가
  - 공학적 개선과 관리적 개선을 통한 작업환경 개선
  - 예방이 최선의 정책이므로 질환 예방을 위한 최선의 노력
  - 작업순환(Job Rotation)과 작업 확대를 통하여 한 작업자가 할 수 있는 일의 다양성을 확보

65
요소작업이 여러 개인 경우의 관측횟수를 결정하고자 한다. 표본의 표준편차는 0.6이고, 신뢰도 계수는 2인 추정의 오차범위 ±5%를 만족시키는 관측횟수(N)는 몇 번인가?

① 24번 ② 66번
③ 144번 ④ 576번

해설
- 신뢰도계수 t는 2로 주어졌다.
- 표준편차는 0.6이고, 오차범위 e는 0.05이므로 대입하면 관측횟수 $N = \left(\dfrac{2 \times 0.6}{0.05}\right)^2 = 576$
- **관측횟수 계산**
  - 관측횟수 $N = (t \times S/e)^2$으로 구한다. 이때 t는 신뢰도 계수, S는 표준편차, e는 오차범위를 의미한다.
  - 신뢰도 계수 $t = t\left(측정횟수-1, \dfrac{1-신뢰도}{2}\right)$로 구한다.
  - 오차범위 e는 관측평균시간×상대허용오차로 구한다.

66
개정된 NIOSH 들기 작업 지침에 따라 권장 무게 한계(RWL)를 산출하고자 할 때, RWL이 최적이 되는 조건과 거리가 먼 것은?

① 정면에서 중량물 중심까지의 비틀림이 없을 때
② 작업자와 물체의 수평거리가 25cm 보다 작을 때
③ 물체를 이동시킨 수직거리가 75cm 보다 작을 때
④ 수직높이가 팔을 편안히 늘어뜨린 상태의 손 높이일 때

해설
- ③에서 물체를 이동시킨 수직거리가 75cm일 때가 가장 최적이 된다. 그보다 크거나 작으면 VM이 1보다 작아진다.
- **수평계수와 수직계수, 거리계수**
  - ㉠ 수평계수(HM)
    - 하완의 길이가 25cm 이하이면 HM은 1이 된다.
    - 하완의 길이가 63를 초과하면 HM은 0이 된다(63cm는 체구가 작은 사람이 물체를 가장 멀리 잡고 있을 수 있는 수평거리이다).
  - ㉡ 수직계수(VM)
    - 기준은 75cm로 이는 키 165cm인 사람이 가장 편안하게 팔을 늘어뜨렸을 때 손의 높이에 해당한다.
    - 0~175cm까지를 기준으로 75cm이면 VM은 1이며, 그보다 높거나 낮으면 VM은 1보다 작아지고, 수직거리가 175cm를 초과하면 VM은 0이 된다.
  - ㉢ 거리계수(DM)
    - 물체를 수직 이동시킨 거리이다.
    - 25cm 이하이면 1이 된다.
    - 175cm 이상이면 0이 된다.

67
셀(Cell) 생산방식에 가장 적합한 제품은?

① 의류 ② 가구
③ 선박 ④ 컴퓨터

해설
- 셀(Cell) 생산방식은 휴대폰, 컴퓨터, AV기기 등 빈번히 모델이 변경되는 전자제품 조립생산에 적합하다.
- **셀(Cell) 생산방식**
  - 시작 공정에서부터 마지막 공정까지 한 명 혹은 몇 명의 작업자가 모든 공정 혹은 일부 공정을 담당하는 생산방식을 말한다.
  - 휴대폰, 컴퓨터, AV기기 등 빈번히 모델이 변경되는 전자제품 조립생산에 적합하다.

68
근골격계 질환 관련 위험작업에 대한 관리적 개선으로 볼 수 없는 것은?

① 작업의 다양성 제공
② 스트레칭 체조의 활성화
③ 작업도구나 설비의 개선
④ 작업일정 및 작업속도 조절

해설
- ③은 위험요인의 제거 혹은 위험성의 직접적인 감소를 위해 작업장 여건을 개선하는 공학적 개선에 해당된다.

작업개선안 도출 실기 1401/1603/1801/1901/2003/2201/2302/2403
- 가장 우선적이고 근본적인 문제해결책은 문제가 되는 작업을 제거하는 데 있다.
- 1차적으로는 공학적 개선으로 위험요인의 제거 혹은 위험성의 직접적인 감소를 위해 작업장 여건을 개선한다.
- 2차적으로는 관리적 개선으로 작업순환, 작업교대, 휴식시간 설계, 인원 보충 등 자원의 효율적인 분배와 관련된다.

공학적 개선안	• 작업자의 신체에 맞는 작업장 개선(작업공구 개선, 작업대 높이 조절, 중량물 운반 시 기계장치 사용, 단순반복 작업에 로봇 사용, 작업장 바닥 개선, 작업장 재배열) • 작업자세 및 작업방법 개선
관리적 개선안	• 작업순환, 작업교대 • 작업습관 변화 • 작업속도 조절 및 휴식시간 설계 • 인원 보충(추가 작업자 선발, 교육 및 훈련, 적성에 맞는 배치) • 위험표지 부착

69

근골격계 질환의 요인에 있어 작업 관련 요인에 해당하는 것은?

① 매장 경력　　② 작업 만족도
③ 휴식시간 부족　　④ 작업의 자율적 조절

해설
- 근골격계 질환은 반복적인 동작, 부적절한 작업자세, 무리한 힘의 사용 등의 요인으로 발생하는 건강장해로 부족한 휴식시간으로 장시간 작업할 경우 질환 발생가능성이 높다.

근골격계 질환 실기 1803/2101/2302/2303
ㄱ. 개요
- 반복적인 동작, 부적절한 작업자세, 무리한 힘의 사용, 날카로운 면과의 신체접촉, 진동 및 온도 등의 요인에 의하여 발생하는 건강장해로서 목, 어깨, 허리, 팔·다리의 신경·근육 및 그 주변 신체조직 등에 나타나는 질환을 말한다.
ㄴ. 원인 실기 1603/1901/1903/2101/2201/2301
- 질환의 원인은 개인적 특성 요인, 작업특성 요인, 사회 심리적 요인 등으로 구분한다.
- 개인적 특성 요인에는 작업자 개인의 과거병력, 연령, 성별, 키, 몸무게, 작업방법 및 기술수준 등이 있다.

- 직접적인 작업특성 위험요인에는 작업강도, 작업자세, 작업의 반복도, 부적절한 휴식 등이 있다.
- 사회심리적 요인에는 직무스트레스, 비효율적 의사소통, 작업에 대한 만족도, 인간관계 등이 있다.

70

다음 중 간헐적으로 랜덤한 시점에 연구대상을 순간적으로 관측하여 관측기간 동안 나타난 항목별로 차지하는 비율을 추정하는 방법은?

① Work Factor 법
② Work Sampling 법
③ PTS(Predetermined Time Standards) 법
④ MTM(Methods Time Measurement) 법

해설
- ①은 신체 동작의 난이도에 따라 다른 개수의 작업요인(work factor)를 부여하는 방법이다.
- ③은 사람이 행하는 작업을 기본 동작으로 분류하고, 각 기본 동작들은 동작의 성질과 조건에 따라 이미 정해진 기준 시간을 적용하여 전체 작업의 정미시간을 구하는 방법이다.
- ④는 작업을 여러 개의 기본동작으로 나누고 동작별 성질과 조건에 따라 시간치를 부여하는 방법이다.

워크 샘플링(work sampling)
ㄱ. 개요
- 표본의 크기가 충분히 크다면 모집단의 분포와 일치한다는 통계적 이론에 근거한다.
- 간헐적으로 랜덤한 시점에서 연구대상을 순간적으로 관측하여 대상이 처한 상황을 파악하고 이를 토대로 관측시간 동안에 나타난 항목별로 차지하는 비율을 추정하는 방법이다.
- 조사기간을 길게 하여 평상시의 작업현황을 그대로 반영시킬 수 있어 사이클이 긴 작업에 주로 사용한다.
- 확률이론인 이항분포를 따른다.

ㄴ. 장점
- 특별한 시간 측정 장비가 별도로 필요하지 않는 간단한 방법이다.
- 관측이 순간적으로 이루어져 작업에 방해가 적다.
- 한 사람의 평가자가 동시에 여러 작업을 측정할 수 있다.
- 자료수집이나 분석에 필요한 순수시간이 다른 시간연구방법에 비하여 짧다.
- 작업자가 의식적으로 행동하는 일이 적어 결과의 신뢰수준이 높다.

- 샘플링오차는 관측횟수를 증가시킴으로써 감소될 수 있다.
ⓒ 단점
- 작업 방법이 변화되는 경우에는 전체적인 연구를 새로 해야 한다.
- 시간연구법 등에 비해 정밀도가 떨어진다.
- 짧은 주기 및 반복작업에 부적합하다.

71
1003/1403

1TMU(Time Measurement Unit)를 초단위로 환산한 것은?

① 0.0036초 ② 0.036초
③ 0.36초   ④ 1.667초

해설
- 1TMU는 0.036초$\left(\frac{1}{100,000}시간\right)$을 의미한다.

TMU(Time Measurement Unit) 실기 1703
- MTM에서 사용하는 시간의 단위이다.
- 1TMU는 0.036초$\left(\frac{1}{100,000}시간\right)$을 의미한다.

72
동작경제의 원칙 중 신체의 사용에 관한 원칙이 아닌 것은?

① 두 손은 동시에 시작하고, 동시에 끝나도록 한다.
② 두 팔은 서로 반대 방향으로 대칭적으로 움직이도록 한다.
③ 가능하다면 쉽고 자연스러운 리듬이 생기도록 동작을 배치한다.
④ 타자 칠 때와 같이 각 손가락이 서로 다른 작업을 할 때에는 작업량을 각 손가락의 능력에 맞게 배분해야 한다.

해설
- ④는 공구 및 설비 디자인의 원칙에 해당된다.

동작경제의 원칙 실기 1903/2103/2203
㉠ 개요
- 작업자가 경제적인 동작을 통해 피로도를 감소시키면서도 능률을 향상시키게 하기 위한 원칙이다.
- 신체사용의 원칙, 작업장 배치의 원칙, 공구 및 설비 디자인의 원칙으로 분류된다.

- 동작을 가급적 조합하여 하나의 동작으로 한다.
- 동작의 수는 줄이고, 동작의 속도는 적당히 한다.
ⓒ 신체사용의 원칙 실기 2301
- 두 손의 동작은 동시에 시작해서 동시에 끝나야 한다.
- 휴식시간을 제외하고는 양손을 같이 쉬게 해서는 안 된다.
- 손의 동작은 유연하고 연속적인 동작이어야 한다.
- 동작이 급작스럽게 크게 바뀌는 직선 동작은 피해야 한다.
- 두 팔의 동작은 동시에 서로 반대방향으로 대칭적으로 움직이도록 한다.
- 탄도동작(Ballistics Movements)은 제한되거나 통제된 동작보다 더 신속하고 정확하다.
ⓒ 작업장 배치의 원칙 실기 1303/1701/2001/2002/2303/2402
- 가능하다면 낙하식 운반 방법을 이용한다.
- 작업이 용이하도록 적절한 조명을 비추어 준다.
- 공구나 재료는 작업동작이 원활하게 수행하도록 그 위치를 정해준다.
- 공구, 재료 및 제어장치는 사용하기 가까운 곳에 배치해야 한다.
㉣ 공구 및 설비 디자인의 원칙 실기 1703
- 치구나 족답장치를 이용하여 양손이 다른 일을 할 수 있도록 한다.
- 공구의 기능을 결합하여 사용하도록 한다.
- 타자 칠 때와 같이 각 손가락이 서로 다른 작업을 할 때에는 작업량을 각 손가락의 능력에 맞게 배분해야 한다.

73
설비의 배치 방법 중 제품별 배치의 특성에 대한 설명 중 틀린 것은?

① 재고와 재공품이 적어 저장면적이 작다.
② 운반거리가 짧고 가공물의 흐름이 빠르다.
③ 작업 기능이 단순화되며 작업자의 작업 지도가 용이하다.
④ 설비의 보전이 용이하고 가동율이 높기 때문에 자본투자가 적다.

해설
- 제품별 배치는 전용설비의 투자와 배치에 자본투자가 많다.

제품별 배치
- 재고와 재공품이 적어 저장면적이 작다.
- 운반거리가 짧고 가공물의 흐름이 빠르다.
- 작업진도의 파악이 용이하다.
- 작업 기능이 단순화되며 작업자의 작업 지도가 용이하다.
- 전용설비의 투자와 배치에 자본투자가 많다.

74

작업분석의 활용 및 적용에 관한 사항 중 틀린 것은?

① 조업정지의 손실이 큰 작업부터 대상으로 한다.
② 주기기간이 짧은 작업의 동작분석은 서블릭 분석법을 이용한다.
③ 사람의 동작이 많은 작업을 개선하려는 경우에 적용하는 것이 바람직하다.
④ 반복 작업이 많은 작업의 동작개선은 미세한 동작개선을 중심으로 한다.

해설
- ②에서 셔블릭 분석법은 주기기간이 긴 작업의 동작분석에 이용된다.

길브레스(Gilbreth) 부부와 서블릭(Therblig) 분석 실기 1903/2401
- ⊙ 길브레스(Gilbreth) 부부
  - 인간의 작업행동을 분석하는데서 출발하였다.
  - 작업자의 동작을 분석하기 위해 카메라를 이용한 필름분석을 하였다.
  - 인간의 18가지 동작원소를 서블릭 기호로 표기했다.
  - 벽돌 쌓기 작업을 대상으로 작업방법과 작업도구를 개선하였으며 이를 발전시켜 과학적 관리법을 주장하였다.
- ⊙ 서블릭 분석
  - 기호를 사용하여 작업자의 작업을 18개 정도의 기본동작으로 나누어 분석표를 작성하고, 이들을 다시 총괄표에 정리하여 작업개선의 착안점을 찾아내는 데 이용되는 분석방법이다.
  - 주기기간이 긴 작업의 동작분석에 주로 이용된다.

75

A작업의 관측평균시간이 25DM이고, 제 1평가에 의한 속도평가계수는 120%이며, 제 2평가에 의한 2차 조정계수가 10%일 때 객관적 평가법에 의한 정미시간은 몇 초인가?(단, 1DM=0.6초이다)

① 19.8 ② 23.8
③ 26.1 ④ 28.8

해설
- 객관적 레이팅에서의 표준시간=관측 평균시간×(1차 평가계수)×(1+2차 조정계수)×(1+여유율)로 구하는데 정미시간을 구하는 것이므로 마지막 (1+여유율)을 곱하지 않는다.
- 즉 객관적 레이팅에서의 정미시간=관측 평균시간×(1차 평가계수)×(1+2차 조정계수)로 구할 수 있다.
- 대입하면 $25 \times 0.6 \times 1.2 \times (1+0.1) = 19.8$초가 된다.

표준시간 실기 1501/1503/1603/1703/2002/2003/2103/2402/2403

⊙ 개요
- 8시간의 정상작업을 기준으로 하여 일정한 작업조건에서 일정한 방법에 따라 보통 정도의 작업자가 정상적인 속도로 작업을 수행하는데 걸리는 시간을 말한다.
- 표준시간 측정에 사용하는 DM(decimal minute)은 1DM이 0.6초이다.
- 표준시간은 정미시간+여유시간으로 구한다.
- 정미시간은 관측시간의 평균치×R(레이팅 계수)로 구한다.
- 객관적 레이팅에서의 표준시간=관측 평균시간×(1차 평가계수)×(1+2차 조정계수)×(1+여유율)로 구한다.
- 외경법의 경우 표준시간=정미시간×(1+여유율)로 구한다.
- 내경법의 경우 표준시간=정미시간/(1−여유율)로 구한다.

⊙ 여유율
- 외경법은 작업여유율=여유시간/정미시간(근무시간−여유시간)을 적용한다.
- 내경법은 근무여유율=여유시간/근무시간(정미시간+여유시간)을 적용한다.

76

보다 많은 아이디어를 창출하기 위하여 가능한 모든 의견을 비판 없이 받아들이고 수정 발언을 허용하며 대량 발언을 유도하는 방법은?

① Brainstorming ② SEARCH
③ Mind Mapping ④ ECRS 원칙

해설
- ②는 문제해결 대안 도출의 기준이 되는 원칙으로 단순화(S), 불필요한 작업제거(E), 순서변경(A), 요구조건(R), 작업결합(C), 얼마나 자주(H)를 말한다.
- ③은 원과 직선을 이용하여 아이디어 문제, 개념 등을 개괄적으로 빠르게 설정할 수 있도록 도와주는 연역적 추론 기법이다.

브레인스토밍(Brain-storming) 기법
- ⊙ 개요
  - 6~12명의 구성원으로 타인의 비판 없이 자유로운 토론을 통하여 다량의 독창적인 아이디어를 이끌어내고, 대안적 해결안을 찾기 위한 집단적 사고기법이다.
- ⊙ 4원칙
  - 가능한 많은 아이디어와 의견을 제시하도록 한다.
  - 주제를 벗어난 아이디어도 허용한다.
  - 타인의 의견을 수정하여 발언하는 것을 허용한다.
  - 절대 타인의 의견을 비판 및 비평하지 않는다.

77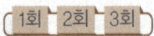

작업관리의 목적에 부합하지 않는 것은?

① 안전하게 작업을 실시하도록 한다.
② 작업의 효율성을 높여 재고량을 확보한다.
③ 생산 작업을 합리적이고 효율적으로 개선한다.
④ 표준화된 작업의 실시과정에서 그 표준이 유지되도록 한다.

해설
- 작업관리는 정확한 작업측정을 통한 작업개선, 공정개선을 통한 작업 편리성 향상, 표준시간 설정을 통한 작업효율 관리 등을 목적으로 한다.
- 재고량 확보는 작업관리의 목적이 될 수 없다.

❖ 인간공학에 있어 작업관리
- 생산성 향상을 목적으로 경제적인 작업방법을 연구하는 작업연구와 표준작업시간을 결정하기 위한 작업측정으로 구분할 수 있다.
- 생산성과 함께 작업자의 안전과 건강을 함께 추구한다.
- 생산과정에서 인간이 관여하는 작업을 주 연구대상으로 한다.
- 정확한 작업측정을 통한 작업개선, 공정개선을 통한 작업 편리성 향상, 표준시간 설정을 통한 작업효율 관리 등을 수행한다.

78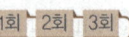

어느 병원의 간호사에 대한 근골격계 질환의 위험을 평가하기 위하여 인간공학분야에서 많이 사용되는 유해요인 평가도구 중 하나인 RULA(Rapid Upper Linb Assessment)를 적용하여 작업을 평가한 결과, 최종 점수가 4점으로 평가되었다. 평가 결과에 대한 해석으로 맞는 것은?

① 수용가능한 안전한 작업으로 평가됨
② 계속적 추가관찰을 요하는 작업으로 평가됨
③ 빠른 작업개선과 작업위험요인의 분석이 요구됨
④ 즉각적인 개선과 작업위험요인의 정밀조사가 요구됨

해설
- 평가에 있어서 1~2점은 개선의 필요가 없음을, 3~4점은 계속적인 추가 관찰이 필요하고, 5~6점은 빠른 개선과 함께 작업위험요인의 분석이 요구되고, 7점의 경우는 정밀조사와 함께 즉시 개선이 필요하다고 평가한다.

❖ RULA(Rapid Upper Limb Assessment) 실기 1301/1303/1603/1803/2201/2203
- 어깨, 팔목, 손목, 목 등 상지에 초점을 맞추어 작업자세로 인한 작업 부하를 빠르고 상세하게 분석할 수 있는 근골격계 질환의 위험평가기법이다.
- 상완, 전완, 손목을 그룹 A로 목, 상체, 다리를 그룹 B로 나누어 측정, 평가한다.
- VDT 작업, 자동차 공장의 컨베이어식 조립라인에서 선 자세에서 자동차 하부의 볼트를 조립하는 작업자의 측정에 적합하다.
- 평가에 있어서 1~2점은 개선의 필요가 없음을, 3~4점은 계속적인 추가 관찰이 필요하고, 5~6점은 빠른 개선과 함께 작업위험요인의 분석이 요구되고, 7점의 경우는 정밀조사와 함께 즉시 개선이 필요하다고 평가한다.

79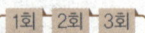

다음 중 근골격계 질환에 관한 설명으로 틀린 것은?

① 미세한 근육이나 조직의 손상으로 시작된다.
② 초기에 치료하지 않으면 심각해질 수 있다.
③ 사전조사에 의하여 완전 예방이 가능하다.
④ 신체의 기능적 장해를 유발할 수 있다.

해설
- 근골격계 질환은 아무리 사전조사가 잘 되더라도 완전 예방은 불가능하다. 발생을 최소화하기 위해 노력해야 한다.

❖ 근골격계 질환 실기 1803/2101/2302/2303
㉠ 개요
- 반복적인 동작, 부적절한 작업자세, 무리한 힘의 사용, 날카로운 면과의 신체접촉, 진동 및 온도 등의 요인에 의하여 발생하는 건강장해로서 목, 어깨, 허리, 팔·다리의 신경·근육 및 그 주변 신체조직 등에 나타나는 질환을 말한다.

㉡ 원인 실기 1603/1901/1903/2101/2201/2301
- 질환의 원인은 개인적 특성 요인, 작업특성 요인, 사회 심리적 요인 등으로 구분한다.
- 개인적 특성 요인에는 작업자 개인의 과거병력, 연령, 성별, 키, 몸무게, 작업방법 및 기술수준 등이 있다.
- 직접적인 작업특성 위험요인에는 작업강도, 작업자세, 작업의 반복도, 부적절한 휴식 등이 있다.
- 사회심리적 요인에는 직무스트레스, 비효율적 의사소통, 작업에 대한 만족도, 인간관계 등이 있다.

80

단위작업 장소 내에 4개, 8개의 동일작업으로 이루어진 부담 작업이 있다. 이러한 작업장에 대한 유해요인 조사 시 표본 작업 수는 각각 얼마 이상인가?

① 2, 2
② 2, 3
③ 2, 4
④ 4, 8

해설
- 한 단위작업에 10개 이하의 근골격계 부담작업이 동일작업으로 이루어지는 경우에는 작업강도가 가장 높은 2개 이상의 작업을 표본으로 선정한다.

❖ 동일한 작업형태와 작업조건의 근골격계 부담작업의 유해요인 조사방법
- 한 단위작업에 10개 이하의 근골격계 부담작업이 동일작업으로 이루어지는 경우에는 작업강도가 가장 높은 2개 이상의 작업을 표본으로 선정한다.
- 한 단위작업에 동일 근골격계 부담작업의 수가 10개를 초과하는 경우에는 초과하는 5개의 작업 당 1개의 작업을 표본으로 추가한다.

정답 | 80 ①

2019년 제3회

2019년 8월 4일

1과목 인간공학개론

01
음량의 측정과 관련된 사항으로 적절하지 않은 것은?

① 물리적 소리강도는 지각되는 음의 강도와 비례한다.
② 소리의 세기에 대한 물리적 측정 단위는 데시벨(dB)이다.
③ 손(sone)과 폰(phon)은 지각된 음의 강약을 측정하는 단위다.
④ 손(sone)의 값 1은 주파수가 1,000Hz이고, 강도가 40dB인 음이 지각되는 소리의 크기이다.

해설
- 물리적 소리강도는 dB로 표현되는데 물리적 강도가 10dB 증가하면 지각된 음의강도는 2배 증가한다. 즉, 물리적 강도와 지각된 강도는 서로 비례하지 않는다.
- **sone 값**
  - 인간이 청각으로 느끼는 소리의 크기를 측정하는 척도 중 하나이다.
  - 기준 음에 비해서 몇 배의 크기를 갖느냐는 음의 sone값이 결정한다.
  - 1 sone은 40dB의 1,000Hz 순음의 크기로 40phon의 값을 의미한다.
  - phon의 값이 주어질 때 $sone = 2^{\frac{phon-40}{10}}$ 으로 구한다.

02
부품배치의 원칙이 아닌 것은?

① 중요성의 원칙
② 사용 빈도의 원칙
③ 사용 순서의 원칙
④ 크기별 배치의 원칙

해설
- 부품은 사용빈도, 중요도, 기능별, 사용 순서의 원칙에 의해 배치하도록 한다.
- **작업장 배치의 원칙**
  - ㉠ 개요
    - 사용빈도, 중요도, 기능별, 사용 순서의 원칙에 의해 배치한다.
    - 작업의 흐름에 따라 기계를 배치한다.
    - 배치의 3단계는 지역배치 → 건물배치 → 기계배치 순으로 이뤄진다.
    - 공장내외는 안전한 통로를 두어야 하며, 통로는 선을 그어 작업장과 명확히 구별하도록 한다.
    - 비상시에 쉽게 대비할 수 있는 통로를 마련하고 사고 진압을 위한 활동통로가 반드시 마련되어야 한다.
  - ㉡ 원칙
    - 중요성의 원칙, 사용빈도의 원칙 – 우선적인 원칙
    - 기능별 배치, 사용 순서의 원칙 – 부품의 일반적인 위치 내에서의 구체적인 배치 기준

03
산업현장에서 필요한 인체치수와 같이 움직이는 자세에서 측정한 인체치수는?

① 기능적 인체치수
② 정적 인체치수
③ 구조적 인체치수
④ 고정 인체치수

해설
- ②, ③, ④는 같은 의미로 형태학적 측정, 즉 정적 자세에서 측정한 신체치수를 말한다.
- **기능적 치수(Functional dimension) = 동적 치수 측정** 실기 1801/2001/2103/2303/2401
  - 산업현장에서 필요한 인체치수와 같이 움직이는 몸의 동작을 측정한 인체치수이다.
  - 상지나 하지 등 신체 부위의 동작범위를 측정한다.

1203
04 ● Repetitive Learning 1회 2회 3회
청각적 표시장치에 적용되는 지침으로 적절하지 않은 것은?

① 신호음은 배경소음과 다른 주파수를 사용한다.
② 신호음은 최소한 0.5 ~ 1초 동안 지속시킨다.
③ 300m이상 멀리 보내는 신호음은 1,000Hz 이하의 주파수가 좋다.
④ 주변 소음은 주로 고주파이므로 은폐효과를 막기 위해 200Hz 이하의 신호음을 사용하는 것이 좋다.

해설
- 주변 소음은 주로 저주파이다. 이의 은폐효과를 막기 위해 500 ~ 1,000Hz의 신호를 사용하는 것이 좋다.
- **청각적 표시장치의 설계**
  - 신호는 최소한 0.5 ~ 1초 동안 지속한다.
  - 청각 신호의 차원은 세기, 빈도, 지속기간으로 구성된다.
  - 소음이 심한 경우 귀 위치에서 신호강도는 110dB과 은폐가청역치의 중간정도가 적당한다.
  - 신호의 검출도를 높이기 위해서는 소음의 세기가 낮은 영역의 주파수로 신호의 주파수를 바꾸어야 한다.
  - 신호는 배경소음의 주파수와 다른 주파수를 이용한다.
  - 300m 이상 멀리 보내는 신호는 1,000Hz 이하의 낮은 주파수를 사용한다.
  - 칸막이를 통과하는 신호는 500Hz 이하의 진동수를 사용한다.
  - 주의를 끄는 목적으로 신호를 사용할 때에는 변조신호를 사용한다.

05 ● Repetitive Learning 1회 2회 3회
인간과 기계의 역할분담에 이어 인간은 시스템 설치와 보수, 유지 및 감시 등의 역할만 담당하게 되는 시스템은?

① 수동시스템
② 기계시스템
③ 자동시스템
④ 반자동시스템

해설
- 인간-기계 통합체계의 유형에는 자동화 체계, 기계화 체계, 수동 체계로 구분된다. 수동 체계는 수공구를 인간의 힘으로 사용하는 시스템이고, 기계화 체계는 인간이 직접 조종을 통해서 기계를 통제하는 시스템이다.
- **인간-기계 통합체계의 유형** 실기 1503/2402
  - 인간-기계 통합체계의 유형에는 자동화 체계, 기계화 체계, 수동 체계로 구분된다.

자동화 체계	인간은 작업계획의 수립, 모니터를 통한 작업 상황 감시, 프로그래밍, 설비보전의 역할을 수행하고 체계(System)가 감지, 정보보관, 정보처리 및 의식결정, 행동을 포함한 모든 임무를 수행하는 체계
기계화 체계	반자동 체계로 운전자의 조종에 의해 기계를 통제하는 융통성이 없는 시스템 형태
수동 체계	• 인간의 힘을 동력원으로 활용하여 수공구를 사용하는 시스템 형태 • 다양성이 있고 융통성이 우수한 특징을 갖는다.

06 ● Repetitive Learning 1회 2회 3회
연구조사에서 사용되는 기준척도의 요건에 대한 설명으로 옳은 것은?

① 타당성 : 반복 실험 시 재현성이 있어야 한다.
② 민감도 : 동일단위로 환산 가능한 척도여야 한다.
③ 신뢰성 : 기준이 의도한 목적에 부합하여야 한다.
④ 무오염성 : 기준 척도는 측정하고자 하는 변수 이외에 다른 변수의 영향을 받아서는 안 된다.

해설
- ①의 타당성은 측정하고자 하는 평가 척도가 시스템의 목표를 반영해야 하는 척도이다.
- ②의 민감도는 실험 변수 수준 변화에 따라 척도의 값의 차이가 존재하는 정도를 말한다.
- ③의 신뢰성은 평가를 반복할 경우 일정한 결과를 얻을 수 있어야 하는 척도이다.
- **인간공학의 기준 척도**

타당성 (적절성)	측정변수가 평가하고자 하는 바를 잘 반영해야 함
무오염성	측정변수가 다른 외적변수에 영향을 받지 않아야 함
신뢰성	비슷한 조건에서 일정 결과를 반복적으로 얻을 수 있어야 함
민감도	기대되는 정밀도로 측정 가능해야 함
실제성	현실성을 가지며, 실질적으로 이용하기 쉽다.

07
인간의 감각기관 중 작업자가 가장 많이 사용하는 감각은?
① 시각 ② 청각
③ 촉각 ④ 미각

해설
- 인간이 가장 많이 사용하는 감각은 시각이고, 감각기관은 눈이고 수용기는 망막에 있다.

❖ 인간의 감각기관
- 시각 : 눈, 망막에서 수용하며 가장 많이 사용하는 감각이다.
- 청각 : 귀, 내이의 달팽이관에서 수용하며 반응시간이 가장 빠른 감각이다.
- 후각 : 코, 비점막에서 수용한다.
- 미각 : 혀, 혀의 미뢰에서 수용한다.
- 촉각 : 피부
- 반응시간은 청각 → 촉각 → 시각 → 후각 → 미각 → 통각 순으로 느려진다.

08
시각적 암호화(Coding) 설계 시 고려사항이 아닌 것은?
① 코딩 방법의 분산화
② 사용될 정보의 종류
③ 수행될 과제의 성격과 수행조건
④ 코딩의 중복 또는 결합에 대한 필요성

해설
- 코딩 방법은 일관되고 집중되어야 한다. 코딩 방법이 달라지고 다양해지면 암호를 식별하기 어려워진다.

❖ 시각적 암호화(Coding) 설계 시 고려사항
- 사용될 정보의 종류
- 수행될 과제의 성격과 수행조건
- 코딩의 중복 또는 결합에 대한 필요성

09
시식별에 영향을 주는 인자에 대한 설명으로 옳은 것은?
① 휘도의 척도로는 foot-candle과 lx가 흔히 쓰인다.
② 어떤 물체나 표면에 도달하는 광의 밀도를 휘도라고 한다.
③ 과녁이나 관측자(또는 양자)가 움직일 경우에는 시력이 감소한다.
④ 일반적으로 조도가 큰 조건에서는 노출시간이 작을수록 식별력이 커진다.

해설
- ①에서 휘도의 척도는 램버트(lambert)가 사용된다.
- ②는 조도에 대한 설명이다.
- ④에서 노출시간이 길수록 식별력이 커진다.

❖ 시식별에 영향을 주는 인자 실기 2103
- 조도
- 휘도 및 휘도비
- 대비
- 과녁의 이동
- 노출시간
- 조명기구
- 시력(내적인자)
- 연령(내적인자)

10
인체측정치의 응용원칙으로 적합한 것은?
① 침대의 길이는 5퍼센타일 치수를 적용한다.
② 비상버튼까지의 거리는 5퍼센타일 치수를 적용한다.
③ 의자의 좌판깊이는 95퍼센타일 치수를 적용한다.
④ 지하철의 손잡이 높이는 95퍼센타일 치수를 적용한다.

해설
- ①은 키가 큰 사람도 누울 수 있어야 하므로 최대치 원리를 적용하여 95퍼센타일 치수를 적용한다.
- ③은 의자 좌판의 깊이는 대퇴를 압박하지 않도록 최소치 원리를 적용하여 5퍼센타일 치수를 적용한다.
- ④는 키가 작은 사람도 잡을 수 있도록 최소치 원리를 적용하여 5퍼센타일 치수를 적용한다.

❖ 극단치 설계 방법 실기 1601/1603/1801/2003/2201
- 조작자와 제어버튼 사이의 거리, 조작에 필요한 힘, 비상벨의 위치, 지하철이나 버스의 손잡이 높이는 최소 집단치(5% 하위 백분위 수)를 설계 기준으로 한다.
- 출입문의 높이, 탈출구, 의자의 높이, 좌석 간의 거리, 통로의 벽, 와이어로프의 사용중량, 위험구역 울타리 등은 최대 집단치(5% 상위 백분위 수)를 설계 기준으로 한다.

11
인간공학의 목적에 관한 내용으로 틀린 것은?
① 사용편의성의 증대, 오류감소, 생산성 향상 등을 목적으로 둔다.
② 인간공학은 일과 활동을 수행하는 효능과 효율을 향상시키는 것이다.
③ 안전성 개선, 피로와 스트레스 감소, 사용자 수용성 향상, 작업 만족도 증대를 목적으로 한다.
④ Chapanis는 목적달성을 위해 구체적 응용에서 가장 중요한 목표는 몇 가지뿐이며, 그들의 서로 상호연관성은 없다고 했다.

07 ① 08 ① 09 ③ 10 ② 11 ④

해설

- ④에서 Chapanis는 인간공학을 인간의 행위, 능력, 한계와 특성들을 파악하여 이를 생산적이고, 안전하고, 편안하게, 효율적으로 인간이 사용할 수 있도록 도구, 기계, 시스템, 작업과 환경의 설계에 응용하는 학문이라고 정의하였다.

인간공학(Ergonomics)
  ㉠ 개요
  - "Ergon(작업)+nomos(법칙)+ics(학문)"이 조합된 단어로 Human factors, Human engineering이라고도 한다.
  - 인간의 특성과 한계 능력을 공학적으로 분석, 평가하여 이를 복잡한 체계의 설계에 응용함으로 효율을 최대로 활용할 수 있도록 하는 학문분야이다.
  - 인간이 사용하는 물건, 설비, 환경의 설계에 인간의 생리적, 심리적인 면에서의 특성이나 한계점을 고려함으로써 인간-기계 시스템의 안전성과 편리성, 효율성을 높이는 학문분야이다.

  ㉡ 적용분야
  - 제품설계
  - 재해·질병 예방
  - 장비·공구·설비의 배치
  - 작업장 내 조사 및 연구

12
신호검출이론(SDT)에 관한 설명으로 틀린 것은?(단, β는 응답편견척도(response bias)이고, d는 감도척도(sensitivity)이다)

① β값이 클수록 '보수적인 판단자'라고 한다.
② d값은 정규분포를 이용하여 구할 수 있다.
③ 민감도는 신호와 잡음 평균 간의 거리로 표현한다.
④ 잡음이 많을수록, 신호가 약하거나 분명하지 않을수록 d값은 커진다.

해설
- 잡음이 많을수록, 신호가 약하거나 분명하지 않을수록 d값은 작아진다.

신호검출이론(Signal Detection Theory) 실기 1501/1503/1701/2001/2002/2003/2103/2303/2403

  ㉠ 개요
  - 불확실한 상황에서 선택하게 하는 방법으로 신호의 탐지는 관찰자의 반응편향과 민감도에 달려있다고 주장하는 이론이다.
  - 일반적으로 신호 검출 시 이를 간섭하는 소음이 있고, 신호와 소음을 쉽게 식별할 수 없는 상황에 신호검출이론이 적용된다.
  - 긍정(Hit), 허위(False alarm), 누락(Miss), 부정(Correct rejection)의 네 가지 결과로 나눌 수 있다.
  - 허위(False alarm)는 소음을 신호로, 누락(Miss)은 신호를 소음으로 판단한 결과이다.
  - 신호검출이론은 품질관리, 통신이론, 의학처방 및 심리학, 법정에서의 판정 등 다양하게 활용되고 있다.

  ㉡ 반응편향 β
  - 반응편향 $\beta = \dfrac{\text{신호의 길이}}{\text{소음의 길이}}$ 로 구한다.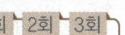
  - 신호에 의한 반응이 선형인 경우 판별력은 좋아진다.
  - 신호검출이론에서 두 개의 정규분포 곡선이 교차하는 부분에 있는 기준점 β는 신호의 길이와 소음의 길이가 같으므로 1의 값을 가진다.
  - 판정 기준은 β(신호/노이즈)이며, $\beta>1$이며 보수적이고, $\beta<1$이면 자유적이다.

  ㉢ 민감도
  - 민감도가 클수록 신호를 구분하기 쉽다.
  - 잡음이 많을수록, 신호가 약하거나 분명하지 않을수록 d값은 작아진다.
  - 민감도를 늘리기 위해서는 교육 훈련, 결과의 피드백, 신호의 비신호의 구별성 증가 등의 조치를 한다.

13
제품의 행동 유도성에 대한 설명으로 적절하지 않은 것은?

① 사용자의 행동에 단서를 제공한다.
② 행동에 제약을 주지 않는 설계를 해야 한다.
③ 제품에 물리적 또는 의미적 특성을 부여함으로써 달성이 가능하다.
④ 사용 설명서를 별도로 읽지 않아도 사용자가 무엇을 해야 할 지 알게 설계해야 한다.

해설
- ②에서 제품의 행동 유도성을 위해 행동에 제약을 주는 설계를 해야 한다.

제품의 행동 유도성
- 사용자의 행동에 단서를 제공한다.
- 행동에 제약을 주는 설계를 해야 한다.
- 제품에 물리적 또는 의미적 특성을 부여함으로써 달성이 가능하다.
- 사용 설명서를 별도로 읽지 않아도 사용자가 무엇을 해야 할 지 알게 설계해야 한다.

정답 | 12 ④ 13 ②

14

시식별 요소에 대한 설명으로 옳지 않은 것은?

① 표면으로부터 반사되는 비율을 반사율이라 한다.
② 단위면적당 표면에서 반사되는 광량을 광도라 한다.
③ 광원으로부터 나오는 빛 에너지의 양을 휘도라 한다.
④ 어떤 물체나 표면에 도달하는 빛의 단위면적당 밀도를 조도라 한다.

해설

- ③은 광속에 대한 설명이다.
- **휘도(Brightness)**
  - 휘도는 광원에서 1m 떨어진 곳 범위 내에서의 반사된 빛을 포함한 빛의 밝기 혹은 단위면적당 표면을 떠나는 빛의 양을 의미한다.
  - 휘도의 단위는 cd/m^2 혹은 실용단위인 니트(nit)를 사용한다. 그 외에도 스틸브(sb, stilb, 10000nit), 람베르트(L, Lambert, 3,183nit), 푸트람베르트(fL, foot-Lambert, 3,426nit), 아포스틸브(asb, apostilb, 0,3183nit) 등이 사용되기도 한다.
  - 휘도 = $\frac{반사율 \times 조도}{면적}$ [cd/m^2]로 구한다.

15

Fitts의 법칙과 관련이 없는 것은?

① 표적의 폭
② 표적의 개수
③ 이동소요 시간
④ 표적 중심선까지의 이동거리

해설

- Fitts의 법칙은 표적의 크기(폭), 이동거리, 이동시간 등이 관련된 법칙으로 표적이 작고 이동거리가 길수록 이동시간이 증가하는 것을 나타내는 인간의 제어 및 조정능력을 나타내는 법칙이다.
- **Fitts의 법칙**
  - 인간의 제어 및 조정능력을 나타내는 법칙으로 인간의 손이나 발을 이동시켜 조작장치를 조작하는 데 걸리는 시간을 표적까지의 거리와 표적 크기의 함수로 나타낸다.
  - 표적이 작고 이동거리가 길수록 이동시간이 증가한다.
  - 자동차 가속 페달과 브레이크 페달 간의 간격, 브레이크 폭 등을 결정하는데 사용할 수 있는 가장 적합한 인간공학 이론이다.
  - 난이도 지수는 $\log_2 \left(\frac{2A}{W} \right)$로 구한다.
  - 동작시간 = $a + b \log_2 \left(\frac{2A}{W} \right)$ [ms]로 구한다. 이때 a와 b는 단순반응시간, 선택반응시간, A는 동작거리, W는 목표물의 폭이다.

16

배경 소음 하에서 신호의 발생 유무를 판정하는 경우 4가지 반응 결과에 대한 설명으로 틀린 것은?

① 허위경보(False Alarm) : 신호가 없을 때 신호가 있다고 판단한다.
② 신호의 정확한 판정(Hit) : 신호가 있을 때 신호가 있다고 판단한다.
③ 신호검출실패(Miss) : 정보의 부족으로 신호의 유무를 판단할 수 없다.
④ 잡음을 제대로 판정(Correct Rejection) : 신호가 없을 때 신호가 없다고 판단한다.

해설

- ③은 신호가 있을 때 신호가 없다고 판단한 결과이다.
- **신호검출이론(Signal Detection Theory)** 실기 1501/1503/1701/2001/2002/2003/2103/2303/2403
  - ⊙ 개요
    - 불확실한 상황에서 선택하게 하는 방법으로 신호의 탐지는 관찰자의 반응편향과 민감도에 달려있다고 주장하는 이론이다.
    - 일반적으로 신호 검출 시 이를 간섭하는 소음이 있고, 신호와 소음을 쉽게 식별할 수 없는 상황에 신호검출이론이 적용된다.
    - 긍정(Hit), 허위(False alarm), 누락(Miss), 부정(Correct rejection)의 네 가지 결과로 나눌 수 있다.
    - 허위(False alarm)는 소음을 신호로, 누락(Miss)은 신호를 소음으로 판단한 결과이다.
    - 신호검출이론은 품질관리, 통신이론, 의학처방 및 심리학, 법정에서의 판정 등 다양하게 활용되고 있다.
  - ⓒ 반응편향 β
    - 반응편향 $\beta = \frac{신호의 길이}{소음의 길이}$로 구한다.
    - 신호에 의한 반응이 선형인 경우 판별력은 좋아진다.
    - 신호검출이론에서 두 개의 정규분포 곡선이 교차하는 부분에 있는 기준점 β는 신호의 길이와 소음의 길이가 같으므로 1의 값을 가진다.
    - 판정 기준은 β(신호/노이즈)이며, $\beta > 1$이며 보수적이고, $\beta < 1$이면 자유적이다
  - ⓒ 민감도
    - 민감도가 클수록 신호를 구분하기 쉽다.
    - 잡음이 많을수록, 신호가 약하거나 분명하지 않을수록 d값은 작아진다.
    - 민감도를 늘리기 위해서는 교육 훈련, 결과의 피드백, 신호의 비신호의 구별성 증가 등의 조치를 한다.

17

하나의 소리가 다른 소리의 청각 감지를 방해하는 현상을 무엇이라 하는가?

① 기피(avoid) 효과
② 은폐(masking) 효과
③ 제거(exclusion) 효과
④ 차단(interception) 효과

해설
- 은폐효과는 사무실의 자판 소리 때문에 말소리가 묻히는 경우와 같이 내부음성 또는 작업과 관련된 음향신호가 은폐 음에 의해 방해받는 현상을 말한다.

❖ 은폐(Masking)효과
- 음의 한 성분이 다른 성분에 대한 귀의 감수성을 감소시키는 상황을 말한다.
- 사무실의 자판 소리 때문에 말소리가 묻히는 경우와 같이 내부 음성 또는 작업과 관련된 음향신호가 은폐 음에 의해 방해받는 현상을 말한다.
- 피은폐된 한 음의 가청역치가 다른 은폐된 음 때문에 높아지는 현상을 말한다.
- 은폐효과가 가장 큰 것은 음폐음과 배음의 주파수가 가까울 때이다.
- 소리가 들린다는 것을 확신할 수 있는 최소한의 음 강도는 은폐음보다 15dB 이상이어야 한다.

18

회전운동을 하는 조종장치의 레버를 30° 움직였을 때 표시장치의 커서는 2cm 이동하였다. 레버의 길이가 15cm일 때 이 조종장치의 C/R비는 약 얼마인가?

① 2.62
② 3.93
③ 5.24
④ 8.33

해설
- 회전 조종구의 C/D비 = $\dfrac{2 \times \pi(3.14) \times r(\text{반지름}) \times \left(\dfrac{각도}{360}\right)}{표시계기의 변위량}$ 으로 구한다.
- 레버를 30°, 표시장치는 2cm, 레버의 길이가 15cm이므로 반지름도 15cm이므로 대입하면 C/D비는 $\dfrac{2 \times 3.14 \times 15 \times \left(\dfrac{30}{360}\right)}{2} = 3.925$ 이다.

❖ 통제표시비 : C/D(C/R)비
① 개요
- 통제장치의 변위량과 표시장치의 변위량과의 관계를 나타낸 비율로 C/D비, 조종과 반응의 비라고 하여 C/R비라고도 한다.
- C/D = $\dfrac{통제기기의 변위량}{표시계기의 변위량}$ 으로 구한다.
- 회전 조종구의 C/D비
= $\dfrac{2 \times \pi(3.14) \times r(\text{반지름}) \times \left(\dfrac{각도}{360}\right)}{표시계기의 변위량}$ 으로 구한다.

ⓒ 특징
- C/R비가 작아진다는 것은 민감한 장치화 되어 조종시간 = 제어시간이 길어지지만 수행시간은 짧아진다는 의미이다.
- C/R비가 크다는 것은 미세한 조종은 쉽지만 수행시간은 상대적으로 길다.
- 통제기기 시스템에서 발생하는 조작시간의 지연은 직접적으로 통제표시비가 가장 크게 작용하고 있다.

19

기계화 시스템에 대한 설명으로 적절하지 않은 것은?

① 동력은 기계가 제공한다.
② 반자동화 시스템이라고도 부른다.
③ 인간은 조종장치를 통해 체계를 제어한다.
④ 무인공장이 기계화 시스템의 대표적 예이다.

해설
- ④의 무인공장은 완전한 자동화 시스템의 대표적인 예이다.

❖ 인간-기계 통합체계의 유형
- 인간-기계 통합체계의 유형에는 자동화 체계, 기계화 체계, 수동 체계로 구분된다.

자동화 체계	인간은 작업계획의 수립, 모니터를 통한 작업 상황 감시, 프로그래밍, 설비보전의 역할을 수행하고 체계(System)가 감지, 정보보관, 정보처리 및 의식결정, 행동을 포함한 모든 임무를 수행하는 체계
기계화 체계	반자동 체계로 운전자의 조종에 의해 기계를 통제하는 융통성이 없는 시스템 형태
수동 체계	• 인간의 힘을 동력원으로 활용하여 수공구를 사용하는 시스템 형태 • 다양성이 있고 융통성이 우수한 특징을 갖는다.

20

계기판에 등이 4개가 있고, 그 중 하나에만 불이 켜지는 경우, 얻을 수 있는 정보량은 얼마인가?

① 2bits
② 3bits
③ 4bits
④ 5bits

해설
- 등이 4개가 있으므로 대안이 4개인 경우이므로 정보량은 $\log_2(4)=2$가 된다.
- **정보량** 실기 1401/2301/2303
  - 대안이 n개인 경우의 정보량은 $\log_2 n$으로 구한다.
  - 특정 안이 발생할 확률이 $p(x)$라면 정보량은 $\log_2 \dfrac{1}{p(x)}$로 구한다.
  - 여러 안이 발생할 경우의 총 정보량은 [개별 확률×개별 정보량의 합]과 같다.

2과목 작업생리학

21

산업안전보건법령상 작업환경측정에 사용되는 단위로서 고열환경을 종합적으로 평가할 수 있는 지수는?

① 실효온도(ET)
② 열스트레스지수(HSI)
③ 습구흑구온도지수(WBGT)
④ 옥스퍼드지수(Oxford index)

해설
- ①은 공조되고 있는 실내 환경을 평가하는 척도로 감각온도, 유효온도라고도 하며, Oxford 지수, Botsball 지수, 습구 글로브 온도 등이 이에 해당한다.
- ②는 열평형을 유지하기 위해서 증발해야 하는 발한(發汗)량을 나타낸다.
- ④는 습구온도와 건구온도의 가중 평균치로 습건지수라고도 한다.
- **습구흑구온도(WBGT : Wet Bulb Globe Temperature) 지수**
  - 건구온도, 습구온도 및 흑구온도에 의해 산출되며, 열중증 예방을 위한 지표로 더위지수라고도 한다.
  - 산업안전보건법령상 작업환경측정에 사용되는 단위로서 고열환경을 종합적으로 평가할 수 있는 지수이다.
  - 일사가 영향을 미치는 옥외와 일사의 영향이 없는 옥내의 계산식이 다르다.
  - 옥내에서는 WBGT=0.7NWB+0.3GT이다. 이때 NWB는 자연습구, GT는 흑구온도이다.
  - 옥외에서는 WBGT=0.7NWB+0.3GT+0.1DB이며 이때 NWB는 자연습구, GT는 흑구온도, DB는 건구온도이다.

22

신체동작 유형 중 관절의 각도가 감소하는 동작에 해당하는 것은?

① 굽힘(flexion)
② 내선(medial retation)
③ 폄(extension)
④ 벌림(abduction)

해설
- ②는 신체의 바깥쪽에서 중심선 쪽으로의 회전하는 신체의 움직임을 말한다.
- ③은 신체부위 간의 각도가 증가하는 관절동작으로 굽힘의 반대되는 동작이다.
- ④는 외전으로 신체 중심선으로부터 밖으로 이동하는 신체의 움직임을 말한다.
- **굽힘(굴곡, flexion)**
  - 관절에서 구부러져 각이 작아지는 움직임을 말한다.
  - 반대되는 개념은 신전(폄, extension)이라고 한다.

23

교대작업 근로자를 위한 교대제 지침으로 옳지 않은 것은?

① 4조 3교대보다 2조 2교대가 바람직하다.
② 작업을 최소화한다.
③ 연속적인 야간교대작업은 줄인다.
④ 근무시간 종류 후 11시간 이상의 휴식시간을 둔다.

해설
- ①에서 2교대면 최저 3조의 정원을 갖추어야 한다. 즉, 2조 2교대는 법적으로 허용되지 않는다.
- **바람직한 교대제**
  - ㉠ 기본
    - 각 반의 근무시간은 8시간으로 한다.
    - 2교대면 최저 3조의 정원을, 3교대면 4조 편성으로 한다.
    - 근무시간의 간격은 15~16시간 이상으로 하여야 한다.

- 채용 후 건강관리로서 정기적으로 체중, 위장 증상 등을 기록해야 하며 체중이 3kg 이상 감소 시 정밀검사를 받도록 한다.
- 근무 교대시간은 근로자의 수면을 방해하지 않도록 정해야 하며, 아침 교대시간은 아침 7시 이후에 하는 것이 바람직하다.
- 근무시간은 8시간을 주기로 교대하며 야간 근무 시 충분한 휴식을 보장해주어야 한다.
- 교대작업은 피로회복을 위해 역교대 근무 방식보다 전진근무 방식(주간근무 → 저녁근무 → 야간근무 → 주간근무)으로 하는 것이 좋다.

ⓒ 야간근무
- 야간근무의 연속은 2 ~ 3일 정도가 좋다.
- 야근 교대시간은 상오 0시 이전에 하는 것이 좋다.
- 야간근무 시 가면(假眠)시간은 근무시간에 따라 2 ~ 4시간으로 하는 것이 좋다.
- 야근은 가면(假眠)을 하더라도 10시간 이내가 좋다.
- 야근 후 다음 반으로 가는 간격은 최저 48시간을 가지도록 한다.
- 상대적으로 가벼운 작업을 야간 근무조에 배치하고, 업무 내용을 탄력적으로 조정한다.

24 ● Repetitive Learning 1회 2회 3회

지면으로부터 가벼운 금속조각을 줍는 일에 대하여 취하는 다음의 자세 중 에너지소비량(kcal/min)이 가장 낮은 것은?

① 한 팔을 대퇴부에 지지하는 등 구부린 자세
② 두 팔의 지지가 없는 등 구부인 자세
③ 손을 지면에 지지하면서 무릎을 구부린 자세
④ 두 손을 지면에 지지하지 않은 무릎을 구부린 자세

해설
- 튼튼한 고정면(지면)에 손을 지지한 채 행하는 자세가 가장 에너지 소비량이 적은 자세이다.

✦ 자세별, 작업별 에너지 소비량

ⓐ 자세별
- 선 자세는 앉거나 누워있는 자세에 비해 시간당 약 7.5kcal를 더 소비한다.
- 튼튼한 고정면(지면)에 손을 지지한 채 행하는 자세가 가장 에너지 소비량이 적은 자세이다.

ⓑ 작업별

작업구분	에너지 소비량(kcal/min)
중(重)작업	7.5 ~ 10.0
중(中)작업	5.0 ~ 7.5
경(輕)작업	2.5 ~ 5.0

25 ● Repetitive Learning 1회 2회 3회

다음 중 객관적으로 육체적 활동을 측정할 수 있는 생리학적 측정방법으로 옳지 않은 것은?

① EMG
② 에너지 대사량
③ RPE 척도
④ 심박수

해설
- ③은 운동자각도로 내가 하는 운동이 얼마나 힘든지에 대한 생리적 측정을 주관적 평점등급으로 대체하기 위하여 개발된 평가척도로 주관적인 평가방법이다.

✦ 생리적 척도
- 인간-기계 시스템을 평가하는데 사용하는 인간기준 척도 중 하나이다.
- 중추신경계 활동에 관여하므로 그 활동 및 징후를 측정할 수 있다.
- 정신적 작업부하 척도 가운데 직무수행 중에 계속해서 자료를 수집할 수 있고, 부수적인 활동이 필요 없는 장점을 가진 척도이다.
- 정신작업의 생리적 척도는 EEG(수면뇌파), 동공반응, 부정맥, 점멸융합주파수, J.N.D(Just-Noticeable difference), 눈꺼풀 깜박임 수(blink rate), 뇌유발전위 등을 통해 확인할 수 있다.
- 육체작업의 생리적 척도는 EMG(근전도), 맥박수, 산소소비량, 작업량 등을 통해 확인할 수 있다.

26 ● Repetitive Learning 1회 2회 3회

산업안전보건법령상 영상표시 단말기(VDT) 취급 근로자의 건강장해를 예방하기 위한 방법으로 옳지 않은 것은?

① 작업물을 보기 쉽도록 주위 조명 수준을 1,000lux 이상으로 높인다.
② 지휘도형 조명기구를 사용한다.
③ 빛이 작업화면에 도달하는 각도는 화면으로부터 45° 이내로 한다.
④ 화면상의 문자와 배경과의 휘도비를 낮춘다.

해설
- 영상표시단말기를 취급하는 작업장 주변환경의 조도를 화면의 바탕 색상이 검정색 계통일 때 300럭스(Lux) 이상 500럭스 이하, 화면의 바탕색상이 흰색 계통일 때 500럭스 이상 700럭스 이하를 유지하도록 하여야 한다.

✦ 영상표시단말기 취급장 작업환경 실기 1701
- 사업주는 영상표시단말기를 취급하는 작업장 주변환경의 조도를 화면의 바탕 색상이 검정색 계통일 때 300럭스(Lux) 이상

정답 | 24 ③ 25 ③ 26 ①

- 500럭스 이하, 화면의 바탕색상이 흰색 계통일 때 500럭스 이상 700럭스 이하를 유지하도록 하여야 한다.
- 사업주는 작업면에 도달하는 빛의 각도를 화면으로부터 45도 이내가 되도록 조명 및 채광을 제한하여 화면과 작업대 표면반사에 의한 눈부심이 발생하지 않도록 하여야 한다.
- 저휘도형 조명기구를 사용한다.
- 화면상의 문자와 배경과의 휘도비(Contrast)를 낮춘다.
- VDT 작업화면과 인접주변 간에는 1 : 3, 화면과 화면에서 먼 주위 간에는 1 : 10으로 한다.

27

순환계의 기능 및 특성에 관한 설명으로 옳지 않은 것은?

① 심장으로부터 말초로 혈액을 운반하는 혈관을 정맥이라고 한다.
② 모세혈관은 소동맥과 소정맥을 연결하는 혈관이다.
③ 동맥은 혈액을 심장으로부터 직접 받아들이고 맥관계에서 가장 높은 압력을 유지한다.
④ 폐순환은 우심실, 폐동맥, 폐, 폐정맥, 좌심방순의 경로로 혈액이 흐르는 것을 말한다.

해설
- ①에서 심장으로부터 말초로 혈액을 운반하는 혈관은 동맥이다.
- 순환계
  ㉠ 기능
    - 동맥은 혈액을 심장으로부터 직접 받아들이고 맥관계에서 가장 높은 압력을 유지한다.
    - 정맥은 다시금 혈액을 심장으로 돌려보내는 역할을 한다.
    - 모세혈관은 소동맥과 소정맥을 연결하는 혈관으로 물질(산소, 이산화탄소 등) 이동은 혈압과 혈장 삼투압의 차이에 의해 이루어지며, 혈관의 단면적이 가장 크다.
  ㉡ 순환
    - 체순환은 좌심실, 대동맥, 물질교환, 대정맥, 우심방 순으로 흐르는 것을 말한다.
    - 폐순환은 우심실, 폐동맥, 폐, 폐정맥, 좌심방순의 경로로 혈액이 흐르는 것을 말한다.

28

다음 중 근육의 대사(metabolism)에 관한 설명으로 적절하지 않은 것은?

① 대사과정에 있어 산소의 공급이 충분하면 젖산이 축적된다.
② 산소를 이용하는 유기성과 산소를 이용하지 않는 무기성 대사로 나눌 수 있다.
③ 음식물을 섭취하여 기계적인 일과 열로 전환하는 화학적 과정이다.
④ 활동수준이 평상시에 공급되는 산소 이상을 필요로 하는 경우, 순환계통은 이에 맞추어 호흡수와 맥박수를 증가시킨다.

해설
- 계속적인 활동 시 혈액으로부터 양분과 산소를 공급받아야 하며 이때 충분한 산소 공급이 되지 않을 경우 젖산은 축적된다.
- 근육의 대사(metabolism)
  - 산소를 이용하는 유기성과 산소를 이용하지 않는 무기성 대사로 나눌 수 있다.
  - 음식물을 섭취하여 기계적인 일과 열로 전환하는 화학적 과정이다.
  - 탄수화물은 근육의 기본 에너지원으로서 주로 간에서 포도당으로 전환된다.
  - 활동수준이 평상시에 공급되는 산소 이상을 필요로 하는 경우, 순환계통은 이에 맞추어 호흡수와 맥박수를 증가시키고 피로물질인 젖산이 축적된다.

29

다음 중 모멘트(moment)에 관한 설명으로 옳지 않은 것은?

① 모멘트는 특정한 축에 관하여 회전을 일으키는 힘의 경향이다.
② 모멘트의 크기는 힘의 크기와 회전축으로부터 힘의 작용선까지의 거리에 의해 결정된다.
③ 모멘트의 단위는 N · m이다.
④ 힘의 방향과 관계없이 모멘트의 방향을 항상 일정하다.

해설
- ④에서 모멘트의 방향은 힘의 방향에 따라 변한다.
- 모멘트(moment)
  - 모멘트는 특정한 축에 관하여 회전을 일으키는 힘의 경향이다.
  - 모멘트의 크기는 힘의 크기와 회전축으로부터 힘의 작용선까지의 거리에 의해 결정된다.
  - 모멘트의 단위는 N · m이다.
  - 모멘트의 방향은 힘의 방향에 따라 변한다.

30

다음 중 인간의 근육에 관한 설명으로 옳지 않은 것은?

① 근조직은 형태와 기능에 따라 골격근, 평활근, 심근으로 분류된다.
② 골격근의 수축은 운동신경의 지배를 받으며 수의적 조절에 따라 일어난다.
③ 평활근의 수축은 자율신경계, 호르몬, 화학신호의 지배를 받으며, 불수의적 조절에 따라 일어난다.
④ 적근은 체표면 가까이에 존재하며 주로 급속한 동작을 하기 때문에 쉽게 피로해진다.

해설
- 적근은 수축이 천천히 이뤄져 지구력을 담당하며, 백근은 수축이 빠르게 이뤄져 순발력 등에 관여하나 쉽게 피로해진다.

근육
- 기본 근육 세포단위는 근육 다발이다.
- 하나의 근육은 수많은 근섬유로 이루어져 있다.
- 근육 전체가 내는 힘은 활성화된 근섬유수에 의해 결정된다.
- 근조직은 형태와 기능에 따라 골격근, 평활근, 심근으로 분류된다.
- 골격근은 육안으로 식별이 가능하며, 적근, 백근, 중간근으로 분류된다.
- 적근은 수축이 천천히 이뤄져 지구력을 담당하며, 백근은 수축이 빠르게 이뤄져 순발력 등에 관여하나 쉽게 피로해진다.
- 개개의 근육섬유(muscle fiber)는 근섬유막에 의해서 하나의 독립된 세포로 외부와 경계를 짓는다.
- 하나의 신경세포와 그 신경세포가 지배하는 근육섬유(muscle fiber)군을 총칭하여 운동단위 또는 활동단위(motor unit)라 한다.

31

다음 중 진동이 인체에 미치는 영향에 대한 설명으로 적절하지 않은 것은?

① 진동은 시력, 추적 능력 등의 손상을 초래한다.
② 시간이 경과함에 따라 영구 청력손실을 가져온다.
③ 레이노 증후군(Raynaud's phenomenon)은 진동으로 인한 말초혈관운동의 장해로 발생한다.
④ 정확한 근육조절을 요구하는 작업의 경우 그 효율이 저하된다.

해설
- 진동과 청력손실은 크게 관련이 없다.

진동이 인체에 미치는 영향
- 심박수가 증가한다.
- 장시간 노출 시 근육 긴장을 증가시킨다.
- 시성능은 10 ~ 25Hz 대역의 경우 가장 심하게 영향을 받으며, 60 ~ 90Hz에서 안구가 공명한다.
- 추적능력은 5Hz 이하의 낮은 진동수에서 가장 영향을 많이 받는다.
- 머리와 어깨 부위의 공명주파수는 20 ~ 30Hz이다.
- 등이나 허리뼈에 가장 위험한 주파수는 8 ~ 12Hz이다.
- 흉부와 복부의 고통을 일으키는 주파수는 4 ~ 10Hz이다.
- 중앙 신경계의 처리 과정과 관련되는 과업의 성능은 진동의 영향을 비교적 덜 받는다.
- 레이노 증후군(Raynaud's phenomenon)은 진동으로 인한 말초혈관운동의 장해로 발생한다.

32

작업장의 소음 노출정도를 측정한 결과가 다음과 같다면 이 작업장 근로자의 소음노출지수는 얼마인가?

소음수준[dB(A)]	노출시간[h]	허용시간[h]
80	3	64
90	4	8
100	1	2

① 1.00 ② 1.05
③ 1.10 ④ 1.15

해설
- 80dB에서의 허용시간이 64시간인데 3시간 노출되어 $\frac{3}{64}$, 90dB에서의 허용시간이 8시간인데 4시간 노출되어 $\frac{4}{8}$, 100dB에서의 허용시간이 2시간인데 1시간 노출되어 $\frac{1}{2}$이므로 누적소음노출지수는 $\frac{3}{64} + \frac{4}{8} + \frac{1}{2} = \frac{67}{64} = 1.046875$가 된다.

소음허용기준
- 90dB일 때 8시간을 기준으로 한다.
- 소음이 5dB 커질 때마다 허용기준 시간은 절반으로 줄어든다.
- OSHA

85dB	90dB	95dB	100dB	105dB	110dB
16시간	8시간	4시간	2시간	1시간	0.5시간

- 국내규정

90dB	95dB	100dB	105dB	110dB	115dB
8시간	4시간	2시간	1시간	0.5시간	0.25시간

- 전체 소음노출지수는 개별 노출시간/허용기준시간의 합으로 구한다.

- 근육이 수축하면 I대와 H대, Z선과 Z선 사이의 거리가 짧아진다.
- 근육이 수축해도 A대(actin과 myosin이 중첩된 짙은 갈색 부분)의 폭, 액틴과 미오신 필라멘트의 길이는 변하지 않는다.
- 근육의 수축은 근육의 길이가 단축되는 것이다.
- 근육이 최대로 수축했을 때는 Z선이 A대에 맞닿는다.
- 근육이 수축하면 가는 근세사가 굵은 근세사 사이로 미끄러져 들어간다.
- 골격근의 수축은 운동신경의 지배를 받으며 수의적 조절에 따라 일어난다.
- 평활근의 수축은 자율신경계, 호르몬, 화학신호의 지배를 받으며, 불수의적 조절에 따라 일어난다.

33

다음 인체해부학의 용어 중 몸을 전후로 나누는 가상의 면(plane)을 뜻하는 것은?

① 정중면(Medial plane)
② 시상면(Sagittal plane)
③ 관상면(Coronal plane)
④ 횡단면(Transverse plane)

해설
- ①은 신체의 앞과 뒤를 정중앙으로 하여 통과하는 수직면으로 시상면 중 신체를 좌우대칭으로 나눈 시상면을 말한다.
- ②는 신체를 좌와 우로 가르는 면을 말한다.
- ④는 신체를 수평으로 통과하는 면을 말하며, 관상면이나 시상면에 직각인 면을 말한다.

관상면(Coronal plane)
- 신체의 좌우를 가로지르며 정중면을 직각으로 통과하는 수직면을 말한다.
- 몸을 전후로 나누는 가상의 면(plane)을 말한다.

35

일반적으로 눈을 감고 편안한 자세로 조용히 앉아 있는 사람에게 나타나며 안정파라고 불리는 뇌파 형태에 해당하는 것은?

① α파
② β파
③ θ파
④ δ파

해설
- ②는 눈을 뜨고 집중하는 상태에서 나타나는 파형이다.
- ③은 졸거나 막 깨어났을 때 나타나는 파형이다.
- ④는 깊은 수면상태에서 나타난다.

뇌파(EEG)의 종류
- α파 : 8 ~ 12Hz 주파수, 안정 시에 주로 나타나는 파형이다.
- β파 : 12 ~ 30Hz 주파수, 눈을 뜨고 집중하는 상태에서 나타나는 파형이다.
- θ파 : 4 ~ 8Hz 주파수, 졸거나 막 깨어났을 때 나타나는 파형이다.
- δ파 : 4Hz 미만의 주파수로 깊은 수면상태에서 나타난다.

34

근 수축 활동에 관한 설명으로 옳지 않은 것은?

① 근 수축은 액틴과 미오신 필라멘트의 미끄러짐 작용에 의해 이루어진다.
② 액틴과 미오신 필라멘트는 미끄러짐 작용을 통해 길이 자체가 짧아진다.
③ ATP의 분해 시 유리된 에너지가 근육에 이용된다.
④ 운동 시 부족했던 산소를 운동이 끝나고 휴식시간에 보충하는 것을 산소부채라 한다.

해설
- 근육이 수축해도 A대의 폭, 액틴과 미오신 필라멘트의 길이는 변하지 않는다.

근육의 수축 실기 1601/1603/2002/2302/2403
- 근섬유의 수축단위는 근원섬유이다.

36

작업자 A의 작업 중 평균 흡기량은 50L/min, 배기량은 40L/min이며 배기량 중 산소의 함량이 17%일 때 산소소비량은 얼마인가?(단, 공기 중 산소 함량은 21%이다)

① 2.7L/min
② 3.7L/min
③ 4.7L/min
④ 5.7L/min

해설
- 분당 흡기 산소량은 50×0.21=10.5L이다.
- 분당 배기 산소량은 40×0.17=6.8L이다.
- 분당 산소소비량은 10.5-6.8=3.7L이다.

공기의 조성 실기 1303/1401/2402
- 작업 중 소비되는 산소 소비량을 계산하기 위한 흡기 시 공기의 조성은 질소 79%, 산소 21%이다.
- 배기되는 공기의 조성에서 질소는 79%로 동일하지만 호흡으로 인해 산소가 소모된 만큼 이산화탄소는 생성된다.
- 1L의 산소소비량은 5kcal의 에너지를 생성한다.

37 • Repetitive Learning 1회 2회 3회

다음 중 작업부하 및 휴식시간 결정에 관한 설명으로 옳은 것은?

① 작업부하는 작업자 개인의 능력과 관계없이 산출된다.
② 정신적인 권태감은 주관적인 요소이므로 휴식시간 산정 시 고려할 필요가 없다.
③ 작업방법이나 설비를 재설계하는 공학적 대책으로는 작업부하를 감소시킬 수 없다.
④ 장기적인 전신피로는 직무 만족감을 낮추고, 건강상의 위험을 증가시킬 수 있다.

해설
- ①에서 작업부하는 작업자의 능력에 따라 달라진다.
- ②에서 정신적인 권태감은 주관적인 요소이므로 휴식시간 산정 시 고려할 필요가 있다.
- ③에서 작업방법이나 설비를 재설계하는 공학적 대책으로는 작업부하를 감소시킬 수 있다.

작업부하 및 휴식시간 결정
- 에너지 대사율(relative metabolic rate) 및 에너지 소비량은 휴식시간 산정 시 반드시 고려되어야 할 척도이다.
- 작업부하는 작업자의 능력에 따라 달라진다.
- 정신적인 권태감은 주관적인 요소이므로 휴식시간 산정 시 고려할 필요가 있다.
- 조명 및 소음과 같은 환경적 요소도 작업부하 및 휴식시간 산정 시 고려해야 한다.
- 작업방법이나 설비를 재설계하는 공학적 대책으로는 작업부하를 감소시킬 수 있다.
- 장기적인 전신피로는 직무 만족감을 낮추고, 건강상의 위험을 증가시킬 수 있다.

38 • Repetitive Learning 1회 2회 3회

다음의 산업안전보건법령상 "강렬한 소음작업" 정의에서 ( )에 적합한 수치는?

( )데시벨 이상의 소음이 1일 30분 이상 발생하는 작업

① 80 ② 90
③ 100 ④ 110

해설
- ① 80dB의 경우 강렬한 소음작업의 기준에 포함되지 않는다.
- ② 90dB의 경우 1일 8시간 이상을 기준으로 한다.
- ③ 100dB의 경우 1일 2시간 이상을 기준으로 한다.

소음 노출 기준
㉠ 개요
- 소음작업이란 1일 8시간 작업을 기준으로 85dB 이상의 소음이 발생하는 작업을 말한다.

㉡ 강렬한 소음작업

1일 노출시간(hr)	허용 음압수준(dB)
8 이상	90 이상
4 이상	95 이상
2 이상	100 이상
1 이상	105 이상
1/2 이상	110 이상
1/4 이상	115 이상

㉢ 충격소음작업(1초 이상의 간격)

충격소음강도(dB)	허용 노출 횟수(회)
140 초과	100 이상
130 초과	1,000 이상
120 초과	10,000 이상

39 • Repetitive Learning 1회 2회 3회
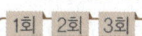

조도(Illuminance)의 단위로 옳은 것은?

① nit ② lumen
③ lux ④ candela

해설
- ①은 단위 면적당 광량을 나타내는 단위이다.
- ②는 광선속(luminous flux)의 크기를 나타내는 단위이다.
- ④는 광도(luminous intensity)를 측정하는 단위이다.

조도(照度) 실기 1501/1603/1703/2003/2302
- 조도는 특정 지점에 도달하는 광의 밀도를 말한다.
- 단위는 럭스(Lux)를 사용한다 $\left(\frac{1cd}{1m^2}, \frac{1lm}{1m^2}\right)$.

- 반사체의 반사율과는 상관없이 일정한 값을 갖는다.
- 거리의 제곱에 반비례하고, 광도에 비례하므로 $\frac{광도}{(거리)^2}$ 으로 구한다.

40
근육의 정적상태의 근력을 나타내는 용어는?

① 등속성 근력(Isokinetic strength)
② 등장성 근력(Isotonic strength)
③ 등관성 근력(Isoinertia strength)
④ 등척성 근력(Isometric strength)

해설
- ①은 동적 근력의 하나로 근육이 일정한 속도로 수축할 때의 근력을 말한다.
- ②는 동적 근력의 하나로 근육이 일정한 힘에 반하여 수축하는 것으로서 근육의 긴장도가 전 동작을 통해 일정하게 유지되는 상태에서의 근력을 말한다.
- ③은 동적 근력의 하나로 인간이 일정한 구간을 스스로 정한 속도에 의해 취급할 수 있는 최대 무게를 측정하여 초기 정적 저항을 극복하는 능력을 보여주는 근력을 말한다.

정적 근력(static strength)
- 등척성 근력(isometric strength)이라고도 한다.
- 근육의 정적상태의 근력 즉, 근육이 등척성 수축을 하는 것에 해당하는 근력이다.
- 근력의 상태 중 물체를 들고 있을 때처럼 신체부위를 움직이지 않으면서 고정된 물체에 힘을 가하는 상태를 말한다.
- 정적근력의 측정은 고정된 물체에 대해 최대 힘을 발휘하고, 일정 시간 휴식하는 과정을 반복하여 처음 3초 동안 발휘된 근력의 평균을 계산하여 측정한다.

② 근골격계 부담작업에 근로자를 종사하도록 하는 신설사업장의 경우에는 지체 없이 유해요인 조사를 하여야 한다.
③ 근골격계 부담작업에 해당하는 새로운 작업, 설비를 도입한 경우에는 지체 없이 유해요인 조사를 하여야 한다.
④ 근골격계 부담작업에 해당하는 업무의 양과 작업공정 등 작업환경을 변경한 경우에는 지체 없이 유해요인 조사를 하여야 한다.

해설
- ②에서 신설되는 사업장의 경우에는 1년 이내에 최초의 유해요인 조사를 하여야 한다.

유해요인 조사
㉠ 개요
- 산업안전보건법령상 사업주는 근로자가 근골격계 부담작업을 하는 경우에 3년마다 유해요인 조사를 하여야 한다.
- 신설되는 사업장의 경우에는 1년 이내에 최초의 유해요인 조사를 하여야 한다.
- 사업주는 유해요인조사에 근로자 대표 또는 해당 작업 근로자를 참여시켜야 한다.

㉡ 1개월 이내(수시) 조사해야 하는 경우 실기 1401/1701/1901/2401
- 임시건강진단 등에서 근골격계 질환자가 발생하였거나 근로자가 근골격계 질환으로 업무상 질병으로 인정받은 경우(근골격계 부담작업이 아닌 작업에서 근골격계 질환자가 발생하였거나 근골격계 부담작업이 아닌 작업에서 발생한 근골격계 질환에 대해 업무상 질병으로 인정받은 경우를 포함한다)
- 근골격계 부담작업에 해당하는 새로운 작업·설비를 도입한 경우
- 근골격계 부담작업에 해당하는 업무의 양과 작업공정 등 작업환경을 변경한 경우

3과목 산업심리학 및 관련법규

41
산업안전보건법령상 유해요인조사 및 개선 등에 관한 내용으로 옳지 않은 것은?

① 법에 의한 임시건강진단 등에서 근골격계 질환자가 발생한 경우에는 지체 없이 유해요인 조사를 하여야 한다.

42
조직차원에서의 스트레스 관리방안과 가장 거리가 먼 것은?

① 직무재설계
② 긴장완화훈련
③ 우호적인 직장 분위기 조성
④ 경력계획과 개발 과정의 수립 및 상담 제공

> **해설**
> - ②는 개인적 해결법에 해당된다.
>
> ❖ 스트레스 대처방안
>   ㉠ 개요
>   - 스트레스 대처법은 디자인 해결법(조직차원)과 개인적인 해결법이 있다.
>   ㉡ 개인적인 해결법
>   - 근육이나 정신을 이완시킴으로서 스트레스를 통제 한다.
>   - 규칙적인 운동을 통하여 근육긴장과 고조된 정신 에너지를 경감시킨다.
>   - 동료들과 대화를 하거나 노래방에서 가까운 친지들과 함께 자신의 감정을 표출하여 긴장을 방출한다.
>   ㉢ 디자인 해결법(조직차원)
>   - 역할분석(개인의 역할을 명확히 함)
>   - 직무재설계(개인의 기술과 능력에 맞게 직무를 할당)
>   - 참여 관리
>   - 우호적인 직장 분위기 조성
>   - 사회적 자원의 제공
>   - 조직구조나 기능의 변화
>   - 경력계획과 개발 과정의 수립 및 상담 제공
>   ㉣ 사회적 대책
>   - 보살핌, 금전적 지원(도구적 지원) 등

43

개인의 성격을 건강과 관련하여 연구하는 성격 유형 중 아래와 같은 행동 양식을 가지는 유형으로 옳은 것은?

- 항상 분주하고, 시간에 강박관념을 가진다.
- 동시에 많은 일을 하려고 한다.
- 공격적이고 경쟁적이다.
- 양적인 면으로 성공을 측정한다.

① A형 행동양식　② B형 행동양식
③ C형 행동양식　④ D형 행동양식

> **해설**
> - 경쟁적이고, 강박적인 성격은 A형이다.
>
> ❖ 성격 유형의 종류
>
> | 형 | 특징 |
> |---|---|
> | A형 | • 경쟁적이고, 강박적인 성격이다.
• 스트레스를 잘 받는다. |
> | B형 | 낙천적이고, 느긋한 성격이다. |
> | C형 | • A형과 B형의 중간 성격이다.
• 협조적이고, 인내심이 많지만 수동적이다. |

44

산업안전보건법령상 산업재해조사에 관한 설명으로 옳은 것은?

① 재해 조사의 목적은 인적, 물적 피해 상황을 알아내고 사고의 책임자를 밝히는데 있다.
② 재해 발생 시, 가장 먼저 조치할 사항은 직접 원인, 간접 원인 등의 재해원인을 조사하는 것이다.
③ 3개월 이상의 요양이 필요한 부상자가 동시에 2인 이상 발생했을 때 중대재해로 분류한다.
④ 사업주는 사망자가 발생했을 때에는 재해가 발생한 날로부터 10일 이내에 산업재해조사표를 작성하여 관할 지방노동관서의 장에게 제출해야 한다.

> **해설**
> - ①에서 재해조사의 목적은 동종의 재해 및 유사재해의 재발방지 대책을 강구하는데 있다.
> - ②에서 재해발생 시 가장 먼저 조치해야 하는 사항은 재해자에 대한 응급조치(긴급 조치)이다.
> - ④에서 사업주는 산업재해로 사망자가 발생하거나 3일 이상의 휴업이 필요한 부상을 입거나 질병에 걸린 사람이 발생한 경우에는 산업재해가 발생한 날부터 1개월 이내에 산업재해조사표를 작성하여 관할 지방고용노동관서의 장에게 제출해야 한다.
>
> ❖ 중대재해(Major Accident)
>   ㉠ 개요
>   - 산업재해 중 사망 등 재해 정도가 심한 것으로서 고용노동부령으로 정하는 재해를 말한다.
>   ㉡ 종류
>   - 사망자가 1명 이상 발생한 재해
>   - 3개월 이상의 요양이 필요한 부상자가 동시에 2명 이상 발생한 재해
>   - 부상자 또는 직업성질병자가 동시에 10명 이상 발생한 재해

45

인적 요인 개선을 통한 휴먼 에러 방지 대책으로 적합한 것은?

① 작업자의 특성과 작업설비의 적합성 점검·개선
② 인간공학적 설계 및 적합화
③ 모의훈련으로 시나리오에 따른 리허설
④ 안전 설계(fail-safe design)

정답 43 ① 44 ③ 45 ③

> [해설]
> - ①은 관리요인 대책에 해당한다.
> - ②, ④는 설비요인 대책에 해당된다.
> ❖ 휴먼에러 예방대책
>   ㉠ 인적요인
>   - 확실한 업무 인수인계
>   - 소집단 활동의 활성화
>   - 작업의 모의훈련
>   - 작업에 대한 교육 및 훈련
>   ㉡ 설비 및 환경요인
>   - 설비 및 환경개선
>   - Fail safe design과 Fool proof 설계
>   - 인간공학적 설계 및 적합화
>   - 작업자의 특성과 작업설비의 적합성 점검·개선
>   - 기기 및 밸브 등의 배치, 표시, 표식의 확실한 구분
>   ㉢ 관리요인
>   - 안전분위기 조성
>   - 작업자의 특성과 작업설비의 적합성 점검·개선

46

작업자의 휴먼 에러 발생확률은 매 시간마다 0.05로 일정하고 다른 작업과 독립적으로 실수를 한다고 가정할 때, 8시간 동안 에러의 발생 없이 작업을 수행할 신뢰도는 얼마인가?

① 0.60
② 0.67
③ 0.86
④ 0.95

> [해설]
> - 고장률이 0.05이고, 8시간 동안의 신뢰도는 $e^{-0.05 \times 8} = e^{-0.4} = 0.67032\cdots$가 된다.
> ❖ 지수 분포를 따르는 부품의 신뢰도
>   - 고장률이 λ인 시스템이 t시간 지난 후의 신뢰도 $R(t) = e^{-\lambda t}$이다.
>   - 고장까지의 평균시간이 $t_0\left(=\dfrac{1}{\lambda_0}\right)$일 때 이 부품을 t시간 동안 사용할 경우의 신뢰도 $R(t) = e^{-\frac{t}{t_0}}$이다.

47

반응시간(reaction time)에 관한 설명으로 옳은 것은?

① 자극이 요구하는 반응을 행하는 데 걸리는 시간을 의미한다.
② 반응해야 할 신호가 발생한 때부터 반응이 종료될 때까지의 시간을 의미한다.
③ 단순반응시간에 영향을 미치는 변수로는 자극 양식, 자극의 특성, 자극 위치, 연령 등이 있다.
④ 여러 개의 자극을 제시하고, 각각에 대한 서로 다른 반응을 할 과제를 준 후에 자극이 제시되어 반응할 때까지의 시간을 단순반응시간이라 한다.

> [해설]
> - ①과 ②에서 반응시간은 어떠한 자극이 제시되고 이에 대한 동작을 시작하기까지의 소요 시간을 말한다.
> - ④는 선택반응시간에 대한 설명이다.
> ❖ 반응시간(reaction time) [실기] 1803/2201
>   - 어떠한 자극이 제시되고 이에 대한 동작을 시작하기까지의 소요 시간을 말한다.
>   - 자극과 요구 반응의 수에 따라 단순반응시간, 선택반응시간, 변별반응시간으로 구분된다.
>   - 단순반응시간은 하나의 자극에 대해 하나의 반응을 요구할 때의 반응시간이다.
>   - 단순(A)반응시간에 영향을 미치는 변수로는 자극 양식, 자극의 특성, 자극 위치, 연령 등이 있다.
>   - 선택(B)반응시간은 2개 이상의 자극에 대해 각각의 자극에 대해 다른 반응을 요구할 때의 반응시간이다.
>   - 선택반응시간은 별도의 반응을 요하는 자극 수에 따라 달라진다.
>   - 선택반응시간은 자극과 반응(N)이 증가할 때 $\log_2$에 비례하여 증가하므로 구하는 식은 $a + b\log_2 N$으로 구한다.
>   - 변별(C)반응시간은 2개 이상의 자극 중 특정 자극에 대해서만 반응할 때의 반응시간이다.

48

민주적 리더십에 관한 내용으로 옳은 것은?

① 리더에 의한 모든 정책의 결정
② 리더의 지원에 의한 집단 토론식 결정
③ 리더의 과업 및 과업 수행 구성원 지정
④ 리더의 최소 개입 또는 개인적인 결정의 완전한 자유

> [해설]
> - ①과 ③은 권위적 리더십의 특징이다.
> - ④는 자유방임형 리더십의 특징이다.
> ❖ 민주적 리더십
>   - 인관관계를 중심에 놓는다(부하 중심적).
>   - 맥그리거의 Y 이론에 근거를 둔다.

- 리더의 지원에 의한 집단 토론식 결정을 한다.
- 조직원의 적극적인 참여와 자율성을 강조한다.
- 조직원의 창의성을 개발할 수 있다.
- 생산성과 사기가 높게 나타난다.
- 구성원 간의 상호관계가 원만하다.

49

어느 사업장의 도수율은 40이고 강도율은 4일 때 이 사업장의 재해 1건당 근로손실일수는?

① 1
② 10
③ 50
④ 100

해설

- 도수율이 40이라는 의미는 1,000,000시간당 40건의 재해가 발생한다는 의미이고, 강도율이 4라는 것은 1,000시간당 근로손실일수가 4일이라는 의미이다. 강도율 4를 1,000,000시간으로 환산하면 4,000이 되므로 40건에 4,000일이므로 1건당 100일이 된다.

재해율 관련 공식

재해율	$\dfrac{재해자수}{산재보험적용근로자수} \times 100$
사망만인율	$\dfrac{사망자수}{산재보험적용근로자수} \times 10,000$
휴업재해율	$\dfrac{휴업재해자수}{임금근로자수} \times 100$
도수율 (빈도율)	$\dfrac{재해건수}{연근로시간수} \times 1,000,000$
강도율	$\dfrac{총요양근로손실일수}{연근로시간수} \times 1,000$

50

교육 프로그램에 대한 평가 준거 중 교육 프로그램이 회사에 주는 경제적 가치와 가장 밀접한 관련이 있는 것은?

① 반응준거
② 학습준거
③ 행동준거
④ 결과준거

해설

- ①은 교육참가자들의 교육프로그램에 대한 만족도 등의 반응을 말한다.
- ②는 교육참가자들이 교육기간 동안 교육받은 내용이나 지식을 얼마나 잘 습득하고 이해했는지를 말한다.
- ③은 교육 후 실제 직무행동에서 얼마나 변화가 있었는지를 말한다.

교육 프로그램의 준거

- 교육 프로그램의 준거는 반응준거, 학습준거, 행동준거, 결과준거로 구분한다.
- 반응준거는 교육참가자들의 교육프로그램에 대한 만족도 등의 반응을 말한다.
- 학습준거는 교육참가자들이 교육기간 동안 교육받은 내용이나 지식을 얼마나 잘 습득하고 이해했는지를 말한다.
- 행동준거는 교육 후 실제 직무행동에서 얼마나 변화가 있었는지를 말한다.
- 결과준거는 교육 후 생산량 증가내역, 불량 감소내역, 출근율 제고, 이직률 감소현황, 안전사고율 감소여부 등의 교육으로 인해 이룩한 경제적 가치를 말한다.

51

부주의에 의한 사고방지를 위한 정신적 측면의 대책으로 옳지 않은 것은?

① 작업의욕의 고취
② 작업환경의 개선
③ 안전의식의 제고
④ 스트레스 해소 방안 마련

해설

- ②는 설비 및 환경적 측면의 대책에 해당된다.

사고방지를 위한 정신적 측면의 대책

- 안전의식의 제고
- 작업의욕의 고취
- 스트레스 해소 방안 마련
- 주의력 집중 훈련

52

다음 중 산업재해 방지를 위한 대책으로 적절하지 않은 것은?

① 산업재해 감소를 위하여 안전관리체계를 자율화하고 안전관리자의 직무권한을 최소화하여야 한다.
② 재해와 원인 사이에는 인과관계가 있으므로 재해의 원인분석을 통한 방지대책이 필요하다.
③ 재해방지를 위해서는 손실의 유무와 관계없는 아차사고(near accident)를 예방하는 것이 중요하다.
④ 불안전한 행동의 방지를 위해서는 심리적 대책과 공학적 대책이 동시에 필요하다.

정답 49 ④ 50 ④ 51 ② 52 ①

해설
- ①에서 산업재해 감소를 위해서는 안전관리체계를 자율화하고 안전관리자의 직무권한을 최소화해서는 안 된다.
- **산업재해 방지를 위한 대책**
  - 재해와 원인 사이에는 인과관계가 있으므로 재해의 원인분석을 통한 방지대책이 필요하다.
  - 재해방지를 위해서는 손실의 유무와 관계없는 아차사고(near accident)를 예방하는 것이 중요하다.
  - 불안전한 행동의 방지를 위해서는 심리적 대책과 공학적 대책이 동시에 필요하다.

---

53  0703/0901

호손(Hawthorne)실험의 결과에 따라 작업자의 작업능률에 영향을 미치는 주요 요인은?

① 작업장의 온도 ② 물리적 작업조건
③ 작업장의 습도 ④ 작업자의 인간관계

해설
- 호손의 연구결과에서 작업자의 작업능률은 동기, 의사소통을 통한 작업자 간의 인간관계가 큰 영향을 미친다는 것을 확인하였다.
- **호손(Hawthorne)의 연구**
  - 호손공장 실험에서 조명을 밝히면 처음에는 생산량은 증가하나 이후에는 조명과 상관관계가 거의 없음을 증명하였다.
  - 호손의 연구결과에서 작업자의 작업능률은 동기, 의사소통을 통한 작업자 간의 인간관계가 큰 영향을 미친다는 것을 확인하였다.
  - 산업심리학의 관심이 물리적 작업조건에서 인간관계 등으로 바뀌는 계기를 마련하게 되었다.

---

54  1101/1803/2201

다음은 인적 오류가 발생한 사례이다. Swain과 Guttman이 사용한 개별적 독립행동에 의한 오류 중 어느 것에 해당하는가?

> 컨베이어 벨트 수리공이 작업을 시작하면서 동료에게 컨베이어 벨트의 작동버튼을 살짝 눌러서 벨트를 조금만 움직이라고 이른 뒤 수리작업을 시작하였다. 그러나 작동버튼 옆에서 서성이던 동료가 순간적으로 중심을 잃으면서 작동버튼을 힘껏 눌러 컨베이어 벨트가 전속력으로 움직이며 수리공의 신체 일부가 끼이는 사고가 발생하였다.

① 시간 오류(timing error)
② 순서 오류(sequence error)
③ 부작위 오류(omission error)
④ 작위 오류(commission error)

해설
- ①은 필요한 작업 또는 절차의 수행을 지연한데 기인한 에러이다.
- ②는 필요한 작업 또는 절차의 순서 착오로 인한 에러이다.
- ③은 필요한 행위를 실행하지 않은 오류이다.
- **심리적 측면의 휴먼에러 분류(Swain)** 실기 1403/1703/2101/2201/2403
  - ㉠ 부작위오류(Omission error) : 필요한 행위를 실행하지 않은 오류

| 생략오류
(Omission error) | 필요한 작업 또는 절차를 수행하지 않는데 기인한 에러 |

  - ㉡ 작위오류(Commission error) : 작업 수행 중 작업을 정확하게 수행하지 못해 발생한 에러(행위적 관점)

선택오류 (Selection error)	다른 레버를 선택하는 등의 원인으로 발생한 에러
물량오류 (Qualitative error)	너무 많거나 혹은 너무 적은 작업을 수행해서 발생한 에러
순서오류 (Sequential error)	필요한 작업 또는 절차의 순서 착오로 인한 에러
시간오류 (Timing error)	필요한 작업 또는 절차의 수행을 지연한데 기인한 에러

  - ㉢ 불필요한 행동 오류

| 불필요한 수행오류
(Extraneous error) | 불필요한 작업 또는 절차를 수행함으로써 발생한 에러 |

---

55  0703/1001/1401

뇌파의 유형에 따라 인간의 의식수준을 단계별로 분류할 때, 의식이 명료하여 가장 적극적인 활동이 이루어지고 실수의 확률이 가장 낮은 단계는?

① Ⅰ단계 ② Ⅱ단계
③ Ⅲ단계 ④ Ⅳ단계

해설
- 에러 발생 가능성이 낮은 것부터 높은 순으로 배열하면 Ⅲ단계 - Ⅱ단계 - Ⅰ단계 - Ⅳ단계 순이 된다.
- **인간의 의식 레벨**
  - Phase 0은 무의식상태로 작업수행이 불가능한 상태의 의식수준이다.
  - 에러 발생 가능성이 낮은 것부터 높은 순으로 배열하면 Ⅲ단계 - Ⅱ단계 - Ⅰ단계 - Ⅳ단계 순이 된다.

단계	의식수준	설명
Phase 0	무의식, 실신 상태	무의식 동작에는 외계의 능력에 대응하는 능력이 어느 정도는 있다.
Phase I	이상, 피로 및 단조로움	심신이 피로하거나 단조로운 작업을 반복할 경우 나타나는 의식수준의 저하현상이 발생
Phase II	정상, 이완 상태	생리적 상태가 안정을 취하거나 휴식할 때에 해당
Phase III	정상, 명쾌	• 중요하거나 위험한 작업을 안전하게 수행하기에 적합 • 신뢰성이 가장 높은 상태의 의식수준
Phase IV	과긴장	돌발 사태의 발생으로 인하여 주의의 일점 집중 현상이 일어나는 경우 인간의 의식수준

56 Repetitive Learning 1회 2회 3회

FTA(Fault Tree Analysis)에 관한 설명으로 옳은 것은?

① 연역적이며 톱다운(top-down) 접근방식이다.
② 귀납적이고, 위험 그 자체와 영향을 강조하고 있다.
③ 시스템 구상에 있어 가장 먼저 하는 분석으로 위험요소가 어떤 상태에 있는지를 정성적으로 평가하는데 적합하다.
④ 한 사건에 대하여 실패와 성공으로 분개하고, 동일한 방법으로 분개된 각각의 가지에 대하여 실패 또는 성공의 확률을 구하는 것이다.

해설
- ②는 FMEA에 대한 설명이다.
- ③은 PHA에 대한 설명이다.
- ④는 ETA에 대한 설명이다.
- **결함수분석법(FTA)**
  - 시스템의 고장을 발생시키는 사상과 그 원인과의 인과관계를 논리 관계로 설명하는 게이트나 사상기호를 나뭇가지 모양의 그림으로 나타내고 이에 의거 시스템의 고장확률을 구함으로써 문제가 되는 부분을 찾아내는 기법이다.
  - 연역적 방법으로 원인을 규명하며, 재해의 정량적 예측이 가능한 분석방법이다.
  - 최상위 고장(Top event)으로부터의 하향식 고장해석 방법이다.
  - 특정 사상에 대해 짧은 시간에 해석이 가능하다.
  - 정성적 평가 후 정량적 평가를 실시하며, 정량적으로 재해 발생 확률을 구한다.
  - FTA를 수행함에 있어 기본사상들의 발생이 서로 독립인가 아닌가의 여부를 파악하기 위해서는 공분산을 이용한다.

57 Repetitive Learning 1회 2회 3회

직무스트레스 요인 중 역할 관련 스트레스 요인의 설명으로 옳지 않은 것은?

① 역할 모호성이 클수록 스트레스가 크다.
② 역할 부하가 적을수록 스트레스가 적다.
③ 조직의 중간에 위치라는 중간관리자 등은 역할갈등에 노출되기 쉽다.
④ 역할 과부하는 직무요구가 능력을 초과하는 경우의 스트레스 요인이다.

해설
- 역할 부하가 적다고 스트레스가 작은 것은 아니다. 능력대비 역할이 과소할 경우에도 스트레스는 발생한다.
- **역할 관련 스트레스 요인**
  - 역할 모호성이 클수록 스트레스가 크다.
  - 역할 부하가 적거나 많을 경우 스트레스는 발생한다.
  - 조직의 중간에 위치라는 중간관리자 등은 역할갈등에 노출되기 쉽다.
  - 역할 과부하는 직무요구가 능력을 초과하는 경우의 스트레스 요인이다.

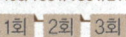

58 Repetitive Learning 1회 2회 3회

인간의 불안전행동을 예방하기 위해 Harvey에 의해 제안된 안전대책의 3E에 해당하지 않는 것은?

① Education
② Enforcement
③ Engineering
④ Environment

해설
- 하베이의 안전시정책은 교육(Education)적, 기술(Engineering)적, 관리(Enforcement)적 대책으로 구성된다.
- **하베이(Harvey)의 안전대책 선정의 원칙 3E**

교육(Education)적 대책	안전교육 및 훈련 대책
기술(Engineering)적 대책	시설 장비 및 기준의 개선 대책
관리(Enforcement)적 대책	안전 감독의 철저 등의 대책

59

매슬로우(Maslow)의 욕구위계설에서 제시한 인간 욕구들을 낮은 단계부터 높은 단계의 순서로 바르게 나열한 것은?

① 생리적 욕구 → 안전 욕구 → 사회적 욕구 → 존경 욕구 → 자아실현의 욕구
② 안전 욕구 → 생리적 욕구 → 사회적 욕구 → 존경 욕구 → 자아실현의 욕구
③ 생리적 욕구 → 사회적 욕구 → 존경 욕구 → 자아실현의 욕구 → 안전 욕구
④ 생리적 욕구 → 사회적 욕구 → 안전 욕구 → 존경 욕구 → 자아실현의 욕구

해설
- 매슬로우의 욕구위계설은 1단계 생리적 욕구에서부터 5단계 자아실현의 욕구까지 구성된다.
- **매슬로우(Maslow)의 욕구 5단계 이론**

1단계 생리적 욕구	기본적인 인간의 욕구(먹고, 자고, 숨쉬는 것)
2단계 안전에 대한 욕구	각종 위험으로부터 자기보존에 관한 안전욕구
3단계 사회적 욕구	친구와 가족 간의 관계로 대표되는 것으로 애정과 소속에 대한 욕구
4단계 존경의 욕구	자신 있고 강하고 무엇인가 진취적이며 유능한 쓸모 있는 사람으로 인식되기를 바라는 욕구
5단계 자아실현의 욕구	편견 없이 받아들이는 성향, 타인과의 거리를 유지하며 사생활을 즐기거나 창의적 성격으로 봉사, 특별히 좋아하는 사람과 긴밀한 관계를 유지하려는 인간의 욕구

60

리더십의 이론 중 경로-목표이론(path-goal theory)에서 리더 행동에 따른 4가지 범주의 설명으로 옳은 것은?

① 후원적 리더는 부하들의 욕구, 복지문제 및 안정, 온정에 관심을 기울이고, 친밀한 집단 분위기를 조성한다.
② 성취지향적 리더는 부하들과 정보자료를 많이 활용하여 부하들의 의견을 존중하여 의사결정에 반영한다.
③ 주도적 리더는 도전적 목표를 설정하고, 높은 수준의 수행을 강조하여 부하들이 그러한 목표를 달성할 수 있다는 자신감을 갖게 한다.
④ 참여적 리더는 부하들의 작업을 계획하고 조정하며 그들에게 기대하는 바가 무엇인지 알려주고 구체적인 작업지시를 하며 규칙과 절차를 따르도록 요구한다.

해설
- ②는 참여적 리더의 설명이다.
- ③은 성취지향적 리더의 설명이다.
- ④는 지시적 리더의 설명이다.
- **R. House의 경로-목표이론(path-goal theory)**
  ㉠ 리더십 유형
  - 지시적 리더 : 구체적인 작업지시를 하며 규칙과 절차를 따르도록 요구한다.
  - 후원적 리더 : 부하들의 욕구, 복지문제 및 안정, 온정에 관심을 기울이고, 친밀한 집단 분위기를 조성한다.
  - 참여적 리더 : 부하들과 정보자료를 많이 활용하여 부하들의 의견을 존중하여 의사결정에 반영한다.
  - 성취지향적 리더 : 도전적 목표를 설정하고, 높은 수준의 수행을 강조하여 부하들이 그러한 목표를 달성할 수 있다는 자신감을 갖게 한다.
  ㉡ 매개변수
  - 조직 구성원의 기대감

4과목 근골격계질환 예방을 위한 작업관리

61

위험작업의 관리적 개선에 속하지 않는 것은?

① 위험표지 부착
② 작업자의 교육 및 훈련
③ 작업자의 작업속도 조절
④ 작업자의 신체에 맞는 작업장 개선

해설
- ④는 위험요인의 제거 혹은 위험성의 직접적인 감소를 위해 작업장 여건을 개선하는 공학적 개선에 해당된다.
- **작업개선안 도출**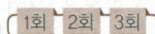
  - 가장 우선적이고 근본적인 문제해결책은 문제가 되는 작업을 제거하는 데 있다.
  - 1차적으로는 공학적 개선으로 위험요인의 제거 혹은 위험성의 직접적인 감소를 위해 작업장 여건을 개선한다.
  - 2차적으로는 관리적 개선으로 작업순환, 작업교대, 휴식시간 설계, 인원 보충 등 자원의 효율적인 분배와 관련된다.

공학적 개선안	• 작업자의 신체에 맞는 작업장 개선(작업공구 개선, 작업대 높이 조절, 중량물 운반 시 기계장치 사용, 단순반복 작업에 로봇 사용, 작업장 바닥 개선, 작업장 재배열) • 작업자세 및 작업방법 개선
관리적 개선안	• 작업순환, 작업교대 • 작업습관 변화 • 작업속도 조절 및 휴식시간 설계 • 인원 보충(추가 작업자 선발, 교육 및 훈련, 적성에 맞는 배치) • 위험표지 부착

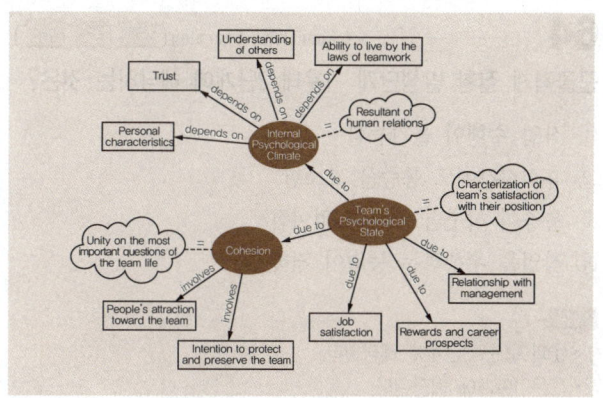

62 • Repetitive Learning 1회 2회 3회

작업관리에서 결과에 대한 원인을 파악할 목적의 문제분석 도구는?

① 브레인스토밍
② 공정도(process chart)
③ 마인드 맵핑(Mind mapping)
④ 특성요인도

해설

- ①은 타인의 의견을 바탕으로 자유롭게 발상하고 발언하며, 발언에 미숙한 사람도 참가하여 타인의 의견을 같은 수준에서 받아들여 아이디어를 내는 방법이다.
- ②는 공정 중에 발생하는 모든 작업, 검사, 운반, 저장 등의 과정을 자재나 작업자의 관점에서 흘러가는 순서에 따라 표시하는 도표로 공정분석에 이용된다.
- ③은 문제분석을 위한 기법 중 원과 직선을 이용하여 아이디어 문제, 개념 등을 개괄적으로 빠르게 설정할 수 있도록 도와주는 연역적 추론 기법이다.

특성요인도(Cause & Effect Diagram)
- 원인결과도라고도 불리며 결과를 일으킨 원인을 5~6개의 주요 원인에서 시작하여 세부원인으로 점진적으로 찾아가는 개선 활동 기법으로 브레인스토밍에 많이 사용된다.
- 어떤 결과에 영향을 미치는 크고 작은 요인들을 계통적으로 파악하기 위해 재해와 원인의 관계를 도표화하여 재해 발생 원인을 분석하는 작업분석 도구이다.

63 • Repetitive Learning 1회 2회 3회

NIOSH의 들기작업지침에 따른 중량물 취급작업에서 권장무게한계를 산정하는데 고려해야 할 변수로 옳지 않은 것은?

① 상체의 비틀림 각도
② 작업자의 평균보폭거리
③ 물체를 이동시킨 수직 이동거리
④ 작업자의 손과 물체 사이의 수직거리

해설

- RWL을 구할 때의 요소에는 수평계수, 수직계수, 거리계수, 비대칭성계수, 빈도계수, 결합계수 등이 필요하다.
- **수평계수와 수직계수, 거리계수**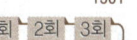
  ㉠ 수평계수(HM)
    • 하완의 길이가 25cm 이하이면 HM은 1이 된다.
    • 하완의 길이가 63를 초과하면 HM은 0이 된다(63cm는 체구가 작은 사람이 물체를 가장 멀리 잡고 있을 수 있는 수평거리이다).
  ㉡ 수직계수(VM)
    • 기준은 75cm로 이는 키 165cm인 사람이 가장 편안하게 팔을 늘어뜨렸을 때 손의 높이에 해당한다.
    • 0~175cm까지를 기준으로 75cm이면 VM은 1이며, 그보다 높거나 낮으면 VM은 1보다 작아지고, 수직거리가 175cm를 초과하면 VM은 0이 된다.
  ㉢ 거리계수(DM)
    • 물체를 수직 이동시킨 거리이다.
    • 25cm 이하이면 1이 된다.
    • 175cm 이상이면 0이 된다.

64
근골격계 질환 발생단계 가운데 2단계에 해당하는 것은?

① 작업 수행이 불가능함
② 휴식시간에도 통증을 호소함
③ 통증이 하룻밤 지나면 없어짐
④ 작업을 수행하는 능력이 저하됨

해설
- ①과 ②는 3단계에 해당된다.
- ③은 1단계에 해당된다.
- 근골격계 질환 발생단계
  - 1단계 : 작업 중 통증, 피로감, 하룻밤 지나면 없어지거나 며칠 동안 지속됨
  - 2단계 : 작업시작 부터 통증발생, 작업능력 감소, 몇 주나 몇 달 간 지속됨
  - 3단계 : 하루 종일 통증, 작업수행 불가능

65
손가락을 구부릴 때 힘줄의 굴곡운동에 장애를 주는 근골격계 질환의 명칭으로 옳은 것은?

① 회전근개 건염 ② 외상과염
③ 방아쇠 수지 ④ 내상과염

해설
- ②와 ④는 과다한 손목과 손가락 동작으로 팔꿈치 부위의 인대에 염증이 생김으로써 발생하는 증상이다.
- 방아쇠 수지(Trigger finger)
  - 손가락 내부에 손가락을 굽히는데 사용되는 굴곡건 조직에 염증이 생긴 질환이다.
  - 손가락을 펼 때 방아쇠를 당기는 듯한 저항감이 느껴진다.

66
워크 샘플링에 대한 장·단점으로 적합하지 않은 것은?

① 시간연구법보다 더 자세하다.
② 특별한 측정 장치가 필요 없다.
③ 관측이 순간적으로 이루어져 작업에 방해가 적다.
④ 자료수집이나 분석에 필요한 순수시간이 다른 시간연구 방법에 비하여 짧다.

해설
- ①에서 워크 샘플링은 시간연구법 등에 비해 정밀도가 떨어진다.
- 워크 샘플링(work sampling)
  - ⊙ 개요
    - 표본의 크기가 충분히 크다면 모집단의 분포와 일치한다는 통계적 이론에 근거한다.
    - 간헐적으로 랜덤한 시점에서 연구대상을 순간적으로 관측하여 대상이 처한 상황을 파악하고 이를 토대로 관측시간 동안에 나타난 항목별로 차지하는 비율을 추정하는 방법이다.
    - 조사기간을 길게 하여 평상시의 작업현황을 그대로 반영시킬 수 있어 사이클이 긴 작업에 주로 사용한다.
    - 확률이론인 이항분포를 따른다.
  - ⊙ 장점
    - 특별한 시간 측정 장비가 별도로 필요하지 않는 간단한 방법이다.
    - 관측이 순간적으로 이루어져 작업에 방해가 적다.
    - 한 사람의 평가자가 동시에 여러 작업을 측정할 수 있다.
    - 자료수집이나 분석에 필요한 순수시간이 다른 시간연구방법에 비하여 짧다.
    - 작업자가 의식적으로 행동하는 일이 적어 결과의 신뢰수준이 높다.
    - 샘플링오차는 관측횟수를 증가시킴으로써 감소될 수 있다.
  - ⊙ 단점
    - 작업 방법이 변화되는 경우에는 전체적인 연구를 새로 해야 한다.
    - 시간연구법 등에 비해 정밀도가 떨어진다.
    - 짧은 주기 및 반복작업에 부적합하다.

67
3시간 동안 작업 수행과정을 촬영하여 워크 샘플링 방법으로 200회를 샘플링한 결과 30번의 손목꺾임이 확인되었다. 이 작업의 시간당 손목꺾임 시간은?

① 6분 ② 9분
③ 18분 ④ 30분

해설
- 손목꺾임이 발생할 확률은 30/200=0.15이다.
- 시간당 손목꺾임 시간은 0.15×60분=9분이 된다.
- 워크 샘플링(work sampling)
  - ⊙ 개요
    - 표본의 크기가 충분히 크다면 모집단의 분포와 일치한다는 통계적 이론에 근거한다.

- 간헐적으로 랜덤한 시점에서 연구대상을 순간적으로 관측하여 대상이 처한 상황을 파악하고 이를 토대로 관측시간 동안에 나타난 항목별로 차지하는 비율을 추정하는 방법이다.
- 조사기간을 길게 하여 평상시의 작업현황을 그대로 반영시킬 수 있어 사이클이 긴 작업에 주로 사용한다.
- 확률이론인 이항분포를 따른다.

ⓒ 장점
- 특별한 시간 측정 장비가 별도로 필요하지 않는 간단한 방법이다.
- 관측이 순간적으로 이루어져 작업에 방해가 적다.
- 한 사람의 평가자가 동시에 여러 작업을 측정할 수 있다.
- 자료수집이나 분석에 필요한 순수시간이 다른 시간연구방법에 비하여 짧다.
- 작업자가 의식적으로 행동하는 일이 적어 결과의 신뢰수준이 높다.
- 샘플링오차는 관측횟수를 증가시킴으로써 감소될 수 있다.

ⓒ 단점
- 작업 방법이 변화되는 경우에는 전체적인 연구를 새로 해야 한다.
- 시간연구법 등에 비해 정밀도가 떨어진다.
- 짧은 주기 및 반복작업에 부적합하다.

68

동작경제의 원칙에 해당되지 않는 것은?

① 신체 사용에 관한 원칙
② 작업장의 배치에 관한 원칙
③ 제품과 공정별 배치에 관한 원칙
④ 공구 및 설비 디자인에 관한 원칙

해설
- 동작경제의 원칙은 신체사용의 원칙, 작업장 배치의 원칙, 공구 및 설비 디자인의 원칙으로 분류된다.

■ 동작경제의 원칙 실기 1903/2103/2203

㉠ 개요
- 작업자가 경제적인 동작을 통해 피로도를 감소시키면서도 능률을 향상시키게 하기 위한 원칙이다.
- 신체사용의 원칙, 작업장 배치의 원칙, 공구 및 설비 디자인의 원칙으로 분류된다.
- 동작을 가급적 조합하여 하나의 동작으로 한다.
- 동작의 수는 줄이고, 동작의 속도는 적당히 한다.

㉡ 신체사용의 원칙 실기 2301
- 두 손의 동작은 동시에 시작해서 동시에 끝나야 한다.
- 휴식시간을 제외하고는 양손을 같이 쉬게 해서는 안 된다.
- 손의 동작은 유연하고 연속적인 동작이어야 한다.

- 동작이 급작스럽게 크게 바뀌는 직선 동작은 피해야 한다.
- 두 팔의 동작은 동시에 서로 반대방향으로 대칭적으로 움직이도록 한다.
- 탄도동작(Ballistics Movements)은 제한되거나 통제된 동작보다 더 신속하고 정확하다.

ⓒ 작업장 배치의 원칙 실기 1303/1701/2001/2002/2303/2402
- 가능하다면 낙하식 운반 방법을 이용한다.
- 작업이 용이하도록 적절한 조명을 비추어 준다.
- 공구나 재료는 작업동작이 원활하게 수행하도록 그 위치를 정해준다.
- 공구, 재료 및 제어장치는 사용하기 가까운 곳에 배치해야 한다.

㉣ 공구 및 설비 디자인의 원칙 실기 1703
- 치구나 족답장치를 이용하여 양손이 다른 일을 할 수 있도록 한다.
- 공구의 기능을 결합하여 사용하도록 한다.
- 타자 칠 때와 같이 각 손가락이 서로 다른 작업을 할 때에는 작업량을 각 손가락의 능력에 맞게 배분해야 한다.

69

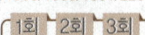

근골격계 질환 예방대책으로 옳지 않은 것은?

① 단순 반복 작업은 기계를 사용한다.
② 작업순환(Job Rotation)을 실시한다.
③ 작업방법과 작업공간을 인간공학적으로 설계한다.
④ 작업속도와 작업강도를 점진적으로 강화한다.

해설
- 작업속도와 강도를 점진적으로 강화하더라도 근골격계 질환을 피할 수는 없다. 예방대책으로 알맞지 않다.

■ 근골격계 질환의 사전예방을 위한 적합한 관리대책
- 충분한 휴식시간의 제공과 스트레칭 프로그램의 도입
- 적절한 공구의 사용 및 올바른 작업방법에 대한 작업자 교육
- 작업자의 신체적 특성과 작업내용을 고려한 작업장 구조의 인간공학적 개선
- 적합한 노동강도에 대한 평가
- 공학적 개선과 관리적 개선을 통한 작업환경 개선
- 예방이 최선의 정책이므로 질환 예방을 위한 최선의 노력
- 작업순환(Job Rotation)과 작업 확대를 통하여 한 작업자가 할 수 있는 일의 다양성 확보

70

다음의 동작 중 주머니로 운반, 다시잡기, 볼펜회전은 동시에 수행되는 결합동작이다. 주머니로 운반의 시간은 15.2TMU, 다시잡기는 5.6TMU, 볼펜회전은 4.1TMU일 때 다음의 왼손작업 정미시간(Normal time)은 얼마인가?

왼손작업	동작	TMU	동작	오른손작업
볼펜잡기	G3	5.6	RL1	볼펜놓기
주머니로 운반	M12C	15.2		
다시잡기	G2	5.6		
볼펜회전	T60S	4.1		
주머니에 넣기	P1SE	5.6		

① 11.2TMU
② 26.4TMU
③ 32.0TMU
④ 36.1TMU

해설
- 왼손작업 5단계 중 2단계, 3단계, 4단계는 동시에 수행되는 결합동작이므로 이의 가장 긴 시간인 주머니로 운반에 해당하는 15.2TMU가 소요된다.
- 왼손작업의 정미시간은 볼펜잡기(5.6)+동시작업(15.2)+주머니에 넣기(5.6)이므로 26.4TMU가 된다.

∷ TMU(Time Measurement Unit) 실기 1703
- MTM에서 사용하는 시간의 단위이다.
- 1TMU는 0.036초$\left(\dfrac{1}{100,000}$시간$\right)$을 의미한다.

71

어느 작업시간의 관측평균시간이 1.2분, 레이팅 계수가 110%, 여유율이 25%일 때 외경법에 의한 개당 표준시간은 얼마인가?

① 1.32분
② 1.50분
③ 1.53분
④ 1.65분

해설
- 정미시간은 1.2분×110%=1.32분이다.
- 외경법으로 표준시간=1.32×(1+0.25)=1.65분이 된다.

∷ 표준시간 실기 1501/1503/1603/1703/2002/2003/2103/2402/2403
  ㉠ 개요
- 8시간의 정상작업을 기준으로 하여 일정한 작업조건에서 일정한 방법에 따라 보통 정도의 작업자가 정상적인 속도로 작업을 수행하는데 걸리는 시간을 말한다.
- 표준시간 측정에 사용하는 DM(decimal minute)은 1DM이 0.6초이다.
- 표준시간은 정미시간+여유시간으로 구한다.
- 정미시간은 관측시간의 평균치×R(레이팅 계수)로 구한다.
- 객관적 레이팅에서의 표준시간=관측 평균시간×(1차 평가계수)×(1+2차 조정계수)×(1+여유율)로 구한다.
- 외경법의 경우 표준시간=정미시간×(1+여유율)로 구한다.
- 내경법의 경우 표준시간=정미시간/(1−여유율)로 구한다.
  ㉡ 여유율
- 외경법은 작업여유율=여유시간/정미시간(근무시간−여유시간)을 적용한다.
- 내경법은 근무여유율=여유시간/근무시간(정미시간+여유시간)을 적용한다.

72

설비의 배치 방법 중 공정별 배치의 특성에 대한 설명으로 틀린 것은?

① 작업 할당에 융통성이 있다.
② 운반거리가 직선적이며 짧아진다.
③ 작업자가 다루는 품목의 종류가 다양하다.
④ 설비의 보전이 용이하고 가동률이 높기 때문에 자본투자가 적다.

해설
- ②는 제품별 배치의 특징에 해당한다.

∷ 공정별 배치
- 작업 할당에 융통성이 있다.
- 전문적인 작업지도가 용이하다.
- 작업자가 다루는 품목의 종류가 다양하다.
- 설비의 보전이 용이하고 가동률이 높기 때문에 자본투자가 적다.

73

작업구분을 큰 것에서부터 작은 것 순으로 나열한 것은?

① 공정 → 단위작업 → 요소작업 → 동작요소 → 서블릭
② 공정 → 요소작업 → 단위작업 → 사어블릭 → 동작요소
③ 공정 → 단위작업 → 동작요소 → 요소작업 → 서블릭
④ 공정 → 단위작업 → 요소작업 → 서블릭 → 동작요소

해설
- 작업은 공정 → 단위작업 → 요소작업 → 동작요소 → 서블릭 순으로 구분된다.

동작분석

㉠ 개요
- 서블릭 분석, 필름/비디오 분석, 작업측정기법을 이용하는 PTS법이 이에 해당된다.
- 작업과정에서 무리·낭비·불합리한 동작을 제거, 최선의 작업방법으로 개선하는 것이 목표이다.
- 작업을 분해 가능한 세밀한 단위로 분석하고 각 단위의 변이를 측정하여 표준작업방법을 알아내기 위한 연구이다.
- 작업은 공정 → 단위작업 → 요소작업 → 동작요소 → 서블릭 순으로 구분된다.
- SIMO chart는 미세동작연구인 동시에 동작 사이클차트로 이상적 작업동작 습득에 시간은 짧게 걸리나 부정확한 단점을 갖는다.

㉡ 미세동작분석
- 미세동작분석은 작업주기가 짧은 작업, 규칙적인 작업주기 시간, 단기적 작업을 대상으로 자세하게 촬영하여 분석하므로 비용이 많이 드는 분석방법이다.
- 미세동작연구를 할 때에는 가능하면 작업방법이 숙련된 작업자를 대상으로 한다.
- 미세동작연구실에서는 작업수행도가 월등히 뛰어난 작업사이클을 대상으로 한다.

74
시계 조립과 같이 정밀한 작업을 위한 작업대의 높이로 가장 적절한 것은?

① 팔꿈치 높이로 한다.
② 팔꿈치 높이보다 5~15cm 낮게 한다.
③ 팔꿈치 높이보다 5~15cm 높게 한다.
④ 작업면과 눈의 거리가 30cm 정도 되도록 한다.

해설
- 정밀작업의 경우 팔꿈치 높이보다 약간(5~15cm) 높게 한다.

서서하는 작업대 높이
- 서서하는 작업대의 높이는 높낮이 조절이 가능하여야 하며, 작업대의 높이는 팔꿈치를 기준으로 한다.
- 정밀작업의 경우 팔꿈치 높이보다 약간(5~15cm) 높게 한다.
- 경작업의 경우 팔꿈치 높이보다 5~10cm 낮게 한다.
- 중작업의 경우 팔꿈치 높이보다 10~30cm 낮게 한다.
- 정밀한 작업이나 장기간 수행하여야 하는 작업은 좌식 작업대가 바람직하다.

75
유해요인 조사 방법 중 OWAS(Ovako Working Posture Analysis System)에 관한 설명으로 옳지 않은 것은?

① OWAS의 작업자세 수준은 4단계로 분류된다.
② OWAS는 작업자세로 인한 부하를 평가하는 데 초점이 맞추어져 있다.
③ OWAS는 신체 부위의 자세뿐만 아니라 중량물의 사용도 고려하여 평가한다.
④ OWAS는 작업자세를 허리, 팔, 손목으로 구분하여 각 부위의 자세를 코드로 표현한다.

해설
- ④에서 작업자세를 상지, 하지, 허리로 구분하고 하중을 추가하여 평가한다.

OWAS(Ovako Working Posture Analysis System)
- 관찰에 의해서 작업자세를 평가할 수 있다.
- 작업자세로 인한 부하를 평가하는 데 초점이 맞추어져 있다.
- 신체 부위의 자세뿐만 아니라 중량물의 사용도 고려하여 평가한다.
- 작업자세를 단순화하여 세밀한 분석에 어려움이 있다.
- 현장에서 기록 및 해석의 용이함 때문에 많은 작업장에서 작업자세를 평가한다.
- 정밀한 작업 자세를 평가하기 어렵다.
- 작업자세 측정 간격은 작업의 특성에 따라 달라질 수 있다.
- 작업자세를 상지, 하지, 허리로 구분하고 하중을 추가하여 평가한다.
- 작업자세 수준은 4단계로 분류된다.
- 수준 1은 문제가 없는 작업, 수준 2는 근 시일 내에 추가적인 조사와 자세의 교정이 필요한 작업, 수준 3은 가능한 조기에 개선이 필요한 사업, 수준 4는 즉시 개선이 필요한 작업을 의미한다.

76
산업안전보건법령상 근로자가 근골격계 부담작업을 하는 경우 유해요인조사의 실시주기는?(단, 신설되는 사업장은 제외한다)

① 6개월 ② 1년
③ 2년 ④ 3년

해설
- 산업안전보건법령상 사업주는 근로자가 근골격계 부담작업을 하는 경우에 3년마다 유해요인 조사를 하여야 한다.

정답 | 74 ③ 75 ④ 76 ④

유해요인 조사

㉠ 개요
- 산업안전보건법령상 사업주는 근로자가 근골격계 부담작업을 하는 경우에 3년마다 유해요인 조사를 하여야 한다.
- 신설되는 사업장의 경우에는 1년 이내에 최초의 유해요인 조사를 하여야 한다.

㉡ 1개월 이내(수시) 조사해야 하는 경우 실기 1401/1701/1901/2401
- 임시건강진단 등에서 근골격계 질환자가 발생하였거나 근로자가 근골격계 질환으로 업무상 질병으로 인정받은 경우(근골격계 부담작업이 아닌 작업에서 근골격계 질환자가 발생하였거나 근골격계 부담작업이 아닌 작업에서 발생한 근골격계 질환에 대해 업무상 질병으로 인정받은 경우를 포함한다)
- 근골격계 부담작업에 해당하는 새로운 작업·설비를 도입한 경우
- 근골격계 부담작업에 해당하는 업무의 양과 작업공정 등 작업환경을 변경한 경우

---

77 Repetitive Learning 1회 2회 3회

다음의 설명에 적합한 서블릭 용어는?

> 다음에 진행할 동작을 위하여 대상물을 정해진 장소에 놓는 동작

① 바로 놓기 ② 놓기
③ 미리 놓기 ④ 운반

해설
- 다음 작업을 위해 대상물을 정해진 위치에 놓는 동작은 미리놓기(PP)가 된다.

❖ 서블릭(Therblig) 실기 1303/2001/2003/2201/2203/2301
- 동작 단위 중 손의 움직임과 관련된 동작을 분석하기 위해 만든 개념이다.
- 길브레스(Gilbreth) 부부가 제안한 것으로 그들의 성을 거꾸로 해서 만든 것이다.
- 작업 시 동작분석과정에서 시간은 스톱워치로 측정한다.
- 카메라 분석을 통하여 파악할 수 있다.
- 18개의 동작 중 17가지만 기호로 이용된다.

효율적 서블릭	• 기본동작 : 빈손이동(TE), 쥐기(G), 운반(TL), 내려놓기(RL), 미리놓기(PP) • 동작목적 : 조립(A), 사용(U), 분해(DA)
비효율적 서블릭	• (반)정신적 : 찾기(SH), 고르기(ST), 검사(I), 바로놓기(P), 계획(Pn) • 정체 : 휴식(R), 피할 수 있는 지연(AD), 잡고있기(H), 불가피한 지연(UD)

---

78 Repetitive Learning 1회 2회 3회

표준시간의 산정 방법과 구체적인 측정기법의 연결이 옳지 않은 것은?

① 시간연구법-스톱워치법
② PTS법-MTM법, Work factor법
③ 워크 샘플링법-직접 관찰법
④ 실적자료법-전자식 자료 집적기

해설
- ④는 시간연구법 중 과거 자료 및 경험(실적)을 통해 시간을 연구하는 방법으로 전자식 자료 집적기와 관련이 없다.

❖ 작업측정기법의 분류 실기 1901/2203/2403

스톱워치법 (시간연구법)		단위작업 혹은 요소작업들을 나눠 스톱워치로 시간을 측정하는 방법
워크 샘플링(WS)법		작업주기가 길거나 활동내용이 일정하지 않은 비반복적인 작업을 측정하는 데 적합하며, 표본이론의 응용과 무작위 표본추출의 이론을 적용한 통계적 표준시간 측정 기법(직접 관찰법)
합성법/ 표준자료법		작업요소별로 측정된 작업시간 데이터베이스의 합성을 통해 정상시간을 구하는 방법
PTS	W/F	신체 동작의 난이도에 따라 다른 개수의 작업요인(work factor)를 부여하는 방법
	MTM	작업을 여러 개의 기본동작으로 나누고 동작별 성질과 조건에 따라 시간치를 부여하는 방법

---

79 Repetitive Learning 1회 2회 3회

상세한 작업 분석의 도구로 적합하지 않은 것은?

① 서블릭(therblig)   ② 파레토 차트
③ 다중활동분석표   ④ 작업자 공정도

해설
- ②의 파레토 차트(Pareto chart)는 문제의 인자를 파악하고 그것들이 차지하는 비율을 누적분포의 형태로 표현하는 문제분석도구로 상세한 작업 분석에 이용하기는 어렵다.

❖ 동작분석(상세한 작업분석)을 통한 작업방법 개선 도구
- 작업자 공정도 : 생산의 각 단계를 세부적으로 표시
- 사이클 그래프 분석 : 작업자 동작분석을 위해 신체 곳곳에 램프를 달고 주위를 어둡게 한 후 스틸카메라로 장시간 촬영하여 분석하는 방법
- 서블릭(Therblig) 분석 : 작업 중 작업자의 동작분석 도구
- 다중활동분석표 : 복수의 작업자 및 기계들이 이뤄지는 작업부문에서 생산주체 상호간의 관련성을 분석하는 도구
- SIMO chart : 17가지 서블릭을 이용하여 좀 더 상세하게 작업내용을 분석하고 시간까지 도시한 도구이다.

77 ③ 78 ④ 79 ②

80

공정도에 관한 설명으로 옳지 않은 것은?

① 작업을 기본적인 동작요소로 나눈다.
② 부품의 이동을 확인할 수 있다.
③ 역류 현상을 점검할 수 있다.
④ 작업과 검사 과정을 표시할 수 있다.

해설
- ①에서 작업을 기본적인 동작요소가 아닌 공정요소로 나눈다.

■ 공정도
- 작업을 기본적인 공정요소로 나눈다.
- 부품의 이동을 확인할 수 있다.
- 역류 현상을 점검할 수 있다.
- 작업과 검사 과정을 표시할 수 있다.
- 대상의 주체를 도시기호(圖示記號)로 나타낸다.
- 대상을 4 또는 5요소로 나누어 분석한다.
- 대상을 보다 상세히 전문적 분야에서 분석한다.

정답 80 ①

2020년 제1회

2020년 6월 6일

20년 1회차 필기시험 합격률 69.1%

1과목 인간공학개론

01

회전운동을 하는 조종창치의 레버를 20° 움직였을 때 표시장치의 커서는 2cm 이동하였다. 레버의 길이가 15cm일 때 이 조종장치의 C/R비는 약 얼마인가?

① 2.62
② 5.24
③ 8.33
④ 10.48

해설

- 회전 조종구의 C/D비 = $\dfrac{2 \times \pi(3.14) \times r(반지름) \times \left(\dfrac{각도}{360}\right)}{표시계기의 변위량}$ 으로 구한다.
- 레버를 20°, 표시장치는 2cm, 레버의 길이가 15cm이므로 반지름도 15cm이므로 대입하면 C/D비는 $\dfrac{2 \times 3.14 \times 15 \times \left(\dfrac{20}{360}\right)}{2} = 2.6166$ …이다.

❖ 통제표시비 : C/D(C/R)비 실기 1301/1403/1501/1503/1601/1701/1803/1901/2002/2003/2101/2103/2203/2301/2303/2401

㉠ 개요
- 통제장치의 변위량과 표시장치의 변위량과의 관계를 나타낸 비율로 C/D비, 조종과 반응의 비라고 하여 C/R비라고도 한다.
- C/D = $\dfrac{통제기기의 변위량}{표시계기의 변위량}$ 으로 구한다.
- 회전 조종구의 C/D비

  = $\dfrac{2 \times \pi(3.14) \times r(반지름) \times \left(\dfrac{각도}{360}\right)}{표시계기의 변위량}$ 으로 구한다.

㉡ 특징
- C/R비가 작아진다는 것은 민감한 장치화 되어 조종시간=제어시간이 길어지지만 수행시간이 짧아진다는 의미이다.
- C/R비가 크다는 것은 미세한 조종은 쉽지만 수행시간은 상대적으로 길다.
- 통제기기 시스템에서 발생하는 조작시간의 지연은 직접적으로 통제표시비가 가장 크게 작용하고 있다.

02

정보에 관한 설명으로 옳은 것은?

① 대안의 수가 늘어나면 정보량은 감소한다.
② 선택반응시간은 선택대안의 개수에 선형으로 반비례한다.
③ 정보이론에서 정보란 불확실성의 감소라 정의할 수 있다.
④ 실현 가능성이 동일한 대안이 2개일 경우 정보량은 2bit 이다.

해설

- ①에서 대안의 수가 늘어나면 정보량도 증가한다.
- ②에서 선택반응시간은 선택대안의 개수에 $\log_2$에 비례하여 증가한다.
- ④에서 실현 가능성이 동일한 대안이 2개일 경우 정보량은 1bit이다.

❖ 정보이론
- 정량적으로 측정할 수 있으며, 정보의 측정 단위는 bit를 사용한다.
- 두 대안의 실현 확률이 동일할 때 총 정보량이 가장 크다.
- 1 bit란 실현 가능성이 같은 2개의 대안 중 결정에 필요한 정보량이다.
- 정보이론에서 정보란 불확실성의 감소라 정의할 수 있다.

03

인간-기계 시스템에서의 기본적인 기능으로 볼 수 없는 것은?

① 정보의 수용 ② 정보의 생성
③ 정보의 저장 ④ 정보처리 및 결정

해설

- 인간-기계 체계의 기본기능에는 감지기능, 정보처리 및 의사결정기능, 행동기능, 정보보관기능(4대 기능), 출력기능 등이 있다.

❖ 인간-기계 체계

㉠ 개요
- 인간-기계 체계의 주목적은 안전의 최대화와 능률의 극대화에 있다.
- 인간-기계 체계의 기본기능에는 감지기능, 정보처리 및 의사결정기능, 행동기능, 정보보관기능(4대 기능), 출력기능 등이 있다.

㉡ 인간-기계 시스템의 5대 기능

감지기능	인체의 눈과 기계의 표시장치와 같은 감지기능
정보처리 및 의사결정기능	회상, 인식, 정리 등을 통한 정보처리 및 의사결정 기능
행동기능	정보처리의 결과로 발생하는 조작행위(음성 등)
정보보관기능	정보의 저장 및 보관기능으로 위 3가지 기능 모두와 상호작용을 한다.
출력기능	시스템에서 의사 결정된 사항을 실행에 옮기는 과정

04

신호 검출 이론(signal detection theory)에서 판정기준을 나타내는 우도비(likelihood ratio) β와 민감도(sensitivity) d에 대한 설명으로 옳은 것은?

① β가 클수록 보수적이고, d가 클수록 민감함을 나타낸다.
② β가 클수록 보수적이고, d가 클수록 둔감함을 나타낸다.
③ β가 작을수록 보수적이고, d가 클수록 민감함을 나타낸다.
④ β가 작을수록 보수적이고, d가 클수록 둔감함을 나타낸다.

해설

- 판정 기준은 β(신호/노이즈)이며, $\beta>1$이며 보수적이고, $\beta<1$이면 자유적이며, d가 클수록 민감하다.

❖ 신호검출이론(Signal Detection Theory) 실기 1501/1503/1701/2001/2002/2003/2103/2303/2403

㉠ 개요
- 불확실한 상황에서 선택하게 하는 방법으로 신호의 탐지는 관찰자의 반응편향과 민감도에 달려있다고 주장하는 이론이다.
- 일반적으로 신호 검출 시 이를 간섭하는 소음이 있고, 신호와 소음을 쉽게 식별할 수 없는 상황에 신호검출이론이 적용된다.
- 긍정(Hit), 허위(False alarm), 누락(Miss), 부정(Correct rejection)의 네 가지 결과로 나눌 수 있다.
- 허위(False alarm)는 소음을 신호로, 누락(Miss)은 신호를 소음으로 판단한 결과이다.
- 신호검출이론은 품질관리, 통신이론, 의학처방 및 심리학, 법정에서의 판정 등 다양하게 활용되고 있다.

㉡ 반응편향 β
- 반응편향 $\beta = \dfrac{\text{신호의 길이}}{\text{소음의 길이}}$로 구한다.
- 신호에 의한 반응이 선형인 경우 판별력은 좋아진다.
- 신호검출이론에서 두 개의 정규분포 곡선이 교차하는 부분에 있는 기준점 β는 신호의 길이와 소음의 길이가 같으므로 1의 값을 가진다.
- 판정 기준은 β(신호/노이즈)이며, $\beta>1$이며 보수적이고, $\beta<1$이면 자유적이다

㉢ 민감도
- 민감도가 클수록 신호를 구분하기 쉽다.
- 잡음이 많을수록, 신호가 약하거나 분명하지 않을수록 d값은 작아진다.
- 민감도를 늘리기 위해서는 교육 훈련, 결과의 피드백, 신호의 비신호의 구별성 증가 등의 조치를 한다.

05

다음 피부의 감각기 중 감수성이 제일 높은 것은?

① 온각 ② 통각
③ 압각 ④ 냉각

해설

- 가장 많은 감각기를 보유한 통각이 감수성이 제일 높다.

❖ 피부 감각의 종류
- 촉각(압각) : 촉각은 메르켈 소체, 마이스너 소체, 압각은 파치니 소체가 담당한다.

정답 03 ② 04 ① 05 ②

- 온도감각(온각, 냉각) : 온각은 **루피니** 소체, 냉각은 크라우제 소체가 담당한다.
- 고통감각 : 감수성이 가장 높다. 신경말단에서 자극을 수용하며 감각기 중 가장 많이 분포한다.

06

인간공학의 개념과 가장 거리가 먼 것은?

① 효율성 제고 ② 심미성 제고
③ 안전성 제고 ④ 편리성 제고

해설
- ②의 심미성은 제품의 색상이나 디자인, 외관의 미적기능을 말하는데 인간공학과 심미성은 거리가 멀다.

❖ 인간공학(Ergonomics)
  ㉠ 개요
  - "Ergon(작업)+nomos(법칙)+ics(학문)"이 조합된 단어로 Human factors, Human engineering이라고도 한다.
  - 인간의 특성과 한계 능력을 공학적으로 분석, 평가하여 이를 복잡한 체계의 설계에 응용함으로 효율을 최대로 활용할 수 있도록 하는 학문분야이다.
  - 인간이 사용하는 물건, 설비, 환경의 설계에 인간의 생리적, 심리적인 면에서의 특성이나 한계점을 고려함으로써 인간-기계 시스템의 안전성과 편리성, 효율성을 높이는 학문분야이다.
  ㉡ 적용분야
  - 제품설계
  - 장비·공구·설비의 배치
  - 재해·질병 예방
  - 작업장 내 조사 및 연구

07

인체 측정자료의 응용 시 평균치 설계에 관한 내용으로 옳지 않은 것은?

① 최소, 최대 집단값이 사용 불가능한 경우에 사용된다.
② 인체측정학적면인 면에서 보면 모든 부분에서 평균인 인간은 없다.
③ 은행 창구의 접수대는 평균값을 기준으로 한 설계의 좋은 예이다.
④ 일반적으로 평균치를 이용한 설계에는 보통 집단 특성치의 5%에서 95%까지의 범위가 사용된다.

해설
- 측정자료의 5%tile이나 95%tile 값을 적용하기 어려운 경우 평균치를 이용한 설계 원리를 적용한다.

❖ 인체측정자료의 응용 및 설계 종류 실기 2002/2101/2302/2402

조절식 설계	• 최초에 고려하는 원칙으로 어떤 자료의 인체이든 그에 맞게 조절가능식으로 설계하는 것 • 최대치나 최소치를 사용하는 것이 기술적으로 어려울 경우 활용
극단치 설계	• 모든 인체를 대상으로 수용 가능할 수 있도록 제일 작은, 혹은 제일 큰 사람을 기준으로 설계하는 원칙 • 5백분위수 등이 대표적이다.
평균치 설계	• 다른 기준의 적용이 어려울 경우 최종적으로 적용하는 기준으로 평균적인 자료를 활용해 범용성을 갖는 설계원칙 • 은행창구, 슈퍼마켓 계산대 등에 사용된다.

08

정량적인 표시장치에 대한 설명으로 옳은 것은?

① 표시장치 설계 시 끝이 둥근 지침이 권장된다.
② 계수형 표시장치의 기본형태는 지침이 고정되고 눈금이 움직이는 형이다.
③ 동침형 표시장치는 인식적 암시 신호를 나타내는데 적합하다.
④ 눈금이 고정되고 지침이 움직이는 표시장치를 동목형 표시장치라 한다.

해설
- ①에서 표시장치의 끝은 뾰쪽한 지침이 권장된다.
- ②에서 계수형 표시장치는 양을 전자적인 숫자 값으로 표시한다.
- ④는 정목 동침형 표시장치에 대한 설명이다.

❖ 정량적(동적) 표시장치 실기 2301

정목 동침형	아날로그	• 눈금이 고정되고 지침이 움직이는 방식이다. 미세한 조정이나 움직임이 가능하다. • 인식적 암시 신호를 나타내는데 적합하다.
정침 동목형		• 지침이 고정되고 눈금이 움직이는 방식이다. 표시장치의 면적을 최소화할 수 있다. • 표현 값의 범위가 클 때 유리하다.
계수형	디지털	• 양을 전자적인 숫자 값으로 표시하는 방식이다. 정확성이 높다. • 전력계 등에서 많이 사용된다.

09

음량수준(phon)이 80인 순음의 sone 치는 얼마인가?

① 4
② 8
③ 16
④ 32

해설

- 80 phon에 해당하는 sone 값은 $\frac{2^{80-40}}{10} = 2^4 = 16$이 된다.

:: sone 값
- 인간이 청각으로 느끼는 소리의 크기를 측정하는 척도 중 하나이다.
- 기준 음에 비해서 몇 배의 크기를 갖느냐는 음의 sone값이 결정한다.
- 1 sone은 40dB의 1,000Hz 순음의 크기로 40phon의 값을 의미한다.
- phon의 값이 주어질 때 sone = $2^{\frac{phon-40}{10}}$ 으로 구한다.

10

다음 눈의 구조 중 빛이 도달하여 초점이 가장 선명하게 맺히는 부위는?

① 동공
② 홍채
③ 황반
④ 수정체

해설

- ①과 ②는 빛의 양을 조절하는 역할을 한다.
- ④는 빛이 통과될 때 빛을 모아주어 망막에 상이 맺히도록 한다.

:: 눈의 구조와 기능
- 망막: 카메라의 필름처럼 상이 맺혀지는 곳이다.
- 황반: 망막에서 빛에 가장 예민한 부분으로 빛이 도달하여 초점이 가장 선명하게 맺히는 부위이다.
- 수정체: 눈 안쪽의 양면이 볼록한 렌즈 형태의 투명한 조직이다. 안경을 통해서 수정체의 기능을 보조받는다.
- 홍채: 동공을 둘러싼 부분으로 눈에 들어오는 빛의 양을 조절한다.
- 동공: 홍채 중심의 검은 부분으로 빛의 양을 조절한다.
- 각막: 눈의 앞부분에 자리한 투명한 구조로 망막에 빛의 초점을 만들어 내는 부위이다.

11

시감각 체계에 관한 설명으로 옳지 않은 것은?

① 동공은 조도가 낮을 때는 많은 빛을 통과시키기 위해 확대된다.
② 1디옵터는 1m 거리에 있는 물체를 보기 위해 요구되는 조절능이다.
③ 망막의 표면에는 빛을 감지하는 광수용기인 원추체와 간상체가 분포되어 있다.
④ 안구의 수정체는 공막에 정확한 이미지가 맺히도록 형태를 스스로 조절하는 일을 담당한다.

해설

- 안구의 수정체는 연결된 모양체근의 긴장과 수축을 통해서 형태가 조절된다.

:: 수정체 실기 1701/1903/2203
- 눈 안쪽의 양면이 볼록한 렌즈 형태의 투명한 조직을 말한다.
- 빛이 통과될 때 빛을 모아주어 망막에 상이 맺히도록 하며, 초점을 맞추기 위해 수정체의 두께를 조절한다.
- 연결된 모양체근이 이완하면 수정체가 얇아져 먼 곳을 볼 수 있다.
- 연결된 모양체근이 수축하면 수정체가 볼록해져 가까운 곳을 볼 수 있다.
- 망막의 표면에는 빛을 감지하는 광수용기인 원추체(색 구별)와 간상체(흑백의 음영 구별)가 분포되어 있다.

12

정적 인체 측정 자료를 동적 자료로 변환할 때 활용될 수 있는 크로머(Kroemer)의 경험 법칙을 설명한 것으로 옳지 않은 것은?

① 키, 눈, 어깨, 엉덩이 등의 높이는 3% 정도 줄어든다.
② 팔꿈치 높이는 대개 변화가 없지만, 작업 중 5% 까지 증가하는 경우가 있다.
③ 앉은 무릎 높이 또는 오금 높이는 굽 높은 구두를 신지 않는 한 변화가 없다.
④ 전방 및 측방 팔길이는 편안한 자세에서 30% 정도 늘어나고, 어깨와 몸통을 심하게 돌리면 20% 정도 감소한다.

해설
- ④에서 전방 및 측방 팔길이는 편안한 자세에서 30% 정도 줄어들고, 어깨와 몸통을 심하게 돌리면 20% 정도 증가한다.

∷ 크로머(Kroemer)의 경험 법칙
- 정적 인체 측정 자료를 동적 자료로 변환할 때 활용될 수 있는 방법이다.
- 키, 눈, 어깨, 엉덩이 등의 높이는 3% 정도 줄어든다.
- 팔꿈치 높이는 대개 변화가 없지만, 작업 중 5%까지 증가하는 경우가 있다.
- 앉은 무릎 높이 또는 오금 높이는 굽 높은 구두를 신지 않는 한 변화가 없다.
- 전방 및 측방 팔길이는 편안한 자세에서 30% 정도 줄어들고, 어깨와 몸통을 심하게 돌리면 20% 정도 증가한다.

13 ▶ Repetitive Learning 1회 2회 3회

청각을 이용한 경계 및 경보 신호의 설계에 관한 내용으로 옳지 않은 것은?

① 500~3,000Hz의 진동수를 사용한다.
② 장거리용으로는 1,000Hz 이하의 진동수를 사용한다.
③ 신호가 칸막이를 통과해야 할 때는 500Hz 이상의 진동수를 사용한다.
④ 주의를 끌기 위해서 초당 1~3번 오르내리는 변조된 신호를 사용한다.

해설
- 칸막이를 통과하는 신호는 500Hz 이하의 진동수를 사용한다.

∷ 청각
- 음의 높고 낮은 감각은 음의 주파수에 해당한다.
- 일반적으로 음이 한 옥타브 높아지면 진동수는 2배 높아진다.
- 귀는 중음역에 가장 민감하므로 500~3,000Hz의 진동수를 사용한다.
- JND(Just Noticeable Difference)가 작을수록 차원의 변화를 쉽게 검출할 수 있다.
- 귀는 음에 대하여 즉각적으로 반응하지 못하며, 순음의 경우는 최소 0.3초 이상 지속되어야 반응이 가능하다.
- 최소 33Hz 이상의 차이가 있어야 울림이 들리지 않고 두 개의 음으로 구분해서 들을 수 있다.
- 300m 이상 멀리 보내는 신호는 1,000Hz 이하의 낮은 주파수를 사용한다.
- 칸막이를 통과하는 신호는 500Hz 이하의 진동수를 사용한다.

14 ▶ Repetitive Learning 1회 2회 3회

사람이 일정한 시간에 두 가지 이상의 작업을 처리할 수 있도록 하는 것을 무엇이라 하는가?

① 시배분(time sharing)
② 변화감지(variety sense)
③ 절대식별(absolute judgment)
④ 비교식별(comparative judgment)

해설
- ②는 자극 사이의 변화를 확인하는 것을 말한다.
- ③은 한 신호의 절대적 위치를 구분해 내는 것을 말한다.
- ④는 2가지 이상의 신호가 확인되었을 때 이를 구별하는 것을 말한다.

∷ 시배분(time-sharing)
- 사람이 일정한 시간에 두 가지 이상의 작업을 처리할 수 있도록 하는 것을 말한다.
- 의미 있고 적절한 가능성이 있는 정보가 여러 근원으로부터 동일한 감각경로나 둘 이상의 감각 경로를 통해 들어오는 것이다.
- 시배분이 요구되는 경우 인간의 작업능률은 떨어진다.
- 시배분 작업은 처리해야 하는 정보의 가지수와 속도에 의하여 영향을 받는다.
- 청각과 시각이 시배분 되는 경우에는 일반적으로 청각이 우월하다.

15 ▶ Repetitive Learning 1회 2회 3회

사용성 평가에 주로 사용되는 평가척도로 적합하지 않은 것은?

① 과제물 내용
② 에러의 빈도
③ 과제의 수행시간
④ 사용자의 주관적 만족도

해설
- ①은 사용성 평가와 거리가 멀다.

∷ 시스템의 사용성을 평가하기 위해 사용하는 기준(제이콥 닐슨(J. Nielsen)의 사용성 척도) 실기 1303/1401/1403/1501/2002/2003/2402
- 학습용이성 : 사용자가 응용프로그램을 배우기 쉬운지의 여부
- 유연성과 효율성 : 환경 변화에 적응하는지와 원하는 목적을 달성하는데 필요한 자원의 효율
- 기억용이성 : 사용자가 해당 목표 달성을 위해 정보를 얼마나 기억하는지
- 에러 빈도 및 정도 : 고장 발생확률이 얼마나 낮은지
- 피드백(오류예방) : 사용자 인터페이스에 대한 반응
- 도움말 및 설명 문서

- 심플하고 아름다운 디자인
- 일관성과 표준화
- 사용자 주도권과 자유도
- 실제 사용환경에 적합한 시스템

16

키를 측정할 때 체중계가 아닌 줄자를 이용하는 것처럼 연구조사 시 측정하고자 하는 바를 얼마나 정확하게 측정하였는가를 평가하는 척도는?

① 타당성(validity)
② 신뢰성(reliability)
③ 상관성(correlation)
④ 민감성(sensitivity)

해설
- ②는 반복해서 측정했을 때 같은 값이 나오는가를 평가하는 척도이다.
- ④는 기대되는 정밀도로 측정가능함을 의미하는 척도이다.
- 인간공학의 기준 척도에는 타당성, 무오염성, 신뢰성, 민감도, 실제성 등이 있다.

인간공학의 기준 척도

타당성 (적절성)	측정변수가 평가하고자 하는 바를 잘 반영해야 함
무오염성	측정변수가 다른 외적변수에 영향을 받지 않아야 함
신뢰성	비슷한 조건에서 일정 결과를 반복적으로 얻을 수 있어야 함
민감도	기대되는 정밀도로 측정 가능해야 함
실제성	현실성을 가지며, 실질적으로 이용하기 쉽다.

17

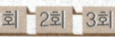

청각적 신호를 설계하는데 고려되어야 하는 원리 중 검출성(detectability)에 대한 설명으로 옳은 것은?

① 사용자에게 필요한 정보만을 제공한다.
② 동일한 신호는 항상 동일한 정보를 지정하도록 한다.
③ 사용자가 알고 있는 친숙한 신호의 차원과 코드를 선택한다.
④ 신호는 주어진 상황 하의 감지장치나 사람이 감지할 수 있어야 한다.

해설
- ①은 검약성에 대한 설명이다.
- ②는 불변성에 대한 설명이다.
- ③은 양립성에 대한 설명이다.

청각적 표시장치 설계 시 일반원리
- 청각적 표시장치 설계의 원리에는 양립성, 근사성, 분리성, 검약성, 불변성 등이 있다.

양립성	사용자의 기대를 저버리지 않는 신호와 코드
근사성	복잡한 정보를 나타내고자 할 때 2단계의 신호를 고려하는 것
분리성	두 가지 이상의 채널을 듣고 있다면 각 채널의 주파수가 분리되어 있어야 함
검약성	조작자에 대한 입력신호는 꼭 필요한 정보만을 제공하는 것
불변성	신호가 저장하는 정보는 변화하지 않고 항상 동일한 것
검출성	신호는 주어진 상황 하의 감지장치나 사람이 감지할 수 있어야 할 것

18

동전 던지기에서 앞면이 나올 확률은 0.4이고, 뒷면이 나올 확률은 0.6일 경우 이로부터 기대할 수 있는 평균정보량은 약 얼마인가?

① 0.65bit
② 0.88bit
③ 0.97bit
④ 1.99bit

해설
- 2개의 대안(앞, 뒤)의 확률이 주어졌으므로 대입하여 합을 구하면 된다.
- 앞의 확률이 0.4이므로 $0.4 \times \log_2\left(\frac{1}{0.4}\right) = 0.5288$이 된다.
- 뒤의 확률이 0.6이므로 $0.5 \times \log_2\left(\frac{1}{0.6}\right) = 0.4422$가 된다.
- 전체 전달된 정보량은 $0.5288 + 0.4422 = 0.971$이 된다.

정보량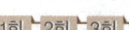
- 대안이 n개인 경우의 정보량은 $\log_2 n$으로 구한다.
- 특정 안이 발생할 확률이 $p(x)$라면 정보량은 $\log_2 \frac{1}{p(x)}$로 구한다.
- 여러 안이 발생할 경우의 총 정보량은 [개별 확률×개별 정보량의 합]과 같다.

정답 16 ① 17 ④ 18 ③

19

손잡이의 설계에 있어 촉각정보를 통하여 분별, 확인할 수 있는 코딩(coding) 방법이 아닌 것은?

① 색에 의한 코딩
② 크기에 의한 코딩
③ 표면의 거칠기에 의한 코딩
④ 형상에 의한 코딩

해설
- ①은 시각적 암호화 방법이다.
- 촉각적 암호화  1401
  - 표면촉각을 이용한 암호화 방법 – 점자, 진동, 온도 등
  - 형상을 이용한 암호화 방법 – 모양
  - 크기를 이용한 암호화 방법 – 크기

20

다음 양립성의 종류 중 특정 사물들, 특히 표시장치(display)나 조종장치(control)에서 물리적 형태나 공간적인 배치의 양립성을 나타내는 것은?

① 양식(modality) 양립성
② 공간적(spatial) 양립성
③ 운동(movement) 양립성
④ 개념적(conceptual) 양립성

해설
- 표지장치나 조종장치의 위치나 형태가 인간의 기대에 모순되지 않는 것은 공간 양립성에 부합된다.
- 양립성(Compatibility)  1703/2003/2402
  ㉠ 개요
  - 인간의 기대하는 바와 자극 또는 반응들이 일치하는 관계를 말하는데 양립성이 적을수록 정보처리에서 재코드화 과정은 많아진다.
  - 양립성의 효과가 크면 클수록, 코딩의 시간이나 반응의 시간은 짧아진다.
  - 양립성의 종류에는 운동양립성, 공간양립성, 개념양립성, 양식양립성 등이 있다.
  ㉡ 양립성의 종류와 개념 실기 1403/1501/1603/1801/1903/2001/2101/2201/2301/2303/2401/2403

공간 (Spatial) 양립성	• 표시장치와 이에 대응하는 조종 장치의 위치가 인간의 기대에 모순되지 않는 것 • 왼쪽 표시장치와 관련된 조종 장치는 왼쪽에, 오른쪽 표시장치에 관련된 조종 장치는 오른쪽에 위치하는 것
운동 (Movement) 양립성	조종 장치의 조작방향에 따라서 기계장치나 자동차 등이 움직이는 것
개념 (Conceptual) 양립성	• 인간이 가지는 개념과 일치하게 하는 것 • 적색 수도꼭지는 온수, 청색 수도꼭지는 냉수를 의미하는 것이나 위험신호는 빨간색, 주의신호는 노란색, 안전신호는 파란색으로 표시하는 것
양식 (Modality) 양립성	문화적 관습에 의해 생기는 양립성 혹은 직무에 관련된 자극과 이에 대한 응답으로 청각적 자극 제시와 이에 대한 음성응답 과업에서 갖는 양립성

2과목 작업생리학

21

영상표시 단말기(VDT)를 취급하는 작업장 주변환경의 조도(lux)는 얼마인가?(단, 화면의 바탕 색상은 검정색 계통이며 고용노동부 고시를 따른다)

① 100 ~ 300
② 300 ~ 500
③ 500 ~ 700
④ 700 ~ 900

해설
- 영상표시단말기를 취급하는 작업장 주변환경의 조도를 화면의 바탕 색상이 검정색 계통일 때 300럭스(Lux) 이상 500럭스 이하, 화면의 바탕색상이 흰색 계통일 때 500럭스 이상 700럭스 이하를 유지하도록 하여야 한다.
- 영상표시단말기 취급장 작업환경 실기 1701
  - 사업주는 영상표시단말기를 취급하는 작업장 주변환경의 조도를 화면의 바탕 색상이 검정색 계통일 때 300럭스(Lux) 이상 500럭스 이하, 화면의 바탕색상이 흰색 계통일 때 500럭스 이상 700럭스 이하를 유지하도록 하여야 한다.
  - 사업주는 작업면에 도달하는 빛의 각도를 화면으로부터 45도 이내가 되도록 조명 및 채광을 제한하여 화면과 작업대 표면반사에 의한 눈부심이 발생하지 않도록 하여야 한다.
  - 저휘도형 조명기구를 사용한다.
  - 화면상의 문자와 배경과의 휘도비(Contrast)를 낮춘다.
  - VDT 작업화면과 인접주변 간에는 1 : 3, 화면과 화면에서 먼 주위 간에는 1 : 10으로 한다.

22

인체활동이나 작업종료 후에도 체내에 쌓인 젖산을 제거하기 위해 산소가 더 필요하게 되는 것을 무엇이라 하는가?

① 산소 빚(oxygen debt)
② 산소 값(oxygen value)
③ 산소 피로(oxygen fatigue)
④ 산소 대사(oxygen metabolism)

해설
- 인체활동이나 작업종료 후에도 체내에 쌓인 젖산을 제거하기 위해 산소가 더 필요하게 되는 것을 산소부채라 한다.
- **산소부채(산소 빚, oxygen debt)**
  - 인체활동이나 작업종료 후에도 체내에 쌓인 젖산을 제거하기 위해 산소가 더 필요하게 되는 것을 말한다.
  - 강도 높은 작업을 마친 후 휴식 중에도 근육에 추가적으로 소비되는 산소량을 말한다.

23

다음 중 불수의근(involuntary mescle)과 관계가 없는 것은?

① 내장근   ② 평활근
③ 골격근   ④ 민무늬근

해설
- 뼈대근육은 뼈나 힘줄에 붙어서 우리 몸의 움직임을 만드는 근육조직으로 가로무늬근이라 불리며, 수의근이다.
- **뼈대근육(골격근, skeletal muscle)** 실기 2103
  - 뼈나 힘줄에 붙어서 우리 몸의 움직임을 만드는 근육조직이다.
  - 골격근의 기본구조는 근섬유분절이다.
  - 체중의 약 40%를 차지하고 있다.
  - 건(tendon)에 의해 뼈에 붙어 있다.
  - 400개 이상이 신체 양쪽에 쌍으로 있다.
  - 가로무늬근이라 불리며, 수의근이다.

24

시소 위에 올려놓은 물체 A와 B는 평형을 이루고 있다. 물체 A는 시소 중심에서 1.2m 떨어져 있고 무게는 35kg이며, 물체 B는 물체 A와 반대방향으로 중심에서 1.5m 떨어져 있다고 가정하였을 때 물체 B의 무게는 몇 kg인가?

① 19   ② 28
③ 35   ④ 42

해설
- 모멘트는 힘의 크기와 거리에 의해 결정되는 값으로 35kg과 중심과의 거리(1.2m)의 곱과 B와 중심과의 거리(1.5m)의 곱은 같아야 한다.
- 대입하여 계산하면 모멘트 값은 35×1.2=1.5×B에서 B는 28kg이 된다.
- **정적 평형상태(Static equilibrium)** 실기 1901/2103/2201
  - 물체나 신체가 움직이지 않는 상태이다.
  - 작용하는 모든 힘의 총합이 0인 상태이다.
  - 작용하는 모든 모멘트의 총합이 0인 상태이다.
  - 힘이 거리에 비례하여 발생한다.

25

작업강도의 증가에 따른 순환계 반응의 변화로 옳지 않은 것은?

① 혈압의 상승   ② 적혈구의 감소
③ 심박출량의 증가   ④ 혈액의 수송량 증가

해설
- ②는 암이나 혈액질환으로 발생하는 것으로 작업강도 증가와는 관련이 없다.
- **작업강도의 증가에 따른 순환계 반응**
  - 혈압의 상승
  - 심박출량의 증가
  - 혈액의 수송량 증가
  - 신체에 흐르는 혈류의 재분배

26

어떤 물체 또는 표면에 도달하는 빛의 밀도는?

① 조도   ② 광도
③ 반사율   ④ 점광원

해설
- ②는 광원에서 일정한 방향으로의 밝기를 말한다.
- ③은 빛을 포함한 여러 종류의 복사파가 물체의 표면에서 어느 정도 반사되는지를 나타내는 비율로 휘도/조도로 구할 수 있다.
- ④는 백열등과 같이 작은 광원이 발광하는 것을 말한다.
- **조도(照度)** 실기 1501/1603/1703/2003/2302
  - 조도는 특정 지점에 도달하는 광의 밀도를 말한다.

정답 22 ① 23 ③ 24 ② 25 ② 26 ①

- 단위는 럭스(Lux)를 사용한다 ($\frac{1cd}{1m^2}, \frac{1lm}{1m^2}$).
- 반사체의 반사율과는 상관없이 일정한 값을 갖는다.
- 거리의 제곱에 반비례하고, 광도에 비례하므로 $\frac{광도}{(거리)^2}$으로 구한다.

- 척추는 7개의 경추, 12개의 흉추, 5개의 요추, 천추와 미추로 구성된다.
- **척추**
  - 목에서 엉치까지의 뼈기둥으로 몸의 중심을 잡는 기둥역할을 한다.
  - 7개의 경추, 12개의 흉추, 5개의 요추, 천추와 미추로 구성된다.

27

시각적 점멸융합주파수(VFF)에 영향을 주는 변수에 대한 내용으로 옳지 않은 것은?

① 암조응 시는 VFF가 증가한다.
② 연습의 효과는 아주 적다.
③ 휘도만 같으면 색은 VFF에 영향을 주지 않는다.
④ VFF는 조명 강도의 대수치에 선형적으로 비례한다.

해설
- 암조응 시에는 VFF가 감소한다.
- **점멸융합주파수(Flicker fusion frequency)**
  ㉠ 개요
  - 시각적 혹은 청각적으로 주어지는 계속적인 자극을 연속적으로 느끼게 되는 주파수를 말한다.
  - 중추신경계의 정신적 피로도의 척도를 나타내는 대표적인 측정값이다.
  - 정신적으로 피로하면 주파수의 값이 감소한다.
  ㉡ 시각적 점멸융합주파수(VFF)
  - 빛의 검출성에 영향을 주는 인자 중의 하나로 점멸속도가 약 30Hz 이상이면 불이 계속 켜진 것처럼 보인다.
  - 암조응 시에는 VFF가 감소한다.
  - 휘도만 같다면 색상은 주파수에 영향을 주지 않는다.
  - 표적과 주변의 휘도가 같을 때 최대가 된다.
  - 주파수는 조명 강도의 대수치에 선형적으로 비례한다.
  - 사람들 간에는 큰 차이가 있으나 개인의 경우 일관성이 있다.

29

근육 운동에 있어 장력이 활발하게 생기는 동안 근육이 가시적으로 단축되는 것을 무엇이라 하는가?

① 연축(twitch)
② 강축(tetanus)
③ 원심성 수축(eccentric contraction)
④ 구심성 수축(concentric contraction)

해설
- ①은 근육에 단일 자극이 가해질 때 근육이 한 번 수축하는 현상을 말한다.
- ②는 근육이 2개 이상의 자극을 짧은 간격으로 반복하여 가했을 때 단수축이 융합하여 보다 큰 수축이 일어나는 현상을 말한다.
- ③은 근육의 길이가 늘어나는 등장성 수축이다.
- **구심성 수축(concentric contraction)**
  - 근육의 길이가 짧아지면서 근육 내에 장력이 발생하는 수축을 말한다.
  - 등장성 수축에 해당한다.

30

나이에 따라 발생하는 청력손실은 다음 중 어떤 주파수의 음에서 가장 먼저 나타나는가?

① 500Hz
② 1,000Hz
③ 2,000Hz
④ 4,000Hz

해설
- 노인성 난청 역시 4,000Hz 이상의 고주파에서 청력손실이 현저하게 발생한다.
- **소음성 난청(C5-dip)**
  - 작업자가 소음 작업환경에 장기간 노출될 경우 나타나는 직업병이다.

28

인체의 척추 구조에서 경추는 몇 개로 구성되어 있는가?

① 5개
② 7개
③ 9개
④ 12개

- 주로 4,000Hz에 대한 청력손실부터 시작하여 주변의 주파영역으로 파급된다.
- 역치변화가 큰 4,000Hz 주파수에서 소음에 의한 청력손실이 가장 크게 나타나 검사음으로 사용한다.

31

어떤 작업자의 8시간 작업 시 평균 흡기량은 40L/min, 배기량은 30L/min로 측정되었다. 만일 배기량에 대한 산소함량이 15%로 측정되었다고 가정하면 이때의 분당 산소소비량(L/min)은 얼마인가?

① 3.3
② 3.5
③ 3.7
④ 3.9

해설
- 분당 흡기 산소량은 40×0.21=8.4L이다.
- 분당 배기 산소량은 30×0.15=4.5L이다.
- 분당 산소소비량은 8.4-4.5=3.9L이다.

공기의 조성 실기 1303/1401/2402
- 작업 중 소비되는 산소 소비량을 계산하기 위한 흡기 시 공기의 조성은 질소 79%, 산소 21%이다.
- 배기되는 공기의 조성에서 질소는 79%로 동일하지만 호흡으로 인해 산소가 소모된 만큼 이산화탄소는 생성된다.
- 1L의 산소소비량은 5kcal의 에너지를 생성한다.

32

생리적 활동의 척도 중 Borg의 RPE(Ratings of Perceived Exertion) 척도에 대한 설명으로 옳지 않은 것은?

① 육체적 작업부하의 주관적 평가방법이다.
② NASA-TLX와 동일한 평가척도를 사용한다.
③ 척도의 양끝은 최소 심장 박동률과 최대 심장 박동률을 나타낸다.
④ 작업자들이 주관적으로 지각한 신체적 노력의 정도를 6~20 사이의 척도로 평정한다.

해설
- ②에서 NASA-TLX는 0~100까지의 평가척도를 사용한다.

Borg의 RPE(Ratings of Perceived Exertion)
- 운동자각도로 내가 하는 운동이 얼마나 힘든지에 대한 생리적 측정을 주관적 평점등급으로 대체하기 위하여 개발된 평가척도이다.

- 육체적 작업부하의 주관적 평가방법이다.
- 정신적 부담 작업과 육체적 부담 작업 양쪽 모두에 사용 할 수 있다.
- 척도의 양끝은 최소 심장 박동률과 최대 심장 박동률을 나타낸다.
- 작업자들이 주관적으로 지각한 신체적 노력의 정도를 6~20 사이의 척도로 평정한다.

33

신경계 중 반사(reflex)와 통합(integration)의 기능적 특징을 갖는 것은?

① 중추신경계
② 운동신경계
③ 교감신경계
④ 감각신경계

해설
- 반사(reflex)란 자극이 수용기관을 통해 중추신경에 도달하고 이를 분석하여 적절한 반응을 신체 각 부분에 돌려보내는 현상을 말한다.
- 통합(integration)이란 반사에 의한 학습과 기억의 연합을 통해 특정 자극을 인식하는 총괄적 기능을 말한다.

신경계(nervous system)
- 구조적으로 중추신경계와 말초신경계로 나눌 수 있다.
- 중추신경계는 뇌와 척수로 이뤄져, 반사(reflex)와 통합(integration)의 기능적 특징을 갖는다.
- 기능적으로는 체신경계와 자율신경계로 나눌 수 있다.
- 체신경계는 피부, 골격근, 뼈 등에 분포한다.
- 자율신경계는 교감신경계와 부교감신경계로 세분된다.

34

근력의 상태 중 물체를 들고 있을 때처럼 신체부위를 움직이지 않으면서 고정된 물체에 힘을 가하는 상태는?

① 정적 상태(static condition)
② 동적 상태(dynamic condition)
③ 등속 상태(isokinetic condition)
④ 가속 상태(acceleration condition)

해설
- 근력의 상태 중 물체를 들고 있을 때처럼 신체부위를 움직이지 않으면서 고정된 물체에 힘을 가하는 상태를 정적 상태라 한다.

- **정적 근력(static strength)**
  - 등척성 근력(isometric strength)이라고도 한다.
  - 근육의 정적상태의 근력 즉, 근육이 등척성 수축을 하는 것에 해당하는 근력이다.
  - 근력의 상태 중 물체를 들고 있을 때처럼 신체부위를 움직이지 않으면서 고정된 물체에 힘을 가하는 상태를 말한다.
  - 정적근력의 측정은 고정된 물체에 대해 최대 힘을 발휘하고, 일정 시간 휴식하는 과정을 반복하여 처음 3초 동안 발휘된 근력의 평균을 계산하여 측정한다.

해설
- ④는 소음의 노출기준과는 거리가 먼 내용이다.
- **소음의 노출기준 정할 때 고려요소**
  - 소음의 크기
  - 소음의 높낮이
  - 소음의 지속시간

35
0703/1001/1101/1401/1601/2101

다음 중 작업장 실내에서 일반적으로 추천 반사율이 가장 높은 곳은?(단, IES기준이다)

① 천장   ② 바닥
③ 벽   ④ 책상면

해설
- 옥내 조명에서 최적 반사율의 크기는 바닥<가구<벽<천장 순으로 커진다.
- **실내 면 반사율** 실기 1503
  - ㉠ 개요
  - 빛을 포함한 여러 종류의 복사파가 물체의 표면에서 어느 정도 반사되는지를 나타낸다.
  - 반사율 = $\dfrac{광도}{조도} \times 100$로 구한다.
  - 반사율이 각각 L_a, L_b인 두 물체의 대비는 $\dfrac{L_a - L_b}{L_a} \times 100$으로 구한다.
  - ㉡ 실내 면의 추천 반사율

천장	80~90%
벽	40~60%
가구 및 사무용 기기	25~45%
바닥	20~40%

37
1101

특정과업에서 에너지 소비량에 영향을 미치는 인자로 가장 거리가 먼 것은?

① 작업 속도   ② 작업 자세
③ 작업 순서   ④ 작업 방법

해설
- 작업 순서는 에너지 소비량에 끼치는 영향이 극히 적다.
- **작업에 따른 에너지 소비량에 영향을 미치는 주요인자**
  - 작업 방법
  - 작업 도구
  - 작업 속도
  - 작업 자세

38

진동이 인체에 미치는 영향으로 옳지 않은 것은?

① 심박수가 증가한다.
② 시성능은 10~25Hz 대역의 경우 가장 심하게 영향을 받는다.
③ 진동수와 추적 작업과의 상호연관성이 적어 운동성능에 영향을 미치지 않는다.
④ 중앙 신경계의 처리 과정과 관련되는 과업의 성능은 진동의 영향을 비교적 덜 받는다.

해설
- ③에서 진동은 진폭에 비례해 추적능력을 손상하며 5Hz 이하의 낮은 진동수에서 가장 심하다.
- **진동이 인체에 미치는 영향**
  - 심박수가 증가한다.
  - 장시간 노출 시 근육 긴장을 증가시킨다.

36
1301

사업장에서 발생하는 소음의 노출기준을 정할 때 고려해야 할 결정요인과 가장 거리가 먼 것은?

① 소음의 크기
② 소음의 높낮이
③ 소음의 지속시간
④ 소음 발생체의 물리적 특성

- 시성능은 10 ~ 25Hz 대역의 경우 가장 심하게 영향을 받으며, 60 ~ 90Hz에서 안구가 공명한다.
- 추적능력은 5Hz 이하의 낮은 진동수에서 가장 영향을 많이 받는다.
- 머리와 어깨 부위의 공명주파수는 20 ~ 30Hz이다.
- 등이나 허리뼈에 가장 위험한 주파수는 8 ~ 12Hz이다.
- 흉부와 복부의 고통을 일으키는 주파수는 4 ~ 10Hz이다.
- 중앙 신경계의 처리 과정과 관련되는 과업의 성능은 진동의 영향을 비교적 덜 받는다.
- 레이노 증후군(Raynaud's phenomenon)은 진동으로 인한 말초혈관운동의 장해로 발생한다.

39

다음 중 고온 작업장에서의 작업 시 신체 내부의 체온조절 계통의 기능이 상실되어 발생하며, 체온이 과도하게 오를 경우 사망에 이를 수 있는 고열장해는?

① 열소모 ② 열사병
③ 열발진 ④ 참호족

해설
- ①은 계속적인 발한으로 인한 수분과 염분 부족이 발생하며 두통, 현기증, 무기력증 등의 증상 발생하는 고열장해이다.
- ③은 땀이 원활하게 표피로 배출되지 못하여 발생하는 땀띠를 말한다.
- ④는 발을 오랜 시간에 걸쳐 축축하고, 비위생적이며 차가운 상태에 노출함으로써 일어나는 질병이다.

❖ 열중독증(Heat illness)
  ㉠ 강도
    - 열발진<열경련<열소모<열사병 순으로 강도가 쎄다.
  ㉡ 종류
    - 열발진 : 땀띠
    - 열경련 : 고열환경에서 작업 후에 격렬한 근육수축이 일어나고, 탈수증이 발생
    - 열소모 : 계속적인 발한으로 인한 수분과 염분 부족이 발생하며 두통, 현기증, 무기력증 등의 증상 발생
    - 열사병 : 열소모가 지속되어 쇼크 발생

40

작업생리학 분야에서 신체활동의 부하를 측정하는 생리적 반응치가 아닌 것은?

① 심박수(heart rate)
② 혈류량(blood flow)
③ 폐활량(lung capacity)
④ 산소 소비량(Oxygen consumption)

해설
- ③은 폐기능을 측정하는 방법으로 신체활동의 부하와 관련이 없다.

❖ 생리적 척도
  - 인간-기계 시스템을 평가하는데 사용하는 인간기준 척도 중 하나이다.
  - 중추신경계 활동에 관여하므로 그 활동 및 징후를 측정할 수 있다.
  - 정신적 작업부하 척도 가운데 직무수행 중에 계속해서 자료를 수집할 수 있고, 부수적인 활동이 필요 없는 장점을 가진 척도이다.
  - 정신작업의 생리적 척도는 EEG(수면뇌파), 동공반응, 부정맥, 점멸융합주파수, J.N.D(Just-Noticeable difference), 눈꺼풀 깜박임 수(blink rate), 뇌유발전위 등을 통해 확인할 수 있다.
  - 육체작업의 생리적 척도는 EMG(근전도), 맥박수, 산소소비량, 작업량 등을 통해 확인할 수 있다.

3과목 산업심리학 및 관련법규

41

산업재해의 발생형태 중 상호 자극에 의하여 순간적(일시적)으로 재해가 발생하는 유형은?

① 복합형 ② 단순자극형
③ 단순연쇄형 ④ 복합연쇄형

해설
- ②의 단순자격형은 집중형이라고도 하며, 일시적으로 재해요인이 집중하여 재해가 발생하는 형태를 말한다.

❖ 재해의 발생형태
  - 집중형 : 단순자극형이라고도 하며, 일시적으로 재해요인이 집중하여 재해가 발생하는 형태를 말한다.

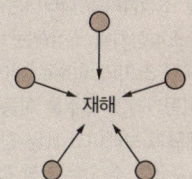

〈단순자극형, 집중형〉

- 연쇄형 : 하나의 사고요인이 또 다른 사고요인을 불러일으켜 재해가 발생하는 형태를 말한다. 단순연쇄형과 복합연쇄형으로 구분된다.

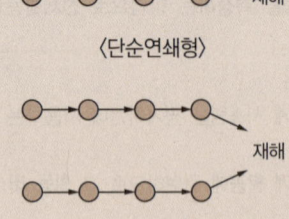

- 복합형 : 집중형과 연쇄형이 결합된 재해 발생형태를 말한다.

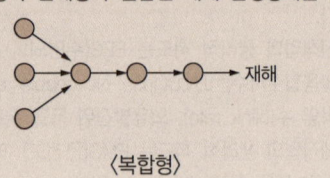

42

단순반응시간을 a, 선택반응시간을 b, 움직인 거리를 A, 목표물의 넓이를 W라 할 때, 동작시간 예측에 관한 피츠법칙(Fitt's law)으로 옳은 것은?

① 동작시간 $= a + b\log_2\left(\dfrac{2A}{W}\right)$

② 동작시간 $= b + a\log_2\left(\dfrac{2A}{W}\right)$

③ 동작시간 $= a + b\log_2\left(\dfrac{2W}{A}\right)$

④ 동작시간 $= b + a\log_2\left(\dfrac{2W}{A}\right)$

해설

- 난이도 지수는 $\log_2\left(\dfrac{2A}{W}\right)$로 구하고, 동작시간 $= a + b\log_2\left(\dfrac{2A}{W}\right)$ [ms]로 구한다.
- **Fitts의 법칙**
  - 인간의 제어 및 조정능력을 나타내는 법칙으로 인간의 손이나 발을 이동시켜 조작장치를 조작하는 데 걸리는 시간을 표적까지의 거리와 표적 크기의 함수로 나타낸다.
  - 표적이 작고 이동거리가 길수록 이동시간이 증가한다.
  - 자동차 가속 페달과 브레이크 페달 간의 간격, 브레이크 폭 등을 결정하는데 사용할 수 있는 가장 적합한 인간공학 이론이다.
  - 난이도 지수는 $\log_2\left(\dfrac{2A}{W}\right)$로 구한다.

- 동작시간 $= a + b\log_2\left(\dfrac{2A}{W}\right)$ [ms]로 구한다. 이때 a와 b는 단순반응시간, 선택반응시간, A는 동작거리, W는 목표물의 폭이다.

43

보행 신호등이 막 바뀌어도 자동차가 움직이기까지는 아직 시간이 있다고 스스로 판단하여 건널목을 건너는 것과 같은 부주의 행위와 가장 관계가 깊은 것은?

① 억측판단 ② 근도반응
③ 생략행위 ④ 초조반응

해설

- ②는 가까운 길에 대한 유혹으로 지름길 반응이라고도 한다.
- ③은 귀찮음을 기피하는 행위로 정해진 규칙을 무시하거나 임시변통하는 행위를 말한다.
- ④는 지각, 판단, 행동의 순서를 판단 없이 행하는 것을 말한다.
- **억측판단**
  - ㉠ 정의
    - 작업공정 중에 규정된 대로 수행하지 않고 "괜찮다"라고 생각하여 자기 주관대로 추측을 하여 행동하는 것을 말한다.
  - ㉡ 억측판단의 배경
    - 정보가 불확실할 때
    - 희망적인 관측이 있을 때
    - 과거의 경험한 선입관이 있을 때
    - 귀찮음과 초조함이 교차하는 조건일 때

44

갈등 해결방안 중 자신의 이익이나 상대방의 이익에 모두 무관심한 것은?

① 경쟁 ② 순응
③ 타협 ④ 회피

해설

- 자신의 이익과 상대방 이익 모두에 최소로 하는 것은 회피(무시)형에 해당된다.
- **토마스(Thomas kilmann)의 갈등관리전략**
  - 조직의 목표달성과 조직구성원의 필요를 충족시키는 갈등관리방식을 타인의 이익(협력)과 자신의 이익(독단)을 기준으로 5가지로 분류하였다.
  - 경쟁형, 협동형, 타협형(문제해결형), 회피형, 동조형으로 구분한다.

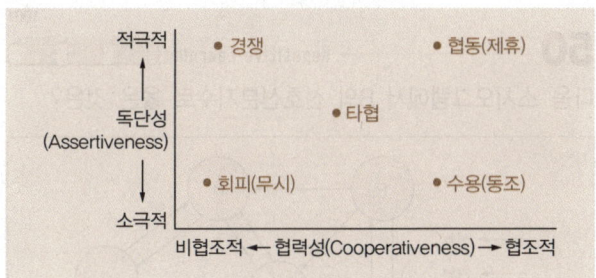

45

스트레스에 관한 설명으로 옳지 않은 것은?

① 스트레스 수준은 작업성과의 정비례의 관계에 있다.
② 위협적인 환경특성에 대한 개인의 반응이라고 볼 수 있다.
③ 적정수준의 스트레스는 작업성과에 긍정적으로 작용한다.
④ 지나친 스트레스를 지속적으로 받으면 인체는 자기조절 능력을 상실할 수 있다.

해설
- 스트레스는 너무 많아도, 너무 적어도 문제이다. 즉, 스트레스 수준과 작업성은 정비례하지 않는다.
- **스트레스**
  - 위협적인 환경특성에 대한 개인의 반응이라고 볼 수 있다.
  - 코티졸(cortisol)은 스트레스를 받을 때 몸에서 생성되는 호르몬으로 스트레스 정도를 파악하는데 사용된다.
  - 스트레스는 근골격계 질환에 영향을 줄 수 있다.
  - 스트레스를 받게 되면 자율 신경계가 활성화 된다.
  - 적정수준의 스트레스는 작업성과에 긍정적으로 작용한다(스트레스 수준과 수행은 역U자형의 관계를 갖는다).
  - 지나친 스트레스를 지속적으로 받으면 인체는 자기조절능력을 상실할 수 있다.
  - 일반적으로 내적 통제자들은 외적 통제자들보다 스트레스를 적게 받는다.
  - A형 성격을 가진 사람이 B형 성격을 가진 사람보다 높은 스트레스를 받을 가능성이 있다.

46

재해예방의 4원칙에 해당하지 않는 것은?

① 손실 우연의 원칙
② 조직 구성의 원칙
③ 원인 계기의 원칙
④ 대책 선정의 원칙

해설
- ②는 예방 가능의 원칙이 되어야 한다.
- **하인리히의 재해예방의 4원칙**

대책 선정의 원칙	사고의 원인을 발견하면 반드시 대책을 세워야 하며, 모든 사고는 대책 선정이 가능하다는 원칙
손실 우연의 원칙	사고로 인한 손실은 상황에 따라 다른 우연적이라는 원칙
예방 가능의 원칙	모든 사고는 예방이 가능하다는 원칙
원인 연계의 원칙	• 사고는 반드시 원인이 있으며 이는 복합적으로 필연적인 인과관계로 작용한다는 원칙 • 원인 계기의 원칙이라고도 한다.

47

제조물책임법에서 손해배상 책임에 대한 설명으로 옳지 않은 것은?

① 해당 제조물 결함에 의해 발생한 손해가 그 제조물 자체에만 그치는 경우에는 제조물 책임 대상에서 제외한다.
② 피해자가 제조물의 제조업자를 알 수 없는 경우 그 제조물을 영리 목적으로 판매한 공급자가 손해를 배상하여야 한다.
③ 제조자가 결함 제조물로 인하여 생명, 신체 또는 재산상의 손해를 입은 자에게 손해를 배상할 책임을 의미한다.
④ 제조업자가 제조물의 결함을 알면서도 필요한 조치를 취하지 아니하면 손해를 입은 자에게 발생한 손해의 2배 범위 내에서 배상책임을 진다.

해설
- ④에서 제조업자가 제조물의 결함을 알면서도 그 결함에 대하여 필요한 조치를 취하지 아니한 결과로 생명 또는 신체에 중대한 손해를 입은 자가 있는 경우에는 그 자에게 발생한 손해의 3배를 넘지 아니하는 범위에서 배상책임을 진다.
- **제조물 책임**
  - 제조업자는 제조물의 결함으로 생명·신체 또는 재산에 손해를 입은 자에게 그 손해를 배상하여야 한다.
  - 제조업자가 제조물의 결함을 알면서도 그 결함에 대하여 필요한 조치를 취하지 아니한 결과로 생명 또는 신체에 중대한 손해를 입은 자가 있는 경우에는 그 자에게 발생한 손해의 3배를 넘지 아니하는 범위에서 배상책임을 진다.
  - 피해자가 제조물의 제조업자를 알 수 없는 경우에 그 제조물을 영리 목적으로 판매·대여 등의 방법으로 공급한 자는 손해를 배상하여야 한다. 다만, 피해자 또는 법정대리인의 요청을 받고 상당한 기간 내에 그 제조업자 또는 공급한 자를 그 피해자 또는 는 법정대리인에게 고지(告知)한 때에는 그러하지 아니하다.

정답 | 45 ① 46 ② 47 ④

48

헤드십(headship)과 리더십(leadership)을 상대적으로 비교, 설명한 것으로 헤드십의 특징에 해당되는 것은?

① 민주주의적 지휘형태이다.
② 구성원과의 사회적 간격이 넓다.
③ 권한의 근거는 개인의 능력에 따른다.
④ 집단의 구성원들에 의해 선출된 지도자이다.

해설
- ①, ③, ④는 리더십에 대한 설명이다.
- 헤드십은 상사와 부하의 관계가 지배적이고 사회적 간격이 넓다.

헤드십(Head-ship)
㉠ 개요
  - 리더와 같이 선출된 지도자가 아니라 조직에 의해 임명된 지도자가 행하는 권한행사를 말한다.
㉡ 특징
  - 권한의 근거는 공식적인 법과 규정에 의한다.
  - 상사와 부하의 관계는 지배적이고 사회적 간격이 넓다.
  - 지휘의 형태는 권위적이다.
  - 책임은 부하에 있지 않고 상사에게 있다.

49

하인리히는 재해연쇄론에서 재해가 발생하는 과정을 5단계 요인으로 나누어 설명하였다. 그 중 사고를 예방하기 위한 관리 활동들이 가장 효과적으로 적용될 수 있는 단계는 무엇이라고 주장하였는가?

① 개인적 결함
② 사고 그 자체
③ 사회적 환경(분위기)
④ 불안전행동 및 불안전상태

해설
- 3단계 불안전한 행동 및 불안전한 상태가 재해의 직접원인으로 작용하므로 사고를 예방하기 위한 관리 활동들이 가장 효과적으로 적용될 수 있다고 보았다.

하인리히의 사고연쇄반응(도미노) 이론
- 3단계 불안전한 행동 및 불안전한 상태가 재해의 직접원인으로 작용하므로 사고를 예방하기 위한 관리 활동들이 가장 효과적으로 적용될 수 있다고 보았다.

1단계	사회적 환경 및 유전적 요소
2단계	개인적인 결함
3단계	불안전한 행동 및 불안전한 상태
4단계	사고
5단계	재해

50

다음 소시오그램에서 B의 선호신분지수로 옳은 것은?

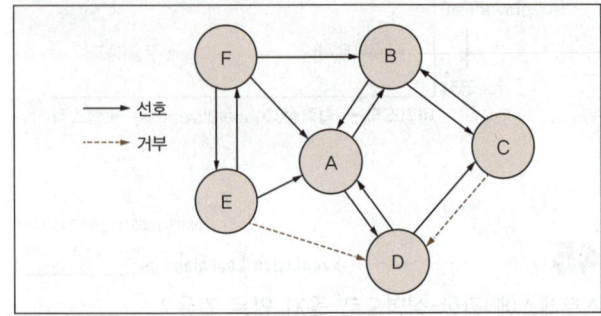

① 1/5
② 2/5
③ 3/5
④ 4/5

해설
- B의 선호총계는 F와 A, 그리고 C가 선호를 표시했으므로 3이고, 전체 인원수는 6명이므로 선호신분지수는 $\frac{3}{5}$ =0.6이 된다.

선호신분지수
- 구성원들의 선호도를 나타내는 지수로 가장 높은 점수를 얻은 구성원이 자연스럽게 자생적 리더가 된다.
- 선호관계를 1, 무관심 0, 거부관계 -1로 계산하여 선호총계를 구한다.
- 선호총계/(구성원 수-1)로 구한다.

51

결함나무분석(Fault Tree Analysis; FTA)에 대한 설명으로 옳지 않은 것은?

① 고장이나 재해요인의 정성적 분석뿐만 아니라 정량적 분석이 가능하다.
② 정성적 결함나무를 작성하기 전에 정상사상(Top event)이 발생할 확률을 계산한다.
③ "사건이 발생하려면 어떤 조건이 만족되어야 하는가?"에 근거한 연역적 접근방법을 이용한다.
④ 해석하고자 하는 정상사상(Top event)과 기본사상(Basic event)의 인과관계를 도식화하여 나타낸다.

해설
- ②에서 정상사상 발생확률은 결함나무를 작성한 후에 계산한다.

결함수분석법(FTA)
- 시스템의 고장을 발생시키는 사상과 그 원인과의 인과관계를

- 논리 관계로 설명하는 게이트나 사상기호를 나뭇가지 모양의 그림으로 나타내고 이에 의거 시스템의 고장확률을 구함으로써 문제가 되는 부분을 찾아내는 기법이다.
- 연역적 방법으로 원인을 규명하며, 재해의 정량적 예측이 가능한 분석방법이다.
- 최상위 고장(Top event)으로부터의 하향식 고장해석 방법이다.
- 특정 사상에 대해 짧은 시간에 해석이 가능하다.
- 정성적 평가 후 정량적 평가를 실시하며, 정량적으로 재해 발생 확률을 구한다.
- FTA를 수행함에 있어 기본사상들의 발생이 서로 독립인가 아닌가의 여부를 파악하기 위해서는 공분산을 이용한다.

52

다음 중 민주적 리더십과 관련된 이론이나 조직형태는?

① X이론
② Y이론
③ 라인형 조직
④ 관료주의 조직

해설

- ①, ③, ④는 모두 권위적인 리더십 형태에 해당한다.
- Y이론은 인간의 본성이 일을 좋아하고, 책임감이 강하며, 선하므로 그들을 자율적, 민주적으로 대해야 창조적인 성과를 얻을 수 있다는 이론이다.

맥그리거(McGregor)의 X·Y이론

㉠ 개요
- 인간과 직무의 관계에 대한 기본적인 가정을 X이론과 Y이론이라는 가설로 나눈 것이다.
- X이론은 인간의 본성이 일을 싫어하고, 무관심하며, 책임을 회피하므로 당근과 채찍을 동원하여 강제할 필요가 있다는 이론이다.
- Y이론은 인간의 본성이 일을 좋아하고, 책임감이 강하며, 선하므로 그들을 자율적, 민주적으로 대해야 창조적인 성과를 얻을 수 있다는 이론이다.

㉡ X이론과 Y이론의 관리처방 비교

X이론(후진국형, 성악설)	Y이론(선진국형, 성선설)
• 경제적 보상체제의 강화 • 권위주의적 리더십의 확립 • 면밀한 감독과 엄격한 통제 • 상부 책임제도의 강화	• 분권화와 권한의 위임 • 목표에 의한 관리 • 직무확장 • 인간관계 관리방식 • 책임감과 창조력

53

피로의 생리학적(physiological) 측정방법과 거리가 먼 것은?

① 뇌파 측정(EEG)
② 심전도 측정(ECG)
③ 근전도 측정(EMG)
④ 변별역치 측정(촉각계)

해설

- ④는 자극량을 변화시킬 때 그 자극의 변화를 감지할 수 있는 영역(JND)을 측정하는 것으로 피로의 심리학적 측정방법에 해당한다.

피로 판정을 위한 기능검사 방법과 검사항목

생리학적 방법	근전도(EMG), 뇌전도(EEG), 반사역치(PSR), 심전도(ECG), 인지역치(청력검사), 융합점멸주파수(Flicker) 등
생화학적 방법	혈액검사, 혈색소농도, 혈액수분, 응혈시간, 부신피질 등
심리학적 방법	피부저항(GSR), 정신작업, 동작분석, 변별역치, 행동기록, 연속반응시간, 전신자각증상 등

54

어느 작업자가 평균적으로 100개의 부품을 검사하여 불량품 5개를 검출해 내었으나 실제로는 15개의 불량품이 있었다. 이 작업자가 100개가 1로트로 구성된 로트 2개를 검사하면서 2개의 로트 모두에서 휴먼 에러를 범하지 않을 확률은?

① 0.01
② 0.1
③ 0.81
④ 0.9

해설

- 과오발생 가능 수는 100개인데 실제 과오 발생 수는 10개(15−5)이다.
- 인간실수확률이 $\frac{10}{100}=0.1$이므로 신뢰도는 1−0.1=0.9가 된다.
- 100개의 부품을 검사하는데 신뢰도가 0.9인데 이것이 200개로 늘어난 경우이므로 신뢰도 0.9가 직렬로 연결된 구조로 봐야 한다.
- 즉, 0.9×0.9=0.81이 된다.

인간실수확률(HEP : Human Error Probability)

- 시작과 끝을 가지는 직무에 근무할 때 인간 신뢰도의 기본단위이다.
- 과오가 발생할 수 있는 가능 수에서 실제 발생한 과오의 수로 계산한다.
- <u>실제발생 과오의 수</u> / 과오발생 가능 수 로 구한다.

55

상시작업자 1,000명이 근무하는 사업장의 강도율이 0.6이었다. 이 사업장에서 재해발생으로 인한 연간 총 근로손실일수는 며칠인가?(단, 작업자 1인당 연간 2,400시간을 근무하였다)

① 1,220일
② 1,320일
③ 1,440일
④ 1,630일

해설

- 강도율은 1,000시간당 근로손실일수를 의미한다. 강도율이 0.6이라는 것은 1,000시간당 근로손실일수가 0.6일임을 말하므로 연간 총 근로시간 1,000명×2,400시간=2,400,000시간 동안의 근로손실일수는 0.6×2,400=1,440일이 된다.

재해율 관련 공식

재해율	$\dfrac{\text{재해자수}}{\text{산재보험적용근로자수}} \times 100$
사망만인율	$\dfrac{\text{사망자수}}{\text{산재보험적용근로자수}} \times 10,000$
휴업재해율	$\dfrac{\text{휴업재해자수}}{\text{임금근로자수}} \times 100$
도수율 (빈도율)	$\dfrac{\text{재해건수}}{\text{연근로시간수}} \times 1,000,000$
강도율	$\dfrac{\text{총요양근로손실일수}}{\text{연근로시간수}} \times 1,000$

56

라스무센(Rasmussen)은 인간 행동의 종류 또는 수준에 따라 휴먼 에러를 3가지로 분류하였는데 이에 속하지 않는 것은?

① 숙련기반 에러(skill-based error)
② 기억기반 에러(momory-based error)
③ 규칙기반 에러(rule-based error)
④ 지식기반 에러(knowledge-based error)

해설

- Rasmussen의 휴먼에러와 관련된 인간행동 분류에는 기능/기술 기반 행동, 지식 기반 행동, 규칙 기반 행동이 있다.

Rasmussen의 휴먼에러와 관련된 인간행동 분류

기능/기술 기반 행동 (Skill-based behavior)	실수(Slip)와 망각(Lapse)으로 구분되는 오류
지식 기반 행동 (Knowledge-based behavior)	인지 및 인식의 오류를 예방하기 위해 목표와 관련하여 작동을 계획해야 하는 데 특수하고 친숙하지 않은 상황에서 발생하며, 부적절한 분석이나 의사결정을 잘못하여 발생하는 오류
규칙 기반 행동 (Rule-based behavior)	잘못된 규칙을 기억하거나 정확한 규칙이라도 상황에 맞지 않게 적용한 경우 발생하는 오류

57

휴먼 에러 방지대책을 설비요인, 인적요인, 관리요인 대책으로 구분할 때 인적 요인에 관한 대책으로 볼 수 없는 것은?

① 소집단 활동
② 작업의 모의훈련
③ 인체측정치의 적합화
④ 작업에 관한 교육훈련과 작업 전 회의

해설

- ③은 설비 및 환경요인 대책에 해당한다.

휴먼에러 예방대책
㉠ 인적요인
  - 확실한 업무 인수인계
  - 소집단 활동의 활성화
  - 작업의 모의훈련
  - 작업에 대한 교육 및 훈련
㉡ 설비 및 환경요인
  - 설비 및 환경개선
  - Fail safe design과 Fool proof 설계
  - 인간공학적 설계 및 적합화
  - 작업자의 특성과 작업설비의 적합성 점검·개선
  - 기기 및 밸브 등의 배치, 표시, 표식의 확실한 구분
㉢ 관리요인
  - 안전분위기 조성
  - 작업자의 특성과 작업설비의 적합성 점검·개선

55 ③ 56 ② 57 ③

58

관리 그리드 모형(management grid model)에서 제시한 리더십의 유형에 대한 설명으로 옳지 않은 것은?

① (9,1)형은 인간에 대한 관심은 높으나 과업에 대한 관심은 낮은 인기형이다.
② (1,1)형은 과업과 인간관계 유지 모두에 관심을 갖지 않는 무관심형이다.
③ (9,9)형은 과업과 인간관계 유지의 모두에 관심이 높은 이상형으로서 팀형이다.
④ (5,5)형은 과업과 인간관계 유지에 모두 적당한 정도의 관심을 갖는 중도형이다.

해설
- (9,1)형은 과업에 대한 관심은 높으나 인간관계에 대한 관심은 낮은 과업형이다.

관리 그리드(Managerial Grid) 이론
- Blake & Muton에 의해 구조주도적-배려적 리더십 개념을 연장시켜 정립한 이론이다.
- 리더의 2가지 관심(인간, 생산에 대한 관심)을 축으로 리더십을 분류하였다.
- 이상(Team)형 리더십이 가장 높은 성과를 보여준다고 주장하였다.
- 표현 시 ( ) 안에 앞에는 업무에 대한 관심을, 뒤에는 인간관계에 대한 관심을 표현하고 온점(.)으로 구분한다.

인간에 대한 관심		
높음(9)	인기(Country club)형 (1.9) • 인간에 대한 관심 지대함 • 생산에는 무관심	이상(Team)형 (9.9) • 인간에 대한 관심과 생산에 대한 관심이 모두 높음
↑		중도(Middle of road)형 (5.5)
↓	무관심(Impoverished)형(1.1) • 인간에 대한 관심과 생산에 대한 관심이 모두 무관심	과업(Task)형(9.1) • 생산에 대한 관심 지대함 • 인간에는 무관심
낮음(1)	⇐ 생산에 대한 관심 ⇒ 높음(9)	

59

NIOSH의 직무 스트레스 모형에서 직무스트레스 요인에 해당하지 않는 것은?

① 작업 요인 ② 개인적 요인
③ 조직 요인 ④ 환경 요인

해설
- ②는 중재 요인의 한 종류이다.
- NIOSH 직무 스트레스 요인에는 작업 요인, 조직 요인, 환경 요인이 있다.

NIOSH 직무 스트레스 요인

작업 요인	작업 부하, 작업 속도, 교대 근무 등
조직 요인	역할갈등, 관리유형, 의사결정참여, 고용불확실 등
환경 요인	온도, 진동, 소음, 조명 등

60

Herzberg의 동기위생 이론에서 위생요인에 대한 설명으로 옳지 않은 것은?

① 위생요인이 갖추어지지 않으면 구성원들은 불만족해 진다.
② 위생요인이 갖추어지지 않으면 조직을 떠날 수 있다.
③ 위생요인이 갖추어지지 않으면 성과에 좋지 않은 영향을 준다.
④ 위생요인이 잘 갖추어지게 되면 구성원들에게 열심히 일하도록 동기를 자극하게 된다.

해설
- ④는 동기요인에 대한 설명이다.

허츠버그(F.Herzberg)의 위생·동기요인
㉠ 개요
- 인간에게는 욕구에 대한 불만족에 영향을 주는 요인(위생요인)과 만족에 영향을 주는 요인(동기요인)이 별도로 존재한다고 주장하였다.
- 위생요인을 제거하는 것은 직무불만족을 줄이는 것에 불과하므로 직무만족을 위해서는 동기요인을 강화해야 한다는 논리이다.

㉡ 위생요인(Hygiene factor)과 동기요인(Motivator factor)
- 위생요인 - 감독, 임금, 보수, 작업환경과 조건 등을 말한다(매슬로우의 욕구 5단계 중 1~2단계, McGreger의 X이론, 후진국적, 동물적 욕구와 관련).
- 동기요인 - 성취감, 책임감, 타인의 인정, 도전감 등을 말한다(매슬로우의 욕구 5단계 중 3~5단계, McGreger의 Y이론, 선진국형, 인간의 이상과 관련).

4과목 근골격계질환 예방을 위한 작업관리

61

어떤 한 작업의 25회 시험관측치가 평균 0.35, 표준편차가 0.08일 때, 오차확률 5%에서 필요한 최소 관측횟수는 얼마인가?(단, $t(25, 0.05)=2.069$, $t(24, 0.05)=2.064$, $t(26, 0.05)=2.056$ 이다.)

① 89
② 90
③ 91
④ 92

해설
- 측정횟수 25회, 오차확률은 5%이므로 신뢰도계수 t는 $t(24, 0.05)$이고 이는 2.064로 주어졌다.
- 표준편차는 0.08이고, 오차범위 e는 0.35×0.05이므로 대입하면 관측횟수 $N = \left(\dfrac{2.064 \times 0.08}{0.35 \times 0.05}\right)^2 = 89.027\cdots$이 된다. 최소관측횟수를 구하는 문제이므로 올림해서 90회가 된다.

관측횟수 계산 실기 2203
- 관측횟수 $N = (t \times S/e)^2$으로 구한다. 이때 t는 신뢰도 계수, S는 표준편차, e는 오차범위를 의미한다.
- 신뢰도 계수 $t = t\left(\text{측정횟수}-1, \dfrac{1-\text{신뢰도}}{2}\right)$로 구한다.
- 오차범위 e는 관측평균시간 × 상대허용오차로 구한다.

62

동작경제의 3원칙 중 신체 사용에 원칙에 해당하지 않는 것은?

① 가능하다면 중력을 이용한 운반 방법을 사용한다.
② 두 손의 동작은 같이 시작하고 같이 끝나도록 한다.
③ 휴식시간을 제외하고는 양손이 동시에 쉬지 않도록 한다.
④ 두 팔의 동작은 동시에 서로 반대방향으로 대칭적으로 움직이도록 한다.

해설
- ①은 작업장 배치의 원칙에 해당된다.

동작경제의 원칙 실기 1903/2103/2203
ⓘ 개요
- 작업자가 경제적인 동작을 통해 피로도를 감소시키면서도 능률을 향상시키게 하기 위한 원칙이다.
- 신체사용의 원칙, 작업장 배치의 원칙, 공구 및 설비 디자인의 원칙으로 분류된다.

- 동작을 가급적 조합하여 하나의 동작으로 한다.
- 동작의 수는 줄이고, 동작의 속도는 적당히 한다.

ⓛ 신체사용의 원칙 실기 2301
- 두 손의 동작은 동시에 시작해서 동시에 끝나야 한다.
- 휴식시간을 제외하고는 양손을 같이 쉬게 해서는 안 된다.
- 손의 동작은 유연하고 연속적인 동작이어야 한다.
- 동작이 급작스럽게 크게 바뀌는 직선 동작은 피해야 한다.
- 두 팔의 동작은 동시에 서로 반대방향으로 대칭적으로 움직이도록 한다.
- 탄도동작(Ballistics Movements)은 제한되거나 통제된 동작보다 더 신속하고 정확하다.

ⓒ 작업장 배치의 원칙 실기 1303/1701/2001/2002/2303/2402
- 가능하다면 낙하식 운반 방법을 이용한다.
- 작업이 용이하도록 적절한 조명을 비추어 준다.
- 공구나 재료는 작업동작이 원활하게 수행하도록 그 위치를 정해준다.
- 공구, 재료 및 제어장치는 사용하기 가까운 곳에 배치해야 한다.

ⓔ 공구 및 설비 디자인의 원칙 실기 1703
- 치구나 족답장치를 이용하여 양손이 다른 일을 할 수 있도록 한다.
- 공구의 기능을 결합하여 사용하도록 한다.
- 타자 칠 때와 같이 각 손가락이 서로 다른 작업을 할 때에는 작업량을 각 손가락의 능력에 맞게 배분해야 한다.

63

작업장 시설의 재배치, 기자재 소통상 혼잡지역 파악, 공정과정 중 역류현상 점검 등에 가장 유용하게 사용할 수 있는 공정도는?

① Gantt Chart
② Flow Diagram
③ Man-Machine Chart
④ Operation Process Chart

해설
- ①은 여러 가지 활동 계획의 시작시간과 예측 완료시간을 병행하여 시간축에 표시하는 도표이다.
- ③은 사람과 기계간의 복합작업을 분석하는 표로 작업자에게 최적의 경제적 기계 담당 대수를 결정하는 데 도움을 준다.
- ④는 자재가 공정으로 들어오는 지점 및 공정에서 행하여지는 작업기호와 검사기호만을 사용하여 공정 전체를 파악하기 위한 공정분석도표이다.

Flow Diagram
- 정체, 저장, 대기, Material Handling 등의 사항이 생산현장의 어느 위치에서 발생하는지 한눈에 알아볼 수 있도록 표시된 도표이다.
- 작업장 시설의 재배치, 기자재 소통상 혼잡지역 파악, 공정과정 중 역류현상 점검 등에 가장 유용하게 사용할 수 있는 공정도이다.

64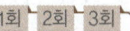

산업안전보건법령상 근골격계 부담작업 유해요인 조사에 관한 설명으로 옳지 않은 것은?

① 사업주는 유해요인 조사에 근로자 대표 또는 해당 작업 근로자를 참여시켜야 한다.
② 사업주는 근로자가 근골격계 부담작업을하는 경우 3년마다 유해요인 조사를 하여야 한다.
③ 신규 입사자가 근골격계 부담작업을 배치되는 경우 즉시 유해요인 조사를 실시해야 한다.
④ 신설되는 사업장의 경우 신설일로부터 1년 이내에 최초의 유해요인 조사를 실시해야 한다.

해설
- ③에서 유해요인 조사는 개개인의 입사시기와는 무관하게 진행된다.

유해요인 조사
㉠ 개요
- 산업안전보건법령상 사업주는 근로자가 근골격계 부담작업을 하는 경우에 3년마다 유해요인 조사를 하여야 한다.
- 신설되는 사업장의 경우에는 1년 이내에 최초의 유해요인 조사를 하여야 한다.
- 사업주는 유해요인조사에 근로자 대표 또는 해당 작업 근로자를 참여시켜야 한다.

㉡ 1개월 이내(수시) 조사해야 하는 경우 실기 1401/1701/1901/2401
- 임시건강진단 등에서 근골격계 질환자가 발생하였거나 근로자가 근골격계 질환으로 업무상 질병으로 인정받은 경우(근골격계 부담작업이 아닌 작업에서 근골격계 질환자가 발생하였거나 근골격계 부담작업이 아닌 작업에서 발생한 근골격계 질환에 대해 업무상 질병으로 인정받은 경우를 포함한다)
- 근골격계 부담작업에 해당하는 새로운 작업·설비를 도입한 경우
- 근골격계 부담작업에 해당하는 업무의 양과 작업공정 등 작업환경을 변경한 경우

65

표본의 크기가 충분히 크다면 모집단의 분포와 일치한다는 통계적 이론에 근거하여 인간 활동이나 기계의 가동상황 등을 무작위로 관측하여 측정하는 표준시간 측정방법은?

① Work Sampling 법
② Work Factor 법
③ PTS(Predetermined Time Standards) 법
④ MTM(Methods Time Measurement) 법

해설
- ②는 신체 동작의 난이도에 따라 다른 개수의 작업요인(work factor)를 부여하는 방법이다.
- ③은 사람이 행하는 작업을 기본 동작으로 분류하고, 각 기본 동작들은 동작의 성질과 조건에 따라 이미 정해진 기준 시간을 적용하여 전체 작업의 정미시간을 구하는 방법이다.
- ④는 작업을 여러 개의 기본동작으로 나누고 동작별 성질과 조건에 따라 시간치를 부여하는 방법이다.

워크 샘플링(work sampling)
㉠ 개요
- 표본의 크기가 충분히 크다면 모집단의 분포와 일치한다는 통계적 이론에 근거한다.
- 간헐적으로 랜덤한 시점에서 연구대상을 순간적으로 관측하여 대상이 처한 상황을 파악하고 이를 토대로 관측시간 동안에 나타난 항목별로 차지하는 비율을 추정하는 방법이다.
- 조사기간을 길게 하여 평상시의 작업현황을 그대로 반영시킬 수 있어 사이클이 긴 작업에 주로 사용한다.
- 확률이론인 이항분포를 따른다.

㉡ 장점
- 특별한 시간 측정 장비가 별도로 필요하지 않는 간단한 방법이다.
- 관측이 순간적으로 이루어져 작업에 방해가 적다.
- 한 사람의 평가사가 동시에 여러 작업을 측정할 수 있다.
- 자료수집이나 분석에 필요한 순수시간이 다른 시간연구방법에 비하여 짧다.
- 작업자가 의식적으로 행동하는 일이 적어 결과의 신뢰수준이 높다.
- 샘플링오차는 관측횟수를 증가시킴으로써 감소될 수 있다.

㉢ 단점
- 작업 방법이 변화되는 경우에는 전체적인 연구를 새로 해야 한다.
- 시간연구법 등에 비해 정밀도가 떨어진다.
- 짧은 주기 및 반복작업에 부적합하다.

66

문제분석 도구 중 빈도수가 큰 항목부터 차례대로 나열하는 방법으로 불량이나 사고의 원인이 되는 항목을 찾아내는 기법은?

① 간트 차트
② 특성요인도
③ PERT 차트
④ 파레토 차트

해설
- ①은 여러 가지 활동 계획의 시작시간과 예측 완료시간을 병행하여 시간축에 표시하는 도표이다.
- ②는 어떤 결과에 영향을 미치는 크고 작은 요인들을 계통적으로 파악하기 위해 재해와 원인의 관계를 도표화하여 재해 발생 원인을 분석하는 작업분석 도구이다.
- ③은 일정계획에서 사용되는 간트도표의 단점을 보완하여 활동의 소요시간은 베타분포를 따른다고 가정한 기법이다.

■■ 파레토도
- 작업관리의 문제분석 도구로서, 가로축에 항목, 세로축에 항목별 점유비율과 누적비율로 막대-꺾은선 혼합 그래프를 중점관리항목을 도출할 목적으로 활용하는 도구이다.
- 현장의 개선활동에 있어서 소수 중점 원인을 찾기 위한 도구로서 사용된다.
- 80~20의 원칙에 기초하여 빈도수별로 나열한 항목별 점유와 누적비율에 따라 불량이나 사고의 원인이 되는 중요 항목을 찾아가는 기법이다.
- 80~20의 원칙이란 20%의 항목이 전체의 80%를 차지한다는 개념이다.
- 가장 큰 값부터 순서대로 나열하며, 기타항목은 맨 오른쪽에 배치한다.

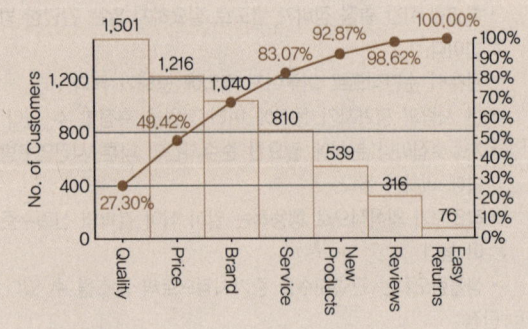
⟨Fators Influencing Purchase Decisions⟩

67

근골격계 질환 예방·관리 교육에서 사업주가 모든 작업자 및 관리감독자를 대상으로 실시하는 기본교육 내용에 해당되지 않는 것은?

① 근골격계 질환 발생 시 대처요령
② 근골격계 부담작업에서의 유해요인
③ 예방·관리 프로그램의 수립 및 운영 방법
④ 작업도구와 장비 등 작업시설이 올바른 사용 방법

해설
- ②는 예방관리 추진팀 참여자를 대상으로 하는 전문 교육의 내용에 해당된다.

■■ 예방·관리 교육 중 기본교육
- ㉠ 대상 : 모든 근로자 및 관리감독자
- ㉡ 내용
  - 근골격계 부담작업에서의 유해요인
  - 작업도구와 장비 등 작업시설의 올바른 사용방법
  - 근골격계 질환의 증상과 징후 식별 및 보고방법
  - 근골격계 질환 발생 시 대처요령
  - 기타 근골격계 질환 예방에 필요한 사항
- ㉢ 교육시기
  - 최초 교육은 도입 후 6개월 이내
  - 정기교육은 이후 매 3년마다
  - 근골격계 질환 증상과 징후 식별 및 보고방법은 매년1회 이상 실시
  - 근로자 채용 시나 처음 배치된 자는 작업배치 전에 교육 실시
- ㉣ 교육시간
  - 2시간 이상 실시
  - 새로운 설비의 도입 및 작업방법 변경 시 (1시간 이상 추가 교육)
  - 전문교육을 이수한 팀원이 교육하거나 관계전문가 의뢰 실시

68

근골격계 질환의 발생원인을 개인적 특성요인과 작업 특성요인으로 구분할 때, 개인적 특성요인에 해당하는 것은?

① 반복적인 동작
② 무리한 힘의 사용
③ 작업방법 및 기술수준
④ 동력을 이용한 공구 사용 시 진동

> [해설]
> - ③은 작업 특성요인이 아닌 작업자 개인의 특성에 해당한다.
> - :: 근골격계 질환 실기 1803/2101/2302/2303
>   ⊙ 개요
>   - 반복적인 동작, 부적절한 작업자세, 무리한 힘의 사용, 날카로운 면과의 신체접촉, 진동 및 온도 등의 요인에 의하여 발생하는 건강장해로서 목, 어깨, 허리, 팔·다리의 신경·근육 및 그 주변 신체조직 등에 나타나는 질환을 말한다.
>   ⓒ 원인 실기 1603/1901/1903/2101/2201/2301
>   - 질환의 원인은 개인적 특성 요인, 작업특성 요인, 사회 심리적 요인 등으로 구분한다.
>   - 개인적 특성 요인에는 작업자 개인의 과거병력, 연령, 성별, 키, 몸무게, 작업방법 및 기술수준 등이 있다.
>   - 직접적인 작업특성 위험요인에는 작업강도, 작업자세, 작업의 반복도, 부적절한 휴식 등이 있다.
>   - 사회심리적 요인에는 직무스트레스, 비효율적 의사소통, 작업에 대한 만족도, 인간관계 등이 있다.

69 ● Repetitive Learning 1회 2회 3회

1101/1701

근골격계 질환의 예방원리에 관한 설명으로 옳은 것은?

① 예방보다는 신속한 사후조치가 더 효과적이다.
② 작업자의 신체적 특성 등을 고려하여 작업장을 설계한다.
③ 공학적 개선을 통해 해결하기 어려운 경우에는 그 공정을 중단해야 한다.
④ 사업장 근골격계 예방정책에 노사가 협의하면 작업자의 참여는 중요치 않다.

> [해설]
> - ① 예방이 최선의 정책이다.
> - ③ 작업환경 개선방법은 공학적 개선과 관리적 개선 등이 있다. 공학적 개선으로 해결이 힘들면 관리적 개선 등 다른 방안을 찾도록 한다.
> - ④ 노사가 협의하였다고 하더라도 작업자의 참여는 가장 중요한 요소이다.
> - :: 근골격계 질환의 사전예방을 위한 적합한 관리대책
>   - 충분한 휴식시간의 제공과 스트레칭 프로그램의 도입
>   - 적절한 공구의 사용 및 올바른 작업방법에 대한 작업자 교육
>   - 작업자의 신체적 특성과 작업내용을 고려한 작업장 구조의 인간공학적 개선
>   - 적합한 노동강도에 대한 평가
>   - 공학적 개선과 관리적 개선을 통한 작업환경 개선
>   - 예방이 최선의 정책이므로 질환 예방을 위한 최선의 노력
>   - 작업순환(Job Rotation)과 작업 확대를 통하여 한 작업자가 할 수 있는 일의 다양성을 확보

70 ● Repetitive Learning 1회 2회 3회

작업관리에 관한 내용으로 옳지 않은 것은?

① 작업연구에는 시간연구, 동작연구, 방법연구가 있다.
② 방법연구는 테일러에 의해 시작, 길브레스에 의해 더욱 발전되었다.
③ 작업관리는 생산과정에서 인간이 관여하는 작업을 주 연구대상으로 한다.
④ 작업관리는 생산 활동의 여러 과정 중 작업 요소를 조사, 연구하여 합리적인 작업 방법을 설정하는 것이다.

> [해설]
> - ②에서 방법연구는 길브레스 부부에 의해 시작되었고, 테일러에 의해 더욱 발전되었다.
> - :: 인간공학에 있어 작업관리
>   - 생산성 향상을 목적으로 경제적인 작업방법을 연구하는 작업연구와 표준작업시간을 결정하기 위한 작업측정으로 구분할 수 있다.
>   - 생산성과 함께 작업자의 안전과 건강을 함께 추구한다.
>   - 생산과정에서 인간이 관여하는 작업을 주 연구대상으로 한다.
>   - 정확한 작업측정을 통한 작업개선, 공정개선을 통한 작업 편리성 향상, 표준시간 설정을 통한 작업효율 관리 등을 수행한다.

71 ● Repetitive Learning 1회 2회 3회

입식 작업대에서 무거운 물건을 다루는 작업(중작업)을 할 때 다음 중 작업대의 높이로 가장 적절한 것은?

① 작업자의 팔꿈치 높이로 한다.
② 작업자의 팔꿈치 높이보다 10 ~ 20cm 정도 높게 한다.
③ 작업자의 팔꿈치 높이보다 5 ~ 10cm 정도 낮게 한다.
④ 작업자의 팔꿈치 높이보다 10 ~ 30cm 정도 낮게 한다.

> [해설]
> - 중작업의 경우 팔꿈치 높이보다 10 ~ 30cm 낮게 한다.
> - :: 서서하는 작업대 높이
>   - 서서하는 작업대의 높이는 높낮이 조절이 가능하여야 하며, 작업대의 높이는 팔꿈치를 기준으로 한다.
>   - 정밀작업의 경우 팔꿈치 높이보다 약간(5 ~ 15cm) 높게 한다.
>   - 경작업의 경우 팔꿈치 높이보다 5 ~ 10cm 낮게 한다.
>   - 중작업의 경우 팔꿈치 높이보다 10 ~ 30cm 낮게 한다.
>   - 정밀한 작업이나 장기간 수행하여야 하는 작업은 좌식 작업대가 바람직하다.

72

작업관리의 문제해결 방법으로 전문가 집단의 의견과 판단을 추출하고 종합하여 집단적으로 판단하는 방법은?

① SEARCH의 원칙
② 브레인스토밍(Brainstorming)
③ 마인드 맵핑(Mind Mapping)
④ 델파이 기법(Delphi Technique)

해설
- ①은 문제해결 대안 도출의 기준이 되는 원칙으로 단순화(S), 불필요한 작업제거(E), 순서변경(A), 요구조건(R), 작업결합(C), 얼마나 자주(H)를 말한다.
- ②는 타인의 의견을 바탕으로 자유롭게 발상하고 발언하며, 발언에 미숙한 사람도 참가하여 타인의 의견을 같은 수준에서 받아들여 아이디어를 내는 방법이다.
- ③은 원과 직선을 이용하여 아이디어 문제, 개념 등을 개괄적으로 빠르게 설정할 수 있도록 도와주는 연역적 추론 기법이다.

델파이 기법(Delphi Technique)
- 전문가의 경험적 지식을 통한 문제해결 및 미래예측을 위한 기법이다.
- 작업관리에 있어 대안의 도출방법으로 가장 많이 사용된다.
- 전문가 집단의 의견과 판단을 추출하고 종합하여 집단적으로 판단하는 방법이다.

73

Work Factor에서 고려하는 4가지 시간 변동요인이 아닌 것은?

① 동작 타임
② 신체 부위
③ 인위적 조절
④ 중량이나 저항

해설
- ①은 동작 거리가 되어야 한다.

Work Factor에서 고려하는 4가지 시간 변동요인

신체 부위	손가락, 손, 팔, 몸통, 발, 다리, 머리 등
동작 거리	
중량이나 저항	
인위적 조절정도	조절(S), 주의(P), 방향 변경(U), 일정한 정지(D)

74

영상표시 단말기(VDT) 취급작업자 작업관리지침상 취급작업자의 작업자세로 적절하지 않은 것은?

① 손목은 일직선이 되도록 한다.
② 화면과의 거리는 최소 40cm 이상이 확보되어야 한다.
③ 화면상의 시야범위는 수평선상에서 10 ~ 15° 위에 오도록 한다.
④ 위팔(upper arm)은 자연스럽게 늘어뜨리고, 팔꿈치의 내각은 90° 이상이 되어야 한다.

해설
- 작업자의 시선은 수평선상으로부터 아래로 10 ~ 15° 이내로 한다.

영상표시 단말기(VDT) 취급작업자 작업자세
- 손목은 일직선이 되도록 한다.
- 화면과의 거리는 최소 40cm 이상이 확보되어야 한다.
- 작업자의 시선은 수평선상으로부터 아래로 10 ~ 15° 이내로 한다.
- 위팔(upper arm)은 자연스럽게 늘어뜨리고, 팔꿈치의 내각은 90° 이상이 되어야 한다.
- 작업자의 손목을 지지해 줄 수 있도록 작업대 끝면과 키보드의 사이는 15센티미터 이상을 확보하고 손목의 부담을 경감할 수 있도록 적절한 받침대(패드)를 이용하도록 한다.
- 키보드에 손을 얹었을 때 팔꿈치 각도는 90° 내외가 좋다.
- 의자에 앉은 상태에서 화면을 바라보는 몸통의 각도는 90°를 약간 상회하는 자세가 좋다.
- 키보드에 손을 얹었을 때 팔의 외전은 15 ~ 20°가 적당하다.

75

각 한명의 작업자가 배치되어 있는 3개의 라인으로 구성된 공정의 공정시간이 각각 3분, 5분, 4분일 때 공정효율은?

① 65%
② 70%
③ 75%
④ 80%

해설
- 주기시간은 5분, 작업수는 3개, 총작업시간은 12분, 총유휴시간은 15−12=3분, 공정효율은 12/15=0.8, 공정손실은 3/15=0.20이다.

주기시간과 공정효율
- 주기시간은 작업시간이 가장 오래 걸리는 애로공정의 작업시간을 말한다.
- 애로작업이란 작업시간이 가장 긴 작업을 말한다.
- 공정효율은 총작업시간/(작업수×주기시간)으로 구한다.
- 총유휴시간은 (작업수×주기시간)−(총작업시간)이다.

- 공정손실은 총유휴시간/(작업수×주기시간)으로 구한다.
- 공정효율과 공정손실의 합은 1이다.

76

어느 회사가 외경법을 기준으로 10%의 여유율을 제공한다. 8시간 동안 한 작업자를 워크 샘플링한 결과가 다음 표와 같다. 이 작업자의 수행도 평가 결과 110%였다. 청소 작업의 표준 시간은 약 얼마인가?

요소 작업	관측 횟수
적재	15
이동	15
청소	5
유휴	15
합계	50

① 7분
② 58분
③ 74분
④ 81분

해설
- 청소확률은 50번 관측 중 5번 발견되었으므로 5/50=0.1이 된다.
- 청소 작업시간은 0.1×8시간(480분)=48분이다.
- 수행도 평가가 110%이므로 정미시간은 48분×110%=52.8분이 된다.
- 외경법으로 표준시간=52.8분×(1+0.1)=58.08분이다.

❖ 표준시간 실기 1501/1503/1603/1703/2002/2003/2103/2402/2403

㉠ 개요
- 8시간의 정상작업을 기준으로 하여 일정한 작업조건에서 일정한 방법에 따라 보통 정도의 작업자가 정상적인 속도로 작업을 수행하는데 걸리는 시간을 말한다.
- 표준시간 측정에 사용하는 DM(decimal minute)은 1DM이 0.6초이다.
- 표준시간은 정미시간+여유시간으로 구한다.
- 정미시간은 관측시간의 평균치×R(레이팅 계수)로 구한다.
- 객관적 레이팅에서의 표준시간=관측 평균시간×(1차 평가 계수)×(1+2차 조정계수)×(1+여유율)로 구한다.
- 외경법의 경우 표준시간=정미시간×(1+여유율)로 구한다.
- 내경법의 경우 표준시간=정미시간/(1−여유율)로 구한다.

㉡ 여유율
- 외경법은 작업여유율=여유시간/정미시간(근무시간−여유시간)을 적용한다.
- 내경법은 근무여유율=여유시간/근무시간(정미시간+여유시간)을 적용한다.

77

NIOSH Lifting Equation의 변수와 결과에 대한 설명으로 옳지 않은 것은?

① 수평거리 요인이 변수로 작용한다.
② 권장무게한계(RWL)의 최대치는 23kg이다.
③ LI(들기지수) 값이 1 이상이 나오면 안전하다.
④ 빈도 계수의 들기 빈도는 평균적으로 분당 들어 올리는 횟수(회/분)를 나타낸다.

해설
- 들기지수가 1을 초과하는 경우 추천 무게를 넘는 것으로 간주한다.

❖ NIOSH 들기지수(LI) 실기 1503/1601/1603/1701/1801/1803/1901/2001/2002/2003/2201/2203/2301/2302/2403
- NIOSH의 중량물 취급지수를 말한다.
- 들기지수가 1을 초과하는 경우 추천 무게를 넘는 것으로 간주한다.
- 40대 여성의 들기 능력의 50퍼센타일을 기준으로 하였다.
- 물체의 무게(kg) / RWL(kg)으로 구한다. 이때 RWL은 추천 중량한계로 들기 편한 정도의 값이다.
- RWL=23kg×HM×VM×DM×AM×FM×CM으로 구한다(HM은 수평계수, VM은 수직계수, DM은 거리계수, AM은 비대칭성계수, FM은 빈도계수, CM은 결합계수를 의미한다).
- RWL 계수는 0~1 사이의 값으로 1에 가까울수록 최적의 조건이 된다.

78

비효율적인 서블릭(Therblig)에 해당하는 것은?

① 계획(Pn)
② 조립(A)
③ 사용(U)
④ 쥐기(G)

해설
- ①의 계획(Pn)은 비효율적 서블릭에 해당된다.

❖ 서블릭(Therblig) 실기 1303/2001/2003/2201/2203/2301
- 동작 단위 중 손의 움직임과 관련된 동작을 분석하기 위해 만든 개념이다.
- 길브레스(Gilbreth) 부부가 제안한 것으로 그들의 성을 거꾸로 해서 만든 것이다.
- 작업 시 동작분석과정에서 시간은 스톱워치로 측정한다.
- 카메라 분석을 통하여 파악할 수 있다.
- 18개의 동작 중 17가지만 기호로 이용된다.

효율적 서블릭	• 기본동작 : 빈손이동(TE), 쥐기(G), 운반(TL), 내려 놓기(RL), 미리놓기(PP) • 동작목적 : 조립(A), 사용(U), 분해(DA)
비효율적 서블릭	• (반)정신적 : 찾기(SH), 고르기(ST), 검사(I), 바로놓기(P), 계획(Pn) • 정체 : 휴식(R), 피할 수 있는 지연(AD), 잡고있기(H), 불가피한 지연(UD)

79

작업방법 설계 시 고려해야 할 사항으로 옳지 않은 것은?

① 눈동자의 움직임을 최소화한다.
② 동작을 천천히 하여 최대 근력을 얻도록 한다.
③ 최대한 발휘할 수 있는 힘의 30% 이하로 유지한다.
④ 가능하다면 중력 방향으로 작업을 수행하도록 한다.

해설
• ③에서 최대한 발휘할 수 있는 힘의 15% 이하로 유지한다.
•• 작업방법 설계 시 고려해야할 사항
  • 눈동자의 움직임을 최소화한다.
  • 동작을 천천히 하여 최대 근력을 얻도록 한다.
  • 최대한 발휘할 수 있는 힘의 15% 이하로 유지한다.
  • 가능하다면 중력 방향으로 작업을 수행하도록 한다.
  • 자주, 짧게라도 휴식을 갖도록 한다.

80

근골격계 부담작업에 해당하지 않는 작업은?

① 하루에 10회 이상 25kg 이상의 물체를 드는 작업
② 하루에 총 2시간 이상, 분당 2회 이상 4.5kg 이상의 물체를 드는 작업
③ 하루에 2시간 이상 집중적으로 자료입력 등을 위해 키보드 또는 마우스를 조작하는 작업
④ 하루에 총 2시간 이상 목, 어깨, 팔꿈치, 손목 또는 손을 사용하여 같은 동작을 반복하는 작업

해설
• ③에서 집중적으로 자료입력 등을 위해 키보드 또는 마우스를 조작하는 하루에 4시간 이상의 작업이어야 한다.
•• 근골격계 부담작업
  • 하루에 4시간 이상 집중적으로 자료입력 등을 위해 키보드 또는 마우스를 조작하는 작업
  • 하루에 총 2시간 이상 목, 어깨, 팔꿈치, 손목 또는 손을 사용하여 같은 동작을 반복하는 작업
  • 하루에 총 2시간 이상 머리 위에 손이 있거나, 팔꿈치가 어깨 위에 있거나, 팔꿈치를 몸통으로부터 들거나, 팔꿈치를 몸통뒤쪽에 위치하도록 하는 상태에서 이루어지는 작업
  • 지지되지 않은 상태이거나 임의로 자세를 바꿀 수 없는 조건에서, 하루에 총 2시간 이상 목이나 허리를 구부리거나 트는 상태에서 이루어지는 작업
  • 하루에 총 2시간 이상 쪼그리고 앉거나 무릎을 굽힌 자세에서 이루어지는 작업
  • 하루에 총 2시간 이상 지지되지 않은 상태에서 1kg 이상의 물건을 한손의 손가락으로 집어 옮기거나, 2kg 이상에 상응하는 힘을 가하여 한손의 손가락으로 물건을 쥐는 작업
  • 하루에 총 2시간 이상 지지되지 않은 상태에서 4.5kg 이상의 물건을 한 손으로 들거나 동일한 힘으로 쥐는 작업
  • 하루에 10회 이상 25kg 이상의 물체를 드는 작업
  • 하루에 25회 이상 10kg 이상의 물체를 무릎 아래에서 들거나, 어깨 위에서 들거나, 팔을 뻗은 상태에서 드는 작업
  • 하루에 총 2시간 이상, 분당 2회 이상 4.5kg 이상의 물체를 드는 작업
  • 하루에 총 2시간 이상 시간당 10회 이상 손 또는 무릎을 사용하여 반복적으로 충격을 가하는 작업

2020년 제3회

2020년 8월 22일

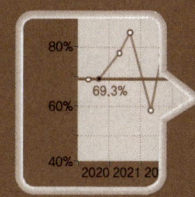
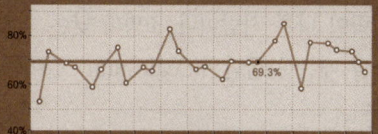

20년 3회차 필기시험 합격률 69.3%

1과목 인간공학개론

01
회전운동을 하는 조종장치의 레버를 40° 움직였을 때 표시장치의 커서는 3cm 이동하였다. 레버의 길이가 15cm일 때 이 조종장치의 C/R비는 약 얼마인가?

① 2.62 ② 3.49
③ 8.33 ④ 10.48

해설

- 회전 조종구의 C/D비 = $\dfrac{2\times \pi(3.14)\times r(\text{반지름})\times \left(\dfrac{\text{각도}}{360}\right)}{\text{표시계기의 변위량}}$ 으로 구한다.
- 레버를 40°, 표시장치는 3cm, 레버의 길이가 15cm이므로 반지름도 15cm이므로 대입하면 C/D비는 $\dfrac{2\times 3.14 \times 15 \times \left(\dfrac{40}{360}\right)}{3} = 3.4888$ …이다.

❖ **통제표시비 : C/D(C/R)비** 〔실기〕1301/1403/1501/1503/1601/1701/1803/1901/2002/2003/2101/2103/2203/2301/2303/2401

㉠ 개요
- 통제장치의 변위량과 표시장치의 변위량과의 관계를 나타낸 비율로 C/D비, 조종과 반응의 비라고 하여 C/R비라고도 한다.
- C/D = $\dfrac{\text{통제기기의 변위량}}{\text{표시계기의 변위량}}$ 으로 구한다.
- 회전 조종구의 C/D비
  = $\dfrac{2\times \pi(3.14)\times r(\text{반지름})\times \left(\dfrac{\text{각도}}{360}\right)}{\text{표시계기의 변위량}}$ 으로 구한다.

㉡ 특징
- C/R비가 작아진다는 것은 민감한 장치화 되어 조종시간 = 제어시간이 길어지지만 수행시간이 짧아진다는 의미이다.
- C/R비가 크다는 것은 미세한 조종은 쉽지만 수행시간은 상대적으로 길다.
- 통제기기 시스템에서 발생하는 조작시간의 지연은 직접적으로 통제표시비가 가장 크게 작용하고 있다.

02
사용자의 기억 단계에 대한 설명으로 옳은 것은?

① 잔상은 단기기억(Short-team memory)의 일종이다.
② 인간의 단기기억(Short-team memory) 용량은 유한하다.
③ 장기기억을 작업기억(Working memory) 이라고도 한다.
④ 정보를 수초동안 기억하는 것을 장기기억(Long-team memory) 이라 한다.

해설

- 인간의 단기기억 용량은 보통 7청크이며, 학습을 통해 장기기억으로 전환되기는 하지만 단기기억의 용량이 커지지는 않는다.

❖ **인간의 기억체계**
- 인간의 기억은 감각저항, 단기기억, 장기기억으로 구분된다.
- 감각저항은 빠르게 사라지고 새로운 자극으로 대체된다.
- 단기기억을 장기기억으로 이전시키려면 리허설이 필요하다.
- 단기기억의 정보는 시각적, 청각적으로 부호화되고 추후 언어 의미적 부호로 변환된다.
- 인간의 단기기억 용량은 보통 7청크이며, 학습을 통해 장기기억으로 전환되기는 하지만 단기기억의 용량이 커지지는 않는다.
- 단기기억에 있는 내용을 반복하여 학습(research)하면 장기기억으로 저장된다.

정답 | 01 ② 02 ②

03

정량적 표시장치(Quantitative display)에 대한 설명으로 옳지 않은 것은?

① 시력이 나쁜 사람이나 조명이 낮은 환경에서 계기를 사용할 때는 눈금단위(Scale unit) 길이를 크게 하는 편이 좋다.
② 기계식 표시장치에는 원형, 수평형, 수직형 등의 아날로그 표시장치와 디지털 표시장치로 구분된다.
③ 아날로그 표시장치의 눈금단위(Scale unit) 길이는 정상 가시거리를 기준으로 정상 조명 환경에서는 1.3mm 이상이 권장된다.
④ 아날로그 표시장치는 눈금이 고정되고 지침이 움직이는 동목(Moving scale)형과 지침이 고정되고 눈금이 움직이는 동침(Moving pointer)형으로 구분된다.

해설
- ④에서 눈금이 고정되고 지침이 움직이는 것은 동침형이고, 지침이 고정되고 눈금이 움직이는 것은 동목형이다.
- **정량적 표시장치(Quantitative display)**
  - 기계식 표시장치에는 원형, 수평형, 수직형 등의 아날로그 표시장치와 디지털 표시장치로 구분된다.
  - 아날로그 표시장치는 눈금이 고정되고 지침이 움직이는 동침(Moving pointer)형과 지침이 고정되고 눈금이 움직이는 동목(Moving scale)형으로 구분된다.
  - 아날로그 표시장치의 눈금단위(Scale unit) 길이는 정상 가시거리(71cm)를 기준으로 정상 조명 환경에서는 1.3mm 이상이 권장된다.
  - 시력이 나쁜 사람이나 조명이 낮은 환경에서 계기를 사용할 때는 눈금단위(Scale unit) 길이를 크게 하는 편이 좋다.
  - 기본 눈금선 수열은 0, 10, 20, …로 표시되는 것이 좋다.

04

작업장에서 인간공학을 적용함으로써 얻게 되는 효과를 볼 수 없는 것은?

① 회사의 생산성 증가
② 작업손실 시간의 감소
③ 노·사간의 신뢰성 저하
④ 건강하고 안전한 작업조건 마련

해설
- 인간공학을 적용하면 노·사간의 신뢰성은 더욱 강화된다.
- **인간공학(Ergonomics)**
  ㉠ 개요
  - "Ergon(작업)+nomos(법칙)+ics(학문)"이 조합된 단어로 Human factors, Human engineering이라고도 한다.
  - 인간의 특성과 한계 능력을 공학적으로 분석, 평가하여 이를 복잡한 체계의 설계에 응용함으로 효율을 최대로 활용할 수 있도록 하는 학문분야이다.
  - 인간이 사용하는 물건, 설비, 환경의 설계에 인간의 생리적, 심리적인 면에서의 특성이나 한계점을 고려함으로써 인간-기계 시스템의 안전성과 편리성, 효율성을 높이는 학문분야이다.
  ㉡ 적용분야
  - 제품설계
  - 재해·질병 예방
  - 장비·공구·설비의 배치
  - 작업장 내 조사 및 연구

05

다음 중 기능적 인체치수(Functional body dimension) 측정에 대한 설명으로 가장 적합한 것은?

① 앉은 상태에서만 측정하여야 한다.
② 5~95%tile에 대해서만 정의된다.
③ 신체 부위의 동작범위를 측정하여야 한다.
④ 움직이지 않는 표준자세에서 측정하여야 한다.

해설
- ②는 인체 측정치의 적용시 조절의 원칙에 대한 설명이다.
- ④는 정적 구조적 인체치수에 대한 설명이다.
- **기능적 치수(Functional dimension)=동적 치수 측정**
  - 산업현장에서 필요한 인체치수와 같이 움직이는 몸의 동작을 측정한 인체치수이다.
  - 상지나 하지 등 신체 부위의 동작범위를 측정한다.

06

음의 한 성분이 다른 성분의 청각감지를 방해하는 현상은?

① 은폐효과
② 밀폐효과
③ 소멸효과
④ 도플러효과

해설

- ④는 발음원이 이동할 때 그 진행방향 쪽에서는 원래 발음원의 음보다 고음으로, 진행방향 반대쪽에서는 저음으로 되는 현상을 말한다.
- 은폐효과는 사무실의 자판 소리 때문에 말소리가 묻히는 경우와 같이 내부음성 또는 작업과 관련된 음향신호가 은폐 음에 의해 방해받는 현상을 말한다.

은폐(Masking)효과
- 음의 한 성분이 다른 성분에 대한 귀의 감수성을 감소시키는 상황을 말한다.
- 사무실의 자판 소리 때문에 말소리가 묻히는 경우와 같이 내부음성 또는 작업과 관련된 음향신호가 은폐 음에 의해 방해받는 현상을 말한다.
- 피은폐된 한 음의 가청역치가 다른 은폐된 음 때문에 높아지는 현상을 말한다.
- 은폐효과가 가장 큰 것은 음폐음과 배음의 주파수가 가까울 때이다.
- 소리가 들린다는 것을 확신할 수 있는 최소한의 음 강도는 은폐음보다 15dB 이상이어야 한다.

07
조종장치에 대한 설명으로 옳은 것은?

① C/R비가 크면 민감한 장치이다.
② C/R비가 작은 경우에는 조종장치의 조정시간이 적게 필요하다.
③ C/R비가 감소함에 따라 이동시간은 감소하고, 조종시간은 증가한다.
④ C/R비는 반응장치의 움직인 거리를 조종장치의 움직인 거리로 나눈 값이다.

해설
- ① C/R비가 작아야 민감한 장치이다.
- ② C/R비가 작다는 것은 민감한 장치로 조종시간=제어시간이 길지만 수행시간이 짧다.
- ④ C/R비는 조종장치의 움직인 거리를 반응장치의 움직인 거리로 나눈 값이다.

통제표시비 : C/D(C/R)비 1301/1403/1501/1503/1601/1701/1803/1901/2002/2003/2101/2103/2203/2301/2303/2401

㉠ 개요
- 통제장치의 변위량과 표시장치의 변위량과의 관계를 나타낸 비율로 C/D비, 조종과 반응의 비라고 하여 C/R비라고도 한다.
- $C/D = \dfrac{통제기기의\ 변위량}{표시계기의\ 변위량}$ 으로 구한다.

- 회전 조종구의 C/D비

$$= \dfrac{2 \times \pi(3.14) \times r(반지름) \times \left(\dfrac{각도}{360}\right)}{표시계기의\ 변위량}$$ 으로 구한다.

㉡ 특징
- C/R비가 작아진다는 것은 민감한 장치화 되어 조종시간=제어시간이 길어지지만 수행시간이 짧아진다는 의미이다.
- C/R비가 크다는 것은 미세한 조종은 쉽지만 수행시간은 상대적으로 길다.
- 통제기기 시스템에서 발생하는 조작시간의 지연은 직접적으로 통제표시비가 가장 크게 작용하고 있다.

08
연구 자료의 통계적 분석에 대한 설명으로 옳지 않은 것은?

① 최빈값은 자료의 중심 경향을 나타낸다.
② 분산은 자료의 퍼짐 정도를 나타내 주는 척도이다.
③ 상관계수 값 +1은 두 변수가 부의 상관 관계임을 나타낸다.
④ 통계적 유의수준 5%는 100번 중 5번 정도는 판단을 잘못하는 확률을 뜻한다.

해설
- ③에서 상관계수 값 +1은 두 변수가 정의 상관 관계임을 의미하고, 부의 상관 관계는 −1일 때를 말한다.

연구 자료의 통계적 분석
- 최빈값은 자료의 중심 경향을 나타낸다.
- 분산은 자료의 퍼짐 정도를 나타내 주는 척도이다.
- 상관계수 값 +1은 두 변수가 정의 상관 관계이고, −1일 때는 부의 상관 관계를 갖는다.
- 통계적 유의수준 5%는 100번 중 5번 정도는 판단을 잘못하는 확률을 뜻한다.

09
시각적 표시장치와 청각적 표시장치 중 청각적 표시장치를 사용하는 것이 더 유리한 경우는?

① 수신장소가 너무 시끄러운 경우
② 직무상 수신자가 한곳에 머무르는 경우
③ 수신자의 청각 계통이 과부하 상태일 경우
④ 수신장소가 너무 밝거나 암조응이 요구될 경우

해설

- ①, ②, ③은 시각적 표시장치가 유리한 경우에 해당한다.
- **시각적 표시장치와 청각적 표시장치의 비교** [실기] 1603/1803/1901/2101/2201/2203

시각적 표시장치	청각적 표시장치
• 수신 장소의 소음이 심한 경우 • 정보가 공간적인 위치를 다룬 경우 • 정보의 내용이 복잡하고 긴 경우 • 직무상 수신자가 한 곳에 머무르는 경우 • 메시지를 추후 참고할 필요가 있는 경우 • 정보의 내용이 즉각적인 행동을 요구하지 않는 경우	• 수신 장소가 너무 밝거나 암순응이 요구될 때 • 정보의 내용이 시간적인 사건을 다루는 경우 • 정보의 내용이 간단한 경우 • 직무상 수신자가 자주 움직이는 경우 • 정보의 내용이 후에 재참조되지 않는 경우 • 메시지가 즉각적인 행동을 요구하는 경우

ⓒ 반응편향 β
- 반응편향 $\beta = \dfrac{\text{신호의 길이}}{\text{소음의 길이}}$ 로 구한다.
- 신호에 의한 반응이 선형인 경우 판별력은 좋아진다.
- 신호검출이론에서 두 개의 정규분포 곡선이 교차하는 부분에 있는 기준점 β는 신호의 길이와 소음의 길이가 같으므로 1의 값을 가진다.
- 판정 기준은 β(신호/노이즈)이며, $\beta > 1$이며 보수적이고, $\beta < 1$이면 자유적이다.

ⓒ 민감도
- 민감도가 클수록 신호를 구분하기 쉽다.
- 잡음이 많을수록, 신호가 약하거나 분명하지 않을수록 d값은 작아진다.
- 민감도를 늘리기 위해서는 교육 훈련, 결과의 피드백, 신호의 비신호의 구별성 증가 등의 조치를 한다.

---

10 • Repetitive Learning 1회 2회 3회
1103/1703

신호검출이론(SDT)에서 신호의 유무를 판별함에 있어 4가지 반응 대안에 해당하지 않는 것은?

① 긍정(Hit)
② 누락(Miss)
③ 채택(Acceptation)
④ 허위(False alarm)

해설

- 신호의 유무를 판정함에 있어 반응대안은 4가지 긍정(Hit), 허위(False alarm), 누락(Miss), 부정(Correct rejection)으로 구분된다.
- **신호검출이론(Signal Detection Theory)** [실기] 1501/1503/1701/2001/2002/2003/2103/2303/2403
  ⓘ 개요
  - 불확실한 상황에서 선택하게 하는 방법으로 신호의 탐지는 관찰자의 반응편향과 민감도에 달려있다고 주장하는 이론이다.
  - 일반적으로 신호 검출 시 이를 간섭하는 소음이 있고, 신호와 소음을 쉽게 식별할 수 없는 상황에 신호검출이론이 적용된다.
  - 긍정(Hit), 허위(False alarm), 누락(Miss), 부정(Correct rejection)의 네 가지 결과로 나눌 수 있다.
  - 허위(False alarm)는 소음을 신호로, 누락(Miss)은 신호를 소음으로 판단한 결과이다.
  - 신호검출이론은 품질관리, 통신이론, 의학처방 및 심리학, 법정에서의 판정 등 다양하게 활용되고 있다.

---

11 • Repetitive Learning 1회 2회 3회

암조응(Dark adaptation)에 대한 설명으로 옳은 것은?

① 적색 안경은 암조응을 촉진한다.
② 어두운 곳에서는 주로 원추세포에 의하여 보게 된다.
③ 완전한 암조응을 위해 보통 1~2분 정도의 시간이 요구된다.
④ 어두운 곳에 들어가면 눈으로 들어오는 빛을 조절하기 위하여 동공이 축소된다.

해설

- ②에서 어두운 곳에서는 주로 간상세포에 의해 보게 된다.
- ③에서 암조응에 걸리는 시간은 30~40분 정도이다.
- ④에서는 눈으로 들어오는 빛을 받아들이기 위해 동공이 확대된다.
- **적응(순응)**
  - 적응(순응)은 밝은 곳에 있다가 어두운 곳에 들어설 경우 차츰 어둠에 적응하여 보이기 시작하는 특성을 말한다.
  - 암조응에 걸리는 시간은 30~40분, 명조응에 걸리는 시간은 1~3분 정도이다.
  - 적색 안경은 암조응을 촉진한다.

10 ③ 11 ①

12

다음에서 설명하고 있는 것은?

> 모든 암호 표시는 다른 암호 표시와 구별될 수 있어야 한다. 인접한 자극들 간에 적당한 차이가 있어 전부 구별 가능하더라도 인접 자극의 상이도는 암호 체계의 효율에 영향을 끼친다.

① 암호의 검출성(Detectability)
② 암호의 양립성(Compatibility)
③ 암호의 표준화(Standardization)
④ 암호의 변별성(Discriminability)

해설
- ①은 암호표시는 검출되어야 함을 말한다.
- ②는 인간의 기대와 모순되지 않아야 함을 말한다.
- ③은 기준이나 방법이 표준화되어야 함을 말한다.

암호화(Coding)
㉠ 개요
- 원래의 신호 정보를 새로운 형태로 변화시켜 표시하는 것을 말한다.
- 형상, 크기, 색채 등 작업자가 쉽게 기계 및 기구를 식별하도록 암호화한다.

㉡ 암호화 지침

검출성	감지가 쉬워야 한다.
표준화	표준화되어야 한다.
변별성	다른 암호 표시와 구별될 수 있어야 한다.
양립성	인간의 기대와 모순되지 않아야 한다.
부호의 의미	사용자가 그 뜻을 분명히 알 수 있어야 한다.
다차원의 암호 사용가능	두 가지 이상의 암호 차원을 조합해서 사용하면 정보전달이 촉진된다.

13

다음 그림은 Sanders와 McCormick이 제시한 인간-기계 통합 체계의 인간 또는 기계에 의해서 수행되는 기본 기능의 유형이다. 그림의 A부분에 가장 적합한 것은?

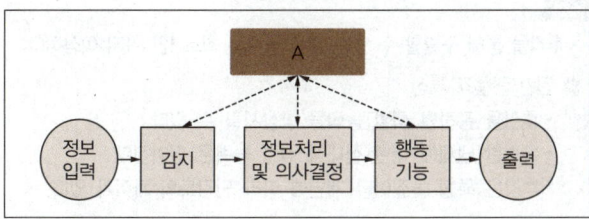

① 통신
② 정보수용
③ 정보보관
④ 신체제어

해설
- 인간-기계 체계의 기본기능에는 감지기능, 정보처리 및 의사결정기능, 행동기능, 정보보관기능(4대 기능), 출력기능 등이 있다.

인간-기계 체계
㉠ 개요
- 인간-기계 체계의 주목적은 안전의 최대화와 능률의 극대화에 있다.
- 인간-기계 체계의 기본기능에는 감지기능, 정보처리 및 의사결정기능, 행동기능, 정보보관기능(4대 기능), 출력기능 등이 있다.

㉡ 인간-기계 시스템의 5대 기능

감지기능	인체의 눈과 기계의 표시장치와 같은 감지 기능
정보처리 및 의사결정기능	회상, 인식, 정리 등을 통한 정보처리 및 의사결정 기능
행동기능	정보처리의 결과로 발생하는 조작행위(음성 등)
정보보관기능	정보의 저장 및 보관기능으로 위 3가지 기능 모두와 상호작용을 한다.
출력기능	시스템에서 의사 결정된 사항을 실행에 옮기는 과정

14

인간공학적 설계에서 사용하는 양립성(Compatibility)의 개념 중 인간이 사용한 코드와 기호가 얼마나 의미를 가진 것인가를 다루는 것은?

① 개념적 양립성
② 공간적 양립성
③ 운동 양립성
④ 양식 양립성

해설
- 양립성 중 인간이 가지는 개념과 일치하는 것을 다루는 것은 개념 양립성에 부합한다.

양립성(Compatibility) 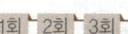 1703/2003/2402
㉠ 개요
- 인간의 기대하는 바와 자극 또는 반응들이 일치하는 관계를 말하는데 양립성이 적을수록 정보처리에서 재코드화 과정은 많아진다.
- 양립성의 효과가 크면 클수록, 코딩의 시간이나 반응의 시간은 짧아진다.
- 양립성의 종류에는 운동양립성, 공간양립성, 개념양립성, 양식양립성 등이 있다.

정답 12 ④ 13 ③ 14 ①

ⓒ **양립성의 종류와 개념** 실기 1403/1501/1603/1801/1903/2001/2101/2201
/2301/2303/2401/2403

공간 (Spatial) 양립성	• 표시장치와 이에 대응하는 조종 장치의 위치가 인간의 기대에 모순되지 않는 것 • 왼쪽 표시장치와 관련된 조종 장치는 왼쪽에, 오른쪽 표시장치에 관련된 조종 장치는 오른쪽에 위치하는 것
운동 (Movement) 양립성	조종 장치의 조작방향에 따라서 기계장치나 자동차 등이 움직이는 것
개념 (Conceptual) 양립성	• 인간이 가지는 개념과 일치하게 하는 것 • 적색 수도꼭지는 온수, 청색 수도꼭지는 냉수를 의미하는 것이나 위험신호는 빨간색, 주의신호는 노란색, 안전신호는 파란색으로 표시하는 것
양식 (Modality) 양립성	문화적 관습에 의해 생기는 양립성 혹은 직무에 관련된 자극과 이에 대한 응답 등으로 청각적 자극 제시와 이에 대한 음성응답 과업에서 갖는 양립성

1103/1601
15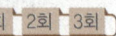

지하철이나 버스의 손잡이 설치 높이를 결정하는데 적용하는 인체치수 적용원리는?

① 평균치 원리 ② 최소치 원리
③ 최대치 원리 ④ 조절식 원리

해설
• 지하철이나 버스의 손잡이는 키가 작은 사람도 잡을 수 있도록 하여야 하므로 최소치 원리를 적용한다.
❖ **극단치 설계 방법** 실기 1601/1603/1801/2003/2201
• 조작자와 제어버튼 사이의 거리, 조작에 필요한 힘, 비상벨의 위치, 지하철이나 버스의 손잡이 높이는 최소 집단치(5% 하위 백분위 수)를 설계 기준으로 한다.
• 출입문의 높이, 탈출구, 의자의 높이, 좌석 간의 거리, 통로의 벽, 와이어로프의 사용중량, 위험구역 울타리 등은 최대 집단치(5% 상위 백분위 수)를 설계 기준으로 한다.

1201/1801
16

시스템의 평가척도 유형으로 볼 수 없는 것은?

① 인간 기준(Human criteria)
② 관리 기준(Management criteria)
③ 시스템 기준(System-descriptive criteria)
④ 작업성능 기준(Task performance criteria)

해설
• 시스템의 평가척도 유형에는 인간 기준, 시스템 기준, 작업성능 기준에 의해 평가가 있다.
❖ **시스템의 평가척도 유형**
• 인간 기준(Human criteria) : 인간행동 평가
• 시스템 기준(System-descriptive criteria) : 목표 달성에 대한 평가
• 작업성능 기준(Task performance criteria) : 작업성능에 대한 효율 평가

0803/1703
17

실현 가능성이 같은 N개의 대안이 있을 때 총 정보량(H)을 구하는 식으로 옳은 것은?

① $H = \log N^2$ ② $H = \log_2 N$
③ $H = 2\log_2 N^2$ ④ $H = \log 2N$

해설
• 대안이 n개인 경우의 정보량은 $\log_2 n$으로 구한다.
❖ **정보량** 실기 1401/2301/2303
• 대안이 n개인 경우의 정보량은 $\log_2 n$으로 구한다.
• 특정 안이 발생할 확률이 $p(x)$라면 정보량은 $\log_2 \frac{1}{p(x)}$로 구한다.
• 여러 안이 발생할 경우의 총 정보량은 [개별 확률×개별 정보량의 합]과 같다.

1503/1301
18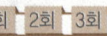

인간의 후각 특성에 대한 설명으로 옳지 않은 것은?

① 훈련을 통하면 식별 능력을 향상시킬 수 있다.
② 특정한 냄새에 대한 절대적 식별 능력은 떨어진다.
③ 후각은 특정 물질이나 개인에 따라 민감도의 차이가 있다.
④ 후각은 훈련을 통하여 구별할 수 있는 일상적인 냄새의 수는 최대 7가지 종류이다.

해설
• 후각을 통해 구별할 수 있는 냄새의 수는 최소 1만 가지 이상이다.
❖ **인간의 후각 특성**
• 훈련을 통하면 식별 능력을 향상시킬 수 있다.
• 특정한 냄새에 대한 절대적 식별 능력은 떨어진다.
• 후각은 특정 물질이나 개인에 따라 민감도의 차이가 있다.

- 후각을 통해 구별할 수 있는 냄새의 수는 최소 1만 가지 이상이다.
- 특정 냄새의 절대 식별 능력은 떨어지나 상대적 비교능력은 우수한 편이다.

해설
- 종이의 반사율 0.7, 글자의 반사율 0.15이므로 휘도대비는
$\frac{0.7-0.15}{0.7} \times 100 = \frac{0.55}{0.7} \times 100 = 78.57[\%]$이다.

☗ 실내 면 반사율 실기 1503
㉠ 개요
- 빛을 포함한 여러 종류의 복사파가 물체의 표면에서 어느 정도 반사되는지를 나타낸다.
- 반사율 = $\frac{광도}{조도} \times 100$로 구한다.
- 옥내 조명에서 최적 반사율의 크기는 바닥<가구<벽<천장 순으로 커진다.
- 반사율이 각각 L_a, L_b인 두 물체의 대비는 $\frac{L_a - L_b}{L_a} \times 100$으로 구한다.

㉡ 실내 면의 추천 반사율

천장	80 ~ 90%
벽	40 ~ 60%
가구 및 사무용 기기	25 ~ 45%
바닥	20 ~ 40%

19

작업 중인 프레스기로부터 50m 떨어진 곳에서 음압을 측정한 결과 음압 수준이 100dB이었다면, 100m 떨어진 곳에서의 음압수준은 약 몇 dB 인가?

① 90
② 92
③ 94
④ 96

해설
- $dB_2 = dB_1 - 20\log\left(\frac{P_2}{P_1}\right)$에서 $dB_1 = 100$, $P_1 = 50$, $P_2 = 100$를 대입하면 $dB_2 = 100 - 20\log\left(\frac{100}{50}\right)$이다. $\log_2 = 0.3010$이므로 $100 - 6.020 = 93.98$이다.

☗ 음압수준 실기 1403/1601
- 음압(Sound pressure)은 물리적으로 측정한 음의 크기를 말한다.
- 음압수준(dB) = $20\log_{10}\frac{P}{P_0}$로 구한다. 이때, P : 측정음압으로서 파스칼(Pa) 단위를 사용하고, P_0 : 기준음압으로서 $20\mu Pa$ 사용한다.
- 소음원으로부터 P_1만큼 떨어진 위치에서 음압수준이 dB_1일 경우 P_2만큼 떨어진 위치에서의 음압수준은 $dB_2 = dB_1 - 20\log\left(\frac{P_2}{P_1}\right)$로 구한다.
- 소음원으로부터 거리와 음압수준은 역비례한다.

2과목 작업생리학

21

물체가 정적 평형상태(Static equilibrium)를 유지하기 위한 조건으로 작용하는 모든 힘의 총합과 외부 모멘트의 총합이 옳은 것은?

① 힘의 총합 : 0, 모멘트의 총합 : 0
② 힘의 총합 : 1, 모멘트의 총합 : 0
③ 힘의 총합 : 0, 모멘트의 총합 : 1
④ 힘의 총합 : 1, 모멘트의 총합 : 1

해설
- 정적 평형상태는 작용하는 모든 힘의 총합이 0, 모든 모멘트의 총합이 0인 상태이다.

☗ 정적 평형상태(Static equilibrium) 실기 1901/2201
- 물체나 신체가 움직이지 않는 상태이다.
- 작용하는 모든 힘의 총합이 0인 상태이다.
- 작용하는 모든 모멘트의 총합이 0인 상태이다.
- 힘이 거리에 비례하여 발생한다.

20

종이의 반사율이 70%이고, 인쇄된 글자의 반사율이 15%일 경우 대비(Contrast)는?

① 15%
② 21%
③ 70%
④ 79%

22

전신의 생리적 부담을 측정하는 척도로 가장 적절한 것은?

① 뇌전도(EEG)
② 산소소비량
③ 근전도(EMG)
④ Flicker 테스트

해설

- ①은 대뇌피질의 활성 정도를 측정하는 방법이다.
- ③은 근육이 수축할 때 발생하는 전기적 활성을 기록하는 방법이다.
- ④는 빛에 대한 눈의 깜빡임을 살펴 정신피로의 척도로 사용하는 방법이다.

생리적 척도
- 인간-기계 시스템을 평가하는데 사용하는 인간기준 척도 중 하나이다.
- 중추신경계 활동에 관여하므로 그 활동 및 징후를 측정할 수 있다.
- 정신적 작업부하 척도 가운데 직무수행 중에 계속해서 자료를 수집할 수 있고, 부수적인 활동이 필요 없는 장점을 가진 척도이다.
- 정신작업의 생리적 척도는 EEG(수면뇌파), 동공반응, 부정맥, 점멸융합주파수, J.N.D(Just-Noticeable difference), 눈꺼풀 깜빡임 수(blink rate), 뇌유발전위 등을 통해 확인할 수 있다.
- 육체작업의 생리적 척도는 EMG(근전도), 맥박수, 산소소비량, 작업량 등을 통해 확인할 수 있다.

23

최대산소소비능력(Maximum Aerobic Power; MAP)에 대한 설명으로 옳은 것은?

① MAP는 실제 작업현장에서 작업 시 측정한다.
② 젊은 여성의 MAP는 남성의 40~50% 정도이다.
③ MAP란 산소 소비량이 최대가 되는 수준을 의미한다.
④ MAP는 개인의 운동역량을 평가하는데 널리 활용된다.

해설

- ①에서 MAP를 직접 측정하는 방법은 트레드밀(treadmill)이나 자전거 에르고미터(ergometer)에서 가능하다.
- ②에서 사춘기 이후 여성의 MAP는 남성의 65~75% 정도이다.
- ③에서 MAP란 일의 속도가 증가하더라도 산소 섭취량이 더 이상 증가하지 않는 일정하게 되는 수준이다.

최대 산소소비능력(MAP, maximum aerobic power)
- MAP란 일의 속도가 증가하더라도 산소 섭취량이 더 이상 증가하지 않는 일정하게 되는 수준이다.
- 개인의 MAP가 클수록 순환기 계통의 효능이 크다.
- 개인의 운동역량을 평가하는데 활용된다.
- 사춘기 이후 여성의 MAP는 남성의 65~75% 정도이다.
- MAP 수준에서는 에너지대사가 주로 혐기적으로 일어난다.
- 근육과 혈액 중에 축적되는 젖산의 양은 증가한다.
- MAP를 직접 측정하는 방법은 트레드밀(treadmill)이나 자전거 에르고미터(ergometer)에서 가능하다.

24

교대작업 운영의 효율적인 방법으로 볼 수 없는 것은?

① 고정적이거나 연속적인 야간근무 작업은 줄인다.
② 교대일정은 정기적이고 작업자가 예측 가능하도록 해 주어야 한다.
③ 교대작업은 주간근무 → 야간근무 → 저녁근무 → 주간근무 식으로 진행해야 피로를 빨리 회복할 수 있다.
④ 2교대 근무는 최소화하며, 1일 2교대 근무가 불가피한 경우에는 연속 근무일이 2~3일이 넘지 않도록 한다.

해설

- 교대작업은 피로회복을 위해 역교대 근무 방식보다 전진근무 방식(주간근무 → 저녁근무 → 야간근무 → 주간근무)으로 하는 것이 좋다.

바람직한 교대제
㉠ 기본
- 각 반의 근무시간은 8시간으로 한다.
- 2교대면 최저 3조의 정원을, 3교대면 4조 편성으로 한다.
- 근무시간의 간격은 15~16시간 이상으로 하여야 한다.
- 채용 후 건강관리로서 정기적으로 체중, 위장 증상 등을 기록해야 하며 체중이 3kg 이상 감소 시 정밀검사를 받도록 한다.
- 근무 교대시간은 근로자의 수면을 방해하지 않도록 정해야 하며, 아침 교대시간은 아침 7시 이후에 하는 것이 바람직하다.
- 근무시간은 8시간을 주기로 교대하며 야간 근무 시 충분한 휴식을 보장해주어야 한다.
- 교대작업은 피로회복을 위해 역교대 근무 방식보다 전진근무 방식(주간근무 → 저녁근무 → 야간근무 → 주간근무)으로 하는 것이 좋다.

㉡ 야간근무
- 야간근무의 연속은 2~3일 정도가 좋다.
- 야근 교대시간은 상오 0시 이전에 하는 것이 좋다.

정답 22 ② 23 ④ 24 ③

- 야간근무 시 가면(假眠)시간은 근무시간에 따라 2~4시간으로 하는 것이 좋다.
- 야근은 가면(假眠)을 하더라도 10시간 이내가 좋다.
- 야근 후 다음 반으로 가는 간격은 최저 48시간을 가지도록 한다.
- 상대적으로 가벼운 작업을 야간 근무조에 배치하고, 업무 내용을 탄력적으로 조정한다.

25

생리적 측정을 주관적 평점등급으로 대체하기 위하여 개발된 평가척도는?

① Fitts Scale   ② Likert Scale
③ Gerg Scale   ④ Borg-RPE Scale

해설
- ①은 인간의 제어 및 조정능력을 나타내는 법칙으로 인간의 손이나 발을 이동시켜 조작장치를 조작하는 데 걸리는 시간을 표적까지의 거리와 표적 크기의 함수로 나타내는 법칙이다.
- ②는 설문 조사 등에 사용되는 심리검사 응답척도이다.
- ③은 도덕성 진단 검사도구의 하나이다.

❖ Borg의 RPE(Ratings of Perceived Exertion)
- 운동자각도로 내가 하는 운동이 얼마나 힘든지에 대한 생리적 측정을 주관적 평점등급으로 대체하기 위하여 개발된 평가척도이다.
- 육체적 작업부하의 주관적 평가방법이다.
- 정신적 부담 작업과 육체적 부담 작업 양쪽 모두에 사용 할 수 있다.
- 척도의 양끝은 최소 심장 박동률과 최대 심장 박동률을 나타낸다.
- 작업자들이 주관적으로 지각한 신체적 노력의 정도를 6~20 사이의 척도로 평정한다.

26

시각연구에 오랫동안 사용되어 왔으며 망막의 함수로 정신피로의 척도에 사용되는 것은?

① 부정맥
② 뇌파(EFG)
③ 전기피부반응(GSR)
④ 점멸융합주파수(VFF)

해설
- ①은 심장이 비정상이 상태를 통틀어서 말한다.
- ②는 두피에 전극을 부착하고 뇌에서 발생하는 전기적인 활동을 확인하는 검사이다.
- ③은 땀과 관련된 자율신경계 활동의 변화를 통해 감정적 각성의 변화를 측정하는 검사이다.

❖ 점멸융합주파수(Flicker fusion frequency)
㉠ 개요
- 시각적 혹은 청각적으로 주어지는 계속적인 자극을 연속적으로 느끼게 되는 주파수를 말한다.
- 중추신경계의 정신적 피로도의 척도를 나타내는 대표적인 측정값이다.
- 정신적으로 피로하면 주파수의 값이 감소한다.

㉡ 시각적 점멸융합주파수(VFF)
- 빛의 검출성에 영향을 주는 인자 중의 하나로 점멸속도가 약 30Hz 이상이면 불이 계속 켜진 것처럼 보인다.
- 암조응 시에는 VFF가 감소한다.
- 휘도만 같다면 색상은 주파수에 영향을 주지 않는다.
- 표적과 주변의 휘도가 같을 때 최대가 된다.
- 주파수는 조명 강도의 대수치에 선형적으로 비례한다.
- 사람들 간에는 큰 차이가 있으나 개인의 경우 일관성이 있다.

27

다음 중 광도와 거리에 관한 조도의 공식으로 옳은 것은?

① 조도 = $\dfrac{광도}{거리}$ ② 조도 = $\dfrac{거리}{광도}$

③ 조도 = $\dfrac{광도}{거리^2}$ ④ 조도 = $\dfrac{거리}{광도^2}$

해설
- 조도는 거리의 제곱에 반비례하고, 광도에 비례하므로 $\dfrac{광도}{(거리)^2}$으로 구한다.

❖ 조도(照度)
- 조도는 특정 지점에 도달하는 광의 밀도를 말한다.
- 단위는 럭스(Lux)를 사용한다 $\left(\dfrac{1cd}{1m^2}, \dfrac{1lm}{1m^2}\right)$.
- 반사체의 반사율과는 상관없이 일정한 값을 갖는다.
- 거리의 제곱에 반비례하고, 광도에 비례하므로 $\dfrac{광도}{(거리)^2}$으로 구한다.

28
육체적으로 격렬한 작업 시 충분한 양의 산소가 근육활동에 공급되지 못해 근육에 축적되는 것은?

① 젖산
② 피루브산
③ 글리코겐
④ 초성포도산

해설
- ②의 피루브산은 수소이온과 반응하여 근육피로의 일차적 원인으로 축적되는 젖산으로 변화된다.
- ③의 글리코겐은 탄수화물의 저장형태로 혈액을 통해 필요로 하는 조직에 이동되어 ATP 생산을 위해 사용된다.
- ④는 3분 이상 운동 시 사용하는 에너지 대사과정인 유산소 시스템에서 포도당이 ATP를 생성할 때 함께 생성된다.

젖산(Lactic acid)
- 신체 활동 수준이 너무 높아 근육에 공급되는 산소량이 부족하여 생기는 피로물질이고, 젖산의 축적은 근육피로의 1차적 원인이 된다.
- 피루브산이 변화되어 생성된다.
- 무기성(혐기성) 대사과정으로 인한 부산물이다.
- 계속적인 활동 시 혈액으로부터 양분과 산소를 공급받아야 하며 이때 충분한 산소 공급이 되지 않을 경우 젖산은 축적된다.
- 축적된 젖산은 산소와 결합하여 물과 이산화탄소로 분해되어 배출된다.
- 젖산이 누적되면 결국 근육은 반응을 하지 않게 된다.

29
K작업장에서 근무하는 작업자가 90dB(A)에 6시간, 95dB(A)에 2시간 동안 노출되었다. 음압수준별 허용시간이 다음 표와 같을 때 소음 노출지수(%)는 얼마인가?

음압수준[db(A)]	노출허용시간[일]
90	8
95	4
100	2
105	1
110	0.5
115	0.25
-	0.125

① 55%
② 85%
③ 105%
④ 125%

해설
- 90dB에서의 허용시간이 8시간인데 6시간 노출되어 $\frac{6}{8}$, 95dB에서의 허용시간이 4시간인데 2시간 노출되어 $\frac{2}{4}$이므로 누적소음 노출지수는 $\frac{6}{8} + \frac{2}{4} = \frac{10}{8} = 1.25$가 된다.

소음허용기준
- 90dB일 때 8시간을 기준으로 한다.
- 소음이 5dB 커질 때마다 허용기준 시간은 절반으로 줄어든다.
- OSHA

85dB	90dB	95dB	100dB	105dB	110dB
16시간	8시간	4시간	2시간	1시간	0.5시간

- 국내규정

90dB	95dB	100dB	105dB	110dB	115dB
8시간	4시간	2시간	1시간	0.5시간	0.25시간

- 전체 소음노출지수는 개별 노출시간/허용기준시간의 합으로 구한다.

30
조명에 관한 용어의 설명으로 옳지 않은 것은?

① 조도는 광도에 비례하고, 광원으로부터의 거리의 제곱에 반비례한다.
② 휘도는 단위 면적당 표면에 반사 또는 방출되는 빛의 양을 의미한다.
③ 조도는 점광원에서 어떤 물체나 표면에 도달하는 빛의 양을 의미한다.
④ 광도(Luminous intensity)는 단위 입체각 당 물체나 표면에 도달하는 광속으로 측정하며, 단위는 램버트(Lambert)이다.

해설
- ④에서 단위 입체각 당 물체나 표면에 도달하는 광속은 조도를 말하며, 램버트는 휘도의 단위이다.

광도(Luminous intensity)
- 광도는 광원에서 일정한 방향으로의 밝기를 말하며, 단위는 칸델라(cd)를 사용한다.
- 지름이 2.54cm되는 촛불이 수평 방향으로 비칠 때의 빛의 광도를 나타낸다.
- 1candela는 4πlumen에 해당한다.
- 광속은 광원의 밝기를 말하며, 단위는 루멘(lm)을 사용한다.
- 광도 = 조도 × (거리)^{2}으로 구한다.

31
어떤 작업자에 대해서 미국 직업안전위생관리국(OSHA)에서 정한 허용소음노출의 소음수준이 130%로 계산되었다면 이 때 8시간 시간가중평균(TWA)값은 약 얼마인가?

① 89.3 dB(A)　　② 90.7 dB(A)
③ 91.9 dB(A)　　④ 92.5 dB(A)

해설
- 누적소음노출량이 130%이므로 TWA = 16.61 × log(130/100) + 90 = 91.8926dB(A)가 된다.
- **시간가중평균 소음수준(TWA)** 실기 1501/1603/1703/2003/2302
  - 작업장에서 소음의 강도가 불규칙적으로 변동하는 경우 이를 시간가중평균 소음수준으로 환산하여 표시한다.
  - TWA = 16.61 × log(D/100) + 90 dB(A)으로 구한다. 이때 D는 누적소음노출량(%)이다.

32
척추동물의 골격근에서 1개의 운동신경이 지배하는 근섬유군을 무엇이라 하는가?

① 신경섬유　　② 운동단위
③ 연결조직　　④ 근원섬유

해설
- 하나의 신경세포와 그 신경세포가 지배하는 근육섬유(muscle fiber)군을 총칭하여 운동단위 또는 활동단위(motor unit)라 한다.
- **근육**
  - 기본 근육 세포단위는 근육 다발이다.
  - 하나의 근육은 수많은 근섬유로 이루어져 있다.
  - 근육 전체가 내는 힘은 활성화된 근섬유수에 의해 결정된다.
  - 근조직은 형태와 기능에 따라 골격근, 평활근, 심근으로 분류된다.
  - 골격근은 육안으로 식별이 가능하며, 적근, 백근, 중간근으로 분류된다.
  - 적근은 수축이 천천히 이뤄져 지구력을 담당하며, 백근은 수축이 빠르게 이뤄져 순발력 등에 관여하나 쉽게 피로해진다.
  - 개개의 근육섬유(muscle fiber)는 근섬유막에 의해서 하나의 독립된 세포로 외부와 경계를 짓는다.
  - 하나의 신경세포와 그 신경세포가 지배하는 근육섬유(muscle fiber)군을 총칭하여 운동단위 또는 활동단위(motor unit)라 한다.

33
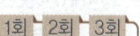
관절의 움직임 중 모음(내전, Adduction)을 설명한 것으로 옳은 것은?

① 정중면 가까이로 끌어 들이는 운동이다.
② 신체를 원형으로 또는 원추형으로 돌리는 운동이다.
③ 굽혀진 상태를 해부학적 자세로 되돌리는 운동이다.
④ 뼈의 긴 축을 중심으로 제자리에서 돌아가는 운동이다.

해설
- ②는 회선(circumduction)에 대한 설명이다.
- ③은 신전(폄, extension)에 대한 설명이다.
- ④는 회전(rotation)에 대한 설명이다.
- **내전(모음, Adduction)**
  - 신체의 외부에서 중심선으로 이동하는 신체의 움직임을 말한다.
  - 팔을 수평으로 편 위치에서 수직위치로 내리는 동작 유형에 해당한다.
  - 외전(벌림, abduction)의 반대되는 동작이다.

34
격심한 작업활동 중에 혈류분포가 가장 높은 신체 부위는?

① 뇌　　② 골격근
③ 피부　　④ 소화기관

해설
- 격심한 작업활동 중에 혈류분포가 가장 높은 신체 부위는 근육으로 골격근에 속한다.
- **골격계**
  - ㉠ 개요
    - 전신의 뼈의 수는 관절 등의 결합에 의해 형성된 대소 206개로 구성되어 있으며, 이들이 모여서 골격 계통을 구성하고 있다.
    - 인체의 골격계는 전신의 뼈, 연골, 관절 및 인대로 구성되어 사지 및 몸통을 움직이는 피동적 운동기관으로 작용한다.
    - 뼈는 다시 골질(bone substance), 연골막(cartilage substance), 골막과 골수의 4부분으로 구성되어 있다.
    - 인대는 뼈와 뼈를 연결하는 것으로 일정한 관절의 움직임을 유도하는 역할을 한다.
    - 격심한 작업활동 중에 혈류분포가 가장 높은 신체 부위인 근육을 포함한다.

정답 31 ③　32 ②　33 ①　34 ②

ⓛ 골격의 역할
- 신체에 중요한 부분을 보호하는 역할을 한다.
- 신체 활동을 수행한다.
- 신체의 지지 및 형상을 유지하는 역할을 한다.
- 혈구세포를 만드는 조혈기능과 칼슘과 인 등의 무기질을 저장하여 몸이 필요할 때 공급해 주는 역할을 한다.

35

전신진동에 있어 안구에 공명이 발생하는 진동수의 범위로 가장 적합한 것은?

① 8 ~ 12Hz
② 10 ~ 20Hz
③ 20 ~ 30Hz
④ 60 ~ 90Hz

해설
- 시성능은 10 ~ 25Hz 대역의 경우 가장 심하게 영향을 받으며, 60 ~ 90Hz에서 안구가 공명한다.
- **진동이 인체에 미치는 영향**
  - 심박수가 증가한다.
  - 장시간 노출 시 근육 긴장을 증가시킨다.
  - 시성능은 10 ~ 25Hz 대역의 경우 가장 심하게 영향을 받으며, 60 ~ 90Hz에서 안구가 공명한다.
  - 추적능력은 5Hz 이하의 낮은 진동수에서 가장 영향을 많이 받는다.
  - 머리와 어깨 부위의 공명주파수는 20 ~ 30Hz이다.
  - 등이나 허리뼈에 가장 위험한 주파수는 8 ~ 12Hz이다.
  - 흉부와 복부의 고통을 일으키는 주파수는 4 ~ 10Hz이다.
  - 중앙 신경계의 처리 과정과 관련되는 과업의 성능은 진동의 영향을 비교적 덜 받는다.
  - 레이노 증후군(Raynaud's phenomenon)은 진동으로 인한 말초혈관운동의 장해로 발생한다.

36

근육의 수축원리에 관한 설명으로 옳지 않은 것은?

① 근섬유가 수축하면 I대와 H대가 짧아진다.
② 액틴과 미오신 필라멘트의 길이는 변하지 않는다.
③ 최대로 수축했을 때는 Z선이 A대에 맞닿는다.
④ 근육 전체가 내는 힘은 비활성화된 근섬유수에 의해 결정된다.

해설
- 근육 전체가 내는 힘은 활성화된 근섬유수에 의해 결정된다.
- **근육의 수축**
  - 근섬유의 수축단위는 근원섬유이다.
  - 근육이 수축하면 I대와 H대, Z선과 Z선 사이의 거리가 짧아진다.
  - 근육이 수축해도 A대(actin과 myosin이 중첩된 짙은 갈색 부분)의 폭, 액틴과 미오신 필라멘트의 길이는 변하지 않는다.
  - 근육의 수축은 근육의 길이가 단축되는 것이다.
  - 근육이 최대로 수축했을 때는 Z선이 A대에 맞닿는다.
  - 근육이 수축하면 가는 근세사가 굵은 근세사 사이로 미끄러져 들어간다.
  - 골격근의 수축은 운동신경의 지배를 받으며 수의적 조절에 따라 일어난다.
  - 평활근의 수축은 자율신경계, 호르몬, 화학신호의 지배를 받으며, 불수의적 조절에 따라 일어난다.

37

해부학적 자세를 기준으로 신체를 좌우로 나누는 면(Plane)은?

① 횡단면
② 시상면
③ 관상면
④ 전두면

해설
- ①은 신체를 수평으로 통과하는 면을 말하며, 관상면이나 시상면에 직각인 면을 말한다.
- ③은 신체의 좌우를 가로지르며 정중면을 직각으로 통과하는 수직면을 말한다.
- ④는 관상면을 다르게 칭하는 이름이다.
- **시상면(sagittal plane)**
  - 신체를 좌와 우로 가르는 면을 말한다.
  - 횡단면과 수직한다.
  - 팔꿈치 관절의 굴곡과 신전 동작이 일어나는 면이다.

38

정적 근육 수축이 무한하게 유지될 수 있는 최대자율수축(MVC)의 범위는?

① 10% 미만
② 25% 미만
③ 40% 미만
④ 50% 미만

정답 35 ④ 36 ④ 37 ② 38 ①

해설
- 근육이 발휘할 수 있는 15% 이하의 힘으로 상당히 오랫동안 유지 가능하며, 10% 미만의 힘으로 무한하게 유지가 가능하다.

■ 근력
- 한 번의 수의적인 노력에 의해 근육이 등척성으로 낼 수 있는 힘의 최댓값이다.
- 일반적으로 최대근력이 50% 정도의 힘으로 유지할 수 있는 시간은 1분 정도이다.
- 근육이 발휘할 수 있는 15% 이하의 힘으로 상당히 오랫동안 유지가능하며, 10% 미만의 힘으로 무한하게 유지가 가능하다.
- 여성의 평균 근력은 남성의 약 65% 정도이다.
- 훈련(운동)을 통해 약 30 ~ 40%의 근력증가효과를 얻을 수 있다.
- 근력은 보통 25 ~ 35세에 최고에 도달하고, 40세 이후 서서히 감소한다.

39 0603/0901 ● Repetitive Learning 1회 2회 3회

인간과 주위와의 열교환 과정을 올바르게 나타낸 열균형 방정식은?(단, S는 열축적, M은 대사, E는 증발, R은 복사, C는 대류, W는 한 일이다)

① S=M−E±R−C+W
② S=M−E−R±C+W
③ S=M−E±R±C−W
④ S=M±E−R±C−W

해설
- 열균형 방정식은 S=(M−W)±R±C−E이다. 즉, 증발과 한 일은 열을 배출하기만 하므로 음(마이너스)의 성질을 갖는다.

■ 인체의 열교환
  ㉠ 경로
    - 복사 − 한겨울에 햇볕을 쬐면 기온은 차지만 따스함을 느끼는 것
    - 대류 − 같은 온도에서도 바람이 부느냐 불지 않느냐에 따라 열손실이 달라지는 것
    - 전도 − 달구어진 옥상 바닥을 손바닥으로 짚을 때 손바닥으로 열이 전해지는 것(인체에 거의 영향을 끼치지 않는다)
    - 증발 − 피부 표면을 통해 인체의 열이 증발하는 것
  ㉡ 열교환 과정 실기 1503
    - S=(M−W)±R±C−E
      단, S는 열 축적, M은 대사, W은 일, R은 복사, C는 대류, E는 증발을 의미한다.
    - 열교환에 영향을 미치는 요소에는 기온(Temperature), 기습(Humidity), 기류(Air movement) 등이 있다.

40 0803 ● Repetitive Learning 1회 2회 3회

생명을 유지하기 위하여 필요로 하는 단위 시간당 에너지양을 무엇이라 하는가?

① 산소소비량
② 에너지소비율
③ 기초대사율
④ 활동에너지가

해설
- ①은 신체활동 중에 신체가 소비하는 산소의 량을 말한다.
- 몸이 휴식상태에 있을 때의 대사 즉, 생명을 유지하기 위하여 필요로 하는 단위 시간당 에너지양을 기초 대사율이라고 한다.

■ 기초 대사율(BMR) 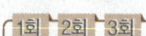 1803
- 몸이 누워서 휴식상태에 있을 때의 대사 즉, 생명을 유지하기 위하여 필요로 하는 단위 시간당 에너지양을 기초 대사율이라고 한다.
- 기초 대사율은 연령, 성별, 체격 등에 따라 다르다.
- 성인의 기초대사율은 대략 1.0 ~ 1.2kcal/min 정도이다.
- 일반적으로 신체가 크고 젊은 남성의 기초대사율이 크다.

3과목 산업심리학 및 관련법규

41 ● Repetitive Learning 1회 2회 3회

Herzberg의 2요인론(동기−위생이론)을 Maslow의 욕구단계설과 비교하였을 때, 동기요인과 거리가 먼 것은?

① 존경 욕구
② 안전 욕구
③ 사회적 욕구
④ 자아실현 욕구

해설
- 허츠버그의 동기요인은 성취감, 책임감, 타인의 인정, 도전감 등을 말한다. 이는 매슬로우의 욕구 5단계 중 4 ~ 5단계, McGreger의 Y이론, 선진국형, 인간의 이상과 관련된다.

■ 허츠버그(F.Herzberg)의 위생·동기요인
  ㉠ 개요
    - 인간에게는 욕구에 대한 불만족에 영향을 주는 요인(위생요인)과 만족에 영향을 주는 요인(동기요인)이 별도로 존재한다고 주장하였다.
    - 위생요인을 제거하는 것은 직무불만족을 줄이는 것에 불과하므로 직무만족을 위해서는 동기요인을 강화해야 한다는 논리이다.

ⓒ 위생요인(Hygiene factor)과 동기요인(Motivator factor)
- 위생요인 – 감독, 임금, 보수, 작업환경과 조건 등을 말한다 (매슬로우의 욕구 5단계 중 1~2단계, McGreger의 X이론, 후진국적, 동물적 욕구와 관련).
- 동기요인 – 성취감, 책임감, 타인의 인정, 도전감 등을 말한다(매슬로우의 욕구 5단계 중 3~5단계, McGreger의 Y이론, 선진국형, 인간의 이상과 관련).

42

직무 행동의 결정요인이 아닌 것은?

① 능력　　② 수행
③ 성격　　④ 상황적 제약

해설
- ②는 직무행동이 어떤 기준을 사용하여 구현되었는지를 평가하는 개념으로 직무 행동의 결정요인에는 해당되지 않는다.
- 직무 행동의 결정요인
  - 능력 : 개인이 안정적으로 지니고 있는 행동의 결정요인으로 무엇을 할 수 있는지를 의미한다.
  - 상황적 제약 : 행동을 촉진하거나 저해하는 환경적 요인이나 기회를 말한다.
  - 동기 : 개인이 가지고 있는 의지로 행동의 결정요인이 된다.
  - 성격 : 직무 행동에 간접적인 영향을 미치는 요인이다.

43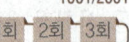

1001/2001

결함나무분석(Fault Tree Analysis; FTA)에 대한 설명으로 옳지 않은 것은?

① 고장이나 재해요인의 정성적 분석 뿐만 아니라 정량적 분석이 가능하다.
② 정성적 결함나무를 작성하기 전에 정상사상(Top event)이 발생할 확률을 계산한다.
③ "사건이 발생하려면 어떤 조건이 만족되어야 하는가?"에 근거한 연역적 접근방법을 이용한다.
④ 해석하고자 하는 정상사상(Top event)과 기본사상(Basic event)의 인과관계를 도식화하여 나타낸다.

해설
- ②에서 정상사상 발생확률은 결함나무를 작성한 후에 계산한다.
- 결함수분석법(FTA)
  - 시스템의 고장을 발생시키는 사상과 그 원인과의 인과관계를 논리 관계로 설명하는 게이트나 사상기호를 나뭇가지 모양의 그림으로 나타내고 이에 의거 시스템의 고장확률을 구함으로써 문제가 되는 부분을 찾아내는 기법이다.
  - 연역적 방법으로 원인을 규명하며, 재해의 정량적 예측이 가능한 분석방법이다.
  - 최상위 고장(Top event)으로부터의 하향식 고장해석 방법이다.
  - 특정 사상에 대해 짧은 시간에 해석이 가능하다.
  - 정성적 평가 후 정량적 평가를 실시하며, 정량적으로 재해 발생 확률을 구한다.
  - FTA를 수행함에 있어 기본사상들의 발생이 서로 독립인가 아닌가의 여부를 파악하기 위해서는 공분산을 이용한다.

44

버드의 신연쇄성이론에서 불안전한 상태와 불안전한 행동의 근원적 원인은?

① 작업(Media)　　② 작업자(Man)
③ 기계(Machine)　　④ 관리(Management)

해설
- 버드는 재해발생의 근원적 원인은 관리의 부족에 있다고 정의한다.
- 버드(Bird)의 신연쇄성 이론
  ⓐ 개요
  - 신도미노 이론이라고도 한다.
  - 재해발생의 근원적 원인은 관리의 부족에 있다고 정의한다.
  - 재해발생의 기본원인은 개인적 요인 및 작업상의 요인에 있다고 주장한다.
  - 재해의 직접원인을 징후라 하고 불안전한 행동 및 상태에서 비롯된다고 함
  ⓑ 단계

1단계	관리의 부족
2단계	개인적 요인, 작업상의 요인
3단계	불안전한 행동 및 상태
4단계	사고
5단계	재해

45

부주의의 발생원인과 이를 없애기 위한 대책의 연결이 옳지 않은 것은?

① 내적원인 – 적성배치
② 정신적 원인 – 주의력 집중 훈련
③ 기능 및 작업적 원인 – 안전의식 제고
④ 설비 및 환경적 원인 – 표준작업 제도의 도입

해설
- ③의 안전의식 제고는 정신적 측면의 대책에 해당된다.
- **기능 및 작업적 원인에 대한 대책**
  - 적성 배치
  - 표준 동작의 습관화
  - 작업조건의 개선

46

중복형태를 갖는 2인 1조 작업조의 신뢰도가 0.99 이상이어야 한다면 기계를 조종하는 임무를 수행하기 위해 한 사람이 갖는 신뢰도의 최솟값은 얼마인가?

① 0.99
② 0.95
③ 0.90
④ 0.85

해설
- 중복형태라는 것은 병렬연결을 의미한다.
- 한 사람이 갖는 신뢰도를 x라 할 때 신뢰도는 $1-(1-x)(1-x) \geq 0.99$의 조건을 만족하는 x를 구하는 문제이다.
- $1-(1-x)(1-x) \geq 0.99$에서 $(1-x)^2 \leq 1-0.99$이므로 $(1-x)^2 \leq 0.01$이고 $1-x \leq 0.1$이므로 $1-0.1 \leq x$에서 x는 0.9보다는 크거나 같아야 한다.
- **시스템의 신뢰도** 실기 1403/1503/1603/1703/1801/2001/2103/2203/2301/2401
  - ㉠ AND(직렬)연결 시

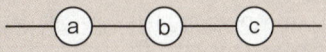

  - 부품 a, 부품 b 신뢰도를 각각 R_a, R_b라 할 때 시스템의 신뢰도 $R_s = R_a \times R_b$로 구할 수 있다.
  - ㉡ OR(병렬)연결 시

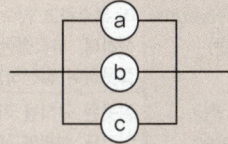

  - 부품 a, 부품 b 신뢰도를 각각 R_a, R_b라 할 때 시스템의 신뢰도 $R_s = 1-(1-R_a) \times (1-R_b)$로 구할 수 있다.

47

직무 스트레스의 요인 중 자신의 직무에 대한 책임 영역과 직무 목표를 명확하게 인식하지 못할 때 발생하는 요인은?

① 역할 과소
② 역할 갈등
③ 역할 모호성
④ 역할 과부하

해설
- ①은 개인의 능력대비 주어진 역할이 작아서 발생하는 스트레스를 말한다.
- ②는 한 개인이 가진 2가지 이상의 지위에서 서로 다른 역할을 요구할 때 발생하는 갈등을 말한다.
- ④는 업무와 관련하여 역할이 과부하되어 받게 되는 스트레스를 말한다.
- **역할 모호성**
  - 자신의 직무에 대한 책임 영역과 직무 목표를 명확하게 인식하지 못할 때 발생하는 스트레스 요인을 말한다.
  - 역할기대나 수행이 명확하지 못한 상태를 말한다.

48

최고 상위에서부터 최하위의 단계에 이르는 모든 직위가 단일 명령권한의 라인으로 연결된 조직형태는?

① 직능식 조직
② 프로젝트 조직
③ 직계식 조직
④ 직계 참모 조직

해설
- ①은 테일러(F.W. Taylor)에 의해 주장된 조직형태로서 관리자가 일정한 관리기능을 담당하도록 기능별 전문화가 이루어진 조직을 말한다.
- ②는 일정한 프로젝트를 해결하기 위해 일시적으로 구성된 조직형태로 태스크 포스(Task forces)라고도 한다.
- ④는 직능별 전문화의 원리와 명령 일원화의 원리를 조화시킬 목적으로 형성한 조직이다.
- **직계(Line)형 조직**
  - ㉠ 개요
    - 경영자의 지휘와 명령이 위에서 아래로 하나의 계통이 되어 신속히 전달되며 100명 이하의 소규모 기업에 적합한 유형이다.
    - 안전관리의 계획부터 실시·평가까지 모든 것이 생산 라인을 통하여 이뤄진다.
  - ㉡ 특징
    - 안전에 관한 지시나 조치가 신속하고 철저하다.
    - 참모형 조직보다 경제적인 조직이다.
    - 안전보건에 관한 전문 지식이나 기술의 결여라는 단점이 있다.

정답 45 ③ 46 ③ 47 ③ 48 ③

49

재해의 발생형태에 해당하지 않는 것은?

① 화상
② 협착
③ 추락
④ 폭발

해설

- ①은 상해의 종류별 분류에 해당한다.

❖ 재해의 발생형태별 분류
- 추락 – 사람이 인력(중력)에 의하여 건축물, 구조물, 가설물, 수목, 사다리 등의 높은 장소에서 떨어지는 것을 말한다.
- 전도·전복 – 사람이 거의 평면 또는 경사면, 층계 등에서 구르거나 넘어짐 또는 미끄러진 경우와 물체가 전도·전복된 경우를 말한다.
- 충돌·접촉 – 재해자 자신의 움직임·동작으로 인하여 기인물에 접촉 또는 부딪히거나, 물체가 고정부에서 이탈하지 않은 상태로 움직임 등에 의하여 접촉·충돌한 경우를 말한다.
- 낙하·비래 – 구조물, 기계 등에 고정되어 있던 물체가 중력, 원심력, 관성력 등에 의하여 고정부에서 이탈하거나 또는 설비 등으로부터 물질이 분출되어 사람을 가해하는 경우를 말한다.
- 협착·감김 – 두 물체 사이의 움직임에 의하여 일어난 것으로 직선 운동하는 물체 사이의 협착, 회전부와 고정체 사이의 끼임, 로울러 등 회전체 사이에 물리거나 또는 회전체·돌기부 등에 감긴 경우를 말한다.
- 붕괴·도괴 – 토사, 적재물, 구조물, 건축물, 가설물 등이 전체적으로 허물어져 내리거나 또는 주요 부분이 꺾어져 무너지는 경우를 말한다.
- 압박·진동 – 재해자가 물체의 취급과정에서 신체특정부위에 과도한 힘이 편중·집중·눌려진 경우나 마찰접촉 또는 진동 등으로 신체에 부담을 주는 경우를 말한다.
- 이상온도 노출·접촉 – 고·저온 환경 또는 물체에 노출·접촉된 경우를 말한다.
- 유해·위험물질 노출·접촉 – 유해·위험물질에 노출·접촉 또는 흡입하였거나 독성동물에 쏘이거나 물린 경우를 말한다.
- 화재 – 은 가연물에 점화원이 가해져 비의도적으로 불이 일어난 경우를 말하며, 방화는 의도적이기는 하나 관리할 수 없으므로 화재에 포함시킨다.
- 폭발 – 건축물, 용기 내 또는 대기 중에서 물질의 화학적, 물리적 변화가 급격히 진행되어 열, 폭음, 폭발압이 동반하여 발생하는 경우를 말한다.
- 전류접촉(감전) – 전기설비의 충전부 등에 신체의 일부가 직접 접촉하거나 유도전류의 통전으로 근육의 수축, 호흡곤란, 심실세동 등이 발생한 경우 또는 특별고압 등에 접근함에 따라 발생한 섬락 접촉, 합선·혼촉 등으로 인하여 발생한 아아크에 접촉된 경우를 말한다.

50

주의를 기울여 시선을 집중하는 곳의 정보는 잘 받아들여지지만 주변의 정보는 놓치기 쉽다. 이것은 주의의 어떠한 특성 때문인가?

① 주의의 선택성
② 주의의 변동성
③ 주의의 연속성
④ 주의의 방향성

해설

- ①은 일반적으로 동시에 2개 방향에 집중하지 못한다.
- ②는 고도의 주의는 장시간 지속할 수 없다.
- ③에서 주의는 선택성, 방향성, 변동성을 갖는다.

❖ 주의(Attention)의 특성

선택성	여러 자극을 지각할 때 소수의 현란한 자극에 선택적 주의를 기울이는 경향으로 한 번에 많은 종류의 자극을 수용하기 어려움을 말한다.
방향성	한 지점에 주의를 집중하면 다른 곳의 주의가 약해지는 성질을 말한다.
변동성	장시간 주의를 집중하려 해도 주기적으로 부주의의 리듬이 존재한다는 것을 말한다.
일점 집중성	돌발 사태를 만나면 공포와 함께 주의가 일점에 집중되어 판단불능의 상태에 빠지는 것을 말한다.

51

인간행동에 대한 Rasmussen의 분류에 해당되지 않는 것은?

① 숙련기반 행동(Skill-based behavior)
② 규칙기반 행동(Rule-based behavior)
③ 능력기반 행동(Ability-based behavior)
④ 지식기반 행동(Knowledge-based behavior)

해설

- Rasmussen의 휴먼에러와 관련된 인간행동 분류에는 기능/기술 기반 행동, 지식 기반 행동, 규칙 기반 행동이 있다.

❖ Rasmussen의 휴먼에러와 관련된 인간행동 분류

기능/기술 기반 행동 (Skill-based behavior)	실수(Slip)와 망각(Lapse)으로 구분되는 오류
지식 기반 행동 (Knowledge-based behavior)	인지 및 인식의 오류를 예방하기 위해 목표와 관련하여 작동을 계획해야 하는 데 특수하고 친숙하지 않은 상황에서 발생하며, 부적절한 분석이나 의사결정을 잘못하여 발생하는 오류
규칙 기반 행동 (Rule-based behavior)	잘못된 규칙을 기억하거나 정확한 규칙이라도 상황에 맞지 않게 적용한 경우 발생하는 오류

52

연평균 작업자수가 2,000명인 회사에서 1년에 중상해 1명과 경상해 1명이 발생하였다. 연천인율은 얼마인가?

① 0.5
② 1
③ 2
④ 4

해설
- 연천인율은 근로자 1천명당 1년간 발생한 재해자의 수이므로 2,000명이 근무하는 공장에서 2명의 재해자가 발생했으므로 $\frac{2}{2,000} \times 1,000 = 1$이 된다.

■ 연천인율
- 근로자 1,000명당 1년 동안 발생하는 재해자 수의 비율을 의미한다.

53

NIOSH의 직무스트레스 관리모형 중 중재요인(Moderatiing factors)에 해당하지 않는 것은?

① 개인적 요인
② 조직 외 요인
③ 완충작용 요인
④ 물리적 환경 요인

해설
- ④는 직무 스트레스 요인에 해당된다.

■ NIOSH 중재 요인(Moderatiing factors)
- 직무 스트레스 요인에서도 개인들이 지각하고 상황에 반응하는 방식에 차이를 가지게 되는 요인을 말한다.

개인적 요인	성격, 경력개발 단계, 건강 등
조직 외 요인	가족상황, 교육상태, 결혼상태 등
완충작용 요인	대처능력, 사회적 지위 등

54

리더십 이론 중 경로-목표이론에서 리더들이 보여주어야 하는 4가지 행동유형에 속하지 않는 것은?

① 권위적
② 지시적
③ 참여적
④ 성취지향적

해설
- 경로-목표이론(path-goal theory)에는 ②, ③, ④ 외에 후원적 리더가 있다.

■ R. House의 경로-목표이론(path-goal theory)
⊙ 리더십 유형
- 지시적 리더 : 구체적인 작업지시를 하며 규칙과 절차를 따르도록 요구한다.
- 후원적 리더 : 부하들의 욕구, 복지문제 및 안정, 온정에 관심을 기울이고, 친밀한 집단 분위기를 조성한다.
- 참여적 리더 : 부하들과 정보자료를 많이 활용하여 부하들의 의견을 존중하여 의사결정에 반영한다.
- 성취지향적 리더 : 도전적 목표를 설정하고, 높은 수준의 수행을 강조하여 부하들이 그러한 목표를 달성할 수 있다는 자신감을 갖게 한다.
ⓒ 매개변수
- 조직 구성원의 기대감

55

하인리히(H.W. Heinrich)의 사고예방 대책의 5가지 기본원리를 순서대로 올바르게 나열한 것은?

① 사실의 발견 → 안전조직 → 분석평가 → 시정책 선정 → 시정책 적용
② 안전조직 → 사실의 발견 → 분석평가 → 시정책 선정 → 시정책 적용
③ 안전조직 → 분석평가 → 사실의 발견 → 시정책 선정 → 시정책 적용
④ 사실의 발견 → 분석평가 → 안전조직 → 시정책 선정 → 시정책 적용

해설
- 하인리히의 사고예방대책 기본원리 5단계는 1단계 안전관리조직과 규정에서부터 2단계 사실의 발견을 거쳐 3단계 분석과 원인규명을 통해 4단계에 시정방법을 선정하고 5단계에서 이를 적용한다고 봤다.

■ 하인리히의 사고예방의 기본 원리 5단계

단계	단계별 과정	필요 조치
1단계	안전관리조직과 규정	• 책임과 권한의 부여
2단계	사실의 발견으로 현상파악	• 자료수집 • 작업분석과 위험확인 • 안전점검 · 검사 및 조사 실시

정답 52 ② 53 ④ 54 ① 55 ②

3단계	분석을 통한 원인규명	• 인적·물적·환경조건의 분석 • 교육 훈련 및 배치 사항 파악 • 사고기록 및 관계자료 대조확인
4단계	시정방법의 선정	• 기술적인 개선 • 작업배치의 조정 • 교육훈련의 개선
5단계	시정책의 적용	• 기술(Engineering)적 대책 • 교육(Education)적 대책 • 관리(Enforcement)적 대책

56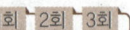

헤드십(Headship)과 리더십에 대한 설명으로 옳지 않은 것은?

① 헤드십은 부하와의 사회적 간격이 넓다.
② 리더십에서 책임은 리더와 구성원 모두에게 있다.
③ 리더십에서 구성원과의 관계는 개인적인 영향에 따른다.
④ 헤드십은 권한부여가 구성원으로부터 동의에 의한 것이다.

해설
• ④는 리더십에 대한 설명이다.
∷ 헤드십(Head-ship)
  ㉠ 개요
    • 리더와 같이 선출된 지도자가 아니라 조직에 의해 임명된 지도자가 행하는 권한행사를 말한다.
  ㉡ 특징
    • 권한의 근거는 공식적인 법과 규정에 의한다.
    • 상사와 부하의 관계는 지배적이고 사회적 간격이 넓다.
    • 지휘의 형태는 권위적이다.
    • 책임은 부하에 있지 않고 상사에게 있다.

57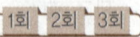

제조물 책임법령상 제조업자가 제조물에 대해 충분한 설명, 지시, 경고 등 정보를 제공하지 않아 피해가 발생하였다면 이것은 어떤 결함 때문인가?

① 표시상의 결함
② 제조상의 결함
③ 설계상의 결함
④ 고지의무의 결함

해설
• 제조업자가 표시를 하지 않은 책임을 묻고 있다.
∷ 결함의 종류 1801/2002/2101/2103/2203/2302
  • 결함이란 제조물 제조상·설계상 또는 표시상의 결함이 있거나 그 밖에 통상적으로 기대할 수 있는 안전성이 결여되어 있는 것을 말한다.
  • 결함의 종류에는 제조상의 결함, 설계상의 결함, 표시상의 결함이 있다.

제조상의 결함	제조업자가 제조물에 대하여 제조상·가공 상의 주의 의무를 이행하였는지에 관계없이 제조물이 원래 의도한 설계와 다르게 제조·가공됨으로써 안전하지 못하게 된 경우
설계상의 결함	제조업자가 합리적인 대체설계(代替設計)를 채용하였더라면 피해나 위험을 줄이거나 피할 수 있었음에도 대체설계를 채용하지 아니하여 해당 제조물이 안전하지 못하게 된 경우
표시상의 결함	제조업자가 합리적인 설명·지시·경고 또는 그 밖의 표시를 하였더라면 해당 제조물에 의하여 발생할 수 있는 피해나 위험을 줄이거나 피할 수 있었음에도 이를 하지 아니한 경우

58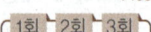

인간의 정보처리 과정 측면에서 분류한 휴먼 에러(Human error)에 해당하는 것은?

① 생략 오류(Omission error)
② 순서 오류(Sequential error)
③ 작위 오류(Commission error)
④ 의사결정 오류(Decision Making error)

해설
• ①, ②, ③은 심리적 측면에서의 휴먼 에러이다.
∷ 인간의 정보처리 과정에서 분류한 휴먼 에러

입력 오류 (Input error)	입력과정에서의 오류
정보처리 오류 (Information process error)	정보처리과정에서의 오류
의사결정 오류 (Decision making error)	의사결정에서의 오류
출력 오류 (Output error)	출력과정에서의 오류
피드백 오류 (Feedback error)	피드백 과정에서의 오류

59
다음 인간의 감각기관 중 신체 반응시간이 빠른 것부터 느린 순서대로 나열된 것은?

① 청각 → 시각 → 미각 → 통각
② 청각 → 미각 → 시각 → 통각
③ 시각 → 청각 → 미각 → 통각
④ 시각 → 미각 → 청각 → 통각

해설
- 반응시간은 청각 → 촉각 → 시각 → 후각 → 미각 → 통각 순으로 느려진다.
- **인간의 감각기관**
  - 시각 : 눈, 망막에서 수용하며 가장 많이 사용하는 감각이다.
  - 청각 : 귀, 내이의 달팽이관에서 수용하며 반응시간이 가장 빠른 감각이다.
  - 후각 : 코, 비점막에서 수용한다.
  - 미각 : 혀, 혀의 미뢰에서 수용한다.
  - 촉각 : 피부가 담당한다.
- 반응시간은 청각 → 촉각 → 시각 → 후각 → 미각 → 통각 순으로 느려진다.

60
집단 간 갈등의 원인과 가장 거리가 먼 것은?

① 제한된 사원
② 조직구조의 개편
③ 집단 간 목표 차이
④ 견해와 행동 경향 차이

해설
- ②는 집단 간의 갈등을 해결함과 동시에 집단 간의 갈등이 너무 없을 때 갈등을 촉진시킬 수 있는 방안에 해당된다.
- **집단 간 갈등의 원인**
  - 제한된 자원
  - 집단 간 목표 차이
  - 집단 간의 인식 차이
  - 견해와 행동 경향 차이

4과목 근골격계질환 예방을 위한 작업관리

61
적절한 입식작업대 높이에 대한 설명으로 옳은 것은?

① 일반적으로 어깨 높이를 기준으로 한다.
② 작업자의 체격에 따라 작업대의 높이가 조정 가능하도록 하는 것이 좋다.
③ 미세부품 조립과 같은 섬세한 작업일수록 작업대의 높이는 낮아야 한다.
④ 일반적인 조립라인이나 기계 작업 시에는 팔꿈치 높이보다 5~10cm 높아야 한다.

해설
- ①에서 입식 작업대의 기준은 팔꿈치이다.
- ③에서 미세부품 조립과 같은 정밀한 작업일수록 작업대의 높이는 높아야 한다.
- ④에서 일반적인 조립라인이나 기계 작업 시에는 팔꿈치 높이보다 5~10cm 낮게 해야 한다.
- **서서하는 작업대 높이**
  - 서서하는 작업대의 높이는 높낮이 조절이 가능하여야 하며, 작업대의 높이는 팔꿈치를 기준으로 한다.
  - 정밀작업의 경우 팔꿈치 높이보다 약간(5~15cm) 높게 한다.
  - 경작업의 경우 팔꿈치 높이보다 5~10cm 낮게 한다.
  - 중작업의 경우 팔꿈치 높이보다 10~30cm 낮게 한다.
  - 정밀한 작업이나 장기간 수행하여야 하는 작업은 좌식 작업대가 바람직하다.

62
NIOSH의 들기 작업 지침에서 들기지수(LI)를 산정하는 식에서 반영되는 변수가 아닌 것은?

① 표면계수 ② 수평계수
③ 빈도계수 ④ 비대칭계수

해설
- RWL을 구할 때의 요소에는 수평계수, 수직계수, 거리계수, 비대칭성계수, 빈도계수, 결합계수 등이 필요하다.
- **NIOSH 들기지수(LI)** 실기 1503/1601/1603/1701/1801/1803/1901/2001/2002/2003/2201/2203/2301/2302/2403
  - NIOSH의 중량물 취급지수를 말한다.
  - 들기지수가 1을 초과하는 경우 추천 무게를 넘는 것으로 간주한다.

- 40대 여성의 들기 능력의 50퍼센타일을 기준으로 하였다.
- 물체의 무게(kg) / RWL(kg)으로 구한다. 이때 RWL은 추천 중량한계로 들기 편한 정도의 값이다.
- RWL = 23kg × HM × VM × DM × AM × FM × CM으로 구한다(HM은 수평계수, VM은 수직계수, DM은 거리계수, AM은 비대칭성계수, FM은 빈도계수, CM은 결합계수를 의미한다).
- RWL 계수는 0 ~ 1 사이의 값으로 1에 가까울수록 최적의 조건이 된다.

63

사람이 행하는 작업을 기본 동작으로 분류하고, 각 기본 동작들은 동작의 성질과 조건에 따라 이미 정해진 기준 시간을 적용하여 전체 작업의 정미시간을 구하는 방법은?

① PTS 법
② Rating 법
③ Therblig 법
④ Work Sampling 법

해설
- ②는 작업자의 페이스를 정상작업 페이스와 비교하여 관측평균시간치를 보정해 주는 방법을 말한다.
- ③은 기호를 사용하여 작업자의 작업을 18개 정도의 기본동작으로 나누어 분석표를 작성하고, 이들을 다시 총괄표에 정리하여 작업개선의 착안점을 찾아내는 데 이용되는 동작분석방법이다.
- ④는 표본의 크기가 충분히 크다면 모집단의 분포와 일치한다는 통계적 이론에 근거하여 인간 활동이나 기계의 가동상황 등을 무작위로 관측하여 측정하는 표준시간 측정방법이다.

PTS(Predeterrminrd Time Standard) 기법
㉠ 개요
- 사람이 행하는 작업을 기본 동작으로 분류하고, 각 기본 동작들은 동작의 성질과 조건에 따라 이미 정해진 기준 시간을 적용하여 전체 작업의 정미시간을 구하는 방법이다.
- 다양한 방법이 있으나 Work Factor와 MTM 기법이 많이 이용된다.

㉡ 특징
- 작업자수행도평가(Performance rating)가 필요 없다.
- 작업동작은 한정된 종류의 기본요소동작으로 구성된다는 가정을 전제로 한다.
- 작업방법과 작업시간을 분리하여 동시에 연구할 수 있다.
- 작업방법만 알고 있으면 관측을 행하지 않고도 표준시간을 알 수 있다.
- 작업자의 능력이나 노력에 관계없이 객관적이고 공평한 작업 표준시간 설정으로 높은 생산성을 기대할 수 있다.
- 작업측정 시 스톱워치 등과 같은 기구가 필요 없다.
- 전문적인 교육을 받는 전문가가 아니면 활용이 어렵다.
- 표준자료 작성에 시간과 비용이 많이 소모되며, 교육과 훈련비용이 크다.

64

공정도(Process chart)에 사용되는 기호와 명칭이 잘못 연결된 것은?

① ⇨ : 운반
② □ : 검사
③ ○ : 가공
④ D : 저장

해설
- ④는 가공물의 지체를 의미한다.
- 공정분석 시 사용되는 공정도시기호

□	가공물의 수량 검사
D	가공물의 지체를 표시
⇨	가공물의 이동
▽	가공물의 저장(보관)
○	가공물의 가공작업
◇	가공물의 품질 검사

65

다음 근골격계 질환의 발생원인 중 작업요인이 아닌 것은?

① 작업강도
② 작업자세
③ 직무만족도
④ 작업의 반복도

해설
- ③은 근골격계 질환의 사회심리적 요인에 해당된다.
- 직접적인 작업특성 위험요인에는 작업강도, 작업자세, 작업의 반복도, 부적절한 휴식 등이 있다.

근골격계 질환
㉠ 개요
- 반복적인 동작, 부적절한 작업자세, 무리한 힘의 사용, 날카로운 면과의 신체접촉, 진동 및 온도 등의 요인에 의하여 발생하는 건강장해로서 목, 어깨, 허리, 팔·다리의 신경·근육 및 그 주변 신체조직 등에 나타나는 질환을 말한다.

㉡ 원인
- 질환의 원인은 개인적 특성 요인, 작업특성 요인, 사회 심리적 요인 등으로 구분한다.
- 개인적 특성 요인에는 작업자 개인의 과거병력, 연령, 성별, 키, 몸무게, 작업방법 및 기술수준 등이 있다.
- 직접적인 작업특성 위험요인에는 작업강도, 작업자세, 작업의 반복도, 부적절한 휴식 등이 있다.
- 사회심리적 요인에는 직무스트레스, 비효율적 의사소통, 작업에 대한 만족도, 인간관계 등이 있다.

66
산업안전보건법령상 근골격계 부담작업의 유해요인 조사를 해야 하는 상황이 아닌 것은?

① 법에 따른 건강진단 등에서 근골격계 질환자가 발생한 경우
② 근골격계 부담작업에 해당하는 기존의 동일한 설비가 도입된 경우
③ 근골격계 부담작업에 해당하는 업무의 양과 작업공정 등 작업환경이 바뀐 경우
④ 작업자가 근골격계 질환으로 관련 법령에 따라 업무상 질환으로 인정받는 경우

해설
- ②에서 근골격계 부담작업에 해당하는 동일한 설비가 아니라 새로운 작업·설비를 도입한 경우에는 1개월 이내에 유해요인 조사를 해야 한다.
- **유해요인 조사**
  ㉠ 개요
    - 산업안전보건법령상 사업주는 근로자가 근골격계 부담작업을 하는 경우에 3년마다 유해요인 조사를 하여야 한다.
    - 신설되는 사업장의 경우에는 1년 이내에 최초의 유해요인 조사를 하여야 한다.
    - 사업주는 유해요인조사에 근로자 대표 또는 해당 작업 근로자를 참여시켜야 한다.
  ㉡ 1개월 이내(수시) 조사해야 하는 경우 실기 1401/1701/1901/2401
    - 임시건강진단 등에서 근골격계 질환자가 발생하였거나 근로자가 근골격계 질환으로 업무상 질병으로 인정받은 경우(근골격계 부담작업이 아닌 작업에서 근골격계 질환자가 발생하였거나 근골격계 부담작업이 아닌 작업에서 발생한 근골격계 질환에 대해 업무상 질병으로 인정받은 경우를 포함한다)
    - 근골격계 부담작업에 해당하는 새로운 직업·설비를 도입한 경우
    - 근골격계 부담작업에 해당하는 업무의 양과 작업공정 등 작업환경을 변경한 경우

67
근골격계 질환 예방·관리프로그램 실행을 위한 보건관리자의 역할로 볼 수 없는 것은?

① 사업장 특성에 맞게 근골격계 질환의 예방·관리 추진팀을 구성한다.
② 주기적으로 작업장을 순회하여 근골격계 질환 유발공정 및 작업유해요인을 파악한다.
③ 주기적인 작업자 면담을 통하여 근골격계 질환 증상 호소자를 조기에 발견할 수 있도록 노력한다.
④ 7일 이상 지속되는 증상을 가진 작업자가 있을 경우 지속적인 관찰, 전문의 진단의뢰 등의 필요한 조치를 한다.

해설
- ①은 사업주의 역할이다.
- **근골격계 질환 예방관리추진팀에서 보건/안전관리자의 역할** 실기 1803
  - 근골격계 질환 유발 공정 및 작업유해요인 파악 (작업장 순회)
  - 근골격계 질환 증상 호소자 조기 발견 (근로자 면담)
  - 지속적인 관찰, 전문의 진단의뢰 등 필요한 조치(7일 이상 증상이 지속되는 자가 있을 경우)
  - 근골격계 질환자를 주기적 면담하여 가능한 조기에 작업장 복귀할 수 있도록 도움
  - 예방관리 추진팀에게 예방·관리프로그램을 운영할 수 있도록 사내자원 제공
  - 예방관리 프로그램의 운영을 위한 정책 결정에 참여

68
작업자-기계 작업 분석 시 작업자와 기계의 동시작업 시간이 1.8분, 기계와 독립적인 작업자의 활동시간이 2.5분, 기계만의 가동시간이 4.0분일 때, 동시성을 달성하기 위한 이론적 기계 대수는 약 얼마인가?

① 0.28
② 0.74
③ 1.35
④ 3.61

해설
- 제품당 기계의 소요시간은 1.8분+4.0분=5.8분이다.
- 제품당 작업자의 소요시간은 1.8분+2.5분=4.3분이다.
- 대입하면 $\frac{5.8}{4.3}$=1.3488대이다.
- **최적의 기계대수** 실기 1301/1701
  - 기계대수 $n = \frac{제품당 \, 기계시간}{제품당 \, 작업자시간}$ 으로 구한다.

69
문제해결 절차에 관한 설명으로 옳지 않은 것은?

① 작업방법의 분석 시에는 공정도나 시간차트, 흐름도 등을 사용한다.
② 선정된 개선안은 작업자나 관련 부서의 이해와 협조 과정을 거쳐 시행하도록 한다.
③ 개선절차는 "연구대상선정 → 현 작업방법 분석 → 분석 자료의 검토 → 개선안 선정 → 개선안 도입" 순으로 이루어진다.
④ 개선 분석 시 5W1H의 What은 작업 순서의 변경, Where, When, Who는 작업 자체의 제거, How는 작업의 결합 분석을 의미한다.

해설
- How는 단순화를 의미한다.
- **작업관리의 문제해결 절차**
  - 연구대상선정 → 작업방법의 분석과 기록 → 분석 자료의 검토 → 개선안의 수립 → 개선안의 도입 → 확인 및 재발방지
  - 분석할 작업방법은 현재 사용 중인 작업방법이다.
  - 문제해결을 위해 이해해야 하는 문제 자체가 가지는 일반적인 다섯 가지 특성은 두 가지 상태, 제약조건, 대안, 판단기준, 연구시한이다.
  - 작업방법의 분석 시에는 공정도나 시간차트, 흐름도 등을 사용한다.
  - 선정된 개선안은 작업자나 관련 부서의 이해와 협조 과정을 거쳐 시행하도록 한다.
  - 개선 분석 시 5W1H의 What은 작업 순서의 변경, Where, When, Who는 작업 자체의 제거, How는 단순화를 의미한다.

70
동작경제(Motion economy)의 원칙에 해당하지 않는 것은?

① 가능한 기본동작의 수를 많이 늘린다.
② 공구의 기능을 결합하여 사용하도록 한다.
③ 두 손의 동작은 같이 시작하고 같이 끝나도록 한다.
④ 공구, 재료 및 제어 장치는 사용 위치에 가까이 두도록 한다.

해설
- 동작의 수는 줄이고, 동작의 속도는 적당히 한다.
- **동작경제의 원칙** 실기 1903/2103/2203
  - ㉠ 개요
    - 작업자가 경제적인 동작을 통해 피로도를 감소시키면서도 능률을 향상시키게 하기 위한 원칙이다.
    - 신체사용의 원칙, 작업장 배치의 원칙, 공구 및 설비 디자인의 원칙으로 분류된다.
    - 동작을 가급적 조합하여 하나의 동작으로 한다.
    - 동작의 수는 줄이고, 동작의 속도는 적당히 한다.
  - ㉡ 신체사용의 원칙 실기 2301
    - 두 손의 동작은 동시에 시작해서 동시에 끝나야 한다.
    - 휴식시간을 제외하고는 양손을 같이 쉬게 해서는 안 된다.
    - 손의 동작은 유연하고 연속적인 동작이어야 한다.
    - 동작이 급작스럽게 크게 바뀌는 직선 동작은 피해야 한다.
    - 두 팔의 동작은 동시에 서로 반대방향으로 대칭적으로 움직이도록 한다.
    - 탄도동작(Ballistics Movements)은 제한되거나 통제된 동작보다 더 신속하고 정확하다.
  - ㉢ 작업장 배치의 원칙 실기 1303/1701/2001/2002/2303/2402
    - 가능하다면 낙하식 운반 방법을 이용한다.
    - 작업이 용이하도록 적절한 조명을 비추어 준다.
    - 공구나 재료는 작업동작이 원활하게 수행하도록 그 위치를 정해준다.
    - 공구, 재료 및 제어장치는 사용하기 가까운 곳에 배치해야 한다.
  - ㉣ 공구 및 설비 디자인의 원칙 실기 1703
    - 치구나 족답장치를 이용하여 양손이 다른 일을 할 수 있도록 한다.
    - 공구의 기능을 결합하여 사용하도록 한다.
    - 타자 칠 때와 같이 각 손가락이 서로 다른 작업을 할 때에는 작업량을 각 손가락의 능력에 맞게 배분해야 한다.

71
산업안전보건법령상 사업주가 근골격계 부담작업 종사자에게 반드시 주지시켜야 하는 내용에 해당되지 않는 것은?

① 근골격계 부담작업의 유해요인
② 근골격계 질환의 요양 및 보상
③ 근골격계 질환의 징후 및 증상
④ 근골격계 질환 발생 시의 대처 요령

해설
- ②는 근로자에게 주지시킬 내용에 포함되지 않는다.
- **사업주가 근로자에게 주지시켜야 할 유해성** 실기 1601/2001/2303
  - 근골격계 부담작업의 유해요인
  - 근골격계 질환의 징후와 증상
  - 근골격계 질환 발생 시의 대처요령
  - 올바른 작업자세와 작업도구, 작업시설의 올바른 사용방법
  - 그 밖에 근골격계 질환 예방에 필요한 사항

72 ──● Repetitive Learning 1회 2회 3회

평균 관측시간이 0.9분, 레이팅 계수가 120%, 여유시간이 하루 8시간 근무시간 중에 28분으로 설정되었다면 표준 시간은 약 몇 분인가?

① 0.926
② 1.080
③ 1.147
④ 1.151

해설
- 정미시간은 0.9×120%=0.9×1.2=1.08분이다.
- 내경법으로 여유율=28분/8시간(480분)=0.0583이 된다.
- 내경법으로 표준시간=1.08/(1−0.0583)=1.1469가 된다.
- **표준시간** 실기 1501/1503/1603/1703/2002/2003/2103/2402/2403
  - ㉠ 개요
    - 8시간의 정상작업을 기준으로 하여 일정한 작업조건에서 일정한 방법에 따라 보통 정도의 작업자가 정상적인 속도로 작업을 수행하는데 걸리는 시간을 말한다.
    - 표준시간 측정에 사용하는 DM(decimal minute)은 1DM이 0.6초이다.
    - 표준시간은 정미시간+여유시간으로 구한다.
    - 정미시간은 관측시간의 평균치×R(레이팅 계수)로 구한다.
    - 객관적 레이팅에서의 표준시간=관측 평균시간×(1차 평가계수)×(1+2차 조정계수)×(1+여유율)로 구한다.
    - 외경법의 경우 표준시간=정미시간×(1+여유율)로 구한다.
    - 내경법의 경우 표준시간=정미시간/(1−여유율)로 구한다.
  - ㉡ 여유율
    - 외경법은 작업여유율=여유시간/정미시간(근무시간−여유시간)을 적용한다.
    - 내경법은 근무여유율=여유시간/근무시간(정미시간+여유시간)을 적용한다.

73 ──● Repetitive Learning 1회 2회 3회

손과 손목 부위에 발생하는 작업관련성 근골격계 질환이 아닌 것은?

① 방아쇠 손가락(Trigger finger)
② 외상과염(Lateral epicondylitis)
③ 가이언 증후군(Canal of guyon)
④ 수근관 증후군(Carpal tunnel syndrome)

해설
- ②는 팔꿈치 부위의 인대에 염증이 생김으로써 발생하는 증상이다.
- **부위별 근골격계 질환** 실기 1403/2302
  - 목 : 근막통증 증후군, 경추부 염좌, 경추부 추간판탈출증
  - 어깨 : 근막통증 증후군, 회전근개 건염, 극상근 건염, 상완이두 건막염, 건봉하 점액낭염, 관절와순 손상
  - 팔꿈치 : 근막통증 증후군, 내·외상과염
  - 손 및 손목 : 수근관 증후군, 드퀘르베 건초염, 방아쇠 수지, 결절종, 가이언 증후군, 경겹증

74 ──● Repetitive Learning 1회 2회 3회

근골격계 질환 예방을 위한 바람직한 관리적 개선 방안으로 볼 수 없는 것은?

① 규칙적이고 적절한 휴식을 통하여 피로의 누적을 예방한다.
② 작업 확대를 통하여 한 작업자가 할 수 있는 일의 다양성을 넓힌다.
③ 전문적인 스트레칭과 체조 등을 교육하고 작업 중 수시로 실시하도록 유도한다.
④ 중량물 운반 등 특정 작업에 적합한 작업자를 선별하여 상대적 위험도를 경감시킨다.

해설
- ④에서 중량물 운반 등의 업무는 동력적인 장치를 이용하는 공학적 개선이 바람직하다.
- **작업개선안 도출** 실기 1401/1603/1801/1901/2003/2201/2302/2403
  - 가장 우선적이고 근본적인 문제해결책은 문제가 되는 작업을 제거하는 데 있다.
  - 1차적으로는 공학적 개선으로 위험요인의 제거 혹은 위험성의 직접적인 감소를 위해 작업장 여건을 개선한다.

정답 72 ③ 73 ② 74 ④

- 2차적으로는 관리적 개선으로 작업순환, 작업교대, 휴식시간 설계, 인원 보충 등 자원의 효율적인 분배와 관련된다.

공학적 개선안	• 작업자의 신체에 맞는 작업장 개선(작업공구 개선, 작업대 높이 조절, 중량물 운반 시 기계장치 사용, 단순반복 작업에 로봇 사용, 작업장 바닥 개선, 작업장 재배열) • 작업자세 및 작업방법 개선
관리적 개선안	• 작업순환, 작업교대 • 작업습관 변화 • 작업속도 조절 및 휴식시간 설계 • 인원 보충(추가 작업자 선발, 교육 및 훈련, 적성에 맞는 배치) • 위험표지 부착

75

상완, 전완, 손목을 그룹을 A로 목, 상체, 다리를 그룹 B로 나누어 측정, 평가하는 유해요인의 평가기법은?

① RULA(Rapid Upper Limb Assessment)
② REBA(Rapid Entire Body Assessment)
③ OWAS(Ovako Working Posture Analysis System)
④ NIOSH 들기작업지침(Revised NIOSH Lifting Equation)

해설

- ②는 간호사 등과 같이 예측하기 힘든 다양한 자세에서 이루어지는 서비스업에서의 전체적인 신체에 대한 부담정도와 위해인자에 대한 노출정도를 분석하는데 적합하다.
- ③은 근력을 발휘하기에 부적절한 작업자세를 구별하기 위한 목적으로 개발된 평가도구이다.
- ④는 허리부위나 중량물취급 작업에 대한 유해요인의 주요 평가기법이다.

RULA(Rapid Upper Limb Assessment) 실기 1301/1303/1603/1803/2201/2203
- 어깨, 팔목, 손목, 목 등 상지에 초점을 맞추어 작업자세로 인한 작업 부하를 빠르고 상세하게 분석할 수 있는 근골격계 질환의 위험평가기법이다.
- 상완, 전완, 손목을 그룹을 A로 목, 상체, 다리를 그룹 B로 나누어 측정, 평가한다.
- VDT 작업, 자동차 공장의 컨베이어식 조립라인에서 선 자세에서 자동차 하부의 볼트를 조립하는 작업자의 측정에 적합하다.
- 평가에 있어서 1~2점은 개선의 필요가 없음을, 3~4점은 계속적인 추가 관찰이 필요하고, 5~6점은 빠른 개선과 함께 작업위험요인의 분석이 요구되고, 7점의 경우는 정밀조사와 함께 즉시 개선이 필요하다고 평가한다.

76

서블릭(Therblig) 기호의 심볼과 영문이 잘못된 것은?

① ⟶ : TL
② ⊓ : DA
③ ⬭ : Sh
④ ⌒ : H

해설

- ①은 고르기(선택)에 해당하는 ST이다.

서블릭 기호

빈손이동 (TE : Transport Empty)		⌣	효율적
쥐기 (G : Grasp)		⌒	
운반하다 (TL : Transport Loaded)		⌣	
위치결정 (P : Position)		9	비효율적
조립하다 (A : Assemble)		#	효율적
사용하다 (U : Use)		U	
분해하다 (DA : Disassemble)		⊞	
놓다 (RL : Release Load)		⌒	
검사하다 (I : Inspect)		○	비효율적
찾다 (Sh : Search)		⬭	
선택하다 (St : Select)			
생각하다 (Pn : Plan)		℮	
자세를 고치다 (PP : Preposition)		👆	효율적
잡고 있다 (H : Hold)		⌒	
쉰다 (R : Rest for over coming fatigue)		℉	비효율적
피할 수 없는 지연 (UD : Unavoidable Delay)		⌒	
피할 수 있는 지연 (AD : Avoidable Delay)		⌐	

77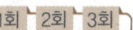

다음 중 수행도 평가기법이 아닌 것은?

① 속도 평가법
② 합성 평가법
③ 평준화 평가법
④ 사이클 그래프 평가법

해설
- ④는 동작분석(상세한 작업분석)을 통한 작업방법 개선 방법 중 하나이다.
- 표준시간 산출 평정계수(Rating) 산정 기법(수행도 평가기법)
  실기 1301/1403/1603/1803

평준화법(Leveling)/Westinghouse법	숙련도, 노력, 작업환경, 일치성(Leveling)에 섬세도, 유효도, 작업태도별 항목별 평가를 추가(Westinghouse)하여 평가하는 기법
객관적 평가법 (Objective Rating)	1차로 표준속도와 비교한 평정계수를 구하고, 2차로 작업의 난이도와 특성을 반영하는 기법
속도평가법 (Speed Rating)	기업에서 정한 기준속도와 작업동작의 속도를 비교하여 작업동작의 지속 비율을 표시하는 방법
합성평가법 (Synthetic Rating)	관측된 작업 중에서 요소작업에 대한 대표치를 PTS법으로 분석하고, PTS에 의한 시간치와 관측시간치의 비율로 레이팅 계수를 산정하여 다른 요소작업에 적용시키는 Rating 기법

78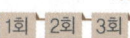

파레토 원칙(Pareto principle : 80－20원칙)에 대한 설명으로 옳은 것은?

① 20%의 항목이 전체의 80%를 차지한다.
② 40%의 항목이 전체의 60%를 차지한다.
③ 60%의 항목이 전체의 40%를 차지한다.
④ 80%의 항목이 전체의 20%를 차지한다.

해설
- 80～20의 원칙이란 20%의 항목이 전체의 80%를 차지한다는 개념으로 빈도수별로 나열한 항목별 점유와 누적비율에 따라 불량이나 사고의 원인이 되는 중요 항목을 찾아가는 기법이다.
- 파레토도
  - 작업관리의 문제분석 도구로서, 가로축에 항목, 세로축에 항목별 점유비율과 누적비율로 막대-꺾은선 혼합 그래프를 중점관리항목을 도출할 목적으로 활용하는 도구이다.

- 현장의 개선활동에 있어서 소수 중점 원인을 찾기 위한 도구로서 사용된다.
- 80～20의 원칙에 기초하여 빈도수별로 나열한 항목별 점유와 누적비율에 따라 불량이나 사고의 원인이 되는 중요 항목을 찾아가는 기법이다.
- 80～20의 원칙이란 20%의 항목이 전체의 80%를 차지한다는 개념이다.
- 가장 큰 값부터 순서대로 나열하며, 기타항목은 맨 오른쪽에 배치한다.

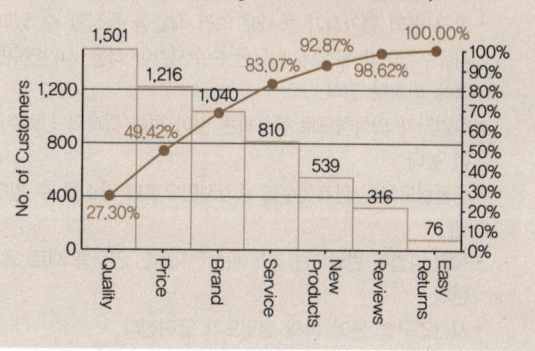

〈Fators Influencing Purchase Decisions〉

79

다음 중 간헐적으로 랜덤한 시점에 연구대상을 순간적으로 관측하여 관측기간 동안 나타난 항목별로 차지하는 비율을 추정하는 방법은?

① Work Factor 법
② Work Sampling 법
③ PTS(Predetermined Time Standards) 법
④ MTM(Methods Time Measurement) 법

해설
- ①은 신체 동작의 난이도에 따라 다른 개수의 작업요인(work factor)를 부여하는 방법이다.
- ③은 사람이 행하는 작업을 기본 동작으로 분류하고, 각 기본 동작들은 동작의 성질과 조건에 따라 이미 정해진 기준 시간을 적용하여 전체 작업의 정미시간을 구하는 방법이다.
- ④는 작업을 여러 개의 기본동작으로 나누고 동작별 성질과 조건에 따라 시간치를 부여하는 방법이다.
- 워크 샘플링(work sampling)
  ㉠ 개요
    - 표본의 크기가 충분히 크다면 모집단의 분포와 일치한다는 통계적 이론에 근거한다.

- 간헐적으로 랜덤한 시점에서 연구대상을 순간적으로 관측하여 대상이 처한 상황을 파악하고 이를 토대로 관측시간 동안에 나타난 항목별로 차지하는 비율을 추정하는 방법이다.
- 조사기간을 길게 하여 평상시의 작업현황을 그대로 반영시킬 수 있어 사이클이 긴 작업에 주로 사용한다.
- 확률이론인 이항분포를 따른다.

ⓒ 장점
- 특별한 시간 측정 장비가 별도로 필요하지 않는 간단한 방법이다.
- 관측이 순간적으로 이루어져 작업에 방해가 적다.
- 한 사람의 평가자가 동시에 여러 작업을 측정할 수 있다.
- 자료수집이나 분석에 필요한 순수시간이 다른 시간연구방법에 비하여 짧다.
- 작업자가 의식적으로 행동하는 일이 적어 결과의 신뢰수준이 높다.
- 샘플링오차는 관측횟수를 증가시킴으로써 감소될 수 있다.

ⓒ 단점
- 작업 방법이 변화되는 경우에는 전체적인 연구를 새로 해야 한다.
- 시간연구법 등에 비해 정밀도가 떨어진다.
- 짧은 주기 및 반복작업에 부적합하다.

80

ECRS의 4원칙에 해당되지 않는 것은?

① Eliminate : 꼭 필요한가?
② Simplify : 단순화할 수 있는가?
③ Control : 작업을 통제할 수 있는가?
④ Rearrange : 작업순서를 바꾸면 효율적인가?

해설
- C는 Combine으로 더 나은 작업이나 작업요소와의 결합을 말한다.

개선의 ECRS 실기 1303/1403/1801/2002/2101/2302
- E(Eliminate) : 불필요한 작업이나 자재를 제거
- C(Combine) : 더 나은 작업이나 작업요소와의 결합
- R(Rearrange) : 작업순서의 변경, 재배열
- S(Simplify) : 작업이나 작업요소의 단순화

정답 80 ③

2021년 제1회

2021년 3월 7일

1과목 인간공학개론

01

시각 및 시각과정에 대한 설명으로 옳지 않은 것은?

① 원추체(cone)는 황반(fovea)에 집중되어 있다.
② 멀리 있는 물체를 볼 때는 수정체가 두꺼워진다.
③ 동공(pupil)의 크기는 어두우면 커진다.
④ 근시는 수정체가 두꺼워져 원점이 너무 가까워진다.

해설
- 멀리 있는 물체를 보기 위해서는 모양체근이 이완되어 수정체가 얇아져야 한다.
- 수정체 실기 1701/1903/2203
  - 눈 안쪽의 양면이 볼록한 렌즈 형태의 투명한 조직을 말한다.
  - 빛이 통과될 때 빛을 모아주어 망막에 상이 맺히도록 하며, 초점을 맞추기 위해 수정체의 두께를 조절한다.
  - 연결된 모양체근이 이완하면 수정체가 얇아져 먼 곳을 볼 수 있다.
  - 연결된 모양체근이 수축하면 수정체가 볼록해져 가까운 곳을 볼 수 있다.
  - 망막의 표면에는 빛을 감지하는 광수용기인 원추체(색 구별)와 간상체(흑백의 음영 구별)가 분포되어 있다.

02

시식별에 영향을 주는 인자로 적합하지 않은 것은?

① 조도   ② 휘도비
③ 대비   ④ 온·습도

해설
- ④는 시식별과 거리가 멀다.
- 시식별에 영향을 주는 인자 실기 2103
  - 조도
  - 휘도 및 휘도비
  - 대비
  - 과녁의 이동
  - 노출시간
  - 조명기구
  - 시력(내적인자)
  - 연령(내적인자)

03

실제 사용자들의 행동 분석을 위해 사용자가 생활하는 자연스러운 생활환경에서 조사하는 사용성 평가기법으로 옳은 것은?

① Heuristic Evaluation
② Usability Lab Testing
③ Focus Group Interview
④ Observation Ethnography

해설
- ①은 3 ~ 5명의 전문가가 직관과 경험을 바탕으로 빠르게 의사결정을 내리고 결과를 예측하는 방법이다.
- ②는 실제로 거주하는 생활공간에서 제품 사용중 발생할 수 있는 사용 오류 및 사용자 편의성 등을 검사하는 방법이다.
- ③은 특정한 경험을 공유한 사람들이 함께 모여 인터뷰를 진행하는 조사 방법이다.
- 관찰 에쓰노그라피(observation ethnography)법
  - 실제 사용자들의 행동 분석을 위해 사용자가 생활하는 자연스러운 생활환경에서 조사하는 사용성 평가기법이다.
  - 비디오, 오디오에 녹화하여 시험하는 사용성 평가 방법이다.

정답 01 ② 02 ④ 03 ④

04
인체의 감각기능 중 후각에 대한 설명으로 옳은 것은?

① 후각에 대한 순응은 느린 편이다.
② 후각은 훈련을 통해 식별능력을 기르지 못한다.
③ 후각은 냄새 존재 여부보다 특정 자극을 식별하는데 효과적이다.
④ 특정 냄새의 절대 식별 능력은 떨어지나 상대적 비교능력은 우수한 편이다.

해설
- ①에서 후각에 대한 순응은 빠른 편이다.
- ②에서 후각은 훈련을 통하면 식별 능력을 향상시킬 수 있다.
- ③에서 후각은 특정 냄새의 절대 식별 능력은 떨어지나 상대적 비교능력은 우수한 편이다.

인간의 후각 특성
- 훈련을 통하면 식별 능력을 향상시킬 수 있다.
- 특정한 냄새에 대한 절대적 식별 능력은 떨어진다.
- 후각은 특정 물질이나 개인에 따라 민감도의 차이가 있다.
- 후각을 통해 구별할 수 있는 냄새의 수는 최소 1만 가지 이상이다.
- 특정 냄새의 절대 식별 능력은 떨어지나 상대적 비교능력은 우수한 편이다.

05
제어장치가 가지는 저항의 종류에 포함되지 않는 것은?

① 탄성 저항(elastic resistance)
② 관성 저항(inertia resistance)
③ 점성 저항(viscous resistance)
④ 시스템 저항(system resistance)

해설
- ①은 외력에 의한 재료의 변형이 있은 후 외력을 제거할 경우 원래 상태로 되돌아가는 성질이 탄성인데 이 때문에 생기는 저항력을 말한다.
- ②는 물체가 외부로부터 다른 힘을 받지 않을 경우 애초 운동 상태를 유지하려는 성질에서 비롯된 저항력을 말한다.
- ③은 출력과 반대 방향으로 그 속도에 비례해서 작용하는 힘 때문에 생기는 항력으로 원활한 제어를 도우며, 특히 규정된 변위 속도를 유지하는 효과를 가진 조종장치의 저항력을 말한다.

제어장치가 갖는 저항
- 저항이란 출력과 반대 방향으로 그 속도에 비례해서 작용하는 힘 때문에 생기는 항력을 말한다.
- 탄성 저항, 관성 저항, 점성 저항, 정지 및 미끄럼 마찰 저항등이 있다.
- 점성 저항은 갑작스런 속도의 변화를 막고 부드러운 제어동작을 유지하게 해 준다.

06
음 세기(sound intensity)에 관한 설명으로 옳은 것은?

① 음 세기의 단위는 Hz이다.
② 음 세기는 소리의 고저와 관련이 있다.
③ 음 세기는 단위시간에 단위면적을 통과하는 음의 에너지를 말한다.
④ 음압수준(sound pressure level) 측정 시 주로 1,000Hz 순음을 기준 음압으로 사용한다.

해설
- ①에서 음의 세기 단위는 dB이다.
- ②에서 소리의 고저는 주파수(Hz)와 관련된다.
- ④는 phon에 대한 설명이다.

음 세기(sound intensity)
- 음의 진행방향에 수직하는 단위 면적을 단위시간에 통과하는 음의 에너지를 말한다.
- 기호는 I, 단위는 w/m²이다.

07
시스템의 사용성 검증 시 고려되어야 할 변인이 아닌 것은?

① 경제성   ② 낮은 에러율
③ 효율성   ④ 기억용이성

해설
- ①은 사용성 평가와 거리가 멀다.

시스템의 사용성을 평가하기 위해 사용하는 기준(제이콥 닐슨(J. Nielsen)의 사용성 척도)
- 학습이성 : 사용자가 응용프로그램을 배우기 쉬운지의 여부
- 유연성과 효율성 : 환경 변화에 적응하는지와 원하는 목적을 달성하는데 필요한 자원의 효율
- 기억용이성 : 사용자가 해당 목표 달성을 위해 정보를 얼마나 기억하는지

- 에러 빈도 및 정도 : 고장 발생확률이 얼마나 낮은지
- 피드백(오류예방) : 사용자 인터페이스에 대한 반응
- 도움말 및 설명 문서
- 심플하고 아름다운 디자인
- 일관성과 표준화
- 사용자 주도권과 자유도
- 실제 사용환경에 적합한 시스템

08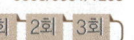

0803/0901/1203

암호체계의 사용에 관한 일반적 지침에서 암호의 변별성에 대한 설명으로 옳은 것은?

① 정보를 암호화한 자극은 검출이 가능하여야 한다.
② 자극과 반응 간의 관계가 인간의 기대와 모순되지 않아야 한다.
③ 두 가지 이상의 암호 차원을 조합하여 사용하면 정보전달이 촉진된다.
④ 모든 암표시는 감지장치에 의하여 다른 암호 표시와 구별될 수 있어야 한다.

해설
- ①은 검출성에 대한 개념이다.
- ②는 양립성의 개념이다.
- ③은 다차원 암호 사용가능성에 대한 개념이다.

:: 암호화(Coding)
　㉠ 개요
　　- 원래의 신호 정보를 새로운 형태로 변화시켜 표시하는 것을 말한다.
　　- 형상, 크기, 색채 등 작업자가 쉽게 기계 및 기구를 식별하도록 암호화한다.
　㉡ 암호화 지침

검출성	감지가 쉬워야 한다.
표준화	표준화되어야 한다.
변별성	다른 암호 표시와 구별될 수 있어야 한다.
양립성	인간의 기대와 모순되지 않아야 한다.
부호의 의미	사용자가 그 뜻을 분명히 알 수 있어야 한다.
다차원 암호 사용가능	두 가지 이상의 암호 차원을 조합해서 사용하면 정보전달이 촉진된다.

09

주의(attention)의 종류에 포함되지 않는 것은?

① 병렬주의(parallel attention)
② 분할주의(divided attention)
③ 초점주의(focused attention)
④ 선택적 주의(selective attention)

해설
- ①은 지속주의(sustained attention)가 되어야 한다.

:: 주의(attention)의 종류
- 선택주의(selective attention) : 원하는 부분을 선택
- 초점주의(focused attention) : 특정 부위에 집중
- 분할주의(divided attention) : 다중정보의 병렬처리
- 지속주의(sustained attention) : 계속적인 유지

10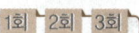

1001/1301/1701

인간공학에 관한 내용으로 옳지 않은 것은?

① 인간의 특성 및 한계를 고려한다.
② 인간을 기계와 작업에 맞추는 학문이다.
③ 인간 활동의 최적화를 연구하는 학문이다.
④ 편리성, 안정성, 효율성을 제고하는 학문이다.

해설
- 기계와 작업을 인간이 안전하고 효율적으로 수행할 수 있도록 인간의 특성과 한계에 맞추는 것이 인간공학이다.

:: 인간공학(Ergonomics)
　㉠ 개요
　　- "Ergon(작업)+nomos(법칙)+ics(학문)"이 조합된 단어로 Human factors, Human engineering이라고도 한다.
　　- 인간의 특성과 한계 능력을 공학적으로 분석, 평가하여 이를 복잡한 체계의 설계에 응용함으로 효율을 최대로 활용할 수 있도록 하는 학문분야이다.
　　- 인간이 사용하는 물건, 설비, 환경의 설계에 인간의 생리적, 심리적인 면에서의 특성이나 한계점을 고려함으로써 인간-기계 시스템의 안전성과 편리성, 효율성을 높이는 학문분야이다.
　㉡ 적용분야
　　- 제품설계
　　- 장비·공구·설비의 배치
　　- 재해·질병 예방
　　- 작업장 내 조사 및 연구

정답 08 ④　09 ①　10 ②

11

움직이는 몸의 동작을 측정한 인체치수를 무엇이라고 하는가?

① 조절 치수
② 파악한계 치수
③ 구조적 인체치수
④ 기능적 인체치수

해설
- ①은 인체 측정치의 적용원리에서 조절의 원칙에서 의미하는 치수로 5~95%를 포함하는 설계원칙을 말한다.
- ②는 인체 측정치의 적용원리에서 파지의 원칙에서 의미하는 치수로 5% 기준 설계원칙을 말한다.
- ③은 형태학적 측정, 즉 정적 자세에서 측정한 신체치수를 말한다.
- 기능적 치수(Functional dimension)=동적 치수 측정 실기 1801/2001/2103/2303/2401
  - 산업현장에서 필요한 인체치수와 같이 움직이는 몸의 동작을 측정한 인체치수이다.
  - 상지나 하지 등 신체 부위의 동작범위를 측정한다.

12

인간의 기억 체계에 대한 설명으로 옳지 않은 것은?

① 단위시간당 영구 보관할 수 있는 정보량은 7bit/sec이다.
② 감각 저장(sensory storage)에서는 정보의 코드화가 이루어지지 않는다.
③ 장기 기억(long-term memory)내의 정보는 의미적으로 코드화된 정보이다.
④ 작업 기억(working memory)은 현재 또는 최근의 정보를 잠시 동안 기억하기 위한 저장소의 역할을 한다.

해설
- 인간의 단위시간당 영구 보관할 수 있는 정보량의 개념은 존재하지 않는다. 다만 인간의 단기기억 용량은 보통 7청크이며, 용량이 커지지는 않는다.
- 인간의 기억체계
  - 인간의 기억은 감각저항, 단기기억, 장기기억으로 구분된다.
  - 감각저항은 빠르게 사라지고 새로운 자극으로 대체된다.
  - 단기기억을 장기기억으로 이전시키려면 리허설이 필요하다.
  - 단기기억의 정보는 시각적, 청각적으로 부호화되고 추후 언어 의미적 부호로 변환된다.
  - 인간의 단기기억 용량은 보통 7청크이며, 학습을 통해 장기기억으로 전환되기는 하지만 단기기억의 용량이 커지지는 않는다.
  - 단기기억에 있는 내용을 반복하여 학습(research)하면 장기기억으로 저장된다.

13

인체측정 자료의 최대 집단 값에 의한 설계 원칙에 관한 내용으로 옳은 것은?

① 통상 1, 5, 10%의 하위 백분위수를 기준으로 정한다.
② 통상 70, 75, 80%의 상위 백분위수를 기준으로 정한다.
③ 문, 탈출구, 통로 등과 같은 공간의 여유를 정할 때 사용한다.
④ 선반의 높이, 조정 장치까지의 거리 등을 정할 때 사용한다.

해설
- ①과 ②는 백분위수에 대한 설명이다.
- ④는 최소 집단값에 의한 설계원칙을 설명하고 있다.
- 극단치 설계 방법 실기 1601/1603/1801/2003/2201
  - 조작자와 제어버튼 사이의 거리, 조작에 필요한 힘, 비상벨의 위치, 지하철이나 버스의 손잡이 높이는 최소 집단치(5% 하위 백분위 수)를 설계 기준으로 한다.
  - 출입문의 높이, 탈출구, 의자의 높이, 좌석 간의 거리, 통로의 벽, 와이어로프의 사용중량, 위험구역 울타리 등은 최대 집단치(5% 상위 백분위 수)를 설계 기준으로 한다.

14

다음과 같은 확률로 발생하는 4가지 대안에 대한 중복률(%)은 얼마인가?

결과	확률(p)	$-\log_2 p$
A	0.1	3.32
B	0.3	1.74
C	0.4	1.32
D	0.2	2.32

① 1.8
② 2.0
③ 7.7
④ 8.7

해설
- 4가지 대안에 대한 확률이 같을 때 최대 정보량이 되므로 $2^2=4$이므로 최대정보량은 2bit이다.
- 대안의 발생확률이 다를 때 평균정보량은 $\sum p \times \log_2\left(\dfrac{1}{p}\right)$로 구한다.
- 평균정보량은 $0.1 \times 3.32 + 0.3 \times 1.74 + 0.4 \times 1.32 + 0.2 \times 2.32 = 1.846$ bit가 된다.
- 대안에 대한 중복률은 $1 - \dfrac{1.846}{2} = 0.077$이 되므로 7.7%가 된다.

:: 대안에 대한 중복률(%)
- 대안의 확률이 서로 다르기 때문에 발생하는 최대 정보량에서 감소되는 정보량의 양을 말한다.
- $1 - \dfrac{평균정보량}{최대정보량}$ 으로 구한다. 백분율로 표시하려면 100을 곱한다.
- 대안의 발생확률이 다를 때 평균정보량은 $\sum p \times \log_2\left(\dfrac{1}{p}\right)$로 구한다.

15
인간-기계 체계(Man-Mchine System)의 신뢰도(RS)가 0.85 이상 이어야 한다. 이때 인간의 신뢰도(RH)가 0.9 라면 기계의 신뢰도(RE)는 얼마 이상이어야 하는가?(단, 인간-기계 체계는 직렬체계이다)

① RE≥0.831 ② RE≥0.877
③ RE≥0.915 ④ RE≥0.944

해설
- 인간의 신뢰도는 0.9, 기계의 신뢰도는 Re이므로 인간이 기계를 조종하는 직렬체계의 경우 합성신뢰도는 $0.9 \times Re \geq 0.85$가 되어야 하므로 $Re \geq \dfrac{0.85}{0.9}(=0.944\cdots)$가 된다.

:: 시스템의 신뢰도 실기 1403/1503/1603/1703/1801/2001/2103/2203/2301/2401

㉠ AND(직렬)연결 시

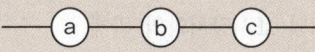

- 부품 a, 부품 b 신뢰도를 각각 R_a, R_b라 할 때 시스템의 신뢰도 $R_s = R_a \times R_b$로 구할 수 있다.

㉡ OR(병렬)연결 시

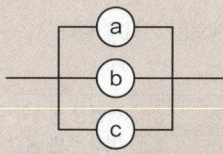

- 부품 a, 부품 b 신뢰도를 각각 R_a, R_b라 할 때 시스템의 신뢰도 $R_s = 1 - (1-R_a) \times (1-R_b)$로 구할 수 있다.

16
선형 표시장치를 움직이는 조종구(레버)에서의 C/R 비를 나타내는 다음 식에서 변수 α의 의미로 옳은 것은?(단, L은 컨트롤러의 길이를 의미한다)

$$C/R비 = \dfrac{(\alpha/360) \times 2\pi L}{표시장치의 이동거리}$$

① 조종장치의 여유율
② 조종장치의 최대 각도
③ 조종장치가 움직인 각도
④ 조종장치가 움직인 거리

해설
- 회전 조종구의 C/D비 $= \dfrac{2 \times \pi(3.14) \times r(반지름) \times \left(\dfrac{각도}{360}\right)}{표시계기의 변위량}$ 으로 구하므로 α는 회전 조종구의 움직인 각도를 의미한다.

:: 통제표시비 : C/D(C/R)비 실기 1301/1403/1501/1503/1601/1701/1803/1901/2002/2003/2101/2103/2203/2301/2303/2401

㉠ 개요
- 통제장치의 변위량과 표시장치의 변위량과의 관계를 나타낸 비율로 C/D비, 조종과 반응의 비라고 하여 C/R비라고도 한다.
- C/D $= \dfrac{통제기기의 변위량}{표시계기의 변위량}$ 으로 구한다.
- 회전 조종구의 C/D비
$$= \dfrac{2 \times \pi(3.14) \times r(반지름) \times \left(\dfrac{각도}{360}\right)}{표시계기의 변위량}$$ 으로 구한다.

㉡ 특징
- C/R비가 작아진다는 것은 민감한 장치화 되어 조종시간=제어시간이 길어지지만 수행시간이 짧아진다는 의미이다.
- C/R비가 크다는 것은 미세한 조종은 쉽지만 수행시간은 상대적으로 길다.
- 통제기기 시스템에서 발생하는 조작시간의 지연은 직접적으로 통제표시비가 가장 크게 작용하고 있다.

17

신호 검출 이론(signal detection theory)에서 판정기준을 나타내는 우도비(likelihood ratio) β와 민감도(sensitivity) d에 대한 설명으로 옳은 것은?

① β가 클수록 보수적이고, d가 클수록 민감함을 나타낸다.
② β가 클수록 보수적이고, d가 클수록 둔감함을 나타낸다.
③ β가 작을수록 보수적이고, d가 클수록 민감함을 나타낸다.
④ β가 작을수록 보수적이고, d가 클수록 둔감함을 나타낸다.

해설

- 판정 기준은 β(신호/노이즈)이며, β>1이며 보수적이고, β<1이면 자유적이며, d가 클수록 민감하다.

신호검출이론(Signal Detection Theory) 실기 1501/1503/1701/2001/2002/2003/2103/2303/2403

㉠ 개요
- 불확실한 상황에서 선택하게 하는 방법으로 신호의 탐지는 관찰자의 반응편향과 민감도에 달려있다고 주장하는 이론이다.
- 일반적으로 신호 검출 시 이를 간섭하는 소음이 있고, 신호와 소음을 쉽게 식별할 수 없는 상황에 신호검출이론이 적용된다.
- 긍정(Hit), 허위(False alarm), 누락(Miss), 부정(Correct rejection)의 네 가지 결과로 나눌 수 있다.
- 허위(False alarm)는 소음을 신호로, 누락(Miss)은 신호를 소음으로 판단한 결과이다.
- 신호검출이론은 품질관리, 통신이론, 의학처방 및 심리학, 법정에서의 판정 등 다양하게 활용되고 있다.

㉡ 반응편향 β
- 반응편향 $\beta = \dfrac{\text{신호의 길이}}{\text{소음의 길이}}$ 로 구한다.
- 신호에 의한 반응이 선형인 경우 판별력은 좋아진다.
- 신호검출이론에서 두 개의 정규분포 곡선이 교차하는 부분에 있는 기준점 β는 신호의 길이와 소음의 길이가 같으므로 1의 값을 가진다.
- 판정 기준은 β(신호/노이즈)이며, β>1이며 보수적이고, β<1이면 자유적이다.

㉢ 민감도
- 민감도가 클수록 신호를 구분하기 쉽다.
- 잡음이 많을수록, 신호가 약하거나 분명하지 않을수록 d값은 작아진다.
- 민감도를 늘리기 위해서는 교육 훈련, 결과의 피드백, 신호의 비신호의 구별성 증가 등의 조치를 한다.

18

정량적 표시장치의 지침(pointer) 설계에 있어 일반적인 요령으로 적합하지 않은 것은?

① 뾰족한 지침을 사용한다.
② 지침을 눈금면과 최대한 밀착시킨다.
③ 지침의 끝은 최소 눈금선과 맞닿고 겹치게 한다.
④ 원형눈금의 경우 지침의 색은 지침 끝에서 중앙까지 칠한다.

해설

- ③에서 지침의 끝이 작은 눈금과 맞닿되, 겹치지 않게 해야 한다.

정량적 표시장치의 지침(pointer) 설계
- 끝이 뾰족한 지침을 사용할 것
- 지침의 색은 선단에서 눈금의 중심까지 칠할 것
- 지침을 눈금 면과 밀착시켜 시차로 인한 오차를 줄일 것
- 지침의 끝이 작은 눈금과 맞닿되, 겹치지 않게 할 것
- 원형눈금의 경우 지침의 색은 지침 끝에서 중앙까지 칠한다.

19

표시장치와 제어장치를 포함하는 작업장을 설계할 때 고려해야 할 사항과 가장 거리가 먼 것은?

① 작업시간
② 제어장치와 표시장치와의 관계
③ 주 시각 임무와 상호작용하는 주제어장치
④ 자주 사용되는 부품을 편리한 위치에 배치

해설

- ①은 작업장 설계와는 거리가 멀다.

작업공간 설계 요건

여유공간(clearance) 요건	작업장 설계의 주요한 변수로 장비들 사이와 주변 공간, 통로의 높이와 너비, 신체를 움직일 수 있는 공간과 관련된 것
접근제한요건	특정한 구역 등에 접근하지 못하도록 하거나 접근에 있어 일정한 거리를 확보하기 위한 것
유지보수공(maintenance people)을 위한 특별 요건	유지보수공들을 위한 특별한 요구사항을 분석하고 그에 따라 작업장을 설계

정답 17 ① 18 ③ 19 ①

20
통화이해도 측정을 위한 척도로 적합하지 않은 것은?

① 명료도 지수 ② 인식 소음 수준
③ 이해도 점수 ④ 통화 간섭 수준

해설
- ②는 소음의 측정에 이용되는 척도이다.
- **통화이해도를 평가하는 척도**
  - 명료도 지수(articulation index) : 주파수 성분이 음절 명료도에 기여하는 정보를 밝히는 지수값으로 각 옥타브(Octave)대의 음성과 잡음의 데시벨(dB) 값에 가중치를 곱하여 합계를 구하는 것이다.
  - 이해도 점수(intelligibility score) : 송화 내용 중에서 알아듣고 이해한 내용의 비율을 말한다.
  - 통화 간섭 수준(speech interference level) : 통화 이해도에 영향을 미치는 잡음의 영향 지수를 말한다.
  - 소음기준(NC) 곡선 : 특정 장소에서의 통화 평가 방법을 말한다.

2과목 작업생리학

21
산업안전보건법령상 "소음작업"이란 1일 8시간 작업을 기준으로 얼마 이상의 소음이 발생하는 작업을 뜻하는가?

① 80데시벨 ② 85데시벨
③ 90데시벨 ④ 95데시벨

해설
- 소음작업이란 1일 8시간 작업을 기준으로 85dB 이상의 소음이 발생하는 작업을 말한다.
- **소음 노출 기준**
  - ㉠ 개요
    - 소음작업이란 1일 8시간 작업을 기준으로 85dB 이상의 소음이 발생하는 작업을 말한다.
  - ㉡ 강렬한 소음작업

1일 노출시간(hr)	허용 음압수준(dB)
8 이상	90 이상
4 이상	95 이상
2 이상	100 이상
1 이상	105 이상
1/2 이상	110 이상
1/4 이상	115 이상

  - ㉢ 충격소음작업(1초 이상의 간격)

충격소음강도(dB)	허용 노출 횟수(회)
140 초과	100 이상
130 초과	1,000 이상
120 초과	10,000 이상

22
중량물을 운반하는 작업에서 발생하는 생리적 반응으로 옳은 것은?

① 혈압이 감소한다.
② 심박수가 감소한다.
③ 혈류량이 재분배된다.
④ 산소소비량이 감소한다.

해설
- ①에서 육체적 작업으로 인해 혈압은 상승한다.
- ②에서 육체적 작업으로 인해 심박수가 증가한다.
- ④에서 육체적 작업으로 인해 산소소비량이 증가한다.
- **작업강도의 증가에 따른 순환계 반응**
  - 혈압의 상승
  - 심박출량의 증가
  - 혈액의 수송량 증가
  - 신체에 흐르는 혈류의 재분배

23
수의근(voluntary muscle)에 대한 설명으로 옳은 것은?

① 민무늬근과 줄무늬근을 통칭한다.
② 내장근 또는 평활근으로 구분한다.
③ 대표적으로 심장근이 있으며 원통형 근섬유 구조를 이룬다.
④ 중추신경계의 지배를 받아 내 의지대로 움직일 수 있는 근육이다.

해설
- ①은 근육의 구조에 따른 분류에 해당한다.
- ②와 ③은 불수의근에 대한 설명이다.
- **수의근(voluntary muscle)**
  - 근육의 기능에 따른 분류로 의지를 가지고 움직일 수 있는 근육을 말한다.
  - 중추신경계와 골격근 등이 포함된다.

24

신체에 전달되는 진동은 전신진동과 국소진동으로 구분되는데 진동원의 성격이 다른 것은?

① 크레인
② 지게차
③ 대형 운송차량
④ 휴대용 연삭기

해설
- ①, ②, ③은 모두 전신진동을 일으키는 진동원이다.

국소진동
- 손, 발 등 신체의 특정부위에 전달되는 진동을 말한다.
- 굴착기, 연삭기, 전동톱, 체인톱, 그라인더 등의 작업공구가 일으키는 진동이다.

25

다음 중 중추신경계의 피로, 즉 정신피로의 측정척도로 사용할 때 가장 적합한 것은?

① 혈압(blood pressure)
② 근전도(electromyogram)
③ 산소소비량(oxygen consumption)
④ 점멸융합주파수(flicker fusion frequency)

해설
- ①은 생리적 불안(스트레스)의 척도이다.
- ②와 ③은 육체작업의 생리적 척도이다.

점멸융합주파수(Flicker fusion frequency) 실기 1703/2001/2402
㉠ 개요
- 시각적 혹은 청각적으로 주어지는 계속적인 자극을 연속적으로 느끼게 되는 주파수를 말한다.
- 중추신경계의 정신적 피로도의 척도를 나타내는 대표적인 측정값이다.
- 정신적으로 피로하면 주파수의 값이 감소한다.

㉡ 시각적 점멸융합주파수(VFF)
- 빛의 검출성에 영향을 주는 인자 중의 하나로 점멸속도가 약 30Hz 이상이면 불이 계속 켜진 것처럼 보인다.
- 암조응 시에는 VFF가 감소한다.
- 휘도만 같다면 색상은 주파수에 영향을 주지 않는다.
- 표적과 주변의 휘도가 같을 때 최대가 된다.
- 주파수는 조명 강도의 대수치에 선형적으로 비례한다.
- 사람들 간에는 큰 차이가 있으나 개인의 경우 일관성이 있다.

26

힘에 대한 설명으로 옳지 않은 것은?

① 능동적 힘은 근수축에 의하여 생성된다.
② 힘은 근골격계를 움직이거나 안정시키는데 작용한다.
③ 수동적 힘은 관절 주변의 결합조직에 의하여 생성된다.
④ 능동적 힘과 수동적 힘의 합은 근절의 안정길이의 50%에서 발생한다.

해설
- ④에서 능동적 힘과 수동적 힘의 합은 근절의 안정길이를 넘어 신장될 때 발생한다.

힘
- 힘은 백터량으로 단위는 N이다.
- F=ma로 질량과 가속도에 비례한다.
- 힘은 근골격계를 움직이거나 안정시키는데 작용한다.
- 능동적 힘은 근수축에 의하여 생성된다.
- 수동적 힘은 관절 주변의 결합조직에 의하여 생성된다.
- 능동적 힘과 수동적 힘의 합은 근절의 안정길이를 넘어 신장될 때 발생한다.

27

휴식 중의 에너지소비량이 1.5kcal/min인 작업자가 분당 평균 8kcal의 에너지를 소비한 작업을 60분 동안 했을 경우 총 작업시간 60분에 포함되어야 하는 휴식 시간은 약 몇 분인가?(단, Murrell의 식을 적용하며, 작업 시 권장 평균 에너지소비량은 5kcal/min으로 가정한다)

① 22분
② 28분
③ 34분
④ 40분

해설
- Murrell의 산정방법을 적용하므로 공식은 $R = 작업시간 \times \frac{E-5}{E-1.5}$ 이다.
- 대입하면 $R = 60 \times \frac{8-5}{8-1.5} = 60 \times \frac{3}{6.5} = 27.692 \cdots$ 분이다.

휴식시간 산출 실기 1301/1501/1503/1903/2103/2403
- 분당 권장되는 평균 에너지 소비량은 남성의 경우 5kcal, 여성의 경우 3.5kcal이다.
- 여기서 작업평균 에너지 소비량을 넘어서는 작업을 한 경우에는 일정한 시간마다 휴식이 필요하다.

정답 24 ④ 25 ④ 26 ④ 27 ②

- 이에 휴식시간 $R=$작업시간$\times \dfrac{E-5}{E-1.5}$로 계산한다.
  이때 E는 작업 중 에너지 소비량[kcal/분]이고, 5는 남성의 권장 평균 에너지 소비량, 1.5는 휴식 중 에너지 소비량이다(문제에서 주어지면 해당 값을 사용). 만약 산소 소모량이 주어질 경우 산소 1리터는 평균 5kcal가 소모된다.

28

근력과 지구력에 관한 설명으로 옳지 않은 것은?

① 근력에 영향을 미치는 대표적 개인적 인자로는 성(姓)과 연령이 있다.
② 정적(static) 조건에서의 근력이란 자의적 노력에 의해 등척적으로(isometrically) 낼 수 있는 최대 힘이다.
③ 근육이 발휘할 수 있는 최대 근력의 50% 정도의 힘으로는 상당히 오래 유지할 수 있다.
④ 동적(dynamic) 근력은 측정이 어려우며, 이는 가속과 관절 각도의 변화가 힘의 발휘와 측정에 영향을 주기 때문이다.

해설
- ③에서 일반적으로 최대근력이 50% 정도의 힘으로 유지할 수 있는 시간은 1분 정도에 불과하다. 최대 근력의 15% 정도의 힘이어야 상당히 오랜 시간 유지할 수 있다.

근력
- 한 번의 수의적인 노력에 의해 근육이 등척성으로 낼 수 있는 힘의 최댓값이다.
- 일반적으로 최대근력이 50% 정도의 힘으로 유지할 수 있는 시간은 1분 정도이다.
- 근육이 발휘할 수 있는 15% 이하의 힘으로 상당히 오랫동안 유지가능하며, 10% 미만의 힘으로 무한하게 유지가 가능하다.
- 여성의 평균 근력은 남성의 약 65% 정도이다.
- 훈련(운동)을 통해 약 30~40%의 근력증가효과를 얻을 수 있다.
- 근력은 보통 25~35세에 최고에 도달하고, 40세 이후 서서히 감소한다.

29

열교환에 영향을 미치는 요소와 가장 거리가 먼 것은?

① 기압
② 기온
③ 습도
④ 공기의 유동

해설
- 열교환에 영향을 미치는 요소에는 기온(Temperature), 기습(Humidity), 기류(Air movement) 등이 있다.

인체의 열교환
㉠ 경로
- 복사 – 한겨울에 햇볕을 쬐면 기온은 차지만 따스함을 느끼는 것
- 대류 – 같은 온도에서도 바람이 부느냐 불지 않느냐에 따라 열손실이 달라지는 것
- 전도 – 달구어진 옥상 바닥을 손바닥으로 짚을 때 손바닥으로 열이 전해지는 것(인체에 거의 영향을 끼치지 않는다)
- 증발 – 피부 표면을 통해 인체의 열이 증발하는 것

㉡ 열교환 과정 실기 1503
- $S=(M-W)\pm R\pm C-E$
  단, S는 열 축적, M은 대사, W는 일, R은 복사, C는 대류, E는 증발을 의미한다.
- 열교환에 영향을 미치는 요소에는 기온(Temperature), 기습(Humidity), 기류(Air movement) 등이 있다.

30

전체 환기가 필요한 경우로 볼 수 없는 것은?

① 유해물질의 독성이 적을 때
② 실내에 오염물 발생이 많지 않을 때
③ 실내 오염 배출원이 분산되어 있을 때
④ 실내에 확산된 오염물의 농도가 전체적으로 일정하지 않을 때

해설
- 실내에 확산된 오염물의 농도가 전체적으로 일정할 때 전체 환기가 적용되며, 일정하지 않을 때는 오염물질 발생원 근처에 국소 배기를 적용하는 것이 효과적이다.

전체 환기의 적용조건
- 유해물질의 독성이 적을 때
- 실내에 오염물 발생이 많지 않을 때
- 실내 오염 배출원이 분산되어 있을 때
- 오염물질의 농도가 전체적으로 일정할 때
- 가스상 물질 환기 시

정답 28 ③ 29 ① 30 ④

31
다음 중 일정(constant) 부하를 가진 작업 수행 시 인체의 산소소비량 변화를 나타낸 그래프로 옳은 것은?

①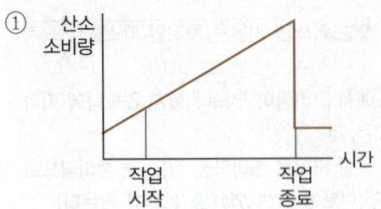

②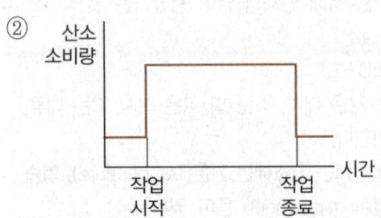

③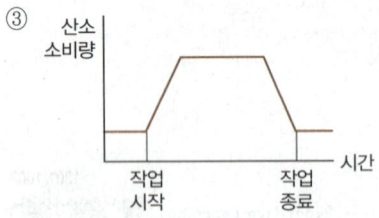

④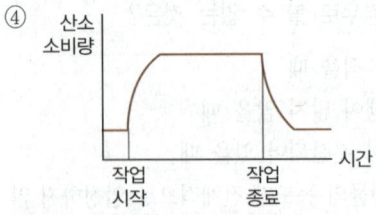

해설
- 강도 높은 작업을 진행하게 되면 일정한 시간까지 산소 소비량이 증가하다가 이후 산소 공급량이 한계에 차게 되면 일정한 산소 소비량을 보인다. 이후 작업이 끝나고 난 뒤에도 산소부채에 의해 일정한 시간까지 산소 소비량이 유지된다.
- **산소부채**(산소 빚, oxygen debt)
  - 인체활동이나 작업종료 후에도 체내에 쌓인 젖산을 제거하기 위해 산소가 더 필요하게 되는 것을 말한다.
  - 강도 높은 작업을 마친 후 휴식 중에도 근육에 추가적으로 소비되는 산소량을 말한다.

32
다음 생체신호를 측정할 때 이용되는 측정방법이 잘못 연결된 것은?

① 뇌의 활동 측정 – EOG
② 심장근의 활동 측정 – EKG
③ 피부의 전기 전도 측정 – GSR
④ 국부 골격근의 활동 측정 – EMG

해설
- ①의 EOG는 안구를 사이에 두고 수평과 수직 방향으로 붙인 전극 간의 전위차를 증폭시켜 여러 방향에서 안구 운동을 기록하는 안전도이다. 뇌의 활동을 측정하는 것은 EEG(뇌전도)이다.
- 생체신호를 측정할 때 이용되는 측정방법 실기 1901/2103/2201/2303
  - 뇌의 활동 측정 – EEG
  - 심장근의 활동 측정 – EKG
  - 피부의 전기 전도 측정 – GSR
  - 국부 골격근의 활동 측정 – EMG
  - 심장근의 수축에 따른 전기적 변화를 피부에 부착한 전극들로 검출, 증폭 기록 – ECG
  - 안구를 사이에 두고 수평과 수직 방향으로 붙인 전극간의 전위차를 증폭시켜 여러 방향에서 안구 운동을 기록 – EOG

33
어떤 작업에 대해서 10분간 산소소비량을 측정한 결과 100L 배기량에 산소가 15%, 이산화탄소가 6%로 분석되었다. 에너지소비량은 몇 kcal/min 인가?(단, 산소 1L가 몸에서 소비되면 5kcal의 에너지가 소비되며, 공기 중에서 산소는 21%, 질소는 79%를 차지하는 것으로 가정한다)

① 2
② 3
③ 4
④ 6

해설
- 배기량만 주어져 있으므로 흡기량을 구해야 한다.
- 배기량을 분석해보면 산소는 100L×0.15=15L이고, 이산화탄소는 100L×0.06=6L이고, 질소는 100−15−6=79L이다.
- 질소는 흡기량과 배기량이 모두 동일하므로 질소의 흡기량도 79L이다.
- 공기의 조성상 질소는 79%, 산소는 21%이므로 질소가 79L라고 한다면 산소는 21L이므로 흡기 산소량은 21L가 된다.
- 10분간 산소소비량은 21−15=6L이다.
- 분당 산소소비량은 0.6L이다.
- 에너지소비량을 구하라고 했으므로 1L의 산소소비량은 5kcal의 에너지에 해당하므로 0.6×5=3kcal가 된다.

공기의 조성 실기 1303/1401/2402
- 작업 중 소비되는 산소 소비량을 계산하기 위한 흡기 시 공기의 조성은 질소 79%, 산소 21%이다.
- 배기되는 공기의 조성에서 질소는 79%로 동일하지만 호흡으로 인해 산소가 소모된 만큼 이산화탄소는 생성된다.
- 1L의 산소소비량은 5kcal의 에너지를 생성한다.

34 ● Repetitive Learning 1회 2회 3회
중추신경계(central nervous system)에 해당하는 것은?

① 신경절(ganglia)
② 척수(spinal cord)
③ 뇌신경(cranial nerve)
④ 척수신경(spinal nerve)

해설
- 중추신경계는 뇌와 척수로 이뤄져, 반사(reflex)와 통합(integration)의 기능적 특징을 갖는다.

신경계(nervous system)
- 구조적으로 중추신경계와 말초신경계로 나눌 수 있다.
- 중추신경계는 뇌와 척수로 이뤄져, 반사(reflex)와 통합(integration)의 기능적 특징을 갖는다.
- 기능적으로는 체신경계와 자율신경계로 나눌 수 있다.
- 체신경계는 피부, 골격근, 뼈 등에 분포한다.
- 자율신경계는 교감신경계와 부교감신경계로 세분된다.

35 ● Repetitive Learning 1회 2회 3회
다음 중 안정 시 신체 부위에 공급하는 혈액 분배 비율이 가장 높은 곳은?

① 뇌
② 근육
③ 소화기계
④ 심장

해설
- 안정 시 가장 많은 혈액이 분포되는 기관은 소화기관이고, 가장 적은 혈액이 분포되는 기관은 심장근육이다.

작업 시와 안정 시 혈류량의 구성
- 작업 시 혈류의 재분배가 이뤄져 활동근육은 전체 혈액량의 85% 정도를 분배받는다.
- 안정 시 가장 많은 혈액이 분포되는 기관은 소화기관이고, 가장 적은 혈액이 분포되는 기관은 심장근육이다.
- 안정 시와 작업 시 혈액의 변화가 극히 없는 기관은 뇌이다.
- 작업 시 혈액의 분배비율이 감소하는 기관은 간, 신장, 소화기계 등이다.
- 작업 시 혈액의 분배비율이 증가하는 기관은 심장, 근육, 피부 등이다.

구분	안정 시	작업 시
뇌	750	750
심장	250	750
근육	1,200	12,500
피부	500	1,900
신장 등	1,100	600
소화기계	1,400	600
기타	600	400

36 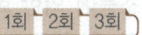 ● Repetitive Learning 1회 2회 3회
다음 중 작업장 실내에서 일반적으로 추천 반사율이 가장 높은 곳은?(단, IES기준이다)

① 천장
② 바닥
③ 벽
④ 책상면

해설
- 옥내 조명에서 최적 반사율의 크기는 바닥<가구<벽<천장 순으로 커진다.

실내 면 반사율 실기 1503
㉠ 개요
- 빛을 포함한 여러 종류의 복사파가 물체의 표면에서 어느 정도 반사되는지를 나타낸다.
- 반사율 = $\frac{광도}{조도} \times 100$로 구한다.
- 반사율이 각각 L_a, L_b인 두 물체의 대비는 $\frac{L_a - L_b}{L_a} \times 100$으로 구한다.

㉡ 실내 면의 추천 반사율

천장	80 ~ 90%
벽	40 ~ 60%
가구 및 사무용 기기	25 ~ 45%
바닥	20 ~ 40%

37 ● Repetitive Learning 1회 2회 3회
신체부위의 동작 유형 중 관절에서의 각도가 증가하는 동작을 무엇이라고 하는가?

① 굴곡(flexion)
② 신전(extension)
③ 내전(adduction)
④ 외전(abduction)

해설
- ①은 관절에서 구부러져 각이 작아지는 움직임으로 신전(폄, extension)의 반대되는 동작이다.
- ③은 모음으로 신체의 외부에서 중심선으로 이동하는 신체의 움직임을 말한다.
- ④는 벌림으로 신체 중심선으로부터 밖으로 이동하는 신체의 움직임을 말한다.
- **신전(폄, extension)**
  - 신체부위 간의 각도가 증가하는 관절동작을 말한다.
  - 굽힘(굴곡, flexion)의 반대되는 동작이다.

38
소음에 의한 회화 방해현상과 같이 한 음의 가청 역치가 다른 음 때문에 높아지는 현상을 무엇이라 하는가?

① 사정효과 ② 차폐효과
③ 은폐효과 ④ 흡음효과

해설
- ①은 인간의 위치 동작에 있어 눈으로 보지 않고 손을 수평 면상에서 움직이는 경우 짧은 거리는 지나치고, 긴 거리는 못 미치는 경향성을 말한다.
- ②는 원자 내의 전자들끼리 서로 밀어내는 현상을 말한다.
- 은폐효과는 사무실의 자판 소리 때문에 말소리가 묻히는 경우와 같이 내부음성 또는 작업과 관련된 음향신호가 은폐 음에 의해 방해받는 현상을 말한다.
- **은폐(Masking)효과**
  - 음의 한 성분이 다른 성분에 대한 귀의 감수성을 감소시키는 상황을 말한다.
  - 사무실의 자판 소리 때문에 말소리가 묻히는 경우와 같이 내부음성 또는 작업과 관련된 음향신호가 은폐 음에 의해 방해받는 현상을 말한다.
  - 피은폐된 한 음의 가청역치가 다른 은폐된 음 때문에 높아지는 현상을 말한다.
  - 은폐효과가 가장 큰 것은 음폐음과 배음의 주파수가 가까울 때이다.
  - 소리가 들린다는 것을 확신할 수 있는 최소한의 음 강도는 은폐음보다 15dB 이상이어야 한다.

39
강도 높은 작업을 마친 후 휴식 중에도 근육에 추가적으로 소비되는 산소량을 무엇이라 하는가?

① 산소부채 ② 산소결핍
③ 산소결손 ④ 산소요구량

해설
- 인체활동이나 작업종료 후에도 체내에 쌓인 젖산을 제거하기 위해 산소가 더 필요하게 되는 것을 산소부채라 한다.
- **산소부채(산소 빚, oxygen debt)**
  - 인체활동이나 작업종료 후에도 체내에 쌓인 젖산을 제거하기 위해 산소가 더 필요하게 되는 것을 말한다.
  - 강도 높은 작업을 마친 후 휴식 중에도 근육에 추가적으로 소비되는 산소량을 말한다.

40
광도비(luminance ratio)란 주된 장소와 주변 광도의 비이다. 사무실 및 산업 상황에서의 일반적인 추천 광도비는 얼마인가?

① 1 : 1 ② 2 : 1
③ 3 : 1 ④ 4 : 1

해설
- 사무실 및 산업 상황에서의 일반적인 추천 광도비는 3 : 1이다.
- **광도비(luminance ratio)**
  - 주된 장소와 주변 광도의 비를 말한다.
  - 사무실 및 산업 상황에서의 일반적인 추천 광도비는 3 : 1이다.

3과목 산업심리학 및 관련법규

41
인간의 불안전행동을 예방하기 위해 Harvey에 의해 제안된 안전대책의 3E에 해당하지 않는 것은?

① Education ② Enforcement
③ Engineering ④ Environment

해설
- 하베이의 안전시정책은 교육(Education)적, 기술(Engineering)적, 관리(Enforcement)적 대책으로 구성된다.
- **하베이(Harvey)의 안전대책 선정의 원칙 3E**

교육(Education)적 대책	안전교육 및 훈련 대책
기술(Engineering)적 대책	시설 장비 및 기준의 개선 대책
관리(Enforcement)적 대책	안전 감독의 철저 등의 대책

42

휴먼 에러의 배후요인 4가지(4M)에 속하지 않는 것은?

① Man
② Machine
③ Motive
④ Management

해설

- 재해발생 기본원인에 해당하는 4M은 Man, Machine, Media, Management를 말한다.

◆ 재해발생 기본원인 – 4M
  ㉠ 개요
    - 재해의 연쇄관계를 분석하는 기본 검토요인으로 인간과오(Human-Error)와 관련된다.
    - Man, Machine, Media, Management를 말한다.
  ㉡ 4M의 내용

Man	· 인간적 요인을 말한다. · 심리적(망각, 무의식, 착오 등), 생리적(피로, 질병, 수면부족 등) 원인 등이 있다.
Machine	· 기계적 요인을 말한다. · 기계, 설비의 설계상의 결함, 점검이나 정비의 결함, 위험방호의 불량 등이 있다.
Media	· 인간과 기계를 연결하는 매개체로 작업적 요인을 말한다. · 작업의 정보, 작업방법, 작업환경, 작업순서 등이 있다.
Management	· 관리적 요인을 말한다. · 안전관리조직, 관리규정, 안전교육의 미흡 등이 있다.

43

작업자 한 사람의 성능 신뢰도가 0.95일 때, 요원을 중복하여 2인 1조로 작업을 할 경우 이 조의 인간 신뢰도는 얼마인가?(단, 작업 중에는 항상 요원지원이 되며, 두 작업자의 신뢰도는 동일하다고 가정한다)

① 0.9025
② 0.9500
③ 0.9975
④ 1.0000

해설

- 요원을 추가하여 중복 지원한다는 것은 병렬로 작업한다는 의미이다.
- $1-(1-0.95)(1-0.95)=1-0.0025=0.9975$가 된다.

◆ 시스템의 신뢰도 [실기] 1403/1503/1603/1703/1801/2001/2103/2203/2301/2401
  ㉠ AND(직렬)연결 시

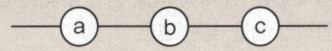

- 부품 a, 부품 b 신뢰도를 각각 R_a, R_b라 할 때 시스템의 신뢰도 $R_s = R_a \times R_b$로 구할 수 있다.

㉡ OR(병렬)연결 시

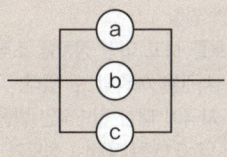

- 부품 a, 부품 b 신뢰도를 각각 R_a, R_b라 할 때 시스템의 신뢰도 $R_s = 1-(1-R_a)\times(1-R_b)$로 구할 수 있다.

44

NIOSH의 직무 스트레스 모형에서 같은 직무 스트레스 요인에서도 개인들이 지각하고 상황에 반응하는 방식에 차이가 있는데 이를 무엇이라 하는가?

① 환경 요인
② 작업 요인
③ 조직 요인
④ 중재 요인

해설

- ①, ②, ③은 직무 스트레스 요인에 해당된다.

◆ NIOSH 중재 요인(Moderatiing factors)
  - 직무 스트레스 요인에서도 개인들이 지각하고 상황에 반응하는 방식에 차이를 가지게 되는 요인을 말한다.

개인적 요인	성격, 경력개발 단계, 건강 등
조직 외 요인	가족상황, 교육상태, 결혼상태 등
완충작용 요인	대처능력, 사회적 지위 등

45

선택반응시간(Hick의 법칙)과 동작시간(Fitts의 법칙)의 공식에 대한 설명으로 옳은 것은?

- 선택반응시간 $= a+b\log_2 N$
- 동작시간 $= a+b\log_2\left(\dfrac{2A}{W}\right)$

① N은 자극과 반응의 수, A는 목표물의 너비, W는 움직인 거리를 나타낸다.
② N은 감각기관의 수, A는 목표물의 너비, W는 움직인 거리를 나타낸다.
③ N은 자극과 반응의 수, A는 움직인 거리, W는 목표물의 너비를 나타낸다.
④ N은 감각기관의 수, A는 움직인 거리, W는 목표물의 너비를 나타낸다.

정답 42 ③ 43 ③ 44 ④ 45 ③

- N은 자극과 반응의 수이고, A와 W는 운동거리와 목표물과의 거리를 의미한다.

Hick-Hyman의 법칙
- 운전원이 신호를 보고 어떤 장치를 조작해야 할지를 결정하기까지 걸리는 시간을 예측할 수 있다.
- 예상치 못한 자극에 대한 일반적인 반응시간은 대안이 2배 증가할 때마다 약 0.15초(150ms) 정도가 증가한다.
- 선택반응시간은 자극 정보량의 선형함수로 $RT = a + b\log_2 N$로 구한다. 이때 a와 b는 상수, N은 자극과 반응의 수이다.

Fitts의 법칙
- 인간의 제어 및 조정능력을 나타내는 법칙으로 인간의 손이나 발을 이동시켜 조작장치를 조작하는 데 걸리는 시간을 표적까지의 거리와 표적 크기의 함수로 나타낸다.
- 표적이 작고 이동거리가 길수록 이동시간이 증가한다.
- 자동차 가속 페달과 브레이크 페달 간의 간격, 브레이크 폭 등을 결정하는데 사용할 수 있는 가장 적합한 인간공학 이론이다.
- 난이도 지수는 $\log_2\left(\dfrac{2A}{W}\right)$로 구한다.
- 동작시간 $= a + b\log_2\left(\dfrac{2A}{W}\right)$[ms]로 구한다. 이때 a와 b는 단순반응시간, 선택반응시간, A는 동작거리, W는 목표물의 폭이다.

46

재해 원인을 불안전한 행동과 불안전한 상태로 구분할 때 불안전한 상태에 해당하는 것은?

① 규칙의 무시
② 안전장치 결함
③ 보호구 미착용
④ 불안전한 조작

해설
- ①, ③, ④는 모두 불안전한 행동에 해당된다.

불안전한 상태
㉠ 개요
- 재해의 발생과 관련된 인간 외적인 조건을 말한다.

㉡ 종류
- 물 자체의 결함
- 부적절한 보호구
- 결함 있는 기계설비의 운전 중 고장
- 불안전한 방호장치 및 방호장치 미설치
- 작업 장소의 공간 부족, 부적당한 조명 및 온·습도 등

47

시스템 안전 분석기법 중 정량적 분석 방법이 아닌 것은?

① 결함나무 분석(FTA)
② 사상나무 분석(ETA)
③ 고장모드 및 영향분석(FMEA)
④ 휴먼에러율 예측기법(THERP)

해설
- ③은 시스템 안전분석에 이용되는 전형적인 정성적, 귀납적 분석 방법으로 시스템을 구성요소로 나누어 고장의 가능성을 정하고 그 영향을 결정하여 분석하는 방법이다.

시스템 안전 해석 기법의 종류와 분류

해석기법	수리적해석		논리적해석	
	정성적	정량적	귀납적	연역적
ETA(사상나무분석)		■	■	
FMEA(고장영향분석)	■		■	
FTA(결함수분석)				■
MORT(Management Oversight and Risk Tree)		■		
PHA(예비위험분석)	■			
FHA(결함위험분석)	■			
THERP(과오율예측)		■		

48

조직의 리더(leader)에게 부여하는 권한 중 구성원을 징계 또는 처벌할 수 있는 권한은?

① 보상적 권한
② 강압적 권한
③ 합법적 권한
④ 전문성의 권한

해설
- ①은 승진, 봉급 인상 등 역할에 대한 보상을 부여하는 권한이다.
- ③은 군대, 교사, 정부기관 등 합법적 권력이 가지는 권한이다.
- ④는 조직이 지도자에게 부여한 권한은 아니지만 전문적 지식을 가진 리더를 부하들이 스스로 따르는 것으로 지도자 자신의 능력에 의해 생성되는 권한이다.

리더십 권한
㉠ 조직이 리더에게 부여한 권한
- 합법적 권한 : 군대, 교사, 정부기관 등 합법적 권력이 가지는 권한
- 강압적 권한 : 부하의 처벌, 승진 누락, 봉급의 인상 거부 등 강압적인 힘을 갖는 권한

- 보상적 권한 : 승진, 봉급 인상 등 역할에 대한 보상을 부여하는 권한
ⓒ 조직이 리더에게 부여하지 않았지만 조건이 맞을 경우 자발적으로 생성되는 권한
  - 위임된 권한 : 목표 달성을 위하여 부하 직원들이 상사를 존경하여 상사와 함께 일하고자 할 때 상사에게 부여되는 권한 혹은 지도자 자신이 자신에게 부여한 권한
  - 전문성의 권한 : 조직이 지도자에게 부여한 권한은 아니지만 전문적 지식을 가진 리더를 부하들이 스스로 따르는 것으로 지도자 자신의 능력에 의해 생성되는 권한
  - 준거적 권한 : 리더의 개인적 매력이 중요하며, 매력적인 리더와 함께 하고 싶은 부하들에 의해 조직의 발전이 이뤄진다는 것

49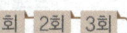

허즈버그(Herzberg)의 동기요인에 해당되지 않는 것은?

① 성장 ② 성취감
③ 책임감 ④ 작업조건

해설
- ④는 감독, 임금, 보수 등과 같이 위생요인에 해당한다.
- 허츠버그(F.Herzberg)의 위생·동기요인
  ㉠ 개요
  - 인간에게는 욕구에 대한 불만족에 영향을 주는 요인(위생요인)과 만족에 영향을 주는 요인(동기요인)이 별도로 존재한다고 주장하였다.
  - 위생요인을 제거하는 것은 직무불만족을 줄이는 것에 불과하므로 직무만족을 위해서는 동기요인을 강화해야 한다는 논리이다.
  ㉡ 위생요인(Hygiene factor)과 동기요인(Motivator factor)
  - 위생요인 – 감독, 임금, 보수, 작업환경과 조건 등을 말한다 (매슬로우의 욕구 5단계 중 1~2단계, McGreger의 X이론, 후진국적, 동물적 욕구와 관련).
  - 동기요인 – 성취감, 책임감, 타인의 인정, 도전감 등을 말한다 (매슬로우의 욕구 5단계 중 4~5단계, McGreger의 Y이론, 선진국형, 인간의 이상과 관련).

50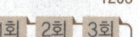

다음 중 에러 발생 가능성이 가장 낮은 의식수준은?

① 의식수준 0 ② 의식수준 Ⅰ
③ 의식수준 Ⅱ ④ 의식수준 Ⅲ

해설
- 에러 발생 가능성이 낮은 것부터 높은 순으로 배열하면 Ⅲ단계 – Ⅱ단계 – Ⅰ단계 – Ⅳ단계 순이 된다.
- 인간의 의식 레벨
  - Phase 0은 무의식상태로 작업수행이 불가능한 상태의 의식수준이다.
  - 에러 발생 가능성이 낮은 것부터 높은 순으로 배열하면 Ⅲ단계 – Ⅱ단계 – Ⅰ단계 – Ⅳ단계 순이 된다.

단계	의식수준	설명
Phase 0	무의식, 실신 상태	무의식 동작에는 외계의 능력에 대응하는 능력이 어느 정도는 있다.
Phase Ⅰ	이상, 피로 및 단조로움	심신이 피로하거나 단조로운 작업을 반복할 경우 나타나는 의식수준의 저하현상이 발생
Phase Ⅱ	정상, 이완 상태	생리적 상태가 안정을 취하거나 휴식할 때에 해당
Phase Ⅲ	정상, 명쾌	• 중요하거나 위험한 작업을 안전하게 수행하기에 적합 • 신뢰성이 가장 높은 상태의 의식수준
Phase Ⅳ	과긴장	돌발 사태의 발생으로 인하여 주의의 일점 집중 현상이 일어나는 경우 인간의 의식수준

51

개인의 기술과 능력에 맞게 직무를 할당하고 작업환경 개선을 통하여 안심하고 작업할 수 있도록 하는 스트레스 관리 대책은?

① 직무 재설계 ② 긴장 이완법
③ 협력관계 유지 ④ 경력계획과 개발

해설
- ②는 근육이나 정신을 이완시킴으로서 스트레스를 통제하는 스트레스에 대한 개인적인 해결법이다.
- ③은 일을 분담하거나 친목을 도모하는 등의 스트레스에 대한 개인적인 해결법이다.
- ④는 개인의 커리어를 향상시킬 수 있도록 지원하는 것을 말한다.
- 스트레스 대처방안
  ㉠ 개요
  - 스트레스 대처법은 디자인 해결법(조직차원)과 개인적인 해결법이 있다.
  ㉡ 개인적인 해결법
  - 근육이나 정신을 이완시킴으로서 스트레스를 통제 한다.
  - 규칙적인 운동을 통하여 근육긴장과 고조된 정신 에너지를 경감시킨다.

- 동료들과 대화를 하거나 노래방에서 가까운 친지들과 함께 자신의 감정을 표출하여 긴장을 방출한다.
- ⓒ 디자인 해결법(조직차원)
  - 역할분석(개인의 역할을 명확히 함)
  - 직무재설계(개인의 기술과 능력에 맞게 직무를 할당)
  - 참여 관리
  - 우호적인 직장 분위기 조성
  - 사회적 자원의 제공
  - 조직구조나 기능의 변화
  - 경력계획과 개발 과정의 수립 및 상담 제공
- ⓔ 사회적 대책
  - 보살핌, 금전적 지원(도구적 지원) 등

52

Rasmussen의 인간행동 분류에 기초한 인간 오류에 해당하지 않는 것은?

① 규칙에 기초한 행동(rule-based behavior)오류
② 실행에 기초한 행동(commission-based behavior)오류
③ 기능에 기초한 행동(skill-based behavior)오류
④ 지식에 기초한 행동(knowledge-based behavior)오류

해설
- Rasmussen의 휴먼에러와 관련된 인간행동 분류에는 기능/기술 기반 행동, 지식 기반 행동, 규칙 기반 행동이 있다.
- Rasmussen의 휴먼에러와 관련된 인간행동 분류

기능/기술 기반 행동 (Skill-based behavior)	실수(Slip)와 망각(Lapse)으로 구분되는 오류
지식 기반 행동 (Knowledge-based behavior)	인지 및 인식의 오류를 예방하기 위해 목표와 관련하여 작동을 계획해야 하는데 특수하고 친숙하지 않은 상황에서 발생하며, 부적절한 분석이나 의사결정을 잘못하여 발생하는 오류
규칙 기반 행동 (Rule-based behavior)	잘못된 규칙을 기억하거나 정확한 규칙이라도 상황에 맞지 않게 적용한 경우 발생하는 오류

53

사고발생에 있어 부주의 현상의 원인에 해당되지 않는 것은?

① 의식의 우회   ② 의식의 혼란
③ 의식의 중단   ④ 의식수준의 향상

해설
- 부주의의 발생 원인에는 의식수준의 저하, 의식의 과잉, 의식의 우회, 의식의 단절이 있다.
- 부주의
  - ⓐ 개요
    - 부주의라는 말은 불안전한 행위뿐만 아니라 불안전한 상태에도 통용된다.
    - 부주의는 무의식적 행위나 의식의 주변에서 행해지는 행위로 결과를 표현한다.
    - 소질적인 문제에 의해서도 부주의는 발생하며 이때는 적성에 따른 배치를 통해 해결할 수 있다.
  - ⓑ 부주의의 발생현상
    - 의식수준의 저하 : 혼미한 정신상태에서 심신의 피로나 단조로운 반복작업 시 일어나는 현상을 말한다.
    - 의식의 과잉 : 긴급 이상상태 또는 돌발 사태가 되면 순간적으로 긴장하게 되어 판단능력의 둔화 또는 정지상태가 되는 것으로 주의의 일점집중현상과 관련이 깊다.
    - 의식의 우회 : 걱정거리, 고민거리, 욕구불만 등에 의해 작업이 아닌 다른 곳에 정신을 빼앗기는 부주의 현상을 말한다.
    - 의식의 단절 : 질병의 경우에 주로 나타난다.

54

제조물 책임법상 결함의 종류에 해당되지 않는 것은?

① 재료상의 결함   ② 제조상의 결함
③ 설계상의 결함   ④ 표시상의 결함

해설
- 제조물 책임법에서 명시한 결함의 종류에는 제조상의 결함, 설계상의 결함, 표시상의 결함이 있다.
- 결함의 종류 실기 1801/2002/2101/2103/2203/2302
  - 결함이란 제조물 제조상·설계상 또는 표시상의 결함이 있거나 그 밖에 통상적으로 기대할 수 있는 안전성이 결여되어 있는 것을 말한다.
  - 결함의 종류에는 제조상의 결함, 설계상의 결함, 표시상의 결함이 있다.

제조상의 결함	제조업자가 제조물에 대하여 제조상·가공 상의 주의 의무를 이행하였는지에 관계없이 제조물이 원래 의도한 설계와 다르게 제조·가공됨으로써 안전하지 못하게 된 경우
설계상의 결함	제조업자가 합리적인 대체설계(代替設計)를 채용하였더라면 피해나 위험을 줄이거나 피할 수 있었음에도 대체설계를 채용하지 아니하여 해당 제조물이 안전하지 못하게 된 경우
표시상의 결함	제조업자가 합리적인 설명·지시·경고 또는 그 밖의 표시를 하였더라면 해당 제조물에 의하여 발생할 수 있는 피해나 위험을 줄이거나 피할 수 있었음에도 이를 하지 아니한 경우

55

레빈(Lewin. K)이 주장한 인간의 행동에 대한 함수식[B = ƒ(P · E)]에서 개체(Person)에 포함되지 않는 변수는?

① 연령
② 성격
③ 심신 상태
④ 인간관계

해설
- ④는 E에 해당한다.
- P는 Person 즉, 개체(소질)로 연령, 지능, 경험 등을 의미한다.
- **레빈(Lewin,K)의 법칙**
  - 행동 B = ƒ(P · E)로 이루어진다. 즉, 인간의 행동은 개인(P)과 환경(E)의 상호 함수관계에 있다고 할 수 있다.
  - B는 인간의 행동(Behavior)을 말한다.
  - ƒ는 동기부여를 포함한 함수(Function)이다.
  - P는 Person 즉, 개체(소질)로 연령, 지능, 경험 등을 의미한다.
  - E는 Environment 즉, 심리적 환경(인간관계, 작업환경-조명, 소음, 온도 등)을 의미한다.

56

재해율과 관련된 설명으로 옳은 것은?

① 재해율은 근로자 100명당 1년간에 발생하는 재해자 수를 나타낸다.
② 도수율은 연간 총 근로시간 합계에 10만 시간당 재해발생 건수이다.
③ 강도율은 근로자 1,000명당 1년 동안에 발생하는 재해자 수(사상자 수)를 나타낸다.
④ 연천인율은 연간 총 근로시간에 1,000시간당 재해 발생에 의해 잃어버린 근로손실일수를 말한다.

해설
- ②에서 도수율은 연간 총 근로시간 합계에 100만 시간당 재해발생 건수를 말한다.
- ③에서 강도율은 1,000시간의 근로시간당 1년간의 총요양근로손실일수를 말한다.
- ④에서 연천인율은 연간 총 근로자 1,000명당 재해자 수의 비율을 의미한다.
- **재해율**
  - 산재보험적용 근로자 1백명당 1년간에 발생하는 재해자 수를 말한다.

- 재해자는 근로복지공단의 유족급여가 지급된 사망자 및 근로복지공단에 최초요양신청서를 제출한 재해자 중 요양승인을 받은 자를 말한다.
- 산재보험적용근로자는 산업재해보상보험법이 적용되는 근로자를 말한다.

57

막스 웨버(Max Weber)가 주장한 관료주의에 관한 설명으로 옳지 않은 것은?

① 노동의 분업화를 전제로 조직을 구성한다.
② 부서장들의 권한 일부를 수직적으로 위임하도록 했다.
③ 단순한 계층구조로 상위리더의 의사결정이 독단화되기 쉽다.
④ 산업화 초기의 비규범적 조직운영을 체계화시키는 역할을 했다.

해설
- ③에서 막스 웨버는 산업화 초기의 비규범적 조직운영을 체계화하였으며, 법과 규정에 의한 운영으로 예측 가능한 조직운영을 가정한다.
- **막스 웨버(Max Weber)의 관료주의 4가지 기본원칙**
  - 구조 : 산업화 초기의 비규범적 조직운영을 체계화하였으며, 법과 규정에 의한 운영으로 예측 가능한 조직운영을 가정한다.
  - 노동의 분업 : 노동의 분업화를 전제로 조직을 구성한다.
  - 통제의 범위 : 하부조직과 인원을 적절한 크기가 되도록 가정한다.
  - 권한의 위임 : 부서장들의 권한 일부를 수직적으로 위임하도록 했다.

58

집단 응집력(group cohesiveness)을 결정하는 요소에 대한 내용으로 옳지 않은 것은?

① 집단의 구성원이 적을수록 응집력이 낮다.
② 외부의 위협이 있을 때에 응집력이 높다.
③ 가입의 난이도가 쉬울수록 응집력이 낮다.
④ 함께 보내는 시간이 많을수록 응집력이 높다.

정답 55 ④ 56 ① 57 ③ 58 ①

> 해설
- ①에서 일반적으로 집단의 구성원이 많을수록 응집력은 낮아진다.

▣ 집단 응집성
- 집단구성원들이 서로에게 매력적으로 끌리어 그 집단목표를 효율적으로 달성하는 정도를 말한다.
- 소시오메트리에서 실제 상호선호관계의 수를 가능한 상호선호관계의 총 수로 나누어 지수(index)로 표현한다.
- 집단 응집성을 결정하는 요인에는 가입의 난이도, 외부의 위협, 집단의 크기, 집단 및 집단 구성원에 대한 매력, 집단의 분위기 등이 있다.
- 집단 응집성은 상대적인 것이다.
- 응집성이 높은 집단일수록 결근율과 이직률이 낮다.
- 일반적으로 집단의 구성원이 많을수록 응집력은 낮아진다.

59

재해 발생에 관한 하인리히(H.W. Heinrich)의 도미노 이론에서 제시된 5가지 요인에 해당하지 않는 것은?

① 제어의 부족
② 개인적 결함
③ 불안전한 행동 및 상태
④ 유전 및 사회 환경적 요인

> 해설
- ①은 버드의 신연쇄성 이론의 1단계에 해당한다.

▣ 하인리히의 사고연쇄반응(도미노) 이론
- 3단계 불안전한 행동 및 불안전한 상태가 재해의 직접원인으로 작용하므로 사고를 예방하기 위한 관리 활동들이 가장 효과적으로 적용될 수 있다고 보았다.

1단계	사회적 환경 및 유전적 요소
2단계	개인적인 결함
3단계	불안전한 행동 및 불안전한 상태
4단계	사고
5단계	재해

60

리더십 이론 중 관리격자이론에서 인간관계에 대한 관심이 낮은 유형은?

① 타협형
② 인기형
③ 이상형
④ 무관심형

> 해설
- 인간관계에 대한 관심이 낮은 유형은 무관심형과 과업형이다.

▣ 관리 그리드(Managerial Grid) 이론
- Blake & Muton에 의해 구조주도적-배려적 리더십 개념을 연장시켜 정립한 이론이다.
- 리더의 2가지 관심(인간, 생산에 대한 관심)을 축으로 리더십을 분류하였다.
- 이상(Team)형 리더십이 가장 높은 성과를 보여준다고 주장하였다.
- 표현 시 ( ) 안에 앞에는 업무에 대한 관심을, 뒤에는 인간관계에 대한 관심을 표현하고 온점(.)으로 구분한다.

높음(9)	인기(Country club)형 (1.9) • 인간에 대한 관심 지대함 • 생산에는 무관심		이상(Team)형 (9.9) • 인간에 대한 관심과 생산에 대한 관심이 모두 높음
인간에 대한 관심		중도(Middle of road)형 (5.5)	
	무관심(Impoverished)형 (1.1) • 인간에 대한 관심과 생산에 대한 관심이 모두 무관심		과업(Task)형 (9.1) • 생산에 대한 관심 지대함 • 인간에는 무관심
낮음(1)	⇐ 생산에 대한 관심 ⇒ 높음(9)		

4과목 근골격계질환 예방을 위한 작업관리

61

작업측정에 관한 설명으로 옳지 않은 것은?

① 정미시간은 반복생산에 요구되는 여유시간을 포함한다.
② 인적여유는 생리적 욕구에 의해 작업이 지연되는 시간을 포함한다.
③ 레이팅은 측정작업 시간을 정상작업 시간으로 보정하는 과정이다.
④ TV조립공정과 같이 짧은 주기의 작업은 비디오 촬영에 의한 시간연구법이 좋다.

해설

- 정미시간은 정상적인 작업수행에 필요한 시간으로 여유시간을 포함하지 않는다. 정미시간에 여유시간을 포함하면 표준시간이 된다.

정상시간(정미시간 : Normal Time) 실기 1703/2401
- 정상적인 작업수행에 필요한 시간으로 여유시간을 포함하지 않는다.
- 훈련이 잘된 다수의 작업자가 표준화된 작업방법으로 작업할 때의 시간이다.
- PTS(Predetermined Time Standard)법에 의하여 산출된 시간이다.
- 스톱워치에 의하여 구한 관측평균시간에 작업수행도평가(Performance Rating)를 반영한 시간이다.

62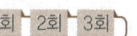

다음 중 작업개선에 있어서 개선의 ECRS에 해당하지 않는 것은?

① 보수(Repair) ② 제거(Eliminate)
③ 단순화(Simplify) ④ 재배치(Rearrange)

해설

- R은 Rearrange로 작업순서의 변경, 재배열을 의미한다.

개선의 ECRS 실기 1303/1403/1801/2002/2101/2302
- E(Eliminate) : 불필요한 작업이나 자재를 제거
- C(Combine) : 더 나은 작업이나 작업요소와의 결합
- R(Rearrange) : 작업순서의 변경, 재배열
- S(Simplify) : 작업이나 작업요소의 단순화

0901/1503

63

Work Factor에서 동작시간 결정 시 고려하는 4가지 요인에 해당하지 않는 것은?

① 수행도 ② 동작 거리
③ 중량이나 저항 ④ 인위적 조절정도

해설

- ①은 신체 부위가 되어야 한다.

Work Factor에서 고려하는 4가지 시간 변동요인

신체 부위	손가락, 손, 팔, 몸통, 발, 다리, 머리 등
동작 거리	
중량이나 저항	
인위적 조절정도	조절(S), 주의(P), 방향 변경(U), 일정한 정지(D)

64

산업안전보건법령상 근골격계 부담작업에 해당하는 기준은?

① 하루에 5회 이상 20kg 이상의 물체를 드는 작업
② 하루에 총 1시간 키보드 또는 마우스를 조작하는 작업
③ 하루에 총 2시간 이상 목, 허리, 팔꿈치, 손목 또는 손을 사용하여 다양한 동작을 반복하는 작업
④ 하루에 총 2시간 이상 지지되지 않은 상태에서 4.5kg이상의 물건을 한 손으로 들거나 동일한 힘으로 쥐는 작업

해설

- ①에서 25kg 이상의 물체를 하루에 10회 이상 드는 작업이어야 한다.
- ②에서 집중적으로 자료입력 등을 위해 키보드 또는 마우스를 조작하는 하루에 4시간 이상의 작업이어야 한다.
- ③에서 총 2시간 이상 같은 동작을 반복하는 작업이어야 한다.

근골격계 부담작업 실기 1903/2001/2201/2203/2303
- 하루에 4시간 이상 집중적으로 자료입력 등을 위해 키보드 또는 마우스를 조작하는 작업
- 하루에 총 2시간 이상 목, 어깨, 팔꿈치, 손목 또는 손을 사용하여 같은 동작을 반복하는 작업
- 하루에 총 2시간 이상 머리 위에 손이 있거나, 팔꿈치가 어깨 위에 있거나, 팔꿈치를 몸통으로부터 들거나, 팔꿈치를 몸통뒤쪽에 위치하도록 하는 상태에서 이루어지는 작업
- 지지되지 않은 상태이거나 임의로 자세를 바꿀 수 없는 조건에서, 하루에 총 2시간 이상 목이나 허리를 구부리거나 트는 상태에서 이루어지는 작업
- 하루에 총 2시간 이상 쪼그리고 앉거나 무릎을 굽힌 자세에서 이루어지는 작업
- 하루에 총 2시간 이상 지지되지 않은 상태에서 1kg 이상의 물건을 한손의 손가락으로 집어 옮기거나, 2kg 이상에 상응하는 힘을 가하여 한손의 손가락으로 물건을 쥐는 작업
- 하루에 총 2시간 이상 지지되지 않은 상태에서 4.5kg 이상의 물건을 한 손으로 들거나 동일한 힘으로 쥐는 작업
- 하루에 10회 이상 25kg 이상의 물체를 드는 작업
- 하루에 25회 이상 10kg 이상의 물체를 무릎 아래에서 들거나, 어깨 위에서 들거나, 팔을 뻗은 상태에서 드는 작업
- 하루에 총 2시간 이상, 분당 2회 이상 4.5kg 이상의 물체를 드는 작업
- 하루에 총 2시간 이상 시간당 10회 이상 손 또는 무릎을 사용하여 반복적으로 충격을 가하는 작업

65

워크 샘플링(work sampling)의 특징으로 옳지 않은 것은?

① 짧은 주기나 반복 작업에 효과적이다.
② 관측이 순간적으로 이루어져 작업에 방해가 적다.
③ 작업 방법이 변화되는 경우에는 전체적인 연구를 새로 해야 한다.
④ 관측자가 여러 명의 작업자나 기계를 동시에 관측할 수 있다.

해설
- 워크 샘플링은 조사기간을 길게 하여 평상시의 작업현황을 그대로 반영시킬 수 있어 사이클이 긴 작업에 주로 사용한다.
- 워크 샘플링(work sampling)
  ㉠ 개요
  - 표본의 크기가 충분히 크다면 모집단의 분포와 일치한다는 통계적 이론에 근거한다.
  - 간헐적으로 랜덤한 시점에서 연구대상을 순간적으로 관측하여 대상이 처한 상황을 파악하고 이를 토대로 관측시간 동안에 나타난 항목별로 차지하는 비율을 추정하는 방법이다.
  - 조사기간을 길게 하여 평상시의 작업현황을 그대로 반영시킬 수 있어 사이클이 긴 작업에 주로 사용한다.
  - 확률이론인 이항분포를 따른다.
  ㉡ 장점
  - 특별한 시간 측정 장비가 별도로 필요하지 않는 간단한 방법이다.
  - 관측이 순간적으로 이루어져 작업에 방해가 적다.
  - 한 사람의 평가자가 동시에 여러 작업을 측정할 수 있다.
  - 자료수집이나 분석에 필요한 순수시간이 다른 시간연구방법에 비하여 짧다.
  - 작업자가 의식적으로 행동하는 일이 적어 결과의 신뢰수준이 높다.
  - 샘플링오차는 관측횟수를 증가시킴으로써 감소될 수 있다.
  ㉢ 단점
  - 작업 방법이 변화되는 경우에는 전체적인 연구를 새로 해야 한다.
  - 시간연구법 등에 비해 정밀도가 떨어진다.
  - 짧은 주기 및 반복작업에 부적합하다.

66

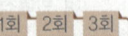

NIOSH 들기 공식에서 고려되는 평가요소가 아닌 것은?

① 수평거리   ② 목 자세
③ 수직거리   ④ 비대칭 각도

해설
- RWL을 구할 때의 요소에는 수평계수, 수직계수, 거리계수, 비대칭성계수, 빈도계수, 결합계수 등이 필요하다.
- NIOSH 들기지수(LI) 실기 1503/1601/1603/1701/1801/1803/1901/2001/2002/2003/2201/2203/2301/2302/2403
  - NIOSH의 중량물 취급지수를 말한다.
  - 들기지수가 1을 초과하는 경우 추천 무게를 넘는 것으로 간주한다.
  - 40대 여성의 들기 능력의 50퍼센타일을 기준으로 하였다.
  - 물체의 무게(kg) / RWL(kg)으로 구한다. 이때 RWL은 추천 중량한계로 들기 편한 정도의 값이다.
  - RWL=23kg×HM×VM×DM×AM×FM×CM으로 구한다(HM은 수평계수, VM은 수직계수, DM은 거리계수, AM은 비대칭성계수, FM은 빈도계수, CM은 결합계수를 의미한다).
  - RWL 계수는 0~1 사이의 값으로 1에 가까울수록 최적의 조건이 된다.

67

관측평균시간이 0.8분, 레이팅계수 120%, 정미시간에 대한 작업 여유율이 15%일때 표준시간은 약 얼마인가?

① 0.78분   ② 0.88분
③ 1.104분   ④ 1.264분

해설
- 정미시간은 0.8분×120%=0.96분이다.
- 외경법으로 표준시간=0.96×(1+0.15)=1.104분이 된다.
- 표준시간 실기 1501/1503/1603/1703/2002/2003/2103/2402/2403
  ㉠ 개요
  - 8시간의 정상작업을 기준으로 하여 일정한 작업조건에서 일정한 방법에 따라 보통 정도의 작업자가 정상적인 속도로 작업을 수행하는데 걸리는 시간을 말한다.
  - 표준시간 측정에 사용하는 DM(decimal minute)은 1DM이 0.6초이다.
  - 표준시간은 정미시간+여유시간으로 구한다.
  - 정미시간은 관측시간의 평균치×R(레이팅 계수)로 구한다.
  - 객관적 레이팅에서의 표준시간=관측 평균시간×(1차 평가계수)×(1+2차 조정계수)×(1+여유율)로 구한다.
  - 외경법의 경우 표준시간=정미시간×(1+여유율)로 구한다.
  - 내경법의 경우 표준시간=정미시간/(1-여유율)로 구한다.
  ㉡ 여유율
  - 외경법은 작업여유율=여유시간/정미시간(근무시간-여유시간)을 적용한다.
  - 내경법은 근무여유율=여유시간/근무시간(정미시간+여유시간)을 적용한다.

68

동작경제의 원칙에서 작업장 배치에 관한 원칙에 해당하는 것은?

① 각 손가락이 서로 다른 작업을 할 때 작업량을 각 손가락의 능력에 맞게 분배한다.
② 중력이송원리를 이용한 부품상자나 용기를 이용하여 부품을 사용 장소에 가까이 보낼 수 있도록 한다.
③ 손과 신체의 동작은 작업을 원만하게 처리할 수 있는 범위 내에서 가장 낮은 동작등급을 사용한다.
④ 눈의 초점을 모아야 할 수 있는 작업은 가능한 적게 하고, 이것이 불가피한 경우 두 작업간의 거리를 짧게 한다.

해설
- ①, ③, ④는 모두 신체사용의 원칙에 해당된다.

동작경제의 원칙 실기 1903/2103/2203

㉠ 개요
- 작업자가 경제적인 동작을 통해 피로도를 감소시키면서도 능률을 향상시키게 하기 위한 원칙이다.
- 신체사용의 원칙, 작업장 배치의 원칙, 공구 및 설비 디자인의 원칙으로 분류된다.
- 동작을 가급적 조합하여 하나의 동작으로 한다.
- 동작의 수는 줄이고, 동작의 속도는 적당히 한다.

㉡ 신체사용의 원칙 실기 2301
- 두 손의 동작은 동시에 시작해서 동시에 끝나야 한다.
- 휴식시간을 제외하고는 양손을 같이 쉬게 해서는 안 된다.
- 손의 동작은 유연하고 연속적인 동작이어야 한다.
- 동작이 급작스럽게 크게 바뀌는 직선 동작은 피해야 한다.
- 두 팔의 동작은 동시에 서로 반대방향으로 대칭적으로 움직이도록 한다.
- 탄도동작(Ballistics Movements)은 제한되거나 통제된 동작보다 더 신속하고 정확하다.

㉢ 작업장 배치의 원칙 실기 1303/1701/2001/2002/2303/2402
- 가능하다면 낙하식 운반 방법을 이용한다.
- 작업이 용이하도록 적절한 조명을 비추어 준다.
- 공구나 재료는 작업동작이 원활하게 수행하도록 그 위치를 정해준다.
- 공구, 재료 및 제어장치는 사용하기 가까운 곳에 배치해야 한다.

㉣ 공구 및 설비 디자인의 원칙 실기 1703
- 치구나 족답장치를 이용하여 양손이 다른 일을 할 수 있도록 한다.
- 공구의 기능을 결합하여 사용하도록 한다.
- 타자 칠 때와 같이 각 손가락이 서로 다른 작업을 할 때에는 작업량을 각 손가락의 능력에 맞게 배분해야 한다.

69

작업 개선방법을 관리적 개선방법과 공학적 개선방법으로 구분할 때 공학적 개선방법에 속하는 것은?

① 적절한 작업자의 선발
② 작업자의 교육 및 훈련
③ 작업자의 작업속도 조절
④ 작업자의 신체에 맞는 작업장 개선

해설
- ①, ②, ③은 현재의 자원을 효율적으로 관리하는 관리적 개선방법에 해당된다.

작업개선안 도출 실기 1401/1603/1801/1901/2003/2201/2302/2403
- 가장 우선적이고 근본적인 문제해결책은 문제가 되는 작업을 제거하는 데 있다.
- 1차적으로는 공학적 개선으로 위험요인의 제거 혹은 위험성의 직접적인 감소를 위해 작업장 여건을 개선한다.
- 2차적으로는 관리적 개선으로 작업순환, 작업교대, 휴식시간 설계, 인원 보충 등 자원의 효율적인 분배와 관련된다.

공학적 개선안	• 작업자의 신체에 맞는 작업장 개선(작업공구 개선, 작업대 높이 조절, 중량물 운반 시 기계장치 사용, 단순반복 작업에 로봇 사용, 작업장 바닥 개선, 작업장 재배열) • 작업자세 및 작업방법 개선
관리적 개선안	• 작업순환, 작업교대 • 작업습관 변화 • 작업속도 조절 및 휴식시간 설계 • 인원 보충(추가 작업자 선발, 교육 및 훈련, 적성에 맞는 배치) • 위험표지 부착

70

근골격계 질환 예방을 위한 방안과 거리가 먼 것은?

① 손목을 곧게 유지한다.
② 춥고 습기 많은 작업환경을 피한다.
③ 손목이나 손의 반복동작을 활용한다.
④ 손잡이는 손에 접촉하는 면적을 넓게 한다.

해설
- 근골격계 질환을 예방하기 위해서는 손목이나 손의 반복동작을 피해야 한다.

근골격계 질환 예방을 위한 방안
- 손목을 곧게 유지한다.
- 손목이나 손의 반복동작을 피한다.
- 손잡이는 손에 접촉하는 면적을 넓게 한다.
- 진동을 줄이기 위한 방진용 장갑 등을 착용한다.
- 어깨 높이 위에서의 작업을 피한다.
- 춥고 습기 많은 작업환경을 피한다.
- 연약한 피부 조직에 가해지는 압박을 피한다.

71
수공구를 이용한 작업 개선원리에 대한 내용으로 옳지 않은 것은?

① 진동 패드, 진동 장갑 등으로 손에 전달되는 진동 효과를 줄인다.
② 동력 공구는 그 무게를 지탱할 수 있도록 매달거나 지지한다.
③ 힘이 요구되는 작업에 대해서는 감싸쥐기(power grip)를 이용한다.
④ 적합한 모양의 손잡이를 사용하되, 가능하면 손바닥과 접촉면을 좁게 한다.

해설
- ③에서 손잡이는 접촉면적을 가능하면 크게 한다.

수공구의 일반적인 설계 원칙 실기 1903
- 손목은 곧게 유지되도록 설계한다.
- 반복적인 손가락 동작을 피하도록 설계한다.
- 손잡이는 접촉면적을 가능하면 크게 한다.
- 조직에 가해지는 압력을 피하도록 설계한다.
- 공구의 무게를 줄이고 사용 시 무게 균형이 유지되도록 한다.
- 동력공구의 손잡이는 두 손가락 이상으로 작동하도록 한다.
- 손가락으로 잡는 pinch grip보다 손바닥으로 감싸 안아 잡는 power grip을 이용한다.
- 정확성이 요구되는 작업은 핀치그립(pinch grip)을 사용하도록 한다.
- 손잡이의 홈은 손바닥에 나쁜 영향을 주므로 가능한 손잡이 표면에 홈이 많은 것은 피하도록 한다.
- 진동 패드, 진동 장갑 등으로 손에 전달되는 진동 효과를 줄인다.

72
어느 회사의 컨베이어 라인에서 작업순서가 다음 표의 번호와 같이 구성되어 있을 때, 다음 설명 중 옳은 것은?

작업	1. 조립	2. 납땜	3. 검사	4. 포장
시간(초)	10초	9초	8초	7초

① 공정손실은 15%이다.
② 애로작업은 검사작업이다.
③ 라인의 주기시간은 7초이다.
④ 라인의 시간당 생산량은 6개이다.

해설
- 주기시간은 10초, 작업수는 4개, 총작업시간은 34초, 총유휴시간은 40-34=6초, 공정효율은 34/40=0.85, 공정손실은 6/40=0.15이다.
- ②에서 애로작업은 가장 시간이 긴 조립작업이다.
- ③에서 라인의 주기시간은 가장 긴 시간인 10초이다.
- ④에서 시간당 생산량은 3600초/10=360개이다.

주기시간과 공정효율 실기 1403/1503/1801/2001/2003/2101/2302/2402
- 주기시간은 작업시간이 가장 오래 걸리는 애로공정의 작업시간을 말한다.
- 애로작업이란 작업시간이 가장 긴 작업을 말한다.
- 공정효율은 총작업시간/(작업수×주기시간)으로 구한다.
- 총유휴시간은 (작업수×주기시간)-(총작업시간)이다.
- 공정손실은 총유휴시간/(작업수×주기시간)으로 구한다.
- 공정효율과 공정손실의 합은 1이다.

73
동작분석(motion study)에 관한 설명으로 옳지 않은 것은?

① 동작분석 기법에는 서블릭법과 작업측정기법을 이용하는 PTS법이 있다.
② 작업과정에서 무리·낭비·불합리한 동작을 제거, 최선의 작업방법으로 개선하는 것이 목표이다.
③ 미세동작분석은 작업주기가 짧은 작업, 규칙적인 작업주기시간, 단기적 연구대상 작업 분석에는 사용할 수 없다.
④ 작업을 분해 가능한 세밀한 단위로 분석하고 각 단위의 변이를 측정하여 표준작업방법을 알아내기 위한 연구이다.

정답 71 ④ 72 ① 73 ③

해설

- ③에서 미세동작분석은 작업주기가 짧은 작업, 규칙적인 작업주기 시간, 단기적 작업을 대상으로 자세하게 촬영하여 분석하므로 비용이 많이 드는 분석방법이다.

동작분석
  ㉠ 개요
   - 서블릭 분석, 필름/비디오 분석, 작업측정기법을 이용하는 PTS법이 이에 해당된다.
   - 작업과정에서 무리·낭비·불합리한 동작을 제거, 최선의 작업방법으로 개선하는 것이 목표이다.
   - 작업을 분해 가능한 세밀한 단위로 분석하고 각 단위의 변이를 측정하여 표준작업방법을 알아내기 위한 연구이다.
   - 작업은 공정 → 단위작업 → 요소작업 → 동작요소 → 서블릭 순으로 구분된다.
   - SIMO chart는 미세동작연구인 동시에 동작 사이클차트로 이상적 작업동작 습득에 시간은 짧게 걸리나 부정확한 단점을 갖는다.
  ㉡ 미세동작분석
   - 미세동작분석은 작업주기가 짧은 작업, 규칙적인 작업주기 시간, 단기적 작업을 대상으로 자세하게 촬영하여 분석하므로 비용이 많이 드는 분석방법이다.
   - 미세동작연구를 할 때에는 가능하면 작업방법이 숙련된 작업자를 대상으로 한다.
   - 미세동작연구실에서는 작업수행도가 월등히 뛰어난 작업사이클을 대상으로 한다.

---

74 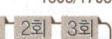 1303/1703

사업장 근골격계 질환 예방관리 프로그램에 있어 예방·관리추진팀의 역할이 아닌 것은?

① 교육 및 훈련에 관한 사항을 결정하고 실행한다.
② 예방·관리 프로그램의 수립 및 수정에 관한 사항을 결정한다.
③ 근골격계 질환의 증상·유해요인 보고 및 대응체계를 구축한다.
④ 유해요인 평가 및 개선계획의 수립과 시행에 관한 사항을 결정하고 실행한다.

해설

- ③은 사업주의 역할이다.

예방·관리추진팀의 역할
  - 예방관리 프로그램의 수립 및 수정에 관한 사항 결정
  - 예방관리 프로그램의 실행 및 운영에 관한 사항 결정
  - 교육 및 훈련에 관한 사항을 결정하고 실행
  - 유해요인 평가, 개선계획의 수립 및 시행에 관한 사항을 결정하고 실행
  - 근골격계 질환자에 대한 사후조치 및 근로자 건강보호에 관한 사항 등을 결정하고 실행

75

산업안전보건법령상 근골격계 부담작업의 유해요인조사에 대한 내용으로 옳지 않은 것은?(단, 해당 사업장은 근로자가 근골격계 부담작업을 하는 경우이다)

① 정기 유해요인 조사는 2년마다 유해요인조사를 하여야 한다.
② 신설되는 사업장의 경우에는 신설일로부터 1년 이내 최초의 유해요인 조사를 하여야 한다.
③ 조사항목으로는 작업량, 작업속도 등의 작업장의 상황과 작업자세, 작업방법 등의 작업조건이 있다.
④ 근골격계 부담작업에 해당하는 새로운 작업·설비를 도입한 경우 지체 없이 유해요인 조사를 해야 한다.

해설

- ①에서 산업안전보건법령상 사업주는 근로자가 근골격계 부담작업을 하는 경우에 3년마다 유해요인 조사를 하여야 한다.

유해요인 조사
  ㉠ 개요
   - 산업안전보건법령상 사업주는 근로자가 근골격계 부담작업을 하는 경우에 3년마다 유해요인 조사를 하여야 한다.
   - 신설되는 사업장의 경우에는 1년 이내에 최초의 유해요인 조사를 하여야 한다.
   - 사업주는 유해요인조사에 근로자 대표 또는 해당 작업 근로자를 참여시켜야 한다.
  ㉡ 1개월 이내(수시) 조사해야 하는 경우 실기 1401/1701/1901/2401
   - 임시건강진단 등에서 근골격계 질환자가 발생하였거나 근로자가 근골격계 질환으로 업무상 질병으로 인정받은 경우 (근골격계 부담작업이 아닌 작업에서 근골격계 질환자가 발생하였거나 근골격계 부담작업이 아닌 작업에서 발생한 근골격계 질환에 대해 업무상 질병으로 인정받은 경우를 포함한다)
   - 근골격계 부담작업에 해당하는 새로운 작업·설비를 도입한 경우
   - 근골격계 부담작업에 해당하는 업무의 양과 작업공정 등 작업환경을 변경한 경우

76
유통선도(flow diagram)의 기능으로 옳지 않은 것은?

① 자재흐름의 혼잡지역 파악
② 시설물의 위치나 배치관계 파악
③ 공정과정의 역류현상 발생유무 점검
④ 운반과정에서 물품의 보관 내용 파악

해설
- 유통선로는 제조과정에서 발생하는 내역은 확인이 가능하나 운반과정에서 발생하는 물품의 보관 내용까지는 파악하기 힘들다.
- **Flow Diagram**
  - 정체, 저장, 대기, Material Handling 등의 사항이 생산현장의 어느 위치에서 발생하는지 한눈에 알아볼 수 있도록 표시된 도표이다.
  - 작업장 시설의 재배치, 기자재 소통상 혼잡지역 파악, 공정과정 중 역류현상 점검 등에 가장 유용하게 사용할 수 있는 공정도이다.

77
팔꿈치 부위에 발생하는 근골격계 질환 유형은?

① 결정종(ganglion)
② 방아쇠 손가락(trigger finger)
③ 외상과염(lateral epicondylitis)
④ 수근관 증후군(carpal tunnel syndrome)

해설
- ①, ②, ④는 손과 손목 부위에 발생하는 근골격계 질환이다.
- **외상과염(lateral epicondylitis)** 실기 1903/2303
  - 과다한 손목 및 손가락 동작으로 인해 발생한다.
  - 팔꿈치 외측의 통증을 유발한다.
  - 테니스 엘보라고 한다.

78
작업관리의 주목적과 가장 거리가 먼 것은?

① 생산성 향상
② 무결점 달성
③ 최선의 작업방법 개발
④ 재료, 설비, 공구 등의 표준화

해설
- 작업관리는 정확한 작업측정을 통한 작업개선, 공정개선을 통한 작업 편리성 향상, 표준시간 설정을 통한 작업효율 관리 등을 목적으로 한다.
- 무결점, 품질 향상은 작업관리의 목적이 될 수 없다.
- **인간공학에 있어 작업관리**
  - 생산성 향상을 목적으로 경제적인 작업방법을 연구하는 작업연구와 표준작업시간을 결정하기 위한 작업측정으로 구분할 수 있다.
  - 생산성과 함께 작업자의 안전과 건강을 함께 추구한다.
  - 생산과정에서 인간이 관여하는 작업을 주 연구대상으로 한다.
  - 정확한 작업측정을 통한 작업개선, 공정개선을 통한 작업 편리성 향상, 표준시간 설정을 통한 작업효율 관리 등을 수행한다.

79
다음 서블릭(therblig) 기호 중 효율적 서블릭에 해당하는 것은?

① SH
② G
③ P
④ H

해설
- ②의 쥐기(G)는 효율적 서블릭이다.
- **서블릭(Therblig)** 실기 1303/2001/2003/2201/2203/2301
  - 동작 단위 중 손의 움직임과 관련된 동작을 분석하기 위해 만든 개념이다.
  - 길브레스(Gilbreth) 부부가 제안한 것으로 그들의 성을 거꾸로 해서 만든 것이다.
  - 작업 시 동작분석과정에서 시간은 스톱워치로 측정한다.
  - 카메라 분석을 통하여 파악할 수 있다.
  - 18개의 동작 중 17가지만 기호로 이용된다.

효율적 서블릭	• 기본동작 : 빈손이동(TE), 쥐기(G), 운반(TL), 내려놓기(RL), 미리놓기(PP) • 동작목적 : 조립(A), 사용(U), 분해(DA)
비효율적 서블릭	• (반)정신적 : 찾기(SH), 고르기(ST), 검사(I), 바로놓기(P), 계획(Pn) • 정체 : 휴식(R), 피할 수 있는 지연(AD), 잡고있기(H), 불가피한 지연(UD)

80 • Repetitive Learning 1회 2회 3회

영상표시단말기(VDT) 취급근로자 작업관리지침상 작업기기의 조건으로 옳지 않은 것은?

① 키보드와 키 윗부분의 표면은 무광택으로 할 것
② 영상표시단말기 화면은 회전 및 경사조절이 가능할 것
③ 키보드의 경사는 3° 이상 20° 이하, 두께는 4cm 이하로 할 것
④ 단색화면일 경우 색상은 일반적으로 어두운 배경에 밝은 황·녹색 또는 백색문자를 사용하고 적색 또는 청색의 문자는 가급적 사용하지 않을 것

해설
- 키보드의 경사는 5도 이상 15도 이하, 두께는 3센티미터 이하로 한다.
- **영상표시단말기(VDT) 취급근로자 작업기기 조건** 실기 2402
  - 키보드와 키 윗부분의 표면은 무광택으로 할 것
  - 영상표시단말기 화면은 회전 및 경사조절이 가능할 것
  - 키보드의 경사는 5도 이상 15도 이하, 두께는 3센티미터 이하로 할 것
  - 단색화면일 경우 색상은 일반적으로 어두운 배경에 밝은 황·녹색 또는 백색문자를 사용하고 적색 또는 청색의 문자는 가급적 사용하지 않을 것
  - 화면을 바라보는 시간이 많은 작업일수록 밝기와 작업대 주변 밝기의 차를 줄이도록 할 것

정답 | 80 ③

2021년 제3회

2021년 8월 14일

1과목 인간공학개론

01
신호검출이론에서 판정기준(criterion)이 오른쪽으로 이동할 때 나타나는 현상으로 옳은 것은?

① 허위경보(false alarm)가 줄어든다.
② 신호(signal)의 수가 증가한다.
③ 소음(noise)의 분포가 커진다.
④ 적중 확률(실제 신호를 신호로 판단)이 높아진다.

해설

- 신호검출이론에서 판정기준이 오른쪽으로 이동하면 허위경보(False alarm)는 줄어들고, 누락정보(Miss)는 증가한다.
- **신호검출이론(Signal Detection Theory)** 실기 1501/1503/1701/2001/2002/2003/2103/2303/2403
  ㉠ 개요
  - 불확실한 상황에서 선택하게 하는 방법으로 신호의 탐지는 관찰자의 반응편향과 민감도에 달려있다고 주장하는 이론이다.
  - 일반적으로 신호 검출 시 이를 간섭하는 소음이 있고, 신호와 소음을 쉽게 식별할 수 없는 상황에 신호검출이론이 적용된다.
  - 긍정(Hit), 허위(False alarm), 누락(Miss), 부정(Correct rejection)의 네 가지 결과로 나눌 수 있다.
  - 허위(False alarm)는 소음을 신호로, 누락(Miss)은 신호를 소음으로 판단한 결과이다.
  - 신호검출이론은 품질관리, 통신이론, 의학처방 및 심리학, 법정에서의 판정 등 다양하게 활용되고 있다.
  ㉡ 반응편향 β
  - 반응편향 $\beta = \dfrac{\text{신호의 길이}}{\text{소음의 길이}}$ 로 구한다.
- 신호에 의한 반응이 선형인 경우 판별력은 좋아진다.
- 신호검출이론에서 두 개의 정규분포 곡선이 교차하는 부분에 있는 기준점 β는 신호의 길이와 소음의 길이가 같으므로 1의 값을 가진다.
- 판정 기준은 β(신호/노이즈)이며, $\beta > 1$이며 보수적이고, $\beta < 1$이면 자유적이다.
  ㉢ 민감도
- 민감도가 클수록 신호를 구분하기 쉽다.
- 잡음이 많을수록, 신호가 약하거나 분명하지 않을수록 d값은 작아진다.
- 민감도를 늘리기 위해서는 교육 훈련, 결과의 피드백, 신호의 비신호의 구별성 증가 등의 조치를 한다.

02
인간공학의 연구 목적과 가장 거리가 먼 것은?

① 인간오류의 특성을 연구하여 사고를 예방
② 인간의 특성에 적합한 기계나 도구의 설계
③ 병리학을 연구하여 인간의 질병퇴치에 기여
④ 인간의 특성에 맞는 작업환경 및 작업방법의 설계

해설

- 인간공학이란 인간이 사용하는 물건, 설비, 환경의 설계에 인간의 생리적, 심리적인 면에서의 특성이나 한계점을 고려함으로써 인간-기계 시스템의 안전성과 편리성, 효율성을 높이는 학문분야이다.
- **인간공학(Ergonomics)**
  ㉠ 개요
  - "Ergon(작업)+nomos(법칙)+ics(학문)"이 조합된 단어로 Human factors, Human engineering이라고도 한다.
  - 인간의 특성과 한계 능력을 공학적으로 분석, 평가하여 이를 복잡한 체계의 설계에 응용함으로 효율을 최대로 활용할 수 있도록 하는 학문분야이다.

- 인간이 사용하는 물건, 설비, 환경의 설계에 인간의 생리적, 심리적인 면에서의 특성이나 한계점을 고려함으로써 인간-기계 시스템의 안전성과 편리성, 효율성을 높이는 학문분야이다.
- ⓒ 적용분야
  - 제품설계
  - 재해·질병 예방
  - 장비·공구·설비의 배치
  - 작업장 내 조사 및 연구

03

조종-반응 비율(C/R ratio)에 관한 설명으로 옳지 않은 것은?

① C/R비가 증가하면 이동시간도 증가한다.
② C/R비가 작으면(낮으면) 민감한 장치이다.
③ C/R비는 조종장치의 이동거리를 표시장치의 반응거리로 나눈 값이다.
④ C/R비가 감소함에 따라 조종시간은 상대적으로 작아진다.

해설

- 통제표시비가 작다는 것은 민감한 장치로 미세한 조종은 어렵지만 (조종시간=제어시간이 길어진다) 수행시간이 짧다.

∷ 통제표시비: C/D(C/R)비 실기 1301/1403/1501/1503/1601/1701/1803/1901/2002/2003/2101/2103/2203/2301/2303/2401

  ⓐ 개요
  - 통제장치의 변위량과 표시장치의 변위량과의 관계를 나타낸 비율로 C/D비, 조종과 반응의 비라고 하여 C/R비라고도 한다.
  - $C/D = \dfrac{통제기기의 \ 변위량}{표시계기의 \ 변위량}$ 으로 구한다.
  - 회전 조종구의 C/D비
    $= \dfrac{2 \times \pi(3.14) \times r(반지름) \times \left(\dfrac{각도}{360}\right)}{표시계기의 \ 변위량}$ 으로 구한다.

  ⓑ 특징
  - C/R비가 작아진다는 것은 민감한 장치화 되어 조종시간=제어시간이 길어지지만 수행시간이 짧아진다는 의미이다.
  - C/R비가 크다는 것은 미세한 조종은 쉽지만 수행시간은 상대적으로 길다.
  - 통제기기 시스템에서 발생하는 조작시간의 지연은 직접적으로 통제표시비가 가장 크게 작용하고 있다.

04

인간 기억의 여러 가지 형태에 대한 설명으로 옳지 않은 것은?

① 단기기억의 용량은 보통 7청크(chunk)이며 학습에 의해 무한히 커질 수 있다.
② 단기기억에 있는 내용을 반복하여 학습(research)하면 장기기억으로 저장된다.
③ 일반적으로 작업기억의 정보는 시각(visual), 음성(phonetic), 의미(semantic) 코드의 3가지로 코드화 된다.
④ 자극을 받은 후 단기기억에 저장되기 전에 시각적인 정보는 아이코닉 기억(iconic memory)에 잠시 저장된다.

해설

- 인간의 단기기억 용량은 보통 7청크이며, 학습을 통해 장기기억으로 전환되기는 하지만 단기기억의 용량이 커지지는 않는다.

∷ 인간의 기억체계
- 인간의 기억은 감각저장, 단기기억, 장기기억으로 구분된다.
- 감각저장은 빠르게 사라지고 새로운 자극으로 대체된다.
- 단기기억을 장기기억으로 이전시키려면 리허설이 필요하다.
- 단기기억의 정보는 시각적, 청각적으로 부호화되고 추후 언어 의미적 부호로 변환된다.
- 인간의 단기기억 용량은 보통 7청크이며, 학습을 통해 장기기억으로 전환되기는 하지만 단기기억의 용량이 커지지는 않는다.
- 단기기억에 있는 내용을 반복하여 학습(research)하면 장기기억으로 저장된다.

05

시각적 표시장치에 관한 설명으로 옳은 것은?

① 정확한 수치를 필요로 하는 경우에는 디지털 표시장치보다 아날로그 표시장치가 우수하다.
② 온도, 압력과 같이 연속적으로 변하는 변수의 변화경향, 변화율 등을 알고자 할 때는 정량적 표시장치를 사용하는 것이 좋다.
③ 정성적 표시장치는 동침형(moving pointer), 동목형(moving scale) 등의 형태로 구분할 수 있다.
④ 정량적 눈금을 식별하는 데에 영향을 미치는 요소는 눈금 단위의 길이, 눈금의 수열 등이 있다.

해설
- 정확한 수치를 필요로 하는 경우는 디지털 표시장치가 우수하다.
- 온도, 압력과 같이 연속적으로 변하는 변수의 변화경향, 변화율 등을 알고자 할 때는 정성적 표시장치를 사용하는 것이 좋다.
- ③은 정량적 표시장치의 종류이다.

정량적(동적) 표시장치 실기 2301

정목 동침형	아날로그	• 눈금이 고정되고 지침이 움직이는 방식이다. 미세한 조정이나 움직임이 가능하다. • 인식적 암시 신호를 나타내는데 적합하다.
정침 동목형		• 지침이 고정되고 눈금이 움직이는 방식이다. 표시장치의 면적을 최소화할 수 있다. • 표현 값의 범위가 클 때 유리하다.
계수형	디지털	• 양을 전자적인 숫자 값으로 표시하는 방식이다. 정확성이 높다. • 전력계 등에서 많이 사용된다.

1001/1803

06 ● Repetitive Learning 1회 2회 3회

소리의 차폐효과(masking)에 관한 설명으로 맞는 것은?

① 주파수별로 같은 소리의 크기를 표시한 개념
② 하나의 소리가 다른 소리의 판별에 방해를 주는 현상
③ 내이(inner ear)의 달팽이관(Cochlea) 안에 있는 섬모(fiber)가 소리의 주파수에 따라 민감하게 반응하는 현상
④ 하나의 소리의 크기가 다른 소리에 비해 몇 배나 크게(또는 작게) 느껴지는 지를 기준으로 소리의 크기를 표시하는 개념

해설
- 은폐효과는 사무실의 자판 소리 때문에 말소리가 묻히는 경우와 같이 내부음성 또는 작업과 관련된 음향신호가 은폐 음에 의해 방해받는 현상을 말한다.

은폐(Masking)효과
- 음의 한 성분이 다른 성분에 대한 귀의 감수성을 감소시키는 상황을 말한다.
- 사무실의 자판 소리 때문에 말소리가 묻히는 경우와 같이 내부음성 또는 작업과 관련된 음향신호가 은폐 음에 의해 방해받는 현상을 말한다.
- 피은폐된 한 음의 가청역치가 다른 은폐된 음 때문에 높아지는 현상을 말한다.
- 은폐효과가 가장 큰 것은 음폐음과 배음의 주파수가 가까울 때이다.

- 소리가 들린다는 것을 확신할 수 있는 최소한의 음 강도는 은폐음보다 15dB 이상이어야 한다.

07 ● Repetitive Learning 1회 2회 3회

멀리 있는 물체를 선명하게 보기 위해 눈에서 일어나는 현상으로 옳은 것은?

① 홍채가 이완한다.
② 수정체가 얇아진다.
③ 동공이 커진다.
④ 모양체근이 수축한다.

해설
- 멀리 있는 물체를 보기 위해서는 모양체근이 이완되어 수정체가 얇아져야 한다.

수정체 실기 1701/1903/2203
- 눈 안쪽의 양면이 볼록한 렌즈 형태의 투명한 조직을 말한다.
- 빛이 통과될 때 빛을 모아주어 망막에 상이 맺히도록 하며, 초점을 맞추기 위해 수정체의 두께를 조절한다.
- 연결된 모양체근이 이완하면 수정체가 얇아져 먼 곳을 볼 수 있다.
- 연결된 모양체근이 수축하면 수정체가 볼록해져 가까운 곳을 볼 수 있다.
- 망막의 표면에는 빛을 감지하는 광수용기인 원추체(색 구별)와 간상체(흑백의 음영 구별)가 분포되어 있다.

08 ● Repetitive Learning 1회 2회 3회

인체측정을 구조적 치수와 기능적 치수로 구분할 때 기능적 치수 측정에 대한 설명으로 옳은 것은?

① 형태학적 측정을 의미한다.
② 나체 측정을 원칙으로 한다.
③ 마틴식 인체측정 장치를 사용한다.
④ 상지나 하지의 운동범위를 측정한다.

해설
- ①, ②, ③은 구조적 치수에 대한 설명이다.

기능적 치수(Functional dimension) = 동적 치수 측정 실기 1801/2001/2103/2303/2401
- 산업현장에서 필요한 인체치수와 같이 움직이는 몸의 동작을 측정한 인체치수이다.
- 상지나 하지 등 신체 부위의 동작범위를 측정한다.

09

손의 위치에서 조종장치 중심까지의 거리가 30cm, 조종장치의 폭이 5cm 일 때 Fitts의 난이도 지수(index of difficulty) 값은 약 얼마인가?

① 2.6 ② 3.2
③ 3.6 ④ 4.1

해설

- 난이도 지수는 $\log_2\left(\dfrac{2A}{W}\right)$로 구한다.
- 거리가 30, 폭이 5이므로 난이도 지수는
  $\log_2\left(\dfrac{2\times 30}{5}\right) = 3.58496\cdots$이다.

■ Fitts의 법칙
- 인간의 제어 및 조정능력을 나타내는 법칙으로 인간의 손이나 발을 이동시켜 조작장치를 조작하는 데 걸리는 시간을 표적까지의 거리와 표적 크기의 함수로 나타낸다.
- 표적이 작고 이동거리가 길수록 이동시간이 증가한다.
- 자동차 가속 페달과 브레이크 페달 간의 간격, 브레이크 폭 등을 결정하는데 사용할 수 있는 가장 적합한 인간공학 이론이다.
- 난이도 지수는 $\log_2\left(\dfrac{2A}{W}\right)$로 구한다.
- 동작시간 $= a + b\log_2\left(\dfrac{2A}{W}\right)$[ms]로 구한다. 이때 a와 b는 단순 반응시간, 선택반응시간, A는 동작거리, W는 목표물의 폭이다.

10

인간의 신뢰도가 70%, 기계의 신뢰도가 90%이면 인간과 기계가 직렬체계로 작업할 때의 신뢰도는 몇 %인가?

① 30% ② 54%
③ 63% ④ 98%

해설

- 인간의 신뢰도는 0.7, 기계의 신뢰도는 0.90이므로 직렬체계의 경우 합성신뢰도는 $0.7 \times 0.9 = 0.63$이 된다.

■ 시스템의 신뢰도 실기 1403/1503/1603/1703/1801/2001/2103/2203/2301/2401

㉠ AND(직렬)연결 시

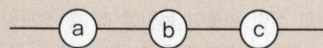

- 부품 a, 부품 b 신뢰도를 각각 R_a, R_b라 할 때 시스템의 신뢰도 $R_s = R_a \times R_b$로 구할 수 있다.

㉡ OR(병렬)연결 시

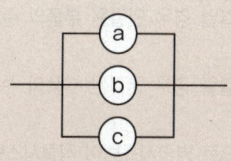

- 부품 a, 부품 b 신뢰도를 각각 R_a, R_b라 할 때 시스템의 신뢰도 $R_s = 1 - (1-R_a) \times (1-R_b)$로 구할 수 있다.

11

1,000Hz, 40dB을 기준으로 음의 상대적인 주관적 크기를 나타내는 단위는?

① sone ② siemens
③ bell ④ phon

해설

- 1 sone은 40dB의 1,000Hz 순음의 크기로 40phon의 값을 의미한다.

■ sone 값
- 인간이 청각으로 느끼는 소리의 크기를 측정하는 척도 중 하나이다.
- 기준 음에 비해서 몇 배의 크기를 갖느냐는 음의 sone값이 결정한다.
- 1 sone은 40dB의 1,000Hz 순음의 크기로 40phon의 값을 의미한다.
- phon의 값이 주어질 때 $sone = 2^{\frac{phon-40}{10}}$으로 구한다.

12

직렬시스템과 병렬시스템의 특성에 대한 설명으로 옳은 것은?

① 직렬시스템에서 요소의 개수가 증가하면 시스템의 신뢰도도 증가한다.
② 병렬시스템에서 요소의 개수가 증가하면 시스템의 신뢰도는 감소한다.
③ 시스템의 높은 신뢰도를 안정적으로 유지하기 위해서는 병렬시스템으로 설계하여야 한다.
④ 일반적으로 병렬시스템으로 구성된 시스템은 직렬시스템으로 구성된 시스템보다 비용이 감소한다.

해설
- ①에서 직렬연결일 경우 연결된 부품의 수가 적을수록 신뢰도는 높아진다.
- ②에서 병렬연결일 경우 연결된 부품의 수가 많을수록 신뢰도는 높아진다.
- ④에서 일반적으로 병렬시스템이 직렬시스템에 비해 비용이 증가한다.

❖ 신뢰도와 수명
- 일반적으로 가장 신뢰도가 높은 시스템은 병렬연결 시스템이다.
- 일반적으로 병렬시스템이 직렬시스템에 비해 비용이 증가한다.
- 시스템의 수명은 연결된 부품 중 수명이 가장 짧은 것에 의해 좌우된다.
- 직렬연결일 경우 연결된 부품의 수가 적을수록 신뢰도는 높아진다.
- 직렬연결일 경우 연결된 부품의 수가 많을수록 수명은 짧아진다.
- 직렬연결일 경우 부품 중 어느 하나가 고장이면 시스템은 고장이다.
- 병렬연결일 경우 연결된 부품의 수가 많을수록 신뢰도는 높아진다.

13 ─────● Repetitive Learning 1회 2회 3회

시(視)감각 체계에 관한 설명으로 옳지 않은 것은?

① 동공은 조도가 낮을 때는 많은 빛을 통과시키기 위해 확대된다.
② 안구의 수정체는 모양체근으로 긴장을 하면 얇아져 가까운 물체만 볼 수 있다.
③ 망막의 표면에는 빛을 감지하는 광수용기인 원추체와 간상체가 분포되어 있다.
④ 1디옵터는 1m 거리에 있는 물체를 보기 위해 요구되는 수정체의 초점 조절능력을 나타낸 값이다.

해설
- 안구의 수정체는 모양체근으로 긴장을 하면 얇아져 초점거리가 멀어지므로 먼 곳을 볼 수 있다.

❖ 수정체 실기 1701/1903/2203
- 눈 안쪽의 양면이 볼록한 렌즈 형태의 투명한 조직을 말한다.
- 빛이 통과될 때 빛을 모아주어 망막에 상이 맺히도록 하며, 초점을 맞추기 위해 수정체의 두께를 조절한다.
- 연결된 모양체근이 이완하면 수정체가 얇아져 먼 곳을 볼 수 있다.
- 연결된 모양체근이 수축하면 수정체가 볼록해져 가까운 곳을 볼 수 있다.
- 망막의 표면에는 빛을 감지하는 광수용기인 원추체(색 구별)와 간상체(흑백의 음영 구별)가 분포되어 있다.

14 ─────● Repetitive Learning 1회 2회 3회

은행이나 관공서의 접수창구의 높이를 설계하는 기준으로 옳은 것은?

① 조절식 설계 ② 최소집단치 설계
③ 최대집단치 설계 ④ 평균치 설계

해설
- 은행이나 관공서의 접수창구는 민원인의 인체에 맞게 조절하는 것이 거의 불가능하고 극단치 설계에도 적합하지 않으므로 주로 인체의 평균값을 적용하는 평균치 설계를 적용한다.

❖ 인체측정자료의 응용 및 설계 종류 실기 2002/2101/2302/2402

조절식 설계	• 최초에 고려하는 원칙으로 어떤 자료의 인체이든 그에 맞게 조절가능식으로 설계하는 것 • 최대치나 최소치를 사용하는 것이 기술적으로 어려울 경우 활용
극단치 설계	• 모든 인체를 대상으로 수용 가능할 수 있도록 제일 작은, 혹은 제일 큰 사람을 기준으로 설계하는 원칙 • 5백분위수 등이 대표적이다.
평균치 설계	• 다른 기준의 적용이 어려울 경우 최종적으로 적용하는 기준으로 평균적인 자료를 활용해 범용성을 갖는 설계원칙 • 은행창구, 슈퍼마켓 계산대 등에 사용된다.

15 ─────● Repetitive Learning 1회 2회 3회

정보이론(information theory)에 대한 내용으로 옳은 것은?

① 정보를 정량적으로 측정할 수 있다.
② 정보의 기본 단위는 바이트(byte)이다.
③ 확실한 사건의 출현에는 많은 정보가 담겨있다.
④ 정보란 불확실성의 증가(addition of uncertainty)로 정의한다.

해설
- ②에서 정보의 기본 단위는 단위는 bit이다.
- ③에서 확실한 사건일수록 정보량이 작다.
- ④에서 정보이론에서 정보란 불확실성의 감소라 정의할 수 있다.

❖ 정보이론
- 정량적으로 측정할 수 있으며, 정보의 측정 단위는 bit를 사용한다.
- 두 대안의 실현 확률이 동일할 때 총 정보량이 가장 크다.
- 1 bit란 실현 가능성이 같은 2개의 대안 중 결정에 필요한 정보량이다.
- 정보이론에서 정보란 불확실성의 감소라 정의할 수 있다.

16 시각 표시장치보다 청각 표시장치를 사용하는 것이 유리한 경우는?

① 소음이 많은 경우
② 전하려는 정보가 복잡할 경우
③ 즉각적인 행동이 요구되는 경우
④ 전하려는 정보를 다시 확인해야 하는 경우

해설
- ①, ②, ④는 시각적 표시장치가 유리한 경우에 해당한다.
- 시각적 표시장치와 청각적 표시장치의 비교 [실기] 1603/1803/1901/2101/2201/2203

시각적 표시장치	청각적 표시장치
• 수신 장소의 소음이 심한 경우 • 정보가 공간적인 위치를 다룬 경우 • 정보의 내용이 복잡하고 긴 경우 • 직무상 수신자가 한 곳에 머무르는 경우 • 메시지를 추후 참고할 필요가 있는 경우 • 정보의 내용이 즉각적인 행동을 요구하지 않는 경우	• 수신 장소가 너무 밝거나 암순응이 요구될 때 • 정보의 내용이 시간적인 사건을 다루는 경우 • 정보의 내용이 간단한 경우 • 직무상 수신자가 자주 움직이는 경우 • 정보의 내용이 후에 재참조되지 않는 경우 • 메시지가 즉각적인 행동을 요구하는 경우

17 다음 중 반응시간이 가장 빠른 감각은?

① 청각   ② 미각
③ 시각   ④ 후각

해설
- 반응시간이 가장 빠른 감각은 청각으로 약 0.17초 정도가 소요된다. 귀에서 담당하고 수용기관은 내의 달팽이관 내에 있다.
- 인간의 감각기관
  - 시각 : 눈, 망막에서 수용하며 가장 많이 사용하는 감각이다.
  - 청각 : 귀, 내이의 달팽이관에서 수용하며 반응시간이 가장 빠른 감각이다.
  - 후각 : 코, 비점막에서 수용한다.
  - 미각 : 혀, 혀의 미뢰에서 수용한다.
  - 촉각 : 피부
  - 반응시간은 청각 → 촉각 → 시각 → 후각 → 미각 → 통각 순으로 느려진다.

18 인간-기계 시스템에서 인간의 과오나 동작상의 실패가 있어도 안전사고를 발생시키지 않도록 하는 설계 시스템을 무엇이라고 하는가?

① lock system
② fail-safe system
③ fool-proof system
④ accident-check system

해설
- 인간의 과오에도 불구하고 사고가 발생되지 않도록 하는 설계는 Fool proof이다.
- 풀 프루프(Fool Proof) [실기] 2001/2103/2301
  ㉠ 개요
  - 풀 프루프(Fool Proof)는 기계 조작에 익숙하지 않은 사람이나 기계의 위험성 등을 이해하지 못한 사람이라도 기계 조작 시 조작 실수를 하지 않도록 하는 기능으로 작업자가 기계 설비를 잘못 취급하더라도 사고가 일어나지 않도록 하는 기능을 말한다.
  - 계기나 표시를 보기 쉽게 하거나 이른바 인체공학적 설계도 넓은 의미의 풀 프루프에 해당된다.
  - 각종 기구의 인터록 장치, 크레인의 권과방지장치, 카메라의 이중 촬영방지장치, 기계의 회전부분에 울이나 커버 장치, 승강기 중량제한시 운행정지 장치, 선풍기 가드에 손이 들어갈 경우 회전정지장치 등이 이에 해당한다.
  ㉡ 조건
  - 인간이 에러를 일으키기 어려운 구조나 기능을 가지도록 한다.
  - 조작순서가 잘못되어도 올바르게 작동하도록 한다.

19 발생 확률이 0.1과 0.9로 다른 2개의 이벤트의 정보량은 발생 확률이 0.5로 같은 2개의 이벤트의 정보량에 비해 어느 정도 감소되는가?

① 42%   ② 45%
③ 50%   ④ 53%

해설
- 먼저 확률이 다른 2개의 대안 정보량을 구하면 확률 0.1의 정보량은 $0.1 \times \log_2\left(\frac{1}{0.1}\right) = 0.3322$이고, 확률 0.9의 정보량은 $0.9 \times \log_2$

$\left(\frac{1}{0.9}\right)=0.1368$이므로 정보량은 $0.3322+0.1368=0.469$가 된다.

- 뒤의 확률이 같은 2개의 정보량은 각각이 확률이 0.50이므로 $2\times 0.5\times \log_2\left(\frac{1}{0.5}\right)=1$이 된다.
- 감소된 정보량은 $1-0.469=0.531$이다.

🔖 **정보량** 실기 1401/2301/2303
- 대안이 n개인 경우의 정보량은 $\log_2 n$으로 구한다.
- 특정 안이 발생할 확률이 $p(x)$라면 정보량은 $\log_2\frac{1}{p(x)}$로 구한다.
- 여러 안이 발생할 경우의 총 정보량은 [개별 확률×개별 정보량의 합]과 같다.

20 ──● Repetitive Learning 1회 2회 3회

일반적으로 연구조사에 사용되는 기준(criterion)의 요건으로 볼 수 없는 것은?

① 적절성   ② 사용성
③ 신뢰성   ④ 무오염성

해설
- 인간공학의 기준 척도에는 타당성, 무오염성, 신뢰성, 민감도, 실제성 등이 있다.

🔖 **인간공학의 기준 척도**

타당성 (적절성)	측정변수가 평가하고자 하는 바를 잘 반영해야 함
무오염성	측정변수가 다른 외적변수에 영향을 받지 않아야 함
신뢰성	비슷한 조건에서 일정 결과를 반복적으로 얻을 수 있어야 함
민감도	기대되는 정밀도로 측정 가능해야 함
실제성	현실성을 가지며, 실질적으로 이용하기 쉽다.

2과목 작업생리학

21 ──● Repetitive Learning 1회 2회 3회

다음 중 유산소 대사의 하나인 크렙스 사이클(Kreb's cycle)에서 일어나는 반응이 아닌 것은?

① 산화가 발생한다.
② 젖산이 생성된다.
③ 이산화탄소가 생성된다.
④ 구아노신 3인산(GTP)의 전환을 통하여 ATP가 생성된다.

해설
- ②에서 젖산은 무산소성 해당과정에 의해 생성된다.

🔖 **크렙스 사이클(Kreb's cycle)**
- 수소를 운반하는 NAD와 FAD를 이용하여 탄수화물, 지방, 단백질의 수소이온을 제거하여 산화시키는 작용을 한다.
- 이산화탄소가 생성되고 수소이온과 전자가 분리된다.
- 구아노신 3인산(GTP)의 전환을 통하여 ATP가 생성된다.

22 ──● Repetitive Learning 1회 2회 3회

다음 그림과 같이 작업할 때 팔꿈치의 반작용력과 모멘트 값은 얼마인가?(단, CG_1은 물체의 무게중심, CG_2는 하박의 무게중심, W_1은 물체의 하중, W_2는 하박의 하중이다)

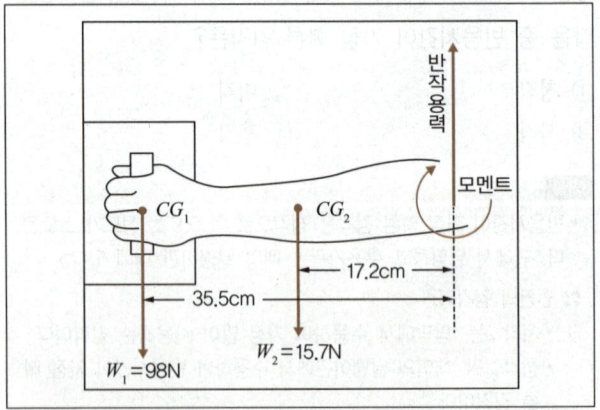

① 반작용력 : 79.3N, 모멘트 : 22.42N·m
② 반작용력 : 79.3N, 모멘트 : 37.5N·m
③ 반작용력 : 113.7N, 모멘트 : 22.42N·m
④ 반작용력 : 113.7N, 모멘트 : 37.5N·m

해설
- 물체가 정적 평형상태를 유지하기 위해서는 힘의 총합은 0이 되어야 한다.
- 아래쪽으로 향하는 힘은 CG_1과 CG_2의 합이므로 98+15.7=113.7N이므로 반작용의 힘 역시 113.7N이 되어야 자세가 유지된다.
- 모멘트는 힘의 크기와 거리에 의해 결정되는 값으로 W_1과 중심과의 거리(35.5cm=0.355m)의 곱과 W_2와 중심과의 거리(17.2cm=0.172)의 곱의 합이 모멘트가 된다.
- 대입하여 계산하면 모멘트 값은 98×0.355+15.7×0.172=37.4904 N·m이 된다.

:: 정적 평형상태(Static equilibrium) 실기 1901/2103/2201
- 물체나 신체가 움직이지 않는 상태이다.
- 작용하는 모든 힘의 총합이 0인 상태이다.
- 작용하는 모든 모멘트의 총합이 0인 상태이다.
- 힘이 거리에 비례하여 발생한다.

23
다음 중 실내의 면에서 추천 반사율(IES)이 가장 낮은 곳은?

① 벽
② 천장
③ 가구
④ 바닥

해설
- 옥내 조명에서 최적 반사율의 크기는 바닥<가구<벽<천장 순으로 커진다.

:: 실내 면 반사율 실기 1503
  ㉠ 개요
  - 빛을 포함한 여러 종류의 복사파가 물체의 표면에서 어느 정도 반사되는지를 나타낸다.
  - 반사율 = $\frac{광도}{조도} \times 100$으로 구한다.
  - 반사율이 각각 L_a, L_b인 두 물체의 대비는 $\frac{L_a - L_b}{L_a} \times 100$으로 구한다.

  ㉡ 실내 면의 추천 반사율

천장	80~90%
벽	40~60%
가구 및 사무용 기기	25~45%
바닥	20~40%

24
교대작업의 주의사항에 관한 설명으로 옳지 않은 것은?

① 12시간 교대제가 적절하다.
② 야간근무는 2~3일 이상 연속하지 않는다.
③ 야간근무의 교대는 심야에 하지 않도록 한다.
④ 야간근무 종료 후에는 48시간 이상의 휴식을 갖도록 한다.

해설
- 근무시간은 8시간을 주기로 교대하며 야간 근무 시 충분한 휴식을 보장해주어야 한다.

:: 바람직한 교대제
  ㉠ 기본
  - 각 반의 근무시간은 8시간으로 한다.
  - 2교대면 최저 3조의 정원을, 3교대면 4조 편성으로 한다.
  - 근무시간의 간격은 15~16시간 이상으로 하여야 한다.
  - 채용 후 건강관리로서 정기적으로 체중, 위장 증상 등을 기록해야 하며 체중이 3kg 이상 감소 시 정밀검사를 받도록 한다.
  - 근무 교대시간은 근로자의 수면을 방해하지 않도록 정해야 하며, 아침 교대시간은 아침 7시 이후에 하는 것이 바람직하다.
  - 근무시간은 8시간을 주기로 교대하며 야간 근무 시 충분한 휴식을 보장해주어야 한다.
  - 교대작업은 피로회복을 위해 역교대 근무 방식보다 전진근무 방식(주간근무 → 저녁근무 → 야간근무 → 주간근무)으로 하는 것이 좋다.

  ㉡ 야간근무
  - 야간근무의 연속은 2~3일 정도가 좋다.
  - 야근 교대시간은 상오 0시 이전에 하는 것이 좋다.
  - 야간근무 시 가면(假眠)시간은 근무시간에 따라 2~4시간으로 하는 것이 좋다.
  - 야근은 가면(假眠)을 하더라도 10시간 이내가 좋다.
  - 야근 후 다음 반으로 가는 간격은 최저 48시간을 가지도록 한다.
  - 상대적으로 가벼운 작업을 야간 근무조에 배치하고, 업무 내용을 탄력적으로 조정한다.

25
한랭대책으로서 개인위생에 해당되지 않는 사항은?

① 과음을 피할 것
② 식염을 많이 섭취할 것
③ 따뜻한 물과 음식을 섭취할 것
④ 얼음 위에서 오랫동안 작업하지 말 것

해설
- ②는 한랭대책이 아니라 고열대책에 해당한다.
- **한랭대책으로서 개인위생**
  - 과음을 피할 것
  - 따뜻한 물과 음식을 섭취할 것
  - 얼음 위에서 오랫동안 작업하지 말 것
  - 따뜻한 옷과 방한장구를 착용할 것

해설
- ①은 타원관절을 말하며 손목뼈 관절과 같이 2방향 운동이 가능한 관절이다.
- ③은 엄지손가락 아래의 손목허리관절로 2방향 운동이 가능한 관절이다.
- ④는 어깨관절이나 엉덩이 관절과 같이 3방향 운동이 가능한 관절이다.
- **경첩관절(hinge joint)**
  - 한쪽 방향으로만 운동할 수 있는 관절이다.
  - 팔굽(주관절), 무릎(슬관절), 손가락 뼈 사이 관절이 대표적이다.

26

동일한 관절운동을 일으키는 주동근(agonists)과 반대되는 작용을 하는 근육은?

① 박근(gracilis)
② 장요근(iliopsoas)
③ 길항근(antagonists)
④ 대퇴직근(rectus femoris)

해설
- ①은 두덩뼈에서 정강이뼈까지 이어진 길고 얇은 근육으로, 관절의 안정성을 유지하는 역할을 한다.
- ②는 엉덩허리근으로 큰허리근과 엉덩근이 합류하여 형성된 근육으로, 서기, 걷기, 달리기 등의 동작에 중요한 역할을 한다.
- ④는 넙다리곧은근으로 힘줄을 통해 무릎뼈에 붙어서 엉덩관절에서 넓적다리를 굽히고, 무릎관절에서 종아리를 펴는 역할을 한다.
- **길항근(antagonists)**
  - 특정한 근육을 지칭하는 것이 아니라 어떤 근육의 작용과 반대되는 작용을 하는 근육을 일컫는 용어이다.
  - 움직임을 직접적으로 주도하는 주동근(prime mover)과 반대되는 작용을 하는 근육을 말한다.

28

사람의 근골격계와 신경계에 대한 설명으로 옳지 않은 것은?

① 신체골격구조는 206개의 뼈로 구성되어 있다.
② 관절은 섬유질 관절, 연골관절, 활액관절로 구분된다.
③ 심장근은 수의근으로 민무늬의 원통형 근섬유구조를 가지고 있다.
④ 신경계는 구조적인 측면으로 중추신경계와 말초신경계로 나누어진다.

해설
- 심장근은 골격근과 같은 가로무늬근이지만 자율신경에 의해 조절되는 불수의 근이다.
- **골격계**
  - ㉠ 개요
    - 전신의 뼈의 수는 관절 등의 결합에 의해 형성된 대소 206개로 구성되어 있으며, 이들이 모여서 골격 계통을 구성하고 있다.
    - 인체의 골격계는 전신의 뼈, 연골, 관절 및 인대로 구성되어 사지 및 몸통을 움직이는 피동적 운동기관으로 작용한다.
    - 뼈는 다시 골질(bone substance), 연골막(cartilage substance), 골막과 골수의 4부분으로 구성되어 있다.
    - 인대는 뼈와 뼈를 연결하는 것으로 일정한 관절의 움직임을 유도하는 역할을 한다.
    - 격심한 작업활동 중에 혈류분포가 가장 높은 신체 부위인 근육을 포함한다.
  - ㉡ 골격의 역할
    - 신체에 중요한 부분을 보호하는 역할을 한다.
    - 신체 활동을 수행한다.
    - 신체의 지지 및 형상을 유지하는 역할을 한다.
    - 혈구세포를 만드는 조혈기능과 칼슘과 인 등의 무기질을 저장하여 몸이 필요할 때 공급해 주는 역할을 한다.

27

윤활관절(synovial joint)인 팔굽관절(elbow joint)은 연결 형태를 기준으로 어느 관절에 해당되는가?

① 관절구(condyloid)
② 경첩관절(hinge joint)
③ 안장관절(saddle joint)
④ 구상관절(ball and socket joint)

29

다음 중 근육이 움직일 때 나오는 미세한 전기신호를 측정하여 근육의 활동 정도를 나타낼 수 있는 것을 무엇이라고 하는가?

① ECG(electrocardiogram)
② EMG(electromyograph)
③ GSR(galvanic skin response)
④ EEG(electroencephalogram)

해설
- ①은 심장근의 활동을 측정하는 심전도이다.
- ③은 피부의 전기 전도 측정하는 것이다.
- ④는 대뇌피질의 활성 정도를 측정하는 뇌전도이다.

근전도(EMG)
- 근육이 움직일 때 나오는 미세한 전기신호를 측정하여 근육의 활동 정도를 나타낼 수 있는 것을 말한다.
- 육체적 작업을 할 경우 신체의 특정 부위의 스트레스 또는 피로(스트레인(strain))를 측정하는 방법이다.
- 근육이 피로해질수록 근전도(EMG) 신호에서 저주파 영역이 증가하고 진폭도 커진다.

30

남성 작업자의 육체작업에 대한 대사량을 측정한 결과, 분당 산소 소모량이 1.5L/min으로 나왔다. 작업자의 4시간에 대한 휴식시간은 약 몇 분 정도인가?(단, Murrell의 공식을 이용한다)

① 75분 ② 100분
③ 125분 ④ 150분

해설
- Murrell의 산정방법을 적용하므로 공식은 $R = 작업시간 \times \dfrac{E-5}{E-1.5}$ 이다.
- 산소 소모량이 주어졌으므로 변환하면 분당 작업 중 에너지 소비량은 $1.5 \times 5 = 7.5$ kcal가 된다.
- 작업시간이 4시간이므로 분으로 환산하면 240분이다.
- 대입하면 $R = 240 \times \dfrac{7.5-5}{7.5-1.5} = 240 \times \dfrac{2.5}{6} = 100$분이다.

휴식시간 산출 실기 1301/1501/1503/1903/2103/2403
- 분당 권장되는 평균 에너지 소비량은 남성의 경우 5kcal, 여성의 경우 3.5kcal이다.
- 여기서 작업평균 에너지 소비량을 넘어서는 작업을 한 경우에는 일정한 시간마다 휴식이 필요하다.
- 이에 휴식시간 $R = 작업시간 \times \dfrac{E-5}{E-1.5}$로 계산한다.

이때 E는 작업 중 에너지 소비량[kcal/분]이고, 5는 남성의 권장 평균 에너지 소비량, 1.5는 휴식 중 에너지 소비량이다(문제에서 주어지면 해당 값을 사용). 만약 산소 소모량이 주어질 경우 산소 1리터는 평균 5kcal가 소모된다.

31

근력(strength)과 지구력(endurance)에 대한 설명으로 옳지 않은 것은?

① 동적근력(dynamic strength)을 등속력(isokinetic strength)이라 한다.
② 지구력(endurance)이란 등척적으로 근육이 낼 수 있는 최대 힘을 말한다.
③ 정적근력(static strength)을 등척력(isometric strength)이라 한다.
④ 근육이 발휘하는 힘은 근육의 최대자율수축(MVC, maximum voluntary contraction)에 대한 백분율로 나타낸다.

해설
- ②는 근력에 대한 설명이다.

근력
- 한 번의 수의적인 노력에 의해 근육이 등척성으로 낼 수 있는 힘의 최댓값이다.
- 일반적으로 최대근력이 50% 정도의 힘으로 유지할 수 있는 시간은 1분 정도이다.
- 근육이 발휘할 수 있는 15% 이하의 힘으로 상당히 오랫동안 유지가능하며, 10% 미만의 힘으로 무한하게 유지가 가능하다.
- 여성의 평균 근력은 남성의 약 65% 정도이다.
- 훈련(운동)을 통해 약 30~40%의 근력증가효과를 얻을 수 있다.
- 근력은 보통 25~35세에 최고에 도달하고, 40세 이후 서서히 감소한다.

32

정신피로의 척도로 사용되는 시각적 점멸융합주파수(VFF)에 영향을 주는 변수에 관한 내용으로 옳지 않은 것은?

① 암조응 시 VFF는 증가한다.
② 휘도만 같으면 색은 VFF에 영향을 주지 않는다.
③ 조명 강도의 대수치(불꽃돌)에 선형적으로 비례한다.
④ 사람들 간에는 큰 차이가 있으나, 개인의 경우 일관성이 있다.

해설
- 암조응 시에는 VFF가 감소한다.
- 점멸융합주파수(Flicker fusion frequency) 실기 1703/2001/2402
  ⊙ 개요
  - 시각적 혹은 청각적으로 주어지는 계속적인 자극을 연속적으로 느끼게 되는 주파수를 말한다.
  - 중추신경계의 정신적 피로도의 척도를 나타내는 대표적인 측정값이다.
  - 정신적으로 피로하면 주파수의 값이 감소한다.
  ⊙ 시각적 점멸융합주파수(VFF)
  - 빛의 검출성에 영향을 주는 인자 중의 하나로 점멸속도가 약 30Hz 이상이면 불이 계속 켜진 것처럼 보인다.
  - 암조응 시에는 VFF가 감소한다.
  - 휘도만 같다면 색상은 주파수에 영향을 주지 않는다.
  - 표적과 주변의 휘도가 같을 때 최대가 된다.
  - 주파수는 조명 강도의 대수치에 선형적으로 비례한다.
  - 사람들 간에는 큰 차이가 있으나 개인의 경우 일관성이 있다.

33

에너지 소비량에 영향을 미치는 인자 중 중량물 취급 시 쪼그려 앉아(squat) 들기와 등을 굽혀(stoop) 들기와 가장 관련이 깊은 것은?

① 작업 자세 ② 작업 방법
③ 작업 속도 ④ 도구 설계

해설
- 쪼그려 앉아 들기, 등 굽혀 들기는 모두 작업자세와 관련된다.
- 작업에 따른 에너지 소비량에 영향을 미치는 주요인자
  - 작업 방법
  - 작업 도구
  - 작업 속도
  - 작업 자세

34

산업안전보건법령상 "소음작업"이란 1일 8시간 작업을 기준으로 얼마 이상의 소음이 발생하는 작업을 뜻하는가?

① 80데시벨 ② 85데시벨
③ 90데시벨 ④ 95데시벨

해설
- 소음작업이란 1일 8시간 작업을 기준으로 85dB 이상의 소음이 발생하는 작업을 말한다.
- 소음 노출 기준
  ⊙ 개요
  - 소음작업이란 1일 8시간 작업을 기준으로 85dB 이상의 소음이 발생하는 작업을 말한다.
  ⊙ 강렬한 소음작업

1일 노출시간(hr)	허용 음압수준(dB)
8 이상	90 이상
4 이상	95 이상
2 이상	100 이상
1 이상	105 이상
1/2 이상	110 이상
1/4 이상	115 이상

  ⓒ 충격소음작업(1초 이상의 간격)

충격소음강도(dB)	허용 노출 횟수(회)
140 초과	100 이상
130 초과	1,000 이상
120 초과	10,000 이상

35

다음 중 조도가 균일하고, 눈부심이 적지만 기구 효율이 나쁘며 설치비용이 많이 소요되는 조명방식은?

① 직접조명 ② 국소조명
③ 반직접조명 ④ 간접조명

해설
- ①은 직접 작업면에 투사하는 조명으로 조명의 효율도 좋고 경제적인 조명방법이다.
- ②는 작업면상의 필요한 장소만 높은 조도를 취하는 조명방법이다.
- 간접조명
  - 천장이나 벽에 빛을 투사하여 이의 반사된 광속을 조명에 이용하는 방식이다.
  - 조도가 균일하고, 눈부심이 적지만 기구 효율이 나쁘며 설치비용이 많이 소요되는 조명방식이다.

36

산소 소비량에 관한 설명으로 옳지 않은 것은?

① 산소 소비량과 심박수 사이에는 밀접한 관련이 있다.
② 산소 소비량은 에너지 소비와 직접적인 관련이 있다.
③ 산소 소비량은 단위 시간당 흡기량만 측정한 것이다.
④ 심박수와 산소 소비량 사이의 관계는 개인에 따라 차이가 있다.

해설
- 산소 소비량은 흡기량-배기량으로 구하므로 흡기량과 배기량을 동시에 구해야 한다.
- **산소 소비량**
  - 산소 소비량은 에너지 소비량과 선형적인 관계를 가진다.
  - 산소 소비량이 증가한다는 것은 육체적 부하가 증가한다는 것이다.
  - 산소 소비량은 흡기량-배기량으로 구하므로 흡기량과 배기량을 동시에 구해야 한다.
  - 산소 소비량은 육체활동에 요구되는 에너지 대사량을 활동 시 소비된 산소량으로 간접적으로 측정하는 것이다.
  - 산소소비량과 심박수 사이에는 밀접한 관련이 있으며, 심박수와 산소 소비량 사이의 관계는 개인에 따라 차이가 있다.
  - 에너지가의 계산에는 5kcal의 에너지 생성에 1리터의 산소가 소모되는 관계를 이용한다.

37

다음 중 엉덩이 관절(hip joint)에서 일어날 수 있는 움직임이 아닌 것은?

① 굴곡(flexion)과 신전(extension)
② 외전(abduction)과 내전(adduction)
③ 내선(internal rotation)과 외선(external rotation)
④ 내번(inversion)과 외번(eversion)

해설
- ④의 내번과 외번은 발목을 이용해 발을 안쪽과 바깥쪽으로 돌리는 움직임을 말한다. 엉덩이 관절과는 관련이 없다.
- **엉덩이 관절(hip joint)**
  - 고관절이라고도 한다.
  - 엉덩이와 넓적다리를 연결하는 관절이다.
  - 굴곡(flexion)과 신전(extension), 외전(abduction)과 내전(adduction), 내선(internal rotation)과 외선(external rotation) 움직임을 수행한다.

38

육체적 작업강도가 증가함에 따른 순환계(circulatory system)의 반응이 옳지 않은 것은?

① 혈압상승
② 백혈구 감소
③ 근혈류의 증가
④ 심박출량 증가

해설
- ②는 암이나 혈액질환으로 발생하는 것으로 작업강도 증가와는 관련이 없다.
- **작업강도의 증가에 따른 순환계 반응**
  - 혈압의 상승
  - 심박출량의 증가
  - 혈액의 수송량 증가
  - 신체에 흐르는 혈류의 재분배

39

진동에 의한 인체의 영향으로 옳지 않은 것은?

① 심박수가 감소한다.
② 약간의 과도(過度) 호흡이 일어난다.
③ 장시간 노출 시 근육 긴장을 증가시킨다.
④ 혈액이나 내분비의 화학적 성질이 변하지 않는다.

해설
- ①에서 진동은 심박수를 증가시킨다.
- **진동이 인체에 미치는 영향**
  - 심박수가 증가한다.
  - 장시간 노출 시 근육 긴장을 증가시킨다.
  - 시성능은 10~25Hz 대역의 경우 가장 심하게 영향을 받으며, 60~90Hz에서 안구가 공명한다.
  - 추적능력은 5Hz 이하의 낮은 진동수에서 가장 영향을 많이 받는다.
  - 머리와 어깨 부위의 공명주파수는 20~30Hz이다.
  - 등이나 허리뼈에 가장 위험한 주파수는 8~12Hz이다.
  - 흉부와 복부의 고통을 일으키는 주파수는 4~10Hz이다.
  - 중앙 신경계의 처리 과정과 관련되는 과업의 성능은 진동의 영향을 비교적 덜 받는다.
  - 레이노 증후군(Raynaud's phenomenon)은 진동으로 인한 말초혈관운동의 장해로 발생한다.

40

손-팔 진동 증후군의 피해를 줄이기 위한 방법으로 적절하지 않은 것은?

① 진동수준이 최저인 연장을 선택한다.
② 진동 연장의 하루 사용시간을 줄인다.
③ 연장을 잡거나 조절하는 악력을 늘린다.
④ 진동 연장을 사용할 때는 중간 휴식시간을 길게 한다.

해설
- 진동 증후군의 피해를 줄이기 위해서는 연장을 잡거나 조절하는 악력을 줄여야 한다.
- 손-팔 진동 증후군의 피해를 줄이기 위한 방법 실기 2203
  - 진동수준이 최저인 연장을 선택한다.
  - 진동 연장의 하루 사용시간을 줄인다.
  - 연장을 잡거나 조절하는 악력을 줄인다.
  - 진동 연장을 사용할 때는 중간 휴식시간을 길게 한다.
  - 진동용 장갑을 착용하여 진동을 감소시킨다.

3과목 산업심리학 및 관련법규

41

사고의 유형, 기인물 등 분류항목을 큰 순서대로 분류하여 사고방지를 위해 사용하는 통계적 원인분석 도구는?

① 관리도(Control Chart)
② 크로스도(Cross Diagram)
③ 파레토도(Pareto Diagram)
④ 특성요인도(Cause and Effect Diagram)

해설
- ④는 어떤 결과에 영향을 미치는 크고 작은 요인들을 계통적으로 파악하기 위해 재해와 원인의 관계를 도표화하여 재해 발생 원인을 분석하는 작업분석 도구이다.
- 파레토도
  - 작업관리의 문제분석 도구로서, 가로축에 항목, 세로축에 항목별 점유비율과 누적비율로 막대-꺾은선 혼합 그래프를 중점관리항목을 도출할 목적으로 활용하는 도구이다.
  - 현장의 개선활동에 있어서 소수 중점 원인을 찾기 위한 도구로서 사용된다.
- 80~20의 원칙에 기초하여 빈도수별로 나열한 항목별 점유와 누적비율에 따라 불량이나 사고의 원인이 되는 중요 항목을 찾아가는 기법이다.
- 80~20의 원칙이란 20%의 항목이 전체의 80%를 차지한다는 개념이다.
- 가장 큰 값부터 순서대로 나열하며, 기타항목은 맨 오른쪽에 배치한다.

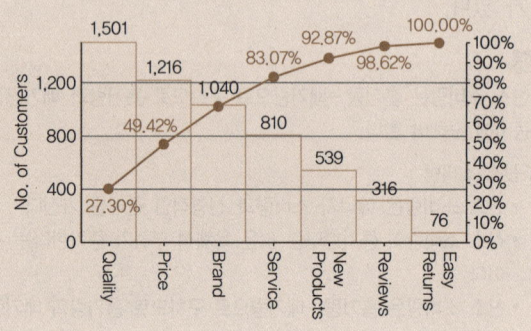

42

다음 (   )안에 들어갈 알맞은 것은?

산업안전보건법령상 사업주는 근로자가 근골격계 부담작업을 하는 경우에 (   )마다 유해요인 조사를 하여야 한다. 다만, 신설되는 사업장의 경우에는 1년 이내에 최초의 유해요인 조사를 하여야 한다.

① 1년 ② 2년
③ 3년 ④ 4년

해설
- 산업안전보건법령상 사업주는 근로자가 근골격계 부담작업을 하는 경우에 3년마다 유해요인 조사를 하여야 한다.
- 유해요인 조사
  ㉠ 개요
    - 산업안전보건법령상 사업주는 근로자가 근골격계 부담작업을 하는 경우에 3년마다 유해요인 조사를 하여야 한다.
    - 신설되는 사업장의 경우에는 1년 이내에 최초의 유해요인 조사를 하여야 한다.
    - 사업주는 유해요인조사에 근로자 대표 또는 해당 작업 근로자를 참여시켜야 한다.
  ㉡ 1개월 이내(수시) 조사해야 하는 경우 실기 1401/1701/1901/2401
    - 임시건강진단 등에서 근골격계 질환자가 발생하였거나 근로자가 근골격계 질환으로 업무상 질병으로 인정받은 경우 (근골격계 부담작업이 아닌 작업에서 근골격계 질환자가 발생하였거나 근골격계 부담작업이 아닌 작업에서 발생한 근

골격계 질환에 대해 업무상 질병으로 인정받은 경우를 포함한다)
- 근골격계 부담작업에 해당하는 새로운 작업·설비를 도입한 경우
- 근골격계 부담작업에 해당하는 업무의 양과 작업공정 등 작업환경을 변경한 경우

43

심리적 측면에서 분류한 휴먼 에러의 분류에 속하는 것은?

① 입력오류
② 정보처리오류
③ 의사결정오류
④ 생략오류

해설
- ①, ②, ③은 인간의 정보처리 과정에서 분류한 휴먼 에러의 종류이다.
- 심리적 측면의 휴먼에러 분류(Swain) 실기 1303/1403/1703/1901/2101/2201/2303/2401/2403
  ㉠ 부작위오류(Omission error) : 필요한 행위를 실행하지 않은 오류

생략오류 (Omission error)	필요한 작업 또는 절차를 수행하지 않는 데 기인한 에러

  ㉡ 작위오류(Commission error) : 작업 수행 중 작업을 정확하게 수행하지 못해 발생한 에러(행위적 관점)

선택오류 (Selection error)	다른 레버를 선택하는 등의 원인으로 발생한 에러
물량오류 (Qualitative error)	너무 많거나 혹은 너무 적은 작업을 수행해서 발생한 에러
순서오류 (Sequential error)	필요한 작업 또는 절차의 순서 착오로 인한 에러
시간오류 (Timing error)	필요한 작업 또는 절차의 수행을 지연한 데 기인한 에러

  ㉢ 불필요한 행동 오류

불필요한 수행오류 (Extraneous error)	불필요한 작업 또는 절차를 수행함으로써 발생한 에러

44

스트레스 상황에서 일어나는 현상으로 옳지 않은 것은?

① 동공이 수축된다.
② 혈당, 호흡이 증가하고 감각기관과 신경이 예민해진다.
③ 스트레스 상황에서 심장 박동수는 증가하나, 혈압은 내려간다.
④ 스트레스를 지속적으로 받게 되면 자기조절능력을 상실하게 되고 체내항상성이 깨진다.

해설
- 스트레스 상황에서 심장 박동수와 혈압은 상승한다.
- 스트레스 상황에서 일어나는 현상
  - 동공이 수축된다.
  - 혈당, 호흡이 증가하고 감각기관과 신경이 예민해진다.
  - 스트레스 상황에서 심장 박동수와 혈압은 상승한다.
  - 정보처리 능력과 의사결정의 질이 떨어진다.
  - 스트레스를 지속적으로 받게 되면 자기조절능력을 상실하게 되고 체내항상성이 깨진다.

45

Hick-Hyman의 법칙에 의하면 인간의 반응시간(RT)은 자극 정보의 양에 비례한다고 한다. 자극정보의 개수가 2개에서 8개로 증가한다면 반응시간은 몇 배 증가하겠는가?

① 3배
② 4배
③ 16배
④ 32배

해설
- 자극정보의 개수가 2개에서 8개로 증가했으므로 N의 값에 2와 8을 대입하면 $\log_2 2=1$, $\log_2 8=3$이므로 3배가 된다.
- Hick-Hyman의 법칙
  - 운전원이 신호를 보고 어떤 장치를 조작해야 할지를 결정하기까지 걸리는 시간을 예측할 수 있다.
  - 예상치 못한 자극에 대한 일반적인 반응시간은 대안이 2배 증가할 때마다 약 0.15초(150ms) 정도가 증가한다.
  - 선택반응시간은 자극 정보량의 선형함수로 $RT=a+b\log_2 N$로 구한다. 이때 a와 b는 상수, N은 자극과 반응의 수이다.

46

어느 사업장의 도수율은 40이고 강도율은 4일 때 이 사업장의 재해 1건당 근로손실일수는?

① 1
② 10
③ 50
④ 100

정답 43 ④ 44 ③ 45 ① 46 ④

해설
- 도수율이 40이라는 의미는 1,000,000시간당 40건의 재해가 발생한다는 의미이고, 강도율이 4라는 것은 1,000시간당 근로손실일수가 4일이라는 의미이다. 강도율 4를 1,000,000시간으로 환산하면 4,000이 되므로 40건에 4,000일이므로 1건당 100일이 된다.

❖ 재해율 관련 공식

재해율	$\dfrac{재해자수}{산재보험적용근로자수} \times 100$
사망만인율	$\dfrac{사망자수}{산재보험적용근로자수} \times 10,000$
휴업재해율	$\dfrac{휴업재해자수}{임금근로자수} \times 100$
도수율(빈도율)	$\dfrac{재해건수}{연근로시간수} \times 1,000,000$
강도율	$\dfrac{총요양근로손실일수}{연근로시간수} \times 1,000$

---

47    1801

인간오류확률 추정 기법 중 초기 사건을 이원적(binary) 의사결정(성공 또는 실패) 가지들로 모형화하고, 이 이후의 사건들의 확률은 모두 선행 사건에 대한 조건부 확률을 부여하여 이원적 의사결정 가지들로 분지해 나가는 방법은?

① 결함 나무 분석(Fault Tree Analysis)
② 조작자 행동 나무(Operator Action Tree)
③ 인간오류 시뮬레이터(Human Error Simulator)
④ 인간실수율 예측기법 (Technique for Human Error Rate Prediction)

해설
- ①은 간단한 FT도의 작성을 통해 연역적 방법으로 원인을 규명하며, 재해의 정량적 예측이 가능한 분석방법이다.
- ②는 위급직무의 순서에 초점을 맞추어 조작자 행동나무를 구성하고, 이를 사용하여 사건의 위급경로에서의 조작자의 역할을 분석하는 기법이다.
- ③은 시뮬레이션 도구와 전통적인 HRA 방법을 이용해 인간의 행동을 모델링하고 오류 확률을 예측하는 인간 신뢰도 분석방법이다.

❖ THERP(Technique for Human Error Rate Prediction) 실기 1503/2001/2301/2303
- 1963년 Swain 등에 의해 개발된 것으로 인간-시스템에 있어서 휴먼 에러와 그로 인해 발생할 수 있는 오류확률을 예측하는 정량적 인간신뢰도 분석기법이다.
- 인간오류율예측기법이라고도 하는 대표적인 인간실수확률에 대한 추정기법이다.

- Tree구조와 비슷한 그림을 이용하며, 사건들을 일련의 2지(binary) 의사결정 분지(分枝)들로 모형화하여 직무의 올바른 수행여부를 확률적으로 부여함으로 에러율을 추정하는 기법이다.
- 사고원인 가운데 인간의 과오에 기인된 원인 분석, 확률을 계산함으로써 제품의 결함을 감소시키고, 인간공학적 대책을 수립하는데 사용되는 분석기법이다.
- 인간의 과오를 정량적으로 평가하기 위한 기법으로서 인간의 과오율 추정법 등 5개의 스텝으로 되어 있다.

---

48 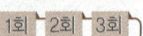   1901

NIOSH 직무 스트레스 모형에서 직무 스트레스 요인과 성격이 다른 한 가지는?

① 작업 요인　　② 조직 요인
③ 환경 요인　　④ 상황 요인

해설
- NIOSH 직무 스트레스 요인에는 작업 요인, 조직 요인, 환경 요인이 있다.

❖ NIOSH 직무 스트레스 요인

작업 요인	작업 부하, 작업 속도, 교대 근무 등
조직 요인	역할갈등, 관리유형, 의사결정참여, 고용불확실 등
환경 요인	온도, 진동, 소음, 조명 등

---

49   1203/1401/1701/2001

보행 신호등이 막 바뀌어도 자동차가 움직이기까지는 아직 시간이 있다고 스스로 판단하여 건널목을 건너는 것과 같은 부주의 행위와 가장 관계가 깊은 것은?

① 억측판단　　② 근도반응
③ 생략행위　　④ 초조반응

해설
- ②는 가까운 길에 대한 유혹으로 지름길 반응이라고도 한다.
- ③은 귀찮음을 기피하는 행위로 정해진 규칙을 무시하거나 임시변통하는 행위를 말한다.
- ④는 지각, 판단, 행동의 순서를 판단 없이 행하는 것을 말한다.

❖ 억측판단
  ㉠ 정의
   - 작업공정 중에 규정된 대로 수행하지 않고 "괜찮다"라고 생각하여 자기 주관대로 추측을 하여 행동하는 것을 말한다.

ⓒ 억측판단의 배경
- 정보가 불확실할 때
- 희망적인 관측이 있을 때
- 과거의 경험한 선입관이 있을 때
- 귀찮음과 초조함이 교차하는 조건일 때

50
다음 중 통제적 집단행동이 아닌 것은?

① 모브(mob)
② 관습(custom)
③ 유행(fashion)
④ 제도적 행동(institutional behavior)

해설
- ①은 비통제적 집단행동의 하나로 폭동과 같은 것을 말하며, 군중(Crowd)보다 함의성이 없고, 감정에 의해서만 행동하는 특성을 갖는다.
- 통제적 집단행동 요소
  - 관습(custom)
  - 유행(fashion)
  - 제도적 행동(institutional behavior)

51
막스 웨버(Max Weber)의 관료주의에서 주장하는 4가지 원칙이 아닌 것은?

① 노동의 분업 ② 창의력 중시
③ 통제의 범위 ④ 권한의 위임

해설
- ② 대신 구조가 되어야 한다.
- 막스 웨버(Max Weber)의 관료주의 4가지 기본원칙
  - 구조 : 산업화 초기의 비규범적 조직운영을 체계화하였으며, 법과 규정에 의한 운영으로 예측 가능한 조직운영을 가정한다.
  - 노동의 분업 : 노동의 분업화를 전제로 조직을 구성한다.
  - 통제의 범위 : 하부조직과 인원을 적절한 크기가 되도록 가정한다.
  - 권한의 위임 : 부서장들의 권한 일부를 수직적으로 위임하도록 했다.

52
조직을 유지하고 성장시키기 위한 평가를 실행함에 있어서 평가자가 저지르기 쉬운 과오 중 어떤 사람에 관한 평가자의 개인적 인상이 피평가자 개개인의 특징에 관한 평가에 영향을 미치는 것을 설명하는 이론은?

① 할로 효과(halo effect)
② 대비오차(contrast error)
③ 근접오차(proximity error)
④ 관대화 경향(centralization tendency)

해설
- ②는 자신의 기준에서 자신과 부하를 비교하는 오류를 말한다.
- ③은 시간적 혹은 공간적으로 근접해 있는 특성들에 대해 비슷한 평정치를 부여하는 오차를 말한다.
- ④는 평가 시 대부분의 평가를 중간이나 보통으로 해서 평균치에 접근하는 경향성을 말한다.
- 할로 효과(halo effect)
  - 후광 효과라고도 한다.
  - 어떤 사람에 관한 평가자의 개인적 인상이 피평가자 개개인의 특징에 관한 평가에 영향을 미치는 것을 설명하는 이론이다.
  - 평가자가 평가대상자의 수행에 대하여 제한된 지식을 가지고 있음에도 불구하고 다양한 수행차원 모두에서 획일적으로 즐거나 또는 나쁜 수행을 나타낸다고 평가하는 것을 말한다.

53
인간 신뢰도에 대한 설명으로 옳은 것은?

① 반복되는 이산적 직무에서 인간실수확률은 단위시간당 실패수로 표현된다.
② 인간 신뢰도는 인간의 성능이 특정한 기간 동안 실수를 범하지 않을 확률로 정의된다.
③ THERP는 완전 독립에서 완전 정(正)종속까지의 비연속을 종속정도에 따라 3수준으로 분류하여 직무의 종속성을 고려한다.
④ 연속적 직무에서 인간의 실수율이 불변(stationary)이고, 실수과정이 과거와 무관(independent)하다면 실수과정은 베르누이과정으로 묘사된다.

해설
- 인간 신뢰도는 과오가 발생할 수 있는 가능 수에서 실제 발생한 과오의 수로 계산한다. 즉, 일정 기간 동안 실수를 범하지 않을 확률이 인간 신뢰도이다.

인간실수확률(HEP : Human Error Probability) 실기 1301/1703/2003
- 시작과 끝을 가지는 직무에 근무할 때 인간 신뢰도의 기본단위이다.
- 과오가 발생할 수 있는 가능 수에서 실제 발생한 과오의 수로 계산한다.
- $\dfrac{\text{실제발생 과오의 수}}{\text{과오발생 가능 수}}$ 로 구한다.

응집성 지수
- 구성원들 간의 친밀도를 나타내는 척도이다.
- 지수의 값이 클수록 친밀도가 높아 성과가 높은 집단이라고 볼 수 있다.
- 응집성 지수는 $\dfrac{\text{선호관계의 수}}{\text{가능한 상호선분관계의 총 수}}$ 로 구하는데 가능한 상호선분관계의 총 수는 인원수를 n이라할 때 $_nC_2$로 구한다.

54 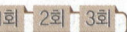 1003/1301/1601

작업에 수반되는 피로를 줄이기 위한 대책으로 적절하지 않은 것은?

① 작업부하의 경감
② 작업속도의 조절
③ 동적동작의 제거
④ 작업 및 휴식시간의 조절

해설
- 피로를 줄이기 위해서는 동적동작을 확대하고, 정적동작을 축소해야 한다.
- **작업에 수반되는 피로를 줄이기 위한 대책**
  - 작업부하의 경감
  - 작업속도와 작업량의 조절
  - 동적동작 확대, 정적동작 축소
  - 작업 및 휴식시간의 조절
  - 교대제 시행

56 Repetitive Learning 1회 2회 3회

다음 중 휴먼 에러(Human error)를 예방하기 위한 시스템 분석 기법의 설명으로 옳지 않은 것은?

① 예비위험분석(PHA) – 모든 시스템 안전프로그램의 최초 단계의 분석으로서 시스템 내의 위험요소가 얼마나 위험 상태에 있는가를 정성적으로 평가하는 것이다.
② 고장형태와 영향분석(FMEA) – 시스템에 영향을 미치는 모든 요소의 고장을 형태별로 분석하여 그 영향을 검토하는 것이다.
③ 작업자공정도 – 위급직무의 순서에 초점을 맞추어 조작자 행동나무를 구성하고, 이를 사용하여 사건의 위급경로에서의 조작자의 역할을 분석하는 기법이다.
④ 결함나무분석(FTA) – 기계 설비 또는 인간-기계시스템의 고장이나 재해발생요인을 Fault Tree 도표에 의하여 분석하는 방법이다.

해설
- ③은 작업자가 작업을 할 때 작업자의 움직임 중 특히 양손으로 하는 작업 내용과 동작 형태를 파악하기 위해 더 나은 작업방법을 발견하는데 도움을 주기 위해 작성하는 표를 말한다. ③은 OAT에 대한 설명이다.
- **휴먼 에러(Human error)를 예방하기 위한 시스템 분석 기법**

예비위험분석 (PHA)	모든 시스템 안전프로그램의 최초 단계의 분석으로서 시스템 내의 위험요소가 얼마나 위험상태에 있는가를 정성적으로 평가하는 것이다.
고장형태와 영향분석(FMEA)	시스템에 영향을 미치는 모든 요소의 고장을 형태별로 분석하여 그 영향을 검토하는 것이다.
결함나무분석 (FTA)	기계 설비 또는 인간-기계시스템의 고장이나 재해발생요인을 Fault Tree 도표에 의하여 분석하는 방법이다.
조작자 행동나무분석 (OAT)	위급직무의 순서에 초점을 맞추어 조작자 행동나무를 구성하고, 이를 사용하여 사건의 위급경로에서의 조작자의 역할을 분석하는 기법이다.

55 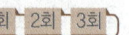 1301/1601

10명으로 구성된 집단에서 소시오메트리(sociometry) 연구를 사용하여 조사한 결과 실제 긍정적인 상호작용을 맺고 있는 관계의 수가 16일 때 이 집단의 응집성 지수는 약 얼마인가?

① 0.222　　② 0.356
③ 0.401　　④ 0.504

해설
- 인원수가 10명이고, 관계의 수가 16일 때 대입하면 응집성 지수는

$$\dfrac{16}{_{10}C_2} = \dfrac{16}{\dfrac{10 \times (10-1)}{2}} = \dfrac{16}{45} = 0.355\cdots$$

57

헤드십(headship)과 리더십(leadership)을 상대적으로 비교, 설명한 것으로 헤드십의 특징에 해당되는 것은?

① 민주주의적 지휘형태이다.
② 구성원과의 사회적 간격이 넓다.
③ 권한의 근거는 개인의 능력에 따른다.
④ 집단의 구성원들에 의해 선출된 지도자이다.

해설
- ①, ②, ④는 리더십에 대한 설명이다.
- 헤드십은 상사와 부하의 관계가 지배적이고 사회적 간격이 넓다.

헤드십(Head-ship)
㉠ 개요
- 리더와 같이 선출된 지도자가 아니라 조직에 의해 임명된 지도자가 행하는 권한행사를 말한다.

㉡ 특징
- 권한의 근거는 공식적인 법과 규정에 의한다.
- 상사와 부하의 관계는 지배적이고 사회적 간격이 넓다.
- 지휘의 형태는 권위적이다.
- 책임은 부하에 있지 않고 상사에게 있다.

58

산업안전보건법령에서 정의한 중대재해의 범위 기준에 해당하지 않는 것은?

① 사망자가 1인 이상 발생한 재해
② 부상자가 동시에 10인 이상 발생한 재해
③ 직업성질병자가 동시에 5인 이상 발생한 재해
④ 3개월 이상 요양이 필요한 부상자가 동시에 2인 이상 발생한 재해

해설
- 부상자 혹은 직업성질병자가 동시에 10명 이상 발생해야 중대재해로 분류된다.

중대재해(Major Accident)
㉠ 개요
- 산업재해 중 사망 등 재해 정도가 심한 것으로서 고용노동부령으로 정하는 재해를 말한다.

㉡ 종류
- 사망자가 1명 이상 발생한 재해
- 3개월 이상의 요양이 필요한 부상자가 동시에 2명 이상 발생한 재해
- 부상자 또는 직업성질병자가 동시에 10명 이상 발생한 재해

59

인간의 본질에 대한 기본 가정을 부정적인 시각과 긍정적인 시각으로 구분하여 주장한 동기이론은?

① X · Y이론
② 역할이론
③ 기대이론
④ ERG이론

해설
- ②는 인간의 행동을 집단속에서 차지하는 역할을 통해서 설명하려는 이론이다.
- ③은 구성원 개인의 동기 부여정도가 업무에서의 행동 양식을 결정한다는 이론이다.
- ④는 알더퍼가 주장한 욕구이론으로 인간의 욕구를 존재욕구(Existence needs), 관계욕구(Relation needs), 성장욕구(Growth needs)로 구분한다.

맥그리거(McGregor)의 X · Y이론
㉠ 개요
- 인간과 직무의 관계에 대한 기본적인 가정을 X이론과 Y이론이라는 가설로 나눈 것이다.
- X이론은 인간의 본성이 일을 싫어하고, 무관심하며, 책임을 회피하므로 당근과 채찍을 동원하여 강제할 필요가 있다는 이론이다.
- Y이론은 인간의 본성이 일을 좋아하고, 책임감이 강하며, 선하므로 그들을 자율적, 민주적으로 대해야 창조적인 성과를 얻을 수 있다는 이론이다.

㉡ X이론과 Y이론의 관리처방 비교

X이론(후진국형, 성악설)	Y이론(선진국형, 성선설)
• 경제적 보상체제의 강화 • 권위주의적 리더십의 확립 • 면밀한 감독과 엄격한 통제 • 상부 책임제도의 강화	• 분권화와 권한의 위임 • 목표에 의한 관리 • 직무확장 • 인간관계 관리방식 • 책임감과 창조력

60

재해예방의 4원칙에 해당되지 않는 것은?

① 예방 가능의 원칙
② 보상 분배의 원칙
③ 손실 우연의 원칙
④ 대책 선정의 원칙

> **해설**
> - ②는 원인 연계(계기)의 원칙이 되어야 한다.
>
> :: 하인리히의 재해예방의 4원칙
>
> | 대책 선정의 원칙 | 사고의 원인을 발견하면 반드시 대책을 세워야 하며, 모든 사고는 대책 선정이 가능하다는 원칙 |
> |---|---|
> | 손실 우연의 원칙 | 사고로 인한 손실은 상황에 따라 다른 우연적이라는 원칙 |
> | 예방 가능의 원칙 | 모든 사고는 예방이 가능하다는 원칙 |
> | 원인 연계의 원칙 | • 사고는 반드시 원인이 있으며 이는 복합적으로 필연적인 인과관계로 작용한다는 원칙
• 원인 계기의 원칙이라고도 한다. |

4과목 근골격계질환 예방을 위한 작업관리

0901/1703

61 ─── Repetitive Learning 1회 2회 3회

작업개선의 일반적 원리에 대한 내용으로 옳지 않은 것은?

① 충분한 여유 공간
② 단순 동작의 반복화
③ 자연스러운 작업 자세
④ 과도한 힘의 사용 감소

> **해설**
> - 작업개선을 위해서는 단순 동작을 최소화해야 한다.
>
> :: 작업개선의 일반적 원리
> - 충분한 여유 공간
> - 단순 동작의 최소화
> - 자연스러운 작업 자세
> - 과도한 힘의 사용 감소
> - 신체부위의 압박 최소화
> - 표시장치와 조종장치를 사용자 중심으로 조정

1303/1801

62 ─── Repetitive Learning 1회 2회 3회

유해요인조사도구 중 JSI(Job Strain Index)의 평가 항목에 해당하지 않는 것은?

① 손/손목의 자세   ② 1일 작업의 생산량
③ 힘을 발휘하는 강도   ④ 힘을 발휘하는 지속시간

> **해설**
> - ②에서 1일 작업의 생산량이 아니라 지속시간이 되어야 한다.
>
> :: JSI(Job Strain Index) 실기 2401
> - 손, 손목, 팔꿈치 등 상지의 말단을 주로 사용하는 작업 관련성 근골격계 질환의 위험을 평가하기 위한 평가도구이다.
> - 평가에 사용되는 6항목에는 강도, 지속시간, 분당 힘의 발휘, 손/손목의 자세, 작업속도, 1일 작업의 지속시간이다.
> - 작업의 재설계 등을 검토할 때에 이용한다.

0703

63 ─── Repetitive Learning 1회 2회 3회

산업안전보건법령상 근골격계 부담작업 범위 기준에 해당하지 않는 것은?(단, 단기간작업 또는 간헐적인 작업은 제외한다)

① 하루에 5회 이상 25kg 이상의 물체를 드는 작업
② 하루에 4시간 이상 집중적으로 자료입력 등을 위해 키보드를 조작하는 작업
③ 하루에 총 2시간 이상 쪼그리고 앉거나 무릎을 굽힌 자세에서 이루어지는 작업
④ 하루에 총 2시간 이상, 분당 2회 이상 4.5kg 이상의 물체를 드는 작업

> **해설**
> - ①에서 25kg 이상의 물체를 하루에 10회 이상 드는 작업이어야 한다.
>
> :: 근골격계 부담작업 실기 1903/2001/2201/2203/2303
> - 하루에 4시간 이상 집중적으로 자료입력 등을 위해 키보드 또는 마우스를 조작하는 작업
> - 하루에 총 2시간 이상 목, 어깨, 팔꿈치, 손목 또는 손을 사용하여 같은 동작을 반복하는 작업
> - 하루에 총 2시간 이상 머리 위에 손이 있거나, 팔꿈치가 어깨 위에 있거나, 팔꿈치를 몸통으로부터 들거나, 팔꿈치를 몸통뒤쪽에 위치하도록 하는 상태에서 이루어지는 작업
> - 지지되지 않은 상태이거나 임의로 자세를 바꿀 수 없는 조건에서, 하루에 총 2시간 이상 목이나 허리를 구부리거나 트는 상태에서 이루어지는 작업
> - 하루에 총 2시간 이상 쪼그리고 앉거나 무릎을 굽힌 자세에서 이루어지는 작업
> - 하루에 총 2시간 이상 지지되지 않은 상태에서 1kg 이상의 물건을 한손의 손가락으로 집어 옮기거나, 2kg 이상에 상응하는 힘을 가하여 한손의 손가락으로 물건을 쥐는 작업
> - 하루에 총 2시간 이상 지지되지 않은 상태에서 4.5kg 이상의 물건을 한 손으로 들거나 동일한 힘으로 쥐는 작업
> - 하루에 10회 이상 25kg 이상의 물체를 드는 작업

- 하루에 25회 이상 10kg 이상의 물체를 무릎 아래에서 들거나, 어깨 위에서 들거나, 팔을 뻗은 상태에서 드는 작업
- 하루에 총 2시간 이상, 분당 2회 이상 4.5kg 이상의 물체를 드는 작업
- 하루에 총 2시간 이상 시간당 10회 이상 손 또는 무릎을 사용하여 반복적으로 충격을 가하는 작업

64

어깨(견관절) 부위에서 발생할 수 있는 근골격계 질환은?

① 외상과염
② 회내근 증후군
③ 극상근 건염
④ 수완진동 증후군

해설
- ①은 팔꿈치 부위의 인대에 염증이 생김으로써 발생하는 증상이다.
- ②는 과도한 망치질, 노젓기 동작 등으로 손가락이 저리고 손가락 굴곡이 약화되는 증상이다.
- ④는 진동공구 사용으로 발생하는 증상으로 손가락의 혈관이 수축하고 감각이 마비되는 증상이다.

❖ 부위별 근골격계 질환 실기 1403/2302
- 목 : 근막통증 증후군, 경추부 염좌, 경추부 추간판탈출증
- 어깨 : 근막통증 증후군, 회전근개 건염, 극상근 건염, 상완이두건봉하 점액낭염, 관절와순 손상
- 팔꿈치 : 근막통증 증후군, 내·외상과염
- 손 및 손목 : 수근관 증후군, 드퀘르베 건초염, 방아쇠 수지, 결절종, 가이언 증후군, 경겹증

65

근골격계 질환 예방관리 프로그램상 예방·관리 추진팀의 구성원이 아닌 것은?

① 관리자
② 근로자 대표
③ 사용자 대표
④ 보건담당자

해설
- ③ 사용자 대표는 추진팀에 직접 참여하지 않고 권한을 위임할 수 있다.

❖ 예방관리 추진팀 구성
- ㉠ 소규모 사업장
  - 근로자대표 또는 명예산업안전감독관을 포함하여 그가 위임하는 자
  - 관리자(예산결정권자)
  - 정비·보수담당자
  - 보건·안전담당자
  - 구매담당자 등
- ㉡ 대규모 사업장
  - 중·소규모 사업장 추진팀원이외 다음의 인력을 추가함 기술자(생산, 설계, 보수기술자) 노무담당자 등
  - 부서별로 추진팀 구성
  - 해당 부서의 예산 결정권자
- ㉢ 산업안전보건위원회가 구성된 사업장
  - 산업안전보건위원회에 위임

66

동작경제의 원칙 중 신체 사용에 관한 원칙으로 옳지 않은 것은?

① 두 손의 동작은 같이 시작하고 같이 끝나도록 한다.
② 휴식시간을 제외하고는 양손이 같이 쉬지 않도록 한다.
③ 손의 동작은 완만하게 연속적인 동작이 되도록 한다.
④ 두 팔의 동작은 같은 방향으로 비대칭적으로 움직이도록 한다.

해설
- 두 팔의 동작은 동시에 서로 반대방향으로 대칭적으로 움직이도록 한다.

❖ 동작경제의 원칙 실기 1903/2103/2203
- ㉠ 개요
  - 작업자가 경제적인 동작을 통해 피로도를 감소시키면서도 능률을 향상시키게 하기 위한 원칙이다.
  - 신체사용의 원칙, 작업장 배치의 원칙, 공구 및 설비 디자인의 원칙으로 분류된다.
  - 동작을 가급적 조합하여 하나의 동작으로 한다.
  - 동작의 수는 줄이고, 동작의 속도는 적당히 한다.
- ㉡ 신체사용의 원칙 실기 2301
  - 두 손의 동작은 동시에 시작해서 동시에 끝나야 한다.
  - 휴식시간을 제외하고는 양손을 같이 쉬게 해서는 안 된다.
  - 손의 동작은 유연하고 연속적인 동작이어야 한다.
  - 동작이 급작스럽게 크게 바뀌는 직선 동작은 피해야 한다.
  - 두 팔의 동작은 동시에 서로 반대방향으로 대칭적으로 움직이도록 한다.
  - 탄도동작(Ballistics Movements)은 제한되거나 통제된 동작보다 더 신속하고 정확하다.
- ㉢ 작업장 배치의 원칙 실기 1303/1701/2001/2002/2303/2402
  - 가능하다면 낙하식 운반 방법을 이용한다.
  - 작업이 용이하도록 적절한 조명을 비추어 준다.

- 공구나 재료는 작업동작이 원활하게 수행하도록 그 위치를 정해준다.
- 공구, 재료 및 제어장치는 사용하기 가까운 곳에 배치해야 한다.
ⓔ 공구 및 설비 디자인의 원칙 실기 1703
- 치구나 족답장치를 이용하여 양손이 다른 일을 할 수 있도록 한다.
- 공구의 기능을 결합하여 사용하도록 한다.
- 타자 칠 때와 같이 각 손가락이 서로 다른 작업을 할 때에는 작업량을 각 손가락의 능력에 맞게 배분해야 한다.

해설
- ③은 질환의 예방 대책이 아니라 질환으로 인한 경제적 어려움을 극복하기 위한 대책이다.
❖ 근골격계 질환의 사전예방을 위한 적합한 관리대책
- 충분한 휴식시간의 제공과 스트레칭 프로그램의 도입
- 적절한 공구의 사용 및 올바른 작업방법에 대한 작업자 교육
- 작업자의 신체적 특성과 작업내용을 고려한 작업장 구조의 인간공학적 개선
- 적합한 노동강도에 대한 평가
- 공학적 개선과 관리적 개선을 통한 작업환경 개선
- 예방이 최선의 정책이므로 질환 예방을 위한 최선의 노력
- 작업순환(Job Rotation)과 작업 확대를 통하여 한 작업자가 할 수 있는 일의 다양성을 확보

67 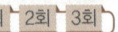 1301/1701

4개의 작업으로 구성된 조립공정의 주기시간(Cycle Time)이 40초일 때 공정효율은 얼마인가?

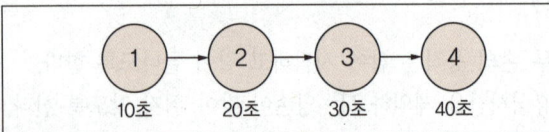

① 40.0% ② 57.5%
③ 62.5% ④ 72.5%

해설
- 주기시간은 40초, 작업수는 4개, 총작업시간은 100초, 총유휴시간은 160−100=60초, 공정효율은 100/160=0.625, 공정손실은 60/160=0.375이다.
❖ 주기시간과 공정효율 실기 1403/1503/1801/2001/2003/2101/2302/2402
- 주기시간은 작업시간이 가장 오래 걸리는 애로공정의 작업시간을 말한다.
- 애로작업이란 작업시간이 가장 긴 작업을 말한다.
- 공정효율은 총작업시간/(작업수×주기시간)으로 구한다.
- 총유휴시간은 (작업수×주기시간)−(총작업시간)이다.
- 공정손실은 총유휴시간/(작업수×주기시간)으로 구한다.
- 공정효율과 공정손실의 합은 1이다.

68

근골격계 질환의 사전예방을 위한 적합한 관리대책이 아닌 것은?
① 적합한 노동강도에 대한 평가
② 작업장 구조의 인간공학적 개선
③ 산업재해보상 보험의 가입
④ 올바른 작업방법에 대한 작업자 교육

69 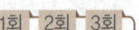 0901/1203

간트차트(Gantt chart)에 관한 설명으로 옳지 않은 것은?
① 각 과제 간의 상호 연관사항을 파악하기에 용이하다.
② 계획 활동의 예측완료시간은 막대모양으로 표시된다.
③ 기계의 사용에 대한 필요시간과 일정을 표시할 때 이용되기도 한다.
④ 예정사항과 실제 성과를 기록 비교하여 작업을 관리하는 계획도표이다.

해설
- ①에서 간트차트는 일정상에 발생하는 각종 이벤트를 표시하는 것으로 과제에 대한 연관성은 표현하기 어렵다.
❖ 간트차트
- 일정계획(작업계획)으로 주·일·시간 단위별 계획을 수립하는 것을 말한다.
- 여러 가지 활동 계획의 시작시간과 예측 완료시간을 병행하여 시간축에 표시하는 도표이다.
- 시간 축 위에 수행할 활동에 대한 필요한 시간과 일정을 표시한 문제의 분석 도구이다.

70

작업개선을 위한 개선의 ECRS에 해당하지 않는 것은?

① Eliminate ② Combine
③ Redesign ④ Simplify

해설
- R은 Rearrange로 작업순서의 변경, 재배열을 의미한다.
- 개선의 ECRS 실기 1303/1403/1801/2002/2101/2302
  - E(Eliminate) : 불필요한 작업이나 자재를 제거
  - C(Combine) : 더 나은 작업이나 작업요소와의 결합
  - R(Rearrange) : 작업순서의 변경, 재배열
  - S(Simplify) : 작업이나 작업요소의 단순화

71

다음 표준시간 산정 방법 중 간접측정 방법에 해당하는 것은?

① PTS법 ② 스톱워치법
③ VTR 촬영법 ④ 워크 샘플링법

해설
- ②, ③은 시간연구법의 종류로 직접측정방법이다.
- ④는 직접측정방법이다.
- 작업측정방법의 분류 실기 1701/1901/2203/2403
  ㉠ 직접측정방법
    - 시간연구법 : 스톱워치법, VTR 촬영법, 컴퓨터 분석법
    - 워크 샘플링법
  ㉡ 간접측정방법
    - PTS법
    - 표준자료법
    - 실적기록법 및 통계적 표준

72

NIOSH 들기 작업 지침상 권장 무게한계(RWL)를 구할 때 사용되는 계수의 기호와 정의가 올바르게 짝지어지지 않은 것은?

① HM-수평 계수 ② DM-비대칭 계수
③ FM-빈도 계수 ④ VM-수직 계수

해설
- ②에서 DM은 거리 계수이다. 비대칭 계수는 AM이다.
- NIOSH 들기지수(LI) 실기 1503/1601/1603/1701/1801/1803/1901/2001/2002/2003/2201/2203/2301/2302/2403
  - NIOSH의 중량물 취급지수를 말한다.
  - 들기지수가 1을 초과하는 경우 추천 무게를 넘는 것으로 간주한다.
  - 40대 여성의 들기 능력의 50퍼센타일을 기준으로 하였다.
  - 물체의 무게(kg) / RWL(kg)으로 구한다. 이때 RWL은 추천 중량한계로 들기 편한 정도의 값이다.
  - RWL=23kg×HM×VM×DM×AM×FM×CM으로 구한다(HM은 수평계수, VM은 수직계수, DM은 거리계수, AM은 비대칭성계수, FM은 빈도계수, CM은 결합계수를 의미한다).
  - RWL 계수는 0～1 사이의 값으로 1에 가까울수록 최적의 조건이 된다.

73

공정 중 발생하는 모든 작업, 검사, 운반, 저장, 정체 등을 자재나 작업자의 관점에서 흘러가는 순서에 따라 표현한 분석 방법은?

① Man-Machine Chart
② Operation Process Chart
③ Assembly Chart
④ Flow Process Chart

해설
- ①은 사람과 기계간의 복합작업을 분석하는 표로 작업자에게 최적의 경제적 기계 담낭 대수를 결정하는 데 도움을 준다.
- ②는 자재가 공정으로 들어오는 지점 및 공정에서 행하여지는 작업기호와 검사기호만을 사용하여 공정 전체를 파악하기 위한 공정분석도표이다.
- ③은 부품의 상관관계나 이들의 가공·조립·검사의 순서를 보여주는 도표이다.
- 흐름(유통)공정도(Flow Process Chart)
  - 공정 중에 발생하는 모든 작업, 검사, 운반, 저장 등의 과정을 자재나 작업자의 관점에서 흘러가는 순서에 따라 표시하는 도표로 공정분석에 이용된다.
  - 소요시간과 운반거리도 함께 표현하고, 생산 공정에서 발생하는 잠복비용을 감소시키며, 사고의 원인을 파악하는 데 사용되는 공정도이다.

74

어느 조립작업의 부품 1개 조립당 관측평균시간이 1.5분, rating 계수가 110%, 외경법에 의한 일반 여유율이 20% 라고 할 때, 외경법에 의한 개당 표준시간(A)과 8시간 작업에 따른 총 일반여유시간(B)은 얼마인가?

① A : 1.98분, B : 80분
② A : 1.65분, B : 400분
③ A : 1.65분, B : 80분
④ A : 1.98분, B : 400분

해설

- 정미시간은 1.5분×110%=1.65분이다.
- 외경법으로 표준시간=1.65×(1+0.2)=1.98분이 된다.
- 여유시간은 0.2×1.65=0.33분이고, 1.98일 때 0.33분이므로 8시간(480분)일 때는 1.98 : 0.33=480 : x에서 $x=\dfrac{0.33\times 480}{1.98}=$ 80분이 된다.

표준시간 실기 1501/1503/1603/1703/2002/2003/2103/2402/2403

㉠ 개요
- 8시간의 정상작업을 기준으로 하여 일정한 작업조건에서 일정한 방법에 따라 보통 정도의 작업자가 정상적인 속도로 작업을 수행하는데 걸리는 시간을 말한다.
- 표준시간 측정에 사용하는 DM(decimal minute)은 1DM이 0.6초이다.
- 표준시간은 정미시간+여유시간으로 구한다.
- 정미시간은 관측시간의 평균치×R(레이팅 계수)로 구한다.
- 객관적 레이팅에서의 표준시간=관측 평균시간×(1차 평가계수)×(1+2차 조정계수)×(1+여유율)로 구한다.
- 외경법의 경우 표준시간=정미시간×(1+여유율)로 구한다.
- 내경법의 경우 표준시간=정미시간/(1-여유율)로 구한다.

㉡ 여유율
- 외경법은 작업여유율=여유시간/정미시간(근무시간-여유시간)을 적용한다.
- 내경법은 근무여유율=여유시간/근무시간(정미시간+여유시간)을 적용한다.

75

근골격계 질환의 위험을 평가하기 위하여 유해요인 평가도구 중 하나인 RULA(Rapid Upper Limb Assessment)를 적용하여 작업을 평가한 결과, 최종 점수가 4점으로 평가되었다면 결과에 대한 해석으로 옳은 것은?

① 수용가능한 안전한 작업으로 평가됨
② 계속적 추적관찰을 요하는 작업으로 평가됨
③ 빠른 작업개선과 작업위험요인의 분석이 요구됨
④ 즉각적인 개선과 작업위험요인의 정밀조사가 요구됨

해설

- 평가에 있어서 1~2점은 개선의 필요가 없음을, 3~4점은 계속적인 추가 관찰이 필요하고, 5~6점은 빠른 개선과 함께 작업위험요인의 분석이 요구되고, 7점의 경우는 정밀조사와 함께 즉시 개선이 필요하다고 평가한다.

RULA(Rapid Upper Limb Assessment) 실기 1301/1303/1603/1803/2201/2203

- 어깨, 팔목, 손목, 목 등 상지에 초점을 맞추어 작업자세로 인한 작업 부하를 빠르고 상세하게 분석할 수 있는 근골격계 질환의 위험평가기법이다.
- 상완, 전완, 손목을 그룹을 A로 목, 상체, 다리를 그룹 B로 나누어 측정, 평가한다.
- VDT 작업, 자동차 공장의 컨베이어식 조립라인에서 선 자세에서 자동차 하부의 볼트를 조립하는 작업자의 측정에 적합하다.
- 평가에 있어서 1~2점은 개선의 필요가 없음을, 3~4점은 계속적인 추가 관찰이 필요하고, 5~6점은 빠른 개선과 함께 작업위험요인의 분석이 요구되고, 7점의 경우는 정밀조사와 함께 즉시 개선이 필요하다고 평가한다.

76

일반적인 시간연구방법과 비교한 워크 샘플링 방법의 장점이 아닌 것은?

① 분석자에 의해 소비되는 총 작업시간이 훨씬 적은 편이다.
② 특별한 시간 측정 장비가 별도로 필요하지 않는 간단한 방법이다.
③ 관측항목의 분류가 자유로워 작업현황을 세밀히 관찰할 수 있다.
④ 한 사람의 평가자가 동시에 여러 작업을 측정할 수 있다.

해설

- ③에서 워크 샘플링은 다른 시간연구방법에 비해 정밀도가 떨어진다.

워크 샘플링(work sampling)

㉠ 개요
- 표본의 크기가 충분히 크다면 모집단의 분포와 일치한다는 통계적 이론에 근거한다.
- 간헐적으로 랜덤한 시점에서 연구대상을 순간적으로 관측하여 대상이 처한 상황을 파악하고 이를 토대로 관측시간 동안에 나타난 항목별로 차지하는 비율을 추정하는 방법이다.
- 조사기간을 길게 하여 평상시의 작업현황을 그대로 반영시킬 수 있어 사이클이 긴 작업에 주로 사용한다.
- 확률이론인 이항분포를 따른다.

ⓒ 장점
- 특별한 시간 측정 장비가 별도로 필요하지 않는 간단한 방법이다.
- 관측이 순간적으로 이루어져 작업에 방해가 적다.
- 한 사람의 평가자가 동시에 여러 작업을 측정할 수 있다.
- 자료수집이나 분석에 필요한 순수시간이 다른 시간연구방법에 비하여 짧다.
- 작업자가 의식적으로 행동하는 일이 적어 결과의 신뢰수준이 높다.
- 샘플링오차는 관측횟수를 증가시킴으로써 감소될 수 있다.

ⓒ 단점
- 작업 방법이 변화되는 경우에는 전체적인 연구를 새로 해야 한다.
- 시간연구법 등에 비해 정밀도가 떨어진다.
- 짧은 주기 및 반복작업에 부적합하다.

77

작업연구에 대한 설명으로 옳지 않은 것은?

① 작업연구는 보통 동작연구와 시간연구로 구성된다.
② 시간연구는 표준화된 작업방법에 의하여 작업을 수행할 경우에 소요되는 표준시간을 측정하는 분야이다.
③ 동작연구는 경제적인 작업방법을 검토하여 표준화된 작업방법을 개발하는 분야이다.
④ 동작연구는 작업측정으로, 시간연구는 방법연구라고도 한다.

해설
- ④에서 시간연구는 작업측정으로, 동작연구는 방법연구라고도 한다.
- 작업연구
  ㉠ 개요
  - 표준시간의 설정과 최선의 작업방법을 개발하여 생산성 향상을 목적으로 한다.
  - 작업연구는 보통 동작연구와 시간연구로 구성된다.
  - 시간연구는 표준화된 작업방법에 의하여 작업을 수행할 경우에 소요되는 표준시간을 측정하는 분야이다.
  - 동작연구는 경제적인 작업방법을 검토하여 표준화된 작업방법을 개발하는 분야이다.
  ㉡ 내용
  - 표준 시간을 산정, 결정한다.
  - 최선의 작업방법을 개발하고 표준화한다.
  - 최적 작업방법에 의한 작업자 훈련을 한다.

78

동작분석의 종류 중 미세동작분석에 관한 설명으로 옳지 않은 것은?

① 복잡하고 세밀한 작업 분석이 가능하다.
② 직접 관측자가 옆에 없어도 측정이 가능하다.
③ 작업 내용과 작업 시간을 동시에 측정할 수 있다.
④ 타 분석법에 비하여 적은 시간과 비용으로 연구가 가능하다.

해설
- ④에서 미세동작분석은 작업주기가 짧은 작업, 규칙적인 작업주기 시간, 단기적 작업을 대상으로 자세하게 촬영하여 분석하므로 비용이 많이 드는 분석방법이다.
- 동작분석
  ㉠ 개요
  - 서블릭 분석, 필름/비디오 분석, 작업측정기법을 이용하는 PTS법이 이에 해당된다.
  - 작업과정에서 무리·낭비·불합리한 동작을 제거, 최선의 작업방법으로 개선하는 것이 목표이다.
  - 작업을 분해 가능한 세밀한 단위로 분석하고 각 단위의 변이를 측정하여 표준작업방법을 알아내기 위한 연구이다.
  - 작업은 공정 → 단위작업 → 요소작업 → 동작요소 → 서블릭 순으로 구분된다.
  - SIMO chart는 미세동작연구인 동시에 동작 사이클차트로 이상적 작업동작 습득에 시간은 짧게 걸리나 부정확한 단점을 갖는다.
  ㉡ 미세동작분석
  - 미세동작분석은 작업주기가 짧은 작업, 규칙적인 작업주기 시간, 단기적 작업을 대상으로 자세하게 촬영하여 분석하므로 비용이 많이 드는 분석방법이다.
  - 미세동작연구를 할 때에는 가능하면 작업방법이 숙련된 작업자를 대상으로 한다.
  - 미세동작연구실에서는 작업수행도가 월등히 뛰어난 작업사이클을 대상으로 한다.

79

PTS법의 특징이 아닌 것은?

① 직접 작업자를 대상으로 작업시간을 측정하지 않아도 된다.
② 표준시간의 설정에 논란이 되는 rating의 필요가 없어 표준시간의 일관성이 증대된다.
③ 실제 생산현장을 보지 않고도 작업대의 배치와 작업방법을 알면 표준시간의 산출이 가능하다.
④ 표준자료 작성의 초기비용이 적기 때문에 생산량이 적거나 제품이 큰 경우에 적합하다.

해설
- ④에서 PTS법은 표준자료 작성에 시간과 비용이 많이 소모되며, 교육과 훈련비용이 크다.

PTS(Predeterrminrd Time Standard) 기법

㉠ 개요
- 사람이 행하는 작업을 기본 동작으로 분류하고, 각 기본 동작들은 동작의 성질과 조건에 따라 이미 정해진 기준 시간을 적용하여 전체 작업의 정미시간을 구하는 방법이다.
- 다양한 방법이 있으나 Work Factor와 MTM 기법이 많이 이용된다.

㉡ 특징
- 작업자수행도평가(Performance rating)가 필요 없다.
- 작업동작은 한정된 종류의 기본요소동작으로 구성된다는 가정을 전제로 한다.
- 작업방법과 작업시간을 분리하여 동시에 연구할 수 있다.
- 작업방법만 알고 있으면 관측을 행하지 않고도 표준시간을 알 수 있다.
- 작업자의 능력이나 노력에 관계없이 객관적이고 공평한 작업 표준시간 설정으로 높은 생산성을 기대할 수 있다.
- 작업측정 시 스톱워치 등과 같은 기구가 필요 없다.
- 전문적인 교육을 받는 전문가가 아니면 활용이 어렵다.
- 표준자료 작성에 시간과 비용이 많이 소모되며, 교육과 훈련비용이 크다.

80

자세에 관한 수공구의 개선 사항으로 옳지 않은 것은?

① 손목을 곧게 펴서 사용하도록 한다.
② 반복적인 손가락 동작을 방지하도록 한다.
③ 지속적인 정적근육 부하를 방지하도록 한다.
④ 정확성이 요구되는 작업은 파워그립을 사용하도록 한다.

해설
- 정확성이 요구되는 작업은 핀치그립(pinch grip)을 사용하도록 한다.

수공구의 일반적인 설계 원칙
- 손목은 곧게 유지되도록 설계한다.
- 반복적인 손가락 동작을 피하도록 설계한다.
- 손잡이는 접촉면적을 가능하면 크게 한다.
- 조직에 가해지는 압력을 피하도록 설계한다.
- 공구의 무게를 줄이고 사용 시 무게 균형이 유지되도록 한다.
- 동력공구의 손잡이는 두 손가락 이상으로 작동하도록 한다.
- 손가락으로 잡는 pinch grip보다 손바닥으로 감싸 안아 잡는 power grip을 이용한다.
- 정확성이 요구되는 작업은 핀치그립(pinch grip)을 사용하도록 한다.
- 손잡이의 홈은 손바닥에 나쁜 영향을 주므로 가능한 손잡이 표면에 홈이 많은 것은 피하도록 한다.
- 진동 패드, 진동 장갑 등으로 손에 전달되는 진동 효과를 줄인다.

2022년 제1회

2022년 3월 5일

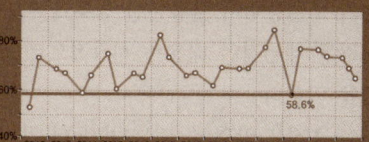

1과목 인간공학개론

01

새로운 자동차의 결함원인이 엔진일 확률이 0.8, 프레임일 확률이 0.2라고 할 때 이로부터 기대할 수 있는 평균 정보량은 얼마인가?

① 0.26bit
② 0.32bit
③ 0.72bit
④ 2.64bit

해설
- 2개의 대안(엔진, 프레임)의 확률이 주어졌으므로 대입하여 합을 구하면 된다.
- 엔진의 확률이 0.80이므로 $0.8 \times \log_2\left(\frac{1}{0.8}\right) = 0.2575$가 된다.
- 프레임의 확률이 0.20이므로 $0.2 \times \log_2\left(\frac{1}{0.2}\right) = 0.4644$가 된다.
- 전체 전달된 정보량은 $0.2575 + 0.4644 = 0.7219$가 된다.

❖ 정보량 실기 1401/2301/2303
- 대안이 n개인 경우의 정보량은 $\log_2 n$으로 구한다.
- 특정 안이 발생할 확률이 $p(x)$라면 정보량은 $\log_2 \frac{1}{p(x)}$로 구한다.
- 여러 안이 발생할 경우의 총 정보량은 [개별 확률×개별 정보량의 합]과 같다.

02

다음 중 시식별에 영향을 주는 정도가 가장 작은 것은?

① 시력
② 물체 크기
③ 밝기
④ 표적의 형태

해설
- ④는 시식별에 큰 영향을 주지 않는다.

❖ 시식별에 영향을 주는 인자 실기 2103
- 조도
- 휘도 및 휘도비
- 대비
- 과녁의 이동
- 노출시간
- 조명기구
- 시력(내적인자)
- 연령(내적인자)

03

정보이론과 관련된 내용 중 옳지 않은 것은?

① 정보의 측정 단위는 bit를 사용한다.
② 두 대안의 실현 확률이 동일할 때 총 정보량이 가장 작다.
③ 실현 가능성이 같은 N개의 대안이 있을 때, 총 정보량 H는 $\log_2 N$이다.
④ 1 bit란 실현 가능성이 같은 2개의 대안 중 결정에 필요한 정보량이다.

해설
- 두 대안의 실현 확률이 동일할 때 총 정보량이 가장 크다.

❖ 정보이론
- 정량적으로 측정할 수 있으며, 정보의 측정 단위는 bit를 사용한다.
- 두 대안의 실현 확률이 동일할 때 총 정보량이 가장 크다.
- 1 bit란 실현 가능성이 같은 2개의 대안 중 결정에 필요한 정보량이다.
- 정보이론에서 정보란 불확실성의 감소라 정의할 수 있다.

정답 | 01 ③ 02 ④ 03 ②

04

시력에 관한 내용으로 옳지 않은 것은?

① 눈의 조절능력이 불충분한 경우 근시 또는 원시가 된다.
② 시력은 세부적인 내용을 시각적으로 식별할 수 있는 능력을 말한다.
③ 눈이 초점을 맞출 수 없는 가장 먼 거리를 원점이라 하는데 정상 시각에서 원점은 거의 무한하다.
④ 여러 유형의 시력은 주로 망막 위에 초점이 맞추어지도록 홍채의 근육에 의한 눈의 조절능력에 달려있다.

해설
- ④는 홍채의 근육이 아니라 모양근의 긴장과 이완을 통한 수정체의 두께가 담당한다.
- **시력** 실기 1403/1903/2302
  - 세부적인 내용을 시각적으로 식별할 수 있는 능력을 말한다.
  - 시력은 시각(visual angle)의 역수로 측정한다.
  - 시각은 표적두께를 표적까지의 거리로 나누어 계산한다.
  - 시각(mm)=(57.3×60×틈간격)/눈으로부터 거리로 구한다.
  - 눈이 파악할 수 있는 표적사이의 최소공간을 최소 분간시력(minimum separable acuity)이라고 한다.
  - 눈의 조절능력이 불충분한 경우 근시 또는 원시가 된다.
  - 근시는 수정체가 두꺼워지면서 물체의 상이 망막의 앞에서 맺혀 먼 물체를 볼 수 없다.
  - 눈이 초점을 맞출 수 없는 가장 먼 거리를 원점이라 하는데 정상 시각에서 원점은 거의 무한하다.

05

인체 각 부위에 대한 정적인 치수를 측정하기 위한 계측장비는?

① 근전도(EMG)
② 마틴(Martin)식 측정기
③ 심전도(ECG)
④ 플리커(Flicker) 측정기

해설
- ①은 육체적 작업을 할 경우 신체의 특정 부위의 스트레스 또는 피로를 측정하는 방법이다.
- ③은 심장근의 활동을 측정하는 심전도이다.
- ④는 빛에 대한 눈의 깜빡임을 살펴 정신피로의 척도로 사용하는 방법이다.

- **구조적 치수(Structural dimension) = 정적 치수 측정** 실기 1801/2001/2103/2303/2401
  - 형태학적 측정, 즉 정적 자세에서 측정한 신체치수이다.
  - 나체 측정을 원칙으로 한다.
  - 마틴(Martin)식 인체측정 장치를 사용한다.
  - 신체 측정치는 나이, 성, 인종에 따라 다르게 나타난다.
  - 골격 치수(skeletal dimension)와 외곽 치수(contour dimension)가 있다.

06

인간-기계 시스템의 분류에서 인간에 의한 제어정도에 따른 분류가 아닌 것은?

① 수동 시스템
② 기계화 시스템
③ 자동화 시스템
④ 감시제어 시스템

해설
- 인간-기계 통합체계에서 인간의 제어정도에 따른 유형에는 자동화 체계, 기계화 체계, 수동 체계로 구분된다.
- **인간-기계 통합체계의 유형**
  - 인간-기계 통합체계에서 인간의 제어정도에 따른 유형에는 자동화 체계, 기계화 체계, 수동 체계로 구분된다.

자동화 체계	인간은 작업계획의 수립, 모니터를 통한 작업 상황 감시, 프로그래밍, 설비보전의 역할을 수행하고 체계(System)가 감지, 정보보관, 정보처리 및 의식결정, 행동을 포함한 모든 임무를 수행하는 체계
기계화 체계	반자동 체계로 운전자의 조종에 의해 기계를 통제하는 융통성이 없는 시스템 형태
수동 체계	• 인간의 힘을 동력원으로 활용하여 수공구를 사용하는 시스템 형태 • 다양성이 있고 융통성이 우수한 특징을 갖는다.

07

인간의 기억체계에 대한 설명으로 옳지 않은 것은?

① 감각저항은 빠르게 사라지고 새로운 자극으로 대체 된다.
② 단기기억을 장기기억으로 이전시키려면 리허설이 필요하다.
③ 인간의 기억은 감각저항, 단기기억, 장기기억으로 구분된다.
④ 단기기억의 정보는 일반적으로 시각, 음성, 촉각, 감각코드의 4가지로 코드화된다.

해설
- 단기기억의 정보는 시각적, 청각적으로 부호화되고 추후 언어의미적 부호로 변환된다.

인간의 기억체계
- 인간의 기억은 감각저장, 단기기억, 장기기억으로 구분된다.
- 감각저장은 빠르게 사라지고 새로운 자극으로 대체된다.
- 단기기억을 장기기억으로 이전시키려면 리허설이 필요하다.
- 단기기억의 정보는 시각적, 청각적으로 부호화되고 추후 언어의미적 부호로 변환된다.
- 인간의 단기기억 용량은 보통 7청크이며, 학습을 통해 장기기억으로 전환되기는 하지만 단기기억의 용량이 커지지는 않는다.
- 단기기억에 있는 내용을 반복하여 학습(research)하면 장기기억으로 저장된다.

08
피부 감각의 종류에 해당되지 않는 것은?
① 압력 감각
② 진동 감각
③ 온도 감각
④ 고통 감각

해설
- 피부 감각의 종류에는 촉각, 압각, 온각, 냉각, 통각으로 구분된다.

피부 감각의 종류
- 촉각(압각) : 촉각은 메르켈 소체, 마이스너 소체, 압각은 파치니 소체가 담당한다.
- 온도감각(온각, 냉각) : 온각은 루피니 소체, 냉각은 크라우제 소체가 담당한다.
- 고통감각 : 감수성이 가장 높다. 신경말단에서 자극을 수용하며 감각기 중 가장 많이 분포한다.

09
조작자와 제어버튼 사이의 거리 또는 조작에 필요한 힘 등을 정할 때 사용되는 인체측정 자료의 응용원칙은?
① 최소치 설계
② 평균치 설계
③ 조절식 설계
④ 최대치 설계

해설
- 조작자와 제어버튼 사이의 거리나 조작에 필요한 힘 등은 팔이 짧거나 힘이 없는 사람도 사용할 수 있도록 최소치 원리를 적용한다.

극단치 설계 방법
- 조작자와 제어버튼 사이의 거리, 조작에 필요한 힘, 비상벨의 위치, 지하철이나 버스의 손잡이 높이는 최소 집단치(5% 하위 백분위 수)를 설계 기준으로 한다.
- 출입문의 높이, 탈출구, 의자의 높이, 좌석 간의 거리, 통로의 벽, 와이어로프의 사용중량, 위험구역 울타리 등은 최대 집단치(5% 상위 백분위 수)를 설계 기준으로 한다.

10
최적의 C/R비 설계 시 고려해야 할 사항으로 옳지 않은 것은?
① 조종장치의 조작시간 지연은 직접적으로 C/R비와 관계없다.
② 계기의 조절시간이 가장 짧게 소요되는 크기를 선택한다.
③ 작업자의 눈과 표시장치의 거리는 주행과 조절에 크게 관계된다.
④ 짧은 주행시간 내에서 공차의 인정범위를 초과하지 않는 계기를 마련한다.

해설
- 통제기기 시스템에서 발생하는 조작시간의 지연은 직접적으로 통제표시비가 가장 크게 작용하고 있다.

통제표시비 : C/D(C/R)비
⊙ 개요
- 통제장치의 변위량과 표시장치의 변위량과의 관계를 나타낸 비율로 C/D비, 조종과 반응의 비라고 하여 C/R비라고도 한다.
- $C/D = \dfrac{\text{통제기기의 변위량}}{\text{표시계기의 변위량}}$ 으로 구한다.
- 회전 조종구의 C/D비

$$= \dfrac{2 \times \pi(3.14) \times r(\text{반지름}) \times \left(\dfrac{\text{각도}}{360}\right)}{\text{표시계기의 변위량}}$$ 으로 구한다.

⊙ 특징
- C/R비가 작아진다는 것은 민감한 장치화 되어 조종시간=제어시간이 길어지지만 수행시간이 짧아진다는 의미이다.
- C/R비가 크다는 것은 미세한 조종은 쉽지만 수행시간은 상대적으로 길다.
- 통제기기 시스템에서 발생하는 조작시간의 지연은 직접적으로 통제표시비가 가장 크게 작용하고 있다.

11

동작 거리가 멀고 과녁이 작을수록 동작에 걸리는 시간이 길어짐을 나타내는 법칙은?

① Fitts 법칙
② Hick-Hyman 법칙
③ Murphy 법칙
④ Schmidt 법칙

해설

- ②는 신호를 보고 어떤 장치를 조작해야 할지를 결정하기까지 걸리는 시간을 예측할 수 있다.
- ③은 하려는 일이 항상 원하지 않는 방향으로 진행되는 현상을 말한다.
- ④는 열역학 제2법칙을 정량적으로 표현하기 위한 개념으로 물질 확산과 운동량 확산에 대한 상대적인 크기를 말한다.

Fitts의 법칙
- 인간의 제어 및 조정능력을 나타내는 법칙으로 인간의 손이나 발을 이동시켜 조작장치를 조작하는 데 걸리는 시간을 표적까지의 거리와 표적 크기의 함수로 나타낸다.
- 표적이 작고 이동거리가 길수록 이동시간이 증가한다.
- 자동차 가속 페달과 브레이크 페달 간의 간격, 브레이크 폭 등을 결정하는데 사용할 수 있는 가장 적합한 인간공학 이론이다.
- 난이도 지수는 $\log_2\left(\dfrac{2A}{W}\right)$로 구한다.
- 동작시간 = $a + b\log_2\left(\dfrac{2A}{W}\right)$ [ms]로 구한다. 이때 a와 b는 단순반응시간, 선택반응시간, A는 동작거리, W는 목표물의 폭이다.

12

비행기에서 20m 떨어진 거리에서 측정한 엔진의 소음수준이 130dB(A)이었다면, 100m 떨어진 위치에서의 소음수준은 약 얼마인가?

① 113.5 dB(A)
② 116.0 dB(A)
③ 121.8 dB(A)
④ 130.0 dB(A)

해설

- $dB_2 = dB_1 - 20\log\left(\dfrac{P_2}{P_1}\right)$에서 $dB_1=130$, $P_1=20$, $P_2=100$를 대입하면 $dB_2 = 130 - 20\log\left(\dfrac{100}{20}\right)$이다. $\log 2 = 0.6990$이므로 $130 - 13.9794 = 116.02$이다.

음압수준
- 음압(Sound pressure)은 물리적으로 측정한 음의 크기를 말한다.
- 음압수준(dB) = $20\log_{10}\dfrac{P}{P_0}$로 구한다. 이때, P: 측정음압으로서 파스칼(Pa) 단위를 사용하고, P_0: 기준음압으로서 $20\mu Pa$ 사용한다.
- 소음원으로부터 P_1만큼 떨어진 위치에서 음압수준이 dB_1일 경우 P_2만큼 떨어진 위치에서의 음압수준은 $dB_2 = dB_1 - 20\log\left(\dfrac{P_2}{P_1}\right)$로 구한다.
- 소음원으로부터 거리와 음압수준은 역비례한다.

13

외이와 중이의 경계가 되는 것은?

① 기저막
② 고막
③ 정원창
④ 난원창

해설

- 외이는 소리를 고막까지 전달하는 부분으로 귓바퀴와 외이도로 구성된다.
- 중이는 고막에서 내이 사이의 공간으로 고막의 진동을 달팽이관에 전달하는 역할을 한다. 고막, 이소골, 고실, 이내근, 이관으로 구성된다.

귀
- 청각을 받아들여 소리를 듣는 기관이다.
- 외이, 중이, 내이로 구성된다.
- 외이는 소리를 고막까지 전달하는 부분으로 귓바퀴와 외이도로 구성된다.
- 중이는 고막에서 내이 사이의 공간으로 고막의 진동을 달팽이관에 전달하는 역할을 한다. 고막, 이소골, 고실, 이내근, 이관으로 구성된다.
- 내이는 소리를 직접 느끼는 달팽이관이 있는 부분으로 달팽이관, 전정기관, 반고리관 등으로 구성된다.
- 소리는 공기를 통해서 전도되어 림프액으로 차있는 내이에서 액체를 통해서 전도된 후 신경을 통해서 최종적으로 전달된다.

14

양립성에 적합하게 조종장치와 표시장치를 설계할 때 얻을 수 있는 결과로 옳지 않은 것은?

① 인간실수 증가
② 반응시간의 감소
③ 학습시간의 단축
④ 사용자 만족도 향상

정답 11 ① 12 ② 13 ② 14 ①

> [해설]
> - 양립성을 적용하면 인간 실수는 줄어들게 된다.
> - ❖ 양립성을 적용했을 때 얻을 수 있는 결과 [실기] 1303/1903/2203/2403
>   - 인간실수와 반응시간의 감소
>   - 학습시간의 단축
>   - 사용자 만족도 향상
>   - 위급시 빠른 대처
>   - 효율의 증대

15

시각적 부호의 3가지 유형과 거리가 먼 것은?

① 임의적 부호
② 묘사적 부호
③ 사실적 부호
④ 추상적 부호

> [해설]
> - 시각적 부호에는 임의적 부호와 묘사적 부호, 추상적 부호가 있다.
> - ❖ 시각적 부호
>
> | | |
> |---|---|
> | 임의적 부호 | 시각적 부호 중 교통표지판, 안전보건표지 등과 같이 부호가 이미 고안되어 있어 이를 사용자가 배워야 하는 부호 |
> | 묘사적 부호 | 시각적 부호 중 위험 표지판에 해골과 뼈와 같이 사물이나 행동 수정을 단순하고 정확하게 의미를 전달하는 부호 |
> | 추상적 부호 | 전달하고자 하는 내용을 도식적으로 압축한 부호 |

16

인간-기계 시스템에서의 기본적인 기능이 아닌 것은?

① 행동
② 정보의 수용
③ 정보의 제어
④ 정보처리 및 결정

> [해설]
> - 인간-기계 체계의 기본기능에는 감지기능, 정보처리 및 의사결정기능, 행동기능, 정보보관기능(4대 기능), 출력기능 등이 있다.
> - ❖ 인간-기계 체계
>   ㉠ 개요
>   - 인간-기계 체계의 주목적은 안전의 최대화와 능률의 극대화에 있다.
>   - 인간-기계 체계의 기본기능에는 감지기능, 정보처리 및 의사결정기능, 행동기능, 정보보관기능(4대 기능), 출력기능 등이 있다.

> ㉡ 인간-기계 시스템의 5대 기능
>
> | | |
> |---|---|
> | 감지기능 | 인체의 눈과 기계의 표시장치와 같은 감지기능 |
> | 정보처리 및 의사결정기능 | 회상, 인식, 정리 등을 통한 정보처리 및 의사결정 기능 |
> | 행동기능 | 정보처리의 결과로 발생하는 조작행위(음성 등) |
> | 정보보관기능 | 정보의 저장 및 보관기능으로 위 3가지 기능 모두와 상호작용을 한다. |
> | 출력기능 | 시스템에서 의사 결정된 사항을 실행에 옮기는 과정 |

17

인간공학(ergonomics)의 정의와 가장 거리가 먼 것은?

① 인간이 포함된 환경에서 그 주변의 환경조건이 인간에게 맞도록 설계·재설계되는 것이다.
② 인간의 작업과 작업환경을 인간의 정신적, 신체적 능력에 적용시키는 것을 목적으로 하는 과학이다.
③ 건강, 안전, 복지, 작업성과 등의 개선을 요구하는 작업, 시스템, 제품, 환경을 인간의 신체·정신적 능력과 한계에 부합시키기 위해 인간 과학으로부터 지식을 생성·통합한다.
④ 인간에게 질병, 건강장해, 심각한 불쾌감 및 능률저하 등을 초래하는 작업환경 요인과 스트레스를 예측, 인식(측정), 평가, 관리(대책)하는 과학인 동시에 기술이다.

> [해설]
> - ④는 산업보건, 산업위생에 대한 설명이다.
> - ❖ 인간공학(Ergonomics)
>   ㉠ 개요
>   - "Ergon(작업)+nomos(법칙)+ics(학문)"이 조합된 단어로 Human factors, Human engineering이라고도 한다.
>   - 인간의 특성과 한계 능력을 공학적으로 분석, 평가하여 이를 복잡한 체계의 설계에 응용함으로 효율을 최대로 활용할 수 있도록 하는 학문분야이다.
>   - 인간이 사용하는 물건, 설비, 환경의 설계에 인간의 생리적, 심리적인 면에서의 특성이나 한계점을 고려함으로써 인간-기계 시스템의 안전성과 편리성, 효율성을 높이는 학문분야이다.
>   ㉡ 적용분야
>   - 제품설계
>   - 재해·질병 예방
>   - 장비·공구·설비의 배치
>   - 작업장 내 조사 및 연구

18. Repetitive Learning 1회 2회 3회

정량적 표시장치의 지침을 설계할 경우 고려하여야 할 사항으로 옳지 않은 것은?

① 끝이 뾰족한 지침을 사용할 것
② 지침의 끝이 작은 눈금과 겹치게 할 것
③ 지침의 색은 선단에서 눈금의 중심까지 칠할 것
④ 지침을 눈금 면과 밀착시킬 것

해설
- ②에서 지침의 끝이 작은 눈금과 맞닿되, 겹치지 않게 해야 한다.
- **정량적 표시장치의 지침(pointer) 설계**
  - 끝이 뾰족한 지침을 사용할 것
  - 지침의 색은 선단에서 눈금의 중심까지 칠할 것
  - 지침을 눈금 면과 밀착시켜 시차로 인한 오차를 줄일 것
  - 지침의 끝이 작은 눈금과 맞닿되, 겹치지 않게 할 것
  - 원형눈금의 경우 지침의 색은 지침 끝에서 중앙까지 칠한다.

19. Repetitive Learning 1회 2회 3회

신호검출이론에 대한 설명으로 옳은 것은?

① 잡음에 실린 신호의 분포는 잡음만의 분포와 구분되지 않아야 한다.
② 신호의 유무를 판정함에 있어 반응대안은 2가지뿐이다.
③ 신호에 의한 반응이 선형인 경우 판별력은 좋아진다.
④ 신호검출의 민감도에서 신호와 잡음간의 두 분포가 가까울수록 판정자는 신호와 잡음을 정확하게 판별하기 쉽다.

해설
- ①에서 잡음에 실린 신호의 분포는 잡음만의 분포와 구분되어야 한다.
- ②에서 신호의 유무를 판정함에 있어 반응대안은 4가지 긍정(Hit), 허위(False alarm), 누락(Miss), 부정(Correct rejection)으로 구분된다.
- ④에서 신호검출의 민감도에서 신호와 잡음간의 두 분포가 가까울수록 판정자는 신호와 잡음을 정확하게 판별하기 어렵다.
- **신호검출이론(Signal Detection Theory)** 실기 1501/1503/1701/2001/2002/2003/2103/2303/2403
  ㉠ 개요
  - 불확실한 상황에서 선택하게 하는 방법으로 신호의 탐지는 관찰자의 반응편향과 민감도에 달려있다고 주장하는 이론이다.
  - 일반적으로 신호 검출 시 이를 간섭하는 소음이 있고, 신호와 소음을 쉽게 식별할 수 없는 상황에 신호검출이론이 적용된다.
  - 긍정(Hit), 허위(False alarm), 누락(Miss), 부정(Correct rejection)의 네 가지 결과로 나눌 수 있다.
  - 허위(False alarm)는 소음을 신호로, 누락(Miss)은 신호를 소음으로 판단한 결과이다.
  - 신호검출이론은 품질관리, 통신이론, 의학처방 및 심리학, 법정에서의 판정 등 다양하게 활용되고 있다.

  ㉡ 반응편향 β
  - 반응편향 $\beta = \dfrac{\text{신호의 길이}}{\text{소음의 길이}}$ 로 구한다.
  - 신호에 의한 반응이 선형인 경우 판별력은 좋아진다.
  - 신호검출이론에서 두 개의 정규분포 곡선이 교차하는 부분에 있는 기준점 β는 신호의 길이와 소음의 길이가 같으므로 1의 값을 가진다.
  - 판정 기준은 β(신호/노이즈)이며, $\beta>1$이며 보수적이고, $\beta<1$이면 자유적이다.

  ㉢ 민감도
  - 민감도가 클수록 신호를 구분하기 쉽다.
  - 잡음이 많을수록, 신호가 약하거나 분명하지 않을수록 d값은 작아진다.
  - 민감도를 늘리기 위해서는 교육 훈련, 결과의 피드백, 신호의 비신호의 구별성 증가 등의 조치를 한다.

20. Repetitive Learning 1회 2회 3회

통계적 분석에서 사용되는 제1종 오류(α)를 설명한 것으로 옳지 않은 것은?

① $1-\alpha$를 검출력(power)이라고 한다.
② 제1종 오류를 통계적 기각역이라고도 한다.
③ 발견한 결과가 우연에 의한 것일 확률을 의미한다.
④ 동일한 데이터의 분석에서 제1종 오류를 작게 설정할수록 제2종 오류가 증가할 수 있다.

해설
- ①에서 검출력은 $1-\beta$이다.
- **제1종 오류(α)**
  - 통계적 기각역이라고도 한다.
  - 귀무가설이 참일 때, 귀무가설을 기각하는 오류이다.
  - 발견한 결과가 우연에 의한 것일 확률을 의미한다.
  - 동일한 데이터의 분석에서 제1종 오류를 작게 설정할수록 제2종 오류가 증가할 수 있다.

2과목 작업생리학

21. 소리 크기의 지표로서 사용하는 단위 중 8sone은 몇 phon인가?

① 60 ② 70
③ 80 ④ 90

[해설]
- 8은 2^3에 해당하므로 $2^{\frac{phon-40}{10}}$에서 2의 지수는 3이 되어야 하므로 phon값은 70이 되어야 한다.
- **sone 값**
  - 인간이 청각으로 느끼는 소리의 크기를 측정하는 척도 중 하나이다.
  - 기준 음에 비해서 몇 배의 크기를 갖느냐는 음의 sone값이 결정한다.
  - 1 sone은 40dB의 1,000Hz 순음의 크기로 40phon의 값을 의미한다.
  - phon의 값이 주어질 때 sone = $2^{\frac{phon-40}{10}}$ 으로 구한다.

22. 육체적 작업에서 생기는 우리 몸의 순환계 반응에 해당하지 않는 것은?

① 혈압상승
② 심박출량의 증가
③ 산소 소비량의 증가
④ 신체에 흐르는 혈류의 재분배

[해설]
- ③은 육체적 작업 시 근육계의 활동으로 인해 발생하는 것으로 순환계 반응과는 거리가 멀다.
- **작업강도의 증가에 따른 순환계 반응**
  - 혈압의 상승
  - 심박출량의 증가
  - 혈액의 수송량 증가
  - 신체에 흐르는 혈류의 재분배

23. 어떤 작업의 평균 에너지값이 6kcal/min이라고 할 때 60분간 총 작업시간 내에 포함되어야 하는 휴식시간은 약 몇 분인가?(단, Murrell의 방법을 적용하여, 기초대사를 포함한 작업에 대한 권장 평균 에너지값의 상한은 4kcal/min이다)

① 6.7 ② 13.3
③ 26.7 ④ 53.3

[해설]
- 권장 평균 에너지소비량이 4kcal라고 하였으므로 공식은 $R = 작업시간 \times \frac{E-4}{E-1.5}$이다.
- 대입하면 $R = 60 \times \frac{6-4}{6-1.5} = 60 \times \frac{2}{4.5} = 26.666\cdots$분이다.
- **휴식시간 산출**
  - 분당 권장되는 평균 에너지 소비량은 남성의 경우 5kcal, 여성의 경우 3.5kcal이다.
  - 여기서 작업평균 에너지 소비량을 넘어서는 작업을 한 경우에는 일정한 시간마다 휴식이 필요하다.
  - 이에 휴식시간 $R = 작업시간 \times \frac{E-5}{E-1.5}$로 계산한다.
  - 이때 E는 작업 중 에너지 소비량[kcal/분]이고, 5는 남성의 권장 평균 에너지 소비량, 1.5는 휴식 중 에너지 소비량이다(문제에서 주어지면 해당 값을 사용). 만약 산소 소모량이 주어질 경우 산소 1리터는 평균 5kcal가 소모된다.

24. 신체부위를 움직이지 않으면서 고정된 물체에 힘을 가하는 상태의 근력을 의미하는 것은?

① 등장성 근력(isotonic strength)
② 등척성 근력(isometric strength)
③ 등속성 근력(isokinetic strength)
④ 등관성 근력(isoinerial strength)

[해설]
- ①은 동적 근력의 하나로 근육이 일정한 힘에 반하여 수축하는 것으로서 근육의 긴장도가 전 동작을 통해 일정하게 유지되는 상태에서의 근력을 말한다.
- ③은 동적 근력의 하나로 근육이 일정한 속도로 수축할 때의 근력을 말한다.
- ④는 동적 근력의 하나로 인간이 일정한 구간을 스스로 정한 속도에 의해 취급할 수 있는 최대 무게를 측정하여 초기 정적 저항을 극복하는 능력을 보여주는 근력을 말한다.

정답 21 ② 22 ③ 23 ③ 24 ②

정적 근력(static strength)
- 등척성 근력(isometric strength)이라고도 한다.
- 근육의 정적상태의 근력 즉, 근육이 등척성 수축을 하는 것에 해당하는 근력이다.
- 근력의 상태 중 물체를 들고 있을 때처럼 신체부위를 움직이지 않으면서 고정된 물체에 힘을 가하는 상태를 말한다.
- 정적근력의 측정은 고정된 물체에 대해 최대 힘을 발휘하고, 일정 시간 휴식하는 과정을 반복하여 처음 3초 동안 발휘된 근력의 평균을 계산하여 측정한다.

25
1201
Repetitive Learning 1회 2회 3회

남성근로자의 육체작업에 대한 에너지대사량을 측정한 결과 분당 작업 시 산소 소비량이 1.2L/min, 안정 시 산소 소비량이 0.5L/min, 기초대사량이 1.5kcal/min 이었다면 이 작업에 대한 에너지대사율(RMR)은 약 얼마인가?(단, 권장평균에너지소비량은 5kcal/min이다)

① 0.47
② 0.80
③ 1.25
④ 2.33

해설
- 산소의 열량은 1L당 5kcal라는 기준을 적용하여 대입하면
  $\frac{(1.2-0.5)\times 5}{1.5} = 2.33\cdots$ 이 된다.

작업 에너지 대사율(RMR : Relative Metabolic Rate)
㉠ 개요
- RMR은 특정 작업을 수행하는 데 있어 작업자의 생리적 부하를 계측하는 지표이다.
- 주로 동적 근력작업이나 정적 근력작업의 강도를 측정하여 연속작업이 가능한 시간을 예측하기 위해 사용한다.
- RMR = $\frac{\text{운동대사량}}{\text{기초대사량}}$
  = $\frac{\text{운동 시 산소소모량} - \text{안정 시 산소소모량}}{\text{기초대사량(산소소비량)}}$
  로 구한다.
- RMR이 커지는 데 따라 작업 지속시간이 짧아진다.

㉡ 작업강도 구분

작업구분	RMR	작업 종류 등
중(重)작업	4~7	일반적인 전신노동, 힘이나 동작속도가 큰 작업
중(中)작업	2~4	손·상지 작업, 힘·동작속도가 작은 작업
경(輕)작업	0~2	손가락이나 팔로 하는 가벼운 작업

26
1001/1403/1801
Repetitive Learning 1회 2회 3회

사무실 공기관리 지침 상 공기정화시설을 갖춘 사무실의 시간당 환기횟수 기준은?

① 1회 이상
② 2회 이상
③ 3회 이상
④ 4회 이상

해설
- 공기정화시설을 갖춘 사무실에서 환기횟수는 시간당 4회 이상으로 한다.

사무실의 환기기준
- 공기정화시설을 갖춘 사무실에서 근로자 1인당 필요한 최소 외기량은 분당 0.57세제곱미터 이상이며, 환기횟수는 시간당 4회 이상으로 한다.

27
Repetitive Learning 1회 2회 3회

어떤 작업자가 팔꿈치 관절에서부터 30cm 거리에 있는 10kg 중량의 물체를 한 손으로 잡고 있으며 팔꿈치 관절의 회전중심에서의 손까지의 중력중심 거리는 14cm이며 이 부분의 중량은 1.3kg이다. 이때 팔꿈치에 걸리는 반작용(Re)의 힘은?

① 98.2N
② 105.5N
③ 110.7N
④ 114.9N

해설
- 물체가 정적 평형상태를 유지하기 위해서는 힘의 총합은 0이 되어야 한다.
- 아래쪽으로 향하는 힘은 물체 10kg과 팔꿈치 관절이 받는 중량 1.3kg이고 여기에 반하는 반작용의 힘은 서로 같기 때문에 자세가 유지되는 것이다.
- 1kg은 9.8N이므로 11.3(10+1.3)kg은 11.3×9.8=110.74N이 아래쪽으로 향하는 힘이고 여기의 반작용의 힘은 마찬가지로 110.74N이 된다.

정적 평형상태(Static equilibrium) 실기 1901/2103/2201
- 물체나 신체가 움직이지 않는 상태이다.
- 작용하는 모든 힘의 총합이 0인 상태이다.
- 작용하는 모든 모멘트의 총합이 0인 상태이다.
- 힘이 거리에 비례하여 발생한다.

28

작업면에 균등한 조도를 얻기 위한 조명방식으로 공장 등에서 많이 사용되는 조명방식은?

① 국소조명　　② 전반조명
③ 직접조명　　④ 간접조명

해설
- ①은 작업면상의 필요한 장소만 높은 조도를 취하는 조명방법이다.
- ③은 직접 작업면에 투사하는 조명으로 조명의 효율도 좋고 경제적인 조명방법이다.
- ④는 천장이나 벽에 빛을 투사하여 이의 반사된 광속을 조명에 이용하는 방식이다.

전반조명
- 실내 전체를 일률적으로 밝히는 조명방법으로 실내전체가 밝아지므로 기분이 명랑해지고 눈의 피로가 적어져서 사고나 재해가 적어지는 조명 방식이다.
- 작업면에 균등한 조도를 얻기 위한 조명방식으로 공장 등에서 많이 사용되는 조명방식이다.
- 상향으로 40~60%, 하향으로 60~40%의 광속을 보낸다.

29

일반적으로 소음계는 주파수에 따른 사람의 느낌을 감안하여 A, B, C 세 가지 특성에서 음압을 측정할 수 있도록 보정되어 있는데, A 특성이란 몇 phon의 등음량 곡선과 비슷하게 주파수에 따른 반응을 보정하여 측정한 음압수준을 말하는가?

① 20　　② 40
③ 70　　④ 100

해설
- A특성은 40phon, B특성은 70phon, C특성은 100phon의 등청감 곡선과 비슷하게 보정하여 측정한 값을 말한다.

소음계
- 소음계는 주파수에 따른 인체의 반응을 기준으로 구분하는데 A, B, C특성치로 구분하며, 소음규제법에서는 A특성치(db(A))를 강도의 척도로 삼는다.
- A특성치 : 40phon 보정, 사람의 청감에 맞춘 것, dB(A)로 표시하며 저주파 대역을 보정한 청감보정회로
- B특성치 : 70phon 보정
- C특성치 : 100phon 보정, 기계의 주파수 측정에 주로 사용, dB(C)로 표시하며 평탄 특성을 나타냄

30

뇌간(brain stem)에 해당되지 않는 것은?

① 간뇌　　② 중뇌
③ 뇌교　　④ 연수

해설
- ①은 대뇌 반구 안쪽에 위치하고 대뇌 반구에 둘러쌓인 부분으로 보통 뇌간에 포함하지 않는다.

뇌간(brain stem)
- 뇌에서 대뇌 반구와 소뇌를 제외한 나머지 부분을 총칭한다.
- 일부 사람들은 간뇌를 포함시키기도 하지만 일반적으로는 중뇌, 뇌교, 연수를 합한 것을 말한다.
- 뇌와 척수를 이어주는 줄기역할을 한다.

31

음식물을 섭취하여 기계적인 일과 열로 전환하는 화학적인 과정을 무엇이라 하는가?

① 신진대사　　② 에너지가
③ 산소 부채　　④ 에너지 소비량

해설
- ③은 작업이나 운동이 격렬해져서 근육에 생성되는 젖산의 제거속도가 생성속도에 미치지 못하면, 활동이 끝난 후에도 남아있는 젖산을 제거하기 위하여 산소가 더 필요하게 되는 현상을 말한다.

신진대사
- 물질대사와 같은 말이다.
- 인간이 음식물을 몸 안에서 분해하고 합성해 에너지를 생성하고 필요없는 물질은 몸 밖으로 내보내는 일련의 작용을 말한다.
- 음식물을 섭취하여 기계적인 일과 열로 전환하는 화학적인 과정을 말한다.

32

정신적 작업부하를 측정하는 생리적 측정치에 해당하지 않는 것은?

① 부정맥 지수　　② 산소 소비량
③ 점멸융합 주파수　　④ 뇌파도 측정치

해설
- ②는 육체작업의 생리적 측도에 해당한다.

생리적 척도
- 인간-기계 시스템을 평가하는데 사용하는 인간기준 척도 중 하나이다.
- 중추신경계 활동에 관여하므로 그 활동 및 징후를 측정할 수 있다.
- 정신적 작업부하 척도 가운데 직무수행 중에 계속해서 자료를 수집할 수 있고, 부수적인 활동이 필요 없는 장점을 가진 척도이다.
- 정신작업의 생리적 척도는 EEG(수면뇌파), 동공반응, 부정맥, 점멸융합주파수, J.N.D(Just-Noticeable difference), 눈꺼풀 깜박임 수(blink rate), 뇌유발전위 등을 통해 확인할 수 있다.
- 육체작업의 생리적 척도는 EMG(근전도), 맥박수, 산소소비량, 작업량 등을 통해 확인할 수 있다.

33 1101/1901 · Repetitive Learning 1회 2회 3회
최대산소소비능력(MAP)에 관한 설명으로 옳지 않은 것은?
① 산소섭취량이 일정하게 되는 수준을 말한다.
② 최대산소소비능력은 개인의 운동역량을 평가하는데 활용된다.
③ 젊은 여성의 평균 MAP는 젊은 남성의 평균 MAP 의 20~30% 정도이다.
④ MAP를 측정하기 위해서 주로 트레드밀(treadmill)이나 자전거 에르고미터(ergometer)를 활용한다.

해설
- ③에서 사춘기 이후 여성의 MAP는 남성의 65~75% 정도이다.

최대 산소소비능력(MAP, maximum aerobic power)
- MAP란 일의 속도가 증가하더라도 산소 섭취량이 더 이상 증가하지 않는 일정하게 되는 수준이다.
- 개인의 MAP가 클수록 순환기 계통의 효능이 크다.
- 개인의 운동역량을 평가하는데 활용된다.
- 사춘기 이후 여성의 MAP는 남성의 65~75% 정도이다.
- MAP 수준에서는 에너지대사가 주로 혐기적으로 일어난다.
- 근육과 혈액 중에 축적되는 젖산의 양은 증가한다.
- MAP를 직접 측정하는 방법은 트레드밀(treadmill)이나 자전거 에르고미터(ergometer)에서 가능하다.

34 · Repetitive Learning 1회 2회 3회
골격의 구조와 기능에 대한 설명으로 옳지 않은 것은?
① 신체에 중요한 부분을 보호하는 역할을 한다.
② 소화, 순환, 분비, 배설 등 신체 내부 환경의 조절에 중요한 역할을 한다.
③ 골격은 뼈, 연골, 관절로 이루어지며 사지 및 몸통을 움직이는 피동적 운동기관으로 작용한다.
④ 혈구세포를 만드는 조혈기능과 칼슘과 인 등의 무기질을 저장하여 몸이 필요할 때 공급해 주는 역할을 한다.

해설
- ②는 신체 조절체계에 대한 설명으로 골격계와는 거리가 멀다.

골격계
ⓐ 개요
- 전신의 뼈의 수는 관절 등의 결합에 의해 형성된 대소 206개로 구성되어 있으며, 이들이 모여서 골격 계통을 구성하고 있다.
- 인체의 골격계는 전신의 뼈, 연골, 관절 및 인대로 구성되어 사지 및 몸통을 움직이는 피동적 운동기관으로 작용한다.
- 뼈는 다시 골질(bone substance), 연골막(cartilage substance), 골막과 골수의 4부분으로 구성되어 있다.
- 인대는 뼈와 뼈를 연결하는 것으로 일정한 관절의 움직임을 유도하는 역할을 한다.
- 격심한 작업활동 중에 혈류분포가 가장 높은 신체 부위인 근육을 포함한다.

ⓑ 골격의 역할
- 신체에 중요한 부분을 보호하는 역할을 한다.
- 신체 활동을 수행한다.
- 신체의 지지 및 형상을 유지하는 역할을 한다.
- 혈구세포를 만드는 조혈기능과 칼슘과 인 등의 무기질을 저장하여 몸이 필요할 때 공급해 주는 역할을 한다.

35 · Repetitive Learning 1회 2회 3회
척추와 근육에 대한 설명으로 옳은 것은?
① 허리부위의 미골은 체중의 60% 정도를 지탱하는 역할을 담당한다.
② 인대는 근육과 뼈에 연결되어 있는 것으로 보통 힘줄이라고 한다.
③ 건은 뼈와 뼈를 연결하여 관절의 운동을 제한한다.
④ 척추는 26개의 뼈로 구성되어 경추, 흉추, 요추, 천골, 미골로 구성되어 있다.

정답 33 ③ 34 ② 35 ④

해설
- ①에서 미골은 꼬리뼈로 체중의 부하를 거의 받지 않는다. 척추가 체중의 60%를 지탱한다.
- ②는 건(tendon)에 대한 설명이다.
- ③은 인대에 대한 설명이다.

❖ 척추
- 목에서 엉치까지의 뼈기둥으로 몸의 중심을 잡는 기둥역할을 한다.
- 7개의 경추, 12개의 흉추, 5개의 요추, 천추와 미추로 구성된다.

36

저온환경이 작업수행에 미치는 영향으로 옳지 않은 것은?

① 근육강도와 내성이 감소하여 육체적 기능도가 줄어든다.
② 손 피부온도(HST)의 감소로 수작업 과업수행능력이 저하된다.
③ 저온 환경에서는 체내 온도를 유지하기 위해 근육의 대사율이 증가된다.
④ 저온은 말초운동신경의 신경전도 속도를 감소시킨다.

해설
- 저온 환경에서는 체내 온도를 유지하기 위해 근육의 대사율이 감소한다.

❖ 저온환경이 작업수행에 미치는 영향
- 근육강도와 내성이 감소하여 육체적 기능도가 줄어든다.
- 손 피부온도(HST)의 감소로 수작업 과업수행능력이 저하된다.
- 저온 환경에서는 체내 온도를 유지하기 위해 근육의 대사율이 감소한다.
- 저온은 말초운동신경의 신경전도 속도를 감소시킨다.

37

다음 중 근육피로의 1차적 원인으로 옳은 것은?

① 젖산 축적
② 글리코겐 축적
③ 미오신 축적
④ 피루브산 축적

해설
- 육체적으로 격렬한 작업 시 충분한 양의 산소가 근육활동에 공급되지 못해 근육에 축적되는 것은 젖산이다.

❖ 젖산(Lactic acid)
- 신체 활동 수준이 너무 높아 근육에 공급되는 산소량이 부족하여 생기는 피로물질이고, 젖산의 축적은 근육피로의 1차적 원인이 된다.
- 피루브산이 변화되어 생성된다.
- 무기성(혐기성) 대사과정으로 인한 부산물이다.
- 계속적인 활동 시 혈액으로부터 양분과 산소를 공급받아야 하며 이때 충분한 산소 공급이 되지 않을 경우 젖산은 축적된다.
- 축적된 젖산은 산소와 결합하여 물과 이산화탄소로 분해되어 배출된다.
- 젖산이 누적되면 결국 근육은 반응을 하지 않게 된다.

38

산소 소비량과 에너지 대사를 설명한 것으로 옳지 않은 것은?

① 산소 소비량은 에너지 소비량과 선형적인 관계를 가진다.
② 산소 소비량이 증가한다는 것은 육체적 부하가 증가한다는 것이다.
③ 에너지가의 계산에는 2kcal의 에너지 생성에 1리터의 산소가 소모되는 관계를 이용한다.
④ 산소 소비량은 육체활동에 요구되는 에너지 대사량을 활동 시 소비된 산소량으로 간접적으로 측정하는 것이다.

해설
- ③에서 에너지가의 계산에는 5kcal의 에너지 생성에 1리터의 산소가 소모되는 관계를 이용한다.

❖ 산소 소비량
- 산소 소비량은 에너지 소비량과 선형적인 관계를 가진다.
- 산소 소비량이 증가한다는 것은 육체적 부하가 증가한다는 것이다.
- 산소 소비량은 흡기량−배기량으로 구하므로 흡기량과 배기량을 동시에 구해야 한다.
- 산소 소비량은 육체활동에 요구되는 에너지 대사량을 활동 시 소비된 산소량으로 간접적으로 측정하는 것이다.
- 산소소비량과 심박수 사이에는 밀접한 관련이 있으며, 심박수와 산소 소비량 사이의 관계는 개인에 따라 차이가 있다.
- 에너지가의 계산에는 5kcal의 에너지 생성에 1리터의 산소가 소모되는 관계를 이용한다.

39

점광원으로부터 어떤 물체나 표면에 도달하는 빛의 밀도를 나타내는 단위로 옳은 것은?

① nit
② Lambert
③ candela
④ lumen/m²

정답 36 ③ 37 ① 38 ③ 39 ④

해설
- ①은 단위 면적당 광량을 나타내는 단위이다.
- ②는 어떤 물체에 반사되어 나오는 양을 의미하는 휘도의 단위이다.
- ③은 광원에서 일정한 방향으로의 밝기를 의미하는 광도의 단위이다.
- 점광원으로부터 어떤 물체나 표면에 도달하는 빛의 밀도는 조도를 말하며 조도의 단위는 럭스(Lux)로 $\frac{1cd}{1m^2}$, $\frac{1lm}{1m^2}$의 의미이다.

❖ 조도(照度) 실기 1501/1603/1703/2003/2302
- 조도는 특정 지점에 도달하는 광의 밀도를 말한다.
- 단위는 럭스(Lux)를 사용한다 ($\frac{1cd}{1m^2}$, $\frac{1lm}{1m^2}$).
- 반사체의 반사율과는 상관없이 일정한 값을 갖는다.
- 거리의 제곱에 반비례하고, 광도에 비례하므로 $\frac{광도}{(거리)^2}$으로 구한다.

40 0903/1301/1603
진동이 인체에 미치는 영향으로 옳지 않은 것은?
① 심박수 감소
② 산소소비량 증가
③ 근장력 증가
④ 말초혈관의 수축

해설
- ①에서 진동은 심박수를 증가시킨다.

❖ 진동이 인체에 미치는 영향
- 심박수가 증가한다.
- 장시간 노출 시 근육 긴장을 증가시킨다.
- 시성능은 10~25Hz 대역의 경우 가장 심하게 영향을 받으며, 60~90Hz에서 안구가 공명한다.
- 추적능력은 5Hz 이하의 낮은 진동수에서 가장 영향을 많이 받는다.
- 머리와 어깨 부위의 공명주파수는 20~30Hz이다.
- 등이나 허리뼈에 가장 위험한 주파수는 8~12Hz이다.
- 흉부와 복부의 고통을 일으키는 주파수는 4~10Hz이다.
- 중앙 신경계의 처리 과정과 관련되는 과업의 성능은 진동의 영향을 비교적 덜 받는다.
- 레이노 증후군(Raynaud's phenomenon)은 진동으로 인한 말초혈관운동의 장해로 발생한다.

3과목 산업심리학 및 관련법규

41 1101/1401
리더십은 교육 훈련에 의해서 향상되므로, 좋은 리더는 육성될 수 있다는 가정을 하는 리더십 이론은?
① 특성접근법
② 상황접근법
③ 행동접근법
④ 제한적 특질접근법

해설
- ①은 리더는 타고난다는 이론으로 효과적인 리더와 그렇지 않은 리더를 구별하는 데 초점을 맞추고 있다.
- ②는 리더십은 리더와 부하들 간의 상호작용이 중요하며 상황에 따라 리더십의 유효성이 달라진다는 이론으로 리더십이 발휘되는 상황과 통솔되는 사람의 욕구 등에 초점을 맞추고 있다.
- ④는 특정 상황과 조건하에서 지도자의 특성을 파악하는데 초점을 맞추고 있다.

❖ 리더십 이론의 접근방법

특성접근법	리더는 타고난다는 이론
행동접근법	리더십은 교육에 의해 향상되고 육성된다는 이론
상황접근법	리더십은 리더와 부하들 간의 상호작용이 중요하며 상황에 따라 리더십의 유효성이 달라진다는 이론

42
R. House의 경로-목표이론(path-goal theory) 중 리더 행동에 따른 4가지 범주에 해당하지 않는 것은?
① 방임적 리더
② 지시적 리더
③ 후원적 리더
④ 참여적 리더

해설
- R. House의 경로-목표이론(path-goal theory)에는 ②, ③, ④ 외에 성취지향적 리더가 있다.

❖ R. House의 경로-목표이론(path-goal theory)
  ㉠ 리더십 유형
  - 지시적 리더 : 구체적인 작업지시를 하며 규칙과 절차를 따르도록 요구한다.
  - 후원적 리더 : 부하들의 욕구, 복지문제 및 안정, 온정에 관심을 기울이고, 친밀한 집단 분위기를 조성한다.
  - 참여적 리더 : 부하들과 정보자료를 많이 활용하여 부하들의 의견을 존중하여 의사결정에 반영한다.

- 성취지향적 리더 : 도전적 목표를 설정하고, 높은 수준의 수행을 강조하여 부하들이 그러한 목표를 달성할 수 있다는 자신감을 갖게 한다.
ⓒ 매개변수
- 조직 구성원의 기대감

43

부주의에 대한 사고방지대책 중 정신적 측면의 대책으로 볼 수 없는 것은?

① 안전의식의 제고
② 작업의욕의 고취
③ 작업조건의 개선
④ 주의력 집중 훈련

해설

- ③은 기능 및 작업적 측면의 대책에 해당된다.
- 사고방지를 위한 정신적 측면의 대책
  - 안전의식의 제고
  - 작업의욕의 고취
  - 스트레스 해소 방안 마련
  - 주의력 집중 훈련

44

집단행동에 있어 이성적 판단보다는 감정에 의해 좌우되며 공격적이라는 특징을 갖는 행동은?

① crowd
② mob
③ panic
④ fashion

해설

- ①은 구성원 사이의 지위나 역할의 분화가 없고, 구성원 각자는 책임감을 가지지 않으며, 비판력도 가지지 않는 특성을 갖는다.
- ③은 생명이나 생활 등 인간본연의 안위에 심한 위해가 가해질 경우 이를 회피하기 위한 도주현상을 말한다.
- ④는 통제적 집단행동 요소에 해당된다.
- 비통제의 집단행동

모브 (Mob)	폭동과 같은 것을 말하며, 군중(Crowd)보다 함의성이 없고, 감정에 의해서만 행동하는 특성
패닉 (Panic)	생명이나 생활 등 인간본연의 안위에 심대한 위해가 가해질 경우 이를 회피하기 위한 도주현상
모방 (Imitation)	다른 사람을 표본으로 하여 그와 같거나 비슷하게 행동이나 판단을 하려는 것
심리적 전염 (Mental Epidemic)	군중들이 군중 속 특정인의 행동이나 감정을 따라가는 것
군중(crowd)	구성원 사이의 지위나 역할의 분화가 없고, 구성원 각자는 책임감을 가지지 않으며, 비판력도 가지지 않는다.

45

제조물 책임법에서 정의한 결함의 종류에 해당하지 않는 것은?

① 제조상의 결함
② 기능상의 결함
③ 설계상의 결함
④ 표시상의 결함

해설

- 제조물 책임법에서 명시한 결함의 종류에는 제조상의 결함, 설계상의 결함, 표시상의 결함이 있다.
- 결함의 종류 실기 1801/2002/2101/2103/2203/2302
  - 결함이란 제조물 제조상·설계상 또는 표시상의 결함이 있거나 그 밖에 통상적으로 기대할 수 있는 안전성이 결여되어 있는 것을 말한다.
  - 결함의 종류에는 제조상의 결함, 설계상의 결함, 표시상의 결함이 있다.

제조상의 결함	제조업자가 제조물에 대하여 제조상·가공 상의 주의의무를 이행하였는지에 관계없이 제조물이 원래 의도한 설계와 다르게 제조·가공됨으로써 안전하지 못하게 된 경우
설계상의 결함	제조업자가 합리적인 대체설계(代替設計)를 채용하였더라면 피해나 위험을 줄이거나 피할 수 있었음에도 대체설계를 채용하지 아니하여 해당 제조물이 안전하지 못하게 된 경우
표시상의 결함	제조업자가 합리적인 설명·지시·경고 또는 그 밖의 표시를 하였더라면 해당 제조물에 의하여 발생할 수 있는 피해나 위험을 줄이거나 피할 수 있었음에도 이를 하지 아니한 경우

46

인간 오류에 관한 일반 설계기법 중 오류를 범할 수 없도록 사물을 설계하는 기법은?

① Fail-Safe 설계
② Interlock 설계
③ Exclusion 설계
④ Prevention 설계

해설

- ①은 인간의 실수 혹은 기계 고장이 발생하더라도 사고가 일어나지 않도록 설계방법이다.
- ②는 Fool proof의 한 방법으로 작동하기 위한 조건이 만족되지 않을 경우 자동적으로 그 기계를 작동할 수 없도록 하는 것을 말한다.
- ④는 Fool proof와 같이 사용자의 실수가 있더라도 사고가 일어나지 않도록 하는 설계방법이다.

- 휴먼 에러 방지의 3가지 설계기법
  - 배타설계(exclusion design) : 설계시 휴먼 에러가 발생할 수 있는 요소를 근본적으로 제거하는 설계
  - 보호설계(prevention design) : Fool proof와 같이 사용자의 실수가 있더라도 사고가 일어나지 않도록 하는 설계
  - 안전설계(fail-safe design) : 인간의 실수 혹은 기계 고장이 발생하더라도 사고가 일어나지 않도록 설계

47
집단을 공식집단과 비공식집단으로 구분할 때 비공식집단의 특성이 아닌 것은?

① 규모가 크다.
② 동료애의 욕구가 강하다.
③ 개인적 접촉의 기회가 많다.
④ 감정의 논리에 따라 운영된다.

해설
- 일반적으로 비공식집단에 비해 공식집단의 규모가 크다.
- 공식집단과 비공식집단

공식집단	비공식집단
조직에 의해 의도적으로 형성	자발적 의사에 의해 형성
동료애 욕구가 약하다	동료애 욕구가 강하다
개인적 접촉이 적다	개인적 접촉이 많다
능률과 비용의 원리로 운영	감정의 논리로 운영
규모가 크다	규모가 작다

48
작업자가 제어반의 압력계를 계속적으로 모니터링 하는 작업에서 압력계를 잘못 읽어 에러를 범할 확률이 100시간에 1회로 일정한 것으로 조사되었다. 작업을 시작한 후 200시간 시점에서의 인간신뢰도는 약 얼마로 추정되는가?

① 0.02
② 0.98
③ 0.135
④ 0.865

해설
- 에러 확률이 100시간에 1회이므로 고장률이 0.01이고, 200시간 동안의 신뢰도는 $e^{-0.01 \times 200} = e^{-2} = 0.1353\cdots$이 된다.
- 지수 분포를 따르는 부품의 신뢰도
  - 고장률이 λ인 시스템이 t시간 지난 후의 신뢰도 $R(t) = e^{-\lambda t}$이다.
  - 고장까지의 평균시간이 $t_0 \left(= \dfrac{1}{\lambda_0} \right)$일 때 이 부품을 t시간 동안 사용할 경우의 신뢰도 $R(t) = e^{-\frac{t}{t_0}}$이다.

49
미국 국립산업안전보건연구원(NIOSH)에서 제안한 직무 스트레스 요인에 해당하지 않는 것은?

① 성능 요인
② 환경 요인
③ 작업 요인
④ 조직 요인

해설
- NIOSH 직무 스트레스 요인에는 작업 요인, 조직 요인, 환경 요인이 있다.
- NIOSH 직무 스트레스 요인

작업 요인	작업 부하, 작업 속도, 교대 근무 등
조직 요인	역할갈등, 관리유형, 의사결정참여, 고용불확실 등
환경 요인	온도, 진동, 소음, 조명 등

50
다음 조직에 의한 스트레스 요인은?

> 급속한 기술의 변화에 대한 적응이 요구되는 직무나 직무의 난이도나 속도를 요구하는 특성을 가진 업무와 관련하여 역할이 과부하되어 받게 되는 스트레스

① 역할 갈등
② 과업 요구
③ 집단 압력
④ 역할 모호성

해설
- ①은 한 개인이 가진 2가지 이상의 지위에서 서로 다른 역할을 요구할 때 발생하는 갈등을 말한다.
- ③은 집단의 목표나 정체성에 끌려가는 현상을 말한다.
- ④는 자신의 직무에 대한 책임 영역과 직무 목표를 명확하게 인식하지 못하는 상태를 말한다.
- 과업 요구
  - 급속한 기술의 변화에 대한 적응이 요구되는 직무나 직무의 난이도나 속도를 요구하는 특성을 가진 업무와 관련하여 역할이 과부하되어 받게 되는 스트레스를 말한다.
  - 자신의 능력 대비 직무가 요구하는 내용이 클 때 발생하는 스트레스이다.

51

반응시간(reaction time)에 관한 설명으로 옳은 것은?

① 자극이 요구하는 반응을 행하는 데 걸리는 시간을 의미한다.
② 반응해야 할 신호가 발생한 때부터 반응이 종료될 때까지의 시간을 의미한다.
③ 단순반응시간에 영향을 미치는 변수로는 자극 양식, 자극의 특성, 자극 위치, 연령 등이 있다.
④ 여러 개의 자극을 제시하고, 각각에 대한 서로 다른 반응을 할 과제를 준 후에 자극이 제시되어 반응할 때까지의 시간을 단순반응시간이라 한다.

해설
- ①과 ②에서 반응시간은 어떠한 자극이 제시되고 이에 대한 동작을 시작하기까지의 소요 시간을 말한다.
- ④는 선택반응시간에 대한 설명이다.

반응시간(reaction time) 실기 1803/2201
- 어떠한 자극이 제시되고 이에 대한 동작을 시작하기까지의 소요 시간을 말한다.
- 자극과 요구 반응의 수에 따라 단순반응시간, 선택반응시간, 변별반응시간으로 구분된다.
- 단순반응시간은 하나의 자극에 대해 하나의 반응을 요구할 때의 반응시간이다.
- 단순(A)반응시간에 영향을 미치는 변수로는 자극 양식, 자극의 특성, 자극 위치, 연령 등이 있다.
- 선택(B)반응시간은 2개 이상의 자극에 대해 각각의 자극에 대해 다른 반응을 요구할 때의 반응시간이다.
- 선택반응시간은 별도의 반응을 요하는 자극 수에 따라 달라진다.
- 선택반응시간은 자극과 반응(N)이 증가할 때 $\log_2$에 비례하여 증가하므로 구하는 식은 $a + b\log_2 N$으로 구한다.
- 변별(C)반응시간은 2개 이상의 자극 중 특정 자극에 대해서만 반응할 때의 반응시간이다.

52

재해의 발생원인 중 직접원인(1차원인)에 해당하는 것은?

① 기술적 원인
② 교육적 원인
③ 관리적 원인
④ 물적 원인

해설
- 인적 원인과 물적 원인은 산업재해의 직접적 원인에 해당한다.

산업재해의 간접적(기본적) 원인
⊙ 개요
  - 재해의 직접적인 원인을 유발시키는 원인을 말한다.
  - 기술적 원인, 교육적 원인, 신체적 원인, 정신적 원인, 관리적 원인 등이 있다.
ⓒ 간접적 원인의 종류

기술적 원인	생산방법의 부적당, 구조물·기계장치 및 설비의 불량, 구조재료의 부적합, 점검·정비·보존의 불량 등
교육적 원인	안전지식의 부족, 안전수칙의 오해, 경험훈련의 미숙, 안전교육의 부족 등
신체적 원인	피로, 시력 및 청각기능 이상, 근육운동의 부적합, 육체적 한계 등
정신적 원인	안전의식의 부족, 주의력 부족, 판단력 부족 혹은 잘못된 판단, 방심 등
관리적 원인	안전관리조직의 결함, 안전수칙의 미제정, 작업준비의 불충분, 작업지시의 부적절, 인원배치의 부적당, 정리정돈의 미실시 등

53

다음에서 설명하는 것은?

> 집단을 이루는 구성원들이 서로에게 매력적으로 끌리어 그 집단 목표를 달성하는 정도를 나타내며, 소시오메트리 연구에서는 실제 상호선호관계의 수를 가능한 상호선호관계의 총 수로 나누어 지수(index)로 표현한다.

① 집단 협력성
② 집단 단결성
③ 집단 응집성
④ 집단 목표성

해설
- 집단구성원들이 서로에게 매력적으로 끌리어 그 집단목표를 효율적으로 달성하는 정도를 집단 응집성이라고 한다.

집단 응집성
- 집단구성원들이 서로에게 매력적으로 끌리어 그 집단목표를 효율적으로 달성하는 정도를 말한다.
- 소시오메트리에서 실제 상호선호관계의 수를 가능한 상호선호관계의 총 수로 나누어 지수(index)로 표현한다.
- 집단 응집성을 결정하는 요인에는 가입의 난이도, 외부의 위협, 집단의 크기, 집단 및 집단 구성원에 대한 매력, 집단의 분위기 등이 있다.
- 집단 응집성은 상대적인 것이다.
- 응집성이 높은 집단일수록 결근율과 이직률이 낮다.
- 일반적으로 집단의 구성원이 많을수록 응집력은 낮아진다.

54

A사업장의 도수율이 2로 산출되었을 때, 그 결과에 대한 해석으로 옳은 것은?

① 근로자 1,000명당 1년 동안 발생한 재해자수가 2명이다.
② 연근로시간 1,000시간당 발생한 근로손실일수가 2일이다.
③ 근로자 10,000명당 1년간 발생한 사망자수가 2명이다.
④ 연근로자가 1,000,000시간당 발생한 재해건수가 2건이다.

해설
- 도수율은 연간 총 근로시간 합계에 100만 시간당 재해발생 건수에 해당하므로 도수율이 2라는 의미는 근로자가 연간 1,000,000시간 당 발생한 재해의 건수가 2건이라는 의미이다.

재해율 관련 공식

재해율	$\dfrac{\text{재해자수}}{\text{산재보험적용근로자수}} \times 100$
사망만인율	$\dfrac{\text{사망자수}}{\text{산재보험적용근로자수}} \times 10,000$
휴업재해율	$\dfrac{\text{휴업재해자수}}{\text{임금근로자수}} \times 100$
도수율 (빈도율)	$\dfrac{\text{재해건수}}{\text{연근로시간수}} \times 1,000,000$
강도율	$\dfrac{\text{총요양근로손실일수}}{\text{연근로시간수}} \times 1,000$

55

원자력발전소 주제어실의 직무는 4명의 운전원으로 구성된 근무조에 의해 수행되고, 이들의 직무 간에는 서로 영향을 끼치게 된다. 근무조원 중 1차 계통의 운전원 A와 2차 계통의 운전원 B간의 직무는 중간 정도의 의존성(15%)이 있다. 그리고 운전원 A의 기초 인간실수확률 HEP Prob{A}= 0.001일 때, 운전원 B의 직무실패를 조건으로 한 운전원 A의 직무실패확률은 약 얼마인가?(단, THERP 분석법을 사용한다)

① 0.151   ② 0.161
③ 0.171   ④ 0.181

해설
- B에 대한 A의 의존성이 15%임에 유의한다.
- 만약 B가 실패할 경우 A의 성공과 실패는 아무런 의미없이 실패가 되므로 의존성 15%(0.15)는 그대로 실패확률이 된다.
- 하지만 B가 실패하지 않을 경우(1−15%=85%)는 A의 실패확률이 적용되어 0.85×0.001로 0.00085가 실패확률이 된다.

- 위의 두 실패확률을 더하면 0.15+0.00085=0.15085가 된다.

인간실수확률(HEP : Human Error Probability)
- 시작과 끝을 가지는 직무에 근무할 때 인간 신뢰도의 기본단위이다.
- 과오가 발생할 수 있는 가능 수에서 실제 발생한 과오의 수로 계산한다.
- $\dfrac{\text{실제발생 과오의 수}}{\text{과오발생 가능 수}}$ 로 구한다.

56

다음 중 상해의 종류에 해당하지 않는 것은?

① 협착   ② 골절
③ 부종   ④ 중독·질식

해설
- ①은 재해의 발생형태별 분류에 해당된다.

상해의 종류별 분류

골절	뼈가 부러지는 상해
찰과상	스치거나 문질러서 피부가 벗겨진 상해
창상	창, 칼 등에 베인 상해
자상	칼날 등 날카로운 물건에 찔린 상해
좌상	타박상(삐임)이라고도 하며, 피하조직 등 근육부를 다쳐 충격을 받은 부위가 부어오르고 통증이 발생되는 상해
부종	국부의 혈액순환의 이상으로 몸이 퉁퉁 부어오르는 상해
중독	음식, 약물, 가스 등에 의해 중독되는 상해
화상	화재 또는 고온물과의 접촉으로 인한 상해
진폐	분진이 침착하여 조직 반응이 일어난 상해

57

인간의 의식수준과 주의력에 대한 다음의 관계가 옳지 않은 것은?

	의식수준	의식모드	행동수준	신뢰성
A	IV	흥분	감정흥분	낮다
B	III	정상 (분명한 의식)	적극적 행동	매우 높다
C	II	정상 (느긋한기분)	안정된 행동	다소 높다
D	I	무의식	수면	높다

① A   ② B
③ C   ④ D

해설
- ④의 D는 의식모드가 이상, 피로 및 단조로움을 느끼는 단계로 의식수준의 저하가 발생하므로 신뢰성은 낮다.
- **인간의 의식 레벨**
  - Phase 0은 무의식상태로 작업수행이 불가능한 상태의 의식수준이다.
  - 에러 발생 가능성이 낮은 것부터 높은 순으로 배열하면 Ⅲ단계 – Ⅱ단계 – Ⅰ단계 – Ⅳ단계 순이 된다.

단계	의식수준	설명
Phase 0	무의식, 실신 상태	무의식 동작에는 외계의 능력에 대응하는 능력이 어느 정도는 있다.
Phase Ⅰ	이상, 피로 및 단조로움	심신이 피로하거나 단조로운 작업을 반복할 경우 나타나는 의식수준의 저하현상이 발생
Phase Ⅱ	정상, 이완 상태	생리적 상태가 안정을 취하거나 휴식할 때에 해당
Phase Ⅲ	정상, 명쾌	• 중요하거나 위험한 작업을 안전하게 수행하기에 적합 • 신뢰성이 가장 높은 상태의 의식수준
Phase Ⅳ	과긴장	돌발 사태의 발생으로 인하여 주의의 일점 집중 현상이 일어나는 경우 인간의 의식수준

58
1003/1601
Repetitive Learning 1회 2회 3회

하인리히의 도미노 이론을 순서대로 나열한 것은?

- Ⓐ 유전적 요인과 사회적 환경
- Ⓑ 개인의 결함
- Ⓒ 불안전한 행동과 불안전한 상태
- Ⓓ 사고
- Ⓔ 재해

① Ⓐ → Ⓑ → Ⓓ → Ⓒ → Ⓔ
② Ⓐ → Ⓑ → Ⓒ → Ⓓ → Ⓔ
③ Ⓑ → Ⓐ → Ⓒ → Ⓓ → Ⓔ
④ Ⓑ → Ⓐ → Ⓓ → Ⓒ → Ⓔ

해설
- 하인리히의 도미노 이론은 1단계 사회적 환경과 유전적 요소에서부터 3단계 재해의 기본원인인 불안전한 행동과 불안전한 상태를 통해 4단계에 사고가 발생하고 5단계에서 재해로 발전한다고 봤다.
- **하인리히의 사고연쇄반응(도미노) 이론**
  - 3단계 불안전한 행동 및 불안전한 상태가 재해의 직접원인으로 작용하므로 사고를 예방하기 위한 관리 활동들이 가장 효과적으로 적용될 수 있다고 보았다.

1단계	사회적 환경 및 유전적 요소
2단계	개인적인 결함
3단계	불안전한 행동 및 불안전한 상태
4단계	사고
5단계	재해

59
1101/1803/1903
Repetitive Learning 1회 2회 3회

다음은 인적 오류가 발생한 사례이다. Swain과 Guttman이 사용한 개별적 독립행동에 의한 오류 중 어느 것에 해당하는가?

컨베이어 벨트 수리공이 작업을 시작하면서 동료에게 컨베이어 벨트의 작동버튼을 살짝 눌러서 벨트를 조금만 움직이라고 이른 뒤 수리작업을 시작하였다. 그러나 작동버튼 옆에서 서성이던 동료가 순간적으로 중심을 잃으면서 작동버튼을 힘껏 눌러 컨베이어 벨트가 전속력으로 움직이며 수리공의 신체 일부가 끼이는 사고가 발생하였다.

① 시간 오류(timing error)
② 순서 오류(sequence error)
③ 부작위 오류(omission error)
④ 작위 오류(commission error)

해설
- ①은 필요한 작업 또는 절차의 수행을 지연한데 기인한 에러이다.
- ②는 필요한 작업 또는 절차의 순서 착오로 인한 에러이다.
- ③은 필요한 행위를 실행하지 않은 오류이다.
- **심리적 측면의 휴먼에러 분류(Swain)** 실기 1403/1703/2101/2201/2403
  ㉠ 부작위오류(Omission error) : 필요한 행위를 실행하지 않은 오류

생략오류 (Omission error)	필요한 작업 또는 절차를 수행하지 않는 데 기인한 에러

  ㉡ 작위오류(Commission error) : 작업 수행 중 작업을 정확하게 수행하지 못해 발생한 에러(행위적 관점)

선택오류 (Selection error)	다른 레버를 선택하는 등의 원인으로 발생한 에러
물량오류 (Qualitative error)	너무 많거나 혹은 너무 적은 작업을 수행해서 발생한 에러
순서오류 (Sequential error)	필요한 작업 또는 절차의 순서 착오로 인한 에러
시간오류 (Timing error)	필요한 작업 또는 절차의 수행을 지연한 데 기인한 에러

정답 | 58 ② 59 ④

ⓒ 불필요한 행동 오류	
불필요한 수행오류 (Extraneous error)	불필요한 작업 또는 절차를 수행함으로써 발생한 에러

4과목 근골격계질환 예방을 위한 작업관리

60

Maslow의 욕구단계 이론을 하위단계부터 상위단계로 올바르게 나열한 것은?

- Ⓐ 사회적 욕구
- Ⓑ 안전에 대한 욕구
- Ⓒ 생리적 욕구
- Ⓓ 존경에 대한 욕구
- Ⓔ 자아실현의 욕구

① Ⓒ → Ⓐ → Ⓑ → Ⓔ → Ⓓ
② Ⓒ → Ⓐ → Ⓑ → Ⓓ → Ⓔ
③ Ⓒ → Ⓑ → Ⓐ → Ⓔ → Ⓓ
④ Ⓒ → Ⓑ → Ⓐ → Ⓓ → Ⓔ

해설
- 매슬로우의 욕구위계설은 생리적 욕구, 안전 욕구, 사회적 욕구, 존경의 욕구, 자아실현의 욕구까지로 구성된다.
- 매슬로우(Maslow)의 욕구 5단계 이론

1단계 생리적 욕구	기본적인 인간의 욕구(먹고, 자고, 숨쉬는 것)
2단계 안전에 대한 욕구	각종 위험으로부터 자기보존에 관한 안전욕구
3단계 사회적 욕구	친구와 가족 간의 관계로 대표되는 것으로 애정과 소속에 대한 욕구
4단계 존경의 욕구	자신 있고 강하고 무엇인가 진취적이며 유능한 쓸모 있는 사람으로 인식되기를 바라는 욕구
5단계 자아실현의 욕구	편견 없이 받아들이는 성향, 타인과의 거리를 유지하며 사생활을 즐기거나 창의적 성격으로 봉사, 특별히 좋아하는 사람과 긴밀한 관계를 유지하려는 인간의 욕구

61 0901/1101/2001

작업관리의 문제해결 방법으로 전문가 집단의 의견과 판단을 추출하고 종합하여 집단적으로 판단하는 방법은?

① SEARCH의 원칙
② 브레인스토밍(Brainstorming)
③ 마인드 맵핑(Mind Mapping)
④ 델파이 기법(Delphi Technique)

해설
- ①은 문제해결 대안 도출의 기준이 되는 원칙으로 단순화(S), 불필요한 작업제거(E), 순서변경(A), 요구조건(R), 작업결합(C), 얼마나 자주(H)를 말한다.
- ②는 타인의 의견을 바탕으로 자유롭게 발상하고 발언하며, 발언에 미숙한 사람도 참가하여 타인의 의견을 같은 수준에서 받아들여 아이디어를 내는 방법이다.
- ③은 원과 직선을 이용하여 아이디어 문제, 개념 등을 개괄적으로 빠르게 설정할 수 있도록 도와주는 연역적 추론 기법이다.
- 델파이 기법(Delphi Technique)
  - 전문가의 경험적 지식을 통한 문제해결 및 미래예측을 위한 기법이다.
  - 작업관리에 있어 대안의 도출방법으로 가장 많이 사용된다.
  - 전문가 집단의 의견과 판단을 추출하고 종합하여 집단적으로 판단하는 방법이다.

62 0901/1703

시설배치방법 중 공정별 배치방법의 장점에 해당하는 것은?

① 운반 길이가 짧아진다.
② 작업진도의 파악이 용이하다.
③ 전문적인 작업지도가 용이하다.
④ 재공품이 적고, 생산길이가 짧아진다.

해설
- ①, ②, ③은 제품별 배치의 특징에 해당한다.
- 공정별 배치
  - 작업 할당에 융통성이 있다.
  - 전문적인 작업지도가 용이하다.
  - 작업자가 다루는 품목의 종류가 다양하다.
  - 설비의 보전이 용이하고 가동률이 높기 때문에 자본투자가 적다.

63

동작경제의 원칙 중 작업장 배치에 관한 원칙으로 볼 수 없는 것은?

① 모든 공구나 재료는 지정된 위치에 있도록 한다.
② 공구의 기능을 결합하여 사용하도록 한다.
③ 가능하다면 낙하식 운반 방법을 이용한다.
④ 작업이 용이하도록 적절한 조명을 비추어 준다.

해설
- ②는 공구 및 설비 디자인의 원칙에 해당된다.
- **동작경제의 원칙** 실기 1903/2103/2203
  ㉠ 개요
    - 작업자가 경제적인 동작을 통해 피로도를 감소시키면서도 능률을 향상시키게 하기 위한 원칙이다.
    - 신체사용의 원칙, 작업장 배치의 원칙, 공구 및 설비 디자인의 원칙으로 분류된다.
    - 동작을 가급적 조합하여 하나의 동작으로 한다.
    - 동작의 수는 줄이고, 동작의 속도는 적당히 한다.
  ㉡ 신체사용의 원칙 실기 2301
    - 두 손의 동작은 동시에 시작해서 동시에 끝나야 한다.
    - 휴식시간을 제외하고는 양손을 같이 쉬게 해서는 안 된다.
    - 손의 동작은 유연하고 연속적인 동작이어야 한다.
    - 동작이 급작스럽게 크게 바뀌는 직선 동작은 피해야 한다.
    - 두 팔의 동작은 동시에 서로 반대방향으로 대칭적으로 움직이도록 한다.
    - 탄도동작(Ballistics Movements)은 제한되거나 통제된 동작보다 더 신속하고 정확하다.
  ㉢ 작업장 배치의 원칙 실기 1303/1701/2001/2002/2303/2402
    - 가능하다면 낙하식 운반 방법을 이용한다.
    - 작업이 용이하도록 적절한 조명을 비추어 준다.
    - 공구나 재료는 작업동작이 원활하게 수행하도록 그 위치를 정해준다.
    - 공구, 재료 및 제어장치는 사용하기 가까운 곳에 배치해야 한다.
  ㉣ 공구 및 설비 디자인의 원칙 실기 1703
    - 치구나 족답장치를 이용하여 양손이 다른 일을 할 수 있도록 한다.
    - 공구의 기능을 결합하여 사용하도록 한다.
    - 타자 칠 때와 같이 각 손가락이 서로 다른 작업을 할 때에는 작업량을 각 손가락의 능력에 맞게 배분해야 한다.

64

다음 중 허리부위나 중량물취급 작업에 대한 유해요인의 주요 평가기법은?

① REBA   ② JSI
③ RULA   ④ NLE

해설
- ①은 간호사 등과 같이 예측하기 힘든 다양한 자세에서 이루어지는 서비스업에서의 전체적인 신체에 대한 부담정도와 위해인자에 대한 노출정도를 분석하는데 적합하다.
- ②는 손, 손목, 팔꿈치 등 상지의 말단을 주로 사용하는 작업 관련성 근골격계 질환의 위험을 평가하기 위한 평가도구이다.
- ③은 상완, 전완, 손목을 그룹을 A로 목, 상체, 다리를 그룹 B로 나누어 측정, 평가하는 유해요인의 평가기법이다.
- **NLE(NIOSH Lifting Equation)**
  - 허리부위나 중량물취급 작업에 대한 유해요인의 주요 평가기법이다.
  - NIOSH의 중량물 취급지수를 말한다.
  - 들기 작업에 가장 적합한 평가방법이다.

65

NIOSH Lifting Equation 평가에서 권장무게한계가 20kg이고, 현재 작업물의 무게가 23kg일 때, 들기지수(Lifting Index)의 값과 이에 대한 평가가 옳은 것은?

① 0.87, 요통의 발생위험이 높다.
② 0.87, 작업을 재설계할 필요가 있다.
③ 1.15, 요통의 발생위험이 높다.
④ 1.15, 작업을 재설계할 필요가 없다.

해설
- 권장무게한계 RWL이 20kg이고, 작업물의 무게가 23kg이면 들기지수 $LI = \frac{23}{20} = 1.15$이고 1을 초과하였으므로 요통 발생 위험이 높다고 판단할 수 있다.
- **NIOSH 들기지수(LI)** 실기 1503/1601/1603/1701/1801/1803/1901/2001/2002/2003/2201/2203/2301/2302/2403
  - NIOSH의 중량물 취급지수를 말한다.
  - 들기지수가 1을 초과하는 경우 추천 무게를 넘는 것으로 간주한다.
  - 40대 여성의 들기 능력의 50퍼센타일을 기준으로 하였다.
  - 물체의 무게(kg) / RWL(kg)으로 구한다. 이때 RWL은 추천 중량한계로 들기 편한 정도의 값이다.
  - RWL=23kg×HM×VM×DM×AM×FM×CM으로 구한다(HM은

수평계수, VM은 수직계수, DM은 거리계수, AM은 비대칭성계수, FM은 빈도계수, CM은 결합계수를 의미한다).
• RWL 계수는 0～1 사이의 값으로 1에 가까울수록 최적의 조건이 된다.

66
다중활동분석표의 사용 목적과 가장 거리가 먼 것은?
① 작업자의 작업시간 단축
② 기계 혹은 작업자의 유휴시간 단축
③ 조 작업을 재편성 또는 개선하여 조 작업 효율 향상
④ 한 명의 작업자가 담당할 수 있는 기계 대수의 산정

해설
• 다중활동분석표는 기계 혹은 작업자의 유휴시간 단축을 목적으로 한다.

다중활동분석표(Multiple Activity Chart)
㉠ 개요
• 한 명 또는 여러 명의 작업자가 한 대 또는 여러 대의 기계를 이용해서 작업하는 경우를 분석, 기록하여 작업을 개선하는 표를 말한다.
㉡ 목적
• 조작업의 작업 현황 파악
• 기계 혹은 작업자의 유휴시간 단축
• 조 작업을 재편성 또는 개선하여 조 작업 효율 향상
• 한 명의 작업자가 담당할 수 있는 기계 대수의 산정

67
작업관리에서 사용되는 한국산업표준 공정도시 기호와 명칭이 잘못 연결된 것은?
① ▽-이동
② ○-운반
③ □-수량 검사
④ ◇-품질 검사

해설
• ①은 작업 대상물을 지정된 장소에 보관할 때 사용하는 기호이다.

공정분석 시 사용되는 공정도시기호

□	가공물의 수량 검사
D	가공물의 지체를 표시
/⇨	가공물의 이동
▽	가공물의 저장(보관)
○	가공물의 가공작업
◇	가공물의 품질 검사

68
작업관리에서 사용되는 기본 문제해결 절차로 가장 적합한 것은?
① 연구대상선정 → 분석과 기록 → 분석 자료의 검토 → 개선안의 수립 → 개선안의 도입
② 연구대상선정 → 분석 자료의 검토 → 분석과 기록 → 개선안의 수립 → 개선안의 도입
③ 분석 자료의 검토 → 분석과 기록 → 개선안의 수립 → 연구대상선정 → 개선안의 도입
④ 분석 자료의 검토 → 개선안의 수립 → 분석과 기록 → 연구대상선정 → 개선안의 도입

해설
• 작업관리의 문제해결 절차는 연구대상선정 → 작업방법의 분석과 기록 → 분석 자료의 검토 → 개선안의 수립 → 개선안의 도입 → 확인 및 재발방지 순이다.

작업관리의 문제해결 절차
• 연구대상선정 → 작업방법의 분석과 기록 → 분석 자료의 검토 → 개선안의 수립 → 개선안의 도입 → 확인 및 재발방지
• 분석할 작업방법은 현재 사용 중인 작업방법이다.
• 문제해결을 위해 이해해야 하는 문제 자체가 가지는 일반적인 다섯 가지 특성은 두 가지 상태, 제약조건, 대안, 판단기준, 연구시한이다.
• 작업방법의 분석 시에는 공정도나 시간차트, 흐름도 등을 사용한다.
• 선정된 개선안은 작업자나 관련 부서의 이해와 협조 과정을 거쳐 시행하도록 한다.
• 개선 분석 시 5W1H의 What은 작업 순서의 변경, Where, When, Who는 작업 자체의 제거, How는 단순화를 의미한다.

69
다음의 특징을 가지는 표준시간 측정법은?

연속적인 측정방법으로 스톱워치, 전자식 타이머, 비디오카메라 등이 사용되며 작업을 실제로 관측하여 표준시간을 산정한다.

① PTS법
② 시간연구법
③ 표준자료법
④ 워크 샘플링

해설
• ①은 미리 정해 놓은 기본동작별 시간자료로부터 작업을 구성하는 동작들의 시간을 합성하여 표준시간을 결정하는 작업측정기법이다.

- ③은 과거의 시간연구로 구한 요소작업에 소요되는 시간자료를 활용하여 표준시간을 결정하는 작업측정기법이다.
- ④는 작업주기가 길거나 활동내용이 일정하지 않은 비반복적인 작업을 측정하는 데 적합하며, 표본이론의 응용과 무작위 표본추출의 이론을 적용한 통계적 표준시간 측정 기법이다.

❖ 시간연구법(스톱워치법)
- 단위작업 혹은 요소작업들을 나눠 스톱워치로 시간을 측정하는 방법을 말한다.
- 연속적인 측정방법으로 스톱워치, 전자식 타이머, 비디오카메라 등이 사용되며 작업을 실제로 관측하여 표준시간을 산정한다.
- 정미시간은 스톱워치에 의하여 구한 관측평균시간에 작업수행도평가(Performance Rating)를 반영한 시간이다.
- 대상작업자 선정 → 요소작업 분할 → 작업수행도 평가 → 여유율 결정 → 표준시간 결정 순으로 진행한다.
- 시간단위 : 1DM=1/100분

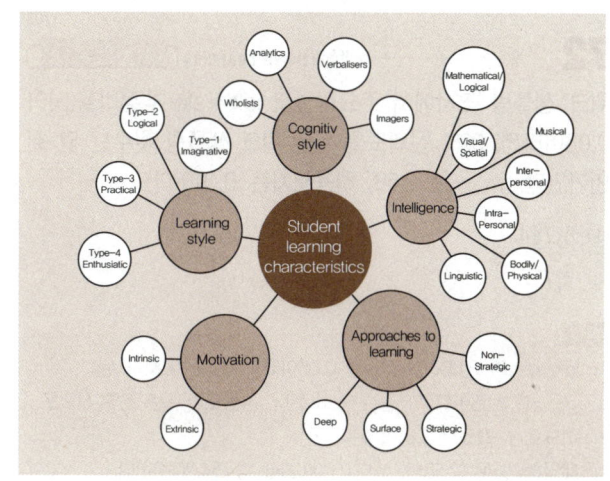

70

문제분석을 위한 기법 중 원과 직선을 이용하여 아이디어 문제, 개념 등을 개괄적으로 빠르게 설정할 수 있도록 도와주는 연역적 추론 기법에 해당하는 것은?

① 공정도(proces chart)
② 마인드 맵핑(mind mapping)
③ 파레토 차트(Pareto chart)
④ 특성요인도(cause and effect diagram)

해설
- ①은 공정 중에 발생하는 모든 작업, 검사, 운반, 저장 등의 과정을 자재나 작업자의 관점에서 흘러가는 순서에 따라 표시하는 도표로 공정분석에 이용된다.
- ③은 80~20의 원칙에 기초하여 빈도수별로 나열한 항목별 점유와 누적비율에 따라 불량이나 사고의 원인이 되는 중요 항목을 찾아가는 기법이다.
- ④는 어떤 결과에 영향을 미치는 크고 작은 요인들을 계통적으로 파악하기 위해 재해와 원인의 관계를 도표화하여 재해 발생 원인을 분석하는 작업분석 도구이다.

❖ 마인드 맵핑(mind mapping)
- 원과 직선을 이용하여 아이디어 문제, 개념 등을 개괄적으로 빠르게 설정할 수 있도록 도와주는 연역적 추론 기법이다.
- 방사형 그림으로 나열한 계층구조로 각 조각들 간의 관계를 표시하고 정리하는 과정을 말한다.

71

작업연구의 내용과 가장 관계가 먼 것은?

① 표준 시간을 산정, 결정한다.
② 최선의 작업방법을 개발하고 표준화한다.
③ 최적 작업방법에 의한 작업자 훈련을 한다.
④ 작업에 필요한 경제적 로트(lot) 크기를 결정한다.

해설
- ④는 필요한 물자를 필요한 때에 필요한 양을 필요한 곳에 조달하고자 하는 MRP 시스템의 역할이다.

❖ 작업연구
㉠ 개요
- 표준시간의 설정과 최선의 작업방법을 개발하여 생산성 향상을 목적으로 한다.
- 작업연구는 보통 동작연구와 시간연구로 구성된다.
- 시간연구는 표준화된 작업방법에 의하여 작업을 수행할 경우에 소요되는 표준시간을 측정하는 분야이다.
- 동작연구는 경제적인 작업방법을 검토하여 표준화된 작업방법을 개발하는 분야이다.

㉡ 내용
- 표준 시간을 산정, 결정한다.
- 최선의 작업방법을 개발하고 표준화한다.
- 최적 작업방법에 의한 작업자 훈련을 한다.

72

워크 샘플링 조사에서 주요작업의 idle rate 추정비율(p)이 0.06이라면, 99% 신뢰도를 위한 워크 샘플링 횟수는 몇 회인가?(단, $\mu_{0.005}$는 2.58, 허용오차는 0.01이다)

① 3,744
② 3,745
③ 3,755
④ 3,764

해설
- idle rate가 0.06이므로 p는 0.06이고, $1-p$는 0.94가 된다.
- $\mu_{0.005}$가 2.58이므로 z는 2.58이 된다. 허용오차 e는 99% 신뢰도이므로 $1-0.99=0.01$이 된다.
- 대입하면 $N=(2.58/0.01)^2 \times 0.06(0.94) = 3,754.2096$이다.
- **워크 샘플링 횟수**
  - 필요한 관측수 $N=(z/e)^2 \times p(1-p)$로 구한다. 이때 z는 표준편차수이며, e는 허용오차로 상대오차×관측비율로 구할 수 있다. p는 표본비율로 표본의 발생횟수를 관측횟수로 나눠서 구할 수 있다.

73

근골격계 질환의 유형에 대한 설명으로 옳지 않은 것은?

① 외상 과염은 팔꿈치 부위의 인대에 염증이 생김으로써 발생하는 증상이다.
② 수근관 증후군은 손목이 꺾인 상태나 과도한 힘을 준 상태에서 반복적 손 운동을 할 때 발생한다.
③ 회내근 증후군은 과도한 망치질, 노젓기 동작 등으로 손가락이 저리고 손가락 굴곡이 약화되는 증상이다.
④ 결절종은 반복, 구부림, 진동 등에 의하여 건의 섬유질이 손상되거나 찢어지는 등의 건에 염증이 생기는 질환이다.

해설
- ④는 건염에 대한 설명이다.
- **결절종**
  - 손바닥, 손등 쪽의 손목, 손가락, 발목에 물혹이 발생하는 질환이다.
  - 양성종양이자 물혹의 일부이다.

74

3시간 동안 작업 수행과정을 촬영하여 워크 샘플링 방법으로 200회를 샘플링한 결과 30번의 손목꺾임이 확인되었다. 이 작업의 시간당 손목꺾임 시간은?

① 6분
② 9분
③ 18분
④ 30분

해설
- 손목꺾임이 발생할 확률은 $30/200=0.15$이다.
- 시간당 손목꺾임 시간은 0.15×60분 $=9$분이 된다.
- **워크 샘플링(work sampling)**
  ㉠ 개요
  - 표본의 크기가 충분히 크다면 모집단의 분포와 일치한다는 통계적 이론에 근거한다.
  - 간헐적으로 랜덤한 시점에서 연구대상을 순간적으로 관측하여 대상이 처한 상황을 파악하고 이를 토대로 관측시간 동안에 나타난 항목별로 차지하는 비율을 추정하는 방법이다.
  - 조사기간을 길게 하여 평상시의 작업현황을 그대로 반영시킬 수 있어 사이클이 긴 작업에 주로 사용한다.
  - 확률이론인 이항분포를 따른다.
  ㉡ 장점
  - 특별한 시간 측정 장비가 별도로 필요하지 않는 간단한 방법이다.
  - 관측이 순간적으로 이루어져 작업에 방해가 적다.
  - 한 사람의 평가자가 동시에 여러 작업을 측정할 수 있다.
  - 자료수집이나 분석에 필요한 순수시간이 다른 시간연구방법에 비하여 짧다.
  - 작업자가 의식적으로 행동하는 일이 적어 결과의 신뢰수준이 높다.
  - 샘플링오차는 관측횟수를 증가시킴으로써 감소될 수 있다.
  ㉢ 단점
  - 작업 방법이 변화되는 경우에는 전체적인 연구를 새로 해야 한다.
  - 시간연구법 등에 비해 정밀도가 떨어진다.
  - 짧은 주기 및 반복작업에 부적합하다.

75

동작분석을 할 때 스패너에 손을 뻗치는 동작의 적합한 서블릭(Therblig) 문자기호는?

① H
② P
③ TE
④ SH

해설
- 스패너를 잡기 위해 빈손이 이동해야 하므로 빈손이동(TE)가 된다.

서블릭(Therblig) 실기 1303/2001/2003/2201/2203/2301
- 동작 단위 중 손의 움직임과 관련된 동작을 분석하기 위해 만든 개념이다.
- 길브레스(Gilbreth) 부부가 제안한 것으로 그들의 성을 거꾸로 해서 만든 것이다.
- 작업 시 동작분석과정에서 시간은 스톱워치로 측정한다.
- 카메라 분석을 통하여 파악할 수 있다.
- 18개의 동작 중 17가지만 기호로 이용된다.

효율적 서블릭	• 기본동작 : 빈손이동(TE), 쥐기(G), 운반(TL), 내려놓기(RL), 미리놓기(PP) • 동작목적 : 조립(A), 사용(U), 분해(DA)
비효율적 서블릭	• (반)정신적 : 찾기(SH), 고르기(ST), 검사(I), 바로놓기(P), 계획(Pn) • 정체 : 휴식(R), 피할 수 있는 지연(AD), 잡고있기(H), 불가피한 지연(UD)

76 • Repetitive Learning 1회 2회 3회

작업수행도 평가 시 사용되는 레이팅 계수(rating scale)에 대한 설명으로 옳지 않은 것은?

① 관측시간치의 평균값을 레이팅 계수로 보정하여 보통속도로 변환시켜준 개념을 표준시간이라 한다.
② 정상기준 작업속도를 100%로 보고 100% 보다 큰 경우 표준보다 빠르고, 100%보다 작은 경우 느린 것을 의미한다.
③ 레이팅 계수(%)가 125일 경우 동작이 매우 숙달된 속도, 장시간 계속 작업 시 피로할 것 같은 작업속도로 판정할 수 있다.
④ 속도 평가법에서의 레이팅 계수는 기준속도를 실제속도로 나누어 계산하고 레이팅 시 작업속도만을 고려하므로 적용하기가 쉬워 보편적으로 사용한다.

해설
- ①은 표준시간이 아니라 정미시간에 대한 설명이다.

레이팅(Rating) 실기 1601
- 작업자의 페이스를 정상작업 페이스와 비교하여 관측평균시간치를 보정해 주는 과정을 말한다.
- 표준시간의 정의를 만족할만한 상태에 있는 작업자를 찾기는 어려우므로 레이팅 작업이 필요하다.
- 시간 측정자의 주관이 개입될 수 있는 단점을 갖는다.

- 레이팅 계수는 $\dfrac{실제작업속도}{정상작업속도}$ 로 나타낸다.
- 레이팅 계수는 $\dfrac{정상속도에서의 작업시간}{실제 작업시간}$ 으로도 구한다.

77 • Repetitive Learning 1회 2회 3회

근골격계 질환·관리추진팀 내 보건관리자의 역할로 옳지 않은 것은?

① 근골격계 질환 예방·관리프로그램의 기본정책을 수립하여 근로자에게 알린다.
② 주기적으로 작업장을 순회하여 근골격계 질환을 유발하는 작업공정 및 작업 유해요인을 파악한다.
③ 7일 이상 지속되는 증상을 가진 근로자가 있을 경우 지속적인 관찰, 전문의 진단의뢰 등의 필요한 조치를 한다.
④ 주기적인 근로자 면담 등을 통하여 근골격계 질환 증상 호소자를 조기에 발견하는 일을 한다.

해설
- ①은 사업주의 역할이다.

근골격계 질환 예방관리추진팀에서 보건/안전관리자의 역할 실기 1803
- 근골격계 질환 유발 공정 및 작업유해요인 파악 (작업장 순회)
- 근골격계 질환 증상 호소자 조기 발견 (근로자 면담)
- 지속적인 관찰, 전문의 진단의뢰 등 필요한 조치(7일 이상 증상이 지속되는 자가 있을 경우)
- 근골격계 질환자를 주기적 면담하여 가능한 조기에 작업장 복귀할 수 있도록 도움
- 예방관리 추진팀에게 예방·관리프로그램을 운영할 수 있도록 사내자원 제공
- 예방관리 프로그램의 운영을 위한 정책 결정에 참여

78 • Repetitive Learning 1회 2회 3회

표준자료법의 특징으로 옳은 것은?

① 레이팅이 필요하다.
② 표준시간의 정도가 뛰어나다.
③ 직접적인 표준자료 구축비용이 크다.
④ 작업방법의 변경 시 표준시간을 설정할 수 있다.

정답 | 76 ① 77 ① 78 ③

해설
- ①에서 표준자료법은 레이팅이 필요 없다.
- ②에서 표준자료법은 표준시간의 정도가 타 측정기법에 비해 떨어진다.
- ④에서 작업방법의 변경 시 해당 작업방법에 대한 자료가 존재한다면 표준시간 설정이 가능하나, 전혀 새로운 방법인 경우 표준시간 설정이 불가능할 수 있다.

표준자료법
- 작업시간을 새로이 측정하기 보다는 과거에 측정한 기록들을 기준으로 동작에 영향을 미치는 요인들을 검토하여 만든 함수식, 표, 그래프 등으로 동작시간을 예측하는 방법이다.
- 과거의 시간연구로부터 얻어진 다양한 요소작업 소요시간 데이터베이스(표준자료)를 기초로 다중회귀분석법을 이용하여 정미시간을 구하고 여유시간을 반영하여 표준시간을 설정하는 방법이다.
- 레이팅이 필요 없다.
- 현장에서 직접 측정하지 않더라도 표준시간을 산정할 수 있다.
- 표준자료의 사용법이 정확하다면 누구라도 일관성 있게 표준시간을 산정할 수 있다.
- 직접적인 표준자료 구축비용이 크다.
- 유사한 대량의 반복작업에 유용하다.

- 지지되지 않은 상태이거나 임의로 자세를 바꿀 수 없는 조건에서, 하루에 총 2시간 이상 목이나 허리를 구부리거나 트는 상태에서 이루어지는 작업
- 하루에 총 2시간 이상 쪼그리고 앉거나 무릎을 굽힌 자세에서 이루어지는 작업
- 하루에 총 2시간 이상 지지되지 않은 상태에서 1kg 이상의 물건을 한손의 손가락으로 집어 옮기거나, 2kg 이상에 상응하는 힘을 가하여 한손의 손가락으로 물건을 쥐는 작업
- 하루에 총 2시간 이상 지지되지 않은 상태에서 4.5kg 이상의 물건을 한 손으로 들거나 동일한 힘으로 쥐는 작업
- 하루에 10회 이상 25kg 이상의 물체를 드는 작업
- 하루에 25회 이상 10kg 이상의 물체를 무릎 아래에서 들거나, 어깨 위에서 들거나, 팔을 뻗은 상태에서 드는 작업
- 하루에 총 2시간 이상, 분당 2회 이상 4.5kg 이상의 물체를 드는 작업
- 하루에 총 2시간 이상 시간당 10회 이상 손 또는 무릎을 사용하여 반복적으로 충격을 가하는 작업

79
산업안전보건법령상 근골격계 부담작업에 해당하지 않는 것은?(단, 단기간작업 또는 간헐적인 작업은 제외한다)

① 하루에 10회 이상 25kg 이상의 물체를 드는 작업
② 하루에 총 2시간 이상, 분당 2회 이상 4.5kg 이상의 물체를 드는 작업
③ 하루에 총 1시간 이상 쪼그리고 앉거나 무릎을 굽힌 자세에서 이루어지는 작업
④ 하루에 4시간 이상 집중적으로 자료입력 등을 위해 키보드 또는 마우스를 조작하는 작업

해설
- ③에서 하루 2시간 이상이 되어야 한다.

근골격계 부담작업 실기 1903/2001/2201/2203/2303
- 하루에 4시간 이상 집중적으로 자료입력 등을 위해 키보드 또는 마우스를 조작하는 작업
- 하루에 총 2시간 이상 목, 어깨, 팔꿈치, 손목 또는 손을 사용하여 같은 동작을 반복하는 작업
- 하루에 총 2시간 이상 머리 위에 손이 있거나, 팔꿈치가 어깨 위에 있거나, 팔꿈치를 몸통으로부터 들거나, 팔꿈치를 몸통뒤쪽에 위치하도록 하는 상태에서 이루어지는 작업

80
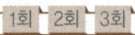

근골격계 질환 예방대책으로 옳지 않은 것은?

① 단순 반복 작업은 기계를 사용한다.
② 작업순환(Job Rotation)을 실시한다.
③ 작업방법과 작업공간을 인간공학적으로 설계한다.
④ 작업속도와 작업강도를 점진적으로 강화한다.

해설
- 작업속도와 강도를 점진적으로 강화하더라도 근골격계 질환을 피할 수는 없다. 예방대책으로 알맞지 않다.

근골격계 질환의 사전예방을 위한 적합한 관리대책
- 충분한 휴식시간의 제공과 스트레칭 프로그램의 도입
- 적절한 공구의 사용 및 올바른 작업방법에 대한 작업자 교육
- 작업자의 신체적 특성과 작업내용을 고려한 작업장 구조의 인간공학적 개선
- 적합한 노동강도에 대한 평가
- 공학적 개선과 관리적 개선을 통한 작업환경 개선
- 예방이 최선의 정책이므로 질환 예방을 위한 최선의 노력
- 작업순환(Job Rotation)과 작업 확대를 통하여 한 작업자가 할 수 있는 일의 다양성을 확보

2026

한국산업인력공단 국가기술자격

고시넷 고패스

인간공학기사 필기

10년+α 기출문제집

2025년 CBT 복원문제

● CBT 시험은 수험생마다 시험문제가 다르게 출제됩니다. 시험에 출제된 문제를 정확하게 복원하고자 저자 및 담당자가 직접 시험에 응시하였습니다. 일부 기억나지 않는 문제의 경우 최대한 출제문제와 유사한 기존 기출문제로 대체하였습니다. 시험의 흐름 정도만 참고하시면 되겠습니다. 감사합니다.

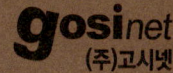

2025년 제3회

2025년 8월 9일

2025년 3회차 필기시험 합격률 67.1%

1과목 인간공학개론

01
다음과 같이 4가지 자극에 대하여 4가지 반응이 나타날 확률이 주어질 때 전달된 정보량은 얼마인가?

구분		반응(Y)			
		1	2	3	4
자극(X)	1	0.25	0.0	0.0	0.0
	2	0.25	0.0	0.0	0.0
	3	0.0	0.0	0.25	0.0
	4	0.0	0.0	0.0	0.25

① 0.5bit
② 1.0bit
③ 1.5bit
④ 2.0bit

해설
- 전달된 정보량을 묻고 있으므로 반응(Y)의 요소별 정보량을 구해 더하면 된다.
- 반응 1의 확률은 0.25+0.25=0.5이고, 반응 2의 확률은 0, 반응 3의 확률은 0.25, 반응 4의 확률은 0.25이다.
- 반응 1의 정보량은 확률이 0.5이므로 $0.5 \times \log_2\left(\frac{1}{0.5}\right)$=0.5가 된다.
- 반응 2의 정보량은 0이다.
- 반응 3의 정보량은 $0.25 \times \log_2\left(\frac{1}{0.25}\right)$=0.5가 된다.
- 반응 4의 정보량은 $0.25 \times \log_2\left(\frac{1}{0.25}\right)$=0.5가 된다.
- 전체 전달된 정보량은 0.5+0.5+0.5=1.5bit가 된다.

■ 정보량 **실기** 1401/2301/2303
- 대안이 n개인 경우의 정보량은 $\log_2 n$으로 구한다.
- 특정 안이 발생할 확률이 $p(x)$라면 정보량은 $\log_2 \frac{1}{p(x)}$로 구한다.
- 여러 안이 발생할 경우의 총 정보량은 [개별 확률×개별 정보량의 합]과 같다.

02
인간의 시식별 능력에 영향을 주는 외적 인자와 가장 거리가 먼 것은?
① 휘도
② 과녁의 이동
③ 노출시간
④ 최소분간 시력

해설
- ④는 란돌트(Landolt) 고리에 있어 1.5mm의 틈을 5m의 거리에서 겨우 구분할 수 있는 지의 여부를 판단하는 인간 시력의 척도로 시식별 능력의 내적인자로 봐야한다.

■ 시식별에 영향을 주는 인자 **실기** 2103
- 조도
- 휘도 및 휘도비
- 대비
- 과녁의 이동
- 노출시간
- 조명기구
- 시력(내적인자)
- 연령(내적인자)

03
인간공학의 정보이론에 있어 1bit에 관한 설명으로 가장 적절한 것은?
① 초당 최대 정보 기억 용량이다.
② 정보 저장 및 회송(recall)에 필요한 시간이다.
③ 2개의 대안 중 하나가 명시되었을 때 얻어지는 정보량이다.
④ 일시에 보낼 수 있는 정보전달 용량의 크기로서 통신 채널의 Capacity를 의미한다.

01 ③ 02 ④ 03 ③

> **[해설]**
> - 1 bit란 실현 가능성이 같은 2개의 대안 중 결정에 필요한 정보량이다.
>
> ❖ 정보이론
> - 정량적으로 측정할 수 있으며, 정보의 측정 단위는 bit를 사용한다.
> - 두 대안의 실현 확률이 동일할 때 총 정보량이 가장 크다.
> - 1 bit란 실현 가능성이 같은 2개의 대안 중 결정에 필요한 정보량이다.
> - 정보이론에서 정보란 불확실성의 감소라 정의할 수 있다.

04 ● Repetitive Learning 1회 2회 3회

시력에 관한 내용으로 옳지 않은 것은?

① 눈의 조절능력이 불충분한 경우, 근시 또는 원시가 된다.
② 시력은 세부적인 내용을 시각적으로 식별할 수 있는 능력을 말한다.
③ 눈이 초점을 맞출 수 없는 가장 먼 거리를 원점이라 하는데 정상 시각에서 원점은 거의 무한하다.
④ 시각(visual angle)은 표적까지의 거리를 표적두께로 나누어 계산한다.

> **[해설]**
> - ④에서 시력은 시각(visual angle)의 역수로 측정하며, 시각은 표적두께를 표적까지의 거리로 나누어 계산한다.
>
> ❖ 시력 실기 1403/1903/2302
> - 세부적인 내용을 시각적으로 식별할 수 있는 능력을 말한다.
> - 시력은 시각(visual angle)의 역수로 측정한다.
> - 시각은 표적두께를 표적까지의 거리로 나누어 계산한다.
>   시각(mm)=(57.3×60×틈간격)/눈으로부터 거리로 구한다.
> - 눈이 파악할 수 있는 표적사이의 최소공간을 최소 분간시력(minimum separable acuity)이라고 한다.
> - 눈의 조절능력이 불충분한 경우, 근시 또는 원시가 된다.
> - 근시는 수정체가 두꺼워지면서 물체의 상이 망막의 앞에서 맺혀 먼 물체를 볼 수 없다.
> - 눈이 초점을 맞출 수 없는 가장 먼 거리를 원점이라 하는데 정상 시각에서 원점은 거의 무한하다.

05 0503/0603/1201/1603 ● Repetitive Learning 1회 2회 3회

다음 중 인체측정의 정적 치수 측정에 관한 설명으로 틀린 것은?

① 형태학적 측정을 의미한다.
② 마틴식 인체측정 장치를 사용한다.
③ 나체 측정을 원칙으로 한다.
④ 상지나 하지의 운동범위를 측정한다.

> **[해설]**
> - ④는 기능적 치수에 대한 설명이다.
>
> ❖ 구조적 치수(Structural dimension)=정적 치수 측정
>   실기 1801/2001/2103/2303/2401
> - 형태학적 측정, 즉 정적 자세에서 측정한 신체치수이다.
> - 나체 측정을 원칙으로 한다.
> - 마틴(Martin)식 인체측정 장치를 사용한다.
> - 신체 측정치는 나이, 성, 인종에 따라 다르게 나타난다.
> - 골격 치수(skeletal dimension)와 외곽 치수(contour dimension)가 있다.

06 ● Repetitive Learning 1회 2회 3회

인간-기계 시스템의 설계원칙으로 적절하지 않은 것은?

① 인체의 특성에 적합하여야 한다.
② 인간의 기계적 성능에 적합하여야 한다.
③ 시스템의 동작은 인간의 예상과 일치되어야 한다.
④ 단독의 기계에 대하여 수행해야 할 배치는 기계적 성능이 최대치가 되도록 해야 한다.

> **[해설]**
> - 단독의 기계를 배치하는 경우 기계의 성능보다는 인간의 심리 및 기능에 부합하는지를 우선적으로 고려하여야 한다.
>
> ❖ 인간-기계 시스템
>   ㉠ 목적
>   - 안전의 극대화와 생산능률의 향상
>   ㉡ 인간공학적 설계의 일반적인 원칙
>   - 인간의 특성을 고려한다.
>   - 시스템을 인간의 예상과 양립시킨다.
>   - 표시장치나 제어장치의 중요성, 사용빈도, 사용 순서, 기능에 따라 배치하도록 한다.

07
다음 중 인간 기억의 여러 가지 형태에 대한 설명으로 틀린 것은?

① 단기기억의 정보는 일반적으로 시각, 음성, 촉각, 감각코드의 4가지로 코드화된다.
② 자극을 받은 후 단기기억에 저장되기 전에 시각적인 정보는 아이코닉 기억(Iconic memory)에 잠시 저장된다.
③ 계속해서 갱신해야 하는 단기기억의 용량은 보통의 단기기억 용량보다 작다.
④ 단기기억에 있는 내용을 반복하여 학습(research)하면 장기기억으로 저장된다.

해설
- 인간의 단기기억의 정보는 시각적, 청각적으로 부호화되고 추후 언어의미적 부호로 변환된다.
- **인간의 기억체계**
  - 인간의 기억은 감각저항, 단기기억, 장기기억으로 구분된다.
  - 감각저항은 빠르게 사라지고 새로운 자극으로 대체된다.
  - 단기기억을 장기기억으로 이전시키려면 리허설이 필요하다.
  - 단기기억의 정보는 시각적, 청각적으로 부호화되고 추후 언어의미적 부호로 변환된다.
  - 인간의 단기기억 용량은 보통 7청크이며, 학습을 통해 장기기억으로 전환되기는 하지만 단기기억의 용량이 커지지는 않는다.
  - 단기기억에 있는 내용을 반복하여 학습(research)하면 장기기억으로 저장된다.

08
1003/1601/2001

다음 피부의 감각기 중 감수성이 제일 높은 것은?

① 온각   ② 통각
③ 압각   ④ 냉각

해설
- 가장 많은 감각기를 보유한 통각이 감수성이 제일 높다.
- **피부 감각의 종류**
  - 촉각(압각): 촉각은 메르켈 소체, 마이스너 소체, 압각은 파치니 소체가 담당한다.
  - 온도감각(온각, 냉각): 온각은 루피니 소체, 냉각은 크라우제 소체가 담당한다.
  - 고통감각: 감수성이 가장 높다. 신경말단에서 자극을 수용하며 감각기중 가장 많이 분포한다.

09
출입문의 높이, 탈출구의 높이를 결정하는데 적용하는 인체치수 적용원리는?

① 평균치 원리   ② 최소치 원리
③ 최대치 원리   ④ 조절식 원리

해설
- 출입문의 높이, 탈출구, 의자의 높이, 좌석 간의 거리, 통로의 벽, 와이어로프의 사용중량, 위험구역 울타리 등은 최대 집단치를 적용한다.
- **극단치 설계 방법** 실기 1601/1603/1801/2003/2201
  - 조작자와 제어버튼 사이의 거리, 조작에 필요한 힘, 비상벨의 위치, 지하철이나 버스의 손잡이 높이는 최소 집단치(5% 하위 백분위 수)를 설계 기준으로 한다.
  - 출입문의 높이, 탈출구, 의자의 높이, 좌석 간의 거리, 통로의 벽, 와이어로프의 사용중량, 위험구역 울타리 등은 최대 집단치(5% 상위 백분위 수)를 설계 기준으로 한다.

10
다음 중 조종-반응 비율(Control-Response ratio)에 대한 설명으로 옳은 것은?

① 조종-반응 비율이 낮을수록 둔감하다.
② 조종-반응 비율이 높을수록 조정시간은 증가한다.
③ 조종장치의 조작시간 지연은 직접적으로 C/R비와 관계 없다.
④ C/R비가 감소함에 따라 이동시간은 감소하고, 조종시간은 증가한다.

해설
- ①에서 조종반응비율이 낮을수록 민감하다.
- ②에서 조종반응비율이 높을수록 조종시간이 감소한다.
- ③에서 통제기기 시스템에서 발생하는 조작시간의 지연은 직접적으로 통제표시비가 가장 크게 작용하고 있다.
- **통제표시비: C/D(C/R)비** 실기 1301/1403/1501/1503/1601/1701/1803/1901/2002/2003/2101/2103/2203/2301/2303/2401
  - ⊙ 개요
    - 통제장치의 변위량과 표시장치의 변위량과의 관계를 나타낸 비율로 C/D비, 조종과 반응의 비라고 하여 C/R비라고도 한다.
    - $C/D = \dfrac{\text{통제기기의 변위량}}{\text{표시계기의 변위량}}$ 으로 구한다.

- 회전 조종구의 C/D비

$$= \frac{2\times\pi(3.14)\times r(\text{반지름})\times\left(\frac{\text{각도}}{360}\right)}{\text{표시계기의 변위량}}$$

으로 구한다.

ⓒ 특징
- C/R비가 작아진다는 것은 민감한 장치화 되어 조종시간=제어시간이 길어지지만 수행시간이 짧아진다는 의미이다.
- C/R비가 크다는 것은 미세한 조종은 쉽지만 수행시간은 상대적으로 길다.
- 통제기기 시스템에서 발생하는 조작시간의 지연은 직접적으로 통제표시비가 가장 크게 작용하고 있다.

11

다음 중 Fitts의 법칙과 관련이 없는 것은?

① 표적의 폭
② 이동소요 시간
③ 이동의 궤도
④ 표적 중심선까지의 이동거리

해설

- Fitts의 법칙은 표적의 크기(폭), 이동거리, 이동시간 등이 관련된 법칙으로 표적이 작고 이동거리가 길수록 이동시간이 증가하는 것을 나타내는 인간의 제어 및 조정능력을 나타내는 법칙이다.

❖ Fitts의 법칙
- 인간의 제어 및 조정능력을 나타내는 법칙으로 인간의 손이나 발을 이동시켜 조작장치를 조작하는데 걸리는 시간을 표적까지의 거리와 표적 크기의 함수로 나타낸다.
- 표적이 작고 이동거리가 길수록 이동시간이 증가한다.
- 자동차 가속 페달과 브레이크 페달 간의 간격, 브레이크 폭 등을 결정하는데 사용할 수 있는 가장 적합한 인간공학 이론이다.
- 난이도 지수는 $\log_2\left(\frac{2A}{W}\right)$로 구한다.
- 동작시간 $= a + b\log_2\left(\frac{2A}{W}\right)$ [ms]로 구한다. 이때 a와 b는 단순반응시간, 선택반응시간, A는 동작거리, W는 목표물의 폭이다.

12

작업 중인 프레스기로부터 50m 떨어진 곳에서 음압을 측정한 결과 음압 수준이 100dB이었다면, 100m 떨어진 곳에서의 음압수준은 약 몇 dB 인가?

① 90
② 92
③ 94
④ 96

해설

- $dB_2 = dB_1 - 20\log\left(\frac{P_2}{P_1}\right)$에서 $dB_1 = 100$, $P_1 = 50$, $P_2 = 100$를 대입하면 $dB_2 = 100 - 20\log\left(\frac{100}{50}\right)$이다. $\log_2 = 0.3010$이므로 $100 - 6.020 = 93.980$이다.

❖ 음압수준 실기 1403/1601
- 음압(Sound pressure)은 물리적으로 측정한 음의 크기를 말한다.
- 음압수준(dB) $= 20\log_{10}\frac{P}{P_0}$로 구한다. 이때, P : 측정음압으로서 파스칼(Pa) 단위를 사용하고, P_0 : 기준음압으로서 $20\mu Pa$ 사용한다.
- 소음원으로부터 P_1만큼 떨어진 위치에서 음압수준이 dB_1일 경우 P_2만큼 떨어진 위치에서의 음압수준은 $dB_2 = dB_1 - 20\log\left(\frac{P_2}{P_1}\right)$로 구한다.
- 소음원으로부터 거리와 음압수준은 역비례한다.

13

귀에 대한 설명으로 잘못된 것은?

① 청각을 받아들여 소리를 듣는 기관이다.
② 내이는 소리를 직접 느끼는 달팽이관이 있는 부분으로 달팽이관, 귓바퀴로 구성된다.
③ 외이, 중이, 내이로 구성된다.
④ 소리는 공기를 통해서 전도되어 림프액으로 차있는 내이에서 액체를 통해서 전도된 후 신경을 통해서 최종적으로 전달된다.

해설

- 귓바퀴는 외이의 구성요소이다.

❖ 귀
- 청각을 받아들여 소리를 듣는 기관이다.
- 외이, 중이, 내이로 구성된다.
- 외이는 소리를 고막까지 전달하는 부분으로 귓바퀴와 외이도로 구성된다.
- 중이는 고막에서 내이 사이의 공간으로 고막의 진동을 달팽이관에 전달하는 역할을 한다. 고막, 이소골, 고실, 이내근, 이관으로 구성된다.
- 내이는 소리를 직접 느끼는 달팽이관이 있는 부분으로 달팽이관, 전정기관, 반고리관 등으로 구성된다.
- 소리는 공기를 통해서 전도되어 림프액으로 차있는 내이에서 액체를 통해서 전도된 후 신경을 통해서 최종적으로 전달된다.

정답 11 ③ 12 ③ 13 ②

14

다음 양립성의 종류 중 특정 사물들, 특히 표시장치(display)나 조종장치(control)에서 물리적 형태나 공간적인 배치의 양립성을 나타내는 것은?

① 양식(modality) 양립성
② 공간적(spatial) 양립성
③ 운동(movement) 양립성
④ 개념적(conceptual) 양립성

해설
- 표지장치나 조종장치의 위치나 형태가 인간의 기대에 모순되지 않는 것은 공간 양립성에 부합된다.

양립성(Compatibility) 실기 1703/2003/2402
㉠ 개요
- 인간의 기대하는 바와 자극 또는 반응들이 일치하는 관계를 말하는데 양립성이 적을수록 정보처리에서 재코드화 과정은 많아진다.
- 양립성의 효과가 크면 클수록, 코딩의 시간이나 반응의 시간은 짧아진다.
- 양립성의 종류에는 운동양립성, 공간양립성, 개념양립성, 양식양립성 등이 있다.

㉡ 양립성의 종류와 개념 실기 1403/1501/1603/1801/1903/2001/2101/2201/2301/2303/2401/2403

공간 (Spatial) 양립성	• 표시장치와 이에 대응하는 조종 장치의 위치가 인간의 기대에 모순되지 않는 것 • 왼쪽 표시장치와 관련된 조종 장치는 왼쪽, 오른쪽 표시장치에 관련된 조종 장치는 오른쪽에 위치하는 것
운동 (Movement) 양립성	조종 장치의 조작방향에 따라서 기계장치나 자동차 등이 움직이는 것
개념 (Conceptual) 양립성	• 인간이 가지는 개념과 일치하게 하는 것 • 적색 수도꼭지는 온수, 청색 수도꼭지는 냉수를 의미하는 것이나 위험신호는 빨간색, 주의신호는 노란색, 안전신호는 파란색으로 표시하는 것
양식 (Modality) 양립성	문화적 관습에 의해 생기는 양립성 혹은 직무에 관련된 자극과 이에 대한 응답 등으로 청각적 자극 제시와 이에 대한 음성응답 과업에서 갖는 양립성

15

촉각적 표시장치에 대한 설명으로 맞는 것은?

① 시각 및 청각 표시장치를 대체하는 장치로 사용할 수 없다.
② 3점 문턱값(Three-Point Threshold)을 척도로 사용한다.
③ 세밀한 식별이 필요한 경우 손가락보다 손바닥 사용을 유도해야 한다.
④ 촉감은 피부온도가 낮아지면 나빠지므로, 저온환경에서 촉감 표시장치를 사용할 때는 아주 주의하여야 한다.

해설
- ①에서 시각 및 청각 표시장치를 대체하는 장치로 사용할 수 있다.
- ②에서 촉각적 표시장치는 2점 문턱값을 척도로 사용한다.
- ③에서 손바닥 보다 손가락이 더 문턱값이 작으므로 더 세밀한 식별이 가능하다.

촉각적 표시장치
- 시각 및 청각 표시장치를 대체하는 장치로 사용할 수 있다.
- 피부에서 특정 2개의 점이 2개의 점으로 느껴질 수 있도록 하는 최소 간격에 해당하는 2점 문턱값(2점 역치)을 척도로 사용한다.
- 문턱값은 손바닥 → 손가락 → 손가락 끝 순으로 감소하고, 문턱값이 작을수록 더 세밀한 식별이 가능하다.
- 촉감은 피부온도가 낮아지면 나빠지므로, 저온환경에서 촉감 표시장치를 사용할 때는 아주 주의하여야 한다.

16

인간-기계 시스템에서의 기본적인 기능으로 볼 수 없는 것은?

① 정보의 수용　　② 정보의 생성
③ 정보의 저장　　④ 정보처리 및 결정

해설
- 인간-기계 체계의 기본기능에는 감지기능, 정보처리 및 의사결정기능, 행동기능, 정보보관기능(4대 기능), 출력기능 등이 있다.

인간-기계 체계
㉠ 개요
- 인간-기계 체계의 주 목적은 안전의 최대화와 능률의 극대화에 있다.
- 인간-기계 체계의 기본기능에는 감지기능, 정보처리 및 의사결정기능, 행동기능, 정보보관기능(4대 기능), 출력기능 등이 있다.

ⓒ 인간-기계 시스템의 5대 기능

감지기능	인체의 눈과 기계의 표시장치와 같은 감지기능
정보처리 및 의사결정기능	회상, 인식, 정리 등을 통한 정보처리 및 의사결정 기능
행동기능	정보처리의 결과로 발생하는 조작행위(음성 등)
정보보관기능	정보의 저장 및 보관기능으로 위 3가지 기능 모두와 상호작용을 한다.
출력기능	시스템에서 의사 결정된 사항을 실행에 옮기는 과정

17
인간공학에 대한 설명으로 가장 옳은 것은?

① 인간공학의 다른 이름인 작업 경제학(ergonomics)은 경제학에서 파생되었다.
② 인간공학에서 다루는 내용은 상식 수준이다.
③ 인간이 포함된 환경에서 그 주변의 환경조건이 인간에게 맞도록 설계·재설계되는 것이다.
④ 초점이 인간보다는 장비/도구의 설계에 맞추어져 있다.

해설
- 인간공학이란 인간이 사용하는 물건, 설비, 환경의 설계에 인간의 생리적, 심리적인 면에서의 특성이나 한계점을 고려함으로써 인간-기계 시스템의 안전성과 편리성, 효율성을 높이는 학문분야이다.

❖ 인간공학(Ergonomics)
  ㉠ 개요
  - "Ergon(작업)+nomos(법칙)+ics(학문)"이 조합된 단어로 Human factors, Human engineering이라고도 한다.
  - 인간의 특성과 한계 능력을 공학적으로 분석, 평가하여 이를 복잡한 체계의 설계에 응용함으로 효율을 최대로 활용할 수 있도록 하는 학문분야이다.
  - 인간이 사용하는 물건, 설비, 환경의 설계에 인간의 생리적, 심리적인 면에서의 특성이나 한계점을 고려함으로써 인간-기계 시스템의 안전성과 편리성, 효율성을 높이는 학문분야이다.
  ㉡ 적용분야
  - 제품설계
  - 재해·질병 예방
  - 장비·공구·설비의 배치
  - 작업장 내 조사 및 연구

18
정량적 시각 표시장치의 기본 눈금선 수열로 가장 적당한 것은?

① 2, 4, 6···
② 3, 6, 9···
③ 8, 16, 24···
④ 0, 10, 20···

해설
- 일상생활에서 10진수를 사용하고 있으므로 기본 눈금선 수열은 0, 10, 20, ···로 표시되는 것이 좋다.

❖ 정량적 표시장치(Quantitative display)
  - 기계식 표시장치에는 원형, 수평형, 수직형 등의 아날로그 표시장치와 디지털 표시장치로 구분된다.
  - 아날로그 표시장치는 눈금이 고정되고 지침이 움직이는 동침(Moving pointer)형과 지침이 고정되고 눈금이 움직이는 동목(Moving scale)형으로 구분된다.
  - 아날로그 표시장치의 눈금단위(Scale unit) 길이는 정상 가시거리(71cm)를 기준으로 정상 조명 환경에서는 1.3mm 이상이 권장된다.
  - 시력이 나쁜 사람이나 조명이 낮은 환경에서 계기를 사용할 때는 눈금단위(Scale unit) 길이를 크게 하는 편이 좋다.
  - 기본 눈금선 수열은 0, 10, 20, ···로 표시되는 것이 좋다.

19
다음 중 신호검출이론에 관한 설명으로 틀린 것은?

① 신호검출이론은 잡음이 신호검출에 미치는 영향을 다루는 것이다.
② 일반적으로 신호의 판정의 결과는 4가지이다.
③ 신호검출이 민감도에서 신호와 잡음간의 두 분포가 가까울수록 판정자는 신호와 잡음을 정확하게 판별하기 쉽다.
④ 신호검출의 난이도는 두 분포가 중첩된 정도로 나타낸다.

해설
- ③에서 신호검출의 민감도에서 신호와 잡음간의 두 분포가 가까울수록 판정자는 신호와 잡음을 정확하게 판별하기 어렵다.

❖ 신호검출이론(Signal Detection Theory) 실기 1501/1503/1701/2001/2002/2003/2103/2303/2403
  ㉠ 개요
  - 불확실한 상황에서 선택하게 하는 방법으로 신호의 탐지는 관찰자의 반응편향과 민감도에 달려있다고 주장하는 이론이다.

- 일반적으로 신호 검출시 이를 간섭하는 소음이 있고, 신호와 소음을 쉽게 식별할 수 없는 상황에 신호검출이론이 적용된다.
- 긍정(Hit), 허위(False alarm), 누락(Miss), 부정(Correct rejection)의 네 가지 결과로 나눌 수 있다.
- 허위(False alarm)는 소음을 신호로, 누락(Miss)은 신호를 소음으로 판단한 결과이다.
- 신호검출이론은 품질관리, 통신이론, 의학처방 및 심리학, 법정에서의 판정 등 다양하게 활용되고 있다.

ⓒ 반응편향 β
- 반응편향 $\beta = \dfrac{\text{신호의 길이}}{\text{소음의 길이}}$로 구한다.
- 신호에 의한 반응이 선형인 경우 판별력은 좋아진다.
- 신호검출이론에서 두 개의 정규분포 곡선이 교차하는 부분에 있는 기준점 β는 신호의 길이와 소음의 길이가 같으므로 1의 값을 가진다.
- 판정 기준은 β(신호/노이즈)이며, $\beta > 1$이며 보수적이고, $\beta < 1$이면 자유적이다

ⓒ 민감도
- 민감도가 클수록 신호를 구분하기 쉽다.
- 잡음이 많을수록, 신호가 약하거나 분명하지 않을수록 d값은 작아진다.
- 민감도를 늘리기 위해서는 교육 훈련, 결과의 피드백, 신호의 비신호의 구별성 증가 등의 조치를 한다.

ⓒ 원칙
- 중요성의 원칙, 사용빈도의 원칙 – 우선적인 원칙
- 기능별 배치, 사용 순서의 원칙 – 부품의 일반적인 위치 내에서의 구체적인 배치 기준

2과목 작업생리학

21 1401
Repetitive Learning 1회 2회 3회
다음 중 음(音)에 관한 설명으로 옳은 것은?

① sone과 phon의 환산식 sone = $2^{\frac{phon-20}{10}}$ 이다.
② 1,000Hz 순음의 60dB 음의 세기 레벨의 음의 크기를 1sone이라고 한다.
③ sone의 값이 2배로 증가하면 감각의 양은 4배로 증가한다.
④ 어떤 음의 음량 수준을 나타내는 phon값은 이 음과 같은 크기로 들리는 1,000Hz 순음의 음압 수준(dB)을 의미한다.

해설
- ①에서 sone = $2^{\frac{phon-40}{10}}$ 으로 구한다.
- ②에서 1sone은 40dB의 1,000Hz 순음의 크기를 말한다.
- ③에서 sone 값이 2배로 증가하면 감각의 양은 10 phon 증가한다.

phon 값
- 1,000Hz의 주파수를 기준으로 각 주파수별 동일한 음량을 주는 음압을 평가하는 척도의 단위이다.
- 음압수준이 120dB일 경우 1,000Hz에서의 phon값은 120이다.
- 1,000Hz대의 20dB크기의 소리는 20phon이다.
- 상이한 음의 상대적 크기에 대한 정보는 나타내지 못한다.

20 0901/1101/1701/1903
Repetitive Learning 1회 2회 3회
부품배치의 원칙이 아닌 것은?

① 중요성의 원칙 ② 사용 빈도의 원칙
③ 사용 순서의 원칙 ④ 크기별 배치의 원칙

해설
- 부품은 사용빈도, 중요도, 기능별, 사용 순서의 원칙에 의해 배치하도록 한다.

작업장 배치의 원칙 실기 1303/1701/2001/2002/2101/2303/2402
ⓒ 개요
- 사용빈도, 중요도, 기능별, 사용 순서의 원칙에 의해 배치한다.
- 작업의 흐름에 따라 기계를 배치한다.
- 배치의 3단계는 지역배치 → 건물배치 → 기계배치 순으로 이뤄진다.
- 공장내외는 안전한 통로를 두어야 하며, 통로는 선을 그어 작업장과 명확히 구별하도록 한다.
- 비상시에 쉽게 대비할 수 있는 통로를 마련하고 사고 진압을 위한 활동통로가 반드시 마련되어야 한다.

22 0703/0901/1701/2001
Repetitive Learning 1회 2회 3회
작업강도의 증가에 따른 순환계 반응의 변화로 옳지 않은 것은?

① 혈압의 상승 ② 적혈구의 감소
③ 심박출량의 증가 ④ 혈액의 수송량 증가

해설
- ②는 암이나 혈액질환으로 발생하는 것으로 작업강도 증가와는 관련이 없다.
- **작업강도의 증가에 따른 순환계 반응**
  - 혈압의 상승
  - 심박출량의 증가
  - 혈액의 수송량 증가
  - 신체에 흐르는 혈류의 재분배

23
어떤 작업의 총 작업시간이 35분이고 작업 중 평균에너지 소비량이 분당 7kcal라면 이 때 필요한 휴식시간은 약 몇 분인가?(단, Murrell의 공식을 이용하며, 기초대사량은 분당 1.5kcal, 남성의 권장 평균 에너지소비량은 분당 5kcal이다.)

① 8분 ② 13분
③ 18분 ④ 23분

해설
- 남성의 평균 에너지소비량을 분당 5kcal이므로 공식은
  $R = 작업시간 \times \dfrac{E-5}{E-1.5}$ 이다.
- 대입하면 $R = 35 \times \dfrac{7-5}{7-1.5} = 35 \times \dfrac{2}{5.5} = 12.7272\cdots$ 분이다.
- **휴식시간 산출** [실기] 1301/1501/1503/1903/2103/2403
  - 분당 권장되는 평균 에너지 소비량은 남성의 경우 5kcal, 여성의 경우 3.5kcal이다.
  - 여기서 작업평균 에너지 소비량을 넘어서는 작업을 한 경우에는 일정한 시간마다 휴식이 필요하다.
  - 이에 휴식시간 $R = 작업시간 \times \dfrac{E-5}{E-1.5}$ 로 계산한다.
  - 이때 E는 작업 중 에너지 소비량[kcal/분]이고, 5는 남성의 권장 평균 에너지 소비량, 1.5는 휴식 중 에너지 소비량이다.(문제에서 주어지면 해당 값을 사용) 만약 산소 소모량이 주어질 경우 산소 1리터는 평균 5kcal가 소모된다.

24
다음 중 근력에 관한 설명으로 틀린 것은?

① 정적 근력은 신체를 움직이지 않으면서 자발적으로 가할 수 있는 최대힘이다.
② 동적 근력은 등척력(isometric strength)으로 근육이 낼 수 있는 최대 힘이다.
③ 근력은 힘을 발휘하는 조건에 따라 정적근력과 동적근력으로 구분한다.
④ 정적근력의 측정은 고정된 물체에 대해 최대힘을 하고, 일정 시간 휴식하는 과정을 반복하여 처음 3초동안 발휘된 근력의 평균을 계산하여 측정한다.

해설
- ②에서 등척력이란 근력의 상태 중 물체를 들고 있을 때처럼 신체부위를 움직이지 않으면서 고정된 물체에 힘을 가하는 정적상태의 근력을 말한다.
- **정적 근력(static strength)**
  - 등척성 근력(isometric strength)이라고도 한다.
  - 근육의 정적상태의 근력 즉, 근육이 등척성 수축을 하는 것에 해당하는 근력이다.
  - 근력의 상태 중 물체를 들고 있을 때처럼 신체부위를 움직이지 않으면서 고정된 물체에 힘을 가하는 상태를 말한다.
  - 정적근력의 측정은 고정된 물체에 대해 최대힘을 하고, 일정 시간 휴식하는 과정을 반복하여 처음 3초동안 발휘된 근력의 평균을 계산하여 측정한다.

25
다음 중 에너지소비율(Relative Metabolic Rate)에 관한 설명으로 옳은 것은?

① 작업시 소비된 에너지에서 안정시 소비된 에너지를 공제한 값이다.
② 작업시 소비된 에너지를 기초대사량으로 나눈 값이다.
③ 작업시와 안정시 소비에너지의 차를 기초 대사량으로 나눈 값이다.
④ 작업강도가 높을수록 에너지소비율은 낮아진다.

해설
- $RMR = \dfrac{운동대사량}{기초대사량} = \dfrac{운동 시 산소소모량 - 안정 시 산소소모량}{기초대사량(산소소비량)}$ 로 구한다.
- **작업 에너지 대사율(RMR : Relative Metabolic Rate)**
  - ㉠ 개요
    - RMR은 특정 작업을 수행하는 데 있어 작업자의 생리적 부하를 계측하는 지표이다.

정답 23 ② 24 ② 25 ③

- 주로 동적 근력작업이나 정적 근력작업의 강도를 측정하여 연속작업이 가능한 시간을 예측하기 위해 사용한다.
- RMR = $\dfrac{운동대사량}{기초대사량}$

  = $\dfrac{운동\ 시\ 산소소모량 - 안정\ 시\ 산소소모량}{기초대사량(산소소비량)}$

  로 구한다.
- RMR이 커지는 데 따라 작업 지속시간이 짧아진다.

ⓒ 작업강도 구분

작업구분	RMR	작업 종류 등
중(重)작업	4~7	일반적인 전신노동, 힘이나 동작속도가 큰 작업
중(中)작업	2~4	손·상지 작업, 힘·동작속도가 작은 작업
경(輕)작업	0~2	손가락이나 팔로 하는 가벼운 작업

26

다음 중 사무실공기관리지침에 따라 사무실의 공기를 관리하고자 할 때 오염물질의 관리기준이 잘못된 것은?

① 석면은 0.01개/cc 이하이어야 한다.
② 일산화탄소(CO)는 10ppm 이하이어야 한다.
③ 이산화탄소(CO_2)의 농도는 100ppm 이하이어야 한다.
④ 포름알데히드(HCHO)의 농도가 0.1ppm 이하이어야 한다.

해설
- 이산화탄소의 관리기준은 8시간 시간가중평균농도를 기준으로 1,000ppm 이하이어야 한다.
- 사무실 오염물질 관리기준
  - 8시간 시간가중평균농도를 기준으로 한다.

오염물질	관리기준
미세먼지(PM10)	100μg/m³
초미세먼지(PM2.5)	50μg/m³
이산화탄소(CO_2)	1,000ppm
일산화탄소(CO)	10ppm
이산화질소(NO_2)	0.1ppm
포름알데히드(HCHO)	100μg/m³
총휘발성유기화합물(TVOC)	500μg/m³
라돈(radon)	148Bq/m³
총부유세균	800CFU/m³
곰팡이	500CFU/m³

27

다음 그림과 같이 작업할 때 팔꿈치의 반작용력과 모멘트 값은 얼마인가? (단, CG_1은 물체의 무게중심, CG_2는 하박의 무게중심, W_1은 물체의 하중, W_2는 하박의 하중이다.)

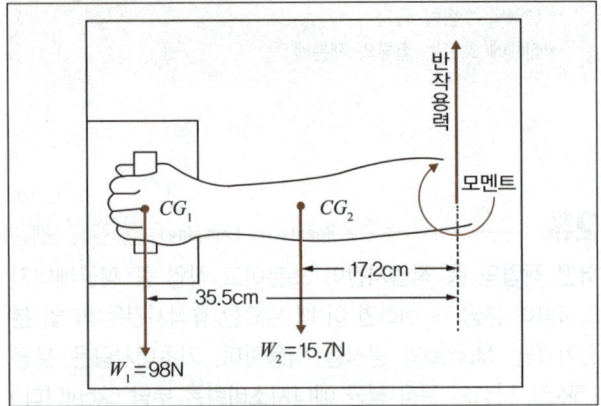

① 반작용력 : 79.3N, 모멘트 : 22.42N·m
② 반작용력 : 79.3N, 모멘트 : 37.5N·m
③ 반작용력 : 113.7N, 모멘트 : 22.42N·m
④ 반작용력 : 113.7N, 모멘트 : 37.5N·m

해설
- 물체가 정적 평형상태를 유지하기 위해서는 힘의 총합은 0이 되어야 한다.
- 아래쪽으로 향하는 힘은 CG_1과 CG_2의 합이므로 98+15.7=113.7N이므로 반작용의 힘 역시 113.7N이 되어야 자세가 유지된다.
- 모멘트는 힘의 크기와 거리에 의해 결정되는 값으로 W_1과 중심과의 거리(35.5cm=0.355m)의 곱과 W_2와 중심과의 거리(17.2cm=0.172)의 곱의 합이 모멘트가 된다.
- 대입하여 계산하면 모멘트 값은 98×0.355+15.7×0.172=37.4904 N·m이 된다.

❖ 정적 평형상태(Static equilibrium) 실기 1901/2103/2201
- 물체나 신체가 움직이지 않는 상태이다.
- 작용하는 모든 힘의 총합이 0인 상태이다.
- 작용하는 모든 모멘트의 총합이 0인 상태이다.
- 힘이 거리에 비례하여 발생한다.

28

다음 중 조도가 균일하고, 눈부심이 적지만 기구 효율이 나쁘며 설치비용이 많이 소요되는 조명방식은?

① 직접조명   ② 국소조명
③ 반직접조명 ④ 간접조명

- ①은 직접 작업면에 투사하는 조명으로 조명의 효율도 좋고 경제적인 조명방법이다.
- ②는 작업면상의 필요한 장소만 높은 조도를 취하는 조명방법이다.

:: 간접조명
- 천장이나 벽에 빛을 투사하여 이의 반사된 광속을 조명에 이용하는 방식이다.
- 조도가 균일하고, 눈부심이 적지만 기구 효율이 나쁘며 설치비용이 많이 소요되는 조명방식이다.

29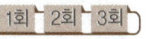

음 세기(sound intensity)에 관한 설명으로 옳은 것은?

① 음 세기의 단위는 Hz이다.
② 음 세기는 소리의 고저와 관련이 있다.
③ 음 세기는 단위시간에 단위면적을 통과하는 음의 에너지를 말한다.
④ 음압수준(sound pressure level) 측정 시 주로 1,000Hz 순음을 기준 음압으로 사용한다.

해설
- ①에서 음의 세기 단위는 dB이다.
- ②에서 소리의 고저는 주파수(Hz)와 관련된다.
- ④는 phon에 대한 설명이다.

:: 음 세기(sound intensity)
- 음의 진행방향에 수직하는 단위 면적을 단위시간에 통과하는 음의 에너지를 말한다.
- 기호는 I, 단위는 w/m^{2}이다.

30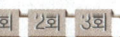

뇌파(EEG)의 종류 중 깊은 수면에 빠질 때 지배적인 뇌파의 형은?

① α파 ② β파
③ δ파 ④ γ파

해설
- ①은 안정시에 주로 나타나는 파형이다.
- ②는 눈을 뜨고 집중하는 상태에서 나타나는 파형이다.
- 뇌파는 뇌 활동상태에 따라 α파, β파, θ파, δ파 등으로 구분한다.

:: 뇌파(EEG)의 종류
- α파 : 8~12Hz 주파수, 안정시에 주로 나타나는 파형이다.
- β파 : 12~30Hz 주파수, 눈을 뜨고 집중하는 상태에서 나타나는 파형이다.
- θ파 : 4~8Hz 주파수, 졸거나 막 깨어났을 때 나타나는 파형이다.
- δ파 : 4Hz 미만의 주파수로 깊은 수면상태에서 나타난다.

31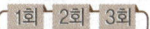

다음 중 근육의 대사(metabolism)에 관한 설명으로 적절하지 않은 것은?

① 대사과정에 있어 산소의 공급이 충분하면 젖산이 축적된다.
② 산소를 이용하는 유기성과 산소를 이용하지 않는 무기성 대사로 나눌 수 있다.
③ 음식물을 섭취하여 기계적인 일과 열로 전환하는 화학적 과정이다.
④ 활동수준이 평상시에 공급되는 산소 이상을 필요로 하는 경우, 순환계통은 이에 맞추어 호흡수와 맥박수를 증가시킨다.

해설
- 계속적인 활동시 혈액으로부터 양분과 산소를 공급받아야 하며 이 때 충분한 산소 공급이 되지 않을 경우 젖산은 축적된다.

:: 근육의 대사(metabolism)
- 산소를 이용하는 유기성과 산소를 이용하지 않는 무기성 대사로 나눌 수 있다.
- 음식물을 섭취하여 기계적인 일과 열로 전환하는 화학적 과정이다.
- 탄수화물은 근육의 기본 에너지원으로서 주로 간에서 포도당으로 전환된다.
- 활동수준이 평상시에 공급되는 산소 이상을 필요로 하는 경우, 순환계통은 이에 맞추어 호흡수와 맥박수를 증가시키고 피로물질인 젖산이 축적된다.

32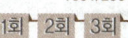

작업생리학 분야에서 신체활동의 부하를 측정하는 생리적 반응치가 아닌 것은?

① 심박수(heart rate)
② 혈류량(blood flow)
③ 폐활량(lung capacity)
④ 산소 소비량(Oxygen consumption)

해설
- ③은 폐기능을 측정하는 방법으로 신체활동의 부하와 관련이 없다.
- **생리적 척도**
  - 인간-기계 시스템을 평가하는데 사용하는 인간기준 척도 중 하나이다.
  - 중추신경계 활동에 관여하므로 그 활동 및 징후를 측정할 수 있다.
  - 정신적 작업부하 척도 가운데 직무수행 중에 계속해서 자료를 수집할 수 있고, 부수적인 활동이 필요 없는 장점을 가진 척도이다.
  - 정신작업의 생리적 척도는 EEG(수면뇌파), 동공반응, 부정맥, 점멸융합주파수, J.N.D(Just-Noticeable difference), 눈꺼풀 깜박임율(blink rate), 뇌유발전위 등을 통해 확인할 수 있다.
  - 육체작업의 생리적 척도는 EMG(근전도), 맥박수, 산소소비량, 작업량 등을 통해 확인할 수 있다.

33
인체활동이나 작업종료 후에도 체내에 쌓인 젖산을 제거하기 위해 산소가 더 필요하게 되는 것을 무엇이라 하는가?

① 산소 빚(oxygen debt)
② 산소 값(oxygen value)
③ 산소 피로(oxygen fatigue)
④ 산소 대사(oxygen metabolism)

해설
- 인체활동이나 작업종료 후에도 체내에 쌓인 젖산을 제거하기 위해 산소가 더 필요하게 되는 것을 산소부채라 한다.
- **산소부채(산소 빚, oxygen debt)**
  - 인체활동이나 작업종료 후에도 체내에 쌓인 젖산을 제거하기 위해 산소가 더 필요하게 되는 것을 말한다.
  - 강도 높은 작업을 마친 후 휴식 중에도 근육에 추가적으로 소비되는 산소량을 말한다.

34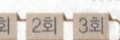
움직임을 직접적으로 주도하는 주동근(prime mover)과 반대되는 작용을 하는 근육은?

① 보조 주동근(assistant mover)
② 중화근(neutralizer)
③ 길항근(antagonist)
④ 고정근(stabilizer)

해설
- ①은 주동근을 도와 운동을 하는데 큰 역할을 하는 근육이다.
- ②는 다른 근육의 불필요한 움직임을 방해하거나 통제하는 근육이다.
- ④는 주동근의 작용을 위해 뼈를 지지하거나 주동근의 견고한 기저부 역할을 하는 근육이다.
- **길항근(antagonists)**
  - 특정한 근육을 지칭하는 것이 아니라 어떤 근육의 작용과 반대되는 작용을 하는 근육을 일컫는 용어이다.
  - 움직임을 직접적으로 주도하는 주동근(prime mover)과 반대되는 작용을 하는 근육을 말한다.

35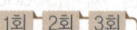
척추를 구성하고 있는 뼈 가운데 흉추의 수는 몇 개인가?

① 5개
② 9개
③ 12개
④ 15개

해설
- 척추는 7개의 경추, 12개의 흉추, 5개의 요추, 천추와 미추로 구성된다.
- **척추**
  - 목에서 엉치까지의 뼈기둥으로 몸의 중심을 잡는 기둥역할을 한다.
  - 7개의 경추, 12개의 흉추, 5개의 요추, 천추와 미추로 구성된다.

36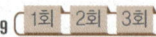
한랭대책으로서 개인위생에 해당되지 않는 사항은?

① 과음을 피할 것
② 식염을 많이 섭취할 것
③ 따뜻한 물과 음식을 섭취할 것
④ 얼음 위에서 오랫동안 작업하지 말 것

해설
- ②는 한랭대책이 아니라 고열대책에 해당한다.
- **한랭대책으로서 개인위생**
  - 과음을 피할 것
  - 따뜻한 물과 음식을 섭취할 것
  - 얼음 위에서 오랫동안 작업하지 말 것
  - 따뜻한 옷과 방한장구를 착용할 것

37

근육이 수축할 때 생성 및 소모되는 물질(에너지원)이 아닌 것은?

① 글리코겐(glycogn)
② CP(creatine phosphate)
③ 글리콜리시스(glycolysis)
④ ATP(adenosine triphosphate)

해설
- ③은 포도당을 피루브산으로 전환하는 대사경로를 말하는 해당과정이다.
- 근육이 수축할 때 생성 및 소모되는 물질(에너지원)
  - 글리코겐(glycogn)
  - CP(creatine phosphate)
  - ATP(adenosine triphosphate)

38

산소 소비량에 관한 설명으로 옳지 않은 것은?

① 산소 소비량과 심박수 사이에는 밀접한 관련이 있다.
② 산소 소비량은 에너지 소비와 직접적인 관련이 있다.
③ 산소 소비량은 단위 시간당 흡기량만 측정한 것이다.
④ 심박수와 산소 소비량 사이의 관계는 개인에 따라 차이가 있다.

해설
- 산소 소비량은 흡기량-배기량으로 구하므로 흡기량과 배기량을 동시에 구해야 한다.
- 산소 소비량
  - 산소 소비량은 에너지 소비량과 선형적인 관계를 가진다.
  - 산소 소비량이 증가한다는 것은 육체적 부하가 증가한다는 것이다.
  - 산소 소비량은 흡기량-배기량으로 구하므로 흡기량과 배기량을 동시에 구해야 한다.
  - 산소 소비량은 육체활동에 요구되는 에너지 대사량을 활동 시 소비된 산소량으로 간접적으로 측정하는 것이다.
  - 산소소비량과 심박수 사이에는 밀접한 관련이 있으며, 심박수와 산소 소비량 사이의 관계는 개인에 따라 차이가 있다.
  - 에너지가의 계산에는 5kcal의 에너지 생성에 1리터의 산소가 소모되는 관계를 이용한다.

39

1cd의 점광원으로부터 3m 거리에 떨어진 구면의 조도는 몇 럭스(lux)가 되겠는가?

① 1/9
② 1/6
③ 1/3
④ 1/2

해설
- 조도는 거리의 제곱에 반비례하고, 광도에 비례한다.
- 대입하면 $\frac{1}{3^2}=0.111\text{lux}$가 된다.
- 조도(照度) 실기 1501/1603/1703/2003/2302
  - 조도는 특정 지점에 도달하는 광의 밀도를 말한다.
  - 단위는 럭스(Lux)를 사용한다 $\left(\frac{1\text{cd}}{1\text{m}^2}, \frac{1\text{lm}}{1\text{m}^2}\right)$.
  - 반사체의 반사율과는 상관없이 일정한 값을 갖는다.
  - 거리의 제곱에 반비례하고, 광도에 비례하므로 $\frac{광도}{(거리)^2}$으로 구한다.

40

진동과 관련된 단위가 아닌 것은?

① nm
② gal
③ cm/s
④ sone

해설
- ④는 인간이 청각으로 느끼는 소리의 크기를 측정하는 척도이다.
- 진동의 단위
  - 진동의 단위는 거리, 속도, 가속도 등이 사용된다.
  - gal : 지구 중력가속도 G의 1/1,000에 해당하는 단위로 1cm/sec² 이다.
  - G : 중력가속도로 9.8m/sec² 이다.
  - nm : 나노 단위로 분자나 원자의 초미세진동 측정에 사용한다.
  - cm/s : 속도 단위

3과목 산업심리학 및 관련법규

41
동기이론 중 직무 환경요인을 중시하는 것은?

① 기대이론 ② 자기조절이론
③ 목표설정이론 ④ 작업설계이론

해설
- ①은 구성원 개인의 동기 부여정도가 업무에서의 행동 양식을 결정한다는 이론이다.
- ②는 유혹이나 충동으로부터 자신의 감정, 사고, 행동을 조절하는 능력을 말한다.
- ③은 개인이 얻으려는 목표가 동기와 행동에 영향을 미친다는 이론이다.
- **작업설계이론**
  - 사람들의 동기를 유발하는 것이 직무나 작업자의 속성이라고 주장하는 이론이다.
  - 작업환경을 적절하게 잘 설계하면 동기는 향상 가능한 속성이라고 판단한다.

42
다음 중 오하이오 주립대학의 리더십 연구에서 주장하는 구조 주도적(initiating structure)리더와 배려적(consideration) 리더에 관한 설명으로 틀린 것은?

① 배려적 리더는 관계지향적, 인간중심적으로 인간에 관심을 가지고 있다.
② 구조주도적 리더십은 구성원들의 성과환경을 구조화하는 리더십 행동이다.
③ 구조적 리더십은 성과를 구체적으로 정확하게 평가하는 행동 유형을 말한다.
④ 배려적 리더는 구성원의 과업을 설정, 배정하고 구성원과의 의사소통 네트워크를 명백히 한다.

해설
- ④에서 구성원의 과업을 설정, 배정하는 것은 구조적 리더십에 해당한다.
- **오하이오 주립대학의 리더십 연구**
  - 구조주도적(initiating structure)리더와 배려적(consideration) 리더로 구분하였다.
- 구조주도적 리더는 구성원들의 성과환경을 구조화하는 리더십 행동으로 성과를 구체적으로 정확하게 평가하는 행동 유형을 말한다.
- 배려적 리더는 관계지향적, 인간중심적으로 인간에 관심을 가지고, 구성원에게 후원적이면서도 자유로운 소통을 추구한다.

43
안전 수단을 생략하는 원인으로 적합하지 않은 것은?

① 감정 ② 의식과잉
③ 피로 ④ 주변의 영향

해설
- 감정은 안전 수단 생략과는 거리가 멀다.
- **안전 수단을 생략하는 원인**
  - 의식과잉
  - 피로
  - 주변의 영향
  - 스트레스
  - 무의욕

44
다음 중 통제적 집단행동이 아닌 것은?

① 심리적 전염(Mental Epidemic)
② 관습(custom)
③ 유행(fashion)
④ 제도적 행동(institutional behavior)

해설
- ①은 비통제적 집단행동의 하나로 군중들이 군중 속 특정인의 행동이나 감정을 따라가는 것을 말한다.
- **통제적 집단행동 요소**
  - 관습(custom)
  - 유행(fashion)
  - 제도적 행동(institutional behavior)

45
제조물책임법상 결함의 종류에 해당하지 않는 것은?

① 사용상의 결함 ② 제조상의 결함
③ 설계상의 결함 ④ 표시상의 결함

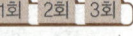

[해설]
- 제조물 책임법에서 명시한 결함의 종류에는 제조상의 결함, 설계상의 결함, 표시상의 결함이 있다.
- **결함의 종류** 〔실기〕 1801/2002/2101/2103/2203/2302
  - 결함이란 제조물 제조상·설계상 또는 표시상의 결함이 있거나 그 밖에 통상적으로 기대할 수 있는 안전성이 결여되어 있는 것을 말한다.
  - 결함의 종류에는 제조상의 결함, 설계상의 결함, 표시상의 결함이 있다.

제조상의 결함	제조업자가 제조물에 대하여 제조상·가공상의 주의의무를 이행하였는지에 관계없이 제조물이 원래 의도한 설계와 다르게 제조·가공됨으로써 안전하지 못하게 된 경우
설계상의 결함	제조업자가 합리적인 대체설계(代替設計)를 채용하였더라면 피해나 위험을 줄이거나 피할 수 있었음에도 대체설계를 채용하지 아니하여 해당 제조물이 안전하지 못하게 된 경우
표시상의 결함	제조업자가 합리적인 설명·지시·경고 또는 그 밖의 표시를 하였더라면 해당 제조물에 의하여 발생할 수 있는 피해나 위험을 줄이거나 피할 수 있었음에도 이를 하지 아니한 경우

46
휴먼 에러의 예방대책 중 회전하는 모터의 덮개를 벗기면 모터가 정지하는 방식에 해당하는 것은?

① 정보의 피드백
② 경보시스템의 정비
③ 대중의 선호도 활용
④ 풀 프루프(fool proof) 시스템 도입

[해설]
- 풀 프루프(Fool Proof)는 기계 조작에 익숙하지 않은 사람이나 기계의 위험성 등을 이해하지 못한 사람이라도 기계 조작 시 조작실수를 하지 않도록 하는 기능으로 작업자가 기계 설비를 잘못 취급하더라도 사고가 일어나지 않도록 하는 기능을 말한다.
- **풀 프루프(Fool Proof)** 〔실기〕 2002
  ㉠ 개요
    - 풀 프루프(Fool Proof)는 기계 조작에 익숙하지 않은 사람이나 기계의 위험성 등을 이해하지 못한 사람이라도 기계 조작 시 조작 실수를 하지 않도록 하는 기능으로 작업자가 기계 설비를 잘못 취급하더라도 사고가 일어나지 않도록 하는 기능을 말한다.
    - 계기나 표시를 보기 쉽게 하거나 이른바 인체공학적 설계도 넓은 의미의 풀 프루프에 해당된다.
  - 각종 기구의 인터록 장치, 크레인의 권과방지장치, 카메라의 이중 촬영방지장치, 기계의 회전부분에 울이나 커버 장치, 승강기 중량제한시 운행정지 장치, 선풍기 가드에 손이 들어갈 경우 회전정지장치 등이 이에 해당한다.
  ㉡ 조건
    - 인간이 에러를 일으키기 어려운 구조나 기능을 가지도록 한다.
    - 조작순서가 잘못되어도 올바르게 작동하도록 한다.

47
다음 중 집단규범의 정의를 가장 적절하게 설명한 것은?

① 조직 내 구성원의 행동통제를 위해 공식적으로 문서화한 규칙이다.
② 집단에 의해 기대되는 행동의 기준을 비공식적으로 규정하는 규칙이다.
③ 상사의 명령에 의해 공식화된 업무 수행 방식이나 절차를 규정한 방식이다.
④ 구성원의 행동방식에 대한 회사의 공식화된 규칙과 절차이다.

[해설]
- 집단규범은 집단을 바라보는 사람들이 느끼는 집단의 비공식적인 규칙이다.
- **집단규범**
  - 집단에 의해 기대되는 행동의 기준을 비공식적으로 규정하는 규칙이다.
  - 다른 사람에 의해 집단이나 집단 구성원들에게 주어지는 사회적으로 규정된 직위나 서열을 말한다.

48
인간이 기계를 조종하여 임무를 수행해야 하는 인간-기계 체계가 있다. 인간의 신뢰도가 0.9, 기계의 신뢰도가 0.80이라면 이 인간-기계 통합 체계의 신뢰도는 얼마인가?

① 0.72
② 0.81
③ 0.64
④ 0.98

[해설]
- 인간의 신뢰도는 0.9, 기계의 신뢰도는 0.80이므로 인간이 기계를 조종하는 직렬체계의 경우 합성신뢰도는 $0.9 \times 0.8 = 0.72$가 된다.

정답 46 ④ 47 ② 48 ①

시스템의 신뢰도 [실기] 1403/1503/1603/1703/1801/2001/2103/2203/2301/2401

⊙ AND(직렬)연결 시

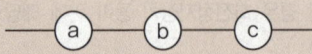

- 부품 a, 부품 b 신뢰도를 각각 R_a, R_b라 할 때 시스템의 신뢰도 $R_s = R_a \times R_b$로 구할 수 있다.

⊙ OR(병렬)연결 시

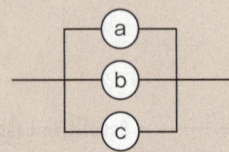

- 부품 a, 부품 b 신뢰도를 각각 R_a, R_b라 할 때 시스템의 신뢰도 $R_s = 1 - (1-R_a) \times (1-R_b)$로 구할 수 있다.

49

다음 중 NIOSH의 직무 스트레스 관리 모형의 연결이 잘못된 것은?

① 조직 요인 - 교대근무
② 조직 외 요인 - 가족상황
③ 개인적인 요인 - 성격경향
④ 완충작용 요인 - 대처능력

해설
- ①의 조직 요인에는 역할갈등, 관리유형, 의사결정참여, 고용불확실 등이 있다. 교대 근무는 작업 요인에 해당된다.

NIOSH 직무 스트레스 요인

작업 요인	작업 부하, 작업 속도, 교대 근무 등
조직 요인	역할갈등, 관리유형, 의사결정참여, 고용불확실 등
환경 요인	온도, 진동, 소음, 조명 등

50

다음 중 직무 기술서의 내용이 분명하지 않거나 직무내용이 명확히 전달되지 않음으로 인해 발생될 수 있는 역할 갈등의 원인은?

① 역할간 마찰   ② 역할내 마찰
③ 역할 부적합   ④ 역할 모호성

해설
- 역할 모호성이란 역할기대나 수행이 명확하지 못한 상태를 말한다.

역할 모호성
- 자신의 직무에 대한 책임 영역과 직무 목표를 명확하게 인식하지 못할 때 발생하는 스트레스 요인을 말한다.
- 역할기대나 수행이 명확하지 못한 상태를 말한다.

51

하나의 자극에 대해 하나의 반응을 요구할 때의 반응시간을 무엇이라 하는가?

① 기초반응시간   ② 단순반응시간
③ 집중반응시간   ④ 선택반응시간

해설
- 자극과 요구 반응의 수에 따라 단순반응시간, 선택반응시간, 변별반응시간으로 구분된다.
- ④는 여러 개의 자극을 제시하고 각각의 자극에 대하여 반응을 하는 과제를 준 후, 자극이 제시되어 반응할 때까지의 시간을 말한다.

반응시간(reaction time) [실기] 1803/2201
- 어떠한 자극이 제시되고 이에 대한 동작을 시작하기까지의 소요 시간을 말한다.
- 자극과 요구 반응의 수에 따라 단순반응시간, 선택반응시간, 변별반응시간으로 구분된다.
- 단순반응시간은 하나의 자극에 대해 하나의 반응을 요구할 때의 반응시간이다.
- 단순(A)반응시간에 영향을 미치는 변수로는 자극 양식, 자극의 특성, 자극 위치, 연령 등이 있다.
- 선택(B)반응시간은 2개 이상의 자극에 대해 각각의 자극에 대해 다른 반응을 요구할 때의 반응시간이다.
- 선택반응시간은 별도의 반응을 요하는 자극 수에 따라 달라진다.
- 선택반응시간은 자극과 반응(N)이 증가할 때 $\log_2$에 비례하여 증가하므로 구하는 식은 $a + b\log_2 N$으로 구한다.
- 변별(C)반응시간은 2개 이상의 자극 중 특정 자극에 대해서만 반응할 때의 반응시간이다.

52

재해의 발생원인 중 직접원인(1차원인)에 해당하는 것은?

① 기술적 원인   ② 교육적 원인
③ 정신적 원인   ④ 인적 원인

해설
- 인적 원인과 물적 원인은 산업재해의 직접적 원인에 해당한다.

산업재해의 간접적(기본적) 원인

⊙ 개요
- 재해의 직접적인 원인을 유발시키는 원인을 말한다.
- 기술적 원인, 교육적 원인, 신체적 원인, 정신적 원인, 관리적 원인 등이 있다.

ⓒ 간접적 원인의 종류

기술적 원인	생산방법의 부적당, 구조물·기계장치 및 설비의 불량, 구조재료의 부적합, 점검·정비·보존의 불량 등
교육적 원인	안전지식의 부족, 안전수칙의 오해, 경험훈련의 미숙, 안전교육의 부족 등
신체적 원인	피로, 시력 및 청각기능 이상, 근육운동의 부적합, 육체적 한계 등
정신적 원인	안전의식의 부족, 주의력 부족, 판단력 부족 혹은 잘못된 판단, 방심 등
관리적 원인	안전관리조직의 결함, 안전수칙의 미제정, 작업준비의 불충분, 작업지시의 부적절, 인원배치의 부적당, 정리정돈의 미실시 등

53
10명으로 구성된 집단에서 소시오메트리(sociometry) 연구를 사용하여 조사한 결과 실제 긍정적인 상호작용을 맺고 있는 관계의 수가 16일 때 이 집단의 응집성 지수는 약 얼마인가?

① 0.222 ② 0.356
③ 0.401 ④ 0.504

해설
- 인원수가 10명이고, 관계의 수가 16일 때 대입하면 응집성 지수는
$$\frac{16}{{}_{10}C_2} = \frac{16}{\frac{10\times(10-1)}{2}} = \frac{16}{45} = 0.355\cdots 이다.$$

응집성 지수
- 구성원들 간의 친밀도를 나타내는 척도이다.
- 지수의 값이 클수록 친밀도가 높아 성과가 높은 집단이라고 볼 수 있다.
- 응집성 지수는 $\frac{선호관계의\ 수}{가능한\ 상호선분관계의\ 총\ 수}$로 구하는데 가능한 상호선분관계의 총 수는 인원수를 n이라할 때 ${}_nC_2$로 구한다.

54
연간 1,000명의 근로자가 근무하는 사업장에서 연간 24건의 재해가 발생하고, 의사진단에 의한 총휴업일수는 8,760일이었다. 이 사업장의 도수율과 강도율은 각각 얼마인가?

① 도수율 : 10, 강도율 : 6
② 도수율 : 15, 강도율 : 3
③ 도수율 : 15, 강도율 : 6
④ 도수율 : 10, 강도율 : 3

해설
- 근로시간이 주어지지 않았으므로 연간 2,400시간을 적용하면 1,000명의 근로자가 근무하므로 총 근로시간수는 2,400,000시간이다.
- 도수율은 연간 재해의 발생건수이므로 대입하면 $\frac{24}{2,400,000}\times 1,000,000 = 10$이 된다.
- 강도율은 근로손실일수이므로 휴업일수가 8,760일이고, 1년 365일 중 300일을 근로할 경우 근로손실일수는 $8,760\times\frac{300}{365}=7,200$일이 된다. 따라서 강도율은 $\frac{7,200}{2,400,000}\times 1,000 = 3$이 된다.

재해율 관련 공식

재해율	$\frac{재해자수}{산재보험적용근로자수}\times 100$
사망만인율	$\frac{사망자수}{산재보험적용근로자수}\times 10,000$
휴업재해율	$\frac{휴업재해자수}{임금근로자수}\times 100$
도수율 (빈도율)	$\frac{재해건수}{연근로시간수}\times 1,000,000$
강도율	$\frac{총요양근로손실일수}{연근로시간수}\times 1,000$

55
병렬 시스템의 특성에 관한 설명으로 틀린 것은?

① 요소의 중복도가 늘수록 시스템의 수명은 짧아진다.
② 요소의 개수가 증가될수록 시스템 고장의 기회는 감소된다.
③ 요소 중 어느 하나가 정상이면 시스템은 정상으로 작동된다.
④ 시스템의 수명은 요소 중 수명이 가장 긴 것에 의하여 결정된다.

정답 53 ② 54 ④ 55 ①

해설

- ①에서 병렬연결일 경우 연결된 부품의 수가 많을수록 신뢰도는 높아진다.

신뢰도와 수명
- 일반적으로 가장 신뢰도가 높은 시스템은 병렬연결 시스템이다.
- 일반적으로 병렬시스템이 직렬시스템에 비해 비용이 증가한다.
- 시스템의 수명은 연결된 부품 중 수명이 가장 짧은 것에 의해 좌우된다.
- 직렬연결일 경우 연결된 부품의 수가 적을수록 신뢰도는 높아진다.
- 직렬연결일 경우 연결된 부품의 수가 많을수록 수명은 짧아진다.
- 직렬연결일 경우 부품 중 어느 하나가 고장이면 시스템은 고장이다.
- 병렬연결일 경우 연결된 부품의 수가 많을수록 신뢰도는 높아진다.

---

56 ● Repetitive Learning 1회 2회 3회

산업재해의 발생형태 중 상호 자극에 의하여 순간적(일시적)으로 재해가 발생하는 유형은?

① 복합형
② 단순자극형
③ 단순연쇄형
④ 복합연쇄형

해설

- ②의 단순자극형은 집중형이라고도 하며, 일시적으로 재해요인이 집중하여 재해가 발생하는 형태를 말한다.

재해의 발생형태
- 집중형 : 단순자극형이라고도 하며, 일시적으로 재해요인이 집중하여 재해가 발생하는 형태를 말한다.

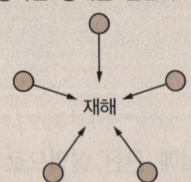
〈단순자극형. 집중형〉

- 연쇄형 : 하나의 사고요인이 또 다른 사고요인을 불러일으켜 재해가 발생하는 형태를 말한다. 단순연쇄형과 복합연쇄형으로 구분된다.

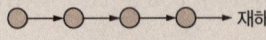
〈단순연쇄형〉

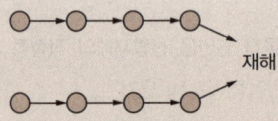
〈복합연쇄형〉

- 복합형 : 집중형과 연쇄형이 결합된 재해 발생형태를 말한다.

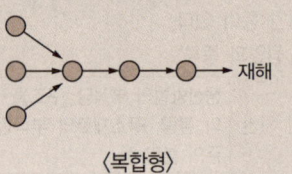
〈복합형〉

---

57 ● Repetitive Learning 1회 2회 3회

인간의 의식수준을 단계별로 분류할 때, 에러 발생 가능성이 낮은 것으로부터 높아지는 순서대로 연결된 것은?

① Ⅰ단계 - Ⅱ단계 - Ⅲ단계 - Ⅳ단계
② Ⅰ단계 - Ⅳ단계 - Ⅲ단계 - Ⅱ단계
③ Ⅱ단계 - Ⅰ단계 - Ⅳ단계 - Ⅲ단계
④ Ⅲ단계 - Ⅱ단계 - Ⅰ단계 - Ⅳ단계

해설

- 에러 발생 가능성이 낮은 것부터 높은 순으로 배열하면 Ⅲ단계 - Ⅱ단계 - Ⅰ단계 - Ⅳ단계이 된다.

인간의 의식 레벨
- Phase 0은 무의식상태로 작업수행이 불가능한 상태의 의식수준이다.
- 에러 발생 가능성이 낮은 것부터 높은 순으로 배열하면 Ⅲ단계 - Ⅱ단계 - Ⅰ단계 - Ⅳ단계이 된다.

단계	의식수준	설명
Phase 0	무의식, 실신 상태	무의식 동작에는 외계의 능력에 대응하는 능력이 어느 정도 있다.
Phase Ⅰ	이상, 피로 및 단조로움	심신이 피로하거나 단조로운 작업을 반복할 경우 나타나는 의식수준의 저하현상 발생
Phase Ⅱ	정상, 이완 상태	생리적 상태가 안정을 취하거나 휴식할 때에 해당
Phase Ⅲ	정상, 명쾌	• 중요하거나 위험한 작업을 안전하게 수행하기에 적합 • 신뢰성이 가장 높은 상태의 의식수준
Phase Ⅳ	과긴장	돌발사태의 발생으로 인하여 주의의 일점 집중 현상이 일어나는 경우 인간의 의식수준

58

하인리히(Heinrich)의 재해발생이론에 관한 설명으로 틀린 것은?

① 사고를 발생시키는 요인에는 유전적 요인도 포함된다.
② 일련의 재해요인들이 연쇄적으로 발생한다는 도미노 이론이다.
③ 일련의 재해요인들 중 하나만 제거하여도 재해예방이 가능하다.
④ 불안전한 행동 및 상태는 사고 및 재해의 간접원인으로 작용한다.

해설
- 3단계 불안전한 행동 및 불안전한 상태가 재해의 직접원인으로 작용하므로 사고를 예방하기 위한 관리 활동들이 가장 효과적으로 적용될 수 있다고 보았다.

하인리히의 사고연쇄반응(도미노) 이론
- 3단계 불안전한 행동 및 불안전한 상태가 재해의 직접원인으로 작용하므로 사고를 예방하기 위한 관리 활동들이 가장 효과적으로 적용될 수 있다고 보았다.

1단계	사회적 환경 및 유전적 요소
2단계	개인적인 결함
3단계	불안전한 행동 및 불안전한 상태
4단계	사고
5단계	재해

59

다음의 휴먼 에러에 대한 분류로 가장 적절한 것은?

> 가스를 사용한 후 깜빡하고 밸브를 잠그는 것을 잊었다.

① omission error이며, skill-based error로 분류할 수 있다.
② omission error이며, knowledgeb-based mistake로 분류할 수 있다.
③ commission error이며, skill-based error로 분류할 수 있다.
④ commission error이며, knowle-dgebased mistake로 분류할 수 있다.

해설
- 필요한 작업을 수행하지 않아 발생한 오류이므로 부작위오류(omission error)에 해당한다.
- 실수(Slip)와 망각(Lapse)으로 구분되는 오류이므로 skill-based error에 해당한다.

심리적 측면의 휴먼에러 분류(Swain)
㉠ 부작위오류(Omission error) : 필요한 행위를 실행하지 않은 오류

생략오류 (Omission error)	필요한 작업 또는 절차를 수행하지 않는 데 기인한 에러

㉡ 작위오류(Commission error) : 작업 수행 중 작업을 정확하게 수행하지 못해 발생한 에러(행위적 관점)

선택오류 (Selection error)	다른 레버를 선택하는 등의 원인으로 발생한 에러
물량오류 (Qualitative error)	너무 많거나 혹은 너무 적은 작업을 수행해서 발생한 에러
순서오류 (Sequential error)	필요한 작업 또는 절차의 순서 착오로 인한 에러
시간오류 (Timing error)	필요한 작업 또는 절차의 수행을 지연한 데 기인한 에러

㉢ 불필요한 행동 오류

불필요한 수행오류 (Extraneous error)	불필요한 작업 또는 절차를 수행함으로써 발생한 에러

60

Herzberg의 2요인론(동기-위생이론)을 Maslow의 욕구단계설과 비교하였을 때, 동기요인과 거리가 먼 것은?

① 존경 욕구
② 안전 욕구
③ 사회적 욕구
④ 자아실현 욕구

해설
- 허츠버그의 동기요인은 성취감, 책임감, 타인의 인정, 도전감 등을 말한다. 이는 매슬로우의 욕구 5단계 중 4~5단계, McGreger의 Y이론, 선진국형, 인간의 이상과 관련된다.

허츠버그(F.Herzberg)의 위생·동기요인
㉠ 개요
- 인간에게는 욕구에 대한 불만족에 영향을 주는 요인(위생요인)과 만족에 영향을 주는 요인(동기요인)이 별도로 존재한다고 주장하였다.
- 위생요인을 제거하는 것은 직무불만족을 줄이는 것에 불과하므로 직무만족을 위해서는 동기요인을 강화해야 한다는 논리이다.

정답 58 ④ 59 ① 60 ②

ⓒ 위생요인(Hygiene factor)과 동기요인(Motivator factor)
  • 위생요인 - 감독, 임금, 보수, 작업환경과 조건 등을 말한다(매슬로우의 욕구 5단계 중 1～2단계, McGreger의 X이론, 후진국적, 동물적 욕구와 관련).
  • 동기요인 - 성취감, 책임감, 타인의 인정, 도전감 등을 말한다(매슬로우의 욕구 5단계 중 3～5단계, McGreger의 Y이론, 선진국형, 인간의 이상과 관련).

4과목 근골격계질환 예방을 위한 작업관리

61
대안의 도출방법으로 가장 적당한 것은?
① 공정도
② 특성요인도
③ 파레토차트
④ 브레인스토밍

해설
• ①은 공정 중에 발생하는 모든 작업, 검사, 운반, 저장 등의 과정을 자재나 작업자의 관점에서 흘러가는 순서에 따라 표시하는 도표로 공정분석에 이용된다.
• ②는 바람직하지 못한 사건이나 문제의 결과를 물고기의 머리로 표현하고 그 결과를 초래하는 원인을 인간, 기계, 방법, 자재, 환경 등의 종류로 구분하여 표시한다.
• ③은 문제의 인자를 파악하고 그것들이 차지하는 비율을 누적분포의 형태로 표현한다.
❖ 브레인스토밍(Brain-storming) 기법
  ㉠ 개요
    • 6～12명의 구성원으로 타인의 비판 없이 자유로운 토론을 통하여 다량의 독창적인 아이디어를 이끌어내고, 대안적 해결안을 찾기 위한 집단적 사고기법이다.
  ㉡ 4원칙
    • 가능한 많은 아이디어와 의견을 제시하도록 한다.
    • 주제를 벗어난 아이디어도 허용한다.
    • 타인의 의견을 수정하여 발언하는 것을 허용한다.
    • 절대 타인의 의견을 비판 및 비평하지 않는다.

62
설비의 배치 방법 중 제품별 배치의 특성에 대한 설명 중 틀린 것은?
① 재고와 재공품이 적어 저장면적이 작다.
② 운반거리가 짧고 가공물의 흐름이 빠르다.
③ 작업 기능이 단순화되며 작업자의 작업 지도가 용이하다.
④ 설비의 보전이 용이하고 가동율이 높기 때문에 자본투자가 적다.

해설
• 제품별 배치는 전용설비의 투자와 배치에 자본투자가 많다.
❖ 제품별 배치
  • 재고와 재공품이 적어 저장면적이 작다.
  • 운반거리가 짧고 가공물의 흐름이 빠르다.
  • 작업진도의 파악이 용이하다.
  • 작업 기능이 단순화되며 작업자의 작업 지도가 용이하다.
  • 전용설비의 투자와 배치에 자본투자가 많다.

63
동작경제의 원칙 중 신체 사용에 관한 원칙으로 옳지 않은 것은?
① 두 손의 동작은 같이 시작하고 같이 끝나도록 한다.
② 휴식시간을 제외하고는 양손이 같이 쉬지 않도록 한다.
③ 손의 동작은 완만하게 연속적인 동작이 되도록 한다.
④ 두 팔의 동작은 같은 방향으로 비대칭적으로 움직이도록 한다.

해설
• 두 팔의 동작은 동시에 서로 반대방향으로 대칭적으로 움직이도록 한다.
❖ 동작경제의 원칙
  ㉠ 개요
    • 작업자가 경제적인 동작을 통해 피로도를 감소시키면서도 능률을 향상시키게 하기 위한 원칙이다.
    • 신체사용의 원칙, 작업장 배치의 원칙, 공구 및 설비 디자인의 원칙으로 분류된다.
    • 동작을 가급적 조합하여 하나의 동작으로 한다.
    • 동작의 수는 줄이고, 동작의 속도는 적당히 한다.
  ㉡ 신체사용의 원칙
    • 두 손의 동작은 동시에 시작해서 동시에 끝나야 한다.

- 휴식시간을 제외하고는 양손을 같이 쉬게 해서는 안 된다.
- 손의 동작은 유연하고 연속적인 동작이어야 한다.
- 동작이 급작스럽게 크게 바뀌는 직선 동작은 피해야 한다.
- 두 팔의 동작은 동시에 서로 반대방향으로 대칭적으로 움직이도록 한다.
- 탄도동작(Ballistics Movements)은 제한되거나 통제된 동작보다 더 신속하고 정확하다.

ⓒ 작업장 배치의 원칙 실기 1303/1701/2001/2002/2303/2402
- 가능하다면 낙하식 운반 방법을 이용한다.
- 작업이 용이하도록 적절한 조명을 비추어 준다.
- 공구나 재료는 작업동작이 원활하게 수행하도록 그 위치를 정해준다.
- 공구, 재료 및 제어장치는 사용하기 가까운 곳에 배치해야 한다.

ⓓ 공구 및 설비 디자인의 원칙 실기 1703
- 지구나 족답장치를 이용하여 양손이 다른 일을 할 수 있도록 한다.
- 공구의 기능을 결합하여 사용하도록 한다.
- 타자 칠 때와 같이 각 손가락이 서로 다른 작업을 할 때에는 작업량을 각 손가락의 능력에 맞게 배분해야 한다.

64 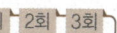 ᴿᵉᵖᵉᵗⁱᵗⁱᵛᵉ ᴸᵉᵃʳⁿⁱⁿᵍ 1회 2회 3회

다음 중 NIOSH의 들기 작업 지침에서 들기지수(LI)를 올바르게 나타낸 것은?(단, HM은 수평계수, VM은 수직계수, DM은 거리계수, AM은 비대칭계수, FM은 비틀림계수, CM은 클램프계수를 의미한다.)

① $LI = \dfrac{25 \times HM \times VM \times DM \times AM \times FM \times CM}{중량물\ 무게}$

② $LI = \dfrac{중량물\ 무게}{25 \times HM \times VM \times DM \times AM \times FM \times CM}$

③ $LI = \dfrac{중량물\ 무게}{23 \times HM \times VM \times DM \times AM \times FM \times CM}$

④ $LI = \dfrac{23 \times HM \times VM \times DM \times AM \times FM \times CM}{중량물\ 무게}$

> **해설**
> - 들기지수(LI)는 물체의 무게(kg) / RWL(kg)으로 구한다. 이때 RWL=23kg×HM×VM×DM×AM×FM×CM으로 구한다(HM은 수평계수, VM은 수직계수, DM은 거리계수, AM은 비대칭계수, FM은 빈도계수, CM은 결합계수를 의미한다).
> - NIOSH 들기지수(LI) 실기 1503/1601/1603/1701/1801/1803/1901/2001/2002/2003/2201/2203/2301/2302/2403
>   - NIOSH의 중량물 취급지수를 말한다.

- 들기 지수가 1을 초과하는 경우 추천 무게를 넘는 것으로 간주한다.
- 40대 여성의 들기 능력의 50퍼센타일을 기준으로 하였다.
- 물체의 무게(kg) / RWL(kg)으로 구한다. 이때 RWL은 추천 중량한계로 들기 편한 정도의 값이다.
- RWL=23kg×HM×VM×DM×AM×FM×CM으로 구한다(HM은 수평계수, VM은 수직계수, DM은 거리계수, AM은 비대칭성계수, FM은 빈도계수, CM은 결합계수를 의미한다).
- RWL 계수는 0~1 사이의 값으로 1에 가까울 수록 최적의 조건이 된다.

65 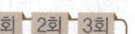 ᴿᵉᵖᵉᵗⁱᵗⁱᵛᵉ ᴸᵉᵃʳⁿⁱⁿᵍ 1회 2회 3회

NIOSH의 들기작업지침에 따른 중량물 취급작업에서 권장무게한계를 산정하는데 고려해야 할 변수로 옳지 않은 것은?

① 상체의 비틀림 각도
② 작업자의 평균보폭거리
③ 물체를 이동시킨 수직이동거리
④ 작업자의 손과 물체 사이의 수직거리

> **해설**
> - RWL을 구할 때의 요소에는 수평계수, 수직계수, 거리계수, 비대칭성계수, 빈도계수, 결합계수 등이 필요하다.
>
> ▪▪ 수평계수와 수직계수, 거리계수 실기 1401/1903/2401
>
> ㉠ 수평계수(HM)
> - 하완의 길이가 25cm 이하이면 HM은 1이 된다.
> - 하완의 길이가 63를 초과하면 HM은 0이 된다.(63cm는 체구가 작은 사람이 물체를 가장 멀리 잡고 있을 수 있는 수평거리이다)
>
> ㉡ 수직계수(VM)
> - 기준은 75cm로 이는 키 165cm인 사람이 가장 편안하게 팔을 늘어뜨렸을 때 손의 높이에 해당한다.
> - 0~175cm까지를 기준으로 75cm이면 VM은 1이며, 그보다 높거나 낮으면 VM은 1보다 작아지고, 수직거리가 175cm를 초과하면 VM은 0이 된다.
>
> ㉢ 거리계수(DM)
> - 물체를 수직이동시킨 거리이다.
> - 25cm 이하이면 1이 된다.
> - 175cm 이상이면 0이 된다.

66

공정도 중 소요시간과 운반거리도 함께 표현하고, 생산 공정에서 발생하는 잠복비용을 감소시키며, 사고의 원인을 파악하는 데 사용되는 기법은?

① 작업공정도(Operation Process Chart)
② 작업자공정도(Operator Process Chart)
③ 흐름(유통)공정도(Flow Process Chart)
④ 작업자흐름공정도(Man Flow Process Chart)

해설
- ①은 자재가 공정으로 들어오는 지점 및 공정에서 행하여지는 작업기호와 검사기호만을 사용하여 공정 전체를 파악하기 위한 공정분석도표이다.
- ②는 작업자가 장소를 이동하는 경로를 분석하는 공정도이다.

흐름(유통)공정도(Flow Process Chart)
- 공정 중에 발생하는 모든 작업, 검사, 운반, 저장 등의 과정을 자재나 작업자의 관점에서 흘러가는 순서에 따라 표시하는 도표로 공정분석에 이용된다.
- 소요시간과 운반거리도 함께 표현하고, 생산 공정에서 발생하는 잠복비용을 감소시키며, 사고의 원인을 파악하는 데 사용되는 공정도이다.

67

각 한명의 작업자가 배치되어 있는 3개의 라인으로 구성된 공정의 공정시간이 각각 3분, 5분, 4분일 때 공정효율은?

① 65%   ② 70%
③ 75%   ④ 80%

해설
- 주기시간은 5분, 작업수는 3개, 총작업시간은 12분, 총유휴시간은 15-12=3분, 공정효율은 12/15=0.8, 공정손실은 3/15=0.20이다.

주기시간과 공정효율 실기 1403/1503/1801/2001/2003/2101/2302/2402
- 주기시간은 작업시간이 가장 오래 걸리는 애로공정의 작업시간을 말한다.
- 애로작업이란 작업시간이 가장 긴 작업을 말한다.
- 공정효율은 총작업시간/(작업수×주기시간)으로 구한다.
- 총유휴시간은 (작업수×주기시간)-(총작업시간)이다.
- 공정손실은 총유휴시간/(작업수×주기시간)으로 구한다.
- 공정효율과 공정손실의 합은 1이다.

68

작업관리의 주 목적으로 가장 거리가 먼 것은?

① 정확한 작업측정을 통한 작업개선
② 공정개선을 통한 작업 편리성 향상
③ 표준시간 설정을 통한 작업효율 관리
④ 공정관리를 통한 품질 향상

해설
- 작업관리는 정확한 작업측정을 통한 작업개선, 공정개선을 통한 작업 편리성 향상, 표준시간 설정을 통한 작업효율 관리 등을 목적으로 한다.
- 무결점, 품질 향상은 작업관리의 목적이 될 수 없다.

인간공학에 있어 작업관리
- 생산성 향상을 목적으로 경제적인 작업방법을 연구하는 작업연구와 표준작업시간을 결정하기 위한 작업측정으로 구분할 수 있다.
- 생산성과 함께 작업자의 안전과 건강을 함께 추구한다.
- 생산과정에서 인간이 관여하는 작업을 주 연구대상으로 한다.
- 정확한 작업측정을 통한 작업개선, 공정개선을 통한 작업 편리성 향상, 표준시간 설정을 통한 작업효율 관리 등을 수행한다.

69

A 제품을 생산한 과거자료가 표와 같을 때 실적자료법에 의한 1개당 표준시간은 얼마인가?

일자	완제품개수(개)	소요시간(시간)
3월 3일	60	6
7월 7일	100	10
9월 9일	40	4

① 0.10 시간/개   ② 0.15 시간/개
③ 0.20 시간/개   ④ 0.25 시간/개

해설
- 표준시간은 개당 소요된 시간이다.
- 전체 생산갯수는 200개이고, 소요시간은 20시간이므로 표준시간은 20/200=0.10시간/개가 된다.

실적자료법
- 특정 기간 내 작업에 대한 실적기록 자료를 이용해 표준시간을 설정하는 방법이다.
- 표준시간은 제품당 생산에 소요된 시간이다.

70

작업분석의 문제분석 도구 중에서 "원인결과도"라고도 불리며 결과를 일으킨 원인을 5~6개의 주요 원인에서 시작하여 세부원인으로 점진적으로 찾아가는 기법은?

① 간트 차트
② 특성요인도
③ PERT 차트
④ 파레토분석 차트

해설
- ①은 여러 가지 활동 계획의 시작시간과 예측 완료시간을 병행하여 시간축에 표시하는 도표이다.
- ③은 일정계획에서 사용되는 간트도표의 단점을 보완하여 활동의 소요시간은 베타분포를 따른다고 가정한 기법이다.
- ④는 80~20의 원칙에 기초하여 빈도수별로 나열한 항목별 점유와 누적비율에 따라 불량이나 사고의 원인이 되는 중요 항목을 찾아가는 기법이다.

특성요인도(Cause & Effect Diagram)
- 원인결과도라고도 불리며 결과를 일으킨 원인을 5~6개의 주요 원인에서 시작하여 세부원인으로 점진적으로 찾아가는 개선활동 기법으로 브레인스토밍에 많이 사용된다.
- 어떤 결과에 영향을 미치는 크고 작은 요인들을 계통적으로 파악하기 위해 재해와 원인의 관계를 도표화하여 재해 발생 원인을 분석하는 작업분석 도구이다.

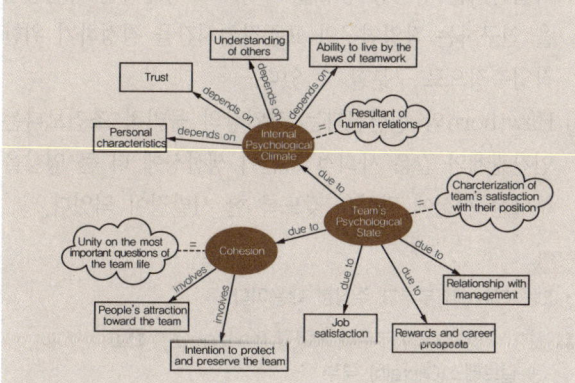

71

작업분석에서의 문제분석 도구 중에서 80~20의 원칙에 기초하여 빈도수별로 나열한 항목별 점유와 누적비율에 따라 불량이나 사고의 원인이 되는 중요 항목을 찾아가는 기법은?

① 특성요인도
② 파레토 차트
③ PERT 차트
④ 산포도 기법

해설
- ①은 어떤 결과에 영향을 미치는 크고 작은 요인들을 계통적으로 파악하기 위해 재해와 원인의 관계를 도표화하여 재해 발생 원인을 분석하는 작업분석 도구이다.
- ③은 일정계획에서 사용되는 간트도표의 단점을 보완하여 활동의 소요시간은 베타분포를 따른다고 가정한 기법이다.
- ④는 데이터가 어떻게 얼마나 퍼져 있는지를 표시하는 도표이다.

파레토도
- 작업관리의 문제분석 도구로서, 가로축에 항목, 세로축에 항목별 점유비율과 누적비율로 막대-꺾은선 혼합 그래프를 중점관리항목을 도출할 목적으로 활용하는 도구이다.
- 현장의 개선활동에 있어서 소수 중점 원인을 찾기 위한 도구로서 사용된다.
- 80~20의 원칙에 기초하여 빈도수별로 나열한 항목별 점유와 누적비율에 따라 불량이나 사고의 원인이 되는 중요 항목을 찾아가는 기법이다.
- 80~20의 원칙이란 20%의 항목이 전체의 80%를 차지한다는 개념이다.
- 가장 큰 값부터 순서대로 나열하며, 기타항목은 맨 오른쪽에 배치한다.

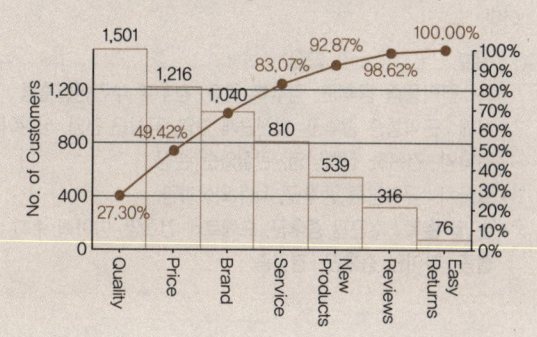

72

워크 샘플링 조사에서 초기 idle rate가 0.05라면, 99% 신뢰도를 위한 워크 샘플링 횟수는 약 몇 회인가?(단, $Z_{0.005}$는 2.58이다.)

① 1,232
② 2,557
③ 3,060
④ 3,162

해설
- idle rate가 0.05이므로 p는 0.05이고, $1-p$는 0.95가 된다.
- $Z_{0.005}$가 2.58이므로 z는 2.58이 된다. 허용오차 e는 99% 신뢰도이므로 $1-0.99=0.01$이 된다.
- 대입하면 $N=(2.58/0.01)^2 \times 0.05(0.95)=3,161.79$이다.

워크 샘플링 횟수
- 필요한 관측수 $N=(z/e)^2 \times p(1-p)$로 구한다. 이때 z는 표준편차수이며, e는 허용오차로 상대오차×관측비율로 구할 수 있다. p는 표본비율로 표본의 발생횟수를 관측횟수로 나눠서 구할 수 있다.

해설
- ①, ②, ④는 계층별 워크 샘플링에 대한 설명이다.

워크 샘플링 방법

퍼포먼스 WS법	• 관측과 동시에 레이팅을 수행 • 사이클이 길어 표준시간 설정이 어려운 경우에 적합
체계적 WS법	• 관측을 등간격 시점마다 행함 • 주기성이 없는 경우에 적합
계층별 WS법	• 층별로 연구 후 가중치를 부여 • 각각의 연구활동이 독립적인 경우에 적합

73
근골격계 질환 중 어깨 부위 질환이 아닌 것은?
① 외상과염(lateral epicondlitis)
② 극상근 건염(supraspinatus tendinitis)
③ 견봉하 점액낭염(subacromial bursitis)
④ 상완이두 건막염(biciptal tenosynovitis)

해설
- ①은 팔꿈치 부위의 인대에 염증이 생김으로써 발생하는 증상이다.

부위별 근골격계 질환
- 목 : 근막통증 증후군, 경추부 염좌, 경추부 추간판탈출증
- 어깨 : 근막통증 증후군, 회전근개 건염, 극상근 건염, 상완이두 건막염, 견봉하 점액낭염, 관절와순 손상
- 팔꿈치 : 근막통증 증후군, 내·외상과염
- 손 및 손목 : 수근관 증후군, 드퀘르베 건초염, 방아쇠 수지, 결절종, 가이언 증후군, 경겹증

75
작업관리에 관한 설명으로 틀린 것은?
① Gilbreth 부부는 적은 노력으로 최대의 성과를 짧은 시간에 이룰 수 있는 작업방법을 연구한 동작연구(Motion Study)의 창시자로 알려져 있다.
② Taylor(Frederick W. Taylor)는 벽돌 쌓기 작업을 대상으로 작업방법과 작업도구를 개선하였으며 이를 발전시켜 과학적 관리법을 주장하였다.
③ 작업관리는 생산성 향상을 목적으로 경제적인 작업방법을 연구하는 작업연구와 표준작업시간을 결정하기 위한 작업측정으로 구분할 수 있다.
④ Hawthorn의 실험결과는 작업장의 물리적 조건보다는 인간관계와 같은 사회적 조건이 생산성에 더 큰 영향을 준다는 사실에 관심을 갖도록 한 시발점이 되었다.

해설
- ②는 Gilbreth 부부가 주장한 내용이다.

길브레스(Gilbreth) 부부와 서블릭(Therblig) 분석
⊙ 길브레스(Gilbreth) 부부
- 인간의 작업행동을 분석하는데서 출발하였다.
- 작업자의 동작을 분석하기 위해 카메라를 이용한 필름분석을 하였다.
- 인간의 18가지 동작원소를 서블릭 기호로 표기했다.
- 벽돌 쌓기 작업을 대상으로 작업방법과 작업도구를 개선하였으며 이를 발전시켜 과학적 관리법을 주장하였다.

ⓒ 서블릭 분석
- 기호를 사용하여 작업자의 작업을 18개 정도의 기본동작으로 나누어 분석표를 작성하고, 이들을 다시 총괄표에 정리하여 작업개선의 착안점을 찾아내는 데 이용되는 분석방법이다.
- 주기기간이 긴 작업의 동작분석에 주로 이용된다.

74
WS(Work sampling)법에 있어 샘플링의 종류 중 체계적 샘플링의 설명에 해당하는 것은?
① 일정 계획을 수정하기가 용이하다.
② 완전한 랜덤 샘플링보다 관측일정을 계획하기 쉽다.
③ 주기성과 영향력에 관한 문제를 배제하는데 가장 효과적이다.
④ 적합하게 계층을 분류하면 층별로 하지 않은 경우보다 분산이 적어진다.

76

다음 설명은 수행도 평가의 어느 방법을 설명한 것인가?

- 작업을 요소작업으로 구분한 후, 시간 연구를 통해 개별시간을 구한다.
- 요소작업 중 임의로 작업자 조절이 가능한 요소를 정한다.
- 선정된 작업에서 PTS 시스템 중 한 개를 적용하여 대응되는 시간치를 구한다.
- PTS 법에 의한 시간치와 관측시간 간의 비율을 구하여 레이팅 계수를 구한다.

① 속도평가법 ② 객관적평가법
③ 합성평가법 ④ 웨스팅하우스법

해설
- PTS법에 의해 시간치와 관측시간치의 비율을 구하는 방법은 합성평가법이다.
- 표준시간 산출 평정계수(Rating) 산정 기법(수행도 평가기법)

평준화법(Leveling)/Westinghouse법	숙련도, 노력, 작업환경, 일치성(Leveling)에 성실도, 유효도, 작업태도별 항목별 평가를 추가(Westinghouse)하여 평가하는 기법
객관적 평가법 (Objective Rating)	1차로 표준속도와 비교한 평정계수를 구하고, 2차로 작업의 난이도와 특성을 반영하는 기법
속도평가법 (Speed Rating)	기업에서 정한 기준속도와 작업동작의 속도를 비교하여 작업동작의 지속 비율을 표시하는 방법
합성평가법 (Synthetic Rating)	관측된 작업 중에서 요소작업에 대한 대표치를 PTS법으로 분석하고, PTS에 의한 시간치와 관측시간치의 비율로 레이팅 계수를 산정하여 다른 요소작업에 적용시키는 Rating 기법

77

단위작업 장소 내에 4개, 8개의 동일작업으로 이루어진 부담 작업이 있다. 이러한 작업장에 대한 유해요인 조사 시 표본 작업 수는 각각 얼마 이상인가?

① 2, 2 ② 2, 3
③ 2, 4 ④ 4, 8

해설
- 한 단위작업에 10개 이하의 근골격계부담작업이 동일작업으로 이루어지는 경우에는 작업강도가 가장 높은 2개 이상의 작업을 표본으로 선정한다.

- 동일한 작업형태와 작업조건의 근골격계부담작업의 유해요인 조사 방법
  - 한 단위작업에 10개 이하의 근골격계부담작업이 동일작업으로 이루어지는 경우에는 작업강도가 가장 높은 2개 이상의 작업을 표본으로 선정한다.
  - 한 단위작업에 동일 근골격계부담작업의 수가 10개를 초과하는 경우에는 초과하는 5개의 작업 당 1개의 작업을 표본으로 추가한다.

78

A 제품을 생산한 과거자료가 표와 같을 때 실적자료법에 의한 1개당 표준시간은 얼마인가?

일자	완제품개수(개)	소요시간(시간)
3월 3일	60	6
7월 7일	100	10
9월 9일	40	4

① 0.10 시간/개 ② 0.15 시간/개
③ 0.20 시간/개 ④ 0.25 시간/개

해설
- 표준시간은 개당 소요된 시간이다.
- 전체 생산갯수는 200개이고, 소요시간은 20시간이므로 표준시간은 20/200 = 0.10시간/개가 된다.
- 실적자료법
  - 특정 기간 내 작업에 대한 실적기록 자료를 이용해 표준시간을 설정하는 방법이다.
  - 표준시간은 제품당 생산에 소요된 시간이다.

79

산업안전보건법령상 산업재해조사에 관한 설명으로 옳은 것은?

① 재해 조사의 목적은 인적, 물적 피해 상황을 알아내고 사고의 책임자를 밝히는데 있다.
② 재해 발생 시, 가장 먼저 조치할 사항은 직접 원인, 간접 원인 등의 재해원인을 조사하는 것이다.
③ 3개월 이상의 요양이 필요한 부상자가 동시에 2인 이상 발생했을 때 중대재해로 분류한다.
④ 사업주는 사망자가 발생했을 때에는 재해가 발생한 날로부터 10일 이내에 산업재해조사표를 작성하여 관할 지방노동관서의 장에게 제출해야 한다.

정답 76 ③ 77 ① 78 ① 79 ③

해설
- ①에서 재해조사의 목적은 동종의 재해 및 유사재해의 재발방지 대책을 강구하는데 있다.
- ②에서 재해발생 시 가장 먼저 조치해야 하는 사항은 재해자에 대한 응급조치(긴급조치)이다.
- ④에서 사업주는 산업재해로 사망자가 발생하거나 3일 이상의 휴업이 필요한 부상을 입거나 질병에 걸린 사람이 발생한 경우에는 산업재해가 발생한 날부터 1개월 이내에 산업재해조사표를 작성하여 관할 지방고용노동관서의 장에게 제출해야 한다.

중대재해(Major Accident)
- ㉠ 개요
  - 산업재해 중 사망 등 재해 정도가 심한 것으로서 고용노동부령으로 정하는 재해를 말한다.
- ㉡ 종류
  - 사망자가 1명 이상 발생한 재해
  - 3개월 이상의 요양이 필요한 부상자가 동시에 2명 이상 발생한 재해
  - 부상자 또는 직업성질병자가 동시에 10명 이상 발생한 재해

80

근골격계 질환의 예방에서 단기적 관리방안으로 볼 수 없는 것은?

① 안전한 작업방법의 교육
② 작업자의 대한 휴식시간의 배려
③ 근골격계 질환 예방·관리 프로그램의 도입
④ 휴게실, 운동시설 등 기타 관리시설의 확충

해설
- ③은 장기적 관리방안에 해당된다.
- 근골격계 질환의 예방에서 단기적 관리방안
  - 안전한 작업방법 교육
  - 교대근무에 대한 고려
  - 작업자의 대한 휴식시간의 배려
  - 휴게실, 운동시설 등 기타 관리시설의 확충
  - 관리자, 작업자, 보건관리자 등에 인간공학 교육